OCÉAN INDIEN

OUVRAGES DU MÊME AUTEUR

(Arthus BERTRAND, éditeur, Paris, 21, rue Hautefeuille.)

COLLECTION D'INSTRUCTIONS NAUTIQUES

SUR LES DIVERS OCÉANS

INDICATEURS DES ROUTES MARITIMES

CONTENANT

Des Indications sur les Vents, Courants, Glaces flottantes, Usage du Baromètre, avec des Instructions détaillées sur les Routes maritimes, et de très-nombreux Tableaux de Croisements permettant de tracer sur la carte la route que l'on veut faire.

*Ouvrages réglementaires, à bord des bâtiments de la Marine militaire Française. Ils ont été traduits par l'*United States Hydrographic Office, *et sont également réglementaires dans la Marine militaire Américaine.*

Océan Atlantique Nord, *deuxième édition.* . . . 4 f. 50

Mer des Antilles *et* **Golfe du Mexique,** contenant les débouquements, et les routes de la mer des Antilles, du golfe du Mexique, de la côte Ferme, etc. . . 3 »

Océan Atlantique Sud, comprenant notamment les routes d'aller et de retour du Brésil, de la Plata, du cap de Bonne-Espérance, du cap Horn, etc. . . . . 4 »

Océan Pacifique, comprenant la côte Ouest d'Amérique, l'Océanie, l'Australie, les mers des Passages et les mers de Chine . . . . 9 »

Océan Indien, contenant la navigation du canal de Mozambique, la mer Rouge, la mer d'Oman, le golfe du Bengale, le détroit de Malacca, et toutes les routes pour aller à la mer des Indes, et pour en revenir : soit par Suez, soit par le Cap, etc., avec un exposé des vents, ouragans, courants, glaces flottantes et une description de l'atterrage des ports les plus fréquentés . . . . 25 »

AUTRES OUVRAGES DU MÊME AUTEUR

Tables d'Azimuts. | **Tables nautiques.**

TRAITÉ PRATIQUE

de Navigation et de Météorologie nautique.

PRÉVISION DU TEMPS

Vannes. — Imp. G. DE LAMARZELLE.

INDICATEUR

DES

ROUTES MARITIMES

DE

L'OCÉAN INDIEN

COMPRENANT

LA NAVIGATION DANS LE CANAL DE MOZAMBIQUE
LA MER ROUGE, LA MER D'OMAN, LE GOLFE DU BENGALE
LE DÉTROIT DE MALACCA
AINSI QUE TOUTES LES GRANDES ROUTES AU TRAVERS DE CET OCÉAN
ET NOTAMMENT LES ROUTES PAR SUEZ ET PAR LE CAP
AVEC DE NOMBREUX TABLEAUX DE CROISEMENTS

PAR

F. LABROSSE

Ancien Officier de Marine.

1879

PARIS
ARTHUS BERTRAND, ÉDITEUR
LIBRAIRIE MARITIME ET SCIENTIFIQUE
LIBRAIRE DE LA SOCIÉTÉ CENTRALE DE SAUVETAGE MARITIME
21, RUE HAUTEFEUILLE, 21

DIVISIONS ADOPTÉES DANS LE PRÉSENT OUVRAGE [a]

(a) Pour les recherches, le mieux est de recourir à la table alphabétique. Voir, à ce sujet, la *note* de la page 1007, indiquant l'usage de cette table.

TABLE DES MATIÈRES

PREMIÈRE PARTIE

CALMES, VENTS, CYCLONES, USAGE DU BAROMÈTRE, COURANTS, GLACES FLOTTANTES

CHAPITRE PREMIER

Calmes, Vents, Typhons, Cyclones, Baromètre.

CHAPITRE SECOND

Lois générales des Cyclones de l'Océan Indien. Manœuvres générales à faire.

CHAPITRE TROISIÈME

Exemples de manœuvres à faire dans les Cyclones de l'Océan Indien.

CHAPITRE QUATRIÈME

Courants. — Glaces flottantes.

DEUXIÈME PARTIE

RENSEIGNEMENTS SUR LES PORTS LES PLUS FRÉQUENTÉS

CHAPITRE PREMIER

Côte Orientale d'Afrique.

CHAPITRE SECOND

Iles Maurice et la Réunion. — Les Seychelles (Mahé). Les Comores (Mayotte et Anjouan).

CHAPITRE TROISIÈME

Madagascar. — Nossi-Bé. — Sainte-Marie.

CHAPITRE QUATRIÈME

Aden. — Mascate. — Karachi. — Côte Ouest de l'Hindoustan. — Ceylan.

CHAPITRE CINQUIÈME

Ports des golfes du Bengale et de Martaban : de Negapatam à Pulo-Penang, avec Singapour et Achem.

CHAPITRE SIXIÈME

Ports à poivre de la côte N.O. de Sumatra.

TROISIÈME PARTIE

INSTRUCTIONS SUR LES PRINCIPALES TRAVERSÉES DE L'OCÉAN INDIEN

CHAPITRE PREMIER

Navigation dans le canal de Mozambique, ainsi qu'entre les Comores, les Seychelles et Zanzibar.

*

CHAPITRE SECOND

Navigation dans la mer Rouge.

CHAPITRE TROISIÈME

Navigation dans la mer d'Oman, entre Aden, Mascate, Bombay, la côte de Malabar et Ceylan.

CHAPITRE QUATRIÈME

Navigation dans le golfe du Bengale et dans le détroit de Malacca, entre Trinquemaley, Madras, Calcutta, Rangoon, Achem, et Singapour, etc.

CHAPITRE CINQUIÈME

Routes d'aller et de retour entre les ports de la mer d'Oman et ceux du golfe du Bengale.

CHAPITRE SIXIÈME

Routes en venant d'Europe, des États-Unis ou de l'Océan Atlantique S., pour aller aux différents ports de l'Océan Indien, par la voie du cap de Bonne-Espérance.

CHAPITRE SEPTIÈME

Routes de retour de la mer des Indes, à destination de l'Océan Atlantique Sud, et par suite à destination de l'Europe, des États-Unis, etc.

CHAPITRE HUITIÈME

Instructions sur différentes routes, pour les navires partant d'Aden (1).

(1) Voir aussi les paragraphes 270, 271, 283, 284, 321, 325, 327, 347, 348.

**

CHAPITRE NEUVIÈME

Instructions sur différentes routes pour les navires revenant à Aden et dans la mer Rouge (1).

CHAPITRE DIXIÈME

Instructions sur différentes routes, pour aller à la Réunion et à Maurice, ou pour se rendre de ces îles à divers points de l'Océan Indien (2).

(1) Voir aussi les paragraphes 273, 274, 275, 285, 286, 323, 324, 326, 327, 336.

(2) Voir aussi les paragraphes 330, 354, 356, 357, 363.

CHAPITRE ONZIÈME

Instructions sur diverses routes.

FIN DE LA TABLE DES MATIÈRES.

Vannes. — Imp. G. de Lamarzelle.

INSTRUCTIONS GÉNÉRALES
SUR L'OCÉAN INDIEN

PREMIÈRE PARTIE

CALMES. — VENTS. — CYCLONES. — USAGE DU BAROMÈTRE. — COURANTS. — GLACES FLOTTANTES.

CHAPITRE PREMIER.

Calmes. — Vents. — Cyclones. — Baromètre.

§ 1. — Zones de calmes. — Calmes équatoriaux et tropicaux.

Dans nos Instructions sur les différents Océans, nous avons donné des tableaux indiquant, pour chaque saison de l'année, le *tant pour cent* des chances de calmes, auxquelles on peut s'attendre dans chaque carré de 5 degrés. Cette manière de procéder nous paraît préférable à toute description, et nous croyons ne pouvoir mieux faire que de fournir les mêmes indications pour l'Océan Indien.

Les chiffres inscrits, dans les tableaux ci-après, représentent le nombre de fois, pour cent observations, que des calmes ont été trouvés dans chaque carré.

L'examen de ces tableaux prouve, tout d'abord, que les calmes, désignés sous le nom d'*équatoriaux*, règnent très-généralement dans l'Océan Indien, entre 10°N. et 10°S. Ils font également ressortir l'existence, plus ou moins marquée suivant les saisons, de la zone des calmes *tropicaux* dans les environs des parallèles de 25° et 30°S.

Nous donnons plus loin un exposé sommaire de la distribution des zones de calmes, pour chaque saison de l'année.

LATITUDES.	LONGITUDES A L'EST DE PARIS.																					
	De 18° à 23°	De 23° à 28°	De 28° à 33°	De 33° à 38°	De 38° à 43°	De 43° à 48°	De 48° à 53°	De 53° à 58°	De 58° à 63°	De 63° à 68°	De 68° à 73°	De 73° à 78°	De 78° à 83°	De 83° à 88°	De 88° à 93°	De 93° à 98°	De 98° à 103°	De 103° à 108°	De 108° à 113°	De 113° à 118°	De 118° à 123°	De 123° à 128°
EN JANVIER, FÉVRIER ET MARS.																						
Latitudes Nord. De 25° à 30° Nord	....	....	20	....	....	....	13	....	....	....	....	....	....	....	....	....	....	....	....	....	10	10
20 à 25	....	....	....	8	....	....	....	13	12	3	....	....	....	19	19	....	....	....	8	0	0	5
15 à 20	....	....	....	....	6	....	....	8	5	0	12	....	....	12	0	....	....	0	6	5	0	0
10 à 15	....	....	....	....	7	13	10	13	4	4	14	....	5	5	4	8	17	....	0	4	0	0
5 à 10	....	....	....	....	....	....	0	4	5	8	13	22	14	8	6	5	14	5	0	....	0	0
0° à 5° Nord	....	....	....	....	....	0	4	7	6	14	9	8	18	9	10	20	....	5	....	....	0	5
Latitudes Sud. De 0° à 5° Sud	....	....	....	E	4	0	7	23	10	11	16	13	17	6	8	19	....	10	14	14	8	16
5 à 10	....	....	....	U	17	19	9	15	13	13	12	17	8	7	10	13	8	12	8	6	8	11
10 à 15	....	....	Q	....	25	8	12	13	17	14	9	5	8	7	7	14	24	6	7	6	6	....
15 à 20	....	....	I	20	19	....	8	6	5	5	0	5	5	0	4	0	2	5	6	9	....	....
20 à 25	....	R	....	6	15	8	7	7	5	5	0	5	0	0	0	0	0	0	0	....	....	....
25 à 30	....	F	....	0	6	4	5	8	4	0	7	4	4	9	6	6	0	0	0	....	....	....
30 à 35	A	8	5	7	0	5	7	5	0	5	5	5	7	7	8	8	0	0	0	....	....	0
35 à 40	4	8	4	0	0	0	0	0	0	0	0	0	0	0	3	0	0	0	5	5	0	4
40 à 45	4	6	0	4	0	0	0	0	0	4	4	5	6	4	6	3	0	0	0	0	3	0
De 45° à 50° Sud	8	0	0	0	0	0	0,	0	0	5	0	0	0	0	0	0	0	0	0	0	0	0

TABLEAU INDIQUANT LE TANT POUR CENT DE CHANCES DE CALMES (suite).

LATITUDES.	LONGITUDES A L'EST DE PARIS.																					
	De 18° à 23°	De 23° à 28°	De 28° à 33°	De 33° à 38°	De 38° à 43°	De 43° à 48°	De 48° à 53°	De 53° à 58°	De 58° à 63°	De 63° à 68°	De 68° à 73°	De 73° à 78°	De 78° à 83°	De 83° à 88°	De 88° à 93°	De 93° à 98°	De 98° à 103°	De 103° à 108°	De 108° à 113°	De 113° à 118°	De 118° à 123°	De 123° à 128°
EN AVRIL, MAI ET JUIN.																						
Latitudes Nord. De 25° à 30° Nord	...	...	...	...	...	...	18	...	...	...	...	...	...	...	...	...	...	...	...	...	4	0
20 à 25	...	...	...	13	...	...	...	13	5	9	...	...	...	16	12	...	...	...	9	0	0	0
15 à 20	...	...	...	...	14	...	...	5	5	5	4	...	14	6	0	...	...	0	7	0	...	0
10 à 15	...	...	...	...	15	10	6	12	12	6	7	...	13	7	7	13	0	...	6	6	...	0
5 à 10	...	...	...	...	...	...	0	7	7	7	14	8	13	8	6	16	0	6	0	...	...	0
0° à 5° Nord	...	...	...	...	...	14	11	14	10	12	9	0	8	9	17	10	...	18	...	...	13	13
Latitudes Sud. De 0° à 5° Sud	...	...	...	...	0	7	16	13	14	12	4	9	11	10	10	13	...	17	...	17	11	13
5 à 10	...	...	...	...	4	4	0	5	0	3	4	0	12	9	13	5	8	9	9	5	5	8
10 à 15	...	...	...	...	4	4	0	0	0	0	0	0	0	0	0	0	0	0	7	10	7	8
15 à 20	...	...	AFRIQUE	11	13	...	4	0	4	4	6	0	0	0	0	0	0	0	0	4	...	...
20 à 25	...	...	...	6	6	6	6	0	0	0	0	0	0	0	0	0	0	0	6	...	...	...
25 à 30	...	...	4	8	5	5	5	10	0	4	0	0	0	0	4	9	9	4	4	...	...	...
30 à 35	4	0	5	4	5	5	6	0	0	0	6	4	7	4	4	4	6	8	0	...	...	0
35 à 40	3	3	4	0	0	0	0	0	4	0	4	4	3	0	0	4	4	5	5	4	4	9
40 à 45	3	4	0	0	0	4	4	4	4	4	4	0	0	4	4	4	4	4	4	0	0	0
De 45° à 50° Sud	0	0	0	0	0	0	0	0	0	0	0	0	0	0	0	0	0	0	0	0	0	0

TABLEAU INDIQUANT LE TANT POUR CENT DE CHANCES DE CALMES (suite).

LATITUDES.	LONGITUDES A L'EST DE PARIS.																					
	De 18° à 23°	De 23° à 28°	De 28° à 33°	De 33° à 38°	De 38° à 43°	De 43° à 48°	De 48° à 53°	De 53° à 58°	De 58° à 63°	De 63° à 68°	De 68° à 73°	De 73° à 78°	De 78° à 83°	De 83° à 88°	De 88° à 93°	De 93° à 98°	De 98° à 103°	De 103° à 108°	De 108° à 113°	De 113° à 118°	De 118° à 123°	De 123° à 128°
EN JUILLET, AOUT ET SEPTEMBRE.																						
Latitudes Nord. De 25° à 30° Nord	....	....	....	....	....	....	32	....	....	....	....	....	....	....	....	....	......	......	......	......	4	0
20 à 25	....	....	....	29	....	....	....	27	5	8	....	....	....	9	20	....	......	......	6	4	4	0
15 à 20	....	....	....	....	26	....	....	0	0	0	9	....	6	6	0	....	......	8	0	4	6	0
10 à 15	....	....	....	....	26	26	5	0	0	0	0	....	0	0	0	0	......	......	5	0	0	5
5 à 10	....	....	....	....	....	....	0	0	0	0	0	0	0	0	0	12	0	10	0	0	6	7
0 à 5° Nord	....	....	....	....	....	0	0	4	3	11	15	7	6	4	5	10	......	10	......	3	9	9
Latitudes Sud. De 0° à 5° Sud	....	....	....		0	4	5	7	16	18	32	27	25	12	18	9	......	5	0	8	7	8
5 à 10	....	....	....	..	0	0	0	5	0	0	4	4	4	4	5	5	8	10	0	3	13	13
10 à 15	....	....		....	10	10	4	0	0	0	0	0	0	0	0	0	0	0	0	4	5	5
15 à 20	....	....	..	....	4	....	0	0	0	0	0	0	0	0	0	0	0	0	0	8	0	......
20 à 25	....		....	13	11	....	11	10	0	5	0	8	4	4	0	0	10	5	5	......	......	......
25 à 30	..	..	4	4	4	5	6	6	10	5	8	5	7	7	12	6	4	4	5	......	......	......
30 à 35		4	5	4	6	4	0	7	6	6	0	5	0	8	1	0	8	5	5	......	......	......
35 à 40	4	4	4	4	0	0	0	0	0	0	0	0	0	0	0	0	0	0	0	4	0	0
40 à 45	4	0	0	0	0	0	0	0	0	0	0	0	0	0	0	0	0	0	0	0	0	0
De 45° à 50° Sud	0	0	0	0	0	0	0	0	0	0	0	0	0	0	0	0	0	0	0	0	0	0

AFRIQUE

TABLEAU INDIQUANT LE TANT POUR CENT DE CHANCES DE CALMES (suite).

LATITUDES.	LONGITUDES A L'EST DE PARIS.																					
	De 18° à 23°	De 23° à 28°	De 28° à 33°	De 33° à 38°	De 38° à 43°	De 43° à 48°	De 48° à 53°	De 53° à 58°	De 58° à 63°	De 63° à 68°	De 68° à 73°	De 73° à 78°	De 78° à 83°	De 83° à 88°	De 88° à 93°	De 93° à 98°	De 98° à 103°	De 103° à 108°	De 108° à 113°	De 113° à 118°	De 118° à 123°	De 123° à 128°
EN OCTOBRE, NOVEMBRE ET DÉCEMBRE.																						
Latitudes Nord. De 25° à 30° Nord	…	…	…	…	…	…	…	…	…	…	…	…	…	…	…	…	…	…	…	…	7	5
20 à 25	…	…	…	21	…	…	…	19	21	9	…	…	…	35	32	…	…	…	0	0	5	0
15 à 20	…	…	…	…	14	…	…	13	13	8	22	…	19	9	8	…	…	0	5	8	0	0
10 à 15	…	…	…	…	19	22	9	11	9	18	26	…	9	8	13	4	…	…	4	15	0	0
5 à 10	…	…	…	…	…	…	5	15	9	22	21	24	22	20	26	20	21	17	17	20	18	14
0 à 5° Nord	…	…	…	…	…	8	10	8	15	19	14	20	22	17	13	11	16	24	14	32	16	11
Latitudes Sud. De 0° à 5° Sud	…	…	…	E	8	0	0	7	19	9	24	18	21	16	13	26	…	23	19	32	17	15
5 à 10	…	…	…	U	7	18	12	26	24	8	18	13	14	17	13	17	26	13	6	11	14	15
10 à 15	…	…	Q	…	22	9	8	6	5	4	13	5	5	9	8	0	9	9	4	8	20	9
15 à 20	…	…	I	…	11	…	0	5	0	4	0	0	0	0	0	0	0	0	0	9	…	…
20 à 25	…	R	…	6	8	…	9	5	6	12	6	5	0	4	7	6	7	7	5	…	…	…
25 à 30	…	F	6	13	5	8	9	5	12	10	4	5	4	6	4	10	0	7	0	…	…	…
30 à 35	A	9	14	5	7	13	5	5	6	6	5	5	6	4	4	4	0	5	5	…	…	…
35 à 40	5	3	4	0	4	4	4	4	4	4	4	4	4	4	4	4	4	5	5	4	0	4
40 à 45	7	7	4	0	4	4	0	0	0	0	0	0	0	0	0	0	0	0	0	0	0	4
De 45 à 50° Sud	0	0	0	0	4	0	0	0	0	0	0	0	0	0	0	0	0	0	0	0	0	0

En janvier, février et mars, on a quelques chances de calmes, dans la partie O. et dans la partie E. de la mer d'Oman. Il n'y en a que fort peu dans le golfe du Bengale.

Dans les parages de l'équateur, règne une grande zone de calmes nettement caractérisée et qui affecte à peu près la forme d'un triangle aplati, c'est-à-dire à petite hauteur. Le sommet de ce triangle peut être supposé au cap Comorin; le côté O. joint le cap Comorin à Zanzibar; le côté E. joint le cap Comorin à l'île de Timor; et le côté S., formant la base du triangle, court suivant une direction E. et O. depuis la pointe S. de Timor jusqu'à la pointe N. de Madagascar (cap d'Ambre).

Des calmes assez persistants règnent aussi dans le canal de Mozambique, et surtout dans sa partie N. On est également exposé à quelques calmes, dans l'E. de Madagascar, entre cette île et Maurice. On est enfin exposé à en rencontrer dans la partie centrale de l'Océan méridional, entre 25° et 35°S., depuis le méridien de 68° jusqu'à celui de 98°E.; ces calmes peuvent être désignés sous le nom de tropicaux.

En avril, mai et juin, il y a peu de calmes dans la mer d'Oman, excepté entre 10° et 15°N. de Socotora aux Laquedives, ainsi qu'au large et à l'O. de Ceylan. Dans le golfe du Bengale, les calmes sont fréquents dans la partie O., entre Ceylan et Calcutta.

Les calmes équatoriaux sont bien marqués. Dans l'O. du méridien de Ceylan, ils règnent entre 5°N. et 5°S.; tandis que dans l'E. du méridien de cette île, on les rencontre entre les parallèles de 10°N. et 10°Sud.

Les calmes tropicaux ne sont guère caractérisés que dans le S. de Maurice, et dans la partie E. de l'Océan, entre les parallèles de 25° et 35°S., du méridien de 93°E. à celui de 108°Est.

Des calmes assez fréquents règnent, à cette époque, dans la partie centrale du canal de Mozambique.

En juillet, août et septembre, il n'y a presque point de calmes dans la mer d'Oman et dans le golfe du Bengale. Pendant cette saison, la mousson de S.O. est dans toute sa force dans le N. de l'équateur, de sorte que l'on ne trouve guère de calmes que dans l'O. des îles Maldives, de 0° à 5°N., et entre les méridiens de 63° et 73°Est.

La zone des calmes équatoriaux est parfaitement caractérisée, entre les alizés de S.E. et la mousson de S.O., dans le S. de l'équateur.

Ils sont surtout sensibles, depuis le méridien de 58°E. jusqu'à celui de 93°E., entre l'équateur et le parallèle de 5°Sud.

Les calmes tropicaux sont assez bien marqués, quoique inégalement répartis entre 20° et 30°Sud.

Dans le canal de Mozambique, les calmes sont assez fréquents.

En octobre, novembre et décembre, les calmes ne sont pas rares, dans la partie occidentale de la mer d'Oman ; et ils sont très-fréquents, dans la partie orientale de cette même mer. Dans le golfe du Bengale, les chances de calmes sont assez grandes.

Les calmes équatoriaux sont remarquablement tenaces, à cette époque, dans la zone comprise entre 10°N. et 10°S. La partie où les calmes sont plus particulièrement persistants est celle qui commence, dans l'E., le long de la côte de Sumatra et de la presqu'île de Malacca, et qui s'étend, vers l'O., jusqu'à une ligne qu'on pourrait supposer tracée, partant du croisement de 10°N. par 60°E., et allant au cap Delgado (par 10°S. environ), sur la côte d'Afrique. Dans l'O. de cette ligne imaginaire, les chances de calmes sont bien moindres, entre les mêmes parallèles de 10°N. et de 10°S. Des calmes assez fréquents règnent, pendant cette saison, dans la partie N. du canal de Mozambique, jusque vers le parallèle de 18°S. environ.

Les calmes tropicaux sont sensibles, quoique peu marqués. La zone où ils peuvent être rencontrés commence à la côte d'Afrique, s'étend vers l'E. entre 25° et 35°S., jusque dans les environs du méridien de 68°E. Dans l'E. de ce méridien, les calmes sont moins réguliers et moins fréquents.

§ 2. — Vents généraux de l'Océan Indien, d'avril en octobre.

Pendant les mois compris entre avril et octobre, on peut établir la division des vents généraux, comme il est indiqué ci-après :

Dans le canal de Mozambique, les vents dominent de la partie du S., de S.E. à S.O., et continuent à souffler de cette partie jusqu'à l'équateur. Ils vont ainsi se joindre, au large de la côte d'Afrique, à la mousson de S.O., qui règne au N. de l'équateur, dans la mer d'Oman et dans le golfe du Bengale. Les alizés de S.E. règnent entre 5°S. et 26° ou 27°S. Enfin, les calmes équatoriaux séparent les alizés de S.E. de la mousson de S.O.; ces calmes existent entre l'équateur et 5°S. environ, zone dans laquelle règnent généralement de petites brises de S.E., de N.O. et de S.O.

Les mois d'avril et d'octobre correspondent aux changements de saisons; ils sont généralement marqués par de petites brises et des calmes, ou par des temps à grains, par des orages, et quelquefois par des coups de vent ayant un caractère rotatoire plus ou moins accusé.

MOUSSON DE S.O.

Cette mousson est accompagnée de pluies, de mauvais temps et de grosse mer. Elle règne, de la fin d'avril en octobre, dans la mer d'Oman et dans le golfe du Bengale. Pendant les mois compris d'avril à octobre, les vents soufflent de la partie du S. au S.E., dans tout le canal de Mozambique, et dans le N. de ce canal, entre la côte d'Afrique et le méridien de 48°E., jusqu'à l'équateur, où ces vents tournent au S.O. en se fondant avec la mousson de S.O. qui règne au N. de la Ligne.

TABLEAU INDIQUANT, POUR CHAQUE MÉRIDIEN, LA LIMITE MOYENNE

Au N. de laquelle règne la mousson de S.O.

ÉPOQUE pour laquelle la limite est donnée.	LONGITUDES A L'EST DU MÉRIDIEN DE PARIS.									
	48°	53°	58°	63°	68°	73°	78°	83°	88°	93°
	Lat. N.	Lat. N.	Lat. N.	Lat. N.	Lat. N.	Lat. N.	Lat. N.		Lat. N.	Lat. N.
En Mai.....	7°	7°30′	8°	8°	7°30′	5°	3°	3°N.	3°30′	4°
En Juin....	1°	1°	0°	0°	0°	0°	0°	1°S.	0°	3°
En Juillet, Août et Septemb.	0°	0°	0°	0°	0°	0°	0°	0°	0°	5°

ALIZÉS DE S.E.

La période d'avril en octobre correspond à la belle saison, dans la zone où soufflent les alizés de S.E. Ces vents ont, à cette époque, plus de force et plus de régularité que pendant l'autre partie de l'année. D'une manière générale, on peut admettre qu'ils règnent, durant la saison qui nous occupe, depuis la côte d'Australie jusqu'à Madagascar, et entre les parallèles de 5°S. et de 26°S. environ.

TABLEAU INDIQUANT, POUR CHAQUE MÉRIDIEN, LES LIMITES MOYENNES

Entre lesquelles soufflent les alizés de S.E.

ÉPOQUE POUR LAQUELLE LES LIMITES SONT DONNÉES.	LONGITUDES A L'EST DU MÉRIDIEN DE PARIS.										
	48°	53°	58°	63°	68°	73°	78°	83°	88°	98°	108°
En Avril, Mai et Juin, ils soufflent entre les parallèles de................	3°S. 28°S.	3°S. 28°S.	3°S. 27°S.	2°S. 27°S.	3°S. 27°S.	5°S. 26°S.	5°S. 26°S.	6°S. 26°S.	7°S. 26°S.	7°S. 26°S.	7°S. 28°S.
En Juillet, Août et Septembre, ils soufflent entre les parallèles de.....	2°S. 26°S.	1°30'S. 26°S.	2°S. 26°S.	2°30'S. 25°30'S.	3°S. 25°S.	4°S. 25°S.	5°S. 25°S.	4°30'S. 25°S.	4°S. 25°S.	5°S. 25°S.	3°S. 23°S.

§ 3. — Vents généraux de l'Océan Indien, d'octobre en avril.

Pendant les mois compris entre octobre et avril, les vents généraux de l'Océan Indien peuvent être classés, dans leur ensemble, comme il est indiqué ci-après :

La mousson de N.E. souffle, dans la mer d'Oman et dans le golfe du Bengale, au N. d'une limite dont la position est variable, mais généralement peu éloignée du parallèle de 5°N. Le long de la côte d'Afrique, cette mousson se prolonge jusque dans le canal de Mozambique, surtout de décembre en avril.

Les alizés de S.E. soufflent dans l'océan méridional, entre des limites variables, pour lesquelles on peut prendre, en moyenne, les parallèles de 10°S. et de 27°Sud.

Enfin, entre l'équateur et le parallèle de 8°S., tantôt un peu plus au N., tantôt un peu plus au S., règne la mousson de N.O.

Les mois d'avril et d'octobre correspondent aux changements de saisons ; ils sont généralement marqués par de petites brises et des calmes, ou par des temps à grains, par des orages, et quelquefois par des coups de vent ayant un caractère rotatoire plus ou moins accusé.

MOUSSON DE N.E.

La période d'octobre en avril correspond à la belle saison, dans la zone où règne la mousson de N.E. Cette mousson souffle généralement avec un beau ciel et avec un beau temps clair, comme on en trouve d'ordinaire dans les alizés. Elle acquiert quelquefois une grande force ; mais elle n'a point la violence de la mousson de S.O., et elle a surtout sur celle-ci l'immense avantage de ne pas amener des temps sombres, pluvieux, et de la grosse mer.

TABLEAU INDIQUANT, POUR CHAQUE MÉRIDIEN, LA LIMITE MOYENNE
Au N. de laquelle règne la mousson de N.E.

ÉPOQUE pour laquelle la limite est donnée.	LONGITUDES A L'EST DU MÉRIDIEN DE PARIS.									
	48°	53°	58°	63°	68°	73°	78°	83°	88°	93°
En Novembre.	»	10°N	9°30'N	10°30'N	12°30'N	12°N.	9°N.	7°N.	7°N.	8°N.
En Décembre.	5°S.	2°S.	0°	2°30'N	3°N.	3°N.	4°N.	5°N.	7°N.	7°N.
En Janvier, Février, Mars	5°S.	3°S.	0°	2°N.	2°30'N	2°30'N	2°30'N	2°30'N	2°30'N	5°N.

MOUSSON DE N.O.

La mousson dite de N.O. règne entre la mousson de N.E. et les alizés de S.E., à peu près entre l'équateur et 8°S. Dans cette région, les chances de calmes sont fréquentes, comme on peut s'en assurer en consultant les tableaux donnés au § 1. On conçoit donc tout d'abord que la mousson de N.O. ne doit pas souffler généralement avec beaucoup de force.

La direction des vents n'a pas non plus une grande fixité dans cette région. Les vents les plus fréquents sont certainement ceux de la partie du N.O.; mais ils soufflent souvent aussi du S.O., du S.E. et de toute autre direction. Ils ne paraissent pas non plus souffler habituellement, pendant longtemps, de la même direction, sans mollir et donner de folles brises ou des calmes. Ils sont enfin accompagnés fréquemment de pluies et de temps à grains.

En somme, la mousson de N.O. est irrégulière en force et en direction; elle n'est même pas toujours établie; elle forme enfin une zone dans laquelle les navires sont exposés à être retardés, et où la navigation est souvent désagréable, au moins pour les voiliers.

D'après les observations de M. le commandant Fleuriot de Langle, la mousson de N.O. est sujette à de très-grandes anomalies. Elle s'établit d'abord entre 70° et 60°E. Elle ne fait son apparition, entre les méridiens de 60° et 50°E., que vers les mois de janvier à mars, tandis que les vents soufflent du S. au S.S.E. entre 50° et 40°E. Ce n'est que vers la fin de la mousson qu'on éprouve dans cette région des vents du N.E. à l'E., et par occasion d'O. et de N.O.; les vents de N.O. y sont alors à grains, et ils soufflent avec force jusqu'à ce qu'ils reviennent au S.E. en passant par le S.S.O.

TABLEAU INDIQUANT, POUR CHAQUE MÉRIDIEN, LES LIMITES MOYENNES

Entre lesquelles souffle la mousson de N.O.

ÉPOQUE pour laquelle les limites sont données.	LONGITUDES A L'EST DU MÉRIDIEN DE PARIS.												
	56°	58°	63°	68°	73°	78°	83°	88°	93°	98°	103°	108°	118°
En Novembre, la mousson souffle entre les parallèles de......	....	5°30'N	6°30'N	7°30'N	6°N.	5°N.	5°N.	5°N.	5°N.	....	....	....	....
	....	4°S.	4°S.	4°S.	5°S.	3°30'S.	5°S.	6°30'S.	7°S.	....	....	....	....
En Décembre, la mousson souffle entre les parallèles de......	....	1°S.	1°S.	0°	0°30'S.	0°30'N	1°N.	0°	0°30'S.	0°	3°N.	2°N.	5°N.
	....	7°S.	6°30'S.	7°S.	7°30'S.	7°S.	8°S.	7°30'S.	7°30'S.	9°S.	11°S.	12°S.	15°S.
En Janvier, Février et Mars, elle souffle entre les parallèles de........	3°30'S.	3°S.	2°S.	2°S.	1°30'S.	0°30'N	0°30'N	0°30'N	1°N.	2°N.	2°N.	0°	0°
	8°S.	9°S.	9°30'S.	9°S.	9°S.	8°30'S.	8°30'S.	7°30'N	7°30'S.	9°S.	10°S.	12°S.	15°S.

ALIZÉS DE S.E.

La période d'octobre en avril correspond généralement à la mauvaise saison, dans la zone où soufflent les alizés de S.E. Ces vents ont moins de force et de régularité, à cette époque, que pendant le reste de l'année. Leurs directions varient souvent du S.S.E. à l'E.S.E., et quelquefois au N.E. La zone dans laquelle ils règnent est moins bien définie, et surtout elle est beaucoup moins étendue. Enfin, ces vents sont moins régulièrement établis ; ils sont interrompus par de folles brises, et quelquefois par des ouragans.

TABLEAU INDIQUANT, POUR CHAQUE MÉRIDIEN, LES LIMITES MOYENNES

Entre lesquelles soufflent les alizés de S.E.

ÉPOQUE pour laquelle les limites sont données.	LONGITUDES A L'EST DU MÉRIDIEN DE PARIS.											
	53°	58°	63°	68°	73°	78°	83°	88°	93°	98°	103°	108°
	Lat. S	Lat. S	Lat. S.	Lat. S.	Lat. S.	Lat. S.	Lat. S	Lat. S	Lat. S.	Lat. S.	Lat. S	Lat. S
En Novembre, les alizés soufflent entre les parallèles de	10°	9°	7°30'	7°	7°	7°	7°30'	7°30'	8°	9°	10°	13°
	27°	27°	27°30'	27°30'	27°30'	27°30'	27°	27°	27°30'	28°	30°	30°
En Décembre, les alizés soufflent entre les parallèles de	12°	12°	12°30'	13°	12°30'	11°	10°	10°	10°	11°30'	15°	19°
	27°	27°	27°30'	27°30'	27°30'	27°30'	27°	27°	27°30'	28°	30°	30°
En Janvier, Février et Mars, les alizés soufflent entre les parallèles de	3°	3°	3°	3°	3°	2°30'	1°30'	0°	0°30'	1°	15°	19°
	33°	31°	30°	28°	27°	27°	27°	28°	28°30'	30°	32°	33°

§ 4. — **Zone des vents d'Ouest, dans l'Océan Indien méridional.**

Dans l'Océan Indien méridional, dans le S. des alizés, se trouve la région connue généralement sous le nom de région des *vents variables*, et dans laquelle la direction et la force de la brise changent d'une manière assez régulière. La limite de cette zone, voisine des parallèles de 28° à 30°S., éprouve un mouvement d'oscillation, vers le N., d'avril en septembre ; et vers le S., d'octobre en mars, suivant les mouvements analogues de la limite polaire des alizés.

Dans cette région dite des vents variables, on s'accorde généralement à reconnaître l'existence de deux courants d'air qui luttent constamment entre eux. Ce sont, d'un côté, les vents ou courants *polaires*, qui soufflent de la partie du S., et les vents ou courants *tropicaux*, qui viennent de la partie du N. Ces deux courants s'entrecroisent et donnent le plus souvent comme résultante un vent de la partie de l'O. Lorsque l'un des courants domine l'autre, on observe des séries de vents, soit polaires, soit tropicaux. Enfin, dans le cas où les deux courants acquièrent en même temps une grande violence, leur lutte donne naissance à des mouvements tournants de l'atmosphère, c'est-à-dire produit des cyclones ou tempêtes tournantes. Nous devons, d'ailleurs, ajouter que les exemples de tempêtes de cette nature, dans l'Océan méridional, sont extrêmement rares : soit que les observations simultanées se trouvent en trop petit nombre pour permettre d'affirmer leur existence ; soit que les cyclones eux-mêmes n'existent réellement pas avec la même fréquence, dans les hautes latitudes de l'Océan Indien méridional, que par les latitudes élevées de l'Océan Atlantique Nord.

En général, les vents polaires sont froids, secs, à grains ; les vents tropicaux, chauds, humides, pluvieux. Cette remarque permet, dans beaucoup de circonstances, de prévoir les changements de direction de la brise. Ainsi, lorsque avec des vents de N.O. on voit se former une éclaircie dans le S.O., ou dans le S., et lorsqu'en même temps le temps se refroidit et que le pont, les toiles de bastingage, les cordes, etc., se sèchent rapidement, on peut en conclure que le vent va passer au S.O. et souffler de la partie du S. Ces pronostics sont complétés par l'observation d'une hausse du baromètre. Inversement, les vents de la partie du S., les vents de S.E. et d'E. ne doivent pas tarder à hâler le N.E., le N. et le N.O., lorsque l'horizon se charge dans le N., que le temps devient plus chaud et que le pont, les cordes, les vêtements de laine, les cheveux, la barbe, etc., se couvrent d'humidité; — ces avertissements sont accompagnés d'une baisse du baromètre.

Il est bien connu également que, dans la zone des vents variables de l'Océan méridional, les vents de N.O. ne deviennent violents qu'après avoir soufflé pendant un temps assez long. Au contraire, il arrive assez généralement que les vents violents de N.O. sautent brusquement au S.O., sans diminuer de force, de sorte que les mauvais temps de S.O. surviennent inopinément. On se tient en garde contre ces sautes de vent brusques du N.O. au S.O., en prenant la cape bâbord amures, avec les mauvais temps de N.O. Si l'on négligeait cette précaution, et si la saute de vent se faisait sur un navire à la cape tribord amures, on s'exposerait à masquer, la mâture serait compromise, et l'on risquerait de recevoir, *en culant,* de mauvais coups de mer.

Ainsi, malgré leur inconstance apparente, les vents variables suivent, dans leurs changements de direction, une loi générale très-remarquable : ils tournent sur la rose du compas, dans le sens contraire des aiguilles d'une montre; c'est-à-dire qu'ils soufflent successivement du N., du N.O., de l'O., du S.O., du S. et ainsi de suite. Lorsque, par exception, les vents n'obéissent pas à cette loi de rotation, lorsqu'ils reviennent par exemple du S.O., au N.O. et au N.N.O., on dit qu'ils reculent; et, dans une telle circonstance, on peut s'attendre à de très-mauvais temps : on veille le baromètre et l'horizon.

Dans la zone dite des vents variables, les vents, comme nous l'avons dit, soufflent principalement de la partie de l'O., entre N.N.O et S.S.O. Il semble donc rationnel de remplacer la dénomination de région des vents variables, par celle de région des vents généraux d'Ouest.

§ 5. — Vents régnant sur les côtes de Madagascar.

CÔTE EST DE MADAGASCAR.

L'alizé du S.E., qui règne dans l'Océan Indien entre 10° et 28°S., ne s'étend pas en longitude jusqu'à la côte E. de Madagascar. On trouve, sur cette côte, des moussons régulières : celle de N.E.

variable au N.N.E., règne de novembre en avril; et celle de S.E. variable au S. et même au S.S.O., d'avril en novembre. Cette dernière période est celle de la belle saison, ou saison sèche.

Cette régularité est surtout sensible dans la partie de la côte située au S. du parallèle de 18°S. A mesure que l'on s'élève vers le N., l'époque de l'établissemeut des vents de N. s'avance sensiblement; et sur la côte depuis Fénérive jusqu'à Sainte-Marie, Tintingue et au-delà, les brises de S. ou de S.S.O. généralement fraîches règnent de mars en septembre. Pendant ce dernier mois de septembre, les vents hâlent le N.E. et atteignent quelquefois le N., alternant encore avec les vents de la partie du S. A cette époque, les brises de terre se font sentir, de 10 h. du soir à 9 h. du matin; elles sont très-faibles et ne s'étendent guère qu'à 6 milles de la côte. A partir de 11 h. ou midi, la brise prend du large et dure toute la journée.

La saison des pluies, ou hivernage, est la plus chaude et la moins salubre : elle dure *d'octobre en avril*, quoiqu'elle ne soit réellement bien indiquée qu'à partir du milieu de décembre. Du milieu d'avril au milieu de juin, le temps est généralement beau dans les environs de Sainte-Marie, les brises de l'E. et de l'E.S.E. ne donnant que peu ou point de pluie. Du milieu de juin au milieu d'août, on a une *seconde saison des pluies,* avec des brises fraîches et la mer souvent grosse. *Les cyclones* se font sentir sur la côte, depuis le S. jusque vers le parallèle de 15°N. Toutefois, à Sainte-Marie, et dans le N. de cette île, les ouragans sont assez rares et généralement faibles. Il faut craindre aussi les *ras de marée* pendant l'hivernage.

Après avoir donné ce résumé des instructions de M. l'Ingénieur hydrographe Germain, nous reproduisons ci-après les observations principales de M. le capitaine au long-cours Pallier (An. hyd. 1856).

Sur toute la côte E., existe une espèce de mousson. *De mars en septembre,* les vents sont généralement du S. à l'E.S.E. Aussi les navires au mouillage doivent-ils toujours se tenir sur leurs gardes, car dès que le temps devient à grains, il vente grand frais, le vent battant en côte, et la mer devient excessivement grosse. *De septembre en mars,* les vents inclinent de l'E.N.E. au N.E., et rendent les mouillages plus praticables. Il vente souvent bon frais de cette partie. Il paraît que si l'on aperçoit un orage sur la terre, on peut en conclure, avec une presque certitude, que la brise va diminuer et que le soir suivant il fera beau temps. En janvier, février et mars, ces orages causent parfois de fortes bourrasques de l'O.N.O. au N.N.O., mais de peu de durée. Les coups de vent qui ont lieu à la Réunion se font rarement sentir sur la côte de Madagascar.

Les coups de vent à Madagascar commencent par le S.O., tournent par le S. et le N.E., où ils tombent généralement. La mer est ordinairement belle au commencement des coups de vent, ce qui permet aux navires de s'élever de la côte. Ces coups de vent ont lieu du mois de février à la fin d'avril au plus tard.

D'octobre en février, on peut, sans grands risques, fréquenter la côte depuis Tamatave jusqu'à Mananzary.

CÔTE S.E., DE MATATANE A SAINTE-LUCE (1).

Depuis Matatane (21°50'S. environ) *jusqu'à Sainte-Luce* (24°50'S. environ), *en décembre et janvier*, le temps est pluvieux et l'on a de violents orages. Le vent dépend alors beaucoup plus souvent de la partie de l'O.; les brises sont modérées, sauf des grains fréquents, mais peu dangereux, car ils viennent de terre presque toujours.

En février et mars, le temps est moins pluvieux. Le vent tourne plus souvent du S. à l'E.; il est parfois violent, surtout vers la fin de mars. Cette époque est la plus dangereuse pour séjourner sur la côte. L'ouragan de 1860 s'est fait ressentir jusqu'à Sainte-Luce.

De mars en septembre, le vent régnant est le N.E. Il vient de terre, le matin; se fixe ensuite du N.E. à l'E., en passant par le N., vers 10 ou 11 h. du matin; souffle bon frais dans l'après-midi; mollit le soir et tombe dans la nuit, pour s'élever de la terre au matin. Ce vent dure parfois pendant 12 à 15 jours de suite; il est interrompu par des vents du S. à l'E. quelquefois très-violents, mais durant peu. En somme, durant cette saison, le temps est généralement très-beau.

En juillet et août, on a fréquemment des vents de S. à S.O. quelquefois très-forts.

De septembre en décembre, les vents du S. à l'E. deviennent plus fréquents; ils rendent la mer plus grosse et plus houleuse, mais ils sont moins forts et tendent à passer du S. à l'O. En novembre et

(1) Instructions résumées de M. le Capitaine au long-cours Marguin.

décembre, de violents orages surviennent fréquemment, et la foudre tombe souvent.

Le baromètre monte avec les vents de la partie du S.; et il baisse avec ceux de N. Ainsi, il se tient entre 756 et 762, quand le vent est N.E.; tandis qu'il peut atteindre 772, avec le vent de S.E.

La mer n'est grosse, sur la côte, qu'avec les vents du S. à l'E.; les mouillages sont alors dangereux, et la terre est généralement inabordable pour les embarcations. Au contraire, la mer n'est pas grosse avec le vent de N.E., qui souffle le plus souvent et parfois même très-frais.

Le courant va du N. au S. avec une vitesse ordinaire de 1 à 2 nœuds, qui atteint parfois 3 nœuds. Ce courant faiblit à certains moments, devient nul, et même peut porter exceptionnellement vers le N.; mais, en pareil cas, le contre-courant vers le N. dure peu; et dès qu'il cesse, le courant normal vers le S. reprend avec la plus grande rapidité. Plus on est éloigné de la côte, moins les courants sont forts; à 50 ou 60 milles, ils deviennent très-faibles.

Les indices de changements de temps sont nombreux. Ainsi, la diminution du courant général vers le S., son absence, ou la formation d'un contre-courant vers le N., la hausse du baromètre, la houle qui se forme, annoncent presque à coup sûr que le vent soufflera du S. à l'E., et avec d'autant plus de force et de durée que ces pronostics sont plus marqués. On peut observer aussi que les montagnes se dégagent des nuages à leur sommet, quand le vent vient de la partie du S.; elles se couvrent, quand il dépasse l'E. vers le N.; et elles se chargent de plus en plus à mesure que le vent s'approche davantage du N. ou le dépasse vers l'O. De même, la brise ordinaire du N.E. à l'E., retardant de quelques heures et faiblissant, est ordinairement un signe de changement de vent.

On appareillera, sans hésiter, dès que les indices en signaleront l'opportunité, afin de ne pas être surpris au mouillage, avec la mer grosse et le vent très-fort portant en côte. Si l'on appareille à temps, on s'élève dans le N. et l'on s'y maintient, en tenant bien compte des courants portant au S. qui, presque toujours, se font sentir avec la plus grande force, avant que les vents de S. soient entièrement terminés.

Pour attérir, il faut toujours attaquer la côte à 30 ou 35 milles au moins, dans le N. du point où l'on est destiné. Si l'on ne peut s'y rendre avant la nuit, on fera bien de se maintenir en louvoyant, sous toutes voiles possibles, ou même en mouillant sur la côte s'il fait calme ou si la brise est faible. Dans le cas où, avec des vents du N. à l'E., on se trouverait avoir atteri sous le vent du point de destination, il serait inutile de chercher à gagner au vent le long de la côte; mais il faudrait louvoyer, en se tenant à 45 ou 60 milles de la côte, où l'on trouverait les brises plus variables et le courant plus faible.

CÔTE SUD : DE FORT DAUPHIN AU CAP SAINTE-MARIE (1).

De Fort Dauphin au cap Sainte-Marie, dans la saison sèche, *d'avril en octobre*, les vents dominants sont ceux de l'E. au S. Ils soufflent bon frais le long de la côte, presque régulièrement tous les jours, de 10 h. du matin à 7 ou 8 h. du soir; ensuite ils mollissent, tombent et passent au N.E. Parfois, ils soufflent constamment de la même partie, pendant 3 ou 4 jours sans interruption, mais diminuant un peu d'intensité pendant la nuit. En pareil cas, ils dépendent plus du S. que de l'E. A 12 ou 15 milles au large, les brises de terre se font peu sentir. Ces vents sont interrompus à de longs intervalles, par ceux de l'O. au S.O. ordinairement modérés. Près du cap Sainte-Marie, qui termine la côte S., les vents inclinent plus souvent du S. à l'Ouest.

Durant la saison pluvieuse, d'octobre en avril, les vents ont moins de fixité; ils varient beaucoup de force et de direction et soufflent assez souvent du S. à l'O. Il y a de fréquents orages en décembre et janvier; et de violentes bourrasques en février et mars, venant de l'O. à l'E., passant par le Sud.

Le baromètre se tient haut, avec les vents du S.E. au S., et il baisse avec ceux de l'O. au Nord.

Le courant général porte vers l'O., mais il a moins de force que le courant portant au S., sur la côte S.E. Quand les vents sont de l'O. au S., le courant remonte vers l'Est.

CÔTE S.O. : DE SAINTE-MARIE A ANKOUBA (1).

Du cap Sainte-Marie à Ankouba, les vents principaux sont ceux du S. à l'O., en toutes saisons. Pendant la belle saison, d'avril en octobre, ils sont interrompus par des vents modérés du N. à l'O.; tandis que durant la saison pluvieuse, d'octobre en avril, ces mêmes vents accidentels du N. à l'O., surviennent quelquefois par fortes

(1) Instructions résumées de M. le Capitaine au long-cours Marguin.

bourrasques, durant peu mais très-redoutables cependant pour les navires qu'ils surprennent au mouillage. Le long des côtes, on ressent le matin des vents venant de terre, de l'E. au N. le plus souvent, passant dans la matinée vers l'O. et allant se fixer ordinairement de l'O.S.O. au S.O. bon frais. S'ils dépassent le S.O. vers le S., ils sont d'autant plus forts qu'ils se rapprochent davantage du S. On rencontre aussi quelquefois, sur la côte, des vents du S. à l'E. qui presque toujours soufflent grand frais sans interruption, durant 2 ou 3 jours.

Les courants suivent les vents, et parfois même les devancent. Ainsi, dans le S., les vents du S. à l'O. étant très-dominants, le courant porte généralement vers la partie du N.; au contraire, dans le N. de la baie Murder, les vents du N. à l'O. étant plus fréquents, on ressent le plus souvent des courants portant vers le Sud.

CÔTE OUEST DE MADAGASCAR.

Nous donnons ci-après un résumé des observations de M. le Commandant Fleuriot de Langle. On pourra compléter ces indications, en se reportant au § 8, où l'on trouvera un exposé du régime des vents dans le canal de Mozambique.

Le temps m'a paru toujours plus beau et plus doux à la côte O. qu'à la côte E. de Madagascar; la partie N. est plus exposée aux pluies et aux orages que la partie S. Les moussons ne m'ont point paru influencer beaucoup les vents qu'on y éprouve; ils viennent en général de terre pendant la nuit, et du large pendant le jour. J'ai d'ailleurs rarement vu, pendant trois ans de campagne, les moussons bien établies, et les commandants que j'ai rencontrés m'ont dit n'avoir vu que rarement les vents suivre exactement le cours des moussons.

Au N. du cap Saint-André, les brises du large soufflent du N.O.; et au S. du cap, elles soufflent du S.O.

Pendant l'hivernage, les nuages chassés par la brise du large s'amoncellent pendant la journée sur la grande terre; et, vers quatre heures, il s'élève un orage qui éclate du N.E. au S.E., quelquefois du S.O. Ces orages sont accompagnés de tonnerre et d'éclairs; ils donnent quelquefois du vent frais et se terminent par une pluie abondante, après laquelle l'atmosphère reprend sa sérénité. Il est rare d'avoir à prendre plus de deux ris, et cette réduction de voilure est généralement nécessitée par des vents d'O. ou de S.O., qui amènent un ciel gris et nébuleux.

Au milieu du canal, les vents diffèrent fréquemment de ceux de la côte de Madagascar. Les moussons dites du N.O. et du S.O. soufflent généralement du N.E. et du S.E.; et les vents du N.O. produisent ordinairement des coups de vent qui mollissent en passant au S.O. Aussitôt que les vents sont S., le ciel s'éclaircit.

Sur la côte N.O., la mousson de la partie du N.E. souffle assez régulièrement d'octobre en avril. Pendant l'autre partie de l'année, les vents soufflent entre le S. et l'O., depuis midi jusque dans la soirée; ils tournent ensuite, par le S., jusque vers l'E., direction d'où ils soufflent pendant la matinée.

§ 5. — Côte Sud d'Afrique : du cap de Bonne-Espérance au cap Corrientes.

En été, de septembre en mai, les vents dominent de la partie du S.E., soufflant quelquefois en coups de vent pendant trois ou quatre jours, et se terminant par des calmes ou par de légères brises d'O. Ces vents de S.E. ne soufflent d'ailleurs, avec une grande violence, que dans des régions peu étendues, et ils n'ont généralement qu'un caractère local : sur un point de la côte, les navires sont menacés d'être jetés au plein, tandis qu'un peu plus loin les vents sont modérés. Durant cette même saison, on peut aussi éprouver parfois des coups de vent d'Ouest.

En hiver, de mai en septembre, les vents dominent de l'O., soufflant fréquemment en forts coups de vent, dont la violence est surtout très-grande en juin, juillet et août. On peut avoir aussi, à cette époque, quelques brises de S.E.; mais elles ne durent guère longtemps. Il faut bien se défier des coups de vent qui surviennent soudainement dans ces parages; ils commencent de la partie de l'O., variant ordinairement de l'O.N.O. au N.N.O.; puis ils reviennent à l'O. et sautent parfois très-brusquement au S.O.; et il importe de se tenir très en garde contre ces sautes brusques. On a cependant quelquefois d'assez beaux temps, avec les vents de S.O. Lorsque les vents tournent au N.E. ou au N.O., accompagnés d'éclairs, il y a toute apparence qu'on recevra bientôt de lourds grains et qu'un grand mauvais temps s'approche.

En septembre et en octobre, ainsi qu'en avril, c'est-à-dire au commencement et à la fin de l'été, les forts coups de vent de la partie de l'O. ne sont pas rares, tandis que dans le courant de l'été ils ne surviennent qu'exceptionnellement.

A Port-Natal, les vents dominants sont ceux d'entre le S. et l'E. Toutefois, pendant la belle saison, d'avril en septembre, on a fréquemment des vents de S.S.O., d'O. et de N.O.; on a aussi des vents de N.E., accompagnant le beau temps. Les pluies sont plus fréquentes d'octobre en février que durant le reste de l'année.

A la baie Delagoa, les vents de la partie de l'O. au S. amènent le mauvais temps; et au contraire, ceux de la partie de l'E. dégagent le temps. De septembre en mars, on est dans la mauvaise saison; les pluies sont assez fréquentes, survenant avec les vents de la partie du S. et du S.O. Durant cette période, les coups de vent ne sont pas rares; ils durent un jour ou deux et se terminent avec les vents passant au S.E.

§ 6. — Côte d'Afrique : du cap Corrientes à l'Équateur.

La belle saison dure d'avril en octobre, avec des vents dominants de S.S.E. à S.S.O. Les brises régulières de terre et de mer sont alors bien établies.

La saison des pluies dure de novembre en avril, en même temps que règne la mousson de N., amenant des vents de N.E. à N.O. et quelquefois de très-mauvais temps.

Les saisons n'ont point d'ailleurs une grande régularité sur cette côte.

A Zanzibar, la grande chaleur s'observe de janvier en mars; et la température la moins élevée, de juillet en septembre. Les vents dominent de la partie du N.E., depuis le milieu de décembre jusqu'au milieu de mars; ils ont une grande force en janvier et février; et ils hâlent l'E.N.E. et l'E.S.E., vers la fin de février et au commencement de mars. Le changement de saison a lieu vers la fin de mars, et il est accompagné par de forts grains de S.O. et d'O. qui donnent des pluies abondantes. Depuis le commencement d'avril jusqu'en décembre, les vents dominent de la partie du S. et de l'E. Il y a deux saisons des pluies : l'une comprend les mois de mars, avril et mai, avec les pluies les plus abondantes; et l'autre saison, correspond aux mois de septembre et d'octobre. Des ouragans ont sévi plusieurs fois à Zanzibar, et notamment en avril 1858 ainsi qu'en avril 1872.

§ 7. — Côte d'Afrique : de l'Équateur au cap Guardafui.

D'octobre en mars, règne la mousson de N.E., qui est rarement forte auprès de la côte. *De mars en octobre,* souffle la mousson de S.O., donnant des vents de l'O.N.O. au S.O. Ces moussons s'établissent d'abord à petite distance, avant de se propager au large ; de même, elles commencent à souffler dans les parages de l'équateur, et elles remontent ensuite vers Guardafui.

D'octobre en janvier, les vents sont variables et font souvent le tour du compas ; les vents dominants sont ceux de la partie du N., et ils amènent de la pluie qui tombe quelquefois en grande quantité. De janvier en mai, les vents soufflent frais de la partie du N.E. à l'E.N.E., avec du beau temps ; toutefois, à partir de la fin de mars, ils hâlent souvent le S.O. en donnant du mauvais temps, particulièrement dans les parages du cap Guardafui.

De mai en octobre, les vents dominent de la partie du S. On peut cependant s'attendre à des calmes, auprès de la côte, en juillet, août et septembre, en même temps que les vents soufflent avec force au large.

Au moment des changements de moussons, les brises de terre et de mer sont généralement bien établies, le long de la côte d'Afrique. Elles sont plus fraîches et plus régulières, en février et mars, à la fin de la mousson de N.E., qu'elles ne le sont en octobre, à la fin de la mousson de S.O.

Auprès du cap Guardafui, il faut s'attendre à du mauvais temps et à de forts grains, pendant la mousson de S.O., et particulièrement en juillet, août et septembre. En même temps que ces mauvais temps règnent auprès du cap, on a souvent du beau temps et une belle mer, à une centaine de milles seulement au large. A cette époque, le temps est généralement très-brumeux, et l'on ne voit la terre que de très-près, de sorte qu'il faut sonder souvent. Quand on attérit à cette époque sur la côte N.E. d'Afrique, il faut aussi veiller le changement de couleur de l'eau qui passe du bleu au vert foncé, lorsqu'on approche de la terre ; on trouve également un utile avertissement dans le changement de direction de la houle que causent les terres avancées de Ras-Hafoon.

§ 8. — Canal de Mozambique.

On peut diviser l'année en deux périodes : l'une correspondant à la *mousson de N.*, de la fin d'octobre à la fin de mars; et l'autre, correspondant à la *mousson de S.*, du commencement d'avril à la fin d'octobre. Le changement des moussons a lieu entre la mi-mars et la mi-avril, et entre la fin de septembre et la fin d'octobre. Ces périodes intermédiaires sont ordinairement marquées par des temps à grains.

1° Mousson de Nord, de la fin d'octobre à la fin de mars.

Cette mousson règne, d'une manière générale, du commencement de novembre à la fin de mars, depuis le N. du canal jusque sur le parallèle de la baie Saint-Augustin. Elle s'établit au commencement de novembre dans le N. du canal ; mais seulement à la fin de ce mois, dans la partie Sud.

De novembre en avril, et dans le N. du parallèle de 18° ou de 20°S. jusqu'à l'extrémité N. de Madagascar, les vents soufflent de la partie du N.O. au N.E. par le N. Au contraire, dans le S. de ces parallèles de 18° à 20°S., les vents sont très-variables, et dominent de la partie du S. et du S.S.E., surtout auprès de la côte O. de Madagascar.

En octobre et novembre, on a ordinairement beau temps et belle mer. En décembre, commencent les pluies avec orages, les brises variables et les calmes. Les orages se forment au lever du soleil ; des nuages montant du S.O. et du N.E. se rencontrent, donnant du fort tonnerre et beaucoup de pluie ; la plus grande violence a lieu vers midi. Dans les Comores, les vents de N.E. ne sont généralement violents qu'à partir du milieu de décembre.

Il n'est pas rare que les vents de S. et de S.S.E. refoulent les vents de N., bien loin dans le N. du parallèle de 20°S., et quelquefois jusqu'aux îles Comores, en donnant des brises carabinées. La lutte des moussons produit, de décembre en avril, et surtout dans la partie méridionale du canal, des tempêtes tournantes, qui fort heureusement ne sont pas fréquentes. Ces ouragans, qui paraissent tout à fait locaux, sont souvent annoncés par un temps sombre et des bancs de nuages.

En février et mars, entre Zanzibar et l'équateur, les vents dominent du N.E. à l'Est.

2° *Mousson de Sud, du commencement d'avril à la fin d'octobre.*

A cette époque, qui constitue la belle saison, il est rare qu'on éprouve des coups de vent; mais il y a beaucoup plus de brise et de mer dans le canal que durant l'autre mousson. Les brises obligent souvent à prendre deux ris dans les huniers et la mer est dure.

Entre l'île Europa et Mozambique (15°S.), les vents soufflent régulièrement de la partie du S.S.E. Dans le N. du parallèle de Mozambique (15°S.), jusqu'au cap Delgado et jusqu'aux Comores, les vents sont variables du S.S.E. au S.O.; ils soufflent fréquemment avec force de cette dernière partie, aux époques de nouvelle et de pleine lunes. En se rapprochant de Zanzibar, les vents sont encore plus variables.

En général, pendant cette saison, les vents soufflent, au milieu du canal, dans le sens même du chenal, ou à peu près. Quand on se rapproche de la côte S. et S.O. de Madagascar, ils varient du S.O. au S.E. et à l'E.S.E.; et, quand on est près de la côte d'Afrique, les brises de terre et de mer deviennent fréquentes.

D'ailleurs, les variations de la brise, pendant la mousson de S.O., ne paraissent assujetties à aucune règle apparente, dans le canal de Mozambique. Dans certains cas, la direction de la brise hâle un peu le S. pendant le jour; dans d'autres circonstances, la même variation se produit durant la nuit. Des grains se forment parfois, donnant des vents de S.O. ou de S.E. accidentels dont il est bon de profiter quand ces directions sont favorables.

3° *Partie Sud du canal de Mozambique.*

A toute époque de l'année, entre le cap Corrientes et l'extrémité S. de Madagascar, les vents dominent du S.E. au S.O. Ces vents, pendant la belle saison, envahissent tout le canal et forment la mousson du S., pendant laquelle les coups de vent de l'O. au N.N.O. durent peu. Au contraire, durant la mousson de N., les vents de S.E. et de S.O., qui sont toujours dominants dans la région méridionale, ne peuvent plus enfiler le canal, et sont arrêtés par les vents de N.E. et de N.O. Cette rencontre des vents produit des coups de vent, des tourbillons, de grosses pluies, des temps couverts et une mer démontée.

Nous complétons ces renseignements, sur les vents du canal de Mozambique, en reproduisant deux notes inédites qui nous ont été obligeamment communiquées par MM. les capitaines au long-cours Loubatière et Ventre.

OBSERVATIONS DE M. LE CAPITAINE LOUBATIÈRE.

« Pour établir convenablement le régime des vents, dans le canal de Mozambique, il est nécessaire de diviser cette mer en deux régions : celle qui se trouve au N. du parallèle de 18°S., dans laquelle les moussons sont régulières ; et celle qui se trouve au S. de ce parallèle.

» *Dans cette région, au S. du parallèle de 18°S.*, les vents soufflent, *au milieu du canal*, pendant presque toute l'année, du S.S.E. au S.S.O., avec beau temps. Ils sont interrompus quelquefois par des calmes, particulièrement d'octobre en avril. De décembre en mars, les vents de N. qui, à cette époque, soufflent parfois grand frais au N. du canal, refoulent accidentellement les vents polaires vers le S.; les vents de S.S.E. et de S.S.O. résistent aussi quelquefois, et refoulent à leur tour les vents tropicaux jusqu'aux îles Comores ; la rencontre de ces vents opposés occasionne des coups de vent et aussi des tempêtes à type rotatoire. *Sur la côte d'Afrique*, les vents alternent du N. et du S. par l'E., pendant toute l'année ; mais les vents de S. sont plus constants en juin, juillet et août, et les vents de N. en octobre, novembre et décembre. Les vents de terre de la nuit se font régulièrement sentir, surtout pendant la durée des vents de S., ils ne s'étendent guère au large et cessent peu de temps après le lever du soleil ; en février et mars, à la suite des pluies de l'hivernage, on voit ces vents durer parfois un jour ou deux de suite.

» *Au N. du parallèle de 18°S.*, la mousson de S. commence vers la deuxième quinzaine de mars et dure jusqu'en septembre ; pendant cette période, les vents du S.S.E. au S.S.O. soufflent en général jolie brise dans le canal avec beau temps. *Sur la côte d'Afrique*, les vents viennent du S.O. à l'O., pendant la nuit et la matinée, et tournent au S.E. et à l'E.S.E. pendant le jour. Le changement que l'on nomme, dans le pays, *Virazaôs*, a lieu entre huit heures du matin et midi et est précédé d'un intervalle de calme plus ou moins long, pendant lequel la chaleur est excessive ; parfois, à ce moment, de grands cumulus amoncelés et suspendus au zénith laissent tomber quelques gouttes de pluie. Ces vents du S.S.E. au S.S.O. s'étendent au N. jusqu'à l'équateur.

» La mousson de N. commence en septembre et dure jusqu'en mars; c'est l'époque des pluies, des orages et du mauvais temps. Pendant octobre, novembre et une partie de décembre, les vents du N. au N.E. sont en général bien établis, et le temps est beau à la mer. A terre, on ressent déjà de fortes ondées. En janvier, février et une partie de mars, les vents dominants sont du N., mais ils sont moins bien établis; ils sont souvent interrompus par les vents du S.; les orages et les grains sont plus fréquents. Les premiers sont accompagnés de fortes décharges électriques; quant aux grains, ils donnent des rafales de courte durée, parfois des trombes, ou bien des calmes prolongés par de faibles brises très-variables accompagnées de pluies torrentielles. Enfin, c'est l'époque où l'on est exposé à recevoir des coups de vent du N. ou du S., qui dégénèrent parfois en tempêtes tournantes locales, lesquelles sont soumises aux mêmes lois et produisent les mêmes effets que les cyclones de l'hémisphère austral.

» *Vents de terre.* — Pendant la mousson de N., la régularité des vents de terre est souvent troublée. Ces brises sont toujours plus faibles que celles qui se font sentir pendant la durée des vents du S.; quelquefois même, elles font absolument défaut, ce qui rend la sortie des ports et surtout la sortie des rivières à barres très-difficile; cependant, après les pluies de l'hivernage et lorsque les terres sont saturées d'humidité, ces brises sont parfois très-fraîches dans la matinée. Dans ce cas, elles s'étendent assez loin du rivage, soufflant dans une direction perpendiculaire à la côte, tandis que dans les autres circonstances les vents de terre ne sont que des déviations vers la terre des vents régnants : les vents de S. passant au S.O. et à l'O.S.O., et les vents de N. passant au N.O. et à l'O.N.O.

» *Remarques diverses.* — A Mozambique, on a remarqué que, lorsque l'année est très-pluvieuse, on est plus exposé à recevoir des tempêtes que dans les années de sécheresse. Dans ce cas, l'effet a été pris sans doute pour la cause, car les tempêtes sont toujours précédées et accompagnées de pluies torrentielles; mais l'observation n'en conserve pas moins toute sa valeur.

» On a de plus remarqué que les cyclones du canal de Mozambique (appelés Manamoucayos par les naturels) sévissent dans un espace circonscrit. Ils ne se rattachent aucunement aux cyclones de l'Océan Indien, et sont propres aux parages dans lesquels ils se font sentir. Ils se forment, en général, dans la partie N. du canal, toujours au-dessous du parallèle de 12°S.; ils se dirigent vers le S., et leur diamètre ne dépasse point 100 milles. Il y a cependant des exceptions à cette règle. Les cyclones du canal sont rares, il se passe souvent plusieurs années sans qu'on en rencontre aucun.

» Pendant l'hivernage, les orages qui se forment fréquemment sur la terre, dans l'après-midi, dépassent rarement le rivage. Les cumulo-nimbus sillonnés par la foudre s'étagent en piles majestueuses au-dessus de la côte; le tonnerre se fait entendre dans le lointain, pendant qu'à quelques milles au large on ressent la brise régnante régulière et le ciel est très-pur. Au contraire, les orages qui viennent de la mer s'étendent très-facilement sur la terre et donnent beaucoup de pluie sur les îles voisines du rivage. »

OBSERVATIONS DE M. LE CAPITAINE VENTRE.

» Dans le N. du parallèle de Joao de Nova (17°S. environ), j'ai reconnu, après un grand nombre d'années d'observations, que la proportion des vents des différentes directions peut être répartie, pour chaque mois, comme il suit :

	VENTS de la partie du N.E.	VENTS de la partie du Sud.		
En Janvier....	22 jours.	4 jours.	et	5 jours de N.O., d'E., avec calme, pluie et temps à grains.
En Février.....	15 ..id...	6 ..id...	et	7 ..id.. de temps variables, pluies et calme.
En Mars........	6 ..id...	16 ..id...	et	9 ..id.. de faibles brises, variables du S. à l'E., pluies.
En Avril.......	6 ..id...	20 ..id...	et	4 ..id.. de temps variables, calmes et pluies.
En Mai.........	3 ..id...	28 ..id...		
En Juin........	0 ..id...	30 ..id...		
En Juillet......	0 ..id...	31 ..id...		
En Août........	3 ..id...	20 ..id...	et	8 jours de vents variables, du S.E. à l'O.
En Septembre.	5 ..id...	10 ..id...	et	15 ..id.. de vents faibles de S.O., d'E., avec calmes.
En Octobre....	13 ..id...	13 ..id...	et	5 ..id.. de vents faibles de S.O., d'E., avec calmes.
En Novembre.	15 ..id...	6 ..id...	et	9 ..id.. de vents de N. à l'E., faibles, temps à grains et calmes.
En Décembre..	18 ..id...	3 ..id...	et	10 ..id.. de vents de N. à N.O., faibles, calmes, temps à grains, pluies.

» Dans le S. du parallèle de 17°S. jusque vers le cap Corrientes, les vents sont plus variables, et ils soufflent fréquemment de la partie de l'E. pendant la mousson de N. Dans cette région, de décembre en avril, on éprouve quelquefois des coups de vent, un ou deux par exemple. Ces coups de vent ne remontent que rarement jusqu'au parallèle de Mozambique, soit à des intervalles de 7 ou 8 ans; et l'on peut dire qu'ils n'atteignent jamais Ibo. »

§ 9. — Golfe d'Aden.

Pendant la mousson de S.O., d'avril en octobre, les vents sont très-variables et plus frais durant le jour que durant la nuit, entre le méridien de Bab-el-Mandeb et celui de Guardafui.

En avril et mai, auprès de la terre, les vents sont ordinairement légers et variables, de l'E.N.E. au S.E. et au S. Quoique le temps soit généralement beau à cette époque, le ciel est fréquemment nuageux et l'horizon voilé par la brume. Le long de la côte, les brises de terre et de mer sont établies: la brise de terre durant de 4 h. du matin à 8 h. du matin. En avril, on a quelques pluies; et pendant la nuit, une rosée très-abondante. Parfois, on éprouve de fortes brises d'Ouest.

En juin, le temps est généralement variable et sombre. Dans la matinée, on a du calme ou de légères brises, qui peuvent fraîchir vers midi, et souffler assez fortes de la partie du S., en causant une longue houle sur la côte d'Arabie.

A la fin de juin, en juillet et en août, on doit s'attendre à de fortes brises d'O. et de S.O., dans les détroits de Bab-el-Mandeb et jusque vers le méridien de l'île Burnt (ou Meyet), soit jusque vers 45°04'E. environ. Ces vents sont très-favorables, quand on se rend de la mer Rouge dans l'Océan Indien. Mais, en se dirigeant ainsi vers l'E., les navires sont exposés, après avoir dépassé le méridien de l'île Burnt, à voir la brise tomber complétement, ou à peu près, jusqu'au moment où ils sont parvenus à dépasser de beaucoup le méridien de Ras-Rhemat (46°30'E.). Au-delà de ce méridien, on commence à ressentir les premiers souffles de la mousson de S.O., qui enfile le chenal entre Guardafui et Socotora. Pendant ces mêmes mois, de la fin de juin à la fin d'août, le temps est généralement sombre et l'on a quelquefois un brouillard très-épais pendant plusieurs jours de suite. Sur la côte d'Arabie, les vents soufflent ordinairement de la partie du S., frais pendant le jour, et légers durant la nuit. Le long de cette côte, on a une longue houle de S. : de plus, quand le vent de S. a soufflé et qu'il commence à tomber vers le soir, il faut se défier de violents grains venant de terre et qui sont ordinairement annoncés par un nuage de poussière. Sur la côte d'Afrique, dans l'O. de Guardafui, on éprouve, surtout pendant la nuit, de forts vents de terre de la partie du S.S.O., durant une heure environ, et suivis ordinairement de calmes ou de brises de l'O. ou de l'O.S.O. : ces vents de terre sont brûlants et désagréables.

En septembre, les vents d'O. cessent, et l'on a des brises de terre et de mer. Les nuits sont souvent calmes, et presque toujours d'une chaleur accablante. *En octobre,* le temps est à peu près le même ; on a seulement quelquefois de petites pluies.

Pendant la mousson de S.O., existe très-généralement une *zone de calmes* dans l'espace de forme triangulaire, dont le cap Guardafui serait le sommet, et qui aurait pour côtés : une 1re ligne joignant ce cap à Ras-Rhemat (46°30′E.), et une 2me ligne joignant toujours le cap Guardafui à Ras-Kosair (48°E). Cette zone de calmes et de légères brises sépare la région proprement dite des vents du golfe d'Aden de la partie où soufflent les moussons de la mer d'Oman.

La température, d'avril en août, varie de 27° à 35°. En septembre et au commencement d'octobre, elle oscille de 30° à 36°. Pendant cette mousson, sur la côte d'Afrique, on observe quelquefois 43°, lorsque les brises soufflent de terre.

La mousson de N.E. comprend la période *de novembre en avril.* Elle commence à se faire sentir vers les premiers jours de novembre ; et elle augmente surtout de force, vers les époques de nouvelle et de pleine lunes.

En novembre et décembre, le temps est variable, nuageux, et souvent menaçant. Les brises dominent de l'E. à l'E.N.E. ; et l'on éprouve fréquemment de petits coups de vent, accompagnés de fortes pluies.

En janvier, février et mars, le temps est beau et généralement clair. Le vent varie encore de l'E. à l'E.N.E., et augmente de force à mesure qu'on approche de Bab-el-Mandeb. On peut avoir accidentellement de petites pluies.

La température, pendant cette mousson, varie de 20° à 27°.

A Aden, la température varie de 24° à 29°, pendant les mois de novembre, décembre, janvier et février. Cette période correspond à la saison fraîche, et la température se rafraîchit de plus en plus à mesure que la mousson de N.E. acquiert de la force. A partir de mars, la chaleur augmente. Dans ce mois, on a 27° et en avril 30°. Pendant le mois de mai, la chaleur commence à être très-pénible, variant de 29° à 35°. La température est aussi très-élevée, en septembre, au moment où cessent les vents de la partie de l'Ouest.

§ 10. — Mer Rouge.

(1) *Du commencement d'octobre à la fin d'avril*, période qui représente la saison d'hiver, et depuis les détroits de Bab-el-Mandeb jusqu'à Jibbel-Teer (15°31'N. environ), on peut dire que les vents soufflent constamment de la partie du S., sauf dans les cas exceptionnels où ils s'établissent du N. pendant un jour ou deux, vers les nouvelles et pleines lunes. Mais deux mois de suite se passent quelquefois, sans que les vents de S. éprouvent d'interruption. Le courant porte généralement comme le vent : sa vitesse atteint 15 ou 20 milles par jour : particulièrement quand il porte vers le S., parce que dans ce cas les eaux tendent à s'écouler avec plus de violence après avoir été en quelque sorte accumulées dans le N. de la mer Rouge, par les vents de S. C'est probablement pour le même motif que l'on constate parfois un courant portant au S., contre un vent de S., quand les brises de cette partie après avoir été fraîches commencent à mollir.

Les vents de S. élèvent le niveau des eaux, tandis que les vents de N. le font baisser. Cet effet est très-apparent sur la rade de Jeddah, où les embarcations peuvent aller directement du mouillage au rivage, quand les vents soufflent du S.; tandis qu'une suite de bancs assèchent et ne laissent qu'un chenal sinueux et peu profond, lorsque les vents soufflent du Nord.

De Jibbel-Teer au parallèle de 19° ou 20°N., pendant la même

(1) Traduction des instructions du commander T. E. Rogers, I. N.

saison d'octobre en avril, les vents sont variables, soufflant à peu près autant de la partie du N. que de la partie du S. : les vents de N. dominent davantage quand on se rapproche de 19°N.; et ceux de S., lorsqu'on est plus près de Jibbel-Teer. Dans cette région, les courants portent généralement dans la même direction que le vent. Quelquefois, ils traversent la mer portant à l'E., ou à l'O., avec une vitesse de 20 milles en 24 heures; dans d'autres circonstances, d'ailleurs assez rares, les courants portent contre le vent, à raison de 12 à 15 milles par 24 heures. Les vents n'acquièrent pas, dans cette partie centrale de la mer Rouge, une force aussi grande que dans les régions situées plus au N. et plus au Sud.

Entre les parallèles de 21° et de 27°N., pendant la même saison d'octobre en avril, les vents dominent de la partie du N.; cependant il arrive rarement qu'une demi-lunaison se passe, sans que l'on éprouve un jour ou deux de vents de S., particulièrement de la fin de novembre au commencement de mars. Les courants, dans cette région, sont sensiblement les mêmes que ceux de la partie comprise entre Jibbel-Teer et Jeddah. En approchant de la limite N. de la région qui nous occupe, c'est-à-dire en approchant du parallèle de 27°N., les vents de S. sont plus rares; et au contraire l'on éprouve fréquemment de violents vents de N. durant deux ou trois jours.

Entre le parallèle de 27°N. et Suez, le vent souffle presque constamment de la partie du N.; et il n'est guère interrompu exceptionnellement par des vents de la partie du S. que pendant les mois de décembre, janvier et février. Les courants portent comme le vent, mais ils n'acquièrent pas autant de force que dans les régions plus méridionales. Il est rare que les vents de la partie du N.O. soufflent avec violence pendant plus de 12 ou 15 heures de suite; et, d'après mes observations, la force de ces vents n'est jamais aussi grande en été qu'en hiver.

En juin, juillet, août et septembre, les vents de la partie du N. soufflent à peu près sans interruption et avec une force plus ou moins grande, dans toute la mer Rouge, de Suez à Bab-el-Mandeb.

Il arrive parfois qu'on trouve quelques brises de terre, particulièrement en août et septembre; et un navire bon voilier peut s'élever au vent, à cette époque, de 35 milles environ par jour, en remontant de Moka à Suez.

En partant de Moka à la fin de juillet, l'*Euphrates* atteignit Suez en 36 jours; et en partant de Moka à la fin d'août, il fit la même traversée en 32 jours. Pendant ces deux voyages, le navire n'eut jamais le 2me ris dans les huniers, depuis Moka jusques au-delà des détroits de Jubal. La mer fut généralement belle; le courant généralement contraire et quelquefois favorable: en moyenne, il y eut de 3 milles 1/2 à 4 milles de courant contraire par 24 heures, dans toute la traversée.

D'après les observations du captain Kydd, E. I. C., dont Horsburgh fait mention, le vent soufflerait en général avec plus de force pendant le jour que pendant la nuit. Contrairement à cette assertion, j'ai constaté, après avoir louvoyé à trois reprises différentes, en juin, en juillet et en août, que dans aucun cas il ne m'a été nécessaire de prendre le 2me ris des huniers pendant le jour; tandis que durant la nuit, je me suis vu généralement forcé de le faire prendre, et même de prendre le ris de la grand'voile (1).

Dans la mer de Suez, un horizon embrumé est ordinairement un signe de vent; mais cette indication est loin d'être infaillible. La même remarque s'applique aux nuages légers et floconneux suspendus au-dessus des montagnes du Tor ou du Sinaï, que l'on aperçoit de l'entrée S. des détroits de Jubal.

Pendant les mois d'hiver, dans toute la mer Rouge, le vent de N. est généralement accompagné par un temps sec; et le vent de S., par un temps humide. Les changements de direction du vent peuvent ainsi être annoncés quelques heures à l'avance, et alors qu'aucun autre indice ne les ferait prévoir.

Pendant les mois d'été, l'atmosphère est généralement humide dans toute la mer Rouge; mais le ciel est tellement clair, autour du zénith, qu'on peut souvent apercevoir, dans cette direction, une planète en plein jour.

En louvoyant pour atteindre les détroits de Jubal, je pense que le

(1) Un capitaine fort expérimenté, qui a fait plusieurs traversées de la mer Rouge, et dont nous avons eu l'occasion de prendre l'avis à ce sujet, pense que cette contradiction sur la force plus ou moins grande des vents, pendant le jour et pendant la nuit, n'est seulement qu'apparente. D'après lui, quand la brise de N. est établie *fratche*, elle est réellement plus forte la nuit que le jour, comme le disent Rogers et Moresby. Mais, au contraire, quand les vents de N. affectent un état de mollesse, ils mollissent vers quatre heures de l'après-midi, pour reprendre un peu plus forts vers le matin; ce qui donne raison, dans ce cas, aux observations du captain Kydd. D'après le commandor Taylor, les vents de S.E., régnant *en hiver* dans la partie méridionale de la mer Rouge, acquièrent leur plus grande force dans le jour, et particulièrement dans l'après-midi.

mieux est de ne pas s'éloigner de la côte d'Arabie. Je suis confirmé dans cette opinion, par l'exemple des bateaux turcs qui, en se rendant de Jeddah à Cosire, vont prendre connaissance de l'île de Tirâhn, avant de s'aventurer à passer de l'autre côté, tellement ils craignent d'accoster la côte d'Egypte au-dessous de Cosire. Mais, en agissant ainsi, on irait 60 milles plus loin dans le N. qu'il n'est utile de le faire avec un navire bon voilier. Je citerai comme exemple le navire turc que j'ai vu arriver à Cosire avant un autre qui était cependant parti de Jeddah 13 jours plus tôt ; et cela parce que le premier avait trouvé au-dessous de Cosire des vents de S. favorables pour lui, tandis que ces vents avaient été contraires pour le second navire qui avait atterri à grande distance dans le Nord.

Dans la mer Rouge, le vent souffle rarement par rafales ; néanmoins, il augmente souvent de force avec beaucoup de rapidité dans la partie N. de cette mer.

Durant les mois de décembre, janvier et février, il peut arriver qu'on trouve quelquefois un vent favorable, de Moka à Cosire, et qu'on fasse la traversée en 6 ou 7 jours. Mais je n'ai jamais entendu dire que les mêmes circonstances favorables se soient produites, pour la traversée inverse de Cosire à Moka, si ce n'est pendant les mois d'été. »

Nous donnons maintenant une traduction des observations du commander T. Elwon, I. N.

« La mousson de N.E. de la mer d'Oman se transforme en vent de S.E., en pénétrant dans la mer Rouge. Se trouvant repoussée par les hautes terres d'Afrique, dans un passage étroit, cette mousson atteint une grande force et est principalement refoulée vers la côte d'Arabie, car il est probable que les vents sont plus violents sur cette côte que sur celle d'Abyssinie. Ces vents mollissent généralement après avoir dépassé les îles Harnish et Zoogur, par 14°N. environ ; et, quand ils atteignent la partie la plus large de la mer, ils se changent graduellement en brises légères, le long des récifs extérieurs de la côte d'Arabie, ou bien ils vont vers l'O. parmi les bancs et les îles de la côte d'Afrique, et ils se fondent peu à peu avec les vents qui dominent de la partie du N. dans cette région.

Les vents de la partie du S. commencent en octobre et persistent jusque vers la fin de mai ou le commencement de juin. Ils atteignent leur plus grande force depuis octobre jusqu'à la fin de janvier ; et, à certaines époques, ils s'étendent jusqu'à Suez, quoique le plus souvent ils n'aillent pas jusqu'à Jeddah. Ils sont fréquemment suivis par des brises légères et variables, ou par des vents de la partie du N., sur le parallèle de 18°N. *De février à la fin de mai,* les vents de S. ne soufflent pas toujours avec autant de force que pendant les mois précédents, et ils sont souvent suivis par des vents de la partie du N. durant plusieurs jours. Cette remarque s'applique surtout au mois de février, époque à laquelle les bateaux du pays font leurs traversées à destination de la partie S. de la mer.

D'octobre en janvier, dans la partie méridionale de la mer, le temps est généralement embrumé et gras, ne permettant de rien voir qu'à très-petite distance. Le long des récifs extérieurs, en novembre et décembre, on éprouve souvent des rafales et de la pluie. *De février en mai,* le temps est variable, et particulièrement en avril et mai. Dans le S. du parallèle de 15°N., nous avons reçu de forts grains de la partie de l'E., accompagnés de nuages épais de sable et quelquefois de pluie.

Au commencement de juin, les vents de la partie du S. sont suivis par ceux de la partie du N.O., qui soufflent rarement avec une grande force, dans la partie méridionale de la mer. Pendant les mois de juin et juillet, ces vents de N.O. continuent à souffler avec assez de régularité ; mais, en août et septembre, ils sont fréquemment légers et variables. Durant ces deux derniers mois, on rencontre quelquefois des brises légères de la partie du S. ou des calmes. A cette époque, le temps est souvent très-gras et embrumé, particulièrement sur la côte d'Arabie ; par suite, la côte d'Abyssinie est de beaucoup la plus agréable et la plus saine.

Dans le chenal intérieur, le long de la côte d'Abyssinie, les vents de la partie du N., tendant à se changer en brises de terre et de mer, paraissent dominer pendant toute l'année. Il est d'ailleurs probable que dans ces parages, de même que dans toute la région méridionale de la mer Rouge, on a souvent de légères brises variables et des calmes en août et septembre, époque à laquelle les vents de la partie du S. sont rares. Le temps est généralement beau d'août en octobre ; mais il semble que la période comprise de novembre en mars corresponde à la saison pluvieuse sur cette côte. En avril, nous avons trouvé le temps nuageux ; en mai, juin et juillet, beau temps ; toutefois, pendant ces mois, et de 19° à 20°N., nous avons eu plusieurs fois des vents chauds, et de forts grains venant de terre. C'est ainsi que, d'après le journal de M. Salt, le navire *Panthère* se vit forcé de dérader, à Massouah, par 15°30′N., le 20 juin, par un simoun ou grain venant de terre.

Sur la côte d'Arabie, on a un temps analogue et les mêmes vents. Nous avons fréquemment trouvé des brises de terre et de mer en mars et avril ; néanmoins, nous avons reçu de fortes rafales venant de terre, en avril et mai. De mai en juillet, en même temps que nous trouvions ces vents de terre sur la côte de Nubie, le temps était épais et embrumé, et il y avait de fortes rosées, de l'autre côté, auprès de la terre d'Arabie. »

Nous terminons ces indications, en donnant une traduction des instructions du commandant Moresby.

« Dans la partie comprise entre Suez et Jeddah, pendant toute l'année, les vents dominent de la partie du N., soufflant parfois avec une grande violence, mais se modérant généralement aux époques des changements de lune. Durant les mois d'hiver, de décembre en avril, les vents de la partie du S. sont quelquefois établis pendant plusieurs jours, soufflant frais par occasion, ce qui arrive principalement dans la mer de Suez où ils atteignent la force d'un coup de vent maniable. A cette même époque, dans la mer de Suez, les coups de vent de la partie de l'O. ne sont pas rares ; ils sont appelés *vents égyptiens* par les gens du pays qui redoutent beaucoup leur violence. Sur la côte d'Arabie, près de Jeddah, dans le S. et dans le N. de ce port, les vents de la partie du N., du N.E. et de l'E., soufflent quelquefois avec une grande force, pendant les mois d'hiver, apportant de terre des nuages de poussière. »

§ 11. — Côte Est d'Arabie.

1° *Pendant la mousson de S.O., de mai en septembre.*

Au large de la partie de côte comprise entre Kosaïr (48°E.) et Ras-al-Hed (57°15′E.), la mousson dure du milieu de mai à la fin d'août. L'atmosphère est ordinairement très-embrumée, surtout à l'horizon, de sorte qu'on doit se défier du voisinage de la terre, et sonder fréquemment. Le vent souffle en jolie brise, ou tout au plus en brise fraîche durant le jour ; et elle tombe pendant la nuit. Quant à la mer, elle est moins grosse le long de la côte qu'au large. *Au commencement de mars*, on a fréquemment des vents de S. très-frais. *Vers la fin de Mars et pendant le mois d'avril*, on a généralement de légères brises variables. *Le mois de mai* est douteux ; la mousson commence ordinairement à la fin de ce mois ; et elle a toute sa force depuis le *milieu de juin jusqu'à la fin d'août.* Le vent est surtout violent et la mer dure, en juillet, et sur la partie de côte comprise entre Ras-Merbat (52°22′E.) et l'île Masirah (56°15′E.), particulièrement dans la baie de Kuriyan-Muriyan. Dans les environs de cette baie, la mousson de S.O. s'établit par un coup de vent accompagné d'éclairs, de pluie et de tonnerre. *En septembre*, temps chaud, vents modérés de l'O. et du S. *En octobre*, légères brises variables et calmes ; près de la côte, on peut trouver des brises de terre et du large ; et durant la nuit on a quelquefois de légers grains de pluie.

Les pluies sont rares, *sur la côte E. d'Arabie ;* mais on peut en avoir dans le golfe d'Aden. Les rosées sont très-abondantes.

2° *Pendant la mousson de N.E., d'octobre en avril.*

En octobre, on a de légères brises variables. *En novembre*, sur la partie de côte comprise entre l'île Masirah (56°15′E.) et Ras-al-Hed (57°15′E.), on a des brises de terre légères et durant peu, et des brises de mer du S.E. au S. Dans l'O. de Masirah, les brises de terre sont rares. *Pendant ce même mois de novembre et au commencement de décembre*, on a parfois une forte brise de N.E., causant une mer dure et clapoteuse. *Du commencement de décembre au commencement de mars*, la mousson souffle, *au large*, du N.E. à l'E.¹/₄S.E., avec un temps clair, sans grains et sans pluie. *Auprès de terre*, la direction du vent varie selon la direction de la côte ; l'atmosphère est embrumée surtout quand les vents viennent de terre.

Du 15 décembre au 15 mars, entre Ras-Seger (51°12′E.) et l'île de Masirah (56°15′E.), on est exposé à de fortes brises de terre que les naturels appellent *belat*, et qui soufflent parfois pendant plusieurs jours, soulevant une grosse mer au large. Ils s'annoncent par un léger arc de brume paraissant au-dessus de la terre la veille au soir, ou par le vent qui hâle la terre dans la soirée. Ils commencent entre minuit et quatre heures du matin, soufflant d'abord en brise légère qui croît au bout d'une heure jusqu'à la force d'un petit coup de vent. Ils tombent, vers midi, aussi brusquement qu'ils ont commencé. Les navires qui se trouvent très près de terre doivent se défier particulièrement des belats, qui tombent quelquefois complétement pendant la nuit; on peut alors avoir une heure environ de calme plat; puis des rafales excessivement violentes descendant des montagnes et se succédant durant plusieurs heures, à quelques minutes d'intervalle les unes des autres. Les belats sont fréquemment suivis par de forts vents de S.E., amenant une très-forte houle.

Dans la baie de Kuriyan-Muriyan, le temps est plus variable que partout ailleurs; les vents y sont violents, les sautes de vent soudaines; et les belats y sont furieux. On y est de plus exposé, en février et mars, à de fréquents coups de vent de S.S.O.

Aux environs de Masirah, les vents dominent du S.E., de décembre en mars; toutefois, ils sont variables et soufflent assez souvent du N.E., en brises modérées.

Du milieu de mars à la fin d'avril, on a, sur toute la côte d'Arabie, des vents faibles et variables. Auprès de la terre, on trouve des brises de terre et de mer. Dans le N., entre les environs du golfe de Masirah (55°30'E.) et Ras-al-Hed (57°15'E.), les brises de N.E. sont plus faibles; et celles de S.E. à S.O. plus fréquentes.

§ 12. — Golfe Persique.

Le climat du golfe Persique est très-fatigant. *En été*, la chaleur est très-forte et humide; elle n'est tempérée ni par des pluies, ni par des nuages; de plus, tous les vents apportent de la poussière. La côte d'Arabie est plus chaude et moins saine que celle de Perse; enfin la partie S. du golfe est plus chaude que l'extrémité N. *En hiver*, les vents sont vifs et froids; la température est meilleure pour les Européens, mais le climat est réputé moins sain à cette époque qu'en été.

De juin au milieu de septembre, la chaleur est très-forte, jour et nuit. *A la fin de septembre*, les nuits sont un peu moins chaudes. *En octobre*, la température est plus supportable, et à la fin de ce mois on a quelques grains. *Novembre* et *décembre* sont de beaux mois tempérés. *Janvier et février* sont froids et marqués par du mauvais temps : coups de vent et pluie. *En mars*, la température est agréable, beau temps et vent variable. *A la fin d'avril*, commence la chaleur. *Mai* est beau et chaud.

Les calmes sont très-fréquents et durent souvent pendant plusieurs jours. Il n'y a de *pluies* qu'en hiver seulement.

Dans le golfe Persique, le vent dominant est le N.O., appelé *shemal* par les indigènes. Il commence à toute heure et généralement brusquement ; et c'est toujours au commencement qu'il est le plus mauvais. Il ne s'étend pas constamment sur tout le golfe, et il tombe quelquefois, pour peu de temps, au commencement du jour. Le *shemal* d'été dépasse rarement la force d'une bonne brise ; mais, en hiver, ce vent est frais, et parfois grand frais.

Le *shemal* dure ordinairement trois jours, quelquefois sept jours ; les plus forts *shemals* ne durent souvent qu'un jour. Ce vent souffle pendant neuf mois environ de l'année, dans la moitié N. du golfe, et, presque sans interruption, en juin et dans une partie de juillet, époque où il prend le nom de *grand shemal*.

Avant le *shemal*, il arrive parfois que la rosée ou l'humidité de l'air disparaît ; et souvent, dans la partie S. du golfe, il se forme une grosse houle du N.O. Si le baromètre était bas, il monte dès que le vent souffle ; mais, en général, pas avant, et il se tient haut pendant toute sa durée. Lorsque le *shemal* souffle, l'air est ordinairement très-sec, chargé d'une poussière fine, venant des déserts, qui forme une brume épaisse et se dépose sur le pont et sur le gréement des navires, même hors de la vue des côtes.

Pendant les mois d'hiver, les vents de S.E., appelés *koss* par les indigènes, alternent avec le *shemal*. Le *koss* souffle rarement pendant plus de trois jours, et, généralement, en bonne brise. Mais, de décembre en avril, ce vent souffle parfois grand frais ; les *koss* les plus forts ne durent souvent qu'un jour.

Quand le vent commence à tourner au S., le *koss* est fini ; et, souvent, il est remplacé presque immédiatement par un *shemal*. D'autres fois, le vent souffle fort du S. ou du S.O. pendant peu de temps, et tombe sans qu'il survienne de *shemal* avant plusieurs jours. Mais si le vent de S.O. tourne rapidement au N.O., on doit s'attendre à un fort *shemal*.

Lorsque le *koss* souffle, l'atmosphère est généralement humide, le temps sombre, orageux, et les grains sont violents. Le baromètre baisse pendant la durée de ce vent, sinon avant.

Pendant la mousson de S.O., les navires allant à Mascate et au golfe Persique cessent de ressentir la mousson, dès qu'ils ont atteint le méridien de Ras-al-Hed. A cette époque, on doit s'attendre surtout à des calmes, à de petites brises, ou à de légers vents de S.E., qui rendent la sortie du golfe pénible pour un voilier. *Pendant la mousson de N.E.*, et dans l'O. du méridien de Ras-al-Hed, les vents de N.O. et de N.E. (Shemals et Nashis) sont fréquents.

§ 13. — Côtes du Sindh et de Katiawar (de Karachi à Diu).

En janvier, brises du large de N.N.O. à S.O., et brises de terre de N.E. Temps généralement beau et clair; on peut s'attendre cependant à des grains et à de la pluie, près de Karachi. *En février*, les brises de terre durent peu et font souvent défaut; les brises du large soufflent de l'O.S.O. à l'O.N.O. A la fin du mois, on doit craindre un fort coup de vent d'O. accompagné d'une grosse mer qui rend le mouillage de Karachi dangereux. *En mars*, brises de terre encore plus irrégulières; brises de mer d'O. à N.O., parfois très-fortes et accompagnées de temps sombres et humides. *En avril*, mêmes vents, brouillards, temps très-humide; on a parfois de la houle venant de l'O. *En mai*, vents d'O. à S.O.; brouillards, fortes rosées; parfois forte houle de l'O.; les nuages commencent à s'amonceler. *En juin, juillet et août*, on est en pleine mousson de S.O.; vents d'O. à S.O.; temps embrumé et chargé; les grandes pluies arrivent à la fin de juillet avec des orages; la houle est grosse surtout en juillet. *En septembre*, légères brises d'O. à S.O., avec des grains venant de terre; temps brumeux; on a encore de la houle. *En octobre*, beau temps, belle mer, légères brises d'O. à N.O.; les brises de terre commencent à s'établir à la fin du mois. *En novembre*, les brises de terre et de mer, de l'O. et du N.O., sont bien établies; les brises de terre dominent de plus en plus, à mesure que le mois s'avance; le temps est très-clair. *En décembre*, brises régulières de terre et du large, entre le N.N.O. et le N.E.; beau temps frais et clair; les vents de N.E. surtout sont forts et peuvent souffler pendant plusieurs jours de suite; ils sont quelquefois suivis par de très-légères brises de S. qui ne durent pas.

§ 14. — Golfe de Cambaye.

En janvier, vents de N. à N.N.E. et à l'E.; beau temps. *En février,* vents de N.O. à N.E.; beau temps. *En mars,* vents variables, soufflant quelquefois frais pendant 2 ou 3 jours de suite. Le temps est généralement frais, mais on a parfois un vent chaud durant quelques heures. *En avril,* vents frais de S. à S.O.; temps couvert et accablant; se défier des grains très-violents de l'O., durant quelques heures et survenant une ou deux fois dans le mois. *En mai,* vents de S.S.O. à l'O., fréquemment très-forts et à rafales; temps sombre et brumeux, avec tonnerre et éclairs. *En juin, juillet et août,* on est en pleine mousson de S.O., et la navigation n'est plus sûre dans le golfe. *En septembre,* vents frais de S.O. à l'O. mollissant vers la fin du mois; légers grains de pluie. *En octobre,* légères brises variables dominant du N. au N.N.E.; beau temps très-chaud pendant le jour; calmes fréquents la nuit. *En novembre,* vents variables de l'O.N.O. à l'E.N.E.; temps très-chaud. *En décembre,* brises modérées de la partie du N.; beau temps.

§ 15. — Côte Ouest de l'Hindoustan.

MOUSSON DE N.E.

La mousson de N.E., sur la côte occidentale de l'Hindoustan, correspond à la saison du beau temps. Elle dure à peu près de novembre en avril; mais on peut admettre, d'une manière générale, que le commencement et la fin de la mousson, pour chaque lieu, se produisent quelques jours après que le soleil a passé dans le S., puis dans le N. du parallèle du point d'observation.

Dans le S. de Mahé et de Calicut, la mousson de N.E. s'établit dès le mois d'octobre. Dans les environs de Bombay, elle ne commence généralement que vers le milieu de novembre.

La période de changement de moussons dure de six à huit semaines, de la fin de septembre au commencement de novembre. On éprouve alors des vents dominants de N.O., et parfois de S.O. et de S., de légères brises, des calmes et des temps couverts donnant quelques averses. Au moment où la mousson de S.O. se termine, on a souvent beaucoup de tonnerre et d'éclairs; quelquefois même survient à cette époque un ouragan de la partie du S., entre S.O. et S.E. Enfin, dans la partie S. de la côte, entre le cap Comorin et 13° ou 14°N., on peut recevoir en septembre et octobre de forts grains de terre. Lorsque la mousson de N.E. s'établit, elle amène la succession régulière des brises de terre et de mer, et le temps devient beau, le ciel pur et la mer très-belle.

En décembre et janvier, les brises de terre sont fortes et régulières; quelquefois même, dans le S. de Calicut, elles soufflent pendant plus de 24 heures de suite, sans que la brise de mer s'établisse. Mais, *à partir de février,* les brises de terre mollissent, durent moins et ne sont plus aussi régulières. *Quant aux brises de mer,* elles sont faibles en novembre et jusque vers le milieu de décembre; puis elles augmentent de force.

La brise du large s'établit, vers midi, de l'O.S.O., de l'O. ou du N.O.; elle hâle généralement la partie du N. dans l'après-midi, en mollissant; puis elle tombe après le coucher du soleil et est suivie par du calme durant jusque vers 9 heures du soir. *La brise de terre* se lève entre 9 heures et 11 heures du soir; s'établit du N.E. à l'E.S.E., et souffle jusqu'à 9 ou 10 heures du matin; puis elle tombe peu à peu et le calme se fait jusque dans les environs de midi.

En mars et avril, comme nous l'avons déjà dit, les brises de terre sont faibles et n'ont aucune régularité, tandis que les brises du large sont fortes et régulièrement établies de la partie du N.O. Ces derniers vents commencent à souffler, vers midi, de la partie de l'O.N.O.; ils tournent au N.O. dans l'après-midi, puis au N.N.O. dans la soirée. Ils mollissent vers minuit, et sont remplacés: soit par du calme, soit par une très-légère brise de terre soufflant souvent de la partie du Nord.

En avril, le temps est brumeux. Le soir, des nuages chargent l'horizon sur la terre et l'on a des ondées de pluie. On peut éprouver des coups de vent.

En mai, comme dans les deux mois précédents, les vents dominent de la partie du N.O., accompagnés d'un beau temps un peu brumeux. Mais ces vents n'ont plus de régularité, et ils passent parfois au S.E. et au S.O. donnant un temps menaçant, couvert, avec des éclairs et de légers grains de pluie. On a quelquefois vers le milieu de la nuit de forts grains, accompagnés de pluies ; ces grains donnent surtout de violentes rafales, entre Mangalore et l'île Hog. Il est bon, à cette époque, de se tenir à bonne distance de terre, afin de n'avoir rien à craindre des coups de vent qui peuvent survenir ; ils soufflent ordinairement de la partie du S.O. ou du S.

La saison la plus chaude sur la côte du Malabar, est comprise de mars à la fin de mai (therm. de 27° à 32°).

MOUSSON DE S.O.

La mousson de S.O., ou saison pluvieuse, dure à peu près pendant les cinq mois d'été, de mai en octobre. On peut d'ailleurs admettre, d'une manière générale, que le commencement et la fin de la mousson, dans chaque lieu, se produisent quelques jours après que le soleil a passé dans le N., puis dans le S. du parallèle du point d'observation. Cette saison des pluies dure donc moins longtemps sur la partie N. de la côte, que sur la partie Sud.

Sur les côtes de Concan et de Canara, c'est-à-dire depuis Bombay dans le N. jusque vers Mahé et Calicut dans le S., on observe dans les derniers jours de mai de gros nuages qui se forment vers midi, au-dessus des montagnes. Ils s'élèvent en marchant contre la brise du large et en donnant des éclairs horizontaux, puis fourchus, jusque dans la soirée où les nuages se dissipent et l'on a une nuit claire. Après une semaine environ de ce temps, les orages persistent au commencement de la nuit, au lieu de se dissiper ; ils donnent alors des pluies abondantes durant une heure ou deux, avec accompagnement d'éclairs éblouissants et de roulements de tonnerre ; puis on a des brises de S.O., qui durent une partie de la nuit seulement dans les premiers jours, et ensuite de plus en plus longtemps. Au bout de quelques jours, les vents de S.O. augmentent de force dans la journée, avec un temps couvert et à grains, et dès lors la mousson de S.O. se trouve établie. On a alors environ 40 à 50 jours consécutifs de pluies. *Dans les parages de Bombay,* les premiers mauvais temps commencent généralement *entre le 8 et le 15 juin,* surtout dans les nuits voisines de la nouvelle lune, c'est-à-dire avec les nuits noires. Ces mauvais temps sombres, pluvieux et à grains, durent jusque vers le 20 juillet ; et les pluies diminuent au commencement d'août. Sur la côte du Malabar, et à la fin de septembre ou vers le commencement d'octobre, on doit se tenir en garde contre un coup de vent d'E., nommé *Elephanta*, qui est accompagné de pluie et de tonnerrre, et qui indique la fin de la saison des pluies.

Sur les côtes de Malabar et de Travancore, c'est-à-dire depuis Calicut environ dans le N. jusqu'au cap Comorin dans le S., la mousson *s'établit* généralement *dans les derniers jours de mai*, c'est-à-dire 15 ou 20 jours plus tôt que dans les parages de Bombay. Elle s'annonce par une grosse et longue houle ; et elle commence : soit par des temps à grains du S.O., soit par un coup de vent de S.E. tournant au S.O. *En juin et juillet*, les vents soufflent du S.O. à l'O.$^1/_4$S.O., avec de violents grains, beaucoup de pluies et une mer grosse ; le ciel est ordinairement chargé et le temps permet rarement de faire des observations. *A la fin de juillet et en août*, la mousson mollit et les grains hâlent l'O. et l'O.N.O. A cette époque, et du cap Comorin à Quilon, les vents dominent du N.O. et de l'O.N.O. *En septembre*, le temps est plus modéré et les grains sont rarement forts ; les vents dominent de l'O. et de l'O.N.O. ; une grosse houle d'O.S.O. se fait souvent sentir ; le ciel est fréquemment couvert et menaçant, mais il ne donne guère que de fortes pluies. En somme, sur la partie S. de la côte de l'Inde qui nous occupe, la *saison des pluies* dure de mai en novembre.

§ 16. — Mer d'Oman.

La mousson de N.E. commence vers le milieu d'octobre et est bien établie pendant novembre, décembre, janvier et février. Les vents soufflent alors avec du beau temps et une belle mer.

D'après M. le commandant Fleuriot de Langle, cette mousson est bien établie en janvier et février, entre 45° et 55°E. ; elle varie du N.E. à l'E.N.E. dans la zone comprise entre 10° et 15°N. ; elle incline graduellement jusqu'à l'E.S.E. auprès du cap Guardafui, où cette mousson est souvent interrompue par des coups de vent du N. au N.O. En mars et avril, la direction générale est la même, cependant la mousson de N.E. commence à hâler l'E., en même temps que dans le golfe d'Aden les vents dominants de S.E. commencent à hâler le S. Ce mouvement des vents dans le sens du N.E. à l'E., au S.E. et au

S., se continue jusqu'en mai et juin, époque où la mousson atteint la direction générale du S.O.

La mousson de S.O. commence vers le milieu ou à la fin d'avril; s'établit franchement en mai; et souffle généralement avec force pendant les mois de juin, juillet et août, en causant une grosse mer. Sur la côte de Sindh, on a de fortes brises de l'O.S.O. et une grosse houle. Sur la côte orientale d'Afrique, les vents sont très-forts à cette époque, de la partie du S.S.O.; ils enfilent avec violence les passages compris entre Socotra, Abdul-Koory et le cap Guardafui (ou Ras-Asir). Ces vents fortement établis de la partie du S.S.O. au S.O. règnent, en travers de l'entrée du golfe d'Aden, dans l'E. d'une ligne qui serait tracée joignant le cap Guardafui à Ras-Rehmat (1). Septembre est un mois de transition.

Dans la partie centrale de la mer d'Oman, entre les méridiens de 56° et 68°E., et entre les parallèles de 5° et 12°N., le ciel est généralement dégagé, les brises modérées, la mer belle et les grains rares, pendant que la mousson de S.O. souffle avec toute sa force sur les côtes d'Arabie et de l'Inde.

D'après M. le commandant Fleuriot de Langle, cette mousson de S.O. opère généralement son mouvement de gauche à droite, et les parallèles voisins de l'équateur sont les premiers où elle se manifeste. En avril et mai, les vents sont déjà E., E.S.E. et S.E. entre 0° et 5°N. En mai et juin, la mousson de S.O. commence. D'octobre en décembre, elle fait une évolution, et les vents passent successivement du S.O. au S.S.O., au S.S.E. et remontent au N.E.

Pendant les mois où les moussons ne sont pas bien établies, on peut profiter des variations de vent de ces époques de transition, pour remonter ou descendre la côte d'Afrique, entre le cap Guardafui et l'équateur.

§ 17. — Iles Laquedives.

Dans l'E. des Laquedives, entre ces îles et la côte O. de l'Hindoustan, les vents sont très-frais pendant la mousson de S.O., variant de l'O.S.O. au S.S.O., et hâlant rarement le S. De la fin de septembre au commencement de novembre, durant la mousson de N.E., le temps est souvent à grains et pluvieux.

(1) Ras-Rehmat se trouve sur la côte d'Arabie, à peu près par 46°30'E.

Dans l'O. de ces îles, depuis le commencement de novembre jusqu'à la fin de février, la mousson de N.E. est bien établie, soufflant du N. au N.E. et hâlant la partie de l'E. durant la nuit. En mars et avril, les vents de N. à N.N.O. jouent de 2 à 3 quarts par 24 heures, en dominant surtout du N.N.O. En mai, l'on peut s'attendre à des vents de la partie de l'O.; et, aussitôt que la mousson de S.O. s'établit, on éprouve généralement une longue houle souvent fort grosse auprès de la chaîne des îles Laquedives et Maldives. Mais, dans cette région, le temps n'est jamais aussi mauvais qu'auprès de la côte de l'Inde; les rafales ne sont pas aussi fortes, et les pluies ne sont pas aussi abondantes. En septembre, alors que la mousson de S.O. est sur sa fin, les calmes sont fréquents; et les vents dominent de la partie du N.O. jusque vers le mois de novembre, époque où la mousson de N.E. commence à s'établir.

Dans les parages des Laquedives et au milieu de ces îles, la mousson de N.E. est bien établie au commencement de l'année; cependant les vents sont généralement légers, excepté lorsqu'ils soufflent du N., ou d'une direction un peu à l'O. du N., circonstances dans lesquelles on peut avoir de fraîches brises durant deux ou trois jours. Vers la fin de février, il n'y a plus guère d'E. dans la direction du vent. En mars, on éprouve habituellement des brises de N. durant le jour; et de N.O., durant la nuit, fraîchissant surtout vers minuit. Au commencement d'avril, les éclairs font leur apparition pendant la nuit. Au bout de quelques jours, de forts grains surviennent, accompagnés de pluie, pendant les soirées, amenant des vents de la partie du S.E. et quelquefois de l'O. On a ensuite de forts vents de N.O., soufflant durant trois ou quatre jours. En résumé, le mois d'avril est marqué par des temps très-variables, et parfois par un coup de vent de S., ou même par un cyclone. En mai, les vents dominent du N.O.; mais on peut s'attendre aussi à des brises de S.O. et à une longue houle venant de l'O., qui est l'avant-coureur de la mousson de S.O. Celle-ci commence à s'établir avant la fin de mai, et elle dure jusqu'en septembre, époque où le vent hâle le N.O. Pendant ce mois de septembre et en octobre, les vents jouent du N.O. au N. et à l'O.; en novembre, ils varient du N.N.O. au N.N.E. Durant ce dernier mois de novembre, on peut craindre des coups de vent de S.E. dans le N.O. de l'archipel. Pendant la première quinzaine de décembre, le vent hâle beaucoup la partie du N., et atteint parfois le N.N.O., en soufflant frais durant deux ou trois jours. Pendant la seconde quinzaine de décembre, le vent commence à prendre de l'E. dans sa direction; et l'on peut considérer cette époque comme le commencement de la mousson de N.E., qui ne donne d'ailleurs en général que des brises modérées.

§ 18. — Iles Maldives.

(1) *Dans la partie Sud de cet archipel*, et dans le voisinage de l'équateur, les temps sont très-variables, pluvieux et à grains. En janvier, février et mars, époque de la mousson de N.E., les vents dominent du N. et du N.E., quoique soufflant parfois à l'O. du N.; cette saison donne des temps moins couverts et moins de pluie. En avril et mai, vents variables, dominant de la partie de l'O. De mai en décembre, vents de l'O.$^1/_4$S.O. au S. et au S.S.E., avec beaucoup de pluies et des grains. Vers le milieu de décembre, époque à laquelle commence la mousson de N.O. dans le S. de l'équateur, il faut s'attendre, dans les parages du chenal équatorial, à de lourds grains et à de forts coups de vent de la partie de l'O. et de l'O.N.O., avec de grandes ondées de pluie, durant une quinzaine de jours environ.

Dans la partie centrale de l'archipel, pendant la mousson de N.E., le temps est différent de celui de la partie méridionale. On se trouve, en effet, entre cette dernière région où règnent des vents variables, accompagnés de grains fréquents et de pluies; et la région septentrionale de l'archipel, où l'on a généralement, à cette époque, de beaux temps et des brises modérées. Durant la mousson de S.O., la partie centrale des Maldives est soumise à des temps moins différents de ceux de la partie méridionale de l'archipel.

Dans la partie N. des îles Maldives, la mousson de N.E. est bien établie du milieu de décembre à la fin de février, donnant des brises faibles ou modérées de la partie du N.N.E. à l'E.N.E., avec de légers grains de pluie, durant une quinzaine de jours. En mars et avril, les vents hâlent le N. et le N.O.; et en avril on peut éprouver des coups de vents ou des grains. En mai, commence la mousson de S.O., dont la durée est de quatre mois seulement. En septembre, les

(1) Instructions de Taylor.

vents hâlent le N.O. et l'on a parfois des grains d'O. accompagnés de pluies. En octobre, les vents sont modérés et variables de l'O.¼S.O. au N.¼N.O., donnant un temps frais et agréable ; on peut avoir cependant quelquefois pendant ce mois de lourds grains accompagnés de pluie. En novembre, les vents sont légers, entre N.N.E. et N.N.O., avec des grains accidentels de la partie de l'E. Après le milieu de novembre, on a une période d'une huitaine de jours environ, avec un temps sombre, nuageux et tempêteux, avec des pluies persistantes venant de l'O. Après cette mauvaise série, la mousson de N.E. s'établit ; et en décembre, elle souffle avec régularité de l'E.N.E., donnant un temps clair et agréable, quoique interrompu quelquefois par de la pluie et des grains de l'E.S.E.

§ 19. — Iles Seychelles et Chagos.

Aux îles Seychelles, la belle saison correspond à la mousson de S.E., et dure de mai en novembre, période pendant laquelle le climat est très-agréable. La mauvaise saison, ou saison des pluies, correspond à la mousson de N.O., et dure de décembre en avril. Pendant cette période, les vents varient du N.O. à l'O.S.O., entrecoupés de calmes, de grains et de pluies. Les mois de décembre et de janvier sont très-chauds et sont généralement accompagnés par de grandes pluies. Ces îles paraissent être en dehors de l'action des ouragans ; du moins, nous ne connaissons point d'exemple de tempête ayant sévi dans ces parages.

Les mêmes saisons règnent aux îles Chagos, vers les mêmes époques : mousson de N.O. ou saison pluvieuse, de la mi-décembre à la mi-avril ; et mousson d'E., ou belle saison, de juin en septembre, avec des vents d'E.N.E. à E.S.E. Enfin, l'on a des brises variables pendant les périodes intermédiaires, c'est-à-dire du milieu d'avril à la fin de mai, et du commencement de novembre au milieu de décembre.

§ 20. — Ile de la Réunion.

(1) *Pendant la belle saison, d'avril en décembre,* les vents soufflent continuellement du S.E., variant au S.S.E. et à l'E.S.E. ; la brise fraîchit ordinairement à 9 heures du matin, et diminue d'in-

(1) Observations de M. l'enseigne de vaisseau Cloué (aujourd'hui vice-amiral).

tensité à 4 heures de l'après-midi. Les nuits sont généralement assez calmes, et s'il en est autrement, on peut être presque certain qu'il ventera forte brise la journée suivante. Si pendant le jour la brise est modérée et tombe de bonne heure, on aura une petite brise de terre pendant la nuit. Les brises sont généralement très-fraîches pendant les mois de juin, juillet et août.

Lorsque dans la journée, et surtout vers 3 heures de l'après-midi, les montagnes sont couronnées de gros nuages blancs, on pourra en conclure que la brise de terre viendra de bonne heure. Au contraire, si les montagnes sont découvertes, la brise de terre ne viendra que très-tard et quelquefois pas du tout.

Dans les quartiers sous le vent de l'île, ce sont les vents de S.O. et d'O. qui sont les vents généraux et qui soufflent pendant toute la belle saison.

Pendant l'hivernage, de décembre en avril, les vents généraux de S.E. continuent, mais ils sont généralement moins forts. De plus, ils sont fréquemment interrompus par des calmes et par des vents d'O. et de N.O. C'est dans cette saison qu'on est exposé à essuyer de forts coups de vent et même des ouragans. Après ces coups de vent, on a souvent un calme profond ou un vent d'O. qui est toujours de peu de durée et qui fait bientôt place aux vents généraux de S.E.

Les courants suivent ordinairement la côte dans un sens ou dans l'autre, sans qu'on puisse assigner aucune cause à leurs changements de direction et d'intensité. Ils acquièrent quelquefois une vitesse de 3 nœuds à l'heure. Les courants, à terre et à 12 ou 15 milles au large, portent souvent dans des directions contraires et avec des vitesses égales. On fera donc bien, quand on louvoiera pour s'élever au vent, de chercher par un grand bord à reconnaître le courant le plus favorable.

De tout temps, afin d'éviter les abordages, les navires doivent être affourchés sur les rades de l'île, sur celle de Saint-Denis en particulier : on aura l'ancre d'affourche au S.O. pendant la belle saison, à cause des brises de terre de la nuit ; tandis qu'on aura l'ancre d'affourche au N.O. pendant l'hivernage, à cause des grains du large. On devra, pendant l'hivernage, avoir toujours une embossure frappée sur ses deux câbles, et être prêt à démaillonner, s'il devient nécessaire de mettre promptement sous voiles.

(1) Sur toutes les rades *du vent* de la Réunion, de Saint-Pierre à Saint-Denis, la brise est généralement forte, venant du S E., inclinant au large dans la journée. Sur le soir, elle diminue de force ; et dans la nuit elle souffle d'une direction rapprochée de la terre. Telle est la seule différence qui, dans cette partie de l'île, existe entre la brise de terre et la brise de mer.

Sous le vent de l'île, l'influence de la terre est bien autrement forte. De 10 heures du soir à 10 heures du matin, règne la brise du S.E. Ce vent de terre s'affaiblit dans la matinée, le calme se fait ; puis, vers midi, apparaissent les premières rides produites par la brise du large. Elle commence au S.O.¼O. ou au S.O., tourne un peu dans la journée et s'éteint le soir en mourant, venant alors de l'O.N.O.

De novembre en avril, la brise n'est pas aussi régulière ; la mousson de N.O. s'étend jusqu'aux îles Mascareignes ; et l'on éprouve à la Réunion des brises variables soufflant fréquemment de l'O.

Voici quelle est la hauteur moyenne barométrique, pour chaque mois :

Janvier	= 757m/m	Avril	= 759m/m	Juillet	= 763m/m	Octobre	= 762m/m
Février	= 757	Mai	= 760	Août	= 764	Novembr.	= 760
Mars	= 758	Juin	= 762	Septembr.	= 763	Décembr.	= 758

§ 21. — Iles Maurice et Rodrigue.

A l'île Maurice, les saisons et le régime des vents présentent de grandes analogies avec ceux de la Réunion. Le climat est d'ailleurs très-variable, dans les différentes parties de l'île, suivant leur exposition. La partie S.E., ou côté du vent, est soumise à l'influence de l'alizé de S.E. qui souffle à peu près constamment, de sorte que cette région est plus fraîche (de plusieurs degrés) que celle du N.O. de l'île, ou côté sous le vent. La saison des pluies dure de décembre jusqu'au commencement d'avril ; les mois de novembre et de décembre particulièrement sont les plus chauds, et ceux pendant lesquels tombent les grandes pluies. Mais, on peut recevoir des grains de pluie et des averses à toute époque de l'année.

A Port-Louis, les vents dominants, pendant les différents mois,

(1) Observations de M. le lieutenant de vaisseau Lefebvre.

sont les suivants : En janvier, février et mars, vents d'E.S.E. au N.E. et au N.O. ; en avril, E.S.E. à E.N.E. ; en mai, S.E. à E.S.E. ; en juin, S.S.E. à S.E. ; en juillet et août, S.S.E. au S. ; en septembre, S.E. à E.S.E. ; en octobre, S.E. à E. ; en novembre, S.E. à E.N.E. ; en décembre, S.E. à E. et à N.O.

A l'île Rodrigue, les alizés sont plus persistants qu'à l'île Maurice et à la Réunion. Ils soufflent, durant toute l'année ou à peu près, entre l'E. et le S.E., et produisent dans cette île une température fraîche et égale. Ces vents sont généralement accompagnés d'un beau temps nuageux ; les calmes sont assez rares. Lorsque, dans les parages de cette île, on trouve des vents variables, de la partie du S.O., de l'O. ou du N.O., avec des calmes et des grains, il faut bien veiller le baromètre et se défier de l'approche d'un cyclone, car un semblable temps est exceptionnel et prouve une altération anormale du régime ordinaire des vents.

§ 22. — Golfe de Manar.

La mousson de N.E. commence, dans le golfe, vers le milieu de novembre, et dure jusqu'à la fin janvier. *Sur la côte de l'Inde,* elle souffle constamment du N.N.E. jusqu'en février, époque à laquelle les brises de terre et de mer s'établissent. *Sur la côte N.O. de Ceylan,* on trouve généralement les brises de terre et de mer, avec beau temps, pendant cette mousson.

En avril, la direction du vent, dans le golfe, hâle le S. et souffle en brise du large : du S.E. sur la côte de l'Inde, et du S.O. sur la côte de Ceylan. La mousson de S.O. s'établit, vers le milieu de mai, sur cette dernière côte ; et, quelques jours plus tard, le long de la côte de l'Inde.

La mousson de S.O. commence, dans le golfe, vers le milieu de mai, avec de fortes pluies, beaucoup de tonnerre et d'éclairs. *En juin et juillet,* la mousson est dans toute sa violence ; elle est encore forte en août, quoiqu'elle commence à mollir de plus en plus jusque vers la fin de septembre. *En octobre,* on a de jolies brises et la mer belle. Toutefois, entre les derniers jours d'octobre et le milieu de novembre, on éprouve deux ou trois semaines de grosses pluies, avant que la mousson de N.E. s'établisse.

Sur la côte de l'Inde, dans le golfe de Manar, il n'y a de saison des pluies que depuis la fin d'octobre jusqu'au milieu de novembre. Au contraire, *sur la côte de Ceylan,* il y a une première saison de très-fortes pluies en mai, et une autre de pluies moins fortes en octobre et novembre. Entre mai et octobre, les pluies sont d'ailleurs assez fréquentes : les mois de juillet et août étant les moins pluvieux.

D'après Horsburgh, les vents de la partie de l'O. seraient dominants pendant huit mois, de mars en novembre.

§ 23. — Ile de Ceylan.

L'île de Ceylan est située de telle manière, à l'extrémité de la pointe S. de l'Hindoustan, que ses côtes E. et O. peuvent être considérées comme le prolongement des côtes de Malabar et de Coromandel, au point de vue des saisons. Ainsi, la mousson de N.E., de novembre en février, correspond à la belle saison, sur la côte O. de l'île ; tandis que sur la côte E., elle amène le mauvais temps et les pluies.

Sur la côte O. de Ceylan, les vents de la partie de l'O. au S.O. commencent à s'établir vers la fin de mars, et ils soufflent avec force jusqu'en octobre. Ils sont fréquemment plus violents dans la partie N. que dans la partie S. de cette côte, sur laquelle ils amènent une longue houle et un fort ressac. La mousson de N.E., de novembre en février, ramène le beau temps.

A Colombo, aux époques des changements de moussons, en mai et juin, ainsi qu'en novembre et même en décembre, on peut s'attendre à recevoir un coup de vent. Toutefois, les mauvais temps sont rares en décembre, et il peut s'écouler plusieurs années sans qu'on en ressente. Les coups de vent ne sont point d'ailleurs violents en général, et ils n'interrompent pas ordinairement les communications des navires avec la terre. On a cependant à craindre, durant la mousson de S.O., de tomber sur des séries de mauvais temps à grains, avec une grosse mer, rendant le passage de la barre difficile. Une digue doit être construite, à Colombo, pour y créer une rade abritée et d'une étendue suffisante ; mais il n'est pas considéré comme certain, par tous ceux qui ont étudié la question, que les résultats obtenus soient durables et en rapport avec les sommes considérables que sa construction doit coûter à l'autorité locale. La température de l'air varie de 24° à 31°.

A Pointe-de-Galles, pendant la mousson de S.O., du commencement d'avril à la fin de novembre, il y a dans le port une grosse houle qui vient du S., alors même que les vents tournent à l'O.N.O. ou au N.O., ce qui arrive fréquemment. Durant la mousson de N.E., du commencement de décembre à la fin de mars, il est toujours possible d'entrer à Pointe-de-Galles, en profitant de la brise de mer qui varie du S.S.E. à l'O. pendant une partie de la journée, ainsi que des vents de la partie du N. que l'on trouve de bonne heure dans la matinée au large de la côte. La température de l'air varie de 21° à 31°.

Sur la côte S. de Ceylan, et jusqu'aux Basses, les vents sont généralement dominants de la partie de l'O., pendant toute l'année. Ils soufflent d'abord régulièrement de cette partie, durant la mousson de S.O. ; puis, quand la mousson de N.E. est établie partout ailleurs, on trouve sur cette côte des brises alternatives. Ces brises soufflent de l'E. ou du N.E., pendant la matinée seulement, comme « brises de terre ; » puis, elles se transforment après midi en « brises du large, » venant de l'O. ou du S.O.

Sur la côte E. de Ceylan, la mousson de N.E. est établie à la même époque que sur la côte de Coromandel. En novembre, le vent souffle du N.N.E. à l'E.N.E., avec un temps généralement pluvieux et à rafales. En octobre, novembre et décembre, de fortes pluies tombent sur la partie N. de l'île. Du milieu de décembre à la fin de janvier, la mousson est généralement modérée du N. au N.N.E. ; elle n'est violente qu'exceptionnellement ; pendant le reste de la saison, le temps est parfois très-embrumé. Il peut arriver qu'on éprouve, en novembre, décembre et janvier, des coups de vent qui rendent l'approche de cette côte très-dangereuse, car ils portent en plein sur la terre. En février ou mars, commence la mousson de S.O. sur la partie méridionale de la côte ; au commencement d'avril et en mai, elle gagne la partie N. de l'île. A partir de la fin de mars, et pendant toute la mousson, on peut s'attendre à recevoir, de temps à autre, des rafales de N.O. avec de la pluie. En avril et pendant la première quinzaine de mai, les vents sont généralement variables et modérés : soufflant de l'E. au S.E., pendant le jour ; du S., vers le soir ; et du S.O. et de l'O., au commencement de la nuit. A partir du milieu de mai, les brises de mer (de l'E. au S.E.) cessent de souffler ; les vents sont frais de la partie du S.O. et de l'O. avec du temps relativement beau, en juin, juillet, août et septembre.

Dans la baie de Palk, en mai, juin et juillet, les vents de la partie du S.S.O. sont fréquemment très-forts et à rafales. Au moment des changements de moussons, les brises de terre et de mer s'établissent.

§ 24. — Golfe du Bengale.

En janvier, la mousson de N.E. règne dans toute cette mer. Dans les premiers jours de mars, la mousson de S.O. commence à s'établir dans la partie N. du golfe, auprès de la côte d'Orixa ; deux ou trois semaines plus tard, elle atteint la côte de Golconde ; et elle continue ainsi à se propager en avançant assez lentement vers le S. jusque dans les parages voisins de l'équateur, où cette mousson ne commence à souffler qu'en mai. A cette époque, vers le milieu de mai, la mousson de S.O. règne dans tout le golfe. Elle cesse de souffler d'abord dans les parages de l'équateur, vers le mois d'août ; puis, de plus en plus tard, en remontant vers le N., de sorte que ce sont en général les régions les plus éloignées de l'équateur qui conservent le plus longtemps la mousson de S.O : laquelle s'établit plus tôt et cesse plus tard dans ces parages que dans ceux plus voisins de la ligne.

Dans le fond du golfe, entre la côte de Calcutta et le parallèle de 20°N., la mousson de N.E. dure du milieu de novembre à la fin de janvier. Lutte des moussons et vents variables, en février. *La mousson de S.O.* dure du commencement de mars au commencement de septembre. Lutte des moussons depuis le commencement de septembre jusqu'au milieu de novembre.

Entre les parallèles de 20° et de 15°N., mousson de N.E., du commencement de novembre au commencement de février. Lutte des moussons, du commencement de février au milieu de mars. Mousson de S.O., du milieu de mars à la fin de septembre. Lutte des moussons en octobre.

Entre les parallèles de 15° et de 10°N., mousson de N.E., de la fin d'octobre à la fin de mars. Lutte des moussons de la fin de mars à la fin d'avril. Mousson de S.O., du commencement de mai à la fin de septembre. Lutte des moussons très-courte, dans le courant d'octobre.

Entre les parallèles de 10° et de 5°N., mousson de N.E., de la fin de décembre jusqu'au commencement d'avril. Lutte des moussons très-courte en avril. Mousson de S.O., depuis le commencement de mai jusqu'à la fin de septembre. Lutte des moussons en octobre et en novembre.

Entre le parallèle de 5°N. et l'équateur, mousson de N.E., de janvier en mars. Lutte des moussons, de mars en mai. Mousson de S.O., de mai en août. Lutte des moussons, depuis le mois d'août jusqu'en janvier.

Ainsi, entre l'équateur et le parallèle de 10°N. environ, l'époque de l'établissement de la mousson de N.E. est très en retard, relativement à l'époque où la même mousson commence à souffler dans la partie N. du golfe. *Durant les mois d'octobre et de novembre*, et dans la région qui nous occupe, entre la Tête-d'Achem et Ceylan et dans le S. du parallèle de 10°N., on éprouve fréquemment des vents de la partie de l'O. très-frais et parfois violents, se prolongeant pendant plusieurs jours de suite. Auprès de l'équateur, ces vents soufflent surtout de la partie du N.O. au N.N.O. En suivant une route directe, de Ceylan à la Tête-d'Achem, ils varient de l'O.S.O. à l'O.N.O., et ils soufflent particulièrement de ces directions (c'est-à-dire de la partie de l'O.) à mesure qu'on s'approche des îles Nicobar et du détroit de Malacca. A la même époque, et en allant plus dans le N., dans le golfe, on peut trouver des vents de S.O. et de S.S.O. La connaissance de ces vents d'O., parfois très-forts, est de la plus grande importance pour les navires qui viennent de l'hémisphère S., à destination de la côte de Coromandel ; pour ceux qui ont à se rendre de la Tête-d'Achem à Ceylan, ou qui doivent faire la traversée inverse ; etc.

Comme remarque générale, on peut dire que, *dans la partie centrale du golfe du Bengale*, la mousson de N.E. est caractérisée par des vents de la partie du N.E. à l'E.N.E., tandis que la mousson du S.O. donne des vents de la partie du S., qui cessent plus tard au large que dans le voisinage des côtes.

En mars, les vents du golfe du Bengale varient du S.O. au S., tournant même quelquefois à l'E. et au N.E. Il arrive fréquemment que le vent domine de la partie du S., auprès de la côte ; en même temps, on peut trouver des vents du N.E. au S.E., au large.

En avril et en mai, les vents dominent du S.S.O. au S.O., et ils hâlent parfois l'O.S.O. en mai. On peut avoir, en avril, de légères brises variables entrecoupées par des calmes; et, s'il arrive que les vents tournent au N.E. et à l'E., ils peuvent souffler très-frais et même quelquefois violents, de cette direction.

En juin, juillet et août, la mousson de S.O. est dans toute sa force, variable du S.O. à l'O. Vers la fin de juillet et dans le courant d'août, les vents tournent quelquefois à l'O.N.O. et au N.O.

En septembre et en octobre, les vents dominent de l'O. au S.S.O. Du milieu d'août au commencement d'octobre, ces vents sont accompagnés de fortes pluies. Après la mi-septembre, la mousson de S.O. commence à tomber; et il n'est pas rare de rencontrer alors des vents du N.E. au N.N.O.

En novembre, les vents varient ordinairement du N.N.E. à l'E.N.E. *En décembre et janvier*, la mousson de N.E. est complètement établie dans le golfe. *En octobre et en novembre*, le temps est à grains, et l'on peut éprouver des coups de vent, qui sont généralement accompagnés de pluies abondantes. Mais, du milieu de décembre à la fin de janvier, les vents sont plus modérés.

Le mois de février est ordinairement beau; et les vents soufflent alors frais du N.N.E. au N.E. Vers la fin de février, la mousson tombe peu à peu; et les vents de la partie du S. sont aussi fréquents que ceux de la partie du N. A cette même époque (fin février), les vents soufflent fréquemment du S. et du S.S.O., dans la partie S. du golfe.

En janvier, février et mars, on peut dire que, d'une manière générale, la mousson de N.E. varie assez souvent au S.E.; et rarement au S.O.

Dans la partie du golfe du Bengale comprise entre la côte du Coromandel et les îles Andaman, *les tempêtes des mois d'octobre et de novembre*, viennent de l'O.S.O., variables à l'O.N.O. et au N.O. et elles atteignent une grande violence. Quelquefois elles soufflent du S.E., et plus souvent encore du N.E. *En janvier*, les coups de vent de la partie du N.E. ne sont pas aussi forts que ceux des mois précédents. *D'avril en juin*, les tempêtes commencent généralement du N.N.O. au N.N.E., tournant au N.E. et à l'E.; et elles mollissent quand le vent dépasse l'E., vers l'E.S.E. et le S.E. La plus grande violence se produit; dans ces tempêtes, lorsque le vent souffle de la partie du N.E. à l'E.; cependant, si le coup de vent conserve de la force en venant de la partie de l'E. ou du S., ce qui est d'ailleurs fort rare, il restera violent jusqu'à ce qu'il ait soufflé fortement de la partie du S.O., après quoi il mollira. L'approche de ces coups de vent, le long de la côte, est annoncée de 6 à 12 heures à l'avance, par une longue houle.

Pendant la saison chaude, de mai en octobre, les grains de N.O. du Bengale sont parfois très-violents; et ils s'annoncent dans certains cas par des arcs aussi réguliers que ceux des grains du détroit de Malacca. Ils sont quelquefois précédés, quelques minutes avant leur arrivée, par un tourbillon ayant un peu l'aspect d'une trombe, par suite de l'allongement du nuage.

Pour compléter ces indications sur les cyclones du golfe du Bengale, nous reproduisons ci-après un extrait des Annales hydrographiques de 1876, contenant des renseignements qui ont été traduits d'après un rapport de W. G. Willson, esq. de Calcutta : 1875.

« On a observé des distinctions importantes entre les cyclones qui visitent le golfe du Bengale en octobre et novembre, et ceux qui surviennent en avril et en mai. Les tempêtes d'octobre et de novembre prennent généralement naissance dans la partie orientale de la baie du Bengale, près des îles Andaman, ou un peu au N. de ces îles; et, bien que dans cet endroit la formation de la tempête soit précédée de plusieurs jours de mauvais temps, et probablement d'une baisse du baromètre, il n'y a généralement pas, le long du pourtour de la baie du Bengale, d'indications de temps révélant l'existence de la tempête qui s'approche jusqu'à un jour ou deux avant l'arrivée de cette tempête; ce n'est que lorsque le lieu est près de la limite du coup de vent qui entoure le noyau du cyclone qui s'avance que l'on observe une baisse bien accusée du baromètre. Les vents de N.E. prédominent pendant cette saison, dans la partie N.O. de la baie du Bengale.

» Les cyclones qui prennent naissance en octobre, en quelque point situé entre 14° et 18°N., sont ceux qui visitent le plus fréquemment les côtes du Bengale; les tempêtes de novembre, qui prennent naissance plus dans le S., ne se font sentir généralement que le long de la côte de Madras.

» Les cyclones qui visitent les côtes du Bengale en avril et en mai prennent généralement naissance dans la partie N. de la baie du Bengale; le baromètre baisse considérablement et d'une façon suivie 4 ou 5 jours avant. Les vents de S.O. dominent dans cette saison, et les vents de N.E. sont très-exceptionnels. Les tempêtes d'avril et de mai ne sont généralement pas aussi violentes que celles d'octobre, et pénètrent rarement loin dans l'intérieur.

» Avant qu'un cyclone souffle dans la baie du Bengale, et pendant qu'il approche, les vents de N.E. dominent sur plusieurs degrés de longitude dans le N. de la tourmente, ainsi que sur le côté E. et sur le côté O. de la trajectoire qu'il suivra ultérieurement; et il ne semble pas que le vent ait une tendance marquée à tourner, avant que le cyclone soit proche. Il est important de se graver ce fait dans la mémoire, parce qu'il affecte la règle généralement adoptée et consistant à compter huit quarts sur la droite du pied du vent pour avoir le relèvement du centre; et l'on ne devra accorder confiance à cette règle seulement après qu'une baisse bien accusée du baromètre aura eu lieu. A une distance considérable du centre et avant que le baromètre ait baissé beaucoup, le centre peut rester jusqu'à douze quarts sur la droite du pied du vent.

» Il semble résulter des remarques précédentes (pour des navires situés au N. de la trajectoire de la tempête) que, tandis qu'en avril et mai, la baisse du baromètre et la saute du vent du S., ou du S.O. au N.E., avertiront à temps de l'approche du cyclone, au contraire en octobre et novembre la baisse du baromètre est généralement faible et il n'y a pas de saute de vent qui puisse servir d'avertissement, si le navire est au N. de la trajectoire.

» Pour pouvoir tirer des avertissements de la faible baisse du baromètre dont il a été fait mention, il faut se rappeler que le baromètre subit, dans ces latitudes, quatre oscillations diverses parfaitement régulières en temps normal. La plus grande hauteur est à 10 heures du matin et à 10 heures du soir; et la plus faible hauteur, à 4 heures du matin et à 4 heures du soir. L'écart, entre la hauteur de 10 heures et celle de 4 heures, est généralement de deux millimètres et demi; et, si le baromètre ne monte pas entre 4 heures du matin et 10 heures du matin, ou bien entre 4 heures du soir et 10 heures du soir, le navire doit se tenir sur ses gardes. En effet, dans ces latitudes, l'instrument par cette seule indication pourra annoncer une perturbation atmosphérique considérable.

» A l'embouchure de l'Hoogly, les premières indications de l'approche d'un cyclone sont données, d'une façon probable, par le mouvement des nuages inférieurs qui chassent rapidement en masses sombres, allongées, du N.E. au S.O.; et c'est là, à l'embouchure de la rivière de Calcutta, un des signes les plus sûrs qu'un cyclone existe dans la partie milieu ou septentrionale du golfe du Bengale. La direction moyenne du vent, aux Sand-Heads, avant un cyclone, est toujours le N.E. ou l'E.N.E., plus généralement l'E.N.E. quand le lieu se trouve sur la trajectoire; mais elle varie beaucoup dans les rafales qui augmentent de force à mesure que la tempête approche. Les grains deviennent plus fréquents, la pluie fouettante qui les accompagne devient graduellement plus violente à mesure que la tempête approche, et une forte houle s'élève du S.E. Avec de telles indications, même si le baromètre n'a pas baissé beaucoup, on peut conclure que le cyclone n'est pas très-éloigné. Le baromètre annonce moins l'approche du cyclone en octobre qu'en mai ou juin.

» La lame d'ouragan qui accompagna le cyclone de Midnapore et de Bardwan, en octobre 1874, éleva de 4^{m},90 le niveau de l'eau, au port Diamond, dans le fleuve Hoogly. »

§ 25. — Côte de Coromandel.

La mousson de S.O. règne du milieu de mars jusqu'en octobre; et celle de N.E., du milieu d'octobre jusqu'en mars. L'époque des coups de vent dure du milieu d'octobre jusqu'à la fin de décembre. En janvier, le ciel est généralement beau, et le vent de N.E. assez frais. En février, le vent très-modéré incline vers l'E. jusqu'au milieu de mars. A la fin de mars, on a ordinairement du S.E. pendant le jour, et du S.O. pendant la nuit (1).

En janvier, la mousson de N.E. souffle bien établie et régulière, avec une tendance à haler la partie de l'E.N.E. ou de l'E. vers le milieu de la journée, se transformant ainsi en une sorte de brise de mer. Les vents soufflent quelquefois du S., le long de la côte; et ils viennent assez souvent de terre, dans la matinée. Mais, trois ou quatre jours peuvent s'écouler en décembre ou en janvier, sans que le vent éprouve

(1) Les indications suivantes sont extraites de Horsburgh et des observations recueillies à l'observatoire de Madras, etc.

la moindre variation en force ni en direction. Le matin, une rosée abondante se dépose ordinairement ; et quelquefois on a du brouillard qui atteint seulement une hauteur de 2 ou 3 pieds au-dessus de la terre. Le ciel est ordinairement très-clair : ainsi, l'on compte 20 jours de ciel dégagé ; 5 jours brumeux ; et le reste du mois nuageux, avec une seule ondée de pluie ; les éclairs n'ont pour ainsi dire jamais été observés. La plus grande chaleur du jour est observée à une heure de l'après-midi ; le moment le plus frais est à quatre heures du matin.

En février, la mousson de N.E. continue, sauf quelques exceptions, jusque vers le milieu du mois ; après quoi l'on observe des calmes et des brises de l'E. au S.E. Pendant la matinée, on a ordinairement du calme jusqu'à onze heures du matin, heure vers laquelle commence la brise de mer du S.E. qui souffle jusque vers dix heures ou onze heures du soir. Plus tard, durant la nuit, on a fréquemment de jolies brises de N.O. ou d'O. qui durent jusqu'au matin, et qui sont suivies de calmes et de folles brises dans la matinée. Ces brises de terre et de mer n'ont pas toujours lieu ; mais, en pareil cas, les vents d'E. et de N.E. sont fréquemment interrompus par des brises du S. ou de toute autre direction. Pendant la seconde quinzaine de février, on rencontre parfois, à grande distance de terre, de fortes brises de S.E. et de S.O. Durant tout ce mois, le temps se maintient constamment beau et clair ; c'est l'époque que l'on considère comme la plus saine de l'année. On peut à peine compter, dans le mois, un jour de brume et un jour nuageux. Il n'arrive pas une fois, en sept années, qu'on observe des éclairs ou de la pluie. Le moment le plus chaud de la journée est vers midi 40^{m} ; et le moment le plus frais, vers quatre heures 50^{m} du matin.

En mars, les brises du large de l'après-midi viennent du S.E. ; et celles de terre, du S.O. On peut avoir aussi, le long de la côte, des vents de N.E. et d'E. ; mais ce sont les brises de S.O., d'E.S.E. et de S.E. qui dominent. En allant au large, on trouve fréquemment les mêmes brises, qui sont alors faibles et variables. En résumé, on peut admettre que la mousson de S.O. commence en mars sur la côte de Coromandel. A la même époque, les vents dominants de la partie du S. amènent une chaleur suffocante et une grande humidité qui rendent ces vents malsains et désagréables. Par ce motif, la brise de mer, qui s'établit à midi et qui souffle jusque vers dix heures du soir, ne produit plus l'effet salutaire qu'on éprouve dans les autres saisons. Le ciel est cependant très-clair pendant 27 jours environ ; et 4 jours seulement sont nuageux. La rosée est moins fréquente et moins abondante que durant le mois précédent ; la pluie et les éclairs sont rares. Le moment le plus chaud de la journée est vers midi 20^m ; et le plus frais, vers cinq heures du matin.

En avril, les vents continuent à dominer de la partie du S., variant du S.E. au S.O., et ils atteignent quelquefois une grande force. Dans certains cas, on observe des calmes qui font éprouver alors une grande oppression. Les brises du large commencent, pendant ce mois, à souffler du S.S.E. vers midi ; et elles continuent jusque vers neuf heures ou dix heures du soir. Elles tournent généralement au S.S.O. et au S.O., après minuit ; et ce n'est qu'en mai que ces brises de terre hâlent davantage l'O. En somme, les vents soufflent presque toujours du S.S.E. ou du S.S.O. ; de sorte que, avec le courant portant en plus au N.E., il est presque impossible de descendre vers le S. le long de la côte, à moins d'avoir un excellent voilier. Le temps est clair pendant 24 jours environ ; on a 4 jours de brume ou de temps nébuleux ; et 2 jours de temps couvert, dont un donne de la pluie. On a des éclairs pendant 2 jours. La rosée est rarement observée, et très-peu abondante. Le moment le plus chaud de la journée est vers midi ; et le plus frais, vers quatre heures 50^m du matin. On peut avoir, en avril, de forts coups de vent, que nous décrivons à la page suivante.

En mai, les vents continuent à souffler de la partie du S., variant de l'E.S.E. au S.O., jusque vers le milieu du mois. Pendant cette première quinzaine, les brises de terre, de l'O. ou du S.O., ne sont qu'accidentelles ; mais, après le milieu de mai, elles s'établissent plus régulières, apportant une grande chaleur qui est parfois tempérée par des ondées de pluie vers la fin du mois. La brise de mer se lève vers midi ; elle souffle de la partie du S.E. souvent avec force jusque vers neuf heures ou dix heures du soir, et quelquefois même jusque vers minuit. La brise passe alors au S. et au S.O., et se maintient de cette partie pendant la matinée. Ces brises de mer et de terre sont parfois séparées par un intervalle de calme ; mais il n'en est pas toujours ainsi. Auprès de terre, il peut arriver qu'on éprouve éventuellement des rafales de N.O., accompagnées de pluie et de tonnerre. On compte, en moyenne : 19 jours de temps clair, 8 de temps nébuleux ou de brume, et 4 de temps couvert, dont 2 ou 3 donnent de la pluie. La rosée est à peu près nulle; et les orages, avec éclairs et tonnerre, sont observés environ quatre fois dans le mois. Le moment le plus chaud de la journée est vers onze heures 20m du matin; et le plus frais, vers quatre heures 20m du matin.

En avril et en mai, il faut se tenir en garde contre de violents coups de vent, qui sont heureusement assez rares. Ils sont généralement précédés par une grosse houle portant à terre; le vent commence au N.N.O. ou au N.N.E.; il passe ensuite au N.E. et à l'E., d'où il souffle avec une grande violence, accompagné fréquemment de pluie et d'une très-grosse mer; il se modère en passant à l'E.S.E.; et il tombe généralement en variant de l'E.S.E. au S.E. Quelquefois, cependant, la tempête ne se termine pas avec les vents d'E.S.E.: dans certaines circonstances, ils reculent à l'E.; dans d'autres, ils tournent sans mollir de l'E.S.E. au S.E., au S. et même au S.O., en soufflant avec une grande violence. Nous donnons, au § 49, des indications sur la manœuvre à faire, quand on est assailli par ces tempêtes.

En juin, juillet et août, le temps est ordinairement assez beau sur la côte de Coromandel. Les brises de terre et de mer sont souvent fortes. La brise du large se lève ordinairement du S.E. dans l'après-midi; elle varie vers le S. dans la soirée, et conserve cette direction pendant une grande partie de la nuit. Le matin, le vent saute au S.O., quelquefois à l'O., et devient alors une forte brise de terre; ces brises de terre et de mer ne sont pas régulières, comme on le verra dans les indications suivantes.

En juin, les brises de terre atteignent leur plus grand effet de chaleur durant la première partie du mois; elles sont ensuite très-tempérées par les nuages et par la pluie. Les brises de mer sont très-incertaines; elles s'établissent généralement vers une heure de l'après-midi, et soufflent jusque vers neuf heures ou dix heures du soir; cependant quelquefois ces brises font entièrement défaut. On compte, en moyenne: 8 jours de temps clair; 11 jours de temps nébuleux ou de brume; et 11 jours de temps couvert, dont 6 donnent de la pluie et sont accompagnés, à trois ou quatre reprises, d'orages avec tonnerre et éclairs. La rosée est à peu près nulle. Le moment le plus chaud de la journée est vers deux heures de l'après-midi; et le plus frais, vers quatre heures 20m du matin.

En juillet, la brise de mer est très-incertaine ; on ne peut guère compter sur les heures où elle peut commencer et finir ; quelquefois elle fait complétement défaut pendant plusieurs jours de suite. Les pluies tombent par averses abondantes et successives, durant ce mois, qui donne le ciel le plus couvert de toute l'année. On ne compte guère que 6 jours de temps clair ; 12 jours de temps nébuleux ou embrumé ; et 13 jours de temps couvert, dont 8 accompagnés de pluie, et 3 accompagnés d'orages, avec tonnerre et éclairs. Le moment le plus chaud de la journée est vers deux heures 20m de l'après-midi ; et le moment le plus frais, vers quatre heures du matin.

En août, la brise de mer présente les mêmes caractères d'incertitude qu'en juillet ; commençant ordinairement vers deux heures ou trois heures de l'après-midi, et finissant vers huit heures ou dix heures du soir. Les vents dominants de la partie de l'O. continuent jusque vers le milieu du mois d'août ; ils sont ensuite remplacés par des brises légères et variables, soufflant surtout de l'O. et du S. Les calmes, les temps brumeux et pluvieux, sont à peu près, en août, dans la même proportion qu'en juillet, avec huit jours de temps clair environ. On a souvent des éclairs, sans qu'il tonne ; et une ou deux fois seulement du tonnerre dans le mois. Il y a quelquefois de la rosée ; mais elle est souvent nulle. Le moment le plus chaud de la journée est vers deux heures de l'après-midi ; et le plus frais, vers trois heures du matin.

En septembre, la brise de mer venant du S.E. s'établit vers deux heures ou trois heures de l'après-midi, et souffle jusque vers huit ou dix heures du soir ; mais elle fait quelquefois défaut pendant deux ou trois jours de suite. On a encore, pendant ce mois, des brises de S., de S.O. et de N.O., légères et variables, avec des calmes ; et les observations faites pour le mois d'août s'appliquent également à septembre, sauf cependant que le temps n'est pas tout à fait aussi couvert. Presque tous les soirs, il y a des éclairs ; mais ils ne sont accompagnés en moyenne que trois fois par du tonnerre. La rosée est fréquente, mais peu abondante. Le moment le plus chaud de la journée est vers deux heures de l'après-midi ; et le plus frais, vers quatre heures 20m du matin.

En octobre, commence la mousson de N.E., entre le 8 ou le 10 et la fin du mois. Il arrive quelquefois que cette époque est marquée par de petites brises faibles et variables, accompagnées de beau temps, jusqu'à la fin du mois. Mais, en général, il n'en est pas ainsi ; le temps se couvre vers le milieu du mois et devient menaçant quelques jours avant que la mousson s'établisse. Elle commence quelquefois par un coup de vent violent qui éclate du N.N.O., passant au N.N.E. et au N.E. ; ou bien il commence au N.E. Ces coups de vent peuvent survenir depuis le 10 octobre jusque vers le milieu de décembre ; et même jusqu'en janvier, sur la partie S. de la côte et dans les parages de Ceylan. (V. § 23.) En résumé, la navigation est réputée dangereuse, en octobre, sur la côte de Coromandel.

Dans les environs de Madras, pendant ce mois d'octobre, les nuages commencent à prendre une apparence plus sombre qu'auparavant. Les calmes, les éclairs et la pluie sont très-fréquents jusque vers le 9, date à laquelle on peut fixer le début de la mousson de N.E., ou saison pluvieuse sur cette côte. A partir de ce moment jusqu'à la fin du mois, l'atmosphère prend une apparence très-bouleversée. On éprouve alors des pluies extrêmement abondantes, avec des tourbillons de vent, des éclairs, du tonnerre, et parfois des coups de vent analogues à ceux du mois de mai. Ceux-ci sont presque toujours annoncés par une grosse houle et par la chûte du baromètre de 5 à 10$^{m}/_{m}$ ou davantage. Vers le milieu de la journée, on peut ressentir une brise de mer, ou plutôt une légère modification de la mousson de N.E. Le moment le plus chaud de la journée est vers une heure de l'après-midi ; et le plus frais, vers quatre heures 50^{m} du matin.

En novembre et décembre, les vents dominent de la partie du N.N.E. accompagnés de grains et de pluie. Le matin, ils hâlent parfois un peu la terre en soufflant de la partie du N.N.O. ; et, dans l'après-midi, ils dépendent davantage du large. Toutefois, le long de la côte, les vents soufflent quelquefois plusieurs jours de suite de la partie du N.N.E., causant une forte houle et un violent ressac sur la plage.

En novembre, dans les environs de Madras, la mousson de N.E. continue, avec une force soutenue ; et l'état du temps est généralement le même que celui de la fin d'octobre. Il y a toutefois une distinction à établir, en ce que l'humidité de l'air est moindre, et les éclairs sont moins fréquents. Vers le milieu de la journée, comme dans le mois précédent, on peut ressentir une brise de mer. Quant au nombre de jours clairs et de jours avec temps couverts, pendant le mois de novembre, il est impossible de rien préciser à ce sujet. Le moment le plus chaud de la journée est vers midi 20^{m} ; et le plus frais, vers cinq heures 40^{m} du soir.

Au commencement de décembre, les pluies et les rafales se modèrent ; elles cessent *vers le milieu du mois. A partir de ce moment*, le temps prend une apparence claire et modérée qui forme un grand contraste avec le ciel bouleversé du mois précédent ; toutefois, le vent de N.E. souffle sans interruption pendant tout le mois de décembre. On compte, en moyenne : 13 jours de temps clair ; 7 de temps nébuleux ou de brume ; et 11 de temps nuageux, dont 6 environ sont accompagnés de pluie. Le matin, on observe une rosée abondante, et quelquefois un brouillard sur la terre qui ne s'élève qu'à deux ou trois pieds au-dessus du sol. La brise de mer s'établit vers dix heures du matin, et elle souffle jusque vers quatre heures de l'après-midi. Le moment le plus chaud de la journée est vers midi 50^{m} ; et le plus frais, vers deux heures 50^{m} du matin.

Les tempêtes de la côte de Coromandel, en avril et en mai, commencent au N.O., et tournent successivement, comme nous l'avons dit précédemment, au N., au N.E., à l'E. ou à l'E.$^{1}/_{4}$S.E., après quoi elles mollissent : les vents les plus violents étant ceux du N.E. et de l'E. Si le vent hâle le S.E., le S. et ensuite le S. O., sa violence est alors très-grande et il cause une grosse houle sur la côte. Un temps sombre et de vilaine apparence précède ces tempêtes ; mais on peut observer parfois à cette époque le même aspect du temps sans qu'il s'ensuive autre chose que de grandes pluies avec peu de vent. Les mois d'octobre et de novembre sont aussi des époques d'élection des coups de vent : ceux-ci soufflent avec violence de la partie du N.E. ; et quand, après avoir un peu molli, ils tournent au S.E., au S. et au S.O., ils atteignent généralement une très-grande force. Il est donc bien entendu qu'à moins d'avoir à visiter un port de cette côte, il est prudent d'éviter de s'y rendre à la fin d'octobre et en novembre, à cause des temps mauvais et à grains que l'on y trouve et qui sont accompagnés de pluies abondantes, de tonnerre et d'éclairs. Les rafales et les coups de vent tombent généralement quand ils sautent à l'E., à l'E.S.E. et au S.E. En septembre, il est rare qu'on trouve, au large de la terre, une forte brise durant longtemps.

§ 26. — Partie nord du golfe du Bengale. (Côtes d'Orixa, du Bengale, de Chittagong et d'Aracan.)

Dans la partie N. du golfe du Bengale, au N. du parallèle de 17°N., *la mousson de N.E.* commence souvent vers le commencement d'octobre; mais il peut arriver qu'elle ne se fasse d'abord sentir qu'à la fin de ce mois, ou vers le commencement de novembre. Cette mousson souffle rarement avec force; et elle varie du N.N.E. au N.N.O., donnant fréquemment de folles brises mêlées de calmes. Dans le fond du golfe, auprès des bancs et des rivières, depuis décembre jusqu'en mars, c'est-à-dire jusqu'à l'époque où les vents de S. sont bien établis, les calmes et les folles brises sont fréquents, comme nous venons de le dire, et ils sont accompagnés par une belle mer. La brise tombant généralement au coucher du soleil, les calmes sont observés principalement pendant la première partie de la nuit. Vers minuit, la brise se fait assez fraîche du S.E. ou du S., passant peu à peu au S.O. et au N.O. dans la matinée; puis elle tourne encore jusqu'à ce qu'elle souffle fraîche du N., vers huit heures ou neuf heures du matin. *La mousson de S.O.* s'annonce par des vents de S. et de S.O., qui commencent généralement à l'entrée de la rivière d'Hoogly, au large de la pointe Palmiras et auprès de la partie N. de la côte d'Orixa, à la fin de février ou vers le commencement de mars; ces vents ne se font sentir que plus tard dans la partie N.E. du golfe. A la fin de mars, ou dans les premiers jours d'avril, les vents de S. et de S.O. sont réguliers et frais, amenant un temps couvert et pluvieux. Entre le milieu de mai et la fin de septembre, règnent les grands mauvais temps de la mousson de S.O., accompagnés de forts grains et de pluies abondantes. C'est en juin et en juillet que l'on doit compter sur les plus mauvais temps; en août, vers le milieu du mois, il peut arriver que l'on ait quelques jours de beau temps, mais il ne faut guère y compter. En septembre, vers la fin de la mousson de S.O., le temps est relativement passable, quoique couvert et pluvieux. Vers la fin de septembre et au commencement d'octobre, les vents de S. mollissent et sont remplacés par des brises variables. En septembre et en octobre, avant que la mousson de N.E. s'établisse, on éprouve quelquefois une tempête dans tout le golfe. En résumé, dans cette partie septentrionale du golfe, les moussons n'ont aucune régularité ; la direction des vents est très-variable ; et les temps que l'on observe, vers les époques des changements de moussons, n'ont généralement point de fixité.

Sur la rade de Balasore, les vents acquièrent fréquemment une grande violence. Vers la fin de septembre, on peut y subir de forts vents d'E. Il convient d'ailleurs de ne pas séjourner sur ce point, aux époques des changements de moussons. Pendant la mousson de S.O., les vents dominants sont ceux de l'O.N.O. à l'O.S.O. généralement forts. En avril et en mai, les vents soufflent habituellement du S. au S.E. ; et, s'ils tournent au S.O., ils amènent de fortes rafales et des pluies abondantes, alors même qu'on a du beau temps plus loin dans le S. En août, le temps est très-incertain ; les vents sont à grains et variables du S.S.E. au S.S.O. et à l'O.N.O.

Sur les côtes de Golconde et d'Orixa, au N. du parallèle de 18° N. et jusqu'à l'embouchure de l'Hoogly, les vents de N.E. de la mousson ne sont point réguliers en octobre ; et il faut s'attendre, en novembre et en décembre, à des temps très-incertains, à des grains violents et parfois même à des coups de vent. En janvier, la mousson perd sa force, la saison des pluies touche à sa fin, et l'on a ensuite les brises de terre soufflant de l'O.N.O. au S.O., et les brises de mer venant de la partie de l'E.N.E. Ces brises alternatives règnent pendant les mois de février et de mars, quoique la mousson de N.E. souffle quelquefois avec une grande force, pendant quelques heures. En mars, les vents dominent du S.E. à l'E.S.E., pendant le jour ; et du S.S.O. au S.O., durant la nuit. Auprès de Balasore et des Sunderbunds, le vent souffle fréquemment par rafales de la partie du N.O., pendant le mois de mars et au commencement d'avril. En avril et mai, les vents dominants sont ceux de la partie du S. au S.E., avec de très-mauvais temps. En avril, ces vents amènent fréquemment des temps chargés et embrumés. Dans les parages de la rade de Balasore, les vents varient du S.S.E. au S.S.O. et à l'O.S.O. Ces vents de la partie du S.O. sont souvent violents, particulièrement en mai, époque où l'on a des temps bouchés, un ciel renversé, de forts grains accompagnés de pluies, des rafales et parfois même des coups de vent. Pendant ce mois de mai, on peut avoir aussi des orages de la partie du N. En juin et juillet, on a généralement des temps encore plus mauvais, rendant la navigation plus dangereuse, ou tout au moins plus pénible qu'en avril et en mai. En juin et juillet, les vents dominent du S.O. à l'O. ; et, en août, ils hâlent quelquefois l'O.N.O. et le N.O. Vers l'équinoxe de septembre, il arrive qu'on éprouve de forts vents d'E. ; et, dans tous les cas, il faut craindre que des tempêtes ne surviennent vers la fin de la mousson de S.O.

Les changements de moussons, dans les parages qui nous occupent et particulièrement à l'embouchure de l'Hoogly, sont marqués par des vents variables, soufflant surtout du N.O. et du N.E. ; ces époques sont également celles des mauvais temps et des coups de vent. Quand les vents soufflent de la partie du N.O., ils donnent ordinairement des grains et des rafales atteignant parfois une grande violence, et donnant des temps gras, couverts, et des éclairs. Vers la fin de chaque mousson, et plus particulièrement à la fin de la mousson de N.E., les brises de terre et de mer s'établissent.

Sur les côtes d'Aracan, d'Ava et de Pégu, on a, en octobre, des vents très-variables. Ce mois marque la fin de la saison des pluies dans ces parages. Au commencement d'octobre, les vents soufflent encore de la partie du S.O. et du S.; et plus on avance dans le mois, plus on est exposé à de forts vents du N.E. à l'E. En novembre, le temps est le même, avec de forts vents de N.E. De novembre en mars, les vents dominent de la partie du N., hâlant le N.O. pendant le jour ; et le N. durant la nuit. Le mois de février est le plus beau de l'année.

Dans la partie N. de la baie du Bengale, en avril, mai et juin, *les tempêtes* sont généralement annoncées par un affaiblissement de la mousson de S.O. et par une mer calme. En même temps, des bouffées de vent viennent de tous les points du compas, mêlées de calmes ; l'horizon est plus clair que d'habitude ; et l'on peut observer dans le grèement des fils de la Vierge. A la suite de ces indices, le vent souffle avec force de l'O.S.O., puis il hâle rapidement l'O., l'O.N.O. et le N.O. ; il souffle violemment de ce dernier rumb pendant quelque temps, et la durée totale de ces coups de vent est de 10 à 12 heures : leur violence est plus grande dans la partie occidentale de la baie que dans la partie orientale.

Au large du cap Palmiras, les tempêtes suivent ordinairement la marche que nous venons d'indiquer. Cependant, il arrive parfois que les vents tournent du N.O. au N., au N.N.E. et au N.E.; puis, après une courte période de calme, ils soufflent de la partie du S.O., avec une aussi grande violence que du N.E., et pendant une heure environ. On a ensuite des brises de l'E.S.E. au N.E., qui peuvent ensuite passer encore au S.O. Ces tempêtes sont ordinairement accompagnées de pluies abondantes.

En octobre et novembre, les tempêtes acquièrent plus de violence qu'à toute autre époque. Elles débutent par de légères ondées et par des brises modérées de l'E.S.E., qui fraîchissent en hâlant l'E., puis en tournant à l'E.N.E., au N.E. et au N., où elles tombent graduellement. Quelquefois, le vent tourne au N.N.O. et au N.O., et l'on a en même temps des pluies abondantes. Ces tempêtes de la partie de l'E. et du N. durent un jour ou deux; et il arrive souvent qu'elles sont suivies d'un calme de courte durée, après lequel le vent hâle rapidement le S.S.O., conservant une grande violence pendant une demi-heure ou davantage.

§ 27. — Côtes de Martaban et de Tennasserim. — Archipel Mergui.

La mousson de N.E., correspondant à la belle saison, commence vers le milieu d'octobre, époque à laquelle le vent hâle sensiblement la partie de l'E., en soufflant quelquefois très-frais. En décembre, on a la brise de mer qui s'établit du N.O. vers midi, et qui tourne au N. vers le coucher du soleil; puis, elle hâle l'E.N.E. et l'E. dans la nuit, soufflant parfois avec force depuis le coucher du soleil jusqu'à 11 heures du matin. Les navires qui ont à s'élever dans le N. trouvent donc plus de facilités pour le faire, en restant près de terre à cette époque, plutôt qu'en allant au large où le vent domine du N.N.E. au N.N.O. En mars, les brises de mer sont établies du S. de l'O., et l'on a au large des calmes et de légères brises. En avril, on a souvent, durant l'après-midi, des temps à grains et des vents d'E., avec du tonnerre et de fréquents éclairs parmi les îles. En somme, on a la mousson de N.E. constante en novembre, décembre et janvier; puis, à partir du milieu de février, la mousson de N.E. mollit et les brises de terre et de mer s'établissent jusque vers la fin d'avril. Pendant ces trois derniers mois, février, mars et avril, on a souvent des calmes de peu de durée. Dans le cours de cette mousson, les pluies cessent pendant plusieurs mois, de sorte que les ruisseaux venant des montagnes sont souvent taris.

La mousson de S.O., ou saison des pluies, commence vers le milieu de mai. Après cette époque, les temps sont ordinairement à rafales pendant plusieurs jours et accompagnés de pluies très-abondantes. La mousson atteint toute sa force en juin et en juillet; elle dure jusqu'à la fin de septembre. On a souvent, durant cette période, des calmes dans le milieu de la journée, et des brises fraîches pendant la nuit ou vers le lever du soleil. On cite des exemples de navires qui se sont élevés facilement dans le S., pendant cette mousson, en se tenant auprès ou en dedans des îles, où l'on peut trouver des vents de S.E. et parfois quelques jours de beau temps. Après le milieu de septembre, les vents deviennent variables et sont coupés de calmes et de folles brises. Au commencement d'octobre, les brises de terre et de mer s'établissent de nouveau; mais elles sont moins régulières et moins fraîches que celles qui règnent à la fin de la mousson de N.E.

§ 28. — Iles Andaman et Nicobar.

Depuis le milieu d'octobre jusque vers le commencement de mai, on a ordinairement des vents de la partie du N., dans les parages des îles Andaman et Nicobar, alors que la mousson de N.E. règne sur les côtes de Martaban et de Tennasserim. Les vents de cette mousson dépendent donc plutôt de la partie du N. que de celle de l'E., dans les îles Andaman et Nicobar, depuis le commencement de novembre jusqu'à la fin d'avril, période qui correspond à la belle saison. Les brises de terre et de mer sont généralement assez régulières durant ces mois; et les vents de la mousson ne sont ordinairement forts qu'en décembre et en janvier. Vers la fin d'avril, on doit s'attendre à de brusques rafales de la partie de l'Ouest.

En mai, commence la mousson de S.O., qui souffle généralement avec force de la partie du S., dans les parages des îles Andaman et Nicobar. Entre cette chaîne d'îles et la côte de Tennasserim, la mousson est irrégulière : elle donne généralement des vents variables entre l'O. et le N., et quelquefois de la partie du S.E. ou du S.O. La force de ces vents est aussi peu fixe que leur direction : ils sont tantôt à grains et pluvieux, tantôt faibles et coupés par des calmes;

le ciel est généralement couvert. Les périodes de transition, entre les moussons, sont marquées ordinairement par des coups de vent, et par des temps à rafales.

§ 29. — Détroit de Malacca.

Entre la Tête-d'Achem et les îles Nicobar, la mousson de S.O. commence vers la fin d'avril ou dans les premiers jours de mai. Elle cesse généralement vers la fin d'octobre, quoique cependant on ait fréquemment encore des vents d'O. en novembre. Pendant la plus grande force de cette mousson, de mai en septembre, le temps est ordinairement couvert, pluvieux et parfois à grains. Dans les mêmes parages, *la mousson de N.E.*, qui correspond à la belle saison, dure de novembre à la fin d'avril. En octobre et en novembre, les vents jouent fréquemment du N.O. à l'O., et sont variables ; cependant, il arrive quelquefois que les vents de N.E. s'établissent avec régularité dès le mois de novembre. A partir de cette époque jusqu'en mars, la mousson de N.E. est dans sa plus grande force, quoiqu'il puisse encore arriver durant cette période, que les vents hâlent parfois le N. ou le N.O., ou même qu'ils soufflent de la partie de l'O. pendant un jour ou deux de suite. Vers la fin de mars, ou dans les premiers jours d'avril, les vents de la partie du N.E. et du N. mollissent et se transforment en brises variables.

Dans le détroit de Malacca, les moussons n'ont point de régularité, et les vents sont très-variables. La mousson de N.E., qui correspond à la belle saison, dure de novembre en avril ; et la mousson de S.O. dure de mai en octobre, avec des temps couverts, pluvieux et à grains.

Pendant la mousson de N.E., dans le détroit, le temps est généralement beau, et les vents dominent de la partie du N. et du N.E., surtout auprès de la côte de la presqu'île Malaye, où l'on a ordinairement la brise de terre durant la nuit. Ces vents de la partie du N. et du N.E. sont souvent très-forts entre Pulo-Jarra et les îles situées à l'extrémité N. du détroit : aussi, Horsburgh conseille aux navires venant du S., à destination de Pulo-Penang, de se maintenir auprès du banc de vase qui borde la côte, quand ils ont doublé Dinding, afin de ne pas être retardés par les fortes brises de N.E. et par la houle courte qui règnent au large de Pulo-Penang. En somme, durant la belle saison, les grains violents sont rares ; et les pluies ainsi que les orages sont moins fréquents que dans l'autre partie de l'année.

Pendant la mousson de S.O., les vents de cette partie ne sont généralement bien établis qu'au large de la Tête-d'Achem. Dans la partie milieu du détroit, de mai en septembre, il est vrai que les vents soufflent principalement de la partie du S., soit du S.O., du S. et du S.E.; mais ils sont avant tout très-variables ; et les calmes sont très-fréquents, particulièrement dans les parages de Pulo-Pera. *Sur la côte E. de Sumatra*, on a de petites brises variables, des calmes, quelquefois des brises de terre ou de violents grains qui viennent subitement de la côte pendant la nuit. Les brises de terre et de mer sont loin d'être régulières ; elles ne règnent que très-près de la côte ; et la brise de mer notamment, quand elle existe, ne s'étend qu'à quelques milles de terre seulement. *Auprès de la côte de Malaye*, les calmes, les grains et les orages sont moins fréquents ; les vents sont variables ; et l'on trouve quelquefois des brises de terre et de mer.

Les grains arqués du détroit de Malacca, se font sentir ordinairement la nuit ou dans la soirée ; et très-rarement, pour ne pas dire jamais, le matin ou avant quatre heures de l'après-midi. Au moment où le grain souffle le plus fort, il vient du N.O., soit entre le N.N.O. et l'O.N.O. Ils paraissent être surtout communs dans la partie N. du détroit, entre Achem et les Arroas (3°N. environ) ; cependant, on en éprouve souvent auprès des Carimons, et dans le détroit de Singapoure jusqu'auprès de Pédra-Branca.

Une masse de nuages noirs se forme et s'élève très-rapidement, formant un arc immense et magnifique, au-dessous duquel on observe toujours, même dans la nuit la plus sombre, une lumière terne, triste et phosphorique, comme celle d'une chandelle vue au travers d'un papier huilé. Cette lumière devient plus vive, particulièrement lorsque l'arc approche du zénith. Des nappes d'éclairs très-pâles traversent souvent cet espace et s'étendent quelquefois sur 10 ou 12 quarts de l'horizon. A mesure que l'arc s'élève, on peut entendre le sourd grondement du tonnerre et le bruit du vent et de la pluie. Ils sont accompagnés, vivement quelquefois, mais pas toujours, de tonnerre et d'éclairs. La première bouffée du vent est terrible ; elle arrive si vite qu'elle laisse à peine le temps de réduire la voilure ; et elle est tellement violente qu'elle peut faire démâter, si l'on n'a d'autres voiles que des voiles de cape. Vers la fin du grain, le vent varie un peu.

Les sumatras sont de forts grains, ou coups de vent de peu de durée (6 ou 8 heures quelquefois), soufflant du S.O., qui se lèvent comme des grains ordinaires, sans avoir la tendance à l'arc qui distingue les grains dont nous venons de parler.

Ces grains de S.O. tombent brusquement sur le navire, le plus ordinairement pendant la première partie de la nuit ; ils sont quelquefois violents, et sont accompagnés de pluie, de tonnerre et d'éclairs. Ils se font sentir dans tout le détroit, et particulièrement auprès de la côte de Pedir, entre le mont Parcelar et les Carimons, où ils atteignent une durée de 7 à 8 heures, en soufflant alternativement avec force et modérément.

§ 30. — Côte Ouest de Sumatra.

Cette côte, offrant un grand développement, dans la direction N.O.-S.E., les saisons et le régime des vents se trouvent complétement différents, à la même époque, selon que l'on considère la partie de côte située au N., ou celle au S. de l'équateur. Nous allons donc donner ci-après, pour chaque saison successivement, un aperçu des temps auxquels on pourra s'attendre, lorsqu'on fréquentera l'une ou l'autre des parties septentrionale ou méridionale de cette côte.

D'AVRIL EN OCTOBRE.

Auprès de la Tête-d'Achem et dans les environs de l'extrémité N. de Sumatra, la mousson de S.O. souffle d'avril en novembre, atteignant souvent une grande force. Vers la fin d'août, et auprès de la côte, les vents hâlent la partie du S. variant du S.S.O. au S.; tandis qu'à la même époque et au large, ils soufflent de l'O.S.O. au S.O. Auprès de Pulo-Way, ils varient surtout du S.S.O. au S., et soufflent principalement de ces directions après le milieu de septembre. Ces vents sont accompagnés de temps couverts, incertains et tempêteux, ainsi que d'une grosse mer. A Achem, la saison des grandes chaleurs est comprise d'avril en août ; et cette époque est également celle des pluies qui tombent surtout en avril et en août.

Le long de la côte de Sumatra, entre 5°N. environ et

l'équateur, la mousson de S.O. qui règne au large se transforme en vents dominants de N.O. Ces vents de N.O. ne sont d'ailleurs bien établis que pendant les mois de juin, de juillet et d'août, période pendant laquelle ils amènent de mauvais temps et des pluies. Ils sont assez fréquemment interrompus par des calmes, et comme les courants portent généralement au S., il en résulte de grandes contrariétés pour les navires qui font route dans le chenal intérieur le long de la terre, et qui sont souvent obligés de mouiller pendant la nuit ou même pendant le jour. En avril et mai, ainsi qu'en octobre et novembre, les vents sont variables, mal établis; et l'on peut seulement fonder quelque espoir sur les brises de terre et de mer, qui se lèvent assez souvent et qui peuvent être utilisées pour faciliter la navigation.

Dans le S. de l'équateur, la mousson de S.E. qui correspond à la belle saison, ou saison sèche, commence en mai et finit en octobre. Les vents dominent alors de la partie du S.S.E., du S. et du S.S.O.; et ils peuvent être considérés comme une véritable continuation des alizés de S.E., qui soufflent à la même époque dans tout l'Océan Indien Méridional. Pendant les mois de juin, juillet, août et septembre, ces vents de la partie du S. sont bien établis et soufflent souvent frais, sur la partie de côte qui nous occupe; alors, les brises de terre font défaut. Mais, pendant le reste de la saison, c'est-à-dire au commencement et à la fin de la mousson, on a généralement : durant le jour, une forte brise du large, soufflant du S.O. au S.; et durant la nuit, des brises de terre variables venant parfois de la partie du N. En somme, les vents de la partie du S. sont ceux qui dominent. Mais il faut se défier des fortes brises de N.O., qui surviennent quelquefois, particulièrement aux époques des nouvelles et pleines lunes, et qui peuvent souffler pendant plusieurs jours de suite. Les navires venant du large et se rendant à Bencoolen, ou à tout autre port situé au S. de l'équateur, doivent bien prendre garde à ne pas attérir au N. de leur destination, car ils auraient ensuite à louvoyer pendant plusieurs jours pour s'élever dans le Sud.

Dans les environs de l'équateur, d'avril en octobre, et même pendant le reste de l'année, les vents sont plus variables que dans les régions plus au N. ou plus au S. Les calmes sont assez fréquents; et les coups de vent très-rares, particulièrement auprès de Pulo-Mintao et de Priaman. Aux abords de ce dernier point, il faut se défier des fortes rafales qui tombent des montagnes, pendant la nuit.

D'OCTOBRE EN AVRIL.

Le long de la côte O. de Sumatra, au N. de l'équateur, les vents dominent de la partie du N.O. Depuis décembre jusqu'en avril, on a généralement un assez beau temps, ainsi que des brises de terre et de mer; mais les vents de N.O. acquièrent parfois, surtout aux nouvelles et aux pleines lunes, une grande violence; ils produisent une très-grosse mer et rendent les mouillages ouverts de la côte très-dangereux. Quand ces vents soufflent, il est extrêmement difficile de s'élever dans le N. en louvoyant. En décembre et en janvier, il arrive souvent que les brises de terre et de mer sont établies sur la côte, depuis son extrémité N. jusqu'à Bencoolen, dans le S. de l'équateur. Pendant cette période comprise d'octobre en avril, qui correspond à la belle saison, la mousson de N.E. règne dans l'Océan Indien Septentrional; il faut, pour trouver cette mousson établie, s'éloigner à 100 ou 120 milles au large de la côte N.O. de Sumatra; et même à 200 ou 240 milles, dans les parties voisines de l'équateur.

Dans le S. de l'équateur, le long de la côte de Sumatra, règne la mousson de N.O., qui amène la mauvaise saison. Elle commence pendant la seconde quinzaine d'octobre, ou dans les premiers jours de novembre, et de plus en plus tard sur les différents points de la côte à mesure que l'on est situé plus loin dans le S. Les vents sont variables, parfois violents; ils dominent du N.O. à l'O.N.O. jusqu'au détroit de la Sonde; ils sont quelquefois interrompus par des brises de S. et de S.E., et par des coups de vent accompagnés de pluies. La mousson est dans toute sa force, avec des pluies et des orages, du commencement de novembre au milieu de janvier; en mars, les pluies diminuent et le temps commence à s'embellir. Pendant la nuit, on a des brises de terre irrégulières, des grains et de la pluie; pendant le jour, les vents varient du N.O. à l'O.N.O. et à l'O.; et ils viennent de l'O.S.O. ou du S.O. vers le milieu de mars, ou vers le commencement d'avril.

Changements des moussons : Octobre et Novembre; — Avril et Mai.

Aux époques des changements de moussons, c'est-à-dire en octobre et novembre, ainsi qu'en avril et mai, les vents sont très-variables, et les brises alternatives de terre et de mer s'établissent avec plus ou moins de régularité. En général, la brise du large commence entre dix heures du matin et midi, à la suite d'une période de calme, et elle tombe au coucher du soleil ; la brise de terre commence avec la nuit, elle est très-irrégulière et tombe complétement vers huit ou neuf heures du matin : tel est le jeu de ces brises, sur la côte de Sumatra, pendant les deux moussons. Dans les parties où la côte court N. et S., la brise de mer vient de la partie du N.O.; et la brise de terre, du N.E. Quand la côte court N.O. et S.E., ce qui est le cas général, la brise du large vient du S.; et celle de terre, du S.E. En général, le vent de terre commence à se faire sentir d'abord auprès du rivage, alors que le calme règne à 4 milles, ou 6 ou 8 milles de la côte ; puis la brise se fait sentir graduellement à une distance de plus en plus grande, et jusque dans un rayon de 10 ou 12 milles.

§ 31. — Détroit de la Sonde.

D'avril en octobre, règne la mousson de l'E., donnant des vents dominants du S.S.E. à l'E.S.E. En novembre, commence la mousson de l'O., qui amène des vents de l'O.N.O. au N.O., avec des mauvais temps. Dans ce détroit, on peut trouver des brises alternatives établies, soufflant de la partie du S. avant midi ; et de la partie du N., dans l'après-midi : elles sont alors séparées par une période de calme.

§ 32. — Côtes Sud des Iles, à l'Est du détroit de la Sonde (Java, Sumbawa, etc.).

Sur la côte S. des îles situées à l'E. du détroit de la Sonde, c'est-à-dire sur la côte S. de Java, de Sumbawa, etc., jusqu'à Timor, l'on a alternativement la mousson de l'E., et celle de l'O. La première dure de mai en octobre, amenant le beau temps et donnant des vents de l'E. au S.S.E., qui sont dans leur plus grande force en juin et en juillet. La mousson de l'O. dure de novembre en mars, donnant des brises variables, mal établies, et des mauvais temps particulièrement en novembre et décembre. Dans ce dernier mois de décembre, commencent les pluies, ainsi que les orages et les coups de vent. La mousson est dans toute sa force en janvier ; et les pluies tombent jusqu'au milieu de février, accompagnées d'orages et de coups de vent qui surviennent de temps à autre. Du milieu de février à la fin de mars, la mousson s'affaiblit ; et, en avril, on a des vents variables, avec un temps assez beau.

Sur la côte S. de Java, en février et jusqu'au milieu de mars ainsi qu'en octobre, c'est-à-dire au moment des changements de moussons, on éprouve des brises de terre et de mer, dont la force est plus grande en octobre qu'en février et mars. Durant ces deux derniers mois ainsi qu'en avril, la brise de terre commence par un grain, ou par une rafale quelquefois très-forte ; après ce coup de fouet, elle souffle modérée jusqu'au moment où vient la brise du large. Cette dernière brise, en avril et en mai, débute également par un grain, ou par une rafale de peu de durée. *Dans le détroit de Bali,* on a fréquemment de très-forts vents de N. *Dans les autres détroits plus à l'E.*, on a souvent une brise de la partie du S., dans la matinée ; puis, après une période de calme, la brise commence à souffler de la partie du N., à partir de deux heures de l'après-midi.

Sur la côte N.O. de Timor, la mousson de l'O. est bien établie d'octobre en février, donnant des vents variables de l'O. au N. et au N.N.E. La plus grande force de cette mousson a lieu en décembre et en janvier, époque où les pluies tombent en abondance ; elles continuent ensuite pendant le mois de février, et l'on a durant toute cette période des temps chargés et menaçants, avec des rafales et de fortes brises. Vers la fin d'avril, la mousson de l'E., variable de l'E. au S.S.E., ramène le beau temps ; et elle atteint sa plus grande force sur la côte S. de l'île. Sur les deux côtes de Timor, les brises de mer s'établissent et soufflent fraîches pendant la belle saison ; sur la côte méridionale, la brise de terre varie du N.E. au N. ; et la brise de mer, du S.S.E. au S.O. On doit se tenir en garde contre des coups de vent accidentels, dès le commencement d'octobre, sur la côte S. ; tandis qu'ils ne se font pas généralement sentir avant le mois de décembre sur la côte Nord.

Au large et dans le S. des îles qui nous occupent, voici quels sont les vents dominants, dans chaque trimestre :

En janvier, février et mars, sur la côte S. de Java, calmes assez fréquents, et vents dominants du N.O. et du S.O. Dans le S. de Bali, Lombok, Allas et Timor, les brises sont mieux établies et viennent de la partie de l'O.S.O. au S.S.O.

En avril, mai et juin, dans le S. des îles Java, Bali, Lombok, Allas, Sapi et Timor, les calmes sont assez fréquents, et les vents dominants de l'E.S.E., variables parfois au S.E. et dans quelques cas au S.O.

En juillet, août et septembre, dans le S. de la chaîne d'îles, les vents sont frais de l'E.S.E., variables parfois à l'E. et rarement à l'E.N.E. Les calmes sont très-rares.

En octobre, novembre et décembre, dans le S. de Java, calmes assez fréquents, et vents dominants du N.O., du S.E. et du S.O. Dans le S. de Bali, Lombok, Allas et Timor, les calmes sont plus fréquents encore, et les brises dominent du S.E. au N.E.

§ 33. — Mer de Timor (côte Nord d'Australie).

La mer de Timor est limitée par Timor, les Serwatty et Timor-Laut, dans le N.; et par l'île Melville et la côte d'Australie, dans le S. Dans cette mer, d'octobre en avril, règne la mousson de l'O., avec des vents de S.S.O., de l'O.S.O., de l'O. et du N.O., et des temps sombres, pluvieux, à grains. Durant cette mousson, les brises sont variables d'octobre en décembre ; et bien établies de décembre en février. Ces vents de la partie de l'O. s'étendent jusque par 14° ou 15°S., et quelquefois même un peu plus au S. Pendant l'autre partie de l'année, et surtout à partir du mois de mai, règne la mousson de S.E. qui ramène le beau temps. Cette mousson donne des vents dominants de l'E.S.E. au S.E.

§ 34. — Côte Nord-Ouest d'Australie.

Entre les caps Van-Diemen (128°E. environ) et Lévêque (120°40'E. environ), les moussons ne sont plus régulières, excepté auprès du cap Londonderry, où les vents sont plus réguliers parce que la mer est resserrée entre ce cap et le banc Sahul. Mais, dans le S.O. du cap Londonderry, les nuits sont généralement calmes, et *la mousson de l'E.* a le caractère d'une brise de mer. En septembre et octobre, au S. de 12°S., les vents soufflent presque constamment du S.O. *Pendant la mousson de l'O.*, les vents dominent du N.O., de l'O. et du S.O.; en novembre et décembre, ils soufflent surtout de l'O. ou de l'O.N.O.; ils sont plus modérés la nuit que le jour. Ces vents de la partie de l'O. paraissent être de simples brises du large, car elles ne soulèvent pas de mer sur la côte. Cependant, il faut se tenir en garde, *durant cette saison*, contre de violents coups de vent de N.O. qui surviennent quelquefois; et surtout contre de véritables ouragans venant de l'E.S.E. et du N.E., commençant dans la nuit et ne durant guère que deux heures. L'approche de ces ouragans est annoncée ordinairement par un banc épais de nuages avec de nombreux éclairs entre le N.E. et le S.E.

§ 35. — Côte Ouest d'Australie (1).

Sur la côte O., les vents dominent principalement de la partie du S., du S.S.O. au S.S.E. *Pendant l'été,* du commencement d'octobre au commencement d'avril, ils soufflent presque toujours du S.S.O. au S.S.E., et accidentellement d'un rumb compris entre le N. et l'O., atteignant parfois une grande violence avec de grandes pluies et des temps brumeux. Les brises alternatives sont assez régulières : celle de terre commence au S.E., vers le lever du soleil, tourne jusqu'à l'E. vers midi, et est suivie par un calme; celle de mer commence ensuite au S.S.O. et hâle graduellement le S. et le S.S.E. dans la soirée. Quelquefois, la brise de terre fait la moitié du tour du compas; elle est alors généralement plus forte qu'à l'ordinaire, soufflant fraîche du N.E. pendant peu de temps et apportant une chaleur accablante. Dans ce cas, la brise du large souffle d'un rumb plus O. et est moins forte.

A la rivière des Cygnes, en décembre, janvier et février, on a de fortes brises du large, pendant des intervalles de trois à cinq jours. Elles hâlent davantage le S. après minuit et durent toute la nuit; elles sont ensuite plus modérées du S.S.E. et du S.E.; vers le milieu du jour, elles hâlent de nouveau le S. et le S.S.O., et soufflent fortement de ce rumb jusqu'à minuit. Ces séries de brises du large sont suivies, pendant un nombre de jours à peu près égal, par des temps modérés, avec des vents venant le plus souvent de la terre, et parfois avec de fortes bouffées de l'E. durant quelques heures et amenant une chaleur étouffante. Quand la brise du large vient d'un rumb à l'O. du

(1) Résumé des Instructions de YULE, traduites par M. le commandant BESSON.

S.O., elle est moins forte et tombe généralement au coucher du soleil; lorsqu'elle vient au contraire d'un rumb plus S. que le S.O., elle est plus fraîche et elle dure jusque vers minuit. *En avril,* les brises de terre durent davantage, et celles du large semblent modérées; les calmes sont fréquents; et l'on a de faibles brises du N., en même temps qu'un ciel couvert entre le N., l'O. et le S.O. En général, plus les brises du large sont fortes, plus celles de terre sont faibles, et réciproquement. *En mai,* commence l'hiver; et les pluies tombent généralement à partir du milieu de ce mois. Il faut s'attendre à des coups de vent commençant de la partie du N.N.E., et tournant à l'O. en forçant; ces temps durent une semaine, ou deux; ils sont suivis d'une période de beau temps de deux, trois ou quatre semaines au plus; puis on a des pluies à peu près constantes, interrompues seulement par quelques embellies ordinairement courtes. Ces pluies *durent jusque vers le milieu ou la fin d'octobre.* Pendant les embellies, le climat est agréable; et l'on a des brises de terre et de mer, comme en été; la brise de mer est seulement plus modérée.

Des coups de vent de N.O. se font sentir pendant l'hiver, et quelquefois même pendant la belle saison. Ils peuvent être ressentis jusqu'à la baie des Chiens-Marins (25° ou 26°S.); mais ils durent plus longtemps au S. qu'au N. de la rivière des Cygnes. Ils commencent au N.N.E. et tournent invariablement à l'O., soufflant avec la plus grande violence entre l'O.N.O. et l'O.S.O., battant en côte et rendant, par conséquent, l'approche de la terre fort dangereuse. Ces coups de vent sont généralement annoncés par la baisse du baromètre, longtemps à l'avance. Quand on est à l'ancre, près de la côte, si le courant porte au S. et si la mer monte, on peut être à peu près certain de recevoir bientôt un coup de vent de N. En hiver, si l'on est à moins de 40 milles de terre, la violence des vents de N.E. est un signe de mauvais temps prochain; le même avertissement est donné par des vents de terre frais du N.E. avec des brises du large faibles et avec une baisse du baromètre.

La côte O. d'Australie est également exposée à des rafales subites, atteignant quelquefois la force d'ouragans.

§ 36. — Côte Sud d'Australie.

Sur la côte méridionale d'Australie, dans l'espace situé au N. d'une ligne que l'on tracerait sur la carte, joignant l'archipel de la Recherche aux caps Northumberland et Bridgewater, on peut compter, du 15 janvier au 15 avril, sur des brises de terre et de mer assez régulières, variant du S.E. à l'E.N.E., avec le temps généralement beau. Quelquefois cependant, on pourra éprouver accidentellement, pendant ce trimestre, des vents frais d'O., qui soufflent avec violence lorsqu'ils tournent au S.O. Durant le reste de l'année, les vents dominent de l'O. dans toute la partie située au N. de la ligne que nous avons supposée tracée sur la carte.

Quant aux vents régnant *au large de la côte S.*, ils soufflent presque toujours de la partie de l'O., pendant toutes les saisons; et particulièrement en hiver, d'avril en novembre. A cette époque surtout, on trouve très-fréquemment des brises carabinées, avec beaucoup de mer et une forte houle courant vers l'E. Les coups de vent commencent ordinairement au N.O. et, après quelque temps, ils sautent au S.O.; puis il arrive souvent qu'ils reculent et reprennent du N.O. Ils suivent ainsi les règles générales données au § 4. Pendant l'été, notamment en février, on rencontre parfois au large des séries de brises de la partie de l'E. favorables aux navires qui font route du cap Otway au cap Leeuwin; mais il est prudent de ne pas compter trop sur cette chance.

§ 37. — Usage du baromètre.

Les avertissements que l'on cherche à déduire de l'observation du baromètre sont toujours basés sur la connaissance du *niveau moyen*. On peut donc dire que la notion indispensable à posséder est la connaissance, au moins approximative, de la *hauteur moyenne barométrique*, pour le lieu où l'on se trouve.

D'après les recherches les plus récentes, et notamment d'après celles de l'Amirauté britannique, voici quelles sont les hauteurs barométriques moyennes, observées à la température moyenne de l'atmosphère (1), pour chaque saison et pour les différents parages.

(1) Nous indiquons au § 38 quelles sont les températ^res^ moyennes, dans l'Océan Indien.

EN JANVIER, FÉVRIER ET MARS.

Dans la mer d'Oman et dans le golfe du Bengale, barom. = 764mm.

Dans l'Océan Indien méridonal, entre 0° et 30°S. ou 35°S. baromètre = 764mm.

Entre 30°S. et 35°S., et de 83°E. à 100°E., baromètre = 767mm.

Par 40°S., baromètre = 761mm.

De 50° à 55°S., baromètre = 750mm.

EN AVRIL, MAI ET JUIN.

Dans la mer d'Oman et dans le golfe du Bengale, barom. = 761mm.

Entre 5°N. et 10°S., baromètre = 763mm.

De 10°S. à 35°S., baromètre = 765mm. Toutefois, une région à haute pression existe entre 20°S. et 27°S., et de 83°E. à 103°E., où la moyenne barométrique varie de 767 à 768mm.

Entre 35°S. et 40°S., baromètre = 761 ou 762mm.

Par 50°S., baromètre = 750 ou 751mm.

EN JUILLET, AOUT ET SEPTEMBRE.

Dans la mer d'Oman et dans le golfe du Bengale, barom. = 761mm.

Par 5°N., baromètre = 762mm.

Par 15°S., baromètre = 765mm.

Par 20°S., baromètre = 767mm.

Entre 22°S. et 32°S., baromètre = 769mm.

Par 35°S., baromètre = 767mm.

Par 37°30′S., baromètre = 764mm.

Par 39°S., baromètre = 761mm.

Par 50°S., baromètre = 749mm.

EN OCTOBRE, NOVEMBRE ET DÉCEMBRE.

Dans le golfe du Bengale et dans la partie orientale de la mer d'Oman, baromètre = 763mm.

Dans la partie occidentale de la mer d'Oman, barom. = 766mm.

Entre 5°S. et 15°S., baromètre = 766mm.

Entre 20°S. et 35°S., baromètre = 767mm. Toutefois, une région à haute pression existe entre 30°S. et 35°S., et de 80°E. à 95°E., où la moyenne barométrique varie de 769mm à 770mm.

Par 40°S., baromètre = 763^{mm}.
De 40°S. à 45°S., baromètre = 761^{mm}.
De 50°S. à 55°S., baromètre = 750^{mm}.

Nous terminerons ces indications, sur la hauteur barométrique moyenne, en reproduisant ci-après deux tableaux qui sont extraits des instructions de Maury.

ZONES EN LATITUDE.	HAUTEUR BAROMÉTRIQUE MOYENNE			
	ENTRE LES MÉRIDIENS de 22°O. et 138°E.		ENTRE LES MÉRIDIENS de 138°E. et 82°O.	
	Nombre d'observations.	Hauteur barométriq. en millimètr.	Nombre d'observations.	Hauteur barométriq. en millimètr.
De 40°Sud à 43°Sud	1.115	759.4	210	756.9
43 id. 45	738	756.9	155	754.4
45 id. 48	611	751.8	226	754.4
48 id. 50	175	749.3	247	751.8
50 id. 53	108	745.3	198	746.7
53 id. 55	6	716.2	92	745.4
Dans le Sud de 55°Sud	7	718.8	64	746.7

Le premier de ces tableaux donne, d'après un grand nombre d'observations, la hauteur barométrique moyenne *annuelle*, pour les parallèles de latitude plus S. que le 40me degré S. : d'un côté, pour l'Océan Indien austral (de 22°O. à 138°E.) ; et de l'autre côté, pour l'Océan Pacifique austral (de 138°E. à 82°O.).

Le second tableau, que l'on trouve ci-après, indique la hauteur barométrique moyenne que l'on observe, au S. du parallèle de 40°S., dans les coups de vent ; et cette hauteur est donnée pour chaque direction principale du vent : N.E., S.E., S.O. et N.O.

Indépendamment des renseignements sur la hauteur barométrique, ce tableau fournit une indication importante sur la fréquence relative des coups de vent, suivant la direction considérée. Ainsi l'on reconnaît que, dans les hautes latitudes australes,

Sur *cent* coups de vent, il y en a :
- 45 soufflant d'un rumb compris entre l'Ouest et le Nord ;
- 35 ....id.................... l'Ouest et le Sud ;
- 14 ....id.................... l'Est et le Sud ;
- 6 ....id.................... l'Est et le Nord.

ZONES EN LATITUDE.	HAUTEUR BAROMÉTRIQUE MOYENNE, *DANS LES COUPS DE VENT, AU SUD DE 40°SUD.*									
	COUPS DE VENT de l'O. au N.		COUPS DE VENT de l'O. au S.		COUPS DE VENT de l'E. au S.		COUPS DE VENT de l'E. au N.		Nombre total des observations.	Moyenne barométrique pour chaque parallèle
	Nombre d'observations.	Hauteur barométrique.	Nombre d'observations.	Hauteur barométrique.	Nombre d'observations.	Hauteur barométrique.	Nombre d'observations.	Hauteur barométrique.		
		mm.		mm.		mm.		mm.		mm.
De 40°Sud à 43°Sud	116	749.3	88	753.5	17	751.6	36	758.4	1.703	758.9
43 id. 45	88	749.3	72	749.0	11	751.6	30	751.3	1.130	756.4
45 id. 48	169	746.2	98	748.8	24	749.5	38	747.2	1.174	752.6
48 id. 50	88	743.4	63	745.0	10	748.3	25	745.5	672	751.1
50 id. 53	70	741.2	59	745.2	11	745.2	29	748.3	665	748.8
53 id. 55	39	741.4	60	742.4	5	738.4	15	744.5	475	745.7
Dans le Sud de 55°Sud.........	78	740.1	62	740.9	6	748.0	22	742.7	1.126	743.9

Nous allons exposer maintenant les règles principales, auxquelles on pourra se conformer pour tirer parti des indications barométriques dans l'Océan Indien :

1° *Au Nord du parallèle de* 30°*Sud.*

Toute la partie de l'Océan Indien, comprise au N. du parallèle de 30°S., est soumise : soit aux vents réguliers, alizés et moussons, dont nous avons donné une description aux §§ 2 et 3 ; soit aux vents locaux, qui règnent le long des côtes ou dans les mers de moindre étendue, et qui se trouvent décrits dans les §§ 5 à 36.

Dans les parages où les alizés et les moussons soufflent librement, les observations du baromètre seraient généralement peu utiles, dans les circonstances ordinaires de la navigation, si elles n'étaient pas absolument commandées par la nécessité de se tenir en garde contre l'approche des cyclones. On doit en effet remarquer qu'en temps ordinaire les vents sont relativement fixes, dans ces régions, de sorte que les mouvements du baromètre sont faibles et peu sensibles ; ils peuvent cependant annoncer fréquemment le moment où le navire approche de la limite d'une zone d'alizés, ou d'une zone de moussons, par des mouvements assez marqués. Dans les moussons de S.E. et de N.E., c'est-à-dire dans les alizés proprement dits, le baromètre est généralement plus haut ; dans les moussons de S.O. et de N.O., c'est-à-dire dans les régions où les alizés sont combattus et remplacés par des vents de la partie de l'O., le baromètre est généralement plus bas. Mais, indépendamment de ces renseignements dont l'intérêt n'est pas capital, il faut principalement faire mention, comme nous venons de le dire, du cas où le navire serait exposé à être atteint par un cyclone. Dans cette éventualité, que l'on doit craindre précisément dans presque tout l'Océan Indien, au N. du parallèle de 30°S., le baromètre fournit l'avertissement le plus sûr ; et l'on ne saurait par suite recommander avec trop d'insistance aux capitaines de ne point négliger les observations barométriques, au moins trois fois par 24 heures. Il arrivera heureusement 99 fois sur cent que ces observations ne serviront à rien ; mais aussi, l'on sera bien payé de sa peine lorsque, ayant exactement suivi son baromètre, on pourra connaître d'avance qu'un ouragan approche, manœuvrer pour tâcher de l'éviter, ou tout au moins prendre toutes les précautions que recommande la prudence. Il est inutile d'ajouter que l'on devra particulièrement veiller le baromètre, quand on se trouvera dans les parties les plus exposées aux cyclones et dans les saisons où ils surviennent ordinairement. (V. § 39.)

Lorsque les mouvements du navire ne seront pas considérables, et lorsqu'on aura un baromètre sensible (c'est-à-dire lorsque le cadran sera gradué de manière que les mouvements de l'aiguille soient assez grands pour chaque millimètre de hausse ou de baisse), on pourra remarquer, dans la plus grande partie de l'Océan Indien située au N. de 30°S., que le baromètre accusera les marées atmosphériques d'une manière régulière, du moins en temps ordinaire. Vers quatre heures du matin et vers quatre heures du soir, le baromètre est à son point le plus bas ; vers dix heures du matin et vers dix heures du soir, il est à son point le plus élevé. La différence entre ces deux indications maximum et minimum est en moyenne de $1^{mm},6$ environ. Lorsque cette marée atmosphérique cesse de se faire sentir sur le baromètre, alors que le navire reste soumis, en apparence, aux mêmes influences, il faut se tenir grandement sur ses gardes. Il est clair, en effet, que si, de quatre heures du matin à dix heures du matin, le baromètre reste fixe, alors qu'en temps ordinaire il monte tous les jours de $1^{mm},5$ entre ces deux mêmes heures, on peut considérer cette fixité exceptionnelle du baromètre comme une véritable baisse. Si, en même temps, l'aspect du ciel et de la mer change et prend une moins bonne apparence, on est en droit de supposer qu'une perturbation atmosphérique n'est pas éloignée.

Quant aux parties de l'Océan Indien, voisines des côtes, où règnent des vents ayant plus ou moins un caractère local, nous avons indiqué, dans les §§ 5 à 36, chaque fois que l'occasion s'en est présentée, les avertissements spéciaux que l'on peut déduire d'une observation constante du baromètre.

2° *Au Sud du parallèle de 30°Sud.*

Dans le S. du parallèle de 30°S., ou plutôt dans la région dite des vents d'O., dont nous avons donné une description sommaire au § 4, le baromètre peut servir non-seulement à annoncer les tempêtes ; mais encore, dans bien des circonstances, les changements de direction et de force des vents.

Toutefois, nous nous empressons d'ajouter que, sans jamais négliger d'observer le baromètre, il ne faudra pas se fier exclusivement à ses indications, principalement dans les latitudes élevées. Quelquefois le baromètre baisse beaucoup, sans qu'il y ait de mauvais temps sur le navire; d'autres fois, on reçoit un coup de vent, sans que le baromètre ait bougé. Il arrive plus souvent encore que le baromètre ne commence à baisser qu'au moment où le mauvais temps commence à se faire sentir; dans d'autres circonstances, le baromètre baisse d'abord beaucoup, et ce n'est qu'au moment où il remonte que le coup de vent commence. Malgré ces anomalies, on fera bien de veiller toujours le baromètre, dont les indications seront en général d'une grande utilité.

Il est bien constaté que, *dans l'hémisphère S.*, les vents tournant au N.E. et au N. font baisser le baromètre. Lorsque les vents dépassent le N.O., et qu'il tournent à l'O., au S.O. et au S., ils font monter le baromètre. Avec les vents de S.E., le baromètre cesse de monter; et il commence à baisser dès que les vents dépassent ce rumb en hâlant l'Est.

On peut donc dire qu'en général le baromètre est *haut* ou qu'il *monte*, avec les vents de la partie du pôle voisin, c'est-à-dire du S.; et qu'il est *bas* ou qu'il *baisse*, avec les vents de la partie du pôle éloigné, c'est-à-dire du Nord.

Lorsque le niveau barométrique est *ferme*, c'est-à-dire lorsqu'il n'a ni monté ni baissé pendant les 5 ou 6 heures précédentes, on ne s'attendra à aucun changement, ni de direction, ni de force du vent.

Si le niveau a oscillé, c'est-à-dire s'il a monté et baissé alternativement d'un demi-millimètre à un millimètre et demi, dans la demi-journée précédente, le temps sera incertain.

Si le niveau a monté d'une manière modérée, de 1 à 2 millimètres en 5 heures, on s'attendra à moins de vent, ou à un temps plus froid et plus sec.

Si le niveau a baissé d'une manière modérée, de 1 à 2 millimètres en 5 heures, on s'attendra à plus de vent, ou à un temps plus chaud et plus humide.

En général, si la hauteur barométrique se maintient *ferme*, à 4 ou 5 et même à 10 ou 12 millimètres, *au-dessus ou au-dessous* du niveau moyen, on a des temps bien établis et maniables : de la partie du N., dans le premier cas; et de la partie du S., dans le second.

Il est rare que la hauteur barométrique soit à 15 millimètres, 20 millimètres, ou davantage encore, au-dessus ou au-dessous du niveau moyen, sans que l'on éprouve ou que l'on soit sur le point d'éprouver de très-mauvais temps, c'est-à-dire beaucoup de vent.

Cependant, il ne faut pas attacher une trop grande foi à ce principe admis généralement trop à la lettre : « Le baromètre est très-haut ou très-bas, donc il va surventer. »

Il est préférable d'adopter le précepte suivant, qui est plus certain : « *Il doit surventer, lorsque le baromètre a brusquement monté ou baissé*, surtout s'il a atteint ainsi un niveau très-éloigné du niveau moyen. »

Il convient donc, quand on observe le baromètre, de constater non-seulement s'il est au-dessus ou au-dessous du niveau moyen ; mais surtout de tenir compte du nombre de millimètres dont le niveau a monté ou baissé depuis la veille, depuis le matin, ou depuis 3 ou 4 heures. C'est là que se trouve la principale source d'informations.

Tout mouvement modéré de hausse ou de baisse (de 1 à 2 millimètres en 4 heures) annonce des vents maniables. Au contraire, tout mouvement brusque (de 4 à 5 millimètres en 5 heures, ou de 12 à 20 millimètres en 24 heures, ou davantage) annonce beaucoup de vent.

Le baromètre étant très-haut (à 15 ou 20 millimètres et plus, au-dessus du niveau moyen) avec des vents de la partie du S., une baisse *brusque* du baromètre, accompagnée d'une hausse du thermomètre, annoncera que les vents reprendront bientôt, avec force, de la partie du Nord.

Inversement, si le baromètre est très-bas (à 15 ou 20 millimètres et plus, au-dessous du niveau moyen) avec des vents de la partie du N.O., une hausse *brusque* du baromètre annonce une saute de vent du N.O. au S.O. et coup de vent de la partie du Sud.

En hiver, c'est-à-dire d'avril en octobre, une baisse brusque du baromètre au-dessous de la moyenne et le thermomètre vers zéro annoncent de la neige, lorsque le navire est dans le S. de 40°Sud.

Enfin, suivant que les mouvements de hausse ou de baisse du baromètre sont plus ou moins rapides, le temps annoncé est plus ou moins prompt à venir. D'ailleurs, le temps venant vite finit vite ; et s'il est lent à venir, il est lent à finir.

Dans nos *Instructions sur l'Océan Pacifique*, nous avons

donné un résumé des observations de M. le capitaine de vaisseau Prouhet, sur les indications du baromètre dans l'hémisphère S. Nous nous bornerons à rappeler ici que, d'après cet officier supérieur, le parallèle de 42°S. semble diviser la région des vents d'O. en deux zones distinctes, au point de vue des mouvements du baromètre : l'une au N. de ce parallèle, entre 35° et 42°S.; et l'autre au S. de ce parallèle, entre 42°S. et 60°S. Voici la conclusion de cette note intéressante :

« Dans la partie N. de la zone des vents variables, au N. de 42°S., les indications du baromètre doivent s'interpréter de la même manière que dans la zone correspondante au N. de l'équateur, moyennant que l'on rapporte aux vents du S. ce qui est relatif aux vents du N. dans nos climats : les vents d'E. et d'O. ont dans l'un et l'autre hémisphère la même influence respective ; les points de comparaison de l'échelle barométrique restent aussi à peu près les mêmes ; toutefois, l'influence des variations du vent sur la hauteur barométrique est plus marquée dans l'hémisphère Sud.

» Dans la partie S. de la zone des vents variables, au S. de 42°S., l'interprétation de la marche du baromètre peut rester la même que ci-dessus, quant au sens du mouvement, selon la direction des vents, la hausse continuant à indiquer que le temps s'embellit sans que le vent change, ou que celui-ci tend vers le S.E.; la baisse indiquant que le vent tend vers le N.O., ou s'il ne change pas, que le temps se gâte; mais l'étendue de ces mouvements est loin d'être la même que dans l'autre partie de la zone, et l'échelle d'appréciation des hauteurs doit changer (1). »

§ 38. — Températures moyennes, dans l'Océan Indien.

Nous donnons ci-après, pour chaque saison, un aperçu sommaire des températures *moyennes* de l'air, dans les différentes parties de l'Océan Indien. Les températures sont naturellement exprimées en degrés centigrades.

EN JANVIER, FÉVRIER ET MARS.

Dans la mer d'Oman et dans le golfe du Bengale, thermom. = 25°.
Entre les parallèles de 10°N. et 20°S., thermomètre = 27°.

(1) Dans le S. de 42°S., les mouvements du niveau barométrique doivent être beaucoup plus considérables que dans le N. de ce parallèle, pour annoncer du mauvais temps.

De 20°S. à 25°S., thermomètre = 25°.
Par 30°S., thermomètre = 21°.
Par 40°S., thermomètre = 15°.
Par 50°S., thermomètre = 10°.
Entre 55°S. et 62°S., thermomètre = 0°.
Dans la mer Rouge, le thermomètre varie de 16° à 27°, comme indications moyennes.

EN AVRIL, MAI ET JUIN.

Dans tout l'Océan Indien, au N. de 15°S., ou de 10°S., thermomètre = 28°.
Entre 15°S. et 25°S., thermomètre = 25°.
Entre 25°S. et 30°S., thermomètre = 21°.
Entre 35°S. et 40°S., thermomètre = 16°.
Entre 42°S. et 46°S., thermomètre = 10°.
Par 55°S., thermomètre = 0°.
Dans la mer Rouge, la température moyenne varie de 28° à 29°.

EN JUILLET, AOUT ET SEPTEMBRE.

Dans la mer d'Oman et dans le golfe du Bengale, thermom. = 28°.
Dans les environs de l'équateur, thermomètre = 27°.
Par 10°S., thermomètre = 25°.
Par 22°S., thermomètre = 21°.
Par 30°S., thermomètre = 16°.
Entre 40°S. et 45°S., thermomètre = 10°.
Entre 50°S. et 55°S., thermomètre = 0°.
Dans la mer Rouge, thermomètre = 32°5.

EN OCTOBRE, NOVEMBRE ET DÉCEMBRE.

Dans la mer d'Oman et dans le golfe du Bengale, therm. = 27° à 28°.
Entre 10°N. et 20°S., thermomètre = 25° à 27°.
De 20°S. à 25°S., thermomètre = 21° à 25°.
Par 30°S., thermomètre = 21°.
Par 35°S., thermomètre = 16°.
De 40°S. à 50°S., thermomètre = 10°.
De 55°S. à 60°S., thermomètre = 0°.
Dans la mer Rouge, thermomètre = 30°.

Nous terminerons ces indications, en donnant ci-après un tableau dans lequel on trouvera, pour 22 ports principaux, la quantité moyenne de pluie qui tombe par mois. Cette quantité de pluie est exprimée en millimètres. Tous les chiffres contenus dans ce tableau sont extraits du Mémoire fort intéressant publié en 1877 par M. le docteur RAULIN.

TABLEAU INDIQUANT LA QUANTITÉ MOYENNE DE PLUIE QUI TOMBE, PAR MOIS,

Sur différents points de l'Océan Indien.

PORTS PRINCIPAUX.	NOMBRE DE MILLIMÈTRES DE PLUIE, TOMBANT DANS CHACUN DES MOIS DE											
	Janv.	Févr.	Mars.	Avril.	Mai.	Juin.	Juillet.	Août.	Sept.	Octob	Nov.	Déc.
	mm.	mm.	mm.	mm.	mm.	mm.	mm.	mm.	mm.	mm.	mm.	mm.
Akyab..........	11	8	12	35	203	1·655	1·416	1·060	634	373	160	5
Alipee..........	49	31	108	87	667	661	372	237	135	305	139	85
Bombay........	0	0	0	1	7	571	625	381	275	37	5	1
Calcutta........	10	21	30	61	138	326	315	350	255	133	19	7
Chittagong	9	41	33	139	239	582	572	585	330	151	58	14
Cochin	44	2	52	83	482	780	440	332	122	246	58	58
Colombo	111	43	87	182	335	147	127	104	117	307	283	140
Madras.........	7	9	19	40	54	88	115	116	297	287	113	30
Malacca........	254	201	249	110	174	102	»	221	317	229	197	236
Maurice (Ile)..	182	270	155	120	64	31	19	36	11	14	37	90
Mayotte (Ile)..	221	233	167	74	12	12	7	6	42	22	162	143
Moulmein......	0	1	6	29	445	773	1·038	951	730	193	62	9
Nossi-bé (Ile).	870	597	263	172	47	14	51	41	83	169	432	519
Pondichéry....	39	6	24	47	51	49	93	150	130	246	280	120
Penang (Pulo)	85	66	134	183	114	189	174	260	248	314	224	107
Quilon.........	24	8	50	80	419	455	280	155	85	251	99	43
Rangoon.......	0	0	0	67	356	554	958	428	375	190	53	5
Réunion (Ile)..	222	237	254	97	61	27	24	23	29	57	96	225
Ste-Marie (Ile)	322	225	175	214	159	184	166	118	49	18	69	128
Singapour.....	297	159	192	189	168	168	171	207	172	281	260	289
Trinquemaley	168	54	7	11	73	29	91	117	117	178	365	375
Zanzibar.......	122	176	218	452	618	23	94	125	181	352	366	273

CHAPITRE SECOND.

Lois générales des Cyclones de l'Océan Indien. Manœuvres générales à faire.

§ 39. — Indication des parages de l'Océan Indien où l'on est exposé à rencontrer des Cyclones. — Direction générale des trajectoires.

1° *Dans l'hémisphère Sud.*

Il est prudent de se tenir en garde contre l'approche des cyclones, *à n'importe quelle époque de l'année,* dans tout l'espace compris : *en latitude,* entre l'équateur et le parallèle de 30° ou de 35°S.; et *en longitude,* entre le méridien de 48°E. et la côte d'Australie.

Pendant une période de 39 années, il n'y a pas eu d'exemple de cyclone, en juin, juillet et août. Il y en a eu : 1 en septembre; 1 en octobre ; 4 en novembre ; 3 en décembre ; 9 en janvier ; 13 en février; 10 en mars ; 8 en avril ; et 4 en mai.

A la Réunion, d'après les observations de Piddington et de Bridet, il n'y a pas eu de cyclone, en juillet et août. On en a observé : 1 en septembre ; 1 en octobre ; 4 en novembre ; 4 en décembre ; 9 en janvier ; 14 en février ; 10 en mars ; 8 en avril ; 4 en mai ; et 1 en juin.

A Maurice, d'après Piddington, sur 53 cyclones observés en 24 ans, il n'y en a pas eu, du commencement de mai à la fin de novembre. On en a éprouvé : 6 en décembre ; 9 en janvier ; 15 en février ; 15 en mars ; et 8 en avril.

Comme nous l'avons déjà dit, il faut se tenir en garde contre les cyclones, entre l'équateur et 35°S., et depuis le méridien de 48°E. jusqu'à la côte d'Australie. Mais, sur chaque parallèle, il y a une région où l'on est plus particulièrement exposé à rencontrer des tempêtes tournantes. Ainsi, *la partie la plus fréquentée par les cyclones se trouve :*

Sur le parallèle de 10°S., entre les méridiens de 73°E. et 98°E.;
Sur le parallèle de 15°S., ...id........... de 63°E. et 88°E.;
Sur le parallèle de 20°S., ...id........... de 53°E. et 73°E.;
Sur le Tropique.........., ...id........... de 50°E. et 68°E.;
Et sur le parallèle de 30°S., ...id........... de 50°E. et 68°E.

La zone comprise entre l'équateur et le parallèle de 16°, ou de 18°S., est celle où les tempêtes tournantes de l'hémisphère S. prennent généralement naissance. Dans cette zone, la trajectoire des cyclones, c'est-à-dire la route qu'ils parcourent, est presque toujours dirigée vers l'O.¹/₄S.O., ou l'O.S.O. Il ne faut cependant point considérer cette direction comme invariable.

Les cyclones venant des régions équatoriales coupent donc ordinairement le parallèle de 18°S., en se dirigeant vers l'O.S.O. Puis, leur route se courbe graduellement vers le S., et enfin rebrousse vers le S.E., au fur et à mesure qu'ils avancent vers le S. Ainsi, la trajectoire orientée d'abord vers l'O.S.O., se dirige peu à peu vers le S.O., le S.S.O. et le S.; à ce moment, la courbe parcourue par la tempête est à son point culminant vers l'O., ou point de rebroussement, et elle se dirige ensuite vers le S.S.E., le S.E. et l'E.S.E.

Entre 18°S. et 25°S., se trouve la zone dans laquelle la plupart des cyclones rebroussent chemin, du S.O. au S.E., comme nous venons de l'indiquer. Mais, malheureusement, la latitude du point de rebroussement est très-variable. Certains ouragans commencent à porter au S., quand ils atteignent 18° ou 20°S.; puis, ils se dirigent au S.S.E., par 21° ou 22°S.; au S.E., sur le Tropique; et enfin à l'E.S.E., par 25° ou 26°S. D'autres tempêtes venant des parages équatoriaux continuent à faire route vers l'O.S.O., jusque par 20°S.; puis ils se dirigent vers le S.O., quand ils atteignent le Tropique; et ils ne commencent à marcher vers le S.S.O. et le S. qu'entre les parallèles de 25° et de 26°S. Il résulte de là qu'à *bord de tout navire, situé entre 18° et 25°S., on ignore absolument, au début d'un cyclone, si la trajectoire est dirigée vers l'O.S.O., le S.O., le S. ou le S.E.* : la tempête peut marcher suivant l'une de ces directions, ou sur une route intermédiaire; mais on est dans l'impossibilité de rien préjuger tout d'abord, à cet égard. Ce n'est donc qu'après avoir constaté la fixité du vent, ou avoir observé ses variations, qu'on est en mesure de connaître approximativement la route suivie par la tempête ; et l'on se trouve ainsi forcément pendant quelque temps dans l'incertitude, alors qu'il serait le plus utile d'être exactement renseigné pour manœuvrer sûrement. Si le vent reste à peu près fixe, on en conclut que l'on se trouve sur la route du cyclone et devant lui : par exemple, avec des vents de S.E. violents et fixes, on saura que le centre de la tempête se trouve dans le N.E. du navire, et que sa trajectoire est dirigée vers le S.O. Si le vent varie, une simple construction graphique sur du papier quadrillé ou autre (à défaut de carte à grand point) permet de déterminer à peu près la marche du cyclone : par exemple, admettons qu'à 2 heures du soir on ait des vents de S.E. grands frais, et que la distance du centre soit estimée à 200 milles environ, d'après la force du vent et la baisse du baromètre, marquons à volonté sur la feuille de papier la position A du navire, et traçons une ligne orientée vers le N.E. dans la direction où l'on relève le centre ; enfin, donnons à cette ligne une longueur convenable pour représenter 200 milles, cela fait, le centre du cyclone se trouve à l'extrémité B de cette ligne ; supposons maintenant qu'à 4 heures du soir, après avoir fait 24 milles vent arrière route au N.O., on ait des vents de S.E.$^1/_4$S. plus frais encore et que le baromètre ait baissé un peu, de manière à faire estimer la distance du centre à 180 milles, traçons à partir de A une ligne dirigée vers le N.O., et donnons-lui une longueur de 24 milles de A en A′ afin de représenter la route du navire, traçons enfin à partir de A′ une ligne orientée vers le N.E.$^1/_4$E. dans la direction du centre, et donnons à cette ligne une longueur de 180 milles de A′ en B′ ; il suffit alors de joindre par une ligne droite les points B et B′ qui représentent les deux positions du centre, à 2 heures et à 4 heures du soir, pour constater que pendant cet intervalle la tempête a marché vers le S.$^1/_4$S.O. en parcourant environ 20 milles.

Sur le parallèle de 25°S., les trajectoires sont généralement dirigées vers le S. ; et, *sur le parallèle de 30°S.*, vers le S.S.E. ou le S.E. Cependant, il est bien entendu qu'entre les parallèles de 25° et de 30°S., on peut rencontrer des cyclones marchant vers le S.O., le S., le S.E. et l'E.S.E.

Dans le S. du parallèle de 30°S., les trajectoires sont orientées ordinairement vers l'une des directions comprises entre le S.S.E., le S.E., l'E.S.E. et l'Est.

Au large du cap de Bonne-Espérance, dans le S. et dans l'E. de ce cap, entre 35° et 42°S., Piddington pense que plusieurs coups de vent ont été de véritables cyclones, se dirigeant vers l'E. ou l'E.S.E.

Dans l'E. de la côte de Natal, et dans le S. de Madagascar, c'est-à-dire dans le S. du tropique du Capricorne et entre les méridiens de 30° et 48°E., il n'y a aucune observation certaine de cyclone. Cependant, Piddington émet l'avis que des coups de vent tournants pourraient exister dans ces parages, et marcher généralement vers l'O.S.O. : ce n'est là d'ailleurs qu'une supposition.

Dans la partie du canal de Mozambique comprise entre 15° et 19°S., on cite deux cyclones qui ont traversé le canal en suivant une route dirigée vers l'O.S.O. Mais, il n'y a encore aucun exemple de cyclone, *dans la partie S. du canal de Mozambique,* ni dans les archipels des *Comores,* des *Seychelles* et des *Chagos.*

Aux îles Keeling (îles Cocos), par 12°S. et 94°30'E., Piddington mentionne deux cyclones, qui se sont dirigés vers le Sud.

Sur la côte O. d'Australie, le même auteur signale un premier cyclone ayant marché vers le S.O., entre 24° et 25°S.; et deux autres tempêtes tournantes ayant marché vers l'E.S.E., entre 28° et 33°Sud.

2° *Dans l'hémisphère Nord.*

Dans la partie N. de la baie du Bengale, au N. du parallèle de 16° ou de 17°N., les cyclones ont leur trajectoire dirigée très-généralement vers le N.O. : toutefois, quelques-uns se sont dirigés vers l'O.¼N.O. ou l'O.N.O., et d'autres ont marché vers le N.N.O.

En 46 ans, Piddington a relevé trente cyclones dans la baie du Bengale : 1 en janvier ; 1 en mars ; 1 en avril ; 7 en mai ; 3 en juin ; 1 en août ; 7 en octobre ; 6 en novembre ; et 3 en décembre.

Dans la partie S. de la baie du Bengale, et dans la mer Andaman, entre les parallèles de 17° et de 5°N., les trajectoires ne sont pas orientées d'une manière aussi régulière. Les directions les plus généralement suivies sont celles comprises entre l'O. et l'O.N.O.; mais plusieurs cyclones ont marché vers le N.O., et quelques-uns ont eu leurs trajectoires orientées vers l'O.S.O.

Dans la partie N. de la mer d'Arabie, au N. du parallèle de 15°N., les trajectoires sont presque toujours orientées dans l'une des directions comprises entre le N.O. et le N.¼N.O.

Sur la côte du Malabar et dans la partie S. de la mer d'Arabie, au S. du parallèle de 15°N., Piddington classe les cyclones en deux séries distinctes, d'après les directions générales de leurs trajectoires. La première série comprend les tempêtes tournantes qui s'éloignent de la côte de Malabar, entre 6° et 15°N., et qui prennent le large en se dirigeant vers l'O.N.O. La seconde série comprend les cyclones dont la trajectoire est dirigée vers le N.N.O., et qui suivent la côte de Malabar, ou passent dans les parages des Maldives ou des Laquedives. Indépendamment des ouragans qui se rattachent à l'une ou l'autre de ces deux séries, il convient de citer un cyclone exceptionnel, qui paraît s'être formé dans les environs des Maldives, et s'être dirigé vers le N.E. jusqu'à la côte de Malabar. Ainsi, à bord de tout navire situé auprès des Maldives, des Laquedives ou de la côte de Malabar, entre 6° et 15°N., on ignore absolument, au début d'un cyclone, si la trajectoire est dirigée vers l'O., l'O.N.O., le N.O. ou le N., sans compter que l'on pourrait avoir affaire exceptionnellement à un ouragan marchant dans une direction tout à fait différente telle que le N.E.

§ 40. — Signes principaux de l'approche des Cyclones.

Indépendamment des indications du baromètre, dont nous parlons spécialement au § 45, l'aspect du temps, du ciel, des nuages, de la mer et de l'horizon, fournissent également au marin expérimenté des signes précieux, à l'approche du mauvais temps. Nous nous bornerons à signaler ici sommairement les principaux indices qui ont été observés, en diverses circonstances, et qui pourront donner des avertissements utiles lorsqu'on craindra d'être atteint par un cyclone.

A l'approche d'une tempête tournante, on a constaté, en divers cas, que le vent se levait et tombait, à des intervalles de quelques minutes; en faisant entendre une sorte de mugissement causé sans doute par la violence des courants d'air régnant dans les parties supérieures de l'atmosphère. On a observé quelquefois un halo autour de la lune; d'autres fois, les étoiles ont paru très-brillantes et extraordinairement scintillantes, ayant l'air de crépiter et de danser. On a noté aussi des nuages bas, chassant rapidement dans un sens différent des nuages élevés; ou de légers nuages chassant dans des directions diverses ; ou des nuages noirs, déchirés, frangés, avec des bords blancs, comme des plumes ou comme de longues queues ; des bancs épais de nuages devenant plus larges et plus épais dans la direction où se trouve le cyclone ; des nuages épais entourant et barrant l'horizon jusqu'à une hauteur variable de 10° à 15°, ayant leur bord supérieur rouge avec de petits nuages qui s'en détachent dans les régions inférieures. La teinte rouge et triste du ciel et des nuages est aussi un indice très-fréquemment signalé, surtout dans l'hémisphère S. de l'Océan Indien ; les couleurs varient principalement du rouge cramoisi au rouge brique. On a enfin observé quelquefois des éclairs ayant des aspects extraordinaires, tels que l'apparence de lueurs de coups de canon, ou de gerbes de feu d'un éclat pâle, ou d'étincelles de briquets et de pierres à fusil.

A l'île de la Réunion, voici quels sont les indices observés par M. Bridet. Cinq ou six jours avant que le cyclone atteigne l'île, on voit toujours des cirrus (c'est-à-dire des nuages en barbes de chat) ; plus tard, l'atmosphère est blanchâtre et laiteuse, ou bien le ciel devient pommelé ; ensuite des cumulus (balles de coton) se forment, ne laissant voir les cirrus supérieurs qu'à de rares intervalles. Vingt-quatre ou trente-six heures avant les premières rafales, l'horizon se charge et prend un aspect menaçant ; enfin, quelques heures seulement avant le commencement de la tempête, on observe quelques nimbus bas et fuyant avec rapidité. Deux jours et souvent trois jours à l'avance, la mer grossit et les ras de marée se font sentir ; une houle longue se forme, venant de la direction d'où tomberont probablement les premières rafales. Aux levers et aux couchers du soleil, les nuages sont colorés en rouge orangé ; et ils prennent souvent des teintes cuivrées, lorsque le cyclone est rapproché. Il convient d'ajouter que, dans le cas où le baromètre baisse même légèrement, avec des vents de la partie du S.E. ou de l'E., on doit bien veiller, attendu qu'avec ces vents le baromètre doit se maintenir haut, s'il n'y a aucun trouble important dans les mouvements de l'atmosphère.

§ 41. — Dimensions des Cyclones ; Mouvements de rotation et de translation.

Le *diamètre*, c'est-à-dire le cercle d'action des cyclones, est très-variable, depuis 50 milles jusqu'à 1,000 milles. Les tempêtes tournantes, dont les dimensions sont très-petites ou très-grandes, sont exceptionnelles; et celles qui n'ont seulement qu'une cinquantaine de milles de diamètre sont soudaines et violentes comme des tornades. Dans la généralité des cas, les cyclones ne conservent pas les mêmes dimensions, pendant toute la durée de leur mouvement : quelquefois leur diamètre diminue; mais, le plus souvent, il augmente à mesure que la tempête avance sur sa trajectoire. *Dans l'Océan Indien méridional*, on peut admettre qu'au moment de la formation, le diamètre est de 200 à 300 milles; plus tard, il atteint 400 milles; et vers la fin de la course, de 500 à 600 milles; mais il est évident que cette règle est très-sujette à exceptions. *Dans la mer d'Arabie* (golfe d'Oman), les diamètres sont ordinairement de 200 à 300 milles. *Dans le golfe du Bengale,* ils sont de 300 à 350 milles et atteignent quelquefois 500 et 600 milles.

Le mouvement de rotation des cyclones, dans chaque hémisphère de l'Océan Indien, suit exactement les lois générales des tempêtes tournantes des autres mers. Ainsi, en supposant le mouvement de tourbillon du vent tracé sur une carte, on observe que, dans l'hémisphère N., la rotation est dirigée dans le sens inverse de celui des aiguilles d'une montre; tandis que dans l'hémisphère S., elle se produit dans le sens des aiguilles d'une montre. De là, découle cette règle capitale, qui est la base de toute manœuvre dans les cyclones : « *En se tournant vers le point de l'horizon d'où vient le vent, le centre* du cyclone *est* à 8 quarts de cette direction, à *droite* de l'observateur s'il est dans *l'hémisphère N; ou à gauche,* s'il est dans *l'hémisphère Sud.* »

Ce principe fondamental suppose naturellement que les cyclones ont une forme circulaire. Il est évident qu'il n'en est pas rigoureusement ainsi en réalité, puisqu'en raison du mouvement de translation, le tourbillon doit se faire suivant une succession de spirales. D'un autre côté, il ne serait pas improbable que le mouvement de giration se produisît, dans bien des cas, suivant une courbe plus ou moins régulière; et se rapprochant plutôt de l'ellipse que de la forme circulaire proprement dite. Mais, il n'en est pas moins vrai que, dans l'état actuel de nos connaissances, la règle si simple que nous venons d'énoncer, pour trouver approximativement la direction du centre d'un cyclone, sera, pendant bien longtemps encore, jugée comme la meilleure par les marins, au point de vue de la pratique de la navigation.

Le mouvement de translation semble dirigé constamment vers une direction dépendant de celle du pôle voisin. Dans l'hémisphère N., par exemple, les cyclones paraissent marcher vers la partie du N.O., du N., ou du N.E.; et dans l'hémisphère S., vers la partie du S.O., du S., ou du S.E. Mais on s'exposerait parfois aux erreurs les plus grandes, si l'on comptait sur une marche régulière et en quelque sorte théorique des cyclones : dans maintes circonstances, les trajectoires des tempêtes tournantes ont notablement dévié des directions moyennes qu'on leur assigne, sur chaque parallèle de latitude, ainsi que nous l'avons signalé déjà au § 39.

La vitesse de translation des cyclones, c'est-à-dire la vitesse avec laquelle ces tempêtes circulaires parcourent leur trajectoire, est extrêmement variable. Certains cyclones restent à peu près stationnaires pendant quelques heures, et parfois même pendant un jour ou deux. D'autres ne s'avancent qu'avec lenteur, en marchant $1^{m},5$ ou 2 milles à l'heure. *Dans l'Océan Indien méridional,* les vitesses varient généralement de 2 nœuds à 10 nœuds à l'heure. La zone comprise entre 5° et 15°S. est celle où les ouragans semblent prendre naissance ; et c'est dans cette région de formation que leur vitesse est la plus faible : soit de 1 nœud à 5 nœuds au plus, ou de 2 nœuds en moyenne. Dans ces parages, les tempêtes sont même quelquefois stationnaires. De 15° à 25°S., les vitesses varient le plus souvent de 5 à 10 milles ; elles sont généralement de 8 à 9 milles, entre Maurice et la Réunion. En atteignant des latitudes plus élevées, où la direction des trajectoires se rapproche du S.S.E., du S.E., ou de l'E.S.E., les cyclones ont ordinairement une vitesse de 12 à 18 milles environ. *Dans le canal de Mozambique,* on a constaté une vitesse de translation de 10 nœuds ; *dans la mer Andaman,* une vitesse de 4 nœuds ; *au large de Ceylan,* des vitesses de 5^{n} à 10 nœuds, et même davantage ; *dans la mer Arabique,* des vitesses de 4^{n} à 16 nœuds. *Dans la baie du Bengale,* les vitesses des cyclones varient généralement de 3^{n} à 15 nœuds ; cependant, on a observé, dans cette mer, des vitesses de 2 nœuds seulement et une vitesse exceptionnelle de 39 milles à l'heure.

Le cyclone de juin 1822 causa la mort de 50,000 âmes et détruisit de nombreuses propriétés aux Bouches du Gange : sa vitesse a été seulement de 53 milles en 24 heures; il paraît même avoir été stationnaire durant plusieurs heures. Au contraire, d'autres tempêtes tournantes, douées d'une faible vitesse de translation n'ont point été violentes. La même observation s'applique aux cyclones animés d'une grande vitesse, qui sont : les uns très-violents; et les autres peu redoutables. Il ne semble donc pas y avoir de relation à établir entre la vitesse de translation d'un cyclone et la violence du vent qu'il apporte.

Lorsque la trajectoire d'un cyclone passe sur des terres élevées, il a été généralement remarqué que la vitesse de translation de la tempête diminue.

Il n'est pas rare que deux cyclones, quelquefois trois, se suivent, ou marchent sur des routes à peu près parallèles. D'autres fois, on a observé que deux cyclones ont suivi des routes convergentes, se sont rencontrés et se sont fondus l'un dans l'autre.

§ 42. — Côtés dangereux et maniable d'un cyclone.

Quelle que soit la direction de la trajectoire que parcourt le centre d'un cyclone, si l'on suppose cette trajectoire tracée sur la carte, elle divise, à un instant quelconque, la tempête en deux demi-cercles : *celui de droite,* situé à droite d'un observateur qui suivrait la même route que le centre ; et *celui de gauche,* situé du bord opposé.

Dans l'hémisphère N., le *demi-cercle de droite* est le côté *dangereux;* et le *demi-cercle de gauche* est le côté *maniable.* Dans l'hémisphère S., l'observation est inverse : le *demi-cercle de droite* est le côté *maniable;* et le *demi-cercle de gauche* est le côté *dangereux.*

Pour se rendre compte de ces dénominations, il suffit de prendre un exemple. Soit un cyclone de l'hémisphère N., ayant sa trajectoire dirigée vers le N.; supposons en même temps deux navires se trouvant dans la partie N. du cyclone et atteints par celui-ci. Admettons que l'un des navires se trouve à droite de la trajectoire, dans le N.E. du centre, et qu'il éprouve des vents de S.E.; la mer et la dérive le rapprochent donc de la route que le centre doit parcourir ; il est dans le côté dangereux. Si l'autre navire se trouve à gauche de la trajectoire, dans le N.O. du centre, et s'il éprouve des vents de N.E., la mer et la dérive l'éloignent de la route que doit parcourir le centre ; il est dans le côté maniable. Mais il ne faudrait pas conclure de ces qualificatifs : *dangereux* et *maniable* que le temps soit plus mauvais d'un côté que de l'autre. Les observations ne le prouvent en aucune manière. La vérité est que, le plus souvent, le navire se trouve en avant de la route du cyclone, quand il est atteint par cette sorte de tempête ; et que, dans ce cas le plus ordinaire, si le navire se trouve à *droite* de la trajectoire dans l'hémisphère *Nord* (ou à gauche dans l'hémisphère S.), il a beaucoup plus de peine à éviter le passage du centre que s'il se trouve de l'autre bord de la trajectoire. Sa position est donc plus dangereuse ; et cette observation suffit pour justifier le nom de côté dangereux donné au côté dont il s'agit.

Dans l'un et l'autre hémisphère, et par une latitude quelconque, à bord d'un navire au plus près ou à la cape, on reconnaît que l'on se trouve *dans le côté droit*, quand les vents observés tournent *à droite du Nord*, en regardant la rose du compas ; au contraire, on est *dans le côté gauche* quand les vents tournent *à gauche du Nord*. Ainsi, que l'on soit dans le N. ou dans le S. de la Ligne, si le vent tourne du N. au N.N.E. et au N.E. (c'est-à-dire à *droite* du N.), ou bien du S.O. à l'O. et au N.O. (c'est-à-dire toujours dans ce même sens que nous appelons *à droite* du N.), on en conclura que le navire se trouve *dans le côté droit du cyclone*. Au contraire, si le vent tourne du N. au N.N.O. et au N.O. (c'est-à-dire à *gauche* du N.), ou encore du S.S.E. au S.E. et à l'E. (soit toujours dans le même sens que nous appelons à *gauche* du N.), on aura la certitude que le navire est dans le *côté gauche* du cyclone ; quels que soient d'ailleurs, nous le répétons, l'hémisphère et la latitude du lieu d'observation.

On peut encore énoncer cette loi de la manière suivante :

1° *Dans l'hémisphère N.*, le navire étant à la cape ou au plus près, on reconnaît que l'on est dans le côté *droit ou dangereux*, si le vent, dans ses variations de direction, *tourne sur la droite* du N., ou dans le sens des aiguilles d'une montre dont la rose des vents serait le cadran. Dans le cas où les variations du vent se font en sens inverse le navire est dans le côté gauche ou maniable.

2° *Dans l'hémisphère S.*, le navire étant à la cape ou au plus près, on reconnaît que l'on est dans le côté *gauche ou dangereux*, si le vent, dans ses changements de direction, *tourne sur la gauche* du N., ou dans le sens inverse de celui des aiguilles d'une montre dont la rose des vents serait le cadran. Dans le cas où les variations du vent se font en sens inverse, le navire est dans le côté droit ou maniable.

§ 43. — Position du navire, sur la route que doit parcourir le centre d'un Cyclone.

Dans les deux hémisphères, et par une latitude quelconque, un navire qui se trouve contraint de tenir la cape, *sur la route du centre d'un cyclone*, reçoit le *vent constamment de la même direction*, ou à peu près, et voit le baromètre baisser, avec une rapidité qui augmente considérablement à mesure que le centre de la tempête approche.

Les marins qui ont été sérieusement aux prises avec de violents cyclones, et qui ont eu le bonheur de s'en tirer, s'accordent tous pour signaler que, sur la route de ces tempêtes, la mer est terrible. Souvent les lames se croisent, furieuses et tumultueuses. Quelquefois, elles s'élancent à peu près verticalement, en masses pyramidales, choquant leurs crêtes les unes contre les autres à une grande hauteur, et faisant voler l'écume à la hauteur des hunes. Il semble fréquemment que le navire se trouve environné de roches, sur lesquelles les lames brisent avec une violence excessive. Dans d'autres circonstances, la mer paraît bouillonner, se soulevant et retombant, comme de l'eau en ébullition. Au fur et à mesure que le centre se rapproche, la mer est de plus en plus démontée; et, en admettant même que le navire ne soit pas désemparé, on se trouve néanmoins presque toujours dans l'impossibilité de gouverner, attendu que l'on passe généralement d'une sorte d'accalmie à de furieuses rafales par lesquelles on est violemment secoué, et ainsi de suite.

Au moment où l'on est atteint par la partie centrale du cyclone, il arrive assez fréquemment que le vent tombe, ou du moins que sa violence diminue; mais l'intervalle de répit que le navire semble traverser n'en est pas moins en réalité la période la plus effrayante. Quelquefois, en même temps que le vent tombe, et que le baromètre baisse d'une manière extraordinaire, le silence se fait, silence impressionnant, au milieu d'une mer épouvantable; puis, on entend le grondement du vent qui s'abat brusquement et avec fureur sur le navire, en recommençant ses espèces de rugissements. Dans beaucoup de circonstances, on a constaté que le passage de la partie centrale durait une demi-heure, une heure, ou plusieurs heures; et, pendant ce temps, on éprouvait des alternatives très-courtes d'accalmies de quelques minutes, et de rafales terribles venant de directions imprévues et tellement fortes qu'elles produisaient sur le visage et sur le corps la sensation de coups frappés avec une masse rigide. Ces rafales éclatent, en quelque sorte, avec la brusquerie de coups de tonnerre et le bruit de plusieurs décharges d'artillerie détonant ensemble. Le navire est couché, jeté sur le côté, toujours prêt à engager, mangé par la mer; et rien n'est plus extraordinaire alors que de voir que tout à bord ne soit point immédiatement arraché et emporté. Le déchaînement des éléments est saisissant à ce point que, dans plusieurs cas, des marins sont morts subitement, ou à peu près, du fait seul de l'impression morale qu'ils avaient éprouvée.

Le passage du centre du cyclone est souvent marqué par une lueur, ou deux, d'éclairs. Quelquefois, on a observé des nuages chassant dans des directions diverses autour du navire, et rendant l'existence du tourbillon manifeste, sous les yeux mêmes du navigateur situé au centre de la tourmente.

Ainsi, la partie centrale des cyclones, où règne un soi-disant calme relatif, est généralement marquée par une mer énorme, confuse et tourmentée, ainsi que par des accalmies alternant avec de terribles rafales. Le diamètre de la partie centrale paraît être généralement compris entre 5 et 20 milles. Autour de cette région, se trouve une zone annulaire ayant environ 70 milles de largeur, et occupant, par conséquent, un cercle de 150 milles environ de diamètre maximum autour du centre, dans laquelle le vent atteint sa violence la plus grande.

Comme nous l'avons dit plus haut, le navire peut se trouver dans la partie centrale d'un cyclone, durant une période qui varie de 1/2 heure à 2 heures, ou même davantage. On comprend qu'aucune indication fixe ne puisse être donnée à cet égard : le temps que la région centrale met à passer sur le navire dépend naturellement du diamètre de cette région ainsi que de la vitesse de translation de la tempête.

Après le passage du centre, la mer reste démontée et très-mauvaise pendant assez longtemps, et elle offre souvent un véritable danger, alors même que le vent n'est plus violent.

§ 44. — Courants produits par les Cyclones.

D'après Piddington, les cyclones produisent, par suite de leur mouvement de translation, un courant qu'il appelle « lame de tempête, » et qu'il considère comme indépendant d'un courant circulaire causé par le tourbillonnement du vent.

La lame de tempête est le courant qui entraîne le navire dans la direction du mouvement de translation, c'est-à-dire vers l'O. par exemple si telle est l'orientation de la trajectoire. Quant au courant circulaire, qui est causé par le cyclone, il tend à drosser le navire sous le vent : ainsi, dans l'hémisphère N., ce mouvement des eaux porte vers l'O., si l'on se trouve dans le côté droit du cyclone, c'est-à-dire dans le N. du centre ; au contraire, il porte vers l'E., si l'on se trouve dans le côté gauche, c'est-à-dire dans le S. du centre. Dans l'hémisphère S., l'effet est naturellement inverse. Il résulte de cette théorie que, dans le côté dangereux des cyclones de chaque hémisphère, la lame de tempête et le courant circulaire portent à peu près vers la même direction et ajoutent leurs vitesses, tandis que, dans le côté maniable, leurs directions sont opposées et par suite leurs vitesses se retranchent.

Ces suppositions sont certainement discutables ; mais, il importe de ne point perdre de vue le fait certain d'un courant quelquefois très-fort, existant dans le côté dangereux des cyclones et portant sous le vent. Ce courant peut être très-inquiétant, quand on a la terre ou des roches sous le vent ; et, dans tous les cas, il a l'inconvénient grave d'entraîner le navire en avant du centre et vers la trajectoire, ou tout au moins de le maintenir plus longtemps dans le cercle d'action de la tempête.

A l'approche d'un cyclone, on a souvent observé une houle croisée, formée par deux mers courant dans des directions différentes. L'une d'elles, perpendiculaire à la trajectoire du centre, semble refoulée en avant du cyclone ; elle représente la lame de tempête. L'autre mer est perpendiculaire à la direction du vent qui soufflera au moment où l'on sera atteint par la tempête ; elle représente la houle du courant circulaire. Ces deux houles croisées constituent, dans le voisinage d'un cyclone, un indice qui vient s'ajouter à tous les autres avertissements, pour mettre le navigateur sur ses gardes.

§ 45. — Indications du baromètre dans les Cyclones.

L'observation du baromètre est la source d'informations la plus certaine que l'on puisse utiliser, aussi bien pour reconnaître l'appproche d'un cyclone que pour apprécier la distance à laquelle on se trouve du centre de la tempête tournante.

Dans les cyclones, le niveau barométrique est d'autant plus bas que l'on est plus près du centre. Ainsi, l'on est averti que le centre s'approche, si le baromètre baisse ; et que le centre s'éloigne, si le baromètre monte.

En général, on a remarqué qu'à égale distance du centre, le baromètre est plus bas devant le cyclone que derrière lui. Ainsi, à bord d'un navire qui tient la cape sur la trajectoire d'une tempête tournante, on observe souvent que le baromètre remonte moins rapidement, après le passage du centre, qu'il n'a baissé avant.

Quelque temps avant que le navire ressente les effets résultant de l'approche d'un cyclone, il arrive fréquemment que le baromètre éprouve d'abord un mouvement de hausse, et se tient élevé pendant plusieurs heures, après lesquelles la baisse commence. Dans ce cas, il semble que la tempête, en marchant sur sa trajectoire, exerce devant elle une action de refoulement sur l'atmosphère de manière à augmenter la pression. D'autres fois, en observant le baromètre, on constate qu'avant de baisser, il éprouve des oscillations, montant et baissant alternativement à de courts intervalles, en paraissant manifester de l'hésitation ou une sorte d'inquiétude.

Pendant que le navire se trouve dans le cercle d'action du cyclone, on peut remarquer également que le baromètre est sujet à des oscillations fréquentes, saccadées et très-apparentes, sans qu'il cesse toutefois de baisser ou de monter en réalité dans un temps donné ; mais, en pareil cas, son mouvement de baisse ou de hausse n'a lieu que par à-coups successifs.

Après que la partie centrale du cyclone a passé sur le navire, ou du moins au moment où l'on a acquis la certitude que le centre s'éloigne, si le baromètre, en remontant graduellement, n'a qu'un mouvement de hausse faible, il ne faut pas se hâter de rétablir les voiles, et il convient de bien veiller. On peut effectivement avoir à craindre, en pareil cas, que le cyclone après s'être éloigné ne rebrousse chemin, ou du moins ne dévie sensiblement de sa route pour se rapprocher du navire : un tel changement de direction de la trajectoire est fréquent dans l'Océan Indien Méridional, entre 18°S. et 25°S. On peut encore avoir à redouter, en semblable circonstance, de se voir abordé par un deuxième cyclone.

D'autres fois, après avoir acquis la certitude que la partie centrale du cyclone s'éloigne du navire, on voit le baromètre remonter beaucoup et avec une brusquerie extraordinaire, en paraissant comme entraîné, en même temps que les apparences du ciel et de la mer restent sombres et menaçantes. Dans une telle circonstance, il faut grandement se défier, car l'augmentation subite et considérable de la pression atmosphérique peut être causée par l'action de refoulement de l'air, produite par un second cyclone, qui s'approche en croisant la route du premier. Cette hausse brusque et forte du baromètre, en avant d'un cyclone, est observée plus particulièrement lorsque la tempête tournante marche dans une direction opposée à celle de l'alizé ou de la mousson, ou du moins lorsque la trajectoire du cyclone coupe la direction du vent dominant sous un grand angle.

Nous avons dit, au § 41, que les dimensions des cyclones sont très-variables ; d'un autre côté, le maximum de baisse du baromètre, dans la partie centrale, varie également d'une tempête à l'autre. On conçoit donc aisément que la baisse du baromètre ne peut donner que des indications assez vagues, sur la distance à laquelle le navire se trouve du centre. Néanmoins, ces indications approximatives pourront être utiles, dans bien des circonstances ; et nous croyons devoir les reproduire plus loin, en même temps que les recommandations auxquelles il conviendra de se conformer.

A l'approche du mauvais temps, il sera bon d'observer, s'il est possible, le baromètre au moins toutes les heures, et par exemple toutes les demi-heures, en ayant soin d'écrire chaque fois la hauteur fournie par l'instrument, avec l'heure en regard. On pourra ainsi calculer souvent la baisse horaire du baromètre.

Le cyclone dont on constatera l'approche pourra être de très-grande dimension, ou de dimension réduite. Dans les tempêtes de la première catégorie, ou *de 1re classe*, la baisse du baromètre est plus souvent excessive et brusque. Dans les cyclones de la seconde catégorie, ou *de 2e classe*, les mouvements du niveau barométrique se produisent d'une manière graduelle. D'ailleurs, la baisse et la hausse du baromètre, dans les ouragans de 1re classe, ne sont réellement très-brusques et considérables, que lorsque l'on est à six heures ou plus près encore de la partie centrale.

En général, les variations accidentelles du baromètre sont relativement faibles, dans les régions où règnent les moussons de l'Océan Indien, et où l'on est précisément le plus exposé à rencontrer des cyclones. Dans ces parages, une baisse légère du baromètre est donc suffisante pour éveiller l'attention. Lorsqu'on observe 2 ou 3mm de baisse, au-dessous de la moyenne, le navire se trouve à 500 ou 600 milles du centre, et à 24 heures de distance du mauvais temps. Avec le baromètre à 5 ou 10mm au-dessous du niveau moyen, surtout si la baisse horaire a été forte, on doit commencer à éprouver de fortes rafales; et le centre se trouve à une distance du navire variable de 200 à 400 milles. Avec le baromètre à 12 ou 15mm au-dessous de la moyenne, on peut se trouver à 200 milles environ du centre, et l'on est forcé de prendre au moins le 3e ris dans les huniers. Avec le baromètre à 20 ou 25mm au-dessous de la moyenne, on ne se trouve plus qu'à 100 milles du centre *au plus*, et l'on éprouve le coup de vent dans toute sa force. Enfin, en se rapprochant davantage de la partie centrale, on peut voir le baromètre baisser jusqu'à 30 ou 40mm, et quelquefois jusqu'à 60mm au-dessous de la moyenne. On cite même un exemple de baisse totale ayant dépassé 71mm au-dessous du point où se trouvait d'abord le niveau.

Dans la région des vents d'O., c'est-à-dire dans le S. du parallèle de 30°S., les mouvements de baisse du baromètre, au-dessous du niveau moyen, doivent être plus forts de 5 à 10mm environ, pour qu'on puisse en déduire les mêmes avertissements sur l'approche des tempêtes tournantes. Il en est ainsi, d'abord parce que dans ces parages les variations accidentelles du baromètre sont fréquentes et assez fortes en temps ordinaire, et de plus parce que les cyclones qui atteignent ces latitudes plus élevées ont des cercles d'action beaucoup plus étendus.

D'après les relevés d'un grand nombre de cyclones de l'Océan Indien, on peut évaluer approximativement la distance qui sépare le navire du centre du cyclone, quand on connaît la baisse du baromètre en une heure. Ainsi, d'une manière générale, tout observateur *placé sur la route d'une tempête tournante* de la mer des Indes voit le baromètre baisser de $0^{mm},5$ à l'heure, quand il se trouve à 250 milles environ du centre.

Pour $1^{m}/_{m}$ de baisse horaire,	le centre est	à 150	ou	200	milles au plus.
Pour $1^{m}/_{m},5$ ....id.........,	......id......	à 100	ou	150	........id.......
Pour $2^{m}/_{m}$ ....id.........,	......id......	à 50	ou	100	........id.......
Pour $3^{m}/_{m}$ ....id.........,	......id......	à 25	ou	50	........id.......

Enfin, quand la baisse *horaire* dépasse 3 ou 4 millimètres, on se trouve rendu dans la région centrale. Nous nous empressons d'ailleurs d'ajouter qu'au moment où le centre atteint le navire, le baromètre peut éprouver des mouvements de baisse très-considérables; dans certains cas, on a observé des baisses de 13, et même de 19 millimètres à l'heure.

En général, à bord d'un navire placé sur la route d'un cyclone, on peut encore éviter le passage du centre, en fuyant devant le temps, lorsque le baromètre ne baisse pas de plus de $1^{mm},5$ à 2^{mm} à l'heure. Mais, avec une baisse horaire de 2^{mm} à $2^{mm},5$, ou davantage, on ne peut généralement plus lui échapper.

A bord des navires à la cape, dans l'un des côtés dangereux ou maniable, le niveau barométrique baisse assez rapidement, pendant que le centre du cyclone s'approche; puis il monte, quand le centre s'éloigne. Mais ces mouvements ne sont pas aussi précipités que dans le cas précédemment examiné; parce que le centre du cyclone ne passe plus sur le navire, mais devant ou derrière lui et à une distance plus ou moins grande.

A bord de tout navire courant grand largue dans un cyclone, le niveau barométrique varie assez modérément. S'il monte, la route est bonne et l'on s'éloigne du centre; s'il baisse de plus de 2^{mm} à l'heure, la route est mauvaise, ou du moins l'on se rapproche beaucoup du centre, c'est-à-dire que l'on se trouve devant lui sans pouvoir le doubler.

Enfin, si un navire courait vent arrière (ce qui ne serait admissible que s'il se trouvait devant le centre et à peu près sur sa trajectoire), il décrirait une circonférence autour du cyclone, sans en pouvoir sortir. Dans ce cas, la distance du navire au centre du cyclone ne varierait pas; et le niveau barométrique resterait à peu près stationnaire. Il y a eu des exemples de navires qui sont ainsi restés fort longtemps dans la sphère d'action des cyclones, dont ils ont fait plusieurs fois le tour, en fuyant devant le temps avec une regrettable persévérance.

§ 46. — Manœuvres générales à faire dans les Cyclones.

Nous avons donné précédemment des indications précises sur les changements réguliers de direction du vent pour les navires à la cape dans les cyclones. Or, tous les marins savent que, pour un navire à la cape, *si le vent refuse*, il y a danger de masquer; et que, même sans voile établie, on peut craindre de culer et par suite de faire de graves avaries. Au contraire, *si le vent adonne*, le navire prend de l'erre et loffe ensuite sans trop de difficulté pour reprendre le travers.

Afin d'être certain de voir toujours le vent adonner quand on prendra la cape dans un cyclone, on se conformera à la règle suivante, extraite de l'ouvrage de Reid : « *Dans les deux hémisphères*, il faut capéyer *tribord amures*, si l'on se trouve dans le *côté droit* du cyclone; ou *bâbord amures*, dans le côté gauche. »

Nous allons passer en revue les quatre situations diverses dans lesquelles on pourra se trouver placé.

1° *Incertitude, au début d'un Cyclone.*

Au début d'un cyclone, quand on ne sait pas encore quelle est la position du navire par rapport à la trajectoire que parcourt le centre, le mieux est, dans l'hémisphère $\left\{\begin{matrix}\textit{Nord}\\ \textit{Sud}\end{matrix}\right\}$, de mettre les amures à $\left\{\begin{matrix}\textit{tribord}\\ \textit{bâbord}\end{matrix}\right\}$, et d'attendre ainsi, jusqu'à ce qu'on soit fixé (1). Étant ainsi à la cape $\left\{\begin{matrix}\textit{tribord}\\ \textit{bâbord}\end{matrix}\right\}$ amures, *si le vent adonne*, c'est

(1) Il est bien entendu qu'une telle manière de faire serait mauvaise, si la direction, la force croissante et la fixité du vent, ainsi que la chûte du baromètre pouvaient faire supposer que le navire se trouve en avant et sur la route même du centre.

qu'on se trouve dans le *côté dangereux*, auquel cas il n'y a rien à faire, et surtout il ne faut pas laisser porter. Au contraire, *si le vent refuse*, c'est qu'on se trouve alors dans le *côté maniable*; et il faut : soit laisser porter et courir grand largue sans changer d'amures; soit virer lof pour lof et changer d'amures pour tenir la cape $\left\{\begin{matrix}\textit{bâbord}\\ \textit{tribord}\end{matrix}\right\}$ amures.

2° Position du navire, sur la route du centre du Cyclone.

Quand les indices fournis par la fixité du vent et la baisse du baromètre, signaleront que *l'on se trouve sur la route que le centre doit parcourir*, il ne faudra pas hésiter à fuir, *vent arrière d'abord* ou à peu près vent arrière, à moins d'un empêchement absolu causé par la direction des lames, par le voisinage de terres ou de roches.

S'il n'y a pas moyen de fuir devant le temps, on ne peut que se résigner à subir le passage du centre et la saute du vent cap pour cap.

Aussitôt qu'en fuyant vent arrière, on estime avoir dépassé la trajectoire du centre, on se trouve dès lors dans le côté maniable, et l'on doit continuer à faire la même route au compas, en prenant le vent par la hanche, à mesure qu'il tourne. Si l'on est dans l'hémisphère *Nord*, on prend ainsi l'allure grand largue *tribord* amures ; au contraire, dans l'hémisphère *Sud*, on se trouve amené à courir grand largue *bâbord* amures : dans les deux cas, on voit le vent refuser de plus en plus. On continuera, en conservant toujours à peu près le même cap, *s'il est possible*, jusqu'à ce que le baromètre remonte ou du moins cesse de baisser. Quand le baromètre remontera (et même avant, si le vent et la mer obligent à laisser porter), on pourra reprendre l'allure largue : *tribord* amures dans l'hémisphère Nord et *bâbord* amures dans l'hémisphère Sud.

3° Position du navire, dans le côté dangereux.

Supposons l'observateur dans l'hémisphère $\left\{\begin{matrix}\textit{Nord}\\ \textit{Sud}\end{matrix}\right\}$, et admettons que l'ordre dans lequel se font les variations du vent prouve que le navire se trouve dans le côté $\left\{\begin{matrix}\textit{droit}\\ \textit{gauche}\end{matrix}\right\}$ du cyclone, ou côté dangereux. Dans ce cas, si le vent et la mer forcent à mettre à la cape, les amures doivent être à $\begin{Bmatrix}\textit{tribord}\\ \textit{bâbord}\end{Bmatrix}$. Mais, s'il est possible de faire de la route, vent de travers et même plus près du vent, toujours avec les amures à $\begin{Bmatrix}\textit{tribord}\\ \textit{bâbord}\end{Bmatrix}$, on a ordinairement plus de chances d'éviter ainsi le voisinage du parcours du centre. Lorsque le baromètre remonte franchement, on peut courir largue, avec les *amures du même bord.*

Ainsi, dans le côté dangereux, il ne faut jamais prendre d'autre allure que le plus près, ou la cape $\begin{Bmatrix}\textit{tribord}\\ \textit{bâbord}\end{Bmatrix}$ amures, tant que le baromètre n'a pas remonté d'une manière bien sensible.

4° *Position du navire, dans le côté maniable.*

Supposons l'observateur dans l'hémisphère $\begin{Bmatrix}\textit{Nord}\\ \textit{Sud}\end{Bmatrix}$, et admettons que l'ordre dans lequel se font les variations du vent prouve que le navire se trouve dans le côté $\begin{Bmatrix}\textit{gauche}\\ \textit{droit}\end{Bmatrix}$ du cyclone, ou côté maniable. Dans ce cas, si l'on se décide à mettre à la cape, les amures devront être à $\begin{Bmatrix}\textit{bâbord}\\ \textit{tribord}\end{Bmatrix}$. Mais si la terre ou des récifs ne s'y opposent pas, il est certainement préférable de s'éloigner de la tempête, en laissant porter sans retard, et en courant grand largue $\begin{Bmatrix}\textit{tribord}\\ \textit{bâbord}\end{Bmatrix}$ amures, avec le vent à 2 ou 3 quarts de l'arrière, par la hanche de $\begin{Bmatrix}\textit{tribord}\\ \textit{bâbord}\end{Bmatrix}$. Au bout de quelque temps, le vent commencera à tourner et à refuser ; et l'on continuera, autant que possible, à courir à peu près *au même cap*, en orientant à mesure, jusqu'à ce que le baromètre commence à remonter. Lorsque ce moment sera venu (et même avant, si le vent et la mer obligent à laisser porter), on pourra s'éloigner encore plus rapidement, en reprenant l'allure largue $\begin{Bmatrix}\textit{tribord}\\ \textit{bâbord}\end{Bmatrix}$ amures.

CHAPITRE TROISIÈME.

Exemples de Manœuvres à faire, dans les Cyclones de l'Océan Indien.

§ 47. — Manœuvres dans la mer d'Oman et dans le golfe du Bengale, pour les navires qui vont vers le Nord : par exemple à Bombay et à Calcutta.

1er Cas. — *Vents de la partie du N.O., au commencement du Cyclone.*

Dans ce cas, le navire se trouve dans le côté gauche, ou maniable, attendu que le cyclone marche probablement vers l'O.N.O., ou vers le N.O. Si l'on continuait à faire du N., bâbord amures, le cap vers le N.N.E. par exemple, le navire se rapprocherait donc beaucoup du centre; et l'on comprend qu'il faut au contraire attendre que la partie centrale soit passée vers l'O., avant de reprendre sa route vers le N. Ainsi, les navires allant à Bombay, ou à Calcutta, et trouvant des vents de la partie du N.O. au commencement d'un cyclone, devront généralement courir d'abord au S.E. environ. Puis, les vents tourneront probablement à l'O. et au S.O., et le baromètre remontera, ce qui permettra de changer graduellement la route vers l'E., et ensuite vers l'E.N.E. et le N.E. Mais, il ne faudra pas commencer à mettre du N. dans la route, avant que les vents aient dépassé l'O. vers le S.O., et avant que le baromètre ait remonté.

2e Cas. — *Vents de la partie du N.¼N.E., ou du N.E., au commencement du Cyclone.*

Dans ce cas, le navire se trouve à peu près sur la route probable du centre du cyclone, en admettant naturellement qu'il se dirige vers l'O.N.O. ou le N.O. On aurait donc le plus grand tort de prendre la cape, et d'attendre ainsi en quelque sorte que la partie la plus redoutable de la tempête vienne faire irruption à bord. Cette erreur pourrait avoir surtout de très-regrettables conséquences, si le navire se trouvait dans le golfe du Bengale (plutôt que dans la mer d'Oman), attendu que l'on se trouverait avoir la côte de Coromandel sous le vent, quand les vents tourneraient à l'E. et au S.E. Ainsi, les navires allant à Bombay, ou à Calcutta, et trouvant des vents de la partie du N.¹/₄N.E. ou du N.E. au début d'un cyclone, devront généralement courir immédiatement vers le S.O., ou vers le S., pour aller se placer dans le S. de la tempête, c'est-à-dire dans le côté gauche ou maniable, et pour laisser passer la partie centrale dans le N. et dans le N.O. du navire. Le vent hâlera ensuite successivement le N.O., l'O. et le S.O., en même temps que le baromètre commencera à remonter. On pourra venir, au fur et à mesure, vers le S.E. et vers l'E.; puis, quand les vents passeront au S.O. et au S., avec le baromètre remontant, on fera route au N.E. et ensuite au N., se dirigeant à peu près vers sa destination après avoir fait ainsi le tour du cyclone par sa partie arrière.

3ᵉ Cas. — *Vents de la partie du S.O. au S.E., au commencement du Cyclone.*

Dans ce cas qui se présente d'ailleurs assez rarement, le navire se trouve avoir atteint la partie arrière du cyclone, qui s'éloigne probablement dans le N.O. ou l'O.N.O. On peut donc profiter de la force des vents, dont la direction est favorable, pour gouverner vers le N., c'est-à-dire vers sa destination. Cependant, comme il pourra arriver que le cyclone marche vers le N.N.O., il faudra bien veiller le baromètre pendant qu'on fera route ainsi vers le N., avec les vents du S.O. au S. et au S.S.E. Si le baromètre baisse, on mettra à la cape tribord amures afin de laisser au cyclone, dans le côté dangereux duquel le navire se trouvera, le temps de s'éloigner.

§ 48. — Manœuvres dans la mer d'Oman et dans le golfe du Bengale, pour les navires qui vont vers le Sud : en partant par exemple de Bombay ou de Calcutta.

1ᵉʳ Cas. — *Vents de la partie de l'E.N.E. ou de l'E., au commencement du Cyclone.*

Dans ce cas, le navire atteint le cyclone dans sa partie N., c'est-à-dire dans le côté droit ou dangereux. L'ouragan marchant probablement vers la partie du N.O., la position du navire est mauvaise, surtout si l'on se trouve dans le golfe du Bengale, parce que le vent, la mer et le courant tendront à porter à terre, sur la côte de Coromandel. En pareille situation, il serait généralement très-imprudent de laisser porter vers le S. ou le S.O., soit avec la pensée de faire bonne route pour sa destination, soit avec l'intention de doubler par l'avant (c'est-à-dire par l'O.) le centre du cyclone, de manière à gagner le côté maniable. Cette manœuvre, qui pourrait être bonne avec des vents de N.E., ne réussirait ordinairement pas, avec les vents d'E.N.E. ou d'E. : le navire n'aurait point le temps de doubler la trajectoire ; et sa route aurait seulement pour effet de le jeter dans la partie la plus redoutable de l'ouragan. La meilleure détermination à conseiller, d'une manière générale, est donc de prendre la cape tribord amures et de rester ainsi, en se gardant bien de laisser porter, jusqu'à ce que le vent ait hâlé l'E., l'E.S.E. ou le S.E., et jusqu'à ce que le baromètre ait remonté. A ce moment seulement, on aura la certitude que la partie centrale du cyclone a doublé le navire dans le S., et que la tempête s'éloigne dans le S.O. et dans l'O. du navire, en marchant vers une direction plus ou moins rapprochée du N.O. On pourra alors reprendre, avec précaution, sa route vers le S., en veillant bien le baromètre, et en se tenant prêt à reprendre la cape tribord amures s'il cessait de remonter. En général, quand les vents seront au S.S.E. à peu près maniables, on aura avantage à laisser courir à l'E., pour s'éloigner plus vite du cyclone, et pour aller chercher les vents réguliers de la mousson, avec lesquels on pourra reprendre définitivement le cours de sa navigation vers le Sud.

2e Cas. — *Vents de la partie du N., du N.O., ou de l'O.N.O., au commencement du Cyclone.*

Dans ce cas, le navire se trouve dans le côté gauche ou maniable du cyclone, qui marche probablement vers la direction du N.O. Il suffit donc de fuir devant le temps, en gouvernant à un cap variable du S. au S.E., pour faire bonne route vers sa destination, tout en s'éloignant rapidement de la route que doit parcourir la partie centrale du cyclone.

§ 49. — Manœuvres, en cas de Cyclone, pour les navires situés auprès de la côte de Coromandel : par exemple, à Pondichéry, à Madras ou à Cocanada.

Sur les côtes de Coromandel et de Golconde, les cyclones commencent ordinairement par des vents du N.E. au N.N.E.; quelquefois même par des vents de N. En appareillant avec des vents de la partie du N.N.E., on saura qu'au même moment le centre du cyclone est dans l'E.S.E. du mouillage, et qu'il marche vers le N.O., peut-être même l'O.N.O., auquel cas le navire se trouverait exactement en avant du centre et sur sa route. La meilleure manœuvre consiste donc à faire le plus de S. possible, le cap au S.E. ou au S.S.E. par exemple, afin de passer dans le S. du centre et de se placer dans le côté gauche ou maniable du cyclone. Lorsque le navire se trouvera rendu de ce côté, avec les vents de la partie du N.O., il sera en bien meilleure position, attendu que s'il fait des avaries, ou s'il est forcé de tenir la cape (les amures à bâbord), le vent, la mer et le courant l'entraîneront au large. Au contraire, si le navire était resté au mouillage, ou s'il avait pris le large au commencement du cyclone, le cap à l'E. environ, avec les vents de N.N.E., il se serait jeté à la rencontre du centre, ou bien il aurait passé dans le côté droit ou dangereux, où il aurait trouvé les vents et la mer de l'E., par lesquels il aurait été mis à la côte. Admettons donc qu'en partant du mouillage, avec des vents de N.N.E. ou de N.E., on ait couru au S.E., ou au S.S.E., on verra les vents tourner au N., puis au N.N.O., et l'on continuera toujours la même route au S.E. si rien ne s'y oppose jusqu'à ce que le baromètre cesse de baisser, ou jusqu'à ce qu'il commence à monter. A ce moment, les vents étant de la partie du N.N.O., et tendant à tourner au N.O., on pourra gouverner plus à l'E., soit par exemple à l'E.S.E. Avec les vents à l'O., on fera route à l'E.; et, quand le baromètre remontera franchement, en indiquant que le centre s'éloigne dans le N.O., on pourra commencer à revenir graduellement vers le N.E., puis vers le N.N.E. et le N., à mesure que les vents tourneront au S.O. et au S. De cette manière, le navire fera le tour du cyclone, par sa partie arrière; et, si l'on a le soin de ne pas revenir vers le N. avant que le baromètre remonte et que les apparences du temps soient bonnes, on pourra ainsi regagner sans danger le chemin qu'on aura fait d'abord vers le S., et l'on reviendra au point d'où l'on était parti, avec les dernières bouffées de vent de la partie du S.E.

§ 50. — Manœuvres dans l'Océan Indien Austral, entre l'Équateur et 18°Sud, pour les navires allant vers le Sud : par exemple, pour ceux qui vont de l'Inde ou de la Chine à Maurice, à la Réunion ou en Europe.

1er Cas. — *Les vents soufflant d'abord de l'O.S.O. à l'Ouest.*

Entre l'équateur et 18°S., les trajectoires des cyclones sont très-généralement dirigées vers l'O.S.O.; de sorte que les navires qui trouvent d'abord des vents de l'O.S.O., ou de l'O., sont situés dans le N. du centre et dans le côté droit ou maniable de la tempête. Dans cette situation, l'on a le choix entre deux manœuvres : mettre à la cape et attendre; ou bien fuir devant le temps pour contourner la partie arrière de l'ouragan. Ces deux manœuvres peuvent être conseillées, mais la première nous semble la plus prudente. Nous allons d'ailleurs les examiner successivement.

Si l'on se décide à prendre la cape, les amures devront être à tribord, et il faudra attendre dans cette position que le cyclone se soit éloigné, vers l'O.S.O., c'est-à-dire à peu près dans la direction où le navire aurait lui-même à se rendre. De plus, comme les vitesses de translation des tempêtes, dans ces latitudes, sont souvent très-faibles, on perdra généralement beaucoup de temps à attendre ainsi que le cyclone soit suffisamment éloigné, et que les vents aient tourné au N.; puis, qu'ils aient repris le cours des alizés de S.E. A ce moment l'on pourra se remettre en route; mais il faudra grandement se tenir sur ses gardes, car le navire en reprenant une vitesse normale de 5 à 6 nœuds sera exposé à rattraper le cyclone, en retombant sur des vents de N.O. ou de N. S'il en était ainsi, il faudrait encore reprendre la cape tribord amures; attendre que le cyclone se soit éloigné, pour recommencer à faire route avec la préoccupation du même cyclone ; et ainsi de suite, jusqu'à ce qu'on ait dépassé les parallèles de 25° et de 30°S., où les tempêtes rebroussent leur route vers le S. et le S.E.

Si, au lieu de mettre à la cape, on se décide à courir grand largue bâbord amures, avec les vents d'O.S.O., le cap vers le N.E., c'est-à-dire tournant le dos à sa destination, l'on s'éloignera assez vite du centre qui marche de son côté vers l'O.S.O. On verra donc bientôt les vents passer à l'O., au N.O., et en même temps le baromètre cessera de baisser, ou commencera même à remonter. A mesure que les vents tourneront, il sera possible de modifier la route et de venir du N.E. à l'E. et enfin au S.E. On contournera ainsi la partie arrière du cyclone, et le navire commencera à entrer dans le côté dangereux, avec les vents passant au N. et au N.E. On en profitera pour faire bonne route vers le S., tant que le baromètre restera ferme et que le temps sera maniable. Dès que le temps prendra une moins bonne apparence, et que le baromètre baissera ou montrera une tendance à baisser, on prendra la cape bâbord amures. Il faudra attendre ainsi que les vents soient plus maniables et que le baromètre remonte, pour revenir en route vers le S.; et ainsi de suite. Enfin, il faudra grandement se défier, quand on fera route vers le S., et même quand on aura pris par prudence la cape bâbord amures, de la possibilité de voir le cyclone rebrousser sa route, du S.O. au S. et au S.E., et de le voir revenir sur le navire en lui barrant le chemin, et en le forçant à subir de très-près le passage du centre. Cette éventualité menaçante sera particulièrement à craindre, quand on se trouvera entre les parallèles 20° et 30°S., et entre les méridiens 50° et 65°Est.

En comparant les deux manœuvres l'une à l'autre, il nous semble que la première, malgré le retard qu'elle entraîne, est encore préférable à la seconde. Il faut effectivement remarquer que, dans la deuxième manœuvre, on est toujours exposé à l'obligation d'interrompre sa route, pour remettre à la cape, ce qui entraîne également des pertes de temps. De plus, comme l'on a été avec intention se placer dans le côté dangereux, pour y trouver des vents de la partie du N.E. et de l'E. qui permettent de faire route, on peut se trouver entraîné plus loin qu'on ne le voudrait par son désir d'utiliser ces vents dont la direction est favorable. Le courant et la mer drosseront le navire vers l'O.; et, si l'on tient compte de la faible vitesse de translation des cyclones par ces latitudes, on conçoit qu'il puisse arriver que le navire ait dépassé le centre et se soit en quelque sorte placé devant lui au moment où l'on se décidera trop tard à prendre la cape. Enfin, et comme nous l'avons déjà dit plus haut, il faudra toujours craindre que le cyclone ne rebrousse sa route et ne revienne sur le navire, auquel cas on serait obligé, quoi qu'on fasse, de subir le passage du centre à petite distance. Pour ces divers motifs, nous serions donc d'avis de préférer la première manœuvre à la seconde, ce qui entraîne comme conclusion que, dans la saison des ouragans, les navires allant par exemple du détroit de la Sonde au cap de Bonne-Espérance auront avantage à passer le plus dans le N. possible de la Réunion..

2e Cas. — *Les vents soufflant d'abord de la partie du S.E.*

Dans ce cas, le navire se trouve, à peu près, sur la route du cyclone, et plutôt dans le côté dangereux que dans le côté maniable. Il convient alors de faire route vers le N.O., à l'allure qu'on juge la plus convenable, pour doubler le plus promptement possible le centre de la tempête, et pour passer dans le côté maniable où les vents tourneront au S. et au S.O. Avec les vents de S., on pourra gouverner au N.; et, avec ceux de S.O., au N.N.E. environ. Quand le baromètre cessera de baisser, ou lorsqu'il commencera à remonter, nous pensons que le parti le plus prudent consistera à prendre la cape tribord amures, de manière à attendre que l'ouragan se soit éloigné. On pourra ainsi perdre plusieurs jours; mais cette détermination nous paraît encore préférable à celle qui aurait pour résultat de faire faire le tour de la partie arrière de la tempête, pour gagner les vents favorables du côté dangereux. Nous avons exposé, dans la première partie du présent paragraphe, les motifs qui nous portent à juger ainsi la question.

§ 51. — Manœuvres dans l'Océan Indien Austral, entre l'Équateur et 18°Sud, pour les navires allant vers le Nord, et par exemple pour ceux qui vont de la Réunion, de Maurice ou d'Europe dans l'Inde.

Les vents soufflant d'abord du S.E. à l'E.S.E.

Entre l'équateur et 18°S., les trajectoires des cyclones sont très-généralement dirigées vers l'O.S.O. Par conséquent, en admettant qu'on ait eu d'abord l'alizé de S.E. bien établi, avec un beau temps clair et le baromètre haut; puis, qu'on voie le temps devenir orageux, chargé, le baromètre baissant vers $0^m,758$ et 755^{mm}, le vent halant le S.E.$^1/_4$E. et tendant à tourner davantage; dans ce cas, le navire se trouve dans le côté gauche ou dangereux, et en même temps à très-petite distance de la route que doit parcourir le centre de la tempête.

Si le navire continue sa route vers le N.E., son capitaine assume une grande responsabilité, car il court ainsi à la rencontre du centre.

Si le vent n'a pas dépassé sensiblement le S.E.¹/₄E. ou s'il ne semble pas avoir de tendance à tourner rapidement jusqu'à l'E.S.E. ou plus à l'E., si le baromètre n'a pas baissé au-delà de 753 ou de 752^{mm} environ, il est permis de supposer que le navire se trouve très-près de la route du centre. Dans ce cas, il faut immédiatement fuir devant le temps, vent arrière ou avec un peu de largue bâbord amures, pour doubler le centre par l'avant, et pour gagner ainsi le côté droit ou maniable de la tempête, où les vents tourneront successivement au S.S.E., au S. et au S.O., avec lesquels on pourra porter au fur et à mesure au N.N.O., au N. et au N.N.E.

Mais, si le vent a dépassé l'E.S.E. vers l'E., et si le baromètre a baissé jusque vers 750^{mm} ou plus bas, il est très-généralement trop tard pour chercher à passer devant le centre. En pareil cas, il convient donc de prendre la cape bâbord amures, et d'attendre ainsi que le cyclone se soit éloigné vers l'O. Le vent tournera successivement à l'E., à l'E.N.E. et au N.E., et le temps s'embellira. Lorsqu'il aura hâlé la partie du N.E. ou du N.N.E., on aura avantage à faire route vers l'E.S.E. ou vers l'E., dès que l'état du temps le permettra, afin d'aller chercher le cours régulier des alizés de S.E. qui permettront de continuer plus tard la route vers le Nord.

§ 52. — Manœuvres dans l'Océan Indien Austral, entre l'Équateur et 25°Sud, quelle que soit la destination du navire : vers le Nord ou vers le Sud.

1er Cas. — *Les vents soufflant d'abord de l'un des rumbs compris entre le S.S.E. et le N.N.E.*

Entre l'équateur et 25°S., la trajectoire du cyclone peut être dirigée vers l'O.S.O., le S.O., le S. ou le S.E., ce qui rend le choix de la manœuvre plus difficile.

Si l'on a d'abord des vents de S.E. fixes, ou tendant à passer au S.S.E., on en conclut que le navire se trouve à peu près sur la route du cyclone qui marche vers le S.O., ou bien que le navire se trouve dans le côté droit ou maniable. Il faut alors fuir devant le temps, bâbord amures, le cap vers la partie du N.O.

Si l'on a d'abord des vents de S.S.E. fixes, ou tendant à passer au S., ce sera la même manœuvre ; on fuira devant le temps, le cap vers le Nord.

Si l'on a d'abord des vents d'E.S.E. ou d'E. fixes, ou tendant à tourner du côté de l'E. et de l'E.N.E., on en conclut encore que le navire se trouve à peu près sur la route du cyclone, qui marche vers le S., ou vers le S.E., ou bien que le navire se trouve dans le côté droit ou maniable. On doit alors fuir devant le temps, bâbord amures, le cap vers l'O.N.O. ou le N.O.

Si l'on a d'abord des vents de la partie du S.E., ayant une tendance marquée à tourner du côté de l'E., le navire se trouve dans le côté gauche ou dangereux du cyclone qui marche vers le S.O.$^1/_4$O. Si l'on a d'abord des vents de la partie de l'E., ayant une tendance marquée à tourner du côté du N.E., le navire est situé dans le côté gauche ou dangereux du cyclone qui marche vers le S.O. ou le S.S.O. Si l'on a d'abord des vents de la partie du N.E., ayant une tendance marquée à tourner du côté du N., le navire est situé dans le côté gauche ou dangereux du cyclone qui marche vers le S. ou le S.S.E. Dans ces différents cas, le navire étant toujours dans la même situation n'a pas d'autre manœuvre à faire que de prendre la cape bâbord amures, et d'attendre ainsi patiemment que le cyclone s'éloigne, ce que l'on reconnaîtra par la hausse sensible du baromètre et l'amélioration du temps.

2° Cas. — *Les vents soufflant d'abord du S.S.E. au S. et au S.S.O.*

Quelle que soit la latitude par laquelle on se trouve, entre l'équateur et 25°S., le cyclone ne peut se diriger que vers l'une des directions comprises entre l'O.S.O., le S.O., le S. et le S.E. Or, quelle que soit celle de ces directions que suit le cyclone, si le navire éprouve de forts vents de la partie du S.E., ou du S.S.E., ayant une tendance marquée à tourner du côté du S. et du S.S.O., on en conclut sûrement que le navire est situé dans le côté droit ou maniable de la tempête. En pareil cas, on est donc certain de s'éloigner rapidement du centre de l'ouragan, en fuyant devant le temps grand largue bâbord amures, le cap vers la partie du N.O. ou du N.N.O.

§ 53. — Manœuvres pour les navires mouillés à la Réunion (1).

Les navires mouillés à la Réunion sont surtout exposés aux cyclones, pendant les mois de janvier, février, mars et avril. En général, ils n'ont que peu à craindre, du commencement de mai au commencement de décembre. On a vu des périodes de plusieurs années, sans cyclone, à la Réunion ; mais il ne faut malheureusement point s'y fier. Ces tempêtes tournantes passent, le plus souvent, dans le N. et dans l'O. de l'île ; mais, encore sur ce point, on ne peut aucunement compter sur aucune règle précise.

Les navires mouillés sur les rades du Nord de la Réunion, depuis Sainte-Rose jusqu'à la Possession, appareillent généralement avec des vents de S.E., à l'approche du cyclone. Ils font route au N., jusqu'à 10 ou 12 milles de terre, où ils prennent une voilure très-réduite. Si le vent de S.E. souffle grand frais, avec de fortes rafales, et si le baromètre baisse rapidement, il convient de prendre la cape bâbord amures, en attendant que l'on puisse constater dans quel sens tournera le vent. Après l'appareillage, si les vents très-frais de S.E. étaient encore maniables, si l'on n'était pas encore fixé sur la marche du cyclone, et si le temps n'était pas trop obscur, les navires partant des ports de la côte N. de la Réunion auraient avantage à laisser porter, pour aller se placer par le travers de Saint-Paul, et même plus au S., s'il était possible, à 10 ou 12 milles de la terre, où ils prendraient la cape bâbord amures. En laissant porter ainsi sur Saint-Paul, il ne faudrait point passer trop près de la pointe des Galets, où le navire pourrait se trouver pris par le calme et en mauvaise position. *Les navires à vapeur* se réfugieront dans la baie de Saint-Paul, sans avoir besoin d'y mouiller. Ils y trouveront du calme, tant que les vents de S.E. souffleront au large. Dès que la mer grossira à Saint-Paul, et que les nimbus fuiront vers l'O., on aura la certitude que le cyclone passera au N. de la Réunion ; dans ce cas, le navire à vapeur ira plus au S. et tournera autour de l'île qui l'abritera.

Les navires mouillés sous le vent de la Réunion, de Saint-Pierre à Saint-Paul, se trouvent en meilleure position. Ils n'ont qu'à

(1) Les conseils contenus dans ce paragraphe sont, pour la plus grande partie, rédigés d'après l'ouvrage de M. Bridet.

aller à 10 ou 12 milles au large ; ils prennent la cape bâbord amures, et ils la gardent jusqu'à ce qu'ils sachent quelle est la marche du cyclone.

1er CAS. — *Vent de S.E. au début, hâlant l'E.S.E. et l'E. (le Cyclone passant dans le N. de la Réunion).*

Après avoir déradé et avoir pris la cape bâbord amures, si l'on voit les vents de S.E. adonner à l'E.S.E. et à l'E., on en conclut que le cyclone passe dans le N. de la Réunion et que les vents hâleront ensuite l'E. et le N.E. Il convient donc d'aller se placer à l'abri, sous le vent de l'île, dans l'O. et dans le S.O., et d'y reprendre la cape bâbord amures.

Si les vents de S.E. très-frais n'ont pas de tendance à tourner, ou du moins s'ils restent à peu près fixes, en même temps que le baromètre baisse beaucoup, on en conclut que le centre doit passer à peu de distance au N. de la Réunion. Dans ce cas, le navire peut continuer à tenir la cape bâbord amures, en s'attendant à voir les vents tourner très-brusquement à l'E. et au N.E., au moment où le centre passera à petite distance. Toutefois, si le temps n'est pas trop obscur, et si l'on croit avoir assez de vue pour éviter les abordages avec d'autres navires, il est préférable, alors que les vents sont encore du S.E., de laisser courir promptement au N.O., afin de passer devant le centre. En manœuvrant ainsi, on reconnaît que l'on se trouve dans le côté maniable, lorsque les vents passent au S.S.O. ou au S.O. : on peut alors prendre la cape tribord amures ; et l'on attend que les vents hâlent la partie du N.O., pour faire de l'E. et pour regagner ensuite le mouillage, quand le temps s'est embelli et quand les vents généraux ont repris du S.E.

2e CAS. — *Vent de S.E. au début, hâlant le S.S.E. et le S. (le Cyclone passant dans le S. de la Réunion).*

Après avoir déradé et avoir pris la cape bâbord amures, si l'on voit les vents de S.E. refuser au S.S.E. et au S., on en conclut que le cyclone passe dans le S. de la Réunion et que le navire se trouve dans le côté maniable. En pareil cas, il convient de virer et de prendre la cape tribord amures, attendu que les vents doivent continuer à tourner encore au S. et au S.O. Nous dirons, en passant, que les cyclones passent beaucoup plus souvent dans le N. de la Réunion que dans le S. : c'est-à-dire que le cas dont nous nous occupons en ce moment est moins fréquent que le précédent.

En continuant à examiner la manœuvre à faire, nous dirons que, si le temps n'est pas trop obscur, et si l'on croit avoir assez de vue pour éviter les abordages avec d'autres navires, il est préférable de laisser courir promptement au N., pour s'éloigner du centre. On reprend ensuite la cape tribord amures, si le temps devient obscur, ou si le vent mollit. Quand il s'agira de revenir au mouillage, comme le navire se trouvera dans le N., ou le N.O., de la Réunion, il faudra, dès que la hausse du baromètre sera marquée et que le temps sera plus clair, profiter des vents de la partie de l'O. et du N.O. qui finissent le cyclone, pour faire route sur l'île.

Il est bien entendu que si, au moment de dérader, les vents soufflent du S.E., avec une tendance à tourner à l'E.S.E., il ne convient pas d'aller se placer par le travers de Saint-Paul, comme nous avons déjà recommandé de le faire, avec des vents de S.E., lorsque l'on n'a pas encore de donnée certaine sur la marche du cyclone auquel on a affaire.

3e Cas. — *Vent de S.E. fixe (le Cyclone passant sur la Réunion et marchant vers le S.O.)*

Après avoir déradé et avoir pris la cape bâbord amures, si le vent reste fixe de la partie du S.E., avec de fortes rafales augmentant en force et en fréquence à mesure que le baromètre baisse, on en conclut que le navire se trouve sur la trajectoire et devant le centre du cyclone qui passera sur la Réunion, en marchant vers la direction du S.O. Dans cette situation, la meilleure manœuvre consiste à fuir devant le temps, le cap vers le N.O., de manière à passer devant le centre. Mais, si l'on prend une telle détermination, il faut veiller avec la plus grande attention pour éviter d'aborder d'autres navires qui ont déradé ; beaucoup de navires se perdent, dans ces circonstances, uniquement à la suite d'abordages. Quand on aura couru pendant quelque temps au N.O., on verra peu à peu les vents passer au S. et au S.S.O. Le navire se trouvera alors dans le côté maniable ; et il pourra prendre la cape tribord amures, lorsque les vents souffleront du S.S.O., ou de l'un des rumbs compris entre le S.S.O. et le S.O. En attendant ainsi, on verra les vents passer à l'O. et au N.O., ce qui permettra alors de s'élever dans l'E., et de revenir ensuite au mouillage.

4e Cas. — *Vent de N.E. au début, hâlant ensuite le N. et le N.O. (le Cyclone passant à l'O. de la Réunion).*

Ce cas est heureusement très-rare. Quoi qu'il en soit, si l'on ressent des vents de la partie du N.E., au début d'un cyclone, il est clair que le navire se trouve dans le côté gauche ou dangereux, avec les vents portant en côte. *Avec un navire à vapeur*, le mieux que l'on puisse faire est de se diriger promptement vers l'E., afin d'aller se placer à bonne distance dans l'E. de l'île de la Réunion. Le navire prendra alors la cape bâbord amures, et attendra dans cette position que le baromètre remonte franchement, et que les vents généraux de S.E. reprennent leur cours normal. *Avec un navire à voiles*, la situation pourra être critique, surtout si l'on tarde à prendre une décision. Toute la préocupation du capitaine consistera à tâcher de s'élever dans l'E., en évitant de se faire porter à la côte par le vent et par la mer. Si les vents sont très-frais de la partie du N.E., la bordée tribord amures a l'inconvénient de conduire vers le centre; tandis que la bordée bâbord amures met le navire immédiatement à la côte. Si les vents sont du N.N.E. au N., et si l'on manœuvre de bonne heure, la bordée bâbord amures pourra conduire le navire dans l'E., tout en lui faisant parer la côte; il sera donc possible qu'on parvienne ainsi à s'éloigner de la trajectoire et à éviter d'être jeté à terre.

5e Cas. — *Vents soufflant au début du S.S.E. ou du S. (le Cyclone passant à l'E. de la Réunion).*

Dans ce cas, le navire se trouve, dès le début, dans le côté droit ou maniable du cyclone, et à une distance plus ou moins rapprochée du centre, suivant que celui-ci passe plus ou moins près de l'île.

Après avoir déradé, si la baisse du baromètre est modérée, et si les apparences du temps ne sont pas trop mauvaises, on peut admettre que le centre de la tempête passe assez loin dans l'E. de la Réunion. Il suffit alors de s'éloigner à 10 ou 12 milles de la côte, puis de prendre la cape tribord amures.

Mais, si la baisse du baromètre est forte, et si les apparences du temps sont mauvaises, il y a lieu de craindre que le cyclone ne passe à petite distance dans l'E. de la Réunion. Dans ce cas, il faut fuir à peu près au N.O., jusqu'à ce que le baromètre commence à remonter, et que le temps prenne une meilleure apparence : à ce moment, l'on prend la cape tribord amures, et l'on attend que les vents hâlent la partie de l'O., pour permettre de revenir dans l'E. et de regagner ensuite le mouillage.

6e Cas. — *Vents soufflant avec fixité de la partie de l'E. (le Cyclone marchant du N. au S., sur la Réunion).*

Lorsque les vents soufflent avec fixité de la partie de l'E., à rafales, en même temps que le baromètre baisse, on en conclut que le navire se trouve sur la route même du cyclone, qui marche vers le S., droit sur la Réunion. En pareil cas, si le navire prenait la cape à petite distance dans le N. de l'île, on aurait grandement à craindre d'être jeté à la côte. Il convient donc de fuir devant le temps, le cap vers l'O.N.O., et en veillant attentivement pour ne pas aborder d'autres navires, jusqu'à ce que les vents tournent au S.E. et au S. A ce moment, le navire se trouve sûrement dans le côté droit ou maniable du cyclone, et l'on peut prendre la cape tribord amures. On attend ainsi que les vents hâlent la partie de l'O. ou de l'O.N.O., que le baromètre remonte et que le temps prenne meilleure apparence, pour pouvoir revenir dans l'E. avec les vents de l'O. au N.O. qui terminent le cyclone. Si l'on ne prend pas cette précaution de revenir dans l'E., d'assez bonne heure, le navire pourra se trouver souventé quand les vents généraux reprendront leur cours régulier, et l'on perdra inutilement beaucoup de temps pour regagner son mouillage.

§ 54. — Indications pour les navires mouillés à l'île Maurice.

Dans les circonstances ordinaires, les vents soufflent, à l'île Maurice, pendant les cyclones, du S.E. à l'E. et au N.E. : c'est-à-dire que les tempêtes tournantes passent le plus souvent dans le N.O. de l'île. Quelquefois, les vents soufflent avec fixité de la partie du S.E., auquel cas on doit craindre que le cyclone ne passe sur Maurice. D'autres fois, les vents de S.E. hâlent le S., puis successivement la partie du S.O., de l'O. et du N.O., ce qui prouve que le cyclone passe dans le S. de l'île. Dans cette dernière circonstance, il convient de profiter d'abord des vents de la partie du S. et du S.O., pour aller se placer à grande distance au large; autrement, si l'on se maintenait dans le N.O. de l'île, on pourrait se trouver en mauvaise position quand les vents de S.O. et d'O. passeraient au N.O.

Les manœuvres à faire, pour les navires mouillés à l'île Maurice, et qui déradent à l'approche d'un ouragan, sont à très-peu de chose près les mêmes que celles indiquées au paragraphe précédent, pour les navires mouillés à la Réunion.

CHAPITRE QUATRIÈME.

Courants. — Glaces flottantes.

§ 55. — Courant équatorial.

On désigne généralement sous le nom de *courant équatorial*, dans l'Océan Indien, le mouvement de dérive de la surface des eaux, qui se porte vers l'O., dans la plus grande partie de la région où soufflent les vents alizés de S.E. La masse des eaux venant du détroit de Torrès, et de la plupart des autres détroits qui séparent les îles de la Malaisie, se dirige d'abord vers l'O. et l'O.S.O., entre les parallèles de 8°S. et de 22°S., avec une vitesse variable de 12 à 30 milles par jour, jusque vers le méridien de 100°E. environ. Dans l'O. de ce méridien commence à proprement parler le courant équatorial, qui porte vers l'O. jusqu'à la côte de Madagascar. La limite méridionale de ce courant est, en toutes saisons, située sur un parallèle de latitude voisin de 22° ou 23°S.; quant à la limite septentrionale, c'est-à-dire la plus voisine de l'équateur, elle varie suivant les saisons, de même que celle des vents alizés de S.E.

Le tableau suivant indique approximativement cette limite, pour différents méridiens.

SAISONS.	TABLEAU INDIQUANT LA LIMITE NORD DU COURANT ÉQUATORIAL SUR LES MÉRIDIENS DE					
	48°E.	58°E.	68°E.	78°E.	88°E.	98°E.
D'Avril en Octobre............	3°S.	3°S.	3°S.	8°S.	8°S.	8°S.
D'Octobre en Avril............	7°S.	7°S.	6°S.	6°S.	7°S.	6°S.

Lorsque le courant équatorial atteint un méridien voisin de celui de l'île Rodrigue (ou 61°E.), la masse des eaux se divise en deux embranchements : l'un dirigé vers le S.O.; et l'autre, vers le N.O. Celui du S.O. passe au travers des îles Maurice et de la Réunion, en s'étendant jusqu'à une distance de 150 milles environ dans le S. de ces îles; puis, il continue à se diriger vers le S.O., en passant dans le S. de Madagascar, où sa largeur du N. au S. est d'environ 450 à 500 milles, et sa température de 24° à 25°; il atteint ainsi la côte d'Afrique dans les parages de Natal, où il n'a plus que 70 ou 80 milles de largeur, sa température est alors de 21° à 22° ; c'est là que commence le courant des aiguilles. Quant à la branche N.O. du courant équatorial, elle se dirige vers l'O.N.O. et le N.O., double l'extrémité N. de Madagascar, et va rencontrer la côte d'Afrique dans les parages du cap Delgado, entre 11° et 8°S. De là, ce mouvement des eaux se divise en deux courants. L'un se dirige vers le S.S.E., en suivant la côte E. d'Afrique et en alimentant le courant de Mozambique. L'autre courant se porte d'abord vers le N. et le N.N.E.; et, pendant la mousson de S.E. (d'avril en octobre), il remonte la côte vers le N.N.E. et le N.E. jusqu'au cap Guardafui; au contraire, pendant la mousson de N.O. (de novembre en avril), il rebrousse chemin et forme le contre-courant équatorial qui porte vers l'E., dans cette saison, entre l'équateur et 8°S. environ, dans la plus grande partie de l'Océan Indien. La largeur moyenne de la branche N.O. du courant équatorial, qui passe au N. de Madagascar, varie entre 300 et 400 milles environ; sa température est comprise entre 25° et 26°.

La vitesse du courant équatorial est extrêmement variable ; néanmoins, nous pensons que le tableau suivant fournira de bonnes indications moyennes, pour la partie comprise entre 108° et 58°E. Nous donnerons, après ce tableau, les vitesses de chacune des branches N.O. et S.O., qui passent au N. et au S. de Madagascar.

LATITUDES.	NOMBRE DE MILLES DONT LE COURANT ÉQUATORIAL PORTE VERS L'OUEST, PAR 24 HEURES, PENDANT TOUTE L'ANNÉE,				
	ENTRE 58°E. et 68°E	ENTRE 68°E. et 78°E	ENTRE 78°E. et 88°E	ENTRE 88°E. et 98°E	ENTRE 98°E. et 108°E.
	milles milles	milles milles	milles milles	milles milles	milles milles
De 8°S. à 10°S....	de 12 à 54	de 12 à 36	de 18 à 36	de 12 à 30	de 12 à 48
De 10°S. à 15°S....	de 30 à 60	de 18 à 48	de 12 à 60	de 18 à 42	de 18 à 36
De 15°S. à 20°S....	de 12 à 30	de 12 à 36	de 12 à 30	de 12 à 18	de 12 à 24
De 20°S. à 22°S....	de 18 à 36	de 12 à 24	de 12 à 30	de 18 à 30	de 18 à 30

Entre Maurice, la Réunion et la côte de Madagascar, la vitesse du courant portant à l'O. varie de 12 à 36 milles. Dans le S. de Maurice et de la Réunion, le courant portant au S.O. a une vitesse variable de 12 à 48 milles. Dans le S. de Madagascar, la vitesse minimum du courant portant entre l'O. et le S.O. est de 18 milles ; mais, en général, cette vitesse atteint de 24 à 40 milles, et quelquefois davantage : soit 54 milles au maximum. Au large de Natal, la vitesse vers le S.O. varie de 30 à 66 milles.

Dans le N. de Maurice et de la Réunion, c'est-à-dire dans l'O. du méridien de 58°E., entre ce méridien et celui de 48°E., le courant se dirige vers la partie du N.O. avec une vitesse moyenne de 24 milles au moins, qui varie ordinairement entre 18 et 36 milles, mais qui atteint parfois 48 et même 54 milles. Dans le N. du cap d'Ambre, le courant se dirige vers l'O. avec une grande vitesse : à petite distance du cap, c'est-à-dire à moins de 40 ou 50 milles, la vitesse varie de 36 à 60 milles ; mais, à une plus grande distance dans le N., elle varie entre 20 et 48 milles.

Entre le méridien du cap d'Ambre et la côte d'Afrique, le courant, *pendant la saison d'avril en octobre*, porte vers la partie du N.O., variable de l'O.N.O. au N.N.O. jusqu'à l'équateur, avec une vitesse qui atteint généralement 18 milles au moins et 54 milles au plus; à cette même époque, la vitesse du courant vers l'O., dans le N. des Comores, varie de 36 à 42 milles; entre les Comores et Zanzibar, direction vers le N.O., et vitesse de 30 à 48 milles; sur le parallèle de Zanzibar, direction vers le N., vitesse de 30 à 48 milles; entre Zanzibar et l'équateur, le long de la côte d'Afrique, direction vers le N.E., vitesse de 60 à 90 milles; entre l'équateur et 6° ou 8°N., le long de la côte, direction vers le N.E., et vitesse de 36 à 60 milles; entre 6° et 10°N., la vitesse varie de 50 à 90 milles; enfin, entre Raz-Hafoun et Socotora, direction vers le N.E., et vitesse de 72 à 96 milles. Les vitesses que nous indiquons sont celles qu'on observe généralement le long de la côte d'Afrique jusqu'à 100 ou 150 milles au large; mais, plus loin dans l'E., les vitesses sont beaucoup moindres.

Entre le méridien du cap d'Ambre et la côte d'Afrique, pendant l'autre saison de novembre en avril, le courant dirigé vers l'O. a pour limite N. le parallèle de 8°S. Sa vitesse varie de 24 à 48 milles, entre les parallèles de 10° et de 8°S. En approchant de la côte d'Afrique, il se dirige vers le N.O., avec une vitesse de 12 à 24 milles, qu'il conserve jusque vers le parallèle de Zanzibar. En allant plus loin dans le N., on trouve au contraire le courant portant dans le S.O., qui descend, à cette époque, vers le S., le long de la côte d'Afrique, alimenté par le grand mouvement de dérive des eaux que produit alors la mousson de N.E. dans toute la mer d'Oman.

§ 56. — Contre-courant équatorial.

De novembre en avril, ainsi que nous l'avons dit au paragraphe précédent, la branche N.O. du courant équatorial, après avoir doublé le cap d'Ambre en se dirigeant vers l'O., et après avoir rencontré la côte d'Afrique dans les environs du cap Delgado, semble rebrousser chemin pour former le contre-courant équatorial qui porte vers l'E., dans cette saison, à peu près entre l'équateur et 8°S., dans la plus grande partie de l'Océan Indien. A la vérité, ce contre-courant équatorial portant vers l'E. n'est pas autre chose qu'un mouvement de dérive de la surface des eaux causé par la mousson de N.O., qui règne à cette époque (V. § 3), de même que le courant équatorial portant vers l'O. est causé par l'action des alizés qui soufflent entre 9°S. et 22°S. pendant toute l'année. Le tableau suivant indique approximativement les limites entre lesquelles on trouve le contre-courant en question, sur les différents méridiens.

LIMITES MOYENNES DU CONTRE-COURANT ÉQUATORIAL, QUI PORTE VERS L'EST,

De Novembre en Avril.

	LATITUDES ENTRE LESQUELLES RÈGNE CE CONTRE-COURANT SUR LES MÉRIDIENS DE									
	48°E.	53°E.	58°E.	63°E.	68°E.	73°E.	78°E.	83°E.	88°E.	93°E.
Limite Nord....	3°S.	1°S.	0°	2°N.	2°N.	2°N.	0°	2°S.	1°S.	2°N.
Limite Sud.....	7°S.	8°S.	8°S.	7°S.	7°S.	6°S.	6°S.	7°S.	7°S.	7°S.

La vitessse du contre-courant équatorial est très-variable ; il arrive même quelquefois qu'on ne le rencontre pas du tout, lorsqu'on traverse la zone indiquée, pendant la mousson de N.O. Cependant, le tableau suivant fournira de bonnes indications moyennes, sur la vitesse avec laquelle on pourra généralement s'attendre à être drossé vers l'E., de novembre en avril.

LATITUDES.	NOMBRE DE MILLES DONT LE CONTRE-COURANT ÉQUATORIAL PORTE VERS L'EST, PAR 24 HEURES, DE NOVEMBRE EN AVRIL,				
	ENTRE 48°E. et 58°E.	ENTRE 58°E. et 68°E.	ENTRE 68°E. et 78°E.	ENTRE 78°E. et 88°E.	ENTRE 88°E. et 93°E.
	milles milles	milles milles	milles milles	milles milles	milles milles
Par 1°N.....	....	de 18 à 36	de 18 à 30	....	de 24 à 30
Par 2°S.....	de 12 à 18	de 18 à 54	de 30 à 42	de 42 à 48	de 30 à 40
Par 4°S.....	de 24 à 42	de 24 à 42	de 18 à 24	de 18 à 54	de 30 à 40
Par 6°S.....	de 24 à 30	de 24 à 54	de 18 à 90	de 18 à 42	de 42 à 48

§ 57. — Courants dans le canal de Mozambique.

Comme nous l'avons dit aux paragraphes précédents, une partie du courant équatorial passe dans le N. du cap d'Ambre, avec une vitesse qui atteint 2 à 3 nœuds dans le voisinage du cap, et se dirige vers la côte d'Afrique. La masse des eaux arrivant dans les environs du cap Delgado se divise en deux branches : l'une allant vers le N.; et l'autre vers le Sud.

La branche qui remonte vers le N. passe devant Zanzibar, et remonte la côte en portant vers le cap Guardafui, pendant la mousson de S., d'avril à la fin de septembre. Mais, durant l'autre mousson, le courant rebrousse sa course et s'éloigne vers l'E. avant d'avoir atteint l'équateur. La vitesse du courant, qui remonte la côte d'Afrique d'avril en octobre, est en moyenne de $1^n,5$; elle atteint parfois 3 ou 4 nœuds entre Monfia et Pemba, surtout en avril et mai. En général, la force du courant augmente, à mesure qu'on se rapproche de terre.

La branche qui descend vers le S. paraît suivre la côte, avec une vitesse de $1^n,5$ à 2 nœuds jusques au-delà de Mozambique; puis, la vitesse et la direction sont variables, quoique le mouvement général semble longer la terre en allant vers le S. jusque vers Natal, où les eaux se joignent à celles de la partie du courant équatorial venant du S. de Madagascar, pour alimenter le courant des Aiguilles.

Dans les environs des Comores, le courant porte généralement vers l'O.; mais on trouve souvent, à petite distance dans le S. de ces îles, un contre-courant portant vers l'E. ou le N.E.

Dans la partie la plus resserrée du détroit, les courants sont très-variables, en force et en direction. Dans le S. du parallèle de 18°S., et dans le milieu du canal, le courant est variable, mais porte le plus souvent vers la partie du N. Sur la côte d'Afrique, ainsi que nous l'avons dit, les eaux se dirigent généralement vers la partie du Sud. Enfin, le long de la côte O. de Madagascar, le courant porte ordinairement vers le N., mais avec une faible vitesse.

La température du courant de Mozambique varie de 21° à 24°; et l'on a généralement observé que sa vitesse, le long de la côte d'Afrique, atteint son maximum d'avril en octobre, époque où les alizés de S.E. dominent jusque vers l'équateur, et où le courant équatorial (qui alimente celui de Mozambique) acquiert un volume plus considérable.

Tel est, dans son ensemble, le mouvement des eaux dans le canal de Mozambique. Voici d'ailleurs un relevé des vitesses de courants que l'on pourra généralement s'attendre à rencontrer : ces vitesses sont exprimées par le nombre de milles dont les courants marchent en 24 heures.

Dans le N. des Comores, direction du courant vers l'O. et l'O.N.O.; vitesse de 36 à 42 milles. Entre les différentes îles qui forment le groupe des Comores, direction vers la partie de l'O.; vitesse très-variable comprise ordinairement entre 12 et 30 milles. A petite distance dans l'E. de Mayotte et de Mohéli, on a souvent des remous de courants portant vers le N. Dans le S.E. et à petite distance de Mayotte, d'autres remous de courants portent fréquemment vers le N.E. Mais, en s'approchant de la côte de Madagascar, depuis le cap d'Ambre jusqu'à Nossi-bé et Bombetok, le courant porte vers le S.S.O.; vitesse moyenne de 30 milles. Au contraire, le long de la côte de Madagascar, du cap Saint-André à Bombetok, le fil du courant est dirigé vers l'E. et le N.E.; vitesse moyenne de 18 à 30 milles.

Entre les Comores et le cap Delgado, la direction est O. ou N.O.; vitesse de 12 à 48 milles. Dans la direction de Mohéli ou d'Anjouan vers Mozambique, le courant porte au S.O., avec une vitesse qui atteint de 24 à 36 milles, auprès de la côte d'Afrique.

Le long de la côte de Mozambique, entre 15° et 17°S., direction du courant vers le S.O.; vitesse de 18 à 60 milles, dans la partie comprise entre la terre et 60 ou 70 milles au large. En se tenant plus au large, entre 60 et 120 milles de terre, toujours entre 15° et 17°S., la vitesse peut atteindre de 60 à 100 milles. De Mozambique à Quillimane, le long de la terre, le courant porte à l'O.S.O., avec une vitesse de 12 à 24 milles; en allant un peu plus au large, par 19°S., entre 35°30'E. et 38°E., la vitesse du courant portant au S.O. varie de 36 à 72 milles. Entre 18°S. et 20°S., et entre 38°E. et 40°E., c'est-à-dire au milieu du canal, le courant porte généralement au S.; mais sa vitesse est très-variable de 18 à 60 milles. Sur la côte d'Afrique, dans le S. de Quillimane et dans la baie de Sofala, le courant suit la côte avec une vitesse de 36 à 48 milles. Entre les parallèles de 20° et de 23°S., les courants sont très-irréguliers au milieu du canal, en raison des remous qui se produisent et qui peuvent drosser le navire avec une vitesse variable de 12 à 60 milles, tantôt vers le N., tantôt vers le S. Le long de la côte d'Afrique, le courant porte toujours vers le S.S.O. : entre 23° et 25°S., vitesse de 18 à 30 milles; entre 25° et 28°S., vitesse de 36 à 42 milles; entre 28° et 30°S., vitesse de 30 à 66 milles. Au milieu du canal, entre 23° et 28°S., et de 33° à 38°E., le courant porte au S., ou au S.S.O., avec une vitesse de 36 à 42 milles.

Sur la côte O. de Madagascar, du cap Sainte-Marie à la baie Saint-Augustin, le courant porte généralement vers le N.O., avec une vitesse de 18 milles. De la baie Saint-Augustin au cap Saint-André, le courant porte assez généralement vers le N., le long de la côte de Madagascar; cependant il ne faut pas trop y compter, car on a trouvé quelquefois dans ces parages un courant portant au S., avec une vitesse de 36 milles.

§ 58. — Opinions de divers Capitaines, sur les Courants du canal de Mozambique.

Dans le présent paragraphe, nous citons des extraits de différents rapports *inédits*, qui nous ont été communiqués obligeamment, et dans lesquels les capitaines, désireux de profiter de l'expérience de leurs collègues, trouveront des informations intéressantes.

Voici d'abord les observations de M. le capitaine au long-cours Loubatière :

« Le courant dirigé de l'E. à l'O., dans l'Océan Indien, au S. de l'équateur, passe au N. du cap d'Ambre et des îles Comores avec une vitesse de 1 à 3 nœuds. En rencontrant la côte d'Afrique, il se divise en deux branches : l'une se dirige au N., vers Zanzibar; et l'autre descend vers le S., le long de la côte. Il atteint sa plus grande vitesse à la hauteur même de Mozambique, un peu en dehors des îles qui bordent la côte; cette vitesse est d'ordinaire de 2 à 4 nœuds; il continue sa course vers le S. et le S.E. portant plûtôt au large qu'à terre; arrivé à la hauteur des îles d'Angoxa et de l'île Juan-de-Nova, il s'épanouit en s'élargissant dans le golfe de Sofala et vers la côte de Madagascar; par 18° latitude S., on ne trouve plus de trace de ce courant, cependant on doit admettre un mouvement permanent des eaux vers le S. du côté de la côte d'Afrique, car des objets abandonnés à la dérive dans le N., des épaves, sont souvent trouvés dans le S. du canal et particulièrement sur la côte S. du golfe de Sofala; quoi qu'il en soit, le courant portant au S. se rencontre de nouveau à la hauteur des îles Bazaruto, il prolonge la côte et atteint sa plus grande vitesse, de 2 à 4 nœuds, à la hauteur du cap Corrientes, et à quelques milles au large de ce cap. A la hauteur de Corrientes et de Mozambique, la largeur du courant ne dépasse guère 50 milles. En dehors de ce courant, dont la vitesse et la direction sont bien constatées, on trouve dans le canal de Mozambique de nombreux courants variables en force et en direction, qui trompent singulièrement les navigateurs qui fréquentent ces parages, et pour lesquels il est impossible d'établir aucune règle, quoi qu'on ait pu dire à ce sujet.

» Au milieu du canal, du côté des Roches India et de l'île Europa, on a souvent trouvé un courant N. de 1 nœud. Le long de Madagascar, surtout vers la partie N., on trouve le plus souvent le courant portant au N. Sur le parallèle de Sofala, par 36°E., je les ai trouvés portant vers l'O. (dans 6 voyages). A la hauteur de l'île Juan-de-Nova, au milieu du canal, je les ai observés portant au S.E. (dans 5 voyages). Enfin, en dehors du mouvement général des eaux, à 60 milles de terre, ils portent bien souvent entre le N.O. et le N.E. (9 observations). »

Nous donnons maintenant les observations de M. le capitaine au long-cours Guitter :

« Sur le parallèle de Juan-de-Nova, étant à environ 50 milles de la côte d'Afrique, j'ai éprouvé 72 milles de courant portant au S. en 24 heures. Du cap Delgado à Zanzibar, les courants m'ont porté vivement au N., le long de la côte d'Afrique, jusqu'à la distance de 30 lieues au large. Dans le S. du cap Delgado, le long de la côte d'Afrique, les courants portent au S.; mais, pour les ressentir, il faut se tenir plus près de terre que la distance de 30 lieues indiquée précédemment.

» Dans le N. des Comores, entre le méridien du cap Delgado et celui qui passe à l'O. des bancs situés au N. des Comores, j'ai constamment éprouvé des courants portant à l'O., avec une vitesse qui n'a jamais été inférieure à 20 milles par jour.

» Quoique toutes les instructions s'accordent à dire que le courant qui passe au N. du cap d'Ambre, porte à l'O. et se dirige en droite ligne sur le cap Delgado, un fait très-récent (la perte de la *Louise-Euphrasie* naufragée sur l'île Glorieuse) vient de prouver que les courants éprouvent des variations très-sensibles, dans le voisinage des îles Glorieuses, des bancs du Geyser, de la Zélée, du Castor, etc. Il est donc convenable, lorsque l'on part de Nossi-bé, ou d'un point de la côte O. de Madagascar à l'E. des Comores, d'exercer une active surveillance et de naviguer avec prudence. »

Voici encore d'importantes observations inédites qui nous sont fournies personnellement par un officier très-distingué, ayant longtemps commandé un navire dans les parages de Mayotte et de Nossi-bé :

« Certaines instructions indiquent, à tort, que dans le voisinage des îles Comores le courant porte généralement à l'O. Ce courant existe, mais on l'éprouve rarement, et je ne l'ai jamais rencontré. Entre Nossi-bé et Mayotte, j'ai toujours trouvé un courant N.E. de 1 mille environ à l'heure. Je comptais si bien sur ce courant, que par un mauvais temps d'O., sans vue à quelques milles, n'ayant plus de charbon, pressé de trouver un abri, je suis venu chercher Mayotte en faisant entrer ce courant dans ma route, et je suis arrivé droit sur Pamanzi.

» Aux approches de Mayotte et entre Mayotte et Anjouan, on trouve parfois des courants S. assez forts, mais cela est rare.

» Je conseillerai donc de se méfier des courants N.E. entre Madagascar et les Comores, plus particulièrement dans le voisinage du banc du Geyser, et de ne jamais s'approcher de ce danger, sans être très-sûr de son point. »

Les indications suivantes nous ont été fournies par M. le capitaine au long-cours Ventre :

« Le courant sur la côte d'Afrique porte au S., avec une vitesse de 2 à 4 milles par heure. Il porte au N., sur la côte de Madagascar, mais avec moins de force ; cependant, il y a des exceptions, et le courant prend quelquefois pendant quelques jours une direction tout à fait opposée. Le courant S., dans le canal de Mozambique, atteint sa plus grande force aux environs d'Inhambane et du cap Corrientes, ainsi qu'entre Juan-de-Nova et le parallèle de 14°20′ de latitude. Vers le milieu du canal, il est très-difficile d'assigner une direction au courant, car il est très-variable ; il porte : tantôt d'un côté, tantôt de l'autre, et quelquefois avec force ; aussi, devra-t-on bien veiller quand on coupera le parallèle des îles d'Europe, Basse-de-India et Juan-de-Nova. »

§ 59. — Courant des Aiguilles.

Ainsi que nous l'avons indiqué dans les §§ 55 et 57, le courant des Aiguilles commence dans les parages de Natal, où se réunissent les deux masses considérables d'eaux, à température relativement élevée, que constituent le courant du canal de Mozambique et la branche S.O. du courant équatorial.

Entre les méridiens 28° et 26°E., le courant des Aiguilles suit la côte d'Afrique de très-près, portant à peu près au S.O., avec une vitesse qui varie de 1ⁿ,5 à 4 nœuds à l'heure, lorsqu'on se trouve à une distance de terre inférieure à une cinquantaine de milles. Au-delà de cette distance, et jusqu'à 100 milles de terre, la vitesse du courant portant généralement au S.O. est beaucoup moindre : elle varie de 2 à 3 nœuds à l'heure. Enfin, quand on est à plus de 100 milles de terre, toujours entre les mêmes méridiens de 28° et de 26°E., on trouve généralement le contre-courant portant au N.E., ou à l'E.N.E., avec une vitesse de 1 nœud à 1 nœud $^1/_2$ à l'heure, qui augmente parfois jusqu'à 2 nœuds $^1/_2$, à mesure qu'on est plus éloigné de la côte d'Afrique, soit à 200 milles par exemple.

Entre les méridiens 26° et 23°E., entre la côte d'Afrique et le parallèle de 35°30′S. environ, le courant porte à l'O.S.O. ou au S.O., avec une vitesse qui varie de 1ⁿ,5 à 4 nœuds à l'heure.

A partir des méridiens de 25° à 23°E. environ, le courant parvient à l'accore oriental du banc des Aiguilles, et la plus grande partie des eaux infléchit la direction de son mouvement suivant la direction même de cet accore, portant successivement à l'O.S.O., au S.O., au S.S.O., puis à l'O. Ainsi, entre 22° et 20°E., et de 35°S. à 36°30′S., le courant porte à l'O.S.O.; vitesse de 3 à 4 nœuds à l'heure. Entre 18° et 20°E., et de 36°30′S. à 37°30′S., la direction est vers l'O.S.O. et l'O.; vitesse de 1 à 2 nœuds.

C'est entre ces mêmes méridiens, de 18° à 20°E., que presque toute la masse du courant rebrousse chemin vers le S. d'abord, puis vers l'E. Ce courant de retour vers l'E. est nettement observé entre les parallèles de 37°30′ et de 40°S., mais sa vitesse est bien inférieure à celle du courant des Aiguilles proprement dit : ainsi, depuis le méridien de 19°E. jusqu'à celui de 21°E., le contre-courant porte vers l'E. avec une vitesse de $1^n,5$ à 3 nœuds, entre les parallèles de 37°30′ et de 40°S.; et en allant un peu plus à l'E., toujours entre les mêmes parallèles, la vitesse varie de $1^n,5$ à 2 nœuds, jusque vers le méridien de 30°Est.

Une partie du courant des Aiguilles, c'est-à-dire la moindre fraction des eaux venant du canal de Mozambique et de l'Océan Indien, continue sa course en passant autour et au-dessus de la partie méridionale du banc; se dirige vers l'O. entre 20° et 18°E.; puis, à partir de ce méridien de 18°E., se porte brusquement vers le N.O. en passant devant le cap de Bonne-Espérance, Table-bay, etc., avec une vitesse moyenne de 12 à 24 milles par jour. Cette sorte d'embranchement se réunit avec le courant traversier de l'Océan Atlantique.

Le rebroussement vers l'E. de la plus grande partie des eaux du courant des Aiguilles, est probablement dû à l'action d'un courant froid venant des régions polaires antarctiques et se dirigeant vers le N.E. La zone de jonction, où s'effectue le mélange des eaux froides et chaudes, occupe un espace considérable au large du banc des Aiguilles; et l'on peut attribuer à cette rencontre des deux courants à températures très-différentes non-seulement la mer agitée et démontée, ainsi que l'irrégularité des vitesses et des directions des courants observés dans la zone de mélange, mais encore les coups de vent violents et les tourmentes bien connues des navigateurs, dans les parages du cap de Bonne-Espérance. En général, dans les parages où se fait la jonction de ces eaux, la surface de la mer prend un aspect houleux et bouillonnant; quant aux courants chauds, ils ont souvent une couleur vaseuse ou brune qui peut les faire reconnaître.

Pendant l'été austral, de janvier en mars, les eaux chaudes du courant des Aiguilles paraissent s'étendre vers l'O. à une distance plus considérable que durant le reste de l'année, et quelquefois jusque vers le méridien de 8°E. Néanmoins, nous pensons que, conformément à l'opinion émise par Horsburgh et corroborée par plusieurs auteurs (1), c'est pendant l'hiver austral (de mai en octobre) que le courant des Aiguilles atteint ses plus grandes vitesses, quoique cette saison soit en même temps celle où les eaux froides venant des régions polaires refoulent plus aisément les eaux chaudes.

En dehors des faits d'observation qui viennent à l'appui de ce que nous venons de dire, il convient de remarquer que pendant l'hiver austral (de mai en octobre) le courant de dérive des alizés de S.E. de l'Océan Indien est plus considérable qu'à toute autre époque, puisque les vents alizés ont alors plus de force et soufflent sur une étendue plus grande. En même temps, de mai en octobre, bien que la mousson de S. souffle dans le canal de Mozambique, le courant qui descend la côte d'Afrique est réputé comme atteignant sa plus grande vitesse. Il n'est donc pas surprenant que le courant des Aiguilles, formé de la réunion du courant de Mozambique et de la branche S.O. du courant équatorial, atteigne aussi sa vitesse maximum de mai en octobre.

Des nappes d'eau voisines et alternativement chaudes et froides ont été trouvées par des navigateurs dans le S. du cap de Bonne-Espérance, et jusque sur les parallèles de 42° et de 43°S. C'est particulièrement dans la région limitée par les parallèles de 36° et de 38°S., et par les méridiens de 20° et de 24°E., que les changements de température les plus brusques ont été observés à la surface. Ces variations de température de l'eau sont ordinairement accompagnées par des changements marqués dans l'état du temps et de la mer.

§ 60. — Température de la mer au large du cap de Bonne-Espérance.

Après avoir recueilli un nombre considérable d'observations (plus de 28,000 indications thermométriques), dans les journaux de bords des capitaines hollandais, M. J.-E. Cornelissen, directeur du département nautique de cette nation, a fait paraître des cartes thermales dont l'utilité a été vivement appréciée.

Ces documents, que nous reproduisons dans les quatre tableaux suivants, se trouvent consignés sur des cartes qui s'étendent en latitude à partir du parallèle de 30° jusque vers 45° ou 50° environ et qui sont limitées par les méridiens de 12°40′ et de 32°40′E. Elles

(1) Entre autres, par M. le contre-amiral Bourgois.

contiennent, dans chaque degré carré, la moyenne de toutes les indications thermométriques qui ont pu être observées par les capitaines de navires à 4 heures du matin, midi et 8 heures du soir.

Il suffit d'un coup d'œil jeté sur ces tableaux pour en faire comprendre la construction ; et nous croyons inutile de dire que notre intention n'a pas été de représenter l'espace de mer voisin du cap de Bonne-Espérance, mais tout simplement de reproduire des résultats qu'il serait facile à nos lecteurs de placer sur une carte, s'ils le jugeaient utile.

INDICATION DE LA TEMPÉRATURE DE LA SURFACE DE LA MER

POUR CHAQUE DEGRÉ CARRÉ AU LARGE DU CAP DE BONNE-ESPÉRANCE.

Moyennes pour l'hiver austral (juin, juillet et août) déduites de 4,700 observations.

LATITUDES SUD.	12°40–13°40	13°40–14°40	14°40–15°40	15°40–16°40	16°40–17°40	17°40–18°40	18°40–19°40	19°40–20°40	20°40–21°40	21°40–22°40	22°40–23°40	23°40–24°40	24°40–25°40	25°40–26°40	26°40–27°40	27°40–28°40	28°40–29°40	29°40–30°40	30°40–31°40	31°40–32°40
30°–31°	15			AFRIQUE.												19	21	21	20	20
31°–32°	15.6	15.2													20.5	20.9	20.4	20	20.2	20.1
32°–33°	15.8	15.5	15										20	20.3	20.4	20	19.8	19.7	19.7	19.6
33°–34°	15.6	15.7	15.7									19.5	20	20	20	19.3	19.3	19	19.5	19.5
34°–35°	15.9	15.9	16	15.8	15.1	15.2	15.7	16.7	17.4	18	18	19.3	19.9	19.5	19.6	19	19	18.9	19.7	19.9
35°–36°	15.9	16.4	16.3	15.7	15.6	15.4	16.6	17.9	18.7	18.9	19.2	19.3	19	20	19.5	19.7	19.6	19	19	18.1
36°–37°	15	16.4	16.8	16.4	16.5	16.8	17.2	17.4	18.1	18.6	19	18.2	19	19.2	18.7	18	17.6	17.6	18	16
37°–38°	15	15	15.5	16	16.5	16.5	17	18.3	18.3	17.6	16.6	15.3	15.7	16.2	16.6	17.5	17	17.1	16.6	17.1
38°–39°	16.5	15.8	15.8	16	16.5	17	17.2	17.6	17.3	16.5	16	15.5	15	15.1	16	16.9	16.2	15	15	16
39°–40°	14.7	15.2	15.7	15.8	16	17	17.3	17	16.7	14.9	14.9	14.5	14.6	14.8	14.9	15.3	14	13.7	14.7	14.5
40°–41°	13.8	14.2	14.8	14.6	15.2	15.8	14.7	15.3	13.6	13.1	13.2	13.5	12.8	13.5	14	14	14	13.1	12.3	13.4
41°–42°	12.7	12.2	12.1	13.5	12.6	13.7	12.3	13.4	13.2	12.4	12.2	11.4	11.2	11.7	11.5	11.7	11.7	12	11.2	11.4
42°–43°	11	11	11.1	11.4	11.2	11.7	12.1	12.2	12.5	12	11	10.7	10.5	10.5	10.7	10.4	10.4	10.6	10.4	8.8
43°–44°	9.6	9.6	8.8	8.8	10	10	10.2	10	12	9.6	8.6	8.9	9.4	9.4	9.1	9	8.6	8.3	7.8	8.6
44°–45°								9	8.8	7.9		7.4		7.4	7.5	7.4	8.6	7.7	7.3	7
45°–46°																				
46°–47°																				
47°–48°																				
48°–49°																				
49°–50°																				

LONGITUDES COMPTÉES A L'EST DU MÉRIDIEN DE PARIS.

INDICATION DE LA TEMPÉRATURE DE LA SURFACE DE LA MER

POUR CHAQUE DEGRÉ CARRÉ, AU LARGE DU CAP DE BONNE-ESPÉRANCE.

Moyennes pour le printemps austral (septembre, octobre et novembre) déduites de 6,199 observations.

LATITUDES SUD.	LONGITUDES COMPTÉES A L'EST DU MÉRIDIEN DE PARIS. 12°40	13°40	14°40	15°40	16°40	17°40	18°40	19°40	20°40	21°40	22°40	23°40	24°40	25°40	26°40	27°40	28°40	29°40	30°40	31°40	32°40	LATITUDES SUD.
30°	17.5			AFRIQUE.													21.5	21.4	21.6	20.9		30°
31°	17	17													22.3	21.8	20.5	20.5	20.1	20.5		31°
32°	16	16.1	16.5											20.9	20.9	20.4	20.4	20.3	20.3	20.3		32°
33°	16.2	16.3	16										20.8	20.9	20.4	20	19.9	19.7	19.2	19		33°
34°	16	16.2	16.3	16.1	15.8	16.2	16.3	17.6	18	18.5	19.3	20	20.4	19.8	19.6	19.2	19.2	19.4	19.4	19		34°
35°	16.2	16.3	16.6	16.7	16.6	16.7	17.3	18.3	19.3	19.8	19.8	19.4	19.8	19.6	19	19.2			19	18.6		35°
36°	15.9		16.7	17.9	18.1	17.5	17.8	18.2	18.9	19.2	18.2	18.1	18.1		19	19.3						36°
37°	15.5	16.3	15.2	15.8	18.1	17.8	17.4	17.9	17.7	17.7	15.7	16.8	15.8	16.8	15.9	16.9	17.3	17	17	16.4		37°
38°	15	15	15.5	16.6	17.2	17.4	17.3	17.4	17	17	17.2	16.1	16.4	16.6	17	17	16.7	16	17.5	16.7		38°
39°	14	15.1	15.3	15.6	17.1	18	17.9	17.1	17.3	15.7	15.1	14.7	14.4	15	16.2	16.2	15.7	14.9	15.2	15.2		39°
40°	13.4	13	13.9	15.3	15.3	15.3	16.3	14.4	13.8	14.3	13.9	13.9	13.6	13.8	14	14.3	14	15	13.4	14.1		40°
41°	10.5	13	12.3	12.8	11.8	13.5	14.8	15.3	14.7	13.5	13.8		14.1	13.2	13.2	13.2	12.4	13.2	13	12.6		41°
42°	10.5	11	11	12.4	12.7	13.2	12.8	12.6	12.8	12.3		12.2	11.6	11.2	11.4	11	11.1	11.1	10.9	10.5		42°
43°	8.1	9.1	10	10	10	11.5	10.8	10.3	11.1	9.6	9.8	8.5		9.5	8.6	9.2	9.3	8.6	8	8		43°
44°	8.1	9.7	8.2	8.5	8.2	9.7	8.6	8.1	8.5	9.3	9	8.7	8.2	8.3	8.3	8.6	7.9	7.1	8.1	7		44°
45°					7.4				8.2		6.9	6.8	6.6	6.4	6.4	6.4	7	7	6.7	6.7		45°
46°																						46°
47°																						47°
48°																						48°
49°																						49°
50°																						50°

INDICATION DE LA TEMPÉRATURE DE LA SURFACE DE LA MER

POUR CHAQUE DEGRÉ CARRÉ AU LARGE DU CAP DE BONNE-ESPÉRANCE.

Moyennes pour l'été austral (décembre, janvier et février) déduites de 6,612 observations.

LONGITUDES COMPTÉES À L'EST DU MÉRIDIEN DE PARIS.

LATITUDES SUD.	12°40–13°40	13°40–14°40	14°40–15°40	15°40–16°40	16°40–17°40	17°40–18°40	18°40–19°40	19°40–20°40	20°40–21°40	21°40–22°40	22°40–23°40	23°40–24°40	24°40–25°40	25°40–26°40	26°40–27°40	27°40–28°40	28°40–29°40	29°40–30°40	30°40–31°40	31°40–32°40
30°–31°	20	19		AFRIQUE.												23.8	24	23.8	24.2	24.2
31°–32°	19.8	19														23.8	23	23.3	23.5	23.4
32°–33°	19.9	19.8												23.1	23.5	23.1	23	23.2	23	23.1
33°–34°	19.6	19.4	19.3									22.3	23.2	23.5	22.9	22.7	22.6	23	22.8	22.8
34°–35°	19.3	19.3	19.6	19.8	20.2	20.4	20	20.4	20.9	21.3	22	22.8	23.1	23.2	22.6	23.4	23.2	22.7	21	21
35°–36°	19.4	19.8	20.1	20.3	20.5	20.5	20.6	21.3	21.7	22.4	23	23	22	22	20.8	21			22.2	21
36°–37°	19	19	20.1	19.6	20.3	20.4	21.1	21.4	21.8	21.5	20.8	21	20.7	20.7	20.6	22.5				
37°–38°	17.6	18.1	19	18.6	18.6	19.4	21.3	21.7	22.5	20	19.6	18	18.6	19.6	19.8	20.4	19.6	19.6	19.5	
38°–39°	17.8	18.2	19.1		19.1	19.3	19.5	19.5	19.3	19.2	19.6	19.8	18.9	19.7	19.8	19.6	19.5	19.2	19.3	
39°–40°	16.8	18	18	18.3	18	19	19.2	19.1	18.5	18.2	17.9	18.2	18.1	19.1	18.5	18.9	18.5	18.5	18.5	19.8
40°–41°	15.2	16.5	15.6	17.9	17.2	17.5	17.1	17.2	17.2	18.6	18.1	16	15.9	16.5	17.7	17.4	17.1	17.4	17.1	17.5
41°–42°	15	15.1	15.8	15.1	16.4	16	17.2	16.1	17.4	16.1	16.3	15.1	16	15.5	15.2	15.3	15.3	15.9	15	15.9
42°–43°	12.9	12	14.1	13.7	14.3	14.9	14.4	14.2	14.8	13.9	13.1	12.8	13.2	12.9	13.2	13.1	11.8	12.1	11.9	11.7
43°–44°	10.8	10.5	11	11.4	9.8	13.6	12	12.5	12	11.2	11.3	10.8	10.5	11.2	10.6	11.3	11.2	10	11.4	10.6
44°–45°	10.5			9.1	9.1	9.8	10.5	10.5	10	10	9.8	8.9	10	10	9.7	9.1	9.3	9.1	9.2	9.8
45°–46°		9		8.2	9.2	8.1	9.6	8.6	9.2	8.1	8.5	9.8	7.6	9.1	8.9	9.1	8.4	8.9	8.2	8.1
46°–47°			7.7		8	6.2	6.6		7.2		5.9		7.7	7.6	6.7	7.6	7.1	7.5	7.5	7.9
47°–48°																				
48°–49°																				
49°–50°																				

INDICATION DE LA TEMPÉRATURE DE LA SURFACE DE LA MER

POUR CHAQUE DEGRÉ CARRÉ, AU LARGE DU CAP DE BONNE-ESPÉRANCE.

Moyennes pour l'automne austral (mars, avril et mai) déduites de 5,917 observations.

LATITUDES SUD.	LONGITUDES COMPTÉES A L'EST DU MÉRIDIEN DE PARIS.																					LATITUDES SUD.
	12°40	13°40	14°40	15°40	16°40	17°40	18°40	19°40	20°40	21°40	22°40	23°40	24°40	25°40	26°40	27°40	28°40	29°40	30°40	31°40	32°40	
30°																						30°
31°																	22.5	23.9	23.2	23.6		31°
32°	18.7	16.8						AFRIQUE.							23.6	24.4	23.6	23.2	23.2	23.6		32°
33°	18.8	18.4	16											24	23.4	23.3	22.9	22.7	22.8	23		33°
34°	18.8	18.7	18.1									22.7	22.9	23.3	23.2	23	22.8	22.7	22.6	22.6		34°
35°	18.9	19	18.8	19	18.2	18.7	18.2	18.6	19.3	19.6	20	22	22.7	22.8	22.6	21.9	21.5	21.8	22	21		35°
36°	19.4	19	19.3	19.6	19.1	18.3	19.1	19.8	20.8	21.5	21.8	22.2	22.6	22	21	21			21	21.3		36°
37°	18.7	18.6	18	19.4	19.3	19	19.9	20.6	21.3	20.5	20.1	21	21.5	19.9		20				21		37°
38°	18	17	19	18.5	20.2	20.1	20.2	20.4	20.8	19.3	18.1	18	19.3	19.7	20	20			19.3			38°
39°	17.5	19	18.8	19.3	19.6	20	20	20.4	19.3	19.7	18.2	18	18.1	18.8	19.4	18.3	18.7	17.1	17.1	18.4		39°
40°	17.3	17.5	18.4	19.3	19	20.1	19.3	18.3	17.7	16.9	17.4	16.7	17	16.2	17.9	19.2	17.2	16.7	16.6			40°
41°	14.2	15	17.1	16.5	16.8	17.1	17.2	16.5	17	17.4	15.7	15.5	15.5	16.1	18	17.7	16.4	14.4	16.3	17.6		41°
42°	15.2	12.5	14.1	17	15.2	16.2	16	15.4	15.3	16.4	16.2	15.9	15	14.4	15.1	13.1	14.8	14.2	14.2	15.9		42°
43°	15.2	12	12	12	12.5	12.7	13	14.2	13.6	13.5	12.6	12	12.2	11.7		11.3	11.5	12.1	12	12		43°
44°	10	11.5	11.3	12	12.6	12.3	12	11.7	13.1	12	12.4	12	11.1		11.6	10.7	10.4	9.8	8.9	9		44°
45°	9.2	9	10	9	9.1	10.5	11	10	9.7		8.8			8.2	9	9.8				8.6		45°
46°	8	8	8	8.5	8.3	7.3	7	6.7	8	8.5	7.4	7.9	7.4	7.9	8	6.6	8.3	8.8	7.5			46°
47°				6.9	7.5	8.9	6.9	6.5	8	7.4	8	7.9	7.7	8	7.3	7.8		8	7.1			47°
48°										7.1		7	6.5		6.9	6.6	7	7	6.4	6		48°
49°																						49°
50°																						50°

Nous devons faire connaître maintenant les principales observations qu'a suggérées à M. Cornelissen l'examen des cartes thermales qu'il a obtenues.

Il a constaté l'existence de deux courants : l'un passe le long de Madagascar et de la côte S.E. et S. d'Afrique et s'étend vers le Sud ; l'autre, venant des régions polaires, refoule le courant chaud vers la côte d'Afrique.

Il a remarqué aussi que le courant chaud, dont la force est suffisante pour pénétrer deux fois profondément dans le courant froid, perd sensiblement cette puissance entre les méridiens de 22°40′ et 25°40′E. Il a fait également observer que la température de la mer, sur la côte S. et S.O. d'Afrique, est sensiblement plus basse que le long de la côte Est.

Enfin, M. Cornelissen s'est trouvé conduit à supposer que l'empiétement considérable du courant froid venant du pôle, au milieu du courant chaud venant de Madagascar, peut être attribué à la configuration du lit de l'Océan. Il a donc admis qu'entre 23°40′ et 24°40′E., et par 37° ou 38°S., existerait un banc présentant une pente douce vers le S. et une face accore du côté du N. et du N.E. Ainsi, le courant polaire remonterait aisément la face inclinée et viendrait refouler et diviser le courant chaud le long de l'arête abrupte qui terminerait le banc dans le N. et le N.E.

En terminant, nous croyons pouvoir exprimer que ce travail doit être hautement apprécié. Il nous semble, effectivement, qu'au point de vue pratique, les chiffres consignés dans les tableaux précédents, c'est-à-dire ceux qu'a obtenus M. le directeur du département nautique des Pays-Bas, peuvent être d'une grande utilité dans la navigation. Il existe, en plusieurs points, comme on peut s'en assurer, une différence tellement sensible entre les températures de deux carrés voisins, en latitude ou en longitude, que le thermomètre nous semble pouvoir être à l'avenir d'un secours beaucoup plus efficace que par le passé, dans les parages du cap de Bonne-Espérance.

§ 61. — Contre-Courant de l'Océan Indien Méridional.

Entre les méridiens de 18° et de 20°E., la plus grande partie du courant des Aiguilles rebrousse chemin : d'abord vers le S.; puis vers l'E. Les eaux du contre-courant de l'Océan Atlantique viennent se joindre à celles qui se détournent du courant des Aiguilles; et leur ensemble constitue le contre-courant de l'Océan Indien Méridional.

Entre les parallèles de 37°30 et de 40°S., ce mouvement des eaux vers l'E. atteint tout d'abord des vitesses notables. Ainsi, de 19°E. à 21°E., le courant file de 1ⁿ,5 à 3 nœuds à l'heure; de 21°E. à 28°E., vitesse vers l'E. de 1ⁿ,5 à 2 nœuds au plus.

Entre les méridiens de 28°E. et de 31°E., le courant porte vers l'E. ou le N.E., avec une vitesse qui varie de 1ⁿ,5 à 4ⁿ,5 à l'heure, depuis 35° jusqu'à 38°S.; tandis qu'entre les parallèles de 38° et 43°S., la vitesse vers l'E. varie de 1ⁿ,5 à 2 nœuds.

Entre les méridiens de 31°E. et de 38°E., et dans le S. du parallèle de 34°S., la surface des eaux est très-généralement entraînée vers l'E., dans un grand mouvement d'ensemble. Les vitesses sont généralement variables de 1 nœud à 1ⁿ,5 à l'heure; quelquefois elles atteignent 2 nœuds et, exceptionnellement, 2ⁿ,5. Mais, il est arrivé que dans cette grande zone, située au S. de 34°S. jusque vers 50°S., on a observé parfois des courants portant à l'O.S.O. et au S.O. avec une vitesse de 1 nœud à 2ⁿ,5 à l'heure; et d'autres fois des courants de 2 nœuds à l'heure portant au N. On peut donc en conclure que les courants ne présentent plus une régularité aussi grande par ces longitudes.

Dans l'E. du méridien de 38°E., et dans le S. du parallèle de 35°S. environ, le courant porte d'une manière générale vers l'E., jusques au-delà de l'Australie, avec une vitesse comprise ordinairement entre 0ⁿ,5 et 1ⁿ,5 à l'heure. Mais, ce mouvement des eaux est soumis à des variations assez fréquentes; et il ne faudra pas être surpris quand on constatera des courants vers le S.O., l'O., le N.O. ou le N., de 1 nœud à 1ⁿ,5.

Entre les parallèles de 25°S. et de 35°S., et dans l'E. du méridien de 60°E., c'est-à-dire dans la zone qui sépare le courant équatorial dirigé vers l'O. du contre-courant dirigé vers l'E., les courants sont très-irréguliers et portent à peu près aussi souvent vers la partie de l'E. que vers la partie de l'Ouest.

Dans l'E. du méridien de 105°E., le contre-courant de l'Océan Indien Méridional se divise en deux branches, qui se séparent l'une de l'autre, sur le parallèle du cap Leeuwin. L'une d'elles, qui comprend la plus grande partie des eaux, continue son mouvement vers l'E. dans le S. de l'Australie. L'autre remonte brusquement vers le N., et va se confondre avec le courant équatorial, dans les environs du tropique. Ainsi, dans l'E. du méridien de 105°E. et jusqu'à la côte d'Australie, dans le N. du parallèle du cap Leeuwin, le courant porte généralement vers la partie du N., avec une vitesse qui varie de 0ⁿ,5 à 2 nœuds à l'heure, jusqu'au parallèle de 30°S.; et de 0ⁿ,5 à 1ⁿ,5 au maximum, entre 30°S. et 25°Sud.

§ 62. — Courant de la côte Sud d'Australie.

Sur la côte méridionale d'Australie, règne un courant assez régulier qui s'étend au large et porte vers la partie de l'E. Ce mouvement de dérive des eaux paraît l'effet assez naturel des vents persistants qui soufflent du N.O. au S.O., dans ces parages, ainsi qu'il a été dit au § 36.

Au large du cap Leeuwin, les eaux venant de l'O. et du S.O. paraissent se diviser en deux embranchements : dont l'un remonte vers le N., le long de la côte occidentale d'Australie; et l'autre se dirige vers l'E., avec une vitesse très-variable et qui est certainement influencée par la direction et la force des vents régnants. Dans les parages du cap Leeuwin et jusques au port du Roi Georges, la vitesse est souvent de plus d'un nœud, soit de 28 à 29 milles par jour; et même de 1 nœud et demi, soit de 36 milles par jour, dans la partie comprise entre la pointe d'Entrecasteaux et le port du Roi Georges. Plus loin dans l'E., la vitesse diminue; et elle est surtout variable et faible dans le grand Golfe compris *entre les îles de la Recherche,* d'un côté; *et les caps Northumberland* et *Bridgewater,* de l'autre côté. Il ne semble pas étonnant d'ailleurs que, dans cette grande baie, où les vents ne soufflent plus de l'O. avec la même constance (Voy. § 36), les courants ne doivent plus porter vers l'E. avec autant de force qu'au large, entre les parallèles de 38° et 40°S. Il serait même naturel que l'on trouvât des remous et des retours de courant vers l'O., dans le Golfe et le long de la terre, surtout de janvier en avril, époque des vents de S.E. et d'E.N.E. dans ces parages. Au-delà du cap de Bridgewater et en se rapprochant du détroit de Bass, le courant vers l'E. reprend une vitesse de 1 nœud à l'heure environ.

La plus grande partie des eaux du courant passe dans le S. de la Tasmanie; mais il paraît également probable qu'une partie du courant traverse le détroit de Bass. Ainsi, l'on est presque toujours porté dans l'E. quand on navigue le long de la côte d'Australie, entre le cap Otway et le promontoire Wilson. On trouve également les courants portant vers l'E., quand on a dépassé de 2 ou 3 degrés la longitude des îles Furneaux; on en constate enfin très-souvent l'existence, entre le promontoire Wilson et le cap Howe, auprès duquel il atteint encore une vitesse d'environ un nœud à l'heure, vers l'Est.

§ 63. — Courants de la mer Rouge (1).

D'après les instructions de Moresby et d'Elwon, les courants de la mer Rouge paraissent complétement dépendants des vents régnants. Avec les vents dominants de la partie du S., ils portent vers le N.; et avec les vents dominants de la partie du N., il portent vers le S. Il paraît également probable que la vitesse des courants est proportionnelle à la violence des vents, attendu qu'on a trouvé les courants nuls ou à peu près, au moment où dominaient les folles brises qui précèdent l'établissement des vents de la partie du Sud.

D'après Moresby, *dans la partie N. de la mer Rouge comprise entre Ras-Mahomed* (27°43'N.) *et Jeddah* (21°28'N.), les courants sont variables à toute époque de l'année; et il est impossible de leur assigner aucune direction dominante. En général, ils suivent l'impulsion que leur donnent les vents; et, quand ceux-ci sont forts, les courants atteignent des vitesses de 20 à 40 milles par jour. Si les vents soufflent longtemps de la même direction, les courants s'établissent quelquefois dans une direction opposée, ainsi qu'on peut le voir lorsque la mer se fait courte et creuse contre les vents de N.O. persistants. En pareil cas, les meilleurs voiliers se trouvent dans l'impossibilité de s'élever au vent, pendant le premier et le second jour, alors que les eaux dérivent sous le vent; après quoi, ils s'élèvent tout à coup au vent favorisés par le courant qui s'établit alors contre le vent. Les vents de la partie du S. qui dominent parfois d'octobre en mai occasionnent généralement un courant de 20 à 30 milles portant au N.

(1) Nous avons déjà donné, au § 10, une traduction des observations du commandant Rogers, qui contiennent des indications sur les courants (V. page 31).

Après un coup de vent de N.O., si l'on a de légères brises, on peut s'attendre généralement à un courant portant au N., particulièrement sur la côte d'Arabie; c'est pour ce motif qu'avec des vents de la partie du N., il est préférable de louvoyer sur la côte d'Arabie, contrairement à la manière de faire des anciens navigateurs qui aimaient mieux se tenir sur la côte d'Egypte parce qu'elle est plus saine. Sur la côte d'Arabie, en se tenant près des récifs et de la côte, on peut mettre à profit les variations du vent, dont la direction hâle presque toujours la terre de plusieurs quarts pendant que la nuit s'avance, et surtout dans la première partie de la matinée, tandis qu'il souffle bien directement du large durant le jour. Il n'en est pas de même sur la côte d'Egypte, où dominent les vents de la partie du N., du N.E. et de l'E.; ces vents, de novembre en mars, produisent quelquefois un fort courant portant vers l'O., et ensuite, quand les brises deviennent légères, le courant reverse et porte de nouveau vers l'Est.

Le captain S. B. Haines a fourni les observations suivantes : « Il a été bien constaté, dans la partie N. de la mer Rouge, que le niveau général des eaux atteint sa plus grande élévation en décembre, janvier, février et mars, en raison de l'action des vents de la partie du S. qui soufflent alors avec force. Au contraire, le niveau est plus bas de plusieurs pieds en juillet, août et septembre, par l'effet des forts vents de la partie du N.N.O. qui font descendre les eaux vers les détroits. A l'appui de cette observation, l'on peut remarquer que le banc « Durable », quoique situé dans la région centrale de la mer, assèche suffisamment pendant l'été pour permettre d'y dresser une tente, tandis qu'il est entièrement submergé durant l'autre saison. La même différence de niveau est facile à constater sur les récifs de Jeddah. »

Nous terminerons en donnant une traduction des remarques de Moresby et d'Elwon, sur *les courants et les marées* de la mer Rouge.

« Sur plusieurs points des côtes de la mer Rouge, on a observé un mouvement de montée et de baisse de l'eau. Dans quelques localités, et dans divers chenaux des plus étroits, on a également constaté un courant de marée; mais, dans toutes les autres régions, il n'a pu être observé.

» Dans le détroit de Bab-el-Mandeb, sur l'une et l'autre côte, le navire étant mouillé avec le cap au N.O., la mer montait à terre, ce qui semblait indiquer que le courant de flot portait au S.; mais il faut tenir compte de ce que le navire était évité au vent, attendu que le courant de marée n'était pas suffisant pour contrebalancer l'effet du vent sur la coque et sur le gréement. Il convient aussi de noter que le brusque détour de la côte à l'entrée de la mer Rouge cause un remous dans le voisinage des détroits, quoique pas immédiatement en dedans du petit; la mer pénètre par le chenal étroit de ce petit détroit, en même temps qu'on observe la montée de l'eau sur la côte.

» Aux époques de nouvelle et pleine lunes, l'heure du plein à *Bab-el-Mandeb* est 12 heures. *A Ras-Macowa*, sur la côte d'Abyssinie, presque en face de Moka, la marée quoique à peine perceptible semble venir du large; l'heure du plein est $12^h 30^m$, et la montée de l'eau environ $0^m,60$ c. *A Amphilla*, le courant a été imperceptible; l'heure du plein était $12^h 40^m$; et la montée de l'eau de $0^m,91$ c. *A Ras-Mejarmla*, sur la côte d'Arabie, l'heure du plein est $1^h 10^m$; et la montée de l'eau $1^m,22$ c. *A l'île Camaran*, l'heure du plein est 10 h.; et la montée de l'eau, dans les marées d'équinoxe, est $0^m,86$ c. *A l'île Dissee*, sur la côte d'Abyssinie, l'heure du plein est 1 h., et la montée de l'eau $1^m,60$ c.; on y constate un courant de marée sensible dans Goob Ducnoo; il court avec une rapidité considérable sur le côté E. de Dhalac, traversant le chenal resserré, sur des fonds de roche, et pénètre dans le port Doobelloo. Le courant pénètre de même dans *Gubet Sogera* (Soghra), sur le côté O. de l'île Dhalac, en passant par la coupure étroite qui forme l'entrée, et où l'on observe l'heure du plein à 1 h. *A Massowah*, le courant de marée est presque insensible; l'heure du plein est 1 h., et la montée de l'eau $0^m,91$ c. *A Loheia*, sur la côte d'Arabie, presque en face de Massowa, le courant de marée est encore presque insensible au large; on y constate, dans le port intérieur, l'heure du plein à $1^h 30^m$, et la montée de l'eau de $0^m,91$ c. *A Badour*, sur la côte d'Abyssinie, l'heure du plein est $1^h 15^m$; et la montée de l'eau $0^m,45$ c. *A Jeddah*, nous n'avons pas constaté de courant de marée, et les montées de l'eau ont semblé si peu régulières qu'il nous a été impossible d'en rien conclure. En janvier et février, la plus grande montée de l'eau aux syzygies a été de $0^m,61$ c.; mais, pendant la saison chaude, le niveau de la mer est de $0^m,91$ c. plus bas qu'en hiver : ce qui indique l'effet de dépression du niveau produit par l'action des vents de Nord. »

§ 64. — Courants du golfe d'Aden.

Pendant la mousson de S.O., le courant sort de la mer Rouge, avec une vitesse variable de 1 à 2 nœuds. *Une partie des eaux* suit la côte d'Arabie en se dirigeant vers l'E., avec une vitesse moyenne d'environ 2 nœuds, jusque vers Ras-Rehmat (46°30'E.). A partir de ce point, une fraction du courant se détourne de la côte d'Arabie et porte vers le S.E., en se dirigeant sur le cap Guardafui; puis, le mouvement se continue, en tournant vers l'O. et en causant un courant qui longe la côte d'Afrique, portant à l'O. avec une vitesse moyenne de 1ⁿ,5 à 1ⁿ,7, jusque vers le méridien de 45°E.; d'où il recommence à tourner, vers le N.O. cette fois, terminant ainsi son circuit. *L'autre partie des eaux* qui sort de la mer Rouge, porte vers l'E. le long de la côte d'Afrique, depuis le détroit de Bab-el-Mandeb jusqu'au méridien de 45°E. seulement. Parvenues à ce méridien, ces eaux portant à l'E. rencontrent le courant inverse portant à l'O.; elles changent alors de direction pour se joindre à ce dernier courant, en portant comme lui vers le N.O.

Pendant la mousson de N.E., les courants sont très-irréguliers dans le golfe d'Aden, et semblent dépendre surtout des vents régnants: leur direction la plus habituelle est vers l'O., et leur vitesse varie de 12 à 30 milles. *Sur la côte d'Arabie*, depuis le golfe de Masirah (55°30'E. environ) jusqu'aux détroits de Bab-el-Mandeb, le courant suit généralement la direction de la côte portant en moyenne vers le S.O. avec une vitesse d'environ 1 nœud, qui atteint même parfois 2 nœuds dans la région comprise entre les méridiens 48°E. et 53°E. Toutefois, ce courant change toujours quand les vents soufflent de la partie du S.; et, lorsqu'il en est ainsi, ils portent à l'E. et au N.E. *Sur la côte d'Afrique*, le courant est incertain, portant soit à l'E., soit à l'O., selon les circonstances.

Nous compléterons ces indications, en donnant une traduction des observations du captain Haines. I. N.

« Sur la côte d'Arabie, depuis Ras-Isolette (1) jusqu'aux détroits de Bab-el-Mandeb, pendant le fort de la mousson de N.E., le courant

(1) Ras-Isolette, ou Ras-Madraka, ou Ras-el-Jézirat, est situé par 19°N. environ et 55°31'Est.

porte, le long de terre, suivant la direction du vent. En mars et avril, et quelquefois même dès le mois de février, le courant change de direction; il porte d'ailleurs vers Ras-Isolette, c'est-à-dire vers le N.E., durant la mousson de S.O. En avril, le navire étant mouillé, j'ai constaté un courant de 2 nœuds au loch, portant au N.E.; ce courant atteignait sa plus grande rapidité au large du banc Palinurus (14°50′ lat. S.) En mai, juin et juillet, étant au mouillage par des fonds de 6 à 10 brasses, sur différents points de la côte d'Arabie, entre Aden et les détroits, j'ai trouvé un courant de 2 nœuds à 2ⁿ,5 portant au N.E. avec une vitesse variable, suivant la force du vent. Pendant la mousson de N.E., d'octobre en mars, le courant atteint une égale vitesse; mais il porte alors dans une direction opposée, et pénètre dans la mer Rouge. On est autorisé à conclure de ces faits que le mouvement des eaux est produit par l'action des vents dominants; cependant, il faut reconnaître, quelque étrange que soit l'observation suivante, que, malgré que les vents soient les mêmes sur la côte d'Afrique (côte de Somauli), dans la partie S. du golfe d'Aden, les courants portent quelquefois (durant la même mousson de N.E.) dans une direction opposée, sans aucune cause apparente. Cela me conduit à penser que l'étroitesse du chenal qui s'offre à la masse considérable d'eaux cherchant à pénétrer dans la mer Rouge (étroitesse qui est encore réduite par la présence des îlots « Les Frères »), a pour résultat de former, pour une partie de ces eaux, une sorte de barrière ou de point tournant. Par exemple, pendant la mousson de S.O., le courant qui vient du canal de Mozambique double Ras-Aseïr (ou cap Guardafui); de là, il se sépare en deux branches: l'une se dirigeant vers le N., et l'autre portant à l'O., avec une vitesse atteignant parfois 3 ou 4 nœuds. Celle-ci continue ensuite le long de la côte son mouvement vers l'O. avec une vitesse beaucoup moindre jusque vers les détroits, où la pression des eaux qui sortent de la mer Rouge arrête et détourne ce courant vers l'E., direction vers laquelle il porte avec une vitesse qui augmente au fur et à mesure que l'action de la mousson de S.O. se fait sentir plus forte. En même temps que les deux côtes du golfe d'Aden ont leur régime propre de courants, la partie centrale de ce golfe est soumise à des courants variables, portant vers des directions diverses, excepté lorsque de fortes brises s'établissent et produisent sur toutes les eaux un mouvement général de dérive.

Ainsi, en juillet, un navire partant de l'île Meyet (Burnt Island), qui est située par 45°E. environ, et se proposant de traverser le golfe, avec une forte brise de la partie de l'O., trouvera le courant portant successivement à l'O., au N.O., au N., au N.E. et à l'E.N.E., avec une vitesse qui augmentera à mesure qu'on approchera de la côte d'Arabie; et il est probable qu'on ne pourra atteindre cette côte qu'à une vingtaine de milles d'Aden, même en forçant de toile. Pendant la mousson de N.E., le contraire aura lieu : et un navire partant de Berberah (42°50'E. environ), à destination d'Aden, devra s'élever d'abord au vent jusqu'à 15 ou 20 milles à l'E. de Siyarah (ou Zeara) avant de se risquer à traverser et à chercher la côte d'Arabie.

» En faisant route vers le N., le long de la côte E. d'Afrique, pendant la mousson de S.O., et ayant à se rendre à Aden, ou dans la mer Rouge, il conviendra de bien veiller, pendant les 2 ou 3 degrés que l'on aura à parcourir avant Ras-Hafoon et Guardafui, à cause des forts courants que l'on trouvera portant au N.N.E. et au N.E. J'ai éprouvé, en contournant le cap Guardafui, un courant de 3 à 4 nœuds à l'heure, qui portait dans l'E. vers Socotora. Il convient donc, avec un navire à voiles, de doubler le cap de près; autrement l'on s'exposerait à manquer son passage, comme j'ai su que cela était arrivé à un navire bon voilier.

» Dans le N. de Kal-Farun et des Frères (entre 50° et 51°E. environ), de juin en septembre, j'ai toujours trouvé un fort courant portant au N. et au N.E., qui donne beaucoup de difficulté quand on cherche à atteindre les mouillages de la côte N. de Socotora. En juillet, me trouvant sur le parallèle de la côte N. de Socotora, et seulement à 1 degré 1/2 dans l'O. de Guardafui, j'ai eu de légères brises et des calmes, avec un courant portant au S. de 58 milles, tandis que les années précédentes, étant à peu près dans la même position, j'avais rencontré un courant portant au N., qui drossait en même temps le navire de plus en plus vers l'E. à mesure que j'avançais dans le S.E.

» Sur la côte N. de Socotora, en mars et avril, j'ai constamment éprouvé un fort courant portant à l'O. J'ai même connu un brig de 10 très-bon voilier, qui mit 20 jours à se rendre de Kolonsir (ou Gallonsier) à Tamaridah, quoique la distance entre ces deux points de la côte N. de Socotora ne soit que de 30 à 40 milles; et encore ne put-il venir à bout de cette traversée qu'en allant chercher la côte d'Arabie, et en s'élevant dans l'E., le long de cette côte avant de venir chercher de nouveau Socotora. Moi-même, dans le courant de mars, ayant eu de folles brises et de forts courants, je fus obligé de laisser tomber l'ancre dès que je pus trouver les sondes le long de la côte, et je ne pus me rendre à Tamaridah qu'en embarcation.

» En résumé, je pense que, dans ces parages, les courants sont principalement causés par l'action des moussons régnantes; leur vitesse augmente et diminue en proportion de la force plus ou moins grande des vents; ils sont enfin influencés dans une certaine mesure par les phases de la lune et par les effets de la marée, laquelle n'a d'ailleurs aucune régularité. »

§ 65. — Courants de la mer d'Oman.

1° Pendant la mousson de S.O.

Pendant cette mousson, d'avril en octobre, dans le N. du parallèle de 3°S. et jusqu'au fond de la mer d'Oman, le mouvement d'ensemble des eaux est plus ou moins dirigé vers la partie de l'E. Au large de la côte d'Afrique et de la côte d'Arabie, le courant porte au N.E. et à l'E.N.E.; le long des côtes du Sindh et de Katiawar, il porte à l'E.; sur la côte du Malabar, au S.S.E.; et dans toute la partie centrale de la mer d'Oman, au N. de 3°S., il porte à l'E. du monde, tournant seulement un peu au S.E. (dans la région plus au N. que Ceylan), à mesure qu'il s'approche de la côte du Malabar et du côté O. de Ceylan, où les eaux courent vers le S.E., comme nous venons de le dire.

En nous reportant au § 55, nous rappellerons qu'une branche importante du courant équatorial, portant vers l'O., passe dans le N. de Madagascar, entre le parallèle de 2° ou 3°S. environ et le cap d'Ambre; puis infléchit graduellement sa direction vers le N.O., le N. et le N.E., au fur et à mesure qu'elle approche de la côte d'Afrique. Le long de cette côte et jusqu'à une distance de 100 à 150 milles au large, le courant porte à peu près vers le N.E., avec les vitesses suivantes : de Zanzibar à l'équateur, de 60 à 90 milles; de l'équateur à 6° ou 8°N., de 36 à 60 milles; de 6° à 10°N., de 50 à 90 milles; entre Ras-Hafoon et Socotora, de 72 à 96 milles. En se tenant plus au large de la même côte, entre 150 et 350 milles environ, le courant porte encore très-généralement au N.E., mais avec une vitesse moindre, qui varie entre 18 et 66 milles. Enfin, à une distance de plus de 400 milles dans l'E. de la côte d'Afrique, entre 2°S. et le parallèle de Socotora, le mouvement général des eaux est dirigé vers l'Est.

Dans le S. de l'île Socotora, à une distance de 150 milles environ de cette île, semble exister un grand tourbillon, ou mouvement circulaire de la surface des eaux sur une vaste étendue. Le courant qui longe la côte d'Afrique, en portant au N.E., donne naissance à peu près sur le parallèle de Ras-Hafoon à une branche qui se dirige immédiatement vers l'E. jusqu'au méridien de 53°E. environ ; à ce moment, le courant tourne vers le S. jusqu'au parallèle de 5°N., limite à partir de laquelle il continue à tourner vers l'O., puis vers le N.O., terminant ainsi son circuit complet. Dans la partie N. de ce circuit, la vitesse du courant vers l'E. atteint parfois 4 et 5 nœuds ; tandis que dans la partie S., la vitesse du courant vers l'O. n'est guère que de 0^{n},7 à 1 nœud. Dans toute l'étendue de ce tourbillon, la mer est généralement très-tourmentée. Les navires venant de l'E. et allant chercher la côte d'Afrique feront donc bien de se tenir suffisamment dans le S. du parallèle de Ras-Hafoon, afin d'éviter la plus grande force du courant contraire portant vers l'E. qu'ils trouveraient dans la partie N. du circuit dont nous venons de parler.

Le courant portant généralement vers le N.E., qui longe la côte d'Afrique ainsi que nous venons de le dire, passe entre le cap Guardafui et Socotora, avec une vitesse variable surtout de 30 à 50 milles et atteignant parfois 60 et même 72 milles. Dans ce passage, les eaux se dirigent surtout vers l'E.N.E. ou vers l'E., tendant à drosser le navire sur Abdul-Koory et Socotora. Une partie du courant se porte vers le N., avec une vitesse de 1 nœud à 1^{n},5 à l'heure, atteint la côte d'Arabie dans les parages de Kosaïr (48°E. environ), et remonte ensuite vers le N.E. en longeant la côte d'Arabie. Sa vitesse vers le N.E. varie de 18 à 42 milles, entre les méridiens de 50° à 53°E.; puis elle est en moyenne de 48 milles, entre Kurian Murian et le golfe de Masirah.

Dans la partie centrale de la mer d'Oman, et en y comprenant toute l'étendue de mer allant dans le S. jusqu'au parallèle de 3°S., toute la surface des eaux éprouve un mouvement d'ensemble vers l'E., sous la pression de la mousson de S.O. La vitesse de cette dérive des eaux est très-variable, et dépend surtout de la force des vents régnants :

elle est généralement assez faible dans le N. du parallèle de 8°N.; mais elle est souvent considérable entre 8°N. et 3°S. Le tableau suivant indique les vitesses moyennes sur lesquelles on pourra généralement compter.

LATITUDES.	NOMBRE DE MILLES DONT LE COURANT DE LA MER D'OMAN PORTE VERS L'EST, PAR 24 HEURES, PENDANT LA MOUSSON DE S.O., DE MAI EN OCTOBRE.									
	Entre 53° et 58°E.		Entre 58° et 63°E.		Entre 63° et 68°E.		Entre 68° et 73°E.		Entre 73° et 78°E.	
	Direction	Vitesse milles	Direction	Vitesse milles	Direction	Vitesse milles	Direction	Vitesse milles	Direction	Vitesse milles
Entre 18°N. et 20°N...	....	....	E.N.E.	18 à 24	S.E.	18 à 30	....	....	....	....
Entre 14°N. et 18°N....	E.N.E.	18 à 30	E.	12 à 24	E.S.E.	18 à 30	....	....	....	....
Entre 10°N. et 14°N....	E.	24 à 66	E.	12 à 48	E.S.E.	18 à 24	S.E.	24 à 30	....	....
Entre 6°N. et 10°N....	N.E.	18 à 24	E.	18 à 24	E.	18 à 24	E.S.E.	18 à 36	S.E.	12 à 30
Entre 4°N. et 6°N....	N.E.	18 à 36	E.	12 à 60	E.	18 à 60	E.S.E.	30 à 36	E.S.E.	18 à 48
Entre 2°N. et 4°N....	E.N.E.	18 à 30	E.	24 à 60	E.	36 à 48	E.	18 à 60	E.	42 à 60
Entre 0° et 2°N........	E.	24 à 60	E.	30 à 42	E.	42 à 66	E.	24 à 60	E.	20 à 60
Entre 1°30'S. et l'équatr	E.	18 à 30	E.	18 à 54	E.	42 à 70	E.	60 à 76	E.	42 à 48
Entre 3°S. et 1°30'S...	E.	18 à 30	E.	20 à 28	E.	24 à 30	E.	30 à 40	E.	36 à 48

2° Pendant la mousson de N.E.

Pendant cette mousson, d'octobre en avril, la pression des vents alizés de N.E. cause un mouvement général de dérive de la surface des eaux vers l'O. ou le S.O., dans toute l'étendue de la mer d'Oman. Dans la partie centrale de cette mer, les vitesses sont ordinairement peu considérables; mais, dans le S. de Ceylan et au large de la côte orientale d'Afrique, elles sont souvent très-grandes. La limite, au N. de laquelle règne ce courant portant vers la partie de l'O., est naturellement celle que nous avons donnée au § 56, comme étant celle dans le S. de laquelle règne, à la même époque, le contre-courant équatorial portant vers la partie de l'Est.

La vitesse du courant de la mer d'Oman est variable et dépend surtout de la force des vents régnants. Le tableau suivant indique d'ailleurs les directions et les vitesses moyennes sur lesquelles on pourra généralement compter.

LATITUDES.	NOMBRE DE MILLES DONT LE COURANT DE LA MER D'OMAN PORTE VERS LA PARTIE DE L'OUEST, PAR 24 HEURES, PENDANT LA MOUSSON DE N.E., D'OCTOBRE EN AVRIL.													
	Entre 43° et 48°E.		Entre 48° et 53°E.		Entre 53° et 58°E.		Entre 58° et 63°E.		Entre 63° et 68°E.		Entre 68° et 73°E.		Entre 73° et 78°E.	
	Direction	Vitesse	Direction	Vitesse	Direction	Vitesse	Direction	Vitesse	Direction	Vitesse	Direction	Vitesse	Direction	Vitesse
		milles		milles		milles		milles		milles		milles		milles
Entre 20°N. et 16°N.	....	....	....	....	S.S.O.	24	S.O.	24 à 36	S.O.	12 à 24	....	....	....	....
Entre 16°N. et 14°N.	....	....	....	....	S.O.	18 à 42	O.S.O.	12 à 30	S.O.	12 à 18	....	....	....	....
Entre 14°N. et 12°N.	....	....	O.	12 à 24	O.S.O.	18 à 30	O.S.O.	12 à 30	S.O.	12 à 30	....	....	....	....
Entre 12°N. et 10°N.	....	....	O.	18 à 54	O.S.O.	18 à 36	O.S.O.	24	O.S.O.	30	....	....	....	....
Entre 10°N. et 8°N..	....	....	S.O.	18 à 48	O.	30 à 36	O.	12 à 42	O.	18 à 30	....	....	....	....
Entre 8°N. et 4°N..	....	....	S.O.	24 à 42	O.S.O.	30 à 48	O.	18 à 30	O.	30	O.	18 à 42	O.	18 à 60
Entre 4°N. et 0°....	S.O.	12 à 60	S.O.	24 à 60	O.S.O.	18	O.S.O.	18 à 30	O.	18 à 42	O.	42	O.N.O.	30 à 48
Entre 0° et 3°S......	S.O.	36 à 72	O.S.O.	18 à 60	....	....	....	....	....	....	....	....	....	....

§ 66. — Courants du golfe Persique.

Les courants du golfe Persique sont peu connus. Indépendamment des courants de marées, on pourra seulement s'attendre à des courants portant sous le vent, lorsque les vents de N.O., de N.E. ou de S.E. souffleront. Quand la force de ces vents sera apaisée, on éprouvera quelquefois un contre-courant, portant en sens inverse du mouvement des eaux que le vent précédemment régnant avait d'abord produit.

De mai en septembre, sur la côte d'Arabie, particulièrement auprès de Mascate, le courant porte généralement vers le N.O., avec une vitesse atteignant 30 et 40 milles par 24 heures, lorsque les courants de marées ne sont pas sensibles. Pendant l'autre saison, d'octobre en avril, les courants portent fréquemment au N.O., en se dirigeant vers le détroit d'Ormuz; toutefois, on trouve ordinairement un courant portant au S.E., au large de Mascate, se dirigeant vers Ras-al-Hed.

§ 67. — Courants de la côte Ouest d'Hindoustan (1).

1° *Pendant la mousson de N.E.*

Pendant la mousson de N.E., le courant porte avec force au S.O., autour de la côte S. de Ceylan, et sa vitesse atteint parfois de 50 à 60 milles par jour. En même temps, une partie des eaux qui viennent du golfe du Bengale et qui entrent dans la baie de Palk, continuent leur course vers le S.O., passent la ligne des récifs appelée « Pont-d'Adam » et sortent du golfe de Manar, en se dirigeant toujours vers le S.O., avec une force qui est surtout grande (de 1 à 2 nœuds) au large de la côte O. de Ceylan. Quelquefois, le courant passant dans le S. du cap Comorin remonte la côte, *en janvier*, portant au N.O. jusque vers le parallèle d'Anjengo (8°40'N. environ).

A la même époque, et *sur la côte de Malabar*, il n'y a pas de courant dominant du milieu d'octobre en février, quoique cependant l'on trouve souvent, à quelque distance au large, un courant de 1 nœud environ portant au N.O. Mais, à partir de février, les vents de N.O. qui commencent alors donnent un courant portant au S. Ce

(1) Les indications contenues dans ce paragraphe, et dans les cinq paragraphes suivants, sont traduites d'après les instructions du commander TAYLOR.

courant est sensible, surtout devant le mont Dilly, et il augmente de force, en mars et avril, portant toujours vers le S., avec les vents frais de la partie du N.O. En mai, époque des vents variables, le courant est nul, ou faible, sur la côte ; toutefois, il est bien entendu qui si les vents tournent au S. frais, les courants s'établissent portant au Nord.

Dans le N. de Bombay, sur la partie de côte comprise entre le cap Diu et le golfe de Kutch (côte de Katiawar), on peut généralement s'attendre, en novembre et décembre, à un courant portant au N.O., avec une vitesse de 1 nœud à 1ⁿ,5 : ce courant n'est cependant point régulier et il arrive qu'on en trouve un opposé. Du milieu de janvier à la fin de mars, il n'y a pas de courant bien défini ; mais, de la fin de mars au commencement de mai, le courant porte souvent au S.E., avec une vitesse de 12 à 20 milles par jour.

Entre les îles Laquedives et Socotora, de décembre en mars et parfois même en avril, le courant porte à l'O.S.O., ainsi que nous l'avons indiqué au § 65. En mars et avril, auprès et à l'O. des Laquedives, il porte encore au S. et au S.O., avec la mousson de N.E.

2° Pendant la mousson de S.O.

Pendant la mousson de S.O., le courant porte vers le N. dans le golfe de Manar, avec une vitesse de 12 à 30 milles par 24 heures ; il traverse la ligne de récifs appelée « Pont-d'Adam » et pénètre dans la baie de Palk. En même temps, et le long de la côte S. de Ceylan, le courant porte vers l'E., avec une vitesse de 48 à 78 milles par 24 heures.

En mai et juin, dans les parages de Bombay, on peut trouver, avec les vents de S., des courants portant au N., qui augmentent la force du flot, entrant dans le golfe de Cambaye ; mais le jusant porte presque toujours vers le S., dans ce golfe et devant Bombay.

En tous cas, à partir de juin ou du commencement de juillet, le courant porte très-généralement *vers le S.*, le long de toute la côte, *depuis le golfe de Cambaye jusqu'au cap Comorin.* Ce courant, en quelque sorte permanent, est beaucoup plus fort naturellement pendant le jusant et à l'embouchure des rivières, telles que celle de Bombay, où il atteint alors une vitesse de 2 nœuds. A une distance de plus de 20 milles de la côte, la vitesse moyenne du courant portant vers le S. est seulement de 30 milles par jour environ ; mais, à petite distance de terre, elle est plus forte. Ainsi, entre Bombay et Mangalore, la vitesse varie de 1 à 2 milles ; et de Cochin à Comorin, elle atteint quelquefois 3 milles. Ce courant dure jusqu'au commencement d'octobre.

Entre le cap Diu et le golfe de Kutch (côte de Katiawar), le courant porte avec force au S.E., à raison de 30 milles environ par 24 heures. On observe aussi généralement le même courant, au large de la côte du Sindh.

Dans l'O. des îles Laquedives et Maldives, le courant porte généralement vers l'E. de mai en septembre. Le moment de la plus grande force est en juillet et août, où la vitesse atteint 15 à 20 milles par jour. En septembre et octobre, il porte vers le S., et n'a plus beaucoup de force.

§ 68. — Courants dans les îles Chagos et Seychelles.

Dans les parages de ces archipels, la direction des courants dépend généralement de celle des vents régnants. Ainsi, *en juin, juillet, août et septembre*, ils portent généralement vers l'O., dépendant un peu du N. ou du S. *En octobre, en novembre et au commencement de décembre*, ils sont très-variables. *Du milieu de décembre au milieu d'avril*, ils portent généralement vers l'E., poussés par la mousson de N.O. *Du milieu d'avril au commencement de juin*, ils sont de nouveau variables.

§ 69. — Courants du chenal Equatorial (ou chenal Suadiva).

Dans le chenal équatorial, les courants sont généralement très-forts ; et ils portent alternativement, pendant chaque moitié de l'année, à l'O. et à l'E., suivant la mousson régnante. Pendant les périodes intermédiaires, où règnent des vents variables, les courants sont incertains. Ainsi, *de janvier en mai*, le courant porte à l'O., avec une vitesse très-variable. *Depuis le courant de juin jusqu'à la fin de décembre*, il porte ordinairement vers l'E.; et sa vitesse atteint parfois de 50 à 60 milles, et même 72 milles par jour. Toutefois, en juillet et en août, c'est-à-dire à l'époque où les alizés de S.E. soufflent souvent jusque vers l'équateur, on a observé un courant portant à l'O.

entre Ad-du-Atoll (ou Atoll-Adou) et Phua Moluk (ou Phouwa-Moloku), ce qui témoigne bien de l'influence prépondérante que les vents exercent sur la direction des courants.

§ 70. — Courants dans les îles Maldives.

Il est impossible de décrire sûrement les courants qui peuvent régner dans les nombreux passages existant au milieu de ces îles. Les observations qui ont été faites ne portent que sur une fraction trop faible de l'année ; de plus, les marées régulières qui se produisent dans ce groupe donnent naissance à des courants dont les effets se combinent avec ceux des courants généraux de manière à rendre très-difficile l'appréciation de la valeur de ces derniers. En règle générale, on peut admettre que, *de juin en septembre,* les courants portent à l'E. Puis, *de septembre en décembre,* le courant porte vers le S., dans les régions situées à l'O. de la chaîne d'îles. *De la fin de décembre jusqu'en avril,* le courant porte vers l'O. : sa vitesse est grande, dans le chenal Cardiva et dans les passages situés plus au S. jusqu'à l'équateur ; mais il ne s'étend aussi loin dans le S. que Ad-du-Atoll, seulement que de la mi-janvier à la mi-février. *En mai,* les courants sont variables et incertains, jusqu'à ce que la mousson de S.O. s'établisse.

§ 71. — Courants dans les environs de Minicoy.

En janvier et février, les eaux passant dans le S. de Ceylan portent vers l'O. jusqu'à ce qu'elles rencontrent la chaîne des Maldives. Elles rebroussent alors leur course au N. vers Minicoy ; puis elles portent au N.E., à l'E. et enfin au S.E., formant une sorte de tourbillon dans l'E. de Minicoy. *En avril et en mai,* le courant est variable ; toutefois, il porte généralement vers le S., avec les vents de N. qui dominent pendant ces mois. *A partir du mois de mai,* époque à laquelle la mousson de S.O. s'établit, on éprouve un courant d'eau relativement fraîche portant vers l'E. : ce mouvement des eaux est d'ailleurs la continuation du courant de dérive que cause la mousson de S.E., régnant alors au S. de la Ligne. *En août*, toujours dans les environs de Minicoy, le courant porte à l'E.S.E. ; *en sep-*

tembre, au S.E.; enfin, *en octobre, novembre et décembre*, entre le S.E. et le Sud.

§ 72. — Courants dans les îles Laquedives.

Dans l'archipel des Laquedives, les courants sont très-faibles, *pendant la mousson de N.E.;* ils portent alors sous le vent, et ils ont pour résultat général d'augmenter la force et la durée du courant de jusant, tandis que celui de flot est réduit à une heure ou deux seulement. On constate quelquefois un courant portant vers la partie du N., lorsque les brises sont légères et variables, particulièrement à la suite des vents de N. qui dominent pendant deux ou trois jours de suite, durant la mousson de N.E., ou plutôt à cette époque où les vents de N.O. sont dominants sur la côte de Malabar, en même temps qu'un fil de courant dirigé vers le S. descend le long de cette même côte.

De juin en septembre, le courant porte vers l'E., avec une vitesse parfois considérable. La direction de ce courant varie graduellement : elle est à l'E.$^1/_4$ S.E., en juillet ; et au S.E. en octobre. Après ce mois, comme nous l'avons dit, les courants sont de nouveau très-faibles et variables, selon la direction des vents.

§ 73. — Courants du golfe de Manar.

Pendant la mousson de N.E., les courants sont incertains dans le golfe de Manar et au large de Colombo. Toutefois, on admet qu'ils portent généralement vers le S.O., avec une vitesse de 18 à 20 milles, et parfois même de 30 milles par jour. *Pendant la mousson de S.O.*, le courant porte vers le N.E., dans le golfe, avec une vitesse de $0^m,5$ à l'heure en moyenne. Aux époques intermédiaires, qui séparent les moussons l'une de l'autre, les courants sont très-variables en force et en direction.

§ 74. — Courants sur les côtes de Ceylan.

Pendant la mousson de N.E., et particulièrement en octobre et novembre, le courant porte avec force au S., le long de la côte

E. de l'île; puis, il contourne la côte S., en portant vers l'O.; et enfin, continuant à porter vers la partie de l'O., un fil de courant tend à remonter la côte O. quelquefois jusqu'à Colombo, en portant au N.N.O. ou à l'O.N.O. Ce courant, remontant vers la partie du N.O., le long de la côte O. de Ceylan, n'est pas constant; plusieurs auteurs indiquent que ce courant a été observé particulièrement après une série de vents frais de N.E.; d'ailleurs, durant cette saison, et à quelque distance au large de la côte O. de Ceylan, on trouve ordinairement le courant portant vers l'E.S.E., formé par un remous qui vient de la côte de Malabar et qui se dirige en mollissant vers la pointe S. de Ceylan, où il rencontre le fort courant portant à l'O. dont nous venons de parler et qui l'annule, en lui barrant le chemin.

La vitesse du courant, portant vers le S., le long de la côte E., varie de 48 à 60 milles par 24 heures, entre 10°N. et 8°N.; et de 60 à 108 milles, entre 8° et 6°N. La vitesse du courant portant vers l'O., le long de la côte S., varie de 30 à 60 milles. La vitesse de la branche de courant venant de la côte de Malabar, et portant vers l'E.S.E., à quelque distance au large de la côte O. de Ceylan, varie de 12 à 24 milles.

Pendant la mousson de S.O., la régularité des courants, sur les côtes de Ceylan, est beaucoup moindre. Ce n'est même que, sur la côte S. de cette île, qu'on peut affirmer que le mouvement des eaux est sûrement et fortement accusé, portant vers l'E. avec une vitesse qui varie ordinairement entre 48 et 78 milles par 24 heures.

A petite distance de la côte O., les courants sont variables. Mais, en allant plus loin au large de cette côte, un peu à l'O. de la ligne droite qui joindrait le cap Comorin à la pointe S.O. de Ceylan, on trouve généralement un courant portant au S.E., avec une vitesse de 18 à 24 milles par 24 heures. Sur la côte E., à une distance inférieure à 50 milles, le courant que l'on pourra trouver le plus souvent portera vers le S., avec une vitesse de 1 nœud à l'heure environ; toutefois, dans maintes circonstances, on pourra rencontrer un courant portant au N., ou point de courant du tout. En allant à plus de 50 milles de la côte E. de Ceylan, on trouve le courant général du Bengale portant généralement vers la partie du N.E.

§ 75. — Courants auprès des récifs « Great Bassas » et « Little Bassas » (Côte S.E. de Ceylan).

(1) « Sur la côte S.E. de Ceylan, la vitesse des courants paraît dépendre de la force du vent ; et la direction comme la force du mouvement des eaux auprès des Basses, est très-variable. Il est impossible d'en tenir sûrement compte, et le seul moyen d'éviter tout danger est de donner beaucoup de tour à ces récifs, malgré la grande perte de temps qui pourrait en résulter. Actuellement, le phare de la Grande-Basse et le bateau-feu de la Petite-Basse facilitent beaucoup la navigation, de sorte qu'avec une bonne carte, à bord d'un navire à vapeur, on peut raccourcir sensiblement sa route, en passant en dedans des Basses. De novembre en avril, les courants portent constamment au S.O. De juin en septembre, époque de la mousson de S.O., ils portent à l'E., auprès de la Grande-Basse ; à la même époque, il arrive quelquefois que le bateau-feu de la Petite-Basse évite sous l'action d'un courant portant au S. qui se fait sentir particulièrement, en mousson de S.O., entre la Pointe-Pedro et Trinquemaley.

» En dedans de la Petite-Basse, on a trouvé quelquefois un courant de marée portant au vent, quoique la force du vent fût en même temps assez grande pour tenir le navire complétement couché ; mais cela n'a jamais duré plus de deux heures environ. On ne l'a jamais éprouvé à la Grande-Basse ; il ne s'est fait sentir que rarement aussi loin dans l'O. que par le travers de Potana ; enfin, la plus grande vitesse observée auprès de la Petite-Basse a été de 3/4 de nœud à l'heure. »

Nous compléterons ces indications, en donnant la traduction des observations du captain W. J. S. Pullen, qui a fait l'hydrographie de ces parages, pendant les mois de mai, juin et juillet.

« *En mai, juin et juillet*, auprès des Grandes et des Petites-Basses, les courants sont remarquables par leur vitesse et leur irrégularité. Sur la ligne joignant ces deux récifs et entre eux, c'est-à-dire à une distance de 6 milles de terre environ, pendant la mousson de S.O., le courant porte au N.E. le long de la côte, avec une vitesse

(1) Traduction des *Instructions* de TAYLOR.

de 1 à 2 nœuds à l'heure ; il ne dévie guère de cette direction que dans le voisinage immédiat des récifs ; quant à la vitesse, elle semble dépendre de la force du vent et par suite elle est très-variable.

» *Vers la fin de juillet*, me rendant de Galles à la Grande-Basse, je donnai la route en supposant que le courant me porterait de 10 milles dans l'E. Malgré cette précaution, je fus drossé en dehors de la ligne des Basses ; de sorte qu'au point du jour, au lieu de les avoir en vue, je m'en trouvais à 10 milles au moins dans le S.E. J'avais donc trouvé un courant de 26 milles en 14 heures, soit de $1^{n},8$ à l'heure, portant au S.$^{1}/_{4}$S.E. D'ailleurs, un tel courant n'est pas le plus fort qu'on puisse trouver dans cet endroit et ailleurs, dans ces parages. Ainsi, à mi-distance entre la Grande et la Petite-Basse, on a constaté un courant de 2 nœuds 1/2, portant à l'E.$^{1}/_{4}$N.E.

» A mi-distance entre la ligne qui joindrait les deux récifs et la terre, le courant tend à porter davantage vers la partie du N., et sa vitesse diminue en se rapprochant de terre. On trouve même presque toujours, le long de la côte, un remous de courant portant en sens inverse, c'est-à-dire vers le S.O., avec une vitesse de $0^{n},5$ à l'heure.

» Entre Pointe-de-Galles et les Basses, le courant suit la direction de la côte, avec une vitesse variable, suivant les époques et sans aucune cause apparente, de 1 nœud à 2 nœuds à l'heure, atteignant même, dit-on, 4 nœuds quelquefois. Dans le N. de la Petite-Basse, auprès de la côte E. de Ceylan, on observe un courant marqué portant vers le S., dont la vitesse est de près de 1 nœud à l'heure, et peut même atteindre 2 nœuds auprès de Trinquemaley. »

§ 76. — Courants de la baie du Bengale.

1° *Pendant la mousson de S.O.*

En avril, le mouvement général des eaux est dirigé vers le N. et le N.E. C'est *en avril et en mai* qu'il atteint sa plus grande vitesse variable de 10 à 20 milles par jour.

Dans le milieu du golfe, en mars et avril, le courant est faible et variable. Entre la côte de Coromandel et les Nicobar, de même qu'à l'entrée du détroit de Malacca, il porte souvent au S.O. Dans la partie N. de la baie, il est souvent dirigé vers le S., en mars ; et vers le N. en avril. Dans la partie E. du golfe et auprès du détroit de Malacca, le courant porte souvent vers la partie du S., de même que cela arrive à la même époque auprès de la côte de Malabar.

Le tableau suivant indique les directions et les vitesses moyennes, sur lesquelles on pourra compter. Toutefois, il est bien entendu que l'on devra toujours se tenir en garde contre les irrégularités et les variations assez fréquentes des courants dans ces parages, selon l'époque de la mousson à laquelle on se trouve et d'après les vents régnants.

LATITUDES.	NOMBRE DE MILLES dont le courant du golfe du Bengale porte vers la partie de l'Est, par 24 heures, pendant la mousson de S.O., d'Avril en Octobre.							
	Entre 78° et 83°E.		Entre 83° et 88°E.		Entre 88° et 93°E.		Entre 93° et 98°E.	
	Direction	Vitesse milles	Direction	Vitesse milles	Direction	Vitesse milles	Direction	Vitesse milles
Entre 18°N. et 16°N..	N.E.	18 à 42	N.E.	36	....	....	....	....
Entre 16°N. et 14°N..	N.N.E.	30 à 54	E.N.E.	24 à 42	S.E.	12 à 30	E.N.E.	12 à 30
Entre 14°N. et 12°N..	N.N.E.	30	E.N.E.	18 à 40	E.	12 à 30	N.E.	12 à 30
Entre 12°N. et 10°N..	N.E.	12 à 36	E.N.E.	12 à 40	E.N.E.	12 à 30	N.E.	10 à 30
Entre 10°N. et 8°N...	E.S.E.	18 à 60	N.E.	42	E.N.E.	30	E.N.E.	10 à 30
Entre 8°N. et 6°N.....	E.	24 à 78	N.E.	42 à 72	E.N.E.	30	E.S.E.	18 à 48
Entre 6°N. et 4°N.....	E.	18 à 78	E.N.E.	30 à 72	E.	30	....	....
Entre 4°N. et 2°N.....	E.	36	E.	18 à 30	E.	18 à 24	....	....
Entre 2°N. et l'équat^{r}.	E.	18 à 60	E.	48 à 54	E.	12 à 24	....	....
Entre l'équat^{r} et 3°S.	E.	36	E.	48 à 72	E.	18 à 42	....	....

2° *Pendant la mousson de N.E.*

Avant le 15 octobre, le courant est variable portant soit au S.S.O., soit au N.O. ou vers toute autre direction intermédiaire. *Vers le milieu d'octobre,* ou dans les premiers jours de novembre, à une distance de 40 à 50 lieues des côtes et dans la partie centrale du golfe, le courant commence à porter régulièrement vers la partie du S.O., en même temps que la mousson de N.E. s'établit avec toute sa force. *En janvier*, ce courant vers le S.O. mollit. *En février*, le courant cesse généralement au milieu du golfe ; il en est peut-être de même sur les côtes, où l'on peut cependant s'attendre à le trouver portant vers le N., ou vers le N.O., lorsqu'il n'est pas nul.

Le tableau suivant indique les directions et les vitesses sur lesquelles on pourra compter. Il convient d'ailleurs de faire les mêmes réserves, pour ce tableau, que pour celui de la mousson précédente, relativement aux irrégularités qui pourront se présenter en désaccord avec les indications générales que nous donnons.

LATITUDES.	NOMBRE DE MILLES dont le courant du golfe du Bengale porte vers la partie de l'Ouest, par 24 heures, pendant la mousson de N.E., d'Octobre en Avril.							
	Entre 78° et 83°E.		Entre 83° et 88°E.		Entre 88° et 93°E.		Entre 93° et 98°E.	
	Direction	Vitesse milles	Direction	Vitesse milles	Direction	Vitesse milles	Direction	Vitesse milles
Entre 18°N. et 16°N...	S.O.	18 à 24	S.O.	18 à 30	N.O.	10 à 30	N.N.O.	10 à 30
Entre 16°N. et 14°N...	S.O.	12 à 24	O.S.O.	18 à 30	N.O.	10 à 30	N.N.O.	10 à 30
Entre 14°N. et 12°N...	S.S.O.	12 à 30	O.S.O.	18	N.O.	10 à 30	N.N.O.	10 à 30
Entre 12°N. et 10°N...	S.S.O.	18 à 30	O.S.O.	18 à 24	O.	12 à 18	N.N.O.	10 à 30
Entre 10°N. et 8°N....	S.	30 à 60	O.S.O.	18 à 54	O.	12 à 18	N.O.	12 à 24
Entre 8°N. et 6°N......	S.S.O.	40 à 108	O.S.O.	18 à 42	O.	18 à 54	N.O.	24 à 48
Entre 6°N. et 4°N.....	O.	12 à 60	O.	12 à 48	O.	24 à 54	....	....
Entre 4°N. et 2°N......	O.	18 à 60	O.	18	O.S.O.	12 à 24	S.E.	24
Entre 2°N. et l'équat^r.	O.	18 à 42	O.	18 à 48	S.O.	24	S.E.	30
Entre l'équat^r et 3°S..	O.N.O.	24 à 42	O.S.O.	24 à 42	E.S.E.	30 à 54	....	....

§ 77. — **Courants de la côte Ouest (Coromandel) du golfe du Bengale.**

Pendant la mousson de S.O., le courant remonte généralement vers le N.N.E., en suivant les côtes de Coromandel, de Golconde et d'Orixa. Il commence, ordinairement, dans le courant de mars, à porter ainsi vers la partie du N.; et sa vitesse augmente en avril et en mai, époque à laquelle les vents dominants de S. soufflent avec une grande régularité. Après le mois de mai, le courant portant au N. mollit, ou même devient nul quelquefois; il cesse presque toujours en août ou septembre; cependant, il peut arriver qu'il persiste jusque vers le milieu d'octobre. Sur toute cette côte, de Ceylan à Balasore, la direction du courant varie entre le N. et le N.E., allant même quelquefois à l'E.N.E.: sa vitesse varie de 0",5 à 2 nœuds environ.

En août, la masse des eaux fournies par le Gange est considérable, et elle s'étend au large. Son action modifie celle du courant général portant vers la partie du N., et ce dernier courant se trouve parfois affaibli ou annulé.

Pendant la mousson de N.E., le courant descend généralement vers le S.S.O., en suivant la côte O. du golfe. Vers le milieu d'octobre, il commence à s'établir, en portant vers cette direction. En novembre, décembre et janvier, sa vitesse varie de 1 nœud à 3 nœuds; elle va généralement en augmentant depuis le milieu d'octobre jusqu'au milieu de janvier, quoiqu'elle soit toujours variable et qu'elle dépende notablement de la force des vents régnants. En mars, le courant porte encore vers la partie du S., en temps ordinaire; cependant ce mois correspond à l'époque où l'on commence à éprouver les premiers effets du reversement du courant vers le Nord.

§ 78. — **Courants de la côte Est du golfe du Bengale.**

Pendant la mousson de S.O., au large des côtes de Chittagong et d'Aracan, le courant porte le plus souvent vers le N.E.; toutefois, on a souvent constaté aussi des courants dirigés vers l'O. ou le S.O. Sur la côte de Pégu, dans le N. du cap Negrais, le courant descend généralement vers le S., le long de terre; il contourne le cap Negrais, puis se dirige à l'E. et au N.E., vers le fond du golfe de Martaban.

Dans l'espace compris entre la chaîne des îles Andaman et Nicobar d'un côté, et la côte de Tenasserim de l'autre, la masse des eaux se dirige vers le N.N.E. et le N.E.; toutefois, en approchant de la côte de Tenasserim et de la presqu'île Malaye, les eaux rebroussent leur course et se portent ordinairement vers le S., en descendant la côte depuis l'île Tavoy et l'archipel Mergui jusque dans le détroit de Malacca. Entre la Grande-Nicobar et Pulo-Brasse, le courant porte généralement à l'Est.

Pendant la mousson de N.E., la masse des eaux du détroit de Malacca se porte, en grand, vers le N.N.O. et le N.O., remontant les côtes de Tenasserim, de Pégu, d'Aracan et de Chittagong. Dans le voisinage des Andaman, le courant porte vers le N.O.; auprès des Nicobar, il porte à l'O.N.O. et à l'O.; entre les Nicobar et l'île Junkseylon, le courant porte entre l'O.N.O. et le N., et vers une direction d'autant plus N. qu'on se rapproche davantage de la côte de Tenasserim ; sa vitesse est grande dans ces parages. Entre Achem et les Nicobar, le courant porte à l'O. ou au N.O., avec une vitesse de 18 à 54 milles par 24 heures.

Entre Chittagong et le cap Negrais, les courants ne sont généralement pas forts, en aucune saison. Dans le fond du golfe, auprès de Chittagong, pendant la mousson de S.O., le courant porte vers le N.E.; et au contraire, durant la mousson de N.E., il porte souvent vers le S.O.; toutefois, vers le mois de décembre, on ne ressent généralement pas d'autre courant que celui des marées, dont l'effet se fait d'ailleurs sentir pendant la plus grande partie de l'année.

§ 79. — Courants du détroit de Malacca.

Pendant la mousson de S.O., la masse des eaux située dans le S.O. des Nicobar et de Pulo-Brasse est animée d'un mouvement vers le N.E. et l'E., marchant vers l'entrée du détroit de Malacca, avec une vitesse souvent supérieure à 1 nœud à l'heure. Néanmoins, il arrive quelquefois que l'on trouve un courant portant au S., particulièrement lorsque la brise est faible et variable à l'O. A cette époque, en même temps que le courant porte au N.E., entre la Grande-Nicobar et Pulo-Brasse, on éprouve généralement, le long de la côte de Pedir, un contre-courant portant à l'O., qui continue à suivre cette direction entre les îles d'Achem. Par suite de l'existence de ce contre-courant, les navires qui sortent du détroit de Malacca, pendant la mousson de S.O., et qui se rendent dans l'O., doivent, d'après Horsburgh, se tenir auprès de la côte de Pedir; et, après avoir atteint Achem, ils peuvent prendre le passage de Surate, si le temps est très-favorable, ou plutôt ils doivent passer par le chenal du Bengale, en contournant de près les îlots au large de l'extrémité N. de Pulo-Brasse; ils profitent ensuite des variations du vent pour s'élever dans le S.O.

Pendant la mousson de N.E., lorsqu'elle est bien établie, le courant porte généralement à l'O., en sortant du détroit. En dehors des îles d'Achem, ainsi qu'entre ces îles et les Nicobar, le courant se dirige un peu vers le S., quand les vents hâlent le N.; et il porte ordinairement au N.E., vers le détroit, lorsque les vents hâlent l'O. ou le S.O. La direction et la vitesse du courant dépendent donc généralement des vents dominants; mais il n'en est pas toujours ainsi, et il faut grandement se défier des irrégularités possibles des courants.

Au milieu du détroit, pendant les deux moussons, depuis les îles Arroa (2°56'N. environ) jusqu'à Pulo-Rondo (6°04'N.) et Junkseylon (8°N. environ), les courants portent ordinairement au N.; mais, *le long de la côte Malaye, pendant la mousson de N.E.*, les courants portent quelquefois au Sud.

A l'entrée du détroit, entre la côte de Pedir, Pulo-Bouton et Junkseylon, pendant presque toute l'année, les courants portent au N.; *mais, auprès de la côte Malaye* et entre les îles voisines, on trouve ordinairement des courants de marées réguliers.

Auprès de la côte de Pedir (côte N. de Sumatra), de la pointe Diamant à Achem, on a, *pendant la mousson de S.O.*, des courants portant vers l'O., en dehors du détroit; et, en même temps, *à l'entrée du détroit*, *entre Pulo-Rondo et Junkseylon,* ils portent vers le N., comme nous venons de le dire précédemment. *Auprès de la côte N.E. de Sumatra,* dans le S.E. de la pointe Diamant et à petite distance de terre, on trouve généralement des courants de marées.

Auprès des îles Arroa (2°56'N. environ), les courants portent souvent avec force au N.O.; quelquefois ils sont étales; ou bien on a un flot faible portant au S.E. *Entre les îles Arroa et les îles*

Carimon (1°N. environ), les courants de marées sont réguliers d'un côté à l'autre du détroit : le jusant portant au N.O., avec plus de vitesse et plus de durée que le flot ; ce dernier courant porte vers le S.E. jusqu'aux Carimon. *Entre l'extrémité N. de la Petite-Carimon et l'île Tree,* le courant de flot du détroit de Malacca, portant au S.E., rencontre le courant de flot qui vient de la mer de Chine par le détroit de Singapour : leurs eaux réunies se dirigent alors au S., vers le détroit de Durian.

A l'entrée du détroit, près des Nicobar et des îles d'Achem, ainsi qu'entre ces îles et Junkseylon, on rencontre quelquefois de *très-forts clapotis, surtout pendant la mousson de S.O.* Ainsi, avec un temps calme, par exemple, on voit les clapotis venir de loin ; et, pendant la nuit, on les entend bien longtemps avant qu'ils aient atteint le navire. Ils viennent battre très-fortement contre les flancs du navire, en produisant des embruns qui peuvent rejaillir jusque sur le pont ; puis ils continuent leur mouvement : un petit canot aurait quelquefois de la peine à résister à ces clapotis extraordinaires.

§ 80. — Courants de la côte Ouest de Sumatra.

Le long de la côte O. de Sumatra, les courants sont généralement modérés, atteignant des vitesses de 12 à 18 milles par jour. Leur direction, de même que celle des vents, est très-variable ; toutefois, ils portent le plus souvent vers le S. ou le S.E., et rarement au N., quelle que soit la saison. Ils ne portent guère vers le N. que dans le S. de la Ligne, et lorsque les brises de S. soufflent très-fraîches.

Après le mois d'août, dans le voisinage d'Achem, et le long de la côte O. de Sumatra, aussi bien qu'auprès de la côte S. de Java, le courant porte généralement, vers la partie de l'E., avec une force relativement grande. *Après le mois de décembre*, une partie du courant portant à l'O., en sortant du détroit de Malacca, contourne fréquemment la pointe N.O. de Sumatra, près de Pulo-Brasse, et descend ensuite la côte O. de Sumatra, en se dirigeant vers le S. ou le S.E.

Quand les vents de N.O. dominent, le courant porte au S.E. ; et, comme nous l'avons déjà dit, il suit généralement cette direction, auprès de terre, dans les deux moussons, surtout au N. de l'équateur.

Dans l'hémisphère N., quand le courant porte vers le S., en dedans des îles, on trouve souvent un courant inverse portant au N., au large et à grande distance de ces îles.

En octobre, novembre et décembre, il est généralement très-difficile de s'élever au N., surtout depuis l'équateur jusqu'à la Tête-d'Achem, à cause des petites brises de N.O. et des courants portant au S. qui règnent alors à une grande distance au large. Ces courants portant au S., ou au S.O., se rencontrent principalement dans les canaux qui séparent les grandes îles d'en dehors.

Entre Analaboo et la Tête-d'Achem, en juin et juillet, on a trouvé quelquefois un courant portant au N.O., avec une vitesse de 20 à 30 milles par 24 heures.

Au S. de l'équateur, lorsque les vents de S. soufflent avec violence, ce qui arrive parfois entre juin et octobre, on peut éprouver un peu de courant portant vers le N. Dans ce cas, il est assez difficile de s'élever vers le S., le long de la côte.

Les marées ne sont que de $0^m,60$ à $0^m,90$ sur cette côte. Dans le voisinage de l'équateur, l'heure du plein aux syzygies est 6 heures. Le ressac est très-fort, surtout pendant la mousson de S.E. et à l'époque des grandes marées.

§ 81. — Courants du détroit de la Sonde.

Il semble qu'on peut s'attendre, dans le détroit de la Sonde, à des courants portant vers l'E., de janvier en avril ; et vers la direction opposée, pendant le reste de l'année. Leur vitesse atteint parfois $3^n,5$ à l'heure.

§ 82. — Glaces flottantes, dans l'Océan Indien.

Entre le cap de Bonne-Espérance et l'Australie, on ne peut pas désigner de parallèle sur lequel on ait la certitude de ne pas rencontrer de glace flottante, en faisant route à l'E. *Au N. de 52°S.*, on ne peut pas dire qu'en gouvernant sur un parallèle moins élevé on trouvera moins de glaces; rien ne le prouve : une année on en signale beaucoup sur un parallèle; l'année suivante, c'est sur un autre. Mais, *si l'on dépasse 52°S.*, il est dûment prouvé que l'on augmente beaucoup les chances de rencontrer des glaces. Il est donc prudent de *ne pas aller plus S. que 51°*, quand on est destiné à l'Australie et au Pacifique.

Entre les méridiens de 72° et 82°O., il paraît y avoir généralement plus de glaces entre 56° et 58°S., que plus loin dans le S. de 58°. Cette observation cesse d'être exacte dans l'E. du méridien de 72°Ouest.

Dans l'Atlantique S., l'espace compris entre les parallèles de 40° et de 50°S., depuis le méridien de 32°O. jusqu'à celui de 7°O., est plus particulièrement envahi par les glaces flottantes.

La période comprise *de septembre en avril* est celle où l'on a le plus de chances de rencontrer des glaces ; les mois de mai, juin, juillet et août sont ceux où l'on sera le moins exposé à en trouver, ce qui ne devra pas empêcher de veiller très-attentivement à cette époque. Les chances de rencontres de glaces sont trois fois plus grandes, de septembre en mai, que durant les mois de juin, juillet et août.

Comme nous venons de le dire, les glaces sont le plus abondantes pendant l'été austral : circonstance fort heureuse d'ailleurs, puisque alors les nuits sont moins longues. Sur 550 observations de glaces, près de la moitié ont été vues en novembre, décembre et janvier, tandis qu'il n'y en a eu que 5 en juin et 3 en juillet. Le cinquième des glaces de l'année est observé dans le seul mois de décembre. Il y a plus de glaces de janvier en avril, que d'août à novembre ; ainsi le nombre de glaces en mars et avril, comparé au nombre de septembre et octobre, est dans le rapport d'environ 5 à 3.

Nous donnons ci-après un tableau indiquant les limites *moyennes* auxquelles parviennent généralement les glaces flottantes, dans chaque saison. Lorsqu'on atteindra ces limites, et surtout quand on les dépassera dans le S., il faudra considérer les rencontres de glaces comme naturelles, sinon comme très-probables. Il est bien entendu d'ailleurs qu'on sera toujours exposé à rencontrer des glaces, alors même qu'on sera bien loin dans le N. de ces limites, ainsi que nous l'indiquerons plus loin.

SAISONS.	Tableau indiquant les latitudes auxquelles les Glaces flottantes parviennent généralement sur chacun des méridiens de :														
	18°E.	28°E.	38°E.	48°E.	58°E.	68°E.	78°E.	88°E.	98°E.	108°E.	118°E.	128°E.	138°E.	148°E.	158°E.
	Lat. S.	Lat. S.	Lat. S.	Lat. S	Lat. S.	Lat. S.	Lat. S.	Lat. S.	Lat. S.	Lat. S.	Lat. S.	Lat. S.	Lat. S.	Lat. S.	Lat. S.
En Janvier, Février et Mars.............	48°	46°	45°	44°	45°	47°	47°	48°	48°	47°	44°	44°	48°	54°	54°
En Avril, Mai et Juin.	47	45	45	44	46	53	52	51	51	50	50	52	52	52	52
En Juillet, Août et Septembre	48	45	46	44	45	53	53	51	49	49	50	51	52	52	52
En Octobre, Novemb. et Décembre........	47	42	41	41	42	43	43	43	43	47	50	51	52	52	52

Nous avons dit que les limites indiquées dans le tableau précédent, ne sont que des limites moyennes, *dans le N. desquelles* on sera toujours exposé à trouver des glaces. On verra effectivement, en consultant le tableau suivant, divers exemples de rencontres de glaces, par des latitudes beaucoup plus rapprochées de l'équateur que celles données comme limites ordinaires. Rien ne prouve d'ailleurs qu'à un moment donné, on n'en rencontrera pas par des latitudes encore moins élevées.

MOIS.	ANNÉE	**Tableau indiquant les points les plus rapprochés de l'Équateur où l'on a rencontré des glaces flottantes** DANS CHAQUE MOIS DE L'ANNÉE.		
		LATITUDE Sud.	LONGITUDE à l'Est du méridien de Paris.	*OBSERVATIONS.*
Janvier	1850	34° 50′	16° 10′	Glaçon long de 10 mètres, épais de 30 m., en vue du cap de Bonne-Espérance.
	1850	34 00	18 00	Glaçon vu du cap de Bonne-Espérance.
	1856	45 30	43 10	Nombreuses glaces.
	1856	45 26	43 43	Une grande glace et un glaçon.
	1859	45 08	9 34	Une glace : températre de l'air et de l'eau = 8° centig.
Février	1848	46 00	131 40	Plusieurs glaces.
	1855	47 13	17 40	Plusieurs glaces.
	1856	46 59	9 55	Une glace.
Mars	1840	47 03	8 31	Une glace.
	1856	46 50	0 51	Plusieurs glaces.
	1857	42 30	63 40	Deux grands morceaux de glace.
Avril	1828	35 50	16 30	Groupe de glaces.
	1853	36 00	17 40	Nombreuses glaces.
	1855	43 30	10 40	Nombreuses glaces.
	1855	46 00	24 40	Nombreuses glaces.
	1856	46 00	37 10	Une glace.

MOIS.	ANNÉE	Tableau indiquant les points les plus rapprochés de l'Équateur où l'on a rencontré des glaces flottantes DANS CHAQUE MOIS DE L'ANNÉE.		
		LATITUDE Sud.	LONGITUDE à l'Est du méridien de Paris.	OBSERVATIONS.
Mai	1839	39°30′	14°21′	Une glace.
	1855	45 00	35 20	Une très-grande glace.
	1840	47 17	56 30	Petite glace.
Juin	1856	45 10	46 23	Deux grandes glaces.
	1856	43 38	48 28	Une grande glace : température de l'air et de l'eau = 4° centig.
Juillet	1840	48 41	66 46	Aperçu une glace brisée dans la baie N.O. (Havre Christmas).
	1856	45 00	57 10	Une glace.
Août	1840	40 25	16 40	Une glace haute de 100 mètres, longue de 130 m.
	1840	36 10	11 20	Deux glaces.
Septembre	1840	37 00	10 40	Une glace.
	1840	37 00	12 40	Une glace haute de 130 mètres, longue de 330 m.
	1840	37 30	34 00	Plusieurs glaces.
	1844	37 08	21 40	Quatre glaces hautes de 30 à 60 mètres.
Octobre	1840	36 10	13 41	Deux glaces.
	1840	37 00	9 40	Cinq glaces.
	1856	41 47	34 01	Deux glaces hautes de 70 et de 140 mètres.
	1856	41 00	39 40	Une glace haute de 25 mètres.
Novembre	1840	39 50	31 20	Une glace.
	1854	43 18	5 55	Quatre grandes glaces.
	1856	40 51	41 07	Quatre grandes glaces hautes de 150 à 200 mètres.
	1856	41 00	50 28	Une glace.
Décembre	1789	44 30	42 10	Une glace : le navire est à moitié brisé et presque perdu.
	1840	40 24	26 40	Une grande glace.
	1840	39 24	36 40	Une glace.
	1854	44 00	43 40	Nombreuses glaces.
	1855	43 33	15 50	Deux grandes glaces.

Les indices auxquels on peut reconnaître que l'on approche d'une glace sont : un éclat particulier, ou sorte de clignotement, qui s'aperçoit fréquemment à quelque distance, même par nuit noire. Quand on est tout près de la glace, l'éclat produit peut prendre l'apparence d'un nuage blanc qui s'étendrait au-dessus de la mâture. L'indication la plus certaine est celle fournie par l'abaissement de la température de la mer et par la comparaison de cette température avec celle de l'air; il importe donc de faire observer *fréquemment* la température de l'eau, pour être averti par la chûte du thermomètre. L'amplitude de ce mouvement brusque de baisse atteint quelquefois 2 et même 3 degrés centigrades. Il convient enfin de mentionner le bruit que la mer fait en brisant au pied des grandes glaces; ce bruit pareil à celui des brisants peut souvent s'entendre de fort loin.

Avec des vents portants, il est recommandé de doubler au vent les grandes glaces que l'on rencontre, parce qu'on a ainsi plus de chances d'éviter les glaçons détachés qui dérivent toujours plus vite sous le vent. Ces petits glaçons sont les plus redoutables : ils découvrent à peine au-dessus de l'eau et ne peuvent être aperçus quand la mer moutonne; ils ont souvent une grande épaisseur immergée, et leur rencontre suffirait pour faire de graves voies d'eau.

L'éclat de la glace dont nous avons déjà parlé n'est observé généralement qu'au-dessus des glaçons de grandes dimensions, à surface plus ou moins plane et recouverte de neige. Mais cette apparence lumineuse ne se montre pas au-dessus des glaces à surface raboteuse et de celles qui ont chaviré.

La recommandation qu'on ne saurait trop répéter est de faire bien et constamment veiller. L'homme de vigie doit être souvent relevé. Son œil doit suivre sans cesse *la ligne noire de l'horizon*, devant le navire, dirigeant le regard de gauche à droite, puis de droite à gauche, et ainsi de suite sans s'arrêter. Dès qu'on apercevra une tache blanchâtre, ou seulement une partie un peu claire sur la ligne noire de l'horizon, ce sera une glace. En veillant de cette manière, on sera rarement surpris; au contraire, si l'on regarde à une plus grande hauteur, on risquera d'aborder des glaces que l'on n'aura pas vues. En même temps qu'on aura une vigie dont l'œil ne quittera pas l'horizon, il sera bon d'avoir un autre homme chargé spécialement de veiller les petits glaçons qui ne pourront être généralement aperçus qu'à faible distance.

D'après Scoresby, il peut arriver que l'abaissement de la température de la mer et de l'air annonce l'approche des glaces. Mais il serait très-imprudent de se fier à cet avertissement. Il faut compter avant tout sur la vigilance des hommes chargés de veiller l'horizon et les glaçons à fleur d'eau. Il faut aussi avoir une voilure bien équilibrée et se tenir prêt à manœuvrer de manière à pouvoir venir immédiatement en grand, d'un bord ou de l'autre pour éviter les glaces : cette recommandation est surtout importante la nuit, et par les temps brumeux. En résumé, la baisse du thermomètre annoncera que l'on peut craindre l'approche des glaces ; et quand le thermomètre ne baissera pas, il faudra veiller tout autant, car on pourra en rencontrer sans aucun refroidissement de l'air, ni de l'eau.

SECONDE PARTIE

RENSEIGNEMENTS SUR LES PORTS LES PLUS FRÉQUENTÉS

CHAPITRE Ier.

Côte orientale d'Afrique.

§ 83. — Port-Natal (1).

Au S. du cap Natal, la côte est de hauteur moyenne près de la mer, interrompue par des embouchures de rivières ; et l'on aperçoit, en arrière-plan, de très-hautes montagnes. Les sondes rapportent du sable gris grossier et des pierres.

Au N. du cap Natal, la côte est basse et sablonneuse, avec des broussailles près de la mer. L'aspect de l'intérieur est le même, mais plus boisé, que celui de la partie du S. Les sondes donnent du sable noir et fin.

Les navires qui viennent du S. et de l'O. doivent se tenir à 200 milles environ de terre, pour échapper à l'influence du courant portant généralement à l'O.S.O., le long de la côte, avec une vitesse qui atteint quelquefois 3 ou 4 nœuds. Ils viendront se placer sur le parallèle de 29°30′S. et par une longitude de 29°10′ à 29°40′E., de manière à pouvoir atteindre le port facilement si les vents sont établis de la partie du N.E. En attaquant ainsi Port-Natal, par le N., on reconnaît mieux l'entrée que si l'on attérissait par le Sud.

Dans le cas où l'on aurait de forts vents de S.O., il conviendrait, en venant du S., de se placer par 30°S. et par la même longitude de 29°10′ à 29°40′E. Puis on s'approcherait de Natal, en veillant les

(1) Instructions résumées de TAYLOR et de DE HORSEY.

changements de direction du vent et en se tenant en garde contre les courants portant à terre.

De nuit, on peut s'approcher avec quelque sécurité, en sondant, car les sondes diminuent régulièrement. On mouillera par 16 à 18 mètres d'eau, en relevant le morne à peu près au S.¹/₄S.O. du monde, à une distance de 1 mille environ. Le fond est de bonne tenue, mais on est exposé aux vents de la partie du S.E., et l'on a toujours une grosse houle. Si l'on mouillait plus au S., le jusant ferait éviter en travers à la houle et l'on éprouverait de violents roulis. Dans le cas où l'on craindrait l'approche du mauvais temps, il faudrait mouiller plus loin dans le N., par 29 mètres, à 2 milles 1/2 du morne, de manière à pouvoir s'élever au large de la côte, sur un bord ou sur l'autre, selon le vent qui viendrait à souffler.

Un feu tournant de minute en minute, visible à 24 milles, est construit sur le cap Natal, par 29°53'S. et 28°43'E.; il facilite beaucoup l'attérage de nuit.

Dans le port de Natal, devant la Douane, l'heure du plein est 4h30m, les jours de nouvelle et pleine lune; et la mer marne de 1m80. Sur la rade, en dehors de la barre, le courant de flot porte au S.O.; et celui de jusant, au N.E. Aux époques de syzygies, la vitesse du courant de jusant, sur la barre, atteint 3 nœuds; entre la Barre et Sandy-Point, elle est de 2 nœuds.

§ 84. — Baie Delagoa (1).

Étant à bord d'un grand navire destiné à la baie Delagoa, la recommandation la plus importante est d'attérir à bonne distance dans le N. On attaquera la terre à peu près par 25°30'S., ou même un peu plus au N.; puis on prolongera la côte et l'on pourra passer au N. du plateau Cutfield. La terre présentera une série de mamelons et de dunes de sable, et l'on pourra la suivre à une distance de 2 milles, par des fonds de 13 à 16 mètres, jusqu'à ce qu'on reconnaisse le mont George, qui est une simple colline s'élevant assez peu au-dessus de la terre environnante, laquelle est elle-même peu élevée. De beau temps, les petits navires peuvent traverser les bancs; mais ceux qui calent plus

(1) Instructions résumées de De Horsey, traduites par Mac-Dermott. Il sera indispensable d'avoir un bon plan détaillé de cette baie, quand on devra s'y rendre.

de 5 mètres feront mieux de ne point franchir ces passages, à moins qu'ils ne soient balisés ou que l'on ne soit pratique de la localité.

Quand on viendra de l'E., et lorsqu'on sera certain de se trouver sur un parallèle bien au N. de l'île Inyack, on pourra faire route sans crainte sur la baie, même de nuit, avec un temps favorable et à la condition de sonder. Si l'on arrive de nuit, il conviendra de mouiller quand on aura trouvé des fonds de 22 mètres à 18 mètres.

§ 85. — Inhambane.

(1) Pour aller à Inhambane, il convient de remonter d'abord jusqu'au parallèle du cap Lady Grey, et de se diriger dessus, en se défiant des courants qui portent entre l'O. et le N.O. En approchant de terre, le courant change de direction et porte entre le S. et le S.O., suivant le contour de la côte. Aux nouvelles et pleines lunes, il y a environ 4 mètres à $4^m,60$ d'eau sur la barre d'Inhambane, qui est de roche et sable ; et les calmes qui règnent sur cette côte, surtout pendant la mousson de N.E., empêchent très-souvent les navires de prendre ce point. Par suite, après avoir atterri sur le cap Lady Grey, il est bon de se diriger sur la pointe Barrow Hill, qui est assez élevée, avec un petit mont sur son sommet ; et l'on mouille, en dedans du méridien de cette pointe, à une distance de 10 à 12 milles, et par 15 à 20 mètres d'eau, en attendant un pilote pour franchir la barre. Le phare construit maintenant sur Barrow Hill, et dont nous donnons plus loin la description, facilite beaucoup l'attérage.

Du cap Lady Grey à Barrow Hill, la côte est très-basse et couverte de palétuviers. Le soir, la brume presque constante empêche de voir la terre : il faut donc toujours veiller, dans ces parages, et si l'on se trouve surpris, le soir, par le calme, le mieux est de mouiller jusqu'au jour.

Pendant la mousson de S.O., les brises de terre et de mer sont fréquentes ; et elles aident à passer la barre d'Inhambane. Pendant la mousson de N.E., ces brises manquent presque toujours, ou elles sont très-faibles. Des navires sont restés pendant deux mois, sans pouvoir sortir, par l'absence de brise de terre, ne pouvant franchir la forte houle de la barre qui vient toujours du large.

(1) Instructions résumées des capitaines au long-cours Bernard et Ventre.

Un phare peint en blanc a été construit sur la colline Barrow, du côté S. de l'entrée de la rivière Inhambane. Il montre un feu fixe, élevé de 24 mètres au-dessus de la mer et visible à 14 milles, dans toutes les directions comprises entre le S.E.$^1/_2$S. et l'O.$^1/_4$N.O. Il est situé par 23°45'30"S. et 33°13'Est.

L'heure du plein, aux syzygies, est $4^h 15^m$; et la mer marne de 3 mètres dans les grandes marées.

Les renseignements suivants sont dus à M. le capitaine au long-cours Ventre, et ont été publiés dans les Annales hydrographiques de 1876 :

« Les navires destinés pour Inhambane devront se tenir, pour attendre le pilote, entre les terres de Barrow Hill et l'entrée d'Inhambane qui se trouve à 7 milles dans le N. Avec des vents de la partie du S., on peut mouiller à environ 2 milles au N. de Barrow Hill, par 18 à 22 mètres de fond, mais on ne devra pas rester à ce mouillage avec les vents du large. Dans la nuit, on fera bien de se tenir au N. de la barre, et de veiller à ne pas se laisser entraîner par le courant, qui porte au S., parfois avec violence ; du reste, le feu situé sur le cap Barrow, qui est visible de 12 milles, sera un bon guide pour ne pas se laisser dépaler. Le service de pilotage est assez bien fait à Inhambane. Cependant, on ne doit pas s'attendre à voir la chaloupe du pilote sortir de la barre ou de la pointe Barrow le jour même où le navire (qui aura soin de hisser un pavillon au mât de misaine) aura été signalé par la vigie du phare, parce que cette embarcation est petite, et que si elle a vent debout, il lui faut beaucoup de temps pour sortir.

» En relevant la barre ou l'entrée d'Inhambane à l'O.S.O.$^1/_2$O. du compas (S. 51°O. du monde), on aperçoit, sur la plage de la presqu'île Inalinga, un amas, ou bâtisse blanchie à la chaux, qui ressemble, vu de cette position, au frontispice d'une chapelle, et qu'on appelle dans le pays Pédestal. De cette position, et dans la même direction, on voit sur le sommet de la montagne, deux arbres isolés très-distincts. L'alignement pour franchir la barre consiste à tenir le Pédestal entre les deux arbres.

» Dans le cas où le pilote se ferait trop attendre et où la brise est bien établie, on peut entrer sans pilote avec un navire calant moins de

3^{m},90, en donnant dans la passe au moment de la pleine mer dans les marées de quartiers, et à mi-marée de flot dans les marées de syzygies. On ne trouvera pas moins de 4^{m},9 d'eau (à la pleine mer de syzygies il y a 7^{m},8 d'eau). Quand on aura franchi la barre, la sonde accusera 8 mètres, puis 10 et 13 mètres. Dès qu'on aura dépassé la coupure, on viendra un peu sur bâbord pour rallier le banc du S., que l'on verra très-distinctement et qui est très-accore. On ne s'exposera pas, de cette manière, à aller heurter le banc Coroa do Rei, et l'on ira mouiller par le travers du Pédestal. On ne devra pas aller plus loin sans pilote, parce qu'il faut être pratique pour aller de ce mouillage à Inhambane, à cause des bancs nombreux que l'on rencontre.

» Il y a, au milieu de la passe, à l'entrée de la barre, un haut-fond de peu d'étendue, auquel on ne doit pas faire attention quand on entre avec un navire calant moins de 3^{m},9. Le pilote qui connaît bien la barre passe dans le N. ou dans le S. de ce pâté avec un navire calant 4^{m},2 et 4^{m},5 d'eau. Mais, avec un navire calant moins de 3^{m},9, il n'y a qu'à suivre les indications que nous donnons plus haut.

» En 1872, on avait construit une colonne en maçonnerie, en haut de la montagne, entre les deux arbres déjà cités, pour mieux indiquer le passage de la barre, en tenant cette colonne dans l'alignement du Pédestal ; mais cette colonne s'est écroulée, et il est question de la reconstruire.

» L'île Mafouroon portée sur le plan d'Inhambane n'existe plus ; en 1867, on voyait encore au-dessus de l'eau le tronçon d'un arbre ; en 1869, tout avait disparu.

» En juillet 1867, en allant d'Inhambane à Mozambique, à bord du brick l'*Etoile*, nous franchîmes la barre d'Inhambane vers 5 h.$^{1}/_{2}$ du soir, avec une bonne brise de S. ; comme la mer était grosse et que la nuit approchait, le pilote n'osa pas rentrer avec sa chaloupe et nous dûmes le garder à bord, avec sa chaloupe à la remorque, pour attendre le lendemain. Nous passâmes la nuit en travers, sous les deux huniers et la misaine, de manière à nous maintenir près du point que nous venions de quitter ; la brise toujours du S. mollit un peu après minuit (à cette époque, le phare n'existait point). Au jour, nous fûmes très-étonnés de nous trouver près du cap Corrientes. »

§ 86. — Quillimane.

Voici, d'après un avis officiel de Mozambique, daté de janvier 1876, les instructions qui ont été publiées sur l'entrée de la rivière Quillimane, dans le 2e trimestre des Annales hydrographiques de 1876 :

« Depuis quelques années, le banc de Tangalane, à l'entrée de la rivière Quillimane, s'est tellement avancé vers le S., et le banc de l'Hippopotame vers l'E., que les instructions ne sont plus exactes. D'un autre côté, le banc marqué sur le plan, entre les deux précédents, n'existe plus. Les navires destinés à Quillimane peuvent mouiller en dehors de la barre, par 20 mètres d'eau, en relevant le mât de pavillon ou le phare de la pointe Tangalane au N.O.$^{1}/_{2}$N.; et là, ils attendront la marée de la pleine ou de la nouvelle lune. Mais il convient de ne point mouiller plus près du banc, par 14 à 16 mètres d'eau, parce que la houle est plus forte et fatigue les chaînes. L'établissement du port étant 4 h. 15, on entre toujours entre 3 heures et 6 heures du soir, moment où la brise du large est généralement bien établie. Le tirant d'eau convenable, pour naviguer dans la rivière, est 3m,90 au plus. La barre a été balisée en 1876. On a placé une grande bouée cylindrique en fer *noire*, sur le bord extérieur du banc Tangalane par 6m,40 d'eau, à basse mer de syzygies ; on relève de là le mât de pavillon du phare au N.18°O., à 1 mille environ. Une bouée cylindrique en fer *rouge*, est à la pointe de l'Hippopotame, par 5m,50 d'eau à basse mer de syzygies ; on relève de là le mât de pavillon du phare au N.63°E. Cinq petites bouées *noires* sont mouillées sur les têtes les plus saillantes des bords O. et S.O. du banc Militao, par 2m,70 d'eau, pour signaler le canal dans la rivière.

» *Pour s'approcher de la barre*, il convient de tenir le phare entre le N.40°O et le N.24°O du monde, de manière à venir reconnaître la grande bouée extérieure du banc Tangalane. On la contourne en la laissant sur tribord et jusqu'à ce qu'on la relève à 1/2 encâblure dans l'E.N.E. A ce moment, l'on vient au N.32°O. du monde, et en tenant sur bâbord la bouée rouge du banc de l'Hippopotame ; et l'on court ainsi jusqu'à ce qu'on ait dépassé la ligne qui va de cette bouée au phare. On entre alors dans la rivière, en se tenant près de la rive de gauche, puis on laisse à tribord les cinq bouées *noires* du banc Militao. Celles-ci étant doublées, on prolonge la rive de gauche, par des fonds de 5^{m},50 à 11 mètres à mer basse, jusqu'à ce que l'on arrive devant le poste sémaphorique de Recaimbro (rive de gauche), d'où l'on se dirige sur le mât de pavillon de la ville, devant laquelle on mouille à 2 encâblures de terre. La limite N.O. du mouillage est marquée par une bouée *noire* mouillée par 1^{m},80 d'eau à mer basse, dans l'O. du mât de pavillon. La variation était 16°N.O., en 1876. »

Nous donnons maintenant des indications qui sont dues en très-grande partie à M. le capitaine au long-cours Bernard, et qui seront utiles à consulter.

Etant parvenu un peu au N. du parallèle de la rivière Quillimane, on se dirigera sur son embouchure, en se tenant un peu au N., durant la mousson de N.E. En faisant cette route, et tant que l'on sera dans l'E. du méridien du banc de Pantaloon, il faudra bien veiller pour ne pas tomber sur ce danger, ni sur ceux qui se trouvent un peu au N. et un peu au Sud.

Voici quelques remarques qui pourront servir à reconnaître la rivière Quillimane. La côte S. est très-sablonneuse, et sur la pointe S. de la rivière, on voit un mamelon de sable plus élevé que toute la côte voisine ; les deux rives de l'embouchure sont très-basses et couvertes de cocotiers. A la côte N., le rivage est de sable et couvert de palétuviers, ce qui la fait paraître beaucoup plus foncée que la côte S. Toute cette côte peut s'apercevoir à une distance de 10 à 12 milles, dans les temps ordinaires ; le mât de pavillon qui se trouve à l'embouchure de la rivière, sur la pointe Tangalone, par 18°01'S. et 34°41'E., s'aperçoit à peu de distance en mer. En approchant de la terre, on aura soin de sonder, et l'on trouvera le fond à plus de 20 milles de distance ; une fois atterri, on viendra mouiller devant la barre par 12 à 15 mètres, fond de roches et sable, mais il faudra avoir de bonnes chaînes, à cause de la houle qui est très-forte sur cette côte. A ce mouillage, on attendra un pilote et la marée propice pour entrer ; on fera bien, si l'on est pressé d'avoir le pilote, de tirer un coup de canon. Il y a de 5^{m},80 à 6 mètres d'eau sur la barre, au moment de la pleine mer, dans les grandes marées ; et 2^{m},70 seulement, à l'instant du bas de l'eau. La levée est généralement très-forte sur la barre ; et il ne faut pas la franchir sans pilote.

Pendant la mousson de S.O., du commencement d'avril à la fin de septembre, aux nouvelles et pleines lunes, la mousson se fait sentir à Quillimane; il vente quelquefois forte brise, mais le temps est toujours assez clair.

Pendant la mousson de N.E., du commencement d'octobre à la fin de mars, le temps est presque toujours brumeux; il y a des orages tous les soirs sur la terre, beaucoup de calmes et de vents variables. A cette époque, la côte est très-difficile à aborder; mais comme, auprès de la terre, il y a généralement des brises de terre et de mer, on peut presque tous les jours franchir la barre avec bon vent. Les plus grands mauvais temps ont lieu en janvier, février et mars, et il est rare qu'il se passe une année, sans qu'il y ait quelques coups de vent pendant les deux derniers mois, et aux époques des changements de moussons.

Le climat est très-sain pendant la mousson de S.O.; mais, aux changements de moussons, il y a des fièvres intermittentes, peu de pernicieuses; ces fièvres se prolongent pendant la mousson de N.E., mais beaucoup plus faibles et plus rares qu'aux changements de moussons. En résumé, c'est un pays beaucoup plus sain que le reste de la côte orientale d'Afrique. Quillimane est un bon pays pour le commerce : on y récolte du riz, des haricots, du blé, du sésame, de l'orseille, et l'on y traite beaucoup d'ivoire et de bon bois.

L'heure du plein, aux syzygies, est $4^h\ 15^m$; et la mer marne de $4^m,90$ aux grandes marées.

La ville de Quillimane est à environ 15 milles de la barre, par 17°52′S. et 34°41′E. Il ne reste que $2^m,74$ d'eau sur la barre, qui est située à 3 milles environ en dehors de l'embouchure de la rivière.

§ 87. — Mozambique.

Nous donnerons d'abord la reproduction des instructions qui figurent dans les Annales hydrographiques de 1876. On y trouvera la description des feux, qui simplifient beaucoup maintenant l'entrée du port de Mozambique.

On a élevé, en 1876, sur l'île Saint-George, un peu au S. du mât du Guetteur (lequel est auprès de la pointe N.E. de l'île), une tour carrée d'une vingtaine de mètres de haut, flanquée au N. et au

S. de deux corps de logis. Cette tour est située par 15°02′S. et 38°28′30″E.; elle porte *un feu fixe blanc;* haut de 20 mètres au-dessus de l'eau, visible par temps clair à une quinzaine de milles ; l'appareil est dioptrique.

Sur l'île Saint-Sébastien, à la même époque, a été allumé *un feu fixe rouge*, visible du large entre le S.28°O. et le N.28°E. Il est allumé sur un échafaud en fer, attenant au mât de pavillon du fort de Saint-Sébastien ; il est élevé de 23 mètres au-dessus de l'eau, et est visible par temps clair à une douzaine de milles.

Près des maisons blanches de Cabeceira, par 14°58′S. et 38°25′E., *un feu fixe blanc* a été allumé en 1876. Il est visible du port et dans la direction de la passe du S. Il est allumé sur un échafaud léger en fer, scellé sur une base en pierre ; il est élevé de 11 mètres au-dessus de l'eau, et est visible par temps clair à une douzaine de milles.

Enfin, sur la jetée de la Douane, *deux feux verts* ont été allumés : ils sont élevés de 6 mètres au-dessus de l'eau.

Pour se rendre à la passe du N., qui est la seule à recommander aux grands navires, on gouvernera à l'O.$^{1}/_{4}$N.O. du monde, le cap sur le feu de Saint-Sébastien, jusqu'à ce que le feu de la grande Cabeceira soit amené au N.31°O. du monde. A ce moment, on gouvernera sur ce dernier feu, jusqu'à ce que les feux verts de la jetée de la Douane soient en vue. Alors, on pourra laisser venir graduellement vers l'O.; et, quand on aura perdu de vue le feu de Saint-Sébastien, on fera route sur les feux de la jetée de la Douane ; et, delà vers le mouillage. La passe est marquée par des bouées noires qu'on laisse à tribord en entrant, et par des bouées rouges qu'on laisse à bâbord en entrant.

Pour se rendre à la passe du S., qu'on ne peut conseiller qu'aux petits navires, il faut, après avoir reconnu le feu de l'île Saint-George, gouverner au S. de ce feu, jusqu'à ce que le feu rouge de Saint-Sébastien reste au N.51°O. du monde. A partir de ce moment, on conserve le feu de Saint-Sébastien un peu par le bossoir de tribord jusqu'à ce que le feu de la grande Cabeceira reste au N.31°O. du monde. Ayant atteint ce relèvement, on gouverne sur ce dernier feu jusqu'à ce que les feux verts de la jetée de la Douane soient en vue. Alors, on peut laisser venir graduellement vers l'O.; et, quand on a perdu de vue le feu de Saint-Sébastien, on fait route sur les feux de la jetée de la

Douane ; et de là vers le mouillage. La passe est marquée par des bouées noires qu'on laisse à tribord en entrant, et par des bouées rouges qu'on laisse à bâbord en entrant.

On recommande d'être prudent, parce que la grande vitesse des courants de marée amène de grands changements dans les passes. En faisant les signaux ordinaires, on peut avoir des pilotes. La variation du compas était 14°N.O. en 1876.

Voici maintenant un résumé des instructions qui ont été données par M. le capitaine au long-cours Bernard, tant sur l'attérage que sur le mouillage de Mozambique.

ATTERRISSAGE ET ENTRÉE DU PORT DE MOZAMBIQUE.

Pendant la mousson de S.O. (du commencement d'avril à la fin de septembre).

Pendant cette mousson, on pourra se diriger sur l'île Saint-George (ou Goa), que l'on reconnaîtra à une maison blanche et carrée qui est sur cette île et qui a l'aspect d'un fort. Cette maison est la base d'un phare portant un feu fixe et blanc ; elle peut s'apercevoir à 10 ou 12 milles au large. Comme parfois, et surtout pendant la nuit, il règne de faibles brises, on pourrait être entraîné dans le S. par les courants, qui sont forts pendant cette mousson ; aussi, considérons-nous comme préférable d'attérir sur la pointe Bajone, qui est, ainsi que les terres environnantes, de moyenne élévation et couverte d'arbres. Elle forme la pointe S. du port de Mokamba. Dans l'intérieur et sur son parallèle, commence une chaîne de montagnes qui se dirige dans le S. A 13 milles de distance, dans le S. de la pointe Bajone, est situé l'écueil du même nom, qui se trouve à 5 ou 6 milles de terre. En attérissant sur la montagne dont nous avons déjà parlé, si l'on se trouve à la partie S. de ces terres, on sera dans le voisinage de cet écueil Bajone, auquel cas il faudra bien veiller et remonter au N. pour s'éloigner de ce danger. Dans le N. de la pointe Bajone, la terre s'enfonce pour former le port de Mokamba, qui est très-profond et qui continue à contourner dans le N.O. pour former la baie de Mozambique : toute cette côte est bien boisée, et on aperçoit çà et là des touffes d'arbres dominant les autres. A partir du port de Mokamba, et sur le parallèle du petit pic de ce nom, commence le banc de Santiago, qui se prolonge dans l'E. jusqu'à l'île Santiago (ou Senna) ; contourne cette île pour aller rejoindre l'île de Mozambique et former la partie S.O. de la baie. Après avoir atterri, on se dirigera pour aller prendre connaissance des deux îles de l'entrée de Mozambique; on reconnaîtra celle de Santiago, qui est boisée; et celle de Saint-George, avec sa maison blanche, comme nous l'avons déjà dit. On verra, en même temps, la citadelle de l'île de Mozambique, située dans l'O. de ces deux îles; elle est grande et porte un grand mât de pavillon à hune et à barres de perroquet, sur lequel on signale les navires. Ce mât, ainsi que la forteresse, peut être aperçu de 10 à 12 milles au large et même de plus loin. On verra aussi, dans le N. de Mozambique, la montagne de la Table, qui est très-élevée et aplatie à son sommet; il n'y a aucune montagne, sur toute la côte, qui lui ressemble. Dans l'O. de Mozambique, on apercevra le mont Paô, qui a la forme d'un pain de sucre.

Avec la mousson de S.O., les navires calant de 5 à 6 mètres d'eau pourront passer sans crainte entre les deux îles de Saint-George et de Santiago, mais un peu plus près de la première; ils se dirigeront sur le plus gros arbre, qui est entre la forteresse et les premières maisons de Mozambique; en suivant cette route, ils trouveront de 11 à 14 mètres d'eau. Quand ils relèveront la partie E. de Santiago au S., ils se dirigeront sur la plus grande maison blanche de la Grande-Cabeceira, qui paraît entre le fort et la terre. Aussitôt que l'on découvrira l'anse de sable blanc, située sur la côte O. de Saint-George, par l'île aux Arbres *(île Tree* ou *Pau)*, on sera sur le méridien de la pointe O. du grand récif de l'île Saint-George : ce récif se prolonge à 900 mètres sous l'eau. On le reconnaîtra à l'eau blanche qui le recouvre; la pointe plus prolongée de ce récif est située entre la pointe S. et la pointe O. de Saint-George; la route sur la maison blanche conduira au mouillage en dehors de l'île de Mozambique. Quand on relèvera les maisons de la Petite-Cabeceira au N., on pourra mouiller par 14 à 18 mètres, fond de sable; à ce mouillage, on sera bien à l'abri de la mer et de tous les vents.

En dedans des îles, on trouve d'ailleurs des pilotes qui conduisent le navire au mouillage. Il n'est pas prudent de chercher à entrer de nuit.

ATTERRISSAGE ET ENTRÉE DU PORT DE MOZAMBIQUE.

Pendant la mousson de N.E. (du commencement d'octobre à la fin de mars).

Pendant cette mousson, il sera bon de remonter à environ 1 degré au N. du parallèle de l'île de Mozambique ; puis on se dirigera de manière à attérir entre l'île Quintangonya et la baie Fernan-Veloso. La terre comprise entre ces deux points est haute et couverte d'arbres : on peut s'en approcher à un demi-mille avec les plus grands navires. Dans l'intérieur, et à peu près au milieu de l'espace compris entre Quintangonya et Fernan-Veloso, on verra la montagne de la Table qui est très-haute et plate à son sommet ; elle peut être aperçue en mer, à une distance de 24 à 30 milles. On verra aussi, dans le N. de cette montagne, le pic Loguno qui est remarquable par sa forme en pain de sucre. En courant sur la terre, on quittera les courants portant au N.E., quand on se trouvera à 40 ou 30 milles de la côte ; puis, en dedans de cette distance, on rencontrera le courant portant au S. Si l'on attérit le soir, trop tard pour atteindre Mozambique avant la nuit, il sera prudent de se tenir sous les huniers le long de la terre, en attendant le jour. Les courants, pendant la nuit, porteront le navire au moins par le travers du port Conducia ; de sorte que, si l'on n'avait pas pris la précaution que nous venons d'indiquer, et si la brise du large tardait à venir dans la matinée, on pourrait se trouver drossé sous le vent de Mozambique, et l'on aurait de la peine à rattraper le port. On peut, il est vrai, mouiller en dehors des îles de l'entrée pour attendre le jour ; mais, comme il y a toujours un peu de houle, il faut avoir de bonnes chaînes et se tenir prêt à appareiller au premier moment. Après avoir atterri, on se dirigera pour passer à 1 mille ou 2, au large de l'île aux Arbres *(Tree* ou *Pau)*, qui est très-basse et sur laquelle il y a quelques cocotiers. En suivant cette route, et quand on sera arrivé à la pointe Velhiara, la terre se dirigera vers l'O.S.O. pour former le port Conducia. L'île Quintangonya forme la pointe N. de ce port. Du parallèle de cette île, on apercevra l'île Saint-George (ou Goa), que l'on reconnaîtra à sa maison blanche et carrée, ayant l'air d'un fort et supportant un phare qui montre un feu fixe blanc. On verra aussi, sur le cap Conducia, une grande maison blanche, visible à 9 ou 10 milles au large ; quand on la relèvera à l'O., on sera près de l'extrémité N. de l'île aux Arbres, qui semble très-souvent se confondre avec la terre. De l'île aux Arbres, on apercevra aussi par dessus la terre le mât de pavillon et la forteresse de Mozambique. Quand on relèvera le mât à l'O.27°N. du compas (N.76°O. du monde), on gouvernera dessus, en faisant route à ce rumb ; et l'on mouillera, par 14 à 18 mètres d'eau, au moment où l'on aura amené les maisons de la Petite-Cabeceira au Nord.

Nous répétons qu'en dedans des îles, on trouve des pilotes, qui conduisent le navire au mouillage ; et qu'il n'est pas prudent de chercher à entrer de nuit. La passe du S., pendant cette mousson de N.E., est difficile pour entrer, parce qu'on y trouve le vent trop près ; mais, pour sortir, elle est la meilleure, surtout quand on sort vers la fin de la brise de terre.

A 1,200 mètres environ dans le S. de l'île aux Arbres, il y a deux petits îlots, séparés l'un de l'autre par une distance de 300 à 400 mètres, mais réunis par un banc de roches et de sable qui vient à sec dans les grandes marées. Des navires arrivant le soir ont confondu ces îlots avec les îles de l'entrée de Mozambique, et se sont jetés à la côte, n'ayant pas bien reconnu la terre à cause de la brume qui règne toutes les nuits sur la côte d'Afrique.

RENSEIGNEMENTS SUR LE MOUILLAGE DE MOZAMBIQUE.

La tenue est très-mauvaise, devant l'île de Mozambique, où le fond est de roche uni recouvert par 40 à 50 centimètres de sable, et il faut filer beaucoup de chaîne pour ne pas chasser. Les courants, dans la rade et dans la baie, entrent et sortent avec une vitesse qui atteint 2 ou 3 nœuds, dans les grandes marées, alors que la mer marne de 4 mètres.

On est bien à l'abri de tous les vents sur la rade, surtout pendant la mousson de S.O.; mais les navires qui doivent séjourner pendant la mousson du N.E. ne restent pas à ce mouillage : ils vont mouiller dans la baie de Mossorill, par 9 à 16 mètres d'eau, fond de sable et de vase. A ce mouillage, ils sont complètement à l'abri, et ils peuvent étaler les plus fortes tempêtes sans courir aucun danger.

Si l'on était surpris sur la rade de Mozambique par les coups de vent qui règnent quelquefois pendant la mousson de N.E., et surtout en février et mars, on serait infailliblement jeté sur cette île, exposé à se perdre corps et biens sur la côte aux environs de la citadelle. Les ras de marée sont très-forts pendant ces mauvais temps, et les coups de vent atteignent ordinairement leur plus grande force, quand les vents passent au N.O. et au S.O. L'île de Mozambique est assez saine pendant la mousson de S.O.; mais pendant la mousson de N.E. il y a des fièvres intermittentes.

L'heure du plein aux syzygies, est $4^h 15^m$, et la montée de l'eau 3^m,65.

L'île Saint-Jacques (Santiago) est par 15°03′24″S. et 38°28′12″E. Le fort Sébastien, à l'extrémité E. de l'île Mozambique est par 15°01′S. et 38°27′Est.

§ 88. — Route de Mozambique à Ibo, et description d'Ibo (1).

1° *Pendant la mousson de S.O. (du commencement d'avril à la fin de septembre).*

Lorsque l'on sera en dehors des îles de l'entrée de Mozambique, on fera route de manière à se tenir à une dizaine de milles au large de la grosse terre sur laquelle est la montagne de la Table, et que le cap Melano termine. Ce cap est assez élevé : en premier plan, il y a une pointe de sable très-allongée qui le termine ; après ce cap la terre fait un circuit vers le S.O., pour former la baie de Fernan-Veloso. Le cap Mocuo qui termine la pointe N. de cette baie est bas et sablonneux, et de là au cap Loguno la terre est basse et noyée. Entre ces deux caps Mocuo et Loguno, on voit le pic Loguno dans l'intérieur. Il faut s'écarter de cette terre, à cause du banc Pinda qui s'étend à 6 ou 7 milles au large et qui assèche en partie à mer basse. Ce banc se termine un peu au N. du cap Loguno, terre de moyenne hauteur et boisée qui commence la partie S. de la baie Memba Komah. Dans le N.O. du banc Pinda, on aperçoit une masse de pics ressemblant à des clochers et formant une très-bonne marque : ils se nomment les pics de Lurio.

A partir de la baie de Memba Komah, la terre est haute et escarpée, couverte d'arbres. Un peu avant d'arriver aux cinq pics de Lurio, on verra sur le bord de la côte un petit mont remarquable, qui est un

(1) Instructions résumées du capitaine au long-cours Bernard.

peu plus aplati que les pics en question. Un peu au N. de ceux-ci, un récif s'étend à 7 milles dans le S. des baies de Lurio, et forme la baie d'Almeida. Quand on relèvera la partie N. des pics de Lurio à l'O. du monde, on se trouvera vis-à-vis de ce récif.

La pointe Sooreessa et la pointe Pando (ou Badgely) forment les deux extrémités de la baie de Lurio, où les caboteurs font beaucoup de commerce. La pointe Pando est une terre élevée ; à sa base, il y a une petite pointe de sable qui la termine. De cette pointe à la pointe Mouhano (1), la terre est très-élevée, couverte d'arbres, et la côte est bordée par un récif qui s'étend à 3/4 de mille au large.

La terre est très-haute et forme une espèce de montagne au-dessus de la pointe Mouhano, qui est basse, sablonneuse et qui s'avance dans le N.E., pour former la pointe S. de l'entrée de la baie de Pomba. La pointe N. est une terre très-élevée et terminée en pente vers la mer ; on aperçoit un mont un peu au-dessus d'elle et un peu dans l'intérieur.

Dans le N. de la baie de Pomba, il y a une chaîne de montagnes très-élevées qu'on peut apercevoir de 30 milles en mer ; en venant du large, quand les pics du N. de la baie sont cachés par les brumes, ce qui arrive souvent pendant la mousson du N.E., on distinguera facilement sa position par deux terres élevées, terminées en pente vers la mer, qui forment les deux pointes de son entrée, laissant un vide bien marqué entre elles. La pointe Purdo est une langue de terre qui a un morne à sa partie N., appelé Terra Alta, et dont l'extrémité est un terrain bas. La pointe Aremba est parsemée de monticules qui, de loin, ont l'aspect d'îles. C'est à cette pointe que commence la série des îles allant jusqu'au cap Delgado, Quiseva, Foomo et l'autre petite qui est au N. de cette dernière ; elles sont toutes plates, couvertes d'arbres, et jointes les unes aux autres par un grand récif qui assèche en partie aux basses mers. Quand on vient du large, ces îles paraissent se confondre avec la terre. Au N.E. de ces dernières, et à 1 mille de distance, est une petite île nommée Samukan, réunie à l'île Querimba par un grand récif qui assèche presque tout entier aux grandes marées. Cette île est élevée, de couleur brune, très-reconnaissable par rapport aux autres îles qui sont couvertes d'arbres, et elle sert à déterminer la position du navire, attendu qu'on la distingue depuis Quiseva jusqu'à Ibo. L'île Querimba est plate et parsemée d'arbres à haute futaie ;

(1) Cette pointe s'appelle aussi Maunhano, ou du Diable.

quand on la relève dans le S.O., on voit une église à sa partie N., et quelques maisons qui tranchent sur la couleur sombre de la terre. Elle est réunie à Ibo, par un récif que l'on peut franchir à pied sec, de marée basse.

Dans le N. de Querimba, est l'île d'Ibo, qui paraît se confondre avec cette dernière; mais lorsqu'on relève la pointe N. de Querimba à l'O., on voit la séparation de ces deux îles. Ibo est beaucoup plus grande et plus élevée que Querimba; elle est recouverte d'arbres et de broussailles : la terre paraît s'élever en hauteur jusqu'à sa pointe N., qui est plus élevée que tout le reste de l'île. Elle est coupée à pic jusqu'à la rencontre du terrain plat formant la pointe qui s'avance dans la mer. Quand de loin on voit cette île entre le S. et l'O., elle ressemble à des îlots. Toutes ces îles sont jointes par des récifs qui laissent quelques passages praticables pour les barques, mais dont les navires ne devront pas s'approcher à moins de 3 milles. L'île Matemo est très-basse, et on ne voit les arbres qui la couvrent que quand on relève Ibo à l'O. Dans l'E. de la pointe S.E. de Matemo, on trouve un petit îlot qui paraît se détacher de cette île, en s'avançant vers le Nord.

Quand on vient du large, et lorsqu'on atterrit sur la pointe Purdo (dont nous avons donné la description plus haut), cette pointe et celle d'Aremba ont l'apparence de deux îles, mais il est facile de ne pas se méprendre en observant que dans le S. on ne voit pas d'autres îles. Au contraire, étant près de l'île Samukan, avec laquelle la pointe d'Aremba a de la ressemblance, surtout vue de loin, on distingue parfaitement les îles Quiseva, Foomo et la petite île qui est au N. de cette dernière. Je pense qu'à cause des forts courants qui règnent sur la côte, il convient (si l'on va dans le N.) de se tenir au large avec des vents de la partie du N.E.; et l'on doit faire le contraire, quand on va dans le Sud.

Les navires destinés à Ibo et venant du large reconnaîtront l'entrée au grand espace qu'il y a entre Ibo et Matemo (espace qui ne se trouve pas entre les autres îles du S.), et aux remarques énoncées précédemment. On se dirigera sur la pointe N. de l'île d'Ibo ; puis quand on la relèvera à l'O. à 1 mille, on gouvernera au N.5°O. du compas (N.19°O. du monde), et l'on fera 2 milles 1/4 à cette route, qui fera prolonger le grand récif à 1 mille de distance, avec des fonds variables de 25 à 69 mètres. Arrivé à ce point, on gouvernera à l'O.N.O.$^1/_2$O. du compas (N.86°O. du monde), et l'on apercevra sur bâbord la pointe du grand récif du N. d'Ibo, toujours bien marquée par l'eau blanche qui le recouvre et par la mer qui brise presque toujours dessus. Sur tribord, on aura connaissance du banc de corail de San-Gonzalo, que l'on reconnaîtra à l'eau blanche et qui assèche à mi-marée. Quand on relèvera la pointe N.E. d'Ibo au N.$^1/_4$N.O. (N.25°O. du monde), on sera vis-à-vis de la pointe N. du grand récif; et alors, étant à l'époque de la mousson de S.O., on gouvernera sur la plus grosse terre qui est dans le S. de l'entrée de cette rivière, et l'on mouillera quand on commencera à découvrir les deux forts. A ce mouillage, on sera par 8 à 11 mètres d'eau, fond de sable, au moins à 2 milles de terre et devant l'entrée du chenal, coupé dans les bancs et qui conduit à la ville d'Ibo. Dans ce chenal, aux basses mers des grandes marées, il y a au moins 2 mètres d'eau.

La rade d'Ibo est très-sûre avec tous les vents, la mer y est très-belle et le fond de bonne tenue. Dans le N. de la citadelle d'Ibo et dans l'O.N.O.$^1/_2$N. (N.76°O. du monde) de l'entrée de la rivière, il y a un trou très-profond, où l'on ne trouve pas le fond avec 25 mètres de ligne. Il y a peu de courant dans la rade d'Ibo, et les coups de vent ne paraissent pas s'y faire sentir. C'est un pays assez commerçant et le plus sain de toute la côte; mais il est difficile de se procurer des vivres frais, à l'exception de quelques bœufs; l'eau est difficile à faire et très-peu potable. Il règne des brises de terre et de mer, qui permettent d'entrer et de sortir avec le vent sous vergues.

2° *Pendant la mousson de N.E. (du commencement d'octobre à la fin de mars).*

En partant de Mozambique pour se rendre à Ibo, pendant la mousson de N.E., on laissera courir au large pour se placer dans le courant portant au N.E. Quand on sera assez élevé dans le N., on pourra se rapprocher de la côte, en tenant compte du courant portant au S. le long de la terre. On pourra atterrir sur les pointes Purdo et Aremba, comme nous l'avons dit pour l'autre saison, ou bien directement sur l'île d'Ibo, avec de bonnes observations. On fera grande attention, pendant la nuit, à la terre qui est basse, bordée de rochers, et sur laquelle règne toutes les nuits une brume qui empêche de la voir, même à petite distance.

Quand on relèvera la pointe N.E. d'Ibo au N.$^1/_4$N.O. (N.25°O. du monde), on sera vis-à-vis la pointe N. du grand récif; et alors (étant en mousson de N.E.), on gouvernera sur l'entrée de la rivière Cramacoma, qui s'aperçoit très-bien à la coupée qu'elle laisse dans les arbres de son entrée. On ira ainsi mouiller par 10 à 20 mètres d'eau, en ouvrant les deux forts d'Ibo l'un par l'autre.

Au mouillage d'Ibo, l'heure du plein est 4 h. environ, aux syzygies; et la montée de l'eau $2^m,70$. La ville et le fort, qui se trouvent à la partie N. de l'île d'Ibo, sont situés par 12°20'S. et 38°18'Est.

§ 89. — Zanzibar.

1° *Vents régnants et climat.*

A Zanzibar, les vents sont du S. à l'E., de mars en décembre, soit pendant les 3/4 de l'année. Ils soufflent ensuite du N.E., depuis le milieu de décembre jusqu'au milieu de mars. En mars, au changement de moussons, on doit se tenir en garde contre de très-fortes bourrasques de S.O. et d'O., avec de grandes pluies.

Les mois les plus chauds sont ceux de janvier, février et mars; la première saison des *grandes* pluies dure en mars, avril et mai; les mois les moins chauds sont ceux de juillet, août et septembre; la seconde saison des pluies règne en septembre et octobre.

Le climat de Zanzibar est malsain pour les Européens, surtout si l'on passe la nuit à terre. On peut citer des Européens qui ont résisté; mais ce ne sont que des exceptions, tandis qu'en général les équipages sont pris de fièvres, dyssenteries, etc.

Après avoir reproduit ces indications sommaires, nous allons donner ci-après une série de renseignements que nous extrayons d'un mémoire qu'a bien voulu nous communiquer M. le capitaine au long-cours J. P. Rival, dont nous avons déjà cité à diverses reprises les observations intéressantes :

« Il n'y a, sur la rade de Zanzibar, aucun ordre pour le placement des navires. On y trouve une grande quantité de boutres et quelques bateaux à vapeur du sultan; le tout pêle-mêle. Par suite, il est assez difficile de prendre un mouillage convenable sans faire des avaries.

» L'embarquement et le débarquement des marchandises se font au moyen de fortes chaloupes. Il n'y a ni pont ni débarcadère; les chaloupes accostent en pleine plage, et les noirs se jettent à l'eau pour faire leur opération. Par beau temps, ce travail réussit assez bien ; mais, avec les grandes brises d'O., il se produit un fort clapotis rendant toute opération impossible.

» Les vents dominant pendant neuf mois de l'année, en dehors de Zanzibar, sont ceux du S.E. à l'E. Du milieu de décembre au milieu de mars, ils soufflent du N.E.

» Sur la rade, de minuit à 4 h. du matin, la brise s'établit au N., ou au N.O., souffle jusqu'à deux heures de l'après-midi; alors elle commence à tourner vers le N.E.; à 8 h. du soir, elle est à l'E. La brise faiblit, à mesure qu'elle tourne vers la terre de Zanzibar ; il fait calme, de 10 h. du soir à minuit ; et, de minuit à 4 h., la brise du N. au N.O. recommence. Les pluies sont très-rares ; quelquefois, le temps est orageux, la chaleur est alors considérable ; mais, en général, le temps est agréable. J'ai consulté un Français, résidant à Zanzibar depuis 20 ans ; et il m'a déclaré que le climat est beaucoup plus sain qu'on ne se le figure ordinairement.

» Les navires arrivant à Zanzibar, avec de la poudre à bord, ne peuvent pas la débarquer en face de la ville, où l'on débarque ordinairement les autres marchandises. Pour opérer le débarquement, on est forcé de se rendre, avec le navire, à la poudrière située à 2 milles environ dans le S. de Zanzibar.

» Il ne faut pas trop compter sur les pilotes de Zanzibar. Ils vont au devant des navires, dans une mauvaise pirogue ; et ils attendent dans la passe, quelquefois en dedans. Celui qui m'a piloté, à l'entrée et à la sortie, n'entend rien à la manœuvre, et il n'a qu'un œil qui ne vaut pas le diable. »

Le fort de Zanzibar est situé par 6°09′44″S. et 36°51′35″; le consulat français est par 6°09′37″S. et 36°51′45″E.

2° *Instructions pour aller à Zanzibar, par la passe du S., du commencement d'avril à la fin de septembre.*

(1) *Pendant la mousson de S.*, du commencement d'avril à la fin de septembre, les navires destinés à Zanzibar atterriront par le S.: sur l'île Monfea, ou sur la pointe Pouna. Il faudra combiner ses mouvements, d'après la marche du navire et d'après la force des vents

(1) Instructions résumées de DE HORSEY, traduites par MAC-DERMOTT.

régnants pour pouvoir atteindre la rade de Zanzibar, de jour, ou du moins pour gagner un mouillage dans le chenal, avant la nuit. Si l'on a reconnu Monfea, on gouvernera de manière à passer à peu de distance de la pointe Pouna, plus ou moins près selon le temps ; mais on se défiera du courant qui porte presque toujours vers le N. ou le N.N.O., dans les parages de l'île Latham, avec une vitesse de 1 à 3 nœuds et même plus, sensible surtout pendant le flot (1). L'île Latham est située par 6°54'S. et 37°40'E. Dans le cas où l'on arriverait près de cette île, à la fin de la journée, on pourrait mouiller à 1 mille dans le N.E., sur le banc qui l'entoure ; seulement il faudrait bien veiller et sonder souvent en s'approchant. On laisserait tomber l'ancre sur des fonds de 13 à 15 mètres environ, et l'on appareillerait le lendemain de grand matin pour Zanzibar.

On reconnaîtra le cap Kizimkas (ou Ras Kisimbax), et l'on gouvernera ensuite pour passer à 1 mille à l'O. des îles Kwaly et Kiseewa. Quand cette dernière aura été dépassée, on verra Choomby, à peu près au N.¼N.O. (du monde). On gouvernera sur cette île, en l'ouvrant un peu par tribord de manière à en passer à 3 ou 4 encâblures dans l'O. Après avoir doublé Choomby, on gouvernera de manière à la relever au S. du monde, tout en gouvernant vers le N. On fera bien veiller devant ; et, lorsqu'on verra que les îles Ukomby (que l'on relèvera par la hanche de tribord) seront presque l'une par l'autre au S.35°E., en même temps que la pointe Maja (falaise basse rocheuse) se verra par tribord au N.80°E., on changera la route, en venant sur tribord et en portant au N.18°E. (du monde) environ. En faisant route à ce cap, on relèvera la pointe Choockwamy, et quand on l'aura amenée à l'E.¼S.E. environ, il ne restera plus qu'à arrondir la pointe Shangany à 3 ou 4 encâblures environ ; et l'on mouillera dans le N. du Fort.

Cette route est celle que l'on conseille généralement, pour prendre la *Passe du S.*, qui est la meilleure quand on vient du Sud.

Nous donnons ci-après, pour compléter ces instructions, un résumé des observations intéressantes de MM. les commandants Vte FLEURIOT DE LANGLE et GRASSET :

(2) Quand on arrive du S., la passe à l'O. de l'île Choomby peut

(1) A l'île Latham, l'heure du plein aux syzygies est 4 heures. Cette île n'a que 300 mètres de long, et elle n'est élevée que de 3 à 4 mètres

(2) Instructions résumées de M. le capitaine de vaisseau GRASSET, aujourd'hui contre-amiral.

se faire au moyen d'un alignement facile à suivre. Etant à 1/2 mille à l'O. de cette île, on aperçoit, sur la droite de la ville, une mosquée blanche (1) et au-dessus un minaret blanc situé dans la partie N. de la ville : ces deux points paraissent dans une éclaircie des palmiers qui bordent la côte. En gardant le minaret sur la mosquée, on passe entre les deux bancs qui sont au N. de Choomby, à 2 encâblures de chacun d'eux ; on a alors le cap au N.13°E. du monde. On peut suivre cette direction jusqu'à 1/2 mille de la mosquée, et porter alors sur la pointe Shangany qui est accore. On reconnaît qu'on a dépassé les bancs, quand on relève au N.O. l'extrémité N. de l'île Bawy. Cette passe est marquée par deux bouées : l'une est mouillée à 3 milles dans le N.5°E. de l'île Choomby, à l'extrémité S.O. d'un banc qui longe la côte, et on la laisse sur tribord en entrant ; l'autre bouée est placée à l'accore S.E. d'un petit banc dont le milieu assèche à 4 milles dans le N. de Choomby, et on la laisse sur bâbord en entrant. Je suis allé quatre fois à Zanzibar, et chaque fois il y a eu beaucoup de malades à bord.

La rade qui s'étend devant la ville de Zanzibar est commode et sûre en toute saison ; elle est protégée par une ligne d'îlots qui l'entourent dans l'O. et le N. On peut jeter l'ancre à deux encâblures de terre, entre la pointe Shangany et le palais de l'iman, par 8 mètres à 10 mètres, fond de sable vaseux. Les grands navires mouillent à 1/2 mille du palais, par 10 mètres à 12 mètres.

(2) La direction des brises que l'on rencontre dans la baie intérieure de Zanzibar obligera presque toujours à mouiller, soit qu'on attaque le mouillage par le N. ou par le S. Dans une circonstance, après avoir doublé l'îlot Latham, j'ai été obligé de mouiller à 9 heures du soir, auprès des îles Gonja. Dans deux autres circonstances, en venant du N., j'ai dû mouiller aux environs de Moïna. D'ailleurs, en mouillant, on a la certitude d'atteindre Zanzibar le lendemain, tandis qu'en prenant la bordée du large on s'exposerait à retarder son mouillage de plusieurs jours.

L'îlot Latham sera une bonne reconnaissance, pour les navires qui vont chercher la passe du S. Cet îlot est plat et peut s'apercevoir à 6 milles du pont d'un navire ; les courants sont violents, de sorte que

(1) M. Fleuriot de Langle a fait observer que cette mosquée se compose d'un monument presque en ruines, et qui n'a point de minaret.

(2) Instructions résumées de M. le capitaine de vaisseau Vte Fleuriot de Langle.

l'on a quelquefois de la peine à le doubler par le S. Dès qu'on aura reconnu l'îlot Latham, on se décidera à donner à toutes voiles dans le canal du S., mais il n'est pas nécessaire de reconnaître cet écueil. Les terres, dans le S., sont assez élevées, et une chaîne de montagnes, à quelque distance, en rend l'aspect remarquable ; d'ailleurs les cocotiers sont très-élevés et s'aperçoivent à 15 milles sur toutes les côtes voisines de Zanzibar.

Si l'on a donné dans les passes le matin, on reconnaîtra successivement le cap Kiziembaz dont les terres sont basses, puis les îles Kualy et Kiziembaz. Quand on arrive sur le méridien de Kualy, on trouve environ 40 mètres d'eau, et l'on conserve à peu près ce brassiage jusque par le travers de Choomby.

Les bancs Harp ou des Harpes, assèchent à demi-marée, de sorte qu'ils ne sont pas à redouter. Quelques hauts-fonds s'étendent au large de la pointe Maja, qui est composée de terre rouge et de coraux assez accores. Cette pointe a à peine 10 mètres de haut, et elle se détache bien sur les cocotiers qui forment de grandes ombres derrière elle.

La brise du large, qui est fraîche dans l'après-midi, soulève un peu de clapot qui fait briser les bancs du N., le soir ; en général, les bancs sont accusés par une forte décoloration de l'eau. Si l'on a quelque hésitation, si l'on n'a point de pilote (ou si les bouées ne sont pas à leur poste), il vaudra mieux laisser tomber un pied d'ancre jusqu'à ce qu'on ait envoyé deux canots marquer l'accore des bancs. On donnera alors facilement dans la passe, et l'on fera route immédiatement pour le mouillage, en donnant un peu de tour à la pointe Shangany. La rade est exempte de dangers, et l'on n'aura qu'à choisir le poste le plus convenable, en faisant attention à garder assez d'évitage pour ne pas aborder ses voisins au reversement de marées, car souvent on évite en sens contraire et les marées sont fortes à Zanzibar.

3° *Instructions pour aller à Zanzibar, par la passe du N., du commencement d'octobre à la fin de mars.*

(1) *Pendant la mousson de N.*, du commencement d'octobre à la fin de mars, on atterrira généralement sur l'île Pemba, quand on

(1) Instructions résumées de DE HORSEY, traduites par MAC DERMOTT.

viendra du N. ou de l'E.. On gouvernera de manière à contourner successivement : *la pointe Ngoowy* (pointe N. de Zanzibar, basse, boisée et bordée d'un récif s'étendant à 1 mille), *dont il faudra passer à 1 mille 1/2; l'île Moïna* (petite, boisée, située au N. de Tumbat et bordée d'un récif s'étendant à 3/4 de mille), *dont il faudra passer à 1 mille ; et la pointe Oswawemba* (blanche, sablonneuse et prolongée par un épi allant à 1/4 de mille), *dont il faudra passer à 1/2 mille.* A partir de cette pointe Oswawemba, on suivra la côte, en se maintenant entre 1/2 mille et 2 milles de terre. On aura d'abord à longer ainsi une suite de falaises pendant 3 milles ; puis une plage de sable qui ne présentera d'interruption qu'auprès de la petite rivière Bubooboo, et qui recommencera après cette rivière. On se dirigera alors sur Mtony, petit village situé sur la plage de Zanzibar et au centre duquel on remarque une grande maison blanche.

La passe dite « *des Anglais* » est située entre la côte de Mtony et le récif E. de l'île Chapany. Pour donner dedans, il faudra veiller de la vergue de misaine, et donner la route pour passer *plus près de la côte que du récif* de Chapany. Au moment où l'on sera dans le chenal, et où les îles Chapany, Kebandeeko et Changoo, seront relevées l'une par l'autre, il sera bon que le navire se trouve à 1/4 de la largeur du chenal du côté de la terre de Zanzibar. Quand les 3 îles commenceront à s'ouvrir, on se tiendra à 5 encâblures de la côte.

Cette route, par la « *Passe des Anglais* » est la meilleure, quand on vient du Nord.

Voici maintenant un résumé des instructions de M. le capitaine de vaisseau Vte Fleuriot de Langle.

(1) En venant du N., il faudra se défier des courants qui portent à l'O. avec force, et tenir compte de ce que Pemba semble avancer plus à l'E. que la carte ne l'indique. La pointe S. de cette île est environnée de récifs dangereux qui ne permettent point de mouiller, de sorte qu'il faut prendre des précautions pour la doubler. Pemba peut se voir à 18 ou 20 milles.

Dans la passe du N., entre Pemba et Zanzibar, les sondes ne s'étendent pas autant que dans la passe du S., et elles sont généralement très-rapprochées de terre.

(1) Instructions résumées de M. le capitaine de vaisseau Fleuriot de Langle.

En venant du large, si l'on n'a pas pu reconnaître la terre avant la nuit, et si l'on craint de se trouver dans le voisinage de l'îlot Latham, on louvoiera toute la nuit pour neutraliser l'effet du courant portant au N. D'ailleurs, même en pratiquant cette manœuvre, on pourra se trouver le lendemain matin au N. de Kiziembaz. Un voilier, en pareil cas, n'aura pas autre chose à faire qu'à contourner Zanzibar pour aller prendre la passe du N. Les vents de N.O. qui règnent le matin sont défavorables pour remonter vers le N., le long de la côte E. de Zanzibar, et il y a plusieurs heures de calme avant que la brise du large se fasse. On mettra donc une partie de la journée à atteindre l'îlot de Muemba, situé à la pointe N.E. de Zanzibar. Il faudra faire attention que, de cet îlot, part un banc faisant une grande saillie à l'E.; ce banc se projette au moins à 2 milles 1/2 de la côte, et sa pointe s'étend au N. au moins à 1 mille plus loin que ne l'indique la carte. D'ailleurs, le courant après avoir porté le navire en dedans de ce banc le lui fait presque toujours contourner sans toucher. Dès que l'on a la brise du large, on franchit aisément la passe et l'on atteint l'îlot Moïna, où l'on a des fonds qui permettent de choisir son mouillage. En appareillant le matin, la brise de terre fera vite franchir la distance qui sépare Moïna de la passe de Mtony ; en serrant la côte, qu'on peut approcher à 1 ou 2 encâblures, il n'y a aucun danger sur cette route jusqu'à ce qu'on soit près de la passe.

Nous terminerons en reproduisant le passage suivant d'un rapport intéressant de M. le capitaine au long-cours J. P. Rival :

« A partir de la pointe Oswawemba, je longeai la côte de Zanzibar à une distance variant entre 2 milles et 1/2 mille, me conformant en cela aux instructions. Quelques milles avant d'arriver dans la passe, c'est-à-dire avant de mettre les trois îles Chapany, le Ponton et Changoo dans le même alignement, je rangeai la côte de Zanzibar à 1/2 mille environ. Je courus ainsi au S., en longeant la côte toujours à peu près à la même distance, et je ne tardai pas à découvrir une bouée conique, couleur de rouille. Cette bouée signale l'accore du banc qui forme la partie O. de la passe : ce banc n'est pas autre chose que le prolongement vers l'E.S.E. du plateau qui sert de base à Chapany. On laisse la bouée à tribord, à une longueur de navire environ. De là, on peut découvrir, à 200 ou 300 mètres environ vers le S.S.O., une autre bouée cylindrique; elle indique l'accore du récif qui borde dans cette partie l'île de Zanzibar; on laisse cette bouée sur bâbord à une longueur de navire au moins. Immédiatement après l'avoir doublée, on vient sur tribord jusqu'à ce qu'on ait le cap en dehors de la partie O. de la ville.

» Il convient de donner un bon tour vers le N.O., en venant prendre le mouillage devant la ville de Zanzibar, car le récif signalé par la dernière bouée (celle qu'on laisse sur bâbord) s'élargit considérablement à mesure qu'on s'avance dans le S.O. La passe, dans la partie où se trouvent les bouées, a un peu moins de 1/2 mille de largeur.

» Il arrive que les bouées indiquant la passe disparaissent ou se déplacent, par suite du mauvais temps. Dans ce cas, il faudrait, avant d'arriver sur l'alignement des trois îles, ranger la côte de Zanzibar à 1/2 mille, pas davantage. Au moment où les trois îles sont sur le même alignement, on est dans la passe. Il faut se trouver alors au quart du chenal, du côté de Zanzibar; laisser courir un moment, en longeant la côte de bâbord, et en venant plutôt un peu sur tribord que sur bâbord, jusqu'à ce que l'île Changoo reste un peu ouverte au S. des deux autres îles. La passe est alors franchie; on vient sur tribord, on met le cap en dehors de la ville et l'on donne un bon tour à sa partie N. Ayant à faire une passe aussi étroite, on ne doit pas négliger les précautions ordinaires : tenir un homme dans la mâture, pour veiller les hauts-fonds; tenir les ancres bien prêtes; avoir une voilure maniable et dégagée; enfin tenir la sonde à la main.

» On mouille en face de la ville, à une encâblure de terre, par 11 mètres de fond, de bonne tenue; la rade est assez bien abritée par les îles et les bancs qui l'entourent. »

4° Instructions pour sortir de Zanzibar.

Pendant la mousson de N., du commencement d'octobre à la fin de mars, on prend ordinairement *la passe du S.*, pour sortir de Zanzibar.

Pendant la mousson de S., du commencement d'avril à la fin de septembre, on peut prendre la passe du N. Mais, avec un navire à voiles, il sera souvent plus simple de prendre la passe du S., dans cette saison, ainsi qu'on le verra dans les instructions de M. le capitaine de vaisseau Vte FLEURIOT DE LANGLE, dont nous donnons ci-après un résumé :

SORTIE DE ZANZIBAR PAR LA PASSE DU NORD (1).

La sortie de Zanzibar peut rarement se faire en un seul jour. Si l'on veut sortir par le N., on appareillera le matin, afin d'être rendu, le soir, au mouillage de Moïna. Les hauts-fonds de la passe Mtony sont beaucoup plus visibles le matin que le soir ; aussi convient-il d'appareiller de bonne heure de Zanzibar ; on franchit promptement les bancs qui sont très-distincts, et l'on se trouve dégagé presque immédiatement. Les marées marnent beaucoup à Zanzibar ; elles rapportent de 5 mètres d'eau dans les grandes marées ; et les marées du soir, pendant la mousson de N.E., l'emportent très-sensiblement sur celles du matin. Il est très-désavantageux, à cause de cela, d'échouer le soir, tandis qu'on est sûr de se relever le soir d'un échouage du matin. Ces marées déterminent de forts courants.

On arrivera donc au mouillage de Moïna, le soir, au moment où la brise du large s'établit. Les vents de N.O. qui règnent le matin ne seront pas toujours assez forts pour faire doubler la pointe de Pemba, qui s'avance beaucoup dans l'E., avant que la brise du large se fasse.

Les vents sont ordinairement frais avec la brise du large, et il faudra faire de la toile pour doubler Pemba. Si la brise incline au S.E., il est rare qu'on réussisse du premier coup, et il faut alors revenir au mouillage. Dans une circonstance, après avoir louvoyé toute une nuit avec beaucoup de toile, je me suis trouvé le matin en plein canal, entre Pemba et la côte d'Afrique ; le courant m'avait drossé de plus de 40 milles pendant la nuit ; et je me résolus à sortir par ce canal qui n'a d'autre inconvénient que d'exposer au calme ; j'avais doublé la pointe N. de Pemba avant la nuit. Cette pointe est entourée d'un banc qui permet d'y mouiller ; plusieurs mouillages existent à la pointe N. de Pemba, et sont fréquentés par les boutres à la saison de la mousson de S.O. ; il faudra se défier du courant, qui porte violemment sur ce ce banc, et prendre un peu à l'O. pour balancer son influence. Dans une autre circonstance, malgré la force du vent et du courant, je

(1) Instructions résumées de M. le capitaine de vaisseau FLEURIOT DE LANGLE.

parvins à doubler la pointe S. de Pemba au vent; mais il faut un bon équipage et un bâtiment solide pour tenter cette manœuvre.

Nous ajouterons, à ces instructions, l'observation suivante de M. le capitaine de vaisseau TARDY DE MONTRAVEL :

(1) Pendant la mousson de S.O., si l'on voulait sortir de Zanzibar par le N., on devrait mouiller le soir auprès de l'île Moïna, pour en appareiller le lendemain matin de bonne heure, avec la brise de S.O., qui permettrait d'être en position de doubler l'île Pemba au vent, lorsque vers midi le vent hâlerait le S. et le S.S.E., ainsi qu'il arrive généralement. C'est ce que nous avons dû faire nous-mêmes, après avoir essayé vainement de doubler l'île Pemba dans l'après-midi du jour de notre départ; le vent ayant déjà varié au S.S.E., lorsque nous débouquâmes du canal, il nous a fallu, pour n'être pas contraints à passer sous le vent de cette île, regagner le mouillage de Moïna pour y attendre le lendemain.

SORTIE DE ZANZIBAR PAR LA PASSE DU SUD (2).

Pour sortir par la passe du S., on appareillera généralement dans l'après-midi, au moment où la brise de l'E. sera faite. En deux bords, on se trouvera en dehors de la pointe Maja; puis, si la brise est favorable, on pourra doubler l'île Choomby avant la nuit, et l'on attendra à l'ancre que la brise de terre permette de prendre le large.

Beaucoup de capitaines préfèrent la sortie du S. à l'incertitude de doubler Pemba. La mer est toujours plus grosse dans le canal de Pemba que dans celui de Kiziembaz, et la bordée du S. avec les vents de S.E. fera souvent doubler le cap Pouna, où l'on retrouvera le soir la brise rétablie au S.S.O., ce qui permettra de doubler Latham au vent sans en être trop inquiété.

Les quelques lignes qui précèdent résument les indications données par M. le capitaine de vaisseau Vte FLEURIOT DE LANGLE. Nous reproduisons maintenant l'extrait d'un rapport de M. le capitaine au long-cours J.-P. RIVAL, dans lequel on trouvera d'utiles renseignements :

(1) Observations de M. le capitaine de vaisseau TARDY DE MONTRAVEL.
(2) Instructions résumées de M. le capitaine de vaisseau FLEURIOT DE LANGLE, et de M. le capitaine au long-cours J.-P. RIVAL.

« Après avoir appareillé (en février 1873), je contournai la partie S.O. de la ville de Zanzibar, à 1/2 mille au moins, et je gouvernai ensuite au S.$^1/_4$S.E. du compas, pour aller me mettre dans l'alignement d'une petite maison blanche à portiques, située au bord de la plage, avec le seul minaret qui est situé dans la partie N.E. de la ville. L'alignement de ces deux points donne le N.23°E. du compas. En suivant la route opposée à cet alignement, on ne tarde pas à voir une bouée conique, couleur de rouille, un peu par tribord devant. Il convient de donner à cette bouée, qu'on laisse par tribord, 100 mètres de tour environ ; elle signale l'accore E. du banc Larkbry du S. : la décoloration de l'eau, en dedans de la bouée, est très-prononcée et se distingue de loin. Ordinairement, quand on est parvenu à cette bouée, on en distingue une autre, cylindrique et couleur de rouille, par bâbord devant. Si l'on ne la voyait pas, il faudrait continuer à se servir de l'alignement indiqué ci-dessus. A défaut de l'alignement, on gouvernerait au S.S.O. du compas, jusqu'à ce qu'on découvre la bouée cylindrique. Il faudra la tenir par bâbord devant, et la doubler à la même distance que la première. Cette bouée signale la partie O. du banc Maja ; et l'on doit être prévenu que la décoloration de l'eau, sur ce banc, est très-peu apparente. On gouvernera ensuite de manière à laisser l'île Choomby par bâbord, à 2/3 de mille au moins.

» L'alignement de la maison à portiques avec le minaret (appelé alignement Cosman) est exact. Mais, comme il fait prendre la passe obliquement, il en résulte qu'en suivant cet alignement, on passe très-près : d'abord de l'accore du banc Larkbry du S.; et ensuite de l'accore du banc de la pointe Maja. De plus, le minaret est très-bas, de sorte que, lorsqu'on se trouve dans l'alignement, il n'a pas plus d'apparence qu'une grosse cheminée de maison. Pour ces raisons, le mieux est de se guider d'après les bouées, dès qu'on peut les apercevoir ; il faut aussi avoir toujours la sonde à la main ; et enfin avoir un homme dans la mâture, pour tenir compte des avertissements que pourra donner la décoloration de l'eau et la vue des bouées à une plus grande distance que si l'on ne regardait que de dessus le pont. »

§ 90. — **Mombaze** [1].

RENSEIGNEMENTS SUR L'ILE ET SUR LES MOUILLAGES DE MOMBAZE.

L'île de Mombaze a 3 milles de long et 1 mille 1/2 de large; elle est plate, peu élevée et couverte de bois très-épais de manguiers et de baobabs. La côte S.E. de l'île que l'on aperçoit, en venant du large, est rocheuse, noire et escarpée, haute de 15 à 20 mètres. On la reconnaît facilement par un pilier de 7 à 8 mètres d'élévation, bâti sur la pointe la plus avancée, et par le château de Mombaze que l'on aperçoit en arrière, dominant les collines environnantes. Cette côte est bordée d'un haut-fond jusqu'à 100 mètres au large. Les rives de la grande terre offrent le même aspect que les parties de l'île qui les avoisinent : hautes et rocheuses auprès des embouchures, basses et couvertes de palétuviers, quand on remonte dans les rivières. La ville de Mombaze est bâtie à l'entrée de la rivière du N.E. Le fort de Mombaze est situé par 4°04'00"S. et 37°23'12"Est (*Connaissance des Temps).*

Les deux bras de la rivière qui entourent l'île de Mombaze offrent un excellent abri en toute saison. Cependant, comme les vents, sur cette côte, dépendent de l'E. au S. pendant la plus grande partie de l'année, *le mouillage dans la rivière du S.O.* aura généralement *l'avantage d'offrir des eaux plus calmes* et une sortie plus facile. Du reste, même durant la mousson de N.E., il conviendra de profiter des brises de terre qui règnent jusque vers 8 ou 9 heures du matin, quand on voudra sortir de l'une ou l'autre des rivières.

A la rigueur, on peut mouiller en dehors des rivières, depuis 1/2 mille jusqu'à 1 mille 1/2 de terre, par des fonds de 7 à 20 mètres. Mais, à ce mouillage, la mer est ordinairement grosse, et l'on court le risque d'y perdre des ancres, sur un fond parsemé de roches et de coraux. La meilleure position serait à environ 1 mille de terre, par 15 mètres de fond de roche molle, relevant au N.O. le château de Mombaze, et à l'O. la pointe de gauche de l'entrée de la rivière du S.O.

(1) Instructions résumées de M. le capitaine de vaisseau GRASSET, aujourd'hui contre-amiral.

INSTRUCTIONS POUR ENTRER DANS LES RIVIÈRES DE MOMBAZE.

Pour donner dans la rivière du N.E., on se mettra à environ 1 mille 1/2 de l'île, en relevant le pilier de la pointe S.E. au N.59°O., et l'on fera route sur ce pilier jusqu'à 2 encâblures de terre. On se dirigera alors sur l'entrée, en ralliant la côte de l'île pour éviter un banc de sable qui part de la grande terre du N., et qui obstrue une grande partie de l'embouchure. Les moindres fonds que l'on aura seront de 11 mètres ; cette route passe près de deux fonds de 9 mètres que l'on laisse sur tribord.

L'entrée de la rivière du S.O. n'a que 250 mètres de large. *Pour donner dedans,* après avoir dépassé le banc qui s'étend devant les embouchures, on se tiendra à une distance de la côte de l'île de 1 encâblure 1/2 à 1/2 encâblure ; on a dans la passe des fonds de 40 à 50 mètres, et une mer calme. On peut jeter l'ancre sur toute la longueur de la rivière jusqu'à la pointe N.O. de l'île par des fonds variables de sable, vase et roche molle.

CHAPITRE SECOND.

Iles Maurice et la Réunion. — Les Seychelles (Mahé). Les Comores (Mayotte et Anjouan).

§ 91. — Port-Louis (île Maurice) [1].

L'île Maurice (autrefois île de France) est montagneuse ; et elle se voit à une cinquantaine de milles, quand le temps est clair, ce qui arrive rarement, car les parties élevées sont généralement voilées par

(1) Instructions résumées de HORSBURGH et divers documents. Port-Louis est situé par 20°09'45"S. et 55°12'00"Est. *(Connaissance des Temps.)*

des vapeurs, ou des nuages. Lorsqu'on approche de la côte E. de cette île, on doit veiller les brisants qui la bordent et qui s'étendent en certains points jusqu'à une distance d'environ 3 milles.

Dans le N. de Maurice, se trouvent quatre petits îlots. Ce sont : l'île Ronde ; l'île des Serpents ; l'île Plate et le Coin-de-Mire.

L'île Ronde, la plus remarquable des quatre, est à 12 milles de la côte, par 19°50′30″S. et 55°26′E. Elle a 1 mille de diamètre, et 306 mètres de haut. Elle est visible à 30 ou 36 milles de distance ; et, lorsqu'on vient de l'E., on l'aperçoit sous la forme d'une meule de foin. Si le temps est couvert, on la voit avant Maurice.

L'île aux Serpents est à 1 mille 1/4 dans le N.E.$^1/_2$N. de l'île Ronde.

L'île Plate (ou île Longue) est à environ 7 milles dans l'O. de l'île Ronde. Elle est très-basse dans sa plus grande étendue, et séparée en deux par un petit bras de mer. Près de la côte N. de l'île Plate, est une grande roche ressemblant à une tour, appelée le Colombier ou le Pain-de-Sucre, et qui est jointe à l'île par des roches à fleur d'eau. A l'extrémité O. de l'île Plate, qui est la seule partie élevée, une tour de phare a été construite par 19°53′26″S. et 55°20′48″E. Le feu est tournant, brillant pendant 20 secondes, puis caché pendant 40 secondes, et ainsi de suite. Il est à 109 mètres au-dessus de la mer et se voit, par temps clair, à 25 milles, du pont d'un navire.

Le Coin-de-Mire est à 10 milles dans l'O.S.O.$^1/_2$O. de l'île Ronde. La côte N. de l'île du Coin-de-Mire est bordée par des roches, les unes couvertes, les autres découvertes, qui s'étendent à une demi-encâblure environ du rivage.

La pointe des Canonniers, vers l'extrémité N.O. de Maurice, porte un phare situé par 20°00′35″S. et 55°15′E., à une distance de 9 milles dans le S.O.$^1/_2$O. du phare de l'île Plate. Le feu de la pointe des Canonniers est *fixe*, situé à 11 mètres au-dessus de la mer, et visible à 10 milles par temps clair. Ce feu permet d'éviter le récif qui s'étend à près de 2 milles de la pointe des Canonniers (l'existence de ce récif paraît douteuse) ; et il donne également le moyen de s'éloigner des récifs qui sont au N.E. et au S.O. de cette pointe. Le feu est blanc ; cependant, lorsqu'on est dans le S., à moins de 6 milles, et si l'on se trouve placé de manière à le relever au N. du N.E.$^1/_2$E., le feu paraît rouge, et l'on est ainsi prévenu qu'il faut s'éloigner de la terre dont on s'est trop rapproché.

Whale Rock est une roche qui ne porte que 1^m,80 d'eau à basse mer. Elle est à 3 encâblures du phare de la pointe des Canonniers et à 250 mètres des rochers découverts les plus voisins.

On passera dans le N.O. de Whale Rock, en relevant l'extrémité O. du Coin-de-Mire par le milieu de l'île aux Serpents, au N.55°E.; ou en relevant le feu de l'île Plate au N.52°Est.

Il faut se défier des courants qui sont forts et variables en direction auprès de la pointe des Canonniers; et il faut éviter de confondre le feu *fixe* de la pointe des Canonniers avec le feu flottant à éclat qui est devant Port-Louis, comme cela est arrivé à plusieurs navires qui ont fait naufrage sur Whale Rock.

En venant de l'E. ou du N.E., pendant le jour, on commencera très-généralement à voir l'île Ronde, et l'on gouvernera pour passer à 2 ou 3 milles dans le S. de cette île. Quand on l'aura doublée, on distinguera le Coin-de-Mire dans l'O.¹/₄S.O., et l'on se dirigera dessus, jusqu'à ce qu'on n'en soit plus qu'à 1 mille, moment à partir duquel on gouvernera vers le N.O. Pendant ce trajet, il faudra donner du tour à l'extrémité O. de l'île Plate, pour éviter le banc de roches qui s'étend à assez grande distance de la pointe S.O. d'une crique sablonneuse, précisément en face du Coin-de-Mire. Afin de parer ce banc, on se tiendra à mi-chenal, ou plutôt un peu plus près du Coin-de-Mire que de l'île Plate. Après avoir ainsi doublé le Coin-de-Mire, en passant à 1 mille ou 1 mille 1/2 de sa côte N., on fera route pour doubler la pointe des Canonniers, en passant à 1 mille au large des récifs qui bordent la côte et qui prolongent les pointes. En quittant le Coin-de-Mire, si les vents viennent de terre, on gouverne au S.O.; mais, s'ils soufflent du large, il faut mettre plus d'O. dans la route, à cause de la houle qui porte sur la côte.

Entre l'île Ronde, l'île Plate et le Coin-de-Mire, le flot court au N.O. et quelquefois à l'O.; le jusant porte au S.E. et à l'E. Ces courants atteignent parfois des vitesses de 3 nœuds. Si l'on est pris par le calme, dans le passage entre les îles, on mouillera une petite ancre par des fonds de 30 à 35 mètres, corail ou graviers, afin de ne pas se laisser drosser sur les récifs de l'île Plate, ou dans le chenal compris entre l'île Plate et l'île Ronde qui est obstrué par des bancs. Lorsqu'on se trouvera souventé dans le N. de l'île Ronde, il faudra passer aussi en dehors de l'île Plate, à 1 mille 1/2 dans le N., après quoi l'on se dirigera sur l'extrémité O. du Coin-de-Mire, puis l'on ira doubler la pointe des Canonniers.

Après avoir doublé cette pointe, on continuera de se tenir à 1 mille des récifs qui bordent la côte. Ceux qui sont à l'entrée de la baie des Tortues et de la baie du Tombeau s'avancent plus au large que les autres; on les évite en se tenant, pendant le jour, par 25 mètres d'eau au moins, et pendant la nuit par 36 mètres au moins. On distingue plusieurs batteries avant de voir le *bateau-feu* (décrit plus loin) et le pavillon qui surmonte la bouée à cloche, mouillée la plus au large des bouées du chenal. On aura, pendant toute cette navigation, une bonne vigie sur la vergue de misaine, pour veiller le changement de couleur de l'eau qui annonce l'approche des récifs. Les pilotes vont prendre les navires à 2 ou 4 milles au large, surtout quand on fait le signal pour les demander. Les vents étant généralement contraires, pour entrer dans le port, on est obligé de se touer à l'aide d'amarres élongées sur les bouées.

En venant de l'E., ou du S.E., durant la nuit, il faudra donner 3 milles de tour aux récifs qui bordent la côte E. de l'île et qui sont au large de l'île Amber. On devra de plus faire en sorte de relever toujours le feu de l'île Plate dans l'O. du N.N.O.$^1/_2$O., tant que l'on n'aura pas amené le Coin-de-Mire à l'O. du monde. A ce moment, si la nuit est claire, on gouvernera pour passer à mi-chenal entre l'île Plate et le Coin-de-Mire.

Mais, quand la nuit est trop sombre pour permettre de distinguer la terre, et lorsqu'on n'aperçoit l'île Ronde que dans la soirée, trop tard pour qu'on puisse doubler le Coin-de-Mire avant la nuit, il vaut mieux ne pas s'engager entre les îles, et courir de petites bordées au large de l'île Ronde, à une distance comprise entre 2 et 6 milles environ, en attendant le jour. Il est recommandé de ne pas mettre en panne, à cause des courants.

Etant parvenu à l'O. du Coin-de-Mire, on verra le feu fixe de la pointe des Canonniers, et l'on continuera de faire de l'O. jusqu'à ce qu'on relève le feu de l'île Plate au N.N.E.$^1/_2$N. A ce moment, l'on pourra mettre le cap à l'O.S.O.$^1/_2$S., afin de passer à 2 milles de la pointe des Canonniers. Après l'avoir doublée, on mettra en panne en faisant servir de temps en temps pour se maintenir; et l'on attendra le jour pour gouverner sur le mouillage. Il faudra ouvrir l'œil, après avoir dépassé la pointe des Canonniers, et tant qu'on n'en sera pas à 7 milles au moins dans le S., afin de voir toujours ce feu *blanc*, et de ne pas s'approcher de terre dans l'espace où ce feu paraît rouge, attendu que l'on serait alors en position dangereuse trop près des récifs.

Un bateau-feu (dont nous avons déjà parlé plus haut) montrant un feu blanc, à *éclats*, visible à 9 milles, se trouve mouillé par 27 mètres d'eau, à petite distance dans le N.O. de la bouée à cloche. Etant sur le bateau-feu, on relève les pointes extrêmes de la côte : au N.E.$^1/_4$N. et à l'O.S.O., en même temps que le mât de pavillon du fort George au S.E. La chaîne de ce bateau-feu ayant plus de 250 mètres, dans une direction N.N.O. et S.S.E., les navires qui mouillent dans ses environs doivent veiller à ne pas engager leur ancre dessus.

Dans le cas où le bateau-feu ne se trouverait plus à son poste, soit pour subir des réparations, soit pour toute autre cause, il a été entendu qu'un autre ponton provisoire serait mouillé à sa place, et que les navires pourraient le reconnaître aux marques suivantes. Pendant le jour, deux flammes blanches, avec croix bleue, et un ballon au-dessous de chacune, seront hissés aux deux mâts. Pendant la nuit, deux feux seront hissés, un à chaque mât et à égale hauteur. De plus, un feu bleu ou un feu blanc éclatant sera brûlé à chaque demi-heure.

A bord d'un navire venant du N., après avoir contourné la pointe Canonnier, on fera en sorte de ne pas amener le feu de cette pointe à l'O. du feu de l'île Plate, tant qu'on n'aura pas aperçu le bateau-feu. Au moment où l'on verra ce dernier, on l'amènera dans le S.S.O.; et, quand on le relèvera à cet air de vent, on gouvernera dessus. Dès qu'on s'estimera à une distance de 1 mille à 1/2 mille du bateau-feu, on mouillera par des fonds de 36 à 22 mètres.

A bord d'un navire venant de l'O., on cherchera à amener le bateau-feu à l'E.$^1/_4$N.E.; puis, quand on le relèvera à cet air de vent, on gouvernera dessus, et l'on mouillera à 1/2 mille du bateau-feu, en le relevant toujours à l'E.$^1/_4$N.E. Si l'on veut mouiller un peu plus dans le N., on laissera tomber l'ancre un peu plus loin du bateau-feu, par des fonds de 36 à 22 mètres.

A Port-Louis, l'heure du plein, aux syzygies, est midi et demie. La mer marne de $0^m,90$ en vives eaux; et de $0^m,60$ en mortes eaux.

§ 92. — La Réunion (Saint-Denis et Saint-Paul) (1).

Les navires destinés à l'un des ports de la Réunion (Saint-Denis ou Saint-Paul) peuvent atterrir sur la côte S.E. de l'île. Puis, en se dirigeant vers le N.O., et en se rapprochant de la côte, on verra le feu fixe de la pointe de Bel-Air, qui est allumé sur une tour peinte en blanc, élevé de 46 mètres et visible à 18 milles. Ce feu se trouve sur la côte N.E. de l'île, par 20°53'S. et 53°18'E. Après l'avoir dépassé, on apercevra bientôt le mât de pavillon de Saint-Denis, qui est haut et gréé avec des vergues; et ensuite on verra les navires qui sont mouillés dans le N.O. On se dirigera dessus, et l'on mettra en panne pour attendre le pilote qui viendra à bord et qui conduira le navire à son mouillage. Pendant la nuit, le mieux est de courir des bords pour se maintenir au vent du port, jusqu'au point du jour. Si le pilote ne vient pas à bord, on peut, pendant le jour, mouiller un peu sous le vent du mouillage, par des fonds de 12 à 20 mètres. Il y a, à Saint-Denis, deux feux fixes, établis sur le mât de pavillon, séparés l'un de l'autre par un intervalle de 3m,50 ; il se confondent en un seul feu, quand on est à 5 milles; et leur portée est de 8 milles. Le mât de pavillon est par 20°51'38''S. et 53°06'45''Est.

Les navires destinés à Saint-Paul seront certains d'avoir doublé la pointe des Galets, qui est très-basse, lorsque, en venant de l'E., ils verront le pic Cimandet dans la ravine de la rivière des Galets. *Pendant la belle saison,* les vents dominants dans la baie de Saint-Paul sont ceux de S.O., et l'on mouille par 25 à 35 mètres d'eau, dans l'O.N.O. du mât du port, avec une ancre d'affourche au S.E. *Pendant l'hivernage,* d'octobre ou de novembre en avril, avec les vents généraux du N.E., on mouille dans le N.N.O. du mât du port, par 30 à 40 mètres d'eau, avec l'ancre d'affourche au S.E. Un petit feu fixe blanc, hissé au sommet du mât, est visible à 6 ou 7 milles.

§ 93. — Mahé (Seychelles) (2).

Sur la côte N.E. de l'île Mahé, se trouve un port appelé Port-

(1) Instructions de Horsburgh; et observations de M. l'enseigne de vaisseau Cloué (aujourd'hui vice-amiral).
(2) Instructions de Horsburgh et documents divers.

Victoria. L'île est visible à une trentaine de milles de distance; sa côte E. est bordée par un récif de corail qui présente une coupure devant la ville de Victoria. On pénètre, par cette coupure, dans le port intérieur, qui est en dedans du récif et où plusieurs navires peuvent s'affourcher.

La rade extérieure est abritée des vents d'E. et de S.E. par un groupe d'îles appelées : l'île Sainte-Anne, l'île du Cerf, l'île Longue, l'île Moyenne et l'île Sèche (cette dernière s'appelle aussi île Beacon, ou île de la Balise). Pour gagner la rade, on passe ordinairement au N. de l'île Sainte-Anne, qui est la plus grande et la plus N. du groupe d'îles. On peut ranger de près la pointe N. de cette île, en se dirigeant vers l'O.; mais, dès qu'on relève cette pointe par le travers de bâbord; dans le S., il faut s'écarter un peu de terre pour contourner la partie N.O. de l'île qui est bordée par un banc de roches s'étendant à 1/4 de mille. On mouille par 16 à 18 mètres d'eau, sable, à un demi-mille de la côte O. de l'île Sainte-Anne, et en relevant le pic de cette île à l'E.$^1/_2$N. et la pointe O. de l'île du Cerf au S.3°Est.

Ce mouillage est exposé aux vents de N. Il est rare que les vents y soufflent bon frais, pendant la mousson de S.E., d'avril en octobre. Mais, pendant l'autre mousson, il faut s'attendre à des rafales de terre, durant lesquelles les vents varient.

Il y a aussi un port intérieur compris entre les récifs de corail, et portant le nom de Barachois. L'on peut y mouiller à 1 mille seulement de la ville. Une bonne marque, pour entrer dans le port intérieur, consiste à tenir l'île Beacon par l'extrémité S. de Sainte-Anne. Dans ce passage, les fonds varient de 16 à 18 mètres.

D'octobre en avril, le capitaine Moresby indique encore que l'on se trouve bien dans le S.E. de l'île Sainte-Anne, entre cette île et l'île Moyenne.

L'heure du plein, aux syzygies, est à 5 h. 20 m.; et la mer marne de 1^m,80 dans les grandes marées. Le flot court au S.S.O.

L'île Sainte-Anne et le mouillage, sur sa côte O., sont par 4°36′S.; et l'île Sainte-Anne est par 53°13′E., d'après Owen.

Nous compléterons ces instructions générales, en reproduisant ci-après les renseignements que nous a communiqués un capitaine très-pratique de ce port :

« La rade de Mahé est d'un accès facile par le N. et par le S. de l'île Sainte-Anne. Les cartes sont suffisantes.

» On trouve des pilotes pour entrer dans le port Victoria. On chercherait vainement l'allée d'arbres remarquable, que certaines cartes continuent à indiquer comme alignement pour entrer dans ce port. Le chenal est balisé, et les sinuosités de la passe sont visibles de la mâture ; on fera bien cependant de prendre un pilote, la première fois qu'on entrera à Victoria. Le peu d'espace oblige le navire à affourcher. La tenue est très-bonne ; les récifs abritent de la mer de tous les côtés. Pendant la saison des vents d'O., de novembre à mai, la brise souffle quelquefois grand frais. Dans ce cas, des rafales très-dures tombent des hautes montagnes qui surplombent le port. La nuit, on ne peut songer à entrer en rade de Victoria ; on est obligé de mouiller fort loin en tête de l'île Sainte-Anne.

» Au commencement de 1876, on construisait un phare sur la plage à un millier de mètres au N. de la ville, et un petit feu de port sur une tête de récif. Mais, on n'avait l'intention d'allumer ces deux feux que pendant les nuits où le paquebot serait attendu. »

Pour terminer, nous devons prévenir qu'à la fin de l'année 1877, un phare a été construit, à l'accore N.O. du récif S., à l'entrée du Port-Victoria, par 4°36′48″S. et 53°11′E.; il est en granit, peint en blanc et haut de 13 mètres. Il montre un *feu fixe rouge*, qui se trouve élevé de 12 mètres au-dessus de la mer, en grande marée.

Pendant la nuit, étant parvenu à 3 encâblures de la pointe N.O. de l'île Sainte-Anne, on pourra gouverner au S.O. (1), en tenant le phare entre le S.O.$^1/_4$O. et le S.S.O.$^1/_2$O., jusqu'à ce qu'on relève la pointe S. de Sainte-Anne à l'E.S.E. Alors, on gouvernera au S.O.$^1/_2$S., le cap sur le mouillage, en tenant le phare entre l'O.$^1/_4$S.O. et l'O.S.O.3°O. En faisant cette dernière route, l'on aura l'entrée du port *intérieur* ouverte ; mais il vaut mieux ne pas y entrer, de nuit.

A l'entrée du port, des corps-morts sont mouillés au N.55°E., à 3 encâblures du phare ; ils sont marqués par une bouée rouge en fer et servent aux paquebots. Les ancres de ces corps-morts sont mouillées E. et O.; et on leur donnera *au moins* 1/2 encâblure de tour, pour ne pas mouiller dessus.

Des balises et des bouées ont été placées, en 1877, le long de la route extérieure et dans le havre intérieur, pour permettre aux grands bâtiments d'entrer, *de jour,* sans pilote. En entrant, on laisse sur

(1) Les airs de vent sont ceux du compas. La variation était 4°40′N.O., en 1877.

tribord toutes les bouées rayées et les balises surmontées d'un ballon; et sur bâbord, toutes les bouées noires et les balises à demi-ballon. Le meilleur mouillage est entre la troisième bouée rayée, rouge et blanche, et la seconde balise noire.

La ville de Mahé est située par 4°37'30"S. et 53°10'12"E. *(Connaissance des Temps.)*

§ 94. — **Mayotte (Zaoudzi)** (1).

Les deux passes principales que l'on peut prendre, pour entrer à Mayotte, sont : celle *de Bandéli*, du côté E.; et celle *de Zambourou*, dans le N.O.

1° *Passe de Bandéli (cette passe est la meilleure).*

En venant de l'E., on se placera sur le parallèle de la montagne Mavegani, et l'on fera route vers l'O., en veillant bien les récifs dont l'approche se reconnaît aux changements de couleur de l'eau. On les verra surtout très-bien, quand on arrivera dans la matinée, avec le soleil derrière soi. Sur le morne X de la montagne Mavegani (élevée de 642 mètres) se trouve, à une assez grande hauteur, un obélisque blanchi à la chaux; et, dès qu'on l'apercevra, il faudra le relever au N.83°O. du monde, et gouverner dessus en le maintenant dans cet air de vent pour donner dans la passe. On verra d'ailleurs, au-dessous du premier obélisque dont nous venons de parler, et tout près de la mer, un second obélisque également blanchi à la chaux et qu'il faut tenir à peu près par le premier pour donner dans la passe. Il sera bon, en entrant entre les récifs, de tenir l'obélisque d'en haut *un peu* à gauche, c'est-à-dire au S. de celui d'en bas; et quand on sera plus avancé dans la passe, il faudra au contraire amener l'obélisque d'en haut *un peu* à droite, c'est-à-dire au N. de celui d'en bas. En gouvernant ainsi, lorsque le pic d'Uchongui (pain de sucre élevé de 642 mètres) se trouvera dans le S.O.$^1/_4$O. par l'extrémité N. de la petite île Bandéli, on sera en dedans de tout, et l'on viendra sur tribord, pour passer à une encâblure ou deux dans l'O. de la plus Ouest des îles Ajangua; puis dans l'E. de l'île Bouzi. De là, on ira facilement au mouillage, en se dirigeant vers le N.$^1/_4$N.E.

(1) Instructions de HORSBURGH et documents divers.

2° *Passe de Zambourou.*

La passe de Zambourou demande une grande attention. Elle peut être prise par les navires venant du N., et à la condition bien entendu d'avoir le plan détaillé et les instructions spéciales donnant les alignements à suivre successivement, qui sont au nombre de quatre. On atterrit sur la petite île Zambourou, qui est à 3 milles au large de l'extrémité N.O. de Mayotte. Cette petite île a seulement 1 mille de diamètre, est très-escarpée, n'a pas de terre végétale et présente deux sommets (environ 300 mètres), de sorte qu'en la voyant de la partie du N., elle a une forme de selle très-caractéristique. En venant du N., on gouverne de manière à tenir le pic Zambourou dans le S. du S.50°E., de manière à contourner dans l'O., à une distance d'au moins 1 mille, le haut-fond extérieur ou banc du N. On va ainsi se placer dans le premier des alignements indiqués sur le plan, qui consiste à tenir au S.52°E. le cap Douamouni par le second sommet (ou pic S.O.) de Pamanzi, jusqu'à ce que le pic Zambourou reste au S.80°O.; et l'on continue en gouvernant au N.80°E., pour aller chercher le second alignement.

3° *Renseignements généraux* (1).

« Dans les parages des Comores, la mousson de S.O. commence en avril et dure jusqu'à la fin de septembre. Les vents varient du S.O. au S.E. quelquefois très-frais; et, par exception, ils soufflent même en coup de vent pendant deux ou trois jours. Le plus ordinairement, on ne trouve que des brises très-modérées. Dans cette saison, il pleut rarement; et l'on peut compter sur un temps clair.

» D'octobre en décembre, les vents passent à l'E. et au N.E. On éprouve alors des grains de cette partie, mais ils sont rares; on a des brises très-modérées ou des calmes. Depuis la fin de décembre jusqu'en avril, les vents se fixent de l'O.N.O. à l'O.; on a souvent des calmes; les grains sont violents, et l'on éprouve quelquefois des coups de vent pendant lesquels la pluie tombe presque sans interruption; on n'a pas de vue, et les plus hautes terres ne s'aperçoivent que lorsque l'on en

(1) Ces renseignements nous sont donnés par un capitaine expérimenté, qui a fréquenté Mayotte à plusieurs reprises, et en dernier lieu à la fin de l'année 1876.

est très-près. Janvier et février sont les mois pendant lesquels le mauvais temps est plus particulièrement à craindre.

» Les cartes de Mayotte sont bonnes. Les bouées sont bien en place ; elles sont blanches pour la plupart, et l'on ne s'inquiète pas de les peindre d'une façon particulière, ce qui du reste est inutile. On a placé une bouée blanche au mouillage N. de Zaoudzi, sur le haut-fond de corail le plus N. (marqué six pieds). Lorsqu'on vient prendre le mouillage au S. de Zaoudzi, il ne faut pas laisser tomber l'ancre au large du prolongement de la jetée, où il y a beaucoup de coraux et où l'ancre pourrait être engagée. En dedans de la jetée et tout le long de Zaoudzi, il y a bon fond de sable. C'est à *tort* que plusieurs cartes portent *un feu fixe* sur Zaoudzi, ou Pamanzi ; *on le chercherait en vain, car il n'y en a point.*

» Il y a une station de pilote sur l'île Bandéli. Les navires entrant par la passe Bandéli en trouvent donc toujours ; on n'en a pas pour entrer par la passe Zambourou. Lorsqu'on veut un pilote, pour sortir par les passes N., il faut le demander à la direction du port. »

L'île Zaoudzi est située par 12°46′43″S. et 42°59′30″E. *(Connaissance des Temps).*

§ 95. — Anjouan (1).

La ville de Johanna (Anjouan ou Moussamedou) se trouve sur la côte N. de l'île d'Anjouan, dans l'enfoncement que forme cette côte, à 10 milles de l'île de la Selle (ou île Saddle) et à 6 milles 1/2 de la pointe N.E. L'extrémité S.O. de la ville est par 12°09′50″S. et 42°06′Est.

Pendant la mousson de N., du commencement d'octobre à la fin de mars, on accoste l'île d'Anjouan par l'E., à cause des brises légères et des courants portant à l'O., qui pourraient drosser sur Mohilla (ou Mohéli), si l'on atterrissait par l'Ouest.

Pendant la mousson de S., du commencement d'avril à la fin de septembre, les voiliers ont avantage à atterrir par l'O. Ils trouveront fréquemment de ce côté de fraîches brises, tandis qu'ils seraient encalminés du côté de l'E. Ils donneront au moins 2 milles de tour à l'île Saddle (ou de la Selle), afin d'éviter les mauvais fonds de roches

(1) Instructions de HORSBURGH et documents divers.

très-accores qui s'étendent à 1 mille dans le N. et à 2 milles dans l'O. de cette île; et aussi afin de se tenir en garde contre la forte houle et le calme qu'ils pourront trouver sous le vent de l'île. De là, on pourra souvent atteindre le mouillage de la bordée, mais il ne faudra pas laisser porter trop vite sur la terre. Les récifs bordent la côte N. d'Anjouan depuis l'île de la Selle jusqu'à 4 milles plus loin dans l'E.; il est donc prudent de ne pas longer la terre à moins de 1 mille 1/2. Le fond est presque toujours visible sur ce banc; et, dès qu'on l'a doublé, on se rapproche de la côte en se tenant sous une voilure maniable, et en veillant les rafales qui viennent de terre à l'improviste. Le mouillage est à 3/4 de mille dans l'O. de la ville, devant une rangée de cocotiers. Entre ces cocotiers et la ville, on voit une grande roche noire. L'aiguade est à l'extrémité O. de la rangée de cocotiers qu'on appelle Brown's Gardens. Quand on est près de la roche noire, il convient de lofer pour se rapprocher de terre et se placer sur les sondes; puis il faut se tenir prêt à virer si l'on ne pouvait atteindre le mouillage à la bordée. On doit aussi sonder avec la grande ligne, en courant sur la terre et avoir le plomb à main tout prêt; les canots doivent être prêts à donner une remorque, si la brise venait à manquer.

L'étendue de ce mouillage est très-limitée. La meilleure position est, comme nous l'avons dit, devant la plantation de cocotiers, en relevant au S.E. une petite balise blanche, en pierre, qui se trouve à une demi-encâblure à l'E. de l'aiguade et à 1 encâblure dans l'O. d'une colline ronde et couverte de verdure. Dans cette partie, les sondes diminuent régulièrement depuis le rivage jusqu'aux fonds de 35 mètres qui se trouvent à 1/4 de mille de terre; les fonds, auprès de la côte, sont de sable noir avec des coquilles et coraux brisés.

Il y a aussi un bon mouillage, où l'on peut s'affourcher, en relevant le pic d'Anjouan au S.S.E.$^1/_2$S., la mosquée à l'E., et les extrémités de la baie au N.E. et au N.O.$^1/_4$O. On mouille l'ancre de terre par 18 mètres, vis-à-vis d'un ruisseau, qu'on relève au S.$^1/_4$S.O. On sera ainsi à 2 encâblures 1/2 de terre, à la basse mer.

L'eau donnée par les aiguades est très-bonne, excepté pendant la saison des pluies, où il arrive qu'elle se corrompt après quelque temps de séjour à bord, à cause de la quantité de matières végétales qui s'y trouvent en suspension.

L'heure du plein, aux syzygies, est 3 h. 1/2. La mer marne de 2^m,60 dans les grandes marées.

CHAPITRE TROISIÈME.

Madagascar. — Nossi-bé. — Sainte-Marie.

§ 96. — Baie d'Antongil (1).

La baie d'Antongil a près de 40 milles de profondeur du S. vers le N.; et de 19 à 20 milles de large à l'entrée, entre le cap Bellone (16°14'S.) et Durnford-Noss (16°01'S. et 47°51'E.).

Pendant la mousson de S., de mars en septembre, les navires destinés à la baie d'Antongil peuvent prendre connaissance de l'île Sainte-Marie, et passer soit à l'E., soit à l'O. de cette île. *Pendant la mousson de N.*, de septembre en mars, on n'ira point reconnaître Sainte-Marie, et l'on gouvernera directement sur la baie qu'on remontera en suivant l'une ou l'autre des côtes, près desquelles les fonds diminueront successivement de 55 mètres à 27 mètres.

Au fond de la baie, se jette la rivière Tungumbaly (ou Tingbate), à l'entrée de laquelle il n'y a que 2m,7 d'eau, mais plus en dedans on y trouve de 5 mètres à 7 mètres. Dans le S.1/4S.E. de son embouchure, et à un peu plus de 1 mille, se trouve l'île Marosse (15°30'S.), qui a 2 milles d'étendue. Dans le S. de cette île, existent quatre îlots, dont le plus éloigné est à 4 milles 1/2 ou 5 milles.

Le mouillage ordinaire (ou rade d'Hastie) est à une 1/2 encâblure environ au N., ou à l'O. de l'île Marosse, vis-à-vis de deux criques de sable, par 20 mètres à 22 mètres d'eau. Un autre mouillage excellent (Port Choiseul) se trouve dans le N.O. de la rivière, par 11 mètres à 13 mètres d'eau, très-près du village Maran-Seotzy.

L'heure du plein, aux syzygies, est à 4 heures, et la mer marne de 1m,50 dans les grandes marées.

En sortant de la baie, pour se rendre dans le N., on suivra la côte E. de la baie, en mettant à profit les brises favorables et le jusant.

(1) Instructions de HORSBURGH et documents divers.

A faible distance dans le S. de Durnford-Noss, se trouve la petite île Behenter, dans le S. de laquelle est un mouillage assez fréquenté.

§ 97. — Tintingue (1).

Tintingue est situé par 16°42′S., à 10 milles dans le N.O. de la pointe Larrée, dans une baie dont l'entrée est en grande partie fermée par des récifs. Entre ces bancs, existe un chenal dont la largeur varie de 2 à 4 encâblures environ, avec des fonds de 14 à 18 mètres, et qui conduit au mouillage. On peut mouiller par des fonds de 9 mètres à 13 mètres, abrité de tous les vents par les récifs du S.; mais le meilleur mouillage est par les fonds de 7 à 8 mètres, en dedans de la presqu'île qui ferme la baie dans sa partie Nord.

L'heure du plein, aux syzygies, est à 4 h. 30 m., et la mer marne de 1m,80 dans les grandes marées.

§ 98. — Ile Sainte-Marie (2).

L'île Sainte-Marie, ou Nossy-Bourah, est très-étroite, longue de 30 milles et orientée dans la direction N.N.E.; elle est légèrement accidentée et couverte d'une magnifique végétation. Près de l'îlot sur lequel est établi le gouvernement, l'île n'a que 1/2 mille de large : elle est basse et marécageuse.

La pointe S. de Sainte-Marie (pointe Blevée) est située par 17°07′S. et 47°32′E. Elle est formée par la petite île des Nattes, qui est peu élevée et séparée de la grande île par un chenal très-étroit, praticable seulement pour les pirogues. Elle est entourée par un récif qui s'étend à 1 mille 1/2 dans le S.O. et le S.E. Les brisants se prolongent sur presque toute la longueur de Sainte-Marie; et sur la côte E., ils s'étendent à 2 milles 1/2 de la plage.

En venant du S., on arrive au principal mouillage de Sainte-Marie, en longeant le côté O. aussi près que les sondes le permettent pour ne pas tomber sous le vent de la rade, jusqu'à ce que l'on soit dans l'O. d'une tour blanche (tour des Baleiniers), bâtie sur une petite roche et sur laquelle on allume un fanal le soir. On aperçoit alors, à

(1) Instructions de Horsburgh et documents divers.
(2) Instructions résumées de M. Germain, ingénieur hydrographe, et de M. le capitaine de vaisseau Vte Fleuriot de Langle.

moins de 1 mille, un îlot couvert de maisons, que l'on appelle île Saint-Louis ou îlot Madame. Si, à ce moment, on est à peu près à 2 encâblures de la tour des Baleiniers, on peut venir au N.E.$^1/_4$N. et laisser tomber l'ancre par 30 mètres, sable, coquilles et corail, dans l'alignement de la jetée de l'îlot Madame et de la jetée de la grande île. On se trouve ainsi à 500 mètres dans le S.O. d'une tête de corail sur laquelle il ne reste que 3^m,60 à mer basse.

Les relèvements du mouillage sont : le mât de pavillon de l'îlot au S.24°E.; la tour des Baleiniers au S.23°O.; l'église et l'extrémité des deux jetées au S.43°E.; enfin la pointe aux Sorciers (petit morne au N. du village d'Amboosifotra devant lequel on est mouillé) au N.56°E. D'après la « *Connaissance des Temps*, » l'îlot Madame est situé par 17°00′S. et 47°37′E.

En venant du N., on reconnaît facilement le mouillage de Sainte-Marie, situé à 10 milles dans le S.$^1/_4$S.E. de la pointe à Larrée. C'est le seul point de l'île où l'on découvre des constructions en maçonnerie, à l'exception toutefois d'Antsarak, situé un peu plus au N. de la petite crique de Takondro, à 2 milles au N. du parallèle de la pointe à Larrée.

Le pilote sort du port, dès qu'un navire est signalé à la tour. La mer marne de 1^m,10 dans les grandes marées ; et l'établissement du port est de 2 heures 32 minutes.

Il est généralement préférable d'attaquer Sainte-Marie par le S., plutôt que par le N. La reconnaissance est facile, parce que la petite île de Natte, située à la pointe S., est un peu élevée et se détache bien sur l'horizon. Le canal est sain entre Sainte-Marie et la Grande-Terre, et les sondes sont régulières ; le courant se dirige généralement vers le N., et l'on éprouve souvent une grande difficulté à sortir par le Sud.

§ 99. — Fénérive (1).

Fénérive est un gros village situé par 17°23′S. et 47°10′E., bâti dans la partie la plus concave de la côte, sur une petite falaise *(pointe de la Douane)* au pied de laquelle coule une petite rivière peu profonde. Un fort, mal entretenu, se trouve dans le S.O. de la ville, à

(1) Instructions résumées de M. GERMAIN, ingénieur hydrographe.

une distance de 1 mille 1/2, sur un monticule terminé par une plate-forme et très-apparent. Le commerce est celui du riz.

Fénérive se reconnaît surtout au coude brusque vers l'O. que fait la côte, et à un groupe de collines isolées situé à 3 milles environ dans le S. A 5 encâblures dans l'E.S.E. de la pointe de la Douane, gît une petite île nommée Nossi-Hansambo, qui est couverte d'arbres ; mais comme elle n'est qu'à 1/4 de mille de la côte, elle ne s'en détache pas nettement et ne se distingue bien qu'à 3 ou 4 milles. Cette île est entourée d'un récif qui s'étend à 2 encâblures dans le N.E. : entre elle et la pointe de la Douane, des hauts-fonds de 4 mètres empêchent de mouiller à l'O. et à l'abri de l'île. On ne devra point non plus mouiller trop loin dans l'O. en se rapprochant de la côte, parce que celle-ci est bordée de récifs qui s'étendent à 3 encâblures au large et à 3/4 de mille dans le Nord.

Pendant la belle saison, d'avril en octobre, seule époque où Fénérive puisse être fréquentée avec sécurité, on mouille par 8 mètres, sable vaseux, un peu au N. de l'alignement du mât de la batterie et du mât de la Douane, qu'on relèvera ainsi au S.47°O. du monde.

Pendant l'hivernage, on mouillera par 11 mètres, sable et gravier, sur le même relèvement des deux mâts l'un par l'autre, mais un peu plus loin de terre, de manière que la pointe Takondro soit relevée à peu près au S.32°E. du monde, et qu'elle ne soit pas cachée par l'île Nossi-Hansambo.

Les embarcations doivent ranger la falaise de très-près, et laisser à tribord en entrant une roche qui couvre et découvre à l'entrée de la crique où l'on débarque.

La mer marne de $1^{m},10$ aux équinoxes ; l'établissement du port est de 1 heure 50 minutes.

§ 100. — Foulepointe [1].

Foulepointe est un grand village situé par 17°40'S. et 47°18'E., où l'on se procure facilement des bœufs, du riz et des bois de diverses espèces. On trouve de l'eau dans une petite rivière à 1/2 mille dans le S.; mais il faut remonter assez haut dans cette rivière, à cause de la marée, pour trouver de l'eau complètement douce. Un fort situé un

(1) Instructions résumées de M. GERMAIN, ingénieur hydrographe.

peu à l'O. du village, et à 500 mètres de la mer, est construit sur un monticule dominant le village et la plaine.

Quand on vient du S., de Tamatave par exemple, on aperçoit, dans le N. de l'île aux Prunes, une petite montagne assez voisine de la côte, et formée de deux monticules appelés les Mamelles de Natte. (Le village qui se trouve au pied porte le nom de Natte.) Entre ces deux monticules ou mornes et la côte, on aperçoit deux autres monticules beaucoup moins élevés. Les Mamelles de Natte servent de reconnaissance pour les navires destinés à Foulepointe, qui se trouve à 9 milles plus loin dans le N. C'est lorsqu'on les relève à l'O. du monde que l'on cesse d'apercevoir l'île aux Prunes (Plum Island ou Nossy Alana); et, si l'on perd cette île de vue dans le S.30°O., on peut gouverner au N.15°O. sur Foulepointe.

A 1 mille 1/2 dans le S. du village, la pointe de Foulepointe (ou pointe Rafalah) se termine par des dunes de sable blanc, boisées à leur sommet, et assez élevées pour être aperçues à 15 milles. La pointe elle-même est entourée par un récif de 700 mètres de large, qui n'est pas très-accore et qui ne doit pas être rangé à moins de 1/2 mille; ce récif a plus de 2 milles, du S. vers le N.; et, comme il commence à 1 mille 1/2 dans le S., il en résulte que sa pointe N. est à près de 1 mille dans le N.E. du village.

Après avoir prolongé le récif du S. vers le N., à plus de 1/2 mille, on viendra sur bâbord en gouvernant pour doubler à environ 600 mètres la pointe N. du récif. On évitera ainsi un haut-fond de 6 mètres, situé à 300 ou 400 mètres de l'accore du récif. On viendra ensuite au S.O., pour aller prendre le mouillage dans l'O. du récif, par des fonds de 12 à 14 mètres, sable et vase, en se plaçant dans les relèvements suivants : l'extrémité N. du récif à l'E.$^1/_2$N.; l'extrémité E. du village (maison de la Douane) au S.S.O.$^1/_2$S., à la distance de 3/4 de mille; le contour bien apparent des grandes dunes de la pointe S. au S.; et le mât de la batterie au S.42°O. On affourchera E.N.E. et O.S.O., et si l'on doit rester quelque temps au mouillage, on fera bien d'avoir une troisième ancre dans le N.O. Le mouillage n'est bon que pendant la belle saison d'avril en octobre, avec les vents dominants de la partie du S. ou du S.E.; mais la rade est complétement ouverte aux vents de N., et le fond n'est pas de bonne tenue.

En dedans du récif, près de la pointe de sable où l'on débarque, se trouve un bassin naturel, sorte de Barachois, où les petits navires seuls peuvent mouiller, par 9 ou 10 mètres d'eau, fond mauvais et très-irrégulier. On ne peut guère y entrer, ou en sortir, qu'en se touant; et une fois mouillé, il faut se tenir amarré avec quatre chaînes pour ne pas éviter. Le courant y porte presque toujours au Nord.

La mer marne de $1^m,15$ aux équinoxes; l'établissement du port est de 1 heure 40 minutes.

§ 101. — Tamatave (1).

Tamatave est presque le seul port, depuis le Fort Dauphin jusqu'à Sainte-Marie, dont l'accès soit facile en tout temps. On s'y rend ordinairement de la Réunion en 3 ou 4 jours; et l'on a soin, pour l'atteindre, de l'attaquer au vent, selon la mousson. La mer est souvent dure entre la Réunion et Madagascar, ce qui rend la traversée pénible. Les vents régnants, sur la côte, varient du N.E. au S.E., selon la saison.

Quand on n'aura qu'un très-court séjour à faire, on pourra mouiller en dehors des passes, mais à quelque distance du récif, parce que le vent oblige fréquemment, dans les appareillages, à abattre du côté de la terre. De plus, comme le courant entre violemment dans la passe, le navire pourrait se trouver entraîné sur le récif, avant d'avoir pu prendre de l'erre.

La ville de Tamatave, qui compte environ 10,000 habitants, est bâtie sur une pointe basse de sable, appelée pointe Hastie. Un fort existe dans le N.O. de la ville, et les ruines d'un autre fort peuvent se voir encore sur la pointe Tanio, qui se trouve à peu près à un mille dans le N. de la pointe Hastie. L'eau est rare et difficile à faire; on trouve seulement de la volaille et des fruits; le commerce le plus important est celui des bestiaux. Le débarcadère de Tamatave est par 18°10′50″S. et 47°12′10″E. *(Connaissance des Temps.)*

La pointe Hastie est entourée par un récif, qui a une étendue d'environ 1 mille dans la direction N. et S., et dont la limite vers le large se trouve à peu près à 1/2 mille de la pointe. Ce récif est bordé dans sa partie N., par un banc de sable et de corail, sur lequel on peut trouver environ 5 mètres d'eau à une encâblure de l'accore du récif. La mer ne brise pas toujours sur ce récif; mais, comme durant

(1) Instructions résumées de M. Germain, ingénieur hydrographe, et de M. le capitaine de vaisseau Vte Fleuriot de Langle.

le jusant le courant porte vers le S. avec assez de force, il arrive souvent que les navires sont drossés sur le banc et se perdent sur les coraux.

Les ras de marée sont fréquents ; et, lorsque l'on appareille du port intérieur, il convient d'attendre une brise bien faite, afin de ne pas s'exposer à se trouver jeté sur les récifs.

Le point de débarquement, à Tamatave, est devant la ville, dans la partie N.O. du récif qui entoure la pointe Hastie, et dans une petite anse que forme ce récif. Il faut avoir soin d'éviter une tête de corail située à petite distance dans l'O. du bord du récif, ainsi que le banc de sable de la pointe de Tamatave.

A un demi-mille environ dans le S.O. de la pointe Hastie, commence le récif du S. de Tamatave, sur lequel il n'y a guère que 3 mètres d'eau, dans sa partie centrale. Pendant la mousson de N.E., la mer est beaucoup plus calme de ce côté que dans le N.O. de la pointe Hastie.

A un demi-mille environ, dans le N. du récif qui entoure la pointe Hastie, commence le Grand Récif qui s'étend sur une longueur d'environ 1 mille 1/2, dans une direction S.S.O. et N.N.E.; et dont la largeur dans le sens E. et O. atteint près de 3/4 de mille. La passe comprise entre ces deux récifs, c'est-à-dire entre le récif de la pointe Hastie et le Grand Récif, est celle que l'on prend ordinairement pour gagner le mouillage de Tamatave ; les sondes y varient de 11 à 24 mètres, fond de vase. La direction générale de ce passage, qui n'a guère qu'un demi-mille de longueur, est du S.E. au N.O. Il convient, en s'approchant de l'entrée, de ne pas accoster de trop près le bord E. du récif de la pointe Hastie, ni la partie S.E. de l'accore du Grand Récif où se trouvent de petits bancs de coraux détachés sur lesquels on pourrait trouver moins de 7 mètres d'eau. En faisant route pour l'entrée, on verra la pointe Tanio, monticule reconnaissable à un bouquet de végétation, et qui est située à un peu plus de 1 mille au N. de la ville de Tamatave. Il faudra tenir cette pointe au N.O. du monde, pour faire la passe, puis, après avoir dépassé l'extrémité N. du récif de la pointe Hastie, on viendra sur bâbord et l'on ira prendre le mouillage ordinaire, par 12 à 18 mètres d'eau, fond de vase, en relevant le mât de pavillon du fort à peu près dans l'O.S.O. du monde, et en affourchant E.N.E. et O.S.O. Cette place est celle des navires de commerce qui ont à prendre du chargement.

Il existe aussi un autre mouillage, dans l'O. du Grand Récif, dans la partie étranglée comprise entre ce récif et la pointe Tanio, par 17 à 24 mètres d'eau, fond de vase molle. On mouille, en relevant la pointe Tanio à l'O.$^1/_4$S.O., et le mât de pavillon du fort au S.O.3°S.; on est beaucoup mieux abrité à ce mouillage qu'à celui qui est près de la ville.

A un demi-mille environ dans le N.E. de l'extrémité N. du Grand Récif commence le Petit Récif dont l'étendue, dans la direction du S.S.O. au N.N.E., est d'un peu plus de 1/2 mille. Sur ce récif, se trouve une tête de corail qui est à fleur d'eau ou qui découvre à mer basse, tandis que dans les autres parties il y a environ de 4 à 6 mètres d'eau ; il est très-accore, et les fonds varient de 15 à 26 mètres à le toucher. Entre le Grand et le Petit Récif, les sondes varient de 12 à 18 mètres, mais il ne convient pas d'y passer parce qu'il n'y a point de marque pour faire cette passe, dans laquelle les courants sont forts et la mer généralement dure.

A 1 mille 1/2 dans le N.N.E. du Petit Récif, commence le récif N.E., dont l'étendue est de 1/2 mille dans la direction S.S.O. et N.N.E. Il y a de 5 à 6 mètres d'eau sur ce récif, qui est très-accore, surtout du côté du large où la sonde passe brusquement de 20 à 35 mètres. L'espace compris entre le Petit Récif et le récif N.E. forme ce qu'on appelle le Grand Passage, dans lequel on a des profondeurs de 16 à 32 mètres. Les navires qui prendront cette entrée devront tenir la pointe Tanio entre le S.33°O. et le S.43°O. du monde, jusqu'à ce qu'ils aient amené la pointe Hastie, remarquable par sa bordure d'arbres, au S.$^1/_2$O. environ. A ce moment, on pourra gouverner pour aller prendre le mouillage du N. de Tamatave, auprès de la pointe Tanio, dont nous avons donné plus haut les relèvements.

A Tamatave, l'heure du plein aux syzygies est 4 h. 15 m.; et la montée de l'eau est de 2^m,40.

§ 102. — **Manourou.**

Manourou est un village bâti sur un morne élevé, par 19°55′S. et 46°32′E. Les navires de dimensions moyennes peuvent entrer en dedans du récif. On y trouve du riz de très-bonne qualité.

A Manourou, la tenue est assez bonne, sur des fonds de sable vaseux.

Il est préférable, quand on le peut, d'attaquer Manourou par le N. On voit alors la terre se détacher comme une île : et l'on peut suivre la côte, par 13 à 15 mètres d'eau. Le récif qui s'étend de 4 à 5 milles au N.N.E. du monde brise peu ; il faut le veiller ; quand on est au mouillage, ce récif défend peu de la mer.

§ 103. — Mahela.

Des établissements se trouvent au lac Mahela, par 20°58'S. La ville de Mahela est construite sur une langue de terre, entre le lac et la terre. Ce point est visité surtout par des navires de la Réunion. C'est une rade foraine, passable de septembre en avril ; il y a au mouillage des pâtés de coraux, sur lesquels on peut perdre ses ancres. On y trouve du riz, du caoutchouc et de la gomme.

§ 104. — Matatanou (1).

Pour atteindre *Farafanganou*, on reconnaîtra la côte de Madagascar par la latitude de *Matatanou*. A cette hauteur, on verra du large deux monticules ou mamelons élevés au-dessus de la côte, et plus rapprochés de la mer que les autres hauteurs. En les laissant un peu dans le S., on voit Matatanou qui se distingue par des établissements construits sur le bord de la plage. On peut mouiller en face d'eux par 32 à 36 mètres fond de sable et roche.

Faisant route au S., à 8 milles de *Matatanou*, la terre se présente sous l'aspect de falaises. A 12 milles au S. de ces falaises, on aperçoit un bouquet d'arbres très-saillants qui indique la rivière de *Mahitzi* ; en relevant ce bouquet, à l'O. du compas, et une montagne (qui est dans l'intérieur et coupée à pic) dans le N. du compas, on est mouillé à 2 milles 1/2 de terre par 31 mètres d'eau, fond de sable parsemé de roches.

De Mahitzi à Farafanganou, il y a 22 milles de côte orientée vers le S.S.O. ; elle est bordée d'arbres clairsemés dont plusieurs sont très-élevés. Cet aspect de la côte dure jusqu'à la rive N. de la rivière Farafanganou ; au contraire, la rive S. est très-boisée et touffue, ce qui

(1) Toute la description de la côte S.E., S. et S.O. de Madagascar, depuis Matatanou (sur la côte E.) jusqu'à la rivière Yous (sur la côte O.), est un résumé des observations de M. le capitaine au long-cours Manguin (*Ann-Hydr*, tome 28).

peut servir de reconnaissance. Cette rivière a une large embouchure et ses eaux, pendant la saison des pluies, s'étendent jusqu'à 3 ou 4 milles au large. On mouille par 33 à 36 mètres, fond de sable vaseux, en relevant : la rivière, à l'O.; et deux arbres très-saillants (situés dans le S. de celle-ci) à l'O.S.O. du compas. La communication avec la terre est difficile quand la rivière est barrée, car il n'y a pas de débarcadère sur la côte. On y trouve du caoutchouc.

§ 105. — Rivière Emanahivou.

De Farafanganou à Emanahivou, il y a 12 milles de côte très-boisée, orientée au S.$^1/_4$S.O. A moitié route, on aperçoit dans l'intérieur un arbre très-élevé dont l'aspect est celui d'un gigantesque champignon. On voit aussi une montagne remarquable par son sommet qui est un long plateau dont les extrémités sont à pic, ce qui peut lui faire donner le nom de Table. En longeant la côte, on aperçoit un grand badamier s'élevant beaucoup au-dessus des autres arbres ; on peut mouiller quand on a cet arbre par le travers, et en relevant l'extrémité S. de la Table au N.O. On se trouve, à ce mouillage, à 3 milles de terre, par 33 mètres d'eau, fond de sable de bonne tenue et en face d'une rivière que les cartes désignent sous le nom de Manangbare ou Manankara, par 23°20'S. Cette rivière se partage en deux bras, à 1 mille de son embouchure, dans l'intérieur. A 1/2 mille par son travers au large, il y a un grand banc couvert, sur lequel la mer déferle avec violence, quand elle est grosse ou houleuse. Le débarcadère est dans la rivière ; à 2 milles dans l'intérieur, on rencontre un petit village.

A 3 milles dans le N. d'Emanahivou, il y a des brisants qui courent parallèlement à la côte, en s'en éloignant de 1 mille. Entre la terre et ces brisants, il y a un chenal accessible pour des bateaux de 20 à 25 tonneaux. On pourrait prendre ce mouillage dans le cas où la rivière serait inabordable.

§ 106. — Rivière Massianak.

A 9 ou 10 milles environ dans le S. d'Emanahivou, on rencontre la rivière de Vangendranou ; elle est barrée par des brisants, mais les embarcations peuvent y pénétrer. Un peu dans le S. de cette rivière, on aperçoit un monticule saillant couronné par un village enceint et fortifié, occupé par les Hovas. Si l'on veut y mouiller, il faudra laisser tomber l'ancre un peu au N. de la rivière par 29 à 33 mètres.

A 11 milles plus au S., on trouve la rivière de Massianak, qui se distingue par un bouquet d'arbres très-saillant et par des roches dont son embouchure est parsemée et où la mer brise presque toujours. L'entrée en étant toujours dangereuse et difficile, il vaut mieux mouiller à 2 milles plus au S., en un lieu nommé Ecoucn, où se trouve un débarcadère. On mouille à 2 milles 1/2 de terre, en face d'un arbre isolé sur la plage, et en relevant au N.O. une montagne ou table, semblable à celle que l'on voit du mouillage d'Emanahivou, mais moins longue et plus rapprochée du littoral.

§ 107. — Manamboul.

A 13 milles de Massianak dans le S., on rencontre le débarcadère de Manamboul. Pour prendre ce mouillage, il faut relever une montagne de l'intérieur, divisée en deux par une courbe qui lui donne la forme d'une selle arabe, à l'O.$^1/_4$S.O., et mouillant alors par 33 mètres, on sera par le travers d'une espèce de plage, recouverte jusqu'au bord de la mer par des lianes, dont le feuillage vert tranche vivement sur le reste de la plage qui est de sable blanc. Le débarcadère se trouve dans cet espace ; il est formé par quelques roches qui abritent une petite anse. A 4 milles dans le S., il y a une rivière nommée Evatou Handonnac, que les naturels m'ont dit inabordable, même pour les pirogues.

§ 108. — Rivière Chandervinang.

A 25 milles de Manamboul, il y a une belle rivière nommé Chandervinang. De Manamboul à cette rivière, la côte est toujours boisée ; la plage, qui est de sable blanc, est parsemée de roches, et les montagnes de l'intérieur se rapprochent du littoral. Cette rivière est entièrement barrée par des roches, qui ne permettent pas d'y aborder. A 1/4 de mille de son embouchure, s'étend pendant 2 milles une chaîne de brisants, allant vers le N., parallèlement à la côte, et laissant un passage entre eux et la terre, ce qui permet aux embarcations d'accoster, en passant au N. ou au S. du banc, pour venir chercher une petite anse près de l'entrée de la rivière où elles sont à l'abri. Dans l'E. de cette rivière, à environ 2 milles au large, il existe un pâté de roches toujours découvertes sur lesquelles la mer brise. Des navires ont passé entre ces roches et la terre. On mouille, quand on relève ces roches au S.O., et en même temps une montagne dont le sommet a la forme d'un ballot à l'O. On trouvera 33 mètres d'eau au mouillage. De ce point, on distinguera, dans le N. de la rivière, un bouquet d'arbres tranchant, par sa couleur sombre, sur les autres parties boisées qui l'entourent.

§ 109. — Rivière Foutaka.

A 17 milles environ de Chandervinang, on aperçoit un morne entièrement isolé, qui a la forme d'une embrasure de batterie; il est beaucoup plus rapproché de la côte que les autres terres élevées. A 2 milles dans le S. de ce morne, il y a une rivière appelée Foutaka sur les cartes, et nommée Ematiou par les naturels. Ils prétendent que, parmi les bancs de son embouchure, existe un chenal de 3^{m},70 à 5^{m},50 pour y pénétrer.

Depuis Chandervinang, le terrain s'élève à la côte, et les montagnes se rapprochent de plus en plus du littoral. A 8 milles de Foutaka, on voit près de la plage un mamelon dont la partie N. est boisée, tandis que celle du S. est nue. C'est un bon point de reconnaissance, quand on n'aperçoit pas les montagnes de l'intérieur, comme cela arrive souvent.

Ambatoubé (rivière). De ce dernier point de reconnaissance dont nous venons de parler jusqu'à la rivière Ambatoubé, on compte 6 milles. A mi-chemin, la côte forme comme des falaises, et elle est parsemée de roches çà et là qui se terminent à l'embouchure de la rivière; puis la côte est sablonneuse sans roches et bordée de bois très-rapprochés de la mer. La rivière d'Ambatoubé est inabordable; mais, tout auprès, dans le S., il y a un bon débarcadère formé par un contour de la plage avec des roches qui s'étendent au large. Ce point de la côte est généralement connu sous le nom de *Menintingue*, qui est celui d'un village situé près de la rivière et à deux milles dans l'intérieur. En venant du large pour attaquer ce mouillage, on le reconnaîtra, si les montagnes de l'intérieur sont visibles, par l'une d'elles en premier plan, dont l'extrémité très-allongée a la forme d'un doigt ou pouce, comme celui de Maurice, mais plus long et inclinant un peu. Au-delà et en dernier plan, on voit une montagne dont l'extrémité est arrondie comme une bosse; vers son milieu, on voit une grande tache blanche. Il faudra gouverner sur le pouce tenu par la bosse, et lorsqu'on relèvera celle-ci au N.68°O. et qu'on aura 33 mètres d'eau on mouillera. Le débarcadère se trouvera alors par le travers. La tenue est bonne; le fond est de sable parsemé de roches.

§ 110. — De Menintingue à Sainte-Luce.

De Menintingue à Sainte-Luce, il y a environ 28 milles. On rencontre d'abord, à 14 milles de Menintingue, un premier banc de roches s'étendant à 1 mille 1/2 au large et sur lequel la mer brise pendant 6 milles. Un second banc se trouve à 6 milles au N. de Sainte-Luce; sur ce dernier, une tête de roche reste toujours découverte; il s'étend à 2 milles au large, mais il est détaché de la côte et il y a passage entre lui et la terre. De ce point, on aperçoit dans le S. deux mamelons aplatis, et un peu plus en deçà un petit mont, dont une face est boisée et l'autre déboisée. En se dirigeant sur ce point, on ne tarde pas à distinguer les îles qui forment la baie de Ste-Luce.

§ 111. — Sainte-Luce.

En venant du N., pour entrer dans la baie Sainte-Luce, on se dirigera sur la première île. A sa tête, on apercevra des brisants qu'on pourra ranger à 1/2 encâblure de distance. Dès qu'on distinguera bien les détails de la baie, on apercevra dans le fond une pointe avancée, et tout à côté une petite île sur laquelle on gouvernera. Quand on relèvera la tête N. des brisants, ou la roche découverte la plus avancée au N.60°E., et le milieu de la première île dans l'E., on mouillera par 9 à 11 mètres, sable et coraux. Si le navire cale plus de 3^{m},60, il faudra mouiller plus tôt, et dès que l'on sera par le travers des premières roches, on trouvera de 15 à 16 mètres. On évitera ainsi de rencontrer dans le fond de la baie plusieurs hauts-fonds, sur lesquels il n'y a que 2^{m},60 d'eau. La baie a la forme d'un entonnoir, dont un des côtés est la côte, qui se dirige au S.6°E.; et l'autre côté, quatre îles principales, entourées de groupes de roches, brisants et petits îlots, qui courent depuis le bout de l'entonnoir dans le S.22°O.; et dont l'embouchure est de 1 mille 1/2 de large sur autant de profondeur. Cette baie pourrait contenir de 8 à 10 navires calant moins de 3^{m},66. On y trouve du caoutchouc.

Le débarcadère est au fond de la baie, de chaque côté d'une pointe, selon le vent dont on veut s'abriter. Les vents de N.E. y soufflent en plein, et quoique très-frais parfois, il n'y occasionnent pas de grosse mer. Le vent de S.E., au contraire, quoiqu'on soit abrité par les îles, rend la mer fortement clapoteuse; avec de bonnes amarres, la tenue y étant excellente, on y tient très-bien.

Entre la deuxième île, à partir de l'entrée, et la troisième île qui suit, il y a un chenal entre deux roches, dont l'une est tout près de la deuxième île et l'autre à une encâblure environ au S.O. de celle-ci, ce qui forme une passe où l'on trouve de 7 m. à 9 mètres d'eau, à mer basse. On pourrait y passer pour sortir de la baie, dans le cas où l'on aurait une série de vents de N.E. qui rendent, avec le courant, la sortie très-difficile; il conviendrait dans ce cas de s'assurer des sondes. Entre la première île et la deuxième, et entre la quatrième et la terre, se trouvent aussi des passes pour des navires calant moins de 2^{m},44.

Au large de la première île, à plus de 1 mille de distance, il y a un brisant dans l'E., auquel il faut faire attention en entrant dans la baie ou en sortant.

L'eau douce manque totalement. On en recueille quelque peu sur la troisième île. Si l'on en avait besoin d'une certaine quantité, il faudrait aller la faire à la rivière de Mangafiafa, dans le S. de la baie, ou à celle d'Iramaf, qui est à 3 milles au Nord.

L'établissement du port est de 4 h. 30 m., et la mer monte de 1^{m},50 à 1^{m},80.

§ 112. — De Sainte-Luce à la pointe d'Ytapère.

De Sainte-Luce à la pointe d'Ytapère, on compte environ 18 milles. A mi-distance, on trouve l'anse de Loukara, dont la pointe est reconnaissable par deux mamelons. Toute cette partie de côte est parsemée de roches et n'offre aucun abri. La pointe d'Ytapère se reconnaît à plusieurs petits mamelons ou monticules, plus pointus que les précédents. La terre s'élève à la plage et est très-haute à l'intérieur. A mesure qu'on avance dans le S., on aperçoit à 1 mille au S. de la pointe d'Ytapère une roche qui brise toujours; cette roche peut aider à distinguer la pointe, qu'on pourrait quelquefois confondre avec les précédentes.

A 11 milles dans l'O.S.O. de la pointe d'Ytapère, gît la pointe S. d'une presqu'île courant du N.N.O. au S.S.E., ayant un peu plus de 2 milles de longueur, et rattachée presque par son milieu à la terre par un isthme de 1/3 mille, ce qui lui donne la forme d'un T. Les naturels la nomment Toulonghare. C'est à sa pointe N. qu'était bâti le Fort-Dauphin, sur les ruines duquel les Hovas ont un poste. A ce point, la côte se coude en revenant au S. environ 1 mille, et après avoir décrit un demi-cercle dont le diamètre a 2 milles, revient dans le N. et se courbe jusqu'à la pointe d'Ytapère, en formant une grande baie de 5 milles de profondeur.

§ 113. — Fort-Dauphin.

Le mouillage de Fort-Dauphin, situé par 25°01'S. et 44°43'E., se trouve dans l'anse que forme la presqu'île en se rejoignant à la grande terre. Pour l'atteindre, on gouvernera sur la pointe du fort, qu'on accostera et contournera à 2 encâblures, à cause des récifs qui la bordent et qui s'étendent à 1 encâblure au large. Puis, en se dirigeant sur le fond de l'anse, on mouillera, quand on relèvera la pointe du fort dans l'E., à 1 encâblure 1/2 de celle-ci, par 11 mètres à 13 mètres de fond, de bonne tenue. Il y a du ressac avec les forts vents de S.E. Si l'on doit séjourner, on affourche les ancres N.E. et N.O. Si l'on se trouvait surpris par la nuit, avant d'arriver au mouillage, il vaudrait mieux mouiller dans la baie et même sur la côte, si les vents sont N.E., pour attendre le lendemain, plutôt que de louvoyer; car on risquerait fort de tomber sous le vent, et il faudrait plusieurs jours de navigation peut-être pour revenir. Avec des vents du S. au S.E., on se maintiendrait en mer, à la hauteur de Sainte-Luce.

L'établissement du port est de 4 h. 30 m., et la mer monte de $1^m,5$ à $1^m,8$.

Les navires venant du large et destinés à Fort-Dauphin reconnaissent la terre à bonne distance dans le N., à cause des fortes brises de N.E. et d'E.N.E., et aussi en raison des courants portant au S. dont la vitesse atteint parfois 4 nœuds. On veille la roche Ytapère, qui brise toujours et qui est située à 1 mille dans le S. de la pointe Ytapère. On double la roche, à 1 mille au large, ou un peu plus près, et de là on gouverne, comme il a été dit, sur la pointe de Fort-Dauphin.

§ 114. — Ranoufoutsi.

L'anse de Ranoufoutsi est à 16 ou 18 milles dans le S.75°O. de Fort-Dauphin. Dans cette partie de côte, on trouve plusieurs anses qui n'offrent aucun bon mouillage. La baie de Ranoufoutsi a une forme presque ovale, d'une profondeur de 1 mille 1/2 sur une largeur de 2 milles. Les pointes qui forment l'entrée laissent un passage de 1 mille, au milieu duquel existe un banc de coraux d'une petite étendue, sur lequel, à basse mer, on ne trouve que $1^m,8$ d'eau. On passe d'un côté ou de l'autre de ce banc, en veillant quelques roches qui débordent des pointes; et on vient mouiller, soit à l'E., soit à l'O., en fermant un peu les pointes, mais en se tenant près d'elles par $7^m,30$ d'eau. On peut s'enfoncer beaucoup plus dans l'O., la pointe se coudant de plus de 1/2 mille dans cette partie. C'est le mouillage qu'on prend ordinairement, quand on doit séjourner quelque temps dans la baie. Lorsque la mer est grosse du large, on éprouve de la houle et du ressac dans la baie. Le mouillage de l'E. se prend pour peu de temps, et quand on se trouve dans une série de vents de l'E. au S.E. Avec ceux de S.E. à S.O., on y serait très-mal. On trouve en général de 11 à 7 mètres dans la baie; la tenue est bonne, mais le fond étant parsemé de roches, le mouillage devient mauvais. Il faut veiller à ce que la chaîne soit bien allongée et virer à long pic dès qu'il fait calme. Sans cette précaution, on risquerait fort d'engager sa chaîne dans des pâtés de coraux. Quelques navires se sont perdus dans cette baie, pour avoir négligé cette précaution. Les vents de terre se font sentir très-rarement. Dans le N.O. de la baie, on remarque une roche noire qui a l'apparence d'un navire à la côte.

Dans les environs, on trouve de l'eau douce, qu'on obtient en creusant des puits. Dans l'E. de la roche, on rencontre un bras de mer qui s'enfonce dans l'intérieur et qui forme une sorte de rivière salée.

§ 115. — De Ranoufoutsi à Andrahoume.

De Ranoufoutsi à Andrahoume, la côte court au S.57°O. pendant 2 milles. A ce point, on voit un petit îlot de roche qui semble se détacher de la terre, quoiqu'il y tienne par un banc à fleur d'eau. Ensuite, la côte court vers l'O. jusqu'à Andrahoume, qui est à 4 milles; puis, après avoir formé une crique, elle se coude et court dans le S.5°O. pendant 1/2 mille; ensuite, inclinant jusqu'au S.60°O., elle va se terminer à 1 mille plus loin et former un cap fort saillant dans le S. que les naturels nomment Anlavac. Toute cette partie de côte est bordée de roches, apparentes pour la plupart.

§ 116. — Andrahoume.

La crique d'Andrahoüme est une sorte de cul-de-sac, de la forme d'un fer à cheval, placée au point de jonction où la côte forme un angle presque droit. Elle a 255 mètres de profondeur, 200 mètres à sa plus grande largeur, et 120 mètres à son entrée. Tout le pourtour de la crique, excepté le fond, qui est une plage de sable, est bordé de roches accores, presqu'à fleur d'eau à la haute mer, qui forment comme un quai naturel, très-près duquel on trouve 3^{m},6 et 5^{m},5 d'eau; au milieu, on a 6 à 9 mètres; dans le fond de la crique, à 20 mètres de la rive, 2^{m},7 à 3^{m},6; à l'entrée, de 9 mètres à 14 mètres.

A quelques milles au large, on ne distingue pas la crique; pour la voir, il faut venir de l'E. et ranger la côte de très-près. Pour en sortir, on ne peut le faire qu'avec des brises de terre, assez rares, et le plus souvent en se touant avec calme et belle mer. On est donc ainsi obligé d'attendre très-souvent un instant convenable.

L'entrée de cette crique est difficile et exige une manœuvre sûre et prudente. On ne doit chercher à entrer qu'avec des temps maniables et des vents de l'E. au S.E., belle mer; l'instant le plus propice est celui où la brise s'élève du large dans la matinée. Pour donner dedans, avec les circonstances indiquées ci-dessus, il faut, en s'approchant, diminuer la voilure, la carguer même au besoin, faire le milieu du chenal et mouiller à l'entrée, dès qu'on relève dans le S.5°O. la pointe de bâbord qui termine la crique de ce côté. On aura soin de ralentir le plus possible l'aire du navire, par des bosses cassantes sur le câble. En même temps, on manœuvrera la barre de façon à présenter le cap sur le fond de la baie, pour ne pas aller buter contre le côté de tribord de la crique. Puis, aussitôt on se hâlera à culer vers le fond ; les vents étant de l'E. au S.E., les voiles carguées aideront cette manœuvre. Il faudra s'empresser de s'amarrer à quatre amarres, soit avec des ancres, soit encore mieux à terre. On est abrité de tous les vents dans cette crique ; mais les forts vents du S. au S.E. y causent un grand ressac, contre lequel il faut se prémunir en s'amarrant fortement, surtout à l'arrière. Les plus mauvais instants sont ceux où la houle étant forte il fait calme ou faible brise.

L'établissement du port est à 6 heures, et la mer monte de $1^m,20$ à $1^m,50$.

§ 117. — Du cap Aulavac au cap Sainte-Marie (rivières Onghie, Mandrera et Afou-Vatou).

Le cap Aulavac est le point le plus avancé au S., de toutes les terres environnantes ; on l'aperçoit dès qu'on a doublé le Fort Dauphin, comme la terre la plus éloignée et semblable à une île ; en même temps, un peu sur tribord, on voit les trois mamelons sous lesquels se trouve la crique. Après le cap Aulavac, la côte court au N.45°O. pendant 3 milles, et forme, avec une autre pointe dans l'O., une baie de 2 milles de profondeur sur 1 mille de large. De la pointe S. de cette baie, la côte court de nouveau, d'abord au N.35°O. pendant 2 milles ; puis au N., pendant 2 autres milles ; ensuite elle se coude et prend la direction du S.75°O. La terre, qui était très-haute et bordée de roches jusque-là, s'abaisse tout à coup et pendant 3 milles présente une plage basse et sablonneuse, au bout de laquelle est une rivière nommée *Onghie* par les naturels, dont l'embouchure est presque barrée dans les temps ordinaires et que l'on passe à gué : en dedans de l'embouchure, la rivière forme un grand lac, dans lequel au dire des naturels il y a 9 mètres à 11 mètres d'eau.

A partir d'Onghie, la terre se relève, et l'on aperçoit de grandes dunes de sable qui, à mesure qu'on avance dans l'O., se boisent de plus en plus. On ne voit plus de montagnes ; et la côte, s'élevant depuis la mer en pente douce, forme un long plateau de moyenne hauteur.

A environ 20 milles de la rivière Onghie, il y a une autre rivière que les naturels nomment *Mandrera* et désignent comme la première après Onghie. L'entrée de cette rivière est peu apparente ; elle ne se distingue que par quelques arbres plus touffus là qu'ailleurs, et par un contour de la côte un peu au N., qui forme une pointe un peu avancée en mer.

De cette pointe, la côte court ensuite à l'O.17°S. pendant 28 milles environ, jusqu'à une rivière nommée *Afou-Vatou;* à ce point, la côte change d'aspect, elle devient rocheuse et s'élève à pic de la rive ; elle continue ainsi jusqu'au cap Sainte-Marie.

D'Afou-Vatou, la côte va à l'O.41°N., 23 milles, jusqu'à un cap dans l'O. duquel il y a une petite anse, qui porte, ainsi que le cap, le nom de Caremboule. Deux milles avant d'arriver à ce cap, les roches qui bordent la côte s'étendent un peu au large, et quelques pâtés, s'en écartent de 1/4 de mille. Du cap Caremboule, la côte toujours haute, rocailleuse et bordée de roches à son pied, court à l'O.7°S., pendant 20 milles, et vient se terminer au cap Sainte-Marie.

§ 118. — Du cap Sainte-Marie à la baie Crocker.

Le cap Sainte-Marie est appelé Manandrou-Vatou par les naturels ; il est haut et coupé à pic ; il termine la partie S. de Madagascar vers l'O. et commence sa partie S.O. Il est situé par 25°39'S. et 42°47'E. environ.

A partir du cap Sainte-Marie, la côte court pendant 2 milles 1/2 au N.65°E. et se maintient rocheuse et haute. Elle s'abaisse ensuite, la plage devient sablonneuse et des arbres clairsemés la bordent. Elle va au N.40°O. pendant environ 28 milles ; de ce point, on aperçoit dans l'intérieur quelques montagnes. Puis, elle incline au N.$^1/_2$E. jusqu'à la pointe Barrow, à 16 milles plus loin.

A 8 milles du cap Sainte-Marie, se trouve une grosse roche appelée Albatros sur les cartes, et séparée de la terre par un chenal de 1/3 de mille avec 7 mètres d'eau. Dix milles plus loin, on rencontre quelques roches débordant un peu de terre et placées à l'embouchure d'une petite rivière dont on ignore le nom. Tout ce parcours de côte, depuis Sainte-Marie jusqu'à Barrow, est libre et sans danger ; très-près de terre, on ne trouve pas moins de 11 mètres d'eau. Toute espèce de navires peut suivre cette route pour doubler le banc de l'Etoile ; seulement il ne convient pas de s'y engager par une nuit obscure, ou avec des brises incertaines.

La pointe Barrow est très-basse, ainsi que les terres qui l'environnent. C'est une langue de terre sablonneuse, étroite, qui s'avance environ 1 mille 1/2 dans l'O. Après la pointe, la côte se courbe vers l'E.N.E. et forme une baie appelée *Crocker* sur les cartes et Miniraude par les naturels. Cette baie est mauvaise ; on n'y est abrité que des vents du S. à l'O., qui y occasionnent une très-forte houle, laquelle contourne la pointe Barrow et se fait sentir au mouillage. Avec des vents du N. à l'O., le mouillage serait dangereux.

Au mouillage de l'île Leven, les naturels firent remarquer sur la Grande Terre des brisants situés presque vis-à-vis l'île, en dedans desquels, disaient-ils, il y aurait mouillage pour un navire calant 2 mètres d'eau. On ne put s'assurer de la vérité du fait ; mais peut-être serait-ce là le point désigné par les cartes sous le nom de port Crocker, qu'elles placent plus Nord.

A 7 milles de la pointe Barrow au S.O. et S.S.O., commencent des bancs ou pâtés de roches, qui s'étendent jusqu'à 13 ou 14 milles de cette pointe et dans la même direction. La mer brise avec force sur ces récifs, dont beaucoup sont apparents. Pendant le jour et avec une vigie, on peut les accoster sans crainte et en passer très-près. Mais la nuit, il faut s'en défier, et leur donner un grand tour à cause des courants venant du S.O. Ce banc a été nommé *Banc de l'Etoile*.

De la pointe Barrow, on aperçoit dans le N.50°O., à une distance de 4 milles, une île assez élevée, bordée de récifs. C'est *l'île Leven* des Anglais. A 4 milles au large, dans l'O. de cette île, il y a plusieurs pâtés de récifs non apparents, sur lesquels la mer ne brise qu'à de longs intervalles quand elle est belle. En venant par le large, il faut s'en défier, et ne chercher à rallier la côte, si cela est nécessaire, que quand on relève l'île Leven dans le S. de l'E. Ce banc est appelé banc Tozer. Il y a bon passage entre l'île Leven et la côte.

§ 119. — Baie de Machicora.

A partir de la baie Crocker, la côte court au N.40°O., jusqu'à une pointe située à 12 milles et formée par une courbe de la terre s'avançant dans l'O. À 3 ou 4 milles de distance, on apercevra, par le travers de cette pointe, un récif qui s'écarte de terre d'environ 2 milles ; et par son extrémité, la petite île Baracouta. Cette île est plate, sablonneuse et entourée de récifs; c'est au-delà de cette île et en dedans des récifs qui bordent la terre, que se trouve un espace libre de danger, ayant à peu près la forme d'une poire, d'une profondeur de 1 mille 1/2, avec 3/4 de mille de largeur à l'intérieur, et 1/2 mille à l'entrée. On y mouille par 9 mètres à 11 mètres d'eau ; mais le fond, qui est de sable vaseux, est parsemé de troncs d'arbres, qui rendent ce mouillage dangereux pour les ancres, qu'on ne relève souvent qu'avec de grandes difficultés.

Pour venir prendre ce mouillage, on peut passer entre l'île Baracouta et les brisants de la terre, ou bien en dehors de l'île, en rangeant les brisants qui l'entourent. Après les avoir doublés, on gouvernera sur l'extrémité N. des récifs formant l'entrée ; chenalant, en passant à 1 encâblure de tous les dangers, on se dirige vers l'intérieur de la baie à l'E.S.E. du monde à peu près, pendant 3 ou 4 encâblures, et on mouille par un fond qui peut varier de 13 mètres à 8 mètres, suivant qu'on le désire, mais il ne faut pas aller en dessous de ce dernier brassiage. On est ainsi assez loin de terre, surtout du village, que l'on relève à l'E.S.E.$^1/_2$S. du monde. Dans le N. du mouillage et vis-à-vis la passe, se trouve un banc de coraux où la mer déferle, de mauvais temps. La partie N. de la baie est formée par un récif qui, commençant à terre auprès de quelques arbres touffus, situés à environ 3 milles du mouillage, s'avance au large dans l'O.S.O. et le S.O., l'espace de 2 milles, et se termine à 1 mille environ de l'île.

La rivière de Machicora est un peu au N. du mouillage. Un peu au S. des établissements et du village de Machicora, il y a un grand espace s'enfonçant dans la terre, où pénètre la mer quand elle monte. Dans la saison pluvieuse, des torrents d'eau s'y déversent et emportent avec eux les troncs d'arbres qui engagent la baie. Ils déplacent souvent les bancs.

Le mouillage est par 25°02'S. et 41°45'E. L'établissement du port est 5 h. 20^m, et la mer monte de 2 mètres.

§ 120. — De Machicora à Saint-Augustin (anse de Tampoule).

A partir de Machicora, jusqu'à 30 milles plus au N., des récifs courent parallèlement à la côte, se dirigeant vers le N.38°O. et s'écartant quelquefois à 2 milles de terre. En dehors de cette distance, il n'existe aucun danger.

A environ 25 milles dans le N. de Machicora, il y a un petit mouillage. Il est formé par une pointe qui s'avance un peu dans la mer; c'est dans le coude formé au N. par cette pointe qu'existe ce mouillage. On s'y trouve à l'abri des vents du S. à l'O. seulement, c'est-à-dire des vents du large ordinaires et des brises de terre, mais non des vents du N. à l'O., les plus dangereux. Le fond est de sable blanc et varie de 9 mètres à 15 mètres dans la passe, en s'avançant vers l'E. Il est bon d'y avoir de bonnes amarres. Le pays est appelé Tampoule par les naturels; on y voit plusieurs villages, et on trouve de l'eau douce à 2 encâblures du bord de la mer. De ce point, on aperçoit dans l'intérieur des montagnes qui, à partir de là, se rapprochent de plus en plus du littoral jusqu'à Saint-Augustin.

De Tampoule à Saint-Augustin, la côte court au N.10°O., pendant 56 milles, jusqu'à une île de sable, à l'entrée de la baie, appelée Nossi-Vey par les naturels. Elle continue aussi à être bordée de roches, qui courent parallèlement à la côte en s'en écartant jusqu'à 2 milles, et qui ne laissent aucun passage pour les embarcations, la mer déferlant partout à grande distance de terre.

Les navires venant du S. et destinés à la baie Saint-Augustin longeront la côte à 6 ou 7 milles, et ils verront bientôt les hautes terres qui environnent la baie, et qui sont plus élevées dans l'intérieur qu'au bord de la mer. On apercevra de bonne heure, une montagne dont le sommet est aplati et surmonté à chaque extrémité de deux pics. Cette montagne, appelée « Westminster Hall, » est située à une grande distance dans l'intérieur, et on la verra au-dessus du côté N. de la baie.

L'île Nossy-Vey, ou île de Sable (23°38′S. et 41°18′E.), est formée de sable blanc, et couverte de groupes d'arbustes ou de buissons peu élevés. A sa partie N., il y a un bouquet d'arbres plus fourrés et plus hauts que les autres; on l'aperçoit de la mer avant de distinguer le reste de

16

l'île. Celle-ci est entourée par des brisants, qui s'étendent tout autour d'elle, depuis le S.S.O. jusqu'au N., à 1 mille au large. Ces dangers sont très-accores. L'île est à environ 2 milles de la grande terre.

Un peu dans le S. de l'île Nossy-Vey, la côte forme une pointe, et court ensuite vers le N., pendant 3 milles, jusqu'à une autre pointe entourée de roches qui s'étendent depuis la terre jusqu'à 1 mille au large, et qui ne brisent pas quand la mer est belle. La côte qui, à cette pointe, devient basse et sablonneuse, se coude ensuite vers le N.75°E., et court ainsi pendant 3 milles 1/2 jusqu'à 2 grosses roches près l'une de l'autre, et dont l'une a quelque ressemblance avec une tente, ce qui lui en a fait donner le nom. Après ces roches qui sont sur la plage, fort distinctes et dont la haute mer seule baigne le pied, la terre s'élève tout à coup à pic au-dessus de la mer ; elle est haute, rocheuse, d'un blanc jaunâtre ; son sommet est couvert d'arbustes rabougris et clairsemés ; elle se coude ensuite vers le N., et va en s'arrondissant jusqu'au N.E., aboutir à une anse appelée baie des Américains, à 1 mille 1/2 des roches de la Tente. Ces roches sont situées par 23°35'S. et 41°26'Est.

§ 121. — Mouillage de Salar (baie de Saint-Augustin).

Toute la côte basse et sablonneuse ci-dessus décrite est bordée de récifs, qui s'étendent jusqu'à un mille au large. Vers son milieu, à l'accore du récif qui la borde, on aperçoit deux petites roches qui ne couvrent qu'aux 2/3 de flot, et qu'on prendrait de loin pour des embarcations, quand elles ne brisent pas. Si l'on tirait une ligne, de ces roches à l'entrée de la rivière S. de Saint-Augustin, elle passerait sur des fonds de 33 à 40 mètres, qui limiteraient ainsi le mouillage ordinaire de Saint-Augustin, ou plutôt la rade de *Salar*, du nom du village le plus voisin.

Pour aller au mouillage de Salar, *il y a deux passes : la petite et la plus courte*, en venant du S., est entre l'île Nossy-Vey (ou île de Sable) et les brisants de la côte qui ont été décrits ; pour y passer il faut, pour toute précaution, se tenir à égale distance des récifs de la terre et de ceux de l'île. Dans cette passe, on trouve d'abord 22 mètres, 18 mètres à 16 mètres d'eau ; puis, lorsqu'ayant doublé la passe, on longe l'île intérieurement, de 16 mètres à 9 mètres, et enfin pour le plus petit fond à basse mer 8^m,20. Avec belle mer, on peut mouiller sur un bon fond à mi-canal, ou un peu plus près de l'île que de la terre ; avec des vents de S., on mouillera au N. de l'île à 1 encâblure 1/2 de celle-ci, par un fond de 33 mètres à 20 mètres.

En longeant la côte, ou en venant du large pour entrer par ce que l'on nomme la *Grande Passe*, dès qu'on aperçoit l'île, on se dirige de façon à la conserver un peu par tribord ; à mesure qu'on avance on voit la mer briser sur les récifs qui l'entourent au large, et auxquels on donne du tour en la doublant ainsi par le N. Puis, on continue sa route vers le point le plus profond de la baie dans l'E., et l'on vient longer la partie S. de la baie, en se tenant à 2 encâblures des récifs qui, on le dit, s'étendent à près de 1 mille au large. Le mouillage est vis-à-vis la roche de la Tente, depuis 11 mètres jusqu'à 36 mètres d'eau. Ce brassiage augmente lorsqu'on se dirige du S. vers le N. Lorsqu'on relève la roche de la Tente au S.S.E. du compas, on court de façon à fermer l'île de Sable par la pointe S.O. de la baie et on mouille dès qu'on relève la Tente au S.$^1/_2$E., ou au S.$^1/_2$O. du compas et l'on a un fond de 16 mètres à 20 mètres. C'est le meilleur mouillage, *pendant la belle saison*, d'avril en octobre.

Dans la saison pluvieuse, de novembre en mars, il conviendra de se placer de façon à conserver la Tente au S.$^1/_2$E. (du compas), et à voir par la pointe S.O. la moitié de l'île, ou l'île tout entière ; on sera alors par 27 mètres ou 33 mètres de fond. Il ne faudra jamais courir à terre, assez pour dépasser la roche de la Tente au S.$^1/_4$S.O. du compas.

Il y a généralement, tous les jours, brise de terre et du large dans la baie. On en profite pour le service des embarcations. La brise de terre prend dans la nuit et dure jusqu'à 11 heures ou minuit ; celle du large lui succède, et dure jusqu'au soir ; elle est quelquefois très-forte. La brise de terre n'étant jamais bien forte, ou si elle l'est, dépendant du S.E., on peut, en mouillant avec des vents de l'O. au S., filer une grande touée. Le fond étant de vase très-argileuse et tenace, le poids de la chaîne suffit pour tenir le navire et pour empêcher l'ancre de se surjaler. Si les vents passent au N., et que la mer grossisse, il faut virer un peu et mouiller une deuxième ancre, l'appareillage étant impossible ; si ce cas a lieu dans la saison pluvieuse, il faut tout disposer à bord pour recevoir du mauvais temps au mouillage et filer de grandes touées. Il faut mettre une bonne vérine sur la chaîne quand on vire, à cause de la vase; une fois dérapé et gouvernant au N.O., on tomberait vite par de très-grands fonds; si alors la chaîne glissait, on la perdrait avec l'ancre. Les courants de flot et de jusant longent la côte; ils ont 1 mille de vitesse à l'heure dans les grandes marées.

Il faut remarquer qu'excepté sur un point dont il sera parlé, on ne trouve de fond que près de la côte S.O., et encore doit-on éviter de mouiller ailleurs que sur les points désignés, car à 2 encâblures de l'extrémité S.O. des récifs, on a 55 mètres ou 65 mètres; et à une encâblure, 36 mètres à 45 mètres. Mais, à mesure qu'on avance vers la Tente, le banc ou plateau du mouillage s'agrandit; et, vis-à-vis la Tente, il va jusqu'à 1 mille 1/2, où l'on trouve 72 mètres à 81 mètres. Au-delà, il n'y a plus de mouillage possible.

L'heure du plein, aux syzygies, est 4 h. 30 m.; et la montée de l'eau $3^{m},95$.

Nous complétons ces indications sur le mouillage de Salar, par le résumé des instructions données à ce sujet par M. le capitaine de vaisseau Vte Fleuriot de Langle :

« Le mouillage ordinaire est près de Salar, en relevant à peu près dans le S. le gros rocher appelé roche de la Tente. On fera bien de mouiller de manière à relever cette roche un peu à l'O. du S., pour être plus près de Saint-Augustin et pour pouvoir ensuite appareiller plus facilement. Les vents de N. et de N.O. battent en côte et soulèvent une grosse mer; mais la tenue est bonne et l'on chasse rarement. En appareillant avec des vents de la partie du N. et de l'O., on est souvent forcé d'abattre du côté de terre et de longer de près les bancs de Salar avec les amures à tribord; le courant et la houle rendent les virements de bord très-difficiles, et il est bon d'avoir un canot prêt à aider à virer au besoin.

» La plage de Salar est abritée de la houle du N. par un banc de madrépores. Les sondes suivent de près le brisant, et leur plateau s'étend à mesure que l'on arrive sur le méridien de la roche de la Tente. Les canots pratiquent aisément la côte de Salar : à la mer basse, ils doivent entrer dans le récif en prolongeant la roche de la Tente, et ils sont alors bien défendus de la mer; à la mer haute, les canots peuvent donner sur beaucoup de points du récif, qui généralement ne brise pas, mais la mer en passant par-dessus le récif forme alors une légère barre qui oblige à mouiller un grappin pour ne pas venir en travers. Il y a une aiguade peu abondante, située sous une falaise, à petite distance de la roche de la Tente.

§ 122. — Rivière Ongn'lahé (ou Darmouth River).

Comme il a été déjà dit, la terre haute ou la montagne longue et plate qui commence à la roche de la Tente, vient former l'anse ou baie des Américains. Peu après, au pied de la montagne qui forme la pointe N. de cette baie, commence une terre sablonneuse, sans végétation. Cette terre, courant dans le N. environ 1/3 de mille, va former une pointe qui est l'entrée S. de la rivière Saint-Augustin, que les naturels nomment Ongn'lahé. Vis-à-vis le commencement de cette terre basse, il y a des bancs de sable couverts, qui brisent quand il vente, ou quand il doit venter du S. au S.O. grand frais ; des lames sourdes s'élèvent quelquefois à 1 mille de la rive. Il faut s'en défier dans les embarcations, et leur donner un grand tour en passant.

Dans le N. de la pointe S., à 1 grand mille de distance, gît une autre pointe qui est l'entrée N. de la rivière : c'est une langue de sable dont l'extrémité change souvent d'aspect pendant les débordements de la saison pluvieuse, aussi bien que la pointe S. En dedans de cette pointe, un petit canal dont les eaux sont toujours salées conduit au village Saint-Augustin.

Cette rivière est le plus souvent barrée dans toute son étendue par des bancs de sable, sur lesquels il ne reste aux grandes marées que $0^m,60$ à $1^m,20$ d'eau. Quelquefois, ils laissent un chenal assez profond pour permettre à des bateaux calant moins de $1^m,80$ d'y entrer. A l'époque des débordements, dans la saison pluvieuse, il ne faudrait pas y rester.

Si l'on avait besoin d'eau, on pourrait la faire dans la rivière, en la prenant à 1 mille dans l'intérieur, en face d'un lieu nommé Dianbé, situé dans le Sud.

(1) Sur la rive gauche de la rivière Ongn'lahé, un banc s'est formé

(1) Ces dernières lignes sont extraites des instructions de M. le capitaine de vaisseau Vte Fleuriot de Langle : le reste est, comme nous l'avons dit, un résumé des observations de M. le capitaine au long-cours Marguin.

se projetant du N. au S. et allant rejoindre l'atterrissement de la rive droite. Ces deux bancs se prolongent au large, et forment une barre qu'il faut traverser pour aller à Saint-Augustin. La passe est située près de la pointe du N., qu'il faut toujours rallier, car sans cela l'embarcation s'échouerait et pourrait être remplie. On ne remonte point en canot jusqu'au village; il faut laisser l'embarcation dans la rivière, suivre à pied la langue de sable de la rive droite jusque devant les maisons, puis l'on traverse en pirogue le marigot qui a seulement 20 mètres de large.

§ 123. — Baie Andoungue.

A partir de la pointe extérieure N. de la rivière, la côte court au N. quelques degrés O. pendant un mille; puis elle revient dans le S. pendant 1/2 mille, jusqu'à un gros morne, blanchâtre depuis son sommet qui est boisé jusqu'à la mer et coupé à pic. Cette disposition de la côte forme ainsi une baie de 1/2 mille de profondeur sur autant de largeur. Ensuite, le morne blanc fait un contour en revenant vers le N., et la terre s'abaissant tout à coup, devient basse, sablonneuse, se borde de brisants et va former à 1 mille 3/4 une pointe très-saillante appelée Saloundranou, qui termine la baie de Saint-Augustin.

Entre le morne blanc et la pointe de Saloundranou, à 3/4 de mille au large, se trouve un banc qui a près de 1/3 de mille de diamètre, et sur lequel on trouve de 22 mètres à 36 mètres d'eau. Pour prendre ce mouillage, il faudrait, par prudence, venir le reconnaître et mouiller quelque amer ou signal sur son plus petit fond; son étendue est si petite qu'on pourrait, par une fausse manœuvre, le dépasser; et le banc est si accore, que de 36 mètres on tomberait tout de suite par 72 mètres à 90 mètres d'eau. Ce mouillage, qui abrite il est vrai des vents dangereux du N. au N.O., mais non des vents ordinaires du large, en raison de sa difficulté, de son peu d'étendue en cas de chasse et de son exposition aux vents les plus fréquents, ne doit être pris que pour des convenances particulières et rares.

Après la pointe de Saloundranou, la côte forme une petite baie, puis elle court au N.24°E. pendant 3 milles, ensuite au N.40°O. pendant 4 milles 1/2, jusqu'au village de Tulléar et au-delà, formant ainsi une courbe. Dans ce parcours, les terres sont très-hautes au S. et basses au N.; à mi-chemin de la partie de côte qui va dans l'O., on voit une montagne dont le sommet aplati se relève un peu à ses extrémités. On la nomme la Table. Elle peut servir à faire reconnaître toutes les terres environnantes. Les terres hautes s'éloignent ensuite du littoral, et vers Tulléar la côte est basse, sablonneuse, et les bois s'éclaircissent de plus en plus. Au-delà de Tulléar, la côte forme une pointe de sable, et de ce point à une rivière appelé Anos qui est à 4 milles dans le N., elle offre l'aspect de dunes de sable mêlées de quelques buissons. Sur ces dunes, dont une est plus élevée que les autres, il y a un village séparé en trois ou quatre parties.

§ 124. — Havre Tulléar.

La baie de Tulléar, au N. de Saint-Augustin, est sûre pendant toute l'année. Elle est formée par un grand récif qui part de la pointe de Saloundranou et s'élève jusqu'à Tulléar. En dedans du récif, les sondes sont assez régulières. Il y a deux passes par lesquelles on peut atteindre cette baie : la *passe du Nord* et la *passe du Sud*. Nous donnons ci-après, un résumé des instructions de M. le capitaine de vaisseau Vte Fleuriot de Langle, et de M. le capitaine au long-cours Marguin, pour faire ces deux passes.

Passe du Nord de Tulléar.

(1) Cette passe *est facile*, et on la parcourt assez sûrement en relevant la montagne dite Table de Westminster au S.31°O. du monde. Les navires venant du N. feront bien d'aller dans le S., jusqu'à ce qu'ils relèvent cette montagne à l'E.; puis il prolongeront le récif à un demi-mille, par 30 ou 40 mètres d'eau, jusqu'à ce qu'ils amènent la même montagne au S.31°O. A ce moment, on verra la limite N. du récif se détacher parfaitement des brisants de Manombo. En entrant par cette passe, les vents généraux du S.O. obligent à tenir le vent afin de ne pas tomber sur les petits fonds qui se trouvent au S. du brisant de Manombo, lequel paraît s'étendre chaque année depuis que la rivière Tulléar, au lieu de se jeter dans la rade comme autrefois, se jette entre la côte et le récif qui part de ce point pour former la rade de Ranoubé. Le brisant du S. assèche à mer basse, et on le

(1) Capitaine de vaisseau Vte Fleuriot de Langle.

contourne en se tenant par 5 ou 10 mètres d'eau; en se tenant un peu plus dans le N., on aurait 15 mètres d'eau, au milieu de la passe; mais il ne faudrait pas aller plus loin dans le N., afin de ne pas risquer de tomber sur le banc du N. Les courants sont forts et portent en travers de la passe.

(1) La passe N. est formée par l'extrémité N. du banc de Tulléar, et par un autre brisant dans le N.40°E., extrémité S. d'un banc de roches qui s'étend vers le N., et qui va dans l'E. rejoindre la terre par des hauts-fonds. Entre ces deux bancs, il y a un passage libre de tout danger, de près de 3/4 de mille. Pour entrer par cette passe, il suffit de se tenir à mi-chenal; ou, avec des vents du large un peu près, de longer à 1 encâblure le récif de Tulléar. Puis, inclinant sa route vers le S.E. et faisant mi-canal, on mouille en face du village de Tulléar, ou dès qu'on a dépassé la pointe S. des dunes. La montagne de la Table, que l'on aperçoit dans le S.S.E. du compas, pourrait encore servir de direction, en tenant le village dans l'E. et en la ramenant dans le S.E. du compas. Du reste, on peut mouiller partout dans le chenal depuis le N. jusqu'au S. A l'entrée de la passe N., on trouve de 25 mètres à 29 mètres d'eau; entre les récifs, de 22 mètres à 18 mètres; puis plus en dedans de 16 mètres à 11 mètres d'eau jusqu'au mouillage de Tulléar. Ceux qui viendront par le S. trouveront aussi de 11 mètres à 12 mètres d'eau. Le mouillage de Tulléar est excellent; la mer n'y est jamais grosse.

Passe du Sud de Tulléar.

(2) Plusieurs hauts-fonds rétrécissent le chenal qui sépare le brisant du large de la pointe de Sarroudranou. Celle-ci est entourée elle-même d'un récif considérable. Les pratiques connaissent ces passes, et quelques caboteurs se fient à eux pour remonter à Tulléar. Mais les courants sont forts, et il faut bien veiller la sonde. Les hauts-fonds sont indiqués, soit par la mer qui brise, soit par le changement de couleur de l'eau.

(3) Ainsi qu'il a été dit, à partir du morne blanc près de Saint-Augustin, un banc de roches coupé çà et là longe d'abord la côte de

(1) Capitaine au long-cours Marguin.
(2) Capitaine de vaisseau Vte Fleuriot de Langle.
(3) Capitaine au long-cours Marguin.

Saloundranou à petite distance, puis s'étend dans l'O. jusqu'à 1 mille de cette pointe. A 3/4 de mille de ce banc dans l'O. quelques degrés N., commence le grand banc de Tulléar. C'est entre ces deux récifs, dont la distance est encore rétrécie par quelques pâtés de roches couverts d'eau, que se trouve la passe S. qui conduit par un chenal jusqu'à Tulléar. Les navires de commerce y passent souvent. Les seuls amers de cette passe sont la vue des bancs et pâtés de roches, que la vigie indique mieux que toute autre marque et en rangeant plutôt les dangers de bâbord ou de l'O. que ceux de tribord ou de l'E. On trouve 9 mètres à 11 mètres d'eau sur la passe, et de 9 mètres à 15 mètres dans le chenal.

Le banc extérieur de Tulléar a près de 10 milles d'étendue, et court dans le N.30°O., s'élargissant ou se rétrécissant depuis 1 mille 1/2 jusqu'à 1/4 de mille, et formant ainsi des pointes avancées dans l'intérieur, qui rendent le chenal sinueux à cause aussi des hauts-fonds de la côte, qui, depuis Saloundranou jusqu'aux dunes décrites, s'avancent plus ou moins vers le large. Ce chenal, depuis la passe S. jusqu'aux dunes, a environ 1 mille de largeur presque partout; depuis les dunes jusqu'à l'entrée de la passe N., il devient plus grand.

OBSERVATIONS SUR LE MOUILLAGE DE TULLÉAR.

(1) La mer marne beaucoup à Tulléar, et l'accostage des canots est difficile à mer basse. Il faut aller à terre autant que possible le matin; car le soir, avec le vent et le courant, la mer devient très-dure et les embarcations ne peuvent plus circuler facilement.

Les vents dépendent du S.E., sur presque toute la côte S. de Madagascar, et permettent d'appareiller dès que le jour se fait. Avec ces vents, on s'élève assez au large pour profiter ensuite de la brise de mer qui se fait du S.O. ou du N.O., selon la localité et la saison.

La brise du large est souvent très-fraîche, et cause beaucoup de levée sur la rade de Saint-Augustin. Mais il est difficile qu'on puisse chasser, étant sur la rade de Tulléar, où le fond de sable vasard offre une excellente tenue. Les ouragans sévissent parfois à Saint-Augustin, mais ils ne paraissent pas à craindre pour les navires mouillés auprès de Tulléar, où l'on n'aurait à se défier que de la renverse du N.O. au S.O. La rade de Tulléar semble donc sûre pendant toute l'année.

(1) Capitaine de vaisseau Vte Fleuriot de Langle.

§ 125. — Saloundranou (ou Sarroudranou) [1].

Saloundranou. — Dans la saison pluvieuse, les navires qui ont affaire à Saint-Augustin pendant quelque temps seront en sûreté si, au lieu de mouiller sur la rade de Salar, ils viennent mouiller en dedans du chenal de Tulléar, près de Saloundranou. Leurs relations journalières avec Saint-Augustin seront presque aussi faciles, et ils seront en sûreté et abrités de la mer que causent les vents de l'O. au N., lesquels rendent à cette époque le mouillage de Salar dangereux.

§ 126. — De Tulléar à Manoumbe (Ranoubé et Manoumbe).

A partir de Tulléar, en avançant dans le N., parmi les hautes montagnes qui se voient dans l'intérieur, il en est une plus élevée que les autres, dont une face est plus haute que le terrain qui suit au N. Cette montagne sert à reconnaître les mouillages de *Ranoubé* et *Manoumbe.*

Depuis la passe N. de Tulléar, le récif qui forme l'entrée N. de la baie court parallèlement à la côte vers le N. quelques degrés O. jusqu'à Manoumbe, qui est à 22 ou 23 milles de Tulléar. Dans cet intervalle, le récif est coupé en deux points et forme deux passes, qui laissent pénétrer dans le chenal intérieur formé entre la terre et les récifs. La première de ces passes est à 4 milles plus au N. que l'extrémité S. du récif et éloignée de terre de près de 3 milles. Cette passe est étroite et n'a pas plus de 1 encâblure de largeur; elle conduit à une portion de mer libre de tout danger, mais d'une trop petite étendue pour qu'un navire y soit à son aise. On en parle ici afin qu'on ne confonde pas ce mouillage avec celui qui suit, qui est un des meilleurs mouillages de la côte.

Ranoubé. — La seconde passe dans le récif est à environ 5 milles au N. de la première. Elle a 1/2 mille de large, et est éloignée de 6 milles de la côte; elle conduit au mouillage de Ranoubé. On trouve 16 mètres d'eau à l'entrée, et le fond diminue successivement à mesure qu'on avance dans l'intérieur, jusqu'à ce qu'on parvienne par

(1) Ce paragraphe et les suivants, jusqu'au § 132, sont le résumé des observations de M. le capitaine au long-cours Marguin.

8 mètres à 7 mètres, qui est la limite du mouillage. Au-delà, le fond, diminuant toujours, va jusqu'à un grand banc de sable découvrant de basse mer et qui, s'étendant depuis la côte jusqu'aux récifs du large, ferme entièrement tout passage, même pour les embarcations. Ce mouillage est une sorte de canal, terminé par un cul-de-sac compris entre des bancs de coraux, les uns couverts, d'autres découverts à marée basse. Ce canal, peu après l'entrée qui va au N.30°E., se dirige au N.$^1/_2$O. et a une longueur totale de 7 milles, et 1 mille 1/2 dans sa plus petite largeur. Vers le milieu de sa longueur, existe un banc de sable près du banc de coraux du large, qui rétrécit un peu le canal à ce point. Depuis l'entrée jusqu'à ce banc, on trouve de 16 mètres à 11 mètres d'eau; près du banc $12^m,8$; puis de 11 mètres à $5^m,50$ jusqu'au fond.

Pour prendre ce mouillage de Ranoubé, il faut, en atterrissant, relever la montagne de Manoumbe dans le N.25°E. En approchant, la vigie distinguera d'assez loin la passe qui ne brise pas ; puis, étant encore plus près, on verra à la côte un grand arbre remarquable; la montagne vue par cet arbre fait faire la passe ; mais on l'a dit souvent et on le répète encore : c'est en veillant attentivement de la mâture qu'on apercevra les dangers à éviter et la route à faire. Quand l'eau n'est pas très-agitée, on distingue le fond par 11 mètres et 13 mètres d'eau. En avançant dans le canal, on inclinera à mesure sa route vers le N., et au milieu de son parcours on verra un banc de sable qui découvre à mer basse; on pourra mouiller à 2 ou 3 encâblures avant d'atteindre ce banc. Si l'on doit rester quelque temps dans ce lieu, et qu'on ait affaire à Manoumbe, on peut dépasser le banc de sable et mouiller par 7 mètres à 9 mètres d'eau; de là, on sera à environ 8 milles de la rivière de Manoumbe. A 1 mille 1/2 dans le N. de ce mouillage, il y a un grand banc de sable, allant de la côte aux récifs du large, et qui est entièrement découvert à 1/2 jusant; il barre le passage même aux plus petites embarcations. Le mouillage de Ranoubé est excellent; c'est le meilleur de la côte.

Manoumbe.— Le récif qui commence à Ranoubé court dans le N. pendant 9 milles, parallèlement à la côte, et se termine presque vis-à-vis la rivière de Manoumbe, à 5 milles au large, où il se contourne et revient vers la terre dans le S.E., avec çà et là de petits pâtés de roches qui s'étendent détachés jusque près de la côte dans la même direction. Dans l'O. de la rivière, à 2 milles 1/2 au large, commence un autre récif qui s'étend dans le N. C'est entre celui-ci et le premier que se trouve un espace de 2 milles environ, formant l'entrée d'un canal libre de dangers, mais qui va en se rétrécissant jusque près de la rivière, et où l'on trouve depuis 29 à 27 mètres jusqu'à 5^m,50 tout près de terre. Le mouillage se prend par 24 à 29 mètres, à 1 encâblure 1/2 du récif le plus au large. Pour reconnaître ce mouillage, du large, outre la montagne, on observera que les récifs du large forment une pointe très-saillante; et à terre, près de la rivière, on apercevra un grand arbre fort remarquable.

§ 127. — De Manoumbe à la baie Murder.

Depuis Manoumbe jusqu'à la baie Murder, on ne rencontre plus aucun mouillage. Il existe diverses coupures dans les récifs, qui continuent à courir parallèlement à la côte et s'en éloignent parfois jusqu'à 4 milles. Ces coupures permettent aux embarcations de pénétrer dans les canaux formés par les récifs de la côte, et où elles peuvent naviguer. Depuis Manoumbe, les montagnes se sont éloignées dans l'intérieur, la terre est peu haute à la côte, fort boisée d'abord, et s'éclaircissant à mesure qu'on avance dans le N., formant des dunes de sable couronnées de bouquets d'arbres.

A la hauteur de 22°30'S., on remarque à la côte deux roches placées en regard l'une de l'autre très-près, et ayant la forme d'un coin de mire. A ce point, la côte s'enfonce assez profondément dans l'intérieur, et y forme une baie dans laquelle il y a de 7 mètres à 9 mètres d'eau dans quelques parties. Les roches du large semblent former une passe pour y conduire, mais on ignore s'il en existe une réellement.

En avançant vers le N., avant d'arriver à la baie de Murder, on rencontre plusieurs enfoncements de côte et une pointe très-avancée dans l'O., dont le côté S. est de sable blanc, et le côté N. rocailleux et noir. L'extrémité de cette pointe est coupée à pic; puis viennent des terres basses et boisées, qui se terminent à un cap élevé, noir et rocailleux, lequel précède un autre cap, aussi élevé, qui forme l'entrée S. de la baie de Murder. Vis-à-vis le premier, les récifs du large cessent; ils se coudent vers la côte, dont ils étaient éloignés de

3 milles, et viennent au pied du cap se terminer, en laissant entre eux et celui-ci un passage très-étroit pour les embarcations qui, pour remonter vers le N., sont ici forcées de prendre la haute mer.

§ 128. — Baie de Murder.

Cette baie est située par 22°12′S. et 40°58′E. Quoiqu'elle ait plus de 6 milles de profondeur sur 4 à 5 de largeur dans l'intérieur, elle n'offre pourtant qu'un mouillage très-restreint. L'entrée n'a que 1 mille 1/2 de largeur, quoique les pointes soient distantes de près de 2 milles l'une de l'autre, mais les roches qui les bordent la diminuent ainsi. Pour y mouiller, il faudrait se tenir au milieu de la passe; gouverner vers le fond de la baie; puis, en inclinant au N., mouiller aussitôt qu'on aurait doublé la pointe N. de la baie, et qu'on en serait à 3 encâblures de distance. On est assez abrité à ce mouillage, et la mer y est presque toujours belle. On trouve de 12^{m},8 à 7^{m},9 d'eau, depuis l'entrée jusqu'au mouillage.

Dans la baie de Murder, il y a un canal entre les terres qui conduit à une autre baie plus au N., nommée Lamboire, baie qui est entièrement barrée par des bancs de roches.

§ 129. — Ile Ampassilava (ou Murderer). — Banc Pearson. — Ile Etcherre (ou Grave). — Ile Crabb.

Ile d'Ampassilava. — De la baie de Murder, on aperçoit, à 8 milles dans le N., une île nommée par les naturels Ampassilava, et que les Anglais appellent Murderer. L'île d'Ampassilava est entourée de récifs qui s'étendent à environ 2 milles dans le S., sur une largeur de 1/3 de mille. Ces brisants, en contournant l'île à l'extérieur, diminuent d'étendue en allant vers le N.; et à sa pointe dans cette partie ils sont tout près de terre. Entre eux et un autre récif qui va à 1 mille 1/4 dans le N. et se termine par un banc de sable découvert à mer basse, il y a une coupure ayant 7 mètres d'eau, qui laisse pénétrer dans l'intérieur du chenal formé par la côte et les îles et dangers. Les Anglais ont nommé Bowies ces brisants et ce banc de sable.

Banc Pearson. — A 2 milles au N. du banc Bowies, il y a un autre banc de sable que les Anglais ont nommé Pearson ; il découvre à basse mer et a bien 3/4 de mille d'étendue ; à 2 milles plus au N., gît l'île Etcherre. Entre le banc Pearson et cette île, existe une passe de 1 mille de largeur, ayant 16 mètres d'eau ; et entre Bowies et Pearson, une autre passe aussi libre et saine où l'on trouve de 18 mètres à 22 mètres d'eau.

L'île Etcherre des naturels a été nommée *Grave* par les Anglais. Cette île est entourée par des récifs qui, à sa pointe S. et S.O., s'étendent à 1 mille de l'île. Cette étendue diminue ensuite à mesure qu'ils contournent vers le N. par l'extérieur ; à cette partie ils sont très-rapprochés de l'île, et du côté intérieur ils s'avancent peu au large. Ce mouillage est meilleur que celui d'Ampassilava ; les vents de S. n'y causent pas une aussi grosse mer. On peut y mouiller comme à Ampassilava.

Mouillage d'Ampassilava. — Au bout des 15 milles qui vont vers l'E., la côte se bifurque et court dans le N.20°E. pendant environ 15 milles, jusqu'en un point nommé Ankouba. Cette conformation de la côte forme une immense baie dans le fond de laquelle se trouve un bon mouillage, où pendant la belle saison l'on est parfaitement abrité des vents du large. On jette l'ancre par 11 mètres ou 13 mètres, en face d'un village appelé Ampassilava ; on pourrait aussi mouiller plus dans l'O., si cela était nécessaire.

Ile Crabb (21°04′ latitude S.) : Dans le N. du mouillage d'Ampassilava, se trouve l'île Crabb ; c'est une toute petite île entourée d'un banc de sable et roches qui s'étend jusqu'à 2 milles 1/2 dans le S., sur 1 mille de largeur ; à son extrémité S., il y a une grosse roche découverte, et dans l'E. de celle-ci, à 1 mille environ, une autre roche entourée d'un petit banc. Ces bancs et îlots sont à 10 milles 1/2 de la côte.

A environ 5 milles dans le N.30°E. de l'île Crabb, se trouve un plateau de roches de 1 mille d'étendue, qui est à 8 milles de terre, et situé presque vis-à-vis le mouillage d'Ankouba.

Ce mouillage se prend près d'un village du même nom, par 6 à 7 mètres d'eau, à 1 mille ou 1 mille 1/2 de terre. On n'est pas abrité des vents du large, néanmoins la mer n'y est pas très-grosse.

Entre Ampassilava et Ankouba, la côte devient haute et boisée, et çà et là on rencontre quelques groupes de roches s'écartant un peu de la plage.

§ 130. — **Instructions pour atteindre le mouillage d'Ampassilava (ou Murderer) et les mouillages environnants.**

En venant du large, avec un temps clair, on apercevra très-loin, dans l'intérieur des terres, une chaîne de montagnes, se divisant en deux parties par une grande coupure dont les extrémités sont à pic ; en gouvernant sur cette coupure, on viendra reconnaître les îles d'*Ampassilava* (ou *Murderer* des Anglais) et *Etcherre* (ou *Grave*), celle-ci à environ 7 milles dans le N. de la première. On pourrait quelquefois prendre l'une pour l'autre ; car, vue du large, l'île d'Ampassilava se trouve confondue avec la terre ; mais on remarquera que l'île Etcherre est plus petite qu'Ampassilava ; que, boisées toutes deux, le boisement d'Ampassilava forme une masse compacte, tandis que celui d'Etcherre est épars et forme des bouquets distincts.

En venant du S., et longeant la côte pour aller au mouillage, il faut se défier d'une roche isolée, dont la tête seule paraît à la surface de l'eau à basse mer, comme le dos d'une baleine. Au pied de cette roche, il y a une très-grande profondeur d'eau. Elle brise très-peu, de beau temps. Elle gît à 3 milles environ dans l'O.$^1/_2$N. de la pointe N. de Murderer.

On peut venir prendre le mouillage d'Ampassilava par *trois passes* différentes. *La première* est la plus suivie, en venant par le S.; on s'engage entre les récifs de cette partie et les brisants de la côte, se tenant à 1 encâblure des récifs de l'île ; et l'on vient mouiller depuis le travers de son milieu jusqu'à son extrémité N., à 1 mille de distance, par 16 mètres à 18 mètres d'eau. *La seconde passe* est située entre l'extrémité N. de l'île et le banc Bowies. *La troisième* consiste à passer par le N. du même banc, et l'on vient mouiller au même point. La tenue est très-bonne, mais les forts vents de S. amènent une grosse mer.

§ 131. — **Description de la côte, de la baie Murder à Bevatou. — Récifs Rogiers. — Ile Ratafanou. — Récif Morisson. — Iles Tipouey, Mouroumbé, Yndoula et Yandamoune.**

A partir de la baie Murder, la côte court au N. environ pendant 15 à 16 milles, jusqu'à un cap appelé aussi Etcherre, comme l'île vis-à-vis de laquelle il se trouve. Tout ce parcours est bordé de récifs s'avançant à un mille au large, qui, étant détachés les uns des autres et formant des bancs partiels, permettent de pénétrer entre la terre et les bancs et d'y communiquer avec les embarcations. Vis-à-vis le mouillage ordinaire, on trouve un village.

Après le cap Etcherre, on rencontre une baie ou enfoncement, allant 1/2 mille dans l'E.; ensuite la côte court dans le N.12°E., jusqu'à une pointe avancée qui, d'après les cartes anglaises, serait le cap Saint-Vincent. La côte continue ensuite à courir dans la même direction, pendant 2 milles 1/2 environ; puis elle se contourne pendant 1 mille, pour revenir vers le S.23°O. pendant plus de 4 milles. Cette conformation de la côte en fait une presqu'île que les naturels nomment Bevatou; avec la terre vis-à-vis, qui court vers le N., elle forme un bras ou canal qui, ayant 1 mille de largeur à son entrée, n'a plus qu'une centaine de mètres au bout des 4 milles; là, se coudant vers l'O., ce canal diminue encore de largeur et va rejoindre la mer du côté extérieur, à 1 mille 1/2 au N. du cap Etcherre. C'est là ce que sans doute les Anglais ont pris pour la rivière Yonna-Mainti.

J'ai parcouru la côte dans l'intérieur des canaux avec des embarcations, depuis Saint-Augustin jusqu'à Ankouba. De la rivière de Manoumbe jusqu'à ce dernier point, je n'ai rencontré et les naturels ne m'ont signalé d'autre rivière que celle de Yous, dont il sera parlé et qui est beaucoup plus au N. Mais j'ai vu, comme dans ce cas-ci, des bras de mer s'enfonçant dans l'intérieur quelquefois jusqu'à 8 ou 10 milles; où la mer pénètre par des canaux qui semblent avoir été creusés par des torrents d'eau, lesquels, dans la saison pluvieuse, deviennent de véritables rivières dont les eaux bourbeuses changent la couleur de la mer dans leur voisinage.

Récifs Rogiers. — Vis-à-vis la presqu'île de Bevatou et à 1 mille 1/4 du cap Etcherre, dans le N.45°O., commence un long banc de récifs qui court parallèlement à la presqu'île et se termine vis-à-vis sa pointe N.; il a près de 4 milles de longueur sur une largeur très-variable; très-étroit dans son milieu, il se renfle aux extrémités. Il est éloigné de près de 2 milles de la côte. Les récifs qui bordent celle-ci, et qui s'en écartent jusqu'à 1 mille et plus, laissent entre eux et ledit banc, que les Anglais nomment Rogiers, un passage où l'on trouve 5 mètres, 7 mètres et 9 mètres d'eau. En relevant de l'île Etcherre pour remonter dans le N., il y a un bon passage entre cette île et le banc Rogiers, avec 14 mètres, 16 mètres et 18 mètres d'eau.

Ile Ratafanou. — A 2 milles au N. de Bevatou, en dedans de la chaîne de récifs qui courent sans interruption dans le N. jusqu'à l'île de Mouroumbé, se trouve une île longue et plate de plus de 1 mille sur 300 mètres de large, appelée Ratafanou. Elle est entourée, à son extrémité S., de quelques grosses roches et d'une petite île boisée. Au N., plusieurs bancs de sable et roches l'entourent aussi; elle est éloignée de la côte d'environ 2 milles 3/4.

Récif Morisson. — Dans l'O. de l'extrémité N. de l'île Ratafanou, à 2 milles 1/2 des derniers brisants du large, il y a un plateau de roches, appelé Morisson, qui découvre un peu à basse mer; il peut avoir environ 200 mètres d'étendue et brise dès que la mer est un peu houleuse. A 2 milles 1/2 au N. de ce danger, il y a un haut-fond sur lequel, à basse mer, il ne reste que 1 mètre d'eau; aux environs, l'on trouve 7 mètres; entre lui et les brisants de la côte, dans le chenal, de 11 mètres à 13 mètres; et à 1/3 de mille au large, 33 mètres à 36 mètres d'eau. Il faut attentivement veiller ces deux dangers, car souvent ils ne brisent pas avec belle mer, et quant au dernier, ce n'est qu'avec un peu de houle qu'il brise à de longs intervalles. Avec de forts vents du large, ils brisent toujours. On peut passer entre ces dangers et les récifs de la côte.

Ile Tipouey. — De Ratafanou à l'île Mouroumbé, qui est au N. environ 3 milles 1/2, on rencontre une petite île toute ronde de 100 mètres de diamètre, qui se nomme Tipouey et qui est à 1 mille de l'île Mouroumbé. Entre Tipouey et Ratafanou, à mi-distance des deux, gît une grosse roche qui sert d'amer et marque l'extrémité E. du plateau des bancs du large, qui vont de Bevatou à Mouroumbé sur une largeur moyenne de 1 mille et formant, avec les bancs de sable et vase qui bordent la terre, un chenal de 1 mille à 1 mille 1/2 de large, où peuvent pénétrer les navires, dans un parcours de plus de 10 milles, et où ils sont parfaitement abrités de la mer.

Ile Mouroumbé. — L'île de Mouroumbé a près de 1 mille de longueur et 1/3 de large; elle est à 3 milles de la côte et environnée dans l'O. par le prolongement du plateau ci-dessus décrit, qui s'avance à 1/4 de mille au large de l'île et se rapproche de sa pointe N. De cette pointe, en allant vers l'E., part un grand banc de sable bordé de roches, qui s'éloigne de l'île vers l'intérieur pendant près de 1 mille ; puis il se coude vers le S.$^{1}/_{4}$S.E. pendant 300 mètres environ, et, retournant vers le S.O., va rejoindre un banc de sable qui termine le grand banc dans le S.E. de l'île. Vis-à-vis ce parcours de 300 mètres, et parallèlement à lui, commence un autre grand plateau de roche formant un quadrilatère, dont le plus petit côté, en regard du plateau de l'île, a 200 mètres. Ces deux plateaux laissent entre eux une coupure ou espace libre de 1 encâblure de largeur où l'on trouve 12 à 14 mètres d'eau. Les bords de cette passe sont très-accores ; à quelques mètres de distance, on trouve 7^{m},30. Le plus grand côté du banc quadrilatère faisant face à la mer a plus de 1 mille de longueur ; le côté attenant vers le N. a 3/4 de mille ; à son extrémité il y a une petite roche toujours découverte, tandis que tout le reste du plateau ainsi que celui attenant à l'île Mouroumbé couvre à mi-marée.

Iles Yndoula. — A environ 1 mille 1/2 au N. du plateau quadrilatère, se trouvent deux petites îles de roches nommées Yndoula, entourées aussi de hauts-fonds à 1/3 de mille de distance, qui se terminent vers l'intérieur par un petit banc de sable couvrant à mi-marée. Entre ces hauts-fonds et le plateau quadrilatère, il y a un passage de 3/4 de mille de largeur, où l'on trouve 12 à 14 mètres d'eau, et 7 mètres aux accores.

Ile Yandamoune. — A 3 milles dans le N.E. des îles Yndoula, se trouve une île haute et boisée, presque ronde, ayant environ 1/3 de mille de diamètre. Des récifs l'environnent aussi à plus de 1/2 mille, et un banc de sable, roches et coraux, se prolonge jusqu'à la côte et barre tout le passage. Entre cette île nommée Yandamoune et les îles Yndoula, il y a un passage de 3/4 de mille, où l'on trouve de 12 à 14 mètres, et 7 mètres aux accores.

Mouillages. — Tous ces divers passages sont les seuls qui conduisent dans le chenal de 10 milles dont il a été parlé, qui s'étend depuis l'île de Yandamoune jusqu'à la presqu'île Bevatou. On peut, dans tout son parcours, mouiller dans le milieu du chenal, par 5 mètres et 11 mètres d'eau, sable et vase, partout où l'on voudra. La vigie indiquera les accores des bancs.

Ici se terminent ces longs bancs de sable, roches et coraux, qui, presque sans interruption, depuis Saint-Augustin, pendant 40 lieues, forment entre eux et la côte des canaux plus ou moins larges et profonds, accessibles souvent aux navires et toujours aux embarcations.

§ 132. — De Bevatou au cap Mouroumbé. — Rivière Yous.

Au N. de Bevatou, la côte court au N. quelques degrés O., pendant 6 milles 1/2, jusqu'à un cap s'avançant dans l'O., qui est terminé par un plateau de roches s'éloignant de 1/4 de mille de la rive. Ce cap se nomme Mouroumbé. A environ 2 milles 1/4 avant d'atteindre ce cap, on rencontre un canal par lequel la mer pénètre très-avant, dans l'intérieur des terres. L'entrée de ce canal est obstruée par des bancs de sable vaseux, qui s'étendent à 1/2 mille au large. Je l'ai visité en 1861, et j'ai trouvé un chenal parmi les bancs où, à mer basse, il y avait 1 mètre d'eau, et entre les terres de 7 mètres à 9 mètres, pendant l'étendue de 1/3 de mille. Mais si, comme je le crois, ces canaux sont dus à l'écoulement des eaux, dans la saison pluvieuse, ils doivent souvent changer de direction.

Échouage pour réparations. — Si, par suite d'accidents, l'on avait à visiter son navire, pour boucher une voie d'eau, ce bras de mer serait très-convenable pour un échouage. On pourrait aussi le faire à l'entrée de la fausse rivière Youna-Maïnti, entre Bevatou et la côte. En 1861, un navire de la Réunion s'y est réparé ; il était échoué du côté de Bevatou, sur un fond très-plat, vaseux et herbacé, où le navire était très-bien, à environ 150 mètres de la rive. Au milieu du canal, on avait $5^{m},50$ d'eau ; la mer était comme dans un bassin.

De Bevatou au cap Mouroumbé, la terre est basse, boisée et bordée de mangliers. Après le cap Mouroumbé, la côte court au N.35°E. pendant 6 milles, en formant une légère courbe jusqu'au cap où se termine le banc, qui, de l'île Yandamoune à la côte, barre le passage, même pour les embarcations à basse mer. Les naturels nomment ce cap Andévou. Du cap Mouroumbé au cap Andévou, la terre s'élève un peu ; elle est toujours boisée et haute aux environs du cap.

A 1 mille environ dans le N.E. du cap Andévou, il y a une pointe à partir de laquelle la côte s'enfonçant dans l'E., puis revenant au N., forme une baie qui va se terminer à une rivière nommée Yous, à 4 milles 1/2 de cette pointe. Cette baie a un banc de récifs qui s'étendent parallèlement à la côte, jusqu'à 1 mille au large. Il existe, entre ces récifs et la terre, un chenal praticable pour les embarcations.

La rivière Yous est obstruée par des bancs de sable qui ne la rendent accessible qu'aux embarcations. A 3 milles dans l'O., il y a un haut-fond, sur lequel on ne trouve que $3^m,60$.

A partir de la rivière Yous, la côte court dans le N.40°O. pendant près de 4 milles, jusqu'à un bras de mer qui conduit en un lieu nommé Quittombo. Puis, elle va dans le N. pendant près de 15 milles, et revient ensuite vers le N.68°E., pendant 15 autres milles. Dans ce parcours, la côte est toute déchiquetée par des canaux où pénètre la mer. Quelques-uns, comme Quittombo et un autre canal nommé Mangouki, ont de $3^m,6$ à $5,^m5$ d'eau dans l'intérieur, mais ils sont tous barrés par des bancs de sable mouvants. On pourrait cependant entrer dans plusieurs, avec des bateaux calant de $1^m,5$ à $1^m,8$, mais à 3/4 de marée. Ces terres sont basses, sablonneuses et boisées.

§ 133. — **Mouroundava.**

La rade de Mouroundava, près de la ville du même nom (20°18'S. et 41°59'E.), offre un mouillage exposé aux vents de N.O., d'O. et de S.O. On mouille près des sables qui barrent les rivières, par 15 à 16 mètres d'eau, en relevant à l'E.S.E. un arbre très-élevé. On peut y faire de l'eau douce et y trouver quelques provisions.

Nous extrayons les observations suivantes d'un rapport inédit de M. le capitaine Décugis, commandant la goëlette « *Gilberte,* » qui nous a été obligeamment transmis :

« Un navire venant du N., à destination de Mouroundava, doit venir reconnaître la terre aux environs de Ménabé, et même encore plus dans le N. Cette côte est très-saine jusqu'à Mouroundava, si l'on se tient en vue de terre par des fonds de 11 à 13 mètres. Si l'on se maintenait au large, à 25 ou 30 milles par exemple, on trouverait généralement les courants portant au N., avec une vitesse de 1 mille 1/2 à 2 milles. Au contraire, auprès de la terre, ils portent ordinairement au S., et l'on a du moins l'avantage de pouvoir mouiller, si l'on est pris par les calmes.

» *Le banc de la Cordelière*, qui ne figure point sur certaines cartes, est situé par 20°10′S. et 41°45′E. environ. Je suis passé sur l'accore S. le 10 novembre 1873 ; et le fond a sauté de 21 mètres à 11 mètres, dans les quelques instants employés à venir au vent en grand. Je considère ce banc comme très-dangereux. Le capitaine LARSEN, de la goëlette anglaise « *Agnès,* » a navigué dessus pendant deux heures, par des fonds de 5 à 6 mètres, en évitant les hauts-fonds. Si l'on est obligé de louvoyer pour atteindre Mouroundava, il convient de ne pas prolonger la bordée du large au-delà de 12 milles de terre : à cette distance, l'on n'a pas à craindre le banc.

» Mouroundava est bien porté sur les cartes. Le mouillage est dans le N. de l'entrée de la rivière, par 8 mètres de fond, en relevant les cocotiers de M. Samat, au S. du compas.

» A partir de Mouroundava, la côte est bordée de bancs : le plus voisin est le banc d'Akaramaï, qui gît à 8 milles de terre dans le S.O. de Mouroundava. »

§ 134. — Ménabé (ou Tsimanandrafouze ou Sizibonguy) [1].

« Ce point est situé par 19°48′S. Les cartes françaises le placent par 19°04′S.; et les cartes anglaises ne le mentionnent point. Le village peut se reconnaître à un bouquet de cocotiers. J'ai mouillé dans le S. de la barre, par 11 mètres d'eau, en relevant le village dans l'E.N.E.; je me trouvais ainsi à 1 mille de la barre.

» Toute la partie de côte, du cap Saint-André à Ménabé, est assez mauvaise, surtout d'avril en novembre. Les brises du S.O. à l'O. donnent une houle qui rend les communications difficiles et souvent impraticables. »

§ 135. — Manamboule [1].

« Le mouillage que j'ai pris était par 6 mètres, en relevant le village au S.E., et en ayant la barre de la rivière à 3 milles dans le S. Je conseille aux navires qui viennent du S. de ne pas approcher à moins de 3 milles, avant d'avoir dépassé la barre. »

(1) Les indications contenues dans ce paragraphe sont extraites textuellement du rapport inédit de M. le capitaine au long-cours DÉCUGIS.

§ 136. — Maïnteranou [1].

« Ce point, qui n'est pas mentionné sur diverses cartes, se trouve par 18°10'S.; la carte de M. Grandidier donne 18°15'S. *En venant du N.*, on reconnaîtra l'île Coffin, s'il est possible ; puis on longera la côte, en se maintenant par des fonds de 8 à 10 mètres. *Le Banc de Sable* brise ordinairement par tous les temps ; mais il n'est pas très à craindre, si l'on a la précaution d'avoir une vigie dans la mâture. On reconnaît le village à quelques cocotiers : ce sont les seuls qu'il y ait, de ce côté, sur la côte. J'ai mouillé par 11 mètres d'eau, en relevant les cocotiers à l'E.S.E.

» *En venant du S.*, on longera la côte de manière à passer à 1 mille dans l'E. de l'île de Sable (les îles Barren sont apparentes). Après avoir doublé l'île de Sable, on gouvernera de manière à passer à 1 bon mille dans l'O. de l'île Ampandikouare (ou Flinders) ; on aura soin de ne pas venir à l'E. du N., avant d'être à 4 milles de cette île. De là, on gouvernera sur Maïnteranou et l'on se guidera sur les cocotiers pour atteindre le mouillage.

» De nuit, je conseille de mouiller, car les courants dans les îles sont forts et très-variables.

» En allant dans le S. de Maïnteranou, après avoir franchi les îles Barren, il conviendra de longer la terre par des fonds de 10 à 11 mètres ; et l'on n'aura rien à craindre, en se tenant à une distance de 5 à 6 milles de terre. Un haut-fond très-étroit existe, à 3 milles de terre, en relevant la pointe Kimbihy à l'E.S.E. »

§ 137. — Makumba.

La rivière Makumba (15°46'S. et 43°40'E.) est défendue par des bancs. Auprès de la côte E. se trouve un chenal, avec 7 à 18 mètres d'eau, qui court au S.O. On arrondit ensuite la pointe E. du côté du S.E. et de l'E., et l'on arrive à un très-bon mouillage, par 8 à 13 mètres d'eau.

§ 138. — Bombetok ou Bombatooka.

L'entrée de la baie Bombetok a 3 milles 1/2 de large ; et elle est

(1) Les indications contenues dans ce paragraphe sont extraites textuellement du rapport inédit de M. le capitaine au long-cours Décugis.

tout à fait saine. A l'E. de l'entrée, gît la pointe Majunga (15°43'S. et 44°0'E.). Les fonds qui sont d'abord d'environ 35 mètres, diminuent à mesure qu'on pénètre dans la baie. Si l'on suit la côte E., on trouve seulement de 11 à 13 mètres, en approchant de la pointe Sareebingo, en dedans de laquelle est construit le village de Majunga ou Majunghaï, ou Mazangaie. Si l'on se tient un peu rapproché de la côte O., en pénétrant dans la baie, on trouve de 36 à 18 mètres, jusque par le travers de la pointe Tandava. Cette pointe (qui est sur la côte E. de la baie) est entourée d'un récif allant au large à une distance d'environ 1 mille. Il y a également des récifs, de l'autre bord de la baie, sur la côte O., dans cette partie. Au S. de la pointe Tandava, est bâtie la ville de Bombetok, près de laquelle viennent les navires, en prenant le mouillage très-bien abrité qui se trouve, à toucher la pointe, par des fonds de 7 mètres à 11 mètres.

L'heure du plein, aux syzygies, est environ 4 h. 30 m., et la mer marne de $4^m,80$ aux grandes marées.

§ 139. — Majunga (Mazangaie ou Majunghaï) (1).

Comme nous venons de le dire, Majunga est situé dans la baie Bombetok. Les terres de l'entrée de cette baie sont peu élevées et se masquent l'une par l'autre, de sorte qu'à une certaine distance on peut ne pas distinguer l'ouverture.

L'île Makumba est assez élevée, plate, rougeâtre, visible à une vingtaine de milles. Elle offre un très-bon point de reconnaissance. Lorsqu'on atterrit de nuit, la sonde fournit de bonnes indications; et, dès que l'on a trouvé des fonds de 25 à 35 mètres, on mouille pour attendre le jour. Les cartes de la baie de Bombetok sont suffisantes; le banc Narcissus est très-bien porté. Un navire à voiles doit compter avec le courant, parfois très-violent, qui sort de la rivière avec le jusant et entre avec le flot. On est bien mouillé, devant Majunga, par 10 mètres de fond, vase molle, à environ 4 encâblures de la plage, dans le prolongement de la longue rue qui monte au fort.

Relèvement du mouillage : le fort au N.16°E. vrai; et la pointe Nassapanjava au N.70°O. vrai.

(1) Ces renseignements sur Majunga nous sont fournis par un excellent capitaine, qui a souvent fréquenté ce mouillage.

§ 140. — Baie Majambo.

La pointe O. de l'entrée de cette baie est située par 15°12'S. et 44°39'E. L'entrée a 5 milles de largeur; et l'on aperçoit, près de la pointe rocheuse de l'E., une montagne au sommet aplati. A 9 milles de l'entrée, la baie est étranglée et forme une sorte de goulet de 2 milles de large donnant accès dans un très-grand bassin intérieur. Dans la baie d'en dehors, les fonds varient irrégulièrement de 16 mètres à 64 mètres; et dans le bassin intérieur, de 7 mètres à 124 mètres. A l'O. de l'entrée du bassin, sous la pointe Tchin-Samansey, il y a un bon mouillage parfaitement abrité, par des fonds de 14 mètres à 18 mètres d'eau. L'heure du plein, aux syzygies, est 4 h. 30 m.; et la mer marne de $4^{m},90$ dans les grandes marées. Pour entrer dans la baie Majambo, ou pour en sortir, il faut contourner la pointe O. à plus de 1 mille de distance. Le navire anglais *Thétis* s'est échoué, le 3 juillet 1874, à 3/4 de mille de la côte, au moment où il relevait la partie intérieure de la pointe O. dans le S. du monde, et le mont Table à l'E.$^{1}/_{2}$S.; le plus petit fond trouvé a été de $3^{m},60$ vase, avec 16 mètres d'eau à petite distance dans l'Ouest.

§ 141. — Port Matamba, ou Mazambo.

Cette baie, située par 14°54'S. et 44°59'E. environ, offre un bon abri. Dans la partie extérieure, les fonds varient de $4^{m},50$ à 13 mètres; et dans le bassin intérieur, en dedans de la petite île qui s'y trouve, il y a un mouillage très-sûr, par des fonds de 7 mètres à 9 mètres.

§ 142. — Baie Narreenda.

L'entrée de cette baie est comprise entre les récifs de l'île Sancassee (14°31'S. et 45°15'E. environ) et les récifs de la pointe Moormona (14°01'S.). Il n'y a que de très-petits navires qui puissent passer sans danger dans l'E. de Nos-Sancassee; la véritable entrée étant, comme nous venons de le dire, dans l'O. de cette île, où la partie saine a environ 6 milles de large.

En se tenant à mi-chenal et le long de la côte O. de la baie, on aura des fonds de 20 mètres à 27 mètres d'eau. Puis on mouillera par des fonds de 7 mètres à 11 mètres en face du village de Narreenda (15°01'S.). L'heure du plein, aux syzygies, est 4 h. 30 m.; et la mer marne de 4m,50 dans les grandes marées.

§ 143. — Rivière Luza.

Dans la partie N.E. de la baie Narreenda, à 7 milles dans le S.E. de Nos-Sancassee, se trouve l'entrée de la rivière Luza (par 14°37'S. et 45°23'E.). Sur la barre de cette rivière, il n'y a que 3m,60 d'eau; mais, en dedans, existe un bon mouillage avec beaucoup d'eau.

§ 144. — Baie Raminitoe.

Cette baie commence à la pointe Macluer (14°15'S. et 45°29'E.) et se termine à la pointe Inverarity, qui est située à une douzaine de milles dans le N.N.E. environ. L'île Nossambilleha, la plus S. des îles Radama, est à peu près au milieu et au large de l'entrée de la baie. On peut passer d'un côté ou de l'autre de cette île, sur des fonds variables de 9 à 36 mètres. La baie est grande, mais on y trouve beaucoup de bancs.

§ 145. — Port Radama.

L'île Nossuvee (ou Nossive), la plus grande des îles Radama, se trouve à 9 milles environ en face de l'entrée du port Radama. Cette entrée est comprise entre la pointe Inverarity, dans le S., et la pointe Blair dans le N. La pointe Blair gît par 13°59'S. et 45°38'E. Les deux pointes de l'entrée sont bordées de récifs très-étendus; il y en a aussi plusieurs en face de l'entrée et le long des côtes de la baie. On trouve de 13 à 27 mètres d'eau dans le chenal qui mène dans le port, c'est-à-dire dans la baie. Celle-ci a 3 ou 4 milles de large; elle est coudée et pénètre à grande distance dans les terres.

§ 146. — Baie Rafala.

Cette baie se trouve dans le N. de la pointe Blair et du grand banc qui la prolonge dans le N.O.¹/₄O. Les deux côtés de la baie sont garnis de récifs; les fonds sont d'abord d'environ 16 mètres et diminuent jusqu'à 8 mètres.

§ 147. — Mourounsang.

Mourounsang se trouve sur la côte N. et à l'entrée de la baie Rafala, par 13°52'S. environ. Il est assez facile de s'y rendre, en tenant simplement compte des indications de la carte. Les navires venant du N. ou de l'O., devront se défier des récifs qui existent au large de la côte de Madagascar, dans le S. de l'île Bermahomé, et particulièrement sur les parallèles voisins de la rivière Baramahamai (13°42'S. environ). Ils auront également à éviter le petit fond, marqué 7 mètres sur la carte, et qui paraît situé à 5 milles environ dans le N.1/4N.E. de l'île Erandza. Par conséquent, en venant du N. ou du N.O., à destination de Mourounsang, ou de la baie Rafala, on pourra juger prudent de donner la route de manière à se placer d'abord dans le N.N.O. ou le N.O.1/4N. de l'île Erandza. Quand on l'aura bien reconnue, on gouvernera de manière à passer à 2 ou 3 milles au plus dans le N. de la pointe N. de cette île. Après l'avoir doublée, on pourra gouverner sur Mourounsang, lorsqu'on sera destiné à ce point; et il faudra, en s'approchant de la côte, se défier des récifs dangereux qui la bordent et qui s'étendent jusqu'à 2 ou 3 milles au large, dans le S. de Mourounsang.

§ 148. — Baie Dalrymple (ou Bavatoubé ou Ambavatoubé).

L'entrée, située par 13°30'S. et 45°42'E., se trouve à l'O. de la presqu'île qui forme l'extrémité O. de la baie Passandava. Entre les récifs, la passe a 1/2 mille de large, et les fonds y sont de 14 mètres à 22 mètres. En dedans de la baie, on a de 11 à 16 mètres d'eau. Quoique l'entrée soit étroite et bordée de récifs, elle est facile à suivre avec les brises d'O. ou d'O.N.O. qui règnent dans l'après-midi. La sortie de la baie est également facile, avec la petite brise de l'E. qui règne le matin. Le courant est peu fort et suit la direction du chenal; le changement de couleur de l'eau indique la limite des coraux. Le meilleur mouillage, pour un grand navire, est dans la partie O. de la baie, par 14 à 15 mètres, vase, en relevant : la pointe Magambey au

N.40°E.; la pointe Ansirac, au N.10°E.; et la pointe Amboubouka, au S.13°E. L'heure du plein, aux syzygies, est 4 h. 15 m.; et la mer marne de $3^m,90$ en vives eaux, et de $1^m,48$ en mortes eaux.

§ 149. — Nossi-bé.

Les navires destinés à Nossi-bé ont le choix entre deux routes : celle *par le N.;* et celle *par le S.* La route par le N. consiste à passer dans l'O. de Nossi-bé, pour gagner le mouillage de Hell-Ville. Cette route est suivie surtout par les navires venant de l'O. et du S. La seconde route consiste à passer dans le S. de Nossi-bé, entre elle et la côte de Madagascar. Elle est suivie particulièrement par les navires venant du N., de Nossi-Mitsiou, ou du cap d'Ambre par exemple.

Nous allons successivement reproduire les observations de M. le capitaine de frégate Jehenne et de M. le capitaine au long-cours J.-P. Rival, sur les routes à suivre pour prendre chacune des deux passes. Les indications dues à M. Rival nous ont été obligeamment communiquées par ce capitaine, en 1875, à la suite d'un voyage à Nossi-bé qu'il venait d'effectuer.

Route par le N. et par l'O. de Nossi-bé, recommandée surtout aux navires venant de l'O. et du Sud.

(1) « En venant de l'O., ou du S.O., on prend l'île de Nossi-bé par sa latitude. En arrivant sur la terre, on aperçoit ordinairement par tribord la pointe de Bavatoubé, qui forme une saillie considérable vers l'O. : c'est la terre de Madagascar. A mesure qu'on approche, on distingue : à bâbord, l'île de Nossi-bé, qui est d'une hauteur au-dessus de la moyenne; puis les îlots Cacazou-béravi, Keyvondza et Ansouva. Ces trois îlots sont très-reconnaissables ; ils sont groupés autour de la pointe N.O. de Bavatoubé, à une distance moyenne de 1 mille. Enfin, on distingue, au fond, la haute montagne de Lecoubé. A droite de Lecoubé, on voit Nossi-Cumba, qui est la plus haute montagne du fond. Vient ensuite la pointe d'Ankifi, qui est d'une hauteur considérable, quoique au-dessous de Nossi-Cumba. La pointe d'Ankifi est la partie de la terre de Madagascar, qui s'avance le plus

(1) M. le capitaine au long-cours J.-P. Rival.

près de la rade de Nossi-bé (de 8 à 9 milles). La pointe de Lecoubé, Nossi-Cumba et Ankifi, suivent à peu près une direction N. et S., et ferment pour ainsi dire le fond de la baie.

» A droite, vers le S., se trouve l'ouverture de la grande baie de Passandava, dont l'entrée est comprise entre la pointe de Bavatoubé et la pointe Ankifi. Sa largeur est d'environ 15 milles, et sa profondeur de 11 milles. La ville de Passandava se trouve au fond de la baie, par 13°45'S., avec 7, 9 et 11 mètres d'eau, à 2 milles de la ville.

» Tanni-Kéli est un îlot boisé, d'environ 18 ou 20 mètres d'élévation. On le voit à une distance de 4 milles environ. Situé au milieu de la baie, il est fort bien placé pour servir de point de relèvement aux navires qui se rendent au mouillage de Hell-Ville. Aussitôt qu'on aperçoit Tanni-Kéli, si l'on a le vent sous vergues, on peut gouverner de manière à le laisser à tribord à une distance de 1 mille 1/2 à 2 milles. On laisse courir ainsi vers l'E., jusqu'à ce qu'on relève l'îlot au S.34°O. du monde. Alors, faisant route au relèvement opposé N.34°E., on arrive très-près du mouillage. Au fur et à mesure que le navire approche, on aperçoit l'agence Prussienne, située au pied de Lecoubé, restant à tribord devant ; puis, quelques maisons de Hell-Ville, celle du Commandant de l'île entre autres, qui restent à bâbord devant ; enfin, on voit les bouées qui signalent le récif du plateau.

» Le récif s'étend depuis la jetée jusqu'à 1 grand mille dans le S.; trois bouées signalent son accore E.; elles sont mouillées assez au large pour qu'un navire ayant une amarre sur l'une d'elles conserve encore l'évitage. On laisse ces bouées à bâbord en entrant ; on laisse aussi à bâbord le stationnaire le « *Labourdonnais* » ; mais le mouillage est tout près de ce dernier. Dans aucun cas, on ne doit aller en dedans des bouées, c'est-à-dire entre les bouées et l'île de Nossi-bé. On mouille ordinairement par 13 ou 16 mètres d'eau ; en relevant la tête de la jetée au N. quelques degrés O., à une distance de 300 mètres environ. La rade est bonne ; le fond est vaseux et de bonne tenue. »

Voici maintenant les instructions résumées de M. le capitaine de frégate Jehenne, pour les navires qui voudraient se rendre à Hell-Ville, par la route du N. et de l'O., en venant du cap d'Ambre par exemple :

(1) Après avoir doublé le cap d'Ambre et avoir doublé l'île Woody

(1) M. le capitaine de frégate Jehenne.

par le N. et par l'O., on gouvernera de manière à passer entre 6 et 10 milles dans l'O. de Nossi-Mitsiou. On fera route ensuite pour reconnaître Nossi-Fanihi, îlot situé à 1 mille 1/2 de distance de la partie N. de Nossi-bé. On doublera Nossi-Fanihi à une distance de 1 mille ou 2 milles, en ayant soin de sonder fréquemment et d'avoir de bonnes vigies sur les vergues. Si l'on y arrive le soir, ou pendant la nuit, on se tiendra à quelques milles dans le N.O. de Sakatia, afin de profiter le lendemain de la brise du large pour contourner Nossi-bé par l'O. et pour venir au mouillage.

Quand on aura doublé Nossi-Fanihi, on remarquera qu'au large de la pointe Misaoubsi, dans la direction N.O., se trouve un récif sur lequel il n'y a guère que 5 mètres d'eau, et en dehors duquel il faudra passer, la mer étant toujours houleuse sur cette pointe. Ce récif est indiqué, sinon par des brisants, du moins par un clapotis et un changement de couleur de l'eau. On l'évitera, en ayant soin de passer à 1 mille 1/2 de la pointe Misaoubsi, et en ne venant sur bâbord que lorsqu'on relèvera la pointe O. de Sakatia (ou île Bluff) au S.18°O. Cette pointe de Sakatia est saine ; on peut la ranger à 1/2 mille, mais on ne se pressera pas de venir sur bâbord, à cause d'un banc de corail qui se trouve entre cette île et Nossi-Tangam. La grosse pointe qui est entre Nossi-Tangam et la pointe du cratère se termine par des récifs qui se prolongent à plus de 2 encâblures : il ne faut donc pas la ranger de trop près. La plage de sable blanc, comprise entre ces deux pointes, n'offre pas de bon mouillage ; et si l'on était obligé d'y jeter l'ancre à cause du calme, il ne faudrait pas aller par moins de 18 à 20 mètres d'eau. Si les vents forcent à louvoyer, dans l'O. de Nossi-bé, il conviendra, en faisant les bordées du large, de veiller plusieurs hauts-fonds dont le plus dangereux est à 8 milles dans le S.76°O. de Sakatia. La pointe du cratère (ou Ambournerou) est accore, et peut être rangée à deux encâblures ; mais il n'en est pas de même de la pointe Mahatinzo, qui en est éloignée de 3 milles dans l'E.S.E. Cette dernière a une partie basse formée de galets et de coraux qui se prolongent sous l'eau, à près de 500 mètres de distance vers le S. Après avoir doublé cette dernière pointe, on peut gagner l'anse d'Hell-Ville, qui offre le meilleur mouillage, surtout pendant l'hivernage.

Route par l'E. et par le S. de Nossi-bé, recommandée surtout aux navires venant du Nord.

(1) « La route par l'E. et par le S. de Nossi-bé, appelée encore la petite passe, est fréquentée par les navires qui arrivent par le N. Elle est également suivie par ceux qui partent du mouillage de Hell-Ville pour aller au N. ou à l'E., et qui appareillent avec la brise du large ou de l'O. La direction générale de cette passe est N.E. et S.O.; son étendue est d'environ 3 milles. Son entrée, du côté de l'O., est formée par la pointe de Lecoubé au N., et par Nossi-Cumba au S.; elle a environ 1 mille 1/2 de largeur. Son embouchure, du côté de l'E., est formée par la pointe Tafondrou au N., et par l'îlot Nossi-Vaurou au S. Elle aurait environ 3/4 de mille de largeur, si la pointe Tafondrou était saine. Mais, il n'en est pas ainsi, car un banc prolonge considérablement cette pointe vers le S.S.E.; et, en dehors de ce banc, se trouvent deux bas-fonds dangereux. L'un d'eux est signalé par une bouée cylindrique. C'est entre cette bouée et l'îlot Nossi-Vaurou que se trouve la passe proprement dite, dont la largeur est de 300 mètres environ.

» Il y a bon mouillage partout, dans la passe et dans ses environs, par des fonds de 9 à 20 mètres, sable et vase, ou sable et coquilles.

» *En venant du N. pour chercher la petite passe*, avec des vents d'O., il faut se tenir à 1 mille 1/2, ou à 2 milles de la côte E. de Nossi-bé. Cette côte n'est pas très-saine; on y trouve des récifs s'écartant à 1 grand mille; il faut donc bien veiller et sonder souvent. La passe est facile à reconnaître; elle reste tout-à-fait ouverte, quand on se trouve dans sa direction S.O. et N.E. Comme point de reconnaissance, on remarquera, sur le sommet de la pointe Tafondrou, une maisonnette servant d'abri au guetteur. Enfin, on verra, dans le S., le groupe de trois îlots, dont Nossi-Vaurou est le plus N. Pour prendre la passe, on range avec précaution la pointe Tafondrou à 1 mille environ, et l'on gouverne de manière à tenir les trois îlots un peu par tribord devant. En laissant courir ainsi, pendant quelques instants, on ne tarde pas à découvrir la bouée qui signale le bas-fond de la pointe Tafondrou; il faut donner un peu de tour à cette bouée, en la laissant

(1) M. le capitaine au long-cours J.-P. Rival.

par tribord. Si le vent est à l'O., la passe ne peut point être franchie ; on mouille alors à l'entrée, entre la bouée et l'îlot Nossi-Vaurou, par 13 mètres bonne tenue ; et l'on attend une embellie.

» Si, au contraire, les vents dépendent de l'E., il n'y a qu'à donner hardiment dedans, entre la bouée et l'îlot ; et l'on continue sa route, en se tenant au milieu du canal, c'est-à-dire à égale distance de Lecoubé et de Nossi-Cumba.

» L'îlot Nossi-Vaurou peut être accosté à une demi-longueur de navire. La pointe S.O. de Lécoubé n'est pas saine, un banc de sable et de roches s'en écarte à 1 mille environ ; et le fond diminue progressivement quand on s'approche de la pointe. Je crois que, dans un cas de nécessité absolue, on pourrait mouiller sur ce banc, sans trop de danger (?). Après avoir doublé la pointe de Lecoubé, le mouillage de Hell-Ville n'est plus qu'à 2 milles 1/2 ; et l'on est rendu à destination. »

Voici maintenant un résumé des instructions de M. le capitaine de frégate Jehenne, pour les navires qui viennent du N., de Nossi-Mitsiou par exemple, à destination de Hell-Ville, et qui veulent prendre la passe du Sud.

En venant de Nossi-Mitsiou, par exemple, *si l'on est au matin*, on range à 1/2 mille ou à 1 mille le rocher le plus au large des quatre qui tiennent à la partie S.O. de Nossi-Mitsiou. Puis, on s'élève dans l'O.S.O., pour se placer en position de profiter de la brise du large, dans l'après-midi, avec laquelle on fait alors autant de S. qu'on veut. Si l'on ne suivait pas ce conseil, et si l'on faisait route directe en partant de Nossi-Mitsiou, on ne pourrait point quand la brise du large s'établirait doubler sans difficulté Nossi-Fali.

En partant de Nossi-Mitsiou, *le soir ou dans l'après-midi*, avec les vents du large, on contourne cette île par l'E. et par le S., pour profiter de la brise de terre qui se lève vers les 9 heures du soir et qui permet d'atteindre au point du jour les environs de Nossi-Vaurou. Pendant ce trajet, on laisse les petites îles Vazouane, Nossi-Antali, Tsitampétri, etc. sur tribord, à 1 mille de distance. On serre ensuite le vent, pour contourner la pointe N. de Nossi-Fali au-delà de son récif ; puis on prend tout-à-fait le plus près pour pouvoir, dès que le jour paraîtra, donner dans la passe E. de Nossi-bé, comprise entre la pointe de sable Tafondrou et Nossi-Vaurou, mais plus près de cet îlot que de la pointe de sable, attendu que celle-ci est prolongée dans le S.E. par des pâtés de coraux. Le chenal n'a que 3 encâblures de large ; et, en se tenant au milieu par 10 à 13 mètres d'eau, on passe à un peu moins d'une encâblure de l'îlot. Un bon alignement, pour entrer comme pour sortir, consiste à tenir la pointe N.O. de Nossi-Cumba par un morne pointu de la grande terre de Madagascar. Ce morne se trouve à peu près à égale distance de la montagne ronde et de celle appelée les Deux-Sœurs, qui dominent à l'O. de la grande baie de Passandava et au S. de Bavatoubé. Dès qu'en suivant cette direction, on a laissé derrière soi Nossi-Vaurou, on gouverne au S.75°O. sur Tani-Keli, petite île boisée qui paraît au milieu de la rade, jusqu'à ce qu'on amène Ambatou (montagne remarquable qui domine les terres au S. de Nossi-Fali) par la partie droite d'un îlot boisé qu'on a laissé dans le S. au-delà de Nossi-Vaurou. Cette nouvelle direction est celle qu'il faut suivre pour éviter les roches de la pointe Lecoubé. Dès que cette pointe est doublée, ce qui a lieu quand on la relève au N.75°E., on vient sur tribord et il n'y a plus rien à craindre jusqu'au mouillage.

Cette route, par le S., est aussi sûre et plus prompte que celle par le N. : en la suivant, on peut mouiller partout si le vent manque.

Vents ; climat ; renseignements généraux (1).

« Quand un navire approche du mouillage de Hell-Ville, le pilote du gouvernement vient à bord, si on l'appelle ; et ce pilotage est gratuit. S'il vous pilote, à la sortie, il faut le payer. Il y a, de plus, l'ancrage qui s'élève à une somme de 60 francs. Mais, ce paiement, d'après le règlement colonial, est valable pour six mois. Ainsi, étant venu deux fois à Nossi-bé, dans une espace de moins de six mois, je n'ai payé qu'une seule fois l'ancrage.

» La fontaine, située près de la maison du Commandant de la colonie, fournit de l'eau très-mauvaise, dont les noirs eux-mêmes ne boivent pas. Derrière la jetée, tout à fait dans le cul-de-sac au N., il y a une source appelée « Trou de Madame Mézéna » ; elle fournit de l'eau d'excellente qualité, malheureusement en petite quantité. Cependant, comme elle est la plus rapprochée du mouillage, on peut,

(1) M. le capitaine au long-cours J.-P. Rival.

dans un moment de presse, envoyer à marée haute le youyou, avec une bordelaise ou deux ; et il peut être de retour en 3/4 d'heure. Au pied de Lecoubé, à droite et à gauche de l'agence Prussienne, il y a plusieurs sources abondantes, seulement la plupart sont inondées par la haute mer, surtout à l'époque des grandes marées. La meilleure aiguade, qui est aussi la plus éloignée, se trouve à environ 3/4 de mille de l'autre côté de la pointe de Lecoubé. La source dont je me suis servi, pour faire le plein, est située près d'une petite plage, en deçà et tout près de la pointe de Lecoubé; cette eau est de très-bonne qualité, le charroi à haute mer n'est qu'à 20 pas de la plage ; l'embarcation y est très-bien et peut faire deux voyages par jour.

» En février et mars, on ressent quelquefois des coups de vent de la partie de l'O. au S. Avec les vents d'O., le temps est chargé et la pluie tombe abondamment pendant 2 ou 3 jours consécutifs. En temps ordinaire, la brise du large s'établit dans l'après-midi, et dure jusqu'à 8 ou 10 heures du soir ; puis, vient la brise de terre qui dure souvent toute la nuit; on ressent assez souvent, dans la matinée, de jolies brises de S. Le climat, à Nossi-bé, n'est pas précisément sain, la chaleur est très-lourde aussitôt que la brise disparaît, et la fièvre intermittente règne à partir du mois de mars : c'est l'époque où commence la saison des pluies. Dans les premiers jours d'avril, nous avions tous les soirs, de 4 heures à 10 heures, des grains violents, vent et pluie, de la partie du S.E., accompagnés de tonnerre et d'éclairs; la brise tombait peu à peu, en tournant à l'E.; et les grains duraient 3/4 d'heure, quelquefois davantage.

» L'embarquement et le débarquement se font avec facilité, par beau temps, au moyen d'une chaloupe ou deux ; mais, avec les grandes brises d'O., le travail devient difficile, et souvent même impossible. »

En terminant, nous ajoutons que les cartes de Nossi-bé sont bonnes. Si quelques capitaines, n'ayant pu faire concorder certains relèvements, les ont trouvées inexactes, c'est que venant pour la première fois, ils auront pris une pointe pour la voisine. Les approches de Hell-Ville sont des plus faciles ; le mouillage dans l'anse du plateau est très-bon, vase dure. On est bien mouillé, à 2 ou 3 encâblures de la jetée dans son prolongement, ou un peu en dedans. Les pilotes viennent attendre le navire au large de la pointe Mahatinzo.

Hell-Ville est située par 13°23′16″S. et 45°59′44″Est.

CHAPITRE QUATRIÈME.

Aden. — Mascate. — Karachi. — Côte O. de l'Hindoustan. Ceylan.

§ 150. — Aden [1].

Le cap Aden est formé par une presqu'île élevée et rocheuse, ayant 5 milles de l'E. à l'O., et 3 milles du N. au S. Sa partie la plus élevée, appelée Jebel Shamshan, est surmontée de pics en forme de tours, élevés de 542 mètres au-dessus de la mer, et visibles à 60 milles, par temps clair. Cette presqu'île, composée en grande partie de calcaire, ressemble au rocher de Gibraltar et est facile à reconnaître.

La ville d'Aden, comprenant environ 25,000 habitants, est bâtie à l'E. du cap, auprès de la mer, dans une plaine de 1/2 mille carré environ, et entourée de montagnes très-pointues. Devant la ville, est un îlot rocheux et fortifié, appelé Sirah (ou Seerah), élevé de 130 mètres, ayant 900 mètres de long et 550 mètres de large. Cet îlot est relié à la terre, à marée basse, par une plage de sable ; il est situé par 12°46'15"N. et 42°49'56"Est.

De juin en août, époque des vents d'O., on peut mouiller à l'abri de l'îlot Sirah, en eau calme. Pendant le reste de l'année, on pourrait à la rigueur mouiller également dans cette baie, à l'E. d'Aden, par des fonds de 10 à 20 mètres, quoique l'on doive s'attendre à une grosse houle avec les vents d'E., et que ce mouillage ne soit point bon pour des voiliers, à cette époque.

Le mouillage fréquenté, pendant toute l'année, se trouve dans la baie O. d'Aden, située à l'O. du cap. Cette baie porte les noms de Bander Toowyee, ou Aden back bay, ou arrière baie d'Aden. On mouille habituellement dans l'E. du bateau-feu, entre la roche Flint

(1) Instructions résumées du commander C. Y. Ward. I. N., et du commander Taylor.

et une petite pointe située à deux encâblures plus à l'Ouest, appelée Ras-ibn-Jarbeïn ; on est en cet endroit devant les parcs à charbon ; et l'on a 4 milles à parcourir, pour aller du débarcadère à la ville d'Aden. *Les fonds* sont de sable et vase ; on a environ 20 mètres d'eau, à 2 milles en dehors ; 9 mètres à l'entrée ; et de 5^m,50 à 7 mètres dans la baie, en décroissant quand on se rapproche de la plage. *Les marées* sont irrégulières ; la mer est pleine à 9 h. 1/2 et elle monte de 2^m,50 aux nouvelle et pleine lunes.

Le port intérieur qui est situé dans l'E. de la roche Flint, dans une sorte de seconde baie plus à l'E., ne peut être fréquenté que par les petits navires.

En venant de l'O., on gouverne droit sur le bateau-feu, lequel se trouve par 12°47'N. et 42°38'E., mouillé par 5 mètres d'eau, à 2 encâblures dans le N.O. de la batterie qui se trouve sur Ras Marbut (ou Ras Marbat) : ce bateau est peint en rouge et montre pendant la nuit un feu blanc fixe, visible à environ 7 milles.

En venant de l'E., ou du S.E., on peut reconnaître le phare de Ras Marshigh, décrit ci-après, et contourner sans danger le cap Aden ; on double Ras Tarsheïn (ou Ras Tarshaine), à une distance de 3 encâblures ; et l'on gouverne ensuite de manière à passer dans l'O. et dans le N. du bateau-feu, pour gagner le mouillage.

On peut louvoyer, dans la baie, en toute sécurité, en ayant seulement soin de sonder. Toutefois, quand on a atteint le bateau-feu, qui est mouillé par 5 mètres, il faut faire de petits bords, attendu que les fonds diminuent rapidement dans le N. du feu. Il est d'ailleurs possible de mouiller, dans toute la baie. Les navires qui prennent le mouillage ordinaire doivent s'affourcher, car il y a peu de place ; dans tous les cas, il convient d'avoir de longues touées, à cause des grains de sable qui soufflent parfois de la partie du N. et de l'E., surtout après les grandes chaleurs.

A l'entrée du port, il n'y a guère que 6 mètres d'eau, au moment de la basse mer, dans le N. de la bouée rouge qui se trouve à 2 encâblures dans le N.E.$^1/_4$E. du bateau-feu. Par suite, les navires qui ont un fort tirant d'eau doivent mouiller en dehors du bateau-feu, et communiquer ensuite avec le maître de port qui les fait entrer, au moment de la pleine mer, quand cela est possible.

Un phare en pierre, d'un bleu foncé, haut de 22 mètres, a été construit sur Ras Marshigh, par 12°45′N. et 42°44′E., à l'extrémité E. de la presqu'île appelée « cap Aden ». Ce feu est à 74 mètres au-dessus de la mer ; il est fixe et visible à 20 milles. Il est très-utile aux navires qui viennent de l'E.; quant à ceux qui viennent de l'O., ils ne peuvent apercevoir le feu que lorsqu'il est ouvert dans le S. de Ras Tye.

§ 151. — Mascate (1).

Les navires destinés à Mascate aperçoivent, en venant de l'E. ou de l'O., la montagne de la Selle ou Saddle Hill, située par 23°35′N. et 56°15′E. Cette montagne, haute de 408 mètres, est formée par deux pics aigüs, qui sont l'un par l'autre quand on les relève dans l'O.S.O., et qui sont les plus élevés de la chaîne de collines sombre et déchiquetée existant derrière Mascate. La côte étant saine, on fera bien de la prolonger d'assez près, surtout avec un vapeur, afin d'être sûr de voir l'îlot Fahil. Cet îlot, situé par 23°41′N. et 56°10′E., est haut de 86 mètres; il est à pic et accore; ses abords sont sains; et quand on l'aperçoit, on peut remarquer généralement qu'il se détache en couleur claire sur les terres sombres des environs de Mascate.

Les navires qui ne font que toucher à Mascate mouillent à l'entrée de la baie, par 24 à 26 mètres; autrement, il est préférable de mouiller (s'il y a de la place) en face du fort de l'O. Ce fort consiste en une batterie à fleur d'eau, avec une tour à mi-côte, appelée Sireh. La baie étant à peu près ouverte au N.O., et la houle venant directement dedans, il est bon d'avoir une longue touée devant, et une ancre derrière, pour se tenir évité contre la houle. Pour sortir, il faut se touer; toutefois, pendant la nuit, on peut souvent profiter de la brise de terre pour appareiller à la voile.

De nuit, en venant de l'E., on attaque la côte au S. du parallèle de Ras Mascate, et on prolonge la terre de près. Si le vent est contraire, on ne fait que de courtes bordées, afin de ne pas dépasser cette pointe Ras Mascate, qui semble former l'extrémité de la terre. On doit contourner la première pointe, aussi près que possible. Il est probable qu'on verra le Rocher du pêcheur (Fisher's Rock), qui est situé par 23°38′S. et 56°16′E.; il a 18 mètres d'étendue et 3 mètres de haut;

(1) MM. le commandant Constable et lieutenant Stiffe, traduction par M. le commandant Hocquart (résumé).

il paraît comme une entaille dans la ligne d'eau de l'île Mascate dont il est séparé par un chenal de 45 mètres de large. On peut contourner ce rocher, au large d'aussi près qu'on le veut, car il y a de 11 mètres à 13 mètres d'eau, à 5 mètres au large. Après l'avoir dépassé, on veille pour les navires et l'on mouille à l'entrée de la baie, auprès de Ras Kalbuh, c'est-à-dire auprès de la pointe N. de la côte O. de la baie.

En venant de l'O., ou du N., on reconnaît Fahil (précédemment décrit), d'où l'on a 6 milles à faire au S.60°E. pour être sur le Rocher du pêcheur. Dans ce cas, on se rappellera que Ras Mascate est la dernière pointe, à l'E. de laquelle on ne doit plus rien voir.

L'heure du plein aux syzygies est 9 h. 15 m. La montée de l'eau, dans les plus grandes marées, atteint environ 2m,44. Le fort du N. de Mascate (extrémité S.), est situé par 23°37′26″N. et 50°15′26″Est.

§ 152. — Karachi (1).

Du commencement de juin au milieu de septembre, les navires destinés à Karachi ne doivent pas caler plus de 5m,40 s'ils arrivent aux syzygies ; et 4m,80 s'ils arrivent en morte eau. *Du milieu de septembre à la fin de mai*, ils ne doivent pas caler plus de 6m,10 aux syzygies ; et 5m,40 en morte eau (2).

Pendant la belle saison, de septembre en mai, on se tiendra par des fonds de 18 mètres à 22 mètres d'eau, en doublant le banc Munneja qui occupe un front de mer de 20 milles, entre les embouchures de l'Indus, de Kaha et de Jua. Ce banc est très-accore dans l'O., et le courant de jusant est très-fort dans ses environs. Après l'avoir doublé, on pourra approcher la côte jusque par des fonds de 9 mètres, et y mouiller au besoin. On apercevra généralement, à une distance de 15 ou 16 milles, la pointe Manora, falaise de 27 mètres terminant la langue de sable qui forme la partie O. de l'entrée du port de Karachi. Au bord de cette falaise, est un vieux fort, portant un mât de pavillon à son angle S.E., tandis qu'à son angle S.O. se

(1) Instructions résumées du commander TAYLOR I. N.

(2) Ces chiffres sont ceux que donnent les instructions de TAYLOR. Mais nous pensons, sans vouloir en prendre absolument la responsabilité, qu'ils peuvent être *augmentés* de 1 mètre au moins, surtout dans la belle saison, où les navires de 7m,10 doivent probablement entrer sans danger.

trouve une tour ronde, en pierres blanches, portant un feu tournant, blanc, élevé de 46 mètres, et visible à 20 milles *par temps clair*. Ce feu est situé par 24°47′51″N. et 64°38′06″E. (1). On gouvernera sur la pointe Manora, en la relevant à un cap compris entre l'E. et le N.¼N.O., par exemple au N.E. Depuis l'année 1875, on allume un feu fixe rouge à l'extrémité extérieure du brise-lame de la pointe Manora. Un avis, donné en 1876, a fait connaître que ce feu n'est allumé que pendant la belle saison.

Pendant la mousson de S.O., de juin en septembre, on doit atterrir sur Ras Muari, ou cap Monze, qui est à 18 milles dans l'O.½N. du phare de Manora. Le cap Monze est d'une hauteur modérée, et forme le point de départ de la chaîne de montagnes qui s'élèvent dans le N.E. Devant ce cap, un banc s'étend à 2 ou 3 milles dans le S. et le S.O., avec des fonds de roche de 5 à 9 mètres ; aussi faudra-t-il, en s'approchant, avoir soin de ne pas aller par moins de 28 mètres d'eau. Après avoir atterri sur Ras Muari, et si le temps est sombre ou si l'heure de la marée ne permet pas de franchir la barre, on se maintiendra au vent du port, en se défiant du courant qui portera au S.E., et en ayant soin de se placer de manière à relever la pointe Manora dans le N. de l'E., par des fonds de 18 mètres au moins. Si l'on se trouve dans le S., il faut se tenir par des fonds supérieurs à 15 mètres, et se placer en position telle qu'on relève toujours le phare de Manora à l'E. du N. Par beau temps, on peut s'approcher de la pointe Manora jusqu'à une distance de 1/2 mille, par des fonds de 9 mètres, à la condition de la relever dans le N. de l'Est.

Sur la pointe Manora, se trouvent, comme nous l'avons dit plus haut, le phare et le mât de pavillon. A droite et à faible distance du mât de pavillon, l'on verra un autre mât plus petit avec lequel la terre signale la profondeur d'eau existant sur la barre. Le pilote sort, quand c'est possible, en dehors de la barre, pour conduire le navire au mouillage ; mais, à certaines heures de la marée, il ne sort pas ; et l'on doit par suite veiller avec soin les signaux de la terre. On ne doit pas, en général, franchir la barre pendant la nuit.

En attendant que l'on puisse franchir la barre, si l'on est

(1) Pendant la mousson de S.O., on ne voit quelquefois ce phare qu'à une distance de 6 ou 7 milles, et même plus près encore.

dans la belle saison, on peut prendre un mouillage en rade. La meilleure position sera, *du milieu de septembre à la fin de mars*, par 13 mètres, en relevant le phare du N.$^1/_4$N.E. au N.N.E., à 1 mille ; et *pendant les mois d'avril et de mai*, par 15 mètres, en relevant le phare du N.N.E. au N.E., à 1 mille 1/2. *Mais, pendant la mousson de S.O., de juin à la mi-septembre*, il ne faudra *jamais mouiller ;* et il conviendra de faire de petits bords, en tenant le phare du N.$^1/_4$N.E. au N.E., à 1 ou 2 milles, jusqu'à l'arrivée du pilote.

Les navires venant du S., et destinés à Karachi, devront, à n'importe quelle époque de l'année, se tenir par des fonds de plus de 26 mètres, à partir du moment où ils auront doublé le parallèle de 23°30'N. Les fonds de 26 mètres ne sont effectivement qu'à 7 ou 8 milles seulement des bancs, qui s'étendent eux-mêmes à 7 milles des embouchures de l'Indus et auprès desquels on trouve parfois 18 mètres d'eau. On doit bien veiller la sonde, dans ces parages où les marées et les courants sont incertains, et les terres tellement basses qu'on les voit difficilement, par temps clair, de l'accore des bancs.

L'heure du plein, aux syzygies, est 10 h. 30 m. La montée de l'eau est de 2^m,80, dans les vives eaux ; et de 0^m,90 à 1^m,20, dans les mortes eaux.

§ 153. — Bombay (1).

Pendant la mousson de N.E., ou belle saison, *de novembre en février*, les navires venant du S. et destinés à Bombay suivent la côte à petite distance, en se défiant seulement des piquets de pêcheries que l'on peut rencontrer jusque par les fonds de 15 mètres. A cette époque, les brises de terre soufflent durant la nuit, et jusque vers 10 ou 11 heures du matin.

De mars à la fin de mai, les vents soufflent du N.O. à l'O.N.O. et à l'O. pendant le jour ; puis du N.O., depuis le coucher du soleil jusqu'à minuit ; enfin du N.N.O. au N., de minuit au lever du soleil.

Pendant la mousson de S.O., de la fin de mai en août, il faudra, dès qu'on sera à moins de 90 ou de 80 milles de terre, s'attendre

(1) La première partie des instructions résumées que nous donnons est rédigée d'après les instructions du commander TAYLOR I. N. — L'église de Bombay est située par 18°56'07"N. et 70°28'58"Est.

à des temps à grains et chargés, ainsi qu'à de la pluie. Il importera d'avoir de bonnes voiles en vergues pour pouvoir capéyer au besoin, à bonne distance de la côte ; et il ne faudra rien négliger pour tâcher de déterminer sa position, soit par des sondes fréquentes, soit par des observations de jour et de nuit, car il serait imprudent de laisser courir sur le port, avec les temps sombres de cette mousson, sans avoir une bonne latitude. Dans le cas où l'on ne sera pas certain de sa latitude, il conviendra de se maintenir entre 18°15′N. et 18°25′N., et de chercher les sondes de 55 à 42 mètres, sur le banc Direction, après avoir traversé d'abord le grand plateau des « Fifty Fathoms », sur lequel on trouvera partout à peu près 92 mètres. Il faudra bien veiller à ne pas se laisser drosser dans le N. de Bombay, par le courant de flot et par la forte houle venant du S., car on pourrait avoir ensuite de réelles difficultés à s'élever dans le S. On gouvernera sur l'île Kundari, en tenant compte du courant qui portera généralement vers le N., pendant le flot ; et en cherchant à la reconnaître à peu près à l'E.S.E., plus ou moins vers l'E. ou vers le S.E. selon les vents que l'on aura. Avec des temps à grains de l'O. à l'O.N.O., qui seront surtout fréquents en août, on évitera d'accoster la terre dans le S. de Kundari, car on pourrait avoir ensuite de la peine à doubler les petits fonds qui s'étendent à 4 ou 5 milles au large de l'île. L'île Kundari ou Kennery est bien boisée, entourée d'une grande muraille, et visible à 10 milles de distance du pont d'un navire par temps clair ; sur cette île existe un feu, que nous décrivons plus loin.

En août et septembre, les grains viendront souvent de l'O. et de l'O.N.O. et les courants commenceront à porter généralement vers le Sud.

En octobre, les chances de vents sont ordinairement les mêmes que celles données plus haut, pour la période de mars à la fin de mai.

L'heure du plein, aux syzygies, est 11 h. 40 m., à Bombay. La montée de l'eau varie de 3^{m},60 à 5^{m},20.

Le feu de Kundari ou de Kennery consiste en une tour octogonale, construite au centre d'une maison basse, par 18°42′N. et 70°29′E. Il est élevé de 50 mètres au-dessus de la mer, et montre un feu fixe, visible à 20 milles, par temps clair, de toutes les parties de l'horizon.

Le feu de la pointe Kolaba, sur la pointe N.O. de l'entrée, est situé par 18°54′N. et 70°28′E. Il est peint en blanc, et montre un feu tournant de 2 en 2 minutes, élevé de 41 mètres, et visible à 17 milles. La pointe sur laquelle est construit ce phare assèche, à mer basse, jusqu'à une distance de 1 mille 1/2.

Le bateau-feu extérieur est mouillé par 11 mètres d'eau, à 4 milles 1/2 dans le S.S.O. de la pointe Kolaba, à 2 milles dans l'O.N.O. du centre du banc Thull, et à 7 milles dans le N.¹/₄N.O. de l'île Kundari. Il montre un feu rouge, tournant de 20ˢ en 20ˢ, et visible à 9 milles. Le bateau est peint en rouge, il porte un ballon rouge en tête de mât, et hisse une flamme rouge quand un navire se présente à l'entrée. Pendant la nuit, un feu bleu est brûlé d'heure en heure, et un marron à chaque demi-heure.

Le bateau-feu intérieur est mouillé à 1/4 de mille dans le S. de Sunk Rock (ou de la roche noyée), et à une petite distance dans l'E. de la partie S. du banc où se trouve cette roche. Il montre un feu blanc fixe. Ce bateau est encore peint en rouge, il porte un ballon rouge en tête de mât, et hisse une flamme rouge quand un navire se présente à l'entrée.

Le feu de Dolphin Rock est vert dans les directions du S. à l'E.; blanc, du côté du N.; et caché du côté de l'O. Il est élevé de 7 mètres et peut être aperçu à 2 milles de distance.

Pour donner dans le port de Bombay, les navires venant du large, aussitôt qu'ils aperçoivent le bateau-feu extérieur, à l'un des relèvements compris entre le N.¹/₄N.E. et le S.E.¹/₄S. doivent gouverner droit dessus. Dès qu'on l'a atteint, on fait route vers le N.E., de manière à passer à 1 encâblure, ou 2 encâblures à l'E. du bateau-feu intérieur. Ensuite, on gouverne pour passer à la même distance à l'E. du feu de Dolphin Rock; après quoi l'on gagne le mouillage devant la ville.

Pendant la nuit, après avoir dépassé le bateau-feu intérieur, on gouverne au N.E. et l'on mouille à 1 mille dans le N.E.¹/₄N. de ce bateau-feu, dans des eaux calmes où l'on peut attendre le pilote avec sécurité.

Par temps couvert ou brumeux, on pourra consulter avec fruit les instructions dont nous donnons ci-après la traduction, et qui sont dues au lieutenant W. B. Selby. I. N.

« *Sur le parallèle de 18°30'N.*, les navires venant de l'O. trouveront d'abord des fonds de 100 mètres, sable grossier, corail moulu et coquilles brisées quand ils atteindront la longitude 68°10′E. *Si la latitude du navire est douteuse*, et si la longitude est assez exactement déterminée, on devra remarquer que, sur le méridien de 68°10′E., les fonds diminuent jusqu'à 93 mètres, sable, et même jusqu'à 70 mètres, sable, entre 18°30′N. et 19°16′N.; tandis que par 18°20′N. on ne trouve pas de fond avec 550 mètres de ligne. *Au contraire, si la longitude du navire est douteuse*, et si la latitude est exactement calculée, on observera que, sur le parallèle de 18°30′N., on ne trouve pas de fond avec 550 mètres de ligne, quand on est à 4 milles à l'O. du méridien en question (c'est-à-dire quand on est par 68°06′E.); tandis qu'en allant 20 milles plus loin dans l'E. dudit méridien (c'est-à-dire quand on est par 68°30′E.), les fonds sont de 86 à 88 mètres, sable rouge. *Dans l'un ou l'autre cas*, la remarque indiquée permet de rectifier la position du navire.

Sur le parallèle de 19°N., l'accore des sondes s'étend jusque par 67°40′E., où le premier coup de sonde donne 137 mètres, sable verdâtre; puis, en continuant à gouverner vers l'E. *pendant 60* milles, on passe sur des fonds de 91 à 93 mètres, sable gris, et à la fin on atteint 88 mètres, sable rouge. Cette dernière nature de fond persiste encore, *pendant 40 milles* plus à l'E., instant où l'on obtient de 73 à 91 mètres sur un banc très-remarquable de vase sablonneuse, c'est-à-dire de vase molle mêlée de petits morceaux brisés de corail ou de pierre sablonneuse. Ayant reconnu cette nature de fond, sur laquelle il est difficile de se méprendre, on fait *50 milles au S.E.*, en obtenant une série de sondes de 70 mètres, même nature de fond, jusqu'à ce qu'on tombe enfin sur des sondes de 68 à 49 mètres; sable grossier et coquilles. Dès ce moment, on est sur la partie N. du banc Direction, à 30 milles dans le S.O. du feu. Dans le cas où (au lieu de faire 50 milles au S.E. comme nous l'avons dit en dernier lieu) on ferait *50 milles à l'E.S.E.*, on tomberait sur des fonds de 55 à 44 mètres, sable et coquilles grossières; auquel cas on se trouverait rendu à 25 milles dans l'O.S.O. du feu.

Sur le parallèle de 18°N., l'accore des sondes s'étend jusque par 68°27′E., où le premier coup de sonde donne 102 mètres, sable et coquilles. En gouvernant à l'E., on passe successivement sur des fonds de corail avec 90 mètres d'eau; puis sur des fonds de beau sable rouge, avec 90 à 95 mètres d'eau (devenant plus profonds à mesure qu'on avance vers l'E.); et enfin, après avoir parcouru 60 milles, les fonds deviennent de vase et sable, avec la même profondeur de 95 mètres environ. En faisant encore 40 milles à l'E., on voit les fonds diminuer graduellement jusqu'à 42 mètres, vase. De là, on verrait les fonds diminuer jusqu'à la côte, si l'on continuait à courir vers l'Est.

A 100 milles environ dans l'O.¼S.O. du feu, par 18°35′N. et 68°45′E., existe un banc élevé de beau sable, avec 70 mètres d'eau dessus, tandis que tout autour les sondes donnent 91 mètres, avec la même nature de fond. En courant à l'E.¼N.E., à partir de ce banc, on trouve 91, 84 et 77 mètres, beau sable rouge ; et après avoir fait ainsi 60 milles, on obtient 70 mètres, sur le bord des fonds de vase sablonneuse et de corail moulu.

Le banc Direction se trouve à 38 milles dans le S.O. du bateau-feu extérieur, c'est-à-dire dans la meilleure position pour servir de point de reconnaissance aux navires destinés à Bombay pendant la mousson de S.O. Il s'étend dans une direction N.N.O. et S.S.E., entre les parallèles de 18°07′ et 18°27′N. Sa partie centrale est par 70°00′E.; sa largeur moyenne est de 7 milles ; et l'on y trouve de 40 à 49 mètres d'eau, avec des fonds de petites coquilles blanches, bivalves, mêlées parfois de sable fin, et assez rarement de quelques morceaux de corail. En supposant qu'un navire se trouve par 18°N. et 69°40′E., il obtient dans cette position des fonds de 91 mètres, vase et sable mêlés. Si ce même navire gouverne alors vers le banc Direction, il voit les fonds diminuer à 55 et 47 mètres, vase, auprès de l'accore extérieur du banc : puis, immédiatement en dedans du banc, les fonds sont de 55 à 49 mètres vase, et ils décroissent graduellement en avançant vers l'E. Pendant que l'on sondera sur ce banc, le suif du plomb sera presque entièrement couvert des coquilles dont nous avons parlé ; et, comme ce banc est la seule partie de tout le plateau de sondes de Bombay où l'on trouve une telle profusion de ces coquilles, il sera impossible de douter de la position du navire. On pourra donc faire route avec confiance, en se dirigeant suivant les circonstances, et en tenant compte du courant qui porte généralement vers le S., après le milieu de juillet.

A partir de l'extrémité N. du banc Direction, et jusqu'au parallèle de 19°20′N., s'étend le banc de sondes remarquables dont nous avons déja parlé. Sa largeur moyenne est d'environ 15 milles ; et l'on y trouve de la vase molle et limoneuse (1), mêlée de corail en décomposition, avec des profondeurs d'eau de 62 à 86 mètres. Ces fonds décroissent graduellement et se transforment en vase bleue, quand on arrive sur le bord oriental de ce banc, en faisant route vers la terre. Quoique ce banc de vase molle s'étende sur une longueur d'environ 50 milles, dans la direction du N.O., S.E., un coup d'œil jeté sur la carte montre qu'on peut facilement reconnaître si le navire se trouve dans le N., ou dans le S. du banc. En effet, si le navire se trouve sur la partie S. du banc, il suffit de faire 26 milles de route à l'E., pour faire diminuer les sondes de 31 mètres ; tandis que, si le navire se trouve dans la partie N., la même route ne fera diminuer les fonds que de 11 à 18 mètres.

§ 154. — Panjim (ou nouveau Goa).

L'ancienne ville de Goa est maintenant en ruines. Le nouveau Goa, ou *Panjim*, est une ville d'environ 10,000 âmes, bâtie sur la rive S. de la rivière, à 5 milles au-dessous de l'ancien Goa, et à 1 mille 1/2 dans le N.E. du fort Gaspar Dias.

La pointe Agoada (ou Algoada, ou Aguada) est un promontoire uni, haut d'environ 60 mètres, fortifié à sa base et surmonté d'un phare dont la position est 15°29'25"Nord et 71°25'21"Est. La tour est ronde et blanche, portant un feu tournant de 7 en 7 minutes, visible à 12 milles au plus, avec les temps clairs. D'après le commandant du d'*Assas*, en 1875, le feu de Goa serait tournant de 1 minute en 1 minute et visible à 22 milles.

Près du phare est placé un mât de pavillon, et un débarcadère se trouve sur la plage dans l'E., à petite distance d'un puits où l'on peut faire de bonne eau douce.

Les navires du commerce, qui vont faire leur eau, mouillent en relevant le phare et le mât de pavillon l'un par l'autre, à peu près au N.N.O., par des fonds de 8 à 9 mètres, vase, à 2 encâblures au moins du mât de pavillon. Les grands navires mouillent, en relevant

(1) Cette vase est tellement molle qu'il faut prendre des moyens particuliers pour que le plomb de sonde en ramène avec lui. On peut par exemple entourer la partie inférieure du plomb d'une sorte de fourrure, ou y attacher de petites glènes de fil de caret, etc., pour retenir des morceaux de vase.

le phare au N., par des fonds de 9 mètres ou davantage, à environ 1 mille de terre et par le travers du fort.

L'heure du plein a lieu vers 10 h. 30 m, les jours de nouvelle et pleine lune. La mer marne de 2^m,10 à 2^m,40 aux syzygies, et de 1^m,20 aux marées de quartiers.

§ 155. — Carwar.

Le cap Carwar ou Beitkul (14°40'N.) est remarquable : haut de près de 200 mètres, il est très-accore et l'on trouve 11 mètres d'eau, presque à le toucher. A 7 milles environ dans le N.N.O. du cap Carwar, se trouve la pointe Loliem ; et ces deux promontoires forment l'entrée de la baie de Carwar (ou de Sedashigar), dont la profondeur est de plus de 2 milles. Sur la ligne joignant les deux caps, les fonds sont de 11 mètres ; et ils diminuent graduellement dans l'intérieur de la baie.

Le port de Carwar, ou de Beitkul, est une anse située dans l'E. et sur la partie N. du cap Carwar. A l'entrée de ce havre, les navires s'amarrent à 2 encâblures de la plage, par 7 mètres, l'avant tourné à la houle de l'O.N.O., et tenus à 4 amarres : dans cette position, les navires peuvent prendre un chargement pendant la mousson de S.O. Dans la partie N.E. de cette petite anse de Carwar, existe une ville nouvelle appelée Konay.

Les roches Oyster se trouvent à environ 2 milles 1/2 dans l'O.N.O. du cap Carwar et à 16 milles dans le S.S.E. du cap Ramas. Elles sont hautes et accores, celle du N.O., la plus élevée, a près de 50 mètres d'élévation ; entre ces roches et le cap Carwar est un chenal dont la partie saine a 1 mille de large. A 2 encâblures dans l'E. des roches Oyster, existe une petite roche presque à fleur d'eau.

Une tour ronde, en granit blanc de 12 mètres de haut, est bâtie sur la plus N.O. des roches Oyster. Cette tour porte un feu fixe blanc, élevé de 62 mètres au-dessus de la mer et visible à 20 milles par temps clair. Ce feu est situé par 14°49'N. et 71°43'E.

A 1/2 mille dans le S.O. du cap Carwar, est un îlot rond, rocheux, nommé île Eléphant ; et le chenal entre le cap et cet îlot est sain. Entre les roches Oyster et l'îlot Eléphant, est une roche couverte sur laquelle il ne reste guère que 4 mètres d'eau. Cette roche est à 1 mille 1/2 dans le S.E.$^1/_2$S. du phare, et à 6 encâblures dans l'O.N.O. de l'île Eléphant ; la pointe N.O. de cette roche est marquée par une bouée rouge.

A 2 milles 1/2 dans le N.O.$^1/_2$O. du phare se trouve un récif de 50 mètres de long N. et S., et de 20 mètres de large E. et O., sur lequel il n'y a que 4^m,50 d'eau, roches et coquilles. Une bouée rouge marque la partie O. du banc, et il faut en passer à plus d'une encâblure.

A 4 milles dans le N. des roches Oyster, gît l'îlot Kumbay ou roche Black, au milieu de fonds de 7 à 9 mètres.

A 5 milles dans le N.$^1/_4$N.O. des roches Oyster, et à près de 1 mille dans le S. de la pointe Loliem, existe une petite roche couverte, plate et presque à fleur d'eau.

A 2 milles environ dans le N. du cap Carwar, se trouve l'île Deogur (ou Sunghiri, ou Buffalo), qui est élevée de 36 mètres.

A 3 encâblures dans le N.E. de l'île Deogur, gît l'île Curmaghur, qui est haute d'environ 55 mètres.

Au fond de la grande baie de Carwar, derrière les îles, se trouve la rivière de Sedashigar (appelée aussi Kali Nadi, ou Cauly Nully). Sur la rive N. de cette rivière, et à 3 milles dans le N.N.E. de l'anse de Beitkul, est bâtie la ville de Sedashigar.

L'heure du plein, dans la baie, a lieu vers 10 h., les jours de nouvelle et pleine lune. La mer marne de 2 mètres à 2^m,45, aux marées de syzygies ; et de 1 mètre à 1^m,20, aux marées de quartiers.

Les navires à vapeur venant du N. iront reconnaître le cap Ramas, et gouverneront ensuite pour chercher le phare des roches Oyster, en évitant le récif qui est situé dans le N.O. du feu. Quand on sera à 3 ou 4 milles du phare, on apercevra le bungalow du Percepteur sur la colline Konay ; et, au moment où il aura été amené dans l'E.S.E,. on pourra gouverner dessus et mouiller par 7 mètres à 9 mètres d'eau, vase, auprès d'une bouée blanche qui se trouve à 4 encâblures de terre. *Pendant la nuit*, quand on se trouvera près des roches Oyster, on pourra voir un feu rouge, installé sur une maison de la colline Konay ; et, lorsqu'on le relèvera à l'E.S.E., on gouververnera dessus et l'on mouillera par 9 mètres.

En venant du S., on reconnaîtra le phare des roches Oyster ; après quoi, l'on pourra passer, *dans le jour*, entre ces roches et le cap Carwar. En tenant les sommets des îlots Deogur et Curmaghur l'un par l'autre, on peut se diriger pour passer dans l'E. des roches Oyster. Quand on apercevra le bungalow du Percepteur sur la colline Konay, on gouvernera de manière à le relever à l'E.S.E. ; et, dès ce moment, on gouvernera dessus pour mouiller par les fonds de 9 mètres. *Mais pendant la nuit*, il ne faudra point passer entre les roches Oyster et le cap Carwar, à moins d'être tout-à-fait pratique de la localité. On se tiendra à l'O. du phare, jusqu'à ce qu'on aperçoive le feu rouge, installé sur une maison de la colline Konay ; et, lorsqu'on le relèvera à l'E.S.E., on gouvernera dessus pour gagner le mouillage.

Les navires à voiles, pendant la mousson de N.E., peuvent gouverner sur le port Carwar, en venant de n'importe quelle direction; mais pendant la nuit, ils devront mouiller près du feu des roches Oyster, par 15 mètres d'eau, et ils attendront le jour pour entrer dans la baie.

Pendant la mousson de S.O. les voiliers venant d'Europe, de Chine ou du Bengale, passent dans l'O. des îles Maldives et Laquedives ; puis dans l'O. et dans le N. des basses de Pedro. Ils gouvernent ensuite pour reconnaître de jour le cap Ramas, qui forme un plateau très-saillant, d'une étendue de 1 mille et d'une hauteur de 60 mètres. Ce cap est visible par temps clair, à 12 ou 15 milles ; et le morne élevé, appelé faux-cap Ramas, qui se trouve à 1 mille plus à l'E., peut se voir dans les meilleures circonstances à 25 milles. Mais, pendant la mousson de S.O., avec les temps sombres et pluvieux, on n'aperçoit généralement ces terres qu'à 4 ou 5 milles seulement. Au large du cap Ramas, les fonds de 55 mètres (vase) sont à 16 milles de terre ; ceux de 36 mètres (vase) à 9 milles ; et ceux de 18 mètres (vase) à 1 mille 1/2. Il faudra se tenir en garde, à l'atterrage, contre l'effet du courant qui porte avec force vers le S., à cette époque. Après avoir pris connaissance de la terre, on fera route pour contourner les roches Oyster par l'O., et par le S. On pourra s'attendre, lorsqu'on gouvernera pour atteindre le mouillage, à trouver un fort courant portant à l'O., formé par la masse des eaux qui sont entrées dans la baie, par sa partie N., et qui en sortent par sa partie S. en passant le long du cap Carwar.

§ 156. — Condapore.

La rivière de Condapore, située par 13°38′N. et 72°20′E., n'est accessible que par les très-petits navires. Elle se jette dans une baie qui est dans le S.O. du pic Barsalore. A 2 milles dans l'O. de l'entrée de la baie se trouve un récif de roches, sur lequel la mer brise ordinairement. On trouve 11 mètres d'eau, à le toucher ; et 15 mètres, à 1 mille de distance. Dans cette partie de la côte, les grands navires doivent donc éviter d'aller par moins de 15 mètres à 16 mètres.

§ 157. — Mangalore.

La ville de Mangalore (ou Koydal Bunder), est située sur la rive N. de la rivière, dont la barre n'a que 1m,80 d'eau, aux basses mers de syzygies. L'heure du plein est à 11 heures, les jours de nouvelle et pleine lune ; la montée de l'eau est de 2m,10, aux syzygies, et de 1m,50, aux quartiers.

Une tour blanche, bâtie sur une colline, porte un feu fixe, élevé de de 76 mètres, visible à 11 milles par temps clair, et à 9 milles au plus par temps brumeux. Il est situé par 12°52'N. et 72°30'E. D'après le commandant du d'*Assas*, en 1875, ce feu serait visible à 20 milles par temps clair. Indépendamment de ce phare, les arbres et les maisons qui se trouvent sur la même colline forment une bonne reconnaissance. On pourra aussi déterminer sa position ; par la vue du mont Barn (ou Barn Hill), qui est à 16 milles dans le S.E. de Mangalore ; ainsi que par les Oreilles d'ânes (Ass Ears,) montagne à double pic, haute de 335 mètres, située à 17 milles dans le N.E. de la ville, et dont le sommet s'aperçoit un peu au-dessus des collines plus voisines.

On mouille, en relevant le phare entre l'E.N.E. et l'E.1/4N.E., par 9 à 11 mètres, vase.

En venant du N., on se tiendra par des fonds de 30 mètres, jusqu'à ce qu'on ait dépassé les roches Sainte-Marie et Moolky ; après quoi l'on pourra se diriger sur le mouillage, en ne venant pas par des fonds inférieurs à 11 ou 9 mètres.

En venant du S., on ira reconnaître le mont Dilly (12°N.,) qui est un sommet escarpé très-remarquable, élevé de 260 mètres, ayant l'apparence d'une île, avec la côte boisée dans le N. et dans le S.; il est visible, à 25 milles, par temps clair, et à moins de 15 milles par temps couvert. Après avoir reconnu ce promontoire, on pourra prolonger la côte, par des fonds de 30 à 20 mètres, ou même plus près, à la condition de bien veiller jusqu'à ce qu'on aperçoive le phare.

§ 158. — Cananore.

Le fort de Cananore situé par 11°51′N. et 73°02′E. porte un mât de pavillon, sur lequel on hisse un feu fixe rouge et non point blanc comme autrefois, élevé de 33 mètres et visible à 7 milles. Ce feu n'est pas allumé pendant la mousson de S.O., du 20 mai au 10 août; ou du moins, *s'il est allumé*, on le hisse à une moins grande hauteur, et il n'est visible alors qu'à une distance bien moindre.

On mouille en relevant le mât de pavillon au N.N.E., à 1 mille 1/4 de terre, au moins, et par 10 ou 11 mètres, vase. Si l'on allait par 8 mètres, ou 7 mètres d'eau, il y aurait grandement à craindre de se jeter sur les roches qui se trouvent au milieu de ces fonds. Les embarcations accostent dans la baie au N.E. du fort.

§ 159. — Tellichery.

Au bord de la mer, et sur une petite élévation de quelques mètres, se trouve un fort portant un mât de pavillon, par 11°45′Nord et 73°08′51″Est. A 1/2 mille dans le S.O. du fort existe une chaîne de roches longue de 2 encâblures et parallèle à la côte. A 2 milles 1/2 dans le N.O.$^1/_4$O. du même fort et à 500 mètres de la pointe Durmapatam, se trouve l'île Green, qui est entourée de roches éparses.

Sur le mât de pavillon, est allumé maintenant un seul feu fixe, élevé de 34 mètres, et visible à 8 milles.

Le mouillage, pendant la mousson de N.E., est par 9 mètres, vase molle, en relevant le mât de pavillon au N.E., ou N.E.$^1/_4$N.; et l'île Green au N.N.O. Mais, quand le temps est mauvais ou incertain, on doit mouiller par 11 à 13 mètres.

Entre l'île Green et Tellichery, il ne faut pas approcher la terre par des fonds inférieurs à 15 ou 13 mètres, afin d'éviter les roches et les mauvais fonds qui s'y trouvent.

En venant du S., il conviendra de se défier du récif qui s'étend à 2 milles 1/2 de la pointe Cotta (11°28′N.); on l'évitera, en se maintenant par des fonds supérieurs à 22 mètres ou 18 mètres. Quant à la roche du Sacrifice (11°30′N. environ), elle est haute de 12 mètres et peut se voir à 10 milles par un temps clair. Elle se trouve sur la ligne des fonds de 20 mètres ; laissant un chenal sain entre elle et la terre, avec des fonds de 12 mètres à 14 mètres, au milieu du passage, et de 18 mètres à toucher la roche. Quand on doublera cette roche au large, pendant la nuit, on devra se tenir par des fonds de 30 mètres au moins.

L'heure du plein, aux syzygies, est 11 h. 40 m. La mer marne de $1^m,50$ à $1^m,80$ aux syzygies ; et de $0^m,90$ aux marées de quartiers.

§ 160. — Mahé.

Le mât de pavillon de Mahé est par 11°42'N. et 73°11'E. Les établissements se trouvent à l'embouchure d'une petite rivière dont l'entrée est étroite et demande de l'attention ; il y a quelques roches au large de cette rivière, qui n'est accessible que par des embarcations.

On mouille à 2 milles de terre, par 9 mètres, vase, en relevant le mât de pavillon à l'E.N.E. Derrière Mahé, on aperçoit des collines détachées, sur lesquelles se trouvent des maisons et de vieux forts.

§ 161. — Calicut.

Le phare de Calicut (11°15'N. et 73°26'E.) est une colonne en pierre blanche, haute de 32 mètres, construite sur la plage, et portant un feu fixe blanc visible à 12 milles, qui n'est point allumé pendant la mousson de S.O., du 20 mai au 10 août. Ce phare est très-visible dans l'après-midi, de même que les maisons de la ville qui bordent la plage et qui sont en partie cachées par des cocotiers. Des maisons s'aperçoivent aussi, au milieu d'arbres, sur de petites collines, à 2 milles 1/2 dans le N. du phare, et elles peuvent servir de point de reconnaissance.

On mouillera par 9 mètres, vase, en relevant les maisons des collines au N.E., ou le phare à l'E. Il faudra faire grande attention au plateau de roches qui se trouve à environ 3 milles 3/4 dans l'O.N.O. du phare, ainsi qu'aux mauvais fonds qui existent dans le S. du mouillage indiqué, jusque par 11 mètres d'eau.

En 1875, une bouée rouge et blanche a été mouillée, par 7 mètres d'eau, pour marquer la limite intérieure du meilleur mouillage. Etant sur cette bouée, on relève le phare à l'E. $^1/_2$S. et la colline Conolly au

N.E.¼N. Tant que cette bouée noire restera en place, les navires venant du S., ou allant dans le S., veilleront à ne jamais la relever à l'O. du N., de manière à éviter les dangers et les mauvais fonds de roches que l'on trouveraït en dedans de ce relèvement. Pendant la belle saison, l'on peut s'approcher de terre en toute sécurité, soit dans le N. de la bouée, soit en dedans sur l'alignement de la bouée et du bout de la jetée. Mais, dans aucun cas, les navires calant plus de 2^{m},75 ne doivent mouiller en dedans de la bouée en ouvrant le côté S. de la jetée du port.

En venant du N. à destination de Calicut, il ne faudra pas se tenir sur des fonds inférieurs à 15 mètres, avant d'avoir amené le phare à l'E.¼S.E., ou à l'E. Les fonds de 55 mètres sont à 25 milles de terre, et ceux de 36 mètres à 14 milles.

Le récif de Calicut, dont l'extrémité O. est généralement marquée par une bouée, a sa partie centrale située à 1 mille 1/4 dans le S.S.O. du phare, et à 6 encâblures de la partie de la côte la plus rapprochée. Au S. et à l'E. de ce récif, les caboteurs mouillent par des fonds de vase molle, et se trouvent abrités des vents de N.O.

L'heure du plein, aux syzygies, est midi et un quart. La mer marne de 1^{m},20 à 1^{m},50 aux syzygies; et de 0^{m},76 seulement aux quartiers.

§ 162. — Beypoor (ou Beypore).

La rivière Beypore (11°10'N. et 73°27'E.) située à petite distance dans le S. de Calicut, a une barre sur laquelle il ne reste que 1^{m},80 d'eau, à mer basse, dans les grandes marées : ce qui fait à peu près 2^{m},50 d'eau à mi-flot et mi-jusant. Les navires mouillent donc en dehors, par 9 mètres d'eau, vase, à 1 mille 1/2 de terre.

La ville de Beypore est bâtie sur la rive S. de la rivière, et elle doit son importance à ce qu'elle est reliée par le chemin de fer à Madras. Cette rive S. de la rivière est basse et boisée, et l'on remarque à petite distance de la terre un îlot rocheux, dans l'O.N.O. duquel se trouve la barre, à une distance de 300 mètres seulement. L'îlot est élevé de 9 mètres, et est accompagné dans le S. de plusieurs roches. Sur l'îlot, ont été placés deux poteaux avec une planche, pour servir d'amer; et un mât de pavillon se trouve sur la côte, par le travers de l'îlot. Quand la barre est mauvaise, les canots peuvent contourner par le S. les roches découvertes, et accoster à un débarcadère dans l'E. de ces roches où l'eau est calme avec les vents de N.O.

Les navires destinés à Beypore peuvent atterrir sur le phare de Calicut ; puis, en venant vers le S., ils ont comme point de reconnaissance le Dolphin's Head, colline boisée haute de près de 300 mètres, qui se voit bien quand on la relève dans les environs du S.E.

§ 163. — Narrakel (ou Naraket).

Cette rade (10°02'N.), qui se trouve à 6 milles dans le N. de l'entrée du port de Cochin, commence à être fréquentée depuis quelques années, parce qu'elle offre un mouillage relativement sûr pendant la mousson de S.O. On peut y entrer et venir se placer par des fonds de $5^m,50$ à $7^m,50$, où l'on trouve la mer calme en tous temps, alors que la mer brise fortement plus au large, en dehors de ces petits fonds. La tenue est bonne, sur des fonds de vase dans laquelle l'ancre s'enfonce de plusieurs pieds.

Une grande bouée rouge est mouillée par $5^m,50$ d'eau, fond de vase, dans l'O.$^1/_4$N.O. du mât de pavillon qui se trouve à terre. Pendant la mousson de S.O., le meilleur mouillage se trouve par les fonds de 6 mètres à 8 mètres, en relevant la bouée entre l'E. et l'E.S.E. Les navires qui ne calent que $3^m,60$ à $4^m,60$ peuvent mouiller à côté de la bouée. Cette bouée, qu'on laisse naturellement en place durant la mousson de S.O., peut être vue à une distance de 3 milles ; mais il ne faut pas trop se fier à sa position, parce qu'elle est quelquefois déplacée par la houle.

Le bureau du capitaine de port a été construit, en 1866, un peu dans le N. du mât de pavillon. En venant du large, on le voit distinctement se détacher en blanc, et il constitue un bon point de reconnaissance. On est d'ailleurs guidé par le feu de Cochin, qui n'est seulement qu'à 4 milles de Narrakel.

Dans le cas de mauvais temps, ou durant la mousson de S.O., la rade de Narrakel sert de refuge aux navires qui ne peuvent pas tenir sur la rade de Cochin. Quand un coup de vent de S. ou de S.O. survient, l'on peut quitter le mouillage de Cochin (au moment du jusant, si le vent est très-près), et l'on gouverne au N.O.$^1/_4$N. jusque par le travers de Narrakel. On vient alors chercher les fonds de

8 à 9 mètres, qui se trouvent à près de 3 milles de terre; en relevant en même temps le feu de Cochin au S.E.¼S., et le mât de pavillon de Narrakel entre l'E.¼S.E. et l'E.S.E. On gagne ensuite le point où l'on doit mouiller, en se guidant sur la bouée et en suivant les indications que nous avons données précédemment.

§ 164. — Cochin.

Cochin se trouve sur la rive S. et à l'entrée d'une grande rivière dont les eaux sont profondes, mais qui est fermée par une barre sur laquelle on ne trouve que 3^{m},95 d'eau à mer basse. La mer marne de 0^{m},76 à 0^{m},90, aux syzygies; et de 0^{m},45 aux marées de quartiers. Par suite, aucun navire calant 4^{m},40 ne peut entrer dans la rivière. L'heure du plein, aux syzygies, a lieu entre 1 h. et 2 h.; mais les marées sont très-irrégulières.

Derrière Cochin, les terres sont basses, et les maisons de la ville ne se voient bien du large que dans l'après-midi. Un mât de pavillon (9°58′N.) s'aperçoit aisément à la longue vue, dominant les arbres et les maisons. Le mouillage du large est à 1 mille 1/2 de terre, par 9 mètres à 11 mètres d'eau, vase, en relevant le phare décrit plus loin entre l'E. et l'E.¼S.E.; et l'on ne s'y trouve bien que durant la belle saison. Si l'on y va pendant la mousson de S.O., il ne faudra pas mouiller par moins de 11 mètres d'eau, à cause de la grosse houle, et l'on sera alors à 2 milles au moins de la côte.

La barre est indiquée par deux bouées, et l'on y trouve parfois du ressac, surtout quand le jusant est fort et que la brise du large est fraîche. Les courants de marée sont très-forts (le jusant porte à l'O.N.O. et au N.O.); et il est bien recommandé à ceux qui entrent en embarcations, sans être pratiques de la localité, de se tenir dans le bon chenal, pour éviter tout accident.

Un phare a été récemment construit en pierre blanche, élevé de 27 mètres. Il montre un feu fixe, dont la hauteur est de 29 mètres au-dessus de la mer, et qui est visible à 14 milles. Il est situé par 9°58′N. et 73°55′E. (*La Connaissance des Temps* donne 73°53′51″Est.)

§ 165. — Alipee (ou Aulapolay).

Alipee est situé par 9°30′N. et 74°00′E.; et se trouve relié à Cochin par un canal et par le back-water.

De Quilon à Alipee, la côte est sablonneuse et à peu près droite. On peut la prolonger, en s'en approchant jusque par des fonds de 9 mètres, vase; mais ce fond, auprès d'Alipee, se trouve à 3 milles seulement de terre. Pendant la mousson de S.O., alors que la mer déferle sur la côte dans le N., et qu'elle est blanche d'écume au large, on trouve, devant Alipee, une vaste étendue d'eau calme, où l'on peut mouiller par 8 mètres et communiquer avec la terre. Pendant la belle saison (en mousson de N.E.), les navires calant moins de 5m,50 peuvent mouiller par 7 mètres, attendu que le fond est de vase très-molle. Quand on est au mouillage, on relève le mât de pavillon à peu près à l'E.¹/₄N.E.; d'ailleurs on sera guidé généralement, pour mouiller, par le directeur du port.

Le mât de pavillon se voit par dessus les arbres lorsqu'on est tout près de terre. A côté de ce mât se trouve un phare, haut de 26 mètres, portant un feu blanc, tournant de 1 minute en 1 minute, et pouvant être vu à 15 milles par un temps clair.

En venant du N., un grand navire ne doit pas venir par moins de 13 mètres d'eau, avant d'avoir amené le phare à l'E. du S.E., attendu qu'il y a plusieurs hauts-fonds avec moins de 7 mètres d'eau, en dedans des fonds de 13 mètres.

En venant du S., de la côte de Coromandel et de la baie du Bengale, *pendant la mousson de S.O.*, il faut faire du N. jusque par 9°30′N.; puis on peut courir vers l'E. sur Alipee, en tenant compte du courant qui porte vers le S. à partir du moment où l'on a dépassé les parages de l'île Kalpeni.

§ 166. — Quilon.

Quilon, situé par 8°53′N. et 74°14′E., est un point très-saillant, dont la pointe la plus avancée, nommée Tangachéry, est un peu plus élevée que les terres voisines. Sur cette pointe, au milieu de grands cocotiers, se voient le mât de pavillon et la maison du directeur du port. La côte, en allant pendant deux milles plus loin dans le N., est rocheuse et légèrement élevée ; et l'on y distingue facilement une église blanche, qui est surtout visible dans l'après-midi. La pointe Tangachéry est entourée d'un banc, de fond dur, très-accore, qui s'étend à 1 mille 1/2 dans le S.O., à 3 milles dans l'O., et à 6 milles le long de la côte dans le N. Il ne faut pas approcher ce banc, par moins de 24 mètres d'eau, de jour ; et de 31 mètres, de nuit. C'est dans le S.E. du récif qu'on mouille, dans la baie formée par la côte, par 9 mètres à 11 mètres d'eau, fond de sable, en se plaçant devant la ville et en relevant le mât de pavillon de Tangachéry à 1 mille dans le N.O. On recommande d'ailleurs de se tenir un peu plus au large, et d'attendre le canot du directeur de port avant de mouiller. De novembre en avril, on peut mouiller en sécurité très-près de terre.

§ 167. — Tuticorin.

Pendant la mousson de N.E., de novembre à la fin de mars, les navires destinés à Tuticorin *et venant du S.* doivent se tenir en vue de la côte O. de Ceylan jusque dans le N. de Calpentyn, de manière à se trouver en position d'atteindre ensuite Tuticorin de la bordée. A la même époque, les navires venant de Bombay ou de la côte du Malabar doivent, après avoir doublé le cap Comorin, se maintenir sur la côte de l'Inde jusqu'à Munahpaud, d'où ils prolongent la bordée bâbord amures jusqu'à la côte de Ceylan ; arrivés là, ils virent de bord et atteignent ordinairement leur destination sur cette bordée tribord amures. En général, on aura du beau temps, et des brises de terre et de mer sur la côte O. de Ceylan, tandis que sur la côte S. de l'Inde règnent de fortes brises de N.N.E. et un courant rapide portant sous le vent. C'est pour ce motif qu'il convient de ne point quitter la côte de Ceylan, avant d'être certain d'atteindre Tuticorin de la bordée.

Pendant la mousson de S.O., ayant à se rendre à Tuticorin, on reconnaîtra d'abord le cap Comorin ; puis, l'on suivra la côte S. de l'Inde. On devra sonder souvent ; et il conviendra de se tenir par des fonds de 33 à 36 mètres au moins, jusqu'à Munahpaud ; et par des fonds de 22 mètres au moins, au-delà de ce point. Les courants seront irréguliers pendant qu'on suivra cette route.

Les navires partant de Tuticorin, durant la mousson de S.O., se tiendront d'abord sur la côte de l'Inde jusque près de Munahpaud. De là, en prolongeant la bordée tribord amures, ils pourront atteindre la côte O. de Ceylan au vent de Colombo. Ils doubleront même quelquefois complètement, de la bordée, les dangers qui se trouvent à la partie S.O. de Ceylan.

Le port de Tuticorin est bordé par des bancs et par plusieurs îlots peu élevés, placés parallèlement à la côte, à une distance de 2 milles environ, et en dehors desquels se trouve la rade. L'un de ces îlots, appelé Paundianthevoo (ou Hare), porte à sa pointe N., par 8°47'N. et 75°51'E., un obélisque octogonal, surmonté d'un feu fixe élevé de 13 mètres et visible de 12 milles. La ville est à 2 milles 1/2 dans l'O.$^1/_4$N.O. de ce feu. Les terres voisines de Tuticorin sont basses : au N. de la ville se trouve un mât de pavillon, une tour et une église ; dans le S., une église et quelques usines.

Le meilleur mouillage se trouve par 10 ou 12 mètres d'eau, en relevant le phare entre l'O.N.O. et l'O.$^1/_4$S.O., à la distance de 1 mille 1/2 à 2 milles. En août et septembre, les fortes brises soufflant de terre, on peut mouiller moins loin, par 9 mètres d'eau.

Pendant la mousson de N.E., la mer sans être grosse donne cependant de fortes secousses qui obligent à avoir une longue touée. Il est prudent d'avoir de plus une seconde ancre en mouillage. *Pendant la mousson de S.O.,* les vents viennent de terre et la mer est belle, de sorte que le mouillage n'offre aucun danger. On recommande seulement d'avoir une petite ancre mouillée au large, afin de soutenir le navire dans le cas où de petites brises d'E. viendraient à souffler.

L'heure du plein, aux syzygies, est 1 h. 15 m.; la mer marne de 0m,76 aux grandes marées, et de 0m,35 dans les mortes eaux.

§ 168. — Colombo.

En venant du S., à destination de Colombo, il importe, *pendant la mousson de S.O.*, de couper l'équateur à l'O. du méridien de 75°E. On doit effectivement craindre, durant cette saison, de trouver, entre le parallèle de 3°N. et la côte méridionale de Ceylan, des vents de la partie de l'O. et un fort courant portant à l'E. Quand on sera parvenu à une trentaine de milles dans le S. de Colombo, on pourra suivre la côte, sans inconvénient, à une distance de 2 milles seulement, si le temps n'est pas mauvais.

Dans le voisinage de Colombo, la côte est basse et ne se voit qu'à une distance de 10 milles. A 1 mille dans le N. du fort de Colombo, et près de la pointe Mutwal, se trouvent des sapins très-élevés, qui offrent un excellent point de reconnaissance, pour les navires venant du large. On les voit généralement avant le phare ou le mât de pavillon. Ces sapins semblent beaucoup plus élevés que les cocotiers dont ils sont entourés; et ils paraissent, à distance, comme formant une hauteur peu boisée. Aucune partie de la côte, soit au N., soit au S. de Colombo, n'offre cette apparence, de sorte qu'il n'y a pas d'erreur possible.

Dans l'intérieur se trouvent quelques montagnes isolées. Pendant la mousson de N.E., le pic Adam peut se voir le matin et quelquefois dans la journée ; cette montagne se termine par un cône aigu dont la hauteur est de 7420 pieds (2260 mètres), et qui peut être aperçu à 90 milles par un temps clair. Mais, durant la mousson de S.O., le temps est généralement trop humide pour qu'on puisse voir le pic.

Un feu fixe blanc, visible à 18 ou 20 milles, par temps clair, du haut de la dunette d'un navire, est allumé dans la tour de l'horloge, édifice carré, de couleur grise, situé au milieu du fort. Ce feu est élevé de 40 mètres au-dessus du niveau de la mer, et situé par 6°56′N. et 77°30′Est.

En approchant de Colombo, les navires venant du S. devront se défier du *Drunken Sailor*, qui est une chaîne de roches ayant 1 encâblure de long dans la direction N. et S., située à 1/2 mille de terre, dans le S.O.¹/₄O. de la tour de l'horloge. Il y a moins de 2 mètres d'eau sur ce danger, qui brise presque toujours pendant la mousson de S.O., mais qui ne marque pas durant la mousson de N.E. On évitera le Drunken Sailor, en se maintenant par des fonds supérieurs à 20 mètres, et à une distance de 1 mille 1/2 de terre, jusqu'à ce que l'on relève la tour du phare à l'E. de l'E.¹/₄N.E. Il faudra ensuite veiller une *roche couverte*, sur laquelle il n'y a que 6 mètres d'eau, et qui est située à 1/2 mille dans le N. du Drunken Sailor et à 3 ou 4 encâblures à l'O. de la pointe de la Douane. Le *Drunken Sailor* est signalé, pendant la mousson de N.E., par une bouée noire; et la *roche couverte*, par une bouée rouge. Il faut contourner cette bouée à une encâblure environ; puis, quand on relève la pointe de la Douane au S. de l'E.S.E., l'on gouverne sur le mouillage.

En venant de l'O. ou du N., l'approche du mouillage de Colombo est dégagée de tout danger. On peut toutefois mentionner la chaîne de roches située au N. de la pointe Mutwal, et qui s'étend parallèlement à la côte, à une distance de 1/4 de mille.

La rade de Colombo est sûre, même pendant la mousson de S.O., si l'on a de bons apparaux de mouillage. On tient sur une seule ancre, avec une longue touée. Les coups de vent sont à craindre en mai, juin, novembre et décembre, aux changements de moussons. Cependant, il n'y a eu que cinq navires mis à la côte en 32 ans.

En entrant dans le port de Colombo, ou quand on en sort, il ne faut point passer entre la bouée noire mouillée par le travers de l'extrémité du brise-lames et ce brise-lames lui-même, attendu qu'un bloc de pierre s'y trouve actuellement et que le navire pourrait le choquer. (*Ann. hydr.*, *1876.*)

On peut mouiller partout, en grande rade, par 12 à 17 mètres, à une distance du bastion N. du fort comprise entre 1/2 mille et un mille, en relevant le mât de pavillon entre le S.$^1/_2$E. et le S.E.$^1/_4$E.

Le meilleur mouillage est par 15 mètres d'eau, en relevant l'église hollandaise à l'E.$^1/_4$S.E. et le mât de pavillon au S.30°Est.

Pendant la mousson de S.O., et aux époques des changements de moussons, il faut toujours mouiller à plus de 1/2 mille du bastion N. du fort, et avoir soin de tenir la pointe de roches de Mutwal un peu à l'E. du N.E.$^1/_2$E. Il est indispensable de filer *au moins* 150 mètres de chaîne. Il est bien recommandé aussi de vérifier, avant d'arriver au mouillage, l'état dans lequel sont les maillons d'assemblage, et de s'assurer si les goupilles sont bien rivées.

Une barre existe dans le N.E. du bastion N., formée par un banc de sable mouvant, d'une étendue de 1 encâblure 1/2 environ. La mer déferle quelquefois sur cette barre, pendant la mousson de S.O., et il est imprudent de chercher à la passer sans l'aide de pratiques et de pirogues de la localité.

L'heure du plein, aux syzygies, est 1 heure ; et la mer marne de 0m,60 environ dans les grandes marées.

§ 169. — Pointe de Galles (1).

Il est bien recommandé aux navires qui se rendent à Pointe de Galles d'atterrir à bonne distance au vent, c'est-à-dire dans l'E. ou dans l'O., suivant la mousson régnante. Si l'on négligeait cette précaution, on pourrait se trouver très-souventé par l'effet du courant qui file avec une grande rapidité, le long de la côte S. de Ceylan, portant vers l'O. pendant la mousson de N.E., et vers l'E. pendant la mousson de S.O.

Dans les environs de Pointe de Galles, la terre n'est guère élevée ; mais il est facile de reconnaître la baie, grâce au feu fixe blanc, allumé sur une tour en fer peinte en blanc, haute de 24 mètres, qui se trouve sur le bastion du S. du fort de Pointe de Galles, à l'extrémité S. de la pointe O. de l'entrée. Ce feu est situé par 6°01'N. et 77°52'32''E.; il est élevé de 30 mètres au-dessus du niveau de la mer, et visible à une distance de 12 milles.

En venant de l'O., les navires qui relèveront le phare à l'E.N.E.1/2E. du monde passeront au S. des Roches Whale et Little Whale : la première est une roche couverte, située à 2 milles 1/2 du phare et sur laquelle la mer ne brise pas toujours d'une manière bien apparente ; la seconde est découverte et située à peu près à mi-distance entre la roche Whale et le phare. Quand on fera route sur la baie, on reconnaîtra bientôt l'église qui se trouve dans l'intérieur de la ville et au N. du phare ; et l'on fera en sorte, en approchant des roches voisines de ce feu, de tenir toujours l'église dans l'O. du phare. On sera alors accosté par le pilote, dont le secours sera ordinairement indispensable pour faire entrer et mouiller le navire.

Pendant la mousson de N.E., de décembre à la fin de mars, on gagne facilement le mouillage, dans le jour, avec la brise du large, variant du S.S.E. à l'O.; et l'on peut aisément sortir de la baie, de grand matin, avec la brise de terre soufflant de la partie du Nord.

Pendant la mousson de S.O., d'avril à la fin de novembre, il

(1) Instructions résumées de George F. Mc Dougall, Master, R. N.

est difficile d'aller prendre son poste dans cette baie, encombrée de navires, et dans laquelle pénètre une grosse houle venant de l'Ouest.

Le meilleur mouillage intérieur est dans la partie O. de la baie, par le travers du fort, sur des fonds de sable, avec 8 à 10 mètres d'eau. Mais ce mouillage est malheureusement très-encombré par les navires dont le nombre tend toujours à s'accroître.

Le meilleur mouillage en grande rade, pendant la mousson de N.E., se trouve par 28 à 30 mètres d'eau, quand on relève l'un par l'autre le phare et l'arbre des pilotes (qui se trouve sur la colline dans le N.$^1/_2$E. à peu près du phare) en même temps qu'on tient aussi l'un par l'autre les roches (qui sont au large de la pointe Oonawatty) par une autre petite pointe située plus à l'E. *Pendant la mousson de S.O.,* le mouillage le moins mauvais sera par 28 à 30 mètres d'eau, en relevant le phare au N.E., et à 1 mille 1/2 de terre ; il ne faudra rester, durant cette saison, que le moins de temps possible à ce mouillage.

L'heure du plein est 2 heures, aux syzygies ; et la mer marne de 0^m,60 centimètres.

Nous terminerons ces indications par l'extrait suivant d'un rapport de M. le capitaine de vaisseau Rieunier. *(Ann. hydr., 1876.)*

« Les pilotes du port de Galles sont excellents ; mais ils ne viennent pas prendre les navires assez en dehors de la bouée de la Cadda. Le service des ancres et amarres de l'arrière est bien fait ; et, malgré le prix de location un peu augmenté, il y a avantage, quand on ne séjourne que peu de jours, à se servir de ce système de tenue du navire. Le port de Galles est d'ailleurs délaissé par le gouvernement anglais, qui cherche à créer un port à Colombo : on n'y fait aucune dépense d'entretien. »

§ 170. — Trinquemaley (1).

De la fin de septembre à la fin de mars, et surtout en octobre et novembre, on atterrit dans le N. de Trinquemaley, afin d'être certain de ne pas se laisser souventer par les courants qui portent au S.

(1) Instructions résumées de Horsburgh et de J. Higgs.

avec force, et dont l'effet est particulièrement à craindre avant la fin de novembre, alors que la mousson de N.E. n'est pas établie et que l'on est exposé à trouver de petites brises à grains, avec des temps sombres. On attaque la terre par 9°N., à 15 milles dans le S. du banc Molativa (ou Mollateeva); on peut approcher la côte jusque par 36 mètres d'eau. Si l'on a reconnu la terre vers le soir, on court des bords pendant la nuit, en se gardant bien de prolonger les bordées du N.O., par des fonds inférieurs à 40 mètres d'eau. Au jour, on revient sur la terre, en ayant bien soin de ne pas venir dans l'O. de l'île Pigeon, avant de l'avoir dépassée de 3 ou 4 milles dans le S. Alors, on se dirige sur la pointe du mât de pavillon (pointe Flagstaff), située par 8°35'40''N. et 78°54'E., où se trouve un feu fixe, visible à 15 milles.

De mars en septembre, l'atterrage est facile; le courant portant alors vers le N., avec une vitesse qui ne dépasse guère 1 nœud le long de la côte. Entre 7° et 9°30'N., on peut courir sur la terre, de nuit, jusque par des fonds de 40 mètres; et de jour, jusque par des fonds de 27 mètres.

Pendant la nuit, venant du S., avec des vents portants, on gouverne de manière à se trouver à une distance de 2 milles du feu de Foul Point (1), quand on le relève à l'O. du monde. A partir de ce moment, on met le cap au N.O. jusqu'à ce qu'on relève le feu de l'île Ronde à l'O.S.O. (2). On se dirige alors sur ce feu, jusqu'à ce qu'on relève la pointe Chapel (3) au N. du monde à 1 mille 1/3 environ; dès ce moment, on gouverne à l'O.1/4N.O., jusqu'à ce qu'on amène le feu de l'île Ronde au S.1/4S.E.; on peut enfin, à cet instant, faire route vers le N.1/4N.O. pour passer à mi-canal entre la pointe Ostenberg et l'île Sober; après quoi l'on mouille par 22 mètres d'eau en relevant le feu de l'île Ronde dans les environs du S.1/4S.E. (4).

Pendant la nuit, venant du N., avec des vents portants, il faudra bien se défier de l'île Pigeon, ainsi que des bancs et des roches

(1) Le feu de Foul Point, situé par 8°32'N. et 78°59'E. environ, est blanc, avec éclats de 30s en 30s, visible à 17 milles. Quand on est à plus de 7 milles, les éclats paraissent séparés par des éclipses totales; mais, à moins de 7 milles de distance, on continue de percevoir une lumière affaiblie entre chaque éclat.

(2) Le feu de l'île Ronde est fixe, blanc, et visible à 10 milles. Il est situé par 8°31'N. et 78°53'E.

(3) La pointe Chapel est la terre haute et escarpée, qui forme l'extrémité E. de la partie N. de l'entrée. Cette pointe est facilement reconnaissable, même pendant la nuit.

(4) Pendant la nuit, et à moins d'être pratique de la localité, on ne cherchera pas à mouiller dans le port intérieur.

qui l'entourent. Par suite, si l'on est dans la saison d'octobre en avril, on devra tenir compte d'un courant portant au S.S.E., avec une vitesse de 2^{m},5 au moins. Quand on apercevra le feu de Foul Point, on gouvernera de manière à le relever au S.S.E.$^{1}/_{2}$S.; puis on gouvernera dessus jusqu'à ce qu'on relève le feu de l'île Ronde au S.O.$^{1}/_{2}$O. A ce moment, on se dirigera sur le feu de l'île Ronde, jusqu'à ce qu'on relève l'extrémité de la pointe Chapel au N.N.E.$^{1}/_{2}$N.; après quoi l'on terminera comme il a été dit précédemment (1).

Pendant le jour, avec le vent favorable, on donnera dans la baie en se tenant à mi-distance des deux côtes. Quand on distinguera l'île Ronde et la pointe Marble, on tiendra cette pointe à l'O.S.O.$^{1}/_{2}$O. ouverte au N. de l'île jusqu'à ce qu'on ouvre l'entrée du port. On passera à mi-chenal entre l'île Ronde et l'île Elephant; et l'on commencera alors à trouver le fond. Il faudra se tenir par des fonds de 22 mètres au moins, pour contourner à bonne distance les récifs qui tiennent à l'île Elephant; après quoi l'on gouvernera au N.O., sur le port. Quand on aura doublé la pointe Ostenberg, on se dirigera vers le N.N.O., pour être sûr de parer le banc qui est en dedans de la pointe Ostenberg et le banc York qui est plus loin dans le N. On évitera ce dernier banc, quand on remontera le port, en ayant soin de conserver l'île Ronde un peu détachée de la pointe Ostenberg. Mais on ne donne pas de bon amer, pour indiquer le moment où l'on est dans le N. du banc York, et où l'on peut se diriger vers l'E. afin d'atteindre le mouillage qui est devant la ville, et dans le N.O. de l'île d'York.

Entrée avec vent debout.— Pendant la mousson de S.O., on atterrit, comme nous l'avons dit, dans le S. de la baie; puis on se dirige vers le N., bâbord amures, en faisant en sorte de doubler Foul Point, par des fonds supérieurs à 26 mètres, et en se défiant du récif qui prolonge cette pointe à 1/2 mille dans l'E. et dans le N. Quand on se trouve à 1 mille dans le N. de Foul Point, *avec le vent debout pour entrer*, il faut gouverner sur la pointe Flagstaff, si la direction de la brise le permet, afin d'éviter le courant qui sort de la partie S. de la baie, avec force. On s'élève plus facilement au vent, en louvoyant en face de Back-Bay et de la pointe Flagstaff, qui est saine et que l'on peut approcher jusque par 29 mètres d'eau. Après avoir doublé la

(1) Pendant la nuit, et à moins d'être pratique de la localité, on ne cherchera pas à mouiller dans le port intérieur.

pointe Flagstaff (ou pointe du Mât de Pavillon), il faut se défier du récif à 1/2 mille à l'E. de la pointe Chapel ; et, pour le parer, on tient la roche détachée (qui est située auprès de la pointe Flagstaff), bien ouverte de la pointe Flagstaff elle-même. Ayant ainsi doublé le récif Chapel, on peut s'approcher de l'île Chapel et de la côte N. jusqu'au-delà de l'île Elephant. Mais, dans cette partie, il ne faut pas prolonger les bordées du S., trop près de la roche Northesk et de l'île Norway : la limite des bordées du S. doit être le moment où l'on trouve des fonds de 36 mètres, en même temps qu'on relève la pointe Marble à peu près par l'île Ronde. Après avoir doublé dans l'O. l'île Norway, il ne faut pas se diriger trop tôt au S., vers le fond de la baie, à cause du banc de sable qui s'étend dans l'O., dans le S.O. et le S.S.O. de l'île. En virant de bord, pour revenir dans le N., on peut passer près de l'île Ronde, et atteindre l'entrée du port de la bordée. On se tient près de la côte du vent, en donnant dans le port ; et, une fois dedans, on mouille à l'E. ou dans le N. de l'île Grand Sober.

Back-Bay.— Cette baie est située dans l'O. de la pointe Flagstaff. Elle offre un bon mouillage, de la fin de mars au commencement d'octobre, par 13 mètres à 18 mètres d'eau, sable, en relevant la pointe Flagstaff entre le S.$^1/_4$S.E. et le S.E.$^1/_4$S., à 1 mille de distance environ.

A Trinquemaley, l'heure du plein, aux syzygies, est 8 h. 18 m. La mer marne de 0^m,60 aux syzygies ; et de 0^m,40 aux mortes eaux. La température varie de 24° à 31°.

CHAPITRE CINQUIÈME.

Ports des golfes du Bengale et de Martaban : de Negapatam à Pulo-Penang, avec Singapour et Achem.

§ 171. — Negapatam.

Le fort de Negapatam (10°46′N. et 77°30′E.) porte, au-dessus d'un de ses bastions, un mât de pavillon sur lequel on hisse un feu visible à 12 milles environ. La ville est bâtie dans le N. du fort, auprès de l'entrée d'une petite rivière. Les navires venant du large trouveront la côte très-basse, et ne verront seulement que quelques cocotiers disséminés; ils n'auront comme point de reconnaissance que la pagode noire très-remarquable qui se trouve à 1 mille 1/2 dans le N.N.O. du fort.

En venant du S., pendant la mousson de S.O., on fera bien de se tenir de bonne heure sur les sondes, en se défiant des forts courants portant au N. qui pourraient faire dépasser le point de destination. On ne devra pas venir par des fonds de moins de 15 mètres, pour parer le banc de Negapatam (1); et, en même temps, on reconnaîtra une dune de sable et une maison blanche, au milieu des arbres de la plage, qui se trouvent à 5 milles dans le S. de Negapatam. Quand on relèvera cette maison dans le S. de l'O., ou bien quand le mât de pavillon sera relevé au N.O.$^1/_2$O. ou au N.O.$^1/_4$O., on pourra se rapprocher de terre pour venir chercher le mouillage.

Pendant la belle saison, le mouillage est à 1 mille 1/2 ou 2 milles de terre, par 9 à 10 mètres d'eau, fond mou, avec le mât de pavillon entre l'O. et l'O.$^1/_4$S.O. Mais, avec un temps incertain, on mouille par 11 à 13 mètres, en relevant le mât de pavillon à l'O.$^1/_2$S. et la plus haute des cinq pagodes au N.O.

L'heure du plein, aux syzygies, est 5 heures; et la mer marne de $0^m,90$ aux vives eaux.

(1) Ce banc a environ 1 mille d'étendue et ne porte que 5 mètres d'eau. Il est situé par 10°36′N. et 77°35′E., à un peu moins de 4 milles de la côte. Un épi avec 7 mètres d'eau prolonge ce banc jusqu'à une distance de 4 milles 1/2 dans le N.; et un autre le prolonge également dans le S. jusqu'aux bancs qui se trouvent au large de la pointe Calimere.

§ 172. — Nagore.

Nagore, qui est située par 10°49′N., à 3 ou 4 milles au N. de Negapatam, peut être reconnue par les cinq pagodes blanches qui se trouvent au S. de la rivière. La côte est basse, marécageuse, et quelquefois inondée, à l'embouchure de cette rivière. On mouille à 2 ou 3 milles au large de l'entrée de la rivière, par 9 à 11 mètres d'eau, en relevant les cinq pagodes blanches entre l'O.$^1/_4$S.O. et l'O.S.O.

§ 173. — Karikal.

A 5 ou 6 milles dans le N. de Nagore, se trouve la petite rivière de Karikal (10°55′N. et 77°30′E.), qui se reconnaît à un bouquet d'arbres, et en face de laquelle on mouille pâr 9 ou 11 mètres. Un feu fixe blanc, élevé de 20 mètres, et visible à 8 milles, est établi sur le mât de pavillon de la place. En venant chercher Karikal, de nuit, on mouille par 10 ou 12 mètres, en relevant le feu à l'O. du compas.

§ 174. — Tranquebar.

La ville de Tranquebar (11°01′N. et 77°31′E.) se reconnaît facilement à son fort, avec plusieurs tourelles en ruines, et à ses maisons qui sont généralement très-blanches. Il y a aussi un temple paraissant nouvellement construit, avec des croix sur les dômes. En venant du S., les navires destinés à Tranquebar pourront se tenir par des fonds compris entre 11 mètres et 22 mètres d'eau, soit à une distance de terre comprise entre 2 milles 1/2 et 6 milles.

Etant au mouillage de Tranquebar, on voit la maison du port et le mât de pavillon de Karikal.

§ 175. — Rivière Coleroon et mouillage de Porto-Novo.

Les navires venant du S., pour chercher la rivière Coleroon (qui est par 11°23′N.), se tiendront par des fonds de 18 à 20 mètres d'eau au moins, en longeant la côte. En approchant, on remarquera, au bord de la mer, un amas épais d'arbres, qui sont plus élevés que les terres voisines, et qu'on nomme *bois de Coleroon;* ils ont, quand on les voit du large, l'apparence d'une île basse et unie. On apercevra aussi, dans l'intérieur, quatre édifices remarquables appelés *Pagodes de Chalambaram.* Si l'on se trouve, de nuit, dans ces parages, il ne faudra pas venir par des fonds de moins de 27 mètres, afin de ne pas s'approcher trop du banc Coleroon, qui s'étend jusqu'à 5 ou 6 milles au large.

Etant destiné à Porto-Novo (11°30'N.), on pourra reconnaître que le banc Coleroon est doublé quand on relèvera les deux pagodes du milieu à l'O.S.O.$^1/_2$S., en même temps que le mât de pavillon de Porto-Novo à l'O.$^1/_4$N.O.3°N. On pourra alors se diriger sur Porto-Novo, et mouiller à 2 milles de terre, par 11 mètres, vase, en relevant le mât de pavillon de Porto-Novo à l'O.$^1/_2$N., et la plus S. des quatre pagodes de Chalambaram au S.O.3°O. Ce mouillage est abrité des vents de la partie du Sud.

§ 176. — Cuddalore.

La ville de Cuddalore est située par 11°43'N. et 77°26'E.; la rivière est petite et fermée par une barre. En venant du S., on voit, entre Porto-Novo et Cuddalore, une suite de dunes blanches qui paraissent être des îles, quand on les aperçoit de loin. Le mouillage se trouve par des fonds de 9 mètres à 11 mètres, bonne tenue, en relevant le mât de pavillon entre le N.O.$^1/_4$N. et le N.O.$^1/_2$N., avec le premier bouquet d'arbres au N. de la barre relevé au N.O.$^1/_4$O. A 2 ou 3 milles dans le N. de Cuddalore, se trouvent les ruines du fort Saint-David, devant lesquelles existe un banc qui s'étend à 1/2 mille au large.

§ 177. — Pondichéry.

La ville de Pondichéry (11°56'N. et 77°30'E.) est bâtie au bord de la mer, sur un terrain plat; elle se distingue aisément par ses nombreux édifices. La meilleure reconnaissance, quand on vient chercher Pondichéry, est un bouquet d'arbres situé sur une colline plate au N.O. de la ville. Un feu fixe, élevé de 29 mètres, est visible à 13 ou 14 milles, par temps clair, du pont d'un navire. Les capitaines de navires venant du S. doivent être prévenus qu'il existe à Porto-Novo (11°30'N.) une usine, avec un haut-fourneau, dont la cheminée élevée laisse parfois échapper, pendant la nuit, une lueur assez vive pour qu'on puisse prendre cette lueur pour le phare de Pondichéry. Cette erreur pourrait avoir pour conséquence de faire conduire le navire sur le banc Coleroon, au moment où l'on croirait rallier le mouillage de Pondichéry. On remarquera que si l'on se trouve près du banc Coleroon, le fond diminuera rapidement, tandis qu'en approchant de Pondichéry il ne diminuera que graduellement et d'une manière régulière. En venant du S., de la pointe Calymere à Pondichéry, on pourra se tenir par des fonds de 18 à 25 mètres; excepté par le travers du banc Coleroon, où il faudra se maintenir par des fonds de 25 mètres au moins. Entre Cuddalore et Pondichéry, on aura : 13 mètres d'eau, à 1 mille environ de terre; et 73 mètres à 82 mètres d'eau, à 18 ou 20 milles de la côte.

Pendant la mousson de S.O., de la fin de mars jusqu'en octobre, on mouille devant la ville, à 3/4 de mille de terre, par 13 à 15 mètres d'eau; ou encore plus près, si l'on a un petit navire. Durant la nuit, on laisse tomber l'ancre, par ce même brassiage, en relevant le phare entre l'O. et l'O.N.O.

Pendant la mousson de N.E., d'octobre en mars, si le navire n'a pas un long séjour à faire, on mouille dans la rade extérieure, par 22 ou 25 mètres. Durant la nuit, on laissera tomber l'ancre, par ce brassiage, quand on relèvera le phare entre l'O.$^1/_4$N.O. et l'O.N.O. *(Voir la page suivante.)*

En mousson de N.E., les navires venant du S. devront faire route vers le N., au milieu du golfe; puis ils viendront reconnaître la côte de Coromandel par la latitude de Sadras. Cette localité est habitée par des pêcheurs et le fort qui s'y trouvait autrefois n'existe plus; mais on verra du large, à bonne distance, les montagnes situées dans l'intérieur, et quand on relèvera au N.O. la plus haute d'entre elles, on sera en face de Sadras. On se dirigera ensuite vers le S., en longeant la côte par des fonds de 20 à 25 mètres.

De jour, on reconnaîtra Pondichéry à ses édifices élevés, à la tour du phare et à plusieurs églises dont l'une est remarquable par son dôme et par deux tours carrées. Dans le N.O. de la ville, se trouve une terre élevée, de couleur rouge foncé et parsemée de bouquets de palmiers. *De nuit*, on sera guidé par le feu fixe, visible par temps clair à 13 milles.

On mouillera, en relevant le phare entre l'O.N.O. et le N.O.¼O., par des fonds de 13 à 15 mètres, en filant au moins 115 mètres de chaîne. On aura un bon orin de déradage sur la chaîne, et les mâts de perroquet dépassés. Les coups de vent commencent au N.O., et font le tour du compas par le N.; de sorte qu'en déradant on se dirige vers le S.E.; puis, lorsque les vents passent au S.E., en amenant le beau temps, on revient au mouillage avec ces vents.

Durant la mousson de S.O., les navires venant du S. devront reconnaître la côte à la hauteur de Karikal ou Tranquebar, en se défiant des courants qui portent avec force vers le N. La ville de Karikal est à 1 mille dans l'intérieur, et sa position ne peut guère être reconnue que par le mât de pavillon très-élevé placé près de la mer. La ville de Tranquebar, bâtie sur le rivage, se reconnaît à ses maisons blanches. On gouverne ensuite pour contourner le banc Coleroon, et l'on peut voir en passant la haute cheminée de l'usine de Porto-Novo.

On mouillera, sur la rade de Pondichéry, par 12 à 13 mètres d'eau, en relevant le phare entre l'O.¼N.O. et l'O.N.O., avec 110 à 115 mètres au moins de chaîne dehors. A cette époque, la mer est généralement belle; on a des vents de S.E. pendant le jour, soufflant quelquefois avec force; et des brises de S.O., pendant la nuit.

§ 178. — Sadras.

Dans les environs de la ville de Sadras (qui est située par 12°32′N. et 77°49′11″E.), la côte peut être reconnue par la chaîne de collines qui existent dans l'intérieur, et dont quelques-unes sont très-découpées. Lorsqu'on relève au N.O. la plus haute de ces collines (auxquelles on donne le nom de *Montagnes de Sadras*), on se trouve presque par le travers de la ville.

Les navires venant du S. se tiendront par des fonds de 20 à 22 mètres, en longeant la côte qui est presque constamment stérile. Toutefois, on verra, à 9 milles dans le S. de Sadras, le commencement d'un bois épais de palmiers qui borde la côte, sur une longueur de 3 milles. Puis, la terre sera encore dépourvue de végétation, ou à peu près, pendant 5 ou 6 milles, jusqu'à ce qu'on atteigne un second bois. Quand on sera à l'extrémité S. de ce bois, on pourra voir le mât de pavillon de Sadras, au-dessus des arbres qui cachent la ville.

§ 179. — Madras.

Dans le S. de Madras, la côte est généralement basse et boisée, le long de la mer, mais élevée dans l'intérieur. On suivra la côte, sans danger, à la condition de ne pas venir par des fonds inférieurs à 25 mètres, surtout pendant la nuit, afin de n'avoir pas à craindre le récif de Tripaloor. Par 13°01′N. se trouve la petite ville de Saint-Thomas (ou Milapore), auprès de laquelle est un petit bois de palmiers; on remarquera également à 4 ou 5 milles du rivage une colline, qui est la plus dans le N. et la moins élevée des hauteurs voisines, et sur laquelle se trouve une église. Après avoir dépassé Saint-Thomas, la côte est basse et peut être suivie par des fonds de 18 mètres environ ; on verra une pagode noire, avant d'arriver à Madras.

Un feu, élevé de 39 mètres, se trouve sur l'esplanade N. du fort Saint-Georges; il est blanc, montrant des éclats toutes les deux minutes, et visible à une vingtaine de milles. Sa position est 13°05′N. et 77°56′30″Est.

La rade de Madras peut être considérée comme limitée : dans le N., par la ligne de relèvement du feu au S.56°O.; et dans le S., par la ligne de relèvement de ce feu au N.81°O. L'époque où cette rade est le plus dangereuse est comprise du commencement d'octobre au milieu de décembre; on est aussi exposé, en avril et mai, à de violents coups de vent commençant au N.O. et à l'approche desquels il faut prendre le large, avant qu'ils tournent au N.E. et à l'E., parce que l'on ne pourrait plus appareiller quand ils soufflent de ces directions.

Une bouée placée dans l'E. du phare marque la limite du mouillage des navires de commerce, qui s'amarrent dans le N. de cette bouée, tandis que les navires de guerre mouillent dans le S. Les navires de commerce mouillent par 13 à 15 mètres d'eau, en relevant le mât de pavillon du bureau du port entre le N.O. et l'O.¹/₄N.O.

Afin d'éviter des avaries au câble sous-marin, il est strictement défendu de mouiller, sur aucun des points de la rade de Madras, qui sont au S. du phare. Les navires qui arrivent avec des chevaux doivent mouiller par des fonds supérieurs à 13 mètres, le feu restant entre l'O. et l'O.¹/₄S.O. *(Ann. hydr., 1876.)*

De septembre en février, c'est-à-dire au commencement et pendant le fort de la mousson de N.E., le courant porte fortement au S., le long de la côte; sa vitesse atteint quelquefois 2 nœuds, en décembre. Il convient donc, dans cette saison, d'atterrir un peu au N. de Madras, en ayant soin de ne pas venir par des fonds inférieurs à 24 mètres, tant qu'on ne sera pas certain de sa position, afin de ne pas s'exposer à tomber sur le banc de Pulicat. D'ailleurs, dès qu'on apercevra le feu de Madras, il faudra toujours le relever dans l'O. du S.S.O.3°O., pour être sûr de parer ce banc. A cette époque, on mouillera bien au large, à 2 milles de terre et par 16 mètres d'eau, si l'on est à bord d'un grand navire, et en relevant le mât de pavillon entre le N.O.3°O. et l'O.N.O. Les navires du commerce pourront mouiller un peu moins loin, et en relevant le mât de pavillon entre l'O. et l'O.1/4N.O.

De février en septembre, et surtout au commencement de la mousson de S.O., le courant porte vers le N., souvent avec force. Il convient donc, principalement avec des vents de la partie du S., d'accoster la terre par le S., et en relevant par exemple Madras dans le N.O. Quand le temps sera beau, les navires pourront mouiller près du brise-lames, par 11 mètres d'eau, en relevant le mât de pavillon entre l'O. et l'O.1/4N.O.

A l'approche du mauvais temps, le pavillon à damier blanc et rouge, hissé au mât du capitaine de port, indique que les communications avec la terre sont dangereuses, à cause de l'état de la barre. Le pavillon blanc à croix bleue annonce qu'il faut se tenir prêt à appareiller. Le guidon rouge signifie qu'il faut filer son câble et prendre le large. Pendant la nuit, l'approche d'une tempête est signalée par trois feux hissés sur le mât de pavillon : un en haut du mât; et les deux autres, à chaque extrémité de la vergue. De plus, un coup de canon sera tiré, toutes les 5 minutes, pendant une heure, ou plus longtemps encore. On fera connaître qu'on a compris ces signaux, en hissant un fanal au bout du pic, ou dans toute autre position en vue.

En partant de Madras pour aller dans le N., on pourra gouverner au N.N.E., en ayant soin de ne pas venir par des fonds inférieurs à 22 ou 24 mètres. Puis, on gagnera les fonds de 30 mètres et l'on fera en sorte de relever toujours le feu de Madras à l'O. du S.S.O.3°O., afin de doubler sûrement les bancs de Pulicat.

L'heure du plein, aux syzygies, est 7 h. 34 m.; et la mer marne de $1^m,10$ dans les vives eaux. L'observatoire de Madras est situé par 13°04'09"N. et 77°54'10"Est.

§ 180. — Pulicat.

En venant du S., pour aller à Pulicat, on se tiendra par des fonds supérieurs à 24 mètres, et on relèvera toujours le feu de Madras à l'O. du S.S.O.3°O., afin de parer la partie dangereuse des bancs de Pulicat. Dès que le mât de pavillon sera relevé à l'O.$^1/_4$N.O., on pourra gouverner dessus, en passant sur l'extrémité N. du banc, où l'on ne trouvera pas moins de 10 à 11 mètres d'eau, sable. On mouillera par 14 mètres, à 1 mille 1/2 de terre, par le travers du mât de pavillon.

La position du mât de pavillon est 13°25'N. et 77°58'23"E. Pendant la nuit, un feu rouge est allumé, élevé de 17 mètres, visible à 6 ou 7 milles.

Dans l'intérieur, existe une chaîne de hautes montagnes, appelées *Hauteurs de Pulicat*. Dans le S. de cette chaîne et à l'O. du mât de pavillon se trouve une petite montagne aplatie au sommet, appelée *Kettle Bottom (ou Fond de la Chaudière)*, qu'on relève à l'O.$^1/_2$N. lorsqu'on la voit dans l'alignement du milieu du banc. Dans le S. de Kettle Bottom, se trouve une montagne moins élevée, appelée Naggery Nose, située par 13°23'N., et remarquable par une espèce de corne tournée vers le Sud.

L'heure du plein, aux syzygies, est 9 h. 1/2, sur les bancs de Pulicat; et la mer marne de $0^m,76$ à $0^m,90$.

§ 181. — Rivière Armogham et Port Blackwood.

Par 14°01'N. et 77°50'E., se trouve la petite rivière *Armogham*, appelée encore *Armegon*, ou *Doogoras-Patam*, ou *Duraspatam*. Par le travers et dans le S. de cette rivière, se trouve le grand banc d'Armogham, dont la partie N. se trouve à 3 ou 4 milles de la côte. Cet espace compris entre la côte et l'accore du banc d'Armogham porte le nom de *Blackwood-Harbour*; on y trouve 8 mètres d'eau près de terre, 12 mètres près du banc ; et l'on y mouille pendant la belle saison, après avoir contourné la pointe N. du banc.

Auprès du village de Moona, ou Moonapolium, à 1 mille de la côte, par 13°53′N. et 77°52′E., existe un feu fixe blanc, élevé de 29 mètres, et visible à environ 15 milles.

En venant du S., quand on atteindra le parallèle de la pointe Pondy (13°47′N. environ), il faudra se tenir par des fonds supérieurs à 26 mètres, afin de donner le tour nécessaire au banc d'Armogham. On se tiendra, par ces fonds, tout en remontant vers le N. et en cherchant à reconnaître : soit le feu ; soit la montagne d'Armogham. Cette dernière est de forme régulière, distincte des autres hauteurs, et située par 14°02′N., à 7 ou 8 milles dans l'O. de l'entrée de la rivière. Quelquefois, les terres sont voilées par des brouillards, qui les font paraître plus éloignées ; on cite même des navires qui se sont mis sur le banc, avant d'avoir aperçu la terre. Quand on aura reconnu la montagne d'Armogham, il conviendra de remonter vers le N., en se tenant par des fonds de 20 à 22 mètres, jusqu'à ce qu'on relève cette montagne à l'O.3°S. On pourra alors gouverner dessus, ce qui fera passer au N. du banc, avec des fonds de 11 mètres au moins ; et, en continuant, on gagnera le mouillage qui se trouve par 10 mètres d'eau, en face de l'entrée de la rivière, à 2 milles de la côte.

§ 182. — Kistnapatam.

Par 14°16′N. environ, se trouve la rivière Kistnapatam (ou *Kalitore*), devant laquelle on mouille par 10 mètres d'eau. Dans le S. de cette rivière, la côte est basse ; et les navires allant d'Armogham à Kistnapatam peuvent longer la terre, en se tenant par des fonds supérieurs à 11 mètres.

§ 183. — Masulipatam.

La pointe Divy, située par 15°57′30″N. et 78°51′E., est le principal point de reconnaissance pour les navires destinés à Masulipatam. La côte est basse et bordée par un plateau sur lequel il ne reste que fort peu d'eau. Ce banc commence à la Fausse-Pointe Divy (15°45′N. et 78°34′E.) qu'il entoure à une distance de 4 milles ; puis il borde la côte sans interruption, en s'étendant à 3 milles au large, contourne la pointe Divy et continue à suivre la côte dans la baie de Masulipatam. La pointe Divy est basse; elle n'est reconnaissable que par quelques arbres, et par le feu fixe blanc établi sur une colonne blanche, à 2 milles dans le N.O. de la pointe Divy, par 15°59′N. et 78°49′E. Ce feu est élevé de 27 mètres, et visible à 12 milles environ, quand le temps est clair; mais il ne faut pas trop s'y fier, car il a quelquefois une clarté très-faible, et la sonde doit toujours être la plus sûre garantie à l'approche de la pointe Divy.

A Masulipatam, un feu rouge est allumé sur le mât de pavillon du fort, élevé de 29 mètres, visible à 7 ou 8 milles par temps clair; il est situé par 16°09′N. et 78°50′E. Quand le temps est chargé, on aperçoit à peine ce feu.

De février en octobre, les navires venant du large doivent gouverner avec des vents de S. ou d'O., de manière à reconnaître la pointe Divy, en veillant à ne point se laisser entraîner dans le N. On se placera sur des fonds de 13 à 15 mètres d'eau; et lorsqu'on aura amené le phare de la pointe Divy à l'O., on se dirigera vers le N., et l'on contournera le banc qui borde la côte, avec des fonds diminuant jusqu'à 9 et 8 mètres d'eau, à l'approche de Masulipatam. Il conviendra de bien veiller, pendant le parcours de cette route, attendu que les courants sont quelquefois très-forts entre la pointe Divy et la pointe Narsapoor. On sondera le plus souvent possible, et si l'on trouve moins de 8 mètres, on fera de suite une embardée vers l'E. Après avoir doublé la pointe Divy, on reconnaîtra bientôt, durant le jour, les maisons et le mât de pavillon de la ville; pendant la nuit, il faudra faire 4 ou 5 milles de route dans le N. de la pointe Divy, avant d'apercevoir le feu rouge de Masulipatam. La côte est tellement basse qu'il n'y a pas 90 centimètres d'eau à 1 mille de terre.

Le mouillage est en face de la ville, en relevant le mât de pavillon entre l'O. et l'O.$^1/_4$N.O., par des fonds de 6 mètres à 9 mètres, vase. On est ainsi à une distance comprise entre 3 et 5 milles de terre. Si l'on mouille par 6^m,40, en relevant le mât de pavillon à l'O.5°N., on sera à 3 milles 1/2 de l'embouchure de la rivière.

A la même époque, c'est-à-dire de février en octobre, *les navires venant du S.*, de Madras par exemple, pourront, *quand les vents seront de la partie du S.O.*, faire route sur les sondes. On se tiendra par des fonds supérieurs à 36 mètres, surtout de nuit, pour doubler les bancs d'Armogham et de Mootapilly. Puis, on pourra longer la côte près de la pointe Divy, par des fonds de 15 à 16 mètres; et quand on relèvera le phare à l'O., on continuera comme nous venons de l'indiquer plus haut. *Mais, avec les vents de la partie du S.E. ou de l'E.*, qui ne sont pas rares en février, mars et avril, on doit se tenir bien au large et atterrir sur la pointe Divy, ainsi qu'il a été dit également plus haut.

En octobre, novembre et pendant une partie de décembre, le temps est incertain ; les vents varient du N.E. à l'E.; et les courants portent généralement vers le S. Il convient donc à cette époque d'atterrir par le Nord.

Le mouillage de Masulipatam est exposé aux coups de vent du large, du commencement d'octobre à la fin de décembre, époque où l'on ne doit s'y rendre que si l'on ne peut pas faire autrement. Il est bien entendu d'ailleurs que l'on peut éprouver des tempêtes d'avril en août, pendant la mousson de S.O.

Il est défendu de débarquer du chargement, avec les embarcations du bord, sous peine d'une amende de 50 roupies et de la confiscation du canot. Il est aussi défendu de jeter du lest par-dessus le bord, à moins d'être par des fonds de 18 mètres au moins; on ne doit point non plus le décharger sur la plage, sans encourir une amende de 200 roupies.

Un pavillon à damier blanc et rouge, hissé au mât de pavillon du capitaine de port, annonce que l'état de la mer rend les communications dangereuses entre la terre et les navires.

§ 184. — Coringa et Cocanada.

La ville de *Coringa* (16°49'N.) est sur une branche de la rivière Godavery, à 6 milles dans l'O.$^1/_4$N.O. de la pointe Gordeware. Il ne reste que de $0^m,90$ à $1^m,80$ d'eau, fond de sable, sur la barre de cette rivière. La mer marne de $1^m,20$ à $1^m,80$ dans les vives eaux, et de $0^m,70$ à $0^m,90$ dans les mortes eaux. L'heure du plein, aux syzygies, est 9 heures.

Le village de *Cocanada* ou *Coconada*, ou Jaggernaut Poram, par 16°56'N., est reconnaissable par ses maisons blanches, et par les deux petites pagodes qui sont à côté. Le mouillage est par 9 ou 10 mètres, fond mou, en relevant le village à l'O. ou à l'O.¹/₄N.O., et le mât de pavillon de Coringa au S.S.O., à 1 mille 1/4 de terre.

L'île Hope est couverte de broussailles, et porte dans sa partie S. un phare élevé de 22 mètres, portant un feu tournant de 10ˢ en 10ˢ, blanc, situé par 16°49'N. et 79°58'E. La tour est peinte en bandes noires et blanches, de manière à la distinguer de celle de la pointe Divy qui est toute blanche. Ce feu est visible à 15 milles, par temps clair, quand on le relève entre le S. et le N.N.O. par l'O.; mais, avec des temps chargés, on ne le voit guère qu'à 10 milles tout au plus. Or, comme l'accore du récif, dans l'E. de la pointe Gordeware, est à 4 milles du phare, on doit comprendre l'excessive importance de sonder très-souvent à l'atterrage, pour ne pas s'exposer à monter sur le récif, au moment où l'on pourrait apercevoir le feu.

Un phare existe aussi à Cocanada, à l'embouchure de la rivière, et montrant un feu fixe blanc, qui sert à guider les navires allant au mouillage.

Voici le résumé des instructions de Hostein, pour les navires qui sont destinés à Cocanada.

1° *Pendant la mousson de S.O., de mars en octobre.*

En mousson de S.O., les navires venant du N. rallieront la côte au S. de Dolphin's Nose (où se trouve un feu par 17°41'N.), et ils s'élèveront au vent en louvoyant le long de la terre. A 15 ou 18 milles dans le S. de Dolphin's Nose, se trouve un rocher élevé joint au rivage. De là, jusqu'à la terre basse de Golconde, la côte est élevée et accore ; il ne faut pas en approcher par moins de 22 à 26 mètres d'eau, de manière à se tenir à plus de 1 mille 1/2 de terre. Etant ainsi parvenu, par le travers du village d'Oopadah, à 60 milles dans le S.O. de Dolphin's Nose, et à 12 milles environ dans le N.E. de Jaggernaut Poram, il convient de s'approcher de terre par des fonds de 7 à 8 mètres, où l'on trouve de la vase molle. On fait alors de petits bords, en serrant la terre de près, car les crues des bouches de la rivière Godavery forment des courants très-rapides, surtout en juin, juillet et août. De jour, on apercevra la tour du phare de Coringui ; ou, de nuit, on verra son feu fixe. On gouvernera de manière à se placer en position de relever ce phare entre le S.$^1/_4$S.E. et le S.$^1/_2$E.; en même temps que l'on relèvera le mât de pavillon (qui est situé un peu à l'E. des pagodes de Jaggernaut Poram) entre l'O.$^1/_2$S. et l'O.$^1/_4$S.O. Il faudra constamment sonder, surtout pendant la nuit, en faisant cette route, et l'on mouillera en rade de Jaggernaut Poram (ou Cocanada) par 7 à 8 mètres d'eau, vase molle, à 1 mille 1/2 ou 2 milles de terre.

En mousson de S.O., les navires venant du S. atterriront vers la pointe Narsapour (16°18'N. environ), en ayant soin de ne pas s'en approcher, *de jour*, par moins de 15 mètres; et *de nuit*, pas par moins de 22 à 20 mètres. Cette pointe Narsapour, est basse et boisée; de plus la côte présente le même aspect jusqu'à ce qu'on ait dépassé le grand village de Banderma-Funkalo, qui est à une vingtaine de milles dans le N. de la pointe. Au-delà de ce village, la côte est parsemée de petits arbrisseaux et de monticules de sable. En remontant vers le N., il faudra, surtout de nuit, sonder et bien veiller pour se défier du voisinage du récif qui borde la terre. Quand on aura aperçu le phare, on devra se tenir au large par 25 ou 22 mètres, tout en faisant du N. et en sondant souvent, jusqu'à ce qu'on amène le phare au N.O.$^1/_4$N. Si l'on a du vent debout, on pourra, à la rigueur s'approcher de terre jusque par 16 mètres d'eau; autrement on continuera à faire du N. en sondant constamment et en se tenant par 20 mètres d'eau *au moins* jusqu'à ce qu'on relève le phare au S.O. ou au S.O.$^1/_2$S. Nous ferons observer que la pointe Gordeware est un récif bas, sablonneux, à peu près au niveau de la mer, avec de petits mamelons de sable dur. Ayant amené le phare au S.O.$^1/_2$S., on mettra de l'O. dans la route, gouvernant d'abord au N.N.O., puis graduellement à l'O.N.O. Lorsque le feu restera au S., et que l'on aura de 11 à 10 mètres d'eau, avec fond de vase molle, on se tiendra prêt à mouiller. Quand on aura amené le feu entre le S.$^1/_4$S.E. et le S.S.E.$^1/_2$S., et qu'on relèvera le mât de pavillon (qui est un peu à l'E. des pagodes de Jaggernaut Poram) entre l'O.$^1/_2$S. et l'O.S.O.$^1/_2$O., on laissera tomber l'ancre par 7 à 8 mètres, fond de vase molle, à 1 mille 1/2 ou 2 milles de terre.

2° Pendant la mousson de N.E., d'octobre en mars.

En mousson de N.E., les navires venant du S., devront, autant que possible, ne s'approcher de la côte que dans le N. de la baie, Ils veilleront à ne pas se laisser souventer et affaler sur la côte. Ils éviteront surtout de se laisser entraîner dans l'O. du méridien de la pointe Narsapour.

En mousson de N.E., les navires venant du N., devront atterrir sur Dolphin's Nose (où se trouve un feu, par 17°41′N.), ou un peu plus S., en se défiant du courant portant au S. Ils feront route ensuite sur la baie, et iront chercher le mouillage qui, pour les grands navires, se trouve par 10 mètres d'eau, en relevant le phare au S.$^1/_4$S.E. et le mât de pavillon à l'O.S.O.

Nous terminerons ces instructions, en reproduisant des observations intéressantes extraites d'un mémoire de M. le capitaine au long-cours J.-P. Rival, qui commandait en 1876 le trois-mâts la *Pâquerette*, de la maison Lachaud, de Marseille.

« La rade de Cocanada est incontestablement la meilleure des rades qu'on rencontre sur la côte O. du golfe du Bengale.

» *Pendant le mousson de S.O.*, l'on mouille par 8 à 9 mètres d'eau, en relevant la tour à feu de Hope Island au S.$^1/_2$E., et la tour à feu de Cocanada au S.O.$^1/_4$O. A cette époque, le vent vient de terre, et la rade est parfaitement abritée par l'île Hope et par les bancs de Coringa. Etant au mouillage, on relève les bancs extérieurs au S.E.$^1/_4$S. environ. La mer, sur la rade, est généralement belle, même avec les vents de S.; et les opérations se font avec beaucoup de facilité, car on n'est pas à plus de 2 milles de l'entrée de la rivière de Cocanada. L'embarquement et le débarquement s'opèrent à l'aide de grandes chaloupes, qui font leur trajet à la voile.

» *Pendant la mousson de N.E.*, bien que la rade soit ouverte à ces vents, elle peut encore être considérée comme la meilleure, parce que le fond est de vase et d'assez bonne tenue. Avec de bonnes ancres et une longue touée, il faudrait certainement un très-fort coup de vent pour faire chasser un navire et pour le jeter à la côte ; d'ailleurs, même dans ce cas, le navire échouant sur la vase, on pourrait conserver l'espoir de le renflouer en l'allégeant, sans qu'il eût des avaries graves dans sa carène. Durant cette mousson, les navires mouillent un peu plus au large (vers le N.E.) par 10 mètres, en relevant la tour à feu de Hope au S.3°E., et la tour à feu de Cocanada au S.O.$^1/_2$O. Les opérations sont rendues un peu plus difficiles par les fraîches brises du large, néanmoins la mer est généralement assez belle, dans la matinée surtout, pour permettre de travailler avec sécurité, sauf dans le cas d'un coup de vent déjà déclaré.

» *Deux bouées* signalent l'accore extérieur des bancs de Coringa. La bouée du large, ou de l'E., est peinte en rouge, elle a la forme d'un cône tronqué, et est mouillée par 15 mètres à mer basse. De cette bouée, on relève la tour à feu de Hope au S.42°O., et la bouée noire au N.31°O. La bouée intérieure, ou de l'O., est noire, et elle a la forme d'un cône ; elle est mouillée par 11 mètres à mer basse ; ces deux bouées sont à 4 milles l'une de l'autre. Etant sur la bouée noire, on relève la tour à feu de Hope au S.S.O.$^1/_2$S., la tour à feu de Cocanada à l'O.3°S., et les navires au mouillage au N.48°O. Aucune des deux bouées n'est munie d'une cloche, comme le prétendent certaines instructions (1).

« Pendant le jour, les navires venant du S. passent à petite distance en dehors de la bouée rouge ; de là, ils gouvernent sur la bouée noire, mais de manière à la voir par bâbord. Le flot est très-fort dans ces parages et porte vivement au S.O., principalement pendant la mousson de N.E., et il ne faut pas gouverner plus O. que le N.N.O.$^1/_2$N. en partant de la bouée rouge pour se rendre à la bouée noire. Il ne convient pas non plus de se mettre par moins de 13 mètres de fond, avant que la bouée noire soit doublée. Pour se rendre de la bouée noire au mouillage intérieur, il est bon d'appuyer la route un peu sur tribord, afin de contrebalancer l'effet du flot et de se garer des pointes des bancs qui restent par bâbord : la route à suivre est à peu près le N.O.

» Pendant la nuit, en venant du S. et en approchant la pointe Gordeware, il faut bien veiller, sonder fréquemment, et ne pas venir par moins de 22 mètres d'eau. Quand le feu de l'île Hope reste au

(1) Nous avons effectivement des instructions qui signalent l'existence de 3 bouées : la bouée d'en dehors, à cloche, mouillée à 6 milles dans le N.E. du feu de l'île Hope, par 11 mètres d'eau ; la bouée du milieu, à 8 milles dans le N.1/4N.E. du feu de l'île Hope, par 9 mètres ; enfin la bouée intérieure, mouillée à 9 milles dans le N.1/2O. du feu de Hope, par 5 ou 6 mètres d'eau. Le capitaine Rival n'ayant trouvé que deux bouées, dans des positions différentes, il sera prudent de ne pas trop compter sur les bouées pour chercher son mouillage.

S.42°O., la bouée rouge reste sur le même alignement que le feu ; cette bouée reconnue, on pourra faire route au N.N.O. pour aller chercher le mouillage jusqu'à ce qu'on découvre le feu de Cocanada qu'on ramènera au S.O.$^1/_2$O. On se dirigera alors sur ce feu, jusqu'à ce qu'on relève le feu de l'île Hope au S.$^1/_2$E. En mouillant sur ces relèvements, on sera par 10 mètres d'eau. Toutefois, il est plus prudent, pendant la nuit, de mouiller en dehors, par 16 ou 18 mètres d'eau, et d'attendre le jour afin d'aller chercher son mouillage, sans crainte d'avaries.

» Tous les relèvements donnés précédemment sont approximatifs. Il convient d'ailleurs d'ajouter que les bouées sont souvent remuées, et même emportées par le mauvais temps ; il ne faudra donc pas trop s'y fier.

» Dans le cas où l'on se rend à Cocanada pour y prendre des ordres, on mouille en dehors de la bouée intérieure noire, par 23 mètres d'eau, en dehors de la limite de la rade. Sans cette précaution, il est probable qu'on serait obligé d'acquitter les droits de port, même dans le cas où le navire ne ferait pas opération de commerce.

» Le lest de pierre est pris à bord gratis, par le port. En dehors de la limite de la rade, il n'est pas défendu de jeter le lest à la mer. Etant mouillé par 23 mètres d'eau, on se trouve à 7 ou 8 milles de la côte ; il n'est donc pas convenable, si l'on a des opérations à faire à Cocanada, de jeter tout le lest à la mer ; il faut naturellement en garder assez pour se rendre au mouillage intérieur ; après quoi l'on fait transporter à terre le lest qui reste, à mesure que le chargement arrive. On paie 6 annas (de 18 à 20 sous) par tonne de lest, plus un shilling par chaque chargement de bateau, pour le faire transborder à terre. Les coolys se paient un shilling, et ils se nourrissent. On compte 18 balles sésannes par tonne de jauge ; les navires les plus avantageux arrivent quelquefois à 19 balles, en coupant les coutures des sacs. On peut recevoir une réponse de France par le câble télégraphique en moins de 24 heures ; les 20 mots coûtent 60 rupees (la rupee vaut à peu près 2 fr. 50). L'affranchissement des lettres pour France coûte 6 annas (la anna vaut un peu plus de 0 fr.15). Il faut 16 annas pour faire une rupee. »

§ 185. — Pentacotta ([1]).

« La rade foraine de Pentacotta est par 17°18′N. et 80°18′E., à environ 30 milles dans le N.E. de Cocanada. Cette ville contient cinq mille habitants, et pas un seul Européen n'y est établi. Les indigènes comme ceux de Barwah, sont curieux et mendiants, mais ils n'ont pas la même énergie qu'eux. Les embarcations moins nombreuses, mais plus fortes, que celles de Barwah, portent 25 et quelquefois 30 sacs, et sont en nombre suffisant pour ne donner aucun retard dans l'embarquement. On trouve à Pentacotta les mêmes ressources, comme approvisionnements, qu'à Barwah ; seulement le prix en est un peu plus élevé.

» Pentacotta est située à 1 mille 1/2 environ au S.S.O. *de la dernière* colline qui termine au S. la chaîne du premier plan, laquelle se prolonge au N.E. jusqu'auprès de Ganjam. L'extrémité S. de cette dernière colline se termine par deux mamelles qui se touchent, et elles ont la même hauteur que la colline : cette petite montagne est dans l'intérieur à environ 1 mille 1/2 du rivage. Les autres collines qu'on aperçoit dans le N.E. ont à peu près la même hauteur ; quelques-unes, en remontant vers Vizagapatam, baignent leurs pieds dans la mer ; d'autres en sont éloignées à 1 mille. Les deux mamelles dont je viens de parler forment le meilleur point de reconnaissance de Pentacotta.

» Les montagnes de l'intérieur ou de l'arrière-plan sont beaucoup plus élevées que les collines ; cette chaîne de montagne est serrée et présente plusieurs pics très-élevés du côté du N. Les terres de l'arrière-plan sont beaucoup plus basses en allant vers le S.O.; et, au premier plan, on ne distingue que de hautes dunes de sable. Comme à Barwah, il y a une petite rivière qui coule près de la ville, à une centaine de mètres dans le S. de celle-ci. A marée haute, les Chelingues entrent dans la rivière et sont ainsi hors de danger.

» J'ai laissé tomber l'ancre, en relevant la maison de la Douane (où est le mât de pavillon) au N.60°O., par 13^{m},50 d'eau. Le fond, dans cet endroit, n'est recouvert que d'une légère couche de sable

(1) Tous les renseignements sur Pentacotta sont dus à M. le capitaine au long-cours J.-P. Rival, que nous avons déjà eu l'occasion de citer. Nous ne faisons que reproduire les intéressantes indications qu'il a bien voulu nous communiquer.

de 1 pied 1/2 à 2 pieds d'épaisseur ; l'ancre dont je me suis servi avait de la vase sur l'une de ses pattes, et j'ai trouvé en sondant différents endroits, par 13 à 14 mètres, où le fond est purement de vase molle. Après avoir filé 4 maillons de chaîne, du point où j'avais laissé tomber l'ancre, je me trouvais à une distance de la côte de 900 mètres environ. Il n'a pas été élevé de colonnes, comme points de reconnaissance, à Pentacotta. Il y a un super-intendant indigène, remplissant les mêmes fonctions que celui de Barwah. Les habitants parlent l'anglais et l'indoue ; les avantages pour la célérité du chargement sont les mêmes sur ces deux points. On est mouillé à Pentacotta, comme à Barwah, en pleine plage, sans le moindre abri. »

§ 186. — Wattara.

Par 17°26'N. et 80°32'E., se trouve la petite ville de Wattara, située auprès de l'embouchure d'une petite rivière. La côte comprise entre Cocanada et Wattara est saine et accore ; on peut la suivre à 2 ou 3 milles de distance, par des fonds de 22 à 26 mètres. La *roche Pillar* se trouve à 3/4 de mille de la côte, à 9 milles dans l'E.N.E. 1/2 N. de Wattara et à 20 milles dans le S.O. de Vizagapatam ; par 17°30'N. et 80°40'Est.

§ 187. — Vizagapatam.

Par 17°42'N. et 80°57'E., se trouve Vizagapatam, près de l'embouchure d'une rivière, dont la barre est variable et ne porte que 2 ou 3 mètres d'eau. A 3 milles dans le N.E. du mât de pavillon existe le village de Waltair (ou Waltear).

Un feu fixe rouge, visible à 7 milles par temps clair, est allumé sur la pointe Dolphin's Nose ; il est situé par 17°41'N. et 80°58'Est.

En venant du S., on peut longer la côte qui est accore, à une distance de 2 ou 3 milles, et par des fonds de 25 à 27 mètres. On rencontre l'île Pigeon, par 17°38'N. et 80°54'E. ; elle est basse, a l'apparence d'un petit monticule et ne peut être vue que de près ; en face de cette île la côte est stérile et sablonneuse. Quand on relève l'île Pigeon à 5 ou 6 milles dans le N., on distingue très-bien le morne de Dolphin's Nose, qui forme la pointe S.O. de la rade de Vizagapatam, et l'on aperçoit aussi les autres montagnes voisines. La plus élevée est à plusieurs lieues dans l'intérieur ; mais il y en a une au N. de la rade, qui sert de marque, et qu'on appelle Sugar-Loaf (ou Pain-de-Sucre). On réduira la voilure de bonne heure, parce que le fond diminue rapidement, dès qu'on entre en rade.

Pendant la mousson de S.O., les petits navires mouillent par 11 mètres, sable, très-près et dans le N.E. de Dolphin's Nose. Les grands navires mouillent par 15 ou 16 mètres, sable et vase, en relevant : la batterie de la barre au N.O.$^1/_4$O.; le Pain-de-Sucre par la maison de Waltair ; et Green-Hill, ou la Montagne Verte (qui est dans le S. de Dolphin's Nose) au S.O.

Pendant la mousson de N.E., on mouille plus loin dans le N.E., à 1 mille 1/2 ou 2 dans le N.E., par 15 mètres d'eau, sable et vase, en relevant : le mât de pavillon du fort par le milieu de la batterie du centre ; le côté O. du Pain-de-Sucre par la maison de Waltair ; et le sommet de la Montagne Verte un peu ouvert de Dolphin's Nose. On aura ainsi l'entrée de la rivière ouverte. Il est recommandé de ne point mouiller plus loin au large, parce qu'on pourrait perdre ses ancres, sur des fonds de vase dure.

§ 188. — Bimlipatam.

Par 17°53'N. et 81°07'E., est construit Bimlipatam, à l'embouchure d'une rivière, en face de laquelle on mouille, pendant la mousson de S.O., sur des fonds de 11 à 16 mètres. Durant l'autre saison, il faut mouiller un peu plus dans le Nord.

En venant du S., on peut suivre la côte, depuis Vizagapatam, en se tenant par des fonds de 27 à 29 mètres, à une distance de 2 ou 3 milles. En arrivant à la hauteur de Bimlipatam, on remarquera que les terres sont élevées, et qu'une montagne s'avance dans la mer, sur la côte S. de la rivière, en formant un cap.

En venant du N., il faut grandement se défier des Roches Santipilly.

§ 189. — Roches Santipilly.

Les roches Santipilly (18°N. et 81°23'E.) sont à 5 ou 6 milles de la côte. Elles ont une étendue de 180 mètres, sont accores, ne sont couvertes que de 3 mètres d'eau, et ne peuvent être reconnues par aucun remous, ni par aucun changement dans la couleur de l'eau, lorsque la mer est belle et la brise faible. Un chenal sain, large de près de 4 milles, existe entre ces roches et la côte. On trouve 18 mètres d'eau, tout autour des roches et à les toucher.

De jour, par beau temps, le pic de Santipilly permet de reconnaître la position des roches. Ce pic, élevé de plus de 610 mètres, est très-facile à reconnaître au milieu des collines voisines ; il se trouve dans le N.O.1/2O. des roches, à 8 milles de la côte.

De nuit, on doit veiller le phare qui existe sur la colline de Conara, à 3/4 de mille dans les terres, par 18°03'N. et 81°16'E. Ce feu est fixe, élevé de 46 mètres, et visible par temps clair à 12 milles, du pont d'un navire. Il reste à l'O.N.O.1/2N. des roches Santipilly.

Dans tous les cas, et surtout par temps sombre, il faut sonder constamment quand on approche des parages de ces roches, et il est prudent de ne point venir par des fonds inférieurs à 35 ou 32 mètres.

§ 190. — Calingapatam.

La côte S. de la rivière Calingapatam forme une pointe de sable longue et basse, située par 18°19'N. et 81°47'30"E., et prolongée à 1/2 mille au large par un récif de roches. Sur cette pointe a été élevée une balise, en pierre, haute d'environ 20 mètres. Un bon point de reconnaissance est fourni, lorsque le temps est clair, par la colline Garah, sur le versant de laquelle se trouve une pagode, avec un arbre isolé planté à côté. On mouille par 13 mètres, en relevant l'extrémité de la pointe de sable au S.O.1/4S. à 2 milles 1/2, et la maison la plus élevée du rivage entre l'O.N.O. et le N.O.1/4O. à une distance de 1 mille 1/2 au moins.

191. — Bapanapadoo (ou Nowpada).

Ce petit village est situé par 18°34'N. et 81°59'E., sur une côte basse présentant une suite de monticules de sable. La position de ce village est signalée par une colonne peinte en blanc et noir, élevée sur le rivage et haute de 15 mètres. On mouille dans le S.E. de cette marque.

§ 192. — Poondy.

Ce village est situé par 18°40′N. Sa position est signalée par un obélisque blanc, haut de 15 mètres, à l'E. duquel se trouve une petite maison avec un mât de pavillon de 23 mètres de haut. Un bungalow est situé dans le N. de l'obélisque. On mouille en relevant l'obélisque au N.O.$^{1}/_{4}$O. Il faut se défier de plusieurs roches qui se projettent à grande distance au large.

§ 193. — Barwah (1).

« La rade foraine de Barwah se trouve par 18°52′N. et 82°16′E., à 16 milles dans le N.E. de Poondy et à 36 milles dans le S.O. de Ganjam. Barwah et les villages voisins comptent vingt mille habitants, tous indigènes ; il n'y a pas un seul Européen établi dans cette ville. On y trouve, comme provisions : de la bonne eau qui est portée à bord par les embarcations du pays; des volailles, du poisson, des moutons, des bananes, des ignames, des oranges, citrons, radis, œufs, riz; le tout à des prix raisonnables. On s'y procure aussi le fardage et des nattes : le fardage se compose de bûches et de bambous, qu'il faut envoyer chercher dans l'intérieur par les naturels du pays ; ce travail est long, pénible et assez coûteux. Les chelingues sont nombreuses ; on peut en compter jusqu'à 50 : ce n'est donc pas le manque d'embarcations qui peut retarder l'embarquement des marchandises. On peut se procurer des coolies, à raison de 8 annas par tête (à peu près 1 shilling); et l'on n'a pas à s'occuper de leur nourriture. Ces hommes sont très-curieux ; ils demandent toujours quelque chose, mais ils ne sont point voleurs. Leur caractère est très-doux, ils sont assez bons travailleurs ; il est utile d'avoir un bon sarang pour les commander. Les embarcations chargent sur le rivage, en dedans des brisants; chacune d'elles porte vingt sacs, et l'on attend l'embellie pour les lancer. Mais la plage est mauvaise, et il arrive souvent qu'en traversant les brisants, les embarcations sont capelées par la

(1) Tous les renseignements que nous donnons sur Barwah, nous ont été obligeamment communiqués par M. le capitaine au long-cours J.-P. Rival, qui a visité ce port en 1876, avec la « *Pâquerette.* »

mer, et elles portent à bord des sacs mouillés qu'on ne doit pas manquer de renvoyer à terre par le même bateau.

» En arrivant du large, on aperçoit, à l'arrière-plan, les hautes montagnes de l'intérieur qui, du mouillage de Barwah, restent comprises entre l'O. et le N.O. En dehors de ces relèvements, les terres s'abaissent et leur hauteur reste au-dessous de la moyenne. En approchant, on distingue, au premier plan, des dunes de sable dont quelques-unes atteignent une hauteur de 15 à 20 mètres. Sur ces dunes, à environ 300 mètres de la mer, on aperçoit deux colonnes rondes ayant de 16 à 17 mètres de haut, séparées par une distance de 35 mètres, et situées l'une par rapport à l'autre sur un relèvement à peu près N.N.E. et S.S.O. Ces colonnes ont été autrefois badigeonnées à la chaux, mais aujourd'hui, elles sont de la couleur que leur a donnée le temps, blanc gris. Ce ne sont pas des obélisques, et aucune d'elles n'a jamais été peinte en noir.

» A 120 ou 150 mètres de la colonne du S., en allant vers le S.S.O., on rencontre la maison de la douane, élevée de 8 à 9 mètres et badigeonnée à la chaux. Presque à toucher la douane et vers le S.O. de celle-ci, il y a une autre maisonnette que l'on ne peut distinguer que de très-près. A environ 15 mètres, à l'E.N.E. de la douane, se trouve le mât de pavillon. La douane, le mât de pavillon et les colonnes se trouvent en avant d'une rangée de cocotiers très-verts, hauts de 16 à 18 mètres ; à droite et à gauche, la verdure cesse.

» Pendant la mousson de N.E., on se trouvera à un bon mouillage, bien à portée pour l'embarquement, en laissant tomber l'ancre quand on relèvera la colonne du N. au N.53°O., par 14 mètres, sable fin et dur, mélangé avec de la vase. Si, de ce point, on file une touée de chaîne de 4 maillons, on se trouve alors à 5 encâblures de la plage. A 350 ou 400 mètres de la maison de la douane, et dans la direction du S.O., se trouve l'embouchure d'une petite rivière guéable, dont l'embouchure est très-peu profonde ; sur la barre, et aux environs, le fond est de sable fin.

» Le chef de la douane est un indigène ; il parle anglais et prend le titre de « Assistant super-intendant » ; il est chargé de la police de la rade, des signaux ; il enregistre la quantité de marchandises exportées ; il expédie les navires, etc. La ville de Barwah est masquée par les broussailles, et n'est pas visible de la rade. On parle, dans ces parages, la langue anglaise et la langue indoue.

» J'ai passé vingt-cinq jours sur cette rade, en novembre et décembre, et je n'ai pas reçu de mauvais temps. La brise de terre s'établit le soir, vers 7 heures ; elle dure toute la nuit, et se prolonge souvent jusqu'à 11 heures du matin. La brise du large arrive vers midi, et dure jusqu'au soir ; elle est quelquefois très-fraîche, et dans ce cas le courant porte vers le S.O. avec une vitesse de 1 à 2 nœuds ; mais il arrive aussi, dans des moments où les calmes se prolongent, que le courant est nul ou qu'il remonte doucement vers le N.E. Quand les brises du large sont très-fraîches, les communications avec la terre peuvent être complétement interrompues. Avec du beau temps, si l'on est bien prêt, à terre comme à bord, on peut embarquer au moins 800 balles par jour.

» Le mouillage de Barwah est en pleine plage, et n'offre pas le moindre abri. »

§ 194. — Senapore.

Par 19°06'N., se trouve Senapore (ou Soonapoor) dont la position est marquée par un obélisque (pyramide quadrangulaire) de couleur blanche, et par une colonne ronde qui est également blanche. Ces deux marques sont très-près l'une de l'autre, construites presque au niveau de la mer et hautes d'une quinzaine de mètres. A petite distance se trouve la maison de la douane, avec un mât de pavillon, haut d'environ 23 mètres. On mouille, en relevant le mât de pavillon dans l'O.N.O.

§ 195. — Gobelpore.

Par 19°15'N. et 82°34'E., se trouve Gobelpore (ou Gopaulpore, ou Monsoorcottah), dont les beaux magasins badigeonnés à la chaux se reconnaissent à une distance considérable. On mouille à 1 mille 1/2 du rivage, par 17 mètres, sable et vase, en relevant le mât de pavillon au N.O.$^1/_4$O., et la colline de la Selle (Saddle Hill) à peu près au S.O.$^1/_4$O.

En haut du mât de pavillon, on allume maintenant un feu fixe blanc, élevé de 27 mètres au-dessus de la mer, et visible à 8 milles.

§ 196. — Ganjam.

Par 19°21′N. et 82°45′E., se trouve Ganjam, qui peut se reconnaître par son importance, si on la compare à celle de tous les points environnants, qui sont de pauvres villages où l'on ne voit que des cabanes et quelques rares magasins bâtis en pierre.

En venant du S., la côte peut être généralement suivie, depuis Calingapatam jusqu'à Ganjam, par des fonds de 22 à 26 mètres, à 3 milles environ de distance; toutefois, on pourra se contenter de se maintenir par des fonds de 40 mètres, quand on aura des vents favorables.

Le mouillage est par 15 ou 16 mètres, vis-à-vis du fort ou de l'embouchure de la rivière, à 2 milles de la côte.

§ 197. — Approches de l'Hoogly, ou rivière de Calcutta (1).

1° *Pendant la mousson de S.O., du milieu de mars au commencement de septembre.*

A cette époque, avec les vents de la partie du S. ou du S.O., on doit s'attendre à des temps couverts, qui obligent à reconnaître la côte d'Orixa (côte E. de l'Hindoustan), à peu près entre Poondy et Ganjam, c'est-à-dire entre les parallèles 18°30′ et 19°20′N. environ. Par suite, quand le navire se trouve sûrement dans le N. de 18°N. (qui est la latitude des roches Santipilly), il convient de gouverner de manière à se rapprocher de la terre dans les environs de Poondy ou de Barwah (voir page 324). On sonde le plus souvent possible, surtout de nuit ou avec un temps couvert; et l'on va ainsi prendre connaissance de la côte pendant le jour, ou chercher les sondes pendant la nuit. Entre 18°40′N. et 19°52′N., les fonds de 60 mètres se trouvent à une distance de la terre comprise entre 6 et 9 milles. Après avoir reconnu la terre, ou trouvé les sondes, on longe la côte en se maintenant par des fonds de 33 à 37 mètres au moins jusqu'à ce qu'on ait atteint 19°45′N., qui est le parallèle de Manikpatam. En suivant cette route, il faut bien veiller la sonde au moment où l'on passe dans les parages de Ganjam (19°21′N.), attendu que le fond diminue rapidement, sur

(1) Le fort William, à Calcutta, est situé par 22°33′11″N. et 86°00′03″E. *(Connaissance des Temps.)*

cette partie de la côte, dès qu'on se trouve par des fonds inférieurs à 37 mètres.

La côte, dans les environs et dans le N. de Manikpatam, est basse et sablonneuse; elle court entre l'E.N.E. et l'E.N.E.¹/₂E. jusque par 20°05'N. à peu près; puis elle se dirige pendant 48 milles environ vers le N.E.¹/₄E. jusqu'à la Fausse-Pointe. Trois points de reconnaissance très-importants doivent être signalés ici au navigateur; ce sont: les *pagodes de Jaggernaut*, la *pagode noire*, et le *feu de la Fausse-Pointe.* Nous allons en donner une description sommaire, après quoi nous reprendrons le cours des instructions que nous venons d'interrompre au moment où le navire atteint le parallèle de Manikpatam.

Les pagodes de Jaggernaut sont situées par 19°48'21''N., et par une longitude que les différents auteurs font varier entre 83°28'E. et 83°36'E. Ce sont trois grands édifices, en forme de cônes, avec dômes de couleur blanche qui sont eux-mêmes surmontés de globes, sur lesquels il y a une girouette. La plus grande pagode est celle de l'O.; et la plus petite, celle de l'E. Elles sont construites sur un terrain bas, couvert de petits arbres et de buissons. Quand on les relève à peu près dans le N.N.O., elles paraissent toutes les trois bien distinctes; quand on les relève dans le N.O., elle commencent à se réunir; et lorsqu'on les voit dans l'O.¹/₄N.O., elles sont dans le même alignement et semblent ne former qu'un seul édifice.

La pagode noire est située par 19°52'N. et par 83°46' ou 83°48'E., à une distance d'environ 14 milles dans l'E.¹/₄N.E. des pagodes de Jaggernaut. Elle est construite sur un terrain bas, uni et aride, présentant seulement trois petits bouquets d'arbres dans le N.E. de la pagode; et un autre, dans le S.O. Quand on relève la pagode noire dans le N.N.E., elle a l'apparence d'une grande roche dont la partie E. s'élève à pic; tandis que dans la partie O. se trouve une saillie élevée, à partir de laquelle le contour de l'édifice s'abaisse en pente douce vers la terre. Cette pagode peut se voir à une distance de 18 milles, par beau temps (ce qui n'est généralement pas le cas pendant la mousson de S.O.); elle est plus petite et de couleur plus foncée que les pagodes de Jaggernaut.

Le feu de la Fausse-Pointe (False-Point) est situé par 20°20'N. et 84°27'E., à 2 milles environ de la Fausse-Pointe, qui est basse, boisée, entourée de dangers et d'îlots de sable, dont l'un est long et étroit. Cette longue île de sable a l'une de ses pointes à 1 mille dans le S. du phare, tandis que son autre pointe est à 5 milles dans le N.E. du même phare. Le feu est fixe, blanc, visible à environ 18 milles du pont d'un navire. Le phare est peint en brun rougeâtre, avec une étoile blanche au milieu.

Le navire étant arrivé à peu près par le travers de Manikpatam, soit par 19°40′ ou 19°45′N., comme nous l'avons dit précédemment, il convient, pendant le jour, de longer la côte, à une distance de 3 ou 4 milles, et par des fonds de 22 ou 24 mètres, si le temps est beau et le vent favorable, afin d'être sûr de reconnaître les pagodes de Jaggernaut et la pagode noire. Mais, si le temps est couvert, il est plus prudent de se maintenir, de jour, par des fonds de 30 à 33 mètres; ce qui n'empêche pas de distinguer les pagodes. Enfin, pendant la nuit, il convient de ne pas approcher la terre par des fonds inférieurs à 27 mètres ; on se maintient donc sur des fonds compris entre 27 et 33 mètres, en sondant le plus souvent possible, et en conservant une voilure maniable de façon à pouvoir venir sur tribord, si l'on entend le bruit des brisants, ce qui peut arriver, attendu que la terre est basse et ne se voit guère que de très-près.

Ayant dépassé la pagode noire d'une dizaine de milles, c'est-à-dire ayant atteint le parallèle de 20°03′N. environ, il faut gouverner directement, pour aller chercher les sondes au large de la Fausse-Pointe, et pour reconnaître le phare. En approchant du banc qui entoure la Fausse-Pointe, le brassiage diminue graduellement; toutefois, il est bon de doubler ce banc par 26 ou 27 mètres, *s'il fait nuit;* ou par 29 mètres, *si le vent est du S.E. (Voir la note* que nous donnons à la page suivante.)

Après avoir reconnu le phare de la Fausse-Pointe, on gouverne de manière à l'amener à l'O.S.O., à une distance de 15 à 16 milles, en conduisant le navire (si le temps est beau) par des fonds de 22 à 20 mètres au moins. A partir de ce moment, on fait route à l'E.N.E. pour aller chercher les bâtiments-pilotes. En gouvernant d'abord à l'E.N.E., comme nous venons de le dire, on trouve les fonds de plus en plus forts jusqu'à 40 ou 42 mètres, profondeur qui indique que l'on est sur l'accore E. du Banc des Pilotes (Pilot's Ridge). On remarquera également qu'au large du Banc des Pilotes, les fonds sont de vase verdâtre ou olive, mélangés parfois de coquilles brisées ; tandis que sur le banc, les fonds sont de sable mêlé de coquilles ou de gravier fin, d'une couleur rougeâtre. Après avoir trouvé les fonds de 40 à 42 mètres, on donne la route de manière à se maintenir, en sondant, entre l'accore oriental du banc et les fonds de 50 mètres. En gouvernant ainsi, il est presque impossible de ne pas voir les brigs-pilotes qui croisent immédiatement dans le N.E. du feu flottant du banc.

Le feu flottant du Banc des Pilotes (Pilot's Ridge) est mouillé à peu près par 20°49'30"N. et 85°21'E., par des fonds de 40 mètres, depuis le 15 mars jusqu'au 15 septembre. Il est mâté en brig, et montre un feu fixe blanc. En outre, on brûle à bord de ce bateau, pendant toutes les nuits, un feu de bengale à chaque heure ; et un marron, à chaque demi-heure intermédiaire. Enfin, un coup de canon est tiré, dès qu'on aperçoit un navire.

Pendant la mousson de S.O., le feu flottant du chenal de l'E. se trouve par 21°03'N. et 85°55'E. ; il montre un feu fixe blanc. En outre, *durant cette mousson*, jusqu'à la fin d'octobre, on brûle, à bord de ce bateau, un feu de bengale à chaque demi-heure ; et un marron à chaque quart d'heure intermédiaire. Cette indication est importante, pour le cas où l'on arriverait en vue de ce dernier feu, alors qu'on croirait se trouver près de celui du Banc des Pilotes. Si cette erreur se produisait, on ne tarderait pas à s'en apercevoir d'après les différences entre les feux de bengale et les marrons brûlés sur ces deux bateaux.

On recommande aux navires qui approchent du lieu de station des pilotes d'éviter les abordages, soit avec le bateau-feu, soit avec les brigs-pilotes. Si l'on arrive près du bateau-feu, pendant la nuit, le mieux est de mettre en travers à une distance convenable, jusqu'au jour. Avec de la brume, ou avec du mauvais temps, il vaut mieux tenir la mer, plutôt que de venir chercher la station des pilotes.

NOTE SUR L'ATTERRAGE DE LA FAUSSE-POINTE ET DE LA POINTE PALMIRAS.

Les indications contenues dans cet *addenda* complètent les instructions que nous venons de donner sur la navigation auprès de la Fausse-Pointe, pendant la mousson de S.O.

En admettant que le navire se trouve par 27 mètres d'eau, en même temps que la Fausse-Pointe est relevée à l'O.N.O., il convient de faire 30 milles au N.E., *si l'on veut aller doubler le banc qui est au large de la pointe Palmiras.* Pendant cette partie de la route, le flot porte généralement à terre ; et le jusant, au large (l'heure du plein, aux syzygies, est 8 heures). C'est pour garantir le navire des effets de ce courant de marée, qui porte en travers de la route, que l'on recommande de rester par des fonds de 27 mètres, si les vents sont favorables ; ou par des fonds de 29 mètres, s'ils soufflent du S.E. ; lorsqu'on se rend de la Fausse-Pointe à la pointe Palmiras.

Il est arrivé que des capitaines ont pris la Fausse-Pointe pour la pointe Palmiras, et réciproquement ; mais une telle erreur ne semble guère possible maintenant qu'il y a un feu sur la Fausse-Pointe.

Néanmoins, admettons qu'un navire n'ait pas reconnu les pagodes, ni la côte, et qu'il arrive par des fonds de 26 ou 27 mètres, sable et coquillages avec taches noires. En pareil cas, si l'on ne voit pas le phare, on peut supposer que l'on se trouve près de la pointe Palmiras, sans en être certain. Or, il est toujours possible, en pareil cas, de déterminer sa position, *en faisant route au N.E.* et en veillant attentivement la sonde. Effectivement, si, après avoir eu 27 mètres, les fonds n'augmentent pas en courant au N.E., on en conclut qu'on se trouvait auprès de la Fausse-Pointe. Au contraire, si les fonds augmentent et atteignent rapidement 30 et 33 mètres, c'est la preuve qu'on était auprès de la pointe Palmiras ; et il faut immédiatement venir au N.O. pour chercher les fonds de 29 ou de 27 mètres, dans la rade de Ballasore, où les navires-pilotes mouillent pendant la nuit.

Ayant atteint la pointe Palmiras, *pendant le jour, avec bonne brise du S.O.*, on peut contourner le récif qui est au large de cette pointe, en ayant soin de ne point venir par des fonds inférieurs à 22 ou plutôt à 26 mètres. Quand on aura doublé la partie N.E. de ce récif, il faudra gouverner au N.O. et mouiller dans le N. du banc de sable de Mypurra (qui est auprès de la pointe Palmiras), et l'on se trouvera ainsi sur un bon fond d'argile bleue, mêlée parfois de sable ou de petites pierres, avec 25 ou 30 mètres d'eau.

2° *A la fin de la mousson de S.O. (en septembre).*

Vers la fin de la mousson, les vents ne sont généralement plus bien établis du S.O. et de l'O. Ils commencent alors à souffler de la partie de l'E., et en même temps les courants portent au S.O., entre la

Fausse-Pointe et la pointe Palmiras. Dans de telles circonstances, on pourrait se trouver très-retardé, si l'on suivait la route qui vient d'être donnée, pour l'époque de la mousson de S.O., parce que l'on aurait beaucoup de peine à s'élever dans le N.E., après avoir reconnu la terre aussi loin dans le S. que nous l'avons indiqué.

Par suite, dans le courant de septembre, il suffira de gouverner pour aller reconnaître directement le phare de la Fausse-Pointe. On tâchera de se guider, de son mieux, en observant la latitude et en sondant le plus souvent possible. Vis-à-vis de False-Bay, c'est-à-dire entre le parallèle de la Fausse-Pointe et de la pointe Palmiras, on trouvera en s'approchant de terre des fonds de vase molle et de couleur olive.

3° Pendant la mousson de N.E. (d'octobre au commencement de mars).

A cette époque, le feu flottant du chenal de l'E. se trouve par 21°04′N. et 85°52′ ou 85°54′E. Il est mouillé par 14 mètres d'eau, et montre un feu fixe blanc. En outre, depuis le mois d'octobre jusqu'au commencement de mars, et pendant toutes les nuits à partir de 7 h. du soir, on brûle, à bord de ce bateau, un feu de bengale toutes les heures, et un marron ou torche à chaque demi-heure intermédiaire.

Durant cette saison, la station des pilotes est auprès de ce feu. Pendant le jour, ils croisent de l'E. à l'O., quelquefois un peu au S. du feu. Ils mouillent généralement sur l'Eastern-Sea-Reef, la nuit ; et aussi, de jour, pendant le flot.

Les navires venant de l'hémisphère S., passent à 100 ou 150 milles dans l'O. de la côte N.O. de Sumatra, puis ils rallient les environs de la partie O. des îles Nicobar. Si les vents ont une tendance à souffler de la partie de l'O., on donne un bon tour à ces îles ; et s'ils soufflent de l'E.N.E. ou du N.E., on remonte la baie au plus près, en longeant l'archipel des Nicobar par l'O. Etant parvenu par 16° ou 17°N., il n'est pas rare que le vent hâle la partie du N., auquel cas on peut courir une bordée favorable vers l'E., qui permet ainsi de bien se déhâler au vent et de n'avoir plus à craindre d'atterrir trop loin dans l'O. Si l'on n'a point l'occasion de se rapprocher de la côte E., comme nous venons de l'indiquer, on remonte directement vers le N. en se tenant au milieu du golfe où la mer est belle et le vent modéré, ce qui permet d'atteindre promptement les bouches de l'Hoogly.

Pendant le fort de la mousson de N.E., les navires venant de l'hémisphère S. qui longent la partie O. des îles Nicobar atteignent souvent l'entrée du chenal, sans virer de bord. *Mais, vers la fin de la saison, les navires qui ont coupé l'équateur en février ou en mars*, ont avantage à se tenir dans l'O. pour remonter la baie, attendu qu'à cette époque on trouve, le long de la côte de Corromandel, le courant portant vers le N., et au large de cette côte les vents soufflant entre le S.O. et le S.E.; tandis qu'au milieu de la baie, les brises sont légères et variables du N.O. au N.E., et le courant porte parfois vers le Sud. (Voir : § 291.)

Quand on ne sera pas certain de sa longitude, il conviendra d'aller chercher les sondes, s'il est possible, dans les environs du méridien de 87°30′E. On fera route ensuite vers l'O., en sondant, de manière à rectifier sa position, lorsqu'on atteindra le Trou-sans-Fond (ou Swatch-of-no-Ground). Quand le navire sera sur l'accore E. de cette fosse, les fonds seront de 36 à 73 mètres en général ; tandis qu'en la traversant, on ne trouvera pas de fond avec 90^{m},100 et même 274 mètres de ligne.

Quand on aura à peu près confiance dans sa longitude, on gouvernera de manière à aller chercher les sondes à quelque distance dans l'E. du banc de Saugor (qui forme le côté E. du chenal de l'E.). Il faudra ainsi faire route vers le N., jusqu'à ce qu'on ait atteint le parallèle de 21°04′ ou de 21°05′N. Puis, on se dirigera vers l'O., en se tenant par 16 mètres d'eau, si la mer est basse ; ou par 18 mètres, si la mer est haute (1) : le fond sera mou et il faudra sonder le plus souvent possible. En se maintenant par la même latitude, le brassiage diminuera brusquement et l'on trouvera un fond dur, au moment où l'on atteindra la queue du banc de Saugor. A cet instant, si la mer est basse, on viendra un peu vers le S. pour traverser l'extrémité S. du banc, par des fonds de 9 à 13 mètres ; et l'on gouvernera ensuite vers le N.O., pour gagner le chenal. Quand on attaquera le banc de Saugor, à plus de moitié flot, on pourra le traverser, tant que le navire sera dans le S. du parallèle de 21°08′Nord.

§ 198. — Chandernagor.

L'établissement français de Chandernagor, par 22°52′N. et 86°5′E., est à 20 milles au-dessus de Calcutta, sur la rive droite, ou autrement

(1) L'heure du plein, aux syzygies, est vers 10 heures.

dit sur le banc de l'O. de la rivière Hoogly. Il y a une centaine d'années, les plus grands navires pouvaient mouiller auprès de la ville.

En partant de la station de Howrah, qui est en face de Calcutta, et qui est la tête de ligne de l'Eastern Bengal Railway, on met un peu plus d'une heure pour aller à Chandernagor, en chemin de fer.

§ 199. — Rivière Chittagong.

L'entrée de cette rivière, située par 22°12'N. et 89°28'E., n'a guère que 1 mille de large; et le chenal, un quart de mille seulement. Il n'y a que 2^{m},70 à 3 mètres d'eau, sur la barre, au moment des basses mers de syzygies; mais, en dedans, on trouve 6 mètres et en quelques endroits 9 et 11 mètres d'eau. La ville est située à 8 milles de la mer, et bâtie le long de la côte N. de la rivière.

L'heure du plein, aux syzygies, est 1 heure (en dehors de la barre); et 1 h. 30 (en dedans, auprès du mât de pavillon). La mer marne de 3 mètres, en mortes eaux; et de 4 mètres à 4^{m},50, en vives eaux. En dehors de la barre, la vitesse du courant atteint 3 à 4 nœuds, en vives eaux : le flot se dirigeant au N.N.O.; et le jusant au S.S.E.

Deux bouées *blanches*, mouillées par 3^{m},66 d'eau, marquent le côté N. de la barre; et deux bouées *noires*, mouillées par 3^{m},20 d'eau indiquent le côté S. En raison des changements fréquents des bancs, il est indispensable de prendre un pilote pour entrer dans cette rivière.

Deux feux fixes sont allumés maintenant sur la pointe Norman, par 22°11'N. et 89°29'E., à petite distance dans le S. de l'entrée de la rivière. Ces deux feux sont hissés verticalement, l'un au-dessus de l'autre; l'un à 11^{m},50 et l'autre à 9^{m},10 au-dessus de la mer; ils sont visibles à une distance de 8 milles. Durant le jour, leur position est indiquée par une balise en forme de baril élevée sur un trépied, à une hauteur de 20 mètres.

En venant chercher l'entrée de la rivière, les navires devront se placer de manière à relever les feux à peu près au N.E. Ils gouverneront ensuite dessus, en les conservant entre le N.E. et l'E.N.E.; et ils mouilleront quand ils seront rendus à 3 milles des feux, position où ils passeront la nuit en attendant le pilote.

§ 200. — Akyab (rivière d'Aracan).

L'entrée de la rivière d'Aracan est limitée, dans le N., par la pointe des Fakirs; et dans le S., par l'île Great Savage. La pointe des Fakirs est par 20°07′N. et 90°33′E.; elle est basse et prolongée à 1/2 mille dans le S.S.E. par des roches couvertes à haute mer. L'extrémité de ces roches doit être marquée par une bouée. Un mât de pavillon doit également se trouver sur la pointe des Fakirs. La position de l'île Savage, 20°05′N. et 90°33′E., est marquée par un feu fixe, à éclats de minute en minute, élevé de 32 mètres et visible à une douzaine de milles. Le second phare qui avait été construit sur la montagne Table-land de l'île Borongo, à environ 5 milles dans le S.E. de l'île Savage, n'existe plus. Un mât de pavillon portant un ballon, élevé de 25 mètres, a été mis en place sur l'Ile Oyster, à 21 milles dans le N.O. du feu de l'île Savage.

Dans le courant de 1876, a dû être allumé, dans un phare construit sur le récif Oyster, un *feu fixe blanc*, élevé de 23 mètres au-dessus de l'eau, et visible par temps clair à une quinzaine de milles sur tous les points de l'horizon. L'appareil est dioptrique, et de deuxième ordre. Le phare est construit sur pilotis, par 7 mètres d'eau à mer basse; sa position est 20°05′N. et 90°19′Est.

La ville d'Akyab est à un peu moins de 2 milles dans le N. de la pointe des Fakirs. Il y a de 5 à 7 mètres d'eau sur la barre, qui est à 4 milles environ dans le S. de cette pointe et à 2 milles dans l'O. de l'île Borongo.

L'heure du plein, aux syzygies est 9 h. 45 m., devant Akyak. En mortes eaux, la mer marne de 2 mètres, et le courant a une vitesse de 1ⁿ,5 à 2 nœuds, dans la rivière. En vives eaux, la mer marne de 2ᵐ,70 ; et le courant a une vitesse de 3 nœuds et même parfois de 3ⁿ,5 dans la rivière.

Voici un résumé des instructions de Hostein, pour les navires destinés à Akyab :

1° *Pendant la mousson de S.O., d'avril en octobre.*

En mousson de S.O., les navires destinés à Akyab feront route sur la pointe S. de l'île Borongo (située par 19°50′N. et 90°43′E.)

Puis, ils remonteront vers le N.O., en se tenant à 5 ou 6 milles de terre, jusqu'à ce qu'ils aperçoivent le phare de Great Savage, lequel est situé par 20°05′N. et 90°33′E. Ils gouverneront de manière à relever ce feu au N.$^1/_4$N.E. ou au N.N.E., et l'un ou l'autre de ces relèvements permettra d'entrer en passant la barre par des fonds de 4^m,50 à 5 mètres, à mer basse, de syzygies. Mais, nous nous empressons d'ajouter qu'il conviendra de n'entrer qu'avec un pilote, à cause des déplacements fréquents des bancs. Après avoir passé la barre et trouvé des fonds plus considérables, on fera route au N.$^1/_4$N.O. ou N.N.O. pour éviter toutes les roches qui gisent dans le S.O. de l'île Savage, et sur lesquelles porte la marée de flot. Lorsqu'on relèvera à l'E. le feu de Savage, étant par des fonds de 10 à 15 mètres, sur le bord du bas-fond qui est à l'O. du phare, on gouvernera au N.N.E. ou au N.E.$^1/_4$N., pour doubler la roche Passage-Rock, qui est élevée de 2 mètres environ au-dessus de l'eau et située à 1/4 de mille dans le N.O.$^1/_2$N. du phare Savage. Quand on aura doublé cette roche, on se dirigera vers le N.E. pour éviter le récif en partie couvert qui prolonge la pointe Fakir à un mille dans le S. Lorsqu'on relèvera la pointe Fakir au N.O.$^1/_4$N. ou au N.O., on pourra laisser tomber l'ancre, sur un fond de bonne tenue, où l'on sera parfaitement à l'abri.

2° Pendant la mousson de N.E., d'octobre en mars.

En mousson de N.E., les navires venant du N. se tiendront au large, en contournant dans l'O. le récif Oyster sur lequel se trouve maintenant un phare dont nous avons donné la description au commencement de ce paragraphe. Puis, ils chercheront à reconnaître la montagne Table-Land, qui est située par 20°01′N. et 90°36′E. dans l'île Borongo. Ils gouverneront ensuite vers l'E., pour chercher à voir le feu de l'île Great Savage.

Il est vrai que ce feu, par un *temps clair*, peut être aperçu quand on se trouve en dehors du récif Oyster, sur des fonds de 26 à 27 mètres. Mais, comme le fond diminue brusquement, il pourrait arriver si le temps était couvert ou pluvieux, et si l'on faisait route à l'E. avant d'avoir atteint 20°01′N. (contrairement à ce que nous avons dit), il pourrait arriver, disons-nous, que le navire se trouvât sur le récif Oyster avant d'avoir aperçu le feu.

On gouvernera donc vers l'E., par 20°01'N. environ, jusqu'à ce qu'on amène le feu de Great Savage au N.$^1/_4$N.E. A ce moment, on pourra faire route au N.3°E., sur le mât de pavillon de la pointe des Fakirs, jusqu'à ce qu'on relève le feu de Savage au S.S.E$^1/_2$E., de manière à parer la roche Passage-Rock. On se dirigera ensuite vers le N.E. pour éviter les Fakirs; puis au N.$^1/_4$N.O ou au N.N.O. sur le mât de pavillon intérieur, et l'on mouillera par 5^m,50 ou 6^m,30 d'eau, vis-à-vis de la bouée noire placée à l'extrémité S. du banc de de l'île Flat qui est située au milieu de la rivière.

§ 201. — Dalhousie (rivière Bassein) (1).

La rivière *Bassein* (appelée aussi *Negrais*, ou *Persaim*) a son entrée comprise entre la pointe de la Pagode, à l'O., et la pointe de l'île Porian, dans le S.E. La distance entre ces pointes est de 9 à 10 milles. La ville de Dalhousie se trouve à 9 ou 10 milles, en dedans de la rivière, et est construite sur la côte O. Devant la ville, la rivière a environ 2 milles de large, et les fonds sont de 7 à 11 mètres, dans la partie la plus profonde.

L'heure du plein, aux syzygies, est 10 h., et la mer marne de 1^m,80 à 2^m,70, selon qu'on est en mortes eaux ou en vives eaux.

Le port de Dalhousie n'est pas sûr, par mauvais temps, ni aux époques de changements de moussons. Il convient donc de n'y séjourner que le moins possible, et de ne s'y rendre qu'avec des temps qui laisseraient la faculté de reprendre la mer au besoin.

L'île *Hingie* (ou *Negrais*) est située à l'entrée de la rivière, à 3 milles en dedans de la pointe Pagode. Cette île a une forme triangulaire; elle est longue d'environ 3 milles; et dans sa partie N., se trouve une montagne qui fournit un bon point de reconnaissance, attendu qu'elle est la plus E. des terres élevées de la côte. L'île Hingie est plus près de la côte O. que de la rive opposée; elle divise la rivière en deux chenaux. Le chenal, à l'E. de l'île, est le plus large et le plus profond; c'est celui qu'on prend le plus souvent.

Un haut-fond, appelé banc Oreste, s'étend à plus de 4 milles dans le S.O. de l'île Hingie. On trouve de 2 mètres à 6 mètres d'eau, fond

(1) Les renseignements sur cette rivière et sur ses approches sont tirés des instructions des capitaines Fell et Heckford, du lieutenant Aylesbury et de Horsburgh.

de roche, sur ce haut-fond ; et la mer brise ordinairement dessus au moment du bas de l'eau. Entre le banc Oreste et la côte O. de la rivière, existe le *chenal étroit que peuvent suivre les navires calant au plus 4 mètres*. Mais, comme nous l'avons dit déjà, le chenal le plus suivi est limité, dans l'O., par l'île Hingie et par le banc Oreste ; et borné dans l'E. par le banc Porian, qui borde l'île du même nom. Ce dernier chenal est large de 1 mille 1/2, et les navires entrant dans la rivière y trouvent successivement des fonds de 8 mètres à 16 mètres et à 13 mètres. Le haut-fond Porian ne porte que 2 mètres à 5 mètres d'eau ; il s'étend à l'O. de l'île Porian dont la pointe S. est la première terre relativement basse, paraissant à l'E. et dans le S. de la montagne de l'île Hingie. La pointe Porian est formée de falaises blanches, de moyenne élévation et couvertes d'arbres, que l'on peut apercevoir à une distance de 15 à 18 milles.

Une bouée rouge marque l'extrémité S. du banc Oreste ; une autre bouée rouge signale la limite E. de ce même banc. Une bouée noire indique le bord occidental du haut-fond Porian ; enfin une bouée rouge, sur laquelle est écrit le mot « Fairway », se trouve mouillée à environ 5 encâblures dans le N.E. de l'île Diamond. Nous ajoutons que, même dans le cas où ces bouées seraient toujours entretenues exactement à leur poste, il sera néanmoins encore plus prudent de ne point entrer dans la rivière sans pilote.

L'île *Diamond* a sa pointe N., par 15°52'N. et 91°59'E.; elle est située au large et au milieu de l'entrée de la rivière, à 5 milles environ dans le S.1/4S.E. de la pointe Pagode. Cette île a une étendue de 1 mille 1/2, du N. au S.; elle est basse, couverte d'arbres, et peut être aperçue à environ 15 milles.

Le récif *Alguada*, à 10 milles environ dans le S.S.O de l'île Diamond, est un banc de roches très-dangereux, à peu près à fleur d'eau. Ce banc est entouré de plusieurs roches détachées, qui brisent par mauvais temps ; et il convient de ne pas s'en approcher par moins de 27 mètres d'eau. L'extrémité N. de ce récif gît par 15°43'Nord.

On ne doit point chercher à passer entre l'île Diamond et le récif Alguada. Cet espace est rendu dangereux par le banc du Phaéton et par plusieurs dangers dont la position n'est pas certaine. On y trouve d'ailleurs une grosse houle clapoteuse, et des courants de marée qui atteignent 2 nœuds : le flot portant à l'E.$^1/_4$S.E.; et le jusant, à l'O.$^1/_4$N.O.

Un phare, haut de 49 mètres, est construit sur le récif Alguada, par 15°42'N. et 91°54'E. Il montre un feu tournant blanc, dont l'éclat est plus brillant de minute en minute. Ce feu est visible à 18 milles par un temps clair.

En venant du N.O. et en s'approchant du récif Alguada, avec de la brume et sans de bonnes observations, il sera prudent de sonder. Si l'on trouve de 65 à 73 mètres, vase, coquilles brisées, tachetées, il faut gouverner vers le S. jusqu'à ce que la nature du fond devienne des coquilles, pierre et corail brisé. On peut alors se diriger vers le S.E., pourvu que l'on se trouve par des fonds de plus de 46 mètres. Tant que le fond ne diminuera pas, en courant ainsi au S.E., la route sera bonne; mais, si les fonds de 73 mètres à 64 mètres diminuent, et si l'on trouve seulement de 55 mètres à 37 mètres, il faut gouverner immédiatement vers le S. jusqu'à ce qu'on retrouve des fonds plus forts, après quoi l'on recommence à gouverner vers le S.E.

Dans l'O., dans le S.O. et dans le S. du récif Alguada, les fonds sont d'une nature si variable, qu'il est impossible de les définir clairement. On peut toutefois remarquer que lorsqu'on se trouve placé de manière à relever le récif entre le N.$^1/_4$N.E. et l'E., il n'y a que peu ou point de vase dans le fond. Au contraire, si l'on relève le récif dans le S.E.$^1/_4$E., les fonds sont de vase et de diverses natures mêlées; et cette espèce de fond s'étend dans le N. jusqu'à ce que l'on ait bien doublé le cap Negrais dans l'O. D'ailleurs, en sondant constamment, on ne trouve pas deux sondes pareilles. Au milieu du chenal, ou en se rapprochant du récif, les fonds sont de pierres, de petites coquilles brisées, et de sable, avec de petites taches noires, et l'on a de 48 mètres à 44 mètres d'eau. Plus on est près du récif, plus le fond est grossier. Etant par 40 mètres d'eau, et relevant le récif au N. du monde, le fond est de sable grossier, pierres, coquilles brisées, avec taches blanches et noires. Etant par 42 mètres d'eau, et relevant le récif au N.$^1/_4$N.O., le fond est légèrement mélangé de vase verte. Etant par 42 mètres d'eau, et relevant le récif au N.N.O., le plomb amène de la vase vert foncé, mêlée de taches blanches et noires. A partir de cette dernière position, jusques au large de l'extrémité S.O.

du banc de la pointe Baragou (vers 93°E.), par 29 mètres d'eau, la nature du fond reste à peu près la même, avec cette seule différence que la vase prend une teinte plus claire quand on se trouve plus loin dans l'E.: ces remarques s'appliquent aux sondes, dans le N. du parallèle de 15°16′N. Notre dernière observation est qu'il n'y a point de sondes donnant uniquement de la vase, tant que l'on est dans l'O. de la pointe Baragou.

En supposant que les bouées soient placées toujours, comme nous l'avons indiqué, voici les instructions du lieutenant Aylesbury, pour entrer dans la rivière.

Pendant la mousson de S.O., ou en venant du S., gouverner de manière à relever l'île Diamond au N.O. A ce moment, faire route dessus jusqu'à ce qu'on aperçoive la bouée « Fairway », qui est à 1 mille 1/2 dans le N.E. de cette île. En partant de la bouée « Fairway », gouverner au N.N.E., jusqu'à ce qu'on relève la bouée noire à l'E.; puis, gouverner au N.E.1/4N.

Pendant la mousson de N.E. ou en venant de l'O., il convient de se placer de manière à relever l'île Diamond au S.E.; puis de gouverner dessus, jusqu'à ce qu'on vienne reconnaître la bouée « Fairway ». De là, gouverner au N.N.E. jusqu'à ce qu'on relève la bouée noire à l'E.; puis, faire route au N.E.1/4N. Les navires à voiles ne prendront cette route, par le N. de l'île Diamond, que pendant la mousson de N.E. (Voir : page 338.)

On peut jeter un pied d'ancre, dans l'E. et à 5 ou 6 encâblures de l'île Diamond, où l'on trouvera un bon fond et l'eau généralement calme.

§ 202. — Rangoon.

La rivière de Rangoon (ou rivière Syriam, ou du Pegu) a son entrée large de 2 milles environ, avec des fonds de 6 à 7 mètres; mais une partie des bancs accores qui bordent les deux côtés du chenal assèche à mer basse, dans les grandes marées. A mesure qu'on remonte la rivière, sa largeur décroît; et, à une vingtaine de milles de la mer, devant Rangoon, la rivière n'a guère que 3 ou 4 encâblures de large au plus. A 1 mille 3/4 dans le N.N.O. de la ville, se trouve la pagode Dagon haute de 150 mètres, et située par 16°47′N. et 93°52′E. De chaque côté de l'entrée de la rivière, la terre est basse et ne peut être reconnue qu'à peu de distance. La pointe O. de l'entrée, appelée pointe de l'Eléphant, est marquée par une balise peinte en rouge et blanc. La pointe E. de l'entrée, appelée Eastern Grove, est signalée par une balise peinte en noir et blanc. De chaque côté de l'entrée, des bancs s'étendent à une grande distance ; et l'accore de ces hauts-fonds est marqué par des bouées qui indiquent le chenal.

Dans plusieurs endroits, à l'entrée de la rivière, les fonds sont de $5^m,5$ à 6 mètres au plus, au moment de la basse mer aux syzygies. En remontant le cours du fleuve, on trouve généralement de $5^m,50$ à 9 mètres d'eau, excepté à 2 milles environ dans l'E. de la ville où est une barre *(Barre Hastings)*, avec des fonds de 2^m à 3 mètres d'eau.

A Rangoon, l'heure du plein, aux syzygies, est 5 h. 30 m. La mer marne de $6^m,40$ aux grandes marées ; et de $4^m,27$ aux mortes eaux. La vitesse du courant de la marée atteint 4 ou 5 nœuds.

L'atterrage et l'entrée de la rivière de Rangoon sont facilités par les trois feux dont nous donnons ci-après la description.

Le phare de Krishna a été enlevé par la mer pendant la mousson de S.O. de 1877. Il a été remplacé provisoirement par un bateau-feu, mouillé par 15°36'N. et 93°14'E., qui montre un feu *fixe, blanc*, élevé de 18 mètres et visible à 10 milles. Le bateau est mouillé par 15 mètres d'eau. Pendant le jour, il montre un pavillon rouge. A partir de 7 heures du soir, on y brûle un feu de Bengale toutes les heures.

Depuis mars 1876, le feu définitif de China Buckeer est allumé. Il est *fixe et à éclats blancs*, montrant son plus vif éclat chaque minute. Il éclaire du S.67°O. au N.67°E du monde, par le S.; il est élevé de 24 mètres au-dessus de l'eau, et visible par temps clair à une quinzaine de milles. L'appareil est dioptrique, de premier ordre. Le phare est construit sur pilotis, par $3^m,70$ d'eau à basse mer de syzygies ; par 16°16'N. et 93°50'30''E. La variation du compas était 2°30'N.E., en 1876.

Le feu de Eastern Grove est bâti sur pilotis, à l'embouchure de la rivière de Rangoon, par 16°29'N. et 94°06'E. Il est *fixe blanc*, visible à 12 milles dans un arc de 60° compris entre le S. et le S.60°O. De plus, sa lumière est plus vive dans un espace de 10° environ, au milieu de cet arc, soit entre le S.25°O. et le S.35°O.; de sorte qu'un navire, relevant le feu au N.30°E. environ, peut l'apercevoir à une distance de 16 milles. Le but de ce phare est d'empêcher les navires qui atterrissent sur China-Bucker d'aller trop loin dans l'Ouest.

On atterrira, en se plaçant dans le S. de China-Buckeer, de manière à le relever entre le N.1/4N.E. et l'O.1/4N.O.; et l'on gouvernera dessus en le tenant toujours compris entre ces deux relèvements extrêmes. Il ne faut jamais aller assez au N. pour relever le feu de China-Buckeer au S. du S.O., parce qu'on serait alors exposé à tomber sur les Eastern Sands. Il ne faut pas non plus amener le phare de Eastern Grove à l'E. du N.28°E., car on serait alors trop près des Western Sands. On gouvernera de façon à relever le feu de China-Buckeer à l'O., et le feu de Eastern Grove entre le N.28°E. et le N. A ce moment, l'on se trouvera à la station des pilotes de Rangoon, et l'on pourra mouiller pour attendre le jour ou pour attendre le pilote.

En dehors de l'entrée de la rivière, *le flot* porte au N.E.1/4N.; et le jusant, au S.O.1/4S. : vitesse de 3n 1/2 à 4 nœuds.

§ 203. — Maulmain et Amherst.

La ville de *Maulmain* est située sur la rive gauche, c'est-à-dire sur le côté E. de la rivière Salween, par 16°30'N., en face de la ville de Martaban qui se trouve sur la côte opposée. Maulmain est à 24 milles dans le N. d'Amherst. Dans les parties les moins profondes de la rivière, il y a de 2m,10 à 2m,40 d'eau, à basse mer; de plus, la montée de l'eau atteint 6m,70 en vives eaux, et 3m,60 en mortes eaux. Les navires calant un peu plus de 6 mètres (6m,50 environ) peuvent donc remonter jusqu'à Maulmain. Mais ils doivent généralement se faire remorquer, car le chenal est étroit et sinueux ; et les courants de marée sont très-forts, variant de 5 nœuds à 3 nœuds suivant que l'on est aux syzygies ou dans les marées de quartiers.

La rivière Salween se bifurque, à la hauteur de Maulmain, et forme deux branches : l'une se dirige vers l'O. en passant dans le N. de l'île Pelew Gewen (ou Beloo Gyoun); et l'autre se dirige vers le S., en contournant par l'E. et par le S. la même île Pelew Gewen. Les navires destinés à Maulmain passent par cette dernière branche, dont la largeur totale est de près de 9 milles, mais qui est obstruée : d'un côté, par les hauts-fonds Goodwin Sands, situés dans le S. de Pelew

Gewen ; et d'un autre côté, par les bancs formant le prolongement de la pointe Amherst au S. de l'embouchure. Le chenal se trouve ainsi réduit à une largeur inférieure à un mille, avec des fonds de 3m,60 à 5m,50 à basse mer. Les passes sont marquées par des bouées, qui sont déplacées chaque fois que les changements survenus dans les bancs le rendent nécessaire : on doit donc prendre un pilote à Amherst, pour remonter la rivière avec sécurité.

Le mouillage d'Amherst peut recevoir plusieurs bâtiments, mais les grands navires doivent éviter d'y séjourner pendant la mousson de S.O., attendu qu'il est ouvert à tous les vents soufflant du S.S.O. au N.O. par l'O., et que la houle y pénètre avec une grande force.

La pointe Amherst, appelée encore Kyai-Kami ou Quekmi, est située par 16°05'N. et 95°15'E.; elle est basse et ne peut guère être vue qu'à 7 ou 8 milles, ou 10 au plus; mais une montagne, située à 5 milles environ dans le S.E. de cette pointe, est visible à 25 ou 30 milles. Un petit feu fixe, visible à 6 milles, paraît être allumé sur la pointe Amherst; mais il ne faut pas trop y compter. Deux pagodes blanches existent sur la pointe, et plusieurs autres le long de la côte. Une petite île appelée Ile-Verte (ou Green Island) est située à 1/2 mille de la côte et à 1 mille environ dans le S.S.O. de la pointe.

L'île Double est située à 4 milles 1/2 de la côte et à une douzaine de milles dans le S. de la pointe Amherst. Cette île porte le nom de « *Double* » parce que les arbres qui la couvrent présentent une interruption, formant une sorte de coupée quand on la relève entre le N.E.1/4E. et le S.E., et lui donnant l'apparence de deux îles voisines. Cet îlot n'a guère que 40 mètres de haut et autant de long ; il est très-boisé et peut être approché à la distance d'un mille.

Un feu fixe, blanc, existe sur l'île Double, par 15°52'30''N. et 95°16'E. Il est visible à 19 milles, par temps clair ; et il montre sa lumière dans un arc de 164° environ, entre le S.6°E. et le N.20°O. Le premier relèvement, c'est-à-dire le rayon lumineux le plus S., passe à 1 mille 1/4 dans l'O. de l'île Kalegouk ; et le second relèvement, c'est-à-dire la limite N. de l'arc lumineux, passe à 1 mille 1/2 dans l'O. de la bouée Patch qui est devant Amherst. D'ailleurs, une seconde zône lumineuse, fournie par ce même feu, existe à partir de la bouée Patch, en allant vers l'E. jusqu'à la pointe Amherst.

Il est recommandé aux navires qui atterrissent sur l'île Double de chercher à voir le feu entre le S.E. et le N.E., c'est-à-dire qu'on tâchera de se mettre en latitude avec lui et de courir dessus. Mais il faudra grandement tenir compte du courant de marée, dont la vitesse atteint, aux syzygies, de 4 à 5 nœuds au large de l'île ; et encore plus, en se rapprochant de la pointe Amherst. Le flot porte vers le N. ; et le jusant, vers le S. Si le navire s'approche trop de terre, on perdra le feu de vue ; et inversement, tant que l'on verra le feu, il n'y aura rien à craindre, à moins cependant que l'on ne se trouve à une dizaine de milles dans le N. de l'île Double, où l'on doit veiller à ne pas se laisser drosser sur les Goodwin Sands par le courant de flot. La tenue est bonne auprès de l'île Double ; mais, en raison de la violence des courants de marée, il vaut mieux éviter d'y mouiller, s'il est possible.

L'heure de la pleine mer, aux syzygies, auprès de la pointe Amherst, est 2 heures. La plus forte montée de l'eau est observée pendant la mousson de S.O., et atteint souvent 8 mètres et $8^{m},50$, donnant en même temps un courant de 6 à 7 nœuds, de sorte qu'à cette époque le mouillage n'offre pas grande sécurité. Pendant la mousson de N.E., la montée de l'eau atteint seulement de $5^{m},50$ à 6 mèt. ; et le courant de marée 3 ou 4 nœuds. Le reversement du courant et du mouvement des marées se fait brusquement, de sorte qu'il n'y a pour ainsi dire point de mer étale. La plus grande force des courants se produit sur le parallèle de l'embouchure de la rivière, mais on ne la ressent plus quand on s'éloigne au large jusqu'à une distance de 60 milles de terre. Les courants diminuent également d'intensité, dans le S. d'Amherst : leur vitesse, par le travers de Kalegouk, n'est guère que la moitié de celle des courants à la hauteur d'Amherst ; et en allant dans le S. de Kalegouk, leur vitesse diminue encore.

Pendant la mousson de N.E. (d'après les instructions de Davy), les navires partant de Calcutta gouvernent à peu près au S.E. Si le courant portant au S. a une force inusitée, on met plus d'E. dans la route, de manière à passer à mi-chenal entre le cap Negrais et l'île Preparis. Si l'on se trouve très au vent, il convient de ne pas contourner le récif Alguada par des fonds inférieurs à 36 mètres : les fonds étant plus forts quand on est plus près de l'île Preparis. A partir de ce moment, les sondes deviennent régulières, donnant le plus souvent de la vase, à mesure que l'on avance vers l'E. Dans aucun cas, il ne faudra chercher à reconnaître la terre qui est basse, ni gouverner plus à l'E. que l'E.S.E., tant que l'on n'aura point dépassé le méridien de la pointe Baragou. Après avoir doublé ce méridien, il convient de se diriger sur l'île Double et de reconnaître son feu, comme nous l'avons dit. La terre tabulaire et le pic, à l'E. d'Amherst, sont très-remarquables et peuvent être aperçus à 30 ou 45 milles; la haute terre de Martaban, visible dans le N.E., forme également un bon point de reconnaissance. Il est bien recommandé de ne pas couper 16°N. à moins de 5 milles de la côte, à cause des forts courants de marées et des dangers qui sont à l'embouchure de la rivière.

Pendant la mousson de S.O., et à l'époque où le feu de l'île Double n'existait pas, on recommandait d'attaquer la terre un peu au S. de l'île Kalegouk. Si le temps est mauvais, ou s'il a une mauvaise apparence, et particulièrement quand on se trouve dans les environs des syzygies, il est toujours préférable de ne pas chercher à prendre le mouillage d'Amherst, et d'aller mouiller en dedans de Kalegouk par des fonds de 11 mètres à 16 mètres.

Le mouillage sous l'île Kalegouk est situé auprès de la terre la plus élevée dans la partie N.E. de cette île; on s'y trouve bien abrité, pendant la mousson de S.O. Pour gagner ce mouillage, on devra venir par le S.; et l'on commencera d'abord par contourner dans le S., à une distance de 1 mille 1/2 ou 2 milles, par des fonds de 13 à 16 mètres, la petite île bordée de récifs qui se trouve à 1/4 de mille dans le S. de Kalegouk. Quand on relèvera la petite île en question au N.$^1/_4$N.O., on gouvernera au N., et on longera la côte E. à une distance d'environ 1/2 mille ou 1 mille. On longera ensuite la côte E. de Kalegouk jusqu'au mouillage. Quand on en partira, on pourra faire route par le N., en laissant sur bâbord les récifs qui s'étendent à 5 milles dans le N$^1/_4$N.E. de la pointe N. de Kalegouk, et en laissant sur tribord une petite île voisine de la côte. Le chenal compris entre cette petite île et l'extrémité N.E. des récifs a environ 1 mille de largeur.

Aucune partie de la côte, pendant la mousson de S.O., ne doit être approchée à moins de 2 milles, à cause des dangers et des brisants qui bordent la terre, et aussi à cause des forts courants de marées. En faisant route sur Amherst, il faut beaucoup se défier des courants, et les grands navires peuvent jeter un pied d'ancre, par 18 mètres d'eau, en relevant la Bouée du Récif (Reef Buoy) au N.$^1/_4$N.E., et la pagode la plus élevée de la pointe Amherst entre le N.E. et l'E.N.E. D'ailleurs, les approches d'Amherst sont devenues beaucoup moins dangereuses depuis que le feu de l'île Double a été allumé.

Quand on aura pris le mouillage provisoire que nous venons d'indiquer, et qui est situé à peu près à 1 mille 1/2 au large de l'île Green (ou île Verte), on sera en bonne position pour permettre au pilote de venir chercher le navire. Avec des vents du S. ou de l'O., il convient d'appareiller à mer haute ou au commencement du jusant. Mais, avec des vents de N. ou de N.E., on doit appareiller aux 3/4 du flot, afin d'avoir encore un peu de marée pour se maintenir au vent.

§ 204. — Pulo-Penang (ou île du Prince de Galles).

L'île de Penang a la forme d'un quadrilatère, à l'angle N.E. duquel se trouve le port de George-Town et le fort Cornwallis, par 5°25'N. et 98°00'50''E. Cette île est très-élevée; et la montagne West Hill, située dans la partie N., a une hauteur de plus de 800 mètres au-dessus de la mer. Entre Penang et la côte de Malacca, la distance varie entre 8 milles et 2 milles : cette dernière largeur étant celle qui existe devant le port de George-Town. Mais la plus grande partie de l'espace compris entre l'île et la côte est obstrué par des bancs.

Le mouillage se trouve en face de la ville, par des fonds de 16 à 22 mètres; et l'on y est bien abrité de tous les vents excepté de ceux de la partie du N.O. Les grands navires se trouvent en bonne position, à 1/4 de mille dans le S.E. du fort Cornwallis, par 18 mètres d'eau; les petits navires mouillent plus près de la ville, par 6 ou 7 mètres. Les bâtiments de guerre mouillent à 1/2 mille dans le N. du fort, par 13 à 18 mètres.

L'heure du plein, aux syzygies, est 2 h. 15 m.; et la montée de l'eau est de $2^m,10$ à $2^m,70$. Les jours de syzygies, le courant de flot (portant au S.) dure jusqu'à 3 heures, c'est-à-dire 3/4 d'heure après le plein; la vitesse du courant atteint 2 et 3 nœuds.

Le chenal N. est le meilleur et le plus suivi. Les grands navires le prennent presque toujours; c'est-à-dire que, même en venant du S., ils préfèrent contourner Pulo-Penang au large, par l'O. et par le N., pour gagner le mouillage. De même, lorsqu'ils partent du mouillage de George-Town pour aller à une destination dans le S. de Pulo-Penang, ils s'astreignent à contourner cette île par le N. et par l'O., plutôt que de prendre le chenal du S. qui est beaucoup moins facile et que l'on ne doit pas prendre en tout cas sans pilote.

Avec des vents d'O., les navires venant du large peuvent gouverner sur la partie N. de l'île, qui est haute, saine et accore ; toutefois, le chenal ne se trouve qu'à 3 milles dans le N. de la côte N. de Pulo-Penang.

Avec des vents de la partie du N.E. ou du N., on gouvernera d'abord sur les îles Ladda et Peers, que l'on contournera à 8 ou 9 milles. Puis, on se dirigera au S.E.1/4E., ou à l'E.S.E., sur les îles Boonting, qui sont au nombre de quatre, modérément élevées, avec un îlot au milieu. Pendant la nuit, on se tiendra par des fonds de 26 à 27 mètres, en doublant les îles Boonting ; pendant le jour, on pourra en passer très-près. Après les avoir doublées, on fera à peu près le S.S.E., de manière à se tenir à égale distance de la partie N. de Penang et de la côte de Malacca (1), ce qui fera passer le navire sur la partie la plus profonde (7^{m},30 à basse mer de syzygies) de la barre formée par le banc de vase qui relie les deux côtes. Une bonne marque, pour aller chercher l'entrée du port, consiste, pendant le jour, à tenir au N.1/4N.O. Pulo-Bidan, qui est la plus S. des îles Boonting (5°45'N.) dont nous avons parlé tout à l'heure.

Il est à remarquer qu'en passant sur le banc qui est entre la partie N. de Penang et la côte, les sondes ne peuvent pas servir de guide, attendu qu'il faudrait être à moins de 1 mille 1/2 de terre pour voir les fonds diminuer sensiblement. Quand on approchera du petit îlot Pulo-Tekoos, qui se trouve près de la pointe N. de Pulo-Penang, les fonds augmenteront graduellement dans le chenal ; et, lorsqu'on entrera de nuit, il conviendra de ne pas aller plus loin, et l'on mouillera par le travers de Tekoos en attendant le jour.

§ 205. — Ville et rade de Singapour.

La ville de Singapour, située sur la côte S. de l'île de Singapour, est construite sur les deux rives d'un petit cours d'eau dans lequel ne peuvent entrer que des embarcations. Les quartiers commerçants

(1) La côte de Malacca étant basse et l'île de Penang étant élevée, il semblera que l'on se trouve plus près de cette dernière que de l'autre, lorsqu'on sera en réalité à égale distance des deux.

se trouvent du côté S. de la rivière ; et, de ce côté, la rive est bordée de quais et de débarcadères pour les marchandises.

Un feu fixe, élevé de 69 mètres au-dessus de la mer, et de 21 mètres au-dessus du sol, est allumé en haut d'un mât de pavillon, sur le fort Canning, lequel est construit lui-même sur la montagne du Gouvernement. Il est visible à une distance de 15 milles, entre l'île Saint-Jean et le banc Johore, dans un arc de 90°, en passant par le Sud.

A la partie S. de l'embouchure de la rivière, est une petite batterie appelée *Fort Fullerton*, située par 1°17'N. et 101°31'E. Une ligne de débarcadères doit être construite dans le S. de ce fort. Sur le côté N. de l'embouchure de la rivière, est la *jetée Dalhousie*.

Quatre lanternes rouges sont allumées autour d'un obélisque, qui est élevé sur la jetée Dalhousie, dans la partie d'en dedans. *Une lanterne blanche* est allumée à l'extrémité d'en dehors de la même jetée.

A droite de l'obélisque, on aperçoit au bord de la mer, une esplanade gazonnée, longue d'environ 500 mètres. Derrière, sont trois grands établissements ; à droite, se trouve l'église Saint-André, qui a une belle tour, surmontée d'une aiguille très-élevée et très-remarquable. Une ville indigène très-étendue est cachée, en grande partie, par la pointe de sable appelée Tanjong-Rhoo.

La rade commerciale, fréquentée surtout par les voiliers (1), est sur la partie orientale de la côte S. de l'île de Singapour. Cette rade est limitée, dans le S., par une ligne allant de Tanjong-Catong à l'extrémité S.E. de l'île Saint-Jean de l'O.; et elle est bornée dans l'O., par une ligne qui partirait de la pointe Malaye et qui irait vers l'E. à la rencontre de la ligne précédente.

Le banc du large (Outer-Shoal) a 1 mille 1/2 de long, dans la direction N.E. et S.O.; 1 encâblure de large, à son extrémité N.; et plus de 4 encâblures, à son extrémité S. Sur ce banc, les fonds varient généralement de 7 mètres à 9 mètres ; mais, auprès de son extrémité S., il y a moins de 6 mètres d'eau. On pense que ce banc s'envase rapidement. Un petit pâté, recouvert de 7 mètres d'eau environ, gît à 3 encâblures dans le S.O. du banc du large.

(1) Les paquebots et tous les navires à vapeur qui ont à faire leur plein de charbon se rendent toujours à New-Harbour, comme nous l'indiquons au paragraphe suivant (p. 351).

La pointe Pagar est la pointe S.O. de la baie de Singapour ; et, à 4 ou 5 encâblures dans le N.E., se trouve la *pointe Malaye* (ou *Malang*). Dans le S. et dans l'E. de cette dernière pointe, sont des pieux de pêche dont la limite indique à peu près la ligne des fonds de 5^m,50 ; mais il ne faut pas trop s'y fier.

Le fort Canning est construit sur la crête d'une large colline, haute d'une cinquantaine de mètres, qui est derrière la ville et qui la domine. Vers le milieu de ce fort, est *un mât de pavillon*, muni de deux vergues, et en haut duquel se trouve la lanterne munie de réflecteurs, qui constitue le feu fixe dont nous avons déjà parlé.

De la pointe Malaye à la pointe Catong, la côte est bordée par un plateau de vase. La largeur de ce plateau est au moins de 1 encâblure, vis-à-vis de l'esplanade ; de 1/2 encâblure, en face du fort Fullerton et des débarcadères ; et de près de 2 encâblures, dans la baie comprise entre la pointe Malaye et les débarcadères.

Tanjong-Rhoo (ou *pointe Sandy*) est une pointe, dans le N. de la baie, à 7 encâblures dans le N.E. de la rivière de Singapour. Dans l'O. de cette pointe, est un chenal large de 2 encâblures, avec des fonds de 1 à 2 mètres ; et en dedans est une vaste lagune peu profonde, où se trouvent beaucoup de barques indigènes. Il y a un poste de police et quelques chantiers, sur Tanjong-Rhoo.

Tanjong-Catong (ou *pointe Deep-Water*) est l'extrémité N.E. de la rade. Elle est marquée par un obélisque, construit un peu à l'O. de cette pointe. Autour d'elle, sont plantés des pieux de pêche, en dehors desquels on trouve de 11 à 13 mètres d'eau, à quelque distance.

Le bon mouillage, pour les navires du commerce, est par 13 mètres à 18 mètres d'eau, en relevant le mât de pavillon du fort Canning entre l'O.N.O.$^1/_2$O. et le N.O.$^1/_2$N., en même temps qu'on relève le mont Serapong à l'O.S.O.$^1/_2$S. On peut mouiller encore plus en dedans, en amenant l'extrémité de gauche de Blakan-Mati au S.O.$^1/_2$O.

Pour les navires de guerre, le meilleur mouillage est par 16 mètres, en relevant l'un par l'autre le mât de pavillon du fort Canning, et l'obélisque qui est sur la jetée, en même temps qu'on relève l'extrémité gauche de Blakan-Mati au S.O.$^1/_2$O. Ce mouillage est à 2 encâblures des fonds de 5^m,50 et à 1 mille 1/2 du quai.

L'heure du plein, aux syzygies, est 9 h. 45 m. *La montée de l'eau*, en vives eaux, est de 3 mètres ; et en mortes eaux, de 2^m,20. D'ailleurs, les marées sont très-irrégulières, et l'on ne peut établir aucune prévision sûre, à cet égard. Dans certains cas, la marée du soir est la plus forte ; dans d'autres, c'est celle du matin. Un jour, la mer monte de 2 mètres ; et le lendemain, de 3^m,60. Durant la mousson de N.E., surtout en mortes eaux, il arrive que le courant porte à l'O. pendant 3 et 4 jours de suite, sans discontinuer ; d'autres fois, il n'y a pas du tout de courant, durant plusieurs jours ; ou bien le courant entre dans le port, ou encore il en sort, avec une vitesse de 3 à 4 nœuds.

Route en venant de l'Est.

En venant de l'E., et en approchant de Tanjong-Catong, *les navires d'un tirant d'eau supérieur à 4^m,50* doivent se défier des bancs et des pâtés qui avoisinent cette pointe. Afin de les parer, on se tiendra par des fonds d'au moins 11 ou 12 mètres, et l'on aura soin de conserver le mont Serapong au N. de l'O.S.O.$^1/_2$S. jusqu'à ce qu'on relève le mât de pavillon du fort Canning à l'O.N.O.$^1/_2$O. Il faudra ensuite gouverner de manière à passer dans le N. du banc du large. Pour cela, on pourra continuer quelques instants sa même route si les vents sont portants ; mais on relèvera constamment le mât de pavillon du fort Canning ; et dès qu'il restera entre l'O.N.O.$^1/_2$O. et le N.O.$^1/_4$O., soit au N.59°O. environ, ouvert au N. de la jetée Dalhousie, on gouvernera dessus. Cette route fera doubler le banc du large dans le N., par des fonds d'au moins 9 mètres ; et l'on mouillera dès qu'on relèvera le mont Serapong à l'O.S.O.$^1/_2$S., ou l'extrémité de gauche de Blakan-Mati au S.O.$^1/_2$O. sans venir plus en dedans.

En venant de l'E., avec un petit navire calant moins de 4^m,50, on peut gagner la rade de Singapour sans difficulté. On passe, si l'on veut, en dedans des récifs qui sont devant Tanjong-Catong, en se maintenant sur la ligne des plus grands fonds, assez près des pieux de pêche qui bordent cette pointe.

Les navires pratiques de la localité, lorsqu'ils viennent de l'E. à destination de Singapour, ont l'habitude de se tenir bien dans l'E. et de serrer la côte de Singapour, en se dirigeant vers le mouillage. Cette manière de faire sera utile à suivre, surtout *avec des vents de terre*, et lorsque le courant portera vers l'Ouest.

Route en venant de l'Ouest.

En venant de l'O., avec un grand navire, après avoir contourné l'île du Pic à environ 2 encâblures, la meilleure route, si les vents permettent de le faire, consiste à courir vers le N., en tenant constamment l'île du Pic entre le S.3°E. et le S.10°E., jusqu'au moment où l'on relève l'extrémité S.E. de Blakan-Mati à l'O.S.O.$^1/_2$S., ou au S.O.$^1/_4$O. On peut dès lors porter au N.E., pour gagner le mouillage. Si les vents ne sont pas portants, et si l'on veut suivre cependant la même route, il faudra bien veiller, en louvoyant entre les îles Saint-Jean et Blakan-Mati ; tant que le mont Serapong restera dans le N. de l'O.N.O., on devra faire en sorte de ne pas amener l'île du Pic à l'E. du S.$^1/_2$E.; lorsque l'on aura le mont Serapong à l'O. de l'O.N.O., on pourra courir vers l'O.N.O. jusqu'à ce que l'extrémité O. de l'île Saint-Jean reste dans le S.S.O.$^1/_2$S. Si l'on s'approche des pointes Pagar et Malaye, on est averti du voisinage des petits fonds par les pieux de pêche ; et l'on ne doit pas venir à moins de 1 encâblure 1/2 à 1 encâblure de la ligne joignant les extrémités de ces pieux.

En venant de l'O., avec un petit navire, après avoir contourné l'île du Pic, on peut, suivant la marée, gouverner au N.$^1/_4$N.E., ou au N.N.E., en traversant le banc du large.

Si les vents ne sont pas portants, pour prendre la route que nous venons d'indiquer, on pourra préférer passer en dehors du banc du large, c'est-à-dire en faire le tour par le S., par l'E. et par le N. Dans ce cas, après avoir dépassé les îles Saint-Jean, on fera route au N.E.$^1/_2$N., en relevant derrière soi l'île du Pic au S.O., ou un peu plus à l'O. que le S.O., jusqu'à ce que l'obélisque reste au N., ou du moins au N.$^1/_2$E. Alors on gouvernera dessus, en ayant soin de ne pas amener l'île du Pic au S. du S.O.$^1/_4$S.; et on viendra vers l'O., sur le mouillage, quand on relèvera le mât de pavillon du fort Canning au N.O.$^1/_4$O., ouvert au N. de la jetée Dalhousie, ou bien quand on aura le mont Serapong à l'O.S.O.$^1/_2$S.

§ 206. — New-Harbour (ou nouveau port de Singapour).

Le nouveau port de Singapour, que l'on désigne habituellement sous le simple nom de *New-Harbour*, est formé par le chenal qui est limité *dans le N.* par une portion de la côte méridionale de l'île de Singapour, et *dans le S.* par les deux îles Blakan-Mati et Ayer-Brani. Quant au détroit de Sinki, compris entre l'île Blakan-Mati et l'île Ayer-Brani, il n'est pas employé.

Le chenal New-Harbour a près de 3 milles de long, E. et O.; et sa largeur, dans certaines parties, est inférieure à une demi-encâblure.

Les sondes varient généralement de 9 mètres à 15 mètres, mauvais fond de roche, de très-médiocre tenue ; les courants sont très-rapides; et l'on court le risque de chasser sur ses ancres et d'être jeté à la côte, dans les forts grains qui sont fréquents. Il est recommandé d'affourcher, quand on doit séjourner plus de 24 heures. Le meilleur mouillage est en face des magasins à charbon français.

New-Harbour doit son importance aux facilités extrêmes qu'il offre pour la construction des bassins et des jetées, et par suite pour le prompt embarquement du charbon ainsi que pour les transbordements de marchandises. C'est le point d'arrivée et de départ des paquebots ; tous les navires à vapeur sans exception s'y rendent pour faire leur charbon. Le bassin Cloughton a 126 mètres de long ; 13 mètres de large ; et $4^{m},60$ de creux : un autre bassin doit être construit à Tanjong-Pagar, ayant 120 mètres de long ; 19 mètres de large ; et $6^{m},30$ de creux. Les deux côtés de New-Harbour sont bordés de récifs qui assèchent à mer basse, et à l'accore desquels les fonds varient de $5^{m},90$ à 7 mètres, augmentant rapidement à 9 mètres et 11 mètres.

L'heure du plein, aux syzygies, est 9 h. 45 m., auprès du quai de la Compagnie Péninsulaire et Orientale ; la mer marne de 3 mètres en vives eaux, et de $2^{m},20$ en mortes eaux. Dans les marées de syzygies, le courant est de plus de 2 nœuds, mais la force de la mousson a beaucoup d'influence sur cette vitesse qui atteint parfois 4 nœuds. Durant la mousson de N.E., le courant porte presque toujours à l'O.: ainsi, en vives eaux, il conserve cette direction pendant 18 heures sur 24 ; et en mortes eaux, d'une manière presque continue.

Les bouées sont souvent emportées, et il ne faut pas trop compter dessus pour diriger sa route.

Indications sur la partie N. de New-Harbour (côte S. de l'île de Singapour).

La pointe Berlayer, extrémité N.O. de New-Harbour, est formée de falaises, et présente l'aspect d'une pointe aiguë qui déborde un terrain bas et couvert de palétuviers. Dans l'O. de cette pointe, la côte court vers le N.O., et elle est bordée par une plage blanche, appelée Pasir Panjang. Sur cette plage, à une encâblure de la pointe Berlayer, se trouve un poteau qui indique la limite du port. A 2 encâblures 1/2 dans le S.O. de la pointe Berlayer, gît *un pâté* recouvert de moins de 6 mètres d'eau. A une demi-encâblure environ de la pointe Berlayer, est située la *Roche Berlayer*, qui ne porte guère que 2 mètres d'eau et sur laquelle on a placé une balise.

Lot's Wife est une roche élevée de 2 mètres au-dessus de l'eau, située près de la pointe Berlayer, à moins de 1/2 encâblure en dedans du récif qui borde la côte.

L'île Hantu est petite et ronde, située à petite distance dans l'E. de la pointe Berlayer, auprès de la côte de l'île de Singapour et vis-à-vis la baie Chermin. Elle a 1 encâblure 1/2 de diamètre, a 28 mètres de hauteur, et est couverte d'arbres. Un récif la borde dans l'O., dans le S. et dans l'E.; du côté du S., il y a une balise blanche, à l'accore du récif.

Le mont Faber est le nom donné à la suite de collines remarquables, qui se trouvent sur l'île de Singapour, dans le N. du port de New-Harbour. Le point le plus élevé, qui est dans la partie N.O., a 107 mètres de hauteur. Vers le milieu de la chaîne de collines, est un mât de pavillon croisé de deux vergues (comme celui du fort Canning); il est élevé de 90 mètres environ.

Indications sur Ayer-Brani, ainsi que sur les écueils Brani, Timbaga, Keppel et Meander.

L'île Ayer-Brani (ou *Pulo-Brani*) est terminée par la pointe Teregeh, dans le S.E.; par la pointe Tereh, dans le N.; et par la pointe Risim, dans l'O. Le côté N.E. de Pulo-Brani fait face à la rade extérieure de Singapour; et elle présente trois collines, dont la plus élevée (qui est celle du milieu) a 50 mètres de haut. Les deux pointes Teregeh et Tereh sont formées de falaises; la pointe Tereh est rouge et offre un morne escarpé très-remarquable. Pulo-Brani est entourée d'un récif de corail, qui découvre à 2/3 de marée; ce récif s'étend à plus de 2 encâblures dans l'E. de la pointe Teregeh, et sa limite est marquée par une balise blanche. La côte N.O. de Pulo-Brani, comprise entre la pointe Tereh et la pointe Risim, forme une partie de la côte S. de New-Harbour : entre ces deux pointes Tereh et Risim, la côte forme la baie Saga, qui assèche à mer basse.

Les écueils Brani sont entre Pulo-Brani et la pointe Pagar ; au milieu de ces écueils, il n'y a que 3 mètres d'eau ; dans l'E. de ces dangers, se trouve le chenal qui est marqué par trois bouées blanches.

Les Roches Timbaga sont entre la partie la moins profonde des écueils Brani et la pointe Pagar. Elles assèchent dans les grandes marées. A chacune de leurs extrémités, se trouveune balise rouge.

Le banc Timbaga, qui est dans le N.O. des roches Timbaga, ne porte que $2^m,70$ d'eau. Son extrémité N.O. est marquée par une bouée rouge.

Le Banc Meander et la *Roche Keppel* sont à peu près au milieu de New-Harbour et dans le N. de l'entrée du détroit de Sinki. Le banc Meander porte de $1^m,80$ à 4^m80 d'eau ; il est marqué par deux bouées, l'une à l'extrémité S.E. et l'autre à l'extrémité N.O. ; on trouve de 6 mètres à 8 mètres d'eau tout autour. La roche Keppel porte $4^m,50$ d'eau ; une bouée marque son côté E. ; on trouve de 9 mètres à 11 mètres d'eau autour de cette roche.

Indications sur Blakan-Mati, l'île Silugu, la roche Berdaun, le récif Pelawan.

La partie de côte N. de Blakan-Mati, comprise entre le détroit de Sinki et la pointe Rimau, forme une partie du côté S. de New-Harbour.

L'île Silugu est à l'entrée du détroit de Sinki devant la baie Imbeah qui assèche à mer basse. Cette île est petite, presque ronde, de hauteur moyenne, avec un petit bungalow au sommet. Le récif de la côte déborde un peu cette île.

La roche Berdaun est à 150 mètres dans l'O. de Silugu et à 100 mètres de Blakan-Mati ; elle est couverte de palétuviers. Un récif, qui assèche à mer basse, l'entoure à une distance de 120 mètres dans l'O. ; et de 1/2 encâblure dans le N. et dans l'Est.

La pointe Rimau, extrémité O. de Blakan-Mati, est formée de falaises et de roches. Elle est prolongée, dans la direction de l'O.N.O. et jusqu'à une distance de 1/2 encâblure, par un épi qui ne porte que 2 mètres d'eau.

Le récif Pelawan est à un peu plus de 2 encâblures au large de la côte O. de Blakan-Mati, à peu près au milieu de cette côte. Un pâté recouvert de 7m,30 d'eau se trouve un peu plus loin dans le S., et à la distance de 2 encâblures de la côte de Blakan-Mati.

Sur Blakan-Mati se trouvent : *le mont Serapong*, haut de 90 mètres; *le mont Siloso*, haut de 51 mètres, sur la pointe Rimau; et *le mont Imbeah*, haut de 60 mètres, qui est plus à l'E., dans le S. de la roche Berdaun. Deux collines, hautes d'une cinquantaine de mètres, sont situées plus loin dans le S.E. En venant de l'O., on aperçoit ces collines qui se détachent en dessous des terres plus élevées de l'île de Singapour.

Bancs et récifs à l'entrée Ouest de New-Harbour : chenal Sinki.

Le chenal Sinki (ou *Salat Sinki*) est une passe limitée dans le N. et dans le S. par des récifs, qui commence à 5 ou 6 milles dans l'O.S.O. de l'entrée O. de New-Harbour, et qui conduit à ce port quand on vient de l'Ouest.

Dans le N. du chenal Sinki, le récif le plus à l'E. se nomme *Banc Cyrene.* Ce banc est à un peu moins de trois milles dans l'O.1/4S.O. de la pointe Berlayer. Il se compose de 2 pâtés, dont une partie découvre à basse mer : le pâté de l'E. est double de celui de l'O.; ils ont à peu près 1 mille 1/2 de l'E. à l'O., et l'extrémité S. de chacun de ces pâtés est marquée par une balise blanche. *Un autre banc* très-petit se trouve à 3 milles dans l'O. de la balise la plus O. du banc Cyrene; il est marqué par une balise sur son côté N. Dans le N. de ce petit récif, il y a un groupe de petites îles; la plus voisine du récif en est à 1/2 mille dans le N.; elle s'appelle Pulo-Laut. Enfin, un autre petit récif non balisé gît à 1 mille dans l'O.S.O. de Pulo-Laut.

Dans le S. du chenal Sinki, les récifs se suivent sur une longueur de près de 4 milles. La limite du chenal est marquée, de ce côté, par 4 balises rouges, à peu près également espacées, et qui sont presque dans le même alignement sur une ligne O.1/4S.O. et E.1/4N.E.

Route pour aller directement de la rade de Singapour à New-Harbour.

En partant du mouillage de Singapour, on gouverne au S.O., en donnant un tour d'au moins 1 mille à la pointe Malaye. On évite les hauts-fonds de cette pointe et de la pointe Pagar, en ayant soin de ne pas porter à l'O. avant que le mât de pavillon du mont Faber soit amené dans l'alignement de l'extrémité E. des appontements en bois. A ce moment, on commence à gouverner à l'O., et l'on continue cette route jusqu'à ce que les deux balises rouges de l'extrémité des roches Timbaga soient l'une par l'autre au N.59°O. En faisant cette route, on veille à ne pas amener la pointe Teregeh à l'O. de l'O.$^1/_2$S., afin de parer les récifs de Buran-Daral et de la pointe Berala.

Ayant amené les deux balises des Timbaga au N.59°O., et si l'on a besoin de 11 mètres d'eau au moins, il faut passer dans le chenal au N. de ces roches. Pour cela, on gouverne à peu près au N.O., en tenant les balises par le bossoir de bâbord ; puis, on les laisse dans l'O. à 1/2 encâblure, en même temps qu'on laisse par tribord à la même distance la seconde balise rouge de la pointe Pagar. Dès que l'île Silugu est ouverte du morne de Tereh, on est au N. des roches et du banc Timbaga. On vient graduellement sur bâbord, c'est-à-dire vers l'O., laissant à 1/2 encâblure sur bâbord la bouée rouge du banc Timbaga ; puis à 1/2 encâblure sur tribord les 2 balises blanches, qui sont à l'accore du banc de la côte à 1 encâblure 1/2 de terre. Enfin, on vient à l'O.S.O., et l'on gouverne sur le mouillage, entre la pointe Tereh et les quais Purvis, en laissant tomber l'ancre par 10 à 13 mètres d'eau. Le meilleur mouillage est vis-à-vis les magasins à charbon, à 1 encâblure 1/2 dans l'E.$^1/_4$N.E. du banc Meander, en ne se tenant pas trop près de la côte Nord.

Ayant amené les deux balises des roches Timbaga au N.59°O., et si l'on n'a pas besoin de plus de 6 mètres d'eau, on peut passer dans le S. de ces roches. Dans ce cas, et pour trouver les plus grands fonds, variant généralement de 8 à 9 mètres, il convient de passer à environ 1/2 encâblure des balises des roches ; et de gouverner au N.65°O. environ sur la balise blanche la plus à l'O. du banc de la côte. On viendra graduellement à l'O., à mesure que Pulo-Silugu sera ouverte du morne de Tereh.

On ne devra pas essayer de passer dans le S. des bancs Brani.

Étant au mouillage de New-Harbour, faire route vers l'Ouest et sortir du port.

En quittant le mouillage pour aller vers l'O., on passe de préférence dans le S. et très-près des 2 bouées d'amarrage qui sont vis-à-vis du quai de la Compagnie Péninsulaire et Orientale. En même temps, on donne beaucoup de tour aux bouées du banc Meander qu'on laisse par bâbord ; et l'on évite la roche Keppel, en ne fermant pas le mont Saint-James par l'extrémité E. des jetées de la Compagnie Péninsulaire et Orientale. Après avoir dépassé le banc Meander et la roche Keppel, on gouverne à peu près à l'O.$^1/_4$S.O., en se tenant à mi-chenal, et en se défiant de la roche Berdaun qu'on laisse par bâbord, ainsi que des récifs de l'île Hantu marqués par une balise rouge qu'on laissera par tribord. On parera ces derniers récifs, ainsi que la roche Berlayer et le récif d'en dehors, en tenant le morne de Terch bien ouvert des ouvrages de la Compagnie Péninsulaire et Orientale.

Route en venant de l'O., pour aller à New-Harbour.

En venant de l'O., on va prendre connaissance de la balise du banc du Sultan ; et l'on passe dans le S. de ce banc, en ouvrant bien l'extrémité S. de l'île Salook de l'extrémité N. de l'île Soodong. Si l'on ne voit pas la balise du banc du Sultan, il faut bien veiller avant de continuer sa route ; car, sauf dans des cas très-rares, la balise est toujours en place. Une bonne route consiste à gouverner sur l'île Salook, en la relevant à l'E. ou à l'E.$^1/_2$S., et en veillant la balise du Sultan : quand celle-ci reste entre le N.N.O. et le N.O., on gouverne à l'E.$^1/_4$N.E, ou à l'E.N.E., en donnant à l'île un tour de 1 mille au moins, et en veillant les balises du chenal qui sont blanches dans le N., et rouges dans le S. En continuant la même route et en tenant compte de l'effet du courant, on arrive à l'entrée de New-Harbour dans laquelle on donne, en se tenant à mi-chenal, et en tenant le morne rouge de Tereh bien ouvert des jetées de la Compagnie Péninsulaire et Orientale.

Route pour aller à New-Harbour, en partant de la rade de Singapour et en passant dans le S. et dans l'O. de Blakan-Mati.

En venant de l'E., on gouverne de manière à passer dans le S. des îles Saint-Jean et des îles Soobur (ou Deux Sœurs), en leur donnant un tour de 1/2 mille au moins. On vient ensuite graduellement, vers le N.O., de manière à passer à peu près à 1 mille 1/2 dans l'E. de l'île Middle. A partir de ce moment, la route au N.O.$^1/_4$N., pendant 3 milles environ, conduit à l'entrée O. de New-Harbour. Cette route fait passer sur des fonds de 16 à 24 mètres, et fait laisser dans l'E. le récif Terumbo-Silegee, qui gît à 1 mille dans le N.O. environ des Sœurs.

§ 207. — Achem.

La Tête d'Achem, par 5°34′N. et 92°59′E., est un promontoire élevé, escarpé et accore, qui forme l'extrémité N. de Sumatra et le côté E. du chenal de Surate. Dans ce chenal, l'heure du plein aux syzygies, est 8 heures, et la montée de l'eau, de $2^m,44$.

La rivière d'Achem est à un peu moins de 6 milles dans l'E.10°N. de la Tête d'Achem. Entre ce cap et la rivière, la côte peut être approchée jusque par des fonds de 9 à 11 mètres.

La ville d'Achem (ou d'*Atchin*), située par 5°35′N. et 93°05′E., est construite sur les bords de la rivière, à 2 milles de son embouchure. Cette rivière se jette dans la mer, par plusieurs branches, qui séparent les terres basses en formant plusieurs îles; et ce delta compris entre le pied des montagnes et la mer est en partie inondé pendant la saison des pluies. La principale entrée est fermée par une barre sur laquelle une embarcation peut à peine passer, à basse mer; mais des caboteurs de 20 à 30 tonneaux peuvent la franchir au moment de la pleine mer, quand la marée est de $2^m,10$. L'heure du plein, aux syzygies, est 8 h. 45 m. environ; mais elle est irrégulière et dépend des vents et des courants qui règnent au large. La montée de l'eau, dans les grandes marées peut atteindre $2^m,40$ environ.

Le mouillage ordinaire, sur la rade, est par 15 à 25 mètres d'eau, à 2 milles environ de l'entrée de la rivière, par 5°37′N., en relevant l'embouchure entre le S.¹/₂E. et le S.E. A ce mouillage, on est abrité des vents de S.O. qui dominent généralement d'avril en novembre. Durant l'autre saison, les vents d'E. sont rarement forts; mais les vents de N.O. soufflent quelquefois. Ces derniers vents acquièrent une grande force dans le chenal du Bengale, et obligent à avoir de bonnes ancres et de bonnes chaînes si l'on veut les étaler au mouillage. Avec ces vents de N.O., on trouve un bon abri dans le passage Surat, sous la côte concave et dans le S. de l'île Stony (ou de Pierre), par 13^m à 18^m d'eau, en relevant la pointe S. de Pulo Gomes au S.O., et la Tête d'Achem à l'E.$^1/_2$N. Sur la rade d'Achem, et auprès de la côte, les brises de terre et de mer sont souvent établies dans les deux moussons; mais les brises de terre s'étendent rarement au-delà des îles.

En partant d'Achem, les navires destinés vers le N. prennent, suivant les circonstances, le passage du Bengale (entre Pulo-Way et Pulo-Brasse), ou celui de Malacca (dans le S. de Pulo-Way entre cette île et la côte N. de Sumatra). Les navires qui ont à se rendre dans l'O., pendant la mousson de S.O., ne doivent se risquer à prendre le passage Surate (entre Pulo-Nancy et la Tête d'Achem) que si le temps est favorable. Autrement, le passage du Bengale (entre Pulo-Way et Pulo-Brasse) est préférable ; et il est recommandé, quand on veut le traverser à cette époque, de se tenir auprès des îlots qui sont près de l'extrémité N. de Pulo-Brasse, afin de profiter du courant favorable qu'on pourra trouver portant vers l'Ouest (voir § 297).

CHAPITRE SIXIÈME.

Ports à poivre de la côte N.O. de Sumatra (1).

§ 208. — Atterrage de la côte N.O. de Sumatra.

Les navires allant à la côte O. de Sumatra, pour y traiter du poivre, atterrissent généralement sur l'île Simalou ; puis ils dirigent leur route vers leur destination.

L'île Simalou (2) a 54 milles de long, et 10 milles de large ; elle est d'une élévation moyenne, montagneuse, couverte d'arbres, et peut être aperçue à une distance de 27 à 30 milles, quelquefois même de beaucoup plus loin, quand le temps est clair. De chaque côté de l'île Simalou, il y a plusieurs ressauts brusques de fond, sur divers pâtés de corail qui gisent à 3 ou 6 milles du rivage. Sur l'un de ces récifs, qui se trouve à peu près au S. de la pointe S.O., les sondes varient très-brusquement de 55 mètres et de 36 mètres à 13 mètres

(1) Les renseignements contenus dans ce chapitre sont le résumé des instructions de Horsburgh, de James D. Gillis, et d'Endicott.

(2) Ile Simalou, ou Babie, ou Pulo-Simaloe, ou île Hog, ou Ile-aux-Cochons.

et peut-être moins encore. A environ 2 milles 1/2 en dehors des îlots, qui se trouvent au large de la partie E. de l'île Simalou, existe un banc de corail ne portant guère que 3m,60 d'eau, et à côté duquel on ne trouve pas de fond avec 165 mètres de ligne. La pointe N.O. de Simalou est par 2°57'N. et environ 93°22'E.; la pointe E. gît par 2°26'N., et 94°06'E.; et la pointe S., par 2°19'N. et 94°02'Est.

Pulo-Assou (ou Pulo-Assoe, ou Pulo-Assayo, ou Ile-aux-Chiens) est à environ 5 milles de la côte E. de l'île Simalou. Un récif, marqué douteux sur les cartes, doit exister à 1 mille 1/2 ou 2 milles dans l'E. de cet îlot Pulo-Assou.

Les deux Iles Plates (ou Pulo-Toopah, ou Pulo-Tapak, ou Iles Flat) gisent à 13 milles environ dans le S.E. de la pointe S. de l'île Simalou. La pointe N.O. de Pulo-Tapak est par 2°11'N. et 94°12'E.; et la limite S. de ces îles est par 2°03'N. *Entre la pointe S. de Simalou et les deux Iles Plates, existe un bon chenal* de 10 milles de large : au milieu du chenal, on a trouvé 47 mètres d'eau; et, à 2 milles de la plus N. des deux Iles Plates, on n'a pas trouvé de fond avec 128 mètres de ligne. Mais, à l'E. de la plus N. des deux Iles Plates, et à une distance de 2 ou 3 milles, existe un banc de corail dont il faut se défier.

Sur la côte O. de l'île Simalou, gisent divers bancs, comme nous l'avons déjà indiqué. Ainsi, à 4 ou 5 milles dans l'O. de la pointe N. de l'île, et à 2 milles au large des deux îlots qui sont auprès de cette pointe, existe un banc de corail qui porte moins de 7 mètres d'eau. En face de la côte O., règne un grand récif dont la position et l'étendue ne sont pas bien déterminées, et qui se prolonge au large à plus de 5 milles de terre.

Les Iles-aux-Cocos sont deux petites îles basses et couvertes d'arbres, situées à 24 milles environ dans l'O.¼N.O. de la pointe N.O. de l'île Simalou. La plus N. des deux Iles-aux-Cocos est par 3°01'N. et environ 92°58'E. Entre ces deux îlots, qui sont visibles à 10 ou 15 milles, règne un chenal large de 1 mille 1/2 et qui n'est pas sain. La plus S. des deux îles est deux fois plus grande que l'autre; elle est prolongée dans le S., jusqu'à une distance d'une douzaine de milles, par un récif dangereux. D'un autre côté, des îlots et récifs s'étendent jusqu'à 4 ou 5 milles, dans l'O. et dans l'O.N.O. de la pointe N.O. de l'île Simalou. Par suite, les approches et le passage du chenal existant entre les Iles-Cocos et Simalou, présentent une réelle difficulté ; et l'on fera mieux en général de doubler les Iles-aux-Cocos par le N. Toutefois, quand on voudra traverser ce passage, il conviendra d'accoster, *de jour*, la côte N.O. de Simalou, avec précaution ; et l'on suivra cette côte d'assez près, en veillant bien devant et du haut de la mâture. On aura soin, en courant vers l'E., pour chercher la côte O. de Simalou, de ne pas amener la plus S. des Iles-aux-Cocos au N. du N.E., à moins d'en être sûrement à plus de 12 milles dans le S., afin d'éviter de rencontrer le récif dont nous avons parlé précédemment.

§ 209. — Baie de Barbah-Wie.

La baie de Barbah-Wie est comprise entre les pointes Oujong-Soobahng ou Goohah et Oujong-Barbah-Pahroa. Dans cette baie, ainsi que dans son voisinage, se trouvent plusieurs bancs de corail, qui rendent l'entrée difficile et dangereuse pour un étranger. L'un de ces bancs qui reste au large de la pointe Soobahng, à une distance d'environ 1 mille dans le S.O., porte 3^{m},60 d'eau seulement, et brise assez ordinairement. Les indigènes appellent ce banc Loong-Carp-Soobahng. Un autre banc existe à 3/4 de mille dans l'O. de Oujong-Chenam-Proeng (nom d'une pointe qui est située au milieu de la côte de la baie); le plus faible brassiage que l'on trouve sur ce banc est de 4 mètres, et l'on a de 16 mètres à 18 mètres d'eau à côté, en dehors de son accore. Mais, le récif le plus étendu et le plus dangereux, appelé Loong-Carp Barbah-Pahroa, est celui qui se trouve dans l'O.$^{1}/_{4}$N.O. de la pointe Barbah-Pahroa, tout à fait sur la route des navires ; l'extrémité extérieure de ce banc est à 2 milles de la pointe ; il a 1 mille d'étendue de l'E. à l'O., et environ 3/4 de mille de largeur. Entre cet écueil et la pointe Barbah-Pahroa, le passage est sain avec 26 mètres d'eau et fond de vase, au milieu du chenal. Le plus petit fond trouvé sur ce banc par M. Gillis a été de 5 mètres, mais ce navigateur pense qu'il y a encore moins d'eau en divers endroits ; de plus, dans son voisinage, le fond est très-inégal. Lorsque la houle se fait sentir en dehors, ce récif brise avec force dans une grande étendue. Un banc se projette à une distance de 2 encâblures de la pointe Barbah-Pahroa.

Le meilleur mouillage, dans la baie de Barbah-Wie, est par 20 mètres d'eau environ, fond d'argile molle, en relevant la pointe Barbah-Pahroa au S.E.$^1/_4$S., et la pointe de Chenam-Proeng à l'E.N.E.$^1/_2$N. Le bâtiment ainsi mouillé est à 3/4 de mille en dehors des hauts-fonds de Chenam-Proeng, et à 1 mille 1/4 du village de Barbah-Wie ; en allant plus près du village, le fond ne serait pas aussi bon. De plus, ce mouillage est fort convenable pour prendre du poivre aux quatre villages de la baie, qui se nomment : Barbah-Wie, Chenam-Proeng, Soobahng et Barbah-Pahroa ; les deux premiers sont les plus considérables.

Un étranger ne doit pas essayer de donner dans la baie, sans avoir à bord quelqu'un qui connaisse d'une manière certaine les deux points Soobahng et Chenam-Proeng, qui sont basses, et difficiles à distinguer l'une de l'autre ; la première peut toutefois être reconnue, attendu qu'elle est à 1 mille environ dans le S.S.E. de Pulo-Limpan. Pour passer entre les bancs, il convient d'amener la pointe de Chenam-Proeng à l'E.$^1/_2$N., et de la conserver dans ce relèvement jusqu'à ce que Pulo-Limpan reste au N.$^1/_4$N.E. ; à ce moment, on pourra gouverner directement sur le mouillage, en faisant l'E.$^1/_2$S., ou l'E.$^1/_4$S.E. Les navires venant du S., à destination de Barbah-Wie, pourront, quand ils auront le vent sous vergues, passer entre la pointe Pahroa et le récif ; dans ce cas, on conservera Pulo-Limpan au N.$^1/_2$O., jusqu'à ce que la pointe Pahroa reste à l'E.$^1/_4$S.E. environ, et dès ce moment on fera route directe sur le mouillage. Avec du vent de S. et un courant portant au N., un navire qui passerait en dehors pourrait être drossé sur l'écueil de Soobahng.

La pointe de Barbah-Wie est basse ; elle descend irrégulièrement à partir d'une haute montagne qui est à 1 mille dans les terres. Un récif de corail qui découvre à mer basse, s'étend à plus d'une encâblure de cette pointe ; il y a 8 mètres d'eau près de l'accore extérieur, mais le fond augmente bientôt vers l'O. jusqu'à 16 et 23 mètres, corail, et il continue à être dur jusqu'à 1/2 mille environ ; il est alors de 29 à 30 mètres, vase, à mi-chemin entre le récif et l'écueil. A partir de cette profondeur, le fond est tout à fait uni, et les sondes ne varient que lorsque l'on est à très-petite distance du haut-fond. Entre la pointe Pahroa et Pulo-Riah, il paraît n'y avoir de danger que ce qui est visible, excepté près de terre. Il est bon de remarquer que les habitants de la baie de Barbah-Wie et de Diah semblent être ceux de toute la côte dans lesquels on doit avoir le moins de confiance.

§ 210. — **Pulo-Riah (ou Rio).**

Pulo-Riah a environ 3 milles 3/4 de circonférence, et une centaine de mètres de hauteur ; elle est couverte d'arbres qui lui donnent de loin une apparence unie. Sur les côtes S. et S.O., se trouvent plusieurs falaises rocheuses, ayant de 9 à 24 mètres de haut. Comme point de reconnaissance de Pulo-Riah, l'on a le petit îlot qui l'avoisine du côté de l'O., appelé *Pulo-Mahnay*, situé par 4°52'N. et 93°09'E. Cet îlot est formé de grès jaunâtre ; il présente des falaises de 12 mètres d'élévation ; il est moins haut que Pulo-Riah et il porte quelques cocotiers. Autour de Pulo-Riah existe un récif de corail qui brise ordinairement et qui s'étend en plusieurs endroits, à deux encâblures du rivage. L'île ne produit pas de poivre, et les habitants n'ont pas de relations avec ceux de la grande terre.

Dans la baie formée par Pulo-Riah et la côte qui s'étend vers le N., il y a plusieurs marchés de poivre sur la grande terre. Le principal est Telloo-Crooet, qui se trouve à 2 milles dans l'E.$^1/_2$N. de Pulo-Mahnay. Le mouillage habituel, pour prendre du poivre à ce port, est à la partie N.O. de Pulo-Riah ; mais on peut mouiller du côté S.E. tout aussi près de la ville et à l'abri des vents de N.O. Ce port passe pour être assez salubre.

§ 211. — **Telloo-Crooet (ou Krooet).**

En venant du N. à destination de Telloo-Crooet, on peut passer à mi-chenal entre la partie N.O. de Pulo-Riah et la grande terre ; et mouiller par 17 mètres environ, vase, en relevant Pulo-Mahnay au S.O., et l'extrémité E. de Pulo-Riah au S.S.E.$^1/_2$E. *En venant du S.*, il faudra contourner Pulo-Mahnay à 3 ou 4 encâblures au moins ; puis, quand cet îlot restera dans l'E.$^1/_4$S.E., et lorsque la pointe de Telloo-Crooet sera visible, on pourra gouverner directement sur le mouillage, vers la partie N.O. de Pulo-Riah. Il ne convient pas de mouiller plus près de Telloo-Crooet, parce que le fond devient de sable, en s'avançant davantage.

Dans cette position, si un coup de vent de N.O. survient, si l'on casse sa chaîne ou si l'on dérade, on peut avoir la chance de s'échapper, en prenant le passage entre Pulo-Riah et la grande terre; au contraire, en mouillant plus dans l'O. auprès de l'île, le navire qui déraderait irait inévitablement à la côte. Entre Pulo-Riah et Sumatra, la distance est de 3 encâblures ; mais le passage est rendu très-étroit, par la présence de trois ou quatre petites roches de la dimension d'une meule de foin et qui ne portent guère que 0^{m},60 à 1^{m},80 d'eau ; elles gisent à peu près à mi-chenal, dans la partie N.O. du passage. A côté de ces roches, du côté le plus rapproché de Pulo-Riah, on trouve des fonds de 13 mètres, qui augmentent jusqu'à 16 mètres, et deviennent irréguliers en se rapprochant de l'île. A 110 ou 130 mètres de la pointe de Sable (pointe N.E. de l'île), le fond diminue brusquement à 6 mètres et à 3^{m},60. Quand on passe par ce chenal, il convient de se tenir au quart de la largeur du passage, à partir de l'île (en comptant la distance à partir des arbres). En se tenant à cette distance, et en venant du N.O., les fonds varient de 15 m. à 16 mètres, à 13 mètres, puis à 21 et 23 mètres, et probablement pas moins de 13 mètres. Entre les roches et une pointe de sable qui s'étend à 90 mètres de la grande terre, le passage n'est pas sûr ; et un plateau de corail, portant 7^{m},60 à 9 mètres d'eau, s'étend depuis les roches vers la direction du S.S.E., parallèlement à la côte presque en travers du passage.

§ 212. — Barbah-Nepah.

La pointe de Barbah-Nepah (appelée aussi Baba-Neepa ou Oujong-Glass) peut être reconnue par ses falaises de couleur cendrée, et par une petite roche qui est à quelques pieds de la pointe ; de plus, c'est la première pointe dans le S.E. de Pulo-Riah. Entre cette île et la pointe de Barbah-Nepah, on peut mouiller partout. En relevant le milieu de Riah dans le N.O., le fond est uni par 19 à 20 mètres d'eau, vase, et l'on se trouve bien abrité des vents de N.O.

Le village de Barbah-Nepah est à 1/2 mille en dedans de la pointe. A côté du village, se trouve une rivière fournissant de bonne eau. Entre la rivière et la pointe, des récifs de corail s'étendent à 2 ou 3 encâblures au large du rivage. Pour charger du poivre, on peut mouiller en relevant la pointe au S.S.E., à 7 encâblures environ, par 18 mètres, vase. A partir de ce brassiage, en se rapprochant de terre, le fond devient plus dur entre le village de Barbah-Nepah et Pulo-

Riah ; dans quelques endroits, à 4 ou 5 encâblures de terre, les fonds sont de sable dur. Ce port à poivre appartient à Telloo-Crooet. La pointe Barbah-Nepah est probablement saine ; entre elle et Pulo-Cass, à une distance modérée de la côte, et en ne venant pas en dedans de 18 mètres, il ne paraît pas y avoir de danger à craindre.

§ 213. — Pulo-Cass.

Pulo-Cass est très-élevée ; et, de même que toutes les îles entre Pulo-Riah et Catappang-Pahse (ou Kalapang-Pahse), elle est formée par une masse de roches noires ayant l'apparence de minerai de fer et qui sont couvertes d'arbres. La partie S.O. est beaucoup plus haute que celle du N.E.; et, lorsqu'on relève l'île dans le S.E., elle ressemble à une cuiller à manche court, dont la partie convexe est en dessus. La partie de l'île tournée vers le large, depuis la pointe N.O. jusqu'à celle du S.E., est très-accore ; et l'on trouve 18 mètres, vase, à côté des roches. La partie de l'île tournée vers la grande terre, depuis la même pointe du N.O. jusqu'à celle du S.E., est bordée par un récif de corail qui s'étend à une distance de l'île variable de 18 à 91 mètres. La partie la plus large de ce récif est dans le voisinage de Pulo-Kecheel ; en divers endroits, l'accore est visible ; et l'on trouve à côté de lui des fonds de 9 mètres à 11 mètres. Le mouillage est sûr autour de cette île ; mais, la meilleure position est lorsqu'on relève la pointe S.E. de l'île à l'O.S.O. par 14 mètres, vase, en se plaçant plus près de l'île que de la grande terre, afin d'éviter une pointe de sable qui s'avance à petite distance de la côte. Dans cette position, le navire est abrité de tous les vents qui soufflent avec une grande violence sur cette côte ; et, en appareillant, il peut passer d'un côté ou de l'autre de l'île. En quittant le mouillage et en passant par le N.O., le plus petit fond que l'on puisse trouver, dans le milieu du chenal, sera de 10 mètres d'eau, dans la partie la plus resserrée comprise entre la pointe Patty et la pointe N.E. de l'île. Les navires se rendant au mouillage ne doivent pas contourner la pointe S.E. de Pulo-Cass à moins de 100 à 200 mètres, afin d'éviter sûrement le récif qui s'étend à 75 mètres environ de cette pointe ; ce récif porte 5 mètres d'eau environ, tandis qu'on trouve 17 mètres, à toucher son accore extérieur.

§ 214. — Pulo-Patty et Pulo-Kecheel.

Patty est un petit port à poivre, en dedans de Pulo-Cass. Auprès du village, est une petite colline verte, couverte de cocotiers que l'on aperçoit à quelque distance quand on est dans le Sud.

Pulo-Kecheel est un petit îlot couvert d'arbres, qui est à 3/4 de mille environ dans le N. de Pulo-Cass. Une rangée d'une vingtaine de roches, au-dessus de l'eau, s'étend en ligne droite vers l'O., à une distance d'environ 1/4 de mille de Pulo-Kecheel ; on trouve 13 mètres d'eau, à toucher la roche la plus au large. Sur le côté voisin de Pulo-Cass, il y a de 5 mètres à 7 mètres d'eau, corail, auprès de ces roches et ces fonds augmentent assez régulièrement en se rapprochant de l'île. Mais, comme le fond est dur, au moins jusqu'à moitié chemin, un navire qui voudra mouiller de ce côté de Pulo-Cass devra se maintenir plus près de l'île que des roches, de manière à trouver des fonds mous, avec environ 16 mètres d'eau.

Entre Pulo-Cass et les îles Pehjabah, il ne paraît pas y avoir de dangers. A 1 mille 1/2 environ dans le S.S.E. de Pulo-Cass, est un banc de roches sur lequel on a trouvé 16 mètres d'eau, quoique les indigènes prétendent qu'il n'y a que 13 mètres de fond. Ce banc a 1 mille de long, dans une direction N.O. et S.E.

§ 215. — Iles Pehjabah et port de Telloo-Goolumpung.

Les îles Pehjabah (ou Pehyabah) forment la rade de Telloo-Goolumpung, qui est l'un des marchés de poivre les plus importants de cette partie de la côte. Elles sont situées à environ 1 mille de la grande terre ; elles sont très-petites et très-rapprochées l'une de l'autre. La plus grande est appelée Pehjabah-Besar ; et la plus petite qui est en même temps la plus en dehors porte le nom de Pehjabah-Kecheel. Elles ont à peu près toutes deux la même hauteur ; la plus petite paraît ronde à son sommet, avec un contour plus uni, parce que les arbres ont une hauteur plus régulière sur cette île que sur l'autre, où l'on aperçoit au contraire plusieurs grands arbres qui lui donnent une apparence plus irrégulière. Un récif de corail portant $3^m,60$ d'eau s'étend à 1 encâblure 1/2 de la côte intérieure de ces îles. Une roche élevée de 5 ou 6 mètres se trouve à près de 2 encâblures dans le S.$^1/_2$O. de l'île la plus au large ; et l'on a des fonds de 20 mètres, à la toucher. Il y a aussi une autre roche, presque au niveau de l'eau, qui brise ordinairement et qui gît dans le S.$^1/_4$S.E. de la même île. En dedans des îles Pehjabah, près de la grande terre, se trouve Pulo-Cleung, haute d'une centaine de mètres, c'est-à-dire plus haute et en même temps plus grande que les Pehjabah. Toutefois, son voisinage de la côte la rend moins apparente que ces dernières ; elle est accore tout autour, excepté du côté d'en dedans, et elle est couverte d'arbres comme les Pehjabah. La pointe, ou la presqu'île de Telloo-Goolumpung est une colline verte, à peu près aussi haute que Pulo-Cleung, et sur laquelle on voit quelques arbres dispersés et une maison sur le sommet. La base de cette pointe est formée de falaises rocheuses ; elle est réunie à la grande terre par un isthme bas et sablonneux, de sorte qu'en l'apercevant dans certaines directions, elle a l'apparence d'une île.

Les navires destinés à Telloo-Goolumpung passent ordinairement entre les Pehjabah et Pulo-Epoo-Cheechem. Le seul danger, sur cette route, est la petite roche déjà mentionnée qui gît dans le S.$^1/_4$S.E. de la Petite Pehjabah, à une distance d'un peu plus de 3 encâblures ; elle brise ordinairement, et l'on trouve 18 mètres d'eau à la toucher. En dehors de la pointe Telloo-Goolumpung, on trouve 15 mètres d'eau, à côté des falaises. Le meilleur mouillage, à Telloo-Goolumpung, est celui d'où l'on relève les Pehjabah au N.O., et Pulo-Cleung au N.E.$^1/_4$N., par 15 mètres, vase et sable. Mais, pour embarquer du poivre, on mouille habituellement beaucoup plus près de la ville, sur l'alignement de la pointe Goolumpung et de Pulo-Cleung, à mi-distance entre les deux, et par 14 mètres d'eau environ. Si l'on reste à ce mouillage, entre avril et septembre, il convient d'affourcher avec deux bonnes ancres pour le vent de N.O., car le fond est de sable et il n'y a pas de place pour chasser, ou de chance pour démaillonner ses chaînes et prendre la mer. Le mouillage de Telloo-Goolumpung passe pour être assez salubre.

§ 216. — Rahnoo et îles voisines.

Pulo-Cheechem est une île haute et escarpée, ressemblant quand on la voit dans diverses directions à un bonnet écossais. Des roches hors de l'eau s'étendent dans le S.S.E., à une encâblure environ de la partie S.E. de l'île; et l'on trouve 15 mètres d'eau, à toucher la roche d'en dehors. Il faut mentionner aussi un récif de corail, portant 3^{m},60 d'eau, et qui s'étend à 1 encâblure 1/2 de la partie N.E. de l'île.

Pulo-Epoo-Cheechem, qui est située à moins de 1 encâblure 1/2 dans l'O. de Pulo-Cheechem, est beaucoup plus basse que cette dernière; et elle n'est pas visible au-dessus de l'horizon alors qu'on aperçoit distinctement Cheechem. Quand on la relève au N.N.E., ou au S.S.O., elle ressemble à un coin de mire, quoique son contour soit un peu irrégulier; on trouve 18 à 20 mètres d'eau, à la toucher, du côté du large. Trois roches noires gisent à environ 7 encâblures dans l'E. de Pulo-Cheechem; elles sont hautes de 3 mètres environ, et l'on trouve de 10 à 13 mètres d'eau à les toucher. Auprès de ces roches, du côté du large, il ne paraît pas y avoir de roches ni de bancs; mais, en dedans, il y a plusieurs têtes de roche à fleur d'eau.

Rahnoo, qui est un port à poivre important, appartenant à Telloo-Goolumpung, se trouve à 1 mille 1/2 dans l'E.S.E.$^{1}/_{2}$E. de Pulo-Cheechem. Le meilleur mouillage de ce port est celui d'où l'on relève Pulo-Cheechem au N.O.$^{1}/_{4}$N. et la roche noire la plus S. au N.E.$^{1}/_{2}$E., par 18 mètres, vase et sable ; on s'y trouve à 1 mille dans l'O.7°S. de Rahnoo. En allant plus près de la ville, le fond est de sable, mêlé de corail et de coquilles. Les indigènes insistent pour que le navire mouille plus près de terre que nous ne l'avons indiqué; mais il n'y a pas lieu d'en tenir compte, attendu qu'on serait moins en sûreté et que les naturels ne pourraient pas fournir par jour plus de poivre que la quantité portée à bord à 1 mille de terre.

Pulo-Epoo-Rahnoo est une petite île, située à 1/2 mille dans le S. de Rahnoo et seulement à quelques mètres de la côte à laquelle elle est jointe par des roches. Néanmoins, cette île se distingue facilement de la côte, dont elle diffère essentiellement. Effectivement, la côte depuis Telloo-Goolumpung jusqu'à Rigas est tout à fait basse et garnie d'arbres qui poussent très-près de la plage de sable. Au contraire, Pulo-Epoo-Rahnoo est formée par une pile de rochers de 15 mètres de haut, portant des arbres à son sommet. On verra aussi, dans le N.O. de cette île et à petite distance, une roche au-dessus de l'eau.

Il est utile de prendre connaissance de Pulo-Epoo-Rahnoo, afin d'éviter une roche dangereuse, qui en est distante à 3/4 de mille dans l'O.S.O.½O. et qui brise rarement; il y a 3^m,30 d'eau dessus, dans les grandes marées, au moment du bas de l'eau. La partie la moins profonde n'a qu'une cinquantaine de mètres d'étendue, et elle est très-inégale et accidentée; on trouve 20 mètres d'eau, vase, près de son accore extérieur. La nature du fond n'est probablement pas de corail, car on ne peut pas le voir; et il est probable qu'il est de même nature que les roches voisines qui sont au-dessus de l'eau. On passera à 1/4 de mille dans le S.E. de ce banc, en tenant l'un par l'autre Pulo-Epoo-Rahnoo et le pic de la montagne de Rigas. Il y a aussi un groupe de roches hors de l'eau dans le S.8°O. de Pulo-Epoo-Rahnoo, à une distance de 1/3 de mille environ. A côté de ces roches, du côté du large, les fonds sont de 15 à 16 mètres. Entre Pulo-Epoo-Rahnoo et la pointe de Rigas, existe une baie pleine de bancs de corail et dans laquelle se trouve un petit port à poivre appelé Jahbee.

§ 217. — Rigas, Chellung, Battoo-Tootung, Jahbee et Pang-Ah.

La ville de *Rigas* est sur la côte N.O. de la baie Rigas. C'est un port à poivre très-important, qui réunit les petits marchés de Chellung, de Batoo-Tootung, de Jahbee et de Pang-Ah. Le village de *Batoo-Tootung* est dans la baie de Rigas. Celui de *Chellung* (ou Chellang) est sur le bord d'une baie qui est dans le S.E. de la baie Rigas, et en dedans des îlots Pahsee; auprès du rivage, on remarque des cocotiers; de plus, un fort construit sur une colline peut se voir lorsqu'on est au large des îlots Pahsee. Quant à *Pang-Ah*, il se trouve à 6 ou 7 milles dans le S.E. des îlots Pahsee, et nous en parlerons plus loin.

La grande baie de Rigas est comprise entre la pointe *Oujong-Barhoos* et la pointe *Oujong-Chellung*. Au milieu de la baie, gisent les deux îles *Pulo-Poogashee* et *Pulo-Sammote;* à l'entrée et en travers de la baie, se trouvent les deux grandes îles *Pulo-Roosum* et *Pulo-Engahng*. En dehors de la baie, et à environ 1 mille 1/2 de l'entrée, se trouve l'île *Pulo-Cap* qui est environnée de roches. Enfin, dans le S.E. et jusqu'à 1 mille ou 1 mille 1/2, gisent les roches et les îles *Pashee*.

Nous allons donner successivement la description de ces terres, des îles et des dangers, avant de reproduire les instructions nécessaires pour aller prendre le mouillage de Rigas.

La pointe Oujong-Barhoos (ou Barus ou pointe Rigas) est basse, rocheuse, couverte d'arbres ; et son extrémité est un peu plus élevée que la terre qui l'avoisine. A petite distance en arrière, il y a une montagne ou deux, portant des arbres épars. Dans la direction de Pulo-Cap, près de la pointe, le fond est dur, avec 15 mètres d'eau ; dans la même direction, et à 2 encâblures plus loin, on a 18 mètres d'eau, vase. A partir de la pointe Oujong-Barhoos, et en allant vers la baie Rigas, la côte est bordée par un récif de corail qui s'étend jusqu'à la pointe Oujong-Ramboon, à 1 mille environ dans l'E. de Oujong-Barhoos. Ce récif de corail atteint sa plus grande largeur, à 1/2 mille environ de la pointe Oujong-Barhoos, point où il s'avance au large à 2 encâblures environ. Dans cette région, le récif assèche en plusieurs endroits, et il y a un petit rocher détaché qui brise généralement. La pointe Oujong-Ramboon, dont nous venons de parler, est une montagne à pic, qui forme la pointe N. intérieure de la baie de Rigas. Dans le passage compris entre cette pointe et l'île Pulo-Roosum, qui a 2 encâblures environ de large, gisent plusieurs roches hors de l'eau.

L'île Pulo-Cap, située par 4°38'N. et 93°18'E., n'est généralement connue des indigènes que sous le nom de Pulo-Rangas. Elle est formée par une masse de rochers, haute de 15 à 20 mètres, et couverte d'arbres dont plusieurs sont très-élevés. Les pluies, qui tombent en abondance dans ces parages, entretiennent partout la végétation ; de grands arbres poussent sur des roches où il ne semble pas y avoir de terre végétale ; et toutes les montagnes sont couvertes d'arbres élevés, depuis leur base jusqu'à leur sommet. Les arbres de Pulo-Cap commencent à être visibles, à 17 milles 1/2 de distance, par temps clair, quand l'œil est élevé de 6 mètres. En dedans de l'île et du côté de la grande terre, est un banc de corail portant de 6 à 9 mètres d'eau et qui s'étend à 1 encâblure de distance ; on trouve 22 mètres d'eau, à le toucher. Auprès de la pointe N.O., et à moins de 1 encâblure, gît une petite roche qui brise ordinairement. De tous les autres côtés, l'île est accore ; et l'on a, auprès d'elle, de 22 à 24 mètres d'eau. Près de la pointe S.E. de l'île, gisent deux rochers élevés, qui sont accores et qui touchent presque l'île.

On peut mouiller d'un côté ou de l'autre de Pulo-Cap, à environ 2 encâblures 1/2, par 22 à 24 mètres d'eau, vase, à l'abri des vents de N.O. et de S.E. On trouve aussi un bon mouillage, en dedans de Pulo-Cap, soit dans la direction de Oujong-Barhoos, soit dans celle de Pashee Rock, sur un plateau de fonds réguliers de 20 mètres environ, de vase couleur olive ou de sable fin.

Entre Pulo-Cap et la côte, gisent trois petites roches, hautes de 1 mètre environ. L'une se trouve à 1/2 mille dans l'E.¼S.E. de Pulo-Cap, et s'appelle Cap-Rock. Une autre est à 3/4 de mille dans l'O.S.O. de Pulo-Roosum, et s'appelle Roosum-Rock. La troisième, appelée Pashee-Rock, est à 1/2 mille dans le S.O. de la grande île Pashee. Ces roches donnent aux abords de la baie Rigas une apparence dangereuse; mais en réalité elles ne sont pas plus à craindre que si elles étaient autant de quais, attendu que l'on trouve de 9 à 10 mètres d'eau à les toucher. Il y a une quatrième roche, à 1/4 de mille dans le N.N.O. de la roche Roosum; elle est petite et porte 4 mètres d'eau; mais elle n'est pas sur la route des navires.

Les îles Rigas sont au nombre de quatre. *Pulo-Roosum*, la plus grande, est longue de 1/2 mille; elle est placée en travers de l'entrée de la baie. Du côté du large, elle est haute, formée de falaises rocheuses et abruptes, couvertes d'arbres. Du côté d'en dedans, il y a un petit espace de terre basse, sur lequel se trouvent beaucoup de cocotiers. *Pulo-Engahng*, qui est la plus voisine à l'E. de Roosum, se compose d'un amas de roches accores et couvertes d'arbres. *Pulo-Sammote* est basse et ne montre pas de falaises rocheuses; mais elle est couverte d'arbres. *Pulo-Poogashee* est un rocher, ou plutôt est composée de deux roches réunies; sur le sommet, on voit quelques buissons ou petits arbres. Presque toutes les terres dans ces environs sont hautes, et la seule partie marécageuse est sur la côte, dans la partie N.E. de la baie Rigas.

La presqu'île Chellung est plus haute que les îles; elle a de 120 à 150 mètres d'élévation, et elle est formée de falaises rocheuses. Comme toute la côte dans le voisinage de Rigas, à l'exception des parties cultivées, la presqu'île est couverte d'arbres depuis son sommet jusqu'aux falaises; elle est jointe à la côte par un isthme bas et sablonneux, ce qui lui donne l'apparence d'une île. *La pointe Oujong-Chellung* forme la partie S. de la baie de Rigas. *La pointe Oujong-Battoo-Tootung* est à 5 ou 6 encâblures en dedans de la pointe Oujong-Chellung; et elle est haute et rocheuse, comme cette dernière.

Entre ces deux pointes est une petite baie profonde de 3 encâblures et bordée par une plage de sable.

La rade de Rigas, c'est-à-dire la partie de la baie de Rigas où se trouve le seul mouillage sûr, est limitée d'un côté par les deux îles Pulo-Engahng et Pulo-Sammote ; et de l'autre, par la pointe et les terres voisines de Oujong-Battoo-Tootung. Elle a de 4 à 5 encâblures de long, E. et O.; et 3 encâblures de large, N. et S.; le brassiage y varie de 7 à 11 mètres.

Les navires destinés à la rade de Rigas passent d'abord entre la roche Pashee et Pulo-Cap, en relevant Oujong-Chellung à peu près au N.E.; puis, ils pénètrent dans la rade en laissant Pulo-Roosum sur bâbord, et Oujong-Chellung sur tribord. En suivant cette route, il faut se défier d'une petite roche qui est à 3 encâblures dans le S. de Pulo-Roosum et à 4 ou 5 encâblures dans l'O.N.O.$^1/_2$N. de Oujong-Chellung. On pare cette roche, en conservant la pointe S. de Pulo-Sammote, à peu près au N.E.$^1/_4$N. bien découverte à l'E. de Pulo-Engahng. Cet alignement fera passer à mi-chemin entre la roche et Oujong-Chellung. Quand on sera à 3 encâblures en dedans de cette pointe, on mettra plus d'E. dans la route, afin de passer à une encâblure environ dans le S. de Pulo-Engahng. Le mouillage est par 9 ou 10 mètres, vase, en amenant Pulo-Poogashee par l'entrée du bazar de Rigas, et en relevant l'extrémité S. de Pulo-Engahng à l'O.S.O.$^1/_2$S., en même temps que Oujong-Battoo-Tootung au S.E., à 1 encâblure 1/2 de distance environ. On reconnaît facilement cette pointe, en remarquant que c'est la première, après avoir dépassé Oujong-Chellung, et qu'elle forme l'extrémité E. de la petite baie dont nous avons déjà parlé, et qui commence à Oujong-Chellung. Entre Pulo-Engahng et Pulo-Sammote, s'étend un récif de corail, qui assèche en divers endroits à mer basse et qui forme la limite N.O. du mouillage. Cette rade, dont nous venons de donner la description, est fermée et abritée; *mais elle est très-insalubre.* Pour cette raison, l'on préférera souvent l'un des mouillages extérieurs, et notamment celui de Roosum.

Le mouillage extérieur de Roosum est en dedans de Roosum-Rock, par des fonds d'environ 16 mètres, sable fin olivâtre, ou sable et vase, en relevant Roosum-Rock à l'O.S.O.$^1/_2$O., et l'extrémité des roches qui sont sur la pointe Oujong-Barhoos touchant la pointe d'en dedans de Pehjabah-Besar. Cette île Pehjabah-Besar se reconnaît parce qu'elle est la première qui vient sur l'alignement de la pointe Oujong-Barhoos, après avoir fermé Pulo-Epoo-Rahnoo ; on remarque aussi un bouquet d'arbres sur l'extrémité intérieure, tandis que le reste de l'île est bas et uni. A ce mouillage, le navire semble très-près de Roosum-Rock ; mais, comme il n'évite dans cette direction qu'avec la brise de terre, il ne peut être porté sur cette roche, s'il est affourché avec une longue touée. Cette dernière précaution doit être prise le plus tôt possible, autrement on serait exposé, avec les variations des vents et des courants, à surjaler son ancre. D'octobre en avril, la grosse ancre sera mouillée dans le S., et l'autre dans le N.O.; mais, dès le commencement d'avril, on doit faire l'inverse, puisque les vents à craindre dans cette nouvelle saison sont ceux du N.O. On peut conseiller aux navires qui vont chercher ce mouillage, de placer d'abord une bouée pour marquer exactement l'endroit où ils doivent mouiller.

Au mouillage de Roosum, le navire se trouve à la même distance de Rigas (1 mille 1/4 environ) que s'il était au mouillage de la rade de Rigas ; et, même dans le cas de vents de S. assez frais, les bateaux apportent le poivre à bord sans difficulté. Le mouillage de Roosum présente une sécurité suffisante, tant qu'il ne vente pas coup de vent. Les vents violents sont d'ailleurs rares sur cette côte, et ils soufflent assez ordinairement dans la direction même de la côte, de sorte qu'ils ne portent pas à terre. Avec les vents de N.O. qui, à peu d'exception près, sont les seuls d'une grande violence, la mer ne sera probablement pas trop grosse au mouillage de Roosum. Toutefois, si la mer se faisait trop forte, on aurait toute la place nécessaire pour filer sa chaîne et pour gagner la rade, ou bien pour prendre la mer en passant d'un côté ou de l'autre de Pashee-Rock. En pareil cas, la position de la petite roche dont nous avons parlé et qui est dans la direction de la rade (au S. de Pulo-Roosum) est aussi facile à reconnaître que si elle était hors de l'eau, attendu qu'elle ne peut manquer de briser.

Un navire qui arrive avant la saison de la récolte du poivre, et qui est obligé d'attendre, comme cela arrive souvent, doit toujours se tenir en dehors de la rade, jusqu'à ce que son poivre soit prêt. On ira alors prendre le mouillage en dedans de Roosum, que nous venons d'indiquer; ou bien, si l'on craint d'y séjourner, on mouillera simplement en dedans de Pulo-Cap. La meilleure position, en dedans de cette dernière île, paraît être entre Cap-Rock et Roosum-Rock, sur des fonds mous, et en bonne position pour communiquer facilement avec la ville.

La montagne de Rigas (Rigas Hill ou Booket Kwali), située par 4°41'N. et 93°20'E., est une des meilleures marques de la côte de Sumatra. Elle est très-élevée, et peut être aperçue du pont d'un navire, par temps clair, à une distance de 43 milles. Il n'y a pas d'autre montagne élevée dans son voisinage, de sorte qu'on peut la reconnaître aisément; presque tout son côté S. est dégagé d'arbres et a l'apparence de terres cultivées. Le sommet est couvert d'arbres, et gît à une distance de 1 mille 1/2 dans le N.$^1/_4$N.O. de la ville de Rigas. Quand on relève cette montagne dans le S.E., elle présente *deux* pics; celui du N. est plus bas et plus petit; de chaque côté, la pente s'abaisse très-régulièrement; et la partie S.E. se termine à la baie Rigas. Lorsqu'on relève la montagne dans le N.O., elle ne présente plus qu'*un seul* pic, dont les pentes paraissent beaucoup plus raides que lorsqu'on la relève dans le S.E. Par beau temps, on aperçoit cette montagne, depuis les environs de la pointe Oujong-Boobon (qui est par 4°14'N. environ); et de là, elle paraît être l'extrémité O. de la côte, dont elle semble nettement séparée comme le serait une île.

Les îlots Pashee (ou Pashi) sont deux petits groupes de roches couverts d'arbres, qui gisent dans le S.E. de la presqu'île Chellung; le plus au large est à une distance de 1 mille 1/4 de terre. Le passage entre ces îlots et la presqu'île est difficile et dangereux. Il ne paraît y avoir rien à craindre, dans leur voisinage et du côté du large, si l'on excepte la roche Pashee qui est au-dessus de l'eau et très-accore, avec 18 à 20 mètres d'eau à la toucher. On a le même brassiage auprès des îlots.

La baie de Chellung est en dedans des îlots Pashee; elle est d'un accès facile et offre un excellent abri contre les vents de N.O. Dans le cas d'un coup de vent de N.O., un navire forcé de quitter l'un des mouillages de la baie de Rigas peut mouiller partout entre les îlots et la côte, dans des eaux calmes et par des profondeurs modérées. *Cependant, comme il existe* près du mouillage *un banc* dont la position n'est pas exactement déterminée, *on fera mieux d'éviter ce mouillage* quand on le pourra, et tant que le banc en question n'aura pas été exploré.

Catapang-Pashee (ou Kalapang-Pashee, ou Pashi) est un village bâti sur la grande terre, à près de 2 milles 1/2 dans l'E.$^1/_4$N.E. des îlots Pashee. On peut le reconnaître à un bouquet de cocotiers, et à un groupe de maisons.

Pang-Ah (ou Panhah) est un petit port à poivre, situé à 5 milles dans le S.E. de Catapang-Pashee. Dans les environs, la côte est basse et bordée par une plage de sable. La seule marque, pour reconnaître le port, est une petite coupée dans les arbres de l'espèce « *arroon* » (qui ressemble au pin).

§ 218. — De Catapang-Pashee à Oujong-Booboon.

A partir de Catapang-Pashee jusqu'à Oujong-Booboon, la côte court à peu près au S.E., pendant 33 milles. Elle est très-basse, bordée d'une plage de sable, et ne présente aucun point de reconnaissance, ni une seule colline auprès du rivage, lequel est entièrement garni d'arbres « *arroon* » (espèce qui ressemble au pin). Ces arbres commencent près de Catapang-Pashee, et ils ne cessent point de former une sorte de barrière, d'une hauteur uniforme et rangés comme une file de soldats, pendant 25 milles de longueur de côte, jusqu'à la rivière Wylah ; ils présentent à peine une échancrure, sur toute cette longueur. A partir de la rivière Wylah, dans un espace d'environ 2 milles vers le S.E., il y a une ouverture, où l'on ne voit point de grands arbres, excepté 5 ou 6 très-grands qui se trouvent groupés ensemble vers le milieu de ce vide. Ce bouquet d'arbres est très-remarquable du large ; il y a aussi quelques cocotiers, et plusieurs maisons à petite distance dans le S.E., mais on ne peut voir celles-ci que de près. Au-delà et dans le S. de cette ouverture, la rangée des arbres « arroon » recommence et reprend son même aspect uniforme et sans aucune interruption pendant 4 ou 5 milles encore, et se termine auprès de Oujong-Booboon. Au contraire, entre Oujong-Booboon et Analaboo, il n'y a pas un seul arbre « arroon », et cette observation donne une bonne marque pour reconnaître la pointe Booboon. Toute cette côte paraît saine, si l'on s'en tient à quelque distance ; on ne connaît aucun banc, si ce n'est celui que l'on suppose exister dans les environs de la rivière Wylah, non loin du rivage.

Oujong-Booboon (appelée encore Pointe Bubon, Bah-Oo, Booboang, Boekoean) est située par 4°14'N., à 11 milles environ dans le N.O. d'Analaboo. On peut la distinguer à un bouquet d'arbres de couleur foncée, ayant l'apparence d'un chapeau de femme. La côte peut être approchée jusque par les fonds de 22 mètres. Étant destiné au village de *Boobooang*, on doit se placer d'abord de manière à relever dans le N. les bois qui sont au S. de ce village; puis on gouverne dessus, jusqu'à ce qu'on ait atteint les fonds de 6^m,50 à 7 mètres, en admettant que l'on soit à bord d'un petit navire.

Entre Oujong-Booboon et Analaboo, il ne faut pas venir par moins de 22 mètres d'eau, car il paraît qu'on pourrait rencontrer des récifs de corail sur cette partie de la côte.

§ 219. — Analaboo.

Analaboo (appelée encore Nalaboo, ou Oujong-Cahrang) est située par 4°08'N. et 93°52'E., à 48 milles environ dans le S.E. de Rigas. On peut indiquer, comme point de reconnaissance, les cocotiers qui se trouvent sur la terre basse et rocheuse formant le côté N. de la rade : ce bouquet d'arbres, quand on commence à l'apercevoir, paraît se trouver sur une île, attendu que les terres voisines sont basses. On peut mouiller en relevant la pointe au N.O., par des fonds de 13 à 15 mètres. Un autre mouillage peut encore être conseillé, par 9 mètres d'eau, en relevant la pointe S. des cocotiers à 1/2 mille environ dans l'O.$^1/_2$S.; on s'y trouve bien abrité des vents de N.O. A 1/4 de mille de la pointe, s'étend un récif accore, portant seulement 1^m,50 d'eau, et sur lequel la mer brise dans les mauvais temps.

Il y a quatre bancs dans le voisinage de la pointe. Celui qui se trouve le plus sur la route des navires destinés à la baie gît à 1/2 mille dans le S.O. de la pointe; il s'appelle Loongcarp-Oujong-Cahrang; et l'on ne trouve que 3 mètres d'eau dessus, dans la partie la moins profonde. Un second banc se trouve dans l'O.$^1/_2$N. de la pointe, à peu près à 1/2 mille de distance; il ne porte que très-peu d'eau, tandis que les fonds sont de 12 à 13 mètres, vase, presque à le toucher du côté du large. A 2 encâblures environ au N. de ce banc, s'en trouve un troisième, qui est petit et sur lequel la mer brise. Enfin, le quatrième banc est dans l'O.N.O.½O. de la pointe, à 2 milles de distance, et il ne porte que 1^m,50 d'eau. On pense d'ailleurs qu'il existe plusieurs hauts-fonds dans le voisinage de cette côte et dans la direction de Booboon.

En venant du N., avec des vents portants, on gouvernera de manière à doubler la pointe par des fonds de 15 mètres. Quand on relève la pointe dans le N.E., à une distance de 2 milles à 2 milles 1/2, la sonde donne des fonds réguliers de 15 mètres. Si l'on passait à une plus grande distance, et si les vents soufflaient avec force de la partie du N.O., on pourrait éprouver de la difficulté à atteindre le mouillage sans virer de bord. Aussitôt qu'on peut apercevoir le débarcadère, ou lorsque la pointe reste dans le N.N.E., il n'y a plus qu'à gouverner directement sur le mouillage.

Analaboo est un port à poivre important, dont le rajah est favorable au commerce. Des navires américains et autres y prennent des chargement complets pendant la saison.

§ 220. — Observations sur la navigation côtière, entre la Tête d'Achem et le cap Félix (3°44'N.).

Entre la Tête d'Achem et Pulo-Cap (ou Pulo-Rangas), les sondes sont irrégulières en divers endroits, avec fonds de roche, variant généralement entre 33 et 55 mètres, dans la zone commençant à 3 milles et finissant à 9 milles au large de la côte. Dans cette région, durant la nuit, il conviendra de se maintenir à une distance de terre comprise entre 6 et 9 milles, afin d'être certain de parer les îlots rocheux qui bordent la côte.

Entre Pulo-Cap et Analaboo, on a des sondes plus régulières et des fonds mous. On peut alors se rapprocher de la côte jusque par des fonds de 20 à 22 mètres, et quelquefois même jusque par 16 mètres. Mais, comme nous l'avons dit au paragraphe précédent, il ne faut pas que les navires venant du N. contournent la pointe d'Analaboo par moins de 15 mètres d'eau, à cause du banc de corail qui se trouve à plus de 1/2 mille dans le S.O. de cette pointe.

Entre Analaboo et le cap Félix, la côte court à peu près vers le S.E., pendant 33 milles. On peut la suivre en se tenant à une distance de 7 à 8 milles, par des fonds de 20 à 22 mètres. En approchant du cap Félix, et à 4 ou 5 milles de terre, le fond augmente brusquement jusqu'à 47 à 51 mètres; et, à partir de ce cap, la côte se dirige vers l'E. ou l'E.S.E. jusqu'à Soosoo. Un peu dans le S. de Tadoe (ou Tadou), qui est à peu près à mi-chemin entre Analaboo et le cap Félix, se trouve un récif de corail, à 5 milles environ au large. A 5 milles plus loin dans le S.E., par le travers d'Oujong-Trepah, qui est à peu près aux 2/3 du chemin entre Analaboo et le cap Félix, gît un autre banc de corail portant tout au plus 5 mètres d'eau, qui se trouve à 3 milles de terre, sur la ligne des fonds de 16 à 17 mètres. Il est d'ailleurs probable que d'autres bancs existent dans ces parages, en dedans des fonds de 20 à 22 mètres.

Le cap Félix (appelé encore Oujong-Rajah, ou Rijah, ou Radya) est situé par 3°44′N. et 94°16′E. C'est un promontoire bas, uni et accore, à 16 milles dans l'O. de la ville de Soosoo, et qui forme l'extrémité O. de la baie de Soosoo. Ce cap est difficile à reconnaître; cependant, on peut remarquer qu'il y a une petite maison plate, construite en nattes, à 1/2 mille dans l'E. du cap, et qui est visible quand on est seulement à 1 mille 1/2 ou 2 milles de la côte; cette maison est généralement surmontée d'un ou de plusieurs pavillons blancs. D'après les indigènes, il y aurait un petit banc de corail, à peu de distance au N. du cap.

A 14 milles environ dans l'O.S.O.$^1/_2$O. du cap Félix, il y a un banc qui ne porte que 7 mètres d'eau. Un autre banc, portant 9 mètres d'eau, a été signalé par 3°35′N., dans le S.O. du même cap. Un troisième banc gît à 12 milles dans le S. du cap Félix, et à 18 milles dans le S.O. de Qualah-Battoo, portant au plus 7 mètres d'eau, et en dedans duquel on ne trouve pas de fond avec 100 mètres de ligne. Enfin, à 6 ou 7 encâblures dans le N.O. de ce dernier banc, s'en trouve un autre de faible étendue, qui est séparé de son voisin par de grands fonds.

§ 221. — Qualah-Battoo.

Qualah-Battoo (appelée encore Kwalla-Batoe) est un port à poivre assez important, qui se trouve à 3 milles environ dans l'O.N.O. de Soosoo. La rade de Qualah-Batoo est l'une des meilleures et des plus sûres de la côte, pendant la mousson de N.O.

Après avoir reconnu le cap Félix, les navires destinés à Qualah-Battoo doivent longer la côte, en se dirigeant vers l'E., et en se tenant à une distance de 5 à 6 milles au large, par des fonds de 51 à 55 mètres, de manière à passer dans le S. de tous les bancs. On veillera bien, dans la partie du N.E., afin de reconnaître deux bouquets d'arbres, distants l'un de l'autre de 1 mille environ, et qui sembleront se trouver sur deux îles; ces deux bouquets d'arbres marqueront les deux pointes de la baie Soosoo : le plus N. se trouve sur Pulo-Kio ; et l'autre, sur Oujong-Seranga (ou Pointe Soosoo). Quand on aura amené le bouquet d'arbres le plus S. (c'est-à-dire celui de Oujong-Seranga) au N.E., il faudra gouverner dessus, jusqu'à ce qu'on relève les maisons les plus à l'E. de Qualah-Battoo au N. A ce moment, on gouvernera directement sur ces maisons; et l'on mouillera lorsque l'on relèvera Pulo-Kio à l'E.S.E., le cap Félix à l'O.3°S., et la rivière de Qualah-Battoo au N.$^1/_2$O. : le fond sera de 36 à 40 mètres d'eau, à ce mouillage. La route que nous venons de donner fait passer à mi-chenal, entre les divers bancs; ceux-ci brisent généralement, néanmoins il est prudent de bien veiller à la sonde et surtout d'avoir une bonne vigie dans la mâture pour veiller les hauts-fonds.

Il est recommandé aux capitaines de navires qui fréquentent ce port de se défier de la perfidie des indigènes.

§ 222. — Baie de Soosoo.

La baie de Soosoo (ou Soesoe) contient plusieurs bancs dangereux, sur lesquels il n'y a guère que 2 à 4 mètres d'eau. On y trouve aussi de mauvais fonds, qui varient brusquement de 36 à 18 mètres. Toutefois, le passage est sain, entre les bancs de la partie O. de la baie et ceux qui gisent dans le S. de la pointe de Soosoo.

La route à suivre pour atteindre Soosoo est d'abord à peu près la même que celle indiquée au paragraphe précédent pour les navires destinés à Qualah-Battoo. Ainsi, en venant de l'O. ou du N., on prolongera la côte, en se dirigeant vers l'E. et en se tenant à une distance de terre variable entre 6 et 9 milles, par des fonds de 51 à 64 mètres, de manière à passer dans le S. de tous les bancs. On veillera bien, dans la partie de l'E.N.E. au N.E., afin de reconnaître deux bouquets d'arbres, éloignés l'un de l'autre d'environ 1 mille et qui sembleront se trouver sur deux îles; ces deux bouquets d'arbres marqueront les deux pointes de la baie Soosoo : le plus N. se trouve sur Pulo-Kio, pointe N.O. de la baie; et le plus S. se trouve sur Oujong-Seranga, ou pointe Soosoo. Pulo-Kio est à 1 mille dans l'O.N.O. de la pointe Soosoo. Quand on aura amené au N.E. le bouquet d'arbres le plus S., c'est-à-dire celui de Oujong-Seranga, ou pointe Soosoo, on gouvernera dessus jusqu'à ce qu'on relève les maisons les plus à l'E. de Qualah-Battoo au N. A ce moment, on gouvernera sur ces maisons, c'est-à-dire qu'on fera du N. jusqu'à ce qu'on relève le bouquet d'arbres de Oujong-Seranga au N.E.$^1/_4$E.; on pourra dès lors mettre le cap sur Oujong-Seranga. En suivant cette dernière route, avec le cap au N.E.$^1/_4$E., on aperçoit bientôt, en approchant de la rade, un grand arbre qui est presqu'au milieu du fond de la baie. Lorsque cet arbre reste au N.E.$^1/_2$N., on peut gouverner dessus, jusqu'à ce qu'on se trouve à 2 ou 3 encâblures de la pointe Soosoo (ou Oujong-Seranga), par 18 à 20 mètres d'eau, fond mou, point où se trouve le bon mouillage. La ville de Soosoo est située par 3°43'N. et 94°32'Est.

Quand on approche de la rade et que l'on n'est pas pratique de cette localité, il est recommandé d'envoyer un canot devant, pour sonder. Pendant que l'on fait route au N.E.$^1/_4$E., le cap sur Oujong-Seranga, il faut bien veiller sur bâbord la grande basse de Pulo-Kio; et sur tribord trois récifs qu'on doublera successivement.

§ 223. — Mangien, Laboan-Hadjie et Muckie.

Mangien, appelé encore *Mungin* ou *Mungien*, se trouve à 8 ou 9 milles dans le S.E. de Soosoo, sur le côté S.E. d'une grosse pointe (Pointe Nord-Tallapow), qui est couverte d'arbres « arroons » (ayant l'apparence de pins). On mouille par 17 mètres d'eau, en dedans d'un banc de roches, lequel gît à 1 mille 1/2 environ dans le S$^1/_4$S.O. de la pointe.

Au large de cette pointe Nord-Tallapow (ou Tellapoe), se trouve un autre banc qui brise presque toujours, et en dedans duquel il y a un chenal avec 18 mètres d'eau. Dans l'O. de ce point, et à près de 5 milles au large, un autre banc a été trouvé. Enfin, tout un groupe de bancs et de récifs existe à peu près dans l'O.S.O. de Nord-Tallapow, à des distances variables entre 5 milles 1/2 et 10 milles 1/2.

Laboan-Hadjie, à moitié chemin entre Mangien et Muckie, est encore un mouillage où l'on peut charger du poivre. En face de ce mouillage, se trouve un banc de sable et d'autres dangers, ainsi que plusieurs têtes de corail à des distances variables depuis 1 mille jusqu'à 11 milles de terre. Il y a mouillage, à 7 encâblures dans le S.O. de la pointe de Laboan-Hadjie, par 27 mètres d'eau. Les navires destinés à ce point devront être munis d'une bonne carte, et surtout il faudra avoir l'œil aux brisants et aux bancs très-nombreux, qui peuvent être rencontrés à grande distance de terre et au fur à mesure qu'on s'approchera.

Muckie, appelé encore *Mukkie* ou *Mukay*, par 3°28'N., est un petit port fréquenté par les caboteurs. Pour se rendre à ce mouillage, on se place de manière à relever au N.E.$^1/_4$E. la pointe basse qui forme le côté O. de la baie de Muckie ; puis, l'on gouverne sur ce relèvement jusqu'à ce que l'on se trouve à 1/2 mille de cette pointe. A ce moment, on laisse porter au S.E., et l'on mouille par des fonds de 30 à 32 mètres, en relevant la pointe au N.$^1/_4$N.O., le débarcadère au N.E., et le récif Karang-Gar-Booa au S.O. La route que nous indiquons fera parer les bancs, à la condition naturellement de bien veiller. Le mouillage, en dedans de la pointe, ne serait pas bon et doit être évité.

Au large de Muckie, il y a deux bancs, au milieu de fonds de 42 mètres : l'un à 2 milles 1/2 dans l'O.S.O. de la grosse pointe S. de la baie Muckie ; l'autre, à 3 milles dans le S.O. de la même pointe. Ces deux bancs restent à peu près dans une direction N. et S., l'un par rapport à l'autre ; le premier porte 3 mètres d'eau, et le second 4 mètres. *En partant de Muckie*, la route au S.O. fera passer entre les bancs ; cependant, il ne faudra pas trop s'y fier. Lorsque l'on aura atteint les fonds de 50 mètres, on sera en dehors de ces dangers. On dit qu'il y a aussi un banc, portant 3 mètres d'eau, situé à 6 ou 7 milles dans le S.S.O. de la pointe Muckie.

Du cap Félix à Muckie, la route est l'E.S.E.$^1/_2$S., et en la suivant il ne faut pas venir par des fonds inférieurs à 50 mètres, attendu qu'en dedans de cette ligne de sondes on pourrait rencontrer des bancs dangereux. D'ailleurs, même au large des fonds de 50 mètres, il y a aussi des récifs dont quelques-uns sont dangereux : ce qui revient à dire que la sonde ne donne pas une grande sécurité.

§ 224. — Sud-Tallapow, Labanacky, Samah-Duah, Ean-Moodoong, Telloo-Cattapung et Tumpat-Tuan.

De Muckie à Sud-Tallapow, à peu près à mi-chemin, se trouve une petite île appelée Soorvodung, ou Pulo-Sooroodung, qui est près de la côte. Entre cette île et Tallapow, gît un banc portant 5 mètres d'eau, qui est à environ un mille au large de la côte, et dans le S. de l'île à 1 mille 1/2 de distance.

Sud-Tallapow (ou Tellapoe ou Tallabou), situé par 3°22′N., et à 7 milles dans le S.E. de Muckie, est un endroit où l'on peut quelquefois se procurer du poivre. Le meilleur mouillage se trouve, en relevant la pointe au N.1/4N.E., par 31 mètres. En allant par des fonds moindres, on trouverait souvent de mauvais fonds.

Labanacky est un village situé par 3°20′N. Une roche blanche remarquable, située à environ 2 milles dans le S.E. de Tallapow, est appelée Battoo-Ply-Eah par les indigènes. Entre cette roche et Tumpat-Tuan, se trouvent les petits ports à poivre : Samah-Duah, Eah-Moodoong et Telloo-Cattapung. Le long de cette côte, on a de très-grands fonds, mais on dit qu'il y a plusieurs têtes de roches et des bancs de corail, à des distances de terre variables entre 3 et 8 milles.

La pointe Tumpat-Tuan est située par 3°16′N. et 94°53′E. C'est l'extrémité S. de la haute terre que l'on voit de Soosoo, dont elle est éloignée d'environ 36 milles. Il paraît y avoir deux récifs, à 1 mille et à 2 milles au large de la pointe. Le mouillage se trouve auprès de la côte E. de la même pointe, par des fonds de 27 à 40 mètres, en la relevant à l'O., en même temps que le village reste dans le N.O.1/4N. à 4 ou 5 encâblures. A un mille environ dans l'O.1/4N.O. de Tumpat-Tuan, gît une petite roche ronde, ressemblant à un bateau ; et il y a une roche découverte, au large de sa pointe extrême, à côté de laquelle on peut passer, car il y a des fonds de 49 mètres presque à la toucher. Au fond de la baie, la côte est bordée par un récif, sur lequel la mer brise ordinairement, et qui rend le mouillage dangereux avec les vents de Sud.

Il y a deux roches découvertes, au large de la pointe Tumpat-Tuan : l'une, appelée Battoo-Copeah ou cap Rock, à 1 encâblure dans le S.O. de la pointe ; l'autre, appelée Battoo-Toonkal ou Stick-Rock, à 7 encâblures dans l'O.3°N. de la même pointe, avec 55 mètres d'eau, au large et à toucher cette roche. Il y a aussi un banc de corail, avec 5 mètres d'eau et peut-être moins, à 1 mille 1/2 dans l'O.¼S.O. de la pointe. Deux bancs de corail gisent dans la petite baie : l'un, à 4 encâblures dans le N.E.¼E. de la pointe ; et l'autre, dans la partie E. de la baie, à 7 encâblures dans l'E.3°S. de la pointe. Au mouillage de Tumpat-Tuan, on est abrité des vents de N.O., quand on relève la pointe entre l'O. et l'O.¼S.O., et le village entre le N.O. et le N.O.¼N.

§ 225. — Dangers qui bordent la côte, de Tumpat-Tuan à Pulo-Muckie.

La pointe Labon, appelée aussi *Oujong-Caloat* ou *Cluet*, est par 3°03′N. environ, à 60 milles dans le S.E. du cap Félix ; et, quand on navigue entre ces deux points, il faut bien veiller pour éviter les bancs qui bordent la côte. Le *Lord Castlereagh* toucha sur l'un d'eux, par 3°4′N., à 10 milles de distance de la côte, et il ne trouva pas de fond avec 73 mètres de ligne, à le toucher. Ce banc paraît être celui que les indigènes appellent Lagootsong, et qui est situé dans le S.O. de la pointe Tumpat-Tuan, ne portant que 3 mètres d'eau, comme l'a constaté le captain Bennett, après avoir touché dessus. Entre 3°N. et 3°50′N., ce même officier se trouva très-près de plusieurs autres bancs, dont il n'avait pu reconnaître l'approche.

Par 3°30′N., le *Royal Georges* passa sur la queue d'un banc, où il trouva 11 mètres d'eau, en même temps qu'on distinguait les roches qui passaient le long du bord : un peu au large de ce banc, on ne trouva point de fond avec 155 mètres de ligne, et l'on eut 80 mètres d'eau en dedans du banc, à le toucher. Ce récif paraît être le même sur lequel l'*Albion* trouva 9 mètres d'eau, par la même latitude de 3°30′N., et à 12 ou 15 milles de terre ; ce navire vint rapidement dans le S.O., et il ne trouva plus le fond avec 90 mètres de ligne.

Par 3°14′N., il y a un autre banc, portant 7 mètres d'eau et peut-être moins. En dedans, et à petite distance, il y a 36 mètres d'eau. Etant mouillé dessus, par 9 mètres d'eau, on a relevé les extrémités de la côte au N.N.O. et au S.E.¼E., en même temps que White Rock (ou la Roche Blanche) reste au N.30°E., à 9 milles.

Voici la description de ces bancs, donnée par le captain Endicott :

Un banc dangereux gît par 3°04′N., d'où l'on relève la grande montagne de Tumpat-Tuan au N. Un second banc se trouve dans le voisinage de Tumpat-Tuan, et le brig anglais *Sophia* qui ne calait que 3 mètres d'eau toucha dessus. La position de ce banc n'est pas bien déterminée ; on sait seulement que la *Sophia*, après s'être renflouée, fit route au N.¹/₂E., et qu'il aperçut bientôt droit devant lui les navires mouillés à Sud-Tallapow ; on suppose que ce banc gît dans le S.O. de la pointe Tumpat-Tuan.

Un autre banc aussi dangereux se trouve par 2°58′N., d'où l'on relève la grande montagne de Tumpat-Tuan au N.¹/₄N.E. Le brig *Governor Endicott* passa très-près de son accore E., et le vit briser plusieurs fois. Il y a également un banc portant 5 mètres d'eau, d'où l'on relève la grande montagne de Tumpat-Tuan au N.N.O.¹/₂N. et Pulo-Munkie à l'E.N.E.; on trouve plus de 60 mètres d'eau, à le toucher.

Pulo-Monkie, ou *Munkie*, situé par 2°55′N., est un îlot sur lequel sont des cocotiers. Il est à un peu plus de 1 mille de terre, et se trouve séparé de la côte par un chenal où les fonds sont de 11 mètres. Un banc, ou haut-fond de sable existe à environ 1 mille dans le S.E. de Pulo-Monkie.

De Tumpat-Tuan à Pulo-Monkie, la côte est considérée comme dépourvue de dangers et bordée par des fonds réguliers, jusqu'à une distance de 3 à 4 milles. Le long de cette côte, le ressac est violent, et l'on ne peut débarquer qu'avec des embarcations du pays. Le climat est malsain, et il est surtout dangereux de passer la nuit à terre.

De Tumpat-Tuan à Oujong-Camarang (nom donné à la pointe qui forme l'extrémité N.O. de la baie de Bancoongung), il y a 24 milles à faire, le cap à peu près au S.E. En faisant cette route, il faudra rester entre 2 milles 1/2 et 3 milles de terre, par des fonds de 36 à 46 mètres. Dès qu'on atteint la pointe Oujong-Camarang, on aperçoit la petite île Pulo-Monkie, dont nous venons de parler précédemment, ainsi que l'île *Pulo-Dooa* (ou Doea, ou Duas) qui est à 5 milles dans l'E.¹/₄S.E. de Pulo-Monkie.

§ 226. — Bancoongung.

La baie de Bancoongung (appelée encore Bancoongong, Baccoongung, ou Bakoengon) est située à 13 ou 14 milles dans le S.E. de la pointe Labon. Les navires s'y trouvent abrités contre les vents de N.O. Plusieurs roches gisent au large de l'extrémité O. de cette baie ; et un banc se trouve à l'accore du plateau de sondes, à 10 ou 12 milles dans le Sud.

La rivière et le village de Bancoongung, situés par 2°56′N. et 95°12′E., peuvent être reconnus par les deux petites îles qui gisent à 6 milles environ dans l'E.$^1/_4$S.E. de Pulo-Monkie. La plus N., appelée *Pulo-Dooa*, ou *Duas* ; et l'autre, *Pulo-Kayoo*. Entre ces îles, le chenal est sain, avec des fonds de 18 à 22 mètres. Elles gisent à 3 milles dans le S.E.$^1/_4$S. de Bancoongung, et à 4 ou 5 encâblures de la côte. On reconnaîtra aussi une montagne, près du bord de la mer, qui est presque aussi haute que les autres, et qui a l'apparence d'une selle dont la partie la plus élevée est dans le S. Bancoongung se trouve près de la partie N. de cette montagne, à 4 ou 5 milles dans le N.O. du village appelé *Sebadies*. Le mouillage, pour un grand navire, est par 27 mètres, fond mou, à 1/2 mille de terre, en relevant l'entrée de la rivière au Nord.

En venant du S., les navires destinés à cette baie doivent prendre de grandes précautions, car il y a plusieurs bancs sur lesquels on pourrait toucher. Afin de les éviter, on se placera de manière à relever le bazar de Bancoongung au N.$^1/_4$N.O., et l'on gouvernera sur ce relèvement jusqu'à ce que Pulo-Monkie reste dans l'O. A ce moment, l'on se trouvera à environ 7 encâblures de terre, et l'on pourra venir légèrement sur bâbord, de manière à mouiller par 26 ou 27 mètres d'eau, en relevant le bazar au N., et Pulo-Monkie à l'O.8°S., à 6 encâblures de la côte.

En venant du N., on peut passer par le chenal compris entre Pulo-Monkie et la côte, en se tenant à 4 ou 5 encâblures de terre jusqu'à ce qu'on relève le village de Bancoongung au N.$^1/_4$N.E., ou au N. A ce moment, l'on mouillera.

En venant du N., ou de l'O., si l'on préfère passer au S. de Pulo-Monkie, on se placera de manière à relever à l'E. l'ouverture comprise entre les deux îlots Pulo-Dooa et Pulo-Kayoo. On gouvernera alors sur ce relèvement, jusqu'à ce que le bazar de Bancoongung reste au N.$^1/_4$N.O. A ce moment, l'on viendra en grand sur bâbord, et l'on se dirigera au N.$^1/_4$N.O., le cap sur le bazar ; et l'on mouillera comme il a été dit pour les navires venant du Sud.

§ 227. — Pulo-Dooa.

A 1 mille dans le S.S.E. du petit îlot *Pulo-Kayoo* gît un banc ; et à 1 mille dans le S.S.O. du même îlot, se trouve une petite île, appelée *Campong-Arra*, qui est entourée de récifs, et sur laquelle sont des cocotiers. Entre Pulo-Kayoo et Campong-Arra, le chenal n'a pas un mille de large ; et au milieu, se trouve un banc qui ne porte que 1 mètre d'eau environ. A 7 encâblures dans l'E.3°S. de Campong-Arra, est situé un autre banc sur lequel la mer brise ordinairement.

A environ 1/2 mille dans l'O.$^1/_4$N.O. du petit îlot *Pulo-Dooa* se trouve aussi un banc.

A terre de Pulo-Dooa, c'est-à-dire entre cet îlot et la côte, se trouve l'un des meilleurs ports à poivre. On y mouille, bien à l'abri, par 24 mètres d'eau, en relevant Pulo-Dooa à 1/2 mille dans l'Ouest.

§ 228. — Sebadies (ou Salekat).

Le village de Sebadies (appelé aussi *Salekat*) est à 2 milles environ dans l'E. de Pulo-Dooa. On y trouve un bon mouillage, à l'abri des vents de N.O., en mouillant à 1 mille de terre par 22 mètres d'eau. Quand on voudra se rendre à ce mouillage, on fera route de manière à atteindre les fonds de 46 mètres, à 3 milles de terre, en relevant le village de Sebadies au N.$^1/_4$N.E. On gouvernera alors sur ce relèvement, et on laissera tomber l'ancre quand on atteindra les fonds de 22 à 18 mètres, au moment où le village restera à 1 mille 1/2, ou à 1 mille dans le N.$^1/_4$N.E.: en approchant du mouillage, on veillera les brisants que l'on devra conserver à 1/2 mille, ou 1 mille environ dans l'Ouest.

§ 229. — Troumon.

Troumon (appelé aussi *Touroumang*, *Troemon ou Taroomon*) est un port à poivre très-important, dont le mouillage est situé par

2°49′N., à 6 milles ou 6^m,5 de Sebadies. A 2 milles 1/2 dans l'O.N.O. de cette rade, se trouve un récif qui brise quelquefois, et à côté duquel il y a 15 mètres d'eau. Dans le voisinage de la baie de Troumon, existent plusieurs bancs dangereux. L'un deux est par 2°47′N., à environ 12 milles dans le S.O.$^1/_2$O. de Pulo-Dooa, et dans l'O.$^1/_4$S.O. du pic le plus élevé de la montagne de la Selle qui est située dans le N. de Troumon ; ce banc ne porte que 3 mètres d'eau, et l'on trouve 55 mètres de fond à le toucher du côté du large. On dit qu'un banc existe, par les fonds de 44 mètres, à 3 milles dans le S.O.$^1/_2$O. de Pulo-Dooa. Il y en a un autre à 2 milles dans le N.N.O.$^1/_2$N. de Pulo-Troumon ; et un autre, à 2 milles dans l'O.$^1/_4$S.O. de la même île. Les indications sur les positions de ces bancs ne sont pas absolument conformes à celles des cartes ; on agira donc prudemment, en se fiant surtout à ses yeux, et en se tenant toujours prêt à manœuvrer quand on naviguera dans ces parages.

En se rendant au mouillage de Troumon, il faudra avoir soin d'éviter le banc qui se trouve dans le N.N.O.$^1/_2$N., et sur lequel la mer brise quelquefois, car il ne porte pas 3 mètres d'eau. Il faudra amener à l'E.S.E. l'île Pulo-Troumon, qui est située près de la côte dans le S. du mouillage ; puis, l'on gouvernera dessus et l'on passera à faible distance de son extrémité N., au large de laquelle se projette un épi jusqu'à une distance d'environ une demi-encâblure. Le mouillage ordinaire est par 13 mètres d'eau, fond de sable, au large de l'embouchure de la rivière ; il est recommandé d'avoir de fortes amarres, afin de pouvoir tenir contre les vents de N.O. On pourrait mouiller encore à l'abri de l'île ; mais il n'est pas commode d'être placé aussi loin de la rivière.

Dans le S. de l'île Pulo-Troumon, est un chenal qui n'est guère fréquenté, attendu qu'un récif gît à peu près dans le S. de l'île, à 1 mille 1/2 ou 2 milles environ. Cependant, le captain Ross dit que ce passage intérieur est sain, à la condition de ranger la pointe qui est dans le S. de Troumon par des fonds de 9 à 10 mètres. De là, on continue à gouverner à petite distance le long de terre, en dedans de tous les bancs. Cette route intérieure est sûre jusqu'à Sinkel, et elle paraît même préférable à celle du large qui passe près de l'île du Passage.

§ 230. — Booloosemah.

Le village de Booloosemah, appelé aussi *Boelo-Sama*, est encore un marché de poivre, situé par 2°34′N. environ, à une quinzaine de milles dans le S. de Troumon. Il y a mouillage par 10 à 11 mètres d'eau, à 1 mille de terre, en relevant : au S.¼S.E., Oujong-Petecallo (Paticalla, ou Sitoe); au N.O.¼N., la montagne de Tumpat-Tuan; et au S.48°O., le pic de Baniak. Des récifs paraissent exister, à 3 ou 4 milles dans l'O.¼N.O. et dans le N.O. de ce mouillage.

TROISIÈME PARTIE

INSTRUCTIONS SUR LES PRINCIPALES TRAVERSÉES DE L'OCÉAN INDIEN.

CHAPITRE Ier.

Navigation dans le canal de Mozambique, ainsi qu'entre les Comores, les Seychelles et Zanzibar.

§ 231. — Circonstances dans lesquelles il semble avantageux de prendre le canal de Mozambique pour faire route du Sud vers le Nord.

En partant du cap de Bonne-Espérance, c'est-à-dire en venant de l'Océan Atlantique, les navires destinés à Aden et à Bombay prennent le canal de Mozambique, d'avril en octobre ; mais, pendant le reste de l'année, ils passent dans l'E. de Madagascar. Quant à ceux destinés au Bengale, ils nous semblent ne devoir jamais prendre la route par le canal de Mozambique.

En partant du cap, ou en venant de l'Atlantique, les navires destinés à Zanzibar ont avantage, nous le croyons du moins, à passer par le canal de Mozambique, pendant toute l'année ; mais il est certain que la fin de cette traversée n'est pas exempte de difficultés pour un voilier, d'octobre en avril. Quant aux navires destinés à Mayotte, à Nossi-bé et à Mozambique, ils prennent toujours le canal de Mozambique.

En partant de la baie Delagoa, ou d'Inhambane, les navires destinés à Aden, à Bombay ou au Bengale, se dirigent vers le N., dans le canal de Mozambique, d'avril en octobre. Mais, pendant l'autre moitié de l'année, les voiliers qui se rendent à l'une de ces mêmes destinations doivent descendre le canal vers le S., et passer ensuite dans le S. et dans l'E. de Madagascar.

En partant de la baie Delagoa, ou d'Inhambane, les navires destinés à Quillimane, à Mozambique, à Mayotte, à Nossi-bé et à Zanzibar, remontent tous le canal de Mozambique vers le N., quelle que soit l'époque de l'année où ils effectuent leur traversée.

En partant de Quillimane, ou de Mozambique, les navires destinés à Aden, à Bombay ou au Bengale, se dirigent vers le N., dans le canal de Mozambique, d'avril en octobre. Mais, pendant l'autre moitié de l'année, les voiliers qui se rendent à l'une de ces mêmes destinations doivent descendre le canal vers le S., et passer ensuite dans le S. et dans l'E. de Madagascar.

En partant de Quillimane, ou de Mozambique, les navires destinés à Zanzibar, à Mayotte et à Nossi-bé, remontent tous le canal de Mozambique vers le N., quelle que soit l'époque de l'année où ils effectuent leur traversée.

En partant d'Inhambane, de Quillimane, ou de Mozambique, les navires destinés à la Réunion ou à Maurice doivent, en toutes saisons, descendre le canal vers le S., et aller chercher les vents d'O. dans le S. de Madagascar.

En partant de la côte O. de Madagascar, et particulièrement des ports du S. tels que Tulléar, les navires destinés à Zanzibar remontent tous le canal de Mozambique vers le N., quelle que soit l'époque de l'année. Ceux destinés à Aden, à Bombay ou au Bengale, ne suivent la même route que d'avril en octobre ; tandis que, pendant l'autre moitié de l'année, les voiliers qui se rendent à l'une de ces trois destinations doivent descendre le canal vers le S., et passer ensuite dans le S. et dans l'E. de Madagascar. Quant aux navires destinés à la Réunion ou à Maurice, ils doivent, en toutes saisons, descendre le canal vers le S., et aller chercher les vents d'O. dans le S. de Madagascar.

En partant de la Réunion, ou de Maurice, les navires destinés à Inhambane, à Quillimane, à Mozambique, ou à la côte O. de Madagascar, doivent, pendant toute l'année, passer dans le S. de Madagascar et remonter vers le N. dans le canal de Mozambique.

En partant de la Réunion, ou de Maurice, les navires destinés à Zanzibar, à Mayotte, à Nossi-bé, ou à la côte N.O. de Madagascar ne doivent, à aucune époque, passer par le canal de Mozambique ; c'est-à-dire que leur route consiste à se diriger de suite vers le N., dans l'E. de Madagascar, de manière à passer dans le N. du cap d'Ambre.

§ 232. — Circonstances dans lesquelles il semble avantageux de prendre le canal de Mozambique, pour faire route du Nord vers le Sud.

En partant d'Aden, ou de Bombay, les navires destinés à Mozambique, ou à Quillimane, prennent le canal de Mozambique, pendant toute l'année, pour se diriger vers le S. Quant à ceux destinés à la Réunion ou à Maurice, ils ne prennent jamais cette route.

En partant d'Aden ou de Bombay, les navires destinés à Inhambane, à Tulléar, ou au cap de Bonne-Espérance, passent par le canal de Mozambique, d'octobre en avril. Mais, pendant l'autre moitié de l'année, les voiliers prennent la route par l'E. de Madagascar.

En partant du Bengale, les navires destinés à Mozambique, ou à Quillimane, prennent le canal de Mozambique, pendant toute l'année, pour se diriger vers le S. Ceux destinés à Inhambane ne passent par le canal pour se diriger vers le S., que de décembre à la fin de mars; et, pendant tout le reste de l'année, ils passent par l'E. et par le S. de Madagascar.

En partant du Bengale, les navires destinés au cap de Bonne-Espérance, ou aux ports de la côte O. de Madagascar tels que Tulléar, ne prennent, à aucune époque, le canal de Mozambique, pour se diriger vers le S. Ils passent donc par l'E. et par le S. de Madagascar. Toutefois, les navires allant du Bengale au cap de Bonne-Espérance pourront passer par le canal de Mozambique, en janvier, février et mars, surtout quand ils seront pesamment chargés ou dépourvus de qualités nautiques, et lorsque l'on aura lieu de craindre qu'ils ne soient plus que d'autres gravement exposés, dans le cas où ils rencontreraient un cyclone. On doit effectivement se défier des ouragans à cette époque, si l'on passe dans l'E. de Madagascar, tandis que dans le canal on sera presque sûr de ne pas en rencontrer.

En partant de Zanzibar, les navires destinés à la Réunion, ou à Maurice, ne prennent le canal, pour se diriger vers le S., que d'octobre en avril. Pendant l'autre moitié de l'année, ils passent dans l'E. de Madagascar.

En partant de Zanzibar, les navires destinés à Inhambane, à

Quillimane, à la côte O. de Madagascar, ou au cap de Bonne-Espérance, prennent le canal de Mozambique, pendant toute l'année, pour se diriger vers le S. Mais, la traversée par cette route ne se fait pas, sans quelque difficulté, durant la mousson de S., d'avril en octobre.

En partant de Mayotte, de Nossi-bé, de la côte N.O. de Madagascar, ou de Mozambique, les navires destinés au cap de Bonne-Espérance, à Inhambane, à Tulléar, à la Réunion ou à Maurice, prennent le canal de Mozambique, pendant toute l'année, pour se diriger vers le Sud.

En partant de Mayotte, de Nossi-bé, de la côte N.O. de Madagascar, ou de Mozambique, les navires destinés à Aden, à Bombay, au Bengale, ou à la côte N.O. de Sumatra, prennent le canal de Mozambique, d'octobre en avril, pour se diriger vers le S., et pour passer ensuite dans le S. et dans l'E. de Madagascar. Mais, pendant l'autre moitié de l'année, ils se dirigent de suite vers le N., et ne prennent point le canal de Mozambique.

En partant de la côte O. de Madagascar, de Quillimane, ou d'Inhambane, les navires destinés à Aden, à Bombay, au Bengale, ou à la côte N.O. de Sumatra, prennent, d'octobre en avril, le canal de Mozambique, pour se diriger vers le S., et pour passer ensuite dans le S. et dans l'E. de Madagascar. Mais, pendant l'autre moitié de l'année, ils remontent au contraire le canal, en se dirigeant de suite vers le Nord.

§ 233. — Description des principaux dangers du canal de Mozambique.

Les récifs de l'Etoile, ou *Star Reefs,* auprès de la côte de Madagascar, sont situés entre les parallèles 25°17′S. et 25′25′S., par 41°58′E., depuis la distance de 7 milles jusqu'à celle de 12 milles de la pointe Barrow. Ils gisent dans l'O.S.O. et dans le S.O. de cette pointe; ils sont formés par des pâtés de coraux, situés sur une ligne orientée N.N.E. et S.S.O.; et la mer brise dessus avec violence.

Le haut-fond Tozer est considéré comme faisant partie des récifs de l'Etoile. Il est situé par 25°12′S. et 41°54′E., à 3 milles 3/4 dans l'O.N.O. de l'île Leven.

Les navires destinés à la baie Saint-Augustin, ou ceux qui désirent reconnaître la côte de Madagascar dans le S. de cette baie, ne doivent pas attaquer la terre au S. de 24°30′S., pour ne pas s'exposer à se jeter sur les récifs de l'Etoile. Entre 24°30′S. et Saint-Augustin, la côte court au N.N.E., bordée par un récif à une distance de 2 ou 3 milles; au bord de la mer, les terres sont de moyenne hauteur; mais, dans l'intérieur, elles sont plus élevées.

Le banc de Parcel, ou *Parcella*, s'étend à une grande distance de la côte de Madagascar. Sa limite S. est un peu dans le S. des îles Barren, par 19°S. environ; et sa limite N., par 16°20′ ou 16°10′S., va presque jusqu'au cap Saint-André. Sur ce banc, existent plusieurs points dangereux, dont les positions semblent imparfaitement connues, et dont quelques-uns sont situés à 21 milles de la côte. Le banc Parcel est formé généralement de corail et de sable; les fonds y sont inégaux; et il est très-accore sur toute sa limite O. Cette limite du banc du Parcel est à 30 milles dans l'O. de l'île Coffin; à 25 ou 26 milles à l'E. de Juan de Nova; et enfin à 60 milles dans l'O.$^1/_4$N.O. du cap Saint-André.

Le 27 octobre 1874, le *Flying Fish* a passé sur un banc de corail ayant 1 mille de long dans la direction N.O.$^1/_4$O. et S.E.$^1/_4$E., sur 1/2 mille de large, situé dans le S. du banc Parcel, par 17°57′S. et 41°20′E. Le plus petit fond trouvé a été de 4^m,50; mais, il y a peut-être des points sur lesquels il reste encore moins d'eau.

Le Flying Fish a passé à 1 mille 1/2 dans l'O. des brisants que la carte indique, par 18°02′S. et 41°24′E. A ce moment, la sonde donnait 15 mètres d'eau, et l'on voyait briser les brisants dans l'E. En continuant sa route vers le N., il a trouvé des fonds de 18 à 35 mètres jusqu'à 1 mille du *banc Flying Fish* précédemment décrit.

Un banc de position douteuse est le banc de sable et de corail sur lequel le *Taunton Castle* s'est échoué, par 6 mètres d'eau. Au moment de l'échouage, l'île Coffin restait à 5 milles dans l'E.N.E., et un banc de sable se trouvait à la même distance dans le N.N.E. Dans le N.O. du point de l'échouage, les fonds diminuaient encore; mais, dans le S.O., ils augmentaient rapidement. Quand le navire fut renfloué, la mer avait monté de 4 mètres, et le banc de sable presque recouvert ne se voyait plus que du haut des mâts; le courant portait au N.E. avec une vitesse de 2 nœuds. L'expédition hydrographique du captain Owen n'a pas trouvé ce banc, ce qui prouve que le relèvement de l'île Coffin donné par le *Taunton Castle* n'était probablement pas exact.

Le récif Porpoise, situé par 16°54′S., est presque à fleur d'eau, et se trouve entre 9 et 11 milles de la côte.

Le banc du Chesterfield a son centre situé par 16°17′S. et 41°35′E. Son étendue, E. et O., est d'environ 1 mille; et il a une hauteur de 3 mètres à 4^m,50 au-dessus de l'eau. Sur ce banc, se trouve une roche, dans l'E. de laquelle est une surface de sable rougeâtre, où la mer brise fortement, même par beau temps. A 39 ou 42 milles dans l'O.$^1/_2$N. du banc, Owen a trouvé des fonds de 33 à 42 mètres; et, à 22 ou 23 milles dans le N.N.E. du même banc, il a trouvé encore le même brassiage; mais cette partie N.O. du banc du Chesterfield est très-peu connue. *En 1862, le navire Euphrates a vu un récif sur lequel la mer brisait*, à 4 milles environ au large de l'accore O. du banc du Chesterfield.

Pour éviter les bancs du Chesterfield et de l'Euphrates, les navires faisant route vers le N., ou vers le S., doivent se tenir en dehors du banc des sondes, ou du moins sur leur accore. En venant du S., on ira chercher les sondes avec précaution sur le banc de Parcel entre 16° et 16°05′S. par exemple. En venant du N., on cherchera les sondes sur le même banc de Parcel, par 16°S. environ. Puis, dans l'un ou l'autre cas, on gouvernera vers le N. ou vers le S., en se maintenant à peu près sur l'accore du banc, *en sondant souvent et en ayant l'œil ouvert*, pour les deux récifs en question, qui ne sont peut-être pas les seuls existant dans ces parages.

Le banc de la Grenouille n'est généralement pas marqué sur les cartes, quoique son existence soit certaine, depuis 27 ans, et sa position connue d'une manière au moins approximative, à 33 milles dans le N.E.$^1/_4$N. du cap Saint-André. Le capitaine Rasquero du navire français la *Grenouille*, étant par 15°42′S. et 42°11′E., le 26 janvier 1851, a vu le fond et a trouvé une sonde de 6 mètres, coraux brisés. Il a navigué *pendant 4 heures*, avec un homme sur les barres de perroquet, gouvernant à l'O.S.O. du compas, et *trouvant successivement 8^m, 11^m, 15^m, 27^m et 49 mètres d'eau*. Le banc a une étendue d'environ 12 milles de l'E. à l'O. Nous avons d'ailleurs reçu personnellement communication d'un rapport du capitaine Décugis, commandant la *Gilberte*, armateurs MM. Roux de Fraissinet, de

Marseille, qui a passé, le 2 novembre 1873, sur le banc de la Grenouille, où il a trouvé 14, 16, 18 et 20 mètres d'eau, sable, corail et roches, étant par 15°38'S. et 42°15'Est.

Juan de Nova, ou *Saint-Christophe*, est par 17°03'S. et 40°27'E. Cette île a 2 milles 1/2 de long, et gît à 25 ou 26 milles à l'O. de l'accore du banc Parcel. Dans ses environs, l'on voit généralement un très-grand nombre d'oiseaux de mer. Au milieu de l'île est une petite élévation couverte de buissons; on l'aperçoit à 12 milles de la dunette d'un grand navire; et à 18 milles, du haut des mâts. Le banc et les brisants qui entourent Juan de Nova s'étendent à 4 milles 1/2 au large de la côte E.; et à plus de 1 mille au large du côté de l'O. Pendant la mousson de S., on peut mouiller à 2 milles environ dans le N.E. de l'île, par 13 à 18 mètres, sable.

Voici des observations qui nous ont été personnellement communiquées sur cette île par M. le capitaine au long-cours J.-P. Rival :

« *L'île Juan de Nova* est boisée. Sa hauteur totale paraît être de 15 à 18 mètres; on la voit, de jour, du pont d'un navire, à une distance de 8 ou 10 milles ; la nuit, on ne pourrait pas la voir et rien n'annoncerait qu'on en approche, si ce n'est (peut-être) les cris assourdissants des oiseaux de mer qui l'habitent. Il est par suite très-prudent de s'en tenir à bonne distance. J'ai vu cette île de près, dans sa partie S. que j'ai contournée à 3 ou 4 milles de distance. Cette partie de l'île paraît saine; on y distingue une plage de sable blanc, élevée de 4 mètres environ, et pas de brisants. De la partie S., où l'île a été rangée de plus près, je distinguais des brisants dans la partie S.E. et E., à une distance de l'île que j'estime à 2 milles 1/2 ou 3 milles. Je voyais aussi des brisants dans le N.O.; mais ceux-ci paraissaient s'écarter un peu moins de la terre, à 2 milles tout au plus. On risque d'être surpris par les calmes, dans les environs de l'île ; et les courants, d'après ce que j'ai vu et entendu dire, y sont permanents et d'une grande violence. Durant la mousson de N.E., je les ai trouvés portant à l'E.S.E.; et, pendant la mousson de S.O., ils portaient au N.N.E. Juan de Nova est plus basse et moins étendue que l'île *Europa* que j'ai aussi pu voir de près. Cette dernière est relativement saine ; les brises y sont bien établies, et les courants presque nuls. »

Un banc très-étendu, dont l'existence n'est pas considérée comme certaine, a été aperçu en 1829, par le capitaine LADD du navire l'*Austen*. Ce capitaine a affirmé l'avoir vu, sur le parallèle de Juan de Nova, et à 40 milles dans l'O. de cette île ; la mer brisait sur ce banc. Il est possible que le capitaine LADD se soit trompé ; mais, dans l'incertitude, il sera prudent d'ouvrir l'œil quand on sera dans ces parages.

Les Bassas da India sont de dangereux récifs, d'une étendue de 7 à 8 milles, situés entre les parallèles de 21°26′ et 21°32′S., et entre les méridiens de 37°21′ et 37°12′E. Ces roches qui ont été vues à diverses époques, entourées de brisants, ont été signalées comme ayant l'apparence : tantôt d'une chaloupe ; tantôt de meules de foin. A 1 mille de ces récifs, on ne trouve pas de fond avec 128 mètres de ligne.

Le Banc du Pilote est à 33 milles environ dans le N.O. des Bassas da India, par 21°10′S. et 36°42′E. Il a été découvert le 5 janvier 1850, par le capitaine WHITE du *Pilot*, qui a trouvé dessus une sonde de 5 mètres ; en même temps, il a aperçu plusieurs taches sur l'eau, qui semblaient indiquer un brassiage moindre. Ce banc n'est pas bien indiqué, sur toutes les cartes.

L'île Europa est par 22°22′30″S. et 38°4′E.; elle a 3 ou 4 milles de diamètre ; est de forme à peu près circulaire, et présente une échancrure du côté du N.; elle est généralement couverte de broussailles, et porte quelques arbres dans la partie N. C'est de ce côté que l'île est le plus élevée ; il y a plusieurs monticules en divers endroits, et une plage de sable ; on aperçoit cette île du haut des mâts, à une distance de 15 ou 18 milles, quand le temps est clair. Un récif s'étend à plus de 1/2 mille dans le S.; néanmoins l'île ne paraît pas d'un accès difficile ; et OWEN dit qu'on y trouve beaucoup de tortues.

Les îles Glorieuses sont deux îles petites et basses, situées sur un récif à une distance de 102 à 117 milles dans l'O.N.O. du cap d'Ambre. La plus à l'E., appelée *Ile du Lys*, est par 11°32′S. et 45°14′E. La plus à l'O., nommée *Ile Glorieuse*, est par 11°34′S. et 45°02′E. Elles sont couvertes de broussailles et d'arbres ayant environ 8 mètres de haut ; elles ont 4 mètres d'elévation au-dessus de la mer, et elles sont reliées par un récif de corail qui a près de 5 milles de de large en quelques endroits. Ce récif est plein d'îlots, de bancs de sable et de lagons, au milieu desquels il ne paraît pas y avoir de passage; la mer brise fortement dessus, et l'on ne trouve pas de fond en filant 183 mètres de ligne, à 1 mille de l'accore du récif. L'île Glorieuse a 1 mille 1/4 de long sur 1 mille de large; les tortues et les oiseaux y abondent, mais il n'y a pas de source. L'île du Lys n'a pas plus de 1 mille de long, mais elle est entourée par un récif très-étendu qui va jusqu'à 4 milles dans le S.E. On peut citer aussi un petit îlot, appelé *Ile Verte*, qui est situé à 3 milles dans le S.O. de l'île du Lys. Tout l'ensemble de dangers que constitue ce groupe paraît avoir une étendue de 15 milles, dans la direction E.1/4N.E. et O.1/4S.O. La mer marne de 3 mètres.

Le Récif Geyser, ou *Banc du Firebrass*, a la forme d'un croissant dont la concavité est tournée vers le S.E. Il se trouve entre les parallèles de 12°16′ et 12°27′S., et entre les méridiens 44°05′ et 44°17′E., à une distance de 70 milles dans l'E.1/4N.E. de Mayotte et à 60 milles dans le S.O.1/4O. des Glorieuses. Un banc *douteux*, nommé le *Bisson*, paraît devoir se trouver à une vingtaine de milles dans le N. du récif Geyser. Un autre, appelé *le Bornéo*, est indiqué comme devant se trouver à environ 18 milles dans le N.O. du même récif. En avril 1831, le navire *le Rover* a vu un banc, qui porte son nom, situé, dit-on, par 12°22′S. et 44°00′E., et qui fait toujours partie du même groupe de bancs. C'est encore sur le même récif que le *Shannon* de Liverpool s'est perdu, en un point que l'on dit situé par 12°24′S. et 44°12′Est.

Le banc de la Zélée est un plateau de petits fonds situé dans l'O.1/4S.O. du récif Geyser, auquel il semble rattaché. On y a trouvé des fonds de 10 mètres à 16 mètres, et l'accore de ce plateau paraît orienté sur une ligne E. et O. d'une dizaine de milles d'étendue. Les plus petits fonds qu'on a trouvés (10 mètres) sont situés par 12°31′S. et 43°57′Est.

Le cap d'Ambre, extrémité N. de Madagascar est par 11°57′30″S. et 46°59′E. La montagne d'Ambre est à 37 ou 38 milles dans le S. du cap, et elle présente une pente très-régulière. Le château de Windsor est une autre montagne moins élevée, et située par 12°13′S., à 10 milles dans l'O. de l'entrée de British-Sound, qui est elle-même située par 12°14′S. et 47°04′E. On voit plusieurs montagnes coniques, entre le Sound et le cap d'Ambre : ce cap est une terre basse (1), se terminant par une chaîne d'îlots rocheux, à côté desquels on trouve 27 mètres d'eau; et à 1/2 mille desquels il y a de 36 à 46 mètres.

Le banc du Castor est d'une grande étendue, dans la direction E.S.E. et O.N.O., et à une distance variable entre 30 et 45 milles dans le N.O. de Nossi-bé; on y a trouvé des fonds de 12 à 18 mètres. Son accore du S. est par 13°2'S. et 45°15'E. Entre ce banc et celui du Leven, on a obtenu des sondes de 29 à 31 mètres; ce qui donne lieu de penser que les deux bancs sont reliés ensemble.

Le banc du Leven est dans le N.E. de celui du Castor; et il est compris entre les parallèles 12°21' et 12°44'S., et entre les méridiens 45°26' et 45°37'E. Ce banc ne paraît pas dangereux, car l'on n'y a point trouvé de sondes inférieures à 30 mètres.

Un autre banc a été découvert par 12°24'S. et 46°05'E., situé entre le banc du Leven et la côte de Madagascar.

En 1852, le *Castor* de la Marine Royale Britannique a découvert *un banc de 14 mètres* à 8 milles dans le N.O. de l'île Grande Minow. *Un autre banc* portant seulement 9 mètres d'eau a été trouvé à 6 milles dans le N.$^1/_4$N.O. de Nossi-Fanihi (petite île qui est située par 13°12'S., au N. de Nossi-bé).

Les îles Minow, ou *Nossi-Mitsiou*, sont comprises entre 13°3' et 12°43'S.; et la plus au large est à 21 milles de terre. L'extrémité N. de Nossi-Mitsiou, ou Grande Minow, est par 12°49'30''S. et 46°19'E. Il y a plusieurs récifs entre les îlots qui gisent dans le S. et dans le S.O. de Nossi-Mitsiou. Il y a généralement de 18 à 36 mètres d'eau entre ces îles; entre celles-ci et la côte, les fonds sont de 26 mètres, et ils se réduisent à 11 et 9 mètres quand on approche de Madagascar. *L'île Green* se trouve dans le chenal, en dedans des îles à environ 6 milles de la côte. La *Petite Minow*, ou *Nossi-Lava*, est à 7 milles dans le N.E. de l'extrémité N. de Nossi-Mitsiou.

Le cap Saint-Sébastien est par 12°26'S., et 46°26'E., à l'extrémité d'une presqu'île en forme de croc, sur laquelle on voit

(1) Le cap d'Ambre est une pointe basse dénuée de végétation. On y voit seulement pousser quelques ravenels, ou arbres du voyageur, qui étendent au vent leurs larges feuilles. On aperçoit souvent ces arbres à 15 ou 20 milles, quand l'atmosphère est claire.
La mer est souvent dure et clapoteuse au cap d'Ambre; les brises y sont variables suivant la saison, mais elles règnent le plus généralement de l'E.N.E. au S.E., en sorte qu'il est plus facile de le passer en allant vers l'O. qu'en allant vers l'E. Le courant y varie du N.O. au N.N.O., retourne au S.O. dès qu'on a dépassé ce cap, et se confond ensuite avec le courant des marées.

plusieurs montagnes pointues. Sur la côte E. de cette presqu'île se trouve une grande baie profonde, en dehors de laquelle gisent deux récifs ou îles de sable. Sur le côté O. de la presqu'île, sont deux petites baies, dont l'une est à 3 milles dans l'E. du cap; et, en face de cette dernière baie, gisent plusieurs îles.

Les îles Andromaque sont situées entre 3 milles et 4 milles 1/2 dans l'O.$^1/_4$N.O. du cap Saint-Sébastien; et un chenal avec 33 à 44 mètres d'eau existe entre elles et les îlots voisins du cap. *L'île Joseph*, située à 3 milles dans le N. du cap Saint-Sébastien, tient à un banc étroit portant 7 à 11 mètres d'eau et s'étendant à 3 milles dans la direction de l'île Woody; de chaque côté de ce banc, et autour de l'île, les fonds varient de 18 à 35 mètres. *L'île Woody*, par 12°16'S. et 46°20'E., est à 7 milles dans le N.N.O. de l'île Joseph; auprès d'elle, les fonds sont irréguliers de 9 à 25 mètres; et à 3 milles au large de cette île, on tombe sur *un haut-fond de 13 mètres* à l'accore du banc de sondes. *Un autre haut-fond* portant 7 mètres d'eau se trouve aussi à l'accore des sondes, et à 13 ou 14 milles à l'O. du cap. Plus loin, sur le banc, les sondes varient ordinairement de 36 mètres à 64 mètres. *Un banc douteux* nommé *Intermediate Bank* ou *Banc intermédiaire*, est porté sur certaines cartes à 15 ou 18 milles dans l'O.$^1/_4$N.O. des îles Andromaque.

Entre le cap Saint-Sébastien et le cap d'Ambre, la côte forme une grande courbure appelée *Baie de William Pitt*. Dans cette baie, gisent plusieurs îles et bancs à petite distance de la côte, et d'autres à 9 et 12 milles au large, auprès de l'accore des sondes, situés sur une ligne orientée à peu près dans l'E.$^1/_4$N.E. de l'île Woody en se dirigeant vers la presqu'île basse qui forme le côté O. du Havre Liverpool. Il y a plusieurs basses, portant 7 et 9 mètres, ainsi que les dangers indiqués ci-après qui sont hors de l'eau : Le *Banc de sable Delight*, par 12°13'S. et 46°29'E.; le *Banc de sable Magnet*, par 12°18'S. et 46°35'E.; *l'île Moresby*, à 6 milles plus loin dans l'E.N.E.; et enfin *l'île Hay* au large de la pointe formant l'extrémité N. de la baie de Pitt, qui est bordée aussi par des bancs de roche.

Le banc de Saint-Lazare est compris entre les parallèles 12°2'S. et 12°20'S.; il commence à une trentaine de milles dans l'E. de l'île Ibo et se termine à mi-chemin entre la côte d'Afrique et l'île Comore. Ce banc est très-peu connu, quoique plusieurs navires aient sondé dessus. Ainsi, le *Dorset* a trouvé de 22 à 32 mètres d'eau, par 11°50'S. et à 1°10' à l'E. de Querimba. L'*Edgecote* a obtenu 18 à 22 mètres d'eau, par 12°04'S. et à 1°12' dans l'E. de Querimba. Le *Raymond* a trouvé fond par 12°13'S. En somme, sur l'ensemble du banc, les sondes paraissent varier généralement de 16 à 91 mètres; mais les limites du banc, sa position et celle des points dangereux sont peu ou imparfaitement connus. On cite des sondes de 13 mètres et de 9 mètres; enfin deux navires ont touché dessus, par des fonds de 5 mètres.

Le banc Kaunitz est celui que le navire autrichien « *Kaunitz* » a aperçu, et qu'il a placé par 11°03'S. et 40°05'E. Il paraissait être à 9 milles du bord, et la mer brisait dessus. Ce banc a été vainement cherché depuis; aussi ne considère-t-on point son existence ou du moins sa position comme certaine.

Le banc Reliance est celui sur lequel le navire « *Reliance* » s'est perdu. Le capitaine de ce navire a donné 12°23'S. et 39°00'E., comme position de ce banc, dont l'étendue serait, dit-on, de 27 milles du N. au S., et de 40 ou 50 milles de l'E. à l'Ouest.

Un haut-fond ne portant que 5 mètres d'eau a été trouvé par 12°10'S. et 39°30'E., par le navire « *Charles et George* ». *Un autre danger* portant 6m,40 d'eau existe à 12 milles dans l'O.N.O. de ce dernier. Le « *Cyclops* » a mouillé, par 18 mètres d'eau, sable dur, par 12°03'S. et 39°05'E.; un peu dans le S. de cette position, il n'y avait que 14 mètres d'eau; et à 2 milles dans l'E., 9 mètres d'eau seulement. Le « *Frolic* » a trouvé 9 mètres, par 12°10'S. et 39°03'Est.

Un banc isolé, de forme à peu près circulaire, ayant de 15 à 18 milles de diamètre, et portant des fonds qui varient généralement de 12 à 22 mètres, a sa partie centrale située par 12°02'S. et 39°50'Est.

Le banc Vailheu paraît situé à 9 milles dans l'O. de la pointe S.O. de l'île Comore. D'ailleurs, les petits fonds semblent s'étendre à 12 milles plus loin dans l'O., car le navire « *Devonshire* » a vu une ligne de brisants allant jusqu'à cette distance. Les Portugais disent qu'il n'y a que 7 mètres d'eau, à mi-flot, sur la partie N.O. de ce banc.

§ 234. — Instructions pour naviguer du Sud vers le Nord, dans le canal de Mozambique.

En venant du S., du cap de Bonne-Espérance par exemple, on fera bien en général de ne pas remonter dans le N. du parallèle de 35° ou de 34°S., avant d'avoir atteint le méridien de 34°30′ ou de 35°E. En suivant ce conseil, lorsque les circonstances le permettront, l'on aura l'avantage de faire son chemin en longitude dans des parages où les degrés sont courts, les vents ordinairement favorables et le courant également favorable si l'on se tient suffisamment dans le S.; enfin, en s'éloignant beaucoup dans l'E. avant de remonter vers le N., on se trouvera en dehors de la plus grande force du courant portant vers le S. et le S.O. le long de la côte d'Afrique. Néanmoins, même en se tenant bien dans l'E. comme nous l'indiquons pour faire route vers le N., le navire sera presque toujours soumis à l'action du courant général qui porte vers l'O. et le S.O., dans tout l'espace compris entre le S. de Madagascar et le cap de Bonne-Espérance. Dans quelques cas seulement, des courants exceptionnels ont été observés portant à l'E. et au S.E. dans le S. du canal, entre le cap Corrientes et Madagascar; mais, il suffit que ce fait se soit produit quelquefois, pour que l'on se tienne extrêmement en garde contre l'effet des courants, susceptibles de porter le navire aussi bien vers l'E. que vers l'O. Il est donc inutile de citer les navires qui en se dirigeant vers le canal, se sont perdus sur la côte de Madagascar, notamment auprès des récifs de l'Etoile; ou bien ceux qui se sont trouvés sur l'île Europa ou sur les Bassas da India; ou enfin ceux qui se sont mis au plein sur la côte d'Afrique. On comprend que le seul conseil à donner est de ne négliger aucune occasion de faire des observations, pour rectifier la position du navire. Quand on aura eu un bon point observé à midi, il faudra malgré cela observer dans l'après-midi, ou la nuit suivante, si l'état du ciel et de l'horizon le permet, car on pourra avoir un temps couvert le lendemain; et dans l'espace de 1 jour ou 2, l'effet du courant pourra suffire pour rendre les indications de l'estime excessivement fausses et dangereuses.

Etant parvenu entre 30° et 28°S., on se trouvera au moment de prendre une décision, suivant que l'on croira préférable de passer dans l'E. ou dans l'O. de l'île Europa. Les avis sont assez partagés sur cette question ; notre opinion est que les deux routes sont bonnes, et que la préférence à donner à l'une ou l'autre dépend des circonstances. Il est nécessaire d'entrer à ce sujet dans quelques explications.

Pendant la mousson de S., d'avril en octobre, les vents seront aussi favorables dans l'E. de l'île Europa que dans l'O. Au contraire, pendant l'autre mousson, d'octobre en avril, les vents seront meilleurs dans l'O. de cette île que dans l'E.; et, si l'on passe de ce côté, entre Europa et Madagascar, on sera plus exposé à de folles brises et à des calmes.

Par suite, quand on viendra du cap et que l'on aura atteint 28°S., il sera généralement bon, à quelque époque de l'année que ce soit, de gouverner, si les vents le permettent facilement, de manière à passer dans l'O. de l'île Europa, des Bassas da India et du banc du Pilote. La route devra être donnée de manière à se tenir toujours à 70 ou 80 milles au moins de la côte d'Afrique, afin de ne pas tomber dans le fort du courant qui porte vers le S., avec une grande rapidité, entre 25° et 21°S., le long de la terre. D'un autre côté, si l'on veut agir prudemment, surtout dans le cas où la position du navire ne sera pas parfaitement connue, il conviendra de donner beaucoup de tour aux dangers du milieu du canal ; et par exemple, il faudra couper les parallèles de l'île Europa, des Bassas da India et du banc du Pilote, à 70 milles *au moins* dans l'O. de leur longitude. De plus, il sera indispensable de veiller, avec le plus grand soin, et de se tenir toujours prêt à changer de route si l'on apercevait, ou si l'on entendait les brisants. En résumé, il faudra donc se tenir plus près de la côte d'Afrique que de l'île Europa.

Au contraire, s'il arrive qu'après avoir dépassé le parallèle de 28°S., les vents persistent à rester trop pointus pour permettre de passer facilement à l'O. de l'île Europa, il ne faudra pas hésiter à gouverner de manière à en passer dans l'E. On prendra encore la même détermination, quand on aura des doutes sur la longitude du navire, parce qu'alors on se proposera d'aller reconnaître les terres élevées qui dominent la côte, dans le N. de la baie Saint-Augustin, par 23°S. environ. Dans ce dernier cas, il faudrait ne se diriger vers l'E., sur la côte de Madagascar, qu'avec une bonne latitude, et seulement de jour, en veillant bien. De plus, dès qu'on aurait rectifié sa longitude par la vue de la terre, on devrait revenir vers l'O. pour se placer à mi-canal entre Europa et Madagascar, où les vents seront meilleurs, et où l'on n'aura plus à craindre les récifs qui bordent la côte (1).

Dans le cas où l'on se sera décidé à passer dans l'E. d'Europa, il conviendra, comme nous l'avons déjà dit, de se tenir très en garde contre la double alternative : soit d'être drossé sur la côte de Madagascar et de se perdre particulièrement dans les environs du récif de l'Etoile ; soit d'être drossé sur l'île Europa ; ou même quand on aura dépassé cette île, d'être porté par les courants sur les Bassas da India, sans pouvoir l'éviter si l'on est pris en même temps par des calmes.

Quelle que soit la détermination prise, que l'on ait passé dans l'E. ou dans l'O. de l'île Europa et des Bassas da India, la meillleure route, pour les navires qui se rendent dans le N., par exemple à Zanzibar, à Aden ou à Bombay, consiste à passer dans l'O. de Juan de Nova et généralement aussi dans l'O. de la grande Comore. *A l'époque de la mousson de S.*, d'avril en octobre, cette route sera relativement facile, en ce sens que l'on aura ordinairement les vents portants, qui permettront d'aller directement passer à peu près à mi-canal entre Juan de Nova et la côte d'Afrique. En faisant ainsi une route directe, depuis le parallèle des Bassas da India et du banc du Pilote jusqu'au passage dans l'O. de Juan de Nova, on se trouvera, durant cette partie de la traversée, dans la région centrale du canal de Mozambique, ce qui sera en même temps le chemin le plus court et le meilleur. *Pendant la mousson de N.*, d'octobre en avril, on fera bien de tracer sur la carte une ligne joignant le banc du Pilote ou les Bassas da India à un point situé à 60 milles dans l'O. de Juan de Nova. Si l'on a déjà passé dans l'O. d'Europa et des Bassas da India, l'on continuera à s'élever vers le N. ou le N.E., en se tenant dans l'O. de cette ligne.

(1) Si l'on croit avoir absolument besoin de rectifier sa position, on peut également se conformer aux conseils de D'APRÈS DE MANNEVILLETTE, qui recommandait de prendre connaissance de la partie S.O. de Madagascar, par 24°30'S. Pour cela, lorsqu'on approche de Madagascar, il ne faut point pendant la nuit atteindre la latitude de la partie S. de cette île, qui est par 25°36'S., pour ne pas risquer de l'aborder dans le cas d'une erreur imprévue vers l'E. Entre le cap Sainte-Marie et le banc de l'Etoile, la côte porte sonde à 24 ou 27 milles au large, et l'on y trouve de 65 à 40 mètres fond de sable et de gravier. Il est bon de remarquer que la sonde ne s'étend point à l'O. du banc de l'Etoile ; et qu'à moins de 1 mille des roches on trouve de 100 à 150 mètres d'eau. L'atterrage par 24°30'S. ne paraît pas dangereux ; la côte est assez unie et de moyenne hauteur ; on la rangera à 6 milles jusqu'à ce qu'on découvre l'île de Sable qui est à l'entrée de la baie Saint-Augustin. Cette île est basse, couverte d'arbrisseaux, environnée de brisants, et le rivage est de sable blanc. Dans le N. de la baie Saint-Augustin, on découvre une montagne en forme de table que les Anglais appellent la « Salle de Westminster » et qui est l'objet le plus remarquable.

Si l'on a passé dans l'E. d'Europa, on fera bien de se diriger vers le N. ou le N.N.O., selon les circonstances de vents que l'on rencontrera, pour gagner au plus vite le milieu du canal, et pour se tenir ensuite dans l'O. de la ligne que nous avons supposée tracée sur la carte. Etant obligé de louvoyer contre les vents de la partie du N., les meilleures limites pour le louvoyage seront les suivantes. En ce qui concerne la bordée bâbord amures, on ne devra point la prolonger plus loin que la ligne en question tracée sur la carte, parce qu'en allant dans l'E. de cette ligne et en se rapprochant de Madagascar, les calmes et les folles brises seraient plus à craindre ; et, quant à la bordée tribord amures, il conviendra de ne pas la prolonger à moins de 60 milles de la côte d'Afrique, parce que si l'on allait plus loin dans l'O., on tomberait dans le fort du courant qui porte dans le S. et dans le S.O. Durant cette saison, les difficultés de la traversée commenceront au parallèle de 18°S. environ, qui est la limite ordinaire de la mousson de N. réellement et fortement établie. A partir de ce parallèle de 18°S., il sera bon de se tenir bien dans l'O., c'est-à-dire entre 50 et 80 milles par exemple des chaînes d'îles Primeira et Angoza qui bordent la côte d'Afrique, surtout quand on approchera de 17°30'S., afin que, tout en restant en dehors de la plus grande force du courant qui descend la côte, l'on soit certain de ne pas tomber sur les récifs de Juan de Nova, comme cela pourrait arriver avec de petites brises ou avec des calmes, ou encore si l'on trouvait plus au large de la côte d'Afrique les courants portant à l'E. et au N.E. qui ont souvent été observés.

En disant que nous préférons la route par l'O. de Juan de Nova, nous ne voulons pas dire qu'on ne puisse point prendre par l'E., entre cette île et le banc de Parcel. Ce dernier passage était autrefois le plus suivi, et nous allons reproduire à ce sujet les instructions de D'APRÈS DE MANNEVILLETTE et de HORSBURGH, qui pourront être utilisées, lorsque, pour un motif quelconque, l'occasion s'en présentera. Voici un résumé de ces instructions, que nous donnons seulement à titre de renseignement :

« En partant de Nos Vey, ou île de Sable (23°38'S. et 41°18'E.), c'est-à-dire après avoir pris connaissance de la terre dans les environs de la baie Saint-Augustin, on peut gouverner au N.$^1/_4$N.O., ou au N.N.O., jusqu'à ce qu'on soit à 24 ou 30 milles de la côte ; puis, à partir de ce moment, on fait route au N.¼N.E., ou peut-être même au N. La direction de la côte jusqu'à la pointe Saint-Félix, laquelle se trouve par 22°36′S., est à peu près le N.N.O. vrai, ou un peu plus O. dans quelques parties. Pendant le jour, on peut gouverner au N., ou au N.½O., ce qui fait faire une route parallèle à la côte jusqu'au cap Saint-Félix; mais, durant la nuit, il convient de ne pas s'approcher de la terre sur laquelle il y a de forts brisants. Cette côte est basse en plusieurs endroits, près de la mer, et elle est formée de dunes de sable séparées par de la verdure. La pointe Saint-Félix est une dune de sable, portant quelques arbres. On doit passer bien à l'O. de l'île Crab; et pour cela il faut couper son parallèle à 30′ ou 40′ au moins dans l'O. du méridien de l'île de Sable; alors, en gouvernant au N. vrai, et en se tenant à 40′ ou 45′ plus O. que le méridien de l'île de Sable, on passe dans l'O. du banc de Parcel. En approchant de Juan de Nova, on doit mettre un peu d'E. dans sa route, de manière à ne plus se trouver qu'à 25′ dans l'O. du méridien de l'île de Sable. En se maintenant alors par la même longitude, la route au N. fera passer d'abord à l'E. de Juan de Nova, puis à l'O. du banc du Chesterfield. »

Après avoir passé, comme nous l'avons dit plus haut, dans l'O. de Juan de Nova, la meilleure route des navires qui se rendent dans le N., par exemple à Zanzibar, à Aden ou à Bombay, consiste à doubler l'île Comore dans l'O. *Pendant la mousson de S.*, les vents seront portants et permettront de gouverner directement pour passer à peu près à mi-distance entre le banc Saint-Lazare et l'écueil Vailheu. *Pendant la mousson de N.*, il faudra louvoyer contre les vents généralement contraires. Entre le parallèle de Juan de Nova et le banc Saint-Lazare, quand on courra la bordée de terre, il faudra virer à 50 milles, ou *40 milles* de la côte, pour ne pas tomber dans la plus grande force du courant portant au S. qui commence surtout à 30 milles de la terre. On prendra alors la bordée du large, qu'on prolongera jusqu'à *70 milles*, ou 75 milles au plus, de la côte d'Afrique. Si l'on s'éloignait davantage au large, on serait d'abord exposé à trouver les brises moins fraîches, et les calmes qui règnent souvent auprès des Comores ainsi que dans l'espace compris entre ces îles et la côte N.O. de Madagascar. De plus, en admettant qu'on soit destiné à Mozambique ou à Ibo, il y aurait à craindre qu'au moment où l'on se serait beaucoup éloigné, sur la bordée du large, le vent ne s'établisse du

N.O. au moment où l'on se croirait bien au vent et en bonne position pour prendre la bordée de terre.

Autrefois, les navires relâchaient souvent à Anjouan, pour y faire de l'eau; la route que l'on conseillait d'ailleurs faisait généralement passer dans l'un des canaux des Comores, et particulièrement entre Mayotte et Anjouan. Il vaut certainement mieux passer dans l'O. de la Grande Comore, comme nous l'avons indiqué précédemment, parce que dans ce passage les brises sont plus régulières et mieux établies, tandis que dans l'archipel des Comores et entre ces îles et la côte N.O. de Madagascar l'on est exposé à trouver de folles brises et beaucoup de calmes.

Etant destiné aux Comores, il faut tenir compte de l'effet des courants qui portent souvent dans l'O. et le N.O. Par exemple, si l'on se rend à Anjouan, au commencement ou à la fin de la saison, on veillera à ne pas se laisser drosser dans l'O. de Mohilla, attendu qu'à ces époques les vents sont particulièrement faibles et variables. Dans le S. de Mayotte, et en se rapprochant de Nossi-bé, les courants portent souvent au N.E.

En se reportant aux §§ 8 et 57, on trouvera des indications sur les vents et sur les courants du canal de Mozambique. Nous conseillerons aussi de se reporter au § 236, où nous donnons des citations de rapports et de notes que l'on pourra consulter avec fruit.

§ 235. — Instructions pour naviguer du Nord vers le Sud, dans le canal de Mozambique.

En venant du N., l'on pourra passer par n'importe lequel des canaux entre les îles Comores; mais la meilleure route sera celle qui fera passer dans l'O. de l'île Comore, à peu près à mi-chenal entre l'écueil Vailheu et le banc Saint-Lazare. Ensuite, l'on gouvernera pour passer dans l'O. de Juan de Nova, puis dans l'O. du banc du Pilote, des Bassas da India et de l'île Europa. En général, il sera avantageux de ne point s'éloigner beaucoup de la côte d'Afrique, pour profiter du courant favorable portant vers le S.O. et le S. Il faudra surtout se rapprocher de cette côte, quand les brises seront variables, ou quand elles seront établies de la partie du S., ce qui sera fréquent d'avril en octobre. Mais, lorsque l'on aura de fortes brises de N. bien établies, on pourra faire une route plus directe, en se tenant un peu plus loin de la côte d'Afrique. Il sera bon de passer en vue du cap Corrientes, si le temps le permet, afin de profiter de la grande force du courant favorable qui règne dans ses parages; en tous cas, l'on en passera aussi près que possible, et l'on gouvernera ensuite de manière à longer la côte de Natal, entre 12 et 30 milles environ. Il est d'ailleurs bien entendu que si l'on avait de forts vents de S.E., avec grosse mer, il conviendrait de se tenir plus loin au large. Voici quels sont les points de croisements de cette route :

		En Mousson de Nord, d'Octobre en Avril.		En Mousson de Sud, d'Avril en Octobre.
Couper le parallèle de	11° Sud	par 40°30'Est	ou par	40°30'Est.
	12° Sud	par 40°20'Est	—	40°20'Est.
	13° Sud	par 39°45'Est	—	39°45'Est.
	14° Sud	par 39°20'Est	—	39°20'Est.
	15° Sud	par 39°10'Est	—	39°10'Est.
	16° Sud	par 38°30'Est	—	38°30'Est.
	17° Sud	par 37°50'Est	—	37°40'Est.
	18° Sud	par 36°55'Est	—	36°00'Est.
	19° Sud	par 36°10'Est	—	35°05'Est.
	20° Sud	par 35°30'Est	—	34°35'Est.
	21° Sud	par 35°00'Est	—	34°15'Est.
	22° Sud	par 34°35'Est	—	34°00'Est.
	23° Sud	par 34°05'Est	—	33°45'Est.
	24° Sud	par 33°30'Est	—	33°30'Est.

La route que nous donnons, le long de la côte d'Afrique, pendant la mousson de S., n'est évidemment qu'une route moyenne, dans les environs de laquelle on pourra se tenir, en louvoyant contre les vents de la partie du S. Il est clair également que l'on se tiendra plus ou moins loin de la côte, suivant l'état du temps et la direction de la brise. Avec des vents forts de S.E., on veillera à ne point se laisser porter en côte. Si les vents s'établissent très-forts de la partie du S.O., lorsqu'on aura dépassé 17° ou 18°S., on pourra prolonger la bordée tribord amures, de manière à se rapprocher de Madagascar. Si les vents mollissent, ou s'ils tournent au S.E., on aura peut-être plus de facilité à s'élever dans le S., entre 19° et 22° ou 23°S., le long de la côte O. de

Madagascar. Dans ce cas, au lieu de revenir de suite sur la côte d'Afrique avec la bordée bâbord amures, on restera au large de la côte de Madagascar, que l'on ne quittera définitivement qu'au moment où l'on jugera pouvoir atteindre la terre d'Afrique entre le cap Lady Grey et le cap Corrientes. Dans ces parages, on se trouvera dans la plus grande force du courant portant vers le S.; et l'on n'aura généralement à lutter que contre des vents variables, n'ayant plus la même persistance contraire.

En se reportant aux §§ 8 et 57, on trouvera des indications sur les vents et sur les courants du canal de Mozambique.

§ 236. — Opinions de divers Capitaines sur la navigation du canal de Mozambique (1).

OBSERVATIONS DE M. LE CAPITAINE LOUBATIÈRE.

« *Pendant la mousson de S.*, la navigation est des plus faciles dans le canal; le temps est beau, le ciel pur, et la brise assez fraîche pour permettre de refouler le courant; on atteindra donc tous les points avec la plus grande facilité. Si l'on doit monter dans le N., pour se rendre à Zanzibar, dans la mer Rouge, au golfe Persique, ou sur la côte de l'Inde, il conviendra de naviguer au milieu du canal, et de passer à l'O. de l'île Comore et en vue de cette dernière. La route tracée sur les Routiers passe généralement entre Mayotte et Anjouan, ce qui pouvait convenir à une époque où les navires touchaient à Anjouan pour faire de l'eau, et où l'on croyait le canal entre les Comores et l'Afrique obstrué par des dangers. Mais aujourd'hui, comme l'on ne relâche ordinairement point, et comme l'on connaît mieux la position du banc Saint-Lazare, cette route doit être abandonnée, car on trouve entre les îles Comores et la côte N.O. de Madagascar (surtout en pleine mousson de S.) des calmes profonds et durables produits par l'abri que forment les hautes terres de l'île, tandis qu'à l'O., dans le canal d'Afrique, la brise est toujours fraîche et régulière.

(1) Les notes reproduites dans le présent paragraphe sont des observations *inédites*, qui nous ont été obligeamment communiquées par MM. les capitaines au long-cours Loubatière, Ventre, Garrigues et Guitter. On remarquera particulièrement les indications fournies par MM. Loubatière et Ventre, qui ont passé de longues années dans ces parages. Nous avons ajouté également un résumé du rapport de M. le capitaine au long-cours Bernard, qui a été publié dans les *Annales hydrographiques*.

Pendant la mousson de N., les navires venant du S. atteindront presque toujours facilement le parallèle de 18°S. On peut passer indifféremment à l'E. ou à l'O. des roches de l'India ou de l'Europa, en écartant toutefois la côte d'Afrique de plus de 60 milles pour éviter d'entrer dans le courant général. Si l'on n'était pas sûr de sa position en longitude, on pourrait prendre connaissance des terres élevées qui dominent la côte, au N. de la baie de Saint-Augustin, sur l'île de Madagascar, par 23°S. environ ; mais, dès qu'on aura rectifié sa position, il conviendra de se porter au plus tôt vers le milieu du canal où l'on trouvera les vents meilleurs pour avancer dans le N. Si l'on avait pour destination Inhambane ou Quillimane, on pourrait rectifier sa position avant de pénétrer dans le canal, en reconnaissant le cap Corrientes ; et l'on s'écarterait ensuite de la côte pour sortir du lit du courant général. A partir du parallèle de 18°S., l'on aura souvent une grande difficulté pour monter au N.; il y a même, de nos jours, des exemples de traversées prodigieusement longues dans cette partie du canal. Le long de la côte d'Afrique, il y a parfois des brises variables ; mais le courant violent portant au S. fait perdre en quelques heures de calme ce qu'on avait péniblement gagné en plusieurs jours. Auprès de la côte de Madagascar, les courants sont faibles et portent vers le N., le plus souvent ; mais les calmes sont profonds et durables, et il est parfois très-difficile de sortir de cette zone de calmes, lorsqu'il s'agit de rallier la côte d'Afrique pour venir prendre le port de destination, par exemple celui de Mozambique. Le mieux est donc, en pareil cas, de naviguer au milieu du canal, jusqu'à ce qu'on ait dépassé le parallèle du port de destination. *De septembre à la mi-décembre*, les vents de N. sont régulièrement établis à mi-canal et la mer est belle ; on louvoiera, à cette époque, de manière à ne pas approcher la côte d'Afrique à moins de 50 milles, et à ne pas s'en écarter à plus de 90 milles, pour éviter d'un côté les calmes et de l'autre les courants contraires portant au S. *De décembre en mars*, on naviguera de même au milieu du canal, en profitant des orages et des faibles brises variables pour faire du Nord.

En raison des difficultés qu'on éprouve souvent pour s'élever au N., dans cette partie du canal de Mozambique, pendant les mois de la mousson de N., quelques navigateurs ont proposé de faire le tour de Madagascar, et de venir par le cap d'Ambre. *Si l'on a pour desti-*

nation un port de la côte d'Afrique situé au S. du parallèle de 12°S., il ne convient nullement d'agir ainsi. En effet, on atteint plus facilement le parallèle de 18°, dans le canal, que le cap d'Ambre par l'E. de Madagascar, la distance étant plus grande dans ce dernier cas. Or, étant arrivé au cap d'Ambre, on éprouvera les mêmes difficultés, pour atteindre le port de Mozambique par exemple, que si l'on était par 18°S.; et l'on sera tout de même exposé, en approchant la côte d'Afrique après beaucoup de peine, à être dépalé dans le S. par un temps de calme, et à être porté même par les courants jusque par 17°S. dans le canal, du côté de Juan de Nova, comme cela est arrivé souvent à des navires venant de Maurice ou de la Réunion. *Mais, si l'on a pour destination un port situé au N. du parallèle de 12°S.*, et à plus forte raison si l'on se rend dans la mer Rouge, dans l'Inde, aux Seychelles, etc., il ne faudra jamais prendre la route du canal de Mozambique, pendant toute la mousson de Nord. »

OBSERVATIONS DE M. LE CAPITAINE VENTRE.

« La route pour se rendre à un port du canal de Mozambique, dans toutes saisons, consiste à prendre le canal de Mozambique; à passer entre Madagascar et l'île Europa; puis (si l'on se rend à Mozambique ou à Ibo) à faire route de manière à passer à 40 ou 50 milles à l'O. de Juan de Nova. A partir de là, et pendant les mois de *mai, juin et juillet*, on peut faire route directement sur le port de destination, parce que durant ces trois mois on peut compter sur les vents de S. Dans les mois de *mars, d'avril, d'août et de septembre*, il convient d'atterrir à 20 ou 30 milles au N. du point de destination, parce que, durant ces mois, on peut rencontrer des brises faibles qui, en vue de terre, ne permettraient pas de refouler le courant, et par suite l'on aurait à craindre d'être dépalé, si l'on ne prenait pas la précaution d'atterrir un peu au Nord.

Pendant la mousson de N., il faudra, à partir du parallèle de Juan de Nova, louvoyer entre 30 milles et 60 milles de la côte. C'est la limite la plus favorable pour remonter au N.: plus près de terre, on se trouverait travaillé par le courant, et plus au large on rencontrerait des calmes, et ensuite on serait trop loin pour profiter d'une poussée de S. Il arrive quelquefois qu'avec les amures à bâbord le vent adonne et fait mettre le cap au N.E. et même plus au vent; il ne faudra pas pour cela prolonger trop la bordée du large, parce que outre les calmes et les faibles brises, on s'exposerait à rencontrer des vents de N.O. avec lesquels on aurait beaucoup de peine à rallier la côte.

Pendant la mousson de N., le plus difficile, pour les navires qui se rendent à Mozambique ou à Ibo, est de franchir l'espace compris entre les parallèles de 17° et de 14° de latitude. Au N. du quatorzième degré, le courant est moins fort; du reste, on ne compte pas plus de jours de traversée, d'Europa à Mozambique, pendant la mousson de N., que pendant la mousson de S. On arrive toujours assez promptement au parallèle de Juan de Nova. De là, pour s'élever au N., l'époque la plus défavorable, est de novembre à mi-janvier; il convient, pendant ces mois, de se tenir entre les limites données plus haut, et d'atterrir, si on va à Mozambique, sur le parallèle de la montagne de la Table.

Il est arrivé bien des fois, pendant les mois de novembre, décembre et janvier, que des navires se sont présentés à bout de bordées, à quelques milles sous le vent de Mozambique; ils ont été pris par le courant et obligés de reprendre le large, pour s'élever au N., en dehors de l'influence du courant. »

OBSERVATIONS DE M. LE CAPITAINE GARRIGUES.

« La navigation, dans le N. du canal de Mozambique et dans le N. des îles Comores, est rendue difficile par l'effet des courants qui sont si variables dans ces parages. Ainsi, étant à 45 milles de terre, sur le parallèle de Mozambique, j'ai été porté de 72 milles dans le S., pendant 24 heures de calme. Cinq jours après, le 20 octobre, étant encore sur le parallèle où nous nous trouvions le 15 du même mois, mais plus loin de terre, deux bordées m'ont suffi pour me faire atterrir à 50 milles au N. de Mozambique, alors que je croyais ne me trouver qu'à 20 milles au N. de ce point. D'un autre côté, si l'on s'écarte trop de la côte d'Afrique, les brises diminuent de force; et, si l'on approche des Comores ou de la partie N.O. de Madagascar, on trouve des calmes profonds, de faibles brises très-variables, des pluies abondantes durant plusieurs jours et des courants très-variables.

Des navires partis de Mozambique, à destination de Maurice et de la Réunion, ont eu des traversées extraordinairement longues, en voulant passer au N. de Madagascar, alors que la mousson de N. était bien établie sur la côte d'Afrique. Les petits navires caboteurs partant de Mozambique, ou d'un autre port de la côte d'Afrique, mettent quelquefois un mois pour se rendre aux Comores.

En général, la mousson (celle de N. comme celle de S.) est plus fraîche près de la côte d'Afrique, où les courants portent avec force vers le S. En allant au large, les vents mollissent et les courants portent fréquemment au N. En se rapprochant des Comores et de la côte de Madagascar, on est de plus en plus exposé à tomber dans des calmes profonds et durables. Aussi, lorsqu'on devra remonter la côte vers le N. en louvoyant, il faudra le faire avec méthode, en calculant bien ses bordées : on ne s'approchera pas à moins de 50 milles de la côte d'Afrique, et l'on ne s'en écartera pas à moins de 75 milles. On aura ainsi l'avantage de trouver des brises assez fraîches pour pouvoir louvoyer, et en même temps l'on se trouvera en dehors des courants portant au S. Cette règle est applicable dans toute la partie comprise entre le parallèle d'Angoza et celui d'Ibo, et même un peu plus Nord.

Dans le voisinage des Comores et de la côte N.O. de Madagascar, la navigation est toujours pénible pour de grands navires, à quelque époque que ce soit, à cause des calmes et des courants irréguliers. La difficulté est grande, surtout s'il faut louvoyer. Aussi, à moins d'être obligé d'aller dans ces parages, il faut toujours les éviter. Je pense donc qu'en partant de la côte d'Afrique pour aller à Maurice, ou à la Réunion, on ne devra jamais passer au N. de Madagascar, mais faire route vers le S., en longeant la côte d'Afrique aussi près que possible ; puis, l'on passera dans le S. de Madagascar, en rejoignant le 30e ou le 35e degré de latitude, pour terminer sa route comme les navires qui viennent du cap de Bonne-Espérance. On a ainsi l'avantage d'avoir des brises fraîches, et de forts courants favorables portant dans le S. le long de la côte d'Afrique.

En partant de Mozambique à destination de Bombay, pendant la mousson de N.E., les navires arabes et autres vont passer au S. de Madagascar, et ils prennent ensuite la route des navires venant du cap, en passant entre Rodrigue et Maurice : l'expérience a prouvé qu'ils font bien d'agir ainsi, car ces navires auraient beaucoup de peine à s'élever au N., en louvoyant le long de la côte d'Afrique ; et, en allant au large, ils rencontreraient des calmes et de forts courants portant à l'O. HORSBURGH cite des navires qui, pour se rendre à Bombay en prenant le canal de Mozambique, ont fait, au commencement du siècle, des traversées excessivement longues.

Pour se rendre de Maurice à Mozambique, il convient de passer au N. de Madagascar en toutes saisons.

De mars à septembre, pendant l'hiver de l'hémisphère austral, les vents alizés de S.E. soufflent bon frais et la mousson de S.O. est alors bien établie dans le canal de Mozambique. A cette époque, en partant de Maurice, on pourrait atteindre la pointe N. ou la pointe S. de Madagascar en quatre ou cinq jours. Mais, au S. de cette île, on rencontrerait toujours une grosse mer d'O., et on essuie souvent de grands coups de vent de N.O. durant plusieurs jours. Au contraire, dans le N. de l'île, on aura des calmes et de faibles brises de S.E. au S.O. généralement; mais, si l'on écarte la côte N.O. de Madagascar, et que du cap d'Ambre on dirige sa route droit sur la côte d'Afrique de façon à laisser dans le S. les îles Glorieuses, Mayotte et Anjouan, l'on aura pour soi un courant portant O., qui règne toute l'année avec une vitesse moyenne de 60 milles par jour. En faisant ce détour, on peut croire au premier abord qu'on allonge la route; mais, en définitive, on atteindra plus vite le point de destination. Les vents généraux de S.E., en passant par-dessus les terres élevées de Madagascar, laissent sous le vent de cette île, une zone très-étendue de calmes; et ce n'est qu'à une assez grande distance dans le N. que la brise devient régulière. Il ne faut donc pas craindre de laisser cette île au loin dans le S., et il convient de pousser droit sur la côte d'Afrique, où l'on trouvera la mousson de S.O. bien établie; mais, comme le courant vers le S. est fort, on atteindra facilement le port de destination en louvoyant.

De septembre à mars, pendant l'été de l'hémisphère austral, les vents alizés de S.E. sont faibles, on sera donc un peu plus long, pour atteindre le cap d'Ambre, il ne faut pas craindre à cette époque de s'éloigner de la côte N.O. de Madagascar, et l'on doit profiter de toutes les variations de la brise pour s'élever dans le N. et dans l'O., afin d'atteindre au plus vite les vents de la mousson de N.E. qui règnent le long de la côte d'Afrique et dans le canal de Mozambique.

A cette époque, on ne devra jamais essayer de passer dans le S. de Madagascar, attendu que l'on s'exposerait au double risque de recevoir un ouragan et de faire une longue traversée. »

OBSERVATIONS DE M. LE CAPITAINE GUITTER.

« En venant du cap de Bonne-Espérance à destination de Zanzibar, je préfère, quelle que soit la mousson régnante, prendre le canal de Mozambique plutôt que de passer à l'E. de Madagascar, attendu que, dans le canal, les moussons ne m'ont point paru aussi régulières que les instructions veulent bien le dire.

Pendant la mousson de N., de novembre en avril, en attaquant le canal, il convient d'aller chercher la partie S.O. de Madagascar, et de faire route le long de la côte O. de cette île, pour éviter les forts courants portant au S. et les vents contraires que l'on pourrait trouver plus fréquemment, si l'on suivait la côte d'Afrique. Il n'y a pas grand'chose à redouter, en naviguant toujours en vue de terre jusqu'au banc de Parcel. Si le temps le permet, l'on passe entre ce banc et Juan de Nova (1).

Pendant la mousson de S., d'avril en novembre, il convient de reconnaître l'île Monféa et de se défier des courants portant au N. S'il ne reste pas assez de jour pour atteindre le mouillage de Zanzibar, il ne faut pas hésiter à rallier un mouillage, soit sur le banc de Latham, soit près de l'île Kwali, comme les instructions l'indiquent. Avec mon navire, j'ai mouillé dans le N.O. de l'île Kisewa, à environ 1 mille de distance : ce mouillage n'est pas signalé dans les instructions qui traitent de Zanzibar. Si l'on ne pouvait atteindre aucun mouillage et s'il faisait calme, je conseillerais à mes collègues se trouvant dans le canal, entre Zanzibar et la côte d'Afrique, de filer leur ancre avec 15 ou 20 brasses de chaîne. De cette façon, l'on pourrait éviter le risque de se trouver échoué par les courants contre toute attente. Cette décision prise hardiment d'aller chercher un mouillage, lorsque l'on prévoit qu'il ne restera pas assez de jour, peut faire gagner bien du temps et éviter beaucoup de soucis.

Sortant de Zanzibar, avec la mousson de S., si l'on veut éviter

(1) Nous avons indiqué, au § 234, que cette route nous semble moins bonne que celle par l'O. des Bassas da India et par l'O. de Juan de Nova.

d'être obligé de donner dans le canal de Pemba, il faut être de bonne heure dans le N. de l'île Tumbat ; dans l'après-midi, les vents hâlent le large et empêchent de doubler la partie S. de Pemba, sinon toujours, du moins très-souvent. Si l'on veut passer au S. de Pemba, l'on peut prendre un mouillage à l'O. de Tumbat, ou sur le banc de Tumbat.

Se rendant à Zanzibar, pendant la mousson de N., il faut attaquer Pemba. S'il ne restait pas assez de jour pour atteindre Zanzibar, il conviendrait de mouiller sur le banc de Tumbat, ou bien sur la côte O. de Zanzibar. En beaucoup de points de la côte O. de Zanzibar, les fonds sont assez considérables, très-près de terre.

Voulant prendre un mouillage autour de Zanzibar, ou près des îles qui l'entourent à l'O., il ne faut pas se contenter de sonder à l'arrière du navire, mais sonder aussi du bossoir, car sur une longueur de navire les fonds varient considérablement dans certains endroits.

J'ai quitté Zanzibar pendant la mousson de S., et j'ai passé malgré cela, dans le canal de Mozambique. J'y ai trouvé cinq jours de vent faible de N.E. Par suite, je crois qu'il est préférable, même pendant la mousson de S., de descendre le canal de Mozambique, plutôt que de chercher à s'élever dans l'E.. en passant au N. de Madagascar pour doubler cette île par l'Est. »

OBSERVATIONS DE M. LE CAPITAINE BERNARD.

« Les instructions conseillent de ne point passer par le canal de Mozambique, pendant la mousson de N.E. Cependant, les capitaines des navires qui vont à Inhambane, Quillimane, Mozambique, Ibo, etc, ne font généralement plus le tour de Madagascar, ce qui les retardait d'un mois ou deux.

« Quand on a doublé le cap de Bonne-Espérance, on arrondit la terre de manière à se trouver 2 ou 3 degrés au large ; puis, ayant atteint 30° ou 31°E., on gouverne pour passer entre la basse India et le cap Corrientes. *Pendant la mousson de N.E.*, ce passage est préférable à celui beaucoup moins large qui est entre cette basse et Madagascar. En se tenant à mi-canal, il n'y a pas de courants ; tandis qu'entre Madagascar et ce danger, le passage étant plus étroit, si l'on était plusieurs jours sans avoir d'observations, comme cela arrive souvent dans cette mousson, on serait exposé, avec les courants portant généralement entre le N.E. et le S.E., à avoir 1° ou 2° d'erreur en longitude. Alors, au lieu de passer entre l'île Europa et Madagascar, on se trouverait porté sur le banc de l'Etoile (1), d'où l'on pourrait avoir beaucoup de peine à s'éloigner pendant les fortes brises de N.E. De plus, comme la terre de Madagascar est toujours embrumée, on se mettrait à la côte au moment où l'on s'y attendrait le moins. De l'autre côté, au contraire, le canal est plus sain, et en naviguant avec prudence et avec une bonne longitude, on ne craint aucun danger.

» Les vents qui font doubler le cap conduisent généralement jusqu'à la hauteur de Natal, où l'on ne rencontrera que très-peu de courants, à une distance de 100 ou 120 milles de terre. A la hauteur de Natal, pendant toute l'année, les vents dominent généralement du S. au N.E. par l'E., variables et faibles; on ressent quelquefois aux nouvelles et pleines lunes de fortes brises de N.E. et d'E. qui durent 3 ou 4 jours; les courants portent alors vers le S.E. avec une vitesse de 36 milles en 24 heures. Après que ces vents ont molli, le ciel se couvre, le vent hâle le S. et fait le tour du compas, le temps devient orageux, et les vents d'E.S.E. à l'O. sont dominants. Ce temps dure plusieurs jours; la mer est généralement très-grosse dans ces parages, et fatigue beaucoup les navires. La pluie et les grains sont presque continuels jusqu'à ce que les vents de l'E. au N.O. par le S. s'établissent de nouveau; pendant ces vents variables de S.E. à S.O., les courants portent vers la partie du S.O., avec une vitesse moyenne de 24 milles par 24 heures.

» En utilisant ces vents variables, on peut remonter encore assez vite du cap Natal au cap Corrientes, en se tenant à 60 ou 80 milles de la côte, où les courants sont très-faibles. Pendant les deux moussons, en approchant de l'entrée du canal, surtout quand les vents de S.E. à N.E. règnent, il y a de forts orages dans le S.O., des éclairs et de la pluie presque continuellement; il faut se tenir toujours sur ses gardes, parce que les vents changent tout-à-coup, éclatent avec fureur,

(1) Le banc de l'Etoile, situé à une dizaine de milles dans le S.O. de la pointe Barrow, se compose de récifs de corail sur lesquels la mer brise avec force. Ils se trouvent par 41°58'E., et de 25°17' à 25°25' Sud.

et si l'on se laissait surprendre par ces orages, on risquerait de faire de grandes avaries.

» Quand on prend le milieu du canal, entre le cap Corrientes et la basse India, on trouve très-peu de courants, du parallèle de l'île Europa (22°30'S.) à celui du cap Sainte-Marie (21°S.). Pendant la mousson de N.E., l'on y éprouve de forts orages, beaucoup de pluies et des grains très-violents; la houle est grosse et longue; les vents sont très-variables, quoique dominants du S. au S.O.; parfois, ils soufflent pendant 24 heures de ces rumbs, puis ils deviennent faibles et variables, et le temps reste toujours brumeux.

» De la baie Delagoa au cap Corrientes, le long de terre, les courants portent vers le S.O.; à mesure que l'on remonte, ils portent vers le S., et ils sont très-forts pendant la nouvelle et pleine lune. Je les ai éprouvés de 35 à 40 milles en 24 heures, mais ces courants ne s'étendent pas à plus de 30 à 40 milles au large; aux époques de quadratures, ils sont beaucoup plus faibles que pendant les syzygies.

» En remontant le canal, il conviendra de se tenir plus près de la basse India que du cap Corrientes, à cause de ces courants contraires. Du cap Corrientes à la pointe Macalongua, c'est-à-dire jusque vers 17° ou 16°50'S., les moussons ne sont pas encore établies : dans ces parages, les vents sont très-variables, et les faibles brises que l'on éprouve viennent généralement du S. au N.E., coupées par des intervalles de calmes qui se prolongent considérablement.

» *Pendant la mousson de S.O.*, aux nouvelles et pleines lunes, on a souvent pendant 2 ou 3 jours, de bonnes brises du S.O. au S.E., puis les vents reviennent variables, mais le temps reste assez clair. Au large, lorsqu'on a dépassé le parallèle du cap Lady Grey (environ 23°S.), le courant se dirige vers le N.O., avec une très-grande vitesse; et, du parallèle de Quillimane (18°S. environ), à celui de l'île Europa (22°20'S. environ), j'ai éprouvé des courants de 40 à 50 milles par jour; toutes les eaux paraissent se porter dans le golfe de Sofala.

» *Dans l'E. de la basse India* et en remontant vers le N. jusqu'au parallèle de Quillimane (18°S. environ), j'ai éprouvé les mêmes courants que plus à l'O.; et si, dans ces parages, on était surpris par les calmes, qui sont très-fréquents, on serait porté sur ce danger sans pouvoir en sortir, et il serait impossible de mouiller à cause de la grande profondeur d'eau qu'il y a auprès de ses accores.

Si l'on passait dans l'O. de la basse India, il est vrai que l'on éprouverait le même courant; mais comme le passage est plus large, on naviguerait avec beaucoup plus de sécurité.

Pendant la mousson de N.E., les orages commencent au lever du soleil; des nuages s'élèvent en tourbillonnant du S.O. et vont rejoindre ceux qui montent du N.E. Il tonne très-fort; il pleut beaucoup; et ces orages atteignent leur maximum de force vers midi. Le soleil se trouvant caché, on reste quelquefois 3 ou 4 jours sans pouvoir prendre une hauteur méridienne. Comme la direction des courants change très-souvent, on est toujours très-embarrassé pour connaître la position du navire. Vers les 2 ou 3 heures de l'après-midi, le ciel s'éclaircit; l'on a une faible brise variable du S.E. au N.E.; et l'on peut faire des observations. Ces temps durent quelquefois pendant une lunaison entière; il arrive aussi que la brise de N.E. s'établit dans cette zone, mais elle ne dure qu'un jour ou deux. A mesure que l'on remonte la côte d'Afrique, au-dessus du parallèle de Quillimane, les courants tournent du N. au S.E., et vont rejoindre ceux du milieu du canal, qui sont variables mais qui portent toujours entre le N.E. et le S.E. »

Suite des indications de M. le Capitaine BERNARD, *pour remonter jusqu'à Mozambique, Ibo et les Comores.*

« Etant arrivé sur le parallèle de la pointe Caldeira (16°40′S. environ), on trouve généralement les premiers indices de moussons; cependant, l'on rencontre parfois encore des vents variables et des calmes, surtout pendant la mousson de N.E. et dans les quadratures.

» Depuis la pointe Caldeira jusqu'au-dessus du parallèle d'Anghoza, 16°15′S. environ, auprès de terre et en dehors des écueils, le courant porte entre l'O.S.O. et l'O., avec une vitesse moyenne de 30 milles en 24 heures; mais ces courants ne règnent que jusqu'au parallèle de l'écueil Saint-Antoine (16°08′S.), et ils ne s'étendent au large qu'à une distance de 30 ou 40 milles.

» *Pendant la mousson de N.E.*, les navires qui remontent le canal feront bien, lorsqu'ils auront atteint le parallèle de la pointe Caldeira, de se tenir entre 40 et 50 milles au large, parce que, à cette distance, on rencontre les courants portant entre le N.E. et l'E.S.E. Il faut en même temps passer à bonne distance de Juan de Nova; des pilotes de Mozambique m'ont assuré que cette île est très-dangereuse, que beaucoup d'écueils ne sont pas portés sur les cartes, et qu'il y a un haut-fond dangereux dans l'O.N.O. de cette île, à une distance de 5 ou 6 milles. Avec cette même mousson de N.E., il importe, comme nous le disons, de se tenir à mi-canal entre la terre d'Afrique et Juan de Nova, parce que au-dessous du parallèle de cette île, les vents sont quelquefois variables avec des calmes. Cependant, depuis le lever du soleil jusque vers deux heures après son coucher, il vente petite brise du N.E. au N.N.O.; mais il y a beaucoup d'orages et de tonnerre. Les courants portant entre le N.E. et le S.E., on trouve de forts remous tourbillonnant entre ces deux directions. A la fin de décembre, je me trouvais à mi-canal, entre la côte d'Afrique et le méridien de Juan de Nova, à environ un degré au-dessous du parallèle de cette île; dans cette position, j'ai trouvé sans interruption des courants portant entre le S.E. et le N.E.¼N. de 30 milles par 24 heures. Si le vent n'avait pas fraîchi, j'aurais été obligé de passer dans l'E. de l'île Juan de Nova, ne pouvant pas franchir les courants, ou bien de porter sur les bancs de Madagascar, où il aurait fallu que je mouille en attendant une brise fraîche pour reprendre la bordée du large.

» *Quand on est remonté au N. du parallèle de Juan de Nova*, les courants sont réguliers portant entre le N.E.¼E. et le N.E.¼N., jusqu'aux îles Comores, où généralement la mousson est bien établie. Il vente bon frais, aux époques des nouvelles et pleines lunes; mais, *durant la mousson de N.E.*, les orages sont très-fréquents et le temps est presque toujours sombre. *Pendant les deux premiers mois de la mousson de S.O.*, les vents de S.E. et S.O. sont bien établis, depuis la pointe Caldeira jusqu'aux îles Comores; *mais, pendant les autres mois de cette mousson*, surtout aux quadratures, on rencontre de bonnes brises de N.E. au S.E., et ces vents durent 3 ou 4 jours. Alors, depuis le parallèle de l'écueil Saint-Antoine jusqu'aux Comores, et dans le rayon des courants portant au S., on en rencontre qui atteignent parfois de 3 à 4 milles à l'heure. C'est surtout, en dehors de l'entrée des îles de Mozambique, qu'ils sont les plus forts; et des navires allant du N. vers le S., qui ne se sont pas tenus assez dans le N. pour entrer à Mozambique, se sont trouvés entraînés dans le S., et ont dû passer quelquefois huit jours avant de pouvoir rattraper le port. Dans cette circonstance, il est bon de courir au large, pour prendre les courants qui portent au N.E.; et, quand on a regagné assez au N., on revire à terre en se maintenant toujours au vent du port.

§ 237. — Description des principaux dangers entre les Comores et les Seychelles.

Le groupe de Juan de Nova, ou Farquhar, est compris entre 10°05′30″ et 10°26′S.; et il paraît être le même que celui auquel on a donné le nom de *Groupe des Douze-Iles*. Son centre est à peu près par 48°42′E., à 130 milles dans le N.E. du cap d'Ambre. Ce Groupe est formé d'îlots bas et de récifs, comprenant en tout deux grandes îles et dix petites, dans une direction N.E. et S.O., sur une étendue de 20 à 24 milles, avec un bassin dans l'intérieur. L'entrée de ce bassin est dans la partie N., avec une barre qui ne porte que 2 mètres d'eau. Le sol de ces îlots est surtout de corail, sur lequel croissent des arbres peu élevés. On y trouve beaucoup de tortues et de poissons : l'on peut s'y procurer de l'eau en creusant des trous. Le captain Moresby a mouillé à la partie N. de Juan de Nova, par 31 mètres, sable, par 10°07′S. et 48°45′E. D'après lui, l'extrémité N. des récifs serait par 10°06′S. et 48°47′E.; l'île du N.O., en vue du mouillage, serait par 10°11′S. et 48°39′E.; et l'extrémité S. des récifs serait par 10°26′S. et 48°34′E. Le flot filait 1 mille 1/2 par heure au N.N.E., et le jusant portait au S.O.

L'île Saint-Pierre, située par 9°20′S. et 48°28′E., se trouve dans l'O.S.O. de l'île de la Providence. Elle a 1 mille 1/4 de longueur; elle est basse, et elle forme des cavernes qui font briser la mer à une grande hauteur, offrant de loin l'apparence de gerbes d'eau soufflées par des baleines. Les petits navires peuvent mouiller à toucher le récif, car le banc de sondes ne s'étend pas à 1 encâblure au large. Les arbres les plus grands, sur cette île, atteignent rarement 3 mètres de haut; on les voit à 15 ou 18 milles de distance.

Un récif paraît se trouver à 7 ou 9 milles dans le N.O.¼N. de l'île Saint-Pierre.

Le banc du Marquis-of-Huntly, ou *banc Mac-Leod*, situé par 9°55′S. et 48°05′E. environ, est un banc de plusieurs milles d'étendue. Sa position et ses dimensions sont très-imparfaitement connues. Les deux navires qui ont passé sur ce banc ont vu les roches, et ont trouvé des fonds de 18 mètres. Mais il est possible que d'autres parties du banc soient moins profondes.

L'île de la Providence, dont la pointe N. est située par 9°10′S. et 48°50′E., est basse et a 2 milles de long, dans la direction N. et S. L'on peut y trouver de l'eau, en creusant des trous dans le sable. Il y a mouillage dans l'O. de l'île, à 1/2 mille du rivage, sur un fond inégal de sable et de corail. La mer marne de 2m,40, et l'heure du plein aux syzygies est 3 h. 30 m. La partie N. de l'île est couverte de cocotiers; et, dans la partie S., se trouvent des arbres ressemblant au figuier, et ayant une hauteur de 12 à 15 mètres. Il y a beaucoup de tortues, et de grands crabes de terre bons à manger. Le récif qui entoure l'île s'étend à 2 ou 3 milles dans le N. de sa pointe N.; et il paraît y avoir mouillage en dehors, dans le N. et dans l'O., pendant la mousson de S.E.

Le récif de la Providence s'étend à 20 ou 25 milles dans le S. de l'île du même nom; son extrémité S. est située à peu près par 9°34′S. et entre les méridiens de 48°35′ et 48°42′Est. Le captain Moresby courut 14 milles au N.N.E., le long du côté O. du récif, à une distance de 1/2 mille, sans trouver fond; il vit ensuite l'île de la Providence, et peu de temps après l'île *Saint-Pierre*. La plus grande largeur du récif, dans sa partie milieu, est d'environ 6 milles; et il se compose de bancs de sable et de corail dont plusieurs sont hors de l'eau.

Les brisants Wizard sont portés sur les cartes par 8°49′S. et 48°52′E., c'est-à-dire à 21 milles dans le N. de l'île de la Providence et à 2 milles plus à l'E. Ces dangers se trouvent précisément sur la route des navires qui font les traversées entre Nossi-bé ou les Comores d'une part, et les Seychelles de l'autre.

Les îles Cosmoledo forment un groupe entouré par une ceinture de corail, ayant une trentaine de milles de tour. On ne trouve pas de fond, à moins de 1 mille de distance de cette ceinture. Elle est parsemée d'îlots et de bancs; et au milieu se trouve un vaste lagon intérieur dans lequel il semble qu'aucune passe ne donne accès. L'île située dans le S.O., appelée *île Menai*, gît par 9°42′S. et 45°18′E.; elle est plus élevée que les autres îles, et porte quelques cocotiers ainsi que d'autres arbres. *L'île Wizard*, située dans le S.E., gît par 9°46′S. et 45°26′E. La partie N. du groupe est par 9°38′S. et 45°21′E. Ces îles sont parfois fréquentées par des pêcheurs qui laissent à terre quelques noirs, qu'ils viennent reprendre ensuite. Dans la partie S., se trouve un petit banc de sable, où de petits navires peuvent mouiller pendant la mousson de Nord.

L'île Astore, *Astova* ou *Astove*, est petite et basse. Elle gît par 10°06′30″S. et 45°28′E., à 21 milles dans le S. des Cosmoledo.

L'île Assomption a sa pointe N. située par 9°40′S. et 44°15′E. Elle est basse, et offre à la vue des dunes de sable couvertes de buissons ; elle paraît avoir environ 7 milles de long, dans la direction N.N.E. et S.S.O. On rapporte que M. Morphey a mouillé sur le côté O. de cette île, et qu'il a trouvé ses parties N. et E. bordées par un récif de corail accore. Un mamelon, qui se trouve à la partie S.E. de l'île, est situé par 9°46′S. et 44°13′Est.

Les îles Aldabra, appelées aussi *Aro, Arco* et *Atques*, sont au nombre de trois, et semblent n'en former qu'une seule parce qu'elles sont réunies par des îlots et des roches. Ces îles entourent un bassin intérieur. *L'île du Milieu* est la plus élevée des trois ; et sa partie E. qui est haute porte, sur une étendue d'au moins 1 mille, de très-grands arbres qui sont visibles à 24 ou 27 milles. Le reste de l'île est couvert d'arbustes et de verdures, avec des espaces ayant l'apparence de taches blanches sur la terre et sur la plage ; la côte paraît accore. Le chenal entre l'île du Milieu et celle de l'O. paraît sain ; il a 1 encâblure ou 2 de large, avec des fonds de 22 à 24 mètres ; la mer y est calme, sans ressac ; et plusieurs navires pourraient s'y abriter. Le captain Cowen, en 1862, a donné à ce chenal le nom de « *Port Euphrates* ». Si l'on tient compte du peu de largeur de cette coupure et de la vitesse des courants, on appréciera qu'il vaut mieux, avec un voilier, ne pas tenter d'y pénétrer pendant la mousson de S.E. ; mais l'entrée n'est point difficile, durant la mousson de N.O., avec un homme sur le bossoir ou sur la vergue de hune, les eaux vertes indiquant les petits fonds, et les eaux foncées signalant les parties profondes. *L'île de l'Est* paraît orientée à peu près S.E. et N.O. ; son extrémité E. gît par 9°25′S. et 44°14′E. Elle est prolongée par des brisants d'une longueur de 3 milles au moins ; et sa côte N. semble bordée par des roches voisines de la côte et sur lesquelles la mer brise fortement. Cette île est d'une hauteur modérée, avec quelques arbres çà et là, et un mamelon près de l'extrémité E. La coupure entre l'île de l'E. et celle du milieu est large à peu près de 1/2 mille, et elle est encombrée de brisants. D'après certaines cartes, l'île de l'E. et celle du S. n'en font qu'une seule ; *l'île du S.* est très-étroite et forme le côté S. de la lagune intérieure. Entre l'île du S. et celle de l'O., existe un passage étroit, avec des fonds de 11 à 13 mètres, qui peut être suivi de préférence dans certains cas, soit pour entrer, soit pour sortir. *L'île de l'O.* est plate et couverte de verdure ; elle ne porte que très-peu d'arbres ou de buissons un peu élevés ; mais elle offre à la vue, comme les autres, des espaces paraissant comme des taches blanches. La partie N.O., située par 9°22′S. et 43°52′E., paraît saine, et elle a une plage blanche de 1/2 mille d'étendue. On peut apercevoir cette île à 18 ou 20 milles du pont d'un grand navire.

L'île Natal qu'on suppposait placée à 1 degré dans le N. d'Aldabra, entre 8°25′ et 8°35′S., paraît ne pas exister ; et elle a cessé de figurer sur la plupart des cartes.

Les îles Alphonse sont basses, et d'une grande étendue ; elles portent quelques arbustes et elles sont entourées de récifs. La pointe N. est située (d'après le captain Moresby) par 6°59′S. et 50°28′E.; et elle est prolongée par un récif jusqu'à une distance de 1/2 mille. La partie S. des récifs s'élève assez rapidement et semble devoir former ultérieurement une île plus grande que l'île Alphonse. La nouvelle île, qu'on peut appeler *Alphonse du S.* est réunie par des brisants à l'autre île, ou *Alphonse du N.*; entre elles, le passage est encombré de dangers et parcouru par des courants violents et variables. L'île Alphonse abonde en tortues.

A 12 milles environ dans le S. de l'île Alphonse du N., se trouve le banc ou île de sable dont nous venons de parler, et qui porte le nom de *Alphonse du S.*, ou de *Saint-Francis* ; elle est peu élevée au-dessus de l'eau, est entourée de récifs sur lesquels la mer brise fortement, et a une étendue de 5 ou 6 milles dans la direction N.E. et S.O. On ne trouve pas de fond, à 1 mille seulement du banc. Les îles situées dans le S. du groupe portent les noms de *Saint-Francis* et de *Bijoutier*. Leur extrémité S. est par 7°13′S. et 50°29′Est.

Le Plateau de sondes des Seychelles est compris entre 3°40′ et 6°20′S., et entre les méridiens 51°40′ et 55°E. *Dans la partie N.O. de ce plateau*, on a trouvé un haut-fond de 9 mètres, par

3°51′S. et 52°33′E. A 8 ou 9 milles dans l'O.S.O. de cette position, l'on a obtenu de 13 à 15 mètres d'eau. Un haut-fond dangereux large de 5 à 6 milles, et ne portant que 5 à 9 mètres d'eau, gît entre les parallèles de 3°57′ et 4°01′S., et par 52°18′E. A 7 milles plus loin dans le S.S.O., l'on a trouvé de 13 à 16 mètres. Un autre haut-fond ne portant que 6 mètres d'eau a été découvert par 4°15′S. et 52°08′E. A 18 milles plus loin dans le S.O., on a trouvé des fonds de 12 mètres. Enfin, les bancs situés le plus dans le S.O. portent 12 mètres d'eau environ, et gisent par 4°42′S. et 51°52′E. *Dans la partie E. du plateau*, il y a aussi plusieurs bancs. Un haut-fond de 12 mètres se trouve par 5°S. et 54°20′E. A 15 milles plus loin dans l'E.¼S.E., il y en a un autre de 16 mètres. Entre 5°10′ et 5°20′S., et entre les méridiens 54°41′ et 54°46′E., on a trouvé des sondes de 20 à 24 mètres. Par 4°30′S. et 54°06′E., on a trouvé des fonds de 18 mètres.

Les deux Brisants sont les deux roches situées à environ 3 milles de l'extrémité N.E. de l'île Mahé, et à 4 milles dans le N. de l'île Sainte-Anne. A 3/4 de mille dans le N.¼N.O. du Brisant le plus N., est un pâté de corail portant 11 mètres d'eau.

L'île Silhouette, qui a son centre par 4°29′S. et 52°57′E., est la plus élevée des Seychelles ; elle est à 10 ou 12 milles dans le N.O. de Mahé.

L'île Nord est élevée ; et elle gît à 4 milles dans le N.¼N.E. de l'île Silhouette, dont elle est séparée par un chenal sain.

L'île Praslin est élevée ; elle gît à 20 milles dans le N.E. de Mahé ; son extrémité O. est par 4°17′S. et 53°24′Est.

Les Mamelles sont des roches hautes de 12 mètres, à 4 milles 1/2 dans le N.E. des Brisants dont il a été parlé plus haut. Entre les Brisants et les Mamelles, le fond est inégal de 20 à 35 mètres. A une portée de fusil dans l'O.N.O. des Mamelles, gît une roche portant 1m,80 d'eau, et sur laquelle la mer brise généralement ; mais, par beau temps, ce danger est difficile à reconnaître. A une demi-encâblure de la pointe N. des Mamelles, gît une roche couverte. On croit aussi qu'il y a plusieurs autres roches à 1 mille 1/2 dans le N.O. des Mamelles.

Les Roches Madge sont deux roches situées à mi-distance entre les Brisants et Praslin ; elles sont couvertes à mer haute et gisent à 2 ou 3 encâblures l'une de l'autre dans une direction N.E. et S.O.

Pendant la mousson de S.E., ces roches brisent généralement; mais il ne faut pas s'y fier. Les marques des Roches Madge sont : la partie la plus élevée de l'île Sainte-Anne (Mahé) par les Mamelles; la partie S. de l'île de la Digue à l'E.; et l'île Silhouette à l'O.8°Sud.

Le banc de la Trompeuse est un haut-fond de roches, situé à 2 milles 3/4 dans l'E.14°N. des Roches Madge, avec lesquelles on l'a souvent confondu.

Les Cousins sont deux îlots situés dans le N.E. de la Trompeuse, à mi-distance entre ce banc et la pointe N.O. de l'île Praslin. Entre le Cousin du S. et la Trompeuse, le chenal est dangereux pour un navire. Mais, entre les deux Cousins, il y a un passage sain, de même qu'entre le Cousin du N. et les récifs qui bordent Praslin.

La Baleine est une petite roche, couverte à mer haute, qui gît à 4 ou 5 milles dans le N.O. du Cousin du N. Elle est à fleur d'eau, à mi-marée. *Un pâté de corail,* portant de $4^{m},50$ à 7 mètres d'eau, se trouve à 1 mille 1/2 dans l'O.N.O. du Cousin du N. Le capitaine Moresby est passé entre ce pâté et la Baleine, en se dirigeant sur l'île Booby (ou Ile-aux-Fous), en laissant sur tribord un autre haut-fond de 7 mètres, qui est à mi-distance entre l'île Booby et la partie N.O. de Praslin. *L'île Booby et l'île Aride,* se trouvent au large de la pointe N.O. de Praslin, qui est prolongée par des bancs dont le plus éloigné gît à 2 milles dans le S.S.O. de Booby. *L'île Aride* est par 4°12'S. et 53°23'E., à 5 milles dans le N.1/4N.O. de la pointe N.O. de Praslin. *L'île Booby* est à mi-chemin entre Aride et Praslin.

L'île Curieuse est une petite île, de hauteur modérée, située dans le N. de Praslin. Entre elle et Praslin, le chenal a une largeur de 1 mille 1/2 à 2 milles 1/2, qui offre un bon mouillage durant toute l'année. *Un pâté* de corail portant 7 mètres d'eau gît à 1 mille de de l'extrémité S.E. de Curieuse; et *une roche détachée* se trouve dans le N.O. de l'extrémité N.E. de la même île.

Les Sœurs sont deux îlots, à 1/2 mille l'un de l'autre, qui se trouvent à 7 milles dans l'E. de Curieuse. Entre Praslin et les Sœurs, le fond est inégal, de 11 à 46 mètres; mais le chenal est sain entre les Sœurs et l'*île Félicité;* un banc de roches, en grande partie découvert, s'étend dans le S. des Sœurs. *L'île Ave-Maria* est une roche située à moitié chemin entre Praslin et Félicité, et dans le S.O. de laquelle s'étend un banc d'une encâblure de longueur. *Un banc* gît à

2 milles dans le N.O. de la Sœur de l'O.; et *un autre banc*, appelé *Roche Mellow*, se trouve à 5 milles dans le N. de la même île.

L'île de la Digue, située à 3 milles de l'extrémité S.E. de Praslin, est élevée et entourée par un récif qui rend le débarquement difficile. A mi-chenal entre cette île et Praslin, se trouvent deux roches dangereuses, couvertes à mi-marée, situées à près d'un mille l'une de l'autre, dans une direction S.S.E. et N.N.O. A une longueur de canot de la roche la plus S., on trouve 11 mètres d'eau; et à une longueur de navire, 16 à 22 mètres. Néanmoins, il est plus prudent de ne point passer entre ces deux roches.

L'île Marianne, dont l'extrémité S.E. se trouve par 4°20'S. et 53°40'E., est à 4 milles dans l'E.¼N.E. de l'île de la Digue. *L'île Félicité* gît entre les pointes N. de ces deux îles. Les Sœurs sont à 2 milles dans le N.¼N.O. et dans le N.O.¼N. de Félicité.

Les Requins sont deux roches découvertes, situées à 2 ou 3 milles dans le S.S.O. de l'île Ronde, laquelle se trouve unie par un récif à la côte E. de Praslin. Elles sont à 2 ou 3 encâblures l'une de l'autre, dans une direction N.N.E. et S.S.O. En tenant la pointe S. de l'île de la Digue par la pointe S. de Marianne, on passerait dans le S. des Requins.

Les Cheminées sont le nom donné à un banc de roches, situé par 4°28'S., à 5 milles dans le S.¼S.E. de l'île de la Digue. A 1 mille 1/2 dans l'O.N.O. des Cheminées, gît une roche dangereuse, appelée *la Renommée*, couverte à mi-marée. Entre ces différents dangers et l'île aux Frégates, le passage paraît sain et large d'environ 5 milles.

L'île aux Frégates, dont l'extrémité S.E. est par 4°35'S. et 53°40'E., est la plus E. du groupe des Seychelles. Sa longueur est de 1 mille 1/2; sa hauteur au-dessus de l'eau est de 170 mètres; un récif de roches sur lequel la mer brise existe à son extrémité S.O. Il y a mouillage sous le vent de cette île. Lorsque le temps est brumeux, les navires qui se rendent au mouillage de Sainte-Anne dépassent quelquefois l'Ile-aux-Frégates avant de voir Mahé; et l'on ne voit parfois cette dernière que lorsqu'on est arrivé auprès de l'île du Récif.

L'îlot Lelot gît à 2 milles dans l'O.S.O. de l'Ile-aux-Frégates.

L'île du Récif, située par 4°35'S. et 53°29'E., a 45 mètres de haut, 1 mille 1/2 de long, et porte sur son sommet un rocher blanc remarquable qui ressemble à une maison.

L'île Denis ou *Orixa*, située par 3°49′S. et 53°24′E., est la plus N.E. de l'archipel. Elle a 1 mille 1/4 de long N. et S., est basse, boisée, porte plusieurs cabanes couvertes de chaume, et peut être aperçue à 12 ou 15 milles du pont d'un navire. *Un récif* paraît s'étendre à 1 mille de son extrémité S., et au-delà de cette distance l'eau est encore décolorée. Dans le N., *un banc de corail* s'étend à une distance de deux milles. En venant du S.E., on trouve de 46 à à 55 mètres d'eau, sable, corail et coquilles, à 9 ou 12 milles de l'île. Quand on la relève à 5 milles, entre le S.O. et le S., on est en dehors du banc qui la prolonge dans le N. Si, en passant, la sonde donne 18 mètres d'eau, ou encore moins, il faut immédiatement venir dans le N. ou dans le N.E. Quand on s'éloigne de l'île vers le N.O., les fonds augmentent graduellement, à partir de 18 mètres jusqu'à 73 mètres que l'on trouve au moment où l'on perd l'île de vue de dessus le pont. Cette île étant près de l'extrémité N.E. du plateau des Seychelles, les navires qui se rendent au golfe d'Arabie et à Aden, par la route du S., peuvent la reconnaître, et s'en approcher même de nuit à la condition de sonder souvent.

L'île Bird, ou *Sea-Cow*, ou *île aux Vaches-Marines*, située par 3°43′S. et 52°56′E., est la plus N. des Seychelles. C'est une île de sable, petite et basse, couverte de quelques buissons et entourée par un récif de 1 mille 1/4 de longueur. Il y a mouillage, en dehors de ce récif, par des profondeurs moyennes, sur des fonds de roches mêlées de sable. *Un banc* portant au plus 16 mètres d'eau, sable et corail, s'étend à 6 milles de l'extrémité S. de l'île Bird. L'accore des sondes s'étend à environ 3 milles dans le N. de l'île Bird.

Les Amirantes se composent de bancs de roche et de corail, ainsi que de petites îles ayant de 1 mille 1/2 à 2 milles 1/2 de long. Ces îles gisent sur des plateaux de corail; elles ont rarement plus de 6 à 8 mètres de haut, mais elles sont couvertes d'arbres de 7 à 8 mètres de hauteur au-dessus du sol, ainsi que de cocotiers. En creusant des trous de 3 ou 4 mètres, on trouve généralement de l'eau douce. Il convient de ne point s'approcher de ce groupe avec un navire à voiles, attendu que dans le cas où l'on serait surpris par des calmes, ou entraîné par les courants dont les directions sont incertaines, on pourrait se voir drossé au milieu de ces îles, où l'on ne trouverait pas de mouillage.

L'île de l'Aigle, ou *Eagle*, ou *Remire*, située par 5°08'S. et 51°10'E., est une île de sable, basse et couverte de quelques buissons, ayant 2 milles de tour. Dans le N. et dans l'E., jusqu'à 2 et 3 milles de distance s'étend un récif sur lequel la mer brise généralement avec force. Entre ce récif et l'île, existe un chenal, avec des sondes de 16 à 26 mètres. Il n'y a pas d'eau douce, dans l'île de l'Aigle. L'heure du plein aux syzygies est 5 heures environ ; et la mer marne de 2^{m},70 dans les grandes marées.

Les îles Africaines sont deux îles basses et très-petites, situées à 18 milles environ au N. du banc qui entoure le groupe des Amirantes. Elles sont couvertes de broussailles, dépourvues d'eau douce, et presque submergées dans les grandes marées. On y trouve beaucoup de tortues et d'oiseaux de mer. L'île du S. est la plus grande ; elle est jointe à l'autre par un banc de sable qui découvre à mer basse de syzygies. Leur étendue N. et S. ne dépasse point 2 milles. Du côté de l'E., elles sont entourées par un récif ; mais du côté de l'O., il y a un bon mouillage dans la baie formée par les deux îles et par le récif qui les joint. L'île du N. est par 4°52'S. et 51°11'E. Aux syzygies, l'heure du plein est 9 h. 30 m., et la mer marne de 2^{m},40. *Un banc* s'étend à 4 ou 5 milles dans le S. des îles Africaines, avec des fonds de 9 à 16 mètres. On dit qu'il y a aussi un banc à 4 milles dans le N.O.$^{1}/_{4}$N. de l'île de l'Aigle ; entre ce banc et celui qui prolonge dans le S. les îles Africaines, il paraît y avoir un bon passage.

L'île de Neuf, située par 6°13'S. et 50°53'E., est la plus S. des Amirantes ; elle est très-petite, couverte de buissons et entourée par un récif.

L'île Marie-Louise, située à 7 milles dans l'E.N.E. de l'île de Neuf, est, comme cette dernière, petite et boisée. Elle est entourée par un récif, sur lequel on ne trouve que 7 mètres d'eau, à 2 milles dans l'O. de l'île.

L'île Boudeuse, située par 6°06'S. et 50°38'E., est la plus O. du groupe. Elle a 3 encâblures de long ; est entourée par un récif qui s'étend à 6 encâblures dans l'O. et à 2 encâblures dans l'E. L'île repose sur un plateau de sondes qui s'étend à 2 milles dans l'E. et l'E.N.E., et sur lequel, le fond variable de 15 à 24 mètres est généralement visible par temps clair. Elle n'est élevée que de 2 ou 3 mètres au-dessus du niveau des grandes marées, et elle ne porte que des herbes et quelques plantes.

L'île King Ross, sur laquelle on ne paraît pas avoir de renseignements, gît à une quinzaine de milles dans le N. de Boudeuse.

L'île de l'Étoile, située par 5°53'S., à 24 milles dans le N.N.O. de Marie-Louise, a probablement 1 mille de long environ; elle est formée de sable blanc, ayant à peine 3 mètres au-dessus de l'eau, avec des herbes et quelques plantes sur sa partie la plus élevée. Un plateau de sable et de corail l'entoure jusqu'à une distance de 1 mille 1/2 ou 2 milles; et cette île ne paraît saine ni dans la partie S.O., ni dans la partie N.O.

Les îles Poivre, par 5°43'S. et 51°03'E., sont deux petites îles, à 1 mille l'une de l'autre, dans la direction E. et O. Elles restent au N. quelques degrés E. de Marie-Louise. Un récif les entoure à grande distance.

Un banc, qui découvre à mer basse, gît à 7 ou 8 milles dans le N. des îles Poivre.

L'île de Roches, ou *Desroches* ou *du Bois,* située par 5°41'S., et 51°25'E., à 22 milles dans l'E. des îles Poivre, est entourée par un banc, qui s'étend à environ 12 milles dans le N. ou le N.O. Du côté de l'E., ce banc s'étend à 6 milles, avec des fonds de 24 mètres, de 9 mètres et même de 4^{m},50 dans certains endroits. Du côté du S., le banc ne s'étend qu'à une petite distance de l'île.

L'île Saint-Joseph, par 5°27'S., est à 4 ou 5 milles dans l'E. de l'île Daros. Des bancs de sable et de corail s'étendent très-loin dans l'O. de Saint-Joseph, ne laissant qu'un chenal étroit et dangereux entre eux et l'île Daros.

L'île Daros, ou *de Ros,* par 5°24'S., est peu éloignée du méridien de l'île de l'Aigle. A 3 milles environ dans le N. de l'île Daros, commence un banc qui ne porte que 3 à 4 mètres d'eau dans plusieurs endroits, et qui s'étend vers le N. presque jusqu'à l'île de l'Aigle, avec des fonds variant généralement de 7 à 16 mètres. A 12 milles dans le N.O. de l'île Daros, il n'y a que 8 mètres d'eau, fond de roches; et à 3 milles plus loin dans le N.$^{1}/_{4}$N.O., on est en dehors du banc.

L'île Plate, par 5°48'30''S. et 53°08'E., est formée de corail et a

1/2 mille de long. On ne trouve pas de fond, avec 183 mètres de ligne, à 3 milles dans l'E. de cette île. La pointe S.O. de l'île Plate est prolongée par un banc de sable et de corail, qui s'étend à 12 ou 15 milles et qui ne porte que de 3 à 4 mètres d'eau. Dans le N. de l'île, se trouve un récif qui s'étend à plus de 3 milles dans le N. et le N.O., et à 2 milles dans les autres directions.

Le banc du Constant est un banc de corail, dont le centre est situé par 6°19'30"S. et 53°57'E., et qui porte 18 mètres d'eau sur les points où l'on a sondé; il a de 12 à 15 milles du N. au S., et de 18 à 20 milles de l'E. à l'Ouest.

Un autre banc de corail se trouve à 10 milles dans l'O.N.O. de l'île Coetivy; il a 10 milles d'étendue dans la direction N.O. et S.E.; et l'on a trouvé 18 mètres, 32 mètres et 49 mètres d'eau sur les parties de ce banc où l'on a sondé.

Le récif de la Perle, par 6°01'S. et 53°01'E., est à une dizaine de milles dans le S.O. de l'île Plate. Il paraît formé par un récif long de 3 milles, orienté au N.39°O. et de peu de largeur. Il n'y a ni sables, ni rochers découverts. Le navire *Shearwater* a mouillé par 13 mètres, à 1 mille 1/2 d'une longue ligne de brisants; à quelques centaines de mètres de ces brisants, il n'y avait que 7 mètres d'eau. Les brisants ne sont pas en ligne continue, et l'on a observé, en trois endroits, des intervalles de plus de 1 mille. Ce danger paraît être à l'extrémité S. d'un banc de sondes relié à l'île Plate; sur ce banc, l'on a trouvé 26 mètres d'eau.

L'île Coetivy a son centre par 7°10'S. et 54°00'E. Elle est basse, formée de sables, et couverte d'arbres; elle a 3 milles 1/2 de long N.O. et S.E.; et elle offre un mouillage, pendant la mousson de S.E., sur un banc de sable qui s'étend à 1/2 mille de terre, par des fonds de 14 à 31 mètres. Du côté du S., les récifs s'étendent à grande distance (à 9 milles environ de la pointe S.O.); et, du côté du N., ils s'étendent à 2 milles. Il faut donc contourner la pointe N. de l'île à 3 milles au moins de distance, et ensuite il faut veiller à ne pas trop s'avancer dans le S.O., parce qu'il y a des hauts-fonds dans le S.O. du mouillage.

Un banc de corail gît à 9 milles dans le N.O. de Coetivy, portant 20 mètres d'eau.

Le banc de l'Adélaïde semble se trouver à 45 milles dans le

N.E. de l'île Coetivy. Ce banc n'est pas marqué sur toutes les cartes.

Le banc du Success paraît situé par 6°09'S. et 54°20'E. Le captain Moresby pense que les bancs du Success, de l'Adélaïde et du Constant (dont il a été question plus haut) se réunissent dans les environs du méridien de 54°15'E., entre les parallèles 5°10' et 5°40'S., et qu'ils sont le prolongement du plateau des Seychelles.

Le banc Fortune a pris le nom du navire de Kerguelen, qui mouilla dessus, dans la nuit du 19 septembre 1771, par 25 à 30 mètres d'eau. Le lendemain, au jour, il se laissa dériver et obtint des sondes de 36, 46 et 51 mètres, puis il perdit le fond sans avoir vu aucun danger. D'après Kerguelen, ce banc serait par 7°16'S., et s'étendrait dans une direction N.O. et S.E. C'est le capitaine Compton, commandant le *Verelst*, qui a découvert le banc en question, le 31 mai 1770, il place son extrémité N.E. par 7°11'S. L'eau était calme; les requins abondants; les fonds furent de 19 à 26 mètres pendant plus de 3 h. en filant 4 nœuds; on ne vit pas de brisants. Le *Surat Castle* passa, le 22 février 1789, sur le même banc, où il trouva de 27 à 18 mètres, roches, corail et coquilles colorées. Une apparence de brisants fut aperçue, à l'accore O., avec de forts clapotis autour. Les sondes furent obtenues entre 7°11'S. et 7°25'S., et du méridien de 54°25'E., à celui de 54°55'E. En 1811, un autre navire, *Sir Stephen Lushington*, courut à l'E., pendant 7 milles, avec des sondes de 18 à 22 mètres; on voyait distinctement le fond de corail et de sable sous le navire; et le banc parut situé par 7°07'S., à 31 milles dans l'E. de Coetivy (soit par 54°31'E.). Enfin, en 1830, le navire *Abercrombie Robinson* a trouvé des fonds de 31 à 18 mètres, en gouvernant au N.1/4N.E., pendant 5 ou 6 milles, sur l'accore N.O. du banc que l'on suppose se trouver par 7°06'S. et 54°30'Est.

Un banc paraît situé à 135 milles dans le N. du banc Fortune, par 5°12'S. environ, portant de 24 à 57 mètres d'eau. Ce banc, qui serait le plus à l'E. du plateau, n'est pas marqué sur toutes les cartes.

§ 238. — Des Comores, de Nossi-Bé ou de la côte N.O. de Madagascar, à Mahé (Seychelles).

Les instructions contenues dans le présent paragraphe et dans le suivant sont rédigées, d'après des indications qui nous ont été obligeamment fournies par un excellent capitaine, très-familiarisé avec la navigation si difficile entre les Comores et les Seychelles.

En partant de Mayotte à destination de Mahé (Seychelles), la meilleure route consiste à passer dans le S. et dans l'E. du récif Geyser; puis, à peu près à mi-canal entre le cap d'Ambre et les Glorieuses, en se tenant cependant un peu plus rapproché du cap d'Ambre que des Glorieuses. Par conséquent, dès qu'on se trouvera à distance des récifs de Mayotte, on se dirigera à peu près droit sur Nossi-Bé, le cap à l'E., ou mieux à l'E.S.E., en tenant compte d'ailleurs pour cela des circonstances et en faisant en sorte de donner un bon tour dans le S. au Geyser, et au banc de la Zélée. Le grand courant qui porte vers l'O., dans le N. du cap d'Ambre, donne naissance à un grand remous, ou à un courant de réaction, qui est généralement dirigé vers le N.O., le N. ou le N.E, dans la région comprise entre les Comores et la côte N.O. de Madagascar. Il faudra donc bien s'en défier, pour ne pas être entraîné sur le Geyser. La meilleure précaution, indispensable surtout pour les voiliers, consistera à sonder le plus souvent possible, car on sera ainsi presque toujours averti du voisinage du Geyser, par les sondes que l'on trouvera d'abord sur le banc de la Zélée, quand on aura été entraîné trop dans le N. par le courant.

Quand on aura la certitude d'avoir très-largement dépassé le méridien du Geyser, on donnera la route pour passer plus près du cap d'Ambre que des Glorieuses. On remarquera d'abord qu'entre le parallèle du Geyser et celui des Glorieuses, on ne peut jamais être bien certain du courant que l'on y trouvera. Le courant général vers l'O., qui passe toute l'année dans le N. du cap d'Ambre, déborde souvent dans le S., en faisant passer une partie de ses eaux entre les Glorieuses et le Geyser. D'autres fois, ce courant général portant à l'O. se maintient tout entier dans le N. des Glorieuses; et, quand il en est ainsi, on peut s'attendre généralement à trouver, dans le S. du parallèle des Glorieuses, les remous ou courants de réaction dont nous avons déjà parlé, et qui peuvent drosser le navire vers la partie du N.E., du N. ou du N.O. Comme conclusion, il sera prudent de donner la route pour passer plus près du cap d'Ambre que des Glorieuses, afin que si l'on tombe de bonne heure dans le courant général portant vers l'O., ou dans le courant de réaction dévié vers le N.O., on ait toujours la certitude de doubler les Glorieuses très-largement et à grande distance dans l'E. Enfin la mise en pratique de cette recommandation aura le grand avantage de placer, dès le début de la traversée, le navire très au vent, c'est-à-dire le plus dans l'E. possible, ce qui sera toujours important, même dans le cas où la brise resterait fraîche, car on aura à traverser le courant vers l'O. dont la vitesse est très-considérable.

On se proposera ensuite de passer à l'O. des Farquhar et du grand récif Providence; ce dernier forme un abri contre la houle qui vient de l'E., de sorte que l'on trouvera généralement belle mer dans l'O. de ce récif. On tâchera de reconnaître, de jour, l'île Saint-Pierre ou l'île Providence, qui se voient d'assez loin ; l'île Saint-Pierre est relativement saine. Si l'on peut prendre connaissance de l'une ou l'autre de ces îles, on donnera ensuite la route, avec une grande sécurité, pour passer dans l'O. des brisants Wizard. A la rigueur, quand on sera certain de sa position, et que l'on aura une brise sûrement faite, on pourra pendant le jour doubler ces brisants dans l'E.; mais, en général, le mieux sera d'en passer dans l'O., et aussi près que la prudence permettra de le faire.

En partant de là, l'on se donnera comme objectif de passer au vent, c'est-à-dire dans l'E. du groupe Alphonse, Bijoutier et Saint-Francis. Par exemple, si l'on a pu arriver en vue de Saint-Pierre dans la matinée, et doubler Wizard dans l'après-midi, plus ou moins tôt suivant la brise, l'on s'efforcera d'atteindre le lendemain, de jour, le parallèle de Bijoutier. Pendant cette traversée, l'on sera très-généralement travaillé par le courant, et il sera plus que jamais utile de faire de très-fréquentes observations pour apprécier sa position. Nous rappelons, à cette occasion, la méthode de Sumner, dont la seconde édition de nos Tables (tome 2) contient une explication pratique : cette méthode dont nos Tables simplifient beaucoup l'usage, permet, à l'aide d'une seule hauteur d'astre, de tracer sur une carte à grands points la ligne de position sur laquelle se trouve le navire.

Si l'on voit qu'il n'y a pas moyen de doubler sûrement le groupe Bijoutier dans l'E., il faudra naturellement se décider à en passer dans l'O. Dans ce cas, l'on sera un peu souventé, et par conséquent en moins bonne position. Il faudra alors absolument chercher à passer dans l'E. de l'île de Neuf et de Marie-Louise, le plus au vent possible. Si la bordée ne permet pas de les doubler, et si le temps permet de louvoyer, on devra faire des bordées pour tâcher de s'élever au vent. Mais, dans le cas assez rare où, malgré tous les efforts possibles, on verra qu'on ne peut parvenir à doubler Neuf et Marie-Louise, on ne devra pas hésiter à faire le tour par l'O. des Amirantes, sans jamais chercher à s'engager au milieu des dangers de ce groupe. Dans ce dernier cas, c'est-à-dire lorsqu'on aura été obligé de se résoudre à faire le tour par l'O. des Amirantes, il faudra venir par le N.O. chercher le plateau de sonde des Seychelles, que l'on peut considérer comme peu dangereux, comparativement au groupe des Amirantes.

En général, ayant dépassé le parallèle du Bijoutier et d'Alphonse, dans l'E. de ce groupe, ou du moins ayant doublé les îles Neuf et Marie-Louise, le plus dans l'E. possible, le reste de la traversée jusqu'à Mahé sera relativement facile et peu inquiétant, à la condition d'observer et de calculer son point aussi souvent que possible, et en tous cas de tenir grandement compte de l'effet des courants qui portent ordinairement : vers l'O. ou le N.O., d'avril en octobre ; et vers la partie de l'E. ou du N.E., d'octobre en avril.

Voici quels seront généralement les vents et les courants auxquels on pourra s'attendre, en faisant les traversées entre les Comores ou Nossi-Bé d'une part, et les Seychelles de l'autre.

D'octobre en avril, dans le Sud du cap d'Ambre et du parallèle de 10°S., les vents soufflent assez souvent de la partie de l'E., du N.E. et du S.E., et quelquefois de la partie du N.O. et du S.O. Les brises de cette direction sont plus fréquentes en octobre, novembre et décembre, que pendant le reste de la saison ; les calmes sont aussi plus à craindre au commencement de ce semestre qu'à la fin. *Dans le N. de 10°S.*, depuis le commencement d'octobre jusqu'à la fin de décembre, les vents dominants sont ceux du S.S.E. à l'E.S.E. Ils tendent de plus en plus à mollir et à se fixer au S.O. et au N.O., à mesure que l'on avance dans la saison et que le navire se rapproche davantage des Amirantes et des Seychelles en venant du S. *Dans le N. de 10°S.*, depuis le mois de décembre jusqu'à la fin de mars, les vents dominants sont ceux du N.O. et de l'O.N.O., surtout quand on se trouve dans les parages des Amirantes et des Seychelles ; les vents sont d'ailleurs assez variables en force et en direction ; ils jouent du N.N.E. au N.E, et l'on peut avoir quelques calmes, des grains et des temps sombres.

D'avril en octobre, les vents de la partie du S.E. sont dominants; ils varient du S.S.E. à l'E.S.E., et sont ordinairement accompagnés de beau temps. Ils sont presque toujours bien établis, dans le N. du parallèle du cap d'Ambre; mais, dans le S. de ce parallèle, entre les Comores et la côte N.O. de Madagascar, il faut toujours se défier des folles brises et des calmes, et plus particulièrement à la fin de la saison, de la fin de juin à la fin de septembre.

Les courants sont variables dans l'espace compris entre les Comores et la côte N.O. de Madagascar. Néanmoins, on peut admettre qu'ils portent généralement vers la partie du N., soit au N.O., au N., ou au N.E., excepté quand on se trouve peu éloigné dans le S. du parallèle du cap d'Ambre, parce que l'on peut alors tomber dans une branche du grand courant général portant à l'Ouest.

Entre le parallèle du cap d'Ambre et le parallèle de 10°S., le courant *pendant toute l'année*, porte presque toujours vers l'O., avec une vitesse variable surtout de 36 à 60 milles par 24 heures.

Pendant la mousson de S.E., d'avril en octobre, entre 10°S. et les Amirantes, le courant porte généralement vers l'O. avec une vitesse de 24 à 48 milles; dans le S. et auprès des Amirantes, sa vitesse tombe souvent à 18 milles seulement. Entre les Amirantes et les Seychelles, et dans ce dernier groupe, les courants portent surtout à l'O., au N.O. et au N., variables en direction et en force; leur vitesse est comprise ordinairement entre 18 et 36 milles par 24 heures.

Pendant la mousson de N.O., de novembre en mars, entre 10° et 8°S., le courant porte généralement à l'O., avec une vitesse moyenne de 1 nœud à l'heure. Entre 8°S. et les Amirantes, le courant n'est pas régulier; cependant il porte ordinairement à l'E., avec une vitesse variable de 24 à 30 milles par 24 heures. Entre les Amirantes et les Seychelles, et dans ce dernier groupe, les courants sont encore variables en direction et en force; néanmoins, ils portent le plus souvent vers l'E., avec une vitesse de 12 à 40 milles par 24 heures.

Nous terminerons ces indications générales, en reproduisant un passage d'une note qui nous a été adressée par un capitaine pratique des parages dont nous nous occupons :

« La route de Mayotte aux Seychelles est semée d'écueils, d'îlots bas et de brisants. Aussi, malgré le petit nombre de navires qui fréquentent ces parages, voit-on des épaves sur la plupart de ces dangers. On doit donc veiller sa route avec le plus grand soin. Les courants sont variables. Le plus souvent, dans le voisinage du Geyser, on trouve des courants portant au N.E.

» Les Glorieuses sont à la limite S. du grand courant équatorial qui porte vers l'O. On rencontre donc, le plus souvent, dans le voisinage de ces dangers, un courant vers l'O. parfois très-fort ; mais, il arrive aussi qu'on y éprouve des courants portant au N.E. Il faudra donc se méfier, et donner beaucoup de tour aux Glorieuses, comme du reste aux autres dangers de ces parages, si l'on doit y arriver de nuit.

» Du cap d'Ambre aux récifs Providence, le courant porte à l'O. variable ; et il est très-fort à l'époque des grands vents de S.E. Ce courant se fait souvent sentir, plus ou moins fort, jusqu'au N. des îles Alphonse, St-Francis et le Bijoutier. Mais, il arrive quelquefois qu'au-delà de l'île Providence, on trouve des courants de réaction portant vers la partie du N.E. jusqu'aux Seychelles. »

§ 239. — De Mahé (Seychelles) aux Comores, à Nossi-Bé et à la côte N.O. de Madagascar.

En quittant Mahé pour se rendre aux Comores, le commencement de la traversée n'offre généralement point de grande inquiétude ni de difficulté sérieuse, surtout pendant la saison des alizés de S.E. d'avril en octobre. On a le grand avantage d'avoir d'abord un bon point de départ, qui permet d'une manière générale d'apprécier assez exactement la position du navire, pour qu'on puisse doubler sans crainte le groupe Alphonse et Bijoutier dans l'E. Dans ce but, l'on fera valoir d'abord le S.S.O. environ à sa route, en faisant au besoin quelques bordées à l'E., de manière à donner au moins de 40 à 60 milles de tour dans l'E. aux îles Alphonse et Bijoutier. En agissant ainsi, on aura la certitude de doubler ce groupe, largement et avec toute sécurité, malgré le courant qui drossera généralement beaucoup vers l'O. ou le N.O., du moins d'avril en octobre. Pendant l'autre saison, il portera souvent à l'E. ou au N.E.

On donnera ensuite la route pour passer à petite distance dans l'O. des brisants Wizard. Il sera prudent, durant cette partie de la traversée, d'observer le plus souvent possible pour déterminer sa position. On tâchera de prendre connaissance, de jour, de l'île Providence, ou plutôt de l'île St-Pierre, afin d'avoir un bon point de départ pour la fin de la traversée.

Quand le navire aura atteint le parallèle du grand récif de la Providence, il conviendra de gouverner, en tenant compte du courant général qui porte ordinairement avec force vers l'O., et en se proposant de passer un peu plus près du cap d'Ambre que des Glorieuses. La traversée s'achèvera, en suivant dans un sens inverse, la route donnée au paragraphe précédent pour les navires qui partent de Mayotte à destination des Seychelles. Ainsi, l'on fera route vers le Sud d'abord, de manière à doubler dans l'Est, à grande distance, les Glorieuses et le banc du Geyser. On continuera, selon les circonstances, à s'élever plus ou moins vers le Sud, jusqu'à ce que l'on se trouve généralement dans les environs de la route directe de Nossi-Bé à Mayotte ; à ce moment, l'on pourra gouverner vers l'O. sur les Comores, sans avoir à craindre d'être drossé sur le Geyser, par le courant de réaction qui portera généralement vers le N.O., le N. ou le N.E. On observera souvent, et l'on sondera jusqu'à ce qu'on ait sûrement dépassé le méridien du Geyser. Si le navire était dépalé dans le N., l'on en serait ordinairement prévenu par les sondes que l'on trouverait sur le banc de la Zélée, avant d'être jeté sur le Geyser. Il est bien évident d'ailleurs que l'on donnera plus ou moins de tour au Geyser, dans l'E. et dans le S., selon les vents et l'état du temps que l'on rencontrera; mais, avec un voilier surtout, il conviendra d'être très-prudent et de se tenir très-écarté de ce danger, en prévision du cas où le calme se ferait et où l'on se trouverait travaillé par les courants.

En se reportant à la fin du paragraphe précédent, l'on verra quelles sont les chances de vents et de courants auxquelles on pourra s'attendre, en faisant cette route, pendant les diverses saisons.

La navigation entre les Comores et les Seychelles est toujours difficile; mais elle présente surtout de grandes difficultés pour les voiliers, et particulièrement pendant la mousson de N.O., c'est-à-dire du commencement de novembre à la fin de mars. Durant cette saison, les mauvais temps et le manque d'observations rendent fréquemment la situation des navires très-délicate. On cite des exemples de traversées qui ont été, en quelque sorte, miraculeusement accomplies, durant cette saison, sans qu'on ait pu observer une seule fois,

Il y a aussi quelques navires qui se sont perdus, malgré toutes les précautions prises par ceux qui les commandaient. Dans certains cas, des capitaines expérimentés se sont trouvés dans un embarras excessif, par des temps sombres, après plusieurs jours sans observation, en apercevant subitement des récifs brisant à très-petite distance, et sans pouvoir se douter de leur position ; ils ne pouvaient même pas, dans beaucoup de cas, désigner plus tard le danger qu'ils avaient vu, attendu qu'ils restaient encore plusieurs jours sans observation après s'être tirés d'affaire. Dans d'autres circonstances, des capitaines ont acquis, après coup, grâce à une subite éclaircie, la preuve qu'ils avaient passé, sans le soupçonner, dans des parties extrêmement dangereuses, où ils n'auraient jamais voulu s'aventurer sciemment, même avec du beau temps. C'est ainsi que l'on nous a cité un capitaine très-pratique de cette navigation, l'ayant faite pendant plusieurs années de suite d'une manière continue, et qui ayant été pris brusquement de frayeur n'a plus voulu la continuer, même pour une seule traversée. Il se trouvait à Mahé ; et, profitant de ce que le paquebot y passe, il quitta ces parages dans lesquels il croyait avoir épuisé toute sa veine de bonne chance : ne voulant pas courir plus longtemps des risques dont il connaissait mieux que personne la gravité.

Nous ne citons point ces faits, pour exagérer les dangers de cette navigation ; mais uniquement pour que ceux qui auront l'occasion de la faire prennent toutes les précautions de prudence possibles. Etant avertis, ils auront beaucoup moins à craindre.

§ 240. — De Mayotte, ou de Nossi-Bé à Zanzibar.

Pendant la mousson de S., d'avril en octobre, les voiliers partant de Mayotte peuvent faire route à peu près directe pour aller atterrir sur l'île Monfea, dans le S. de Zanzibar. Les vents soufflent très-généralement de la partie du S.E. bien établis. Quant aux courants, dans le S. du parallèle de 10°S., ils portent ordinairement vers l'O., avec une vitesse de 24 à 30 milles par 24 heures ; et, dans le N. du même parallèle, leur direction générale est vers le N.N.O. et le N., avec une vitesse variable de 18 à 48 milles. (Pour la fin de la traversée, voir page 197.)

Durant la même saison, d'avril en octobre, les voiliers partant de Nossi-Bé ou de la côte N.O. de Madagascar auront avantage, surtout au point de vue de la sécurité, à faire route d'abord comme pour aller à Mayotte. Ils passeront dans le S. du banc du Castor et du banc de la Zélée ; puis, ils laisseront Mayotte sur bâbord en passant à mi-chenal entre cette île et le Geyser. Ils gouverneront ensuite directement, ainsi que nous l'avons indiqué pour les navires partis de Mayotte. En passant dans le S. du Geyser, il sera bon de sonder souvent, parce que dans le cas où les courants drosseraient le navire vers le N.O. ou le N.E., on trouverait généralement des fonds sur le banc de la Zélée, avant d'être jeté sur le Geyser. Nous croyons cette route préférable à celle que l'on pourrait encore suivre, en passant entre le cap d'Ambre et les Glorieuses. Nous trouvons effectivement que celle-ci aurait l'inconvénient de faire faire un détour inutile, puisque rien n'oblige avec les vents de S.E. à aller se placer au vent pour aller atterrir ensuite sur l'île Monfea ; et, de plus, la route par le cap d'Ambre offre le danger de faire passer au vent du Geyser et des Glorieuses, sur lesquels on aura toujours à craindre d'être drossé par les forts courants portant à l'O. Si l'on se décidait néanmoins à passer entre le cap d'Ambre et les Glorieuses, on pourrait se reporter au § 238, pour les indications relatives au commencement de la traversée.

Pendant la mousson de N., d'octobre en avril, les voiliers partant de Mayotte, pourront généralement faire encore une route à peu près directe, pour aller atterrir sur l'île Pemba, dans le N. de Zanzibar. Au commencement de la saison, d'octobre à la fin de décembre, dans le S. de 10°S., les brises seront variables, dominant du S.E. et du N.E., avec quelques calmes ; tandis que dans le N. de 10°S., les vents domineront du S.E. et du N.E., alternant avec des vents accidentels de la partie du S.O. Durant la seconde moitié de la saison, de janvier à la fin de mars, les brises souffleront presque toujours de la partie du N.E., et seront quelquefois interrompues par des calmes. Quant aux courants, dans le S. du parallèle de 10°S., ils porteront ordinairement vers l'O. avec une vitesse de 24 à 30 milles par 24 heures. Entre 10° et 8°S., leur vitesse vers l'O. sera de 24 à 48 milles. Dans le N. du parallèle de 8°S., et dans l'E. du méridien de 40°E., le courant portera surtout vers le S.O., le S. et le S.E., avec une vitesse de 18 à 36 milles ; tandis que, dans l'O. du même méridien, le courant portera souvent vers le N. avec une vitesse de

12 à 30 milles, et quelquefois vers le S. avec une vitesse relativement faible. (Pour la fin de la traversée, voir page 200.)

Durant la même saison, d'octobre en avril, les voiliers partant de Nossi-Bé ou de la côte N.O. de Madagascar feront route d'abord vers le N., pour passer à mi-distance entre le cap d'Ambre et les Glorieuses. On fera bien de se reporter aux recommandations contenues dans le § 238, pour ce commencement de traversée, afin de se tenir en garde contre les récifs du Geyser et des Glorieuses. Dans tous les cas, on attendra d'avoir fait assez de N. et d'avoir largement dépassé le parallèle des Glorieuses avant de commencer à mettre de l'O. dans sa route. Il faudra alors tenir compte du courant portant vers l'O., dont la vitesse variera ordinairement de 30 à 48 milles par 24 heures; et, si la direction du vent le permet, on gouvernera de manière à passer, de jour, entre Cosmoledo qu'on laissera dans l'E., et l'Assomption et Aldabra qu'on laissera dans l'O. Si l'on a le moindre doute, on laissera porter, et l'on passera dans l'O. d'Assomption et d'Aldabra. On prendra ensuite la bordée tribord amures bon plein, avec les vents ordinaires de N.E., pour atteindre l'île Pemba; et il faudra encore bien se tenir en garde contre l'action des courants, pour atterrir sûrement. Cette route qui passe dans l'E. des Glorieuses nous semble préférable, pendant cette saison, parce qu'elle place dès le début le navire bien au vent : point important lorsque les vents dominent du N.E., que les courants font dériver le navire dans l'O., et qu'enfin il faut atterrir sur Pemba.

Voici le Tableau des croisements que nous conseillons, dans chacune des moussons. Nous donnons ensuite deux rapports de traversées : l'une accomplie en juillet, et l'autre en janvier.

TABLEAU DES CROISEMENTS DE LA ROUTE DE MAYOTTE OU DE NOSSI-BÉ A ZANZIBAR.

SAISONS.	POINTS de DÉPART.	LATITUDES SUIVANT LESQUELLES IL CONVIENT DE COUPER LES MÉRIDIENS DE									POINTS D'ATTERRAGE.
		46° E.	45° E.	44° E.	43° E.	42° E.	41° E.	40° E.	39° E.	38° E.	
		S.	S.	S.	S.	S.	S.	S.	S.	S.	
Mousson de Sud, d'Avril en Octobre.	Mayotte...	....	....	....	12° 20′	10° 30′	9° 20′	8° 40′	8° 10′	7° 50′	Ile Monfea.
	Nossi-Bé .	....	13° 10′	13° 00′	12 00	10 30	9 20	8 40	8 10	7 50	Ile Monfea.
Mousson de Nord, d'Octobre en Avril.	Mayotte...	....	....	....	12 00	10 00	8 30	7 20	6 10	5 30	Ile Pemba.
	Nossi-Bé .	11° 30′	10° 00′	8° 50′	8 00	7 30	6 40	6 10	5 50	5 30	Ile Pemba.

Voici d'abord une relation de traversée effectuée, en juillet, par la *Constantine*, sous le commandement de M. le capitaine de vaisseau Tardy de Montravel.

« La *Constantine* sortit de Mayotte, le 1er juillet, par la passe du N.E.; et elle eut des vents de S.E. à S.S.O. pendant toute la traversée. Elle passa à 25 milles au N. de l'île d'Anjouan, et gouverna ensuite sur la pointe S. de l'île Monfea, en se défiant des courants qui portaient au N.O., de 36 à 48 milles par 24 heures. Le 4 juillet, à 2 heures de l'après-midi, l'île Monfea était en vue; et à 4 heures, on relevait sa pointe N. au S. du monde, à 6 milles.

» Comme il était trop tard pour espérer atteindre avant la nuit les passes de Zanzibar, je pensai qu'en nous tenant sous voiles, entre l'îlot Latham et la pointe S. de l'île de Zanzibar, nous serions le lendemain en position de donner dans la passe du S., et nous fîmes route en conséquence pour passer entre la pointe Pouna et l'îlot Latham. Le courant augmentant de vitesse dans le canal, nous fûmes rapidement portés sur cette pointe, que nous rangeâmes de très-près au milieu de la nuit. Après l'avoir dépassée, nous restâmes sous voiles pour attendre le jour. Dès le lendemain matin, nous vîmes que le courant nous avait portés beaucoup plus au N. que je ne le pensais; et, quoi que nous fissions pour regagner au S., il fallut nous décider à gagner le mouillage de Zanzibar par le N., préférant remonter le canal qui sépare cette île de la Grande-Terre plutôt que de courir les chances douteuses d'une bordée au large.

» Le 9 seulement, nous atteignîmes, devant la ville, le mouillage que nous aurions atteint le 5, si, me défiant davantage des courants, j'avais eu la prudence de prendre le plus près dès le 4 au soir pour attendre le lendemain.

» Instruit par cette expérience et par les indications des pratiques que j'ai consultés, je conseillerais d'atterrir, *pendant la mousson de S.O.*, sur l'île Monfea, et de ne faire route, après en avoir atteint la pointe N., qu'autant qu'on la quittera d'assez bonne heure pour être certain de gagner le mouillage de Zanzibar avant la nuit.

» *Pendant la mousson de N.E.*, je conseillerais d'atterrir sur l'île Pemba, de manière à la reconnaître de grand matin; puis de faire route sur la pointe N. de Zanzibar; de passer environ à 2 milles au N. et à l'O. de l'île Moïna; à la même distance de l'île Tomba et de la côte O. de la Grande-Ile, jusqu'à la passe des Français, dans laquelle il faudra se défier du banc qui se projette au large de la pointe N.E. des Français. Cette passe est de beaucoup la meilleure dans cette mousson. »

Nous donnons maintenant un rapport de traversée effectuée, en janvier, de Nossi-Bé à Zanzibar, qui nous a été communiqué par M. le capitaine au long-cours J. P. Rival, commandant du trois-mâts *Violette :* armateurs Sacarello et Lachaud, de Marseille :

« J'appareillai de Nossi-Bé, le 17 janvier 1873, à destination de Zanzibar. Je sortis par la grande passe de l'O., sans éprouver aucun retard. L'île étant doublée, les vents s'établirent au N.O.; je pris bâbord amures et je fis route. Le 18 au soir, je reconnus le cap Saint-Sébastien; la brise s'était maintenue au N.O. très-variable, avec quelques grains sans grande force. Je continuai à courir vers le N., au plus près bâbord amures, le vent variant de l'O.N.O. au N. jusqu'au 21 janvier : j'étais alors par 8°S. et 46°53′E.; j'avais laissé à bâbord les îles Glorieuses et Cosmoledo. Du 21 au 22, les vents soufflèrent du N. et du N.N.E., brise variable, temps à grains. Je m'élevai encore un peu au N., en louvoyant jusqu'au 22; j'étais alors par 7°S. et 47°E. Estimant alors que j'étais suffisamment dans le N. pour pouvoir faire route, je pris la bordée tribord amures.

» Entre le cap d'Ambre et 7°S., je n'ai pas éprouvé les forts courants portant à l'O.; au contraire, ils ont été faibles, et quelquefois même ils ont porté au N.E.

» A partir du 22 janvier, je fis route tribord amures. Les vents soufflant d'abord du N.N.E. s'établirent bientôt définitivement au N.E., jolie brise, beau temps. J'arrivai, le 25 janvier au soir, sur l'atterrissage, en suivant le parallèle qui passe entre Zanzibar et Pemba. N'ayant pas assez de jour pour reconnaître ma position, je diminuai de toile et j'attendis en faisant petit porter, ou en mettant sur le mât. Le 26, à 5 heures 1/2 du matin, je fis courir sur la terre, le cap à l'O.; une heure après, la terre devant était parfaitement visible. Je crus que c'était Pemba, et tout me confirmait dans cette supposition. En effet, je m'étais arrêté, la veille, bien au N. de la pointe N. de Zanzibar; la brise durant la nuit avait été légère, la mer belle, et j'avais presque tout le temps fait petit porter, enfin je devais compter sur les courants généraux portant au N. dans cette saison. Mais, en approchant, je m'aperçus de mon erreur ; la terre que j'avais devant moi n'était autre que Zanzibar : les courants, au lieu de me porter au N., m'avaient porté au Sud.

» Ainsi, le courant général du cap d'Ambre portant à l'O. s'est trouvé affaibli et même dévié par les vents de la partie du N.O. que j'ai rencontrés, à cette époque. De même la branche de ce courant général qui remonte ordinairement au N., en passant devant Zanzibar, a semblé se trouver affaiblie ou même refoulée par l'effet des vents de N.E.

» Dès que j'eus reconnu la terre, je pris le plus près, et je forçai de toile. Le 26, à 6 heures du soir, je doublai la pointe Nangowy (pointe N. de Zanzibar) à 3 milles de distance ; à 7 heures, j'atteignis les îles Moïna et Tumbat. La nuit arrivait ; je voulais mouiller ; mais je manquai le banc de Tumbat, qui est d'ailleurs fort étroit. Je relevai alors la pointe Oswawemba ; je fis route sur ce point, et je fus rendu à 8h45m du soir, petite brise sous vergues, beau temps. Dès que j'eus doublé cette pointe, à une distance de 1 mille 1/4 environ, je donnai en plein sur la côte, les ancres prêtes, la voilure réduite, la sonde à la main. A 3/4 de mille environ de la côte, je pris fond par 15 mètres, je fis mouiller instantanément ; l'ancre était tombée par 10 mètres, fond de sable fin de bonne tenue.

» Les instructions disent quelques mots de ce mouillage. Elles recommandent de donner 1/2 mille de tour à la pointe Oswawemba. Elles ajoutent que, sur un espace considérable, le long de la côte, par le travers de la pointe Oswawemba, s'étend un banc de sondes qui laisse entre lui et la pointe un chenal profond, large de 1 mille environ. Elles signalent que le *Gorgon* a passé plusieurs fois sur ce banc, par des sondes de 12 et 13 mètres ; et qu'il est généralement visible, par la décoloration de l'eau.

» Arrivé à Zanzibar, je fis part au capitaine Souchon, commandant le navire la « *Ville d'Aigues-Mortes*, » de la reconnaissance de ce mouillage que je trouvais recommandable sous tous les points de vue. Quelque temps après, le capitaine Souchon fit le voyage de Zanzibar à Nossi-Bé, où j'étais alors. Etant sorti par la passe du N., il avait trouvé, dans les environs de la pointe Oswawemba, de fortes brises du N. au N.O. Ne voulant pas revenir sur ses pas, et d'un autre côté le louvoyage pendant la nuit présentant des difficultés, il se décida à prendre le mouillage dont je lui avais parlé. La brise étant devenue très-forte, il mouilla ses deux ancres bien filées, et ne chassa pas. Ce mouillage est d'autant plus précieux qu'il se trouve par de petits fonds de bonne tenue, et il laisse un évitage suffisant, même avec une bonne touée dehors : toutes choses que l'on trouve rarement sur la côte O. de Zanzibar, où il n'existe que de grands fonds, à une distance de la côte souvent insuffisante pour l'évitage.

» Je quittai le mouillage d'Oswawemba, le 27 janvier, à 6 heures du matin, avec petite brise de N. A 10 heures, je franchis la passe des Anglais; et à 10^h40^m je mouillai à Zanzibar, dix jours après mon départ de Nossi-Bé. »

§ 241. — De Zanzibar à Mayotte, ou à Nossi-Bé.

Pendant la mousson de N., d'octobre en avril, les navires à voiles sortent presque toujours par la passe du S. Ils portent d'abord au plus près bon plein bâbord amures, avec les vents dominants de la partie du N.E. Ils sont assez fréquemment soutenus, en même temps, par les courants qui portent vers le N., jusque vers le méridien de 40°E. Ils continuent ensuite à peu près directement sur Mayotte, comme l'indiquent nos points de croisements donnés plus loin, et en se défiant des courants portant généralement à l'O. Durant cette saison, les vents dominent de la partie du N.E., dans le N. du parallèle de 10°S.; ils sont toutefois souvent interrompus par des vents de S.E., et parfois de S.O., surtout en octobre, novembre et décembre. Dans le S. du parallèle de 10°S., les vents dominent encore de la partie du N.E., mêlés de petites brises et de calmes ; au commencement de la mousson, d'octobre en janvier, les brises de S.E. alternent assez souvent avec les brises dominantes du N.E. Quant aux courants, et en s'occupant d'abord de la zone comprise entre Zanzibar et 8°S., on aura, dans l'O. du méridien de 40°E., des courants portant assez fréquemment au N., avec une vitesse de 12 à 30 milles, et quelquefois portant au S. avec une vitesse peu considérable. Dans l'E. du même méridien de 40°E., les courants portent vers la partie du S., au S.O., au S., ou au S.E., avec une vitesse variant de 18 à 36 milles. Entre 8°S. et 10°S., le courant porte à l'O. avec une vitesse de 24 à 48 milles. Enfin dans le S. de 10°S., les courants portent ordinairement à l'O., avec une vitesse de 24 à 30 milles. Auprès des Comores, ils sont variables.

Pendant la même mousson, d'octobre en avril, les navires destinés à Nossi-Bé suivent la route que nous venons d'indiquer, comme pour aller à Mayotte. Ils passent entre cette île et le Geyser; puis dans le S. du banc de la Zélée et du banc du Castor, en se défiant des courants qui portent souvent au N.O. ou au N.E. *Cette route nous paraît la plus sûre;* mais, on pourra évidemment passer par l'E. des Glorieuses, si les vents le permettent, comme l'a fait la *Violette* dont nous citons la traversée à la fin de ce paragraphe.

Pendant la mousson de S., d'avril en octobre, la traversée sera quelquefois très-pénible, ou du moins longue, à cause des vents et des courants défavorables. Les navires à voiles peuvent sortir de Zanzibar, à cette époque, par la passe du N.; mais la passe du S. paraît encore préférable, comme nous l'avons indiqué page 205. Il conviendra de s'élever d'abord dans l'E. le plus possible, en prolongeant la bordée tribord amures avec les vents dominants de S.E., jusqu'à ce que l'on soit arrivé à se placer dans l'E. du méridien de 39° ou de 40°E., où l'on trouvera généralement que les courants vers le N. ou le N.O. auront moins de force. On combinera ensuite sa route, d'après les vents régnants, et en tenant compte de l'effet des courants, de manière à passer au vent de Mayotte, comme l'indiquent les points de croisement donnés plus loin. Une fois qu'on sera parvenu dans les parages des Comores, les courants seront moins réguliers, et ils porteront moins fort vers l'O. Durant cette saison, les vents dominent de la partie du S.E.; toutefois, vers la fin de la mousson, de juillet en octobre, ils alternent fréquemment avec des vents de S.S.E. et de faibles brises et des calmes quand on approche des Comores. Quant aux courants, entre Zanzibar et le parallèle de 10°S., ils portent au N.N.O. et au N., avec une vitesse de 18 à 48 milles par 24 heures; puis, dans le S. du parallèle de 10°S., ils portent à l'O., avec une vitesse de 24 à 30 milles, jusqu'à ce qu'on atteigne les parages des Comores. A partir de ce moment, les courants deviennent variables, et ils portent souvent vers le N.O. ou le N.E., dans la partie comprise entre Mayotte et la côte N.O. de Madagascar.

Pendant la même mousson, d'avril en octobre, les navires destinés à Nossi-Bé nous paraissent devoir toujours suivre la route que nous venons d'indiquer, comme pour aller à Mayotte. Ils passent entre cette île et le Geyser; puis dans le S. du banc de la Zélée et du banc du Castor, en se tenant en garde contre l'effet des courants de réaction qui portent souvent au N.O. et surtout au N.E., entre les Comores et la côte N.O. de Madagascar. A cette époque, si l'on voulait, en partant de Zanzibar, diriger sa route de manière à passer auprès des Aldabra, puis entre les Glorieuses et le cap d'Ambre, on aurait généralement à lutter contre de très-grandes difficultés; et la traversée réussirait rarement avec un voilier. Il faudrait effectivement s'attendre à des vents frais du S.E., c'est-à-dire debout, entre Zanzibar et le cap d'Ambre; et l'on aurait en plus, sur le nez, les courants portant à l'O., dont la force atteint précisément son maximum dans cette saison.

Nous donnons ci-après le Tableau des croisements que l'on pourra se proposer de suivre, autant que les circonstances le permettront.

TABLEAU DES CROISEMENTS DE LA ROUTE DE ZANZIBAR A MAYOTTE ET A NOSSI-BÉ.

SAISONS.	LATITUDES SUIVANT LESQUELLES IL CONVIENT DE COUPER LES MÉRIDIENS DE								POINTS de DESTINAT^{on}.
	38° E.	39° E.	40° E.	41° E.	42° E.	43° E.	44° E.	45° E.	
	S.	S.	S.	S.	S.	S.	S.	S.	
Mousson de S d'Avril en Octobre.	6° 50′	7° 10′	8° 00′	9° 30′	11° 00′	12° 20′	....	....	Mayotte.
	6 50	7 10	8 00	9 30	11 00	12 20	13° 00	13° 10′	Nossi-Bé.
Mousson de N d'Octobre en Avril.	6 40	7 00	7 25	8 20	10 00	12 00	....	....	Mayotte.
	6 40	7 00	7 25	8 20	10 00	12 00	13 00	13 10	Nossi-Bé.

Nous terminons en reproduisant une relation de traversée effectuée, en février, par le trois-mâts la *Violette*. Ce rapport nous a été obligeamment communiqué par M. le capitaine au long-cours Rival. Comme on le remarquera, la route de la *Violette* n'est pas celle que nous indiquons comme la plus sûre; mais elle n'en a pas moins réussi, et nous la donnons à titre de renseignement.

« J'appareillai de Zanzibar, le 7 février 1873 après-midi, les vents régnant du N.E. Je sortis par la passe du S. A 5 heures du soir, je doublai l'île Choumby par l'O.; à 7 heures, l'île Kivaly; et, dégagé de tous les dangers, je poursuivis ma route. Le 8, j'eus des vents de N.E., bonne brise, beau temps. Le 10, au matin, je doublai, par l'O. et par le S., les îles Aldabra et Assomption, à une distance de 25 milles. Du 10 au 12, les vents tournèrent au N., puis au N.O., à l'O. et enfin à l'O.S.O. Les courants, dans ce laps de temps, portèrent vivement à l'O. Je doublai les Glorieuses par le N., à une distance de 30 milles; et le 12, je me trouvai par 11°38'S. et 46°14'E. Le courant portant à l'O., au N. du cap d'Ambre, avait acquis, à l'époque de mon retour, une vitesse considérable. Ce courant, jusqu'à plus de 20 lieues dans le N. du cap d'Ambre, est permanent ; il est seulement modifié, suivant la saison et selon les vents régnants. Il est par suite prudent de se défier des Glorieuses, lorsqu'on les laisse à l'O. Le 13 février, je reconnus le cap St-Sébastien. A partir de ce point, les vents soufflèrent de l'O., de l'O.S.O. et du S.O., accompagnés de grains violents et de fortes pluies. Ce ne fut que le 15 au matin que je reconnus l'île de Nossi-Bé restant au S.O. Le vent de S.O. régnait en forte brise, la mer était grosse, et la violence des grains m'obligeait souvent à rester sous les bas ris ; le louvoyage, pour doubler l'île par l'O., était pénible. Enfin, le 15 au soir, le temps ayant pris une très-mauvaise apparence, je fis courir, laissant Nossi-Bé à tribord, pour venir chercher la petite passe de l'E., ou de Nossi-Cumba. Je fus rendu, à 6 heures du soir ; et je mouillai à l'entrée, en bonne position pour profiter de la moindre variation du vent. Du 15 jusqu'au 17 au matin, le temps fut très-mauvais du S.O., temps couvert, grains violents, pluie continuelle, éclairs et tonnerre ; j'étais bien mouillé, parfaitement à l'abri. Le 17 au matin, dans les grains qui se succédaient sans interruption, le vent soufflait par moments, du S. et du S.S.E. Je levai l'ancre sans retard, je franchis heureusement la passe ; et à 10 heures du matin, je mouillai en rade de Hell-Ville, le 10e jour après mon départ de Zanzibar. »

§ 242. — De la côte S.O. de Madagascar, à la baie Delagoa, à Inhambane et à Quillimane.

Les navires partant de la côte S.O. de Madagascar, et par exemple de la baie St-Augustin (havre Tulléar), pourront se rendre à peu près directement à Inhambane et à la baie Delagoa, en toutes saisons. Les vents et les courants seront très-généralement favorables : les vents dominants seront ceux de la partie du S.E. et du N.E., et l'on pourra aussi trouver du S.O. Dans le cas où l'on tombera précisément sur une série de vents de S.O., il n'y aura pas à craindre de trop prolonger la bordée bâbord amures; attendu que si, d'un côté cette bordée, avec les vents de S.O., présente l'inconvénient de faire accoster la terre un peu trop dans le N., d'un autre côté, elle a l'avantage de faire arriver le plus vite possible le navire dans la plus grande force du courant qui file le long de la côte d'Afrique en portant vers le S.O. Une fois qu'on sera dans ce courant, la moindre variation de la brise permettra de faire rondement du S. Entre la côte S.O. de Madagascar et les destinations dont nous nous occupons, les courants porteront généralement vers l'O. et le S.O., avec une vitesse de 18 à 42 milles. Les navires allant à Inhambane atterriront ordinairement sur le parallèle du cap Lady Grey (v. page 181); et ceux qui se rendront à la baie Delagoa (v. p. 180) atterriront également par le N., soit par 25°30′S. environ, à cause de l'effet du courant portant vers le S.O. [Voir le Tableau de croisements à la fin de ce paragraphe].

Les navires destinés à Quillimane suivront, en toutes saisons, une route à peu près directe; et ils atterriront généralement par le N., en se défiant de l'effet du courant portant au S.O. le long de la côte. Les vents domineront du S.S.E. et du S.E.; ils souffleront assez souvent aussi de la partie du N.E., et quelquefois de la partie du S.O. Les courants porteront au S.O., avec une vitesse de 24 à 36 milles, quand on sera dans l'E. du méridien de 38°E.; et encore vers la partie du S.O., avec une vitesse variant de 12 à 72 milles, dans l'O. du même méridien.

Nous donnons ci-après le Tableau des croisements que l'on pourra suivre, autant que les circonstances le permettront.

TABLEAU DES CROISEMENTS DE LA ROUTE DU HAVRE TULLÉAR
à la baie Delagoa, à Inhambane et à Quillimane.

LATITUDES SUIVANT LESQUELLES IL CONVIENT DE COUPER LES MÉRIDIENS DE						POINTS de DESTINATION.
40° E.	38° E.	36° E.	35° E.	34° E.	32° E.	
Lat. S.	Lat. S.	Lat. S.	Lat. S.	Lat. S.	Lat. S.	
22° 10′	20° 10′	18° 30′	18° 00′	....	....	Quillimane.
23 20	23 20	23 10	23 10	23° 00′	....	Inhambane.
23 30	24 00	24 25	24 35	24 50	25 20	Delagoa.

§ 243. — De la côte S.O. de Madagascar à Mozambique.

Les navires partant de la côte S.O. de Madagascar, et par exemple de la baie St-Augustin (havre Tulléar), feront bien, lorsqu'ils seront destinés à Mozambique, de chercher d'abord à gagner le milieu du canal, comme nous l'avons indiqué au § 234, de manière à être moins exposés aux séries de petites brises folles que l'on aurait plus de chances de trouver si l'on se maintenait dans les parages de Madagascar. Pendant la mousson de S., la route sera très-facile à suivre; et l'on atterrira par le S., sur la pointe Bajone (v. p. 188). Durant la mousson de N., on trouvera au § 234 les limites de louvoyage entre lesquelles il conviendra de se maintenir, du parallèle de 18° à celui de 15°S., pour s'élever dans le N., malgré le vent et le courant contraires. On atterrira par le N., entre Quintangonya et Fernan Veloso (v. page 190).

Nous donnons ci-après le Tableau des croisements, que l'on se proposera de suivre, autant que les circonstances le permettront.

Pendant la mousson de N., d'octobre en avril, dans le S. du parallèle de 18° ou de 19°S., les vents domineront du S.E. au S.S.E., et souffleront accidentellement du S.O. et du N.E., entremêlés de quelques calmes. Dans le N. du même parallèle, les vents domineront du N.E., variables au N.N.O., souffleront quelquefois de la partie du S.E. et du S.S.E., et seront interrompus par quelques calmes.

Pendant la mousson de S., d'avril en octobre, dans le S. du parallèle de 20°S., les vents domineront du S.S.E. et du S.E. ; ils seront variables au S.O., surtout à la fin de la mousson, entremêlés de calmes et de brises de la partie du N.E. Dans le N. du parallèle de 20°S., ils domineront du S.E., et varieront au S. et au S.O., entremêlés de quelques calmes.

Les courants porteront presque toujours au S.O., avec une vitesse qui, dans le S. de 20°S., sera variable de 24 à 36 milles ; et, dans le N. de 20°S., variable de 18 à 60 et même à 100 milles par 24 heures.

TABLEAU DES CROISÉMENTS DE LA ROUTE DU HAVRE TULLÉAR A MOZAMBIQUE.

SAISONS.	LONGITUDES SUIVANT LESQUELLES IL CONVIENT DE COUPER LES PARALLÈLES DE								POINTS D'ATTERRAGE
	23° S.	21° S.	19° S.	18° S.	17° S.	16° S.	15°30'S	15° S.	
	Long. E.	Long. E.	Long. E.	Long. E.	Long. E.	Long. E.	Long. E.	Long. E.	
Mousson de N., d'Octobre en Avril.	40° 40'	39° 40'	38° 50'	38° 30'	38° 40'	38° 50'	39° 00'	39° 00'	Quintangonya.
Mousson de S., d'Avril en Octobre.	40 40	39 40	38 50	38 30	38 30	38 40	38 40	....	Pointe Bajone.

§ 244. — De la côte S.O. de Madagascar à Zanzibar.

Les navires partant de la côte S.O. de Madagascar, et par exemple de la baie St-Augustin (havre Tulléar), feront bien, lorsqu'ils seront destinés à Zanzibar, de chercher d'abord à gagner le milieu du canal, comme nous l'avons indiqué au § 234, de manière à être moins exposés aux séries de petites brises folles que l'on aurait plus de chances de trouver si l'on se maintenait dans les parages de Madagascar. En se conformant aux instructions du § 234, on passera entre la côte d'Afrique et Juan de Nova ; puis entre le banc St-Lazare et l'île Comore.

Pendant la mousson de N., d'octobre en avril, dans le S. du parallèle de 18° ou de 19°S., les vents domineront du S.E. au S.S.E., et souffleront accidentellement du S.O. et du N.E., entremêlés de quelques calmes. Entre 19° et 15°S., les vents domineront du N.E., variables au N.N.O., souffleront quelquefois de la partie du S.E. et du S.S.E., et seront interrompus par quelques calmes. Entre 15° et 10°S., les brises domineront du N.E. et du N.N.E., et l'on sera exposé aux calmes. Quand on aura atteint le parallèle de 12°S. environ, comme nous l'avons indiqué au § 234, on gouvernera selon les circonstances en évitant de s'écarter à plus de 40 milles de la route dont nous donnons plus loin les croisements; et l'on atterrira sur Pemba (v. p. 201). Pendant cette dernière partie de la traversée, les vents domineront surtout du N.E., variables au S.E., et quelquefois au S.O. Quant aux courants, entre la baie St-Augustin et 20°S., ils porteront presque toujours au S.O., avec une vitesse variable de 24 à 36 milles. Entre 20° et 15°S., ils porteront encore surtout au S.O., avec une vitesse de 18 à 60 et même quelquefois à 100 milles par 24 heures. Entre 15° et 10°S., ils porteront au S.O., à l'O., ou au N.O., avec une vitesse de 12 à 48 milles. Entre 12°S. et 8°S., la direction moyenne est vers l'O., et la vitesse variable de 24 à 48 milles. Puis, dans le N. de 8°S., ils portent assez régulièrement au S.O., au S. et au S.E., avec une vitesse de 18 à 36 milles, tant que le navire se trouve dans l'E. du méridien de 40°E. ; mais, dans l'O. de ce méridien, ils portent assez souvent vers le N. avec une vitesse de 12 à 30 milles, et quelquefois aussi vers le S. avec une vitesse modérée.

Pendant la mousson de S., d'avril en octobre, dans le S. du parallèle de 20°S., les vents domineront du S.S.E. et du S.E. ; ils seront variables au S.O., surtout à la fin de la mousson, entremêlés de calmes et de brises de la partie du N.E. Entre 20° et 15°S., ils domineront du S.E., et varieront au S. et au S.O., entremêlés de quelques calmes. Entre 15° et 10°S., les vents domineront du S.E. et du S.S.E., avec quelques calmes, surtout à la fin de la mousson. Quand on aura atteint le parallèle de 12°S., on donnera un bon tour au banc Kaunitz, et l'on gouvernera à peu près directement sur Monfea et sur l'îlot Lathám (v. p. 197). Les vents domineront de la partie du S.E., pendant cette dernière fraction de la traversée. Quant aux courants, entre la baie St-Augustin et 20°S., ils porteront presque toujours au S.O., avec une vitesse variable de 24 à 36 milles. Entre 20° et 15°S., ils porteront encore surtout au S.O., avec une vitesse de 18 à 60 et même quelquefois à 100 milles par 24 heures. Entre 15° et 10°S., ils porteront au S.O., à l'O. ou au N.O., avec une vitesse de 12 à 48 milles. Entre 12° et 8°S., la direction moyenne est vers l'O., et la vitesse de 24 à 30 milles ; puis, dans le N. de 8°S., ils porteront au N.N.O. et au N., avec une vitesse de 18 à 48 milles environ.

Voici le Tableau des croisements que l'on se proposera de suivre, autant que les circonstances le permettront.

TABLEAU DES CROISEMENTS DE LA ROUTE DU HAVRE TULLÉAR A ZANZIBAR.

SAISONS.	LONGITUDES SUIVANT LESQUELLES IL CONVIENT DE COUPER LES PARALLÈLES DE													POINTS d'atterrage.
	23° S.	21° S.	19° S.	18° S.	17° S.	15° S.	13° S.	12° S.	11° S.	9° S.	8° S.	7° S.	6° S.	
	Long. E.	Long. E.	Long. E.	Long. E.	Long. E.	Long. E.	Long. E.	Long. E.	Long. E.	Long. E.	Long. E.	Long. E.	Long. E.	
Mousson de N., d'Octobre en Avril.	40° 40′	39° 40′	38° 50′	38° 30′	38° 40′	39° 30′	40° 00′	40° 30′	40° 30′	39° 55′	39° 30′	38° 50′	38° 10′	Pemba.
Mousson de S., d'Avril en Octobre.	40 40	39 40	38 50	38 30	38 40	39 30	40 00	40 30	40 30	38 35	38 00	37 45	....	Monfea.

§ 245. — De la côte S.O. de Madagascar à la côte N.O. de la même île, à Nossi-Bé et à Mayotte.

Les navires partant de la côte S.O. de Madagascar, et par exemple de la baie St-Augustin (havre Tulléar), feront bien, lorsqu'ils seront destinés aux Comores, à Nossi-Bé ou à la côte N.O. de Madagascar, de chercher d'abord à gagner le milieu du canal, comme nous l'avons indiqué au § 234, de manière à être moins exposés aux séries de petites brises folles que l'on aurait plus de chances de trouver, si l'on se maintenait dans les parages de Madagascar. En se conformant aux instructions du § 234, on passera entre la côte d'Afrique et Juan de Nova ; puis, l'on suivra une route à peu près directe pour sa destination. Nous donnons, à la fin du présent paragraphe, pour les navires qui se rendent à Mayotte ou à Nossi-Bé, le Tableau des croisements que l'on se proposera de suivre, autant que les circonstances le permettront.

Pendant la mousson de N., d'octobre en avril, dans le S. du parallèle de 18° ou 19°S., les vents domineront du S.E. au S.S.E., et souffleront accidentellement du S.O. et du N.E., entremêlés de quelques calmes. Entre 19° et 15°S., les vents domineront du N.E., variables au N.N.O., souffleront quelquefois de la partie du S.E. et du S.S.E., et seront interrompus par quelques calmes. Dans le N. du parallèle de 15°S., et tant que l'on sera dans l'O. du méridien de 43°E., les vents domineront du N.E., du N.N.E., et l'on sera exposé aux calmes. Dans l'E. du même méridien de 43°E., les brises deviennent plus variables ; au commencement de la mousson, d'octobre en janvier, elles dominent surtout de la partie du N.E. et du S.E., et soufflent parfois du N.O., ou du S.O., avec quelques calmes ; à la fin de la mousson, de janvier en avril, elles dominent de la partie de l'E. et du N.O., variables, et mêlées de calmes. Quant aux courants, entre la baie St-Augustin et 20°S., ils portent presque toujours au S.O., avec une vitesse variable de 24 à 36 milles. Entre 20° et 15°S., ils portent encore surtout au S.O., avec une vitesse de 18 à 60 et même quelquefois à 100 milles par 24 heures. Dans le N. de 15°S., et tant que l'on est dans l'O. de 41°E., ils portent généralement à l'O. et au S.O., avec une vitesse variable de 12 à 48 milles ;

mais, dans l'E. de ce même méridien de 41°E., et en se rapprochant soit des Comores, soit de la côte N.O. de Madagascar, les courants deviennent très-variables, portant au N.O., au N., au N.E., au S.O. ou au S.E., de sorte qu'il faut grandement s'en défier, et faire de fréquentes observations.

Pendant la mousson de S., d'avril en octobre, dans le S. du parallèle de 20°S., les vents domineront du S.S.E. et du S.E. ; ils seront variables au S.O., surtout à la fin de la mousson, entremêlés de calmes et de brises de la partie du N.E. Entre 20° et 15°S., ils domineront du S.E., et varieront au S. et au S.O., mêlés de quelques calmes. A partir de 15°S., et en allant soit aux Comores, soit à la côte N.O. de Madagascar, les vents domineront du S.E. et du S.S.E., avec quelques calmes, surtout à la fin de la mousson. Quant aux courants, entre la baie St-Augustin, et 20°S., ils portent presque toujours au S.O., avec une vitesse variable de 24 à 36 milles. Entre 20° et 15°S., ils portent encore surtout au S.O., avec une vitesse de 18 à 60 et même quelquefois à 100 milles par 24 heures. Dans le N. de 15°S., et tant que l'on est dans l'O. de 41°E., ils portent généralement à l'O. et au S.O., avec une vitesse variable de 12 à 48 milles ; mais, dans l'E. de ce même méridien de 41°E., et en se rapprochant soit des Comores, soit de la côte N.O. de Madagascar, les courants deviennent très-variables, portant au N.O., au N., au N.E., au S.O. ou au S.E., de sorte qu'il faut grandement s'en défier, et observer le plus souvent possible pour rectifier sa position.

Les navires à vapeur et les navires-mixtes pourront naturellement abréger cette route, en gouvernant à peu près directement pour passer d'abord dans l'E. de Juan de Nova, puis dans l'O. du banc de Chesterfield. On trouvera quelques indications sur cette route, dans le courant du § 234 (voir page 401).

Voici le Tableau des croisements que l'on se proposera de suivre, autant que les circonstances le permettront.

TABLEAU DES CROISEMENTS DE LA ROUTE DE TULLÉAR A MAYOTTE ET A NOSSI-BÉ.

SAISONS.	LONGITUDES SUIVANT LESQUELLES IL CONVIENT DE COUPER LES PARALLÈLES DE								POINTS de DESTINATION.
	23° S.	21° S.	19° S.	17° S.	16° S.	15° S.	14° S.	13°30′ S.	
	Long. E.	Long. E.	Long. E.	Long. E.	Long. E.	Long. E.	Long. E.	Long. E.	
Mousson de N., d'Octobre en Avril.	40° 40′	39° 50′	39° 10′	38° 50′	39° 20′	40° 00′	41° 30′	42° 30′	Mayotte.
	40 40	39 50	39 10	38 50	39 20	40 00	41 40	44 00	Nossi-Bé.
Mousson de S., d'Avril en Octobre.	40 40	39 50	39 10	39 00	39 30	40 40	42 00	42 40	Mayotte.
	40 40	39 50	39 10	39 00	39 30	41 00	43 20	44 40	Nossi-Bé.
Route des vapeurs.	40 40	40 30	40 30	40 40	41 00	....	....	....	Côte N.O. de Madagascar.

§ 246. — De la côte N.O. de Madagascar, de Mayotte ou de Nossi-Bé, à la côte S.O. de Madagascar.

Les navires partant de la côte N.O. de Madagascar, ou de Mayotte, ou de Nossi-Bé, feront route d'abord à peu près directement pour passer à une centaine de milles au moins dans l'O. de Juan de Nova. Puis, ils gouverneront sur leur destination, par exemple sur la baie St-Augustin.

Cette route est certainement la plus sûre; et nous pensons que les courants et les vents mieux établis permettront de la parcourir, au moins aussi promptement que la route directe, par l'E. de Juan de Nova, à la condition bien entendu, que l'on parte d'un point de la côte N.O. élevé dans le N., tel que Nossi-Bé, et que l'on se rende à un point éloigné dans le S., tel que la baie St-Augustin. Dans le cas au contraire où la traversée totale serait courte, c'est-à-dire dans le cas où l'on partirait d'un point de la côte O. de Madagascar, bien dans le S. de Nossi-Bé, pour se rendre à un autre point de la même côte, sensiblement plus au N. que la baie St-Augustin, on ne devrait évidemment point s'astreindre au détour que nous avons indiqué ; et l'on aurait à passer simplement dans l'E. de Juan de Nova, en donnant un bon tour à cette île, et en se défiant des dangers qui existent sur le banc de Parcel et qui ne sont certainement pas tous connus.

Nous donnons, à la fin du présent paragraphe, le Tableau des croisements que l'on se proposera de suivre, autant que les circonstances le permettront, quand on se rendra de Mayotte ou de Nossi-Bé à la baie St-Augustin.

Pendant la mousson de N., d'octobre en avril, tant que l'on sera dans l'E. du méridien de 43°E., les brises seront généralement très-variables; au commencement de la mousson, d'octobre en janvier, elles domineront surtout de la partie du N.E. et du S.E., et souffleront parfois du N.O. ou du S.O., avec quelques calmes; à la fin de la mousson, de janvier en avril, elles domineront de la partie de l'E. et du N.O., variables et mêlées de calmes. Dans l'O. du méridien de 43°E., et tant que l'on sera dans le N. du parallèle de 15°S., les vents domineront du N.E., du N.N.E., et l'on sera exposé aux calmes. Entre 15° et 19°S., les vents domineront du N.E., variables au N.N.O., souffleront quelquefois de la partie du S.E. et du S.S.E., et seront interrompus par quelques calmes. Dans le S. du parallèle de 19°S., ils domineront du S.E. au S.S.E., et souffleront accidentellement du S.O. et du N.E., entremêlés de quelques calmes.

Pendant la mousson de S., d'avril en octobre, en partant des Comores, de Nossi-Bé, ou de la côte N.O. de Madagascar, et tant que l'on sera dans le N. du parallèle de 15°S., les vents domineront du S.E. et du S.S.E., avec quelques calmes, surtout à la fin de la mousson. Entre 15° et 20°S., ils domineront du S.E., et varieront au S. et au S.O., mêlés de quelques calmes. Dans le S. du parallèle de 20°S., ils domineront du S.S.E. et du S.E.; ils seront variables au S.O., surtout à la fin de la mousson, entremêlés de calmes et de brises de la partie du N.E.

Quant aux courants, tant que l'on sera dans l'E. de 41°E., ils seront généralement très-variables, portant soit au N.O., au N., au N.E., au S.O. ou au S.E., de sorte qu'il faudra beaucoup s'en défier et observer le plus souvent possible pour rectifier sa position. Mais, dans l'O. de ce même méridien de 41°E., et tant que l'on sera dans le N. du parallèle de 15°S., ils porteront ordinairement à l'O. et au S.O., avec une vitesse variable de 12 à 48 milles. Entre 15° et 20°S., ils porteront surtout au S.O., avec une vitesse de 18 à 60 et même quelquefois à 100 milles par 24 heures. Entre le parallèle de 20°S. et la baie de St-Augustin, ils porteront presque toujours au S.O., avec une vitesse variable de 24 à 36 milles.

Les navires destinés à la baie St-Augustin (havre Tulléar) trouveront des instructions pour la fin de leur traversée, en se reportant au § 124, page 247.

TABLEAU DES CROISEMENTS DE LA ROUTE, EN PARTANT DE MAYOTTE OU DE NOSSI-BÉ,
Pour aller à la baie Saint-Augustin (havre Tulléar).

<table>
<tr><th rowspan="3">POINTS de DÉPART.</th><th colspan="10">LONGITUDES SUIVANT LESQUELLES IL CONVIENT DE COUPER LES PARALLÈLES DE</th></tr>
<tr><th>14° S.</th><th>15° S.</th><th>16° S.</th><th>17° S.</th><th>18° S.</th><th>19° S.</th><th>20° S.</th><th>21°S.</th><th>22°S.</th><th>23°S.</th></tr>
<tr><th>Long. E.</th><th>Long. E.</th><th>Long. E.</th><th>Long. E.</th><th>Long. E.</th><th>Long. E.</th><th>Long. E.</th><th>Long. E</th><th>Long. E</th><th>Long. E</th></tr>
<tr><td>De Mayotte.</td><td>42° 00′</td><td>40° 50′</td><td>39° 50′</td><td rowspan="2">39° 10′</td><td rowspan="2">39° 10′</td><td rowspan="2">39° 20′</td><td rowspan="2">39° 30′</td><td rowspan="2">39° 45′</td><td rowspan="2">40° 10′</td><td rowspan="2">40° 40′</td></tr>
<tr><td>De Nossi-Bé</td><td>43 30</td><td>41 40</td><td>40 00</td></tr>
</table>

§ 247. — De la côte N.O. de Madagascar, de Mayotte ou de Nossi-Bé, à Mozambique.

Les navires partant de la côte N.O. de Madagascar, ou de Mayotte, ou de Nossi-Bé, feront une route à peu près directe, et sans grande difficulté, pour se rendre aux atterrages de Mozambique. On trouvera au § 87, page 186 des indications, pour la fin de cette traversée : en mousson de N., on atterrira dans les environs de Quintangonya, c'est-à-dire par le N.; et en mousson de S. *bien établie*, on atterrira dans les environs de la pointe Bajone, c'est-à-dire par le Sud.

Nous donnons, à la fin du présent paragraphe, le Tableau que l'on se proposera généralement de suivre, autant que les circonstances le permettront, quand on se rendra de Mayotte ou de Nossi-Bé à Mozambique.

Pendant la mousson de N., d'octobre en avril, tant que l'on sera dans l'E. du méridien de 43°E., les brises seront généralement très-variables ; au commencement de la mousson, d'octobre en janvier, elles domineront surtout de la partie du N.E. et du S.E., et souffleront parfois du N.O. ou du S.O. avec quelques calmes; à la fin de la mousson, de janvier en avril, elles domineront de la partie de l'E. et du N.O., variables et mêlées de calmes. Dans l'O. du méridien de 43°E., jusqu'à Mozambique, les vents domineront du N.E., du N.N.E, et l'on sera exposé aux calmes.

Pendant la mousson de S., d'avril en octobre, en partant des Comores, de Nossi-Bé, ou de la côte N.O. de Madagascar, et jusqu'à Mozambique, les vents domineront principalement du S.E., et du S.S.E., avec quelques calmes, surtout à la fin de la mousson. En approchant de la côte d'Afrique, il faudra se défier beaucoup de l'effet du courant, particulièrement lorsque la brise mollira ou tombera, au moment de l'atterrage.

Les courants, tant que l'on sera dans l'E. de 41°E., seront généralement très-variables, portant soit au N.O., au N., au N.E., au S.O., ou au S.E., de sorte qu'il sera prudent d'observer le plus souvent possible pour rectifier sa position. Dans l'O. du même méridien de 41°E. et jusqu'à la côte d'Afrique, les courants porteront généralement à l'O. et au S.O., avec une vitesse variable de 12 à 48 milles par 24 heures.

TABLEAU DES CROISEMENTS DE LA ROUTE DE MAYOTTE OU DE NOSSI-BÉ A MOZAMBIQUE.

SAISONS.	POINTS de DÉPART.	LATITUDES SUIVANT LESQUELLES IL CONVIENT DE COUPER LES MÉRIDIENS DE						POINTS D'ATTERRAGE.
		44° E.	43° E.	42° E.	41° E.	40° E.	39° E.	
		Lat. S.	Lat. S.	Lat. S.	Lat. S.	Lat. S.	Lat. S.	
Mousson de N., d'Octobre en Avril.	De Mayotte..	....	13° 15′	13° 30′	13° 50′	14° 15′	14° 35′	Quintangonya.
	De Nossi-Bé.	13° 40′	13 50	14 05	14 20	14 30	14 40	Quintangonya.
Mousson de S., d'Avril en Octobre.	De Mayotte..	....	13 15	13 40	14 15	14 45	15 15	Pointe Bajone.
	De Nossi-Bé.	13 45	14 10	14 30	14 45	15 05	15 15	Pointe Bajone.

§ 248. — De la côte N.O. de Madagascar, de Mayotte ou de Nossi-Bé, à Quillimane, à Inhambane et à la baie Delagoa.

Les navires partant de la côte N.O. de Madagascar, ou de Mayotte, ou de Nossi-Bé, feront route d'abord à peu près directement pour passer à plus de 100 milles dans l'O. de Juan de Nova. Puis, ils continueront, en se dirigeant de manière à se maintenir dans la plus grande force du courant. On trouvera, dans le § 235, page 406, des indications qui pourront être utiles pour cette seconde partie de la traversée, commençant au parallèle de Juan de Nova. On atterrira très-généralement par le N., en toute saison ; et l'on pourra trouver d'ailleurs des instructions pour aller chercher : soit Quillimane (p. 184); soit Inhambane (page 181) ; soit la baie Delagoa (page 180).

Nous donnons, à la fin du présent paragraphe, le Tableau des croisements que l'on se proposera de suivre, autant que les circonstances le permettront.

Pendant la mousson de N., d'octobre en avril, tant que l'on sera dans l'E. du méridien de 43°E., les brises seront généralement très-variables ; au commencement de la mousson, d'octobre en janvier, elles domineront surtout de la partie du N.E. et du S.E., et souffleront parfois du N.O. ou du S.O. avec quelques calmes ; à la fin de la mousson, de janvier en avril, elles domineront de la partie de l'E. et du N.O., variables et mêlées de calmes. Dans l'O. du méridien de 43°E., et tant que l'on sera dans le N. du parallèle de 15°S., les vents domineront du N.E., du N.N.E., et l'on sera exposé aux calmes. Entre 15° et 20°S., les vents domineront du N.E., variables au N.N.O., et quelquefois au S.O., ils souffleront parfois aussi du S.E. et du S.S.E., et seront interrompus par quelques calmes. Dans le S. du parallèle de 20°S., les navires destinés à Inhambane et à la baie Delagoa trouveront : au commencement de la mousson, des vents dominants de la partie du S.E., variables au S.O. et surtout au N.E., avec quelques calmes ; et, pendant la seconde partie de la saison, de janvier en avril, des vents soufflant surtout de la partie du S.O.

Pendant la mousson de S., d'avril en octobre, en partant des Comores, de Nossi-Bé, ou de la côte N.O. de Madagascar, et tant que l'on sera dans le N. du parallèle de 15°S., les vents domineront du

S.E. et du S.S.E., avec quelques calmes, surtout à la fin de la mousson. Entre 15° et 20°S., ils domineront du S.E., et varieront au S. et au S.O., mêlés de quelques calmes. Dans le S. de 20°S., les navires destinés à Inhambane et à la baie Delagoa trouveront les vents dominant surtout de la partie du S.E. et du S., avec quelques calmes.

Quant aux courants, tant que l'on sera dans l'E. de 41°E., ils seront généralement très-variables, portant soit au N.O., au N., au N.E., au S.O. ou au S.E., de sorte qu'il faudra beaucoup s'en défier et observer le plus souvent possible pour rectifier sa position. Mais, dans l'O. de ce même méridien de 41°E., et tant que l'on sera dans le N. de 15°S., ils porteront ordinairement à l'O. et au S.O. avec une vitesse variable de 12 à 48 milles. Entre 15° et 20°S., ils porteront surtout au S.O., avec une vitesse variable de 12 à 72 milles par 24 heures. Dans les environs de 20°S., et auprès de la côte d'Afrique, le courant porte vers le S., avec une vitesse de 36 à 48 milles. Dans le S. de 20°S., les navires destinés à Inhambane et à la baie Delagoa trouveront les courants portant au S.O. et au S.S.O., avec une vitesse de 18 à 42 milles.

Nous donnons ci-après le Tableau des croisements que l'on se proposera de suivre, autant que les circonstances le permettront.

TABLEAU DES CROISEMENTS DE LA ROUTE, EN PARTANT DE MAYOTTE OU DE NOSSI-BÉ,
Pour aller à Quillimane, à Inhambane, ou à la baie Delagoa.

SAISONS	POINTS de DÉPART.	LONGITUDES SUIVANT LESQUELLES IL CONVIENT DE COUPER LES PARALLÈLES DE												POINTS de DESTINATon.
		14° S.	15° S.	16° S.	17° S.	18° S.	19° S.	20° S.	21° S.	22° S.	23° S.	24° S.	25° S.	
		Long. E.	Long. E.	Long. E.	Long. E.	Long. E.	Long. E.	Long. E.	Long. E.	Long. E.	Long. E.	Long. E.	Long. E.	
Mousson de Nord, d'Octobre en Avril.	De Mayotte.	42° 00′	40° 45′	39° 30′	37° 45′	35° 40′	....	....	....	....	....	....	....	Quillimane.
		42 00	40 45	39 30	38 20	37 00	36° 10′	35° 30′	34° 45′	34° 10′	33° 20′	....	....	Inhambane.
		42 00	40 45	39 30	38 20	37 00	36 10	35 30	35 00	34 35	34 10	33° 35′	32° 50′	Baie Delagoa.
	De Nossi-Bé.	43 40	41 00	39 30	37 45	35 40	....	....	....	....	....	....	....	Quillimane.
		43 40	41 00	39 30	38 20	37 00	36 10	35 30	34 45	34 10	33 20	....	....	Inhambane.
		43 40	41 00	39 30	38 20	37 00	36 10	35 30	35 00	34 35	34 10	33 35	32 50	Baie Delagoa.
Mousson de Sud, d'Avril en Octobre.	De Mayotte.	42 00	40 45	39 30	37 45	35 40	....	....	....	....	....	....	....	Quillimane.
		41 30	39 40	38 30	37 35	36 05	35 05	34 35	34 15	33 50	33 20	....	....	Inhambane.
		41 30	39 40	38 30	37 35	36 05	35 05	34 35	34 15	34 05	33 45	33 30	32 50	Baie Delagoa.
	De Nossi-Bé.	43 40	41 00	39 30	37 45	35 40	....	....	....	....	....	....	....	Quillimane.
		43 20	40 10	38 30	37 35	36 05	35 05	34 35	34 15	33 50	33 20	....	....	Inhambane.
		43 20	40 10	38 30	37 35	36 05	35 05	34 35	34 15	34 05	33 45	33 30	32 50	Baie Delagoa.

§ 249. — De Zanzibar à Mozambique, à Quillimane, à Inhambane, à la baie Delagoa et à la baie St-Augustin (havre Tullear).

En partant de Zanzibar, les navires destinés aux différents ports du canal de Mozambique font route pour passer dans l'O. de l'île Comore, entre l'écueil Vailheu et le banc St-Lazare. Pendant la mousson de N., la route est directe ; mais pendant la mousson de S., on a tout avantage à s'éloigner de la côte, dès le début de la traversée, si les vents le permettent, de manière à aller se placer dans l'E. du méridien de 40°E. En agissant ainsi, l'on se trouve plus au vent (avec les vents de S.E.), c'est-à-dire en meilleure position, pour aller chercher le passage dans l'O. de l'île Comore ; et, en outre, on a moins de chances d'être dépalé dans l'O. et le N.O. par le courant, dont la vitesse est moindre dans l'E. de 40°E., que dans l'O. de ce méridien entre lui et la côte d'Afrique.

Après avoir dépassé le parallèle du banc St-Lazare, on descend vers le S., en se conformant aux indications du § 235, et en suivant d'ailleurs, autant que faire se peut, les points de croisement que nous donnons à la fin du présent paragraphe.

Les navires destinés à Mozambique trouveront, à la page 186, des indications pour la fin de leur traversée. En mousson de N., ils atterriront dans les environs de Quintangonya, c'est-à-dire par le N. En mousson de S., si les vents sont fraîchement établis, on atterrit par le S. dans les environs de la pointe Bajone.

Les navires destinés à Quillimane, à Inhambane et à la baie Delagoa, atterriront généralement par le N. On trouvera d'ailleurs des indications sur l'atterrage de ces points aux pages 184, 181 et 180.

Les navires destinés à la côte S.O. de Madagascar, après avoir doublé Juan de Nova à une centaine de milles dans l'O., feront route à peu près directe sur leur destination.

Pendant la mousson de N., d'octobre en avril, les navires partant de Zanzibar sortent presque toujours par la passe du S. Les vents dominent de la partie du N.E., jusqu'au parallèle de 10°S. ; toutefois, ils sont interrompus fréquemment par des vents de S.E., et parfois par des vents de S.O., surtout en octobre, novembre et décembre. Entre 10° et 15°S., les vents dominent du N.E. et du N.N.E., et l'on est exposé aux calmes. *Dans le S. de 15°S., les navires destinés à la côte S.O. de Madagascar*, et par exemple à la baie St-Augustin, ont, jusqu'à 19°S., des vents dominants de N.E. variables au N.N.O., soufflant quelquefois de la partie du S.E. et du S.S.E., et interrompus par quelques calmes ; dans le S. du parallèle de 19°S., les vents dominent du S.E. et du S.S.E., ils soufflent accidentellement du S.O. et du N.E., entremêlés de quelques calmes. *Entre 15° et 20°S., les navires destinés à Quillimane, à Inhambane, et à la baie Delagoa*, trouvent les vents dominants du N.E., variables au N.N.O., et quelquefois au S.O., ils soufflent parfois aussi du S.E. et du S.S.E., et sont interrompus par quelques calmes. Dans le S. du parallèle de 20°S., ceux qui vont à Inhambane, ou à la baie Delagoa, trouvent : au commencement de la mousson, des vents dominants de la partie du S.E., variables au S.O. et surtout au N.E., avec quelques calmes ; et, pendant la seconde partie de la saison, de janvier en avril, des vents soufflant surtout de la partie du S.O.

Pendant la mousson de S., d'avril en octobre, les voiliers peuvent sortir de Zanzibar, par la passe du N. ; quoique cependant la passe du S. paraisse encore préférable comme nous l'avons indiqué au § 205. Les vents dominent de la partie du S.E., depuis Zanzibar jusqu'au parallèle de 15°S. ; toutefois, vers la fin de la mousson, de juillet en octobre, entre les parallèles de 10° et 15°S., ils alternent fréquemment avec des vents de S.S.E., de faibles brises et des calmes. *Les navires destinés à la côte S.O. de Madagascar*, et par exemple à la baie St-Augustin, trouvent ensuite, entre 15° et 20°S., des vents dominants de S.E., variables au S. et au S.O., mêlés de quelques calmes ; puis, dans le S. du parallèle de 20°S., les vents dominent du S.E. et du S.S.E., et sont variables au S.O., surtout à la fin de la mousson, entremêlés de calmes et de brises de la partie du N.E. *Entre 15° et 20°S., les navires destinés à Quillimane, à Inhambane et à la baie Delagoa*, trouvent des vents dominants du S.E., variables au S. et au S.O., mêlés de quelques calmes. Dans le S. de 20°S., ceux qui vont à Inhambane, ou à la baie Delagoa, trouvent les vents dominant surtout de la partie du S.E. et du S., avec quelques calmes.

Les courants, depuis le moment où l'on quittera Zanzibar jusque vers le parallèle de 10°S., portent à peu près constamment, vers la partie du N., ou du N.O., avec une vitesse variable de 12 à 30 milles, pendant la mousson de N.; et avec une vitesse de 30 à 48 milles, pendant la mousson de S. Entre 10° et 14°S., le courant porte au N.O., à l'O., puis au S.O., avec une vitesse de 12 à 48 milles. Entre 14° et 20°S., le courant porte vers le S., ou le S.O., avec une vitesse variable de 18 à 100 milles par 24 heures. *Les navires destinés à la côte S.O. de Madagascar*, et par exemple à la baie St-Augustin, trouvent dans le S. du parallèle de 20°S., les courants portant presque toujours vers la partie du S.O., avec une vitesse variable de 24 à 36 milles. *Les navires destinés à Inhambane et à la baie Delagoa* trouvent, dans le S. de 20°S., les courants portant au S.O. et au S.S.O., avec une vitesse variable de 18 à 42 milles.

Voici le Tableau des croisements que l'on se proposera de suivre, autant que les circonstances le permettront.

TABLEAU DES CROISEMENTS DE ROUTES, EN PARTANT DE ZANZIBAR,

Pour aller à Mozambique, à Quillimane, à Inhambane, à la baie Delagoa et à la baie Saint-Augustin (havre Tulléar).

SAISONS	LONGITUDES SUIVANT LESQUELLES IL CONVIENT DE COUPER LES PARALLÈLES DE 7°S.	8°S.	9°S.	10°S.	11°S.	12°S.	13°S.	14°S.	15°S.	16°S.	17°S.	18°S.	19°S.	20°S.	21°S.	22°S.	23°S.	24°S.	25°S.	POINTS de destination
	E.	E.	E.	E.	E.	E.	E.	E.	E.	E.	E.	E.	E.	E.	E.	E.	E.	E.	E.	
	° '	° '	° '	° '	° '	° '	° '	° '	° '	° '	° '	° '	° '	° '	° '	° '	° '	° '	° '	
							40 00	39 20	... ...	... ...	... ...	... ...	... ...	... ...	... ...	... ...	... ...	... ...	... ...	Mozambique.
							39 45	39 20	39 10	38 30	37 50	35 40	... ...	... ...	... ...	... ...	... ...	... ...	... ...	Quillimane.
Mousson de Nord, d'octobre en Avril.	38 00	38 30	39 10	39 45	40 20	40 30	39 45	39 20	39 10	38 30	37 50	36 55	36 10	35 30	34 45	34 10	33 20	... ...	... ...	Inhambane.
							39 45	39 20	39 10	38 30	37 50	36 55	36 10	35 30	35 00	34 35	34 10	33 35	32 50	Baie Delagoa
							39 45	39 20	39 10	39 00	38 50	38 50	39 10	39 25	39 45	40 10	40 40	... ...	... ...	Hvre Tulléar.
							40 00	39 35	39 00	... ...	... ...	... ...	... ...	... ...	... ...	... ...	... ...	... ...	... ...	Mozambique.
							39 45	39 20	39 10	38 30	37 40	35 40	... ...	... ...	... ...	... ...	... ...	... ...	... ...	Quillimane.
Mousson de Sud, d'Avril en Octobre.	38 30	39 30	40 20	40 30	40 30	40 30	39 45	39 20	39 10	38 30	37 40	36 00	35 05	34 35	34 15	33 50	33 20	... ...	... ...	Inhambane.
							39 45	39 20	39 10	38 30	37 40	36 00	35 05	34 35	34 15	34 05	33 45	33 30	32 50	Baie Delagoa
							39 45	39 20	39 10	39 00	38 50	38 50	39 10	39 25	39 45	40 10	40 40	... ...	... ...	Hvre Tulléar.

§ 250. — De Mozambique à Zanzibar.

Les navires partant de Mozambique à destination de Zanzibar gouverneront, en toutes saisons, pour aller passer entre le banc St-Lazare et l'île Comore. *Pendant la mousson de S.*, les vents seront portants et permettront de gouverner à peu près directement pour passer environ à mi-distance entre le banc Saint-Lazare et l'écueil Vailheu, comme l'indique le Tableau des croisements que nous donnons à la fin de ce paragraphe. *Pendant la mousson de N.*, il faudra généralement louvoyer contre des vents contraires : en partant, l'on devra d'abord faire de l'E., jusqu'à ce qu'on se trouve à 60 milles de terre environ, pour se placer en dehors de la plus grande force du courant qui porte ordinairement au S. le long de la côte ; puis, on combinera ses bordées de manière à se maintenir toujours à moins de 30 milles dans l'E. ou dans l'O. de la route indiquée dans le Tableau ci-après. Si l'on se rapprochait davantage de la côte d'Afrique, on trouverait le courant plus fort et on allongerait sa route ; si l'on se rapprochait au contraire de la côte de Madagascar, on s'exposerait à rencontrer des calmes ou des brises moins fraîches.

Pendant la mousson de N., d'octobre en avril, entre 15°S. et 10°S., les vents domineront du N.E. et du N.N.E., et l'on sera exposé aux calmes. Après avoir atteint le parallèle de 12°S., c'est-à-dire celui du banc St-Lazare, comme nous venons de l'indiquer plus haut, on gouvernera selon les circonstances, en évitant de s'écarter à plus de 40 milles de la route dont nous donnons les croisements à la fin du présent paragraphe ; et l'on atterrira sur Pemba (voir p. 200). Durant cette dernière partie de la traversée, les vents domineront surtout du N.E., variables au S.E. et quelquefois au S.O. Quant aux courants, entre 15°S. et 10°S., ils porteront d'abord au S.O. ; puis quelquefois à l'O. ou au N.O., quoique dominants toujours au S.O., avec une vitesse de 12 à 48 milles. Entre 12° et 8°S., la direction moyenne est vers l'O., et la vitesse variable de 24 à 48 milles. Enfin, dans le N. de 8°S., ils portent assez régulièrement au S.O., au S. et au S.E., avec une vitesse de 18 à 36 milles, tant que le navire se trouve dans l'E. du méridien de 40°E. ; mais, dans l'O. de ce méridien, ils portent assez souvent vers le N. avec une vitesse de

12 à 30 milles, et quelquefois aussi vers le S. avec une vitesse modérée.

Pendant la mousson de S., d'avril en octobre, entre 15° et 10°S., les vents domineront du S.E. et du S.S.E., avec quelques calmes, surtout à la fin de la saison. Après avoir atteint le parallèle de 12°S., c'est-à-dire celui du banc St-Lazare, comme nous l'avons indiqué au commencement du présent paragraphe, on donnera un bon tour au banc Kaunitz, et l'on gouvernera à peu près directement sur Monfea et sur l'îlot Latham (v. page 197). Les vents domineront de la partie du S.E., pendant cette dernière fraction de la traversée. Quant aux courants, entre 15° et 10°S., ils porteront au S.O., à l'O. ou au N.O., avec une vitesse de 12 à 48 milles. Entre 12° et 8°S., la direction moyenne est vers l'O., et la vitesse de 24 à 30 milles; puis, dans le N. de 8°S., ils porteront au N.N.O. et au N., avec une vitesse de 18 à 48 milles environ.

Voici le Tableau des croisements que l'on se proposera de suivre, autant que les circonstances le permettront.

TABLEAU DES CROISEMENTS DE LA ROUTE DE MOZAMBIQUE A ZANZIBAR.

SAISONS.	LONGITUDES SUIVANT LESQUELLES IL CONVIENT DE COUPER LES PARALLÈLES DE									POINTS D'ATTERRAGE.
	14° S.	13° S.	12° S.	11° S.	10° S.	9° S.	8° S.	7° S.	6° S.	
	Long. E.	Long. E.	Long. E.	Long. E.	Long. E.	Long. E.	Long. E.	Long. E.	Long. E.	
Mousson de Nord, d'Octobre en Avril.	39° 40′	40° 00′	40° 30′	40° 30′	40° 15′	39° 55′	39° 30′	38° 50′	38° 10′	Ile Pemba.
Mousson de Sud, d'Avril en Octobre.	39 15	40 00	40 30	40 10	39 20	38 35	38 00	37 45	....	Ile Monfea.

§ 251. — De Mozambique à Mayotte, à Nossi-Bé et à la côte N.O. de Madagascar.

Pendant la mousson de N., d'octobre en avril, on devra d'abord, en quittant Mozambique, faire de l'E. jusqu'à ce qu'on se trouve à 60 milles de terre environ, pour se placer en dehors de la plus grande force du courant qui porte ordinairement vers la partie du S., le long de la côte. Puis, on combinera ses bordées pour s'élever dans le N., en se maintenant, à trente milles près, dans les environs de la route dont nous donnons les points de croisements à la fin du présent paragraphe. La courbure de cette route indique qu'il est bon de s'élever d'abord dans le N., dès le commencement de la traversée, en profitant des brises fraîches, sans cependant passer trop près dans le S. des récifs de Mayotte, pour ne pas tomber dans les courants portant à l'O., et surtout pour se défier des courants de réaction qui portent quelquefois vers le N.O. ou le N.E. Depuis Mozambique, et tant que l'on sera dans l'O. du méridien de 43°E., les vents dominent du N.E., du N.N.E., et l'on est exposé aux calmes. Dans l'E. du même méridien de 43°E., les brises deviennent plus variables ; au commencement de la mousson, d'octobre en janvier, elles dominent surtout de la partie du N.E. et du S.E., et soufflent parfois du N.O. ou du S.O., avec quelques calmes ; à la fin de la mousson, de janvier en avril, elles dominent de la partie de l'E. et du N.O., variables et mêlées de calmes. Quant aux courants, tant que l'on est dans l'O. de 41°E., ils portent généralement à l'O. et au S.O., avec une vitesse variable de 12 à 48 milles ; mais, dans l'E. de ce même méridien de 41°E., et en se rapprochant soit des Comores, soit de la côte N.O. de Madagascar, les courants deviennent très-variables, portant au N.O., ou au N., au N.E., au S.O., ou au S.E., de sorte qu'il faut grandement s'en défier, et faire de fréquentes observations.

Pendant la mousson de S., d'avril en octobre, en quittant Mozambique, on portera bon plein avec les vents généraux de S.S.E. et de S.E., route vers l'E., sans craindre de faire un peu de S. au commencement de la traversée (comme cela arrivera par l'effet du courant) si les vents permettent de porter à l'E. du monde, en tenant une bonne allure. En suivant ce conseil, on aura ensuite plus de facilité pour terminer sa traversée, si les brises se fixent de la partie du S.E., molles ou mêlées de calmes, ainsi qu'on doit s'y attendre au-delà des méridiens d'Anjouan et de Mayotte. Ces brises variables et souvent mal établies permettront de faire assez bonne route si elles ne sont pas trop pointues, c'est-à-dire si l'on n'a pas commencé tout de suite à faire du N. Au contraire, dans ce dernier cas, l'on pourrait se trouver attardé en étant obligé de louvoyer quelquefois avec de légères brises. Le Tableau des croisements qui est à la fin du présent paragraphe indique une route moyenne dans les environs de laquelle on pourra chercher à se tenir, quand les vents le permettront au début de la traversée. Quant aux courants, tant que l'on est dans l'O. de 41°E., ils portent généralement à l'O. et au S.O., avec une vitesse variable de 12 à 48 milles ; mais, dans l'E. de ce même méridien de 41°E., et en se rapprochant soit des Comores, soit de la côte N.O. de Madagascar, les courants deviennent très-variables, portant au N.O., au N., au N.E., au S.O. ou au S.E., de sorte qu'il faut grandement s'en défier, et observer le plus souvent possible pour rectifier sa position.

Voici le Tableau des croisements que l'on se proposera de suivre, autant que les circonstances le permettront.

TABLEAU DES CROISEMENTS DE LA ROUTE DE MOZAMBIQUE A MAYOTTE ET A NOSSI-BÉ.

SAISONS.	LATITUDES SUIVANT LESQUELLES IL CONVIENT DE COUPER LES MÉRIDIENS DE							POINTS de DESTINATon.
	39° E.	40° E.	41° E.	42° E.	43° E.	44° E.	45° E.	
	S.	S.	S.	S.	S.	S.	S.	
Mousson de N. d'Octobre en Avril.	15° 00'	14° 25'	13° 55'	13° 30'	13° 20'	....	....	Mayotte.
	15 00	14 25	13 55	13 35	13 30	13° 25'	13° 20'	Nossi-Bé.
Mousson de S. d'Avril en Octobre.	15 10	15 00	14 40	14 00	13 20	....	....	Mayotte.
	15 15	15 25	15 15	14 55	14 25	13 55	13 30	Nossi-Bé.

§ 232. — De Mozambique à Quillimane, à Inhambane, à la baie Delagoa et à la baie St-Augustin (havre Tullear).

En partant de Mozambique, on commencera par s'élever à une cinquantaine de milles au moins de la côte ; puis, l'on descendra vers le S., en suivant les points de croisement que nous donnons plus loin, autant que les circonstances le permettront. On trouvera, au § 235, des indications générales auxquelles on pourra se conformer.

Pendant la mousson de N., d'octobre en avril, les navires destinés à la côte S.O. de Madagascar trouvent, jusqu'à 19°S., des vents dominants de N.E. variables au N.N.O., soufflant quelquefois de la partie du S.E. et du S.S.E., et interrompus par quelques calmes; dans le S. du parallèle de 19°S., les vents dominent du S.E. et du S.S.E., ils soufflent accidentellement du S.O. et du N.E., entremêlés de quelques calmes. *Les navires destinés à Quillimane, à Inhambane et à la baie Delagoa* trouvent, entre 15° et 20°S., les vents dominants du N.E., variables au N.N.O., et quelquefois au S.O.; ils soufflent parfois aussi du S.E. et du S.S.E., et sont interrompus par quelques calmes. Dans le S. du parallèle de 20°S., ceux qui vont à Inhambane ou à la baie Delagoa trouvent : au commencement de la mousson, des vents dominants de la partie du S.E., variables au S.O. et surtout au N.E., avec quelques calmes; et, pendant la seconde partie de la saison, de janvier en avril, des vents soufflant surtout de la partie du S.O.

Pendant la mousson de S., d'avril en octobre, les navires destinés à la côte S.O. de Madagascar trouvent, jusque par 20°S., des vents dominants de S.E., variables au S. et au S.O., mêlés de quelques calmes; puis, dans le S. du parallèle de 20°S., les vents dominent du S.E. et du S.S.E., et sont variables au S.O., surtout à la fin de la mousson, entremêlés de calmes et de brises de la partie du N.E. *Les navires destinés à Quillimane, à Inhambane et à la baie Delagoa* rencontrent, entre 15° et 20°S., des vents dominants de S.E., variables au S. et au S.O., mêlés de quelques calmes. Dans le S. de 20°S., ceux qui vont à Inhambane, ou à la baie Delagoa, trouvent les vents dominant surtout de la partie du S.E. et du S., avec quelques calmes.

Les courants, jusqu'au parallèle de 20°S., portent vers le S. ou le S.O., avec une vitesse variable de 18 à 100 milles par 24 heures. Au-delà du parallèle de 20°S., les navires destinés à Quillimane, ou à la côte S.O. de Madagascar, trouvent les courants portant presque toujours vers la partie du S.O., avec une vitesse variable de 24 à 36 milles. Ceux destinés à Inhambane, ou à la baie Delagoa, trouvent, dans le S. du parallèle de 20°S., des courants portant au S.O. ou au S.S.O., avec une vitesse variable de 18 à 42 milles.

Voici le Tableau des croisements que l'on se proposera de suivre, autant que les circonstances le permettront.

TABLEAU DES CROISEMENTS DE ROUTES, EN PARTANT DE MOZAMBIQUE,

Pour aller à Quillimane, à Inhambane, à la baie Delagoa et à la baie Saint-Augustin (havre Tulléar).

SAISONS.	LONGITUDES SUIVANT LESQUELLES IL CONVIENT DE COUPER LES PARALLÈLES DE										POINTS de DESTINATION.
	16° S.	17°S.	18°S.	19°S.	20°S.	21°S.	22°S.	23°S.	24°S.	25°S.	
	Long. E.	Long. E.	Long. E.	Long. E.	Long. E.	Long. E.	Long. E.	Long. E.	Long. E.	Long. E.	
Mousson de N., d'Octobre en Avril.	38° 30′	37° 50′	35° 40′	....	....	....	....	....	....	....	Quillimane.
	38 30	37 50	36 55	36° 10′	35° 30′	34° 45′	34° 10′	33° 20′	....	....	Inhambane.
	38 30	37 50	36 55	36 10	35 30	35 00	34 35	34 10	33° 35′	32° 50′	Baie Delagoa.
	38 40	38 40	38 50	39 10	39 25	39 45	40 10	40 40	....	....	Havre Tulléar.
Mousson de S., d'Avril en Octobre.	38 30	37 40	35 40	....	....	....	....	....	....	....	Quillimane.
	38 30	37 40	36 00	35 05	34 35	34 15	33 50	33 20	....	....	Inhambane.
	38 30	37 40	36 00	35 05	34 35	34 15	34 05	33 45	33 30	32 50	Baie Delagoa.
	38 40	38 40	38 50	39 10	39 25	39 45	40 10	40 40	....	....	Havre Tulléar.

§ 253. — De Quillimane à Mozambique, à Mayotte, à Nossi-Bé et à Zanzibar.

En partant de Quillimane pour aller à Mozambique, il sera facile, *pendant la mousson de S.*, d'avril en octobre, de suivre la route dont nous donnons les points de croisements à la fin du présent paragraphe. Les vents seront, à cette époque, dominants de la partie du S.E., du S. et du S.O.; ils permettront donc de remonter vers le N. malgré le courant contraire. On atterrira généralement dans les environs de la pointe Bajone (voir page 188).

Pendant la mousson de N., les vents domineront de la partie du N.O., du N. et du N.E.; et ils ne souffleront qu'exceptionnellement de la partie du S. La traversée sera donc plus dure, pour refouler le courant qui portera vers le S.O. avec une vitesse variable de 12 à 72 milles par 24 heures. En partant de Quillimane, il faudra d'abord saisir toutes les occasions de faire le plus d'E. possible, afin de s'élever bien au large du banc Pantaloon, de l'écueil Acorn, etc. Puis, on louvoiera pour gagner dans le N., en se maintenant entre 50 et 80 milles des chaînes d'îles Primeira et Angoza qui bordent la côte d'Afrique, afin que, tout en restant dans la plus grande force du courant qui descend le long de la côte, l'on soit certain de ne pas tomber sur les récifs de Juan de Nova, comme cela pourrait arriver avec de petites brises, ou avec des calmes, ou encore si l'on trouvait plus au large de la côte d'Afrique des remous de courant portant à l'E. ou au N.E., qui ont été souvent observés. On atterrira ordinairement dans les environs de Quintangonya (voir page 190).

Les navires destinés à Mayotte, à Nossi-Bé ou à la côte N.O. de Madagascar et à Zanzibar, commenceront leur traversée, jusqu'au parallèle de 15°S. environ, comme s'ils allaient à Mozambique. Puis, au-delà du parallèle de 15°S., ils se conformeront aux instructions données aux §§ 250 et 251, pages 468 et 470, pour se rendre à leur destination.

Voici d'ailleurs le Tableau des croisements que l'on se proposera de suivre, autant que les circonstances le permettront.

TABLEAU DES CROISEMENTS DE LA ROUTE, EN PARTANT DE QUILLIMANE.

Pour aller à Mozambique, Nossi-Bé, Mayotte et Zanzibar.

SAISONS.	LONGITUDES SUIVANT LESQUELLES IL CONVIENT DE COUPER LES PARALLÈLES DE												POINTS de DESTINATION.
	18° S.	17° S.	16° S.	15° S.	14° S.	13° S.	12° S.	11° S.	9° S.	8° S.	7° S.	6° S.	
	Long. E.	Long. E.	Long. E.	Long. E.	Long. E.	Long. E.	Long. E.	Long. E.	Long. E.	Long. E.	Long. E.	Long. E.	
Mousson de Nord, d'Octobre en Avril.	36° 30′	38° 30′	39° 00′	39° 00′	....	....	....	....	....	....	....	....	Mozambique.
	36 30	38 30	39 00	39 45	40° 50′	43° 10′	....	....	....	....	....	....	Mayotte.
	36 30	38 30	39 00	39 45	40 50	....	....	....	....	....	....	....	Nossi-Bé.
	36 30	38 30	39 00	39 20	39 40	40 00	40° 30′	40° 30′	39° 55′	39 30′	38° 50′	38° 10′	Zanzibar.
Mousson de Sud, d'Avril en Octobre.	35 30	37 40	38 30	....	....	....	....	....	....	....	....	....	Mozambique.
	35 30	37 40	39 30	40 45	42 00	43 10	....	....	....	....	....	....	Mayotte.
	35 30	37 40	39 50	41 50	44 00	....	....	....	....	....	....	....	Nossi-Bé.
	35 30	37 40	38 30′	39 10	39 40	40 00	40 30	40 10	38 35	38 30	37 45	....	Zanzibar.

§ 234. — De Quillimane à Inhambane, à la baie Delagoa, et à la côte S.O. de Madagascar (baie St-Augustin).

En partant de Quillimane, les navires destinés à Inhambane et à la baie Delagoa pourront avoir, au commencement de leur traversée et seulement d'octobre en avril, quelques chances de vents de la partie du N.E. et du N., jusque vers le parallèle de 20°S. Pendant le reste de l'année, et dans cette même partie de la route, les vents domineront très-généralement de la partie du S., et surtout du S.E. Enfin, dans le S. de 20°S., en toutes saisons, les vents domineront d'abord de la partie du S.E., puis du S. et du S.O.; ils ne souffleront que rarement de la partie du N.E. et du N.O. Le courant, entre Quillimane et 20°S., portera vers la partie du S.O. avec une vitesse variable de 12 à 72 milles par 24 h. Entre 20° et 25°S., la direction sera le S.S.O., et la vitesse variera de 18 à 42 milles par 24 h. Ce courant facilitera beaucoup l'exécution des traversées qui nous occupent et qui ne présenteront généralement point de grandes difficultés. On suivra une route à peu près directe, comme l'indiquent les croisements que nous donnons à la fin du présent paragraphe. On atterrira ordinairement par le N., ainsi que le conseillent les instructions données aux pages 180 et 181.

Les navires destinés à la côte S.O. de Madagascar auront des vents traversiers, entre Quillimane et le parallèle de 20°S. D'avril en octobre, ce seront les vents de S., S.E. et S.O. qui domineront; tandis que, d'octobre en avril, ce seront surtout les vents de N.E. et de N.O. Mais, pendant la dernière partie de la traversée, entre le parallèle de 20°S. et la baie Saint-Augustin, les vents souffleront surtout de la partie du S.E. durant toute l'année. Ainsi, de janvier en mars, les vents domineront du S.E., interrompus par quelques calmes; d'avril en juin, ils domineront du S.S.E.; de juillet en septembre, ils souffleront surtout du S.E., assez souvent du S.O., et l'on aura accidentellement des vents de N.E. et des calmes; enfin, d'octobre en décembre, ils domineront du S.S.E., souffleront assez souvent du N.E., et quelquefois du S.O., avec quelques calmes. Cette prédominance, pendant toute l'année, des vents de S.E. et de S.S.E., entre le parallèle de 20°S. et la baie de St-Augustin, doit avoir pour conséquence de retarder beaucoup la traversée des navires qui voudraient suivre une route à peu près directe, de Quillimane à la côte S.O. de Madagascar : cette route aurait de plus l'inconvénient de faire passer trop près du banc du Pilote, des Bassas da India et de l'île Europa. Il est donc bon, en partant de Quillimane, de faire d'abord beaucoup d'E., sans se préoccuper de faire du S., de manière à ne couper 20°S. qu'entre 39° et 40°E. De cette façon, les vents dominants de S.E. et de S.S.E., que l'on trouvera dans le S. de 20°S., seront moins pointus; et l'on n'aura aucune préoccupation du voisinage des dangers, si l'on est obligé de louvoyer, pourvu que l'on se tienne au large de la côte de Madagascar. Les courants porteront, pendant toute la traversée, vers la partie du S.O., du S.S.O. ou du S., avec une vitesse qui variera de 12 à 72 milles, dans le N. de 20°S.; et de 24 à 36 milles, dans le S. du même parallèle.

Voici le Tableau des croisements que l'on se proposera de suivre, autant que les circonstances le permettront.

TABLEAU DES CROISEMENTS DE LA ROUTE, EN PARTANT DE QUILLIMANE,
Pour aller à Inhambane, à la baie Delagoa et à la baie St-Augustin (havre Tulléar).

LONGITUDES SUIVANT LESQUELLES IL CONVIENT DE COUPER LES PARALLÈLES DE							POINTS de DESTINATION.
19° S.	20° S.	21° S.	22° S.	23° S.	24° S.	25° S.	
34° 45′	34° 45′	34° 15′	33° 50′	33° 20′	....	....	Inhambane.
34 45	34 45	34 30	34 15	33 50	33° 30′	32° 50′	Baie Delagoa.
38 00	39 25	39 50	40 10	40 40	....	....	Havre Tulléar.

§ 255. — D'Inhambane, ou de la baie Delagoa, à Quillimane.

En partant de la baie Delagoa, il faudra se proposer de faire le plus d'E. possible, en gouvernant selon les vents que l'on rencontrera et qui domineront, soit du N.E. à l'E., soit du S.E. au S.S.O. et au S.O. On ne cherchera pas à couper 25°S. dans l'O. de 33°30′E., ni 24°S. dans l'O. de 34°E., de manière à contourner bien au large la côte voisine du cap Corrientes, autant pour la sécurité du navire que pour éviter la plus grande force du courant qui file vers le S. et le S.O., le long de la terre. Après avoir coupé 24°S. par 34°10′E. environ, l'on gouvernera à peu près directement, tout en ayant soin de se tenir un peu dans l'E., et d'atterrir par le N. ou du moins par la latitude, excepté dans le cas où les vents seraient sûrement et fortement établis de la partie du Sud.

En partant d'Inhambane, pour aller à Quillimane, on gouvernera de la même manière, c'est-à-dire à peu près directement.

Dans tous les cas, les navires partant d'Inhambane, de même que ceux venant de la baie Delagoa et ayant atteint le parallèle du cap Corrientes, trouveront les uns et les autres, jusque vers le parallèle de 20°S., des vents dominants du S.E., au S. et au S.O.; on ne rencontrera guère de vents de N.E. que d'octobre en décembre. Dans le N. de 20°S. et en se rapprochant de Quillimane, les vents seront encore de S.E. à S.O., d'avril en octobre; mais ils seront assez fréquemment remplacés par des vents de la partie du N.E. au N.O., pendant le reste de l'année.

Les courants porteront presque constamment vers la partie du S.O., avec une vitesse variable de 1/2 nœud, à 3 nœuds à l'heure.

Voici le Tableau des croisements que l'on se proposera de suivre, autant que les circonstances le permettront. On trouvera des indications pour l'atterrage, en se reportant au § 86, page 184.

TABLEAU DES CROISEMENTS DE LA ROUTE,

En partant soit d'Inhambane, soit de la baie Delagoa, pour aller à Quillimane.

POINTS de DÉPART.	LONGITUDES SUIVANT LESQUELLES IL CONVIENT DE COUPER LES PARALLÈLES DE							
	25° S.	24° S.	23° S.	22° S.	21° S.	20° S.	19° S.	18° S.
	Long. E.	Long. E.	Long. E.	Long. E.	Long. E.	Long. E.	Long. E.	Long. E.
Inhambane....	....	....	33° 30′	34° 00′	34° 30′	34° 50′	35° 10′	35° 00′
Baie Delagoa..	33° 30′	34° 10′	34 20	34 35	34 45	35 00	35 10	35 00

§ 256. — D'Inhambane, ou de la baie Delagoa, à Mozambique.

En partant de la baie Delagoa, on se proposera de faire le plus d'E. possible, en gouvernant selon les vents que l'on rencontrera et qui domineront, soit du N.E. à l'E., soit du S.E. au S.S.O. et au S.O. On ne cherchera pas à couper 25°S. dans l'O. de 33°30'E., ni 24°S. dans l'O. de 34°E., de manière à contourner bien au large la côte voisine du cap Corrientes, autant pour la sécurité du navire que pour éviter la plus grande force du courant qui file vers le S. et le S.O., le long de la terre.

Les navires partant d'Inhambane, de même que ceux qui viennent de la baie Delagoa et qui ont dépassé le parallèle du cap Corrientes, gouvernent de manière à passer dans l'O. de l'île Europa, des Bassas da India et du banc du Pilote. La route devra être donnée tout d'abord, de manière à aller le plus tôt possible à 70 ou 80 milles, au moins de la côte d'Afrique, afin de ne pas se maintenir dans le fort du courant qui porte vers le S., avec une grande rapidité, le long de terre. D'un autre côté, il sera prudent de couper les parallèles d'Europa, des Bassas da India et du Pilote, à 70 milles au moins dans l'O. de ces dangers. De plus, malgré cette précaution, il faudra bien veiller et se tenir prêt à changer de route, quand on sera dans ces parages, pour le cas où l'on verrait, ou l'on entendrait les brisants.

Ayant atteint ainsi le parallèle de 21°S. environ, l'on gouvernera de manière à passer ensuite dans l'O. de Juan de Nova. *A l'époque de la mousson de S.*, d'avril en octobre, cette route sera relativement facile, en ce sens que l'on aura ordinairement les vents portants qui permettront d'aller directement passer à peu près à mi-canal entre Juan de Nova et la côte d'Afrique. Ainsi, dans le S. du parallèle de 20°S., les vents domineront de la partie du S. et du S.E.; et, dans le N. de 20°S. jusqu'à Mozambique, ils domineront du S.E., du S. et du S.O. avec quelques calmes. On atterrira généralement dans les environs de la pointe Bajone (Voir page 188). *A l'époque de la mousson de N.*, d'octobre en avril, après avoir doublé dans l'O. les Bassas da India et le banc du Pilote, on se tiendra toujours dans l'O. d'une ligne que l'on tracera sur la carte, joignant les Bassas da India, ou plutôt le banc du Pilote, à un point situé à 60 milles dans l'O. de Juan de Nova. Etant obligé de louvoyer contre les vents de la partie du N., la ligne que nous venons de supposer tracée sur la carte sera la limite de la bordée bâbord amures; si l'on allait dans l'E. de cette ligne, en se rapprochant de Madagascar, les calmes et les folles brises seraient plus à craindre. Quant à la bordée tribord amures, il conviendra de ne point la prolonger à moins de 60 milles de la côte d'Afrique, parce que si l'on allait plus loin dans l'O., on tomberait dans le fort du courant qui porte dans le S. et dans le S.O. Durant cette saison, et jusque vers le parallèle de 20°S., les vents domineront de la partie du S.E. et du S.O., et ne souffleront qu'exceptionnellement de la partie du N. Mais, dans le N. du parallèle de 20°S., ou plutôt de celui de 19° ou de 18°S., les difficultés réelles de la traversée commenceront, en même temps que la mousson de N. fortement établie se fera sentir. D'octobre en décembre, de 20° à 15°S., les vents dominants seront ceux de N.N.O., avec quelques vents de S.E. et de S.S.E., et quelques calmes. De janvier en mars, entre les mêmes parallèles de 20° et de 15°S., les vents domineront de la partie du N.E., avec quelques calmes. En somme, pendant cette mousson de N. et à partir de 19° ou de 18°S., il sera utile de se tenir bien dans l'O., c'est-à-dire entre 50 et 80 milles par exemple des chaînes d'îles Primeira et Angoza, qui bordent la côte d'Afrique, particulièrement quand on approchera de 17°30′S., afin que, tout en restant en dehors de la plus grande force du courant qui descend la côte, l'on soit certain de ne pas tomber sur les récifs de Juan de Nova, comme cela pourrait arriver avec de petites brises ou avec des calmes, ou encore si l'on trouvait plus au large de la côte d'Afrique les courants portant à l'E. et au N.E., qui ont souvent été observés. On atterrira ordinairement dans les parages de l'île Quintangonya (Voir page 190).

Les courants porteront presque constamment vers la partie du S.O., avec une vitesse variable de 1/2 nœud à 3 nœuds à l'heure.

Voici le Tableau des croisements que l'on se proposera de suivre, autant que les circonstances le permettront.

TABLEAU DES CROISEMENTS DE LA ROUTE,

En partant soit d'Inhambane, soit de la baie Delagoa, pour aller à Mozambique.

POINTS de DÉPART.	LONGITUDES SUIVANT LESQUELLES IL CONVIENT DE COUPER LES PARALLÈLES DE									
	25° S.	24° S.	23° S.	22° S.	21° S.	20° S.	19° S.	18° S.	17° S.	16° S.
	Long. E.	Long. E.	Long. E.	Long. E.	Long. E.	Long. E.	Long. E.	Long. E	Long. E	Long. E
Inhambane	....	....	33° 50′	34° 40′	35° 15′	35° 55′	36° 35′	37° 20′	38° 00′	38° 40′
B. Delagoa.	33° 30′	34° 20′	34 40	35 00	35 20	36 00	36 35	37 20	38 00	38 40

§ 257. — D'Inhambane, ou de la baie Delagoa à Zanzibar, à Mayotte, à Nossi-Bé et à la côte N.O. de Madagascar.

En partant soit d'Inhambane, soit de la baie Delagoa, et lorsqu'on devra se rendre à Zanzibar, à Mayotte, à Nossi-Bé, ou à la côte N.O. de Madagascar, on suivra une route se rapprochant autant que les circonstances le permettront de celle dont nous donnons ci-après les points de croisement.

On trouvera, au paragraphe 256 (page 480), des instructions pour la première partie de la traversée jusque vers le parallèle de Mozambique. Quant à la dernière partie de la traversée, au-delà du parallèle de Mozambique, il conviendra de se reporter au § 250 (page 468), si le navire est destiné à Zanzibar; ou bien au § 251 (page 470), si le navire est destiné à Mayotte ou à Nossi-Bé.

Voici le Tableau des croisements de ces diverses routes.

TABLEAU DES CROISEMENTS DE LA ROUTE, EN PARTANT SOIT D'INHAMBANE, SOIT DE LA BAIE DELAGOA,

Pour aller à Zanzibar, à Mayotte et à Nossi-Bé (côte N.O. de Madagascar).

SAISONS	POINTS de DÉPART.	LONGITUDES SUIVANT LESQUELLES IL CONVIENT DE COUPER LES PARALLÈLES DE																			POINTS de destinat^on
		25° S.	24° S.	23° S.	22° S.	21° S.	20° S.	19° S	18° S	17° S	16° S	15° S	14° S	13° S	12° S	11° S	9° S.	8° S.	7° S.	6° S.	
		E. ° ′	E. ° ′	E. ° ′	E. ° ′	E. ° ′	E. ° ′	E. ° ′	E. ° ′	E. ° ′	E. ° ′	E. ° ′	E. ° ′	E. ° ′	E. ° ′	E. ° ′	E. ° ′	E. ° ′	E. ° ′	E. ° ′	
Mousson de Nord, d'Octobre en Avril.	Inhambane..	......	......	33 50	34 40	35 15	35 55	36 45	37 35	38 20	39 00	39 45	40 50	43 10	.....	.....	.....	.....	.....	.....	Mayotte.
	Baie Delagoa.	33 30	34 20	34 40	35 00	35 20	36 00														
	Inhambane..	......	......	33 50	34 40	35 15	35 55	36 45	37 35	38 20	39 00	39 45	40 30	.....	.....	.....	.....	.....	.....	.....	Nossi-Bé.
	Baie Delagoa.	33 30	34 20	34 40	35 00	35 20	36 00														
	Inhambane..	......	......	33 50	34 40	35 15	35 55	36 45	37 35	38 20	38 55	39 30	39 45	40 10	40 30	40 30	39 35	39 30	38 50	38 10	Zanzibar.
	Baie Delagoa.	33 30	34 20	34 40	35 00	35 20	36 00														
Mousson de Sud, d'Avril en Octobre.	Inhambane..	......	......	33 50	34 40	35 15	35 55	36 45	37 35	38 20	39 25	40 45	42 00	43 10	.....	.....	.....	.....	.....	.....	Mayotte.
	Baie Delagoa.	33 30	34 20	34 40	35 00	35 20	36 00														
	Inhambane..	......	......	33 50	34 40	35 20	36 15	37 10	38 10	39 10	40 05	41 50	44 00	.....	.....	.....	.....	.....	.....	.....	Nossi-Bé.
	Baie Delagoa.	33 30	34 20	34 40	35 10	35 35	36 20														
	Inhambane..	......	......	33 50	34 40	35 15	35 55	36 45	37 35	38 20	38 55	39 30	39 45	40 10	40 30	40 10	38 35	38 00	37 45	.....	Zanzibar.
	Baie Delagoa.	33 30	34 20	34 40	35 00	35 20	36 00														

§ 258. — D'Inhambane, ou de la baie Delagoa, à la baie Saint-Augustin (côte S.O. de Madagascar).

En partant d'Inhambane, ou de la baie Delagoa, les navires destinés à la côte S.O. de Madagascar, et par exemple à la baie Saint-Augustin, suivront une route à peu près directe. Il sera bon, quand les circonstances le permettront, et avec des vents bien établis, de se tenir un peu dans le S. de la route directe, afin d'être ainsi au vent de sa destination, dans ces parages où les brises dominent surtout de la partie du S. Mais il ne faudra pas se tenir trop dans le S. de la route directe, surtout quand les brises ne paraîtront pas très-bien établies; car, si le calme survenait, on pourrait se trouver trop rejeté dans le S.O. par les courants. Les vents seront assez généralement traversiers, de la partie du S.E., du S. et du S.O. ; et les courants seront contraires.

En quittant Inhambane, on donnera un bon tour dans le S. à l'île Europa. Nous ne parlons pas de la route détournée qui consisterait à passer dans le N. de cette île et des Bassas da India : outre l'allongement considérable du chemin à parcourir, on aurait de plus à remonter ensuite des vents presque debout, car les brises dominent de la partie du S.E., entre Europa et les Bassas da India d'une part, et la côte de Madagascar de l'autre.

En quittant la baie Delagoa, il serait également très-mauvais de prendre une route détournée, vers le S., sous le prétexte d'aller chercher des vents d'O. Par conséquent, en faisant cette traversée, si l'on trouve des vents de S.E., il faut pousser la bordée tribord amures vers l'E.N.E., aussi longtemps qu'on peut le faire sans venir trop près de l'île Europa et des dangers voisins. Si la brise hâle l'E.S.E. et que l'on ait déjà fait beaucoup de N., on en profitera pour faire un peu de S. Mais, en général, les vents seront plutôt du S.S.E., du S. et du S.O., c'est-à-dire traversiers ; et la traversée ne présentera aucune difficulté.

Avec ces explications, l'on conçoit qu'il est impossible et surtout inutile de donner un Tableau de croisements de cette route, qui est à peu près directe et qui ne peut subir de crochets que si les vents refusent.

En janvier, février et mars, les vents domineront surtout de la partie du S.O., avant d'atteindre 38°E.; puis, de la partie du S.E., avec quelques calmes, au-delà de ce méridien.

En avril, mai et juin, les vents domineront généralement de la partie du S., avant d'atteindre 38°E.; puis, de la partie du S.S.E. au-delà de ce méridien.

En juillet, août et septembre, les vents domineront généralement de la partie du S.E., avec quelques calmes, avant d'atteindre 38°E.; puis de la partie du S.E variables au S.O. et quelquefois au N.E. avec quelques calmes, au-delà de ce même méridien.

En octobre, novembre et décembre, les vents domineront généralement de la partie du S.E., soufflant parfois du N.E., et mêlés de quelques calmes, avant d'atteindre 38°E. Puis, ils domineront de la partie du S.S.E. variables au N.E. et quelquefois au S.O., avec quelques calmes, au-delà de ce même méridien.

Les courants porteront généralement vers la partie du S.O., avec une vitesse variable de 18 à 42 milles par 24 heures. Quelquefois, ils porteront au S., et exceptionnellement à l'E. Ils pourront porter au S., avec une vitesse qui a été observée de 12 à 60 milles par 24 heures. Mais, s'ils portent, par une grande exception, vers la partie de l'E., du N.E. ou du S.E., cela ne sera très-probablement qu'avec une vitesse peu considérable.

CHAPITRE SECOND.

Navigation dans la Mer Rouge (1).

§ 259. — Route des navires à vapeur entre Suez et Aden.

En quittant Suez, on se maintient en vue de la côte O. qui est la plus saine, et l'on gouverne de manière à passer à une distance du feu de la pointe Zafarana comprise entre 3 et 5 milles. Il est prudent,

(1) Les indications contenues dans ce chapitre sont reproduites d'après la dernière Edition des Instructions du commander TAYLOR.

en même temps, de rectifier fréquemment la position du navire par des relèvements, attendu que l'estimation de la distance de la côte, faite à simple vue, entraînerait parfois à des erreurs plus grandes que dans d'autres parages. Au-delà du feu de Zafarana, la route est donnée de manière à passer à 4 ou 5 milles du feu de la pointe Ras Gharib, tout en conservant la côte en vue. On passe dans l'O. du banc de Tor du Milieu (Toor Middle Shoal), qui gît à peu près à mi-distance entre Ras Shukhair et Tor, et sur lequel se trouve un pâté qui ne porte que $5^{m},40$ d'eau. La route est dirigée ensuite sur le feu d'Ashrafi, et l'on reconnaît la haute terre de Zeiti par le bossoir de tribord. Le mont Akrab, ou Agrib, situé par le travers de cette route, et qui est généralement visible pendant la nuit, permet de prendre de bons relèvements ; on a de plus maintenant le feu de Ras Gharib qui permet de rectifier la marche du navire.

Le passage du détroit de Jubal, de nuit comme de jour, ne présente point de difficulté pour un navire à vapeur, à la condition de déterminer exactement, par les changements de relèvements, la distance à laquelle on passe du feu d'Ashrafi. Il est important de prendre ainsi fréquemment de bons points de départ, attendu que l'on trouve quelquefois des différences de 3 milles, sur une distance de 10 milles fixée par des relèvements, lorsqu'on la fait estimer à la simple vue par divers observateurs.

Les navires venant du S., pour donner dans le détroit de Jubal, doivent passer près de l'île Shadwan, à une distance de 1 mille à 1 mille 1/2 ; puis ils gouvernent pour doubler le récif extérieur d'Aboo Nahas et le Horse-Shoe (Fer à cheval) à une distance d'environ 3 milles, jusqu'à ce que le feu d'Ashrafi soit en vue. L'île Shadwan peut quelquefois être aperçue à 35 milles de distance.

Les Frères peuvent être accostés de près. L'îlot le plus N., qui est en même temps le plus grand, porte un mât élevé surmonté d'un signal, situé par 26°19′N. et 32°31′Est.

Le récif Dœdalus, qui porte un bon feu, peut être doublé d'un côté comme de l'autre ; puis, la route est donnée pour passer à 4 milles dans l'O. de Jebel-Teer. L'île St-Jean, qui se trouve sur cette route, a de loin l'apparence d'une meule de foin. L'île Zebayer du S.O. peut être doublée, comme Jebel-Teer, à 4 milles environ dans l'O. Ensuite, on donne la route pour passer en dedans de Jebel Zougur, entre cette île et les Aboo Eyle, en se tenant plus près de Jebel Zougur, afin d'éviter le récif qui s'étend dans le N.O. de la plus O. des Aboo Eyle. Enfin, on gouverne pour passer à 6 ou 7 milles, au moins, au large de Moka; et de là, sur Perim.

Il est probable que le danger marqué douteux, sur certaines cartes, dans le petit détroit de Bab-el-Mandeb n'existe pas. Le fait serait d'ailleurs important à vérifier, attendu que dans ce canal le côté de l'île est le plus sûr, et que la roche Oyster avec le récif dont elle est bordée n'est pas facile à voir durant la nuit.

§ 260. — Description des points principaux du Golfe de Suez.

L'entrée de Suez est d'un accès facile. Sur la côte de l'E., au large de Gad-el-Marakeb, existe un brise-lames qui protége le canal contre les vents de S. Un bassin étendu, avec des profondeurs de 7 à 8 mètres, permettra aux navires à vapeur d'accoster le long du wharf où arrive le chemin de fer de Suez. Sur le côté S.E. de ce bassin, se trouve un wharf étroit, dont le mur forme le côté O. du canal.

Le côté O. de l'entrée du canal est marqué par un feu rouge, et l'extrémité du brise-lames de Gad-el-Marakeb porte un feu vert. Indépendamment de ces marques, il y a des bouées blanches dans l'E., et rouges dans l'O., qui indiquent le chenal.

Le bateau-feu est situé à 2 milles 1/2 dans le S.¹/₄S.O. du brise-lames, et à 5 milles de la vieille ville de Suez. Il est situé par 29°53′N. et 30°13′E., et il porte un feu fixe visible à 6 milles. A 1 mille environ dans le N.E. de ce feu, une bouée rouge indique la limite O. de quelques roches qui gisent à 1 mille au large de la pointe Gad-el-Marakeb. La balise existant sur le banc Kal-ah-Kebireh se trouve à 2 milles environ dans le N.O.; et plusieurs bouées d'amarrage sont mouillées par des fonds de 9 mètres à peu près à 2 milles 1/2 au N. du bateau-feu. Tous les navires doivent en passer dans l'O. Les grands navires s'en approchent, en le relevant au N.¹/₄N.E., ou bien encore en tenant le minaret O. de Suez et le bateau-feu l'un par l'autre. Cette route fait traverser les détroits, et fait passer dans l'O. de la roche Newport. Les petits navires peuvent courir au N.N.E., sur le banc Ataka, où l'on trouve de 7 à 7^m,30 d'eau.

La ville de Suez, située par 29°58′N. et 30°13′E., a une population d'environ 8,000 âmes. Les maisons indigènes ont une pauvre apparence ; et les plus belles constructions sont l'Hôtel Wood et celui de la Compagnie P. et O. Il y a 2 ou 3 mosquées ; l'hôpital français est à l'extrémité O. de la ville ; et plus loin à l'O. se trouvent les trois cimetières mahométan, latin et grec. Le cimetière anglais est sur une île, au N. de la ville. La maison du Khédive est dans l'O. de la petite baie de Suez, et dans le N. de la ville. A 1/2 mille plus loin dans le N.O., est l'hôpital des Transports de l'Inde. Les établissements du Gouvernement Egyptien, qui comprennent le chemin de fer, le canal et les docks, sont d'une grande étendue. Un chemin de fer relie Suez à Ismaïlia, et des communications journalières existent entre Ismaïlia et Port-Saïd, par bateau à vapeur.

Un bassin a été construit à Suez, ayant 128 mètres de long ; 24 mètres de large à l'entrée ; et 6^{m},71 de creux au-dessus du seuil.

Plusieurs dangers existent dans le golfe de Suez, c'est-à-dire dans l'espace qui est limité : au N., par la ville de Suez ; et d'un côté par les montagnes d'Ataka, sur la côte d'Egypte ; et de l'autre par Ras Mesalle, sur la côte d'Arabie.

Le banc Mesalle est une roche de corail portant seulement 7^{m},30 d'eau, située à 2 milles 1/4 dans l'O.S.O. de Ras Mesalle, au milieu de fonds de 16 à 18 mètres. On trouve 37 mètres d'eau, à 1/2 mille seulement dans l'O. ; et le bateau-feu est mouillé à 5 milles 1/2 au large du danger. D'autres bancs existent entre la roche Mesalle et la côte d'Arabie, ainsi que dans la baie formée par la côte vers Gad-el-Marakeb. La côte d'Arabie est très-basse, tandis que celle d'Egypte est élevée, et dépourvue de dangers, excepté à moins de 4 milles de Suez.

La roche Newport ne porte que 3^{m},96 d'eau. Elle gît au milieu de la baie de Suez, dans l'E. et à côté du bateau-feu ; elle est signalée par une bouée. D'autres dangers existent dans le S.E. ; et, du côté de la terre d'Egypte, le banc Ataka porte des fonds de 6^{m},40 et 6^{m},85, en allant vers la roche Newport. Les navires à grand tirant d'eau prennent le chenal central, appelé les « Détroits, » à l'O. et auprès de cette roche. La route qui fait suivre ce passage est le N.$^{1}/_{4}$N.O., et l'on double ainsi le bateau-feu de Suez à 1 encâblure dans l'Ouest.

Gad-ul-Markab, ou *Kad-el-Markeb*, ou *Gad-el-Marakeb*, est l'extrémité S. du port de Suez ; un épi de sable s'étend à 1/2 mille dans l'O. de cette pointe. Dans le S. de Gad-ul-Markab, et à 1 mille du rivage, se trouve un pâté de roches noyées qui assèchent seulement à mer basse. Au centre de la baie, est un petit récif, gisant dans l'O. de Gad-ul-Markab. Le meilleur mouillage est au large de l'entrée du canal, par des fonds de 7 à 9 mètres.

Les bancs de Gad-el-Marakeb s'étendent à 1 mille 1/2 dans le S.E. de la bouée ; et ils sont signalés par 2 ou 3 bouées qui marquent la limite des mauvais fonds.

Le récif Kal-ah-Kebireh, signalé par une balise, gît à 2 milles dans le N.O. du bateau-feu, et à 2 milles dans le S.O. du bassin du commerce.

Tels sont les principaux récifs à indiquer. Mais, il y en a encore plusieurs à moins de 1 mille de la côte d'Egypte, dans la baie Adabieh et au-dessous des montagnes d'Ataka. Les bancs du N., appelés Etuleh, gisent à 3 milles 1/2 dans l'O. de l'entrée du canal. L'espace intermédiaire, excepté à moins de 1 mille d'Etuleh, offre des sondes régulières mais peu profondes, sur des fonds de vase.

A Suez, l'heure du plein, aux syzygies est 11 heures. La mer, aux syzygies ordinaires, marne de $1^m,83$; mais quelquefois, avec les vents de S., la montée de l'eau atteint $2^m,44$. Les marées de morte-eau ne sont que de $1^m,22$. L'influence de la marée se fait sentir jusqu'aux Lacs amers, où le mouvement du niveau est inférieur à $0^m,30$.

Avec les feux de Suez, de Zafarana, de Gharib et d'Ashrafi, la navigation du golfe de Suez est facile pour un navire à vapeur. Mais, pour les voiliers, elle ne manque point de difficultés, attendu que les profondeurs d'eau sont considérables, et trop uniformes en général pour que la sonde puisse fournir un guide certain. On embarquait autrefois des pilotes Arabes, pour naviguer dans le Golfe ; tandis que maintenant l'on s'en passe ordinairement. Ceux qui ne sont point pratiques de ces parages éprouvent de l'embarras pendant la nuit, pour estimer la distance du navire à la terre, à cause de l'effet produit par les terres élevées qui se trouvent si loin en arrière du rivage, et aussi par suite des temps embrumés qui règnent souvent.

Sur la côte d'Egypte, les montagnes Ataka, dans le S.O. de Suez, forment un plateau élevé de 518 mètres à 549 mètres, et présentent des pics détachés de moindre élévation sur leur versant du S.E. tourné vers la mer. Les plaines de Mohaggiara occupent la langue de terre basse, ayant moins de 1 mille de large, et formant le bord de la mer jusqu'à 7 milles environ dans le S.O. de Ras Ataka. De là, et en continuant pendant une douzaine de milles vers le S.O., la côte continue à être basse par le travers de la vallée de Moïse (ou Wadi Mousa). On peut citer, comme marque utile, Jebel Tarateer, qui est le nom donné à trois pics remarquables, d'une forme en pain de sucre, situés à côté les uns des autres, sur une colline haute d'environ 61 mètres, à 3/4 de mille du rivage et à 13 milles dans le S.O. de Suez. Ras Abooderaj (ou Abouderage), situé à 36 milles dans le S. du bateau-feu de Suez, est un cap au large duquel des récifs de corail s'étendent à une distance de 1 mille et demi. En face de ces récifs, se trouvent, sur la côte d'Arabie, ceux de Ras Metameh (ou Metamer), de sorte que dans cette partie le chenal n'a plus qu'une largeur de 8 milles. Une baie profonde d'une douzaine de milles existe entre les caps Ataka et Abooderaj : les terres élevées de ce dernier cap forment la moitié S. de cette baie.

Le feu de Zafarana, sur le cap du même nom, est situé par 29°06'N. et 30°20'E., à 50 milles dans le S. de Suez. Ce feu est fixe, élevé de 25^m,30, et visible à 14 milles. Des pâtés de roche gisent dans l'E. et dans le N. du feu, dont il convient de ne pas s'approcher à moins de 3 milles. Au large du cap Zafarana, les fonds sont de 27 mètres à 3 milles, et de 55 mètres au-delà de 5 milles. En arrière du phare, se trouvent plusieurs pics élevés; et la côte qui court d'abord vers le S.S.O. à partir du cap, pendant quelques milles, se dirige ensuite à peu près en ligne droite sur une longueur de 60 milles jusque vers Ras Zeitee.

Le feu de Ras Gharib, situé par 28°21'N. et 30°47'E., est fixe, blanc, élevé de 50 mètres au-dessus de la mer, et visible généralement à 20 milles. On peut quelquefois, par temps clair, l'apercevoir à 25 milles; et, en pareil cas, celui de Zafarana peut-être vu à 20 milles. Le phare de Ras Gharib est formé par une colonne en fer, supportée par trois pieds et peinte en rouge. Il est construit auprès du bord de la mer, mais à 4 milles environ dans le S.E.$^1/_4$S. du cap, marqué Ras Gharib sur les cartes.

Jebel Agrib, ou Akrab, ou Ahkrab, ou Gharib, est la montagne la plus remarquable du golfe de Suez. Elle est située par 28°07'N. et 30°32'E. environ, est élevée de plus de 3,000 mètres, et a l'apparence d'un pic conique, se dressant au-dessus de la haute chaîne de montagnes qui est à peu près parallèle à la côte et à une distance de 17 milles. Par un temps clair, le mont Agrib peut être aperçu à une distance de près de 100 milles; et, pendant la nuit, à une trentaine de milles.

Ras Shukhair est une petite pointe, située par 28°05′30″N. et 30°59′E., qui s'avance un peu dans l'E. de la ligne de la côte. Entre cette pointe et la partie N. de la haute terre de Zeitee, existe une petite baie, où l'on peut mouiller par 13 mètres à 9 mètres d'eau, fond de sable, un peu abrité des vents de N.O. Etant à ce mouillage, on relève le mont Agrib dans l'O.¹/₄N.O., à 23 milles de distance. Les fonds décroissent assez régulièrement, à mesure qu'on se rapproche de la côte; il faut seulement veiller à ne pas aller trop près de l'extrémité des récifs qui s'étendent à environ 1 mille 1/2 de la pointe.

La haute terre de Zeitee, ou Zeiti, est une chaîne de montagnes, haute de 300^m à 350^m, qui est parallèle à la côte, à une distance de 2 milles, et qui borde le rivage sur une longueur de 15 milles environ, dans une direction générale N.O. et S.E. L'extrémité S. de cette chaîne gît à 8 milles dans l'O.¹/₄N.O. du feu d'Ashrafi. *Ras Zeitee*, qui est la partie la plus proéminente, se trouve par 28°00′N. et 31°08′E.; cette pointe est escarpée et accore, avec des fonds de 55 à 73 mètres à toucher les roches du rivage. A 12 milles dans le N. vrai de ce cap, gît le banc Moresby, ou Toor-Middle. Depuis l'extrémité S. de la terre de Zeitee jusque vers l'île Shadwan, la côte est bordée par de nombreux îlots et récifs.

Le banc Toor Middle (ou Moresby) gît au milieu du Golfe, par le travers de Toor. Le pâté (Moresby) le plus élevé ne porte que 5^m,50 d'eau; il se trouve vers la partie S. du banc, dans l'O.S.O. de Toor, et à 21 milles dans le S.E. quelques degrés E. du feu de Ras Gharib. A partir de ce pâté, le banc se continue pendant 8 milles vers le N.O., portant des sondes de 13, 22 et 16 mètres. Entre le banc Toor Middle et le pic Jehan, se trouve un autre banc qui porte 13 et 15^m d'eau. Des sondes pourraient donc, par des nuits noires, avertir du voisinage de la côte d'Arabie; mais les phares sont les meilleurs guides auxquels on doit se fier.

A bord d'un navire à vapeur qui descend le golfe de Suez, après avoir couru 25 milles environ au S.S.E., au-delà du parallèle du feu de Zafarana, on apercevra le feu de Ras Gharib, et peut-être la haute montagne Agrib. A partir de ce moment, on pourra se diriger au S.S.E.$^1/_2$E. jusqu'à ce que la haute terre de Zeitee soit en vue devant. Ayant fait 66 milles depuis Zafarana, le navire se trouvera entre le banc Toor et le mont Agrib ; et la position pourra être déterminée en relevant le cap Zeitee, qui gît à une douzaine de milles dans le S. du banc. La masse de la haute terre de Zeitee restera alors entre le S.$^1/_4$S.E. et le S.S.E.

La côte d'Arabie, ou de Sinaï, depuis Suez jusqu'à 50 milles plus dans le S., est une plaine de sable fort étendue jusqu'au pied d'une haute chaîne de montagnes. Il en est de même de la côte, par le travers du détroit de Jubal. Mais, dans la partie intermédiaire de la même côte, se trouvent deux caps élevés et escarpés : l'un, nommé Hammam-el-Faroun, est à 52 milles de Suez ; et l'autre nommé cap Jehan gît à 47 milles dans le S.E.$^1/_2$S. du feu de Zafarana. La côte est bordée par de dangereux récifs de corail, s'étendant quelquefois à plus de 7 milles au large du rivage ; ils sont généralement reconnaissables pendant le jour au changement de couleur de l'eau qui passe du bleu foncé au vert clair.

Le morne Hummam est une falaise escarpée, haute de 350^m, presque surplombant au-dessus du rivage. A son pied, se trouvent deux sources d'eau chaude et salée, et deux cavernes, portant le nom Hammam-el-Faroum. Ce morne est à peu près par le travers du feu de Zafarana, duquel il est éloigné de 18 milles. Les récifs de Gad Mallap s'étendent à près de 9 milles dans l'O.N.O. de la falaise Hummam, et réduisent la largeur du chenal navigable à moins de 10 milles; mais, dans le S. du feu de Zafarana, la largeur est de plus de 20 milles.

Le Grand Pic Jehan est le nom donné à la plus N. et à la plus élevée de deux collines terminées en pointes. Il est situé auprès de la mer, à 26 milles dans le N.O. de Toor, et à 100 milles dans le S. de Suez. Des récifs dangereux portant le nom de Shab Khoswan s'étendent à 5 milles dans l'O.N.O. du Pic Jehan, et à 3 milles au large de la pointe basse de sable qu'on appelle Ras Sherateeb. Ces récifs rendent cette partie de la côte proéminente, et ils réduisent la largeur du chenal à une douzaine de milles. En tenant le feu de Ras Gharib au S., on ne passerait qu'à 1 mille 1/2 dans l'O. des bancs de Sherateeb.

Le port de Toor, ou Tor, ou El-Tor, est situé par 28°14'N. et

31°17′E., à 26 milles dans le S.E. du cap Jehan. Le récif de Toor est long de 1 mille 1/4 dans la direction N. et S., et il contient des pâtés qui ne portent que 11 et 18 mètres d'eau ; il gît au large du port, à 3/4 de mille environ du rivage. Quand le Soleil est éclatant, ce banc paraît verdâtre, et peut être facilement évité, en ayant le pilote dans la mâture. Le mont Sinaï gît à 26 milles dans le N.E.¼E. du cap Toor ; mais on ne peut pas le voir de la mer, parce qu'il est caché par le versant occidental de la chaîne de montagnes.

§ 261. — Détroit de Jubal.

Le phare du détroit de Jubal, ou phare d'Ashrafi, est construit en fer, avec la maison du gardien auprès de sa base, sur la partie N. du récif d'Ashrafi, par 27°47′30″N. et 31°22′30″E. Il est haut de 38 mètres au-dessus de la mer, et montre un feu blanc de premier ordre, tournant de minute en minute, et visible à 18 milles par temps clair.

Les îles Ashrafi, ou Ushruffi, consistent en trois langues de terre étroites et longues, reposant sur une base de corail. Un chenal profond les sépare du récif sur lequel est construit le phare.

L'île Jubal est de forme ronde, avec un pic central haut de 128^m, dont la position est 27°38′N. et 31°27′E., à 10 milles dans le S.E.¼S. du feu. Le côté E. de l'île est accore ; il y a 55 mètres à moins d'un mille, et encore plus de profondeur au-delà de cette distance. Deux ou trois récifs gisent entre l'île Jubal et l'île Shadwan. Le récif Aboo Nahas, sur lequel s'est perdu le navire *Carnatic*, se trouve à 2 milles 1/2 environ de la pointe N. de Shadwan.

D'après les observations du captain Henry D. Grant, R. N., le mouvement de montée et de baissée de la marée, entre les îles Jubal et Shadwan, dépend beaucoup de la direction et de la force des vents. Aux syzygies, la montée de l'eau varie de 1^m,22 à 1^m,83. Le courant de flot porte au S.E. ; et celui de jusant, au N.O. ; mais, à une distance des récifs et de l'île Shadwan inférieure à 2 milles, les courants sont incertains, tournant autour des dangers et portant dessus.

L'île Shadwan est d'une hauteur générale de 213 mètres, d'un contour escarpé, longue de 7 milles dans la direction N.O. et S.E. ; et son extrémité S.E. est située par 27°28′N. et 31°42′E. Elle se trouve à l'entrée S. du détroit de Jubal, à peu près à moitié route entre la côte d'Egypte et celle d'Arabie. Le point culminant de l'île est dans sa partie méridionale, et à une altitude de 300 mètres au-dessus du niveau de la mer. Les côtes E., S. et S.O. sont très-accores ; on n'y trouve pas le fond avec 73 mètres de ligne ; et la profondeur de l'eau, à plus de 3 milles de l'extrémité E. de l'île, dépasse 732 mètres. Sur la côte O. de Shadwan, dans la partie N.O. et en face de la côte d'Egypte, se trouve une pointe basse de sable et de roche, s'étendant à une distance considérable vers l'O. ; un plateau de sondes portant 15 et 18 mètres d'eau existe à partir de cette pointe en allant vers le S. et vers l'île. Il y a là un excellent mouillage avec des vents de N.O. ; mais il faut se défier d'une très-petite roche couverte, située à peu près au milieu de la baie, que l'on peut voir quelquefois en veillant bien, et sur laquelle il ne reste que $0^m,60$ ou $0^m,90$ d'eau. Le bon chenal du détroit de Jubal, entre Shadwan et les récifs de Shab Mahmoud a une largeur d'environ douze milles.

Shab Riyah est un récif qui abrite le mouillage de Sheik Riyah, ou Cheik Ryah, à 6 milles environ au-dessous de Toor. Au large et à 5 milles environ, gisent deux bancs qui portent 7 ou 9 mètres d'eau ; leur extrémité O. est à une douzaine de milles dans le S. du cap Toor. *Shab Jarah* est le nom donné aux récifs qui s'étendent jusqu'à 3 milles au large du rivage, entre le récif Riyah et le récif Ali.

Shab Ali est le nom des récifs qui s'étendent à 8 milles au large de la côte de Sinaï. Ils sont situés à 25 ou 30 milles dans le S. de Toor, en face du phare d'Ashrafi, et ils réduisent la largeur du chenal à moins de 7 milles. Leur partie S. gît à 8 milles dans l'E.$^1/_4$S.E. du feu. Ces récifs étant accores, la sonde n'en signale pas suffisamment l'approche ; mais on peut généralement les voir du haut de la mâture, en remarquant que la couleur de l'eau change du bleu foncé au vert clair.

Shab Mahmoud est un long récif, se trouvant à 7 milles dans l'O. de Ras Mohamed (pointe S. de la terre de Sinaï). A son extrémité S., gît une roche-balise élevée de $1^m,20$ au-dessus de la pleine mer, à plus de 20 milles dans l'E.S.E. du feu d'Ashrafi. Entre Shab Mahmoud et l'île Shadwan, le chenal a 12 milles de large.

Ras Mohamed, extrémité S. de la côte de Sinaï, située par 27°43′N. et 31°56′E., est une terre plate, élevée de 27 mètres, terminée par des falaises escarpées et blanches. Elle forme une presqu'île réunie à la grande terre par une langue de sable. Un monticule noir, élevé de 46 mètres, constitue un point remarquable, à 2 milles 1/2 dans le N.O. Le cap Ras Mohamed est escarpé, et tellement accore dans sa partie E., que l'on trouve, de ce côté, 732 mètres d'eau, à 2 milles seulement au large. Dans l'O. du cap, les récifs sont nombreux et accores; l'espace qui les sépare du récif Shab Mahmoud offre des fonds assez faibles pour permettre d'y mouiller, mais on est exposé à y rencontrer des roches couvertes.

En faisant route pour descendre la mer Rouge, au moment où l'on relève les extrémités de la haute terre de Zeitee entre le S. et le S.S.E., le navire se trouve par le travers du banc de Toor, et peut gouverner au S.E. quelques degrés S. pour passer à 2 milles au large du feu d'Ashrafi, et faire route ensuite pour doubler les îles Jubal et Shadwan. Ces îles fournissent d'excellentes marques, et elles permettent de déterminer exactement par des relèvements la position du navire. En faisant 25 milles au S.E., à partir du feu tournant d'Ashrafi, on arrive au large de l'extrémité E. de Shadwan, avec le pic de cette île à l'O.S.O. à 2 ou 3 milles. De là, on prend un bon point de départ pour descendre la mer Rouge.

§ 262. — Description des points principaux, sur la route du détroit de Jubal à Aden.

En partant de la position que nous venons d'indiquer, au large de Shadwan, la route est le S.S.E., et la distance 84 milles, pour atteindre le phare (encore en construction en 1878) sur les Brothers, ou les Frères.

Les Frères sont deux petits îlots de corail, dont l'élévation est d'environ 18 mètres au-dessus de la mer, et qui sont tellement accores que l'on ne peut y trouver aucun mouillage. A 10 milles dans le N.E. des Frères, les fonds sont de 1100 mètres. Ils sont situés à 32 milles dans l'E.N.E. de Cosire, par 26°17′N. et 32°29′E.

L'écueil Dœdalus est un petit récif dont le véritable nom est Abdul Kheesan, et qui gît par 24°55′30″N. et 33°32′E. Un phare signale cet écueil; il est construit en fer à jour peint en rouge, et surmonté d'un pavillon turc; il montre un feu fixe, élevé de 18 mètres et visible à 14 milles. L'écueil Dœdalus est à 98 milles dans le S.E.¼S. des Frères.

L'île St-Jean, St-John, Zeberged ou Seberget, située par 23°37'N. et 33°50'E., est à 81 milles dans le S.¼S.E. de l'écueil Dœdalus. L'île St-Jean est petite et stérile, dépourvue de végétation et d'eau. Dans sa partie centrale se trouve une montagne élevée de 213 mètres, et visible à 27 milles environ. Cette île est accore de tous côtés, et l'on ne trouve point de sondes à son approche. Un îlot de roche, petit et accore, gît à 3 milles dans le S.E. de l'île St-Jean.

Quoique l'écueil Dœdalus soit signalé par un bon feu, il est recommandé de venir reconnaître l'île St-Jean, afin d'y prendre un bon point de départ.

Après avoir quitté l'écueil Dœdalus, on pourra, par temps clair, voir dans le S.O. la haute montagne de Jebel Wadi Lehuma (ou Gébel Waddy Lehuma) ; et, quand on sera à 30 milles de l'île St-Jean, on apercevra la partie élevée du cap Benass avec les hautes montagnes de Bérénice en arrière-plan.

L'île Jebel Teer est située à 576 milles dans le S.E.¼S. de l'île St-Jean, ce qui représente trois jours de mer, à 8 nœuds de moyenne. Pendant cette route, on ne trouve pas de sondes ; et, durant les deux journées du milieu de la traversée on n'a aucune terre en vue. Après avoir parcouru 50 milles au-delà de St-Jean, on verra, durant le jour, les montagnes élevées d'Elba, dans le S.O. A 100 milles de St-Jean, on sera au large du cap Elba, et l'on donnera à ses récifs un bon tour de plus de 20 milles. A 180 milles de St-Jean, le navire se trouvera à mi-distance entre Djeddah (côte d'Arabie) et Ras Roway (côte de Nubie).

En allant de l'île St-Jean à Jebel Teer, il faut observer que des îlots bas et de dangereux récifs s'étendent au large des deux côtes, entre les parallèles de 19° et de 17°N., c'est-à-dire à peu près aux deux tiers de la route à faire de l'une à l'autre de ces îles. Ceux de la côte d'Abyssinie, appelés Mussarmroo, sont compris entre 18° et 19°N. ; et ceux de la côte d'Arabie, nommés Wussaleat, entre 17° et 18°N. Si l'on faisait une route directe de l'écueil Dœdalus à Jebel Teer, le navire passerait beaucoup trop près des dangers de la côte d'Arabie. On peut donc recommander de suivre successivement les trois routes indiquées ci-après, qui font enfiler le milieu du chenal, en partant de l'île St-Jean : 1° courir au S.S.E.$^1/_2$E., pendant 200 milles; 2° courir au S.S.E. encore durant 200 milles; 3° enfin faire 180 milles au S.E.$^1/_4$S. jusqu'à Jebel Teer. En faisant ces routes, on donnera un bon tour de 30 milles aux récifs Mussarmroo et Wussaleat, ainsi qu'aux écueils Dithahayer (ou Farsan) qui gisent au large de la côte d'Arabie et à moins de 90 milles de Jebel Teer.

L'île Jebel Teer, située par 15°32'30''N. et 39°30'E., est volcanique, de forme circulaire, élevée de 274 mètres, et visible par temps clair à une distance de 40 milles, du haut de la tête des mâts. De son sommet, l'on voit s'échapper quelquefois de la fumée pendant le jour, et des flammes durant la nuit. On n'obtient pas de sondes, dans le voisinage de cette île. La terre la plus proche est l'île Kotama, qui gît à environ 26 milles de Jebel Teer et à peu près dans l'E.$^1/_4$N.E.

La route généralement suivie passe à l'O. de Jebel Teer et des îles Zebayer. Ces dernières, situées 36 milles plus loin, sont également volcaniques, et leur élévation est de 183 mètres. En continuant à faire route à peu près au S.E.$^1/_4$S., on dépasse les Zebayer et l'on atteint les Aboo Eyle. Ces derniers îlots sont à 102 milles de Jebel Teer. Les navires gouvernent de manière à laisser sur bâbord les îlots Aboo Eyle, et sur tribord l'îlot élevé qui gît dans le N. de l'île Zooghur. A partir d'Aboo Eyle, on fait 52 milles au S.$^1/_4$S.E., ce qui conduit le navire à 7 milles au large de Moka; au-delà de ce point, la route est à peu près le S.S.E. et la distance 40 milles pour atteindre l'île Perim.

Jebel Zooghur, dont le centre est par 14°N., est l'île la plus élevée de la Mer-Rouge. Elle a près de 10 milles de long, dans la direction N. et S. Sa partie élevée est formée de plusieurs hautes collines stériles, surmontées de pics escarpés, volcans éteints. Le pic central, haut de 549 mètres, est le point le plus élevé. Il y a mouillage dans le S., pendant les vents de N., par 13 à 16 mètres d'eau, sable, en dedans de l'îlot de sable qui est surmonté d'un pic; il y a 12^m,8 d'eau, dans le passage entre cet îlot et Zooghur. Il y a aussi un mouillage, pendant les vents de S., par 13 à 18 mètres d'eau, en eau calme, dans le N.O. du pic le plus élevé, sur le côté N. du cap rocheux qui s'avance dans l'O. de Jebel Zooghur, par 14°02'N. A ce mouillage, les vents de S. se font sentir par rafales venant de l'île, mais la mer est calme. Il n'y a point d'abri, sur la côte d'Arabie, en face de Zooghur, à moins de remonter jusqu'à Hodeidah, à 40 milles plus loin dans le N., par 14°47'N. et 40°34'Est.

Moka, situé par 13°20'N. et 40°52'E., est une ville d'une surface de 1/2 mille carré, entourée d'une muraille avec plusieurs forts et tours. Elle est construite sur le rivage de sable de la côte d'Arabie, à 51 milles dans le S.S.E. de Aboo Eyle. Elle contient plusieurs mosquées et de grands édifices peints en blanc. La grande mosquée, au centre de la ville, est la meilleure marque. On y trouve des provisions fraîches, mais l'eau est saumâtre et d'un prix élevé. Hodeidah a supplanté Moka, comme place commerciale.

En passant devant Moka, il est expressément recommandé de sonder, pour apprécier la distance à laquelle on se trouve de terre. Si la sonde à main donne le fond, il faut immédiatement s'éloigner un peu au large. Les cartes indiquent un haut fond de 5 mètres, à 6 ou 8 milles au plus dans l'O.S.O. de Moka. On dit aussi qu'un banc se trouve entre Bab-el-Mandeb et la colline Zee Hill. Cette colline, située à 18 milles dans le N. de Périm, est un petit pic de roche ayant la forme d'un coin de mire, et placé auprès du rivage, sur la côte d'Arabie. C'est la seule élévation de terre, entre Moka et Bab-el-Mandeb. Afin d'éviter le dernier banc douteux, dont nous venons de parler, on devra ne pas aller par des fonds inférieurs à 22 mètres, dans ces parages.

L'île de Périm placée à l'entrée de la mer Rouge laisse un bon chenal, sur chacun de ses côtés : celui de l'E., appelé Petit Détroit; et celui de l'O., qui est beaucoup plus large. Cette île est inculte et rocheuse, longue de 4 milles et large de 2 milles 1/2, haute de 64 mètres dans sa partie centrale, et bordée de falaises escarpées. Un banc de sable s'étend à 1/2 mille au large de la côte N.; mais les autres parties de l'île sont accores. On cite le navire *Azalea*, qui s'est perdu à une distance de 2 encâblures de la côte S.E. de Périm. Dans la partie S.O. de cette île, se trouve un bon port aisément praticable pour les navires à vapeur ; son entrée large de 1/2 mille a de grandes profondeurs d'eau. Une fois que le navire est en dedans, on trouve des fonds de 15, 13, 11 et 7 mètres. Les voiliers éprouvent de la difficulté à sortir, parce que le courant porte au Nord.

Le feu de Périm, par 12°40'30"N. et 41°03'E., est blanc, tournant de minute en minute, élevé de 73 mètres, et visible par temps clair à une distance de 22 milles. Le phare est construit à 5 encâblures environ, en dedans du morne du N.E.

Le Petit Détroit est large à peu près de 1 mille 1/2. On y trouve des fonds de 18 ou 22 mètres, à mi-chenal, dans sa partie N.; de 26 à 29 mètres, dans la partie centrale du détroit; et de 20 à 24 mètres, entre l'extrémité S.E. de Périm et la roche Pilote (Pilot Rock).

Le Grand Détroit est large de 9 milles, limité dans l'O. par Ras Sejarn (côte d'Abyssinie), et par les îlots Geziret Sube qui gisent dans le S. de Périm, et à l'E. de Ras Sejarn. En passant par ce chenal, on ne trouve pas de fonds, excepté avec la grande sonde et auprès de Périm. Les deux détroits peuvent être pris indifféremment. Toutefois, les capitaines de navires à vapeur préfèrent le Petit Détroit parce qu'il abrége la route. Dans le Grand Détroit, on a moins de chances de trouver des rafales et des sautes de vent, lorsqu'on passe par ce chenal, avec les voiles établies et par bonne brise.

Les îlots Geziret Sube, ou Jezirat Sabah, ou Les Frères (Brothers), sont au nombre de six, épars entre 2 milles 1/2 et 7 milles de Ras Sejarn. Ils sont de nature volcanique. Celui de l'O. est élevé de 60 mètres. Celui du N.E. est le plus grand et le plus élevé; il est haut de 106 mètres, et visible par temps clair à une distance de 20 milles; il gît par 12°28'N. et 41°03'E., à 11 milles dans le S. du feu de Périm. Ces îlots sont accores, et séparés les uns des autres par des chenaux avec de grandes profondeurs d'eau; toutefois les fonds ne sont que de 27 à 18 mètres, entre l'îlot le plus O. et Ras Sejarn.

Le Cap Bab-el-Mandeb est l'extrémité S.O. de l'Arabie. Sa partie élevée consiste en deux groupes de collines, et celui de ces groupes qui est le plus dans le S.O. a l'apparence d'une île, quand on l'aperçoit d'une certaine distance; il présente l'aspect d'une pente qui descend jusqu'à la mer. A une encâblure au large, gît un petit îlot, élevé d'environ 15 mètres, et appelé Roche du Pêcheur ou du Pilote (Fisherman's Rock, ou Pilot Rock). Le pic le plus élevé (263 mètres), appelé Jebel Manhali, est escarpé et fournit une excellente marque, visible à 35 milles par temps clair. Le groupe de collines qui est le plus dans le N.E., appelé Jebel Heykab, est, comme nous l'avons dit, le moins élevé des deux. Entre les deux groupes, la côte est basse, sablonneuse et tout-à-fait aride.

Ras Ara, ou Ras Arrar, qui est le cap méridional de l'Arabie, se trouve par 12°36′N, et 43°35′E. C'est une pointe de sable basse, à contour arrondi, située à 33 milles dans l'E. du feu de Périm; elle est difficile à distinguer pendant la nuit, et elle est dangereuse parce qu'elle est bordée de petits fonds et qu'elle s'avance sur la route directe que pourraient suivre les vapeurs entre Périm et Aden. La haute terre de Jebel Kharaz, ou St-Antoine, élevée de 844 mètres, gît à une douzaine de milles dans le N.E. de la limite S. des dangers situés dans le S. de Ras Ara. Cette partie de la côte ne doit pas être approchée à moins de 4 milles, ou par des fonds inférieurs à 27 mètres pendant le jour, ni par des fonds inférieurs à 37 mètres durant la nuit, attendu que les profondeurs d'eau diminuent rapidement. Pendant la journée, l'accore du récif peut se voir du haut de la mâture. Etant parvenu en position sûre, au large du cap Ara, on peut gouverner directement sur la pointe S. d'Aden ; nous ferons seulement remarquer en passant l'existence de la sonde de 16 mètres, roche, trouvée en 1872 par notre transport *le Rhin*, à une douzaine de milles dans le S.E. de Ras Ara.

Le feu de Ras Marshig ne peut pas être aperçu, quand on se place de manière à le relever dans le S. de l'E.$^1/_4$N.E., parce que dans ce cas, il se trouve caché par l'extrémité S. des hautes terres d'Aden. Entre les détroits de Périm et Aden, pendant les mois de juin, juillet et août, le temps est souvent très-embrumé ; il est donc utile de faire usage de la grande sonde, afin de se maintenir à une distance de la terre comprise entre 6 et 9 milles, par des fonds de 46 à 73 mètres. En venant de la mer Rouge, on aperçoit d'abord les hautes terres de la presqu'île Jebel Hasan, ou Gébel Hussan (366^m), que l'on appelle aussi Petit Aden, et que l'on pourrait à première vue prendre pour celle d'Aden. Mais on voit bientôt après le pic le plus élevé de la presqu'île d'Aden, Jebel Shamshan, dont la hauteur est de 539 mètres. Etant parvenu à moins de 12 milles du feu de Marshig, on gouverne de manière à ne point le perdre de vue, jusqu'à ce que le bateau-feu reste au N. du N.E.; on peut alors gouverner sur ce dernier, pour pénétrer dans la baie (voir § 150).

CHAPITRE TROISIÈME.

Navigation dans la mer d'Oman, entre Aden, Mascate, Bombay, la côte de Malabar et Ceylan.

§ 263. — Chenal Equatorial.

Le chenal Equatorial, appelé aussi *Chenal Suadiva*, est compris entre la partie N. de l'Atoll Ad-du, ou Adou (0°35′S.) et la partie S. de l'Atoll Suadiva (0°12′N.). L'île isolée de Phua Moluk, ou Phouwa-Molokou, est située un peu dans le S. et dans l'E. du milieu du chenal. Entre l'Atoll Adou et l'Atoll Suadiva, le passage a 46 milles de largeur, et il est dépourvu de dangers; toutefois, le vrai passage le plus fréquenté est celui compris entre Phouwa-Molokou et l'Atoll Suadiva.

L'île Phouwa-Molokou a son centre par 0°17′S. et 71°03′E.; elle a 2 milles de long, dans la direction N.O. et S.E., et 3/4 de mille de large en moyenne; elle porte des arbres d'une hauteur de 20 à 30 mètres, et elle est peuplée de 300 à 400 indigènes. Cette île peut être rangée de près, sur les côtés N.E. et O., où l'on ne trouve pas de sondes; mais, au large de son extrémité S., et jusqu'à une distance de 1 mille 1/2, s'étend un banc, sur lequel la mer brise dans une étendue de 3/4 de mille à partir du rivage. Sur la limite de ce banc, un navire peut cependant mouiller à l'occasion, par beau temps, pendant quelques heures, sur des fonds de 11 à 13 mètres. Le banc dont nous parlons est formé de sable dur, avec de petites têtes de corail, de sorte que les ancres ne tiennent pas bien; ses bords, de même que ceux de l'île, sont très-accores.

En venant, soit de l'E., soit de l'O., pour traverser ce passage, il convient, si l'on a de faibles brises, de se tenir un peu dans le S., c'est-à-dire qu'il faut veiller à ne point se laisser drosser par les courants sur l'Atoll Suadiva. Dans le cas où l'on se trouverait entraîné trop près de cet Atoll, il serait possible, durant le jour, de donner dans l'une des coupures des récifs qui forment la bordure méridionale de ce groupe, et l'on mouillerait à l'abri, en dedans.

Les vents, de mai en décembre, dominent de l'O. au S. et au S.S.E., avec beaucoup de pluie et de grains. En décembre, la mousson de N.O. débute, dans la zone comprise entre l'Equateur et les Chagos, par une quinzaine de jours de violents grains et de coups de vent de l'O. à l'O.N.O., avec de fortes averses. Par conséquent, on est exposé à ces mauvais temps, dans le chenal Equatorial, durant le mois de décembre. Mais, en janvier, février et mars, la mousson de N.E., qui règne alors au N. de l'Equateur et quelquefois même un peu dans le S. de la ligne, souffle de la partie du N. et du N.E., dans le chenal Equatorial, où les temps sont moins pluvieux et le ciel moins couvert que durant le reste de l'année.

Les courants, dans le chenal, sont généralement très-forts. Ils portent, soit vers l'O., soit vers l'E., selon la mousson régnante; et ils paraissent soumis à des variations comme les vents. Depuis le milieu de juin jusqu'à la fin de décembre, les courants portent ordinairement à l'E., avec une vitesse qui atteint parfois 50 à 60 milles par 24 heures. Cependant, durant les mois de juillet et d'août, alors que les alizés de S.E. soufflent quelquefois jusque dans les parages de l'Equateur, on cite des navires qui ont trouvé le courant portant vers l'O., entre l'Atoll Adou et Phouwa-Molokou. De janvier en mai, le courant porte le plus souvent vers l'Ouest.

L'heure du plein, à la nouvelle lune et à la pleine lune, est 1 h., à l'île Phouwa-Molokou; et la montée de l'eau varie de $1^m,20$ à $1^m,50$. Le jusant porte vers l'O. et le flot vers l'E.; mais leur action n'a pas d'autre effet appréciable que d'augmenter ou de diminuer la force du courant général.

§ 264. — Chenal de « un degré et demi. » (1)

Le chenal de *un degré et demi*, appelé aussi chenal Adoumatte, est compris entre la partie N. de l'Atoll Suadiva (située par 0°55′N. et 70°55′E.) et l'extrémité S. de l'Atoll Adoumatte, ou Adu Mati

(1) *Le chenal Vai-man-du*, entre les Atolls Adoumatte et Collomandou, a 16 ou 17 milles de large; et il est sain. Néanmoins, on doit généralement lui préférer le chenal de « *un degré et demi* ».

(située par 1°47′N. et 71°02′E.). Il a 50 milles de large, et il est dépourvu de dangers.

Ce passage est adopté quelquefois par les navires qui se rendent du cap à Ceylan, en octobre et en novembre; ainsi que par les vapeurs qui reviennent en Europe, durant la mousson de S.O.

Le chenal de 1 degré et demi peut être promptement traversé. Toutefois, s'il arrive que le navire soit drossé dans le N., près de la pointe S. de l'Atoll Adoumatte, on trouvera, dans la ceinture de récifs, une coupée de 2 milles de large, par laquelle il sera possible de pénétrer dans l'Atoll. Cette coupée est à 3 milles à l'E. de la partie S. de l'Atoll, entre Henadu-Adu (ou Hinadou-dou) et les îlots Gah-du. Au contraire, si le navire est drossé dans le S., jusqu'auprès de la partie N. de l'Atoll Suadiva, on trouvera quatre ou cinq passages dans les récifs, qui permettront de gagner au besoin un meilleur mouillage dans l'intérieur de l'Atoll.

Il y a un bon mouillage, en cas de nécessité, à 1 mille dans l'E. de l'île Mah-Fourie (ou Mah-Foo-Ree). Cette île, située par 0°51′N. et 70°47′E., est la plus grande de celles qui sont dans la partie N.O. de l'Atoll. En venant du N., pour gagner ce mouillage, il convient de pénétrer dans l'Atoll, en passant par l'une des coupures de la partie N. de la ceinture de récifs; puis, l'on gouverne vers le S.O. et vers l'O., au milieu de plusieurs îlots, en se dirigeant vers Mah-Fourie, qui est la plus grande et la plus occidentale.

§ 265. — Chenal Cardiva.

Le chenal Cardiva, appelé aussi *Chenal des Cinq-Degrés*, a environ 25 milles de large et 67 milles de long dans une direction N.E. et S.O.

Ce passage est très-fréquenté par les navires qui vont dans l'Inde, et par ceux qui en reviennent. Il ne faut pas essayer de le prendre, durant la force de la mousson contraire, soit de N.E., soit de S.O.; attendu qu'il serait à peu près impossible de gagner, en ayant le vent et le courant contre soi. Mais, on peut avec avantage prendre ce chenal, avec les vents sous vergues de la mousson favorable. Au moment des changements de moussons, les calmes et petites brises permettent aux navires à vapeur d'y passer aisément, dans les deux sens. Aux mêmes époques, les voiliers peuvent également y passer, sans courir de grands risques, car le chenal est assez large. Par exemple, en novembre, à bord d'un navire venant du S., et ayant coupé l'Equateur à l'O. des Maldives, si l'on trouve le vent trop pointu pour permettre de prendre sans une grande perte de temps le chenal des Huit-Degrés, ou celui des Neuf-Degrés, il y a tout avantage à donner dans le chenal Cardiva, d'où l'on va reconnaître Ceylan, ou la côte de l'Inde dans les environs du cap Comorin.

Dans sa partie orientale, le chenal Cardiva est compris entre l'Atoll Paddi-Pholo (ou Phaidi-Pholo) et l'Atoll Malé (ou Mali). Les navires venant du N.E., qui veulent prendre ce passage, peuvent se proposer de reconnaître, vers l'extrémité S. de l'Atoll Paddi-Pholo, la petite île Houwailee-Fourie (ou Hoo-waili-foori.) Cet îlot est situé par 5°17′N. et 71°13′E.; et il porte un bouquet d'arbres élevés. Il convient aussi de signaler, à l'extrémité S. du même Atoll Paddi-Pholo, la petite île Aligow, qui porte des arbres élevés et qui est située par 5°15′N. et 71°09′E. En venant de l'E., on peut également atterrir sur l'île Cardiva (ou Cardoo), qui est couverte d'une masse épaisse de cocotiers élevés, et dont le centre est situé par 4°58′N. et 71°06′E. La côte S.E. de cette île est tellement accore que l'on ne trouve pas le fond avec 440 mètres de ligne, à toucher la plage; quant à la côte N.O., elle est bordée par un récif circulaire, ayant un lagon intérieur accessible aux embarcations par une passe qui se trouve près de l'extrémité N.E. de l'île. On y compte 200 habitants; et il y a de l'eau douce et quelques ressources. Dans la partie S. de l'entrée orientale du chenal Cardiva, le récif Gafor n'offre aucun point de reconnaissance convenable aux navires qui viennent de l'E.; la partie N.O. de ce récif gît par 4°47′N. et 71°03′E. environ; à son extrémité E., se trouve le petit îlot de Gafor, qui est situé par 4°44′N. et 71°08′E. Le récif Gafor est accore, et il faut s'en tenir éloigné surtout avec des brises mal établies.

Dans sa partie occidentale, le chenal Cardiva est limité : dans le S., par l'Atoll Ari; et dans le N., par l'Atoll Mahlos-Madou, ou plutôt par l'Atoll Horsburgh. L'atterrage sur l'un des Atolls Goidou et Ari ne serait guère facile, car les arbres qui couvrent les îlots de ces Atolls sont à 4 ou 5 milles de la limite extérieure des récifs qui les entourent. Les navires venant de l'O., pour prendre le chenal

Cardiva, doivent donc atterrir sur l'île To-dou, qui est située par 4°26'N. et 70°36'E., à 5 ou 6 milles dans le N. de l'Atoll Ross. Cette île To-dou est isolée, accore et saine ; le récif dont elle est entourée ne s'étend qu'à faible distance au large des arbres qui la couvrent et qui peuvent être aperçus à une distance de 20 milles environ du haut de la mâture ; elle est peuplée de 200 à 300 habitants, et l'on y trouve de bonne eau ainsi que quelques ressources.

Ainsi, en venant de l'E., on peut conseiller avec des vents portants de gouverner de manière à aller se placer par 5°05'N. et 71°22'E. De là, on fera route au S.60°O. environ, de manière à reconnaître Cardiva, dans le S. de laquelle on passera à petite distance ; et, quand le navire aura parcouru une soixantaine de milles à ce cap, il se trouvera sorti du chenal.

En venant de l'O., on pourra se placer si les vents sont favorables, à peu près par 4°34'N. et 70°22'E., d'où l'on gouvernera pour reconnaître l'île To-dou. Ayant ainsi rectifié sa position, on fera route à peu près au N.50°E., le cap sur Cardiva, afin de donner un tour suffisant au récif de Gafor.

Dans le chenal Cardiva, la pleine mer a lieu à midi, les jours de nouvelle et de pleine lunes ; le flot porte à l'E.N.E., et le jusant à l'O.S.O. Durant la mousson de N.E., le courant de flot est peu ou point sensible, tandis que le courant de jusant vers l'O.S.O. s'ajoute au courant permanent de cette saison et en augmente beaucoup la force. Durant la mousson de S.O., l'effet inverse se produit ; le courant de jusant est peu sensible, et celui de flot portant vers l'E.N.E. est très-fort.

§ 266. — Chenal des Huit-Degrés.

Le chenal des Huit-Degrés, compris entre l'extrémité N. des îles Maldives et l'île Minicoy, est très-sain et a une largeur d'environ 70 milles du N. au Sud.

Ce passage est fréquenté pendant la mousson de S.O., par les navires destinés, soit à la côte de Malabar, soit à Colombo. Il est également suivi, en novembre, à la fin de la mousson de S.O., par les navires destinés à Bombay et aux ports du N. de la même côte, parce qu'à cette époque les vents de N.O. de la côte de Malabar sont finis, et que l'on peut compter trouver les brises de terre bien établies.

De la fin de septembre à la fin de décembre, il est recommandé de passer plus près de Minicoy que des Maldives, parce que le courant porte alors, en général, vers le S. *De mai en septembre*, pendant la plus grande force de la mousson de S.O., on passera à mi-chenal ou un peu plus près des Maldives que de Minicoy, attendu que les courants portent généralement, à cette époque, vers l'E. et le N.E.

Le chenal des Huit-Degrés est limité, dans le S., par l'Atoll Heawandou-Pholo, qui est le plus septentrional de tout le groupe des Maldives. A l'extrémité N. de l'Atoll Heawandou-Pholo, se trouve la petite île Turacoon, qui est située par 7°07'N. et 70°33'E. A 1 mille 1/2 dans l'O.S.O. de Turacoon est une autre petite île ; et à 1/2 mille dans le S.E. de Turacoon, se trouve la grande île Oolegaum (ou Oulegaum), après laquelle gisent une suite d'îlots dans la direction du S.E.

L'île Minicoy (ou Minicoi, ou Minikoi) est formée par une bande de terre très-basse, longue de 7 milles environ, et large de 1/2 mille seulement. Elle est bordée dans l'O. par un récif qui s'étend à une distance variable de 3 à 5 milles au large ; et l'ensemble de l'île et du récif se trouve compris entre les parallèles 8°14' et 8°19'N., et entre les méridiens 70°39' et 70°45'E. L'île porte des cocotiers qui ont plus de 20 mètres de haut, et qui peuvent être vus, à une distance de 10 ou 12 milles, du pont d'un navire. Sur le récif, et auprès de la pointe O. de l'île, se trouve un petit îlot portant des arbres, qui est situé par 8°16'N. et 70°40'E. Près de la pointe N. de l'île Minicoy, existe une coupure du récif, étroite et d'un accès difficile, dans laquelle les fonds sont de 3^{m},50 à 3^{m},60 environ ; les embarcations et bateaux qui pénètrent par cette passe trouvent, en dedans du récif, des sondes de 4^{m},40 à 5 mètres, sur des fonds de corail dur. La navigation dans ces parages sera très-assurée, lorsque le phare projeté sur cette île sera allumé (1).

§ 267. — Chenal des Neuf-Degrés.

Le chenal des Neuf-Degrés, situé dans le S. des Laquedives, est compris entre l'île Minicoy, qui le limite dans le S., et les deux

(1) Dans le paragraphe suivant, nous donnons des indications qui concernent également le chenal des Huit-Degrés. On fera donc bien d'en prendre connaissance.

îles Seuhelipar et Kalpeni, qui le limitent dans le N. Ce passage a une largeur de 108 milles.

Le chenal des Neuf-Degrés, comme nous l'avons dit pour celui des Huit-Degrés, est fréquenté par les navires qui se rendent, soit à la côte de Malabar, soit à Ceylan, pendant la force de la mousson de S.O., période durant laquelle on peut passer indifféremment dans le N. ou dans le S. de Minicoy. Il est également suivi, vers le mois de novembre, à la fin de la mousson de S.O., par les navires destinés à Bombay et aux ports du N. de la même côte, parce qu'à cette époque, les vents de N.O. de la côte de Malabar sont finis, et que l'on peut compter sur des brises de terre bien établies.

Vers la fin de la mousson de S.O., les navires venant du S. et par exemple du canal de Mozambique et destinés, soit à Colombo, soit à la partie S. de la côte de Malabar : Tuticorin, Quilon et Cochin, peuvent diriger leur route de manière à prendre le chenal des Huit-Degrés, ou celui des Neuf-degrés. A la même époque, les navires qui viennent également du canal de Mozambique, et qui sont destinés à Pointe de Galles et surtout à la baie du Bengale, suivent de préférence une route plus directe et passent par le chenal de « un degré et demi. »

Mais, pendant la force de la mousson de S.O., il ne convient de prendre ni le chenal de un degré et demi, ni le chenal Equatorial; et, dans ce cas, comme nous l'avons déjà dit, le meilleur passage est celui des Huit-Degrés, ou celui des Neuf-Degrés. Avec des vents de S.O. bien établis, le chenal des Huit-Degrés peut être préféré, comme étant plus direct que celui dans le N. de Minicoy. Les navires qui ont pris le chenal des Huit-Degrés, et qui sont destinés au golfe du Bengale, peuvent, quand ils sont certains d'avoir doublé le méridien de Minicoy, gouverner directement pour passer dans le S. de Ceylan; mais, quand ils ne sont pas sûrs de leur longitude, ils doivent faire route à l'E., afin d'aller chercher les sondes sur le banc qui tient au cap Comorin, entre 8°04′ et 9°Nord.

Si l'on passe par le chenal des Neuf-Degrés, avec un temps couvert et avec une latitude incertaine, et si l'on trouve l'occasion de reconnaître Minicoy, on peut indifféremment doubler cette île dans le N. ou dans le S. Mais avec des temps couverts, et avec des brises mal établies, l'on ne saurait avoir trop de prudence, en approchant des îles et Atolls qui limitent ces chenaux, attendu qu'ils sont très-bas, et bordés de récifs étendus et tellement accores que l'on ne trouve pas le fond, à les toucher.

Pendant les deux moussons, les courants portent souvent vers le S. au milieu des îles; cependant, ils portent quelquefois au N., durant la mousson de N.E., quand les vents sont variables ou faibles.

Pendant le fort de la mousson de N.E., ou à toute autre époque lorsque la brise est faible et variable, les navires qui prennent le chenal des Neuf-Degrés doivent se tenir entre 9° et 9°20′N., à peu près à mi-chenal. Si les vents sont bien établis de la partie du N., il n'est pas mauvais de se tenir un peu dans le N. du milieu du chenal, puisque les courants portent souvent vers le S. Avec des brises faibles, il vaudra mieux, comme nous l'avons dit, rester au milieu du chenal, à cause des récifs qui entourent les îles Seuhelipar et Kalpeni.

Avec des vents de N., le chenal des Neuf-Degrés semble préférable à celui des Huit-Degrés, parce que dans ce dernier passage l'on peut craindre, dans le cas où la brise mollit ou tombe complètement, d'être drossé sur les Atolls des Maldives, par les courants portant au Sud.

L'île Minicoy a été décrite au paragraphe précédent.

Les Seuheli-Par se composent d'un grand récif, sur lequel gisent deux îles petites et basses, ayant chacune moins de 2 milles de tour, et situées à 6 milles l'une de l'autre sur une ligne N.N.E. et S.S.O. Ce récif est compris entre 9°57′N. et 10°06′N., et entre les méridiens 69°47′E. et 69°56′E. L'île du S. ou Seuheli, est située par 10°N. et 69°52′E.; et le récif s'étend à plus de 5 milles au large dans le S.O.¼O. de cet îlot. L'île du N., ou Seuvelli, est située par 10°06′N. et 69°54′E., près de l'extrémité N.E. du récif, qui assèche à mer basse et qui s'étend de ce point vers le S.O. jusqu'à une distance de 11 milles. A 3 milles environ dans l'O.S.O. de l'île du N., il paraît qu'une coupure existe dans le récif. Un banc de corail portant, de 7 à 22 mètres d'eau, s'étend à 1 mille dans le N. de l'île du N. De là, des embarcations peuvent directement atteindre l'île du S., qui se trouve à plus de 1 mille en dedans de la limite S.E. du grand récif. Les îles sont toutes deux bien boisées, mais elles sont inhabitées, excepté lorsque des bateaux viennent des Laquedives pour pêcher. L'eau qu'on s'y procure, en creusant, est salée et ne peut être d'aucun usage; une sorte de bois mou, qui est bon à brûler, se trouve sur l'île du N.;

dans l'autre île, abondent des cocos dont la chair est immangeable. Le grand récif des Seuhelipar est très-accore, de sorte qu'il faut naviguer avec une très-grande précaution, quand on se trouve dans ses environs. Il n'est possible de le voir qu'à très-faible distance, et les courants sont très-forts dans son voisinage, particulièrement lors de la nouvelle et de la pleine lune. A ces époques, l'heure du plein est 10 h.; et la mer marne de $1^m,80$; d'ailleurs les marées sont irrégulières. On dit que plusieurs roches noires élevées au-dessus de l'eau gisent sur ce récif. Le navire l'*Anne* s'est perdu, en 1804, dans une position telle que, d'après sa relation, il relevait Seuvelli à 12 ou 15 milles dans l'E.S.E., et Seuheli à 18 milles dans le S.E.; et le récif sur lequel se trouvait le navire paraissait avoir 10 ou 12 milles d'étendue du S.O. à l'E.N.E. On croit très-généralement que les distances évaluées par le navire l'*Anne* sont trop fortes, et que le danger sur lequel il s'est perdu n'est autre que le grand récif des Seuhelipar; mais, quoi qu'il en soit, cet exemple prouve qu'il faut avoir l'œil ouvert dans ces parages.

Le banc Kalpeni est compris entre les parallèles 10°03′N. et 10°09′30″N., et entre les méridiens 71°13′E. et 71°17′E.; il a 3 milles de large, et 7 milles de long du N. au S.; son extrémité S. est par 10°03′N. et 71°15′E. A la partie E. de ce récif, se trouvent deux îles basses et étroites : la plus S. des deux, qui est en même temps la plus grande, s'appelle Kalpeni, elle est couverte de cocotiers et habitée, on y voit plusieurs villages; l'autre île, la plus au N. s'appelle Cheria. Ces deux îles sont réunies par le récif qui assèche, au moins en partie, à mer basse. Près de l'extrémité S.O. de l'île Kalpeni, gisent deux petits îlots; et auprès de l'extrémité S. de la même île, on trouve des sondes de 16 à 18 mètres d'eau, fond de corail. En partant de ce point, la ceinture de récifs court d'abord vers l'O., puis vers le N., et va contourner l'île Cheria dans le N.; on voit, sur la partie O. de ce banc, des roches hors de l'eau, en divers endroits. Le récif est accore; on ne commence à trouver des sondes qu'à le toucher; et la mer brise dessus souvent avec force. Il y a une passe, avec des fonds de $2^m,70$ à $3^m,60$, qui permet de pénétrer, avec des embarcations, sur le plateau de corail où les sondes varient généralement de 5 à 7 mètres. Le mouillage des bateaux des indigènes est dans le S.O. de l'île, à 3 milles dans le S. de la coupure du récif.

*L'île Underoo (*ou *Anderoot)* est petite et basse, ayant 3 milles 1/2 de long de l'E. à l'O., et 1 mille 1/4 de large du N. au S.; elle était et est sans doute encore bien plantée de cocotiers; on y trouve de l'eau douce passable et des tortues. Son centre est par 10°47′N. et 71°20′E.; son extrémité E. se trouve par la même latitude, et par 71°22′E. Le récif sur lequel se trouve Underoo est compris entre les parallèles 10°46′N. et 10°55′N., et entre les méridiens 71°14′E. et 71°26′E. Le passage entre ce récif et celui de Kalpeni est sain et a 38 milles de large. Une ceinture de roches de corail existe autour de l'île Underoo et n'en permet l'accès qu'aux embarcations, par une petite passe. Le côté S. de l'île est très-accore, et n'offre aucun mouillage; mais les navires peuvent jeter l'ancre au large de la pointe E., par 18 à 22 mètres d'eau, sable et roche. Dans le N.E. et dans le N. d'Underoo, un grand banc de corail s'étend jusqu'à une distance de 6 à 8 milles, portant des fonds variables de 15 à 29 mètres. A 1 mille dans le N. de l'île, les fonds sont de 18 à 22 mètres, sable, et l'on peut, à l'époque où soufflent les vents de S., y mouiller par le travers des maisons qui sont disséminées sur la côte N. d'Underoo. Durant la mousson de N.E., il y a mouillage, par 18 à 22 mètres d'eau, à 1/2 mille de terre, en relevant les extrémités de l'île entre le N.N.E. et l'E.1/4S.E.

Le banc d'Elicalpeni est situé entre les parallèles 11°10′ et 11°15′N., et entre les méridiens 71°35′ et 71°39′E. Il paraît avoir une forme à peu près circulaire, et un diamètre d'environ 5 milles. Il est composé de roches de corail pointues, portant généralement plus de 11 mètres d'eau. Toutefois, on a trouvé des sondes de 7 mètres seulement, sur ce banc, par 11°15′N. Il faut donc éviter de passer dans ses parages, particulièrement pendant la mousson de S.O., parce que la mer que l'on y trouve est très-grosse et que le navire pourrait se perdre sur les petits fonds.

§ 268. — Descendre la côte Ouest de l'Hindoustan, en partant de Bombay pour aller vers le Sud jusqu'à Pointe de Galles (1).

Instructions pour sortir de Bombay.

Pendant la mousson de N.E., il est généralement facile de prendre le large, en partant de Bombay.

Pendant la mousson de S.O., les grandes marées de syzygies facilitent beaucoup la sortie du port de Bombay. A ces époques, les crues produites par les pluies augmentent le courant qui sort de la rivière et qui se dirige vers l'O., entre le récif de Thull et le Prong du S.O. (2). Au contraire, durant les mortes eaux, le jusant est faible, des brises folles se font sentir entre les grains, et une forte houle qui porte en dedans empêche les navires de prendre le large. Certains navires sortis de Bombay durant les mortes eaux, ont atteint les fonds de 33 mètres où ils ont trouvé de légères brises et une forte houle qui les ont ramenés dans le port. Pendant cette mousson, un grand navire qui prend la mer doit avoir son grand perroquet gréé, car cette voile sera très-utile en permettant de profiter des périodes de petites brises qui surviennent fréquemment entre les grains. Tous les navires qui partent entre le milieu de mai et la fin de septembre doivent avoir de bonnes voiles, en vergues.

En louvoyant pour sortir du port de Bombay, en juin et juillet, ou à toute autre époque par mauvais temps, il faut, après le départ du pilote, combiner ses bordées de manière à maintenir toujours l'entrée du port ouverte. A cet effet, on fera en sorte, dans son louvoyage, de conserver le feu tournant, ou le phare, tant qu'il sera visible, entre le N. $^1/_2$E. et le N.N.E. $^1/_2$E. En suivant ce conseil, si la brise tombe, le courant de flot et la houle feront rentrer le navire dans le port ; et l'on évitera d'être drossé dans le N., ou d'être contraint à mouiller en dehors. Cette obligation de mouiller au large, pendant la mousson de S.O., entraîne souvent la perte de l'ancre et de grandes avaries. Quand on est en dehors du récif de Thull, les

(1) Ces instructions et celles données au paragraphe suivant sont la reproduction des instructions de Horsburgh et de Taylor.

(2) Le Prong du S.O. est l'extrémité S.O. du récif qui est au large du phare de Kolaba (Voir page 280).

fonds augmentent, tant que l'on court vers le N.O. en se rapprochant du Prong du S.O.; au contraire, ils diminuent, tant que l'on se dirige vers le S. en se rapprochant du banc attenant à l'île Kundari. Il ne faut pas venir à moins de 3 milles du feu qui se trouve sur cette île.

En juin et pendant une grande partie de juillet, époque à laquelle les grains soufflent principalement de l'O.S.O., il est avantageux de profiter du jusant pour s'élever dans le S. de l'entrée du port. Ayant agi ainsi, le courant de flot qui surviendra ensuite fera sentir son effet défavorable, avec une force moindre que si le navire se trouvait alors auprès des récifs. On s'élèvera beaucoup au large, si le vent le permet, en veillant à ne pas se laisser entraîner dans le N. du Prong du S.O., ce que l'on sera certain d'éviter tant que l'on conservera le phare de Kolaba dans le N. du N.E.$^1/_4$N. Les navires destinés pour le S., après avoir gagné les fonds de 36 à 40 mètres, peuvent continuer à longer la côte tant que les sondes ne diminuent point; ils feront bien, de temps à autre, de courir un bord vers le N.O., quand le vent sera favorable, afin de gagner les fonds de 64 à 73 mètres. A partir du moment où le navire aura atteint ces fonds, on pourra se diriger vers le S. en toute sécurité, à la condition de ne pas négliger de sonder afin de s'assurer que les sondes ne diminuent pas.

En août, on est rarement contrarié pour gagner le large, parce que le vent souffle fréquemment, dans les grains, d'une direction comprise entre l'O. et le N. D'ailleurs, le courant qui sort généralement avec force des rivières permet quelquefois de faire route directement vers le S., de la bordée. La même chance favorable s'est présentée en juin et en juillet, mais rarement. En août, il y a moins de danger qu'en juin et juillet à se laisser drosser dans le N. du Prong du S.O., quoique cependant il soit toujours prudent de conserver l'entrée du port ouverte, comme nous l'avons dit plus haut. En août, les navires destinés pour le S., n'ont pas besoin de se tenir à une grande distance au large sur le parallèle de l'île Kundari; mais, après avoir contourné cette île, on peut longer la côte, si le vent permet de le faire et si l'on constate que le brassiage augmente en même temps. Dans le cas où les sondes n'augmenteraient pas, on devrait courir un bord, de temps à autre, jusqu'à ce que le navire atteigne les fonds de 55 à 64 mètres.

Instructions pour descendre la côte, en allant vers le Sud.

Pendant la belle saison, d'octobre en mai, la navigation est facile. Au commencement de cette saison, pendant les six semaines qui précèdent la mousson, c'est-à-dire de la fin de septembre au commencement de novembre, les calmes et les petites brises pourraient rendre les traversées un peu longues, si les navires n'étaient pas poussés en route par le courant vers le S. que viennent augmenter toutes les eaux sortant en abondance des rivières. De novembre à la fin de mars, les brises de terre et de mer bien établies permettent de faire bonne route, avec la mer très-belle et un ciel pur. En décembre et en janvier, on peut aller de Bombay au cap Comorin en 4 ou 5 jours.

Pendant la première partie de la mousson de S.O., en partant de Bombay, il conviendra de gagner tout d'abord les fonds de 90 à 95 mètres, si les vents sont du S.O.; et ce ne sera qu'après avoir trouvé ces fonds, qu'on laissera courir le long de la côte.

Pendant toute la mousson de S.O., et surtout en juin et juillet, la meilleure route des navires partis de Bombay consiste, après avoir gagné le large, à se tenir sur l'accore du plateau des sondes, par des fonds de 73 à 91 mètres. Il sera bon d'avoir des voiles neuves en vergues, et de prendre le ris des basses voiles dès que le vent aura mauvaise apparence, car l'on devra s'attendre à des mauvais temps ainsi qu'à des grains très-lourds et de longue durée. Quelquefois, on trouvera du beau temps, ou de petites brises, mais ce sont des chances sur lesquelles il serait imprudent de compter. Les points saillants de la côte du Malabar sont : Viziadroog (ou Geriah); les roches Vingorla (ou îles Burnt); l'île Pigeon (ou Netrun); le mont Dilly; la roche du Sacrifice (ou Kunali); Alipee; le récif de Quilon; la pointe Ruttera, et la roche du Crocodile (au large de Caddiapatnam).

Le fort de Viziadroog ou *de Geriah,* porte un mât de pavillon situé par 16°34'N. et 70°59'E. Il est construit sur une pointe de roches, qui forme le côté S. de l'entrée de la rivière. Ce fort est d'une grande étendue, mais il tombe en ruines. Sa partie la plus élevée est à 30 mètres au-dessus de la mer; et le mât de pavillon a 52 mètres. Dans le S. et dans le S.O., la terre est plus haute, de sorte que les navires venant du S. ne peuvent pas voir ce fort.

Les roches Vingorla, ou *îles Burnt*, forment un groupe d'îlots et de roches couvertes, dont l'étendue est environ de 3 milles N. et S., et de 1 mille E. et O. La plus élevée a une forme conique, et a une hauteur de 55 mètres au-dessus de la mer. Celle qui est le plus dans le S. du groupe est moins haute, mais elle est la plus grande.

Les îlots S.O., qui gisent à 9 milles 1/2 dans l'O.¹/₄N.O. de la balise de Vingorla, sont quatre roches noires, séparées, hautes de 15 mètres, et sur l'une desquelles un phare a été construit par 15°53'N. et 71°07'E. Ce phare montre un feu fixe blanc, élevé de 33 mètres, et visible à 15 milles. Une roche couverte gît à 2 milles dans le S.E. du feu.

Les roches Vingorla étant accores, on ne devra point, pendant le nuit, en approcher par des fonds inférieurs à 31 mètres.

L'île Pigeon, *ou Netrun*, située par 14°01'N. et 71°59'E., a 1/2 mille environ d'étendue, est couverte d'arbres, a 91 mètres de hauteur au-dessus de la mer, se trouve à 10 milles de la côte, et peut être aperçue à une distance de 24 milles par temps clair. Il y a une roche, dans le S. et auprès de cette île. On trouve de 36 à 38 mètres d'eau, quand on se trouve à 1 mille au large de l'île; de 42 à 44 mètres, quand on est à 2 ou 3 milles; et de 55 à 59 mètres, à 9 ou 12 milles.

Le mont Dilly est une pointe de terre, haute de 260 mètres, visible par temps clair à une distance de 24 à 27 milles, du pont d'un navire. Dans les environs, la côte est boisée, basse, et ne peut être vue de loin, de sorte que le mont Dilly a souvent l'apparence d'une île, pour les navires qui viennent du N. ou du S. Le cap se termine par une pointe escarpée, sur laquelle se trouve un petit fort, de couleur foncée et en ruines, situé par 12°N. et 72°51'E. Par le travers du mont Dilly, la côte est saine, et l'on trouve : 13 et 15 mètres d'eau, à 2 milles; 37 et 40 mètres, à 7 ou 8 milles; et l'accore des sondes, à 45 milles.

La roche du Sacrifice, ou *Kunali*, ou *Kanahli*, ou *Cugnali*, située par 11°29'30"N. et 73°11'30"E., à près de 5 milles de la côte, a une couleur blanche, est élevée de 12 mètres et peut être aperçue à une distance de 10 milles environ, du pont d'un navire. Cette roche est accore; on trouve de 22 à 24 mètres d'eau, à la toucher; 29 mètres d'eau, à 2 milles 3/4 au large; 18 mètres, en dedans de la roche ; et 12 ou 13 mètres, à mi-chenal entre cette roche et la côte.

Alipee a été décrit au § 165, page 294. Nous nous bornerons à indiquer que les navires venant du N. peuvent reconnaître cette localité, quand ils aperçoivent une grande maison blanche : cette maison est cachée par des cocotiers, pour les navires qui viennent du Sud.

Le récif de Quilon a été signalé au § 166, page 294. Nous rappellerons seulement qu'il ne faut pas s'approcher de ce récif, par des fonds inférieurs à 24 mètres de jour ; ou inférieurs à 31 mètres, de nuit.

La pointe Ruttera, ou *Covilum*, située par 8°24′N. et 74°38′E., est une pointe basse et unie, terminée par un morne qui s'avance peu, et qui est plus élevé que la côte voisine. A 3 milles 1/2 dans le N. de la pointe, se trouve le village de Pondera qui est signalé par un mât de pavillon très-élevé. Cette partie de la côte est basse et couverte d'arbres ; elle est très-accore, car on a de 22 à 24 mètres d'eau, à 1 mille 1/2 ou 2 milles de terre ; 46 à 47 mètres, à 6 ou 8 milles ; et l'accore des sondes se trouve à 27 milles. Dans l'intérieur, on voit les montagnes élevées des Ghauts, séparées de la côte par quelques collines dont la plus remarquable est ronde et s'abaisse régulièrement en pente douce. Cette colline est haute de 180 à 190 mètres ; elle est par 8°28′30″N., et s'appelle colline *Brinjall*, ou *Naimun*, ou Makunamulla. Comme elle n'est qu'à 6 ou 8 milles de la mer, on l'aperçoit de loin en venant du Sud.

La roche du Crocodile, située par 8°06′N. et 74°55′E., est quelquefois découverte ; mais elle ne brise pas toujours, et se trouve souvent cachée complètement, particulièrement au moment de la pleine mer et par calme. Cette roche est accore. Les sondes donnent 26 à 29 mètres d'eau, à la toucher ; et 37 mètres, à 1/2 mille au large. Pendant la nuit, avant l'existence du feu de Cadiapatam, on recommandait de pas approcher de la roche du Crocodile, par moins de 46 mètres d'eau. Entre cette roche et la pointe Cadiapatam, est un îlot de roche appelé Adumdah ; et, à 1 mille 3/4 dans l'O.N.O. de cet îlot, gît un autre îlot appelé Kotah. Ces deux roches Adumdah et Kotah sont entourées de brisants et de dangers ; toutefois, il paraît qu'il y aurait un passage entre elles deux, et entre chacune d'elles et la roche du Crocodile.

En 1875, un *feu fixe blanc* a été allumé sur la pointe Mootung *(Cadiapatam)*, par 8°07′30″N. et 74°58′E. Le phare a 5 mètres de haut; le feu est à 28 mètres au-dessus de l'eau; il est visible à une distance de 12 milles. La roche Crocodile gît à 2 milles 3/4 dans le S.O. ¼ S. de ce feu, de sorte que l'atterrage auprès de Comorin ne présente plus maintenant grande difficulté.

Pendant la mousson de S.O., et à partir du moment où l'on atteint 14° ou 13°N., il est indispensable de se placer sur le plateau de sondes, si l'on n'est pas absolument certain de la position du navire. On fera route vers le S., en se maintenant sur les sondes, de manière à passer à bonne distance dans l'E. du banc Elicalpeni; et après avoir sûrement doublé ce banc, on continuera sa route, en suivant à peu près l'accore des sondes. Entre le parallèle de Calicut et celui de Cochin, les vents sont généralement du S.O., hâlant l'O. et l'O.N.O., et accompagnés par un courant de près d'un nœud à l'heure vers le S. Entre Cochin et le cap Comorin, pendant juillet, août, septembre et une partie d'octobre, les vents domineront de l'O.N.O., avec le même courant vers le S. Dans cette dernière partie de la navigation, de Calicut au cap Comorin, on n'aura plus autant à craindre le voisinage de la côte; il ne conviendra pas cependant de s'en approcher par moins de 55 mètres d'eau, à moins qu'on ne veuille mouiller, ce qu'on ne devra faire qu'à grande distance de terre et en se tenant prêt à appareiller, dès que l'on aura le moindre indice de mauvais temps. Ayant atteint le parallèle de Quilon, on gouvernera de façon à doubler Ceylan à bonne distance dans le S.; et l'on se défiera grandement du courant qui portera souvent vers le N.E., quand on sera devant le golfe de Manar.

Nous donnerons maintenant des indications sur les sondes, que nous extrayons de l'ouvrage du Comm. TAYLOR :

Par le travers des roches Vingorla, les fonds sont de 27 mètres, à toucher les roches; de 37 mètres, à une distance de 4 milles; et de 55 mètres, à 12 milles.

Par le travers de l'île Pigeon, les fonds sont de 31 mètres, à toucher les roches; de 37 mètres, à une distance de 1 mille; de 55 mètres, à 20 milles; et l'accore des sondes se trouve à 60 milles.

Par le travers du mont Dilly, les fonds sont de 18 mètres, à une distance de 3 milles; de 37 mètres, à 8 milles; de 55 mètres, à 14 milles; et l'accore des sondes se trouve à 40 milles.

Par le travers de la pointe Cotta, les fonds sont de 18 mètres, à une distance de 3 milles; de 37 mètres, à 8 milles; de 55 mètres, à 25 milles; et l'accore des sondes se trouve à 40 milles.

Par le travers de Ponany, les fonds sont de 18 mètres, à une distance de 5 milles; de 37 mètres, à 11 milles; de 55 mètres, à 18 milles, et l'accore des sondes se trouve à 30 milles.

Par le travers d'Alipee, les fonds sont de 18 mètres, à une distance de 8 milles; de 37 mètres, à 12 milles; de 55 mètres, à 18 milles; et l'accore des sondes se trouve à 30 milles.

Par le travers de Quilon, il n'y a que 18 mètres d'eau, sur de mauvais fonds, à 3 milles de la pointe; les fonds sont de 37 mètres, à 5 milles; de 55 mètres, à 14 milles; et l'accore des sondes se trouve à 28 milles.

Par le travers de Ruttera, les fonds sont de 18 mètres, à 1/2 mille de la côte; de 37 mètres, à 2 milles; de 55 mètres, à 7 ou 8 milles; et l'accore des sondes se trouve à 26 milles.

Par le travers de Cadiapatam, les îlots de roche Kotah et Adumdah gisent sur des fonds de 18 mètres; la roche du Crocodile gît au milieu de fonds de 29 mètres; et l'on trouve 37 mètres d'eau presque à la toucher; les fonds sont de 55 mètres, à une distance de 13 milles de la côte d'Hindoustan; et l'accore des sondes, à une distance de 37 milles.

Au large de Comorin, l'accore des sondes se trouve à une distance de 55 milles dans le S.O. et dans le S. Au-delà de cette distance, les fonds sont très-considérables, quand on se dirige vers Pointe de Galles.

Les navires destinés à Pointe de Galles, au golfe du Bengale, ou à la côte de Coromandel, pendant la mousson de N.E., pourront, après avoir atteint le parallèle de Quilon, faire route directe, soit sur Galles, soit sur la pointe S. de Ceylan avec la précaution de lui donner suffisamment de tour, à cause des dangers qui bordent cette côte. *Mais, pendant la mousson de S.O.*, il convient de se défier des courants dont la direction porte assez généralement au S. et au S.S.E., et quelquefois à l'E. vers le golfe de Manar.

C'est ainsi que Horsburgh conseille aux navires qui se trouvent par le travers du cap Comorin, durant la mousson de S.O., de courir au S.E., ou au S.E. ½ S., jusqu'à ce qu'ils aient atteint le parallèle de Galles. A ce moment, ils peuvent gouverner à l'E. pour aller en prendre connaissance *de jour*, avant de continuer leur route sur le golfe du Bengale; et, si l'on voit que l'on ne peut pas reconnaître Galles, de jour, il conviendra de se défier beaucoup des roches couvertes qui gisent dans ces parages et auxquelles on donnera beaucoup de tour. Il est bien recommandé pendant la mousson de S.O., de ne point reconnaître la côte O. de Ceylan dans le N. de Galles, parce que si les vents forcent, ou s'ils hâlent la partie du S., on peut se trouver sinon compromis, du moins très-retardé pour doubler ensuite Ceylan dans le Sud.

§ 269. — Monter la côte Ouest de l'Hindoustan, en allant vers le Nord, de Ceylan à Bombay.

En octobre et pendant la plus grande partie de novembre, les vents sont faibles et incertains, de sorte qu'il est pénible de remonter la côte, à cette époque.

De la fin de novembre à la fin de mars, c'est-à-dire durant la belle saison, les brises de terre et de mer sont bien établies, et permettent de s'élever facilement vers le N., malgré le courant qui porte vers le S. La mer est très-belle, et le ciel très-pur pendant cette saison. En décembre et janvier, on peut aller du cap Comorin à Bombay, en 6 ou 8 jours.

Durant les mois de décembre, janvier et février, la brise de terre, souffle du N.E. à l'E.S.E.; et, comme elle est plus fraîche près de terre qu'au large, il est préférable autant que possible de ne point s'éloigner de la côte pendant la nuit. En général, il n'y a rien à craindre du voisinage de la terre, depuis le parallèle de Quilon dans le S. jusqu'à Bombay, tant qu'on se maintient par des fonds de plus de 15 mètres. Vers le matin, on s'éloigne pour gagner les fonds de 50 mètres, situés à 15 ou 20 milles de la côte, où il convient de se trouver entre 10 h. et midi. On reçoit alors les premiers souffles de la brise du large de l'O.S.O., de l'O. ou du N.O.; et l'on ne cherche à se rapprocher de la côte que dans la soirée.

En mars et avril, on trouve généralement des brises de terre, sur la partie S. de la côte, depuis Anjenga et Quilon jusqu'à Calicut. Mais, au N. de Mahé et du mont Dilly, elles sont variables et moins fraîches. Par suite, il convient, surtout en avril, de régler les bordées de manière à se trouver, vers midi, par des fonds d'environ 70 mètres. On prend alors la bordée bâbord amures, avec les vents de la partie du N.O., ayant le cap au N.$^1/_4$N.E. ou au N.N.E. Si la brise persiste du N.O., quand on arrive près de terre, dans la soirée, on peut courir de petits bords en attendant la brise de terre, qui souffle généralement de la partie du N., et avec laquelle on s'élève au large tribord amures.

Comme nous l'avons déjà dit, *durant ces mêmes mois de mars et d'avril,* et dans le N. de Mahé, les brises de terre font fréquemment défaut, et les brises du large seules sont fortes et régulières. Ainsi, à partir de minuit, moment où la brise du large tombe, on est exposé à des calmes, avec lesquels il y a quelquefois avantage à mouiller, pour ne point se laisser entraîner dans le S. par le courant. Quand on trouve la brise de terre, elle est généralement faible, et elle dépend souvent de la partie du N.; on l'utilise, ainsi que nous l'avons indiqué, pour s'éloigner de terre, et pour aller chercher les premiers souffles de la brise du large.

En avril, le temps devient embrumé, et des nuages commencent à se former sur la terre dans la soirée, amenant de temps à autre de légers grains de pluie. A cette époque, il est très-pénible d'avoir à remonter la côte, en raison de la force des vents de N.O. Il est vrai que, dans certaines années, et durant le mois d'avril, de forts vents de S. ont soufflé parfois sur toute la côte, faisant ainsi effectuer des traversées très-belles et inespérées à des navires se rendant du cap Comorin à Bombay. Mais, une telle chance est très-exceptionnelle.

A la fin de mars et en avril, si l'on tombe sur une série de forts vents de N.O., on peut s'attendre à les voir souffler pendant plusieurs jours. Il est alors préférable de s'éloigner à 60 milles au moins de la côte, où les vents seront généralement moins violents et permettront plus facilement de s'élever dans le N., avec une mer plus belle et un courant contraire moins fort.

A la fin d'avril et en mai, les navires qui se trouvent près de la partie S. de la côte de Malabar et qui doivent se rendre à Bombay dirigent leur route d'une manière différente, selon les circonstances de temps qu'ils rencontrent. *Ainsi, avec bon vent et un temps fait*, on se tiendra au large de la côte, près des îles Laquedives. Puis, quand on sera dans le N. de ces îles, il conviendra de se placer à plus grande distance encore au large, entre 100 et 200 milles de la côte, où la mer sera plus belle pour louvoyer, et où l'on n'aura rien à craindre du voisinage de la terre s'il survient un coup de vent. *Dans le cas où*, se trouvant près de la côte, dans le S. du mont Dilly, *on aurait des vents de N.O.*, il serait bon de s'éloigner au large, en passant dans le chenal des Neuf-Degrés, ou dans tout autre passage entre les îles Laquedives. On se placerait ainsi à bonne distance dans l'O. de ces îles, en position de profiter des vents qui seront probablement sur le point de passer à l'O., ou qui varieront de la partie du N.O. au Nord.

On peut dire qu'en général, *pendant le mois de mai*, il convient de se tenir bien au large, afin de n'avoir pas à redouter le voisinage de la côte, dans le cas où l'on éprouverait un coup de vent de la partie de l'O. Ordinairement ces vents violents soufflent de la partie du S.O. ou du Sud.

De la fin de mai à la fin de septembre, on n'essaie généralement point de remonter la côte, quoique divers navires aient fait cette route, à cette époque.

A la fin de septembre, et sur la partie S. de la côte, entre le cap Comorin et Quilon, les brises dépendent de la partie du N.O. variables, et le courant porte vers le S. avec force ; aussi convient-il en pareil cas de mouiller, si la brise tombe.

En partant de la partie S. de Ceylan à destination de la côte de Malabar, Horsburgh conseille *en décembre et janvier*, c'est-à-dire durant le fort de la mousson de N.E., de se tenir près de la côte O. de Ceylan jusqu'à Caliture, avant de traverser le golfe. On prolongera alors la bordée tribord amures, vent de travers ou largue ; la brise fraîchira au fur et à mesure qu'on ouvrira le golfe de Manar ; en approchant du cap Comorin, les vents inclineront souvent vers l'E.; puis, en continuant de suivre la côte, les vents deviendront variables et prendront le caractère de brises de terre et de mer. *En octobre et novembre, ainsi qu'en mars et avril*, c'est-à-dire aux époques de changements de moussons, les vents soufflent fréquemment de la partie de l'O., et les courants portent quelquefois vers la partie de l'E. ou du N.E.; par suite, il convient, à ces deux époques, de se diriger, s'il est possible, à peu près directement sur le cap Comorin, quand on part de la pointe S. de Ceylan. *De mars en novembre,* les vents d'O. dominent généralement au large de l'extrémité S.O. de Ceylan, de sorte qu'il est difficile, durant cette période, de s'élever dans l'O. en partant de Pointe de Galles. Horsburgh en conclut que, depuis avril jusqu'à la fin d'Octobre, il est trop tard pour aller de Ceylan aux ports de la côte de Malabar : cette observation s'appliquant naturellement aux voiliers qui voudraient faire une route directe. *En avril*, et à plus forte raison en mai, les navires se trouvant à la partie S. ou S.O. de Ceylan et destinés à Bombay agiront prudemment, s'ils peuvent gagner en louvoyant contre les vents d'O., en passant par le chenal des Huit ou celui des Neuf-Degrés, puis dans l'O. des Laquedives, comme nous l'avons indiqué déjà précédemment, pour les navires qui ont à remonter la côte à la fin d'avril et en mai.

Nous terminerons ces indications, en donnant ci-après un résumé des instructions dues au captain Lewis Bilton, pour aller en mousson de S.O., de Colombo à la côte de Malabar :

Pendant la mousson de S.O., de mai en septembre, les navires *partant de Colombo ou de Tuticorin*, pour Alipee (côte de Malabar), devront être dans de bonnes conditions de navigabilité et avoir un bon jeu de voiles en vergues, attendu qu'ils auront selon toute probabilité à lutter contre le mauvais temps. En quittant Colombo, ou en sortant du golfe de Manar, on prolongera la bordée bâbord amures vers l'O.N.O. jusqu'à la côte de Tinnevelly. Si les vents ont une tendance à hâler le S., on en profitera pour tâcher d'accoster la terre auprès du cap Comorin, au-delà duquel il arrive souvent que l'on ne cesse point de conserver les vents de la partie du S., tout le long de la côte. Dans tous les cas, un voilier ordinaire atteindra Alipee, 8 ou 10 jours après avoir contourné le cap Comorin, et il sera souvent aidé par un courant portant vers le N., le long de la côte, surtout à la suite de séries de vents dépendant du S. En faisant cette route, un navire bien manœuvré et profitant de toutes les sautes de vent pourra faire une traversée plus courte et moins pénible que s'il faisait la route par le S. Durant cette mousson, à Alipee et le long de la côte dans le S. de ce point, la direction générale du vent est l'O., peut-être même un peu du N. de l'Ouest.

§ 270. — Route des voiliers d'Aden à Bombay, à la côte de Malabar et à Ceylan.

La saison la plus favorable pour effectuer à la voile la traversée d'Aden à Bombay et à la côte de Malabar est celle comprise de mai en août, ou jusqu'en septembre, c'est-à-dire celle qui comprend la mousson de S.O. Au contraire, pendant la mousson de N.E., de septembre en mars, les traversées sont longues et fatigantes; elles sont fréquemment de 2 à 3 mois, d'Aden à Bombay; et l'on en cite même une, d'Aden à Mascate, qui a duré 5 mois, d'octobre en février. Nous allons donner successivement des indications pour effectuer ces traversées : d'abord en mousson de S.O.; puis, en mousson de N.E., en distinguant dans ce dernier cas la route par le S., qui sera généralement la meilleure pendant les mois de décembre, janvier et février. Nous terminerons enfin les instructions correspondant à chacune de ces saisons, en donnant le Tableau des croisements que l'on pourra se proposer de suivre.

1° *Pendant la mousson de S.O., d'Avril en Octobre.*

En partant d'Aden, ou en venant de la mer Rouge, on gouvernera à peu près vers l'E., sans grande difficulté, avec les chances de vent et de courants indiquées aux §§ 9 et 64. Il conviendra de faire route dans les environs de la partie milieu du golfe d'Aden, parce que l'on y trouvera généralement les vents mieux établis; mais, dans le cas où les brises seraient faibles ou variables, il faudrait se tenir un peu plus près de la côte d'Arabie que de la côte d'Afrique, attendu que dans le voisinage de celle-ci, on serait exposé à rencontrer les courants portant à l'O. En dehors du golfe, c'est-à-dire quand on aura dépassé dans l'E., la ligne joignant le cap Guardafui à Ras Kosaïr, on commencera à entrer dans la mousson de S.O., par laquelle le navire sera poussé vers sa destination, avec le vent sous vergues.

Les navires destinés à Bombay, à partir du moment où ils ont trouvé la mousson de S.O., gouvernent à peu près directement sur l'île Keneri, qui est située dans le S. de Bombay. Le tableau que nous donnons plus loin indique les croisements de cette route, et l'on trouvera au § 153 des indications pour l'atterrage. Pendant cette traversée, *les courants* porteront d'abord vers l'E., avec une vitesse de 30 à 60 milles par 24 h. jusque vers 55°E.; puis ils porteront au N.E., vitesse de 18 à 30 milles, jusque par 60° ou 62°E. ; ensuite vers l'E., vitesse d'une douzaine de milles ; enfin, au-delà de 63° ou 64°E., ils porteront au S.E., vitesse de 18 à 30 milles, et quelquefois à 40 milles : ces directions et ces vitesses ne sont d'ailleurs que des moyennes générales. *Les vents* de la mousson de S.O., en avril, mai et juin, souffleront ordinairement du S.O. et quelquefois du S.E., jusque vers 58°E. ; puis, ils souffleront aussi souvent de la partie du N.O. que du S.O. jusqu'à l'atterrage. En juillet, août et septembre, les vents généraux de S.O. hâleront souvent l'O.S.O., dans la partie centrale de la mer d'Oman ; puis, les vents de N.O. remplaceront parfois les vents de S.O., quand on se rapprochera de la côte de l'Hindoustan.

Etant destiné à des ports dans le S. de Bombay, tels que Viziadroog, Goa, Carwar, jusques et y compris Mangalore et Cannanore, on doit encore, à partir du moment où l'on a trouvé la mousson de S.O., faire une route à peu près directe. Nous donnons plus loin le tableau des croisements pour aller à Mangalore ; on trouvera d'ailleurs, dans les §§ 154 à 158, des indications pour l'atterrage. Nous ferons remarquer ici que les navires allant à Mangalore et à Cannanore devront bien veiller et se défier des courants, en gouvernant de manière à doubler suffisamment dans le N. le récif Cherbaniani, sur lequel nous donnerons plus loin des renseignements. Les navires allant à Viziadroog pourront rectifier leur longitude, en sondant sur le banc Angria ; ceux destinés à Goa, et à port Carwar pourront également rectifier leur position, en passant sur les bancs Basses de Pedro, Sesostris et Cora-Divh. Tous ces bancs sont décrits ci-après. Les chances de courants et de vents, dans ces traversées, sont à peu près celles que nous venons d'indiquer pour les navires destinés à Bombay.

Le récif Cherbaniani, ou *Cherabiani*, ou *Beleapani*, est le plus N. des récifs dès Laquedives. Il est compris entre 12°17′ et 12°24′N. ; et son extrémité S. est par 69°32′E. Ce récif est très-accore, excepté dans sa partie S. et S.O., où existe un plateau de sondes n'ayant qu'un mille d'étendue ; on ne pourrait d'ailleurs y mouiller que pendant la mousson de N.E.

Les Basses de Pedro, ou *banc Padua*, ou *Munyal-Par*, sont autant de noms donnés au banc qui a la forme d'un croissant, long de 70 milles, et large de 10 à 15 milles, situé entre 12°30′ et 13°40′N., et entre 69°55′ et 70°25′E. Il est accore, et l'on n'observe point de décoloration de l'eau quand on passe dessus. Dans la partie N. de ce banc, les sondes varient de 40 à 51 mètres ; et dans la partie S., de 47 à 62 mètres, fond de sable, coquilles et corail pourri.

Le banc Sésostris gît à 15 milles dans l'O. des Basses de Pedro ; il est compris entre 13°0′N. et 13°15′N., et de 69°32′E. à 69°45′E. Ce banc est accore ; il porte généralement de 33 à 51 mètres d'eau, mais on a trouvé des sondes de 20 à 22 mètres, à ses extrémités N. et S.

Le banc Cora-Divh, appelé aussi *Petit banc Padua*, est compris entre 13°34′ et 13°52′N., et a son centre par 69°50′E. Il se trouve dans le N.N.E. du banc Sesostris et dans le N.O. des Basses de Pedro. Sa longueur est d'environ 20 milles, dans la direction N.N.E. et S.S.O. ; et sa largeur, de 6 milles. Les sondes, sur ce banc, varient de 44 à 53 mètres, sable, coquilles brisées et corail en décomposition.

Le banc Ada, situé entre les parallèles 14° et 15°N., et dont la position ne semble pas sûrement déterminée, porte des fonds d'environ 70 à 95 mètres.

Le banc Angria, situé entre 16°18′ et 16°39′N., est à 65 milles dans l'O. de Viziadroog, de sorte qu'il fournit un excellent point de reconnaissance pour les navires destinés à ce port. Ce banc a 22 milles de longueur, dans la direction N. et S. ; et 10 milles de largeur, dans la direction E. et O. ; il est accore, et porte de 22 à 27 mètres d'eau, roche et fond dur.

Les navires destinés aux ports plus S. que Cannanore, ainsi qu'à Ceylan et au golfe du Bengale, doivent, à partir du moment où ils ont trouvé la mousson de S.O., gouverner à peu près directement pour aller prendre : soit le chenal des Neuf-Degrés ; soit celui des Huit-Degrés. *Ceux qui se rendent à Calicut, Cochin, Alipee et Quilon*, prennent le chenal des Neuf-Degrés, et peuvent suivre les points de croisement indiqués dans le tableau que nous donnons plus loin. On trouve des instructions, pour le passage du chenal, en se reportant au § 266. *Ceux qui se rendent à Ceylan, ou au golfe du Bengale*, ont le choix entre le chenal des Huit et celui des Neuf-Degrés (§§ 266 et 267). Le Tableau que l'on trouvera plus loin donne les croisements des deux routes, par l'un et l'autre de ces passages. Le chenal des Huit-Degrés a l'avantage d'être plus direct, quand on doit aller à pointe de Galles, ou dans le golfe du Bengale. Il ne faudra pas hésiter à le prendre, lorsque l'on ne sera pas trop incertain de sa position, et que les vents de S.O. seront bien établis. La route, par le chenal des Neuf-Degrés, quoique un peu plus longue, offre l'avantage de permettre au capitaine de rectifier son point, en allant chercher les sondes, sur le banc qui tient au cap Comorin, entre 9°0'N. et 8°04'N., et en prenant connaissance au besoin du phare de Cadiapatam. Quand on aura pris cette route, par le chenal des Neuf-Degrés, et lorsque l'on gouvernera pour rallier les sondes de la côte de l'Hindoustan, entre Quilon et le cap Comorin, il ne faudra point s'approcher de terre par des fonds inférieurs à 55 mètres. Le navire étant parvenu sur les sondes, par le travers du cap Comorin, il conviendra de gouverner au S.E., ou au S.E.$^1/_2$S., jusqu'à ce que l'on ait atteint le parallèle de Galles ; et l'on se défiera de l'effet des courants qui porteront souvent vers le N.E., pendant que l'on passera devant le golfe de Manaar (voir § 268, page 511). Pendant ces traversées, entre Socotora et les Laquedives, *les courants* porteront généralement : d'abord vers l'E., avec une vitesse de 30 à 60 milles par 24 heures jusque vers 55°E. ; puis, encore vers l'E., mais avec une vitesse qui décroîtra graduellement et qui sera seulement de 18 à 24 milles par 24 heures, entre 58° et 68°E. ; au-delà de ce dernier méridien, les courants porteront ordinairement vers le S.E. *Les vents* de la mousson de S.O., en avril, mai et juin, souffleront en général de la partie du S.O. jusqu'au méridien de 58°E. ; ensuite ils alterneront assez fréquemment avec des vents de N.O., et quelquefois avec des vents de N.E., jusque vers 63°E. ; au-delà de ce méridien, on n'aura plus ordinairement que des vents de la partie du S.O. ou du N.O. En juillet, août et septembre, les vents bien établis d'abord du S.O. hâleront fréquemment l'O.N.O. pendant qu'on traversera la partie centrale de la mer d'Oman ; et ils hâleront parfois le N.O., lorsqu'on se rapprochera davantage des Laquedives et de l'Hindoustan.

Nous donnons ci-après le Tableau des croisements des différentes routes que nous venons de décrire :

TABLEAU

Des Croisements des routes que les *voiliers* peuvent se proposer de suivre, *du commencement de Mai à la fin de Septembre*, c'est-à-dire *pendant la mousson de S.O., en partant d'Aden, pour aller à Bombay, à la côte de Malabar et à Ceylan.*

LATITUDES SUIVANT LESQUELLES ON POURRA COUPER LES MÉRIDIENS DE													POINTS de DESTINATION.
46° E.	48° E.	50° E.	52° E.	54° E.	60° E.	64° E.	66° E.	68° E.	70° E.	72° E.	74° S.	76° E.	
N.	N.	N.	N.	N.	N.	N.	N.	N.	N.	N.	N.	N.	
13° 10′	13° 40′	14° 15′	14° 35′	15° 00′	16° 30′	17° 15′	17° 30′	18° 00′	18° 20′	....	....	....	Bombay.
13 10	13 30	13 30	13 28	13 26	13 22	13 19	13 17	13 16	13 15	13° 05′	....	....	Mangalore.
13 10	13 30	13 30	13 30	13 00	11 35	10 35	10 05	9 40	9 20	9 25	....	....	Mahé, Cochin et Calicut *(par le chenal des 9°).*
13 10	13 30	13 30	13 30	13 00	11 35	10 35	10 05	9 40	9 20	9 00	8° 40′	7° 00′	Ceylan *(par le chenal des 9°).*
13 10	13 30	13 30	13 30	12 55	11 05	9 55	9 20	8 40	8 00	7 30	7 00	6 15	Ceylan *(par le chenal des 8°).*

2° *Route par le Nord, pour les voiliers, au commencement et à la fin de la mousson de N.E., c'est-à-dire en partant d'Aden en Septembre et au commencement d'Octobre, ou en Février, en Mars et au commencement d'Avril.*

Les navires qui partent d'Aden dans le courant de septembre, ou vers le commencement d'octobre, arrivent dans la mer d'Oman, à l'époque où la mousson de N.E. commence à s'établir. Les navires qui partent d'Aden dans le courant de février ou de mars, ou dans les premiers jours d'avril, rencontrent également dans la mer d'Oman la mousson de N.E., qui n'a pas encore cessé de souffler. Dans l'un et l'autre cas, on doit donc s'attendre, en sortant du golfe d'Aden, à trouver le vent et le courant contraires, de sorte qu'il n'y a pas à songer à faire à la voile la traversée directe, pour se rendre à Bombay, à la côte de Malabar, ou à Ceylan.

A ces deux époques, c'est-à-dire au commencement et à la fin de la mousson de N.E. de la mer d'Oman, il n'y a point non plus possibilité de compter sur la mousson de N.O., qui n'est guère établie que de novembre en mars, dans des parages voisins de l'Equateur. Par suite, il est encore impossible de songer à faire à la voile la traversée, par le S., avec la mousson de N.O., comme nous le conseillerons plus loin, dans la troisième et dernière partie du présent paragraphe, aux navires qui ont à se rendre à la côte de l'Hindoustan, durant le fort de la mousson de N.E. de la mer d'Oman.

Ainsi, ne pouvant faire la route directe, ni la route par le S., le seul parti à prendre est de chercher à s'élever dans le N. et dans l'E., en remontant le long de la côte d'Arabie, jusqu'à ce que l'on se trouve assez au vent, pour pouvoir se risquer à traverser la mer d'Oman, au plus près, et pour atteindre sa destination. Nous allons donner à ce sujet les instructions qui nous semblent les meilleures.

En partant d'Aden, on cherchera d'abord à se tenir dans le milieu du golfe, pour s'élever vers l'E. Si les vents de la partie de l'E. et du N.E. sont trop frais, on pourra se rapprocher de la côte d'Arabie. Mais, si les vents sont modérés, et si les courants portant vers l'O. sont forts, il sera généralement avantageux de se rapprocher de la côte d'Afrique où le courant contraire a moins de vitesse. La sortie du golfe d'Aden sera pénible; les vents domineront du N.E. et de l'E. (v. page 29), et les courants porteront surtout vers l'O. (v. page 150). La vitesse des courants variera de 12 à 30 milles par 24 heures, et elle atteindra parfois 48 milles; elle sera ordinairement plus forte au milieu du golfe, et près de la côte d'Arabie, que le long de la côte d'Afrique. Il ne faudra point cependant se rapprocher trop de cette côte, en prévision du cas où les vents viendraient à forcer.

Ayant atteint les environs du méridien de Ras Rehmat, on louvoiera le long de la côte d'Arabie, en mettant tous ses soins à profiter de chaque variation de la brise, pour prendre et pour prolonger les bordées les plus favorables. Le courant sera généralement contraire et portera vers l'O., ou l'O.S.O. (v. page 156); cependant, vers les époques des nouvelles et pleines lunes, il arrivera parfois qu'ils porteront au vent pendant 3 ou 4 jours de suite. Lorsque le courant contraire aura beaucoup de force auprès de terre, il conviendra de se tenir à 60 ou 80 milles au large. Mais, quand les brises seront faibles, il vaudra encore mieux rester près de la côte, afin de profiter des courants de marées et des brises de terre accidentelles. En se tenant ainsi à très-petite distance de terre, on pourra avoir la faculté de mouiller, chaque fois que l'on se verra dans l'impossibilité de gagner.

Examinons d'abord le cas où le navire sera parti d'Aden, dans le courant de septembre, ou au commencement d'octobre. Il se trouvera donc rendu, le long de la côte d'Arabie vers la fin d'octobre, ou peut-être au commencement de novembre. A cette époque, nous pensons que, *quelle que soit la destination*, il suffira de s'élever, le long de la côte d'Arabie, jusque vers le parallèle de 17°N., ou à la hauteur des Iles Kuryan Muryan; on pourra peut-être même se dispenser quelquefois d'aller aussi loin. En quittant la côte d'Arabie, on se proposera d'aller prendre le chenal des Neuf-Degrés. Pendant la traversée de la mer d'Oman, *le courant* portera d'abord vers le S.O., avec une vitesse de 18 à 42 milles par 24 heures, jusque vers le méridien de 58°E.; puis, entre ce méridien et celui de 68°E., sa vitesse variera de 12 à 30 milles portant vers l'O.S.O. *Les vents* domineront de la partie du N.E.; ils alterneront assez souvent avec des vents de N.O., ce qui sera favorable; mais malheureusement il faudra beaucoup se défier des brises molles et des calmes. Il sera donc prudent, à partir des îles Kuryan Muryan, de ne négliger aucune chance de vent favorable pour se tenir le plus dans le N. qu'on le pourra. Si l'on est destiné à Bombay, Goa ou Carwar, etc., et si la bordée permet de doubler sûrement les Laquedives dans le N., la route se trouvera naturellement abrégée ; mais nous pensons que cela n'arrivera que fort rarement, et que l'on devra très-généralement se résigner à prendre le chenal des Neuf-Degrés. A l'extrême rigueur, on pourrait passer par celui des Huit-Degrés ; mais il vaudra mieux ne point le prendre à cette époque. Ayant passé le chenal des Neuf-Degrés, comme il est dit au § 267, on ralliera la côte de l'Hindoustan, qu'il sera facile de remonter et de descendre, à cette époque, ainsi que nous l'avons indiqué aux §§ 268 et 269. On trouvera des instructions pour remonter la côte, dans le premier de ces paragraphes, où l'on verra qu'en décembre et janvier, la traversée du cap Comorin à Bombay peut se faire dans une huitaine de jours ; il sera donc possible de gagner promptement dans le N., le long de la côte d'Hindoustan, ce que l'on n'aurait pu faire sans d'excessives difficultés le long de la côte d'Arabie. Quant aux navires destinés à Alipee, Quilon et Ceylan, ils iront chercher les sondes de la côte de l'Hindoustan, et feront route également sans peine, en suivant les indications du § 269. Nous donnons d'ailleurs plus loin le tableau des croisements que l'on pourra généralement se proposer de suivre.

Examinons maintenant le cas où le navire sera parti d'Aden, dans le courant de février, de mars, ou dans les premiers jours d'avril. On peut admettre qu'il se trouvera rendu le long de la côte d'Arabie, vers le commencement ou vers le milieu d'avril. A cette époque, les circonstances sont tout-à-fait différentes de celles que nous venons d'examiner ; et il serait très-défavorable d'aller chercher le chenal des Neuf-Degrés pour se rendre par exémple à Bombay, puisque la côte de l'Hindoustan est très-difficile à remonter à partir du mois de mai. D'un autre côté, le navire se trouvant sur la côte d'Arabie vers le milieu d'avril, il y a tout avantage à continuer d'y rester pendant quelque temps pour s'élever davantage vers le N. et l'E., le long de cette côte; en gagnant un peu plus au vent, on se mettra en meilleure position pour traverser avec la fin de la mousson de N.E. ; et enfin, en attendant un peu plus longtemps, on aura la chance de trouver dans le golfe des vents de N.O. ou de S.O., précurseurs de la mousson de S.O. qui sera sur le point de s'établir. Il est clair que, dans cette circonstance, en traversant quelques jours plus tôt ou plus tard, les conditions de la traversée peuvent se trouver complétement modifiées. Il n'est donc point possible de fixer la route à suivre, d'une manière invariable, mais seulement d'après des probabilités moyennes. Ainsi, nous pensons qu'en avril, et surtout pendant la seconde quinzaine de ce mois, les navires *destinés à Bombay* devront, tant qu'ils auront les vents de la partie du N.E., remonter en louvoyant le long de la côte d'Arabie, jusqu'à ce qu'ils aient doublé Masirah ; et nous croyons que, parvenus à cette hauteur, ils pourront traverser la mer d'Oman et atteindre sinon Bombay, du moins la côte d'Hindoustan à une distance modérée du port. *Quant aux navires destinés à Goa, Mangalore, Calicut, Cochin, Quilon et Ceylan*, il suffira probablement qu'ils s'élèvent jusqu'à Ras Madraka, ou Isolette ; et, quand ils auront atteint cette hauteur, ils pourront traverser. Nous pensons que la bordée prolongée leur fera doubler les Laquedives dans le Nord, en passant par exemple sur les Basses de Pedro, ou sur le banc Adas. Ayant atteint les sondes de la côte d'Hindoustan, on la descendra vers le S. pour se rendre à sa destination, comme il est dit au § 268. Pendant la traversée de la mer d'Oman, entre la côte d'Arabie et celle de l'Hindoustan, *les courants* porteront d'abord vers le S.O., avec une vitesse de 18 à 42 milles par 24 heures, jusque vers le méridien de 58°E. ; puis, entre ce méridien et celui de 68°E., leur vitesse variera de 12 à 30 milles, portant vers l'O.S.O. *Les vents*, dominants de la partie du N.E., joueront fréquemment au N., au N.O., et parfois commenceront à tourner au S.O. ; les calmes et les petites brises seront rares. Nous donnons ci-après le tableau des croisements que l'on pourra généralement se proposer de suivre.

TABLEAU

Des Croisements de routes que *les voiliers* peuvent se proposer de suivre, *pour aller à Bombay, à la côte de Malabar et à Ceylan, lorsqu'ils partent d'Aden, dans le courant de Septembre et au commencement d'Octobre, ou bien dans le courant de Février, de Mars et au commencement d'Avril,* c'est-à-dire au commencement et à la fin de la mousson de N.E. de la mer d'Oman, quand il est trop tôt, ou trop tard, pour pouvoir compter sur la mousson de N.O. de l'hémisphère Sud.

ÉPOQUE vers laquelle on traversera la mer d'Oman.	LATITUDES SUIVANT LESQUELLES ON COUPERA LES MÉRIDIENS DE															PORTS de DESTINATION.
	46°E.	48°E.	50°E.	52°E.	54°E.	56°E.	58°E.	60°E.	64°E.	66°E.	68°E.	70°E.	72°E.	74°E.	76°E.	
	N.	N.	N.	N.	N.	N.	N.	N.	N.	N.	N.	N.	N.	N.	N.	
	° ′	° ′	° ′	° ′	° ′	° ′	° ′	° ′	° ′	° ′	° ′	° ′	° ′	° ′	° ′	
Octobre ou Novembre.	13 10	14 20	15 00	16 20	17 00	16 20	15 30	14 45	13 00	11 40	10 30	9 20	9 30	....	....	De Cochin à Bombay.
	13 10	14 20	15 00	16 20	17 00	16 20	15 30	14 45	13 00	11 40	10 30	9 20	9 00	8 40	7 00	Ceylan.
Avril.	13 10	14 20	15 00	16 20	17 00	19 00	21 00	20 40	20 00	19 30	19 10	....	....	....	....	Bombay.
	13 10	14 20	15 00	16 20	17 00	19 00	18 40	18 00	17 00	16 00	15 00	14 10	12 30	8 00	6 30	de Mangalore à Ceylan

3° Route par le Sud, pour les voiliers, en partant d'Aden de la fin d'Octobre au milieu de Janvier.

Si des circonstances majeures obligent un navire à voiles à partir d'Aden, de la fin d'octobre au milieu de janvier, pour aller à Bombay, à la côte de Malabar ou à Ceylan, il faudra s'attendre à faire une longue traversée, quelle que soit d'ailleurs la route que l'on se détermine à suivre. Effectivement, pendant cette période, la mousson contraire soufflera du N.E., dans toute la mer d'Oman; et, si l'on se résout à faire route par le N., comme nous l'avons indiqué dans les pages précédentes, il faudra s'élever très-haut le long de la côte d'Arabie, avant de s'aventurer à prolonger sa bordée jusqu'à la côte de l'Hindoustan. Les instructions de Horsburgh citent des traversées de 3 et 4 mois, et même plus, pour aller d'Aden à Ras-al-Hed, point extrême de la côte d'Arabie qu'il s'agirait d'atteindre en général si l'on voulait se diriger ensuite sûrement sur Bombay. Cette route par le N. est la seule qu'on puisse suivre, au commencement et à la fin de la mousson de N.E.; mais, pendant le fort de cette mousson, nous pensons qu'il est moins pénible et probablement plus court de suivre la route par le S., telle que nous allons la décrire, en profitant de la mousson de N.O. qui règne à cette époque, de manière à faire son chemin vers l'E. sur des parallèles voisins de l'Equateur.

Ainsi, nous conseillerons la route suivante.

En partant d'Aden entre la fin d'octobre et le milieu de janvier, il sera bon de chercher d'abord à se tenir dans le milieu du golfe, pour s'élever vers l'E. Si les vents de la partie de l'E. et du N.E. sont trop frais, on pourra se rapprocher de la côte d'Arabie. Mais, tant que les vents seront modérés, il sera généralement préférable de se rapprocher de la côte d'Afrique, où le courant contraire aura moins de vitesse. La sortie du golfe d'Aden sera pénible; les vents domineront du N.E. et de l'E. (voir page 29), et les courants porteront surtout vers l'O. (voir page 150). La vitesse des courants variera de 12 à 30 milles par 24 heures, et elle atteindra parfois 48 milles; elle sera ordinairement plus forte au milieu du golfe, et auprès de la côte d'Arabie, que le long de la côte d'Afrique. Il ne faudra point cependant se tenir trop près de cette côte, en prévision du cas où les vents viendraient à forcer. On passera entre le cap Guardafui et

Socotora, avec les vents généralement favorables, mais avec le courant contraire qui portera ordinairement vers le N. ou le N.O. Puis, on fera une route dirigée à peu près vers le S.E. ou le S.S.E., comme l'indique le tableau placé plus loin, afin d'aller chercher les parages où doit régner la mousson de N.O. Si l'on trouve cette mousson réellement établie, il sera assez facile de faire promptement son chemin vers l'E., ayant en plus pour soi le courant favorable; et l'on remontera vers le N.E. et le N., quand le navire se trouvera en bonne position pour atteindre Ceylan ou le cap Comorin. Les navires destinés à la côte de Malabar et à Bombay termineront aisément leur traversée, en remontant en quelques jours la côte de l'Hindoustan; la navigation sur cette côte ne présentant point de difficulté, de la fin de novembre en mars (voir § 269).

Les navires partis d'Aden entre la fin d'octobre et la fin de novembre suivront la première des deux routes indiquées dans le le tableau placé à la fin de ce paragraphe. Après avoir dépassé le cap Guardafui, les vents domineront ordinairement de la partie du N.E. jusque vers 53°E. Au-delà de ce méridien, les vents seront moins réguliers; ils joueront surtout du N.E. au N.O., et l'on commencera à avoir quelques chances de calmes. On pourra trouver la mousson de N.O., c'est-à-dire les vents dominants de la partie de l'O., à partir de 5°N. coupé dans les environs de 57°E.; mais, en général, on ne devra point compter avec quelque certitude sur ces brises avant d'avoir atteint l'Equateur par 62°E. environ. Le navire restera ensuite soumis aux temps assez incertains de la mousson de N.O., avec des calmes assez fréquents, mais avec le courant généralement favorable, comme nous l'indiquerons plus loin. On coupera une seconde fois l'Equateur par 80°30'E. environ.; et, à partir de ce moment, les vents de la partie de l'O. seront moins fréquents. Ce sera à partir de 4°N. environ, que l'on pourra s'attendre à voir reparaître les brises de la partie du N.E. En résumé, durant toute la partie de la route vers l'E. comprise dans le S. de 5°N., on aura à craindre des calmes assez fréquents et les brises seront souvent faibles; il en sera de même également quand on remontera vers le N., dans la partie de la route au N. du parallèle de 5°N. jusqu'aux environs du cap Comorin.

Les navires partis d'Aden entre la fin de novembre et la fin de janvier suivront la seconde des deux routes indiquées dans le tableau placé à la fin de ce paragraphe. Après avoir dépassé le cap Guardafui, les vents domineront de la partie du N.E. et du N.N.E.; et ils seront généralement bien établis jusqu'à ce qu'on ait atteint l'Equateur par 59°E. environ. A partir de ce moment, et pendant tout le temps que l'on restera dans le S. de la Ligne, les vents domineront du N.O. à l'O.N.O. et au N.N.O.; ils seront mieux établis que durant les deux mois précédents et les calmes seront bien moins fréquents; enfin les courants seront généralement favorables, comme nous l'indiquerons plus loin. Le navire fera tout son chemin vers l'E., sur le parallèle de 3° ou de 3°30′S., entre les méridiens de 63° et de 75°E. Au-delà de cette dernière longitude, la route commencera à remonter vers le N.; on coupera ainsi, une première fois, 85°E. par 1°30′S.; puis l'Equateur par 86° ou 87°E.; enfin le même méridien de 85°E., une seconde fois, par 2°30′N. environ; et l'on sera alors en bonne position pour gagner le S. de Ceylan et le cap Comorin. Les brises généralement favorables de la mousson de N.O. cesseront à peu près dans les environs de l'Equateur; et les alizés de N.E. commenceront à se faire sentir, à partir des parallèles de 2° et 3°N. La route que nous indiquons fait couper 83°E. par 5°N.; et il sera bon de ne pas couper ce méridien plus dans le S., car l'on pourrait, dans le S. de 5°N. et dans l'O. de 83°E., trouver assez souvent des calmes.

A partir du cap Guardafui, les courants porteront d'abord au N.O., puis à l'O. et au S.O., avec une vitesse variable de 18 à 54 milles par 24 heures, jusque vers le parallèle de 10°N. Entre 10°N. et 5°N., les courants seront peu réguliers, quoique généralement dirigés vers l'O. et l'O.S.O., avec une vitesse de 18 à 30 milles par 24 heures. Entre 5° et 2°N. environ, ils porteront à l'O. et au S.O., vitesse de 30 à 48 milles. Ensuite, *quand on suivra la route de novembre et décembre*, le courant commencera à porter vers l'E. à partir du moment où l'on aura dépassé 2°N. dans le S.; la vitesse de ce courant favorable sera généralement régulière de de 18 à 30 milles, surtout quand on sera dans le S. de l'Equateur; et elle pourra même atteindre exceptionnellement 60 milles lorsque le navire se trouvera dans le S. des Maldives. Le courant se maintiendra ordinairement vers l'E. jusqu'à ce que la route remontant vers le N. ait pour la seconde fois coupé l'Equateur et atteint 2°N. Dans le N. de ce dernier parallèle, le mouvement des eaux recommencera à porter vers l'O., avec une vitesse qui variera de 18 à 48 milles par 24 heures, jusque dans les parages de Ceylan et du cap Comorin. *Lorsque l'on suivra la route de janvier et février,* les navires venant de Guardafui continueront à ressentir, entre 2°N. et l'Equateur, le courant portant au S.O. qui ira en mollissant. Ce ne sera alors que dans le S. de la Ligne, que le courant vers l'E. commencera à se faire sentir, avec une vitesse variable de 30 à 40 milles. Ce courant favorable cessera généralement dès que la route remontant vers le N. atteindra pour la seconde fois, le parallèle de 1°30'S. dans les environs de 84° ou 85°E. Dans le N. de ce point de croisement, le courant recommencera à porter vers l'O., avec une vitesse qui variera en moyenne, de 18 à 48 milles jusque vers 2°N.; et, de 14 à 60 milles, entre 2°N. et les parages de la côte S. de Ceylan.

Nous donnons ci-après le Tableau des *deux routes* que nous conseillons aux voiliers, suivant que la saison sera plus ou moins avancée, pour se rendre d'Aden à Ceylan, et à la côte de Malabar et à Bombay, par la route dite *du Sud.*

TABLEAU

Des Croisements de la route, *par le Sud*, que *les voiliers* pourront suivre *de Novembre en Mars*, en partant *d'Aden pour aller à Ceylan, à la côte de Malabar et à Bombay.*

ÉPOQUES AUXQUELLES LE NAVIRE		LATITUDES SUIVANT LESQUELLES IL CONVIENDRA DE COUPER LES MÉRIDIENS DE																	
partira d'Aden.	arrivera dans la mousson de N.O.	48° E.	53° E.	58° E.	63° E.	68° E.	73° E.	78° E.	80° 50′ E.	83° E.	85° E.	86° E.	85° E.	83° E.	80° E.	78° E.	76° E.	75° E.	74° E.
		N.	N.	N.	S.	S.	S.	S.							N.	N.	N.	N.	N.
De la fin d'Octobre à la fin de Novembre.	En Novembre et Décembre.	12° 30′	7° 00′	3° 00′	1° 00′	2° 00′	2° 00′	1° 30′	Équat^r	……	……	……	……	……	5° 00′	5° 20′	7° 00′	7° 50′	8° 30′
									S.	S.	S.		N.	N.					
Du 1er Décembre à la fin de Janvier.	De la fin de Décembre à la fin de Février.	12 30	7 30	1 30	3 00	3 30	3 30	3 00	2° 45′	2° 30′	1° 30′	Équat^r	2° 30′	5° 00′	5 10	5 20	7 00	7 50	8 30

§ 271. — **Route des navires à vapeur partant d'Aden à destination de Bombay, de la côte de Malabar et de Ceylan.**

Les paquebots allant d'Aden à Bombay font route directement sur leur destination, en toutes saisons.

Ceux qui se rendent à Ceylan font aussi une route directe, à toutes les époques de l'année, passant bien entendu dans le N. de Socotora, et allant chercher Minicoy et le chenal des Neuf ou plutôt celui des Huit-Degrés. On trouvera d'ailleurs, au § 325, des tableaux donnant, pour chaque mois, les croisements de la route de nos paquebots des Messageries maritimes, qui font ce service régulier.

Pendant la mousson de S.O., étant destiné à Bombay, la seule recommandation importante à faire aux capitaines de navires à vapeur est de ne négliger aucune occasion de rectifier leur position, à l'aide d'observations astronomiques ; de veiller beaucoup la sonde à l'atterrage ; et de ne point se laisser entraîner à dépasser Bombay dans le N. Le feu de l'île Kennery simplifie beaucoup cet atterrage, sur lequel on trouvera des instructions à la page 279.

Pendant la mousson de N.E., étant destiné à Bombay avec un navire-mixte, il conviendra de suivre une route se rapprochant d'autant plus de celle des voiliers que l'on jugera son navire moins bon à la vapeur. Il faudra donc s'élever, à la vapeur, aidé généralement par les voiles, ou du moins par les goëlettes, le long de la côte E. d'Arabie jusqu'à une hauteur très-variable selon la valeur du navire que l'on commandera. Avec un bon navire, les environs de la baie Kuryan-Muryan seront ordinairement une limite suffisante, sinon pour atteindre directement Bombay, du moins pour parvenir à doubler suffisamment dans le N. la chaîne des Laquedives. Lorsque la bordée aura permis de doubler cette chaîne de dangers, et d'atteindre la côte de l'Hindoustan dans le S. de Bombay, la traversée s'achèvera aisément à cette époque, en remontant le long de cette côte, ainsi que cela est indiqué page 518.

Etant destinés à Ceylan, pendant la mousson de S.O., les vapeurs font route vers l'E., à peu près dans la partie centrale du golfe d'Aden, et passent à 50 milles au moins dans le N. de Socotora. En suivant cette route, une longue houle venant du S.E. $^1/_4$S. environ commence ordinairement à se faire sentir, au moment où l'on approche du méridien de la haute terre de Guardafui. Il convient alors de mettre le cap à l'E.$^1/_4$N.E., ou même à l'E.N.E., appuyé par ses goëlettes, et de faire cette route pendant quelques heures. On verra après un certain temps, le vent tourner graduellement au S.$^1/_4$S.E., au S.$^1/_4$S.O. et au S.O., de sorte qu'il deviendra bientôt facile de mettre le cap sur Minicoy, à l'E.$^1/_4$S.E. quelques degrés S. environ, pour chercher le chenal des Huit-Degrés et se diriger sur Ceylan. Cette route, indiquée dans les instructions du commander Taylor, est bien préférable à celle par le S. de Socotora, qui ferait traverser, au S. de cette île, une région où la mer est très-dure et dangereuse. Lorsqu'un feu aura été allumé sur Minicoy, la traversée d'Aden à Ceylan se trouvera bien simplifiée et surtout beaucoup plus assurée.

Etant destinés à Ceylan, pendant la mousson de N.E., les vapeurs font aisément la route directe, passant dans le N. de Socotora et par le chenal des Huit-Degrés.

Les navires-mixtes destinés à Ceylan font facilement cette traversée, en toutes saisons. *En mousson de S.O.*, alors que la relâche de Pointe de Galles est mauvaise, les navires-mixtes qui voudront néanmoins s'y rendre, et tous ceux qui seront destinés au Bengale et à la Chine, feront la route directe sans difficulté, par le N. de Socotora et le chenal des Huit-Degrés. *En mousson de N.E.*, il pourra être avantageux, avec certains navires-mixtes, de s'élever à la vapeur, aidé des voiles ou du moins des goëlettes, le long de la côte d'Arabie, jusqu'à ce que l'on se trouve en assez bonne position pour se diriger ensuite, à la voile seule, sur Minicoy, en prenant alors une allure vent de travers, ou largue, plus favorable à la marche.

Etant destiné à la côte de Malabar, la route à suivre se déduira facilement de ce qui précède. Ainsi, *pendant la mousson de N.E.*, on se dirigera généralement sur Minicoy ; et, après avoir pris le chenal des Huit, ou celui des Neuf-Degrés, il sera aisé de remonter la côte, à cette époque, s'il le faut. *Durant la mousson de S.O.*, les vapeurs pourront, comme nous l'avons indiqué au paragraphe précédent pour les voiliers, faire une route directe pour tous les ports compris entre Bombay et Mangalore, ou Cannanore. Lorsqu'ils seront destinés à des points plus méridionaux, ils se dirigeront sur Minicoy, et prendront le chenal des Neuf, ou celui des Huit-Degrés.

§ 272. — Atterrage sur Ras-Hafoon et Guardafui.

Tous les navires revenant de l'Inde, de la Chine, de la Malaisie, de l'Australie, des Mascareignes et de Madagascar, etc., doivent, pendant la mousson de S.O., reconnaître la côte d'Afrique entre Ras-Hafoon et Guardafui, avant de doubler ce dernier cap et d'entrer dans le golfe d'Aden. Cette route est donc très-fréquentée ; et nous ajouterons que l'atterrage sur cette côte est délicat, pénible, on peut même dire dangereux. Deux paquebots s'y sont perdus, en juillet 1877 : le *Meïkong* (français), et le *Kashmire* (anglais).

Malgré les demandes des navigateurs de tous pays, les parages de Ras-Hafoon et de Guardafui sont encore absolument privés de phares, au moment où nous écrivons ces lignes. Il y a cependant peu de côtes où de bons feux seraient plus nécessaires. Après avoir émis cette opinion, nous croyons devoir signaler que, si l'on finit par obtenir l'éclairage de ces parages, les capitaines devront bien se garder d'une trop grande sécurité, car les temps bouchés et obscurs de la mousson de S.O. empêcheront souvent de voir les phares ; et l'atterrage sera toujours pénible.

Voici les renseignements que donnent, sur cet atterrage, les instructions de HORSBURGH, de WARD et de TAYLOR. Nous les reproduisons, en les réunissant dans ce paragraphe spécial, à cause de leur grande importance, et pour permettre plus facilement au lecteur de s'y reporter, dans les diverses routes que nous étudierons par la suite. Nous insisterons d'ailleurs plus spécialement sur les recommandations que nous jugerons les plus importantes.

Ras-Hafoon est situé par 10°27'N. et 49°02'E. Ce cap est formé par une presqu'île, dont la hauteur varie de 120 à 180 mètres, et qui est réunie au continent africain par une langue de terre basse composée de sable, coquilles et vase. Elle a environ 9 milles de long, dans la direction E. et O., et elle forme une baie profonde, où l'on pourrait trouver un bon mouillage, d'un bord ou de l'autre, suivant la mousson régnante. L'extrémité S. de Ras-Hafoon est haute et aplatie ; et, quand on l'aperçoit de loin, elle semble séparée de la haute terre du cap. Pendant la nuit, ou avec les temps sombres de la mousson de S.O., il faut bien veiller à ne pas se laisser affaler dans la baie située au S. de Ras-Hafoon. Durant le jour, on voit généralement l'eau changer de couleur, passant du bleu au vert foncé, lorsqu'on arrive sur le banc de sondes; ce changement de couleur de l'eau est un bon indice de l'approche de la terre. Il faudra aussi ouvrir bien l'œil à la sonde, car lorsqu'on trouvera de 90 à 70 mètres d'eau, le navire ne sera plus qu'à trois milles au plus de la côte. Enfin, de nuit comme de jour, on sera très-généralement averti du voisinage de la terre, par le changement de direction de la houle. C'est là une précieuse indication, pendant la mousson de S.O. comme pendant la mousson de N.E.; nous pensons qu'elle trompera rarement, et nous connaissons plusieurs exemples de capitaines qui sont redevables uniquement à cette observation du salut de leurs navires. En mousson de S.O., au moment où l'on va accoster la côte; le courant portant au N. et au N.E. est ordinairement très-fort; le temps est généralement bouché; et l'atmosphère, chargée d'humidité; la terre ne peut souvent être aperçue que lorsqu'on est presque dessus; enfin, quoiqu'on fasse, la vitesse du navire est ordinairement assez grande; toutes ces conditions réunies doivent rendre très-prudent. Pendant cette mousson, si l'on atterrit dans le N. de Ras-Hafoon, comme cela est recommandé, on fera les observations suivantes, dès que le navire aura dépassé dans l'O. le méridien de Ras-Hafoon : la mer deviendra immédiatement plus belle; la houle de S.O. changera de direction, et viendra d'une direction à l'E. du S., par exemple, du S.S.E. ou du S.E.; l'eau passera du bleu au vert foncé, si ce changement de couleur ne s'est pas déjà produit avant; enfin, on fera constamment jeter la sonde, et l'on fera veiller devant par des hommes de choix placés sur le gaillard d'avant et dans la mâture.

A l'atterrage, comme nous l'avons déjà dit, il conviendra de se défier beaucoup du courant qui portera généralement vers la partie du N.E., le long de la côte, avec une très-grande vitesse, atteignant ordinairement 60 à 80 milles par 24 heures, et quelquefois jusqu'à 100 milles, pendant la mousson de S.O. bien entendu. A cette même époque, en suivant la côte d'Afrique jusqu'à Guardafui, on remarquera qu'en morte eau il n'y a point de jusant; tandis qu'en vives eaux, le jusant court auprès de la terre, vers la partie du S., c'est-à-dire en sens inverse du courant général.

Le cap Guardafui, ou *Ras Asir*, ou *Ahseer*, ou *Assair*, est le nom donné à l'extrême pointe N.E. de l'Afrique. Son élévation, au-dessus de la mer, est de 270 à 280 mètres. Ce cap est situé par 11°51'N. et 48°56'E., à environ 84 milles dans le N. de Ras Hafoon.

Entre Ras Hafoon et Guardafui, la côte forme deux courbures, ou larges baies, séparées l'une de l'autre par un promontoire escarpé et arrondi, que l'on appelle *Ras Ally Besh Quail*, ou *Ras Banna*, et qui gît par 11°09'N. environ.

La pointe Ras Shenareef, ou *Ras Jered Hafoon*, située à 10 milles seulement dans le S. du cap Guardafui, est formée par une montagne haute d'environ 760 mètres, s'élevant au-dessus de la mer en quatre gradins. Dans l'O. et dans le S.O. de Ras Shenareef, le plateau que forment les hautes terres est d'une élévation supérieure à 1500 mètres et peut être aperçu à une grande distance.

Les sondes, en s'approchant de Ras-Hafoon, sont de 70 à 90 mètres d'eau, quand on est à moins de 3 milles de terre. Entre Ras Hafoon et Guardafui, les sondes de 70 mètres et au-dessous se trouvent à moins de 6 milles de la côte. La limite des grandes sondes est à 5 milles seulement au large de Ras-Hafoon ; à 10 milles de Ras Ally Besh Quail; à 15 milles à l'E. de Ras Ahseer (ou Guardafui) ; et à 2 milles seulement dans le N. de ce cap.

§ 273. — Route des voiliers partant de Bombay, de la côte de Malabar, ou de Ceylan, à destination d'Aden ou de la Mer Rouge.

En étudiant dans le présent paragraphe les routes que pourront suivre les voiliers partant de la côte O. de l'Inde, ou de Ceylan, à destination d'Aden, nous distinguerons successivement quatre périodes. La première, correspondant à la mousson de N.E., sera celle où l'on pourra suivre une route directe. Les deux autres périodes, comprenant l'époque de transition entre la mousson de N.E. et celle de S.O., seront marquées par des routes de plus en plus méridionales, afin de placer le navire en bonne position lorsqu'il ressentira les premiers effets de la mousson de S.O. Enfin, la quatrième et dernière période, correspondant à la mousson de S.O., sera celle où l'on devra suivre la route du S., en faisant son chemin vers l'O. dans le S. de l'Equateur.

A la fin de chacune des quatre parties du présent paragraphe, on trouvera le Tableau des croisements des routes conseillées pour l'époque considérée, et pour quatre points de départ principaux.

1° *Route des voiliers partant*, du 1er Octobre au 1er Février, *de Bombay, de la côte de Malabar, ou de Ceylan, à destination d'Aden.*

A cette époque, la traversée sera facile, et la route sera donnée directement, de manière à passer à bonne distance dans le N. de Socotora.

En partant de Bombay, ou des ports voisins, on pourra gouverner de façon à reconnaître Ras-Fartak, sur la côte d'Arabie. Ce cap étant visible à une distance de 40 milles, il suffira d'en passer de jour à 20 ou 30 milles; mais, comme la terre est très-accore dans ces parages, la sonde ne pourra pas être un avertissement suffisant de l'approche de la côte, et il faudra par conséquent bien veiller surtout pendant la nuit, et tenir compte de l'effet irrégulier des courants. Au-delà de Ras-Fartak, on fera route en se tenant à quelque distance de la côte d'Arabie; et l'on atterrira sur Aden, en sondant au besoin. *En octobre, novembre et décembre*, pendant la traversée de la mer d'Oman, les vents domineront de la partie du N.E., variables au N.O. et à l'O.N.O., et l'on aura quelques chances de calmes. Dans le golfe d'Aden, les vents seront surtout de la partie de l'E., et l'on pourra trouver des calmes. *En janvier et février*, les vents domineront du N.O. au N.E. bien établis, dans la mer d'Oman; et ils souffleront surtout de la partie du N.E., avec peu de chances de calmes, dans le golfe d'Aden.

Les courants à partir de la côte de l'Hindoustan jusque vers 58°E. porteront généralement au S.O., avec une vitesse de 12 à 36 milles par 24 heures. Puis, au-delà de 58°E. jusque vers Ras-Fartak, ils porteront ordinairement au S., ou au S.O., de 18 à 36 milles par 24 heures; enfin, de Ras-Fartak à Aden, leur direction sera à peu près l'O.S.O., et leur vitesse de 18 à 36 milles. Nous donnons plus loin le Tableau des croisements de la route que nous conseillons.

En partant de Cannanore, de Mangalore, et des ports plus au N., on donnera la route pour passer bien dans le N. des Laquedives. Puis, l'on se dirigera sur le golfe d'Aden, en passant dans le N. de Socotora. Le Tableau que l'on trouve plus loin donne les croisements, pour les navires partant de Cannanore.

En partant des ports plus au S. que Cannanore, tels que Cochin, Mahé, Quilon, Colombo et Pointe de Galles, la route consiste à prendre le chenal des Neuf-Degrés, puis à se diriger sur le golfe d'Aden, en passant dans le N. de Socotora. Si l'on part de Ceylan, ou de ports situés dans le S., on trouvera des instructions au § 269, pour remonter la côte; et au § 267, pour le chenal des Neuf-Degrés. Le Tableau inséré plus loin indique la route à suivre.

Les navires venant de la côte de Malabar, Cannanore, Cochin, etc., *ou de Ceylan*, après avoir, comme nous venons de le dire, soit doublé les Laquedives par le N., soit passé par le chenal des Neuf-Degrés, rencontreront généralement les vents et les courants indiqués ci-après. *En octobre, novembre et décembre*, pendant la traversée de la mer d'Oman, les brises seront de N.E. à N.O., en dominant surtout du N.E., et l'on pourra avoir quelques calmes. Dans le golfe d'Aden, les vents souffleront surtout de la partie de l'E., et l'on pourra trouver des calmes. *En janvier, février et mars*, dans la mer d'Oman, les vents domineront du N.E.; on devra s'attendre à quelques calmes dans les parages des Laquedives et en s'approchant de Socotora ; mais, au centre de la mer d'Oman, les vents seront bien établis. Dans le golfe d'Aden, ils seront surtout du N.E., avec peu de calmes. *Les courants*, après avoir dépassé les Laquedives, et jusqu'au méridien de 62°E., porteront à l'O.S.O., avec une vitesse de 12 à 30 milles. De 62° à 56°E. environ, ils porteront vers l'O.S.O., vitesse de 18 à 42 milles ; au-delà de 56°E., leur direction générale est vers l'O.; et leur vitesse atteint, dans le N. de Socotora, de 18 à 24 milles. Enfin, dans le golfe d'Aden, les courants porteront vers l'O., ou l'O.S.O., avec une vitesse de 12 à 36 milles par 24 heures.

Nous donnons ci-après le Tableau des croisements de ces différentes routes.

TABLEAU

Des Croisements de la route que pourront suivre *les voiliers destinés à Aden et à la mer Rouge, quand ils partiront du 1er Octobre au 1er Février, soit de Bombay, soit de la côte de Malabar, soit de Ceylan.*

ÉPOQUE A LAQUELLE LE NAVIRE fera route de son point de départ.	ÉPOQUE A LAQUELLE LE NAVIRE coupera le méridien de Socotora.	POINTS de DÉPART.	LATITUDES SUIVANT LESQUELLES ON POURRA COUPER LES MÉRIDIENS DE 76°E.	73°E.	72°E.	70°E.	68°E.	63°E.	58°E.	53°E.	52°E.	51°E.	50°E.	49°E.	48°E.	46°E.
			N. ° ′	N. ° ′	N. ° ′	N. ° ′	N. ° ′	N. ° ′	N. ° ′	N. ° ′	N. ° ′	N. ° ′	N. ° ′	N. ° ′	N. ° ′	N. ° ′
Du 1er Octobre au 1er Février.	De la fin d'Octobre à la fin de Février.	Bombay......	......	......	......	18 50	18 30	17 30	16 40	15 40	15 30	15 15	15 00	14 35	14 10	13 00
		Cannanore...	......	......	13 00	13 20	13 30	13 30	13 30	13 30	13 30	13 25	13 20	13 15	13 10	13 00
		Cochin.......	......	10 00	9 40	9 30	9 00	11 15	12 25	13 30	13 30	13 25	13 20	13 15	13 10	13 00
		Ceylan.......	7 30	9 30	9 30	9 30	9 00	11 15	12 25	13 30	13 30	13 25	13 20	13 15	13 10	13 00

2° *Route des voiliers partant*, du milieu de Février au milieu de Mars, *de Bombay, de la côte de Malabar, ou de Ceylan, à destination d'Aden.*

En partant de Bombay, ou des ports voisins, *après le milieu de février*, il faut gouverner, avec les vents de la partie du N. qui terminent la mousson de N.E., de manière à *passer dans le S. de Socotora*. Plus la saison sera avancée, plus on devra passer loin dans le S. de Socotora. Dans le courant de mars et en avril, dans la mer d'Oman, la mousson de N.E. est moins bien établie que pendant les mois précédents ; les vents jouent davantage ; ils hâlent fréquemment le N.N.E., le N., le N.N.O. et le N.O. ; parfois ils soufflent de l'E.N.E. ; on est exposé à trouver de faibles brises et des calmes ; le temps est généralement beau. Dès le commencement d'avril, la mousson de N.E. peut être considérée comme finie, auprès de Socotora et de la côte d'Arabie, où l'on aurait à craindre de trouver de légères brises de S.O. et d'O. avec des calmes fréquents. En outre, à la même époque, le courant commence à porter au N., dans les parages de Socotora, ainsi que dans la région comprise entre cette île et la côte d'Arabie. Pour ces motifs réunis, il serait donc mauvais de passer dans le N. de Socotora, où l'on pourrait être très-contrarié, quand on s'y trouverait après le milieu de mars. Cette époque étant passée, il faudra gouverner de manière à doubler dans le S. l'île Socotora, à une distance suffisante pour pouvoir atterrir, *de la bordée*, dans le S. de Guardafui, avec les vents que l'on trouvera assez mal établis et variables, soufflant surtout du S., du S.O., ou de l'O., et en tenant compte du courant qui portera vers le N. Nous avons déjà dit que, plus la saison sera avancée, plus on devra passer loin dans le S. de Socotora ; nous ajouterons que plus on passera loin dans le S. de Socotora, plus on sera certain de gagner l'atterrage, de sorte qu'il sera souvent plus court de faire le détour vers le S. plus marqué. Effectivement, si l'on ne se place pas assez loin dans le S. de Socotora, il pourra arriver, surtout en avril, que la bordée bâbord amures, avec les vents de la partie du S.O., ne permette pas de doubler cette île ; et, dans ce cas, on pourra se trouver forcé de virer et de courir tribord amures jusque dans les environs de l'Equateur, avant de pouvoir revenir sur la côte *d'Afrique avec les amures à bâbord.*

Après avoir atterri dans le S. de Guardafui (V. p. 539), on doublera ce cap de très-près, afin de profiter du courant qui portera d'abord au N., puis à l'O., quand on contournera la terre à petite distance. Si l'on négligeait cette précaution, c'est-à-dire si l'on faisait route trop au large de la côte d'Afrique, il y aurait à craindre de voir le navire drossé dans le N. et le N.E. par la masse principale des eaux qui, en débouchant de Guardafui, se dirigent en travers de l'entrée du golfe d'Aden. Après avoir doublé le cap Guardafui, on continuera à suivre de près la côte d'Afrique jusqu'à la hauteur de l'île Meyet (ou Burnt). En partant alors des environs de cette île, le navire pourra traverser le golfe et atteindre Aden. Quant aux navires destinés à la Mer Rouge, ils continueront à suivre la côte d'Afrique, jusqu'à 60 ou 70 milles plus loin dans l'O. que l'île Meyet, avant de se diriger vers les détroits de Bab-el-Mandeb.

Les courants, à partir des environs de Bombay et jusque vers 60°E., porteront vers le S.O., avec une vitesse de 12 à 30 milles. Puis, de 60° à 56°E., ils porteront à l'O.S.O., avec une vitesse de 18 à 42 milles. Ensuite, jusque vers le méridien de Socotora, la direction sera vers l'O.S.O., et la vitesse d'environ 30 milles. Dans le S. de Socotora, on pourra encore les trouver portant à l'O.S.O., avec une vitesse de 30 à 54 milles ; mais, quand on trouvera les vents de S.O., et lorsque le navire se rapprochera de la côte d'Afrique, il faudra s'attendre à des courants portant vers le N.O. Dans l'O. de Guardafui, le long de la terre, le courant portera ordinairement vers l'O. de 12 à 30 milles.

Nous donnons plus loin le Tableau des croisements de cette route, pour les navires partant de Bombay.

En partant de Cannanore, de Mangalore, et des ports plus au N., on donnera la route pour passer bien dans le N. des Laquedives. Puis, il conviendra de se diriger de manière à passer suffisamment dans le S. de Socotora, comme nous venons de le dire pour les navires venant de Bombay. Le Tableau que nous insérons plus loin indique les points de croisement de cette route.

En partant des ports plus au S. que Cannanore, tels que Cochin, Mahé, Quilon, Colombo et Pointe de Galles, la route consiste à prendre le chenal des Neuf-Degrés ; puis à se diriger de manière à passer suffisamment dans le S. de Socotora, comme nous l'avons dit pour les navires venant de Bombay. Le Tableau inséré plus loin indique la route à suivre. Si le navire part de Ceylan, ou de ports situés dans le S., on trouvera des instructions au § 269, pour remonter la côte; et au § 267, pour le chenal des Neuf-Degrés.

Les navires venant de la côte de Malabar, Cannanore, Cochin, etc., *ou de Ceylan*, après avoir, comme nous venons de le dire, soit doublé les Laquedives par le N., soit passé par le chenal des Neuf-Degrés, seront exposés à quelques chances de calmes. Ils auront les vents dominants de la partie du N.E. et de l'E.N.E., de mieux en mieux établis, à mesure qu'ils avanceront davantage dans la mer d'Oman. En arrivant dans les parages de Socotora, ils seront soumis aux influences de vents déjà indiquées, dans les instructions que nous venons de donner pour les navires partis de Bombay; instructions auxquelles nous prions de se reporter. *Quant aux courants*, entre les Laquedives et 60°E., ils porteront à l'O., vitesse de 18 à 30 milles; entre 60° et 50°E., à l'O.S.O., vitesse de 18 à 42 milles; ensuite, dans les parages de Socotora et dans le reste de la traversée, ils seront tels que nous les avons signalés pour les navires partis de Bombay.

Nous donnons ci-après le Tableau des croisements de ces différentes routes.

TABLEAU

Des Croisements de la route que pourront suivre *les voiliers destinés à Aden et à la mer Rouge, quand ils partiront du milieu de Février au milieu de Mars, soit de Bombay, soit de la côte de Malabar, soit de Ceylan.*

ÉPOQUE À LAQUELLE LE NAVIRE		POINTS de DÉPART.	LATITUDES SUIVANT LESQUELLES ON POURRA COUPER LES MÉRIDIENS DE													
fera route de son point de départ.	coupera le méridien de Socotora.		76°E.	73°E.	72°E.	70°E.	68°E.	63°E.	58°E.	53°E.	52°E.	51°E.	50°E.	49°E.	48°E.	45°E.
			N. ° ′	N. ° ′	N. ° ′	N. ° ′	N. ° ′	N. ° ′	N. ° ′	N. ° ′	N. ° ′	N. ° ′	N. ° ′	N. ° ′	N. ° ′	N. ° ′
Du milieu de Février au milieu de Mars.	En Mars, ou au commencem^t d'Avril.	Bombay	....	....	....	18 40	17 50	15 30	13 25	11 00	10 35	10 40	10 55	11 50	12 00	11 25
		Cannanore ...	....	....	13 00	13 20	13 00	12 10	11 30	10 40	10 35	10 40	10 55	11 50	12 00	11 25
		Cochin	....	10 00	9 40	9 30	9 35	9 55	10 15	10 30	10 35	10 40	10 55	11 50	12 00	11 25
		Ceylan	7 30	9 30	9 30	9 30	9 35	9 55	10 15	10 30	10 35	10 40	10 55	11 50	12 00	11 25

3° *Route des voiliers partant,* de la fin de Mars au milieu d'Avril, *de Bombay, de la côte de Malabar ou de Ceylan à destination d'Aden.*

Les navires partant dans les derniers jours de mars, ou dans la première moitié d'avril, se trouvent dans des conditions analogues à celles de la période précédente, avec cette modification, assez importante cependant, qu'ils ne pourront plus guère compter que sur les derniers souffles de la mousson de N.E., et qu'ils trouveront beaucoup plus tôt la mousson de S.O. La conséquence générale est qu'il faudra se placer sur un parallèle plus S. pour faire sa route vers l'O., et pour aller atterrir entre Ras-Hafoon et Guardafui.

Nous nous occuperons d'abord uniquement de la route des navires partant de Bombay et des divers ports de la côte de Malabar. En second lieu, nous examinerons la route des navires partant de Ceylan, route qui sera complétement différente.

En partant de Bombay et des ports voisins, on gouvernera d'abord pour aller se placer dans le S. du parallèle de 10°N. *Les navires partant de Cannanore, et des ports plus au N.,* feront route pour doubler les Laquedives dans le N.; et ils iront ensuite se placer dans le S. du parallèle de 10°N. *Ceux qui partiront des ports plus S. que Cannanore,* tels que Cochin, Mahé et Quilon, passeront par le chenal des Neuf ou des Huit-Degrés; et ils gouverneront de là pour se placer dans le S. du même parallèle de 10°N.

En résumé, quel que soit le port de départ de la côte O. de l'Hindoustan, la route sera, à peu de chose près, la même que celle indiquée dans la seconde partie du présent paragraphe, page 545. On fera seulement son chemin vers l'O., sur un parallèle un peu plus méridional, parce qu'on devra s'attendre à trouver les vents de la partie du S.O., à 200 milles au moins avant d'atteindre la côte d'Afrique. On atterrira entre Ras-Hafoon et Guardafui; et la traversée s'achèvera comme pendant le mois précédent. Les chances de vents et de courants seront les mêmes probablement que celles indiquées page 545; toutefois, les vents seront moins réguliers quoique dominants du N. au N.O., et les courants seront également plus variables, tant qu'on n'aura pas atteint la mousson de S.O.; et au contraire, ils seront mieux établis lorsqu'on aura pénétré dans cette mousson. Pour l'atterrage de Guardafui, on se reportera page 539; et en ce qui concerne le tracé de la route, nous prierons le lecteur de consulter le Tableau des croisements donné plus loin. Nous rappellerons seulement, pour compléter ces conseils, qu'il faudra bien veiller à ne point se laisser affaler dans la baie au S. de Ras-Hafoon ; et que, à cette époque, plus encore que pendant le mois précédent, il importera de ne point se laisser souventer, c'est-à-dire de ne point attaquer les vents de la mousson de S.O., sur un parallèle trop N. Au-delà de Guardafui, la traversée s'achèvera comme il est dit page 546.

En partant de Ceylan à la fin de mars, et surtout dans les premiers jours d'avril, on ne pourra plus, avec un voilier, tenter avec sûreté la route par le chenal des Neuf-Degrés, parce que, en cherchant à faire cette route, l'on aurait vraisemblablement beaucoup à lutter contre les vents contraires de la partie de l'O. *Dès cette époque, la meilleure route* à conseiller est donc celle que l'on désigne généralement sous le nom de *route du Sud,* et qui consiste à passer dans le S. des îles Chagos. Cette route du S. est la seule que suivent les voiliers partant, durant la mousson de S.O., de Bombay et de la côte de Malabar, aussi bien que de Ceylan ; le lecteur en trouvera donc plus loin une description complète dans la quatrième partie du présent paragraphe, à laquelle nous le prierons de se reporter. Ici, nous nous bornerons à donner les indications s'appliquant plus particulièrement à l'époque de transition que représente le mois d'avril.

Les capitaines de navires partant de Ceylan trouveront, à la page 553, le Tableau des croisements, où figurent deux routes, qui se réunissent en une seule lorsqu'on est parvenu dans l'E. du méridien de 73°E. *La première de ces routes* suppose qu'en partant de Ceylan, le navire ait la chance d'être poussé par les derniers souffles de la mousson de N.E., c'est-à-dire par des vents de la partie du N.E., au N., ou au N.O. Dans ce cas, l'on pourra se proposer de couper l'Equateur par 76°E. ; 5°S. par 75°E. ; et 7°20'S. par 73°E. Dans les parages de l'Equateur, et en descendant vers le S. jusque par 5°S., il faudra s'attendre à des calmes et à de petites brises soufflant plutôt de la partie de l'O. que de l'E. Enfin, le navire commencera à ressentir les alizés de S.E., quand il parviendra dans le S. du parallèle de 5°S. Il sera presque toujours avantageux de passer dans le S. des Chagos, où les vents de S.E. seront bien mieux établis que dans le N. de cet archipel où ils feront ordinairement défaut. *La seconde route indiquée*, dans le Tableau, pour les navires partis de Ceylan, suppose que l'on trouve, dès le début de la traversée, des vents de l'O. et du S.O. Dans cette seconde hypothèse, qui sera de plus en plus probable, à mesure que la saison sera plus avancée, il faudra porter au plus près très-bon plein, taillant de la route vers le S. le plus possible, sans trop se préoccuper si l'on fait beaucoup d'E. Il arrivera assez rarement que l'on coupe ainsi l'Equateur plus loin dans l'E. que le méridien de 83°E. On redressera ensuite la route vers le S.S.E., le S. et le S.O., successivement et à mesure que les vents le permettront; en se proposant seulement de faire le plus de S. possible, tant que l'on sera entre l'Equateur et 5°S. Dans cette zone, le navire trouvera moins de calmes, en la traversant entre 82° et 84°E., que s'il la passait entre les méridiens de 75° et 78°E. Ce ne sera qu'après avoir atteint les alizés bien établis par 5° ou 6°S., ou même plus loin dans le S., qu'il conviendra de se diriger franchement vers l'O.

En partant de Ceylan à cette même époque, et quelle que soit la route que les vents permettront de faire, au début de la traversée, entre les deux routes extrêmes indiquées dans notre Tableau, il conviendra toujours de passer dans le S. des Chagos. On laissera sur tribord Diego Garcia qu'il sera possible de reconnaître, si les circonstances le permettent; puis on laissera encore sur tribord le banc Centurion; et, de là, on se dirigera de manière à aller chercher les Sondes sur le plateau des Seychelles, où l'on pourra rectifier sa longitude sur les îles Denis et Bird (voir page 427). Nous donnons plus loin, dans la 4e partie de ce paragraphe, des indications sur l'île Diego Garcia et sur le banc Centurion, qui doivent être laissés sur tribord; ainsi que sur le banc Swift et sur les roches Rose Galley, qu'on laissera également sur tribord; et aussi sur l'île Bridgewater, ou Roquepez, qu'il faudra laisser sur bâbord. Ayant rectifié sa longitude sur l'île Denis, le navire fera route pour couper l'Equateur entre 51° et 52°E., et pour atterrir entre Ras-Hafoon et Guardafui. Les alizés souffleront du S.E. depuis le S. des Chagos jusqu'aux Seychelles; puis, entre ces îles et le parallèle de 5°N., ils souffleront surtout de cette même partie du S.E., mais ils seront souvent moins bien établis, variables, et coupés de calmes. Dans le N. du parallèle de 5°N., on devra s'attendre à ressentir d'abord les premiers souffles de la mousson de S.O.; puis à voir cette mousson bien établie, longtemps avant qu'on arrive à l'atterrage. Les instructions pour cet atterrage se trouvent à la page 539. Après avoir contourné Guardafui, les vents domineront de la partie de l'E., dans le golfe d'Aden; et l'on terminera la traversée en longeant la côte d'Afrique jusqu'à l'île Meyet, ou Burnt, comme il est dit page 546.

Pendant cette traversée, du parallèle de Ceylan à Aden, *les courants* seront assez variables, comme l'on doit s'y attendre à une époque de transition. Néanmoins, si l'on part des parages de Ceylan avec la fin de la mousson de N.E., il est probable que l'on trouvera encore le courant portant vers l'O. jusqu'à ce qu'on atteigne l'Equateur. Au contraire, avec le commencement de la mousson de S.O., l'on pourra s'attendre à trouver le courant portant vers l'E., jusque par 2°S. environ. Etant parvenu dans les alizés de S.E., le courant portera vers l'O., avec une vitesse de 12 à 36 milles par 24 heures. Entre les Seychelles et 5°N., il sera variable, portant le plus souvent vers la partie du S.O. Mais au-delà du 5°N. et en se rapprochant de l'atterrage entre Ras-Hafoon et Guardafui, le courant commencera probablement à porter vers le N. et le N.E., à partir du moment où le navire aura pénétré dans la mousson de S.O.

Nous donnons ci-après le Tableau des croisements des différentes routes que nous venons d'examiner.

TABLEAU

Des Croisements de la route que pourront suivre *les voiliers destinés à Aden et à la mer Rouge, lorsqu'ils partiront* de Bombay, ou de la côte de Malabar, ou de Ceylan, *de la fin de Mars au milieu d'Avril*; c'est-à-dire *lorsqu'ils devront atteindre le méridien de Socotora vers la fin d'Avril.*

POINTS de DÉPART.	LATITUDES SUIVANT LESQUELLES ON POURRA COUPER LES MÉRIDIENS DE																			
	78° E.	79° E.	83° E.	84° E.	82° E.	76° E.	73° E.	72° E.	70° E.	68° E.	63° E.	58° E.	56° E.	53° E.	52° E.	51° E.	50° E.	49° E.	48° E.	45° E.
							N.	N.	N.	N.	N.	N.	N.	N.	N.	N.	N.	N.	N.	N.
	° '	° '	° '	° '	° '	° '	° '	° '	° '	° '	° '	° '	° '	° '	° '	° '	° '	° '	° '	° '
Bombay									18 30	17 10	14 00	10 30	9 00	9 00	9 00	9 40	10 20	11 00	12 00	11 25
Cannanore								13 00	13 20	13 00	11 15	9 45	9 00	9 00	9 00	9 40	10 20	11 00	12 00	11 25
Cochin							10 00	9 40	9 30	9 25	9 00	9 00	9 00	9 00	9 00	9 40	10 20	11 00	12 00	11 25
Ceylan						Équatr	S. 7 20	S. 7 40	S. 7 50	S. 7 50	S. 6 30	S. 5 00	S. 4 20	S. 3 30	S. 0 30	N. 3 30	N. 7 10	N. 11 00	N. 12 00	N. 11 25
	N. 5 20	N. 4 20	Équatr	S. 2 00	S. 6 30	S. 7 20	7 30													

4° *Route des voiliers partant* du milieu d'Avril au commencement de Septembre, *de Bombay, de la côte de Malabar ou de Ceylan, à destination d'Aden.*

Les voiliers partant, du milieu d'avril au commencement de septembre, de Bombay, de la côte de Malabar, ou de Ceylan, doivent tous suivre la route dite « *du Sud.* » Cette route consiste sommairement à aller, avec la mousson de S.O., couper l'Equateur entre 76° et 79°E., si l'on vient de Bombay ou de Cannanore ; et par 83°E. environ, si l'on vient de Ceylan. Puis, le navire fait du S., avec des vents variables, pour chercher les alizés de S.E., entre 5° et 10°S.; il passe dans le S. des Chagos, et dans le N. des Seychelles ; coupe l'Equateur, une seconde fois, par 51° ou 52°E.; atterrit, avec la mousson de S.O., entre Ras-Hafoon et Guardafui ; et suit de près la côte d'Afrique, de Guardafui à l'île Burnt, avant de se diriger sur Aden.

Le Tableau des croisements que nous donnons plus loin permet de tracer, sur la carte, cette route, sur laquelle nous allons fournir des indications plus précises.

Nous nous occuperons d'abord du commencement de la traversée, en examinant successivement la route des navires partant de Bombay et de la côte de Malabar ; puis celle des navires partant de Ceylan. Ces deux routes se réunissent dans le S. des Chagos ; et par suite les instructions que nous donnerons pour la seconde partie de la traversée, au-delà de cet archipel, s'appliqueront à tous les navires venant de la côte de l'Inde et de Ceylan.

En partant de Bombay, après le 15 avril, les navires à voiles gagneront d'abord les fonds de 27 à 37 mètres ; puis ils descendront la côte, en se maintenant par des fonds compris entre 73 et 91 mètres, afin d'éviter de tomber sur les dangers le plus à l'E. de la chaîne des Laquedives. Cette recommandation est importante, à cause de la difficulté qu'on éprouve généralement à rectifier sa position par des observations, avec les temps couverts et pluvieux qui accompagnent d'ordinaire la mousson de S.O. Nous prions d'ailleurs de se reporter page , où l'on trouvera des instructions pour les navires qui ont à descendre la côte d'Hindoustan, à cette époque. Après avoir doublé les îles Laquedives, il est spécifié, dans toutes les instructions, de tenir le vent le mieux possible, pour ne point se laisser dériver dans l'E., attendu que l'on rencontre d'autant plus tôt les Alizés de S.E. qu'on se trouve moins loin dans l'E. Tout en reproduisant cette recommandation, pour les navires venant de Bombay et de la côte de Malabar, nous ajouterons qu'il sera bon de ne pas l'exagérer; c'est-à-dire qu'il vaudra encore mieux ne point trop serrer le vent et faire plus vite sa route au S. en portant plus plein. Depuis les Laquedives jusque vers l'Equateur, que l'on coupera entre 76° et 79°E., et plus ou moins loin dans l'E. selon les circonstances, les vents de S.O. seront variables jusqu'au N.O., en mai et juin; et ils seront plus fixes du S.O. à l'O.S.O., en juillet, août et septembre. Il faudra toujours s'attendre à de violents grains, de la partie de l'O. à l'O.N.O., accompagnés de fortes pluies. Entre les Laquedives et le parallèle de 6°, ou de 5°N., les courants porteront généralement au S.S.E., ou au S.E., avec une vitesse moyenne de 20 à 30 milles par 24 heures. Entre 5°N. et 1°S., ils porteront vers l'E., avec une vitesse qui pourra varier de 18 à 60 milles par 24 heures. En approchant de l'Equateur, le temps s'embellit, c'est-à-dire que les vents se modèrent. Dans le S. de l'Equateur, l'on a surtout de légères brises variables, soufflant principalement du S.O. au S. et au S.E.; les calmes sont fréquents; le ciel est couvert; les pluies ne sont pas rares, et les courants sont variables. Ce temps persiste jusqu'à ce que le navire ait atteint les alizés de S.E. par 5° ou 6°S. environ que l'on coupera entre 75° et 79°E.; quelquefois, on les rencontre par 1° ou 2°S., et d'autres fois par 8° ou 9°S. seulement. Il faudra s'imposer comme règle absolue de faire du S. jusqu'à ce que l'on trouve les alizés véritablement bien établis; et ce ne sera qu'à partir de ce moment que l'on devra commencer à faire franchement de l'O., pour passer dans le S. des Chagos. Si le navire trouvait les alizés de S.E. bien établis à peu de distance dans le S. de l'Equateur, il serait possible de faire un moindre détour et de passer dans le N. des Chagos : c'est ce que l'on appelle la *Petite route du Sud*. Elle est plus courte, et par suite elle sera bien préférable, quand elle réussira; mais nous sommes persuadé que la route par le S. des Chagos sera plus promptement parcourue par la moyenne des *voiliers*, et nous ne croyons pas devoir en conseiller d'autre, dans des instructions générales comme celles que nous rédigeons. A partir du moment où le navire sera dans les alizés, il sera prudent de compter sur un courant portant vers la partie de l'O., avec une vitesse de 12 à

36 milles par 24 heures. Ayant atteint les parages des Chagos, la traversée sera continuée, en se conformant aux instructions que nous donnons plus loin.

En partant de Ceylan, de Colombo ou de Pointe de Galles, avec un voilier, si l'on a la chance, vers la fin d'avril, d'être poussé par les derniers souffles de la mousson de N.E., c'est-à-dire par des vents de la partie du N.E. au N., ou au N.O., l'on pourra suivre une route à peu près directe et couper l'Equateur dans les environs de 76°E., ainsi qu'il a été dit page 550. Mais, dans le cas général, lorsque la mousson de S.O. sera réellement bien établie, il faudra après avoir doublé la pointe S.O. de Ceylan, porter au plus près très-bon plein, taillant de la route vers le S. le plus possible, sans trop se préoccuper si l'on fait beaucoup d'E. Il arrivera assez rarement que l'on coupe ainsi l'Equateur plus loin dans l'E. que le méridien de 83°E. Entre Ceylan et l'Equateur, les vents de la mousson de S.O. seront variables du S.O. au N.O., en mai et juin ; et ils seront plus fixes de la partie du S.O. à l'O.S.O., en juillet, août et septembre. Il faudra toujours s'attendre à de violents grains de la partie de l'O. à l'O.N.O., accompagnés de fortes pluies. Entre Ceylan et 1° ou 2°S., les courants porteront vers l'E., avec une vitesse qui pourra varier de 18 à 60 milles par 24 heures. En approchant de l'Equateur, le temps s'embellit, c'est-à-dire que les vents se modèrent. Dans le S. de l'Equateur, l'on a surtout de légères brises, soufflant principalement du S.O. au S. et au S.E.; les calmes sont fréquents ; le ciel est couvert ; les pluies ne sont pas rares ; et les courants sont variables. Ce temps persiste jusqu'à ce que le navire ait atteint les alizés de S.E. par 5° ou 6°S. environ ; quelquefois, on les rencontre par 1° ou 2°S., et d'autres fois par 8° ou 9°S. seulement. Après avoir coupé l'Equateur, on pourra redresser la route vers le S.S.E., et le S., puis vers le S.O., successivement et à mesure que les vents le permettront, en s'imposant toutefois comme règle absolue de faire du S. jusqu'à ce que l'on trouve les alizés véritablement bien établis. Dans la zone comprise entre l'Equateur et 5°S., le navire trouvera moins de calmes, en la traversant entre 82° et 84°E., que s'il cherchait à la couper entre 75° et 78°E.; c'est pourquoi il est inutile de serrer le vent quand on part de Ceylan avec la mousson de S.O. Ce ne sera, comme nous l'avons dit, qu'à partir du moment où le navire aura atteint les alizés de S.E. bien établis qu'il conviendra de commencer à faire franchement de l'O., pour passer dans le S. des Chagos. Nous avons dit, à la page 555, que nous ne conseillons point aux navires partis de Bombay et de la côte de Malabar de prendre la petite route du S., qui consiste à passer dans le N. des Chagos. Or, il serait encore bien moins prudent de prendre cette route lorsque, étant parti de Ceylan et ayant coupé l'Equateur plus loin dans l'E., le raccourcissement de la route serait moins sensible; et lorsque de plus il faudrait se maintenir plus longtemps sur des parallèles plus voisins de l'Equateur, où l'on aurait toujours à craindre les calmes et les petites brises. A partir du moment où le navire sera dans les alizés de S.E., il sera prudent de compter sur un courant portant vers la partie de l'O., avec une vitesse de 12 à 36 milles par 24 heures.

Quel que soit le point de départ, Bombay, la côte de Malabar ou Ceylan, les routes que nous avons indiquées se confondent avant d'arriver dans le S. des Chagos. Si l'on a la certitude de passer de jour en vue de Diego Garcia, et si le temps est bien établi, il sera bon de reconnaître cette île, pour rectifier sa position; il faudra, en tous cas, la laisser sur tribord, ainsi que le banc Centurion. Puis, on donnera la route, de manière à aller chercher les sondes sur le plateau des Seychelles, où l'on pourra encore rectifier sa longitude sur les îles Denis et Bird. Chemin faisant, entre les Chagos et les Seychelles, le navire sera poussé par les alizés de S.E. et par le courant portant vers l'O. de 12 à 36 milles par 24 heures; on laissera : sur tribord, le banc Swift et les roches Rose Galley; et sur bâbord, l'île Bridgewater, ou Roquepez. Voici quelques renseignements, sur les points que nous venons de signaler.

Diego Garcia s'étend, en latitude entre 7°13′30″ et 7°26′30″S.; son centre est par 70°20′E.; elle a 14 milles de long N. et S., et 3 ou 4 milles de large. Cette île se compose d'une sorte de muraille en corail, s'élevant à pic et entourant un lagon, ou port intérieur. Ce mur formant ceinture n'a nulle part plus de 1/2 mille d'épaisseur. En somme, l'île est basse, et n'est guère élevée que de 3 mètres au-dessus de la mer, dans les grandes marées; mais elle est couverte de grands cocotiers qui permettent de l'apercevoir à une distance de 15 ou 18 milles. Il n'y a de mouillage que dans la partie N.O. de l'île, tout-à-fait à l'entrée du port intérieur, où les sondes passent brusquement de 183 mètres à 36 mètres et à 12 mètres.

Le banc Centurion, ou *Rainier*, gît par 7°37'S. et 68°37'E. Il a 4 ou 5 milles d'étendue, dans la direction N.O. et S.E. Dans la partie S.E. de ce banc, sont marqués des fonds de 8 mètres et de 4 mètres, et l'on y trouve quelquefois de forts brisants. Il n'y a point de fond à toucher ce banc.

Le banc Ganges, que nous mentionnerons également, a 3 ou 4 milles d'étendue; et l'on y a trouvé des fonds de 9 mètres. Son centre est situé par 7°22'S. et 68°48'E., à 16 milles environ dans le N.E. du banc Centurion. Il n'y a point de fond entre les deux bancs Centurion et Ganges; et, quand le navire est à toucher ce dernier banc, l'on ne trouve point de fond avec 180 mètres de ligne.

Le banc Swift n'a point sa position exactement déterminée. On le place généralement entre 4°35' et 5°17'S., et entre 59°10' et 58°45'E. On a trouvé des sondes de 30 à 60 mètres sur ce banc. Toutefois, le navire le *Cyclope*, ayant sondé sur le point qui est considéré comme le centre du banc, n'a point trouvé de fond avec 274 mètres de ligne.

Les roches Rose Galley n'existent probablement pas, et la plupart des cartes ne les portent plus; néanmoins, nous ne croyons pas inutile de les mentionner pour mémoire, car leur position présumée se trouverait presque sur la route, du S. des Chagos au N. des Seychelles. Le capitaine Gentleman, du navire *Rose Galley*, a déclaré au siècle dernier, avoir vu un banc de roches et de brisants, dont il a donné la position par 5°30'S. et 59°13'E., à une trentaine de milles dans le S.O. du banc Swift. Ces roches ont reçu le nom du navire dont le capitaine les avait découvertes; mais personne ne les ayant revues, on les considère comme n'existant pas.

L'île Bridgewater, ou *île Roquepez*, ou *île de Sable (Sandy)*, est une île de sable, et presque à fleur d'eau. Pendant longtemps, les cartes ont porté l'île Roquepez, par 6°24'S. et 57°41'E.; mais, son existence paraît douteuse, ou plutôt il est à présumer que cette île Roquepez n'est pas autre que l'île Sandy, ou île de sable, entourée de récifs brisant à une distance de 3 milles, et qui a été aperçue en 1812 par le navire *Bridgewater*. D'après les observations de ce navire, l'extrémité S. de l'île en question serait par 6°27'S. et 57°44'Est.

Les îles Denis et Bird ont été décrites au § 237, page 427, où nous prions le lecteur de se reporter.

Après avoir rectifié sa position sur l'île Denis, le navire fera route pour couper l'Equateur entre 51° et 52°E., et pour atterrir entre Ras-Hafoon et Guardafui. Les alizés souffleront de la partie du S.E., depuis le S. des Chagos jusqu'aux Seychelles. Dans le N. de ces îles, *en mai et juin,* les vents domineront du S.E. variables au S.O., et mêlés de quelques calmes jusque vers 5°N.; et au-delà de ce dernier parallèle, ou de celui de 6°N., commencera la mousson de S.O. Quand on arrivera *en juillet, en août ou en septembre*, dans le N. des Seychelles, le navire conservera généralement les alizés de S.E. jusque par 2°S., ou même jusque dans les parages de l'Equateur; mais, après avoir dépassé l'Equateur, on trouvera presque immédiatement la mousson de S.O., variable du S.S.O. à l'O.S.O., qui soufflera sans discontinuer jusqu'à Guardafui. *Les courants* porteront vers l'O., comme nous l'avons dit, entre les Chagos et les Seychelles. Entre ces îles et l'Equateur, ils porteront généralement au N., ou au N.O., avec une vitesse de 18 à 42 milles par 24 heures. Entre l'Equateur et le parallèle de 5°N., ils porteront vers l'E. et le N.E., de 18 à 72 milles par 24 heures. Au-delà de 5°N., ils porteront surtout vers le N.E., ou vers le N., avec une vitesse variable de 30 à 90 milles, et atteignant même quelquefois 100 milles par 24 heures. On trouvera, page 239, des instructions pour atterrir sur la côte d'Afrique entre Ras-Hafoon et Guardafui. Après avoir reconnu la terre, il faudra la suivre, en veillant beaucoup; et l'on doublera le cap Guardafui à très-petite distance, afin de profiter du courant qui portera d'abord au N., puis au N.O. et à l'O., à mesure que le navire contournera le cap. Si l'on négligeait cette précaution, c'est-à-dire si le navire doublait Guardafui à trop grande distance, il y aurait à craindre de se voir drossé dans le N., et dans le N.E., par la plus grande masse des eaux qui débouche entre Guardafui et Socotora, et qui se dirige en travers de l'entrée du golfe d'Aden. Après avoir doublé Guardafui, il faudra suivre de près la côte d'Afrique, jusqu'à une dizaine de milles au-delà de l'île Meyet (ou Burnt), d'où l'on pourra gouverner sur Aden (voir page 546).

Pendant ce louvoyage, depuis Ras-Filuk jusque vers l'île Meyet, on fera bien de rallier tout-à-fait la terre vers le coucher du soleil, parce qu'à ce moment le vent hâle la partie du S.; et il continue à conserver cette direction jusque vers 2 heures du matin, moment où il reprend de la partie du S.O.

L'île Meyet, ou *Meyt*, ou *Burnt*, située par 11°13'N. et 44°56'E., est un rocher stérile, élevé d'environ 130 mètres au-dessus de la mer, et qui est remarquable par sa couleur blanchâtre due aux déjections d'oiseaux dont elle est couverte. Elle est séparée de la côte par un chenal large de 5 milles 1/2, que l'on dit dégagé de tout danger et où les sondes varient de 24 à 58 m. Le plateau de sondes s'étend à 3 milles environ dans le N. et dans l'O. de l'île. Aucun danger ne semble exister auprès de cette île, excepté à la pointe O., où se trouve un récif qui s'étend à une encâblure au large, ainsi qu'une roche couverte qui porte moins de 4 mètres d'eau.

Jebel Meyet est une montagne que l'on pourra reconnaître ; elle est haute de 370 mètres, et se trouve sur la côte à 15 milles dans le S.O. de l'île Meyet.

Dans le golfe d'Aden, en mai et juin, on pourra s'attendre à des vents de N.E. à S.E., variables, et à quelques calmes. En juillet, août et septembre, les vents domineront de S.E. à S.O., variables, et mêlés à des calmes. Avec un voilier, il faudra s'attendre à avoir beaucoup de peine, pour s'élever de Guardafui à l'île Meyet, le long de la côte d'Afrique ; mais, si l'on cherchait à se tenir au large, on éprouverait probablement des difficultés encore plus grandes pour s'élever vers l'O. Les navires qui feront ces traversées, de l'Inde à Aden, pendant la mousson de S.O., devront avoir un gréement solide et bien tenu, et de bonnes voiles en vergues, car les vents seront souvent très-forts, au commencement de la traversée entre la côte de l'Inde et l'Equateur ; puis il faudra s'attendre encore à des brises carabinées et à de violentes rafales, à la fin de la traversée, dans les parages de la côte d'Afrique.

Les navires qui auront à se rendre *d'Aden au détroit de Bab-el-Mandeb* devront s'attendre à une traversée très-pénible à cette époque. Ils devront profiter de toutes les variations qui pourront se produire, afin de faire de l'O. ; ils devront également veiller les reversements de courants, qui se produiront quelquefois, particulièrement vers les époques de syzygies, et qui pourront alors porter dans l'Ouest.

Les navires venant de l'Océan Indien à destination de la mer Rouge pourront, pendant cette saison, et si les circonstances ne leur paraissent pas trop défavorables, s'élever vers l'O., le long de la côte d'Afrique, depuis Guardafui jusqu'à 60 ou 70 milles dans l'O. de l'île Meyet. A ce moment, ils pourront traverser pour gagner les détroits de Bab-el-Mandeb, ou du moins pour en approcher le plus possible.

On trouve ci-après le Tableau des croisements de la route que nous venons d'examiner.

TABLEAU

Des Croisements de la route que pourront suivre *les voiliers destinés à Aden et à la mer Rouge, lorsqu'ils partiront* de Bombay, ou de la côte de Malabar, ou de Ceylan, *du milieu d'Avril au commencement de Septembre,* c'est-à-dire *quand ils devront atteindre le méridien de Socotora, depuis Mai jusqu'à la fin de Septembre.*

POINTS de DÉPART.	LATITUDES SUIVANT LESQUELLES ON POURRA COUPER LES MÉRIDIENS DE																			
	71° E.	72° E.	74° E.	78° E.	79° E.	80° E.	83° E.	84° E.	82° E.	80° E.	79° E.	78° E.	73° E.	68° E.	58° E	53° E	52° E	50° E	49° E	48° E	45° E
	N.	N.	N.	N.		S.				S.	S.	S.	S.	S.	S.	S.	S.	N.	N.	N.	N.
	° ′	° ′	° ′	° ′	° ′	° ′	° ′	° ′	° ′	° ′	° ′	° ′	° ′	° ′	° ′	° ′	° ′	° ′	° ′	° ′	° ′
Bombay....	15 00	12 30	8 00	1 30	Équat^r	2 00	......	......	......	3 00	5 00	6 20	7 20	7 50							
Cannanore.	......	......	8 00	1 30	Équat^r	2 00	......	......	......	3 00	5 00	6 20	7 20	7 50	5 00	3 30	0 30	7 10	11 10	12 00	11 25
Cochin......	......	......	8 00	1 30	Équat^r	2 00	......	......	......	3 00	5 00	6 20	7 20	7 50							
Ceylan......	......	......	......	N. 5 20	N. 4 20	N. 3 15	Équat^r	S. 2 00	S. 6 30	S. 7 00	S. 7 05	S. 7 10	S. 7 30	S. 7 50							

§ 274. — Route des vapeurs de Bombay à Aden.

Pendant la mousson de N.E., il n'y a rien à dire de la traversée des vapeurs, de Bombay à Aden. La route est directe et facile. Les circonstances de vents et de courants auxquelles on peut s'attendre sont les mêmes que celles indiquées, à la page 542, pour les navires à voiles.

Pendant la mousson de S.O., la traversée est toujours pénible ; et la route directe doit être considérée, sinon comme impossible, tout au moins comme fort mauvaise.

La route à suivre, en mousson de S.O., est indiquée clairement dans les instructions du commander TAYLOR (édition 1874), dont nous donnerons plus loin une traduction. Elle consiste sommairement, après qu'on s'est élevé à la vapeur de 60 à 80 milles au large de Bombay, à faire route au S.S.O. environ tribord amures soutenu par les goëlettes, de manière à doubler à bonne distance les Laquedives et à aller chercher le parallèle de 9° ou 8°N. Puis, on fait route à l'O., ou à l'O.S.O., dans une région où la mousson de S.O. est maniable, jusque vers 7° ou 6°N. coupé par 59° ou 58°E. Alors, on vient sur tribord ; et le navire, soutenu par ses goëlettes, bâbord amures, va couper 10°N. dans l'O. de 51°E. ; et il atterrit ensuite entre Ras-Hafoon et Guardafui. Cette route est celle que suivent les paquebots de l'*East India Company ;* elle a, pour elle, une longue expérience ; il faut donc la considérer actuellement comme la meilleure, ou la plus sûre, pour les paquebots et les grands vapeurs.

Toutefois, le capitaine MERELLO, commandant le vapeur *Persia*, de la compagnie Rubattino, a fait trois belles traversées de suite, en 1871, 1872 et 1873, durant la mousson de S.O., en suivant une route toute différente. Il s'est tenu, chaque fois, constamment dans le N. de la ligne droite joignant Bombay à Aden. En partant de Bombay, il est allé, soutenu par les goëlettes bâbord amures, chercher la côte d'Arabie, en faisant route à peu près à l'O., ou un peu au N. de l'O. ; puis, il a descendu sans grande difficulté la côte d'Arabie jusqu'à Aden. Sans aucun doute, sur cette seule donnée, que représente l'expérience de trois bonnes traversées, il nous est impossible de conseiller l'abandon de la route du commander TAYLOR. Néanmoins comme les trois traversées du *Persia* ont été plus rapides que s'il avait fait la route ordinaire, il n'est pas téméraire de dire que la route du capitaine Merello *peut être la meilleure* ; et que les capitaines de grands navires à vapeur qui auront la faculté d'en faire l'essai pourront le tenter, contribuant ainsi, dans le cas où leur expérience serait favorable, à amener un progrès dans cette importante navigation. Nous donnerons plus loin des indications plus détaillées, sur cette nouvelle route du capitaine Merello.

Les vapeurs d'une puissance moyenne, ou relativement faible, n'auront certainement pas d'autre route à suivre que celle conseillée par le commander Taylor, et dont on trouvera l'exposé dans la traduction des instructions reproduite plus loin. Cette route est la même que celle des grands vapeurs, modifiée seulement par suite de l'impossibilité où les navires moins puissants se trouvent, en partant de Bombay, de porter aussi près du vent que le font les grands paquebots. Ils ne parviennent à doubler les Laquedives qu'à peu de distance au vent ; et ils font route vers l'O. sur un parallèle plus méridional, se plaçant ainsi en meilleure position quand il s'agit pour eux de mettre le cap au N.O., bâbord amures, pour gagner l'atterrage entre Ras-Hafoon et Guardafui.

Ces diverses routes se trouvent indiquées dans le Tableau des croisements qui termine le présent paragraphe.

Quant aux navires-mixtes, s'ils ont une bonne machine, et s'ils sont d'un fort échantillon, ils n'auront qu'à suivre l'une des routes du commander Taylor. Mais, s'ils n'ont qu'une machine auxiliaire très-faible, ils ne pourront guère prendre de meilleur parti que de suivre la route des voiliers, par le S. Ils pourront couper l'Equateur un peu moins à l'E. que les voiliers ; puis, faire la *petite route du S.*, c'est-à-dire passer dans le N. des Chagos, en s'aidant au besoin de leur machine, s'ils trouvent des calmes.

Nous allons donner maintenant une traduction des instructions du commander Taylor, que nous ferons suivre d'une traduction d'un mémoire du commander Heathcote, indiquant à peu de chose près la même route. Nous donnerons ensuite un aperçu de la route du capitaine Merello ; et nous terminerons par le Tableau des croisements de ces routes, sur chacune desquelles nous venons de formuler notre opinion.

Voici d'abord la traduction résumée des Instructions du commander TAYLOR, Late I. N. (Edition 1874) :

« Pendant la mousson de S.O., c'est-à-dire du commencement de juin à la fin d'août, les navires à vapeur, pas plus que les voiliers, ne doivent essayer de suivre la route directe de Bombay à Aden. Il n'y a point d'exemple de navires ayant réussi par cette route, quoique beaucoup l'aient tentée. En juin 1846, le vapeur *Akbar* E. I. C., qui voulut faire route directement, fut contraint de revenir à Bombay, avec son étrave endommagée. En juillet 1849, le vapeur *Feroze*, de la même Compagnie, ayant essayé la même route, vit la mer et le vent augmenter, à mesure qu'il avançait dans l'O., au point qu'il fallait avoir quatre hommes à la barre, et que le pont était couvert par la mer ; après avoir lutté ainsi pendant quatre jours, il laissa porter vers le S., pour prendre la route ordinaire.

» *Les grands navires à vapeur* partant de Bombay s'élèveront d'abord à 50, ou 100 milles au large, ou à plus grande distance encore si le temps est maniable. Ils feront route alors entre le S.S.O. et le S.S.O.$^1/_2$S., à la vapeur et soutenus par les goëlettes, jusque par 9°N., où le navire commencera à atteindre la région dans laquelle la mousson est plus modérée : le vent mollira généralement, et la mer deviendra moins dure. A ce moment, il deviendra possible de piquer dans le vent, à la vapeur seulement, et de faire son chemin vers l'O. jusque par 59° ou 58°E., que l'on atteindra à peu près par 6°, ou par 7°N. Etant parvenu à ce point, on pourra sans crainte laisser porter au N.O. environ, appuyé par les goëlettes ; et, lorsque le navire ne sera plus qu'à 24 heures à peu près de Guardafui, l'on pourra généralement établir les voiles carrées avec les ris pris. Comme nous l'avons dit déjà à diverses reprises, le courant éprouve, dans le S. de Socotora, un mouvement de rebroussement vers l'E., dans lequel il importe de ne point pénétrer. A cet effet, il est bien recommandé, lorsqu'on se dirige vers le N.O., de régler sa route de manière à ne pas couper le parallèle de 10°N., avant d'avoir dépassé dans l'O. le méridien de 51°E. En approchant de Ras-Hafoon, il faut tenir compte du courant qui porte généralement vers le N.E. » (Voir page 539, pour l'atterrage).

« Il n'y a pas à craindre d'atterrir, de nuit, au N. de Ras-Hafoon, attendu qu'au moment où le navire a dépassé le méridien de ce cap, la mer devient moins mauvaise et change de direction, venant de l'E. du S. Auprès de la partie N.E. de l'Afrique, l'atmosphère est généralement brumeuse, de sorte que la terre n'est visible qu'à très-petite distance, quelquefois à moins de 20 milles. Les meilleurs signes de l'approche de la côte sont : pendant le jour, le changement de couleur de l'eau, qui passe du bleu au vert foncé ; et, pendant la nuit, le changement de direction de la houle causé par Ras-Hafoon. Le steamer *Parnasse* a fait naufrage, en juillet 1872, au N. de Ras-Shenareef. (Nous ajouterons que le paquebot des M. M. le *Meï-Kong* s'est perdu au même endroit vers la fin de juin 1877, et le packet anglais Kashmire en juillet de la même année.) Nous engageons donc les capitaines à faire comprendre aux officiers l'importance de veiller la direction de la houle et celle du vent, lorsqu'on approche de Guardafui.

» *Les vapeurs de faible puissance*, qui naviguent maintenant en si grand nombre entre l'Europe et l'Inde, ne doivent pas, à la légère, s'aventurer à faire, pendant la mousson de S.O., la route adoptée par les grands navires, à forte machine, de la marine de l'Inde, qui ont un nombreux équipage et une forte voilure. Dans cette saison, les petits vapeurs pourront s'attendre à une longue traversée. Ils s'élèveront d'abord au large de Bombay, jusqu'à une distance de 50 milles ou davantage; puis, sous vapeur et appuyés par les goëlettes, ils se dirigeront vers le S.S.O., en tenant le vent du mieux qu'ils le pourront; et, en général, ils ne parviendront pas à doubler les Laquedives à plus de 60 ou de 80 milles au vent. En approchant de 10°N. (quelquefois par 11°N., et d'autres fois par 9°N.), le vent commencera à mollir et la mer à tomber. Ils gouverneront alors, à la vapeur seule, debout au vent ou à peu près, le cap à l'O.S.O.; et ils traverseront ainsi la région où la mousson est relativement modérée. Pendant cette partie de la traversée, il ne faudra point perdre de vue que le but à atteindre sera de *faire du S.*, aussi bien que de l'O. Si le vent hâle l'O.¼S.O., ou l'O.S.O., et s'il fraîchit, il conviendra de faire du S., soutenu par les goëlettes, et non point d'essayer de lutter contre le vent; mais, si le vent reste modéré, on en profitera pour faire de l'O. Les navires à faible puissance de la marine de l'Inde ont l'habitude de faire leur O., par 8°N. environ ; et de ne point laisser porter sur Guardafui avant d'avoir atteint le méridien de 56°E. par 5°N. environ.

» Quelques bonnes traversées ont été faites (1) par des navires qui, après avoir atteint le croisement du parallèle de Comorin par le méridien de Ras-el-Had, ont cherché à s'élever soutenus par les goëlettes et le cap à peu près sur Guardafui. Ils parvinrent ainsi à atteindre l'extrémité E. de Socotora, suivirent à la vapeur la côte N. de cette île; puis, au moment où ils furent de nouveau chargés par la reprise des vents de S.O., ils gouvernèrent encore appuyés par leurs goëlettes. A partir de cet instant, et à mesure que le navire avançait dans l'O., le vent reculait vers le S., et la route était modifiée à mesure, décrivant ainsi une courbe de 150 milles environ, dirigée d'abord vers l'O.$^1/_4$N.O. (en partant de la pointe O. de Socotora); et à la fin vers le S.O., lorsque le navire se trouvait à une cinquantaine de milles dans le N.O. de Guardafui. A ce moment, le vent de S.O. cessait, et la traversée s'achevait comme d'ordinaire en longeant la côte d'Afrique jusqu'à ce que le port d'Aden soit relevé dans le N.O. »

Nous donnerons maintenant la traduction d'un mémoire du commander Heathcote, Late I. N., qui donne des instructions analogues à celles du commander Taylor. La route qu'il conseille est seulement un peu plus méridionale.

« La mousson de S.O. s'établit à Bombay, dès le commencement de juin. Dans le S. de Bombay, elle commence plus tôt; ainsi, à Mangalore, elle débute, en moyenne, vers le 20 mai. Les navires quittant Bombay en mai, pour le canal de Suez, rencontreront sûrement la mousson de S.O. en traversant la mer d'Oman.

» En juin, juillet et août, les vapeurs quittant le port de Bombay, après avoir gagné le large, dirigent généralement leur route selon les vents qu'ils rencontrent, et qui peuvent souffler de l'O.N.O., ou de l'O.S.O., hâlant ensuite le S.O.

» Ils courent vers la partie du S. (au S.S.O.), en se tenant aussi près du vent que possible pour permettre aux goëlettes de porter; et ils continuent ainsi jusqu'à ce qu'ils trouvent, par 6°N. ou même plus loin dans le S., la mousson suffisamment modérée pour pouvoir faire leur O. à la vapeur seule.

(1) Nous pensons que cette route ne doit pas être conseillée à des vapeurs peu puissants, surtout lorsqu'ils feront cette traversée pour la première fois.

» Etant parvenus par 52° ou 53°E., ils commencent à porter vers le N.O.; et, quand ils atteignent 9° ou 10°N., ils doivent veiller à ne point être éloignés de la côte d'Afrique. Effectivement, en se maintenant bien auprès de terre, on trouve un fort courant portant vers le N., tandis qu'à une distance de 100 milles de la côte, et dans le S. de Socotora, existe un violent courant vers l'E. et l'E.S.E. Ce courant vers l'E. acquiert souvent une telle force que, si le navire s'y engage, il peut être tout-à-fait drossé dans l'E., manquer sa traversée, et se voir obligé de retourner à Bombay.

» La route contre la mousson de S.O. ne doit, sans aucun doute, être tentée que par de bons navires. Les vapeurs dont la machine est faible, en proportion de leur échantillon, peuvent éprouver de la difficulté pour effectuer cette route; ou du moins ils doivent craindre d'avoir une longue traversée. »

Voici maintenant des indications, sur la route suivie par le capitaine Merello, que nous résumons d'après la *Rivista Maritima* de 1874 :

Le capitaine Merello a fait un premier voyage en juillet 1871, en se tenant constamment au N. de la ligne droite qui joindrait sur la carte Bombay à Aden. Satisfait de cette première épreuve, il l'a recommencée en août 1872 et en juillet 1873. La première traversée a été faite en 10 jours et 4 heures; la seconde, en 9 jours et 17 heures; et la troisième en 10 jours et 9 heures. Cela fait une moyenne de 1700 milles que le vapeur *Persia*, compagnie Rubattino, a parcourus en 10 jours et 2 heures; soit près de 170 milles par 24 heures. Or, ce navire, par une mer calme, sans vent ni courant, ne ferait probablement pas plus de 220 milles dans le même temps.

En quittant Bombay, le capitaine Merello s'est proposé de conserver autant que possible le cap à l'O., en portant les voiles goëlettes bâbord amures; et, quand il est ainsi parvenu à une centaine de milles de la côte d'Arabie, il l'a suivie, pour terminer son voyage jusqu'à Aden. Pendant les 700 à 800 premiers milles, le courant est contraire, mais le navire avance facilement et rapidement, avec l'aide de ses focs et de ses goëlettes. Puis, durant les 900 ou 1000 milles qui restent à faire, le vent et le courant contraires ont été moins difficiles à refouler, grâce au voisinage de la côte, qu'ils ne le sont dans la partie centrale de la mer d'Oman. En résumé, il paraît certain que le vapeur *Persia* a gagné une journée environ, en suivant cette nouvelle route par le N., sur le temps que ce même navire mettrait à faire la route ordinaire du S., à la même époque.

Nous terminerons ces instructions, en donnant ci-après le Tableau des croisements des routes que les vapeurs pourront suivre, pendant la mousson de S.O., en se conformant aux conseils du commander TAYLOR.

TABLEAU DES CROISEMENTS DE LA ROUTE DES VAPEURS de Bombay à Aden, pendant la mousson de S.O.

DISTINCTION entre les deux routes.	LATITUDES SUIVANT LESQUELLES ON COUPERA LES MÉRIDIENS DE									
	69° E.	68° E.	67° E.	66° E.	58° E.	54° E.	50° E.	49° E.	48° E.	45° E.
	N.	N.	N.	N.	N.	N.	N.	N.	N.	N.
	° ′	° ′	° ′	° ′	° ′	° ′	° ′	° ′	° ′	° ′
Vapeurs de 1re classe.	18 00	15 00	12 00	9 00	6 30	8 00	10 00	11 00	12 00	12 30
Vapeurs moyens......	18 00	11 30	8 00	7 40	6 00	5 30	8 30	11 00	12 00	12 30

§ 275. — Route des vapeurs partant de la côte de Malabar, ou de Ceylan, à destination de la Mer Rouge.

En partant de Ceylan, durant la mousson de N.E, *de novembre en mars*, la route consiste à prendre le chenal des Huit-Degrés, puis à gouverner directement pour passer à une soixantaine de milles dans le S. de Socotora. L'atterrage se fait dans les environs de Guardafui que l'on contourne, après quoi l'on continue directement sur Aden.

En partant de Ceylan, soit au commencement, soit à la fin de la mousson de S.O., par exemple à la fin de mai et dans la première quinzaine de juin, ou dans la seconde quinzaine d'août, et au commencement de septembre, la traversée devant se faire avec la mousson de S.O., la meilleure route consiste sans doute à se diriger d'abord sur le chenal de Un-Degré et demi. Puis, l'on fait facilement son chemin O. à la vapeur dans le S. du parallèle de 2°N. jusqu'à ce que l'on atteigne 61° ou 60°E.; l'on gouverne ensuite, avec l'aide des voiles, pour couper successivement 4°N. par 52°E.; 7°N. par 49°30'E.; et l'on est promptement poussé de ce point vers l'atterrage qui se fait entre Ras-Hafoon et Guardafui.

En partant de Ceylan, du milieu de juin au milieu d'août, c'est-à-dire ayant à faire la traversée pendant la plus grande force de la mousson de S.O., la meilleure route doit consister à gouverner franchement sur le chenal Equatorial, puis à se maintenir dans les parages de l'Equateur jusque vers le méridien de 55°E. que l'on coupe par 1°N. De cette manière, le navire fait son O. facilement, à la vapeur, n'ayant que des temps maniables. Parvenu au méridien de 55°E., il est désormais très-aisé de remonter vers le N.O., appuyé par les voiles, et poussé bientôt par la force de la mousson de S.O., que le navire reçoit sous une allure favorable. Le parallèle de 3°N. peut être coupé par 51°30'E.; celui de 8°N. par 49°E.; et, de ce point, l'on se dirige pour atterrir entre Ras-Hafoon et Guardafui.

En partant de Ceylan, en avril et au commencement de mai, ou bien à la fin de septembre et en octobre, c'est-à-dire ayant à faire la traversée à l'époque où la mousson de S.O. est près de s'établir ou de finir, on prendra le chenal des Huit-Degrés, et l'on suivra une route à peu près directe, pour aller atterrir dans le S. de Guardafui. La seule différence entre cette route et celle de la mousson de N.E. est qu'il conviendra de passer à plus grande distance dans le S. de Socotora, pour se tenir en garde contre les derniers souffles de la mousson de S.O., et pour ne point traverser le remous de courant portant vers l'E. qui règne dans le S. de cette île. Si l'on voit, en traversant la mer d'Oman, que le vent de S.O. est encore un peu frais, et si l'action du courant a drossé le navire un peu trop dans le N., il n'y aura pas à hésiter à passer dans le N. de Socotora, que l'on prolongera sans difficulté, à l'abri de la terre. Il est bien entendu d'ailleurs que la route directe par le chenal des Huit-Degrés ne doit être suivie que par des vapeurs puissants, ou du moins de bonne force; les navires à faible machine ayant avantage, à cette époque, à suivre encore la route par le chenal de Un-Degré et demi, ou par le chenal Equatorial.

Le Tableau des croisements de ces différentes routes se trouve à la fin du présent paragraphe. On trouvera d'ailleurs, au § 326, la reproduction des journaux de bord de nos paquebots des M. M., pour les traversées de Singapour à Aden, en passant par Pointe de Galles.

En partant des ports de la côte O. de l'Hindoustan *compris entre Bombay et Goa*, la route des vapeurs peut être considérée comme la même que celle des navires partant de Bombay. En toutes saisons, il conviendra de doubler d'abord les Laquedives par le N. Puis, *en mousson de N E.*, la traversée sera directe, et l'on passera dans le N. de Socotora. *En mousson de S.O.*, il conviendra de bien veiller, au début de la traversée, à s'élever d'abord dans l'O. suffisamment, pour être certain, avec le navire que l'on commande, de doubler ensuite les Laquedives dans l'O. Ce ne sera qu'à ce moment qu'il faudra se diriger vers le S.S.O., appuyé par les voiles goëlettes tribord amures; et le reste de la route se confondra avec celle qui a été conseillée aux vapeurs partant de Bombay durant cette mousson.

En partant des ports plus S. que Goa, tels que Carwar, Mangalore, Calicut, Cochin, etc., la route consistera à prendre, suivant le port de départ, le chenal des Neuf-Degrés, ou celui des Huit-Degrés. Ensuite, *en mousson de N.E.*, la traversée sera directe, en passant dans le S. de Socotora, et en allant atterrir dans les environs de Guardafui. A la fin et au commencement de la mousson de S.O., la même route pourra être suivie, à la condition de contourner Socotora, à une distance plus grande dans le S. *Pendant le fort de la mousson de S.O.*, de la fin de mai au commencement de septembre, les vapeurs de grande puissance et ceux de force moyenne pourront encore prendre, selon le point de départ, le chenal des Neuf-Degrés, ou celui des Huit-Degrés. Ils se dirigeront ensuite, suivant les temps qu'ils rencontreront, de manière à faire leur O. entre les parallèles de 7° et de 5°N. Les grands vapeurs pourront couper, par exemple : 58°E. par 6°30′N. ; 49°30′E. par 10°N. ; et, de ce point, ils se dirigeront sur l'atterrage entre Ras-Hafoon et Guardafui. Les vapeurs de force moyenne, et en général ceux qui auront été plus contrariés, feront une route un peu plus méridionale, et couperont : 53°E. par 5°30′N.; 49°30′E. par 9°N.; et, de ce point, ils gagneront l'atterrage poussés par les grands vents de S.O. *A la même époque*, les navires de moyen échantillon, et ayant une *faible machine*, auront avantage à descendre vers le S., aidés par leurs voiles, pour prendre le chenal de Un-Degré et demi, ou encore mieux le chenal Equatorial ; et ils termineront leur traversée, comme il a été dit pour les navires partis de Ceylan.

Voici d'ailleurs le Tableau des croisements des routes que nous venons de conseiller, pour les navires à vapeur partant de la côte O. de l'Hindoustan et de Ceylan, à destination de la Mer Rouge.

TABLEAU

Des Croisements de routes des *vapeurs*, partant *de la côte de Malabar et de Ceylan,* à destination d'Aden et de la mer Rouge.

POINTS de DÉPART.	SAISONS.	LATITUDES SUIVANT LESQUELLES IL CONVIENT DE COUPER LES MÉRIDIENS DE 74° E.	72° E.	70° E.	66° E.	60° E.	56° E.	52° E.	50° E.	49° E.	48° E.	45° E.
		N.	N.	N.	N.	N.	N.	N.	N.	N.	N.	N.
Ceylan......	Mousson de N.E., de Novembre en Mars.....	7° 00′	7° 30′	8° 00′	8° 45′	9° 50′	10° 35′	11° 20′	11° 35′	11° 00′	12° 00′	12° 30′
	En Avril et commencemt de Mai, *ou* fin Septemb. et Octobre	7 00	7 30	7 50	8 30	9 25	10 00	10 30	10 45	11 00	12 00	12 30
	Du 15 Mai au 15 Juin, *ou* du 15 Août au 15 Septemb.	3 00	1 35	1 30	1 30	1 45	2 35	4 00	6 20	11 00	12 00	12 30
	Pleine mousson de S.O., du 15 Juin au 15 Août....	2 00	0 20	0 10	0 10	0 30	0 35	2 40	5 20	11 00	12 00	12 30
Mangalore, Calicut, Cochin et Alipee, etc.	Mousson de N.E..........	....	9 30	9 30	10 00	10 35	11 00	11 25	11 35	11 00	12 00	12 30
	Mousson de S.O., de la fin de Mai à la fin d'Août. — 1re Route.....	....	9 30	9 20	8 20	7 00	7 20	9 20	10 10	11 00	12 00	12 30
	2e Route.....	....	9 30	9 20	7 00	5 30	5 30	6 30	8 30	11 00	12 00	12 30
	Petits vapeurs.	8 00	0 20	0 10	0 10	0 30	0 35	2 40	5 20	11 00	12 00	12 30

§ 276. — Routes, en partant du golfe Persique ou de Mascate, à destination de Surate, de Bombay, de la côte de Malabar et de Ceylan.

1° *Pendant la mousson de N.E., de Septembre ou d'Octobre en Avril.*

A cette époque, qui correspond à la belle saison, les navires partant du golfe Persique ou de Mascate trouvent généralement les circonstances favorables, pour sortir du golfe d'Oman et pour doubler Ras-al-Hed. Les vents dominent de la partie du N.E., ou du N.O. ; et le courant est nul, ou bien il porte vers le S.E. Ayant dépassé Ras-al-Hed, la route générale consiste à se tenir dans le N. de la route directe, et à se rapprocher de la côte de Katiawar, où les vents de la partie du N.E. sont plus forts ; après le mois de mars, on peut s'attendre à des chances de vents de N.O. Nous allons donner ci-après des indications plus détaillées, sur les diverses routes ; et nous rappelons d'ailleurs qu'il sera facile de les tracer sur la carte, en se reportant au Tableau des croisements qui se trouve à la fin du présent paragraphe.

En partant du golfe Persique, à destination de Surate, de Bombay et des ports environnants, il est recommandé de gouverner le long de la côte, à partir du cap Jask. Il convient toutefois de se tenir à distance suffisante, pour éviter les brises légères et les calmes qui accompagnent alternativement les brises de terre et les brises de mer régnant auprès de la côte. Quand le navire approchera du méridien du cap Mooarree, on gouvernera d'abord au S.E., pour traverser le golfe de Kutch ; puis, l'on se dirigera de manière à passer à distance convenable de la côte de Guzarat. Après avoir doublé le cap Diu à une quarantaine de milles de distance, il ne restera plus qu'à se diriger sur Bombay, si l'on doit s'y rendre ; ou sur la haute terre de St-Jean, si le navire est chargé pour Surate. Entre le méridien de Ras-al-Hed et la côte de l'Hindoustan, *les vents* domineront du N.E. au N.O., et ils seront quelquefois interrompus par de petites brises et par des calmes, surtout pendant les premiers mois de la mousson ; *quant aux courants*, ils seront variables, mais porteront en général vers les directions N.O. et S.O., avec une vitesse moyenne de 12 à 36 milles par 24 h. La traversée moyenne de Bassorah à Bombay est de 26 à 28 jours ; et celle de Mascate au même port, de 10 à 12 jours.

Les navires destinés à Surate, après avoir doublé le cap Diu à une distance de 40 milles, gouvernent, comme nous l'avons dit, sur la haute terre de St-Jean (ou Sunjan). Celle-ci, située par 20°04'N., à 9 milles dans l'intérieur, est d'une forme régulière ; ses extrémités N. et S. s'abaissent en pente douce, à partir du centre de la hauteur qui est formé par une montagne ronde ; son élévation est de 536^m, et elle est visible à 40 milles par temps clair. En allant reconnaître St-Jean, il faudra sonder, et ne pas venir par des fonds inférieurs à 22 ou 20 mètres, pendant le jour ; ou par des fonds inférieurs à 24 mètres, durant la nuit ; attendu que les récifs et les mauvais fonds s'étendent à 6 milles au large, et que l'on trouve 18 mètres d'eau à leur accore. Voici d'ailleurs la limite jusqu'à laquelle un navire pourra s'approcher de la haute terre de St-Jean, dans les divers relèvements : lorsque le centre de la haute terre restera dans l'E.N.E., ne pas venir par moins de 22^m à 24^m d'eau ; quand on la relèvera entre l'E.N.E. et l'E.S.E., ne pas venir par moins de 24^m d'eau, car si le navire était pris par les calmes, ou poussé par les courants qui sont violents dans les grandes marées, et si l'on se trouvait ainsi forcé de mouiller sur le banc, il y aurait grandement à craindre la perte des ancres ; enfin, quand le centre de la haute terre restera à l'E.S.E., le navire sera au N. de l'extrémité du récif, et il ne faudra pas venir par moins de 22^m à 20^m d'eau, jusqu'à ce qu'on soit par le travers de Demaun. Après avoir contourné le banc de St-Jean, il convient de gouverner à peu près au N.E., pour se rapprocher de la côte. Si les vents forcent à louvoyer, on pourra prolonger la bordée jusque par 18^m et 20^m d'eau, du côté de terre ; et jusque par 33^m ou 36^m, du côté du large. Quand le navire fera la bordée du N.O., si le fond commence à diminuer sur la partie S. des bancs de Malacca, il faudra virer, et se tenir à peu de distance de terre. Entre Demaun et la rivière de Surate, on pourra s'approcher de la côte jusque par 13^m. d'eau, à mer haute ; ou jusque par 8^m ou 9^m d'eau, à basse mer de grandes marées. Il ne faut pas oublier que le mouillage de Surate est dangereux après le 15 avril.

Les navires destinés aux ports plus S. que Bombay, et par exemple à Goa, Mangalore, Cochin, Alipee, *ainsi que ceux destinés à Ceylan*, suivront une route analogue à celle des navires destinés à Bombay. Nous voulons dire qu'il conviendra de se tenir toujours dans le N. de la route directe ; mais il ne sera évidemment point nécessaire de passer aussi près des côtes de Gwadel et de Guzarat. *Etant destiné à Viziadroog, à Goa ou à Carwar*, on ira chercher les sondes de la côte d'Hindoustan un peu dans le N. de Viziadroog, ou par le travers de ce point. *Etant destiné à Mangalore, et aux ports situés plus loin dans le S.*, la route sera donnée de manière à chercher les sondes, dans le N. du Pic de Barsalore, sur lequel on pourra atterrir. Ce pic, qui est élevé de plus de 1,000 mètres, gît par 13°50′N. et 72°31′E. On descendra ensuite la côte jusqu'au port de destination, en se conformant aux instructions données au § 268, page 511. Entre le méridien de Ras-el-Had et la côte d'Hindoustan, *d'octobre en janvier, les vents* domineront du N.E. au N.O., mais ils seront variables, mêlés de petites brises et de calmes; pendant la seconde partie de la mousson, *de janvier en avril*, ils seront mieux établis, dominant encore du N.E. au N.O., et hâlant surtout la partie du N. et du N.O., à mesure que le navire avancera dans l'E. *Quant aux courants*, ils seront variables, quoique portant généralement vers la partie du S.O., avec une vitesse moyenne de 12 à 30 milles par 24 heures.

On trouvera les croisements de ces routes, en se reportant au Tableau que nous donnons à la fin du présent paragraphe.

2° *Pendant la mousson de S.O., du commencement de Mai à la fin de Septembre.*

Durant cette saison, les navires venant du golfe Persique, ou de Mascate, éprouvent souvent de la difficulté pour sortir du golfe d'Oman. Il faut s'attendre, en effet, à de petits vents de S.E. ou à des calmes, ainsi qu'à une grosse houle venant du S., ou du S.S.E., autour de Ras-el-Had. En même temps, règne, le long de la côte d'Arabie, un courant portant au N.O. C'est à partir du moment où le navire atteint le méridien de 58°E., que la mousson commence à se faire sentir, soufflant d'abord du S., ou même du S.S.E., et tournant ensuite au S.O., ou même à l'O.S.O., à mesure que l'on avance vers l'E. Nous allons donner ci-après des instructions sur les diverses routes, dont les croisements se trouvent dans le Tableau placé à la fin du présent paragraphe.

Etant destiné à Bombay, il convient de se tenir un peu dans le S. de la route directe, et de gouverner de manière à atteindre le parallèle de Kundari (ou Kenery) par 68° ou 68°30′E., c'est-à-dire par des fonds d'environ 73 mètres. On pourra sonder sur le banc Direction et atterrir sur l'île Kenery ; nous prions d'ailleurs le lecteur de se reporter à la page 279, où se trouvent des indications pour l'atterrage de Bombay. Entre le méridien de Ras-el-Had et la côte de l'Hindoustan, *les vents* de S.O. hâleront quelquefois la partie du N.O., pendant les premiers mois d'avril en juin ; mais ils souffleront régulièrement de la partie du S.O., de juin en septembre, accompagnés de grains et de rafales, avec une grosse mer, jusque sur l'accore du banc de sondes. *Les courants* porteront vers l'E. et le S.E., avec une vitesse variable de 12 à 30 milles par 24 heures. Lorsque le navire aura atteint l'accore des sondes, la mer sera ordinairement encore plus mauvaise, et il faudra s'attendre à des grains de pluie, ainsi qu'à des temps bouchés qui empêcheront fréquemment de faire des observations pendant les deux derniers jours de la traversée. L'on se rend, à cette époque, de Mascate à Bombay, en 7 ou 8 jours.

Étant destiné à Surate, il est utile de ne pas oublier que le mouillage, sur cette rade, est très-dangereux dans les grandes brises de S.O., et qu'il ne faut pas s'y trouver après le 15 avril, ni avant la fin de septembre ou plutôt le commencement d'octobre. Les navires destinés à Surate ne doivent donc point quitter le golfe Persique avant le commencement de septembre. La route est donnée de manière à doubler le cap Diu à 35 ou 40 milles au large, et à passer à bonne distance de la côte de Gwadel. En approchant de la côte de Guzarat, on doit s'attendre à trouver des brises d'O. variables, avec de grandes pluies, et parfois des calmes. Le navire étant par le travers du cap Diu, il convient de rallier le parallèle de 20°N., puis de gouverner à l'E. pour aller reconnaître la haute terre de Saint-Jean ; chemin faisant, l'on veille à ne point se laisser drosser dans le N. sur les bancs. La traversée s'achève, comme il est dit page 575.

Étant destiné à des ports plus S. que Bombay, il arrive rarement que l'on ait à s'y rendre pendant la mousson de S.O., époque à laquelle les mouillages sur cette côte sont intenables ; et les communications avec la terre, difficiles. Néanmoins, ayant à faire cette traversée, à destination des *ports compris entre Bombay et Mangalore*, la route sera à peu près directe, comme celle indiquée pour Bombay ; et il faudra grandement veiller, à partir du moment où le navire arrivera sur l'accore des sondes.

Ayant à se rendre à *Ceylan*, ou à des ports de la côte de Malabar tels que *Mahé*, *Cochin et Alipee*, l'on a le choix entre deux routes. La première, la plus sûre, consiste, en partant du méridien de Ras-al-Hed, à donner la route pour doubler les Laquedives à bonne distance dans le N., et pour aller se placer sur des fonds compris entre 90 et 70 mètres. Puis, l'on descend vers le S., ce qui demande de l'attention et ce qui est assez pénible; des instructions à ce sujet se trouvent au § 268, page 511. La seconde route, la plus courte, est considérée comme la meilleure par les capitaines de navires qui la réussissent. Elle consiste, en partant de Ras-al-Hed, à porter au plus près bon plein, en serrant le vent autant que la prudence et une juste appréciation des qualités du navire le permettent. Si le navire est bon, si les vents de S.O. ne refusent pas, la bordée pourra faire passer par le chenal des Neuf, ou même par celui des Huit-Degrés; et, quand il en sera ainsi, la traversée s'achèvera aisément. Les navires destinés pour Ceylan feront route à peu près directe, à moins qu'ils ne préfèrent rectifier leur position sur le banc de sondes du cap Comorin, comme il est dit au § 270, p. 522. Mais, lorsqu'on aura essayé cette route directe, de Ras-al-Hed sur Minicoy, et que l'on se trouvera au milieu de la mer d'Oman, trop souvent pour espérer que la bordée conduise sûrement au chenal des Neuf-Degrés, ou des Huit-Degrés, il ne faudra pas hésiter à laisser porter, pour contourner les Laquedives par le N. et descendre ensuite la côte d'Hindoustan. Entre Ras-al-Hed et la chaîne des Laquedives, *les vents* du commencement de la mousson, d'avril en juin, domineront du S.O. variables au N.O., avec quelques chances de calmes; mais, dans le fort de la mousson, de juin à la fin de septembre, ils domineront de la partie du S.O. bien établis et réguliers; adonnant souvent à l'O.S.O. et même à l'O., à mesure que l'on avancera vers l'E.; ils seront plus constants et moins pluvieux dans la mer d'Oman que dans la partie comprise entre les Laquedives et la côte de l'Hindoustan. Les navires qui passeront dans l'E. des Laquedives y trouveront ordinairement des temps sombres et pluvieux, ainsi que des grains souvent violents. En traversant la mer d'Oman, de Ras-al-Hed aux Laquedives, les courants porteront généralement vers l'E., ou le S.E., avec une vitesse variable de 12 à 30 milles par 24 heures.

Voici le Tableau des différentes routes indiquées dans le présent paragraphe.

TABLEAU

Des Croisements de routes, *en partant de Mascate*, à destination de Bombay, de la côte de Malabar et de Ceylan.

POINTS de DESTINATION.	LATITUDES SUIVANT LESQUELLES ON POURRA COUPER LES MÉRIDIENS DE												
	58° E.	60° E.	62° E.	64° E.	66° E.	68° E.	70° E.	71° E.	72° E.	73° E.	74° E.	75° E.	77° E.
	N. ° ′	N. ° ′	N. ° ′	N. ° ′	N. ° ′	N. ° ′	N. ° ′	N. ° ′	N. ° ′	N. ° ′	N. ° ′	N. ° ′	N. ° ′
En Mousson de N.E. (d'Octobre en Avril).													
Bombay...............	23 10	23 00	22 35	22 15	21 50	20 30	19 10	....	....	....	....	....	....
Mangalore, Cochin, Alipee et Ceylan...	22 30	21 45	21 00	20 00	19 00	17 30	16 00	15 00	13 00	11 20	9 00	7 45	6 30
En Mousson de S.O. (de Mai en Septembre).													
Bombay...............	22 30	21 45	21 00	20 15	19 25	18 35	18 20	....	....	....	....	....	....
Mangalore, Cochin, Alipee et Ceylan...	22 20	21 10	20 00	18 45	17 30	16 10	15 00	14 00	12 30	10 30	8 00	6 50	6 00
2e Route pour Cochin, Alipee et Ceylan...	22 00	19 35	17 25	14 50	12 30	10 00	8 00	7 40	7 30	7 15	7 00	6 45	6 00

§ 277. — Route de Bombay à Surate.

D'après les instructions de Horsburgh et du commander Taylor, les navires partant de Bombay pour se rendre dans le N., et par exemple à Surate, devront quitter le port vers la fin du jusant, et passer dans l'O. des récifs qui sont au large de Bombay au moment où la marée sera étale. Ils seront ensuite favorisés par le flot, qui les aidera à remonter vers le N. L'île Kundari devra être conservée bien ouverte au large du bateau-feu extérieur, tant qu'elle sera en vue, de manière à éviter les Prongs et les fonds de roche qui gisent au large de la pointe Malabar. Entre Bombay et Terrapore (ou Terrapur), la côte peut être approchée, quand il fait beau, jusque par 15 mètres d'eau, et même, en quelques endroits, jusque par 13 mètres et 11 mètres d'eau. Entre Terrapore et Demaun (ou Damaon), le fond est souvent de roche. Le banc de Saint-Jean (ou Sunjan) s'étend à grande distance au large, et ne doit pas être approché par moins de 24 m. ou 22 mètres d'eau; car, en dedans de ces sondes, les profondeurs varient brusquement en divers endroits, et les fonds de roche que l'on trouve n'offriraient pas la moindre sécurité pour mouiller.

Entre Demaun et Surate, il convient de signaler l'existence, au large de Bulsar, d'un banc qui ne porte que 6 mètres d'eau, et qui se trouve au milieu de fonds de 9 mètres à 11 mètres. A l'exception de la partie voisine de ce banc, la côte peut être approchée, entre Demaun et Surate, jusque par des fonds de 9 mètres à 11 mètres, en basse mer. Mais, lorsque l'on court à l'O., vers les bancs de Malacca (ou Malaiki), il ne faut point aller par des fonds inférieurs à 37 mètres ou 35 mètres d'eau. Etant parvenu à 10 milles de Surate, il convient de se maintenir par 15 mètres à 18 mètres d'eau environ, et de ne pas s'approcher à moins de 5 ou 6 milles de la côte.

Avec des vents contraires, les navires louvoyant entre Bombay et Surate ne devront point s'éloigner à plus de 10 ou 12 milles de terre, afin de profiter du courant de marée favorable. Quand le courant reversera et deviendra contraire, si l'on n'est pas en morte eau, il sera préférable de ne pas essayer de lutter, et le meilleur parti à prendre sera de mouiller. Cependant, avec un voilier de bonne marche, on pourra quelquefois étaler le courant contraire, en prolongeant la bordée du large, et en veillant à profiter des changements de direction du vent qui pourraient être favorables.

On trouvera des indications complémentaires, pour la partie de traversée comprise entre les bancs de Saint-Jean et Surate, en se reportant au § 276, page 575.

§ 278. — Routes, en partant de Bombay, ou des ports de la côte de Malabar, ou de Ceylan, pour se rendre à Mascate et au golfe Persique, pendant la mousson de N.-E., de Septembre en Mai.

1° *En partant de Bombay.*

En septembre et en octobre, on sera à l'époque des petits vents variables dépendant surtout du N.-O., qui rendront la traversée pénible. Il n'y aura donc aucun avantage, durant ces mois, à s'élever le long de la côte de l'Inde, au N. de Bombay. En septembre, il faudra s'attendre à trouver encore un reste de la houle de la mousson de S.-O. *Les navires destinés à Mascate* feront une route aussi directe que les vents le permettront. *Les navires destinés au golfe Persique* auront avantage à se tenir dans le N. de la route directe, auprès de la côte du Bélouchistan, et ils éviteront le voisinage de la côte d'Arabie *(voir le Tableau des croisements).*

En novembre, décembre, janvier et février, la mousson de N.-E. rendra la traversée facile. La route passera non loin de la côte de Katiawar, depuis Diu jusque vers Karachi, c'est-à-dire jusque vers 23° ou 23°30' N., et c'est de ce point qu'il conviendra de laisser porter. Pendant ces mois, les temps seront généralement beaux et clairs, accompagnés de bonnes brises. Lorsqu'en remontant la côte, on aura ouvert le golfe de Kutch, on pourra éprouver de forts grains de N.-E. avec beaucoup de pluie. Dans certains cas, des navires ont trouvé aussi, à cette époque, de forts vents de S.-O. et de S.-E. durant peu de temps. Ordinairement, les vents de N.-E. cessent lorsque l'on arrive dans les environs du méridien de 61° ou de 60° E., puis, il est possible qu'une petite série de vents variables survienne, se terminant par des brises de N.-O. Quelquefois cependant, les vents de N.-E. se maintiennent jusqu'à Mascate, ou même jusqu'à Ras-al-Kuh (ou Ras-al-Khore) auprès du détroit d'Ormuz. En somme, après avoir dépassé

60°E., on aura généralement de légères brises ou de forts vents de N.O., avec un courant de 1 nœud à l'heure portant au S.E., de sorte que *les navires destinés à Mascate* ne devront pas commencer à faire du S., pour s'approcher de la côte d'Arabie, avant d'avoir amené le port dans le S. du S.O. Quant aux *navires allant* directement *au golfe Persique*, ils doivent rester près de la côte N. du golfe, en évitant de se laisser entraîner sur la côte d'Arabie (*voir le Tableau des croisements*).

En mars et en avril, on tâchera de faire route directement, autant du moins que les vents le permettront, en profitant de chaque variation du vent pour s'élever dans le N. A cette époque, les vents de N.O. dominent sur la côte de l'Inde et les brises de terre sont incertaines. Il n'y aurait donc aucun avantage, au début de la traversée, à rester sur la côte d'Hindoustan pour s'élever dans le Nord.

En partant de Bombay, en mai ou dans les premiers jours de juin, il faut s'appliquer à profiter de toutes les variations du vent pour faire de l'O., et prendre la bordée du S.O. de préférence à celle du N.O. lorsque les vents souffleront de l'O. franc. En manœuvrant ainsi, le but que l'on se propose est d'aller se placer en bonne position pour achever sa traversée, lorsque le navire sera assailli par les forts vents de S.O. et d'O.S.O. du commencement de la mousson. Au début de la traversée, non loin de la côte de l'Inde, le navire pourra recevoir des coups de vent de S. et de S.E. approchant de la force d'un ouragan. Il pourra ensuite essuyer des coups de vent de S.O. précédant l'établissement de la mousson. Celle-ci commence ordinairement en juin, et elle se fait sentir plus tôt sur la côte d'Arabie que sur celle de l'Inde. Il en résulte que les navires allant de l'Inde à Mascate et au golfe Persique ne devront pas espérer que la mousson de S.O. les quittera, à partir du moment où ils en sentiront les premières atteintes; mais, bien au contraire, ils devront s'attendre à la voir de plus en plus fortement établie à mesure qu'ils avanceront vers l'O. Cette mousson amènera un temps chargé, de forts grains et de la pluie. En mai, sur la côte de l'Inde, l'on a quelquefois des grains très-dangereux de l'O. et du N.O., puis de légères brises et un temps incertain, avec des brises de mer de S.O. dans l'après-midi; ces temps durent pendant plusieurs jours, jusqu'à l'établissement de la mousson qui a lieu dans la première moitié de juin. En somme, les navires partant de Bombay *en mai* devront s'attendre à recevoir le premier coup de vent de la mousson de S.O., avant d'avoir atteint le golfe Persique *(voir le Tableau des croisements à la fin de ce paragraphe).*

2° *En partant de la côte de Malabar et de Ceylan.*

Depuis le commencement d'octobre jusqu'en février, les navires partis *de Ceylan, ou d'un port quelconque de la côte O. de l'Hindoustan*, remonteront la côte vers le N., jusqu'à la hauteur de Bombay, en mettant à profit les brises de terre et de mer, comme l'indiquent les instructions, page 518. Ayant atteint les parages de Bombay, avant le 15 février, la traversée s'achèvera comme nous l'avons dit dans la première partie du présent paragraphe. Du milieu d'octobre au milieu de février, le long de la côte de Katiawar, la brise de terre sera bien établie du N.E. jusque vers la pointe Dwarka (ou Jigat). On pourra y prendre un point de départ, et se diriger ensuite sur Ras Gwadur (ou Gwadel).

En mars, avril et mai, les navires partis de l'un des ports compris *entre Bombay et Mangalore, ou Cannanore*, doivent faire route aussi directe que les vents le permettent, depuis leur point de départ jusqu'à Mascate, en passant toujours bien entendu à bonne distance dans le N. des Laquedives. Effectivement, pendant ces mois, les vents de terre sont faibles sur la côte de Malabar, et les vents de N.O., commencent dès le milieu de mars ; il serait donc désavantageux de remonter la côte jusqu'à Bombay. Il importe, d'ailleurs, d'ajouter que de fortes brises d'O. et d'O.S.O., soufflent sur les côtes de Sind et de Kutch, même dans la dernière moitié de février. Nous prions le lecteur de se reporter à ce qui a été dit, dans la 1re partie de ce paragraphe, pour les traversées faites à cette époque, en partant de Bombay.

En partant de Calicut, Cochin, Alipee et Quilon, en mars, on devra, *comme pendant les mois précédents*, remonter la côte de Malabar, mais seulement jusqu'à ce que l'on se trouve en position de doubler très-largement les Laquedives dans le N. ; et la traversée s'achèvera directement. *En partant des mêmes ports, du 1er au 15, ou au 20 avril*, la route consistera à prendre le chenal des Huit, ou des Neuf-Degrés ; et ensuite à faire une route à peu près directe, tout en se maintenant dans le S., afin d'être en bonne position quand le navire sera assailli par la mousson de S.O. *Après le 15 ou le 20 avril*, on fera la route du S., indiquée au paragraphe suivant.

En partant de Ceylan, du commencement de février au milieu de mars, il conviendra encore de remonter la côte de Malabar, *comme pendant les mois précédents*, mais seulement jusqu'à ce que le navire se trouve en position de doubler facilement les Laquedives dans le N., et la traversée s'achèvera directement. *En partant de Ceylan, dans la seconde quinzaine de mars*, l'on pourra encore remonter la côte de Malabar, mais seulement de manière à prendre le chenal des Huit, ou plutôt celui des Neuf-Degrés ; ensuite, l'on se tiendra un peu dans le S. de la route directe, en prévision du moment où la force de la mousson de S.O. se fera sentir. *Après la fin de mars*, c'est-à-dire dès le 1er avril, les navires partant de Ceylan devront suivre la route du S., indiquée au paragraphe suivant.

Voici le Tableau des croisements de ces différentes routes.

TABLEAU

Des Croisements des routes à suivre, *pendant la mousson de N.E.*, en partant *de Bombay, de la côte de Malabar, ou de Ceylan*, à destination de Mascate ou du golfe Persique.

LATITUDES SUIVANT LESQUELLES IL CONVIENDRA DE COUPER LES MÉRIDIENS DE												POINTS de DESTINATION.
74° E.	73° E.	72° E.	71° E.	70° E.	68° E.	66° E.	64° E.	62° E.	60° E.	58° E.	56° E.	
N.	N.	N.	N.	N.	N.	N.	N.	N.	N.	N.	N.	
Partant de Bombay, *en Septembre ou en Octobre.*												
...	...	...	...	19 00	19 50	20 30	21 00	21 40	22 20	23 00		Mascate.
...	...	...	...	19 00	20 25	21 50	23 00	24 00	24 20	24 50	25 10	G. Persique.
Partant de Bombay, *en Novembre, Décembre, Janvier et Février.*												
...	...	...	...	19 10	20 35	22 00	23 20	23 30	23 30	23 25		Mascate.
...	...	...	...	19 10	20 35	22 00	23 30	24 00	24 30	24 45	25 10	G. Persique.
Partant de Bombay, *en Mars et Avril.*												
...	...	...	...	19 10	20 00	20 45	21 20	22 00	22 45	23 20	...	Mascate.
...	...	...	...	19 10	20 20	21 20	22 10	23 10	23 50	24 45	25 10	G. Persique.
Partant de Bombay, *fin d'Avril et en Mai.*												
...	...	...	...	18 40	18 40	18 50	19 10	20 00	21 00	22 30	...	Mascate.
...	...	...	...	18 40	18 40	18 50	19 40	20 00	21 00	22 30	24 10	G. Persique.
Partant, *d'Octobre en Février*, de Ceylan, de Quilon, d'Alipee, de Cochin, de Calicut, de Mangalore, etc.												
9 00	11 20	13 00	15 00	19 10	20 35	22 00	23 20	23 30	23 30	23 25	...	Mascate.
9 00	11 20	13 00	15 00	19 10	20 35	22 00	23 30	24 00	24 30	24 45	25 10	G. Persique.
Partant des ports compris *entre Bombay et Cannanore, en Mars, Avril et Mai*; ou des ports compris *entre Mahé et Quilon, en Mars*; ou de *Ceylan, entre le 1er Février et le 15 Mars.*												
9 00	11 20	13 00	14 00	14 50	16 00	17 30	18 50	20 00	21 00	22 30	...	Mascate.
9 00	11 20	13 00	14 00	14 50	16 00	17 30	18 50	20 00	21 00	22 30	24 40	G. Persique.
Partant des ports compris *entre Mahé et Quilon, du 1er au 20 Avril; ou de Ceylan, du 15 au 30 Mars.*												
8 30	9 00	9 20	9 20	9 20	10 00	11 00	13 45	16 30	19 00	21 45	...	Mascate.
8 30	9 00	9 20	9 20	9 20	10 00	11 00	13 45	16 30	19 00	21 45	24 20	G. Persique.

§ 279. — Routes, en partant de Bombay, ou des ports de la côte de Malabar, ou de Ceylan, pour se rendre à Mascate et au golfe Persique, pendant la mousson de S.O., de Mai en Septembre.

En partant de Bombay en juin, alors que la mousson de S.O. est bien établie, et à plus forte raison *en juillet et en août*, les voiliers doivent faire la traversée par le S., en allant chercher les alizés de S.E. dans le S. de l'Equateur, et en suivant la même route que s'ils étaient destinés à Aden (voir page 554).

La même route par le S., est suivie : par les voiliers qui partent, *après le 1er juin*, de n'importe quel port compris *entre Bombay et Cannanore ;* par ceux qui partent, *après la fin d'avril*, des ports compris *entre Mahé et Quilon ;* et enfin par ceux qui font route *de Ceylan, après la fin de mars.*

Les voiliers qui ne pourront pas partir avant le 15 ou le 20 août de la côte de Malabar auraient probablement avantage à rester au port, s'il y en avait de bons sur cette côte, en attendant la fin de septembre ou le commencement d'octobre, suivant le point où ils se trouveraient. Naturellement, si l'on est à Ceylan ou sur la côte de Malabar, on pourra tenter la route du S. bien plus tard que si l'on part de Bombay, de Carwar, etc. Inversement, les navires partant des ports tels que Bombay, Carwar et même Mangalore, pourront faire la traversée directe, dès le mois de septembre, comme nous l'avons indiqué au paragraphe précédent; tandis qu'en partant de Ceylan, l'obligation de remonter la côte de Malabar, avant de faire la route directe, rend difficile de commencer utilement cette traversée avant la fin de septembre.

Les navires à vapeur partant de Bombay peuvent toujours faire la traversée directe, en se tenant un peu au N. de la ligne droite qui joindrait le point de départ au golfe Persique. Il en est de même des vapeurs partant des ports compris entre Bombay et Mangalore ou Cannanore. Les vapeurs partant de Ceylan et des ports compris entre Quilon et Mahé auront le choix entre la route du S. et la route directe : celle-ci consistera à remonter la côte de l'Hindoustan, jusqu'à ce qu'on se trouve en position de doubler, dans le N. la chaîne des Laquedives ; et de continuer, en prêtant le travers à la mousson. Nous pensons que, dans la plupart des cas, il sera préférable, pour les vapeurs partant des points en question, de faire la route par le S. : cette préférence s'imposera tout particulièrement quand la mousson sera dans toute sa force, et lorsque l'on devra partir de Ceylan. Pour de grands vapeurs, cette route du S. consistera à prendre le chenal Equatorial, comme il a été dit page 563, pour les vapeurs destinés à Aden ; puis il faudra remonter vers le N.O. et le N., quand on sera en position de couper le parallèle de Socotora par 55° ou 56°E.

Il ne serait pas impossible, avec un grand navire à voiles, solide, bon marcheur, fortement gréé, et manœuvré par un équipage éprouvé, de réussir la traversée directe, pendant la mousson de S.O., en partant de Bombay et des ports plus au S., à destination de Mascate et du golfe Persique. Il faudrait se maintenir entre les parallèles de 20° et de 23°N., attendu que si l'on allait plus loin dans le S., on aurait à craindre de trouver des temps plus mauvais. Il ne conviendrait point d'ailleurs de s'approcher davantage de la côte de Katiawar, où règnent une forte houle et un courant portant sous le vent, que le navire serait probablement dans l'impossibilité de refouler, avec les brises légères qui interrompent parfois la mousson, auprès de terre. Ce serait donc entre 20° et 23°N. que l'on devrait tâcher de faire sa route vers l'O., en profitant de tous les temps maniables et de chaque variation favorable du vent. En général, il faudra s'attendre à trouver de très-mauvais temps, de forts grains et une mer très-grosse ; rien ne prouve donc que, même en cas de réussite, cette route directe, pendant laquelle le navire sera exposé à des avaries majeures, soit aussi promptement parcourue que l'autre route par le S., qui sera toujours moins dure.

La route directe, en partant de Bombay, serait de moins de 900 milles, en supposant qu'elle soit parcourue avec le vent sous vergues. La route par le S. qui oblige d'abord à descendre vers le S. une vingtaine de degrés de latitude, puis à remonter ces mêmes 20 degrés vers le N., représente un parcours total de plus de 4000 milles, et une durée de traversée de 40 à 45 jours.

En résumé, la route que nous conseillons exclusivement aux navires à voiles partant aux époques précédemment indiquées de la côte O. de l'Hindoustan, ou de Ceylan, à destination de Mascate et du golfe Persique, est la route par le S., dont nous donnons les croisements dans les Tableaux placés à la fin du présent paragraphe.

La première moitié de cette route est entièrement décrite dans la quatrième partie du § 273, page 554, pour les voiliers destinés à Aden et à la mer Rouge. Nous prions donc le lecteur de se reporter aux instructions données page 554, et à celles du § 268, p. 511, pour descendre la côte d'Hindoustan. Nous allons nous borner à les résumer brièvement.

En partant de Bombay, la sonde est un guide indispensable et en même temps suffisant, pour indiquer la distance à laquelle le navire se trouve de terre. Il ne faut pas commencer à descendre la côte avant d'avoir dépassé les fonds de 30 mètres; et, dans ce cas, il ne faut rien négliger pour continuer à faire de l'O. en même temps que du S., afin de dépasser les fonds de 55 mètres. La meilleure zone, pour descendre vers le S., est celle où les fonds varient entre 70 et 90 mètres, parce que le navire ne s'y trouve pas trop près de terre, et que d'un autre côté il reste sur les sondes, ce qui est nécessaire pour éviter le banc Elicalpeni, surtout avec des temps pluvieux et bouchés ne permettant pas de faire des observations. Après avoir atteint 10° N., il n'y a plus qu'à pousser la bordée au plus près, très-bon plein, sans trop s'alarmer si l'on coupe l'Equateur un peu loin dans l'E. : le premier des Tableaux que nous donnons à la fin du présent paragraphe indique, comme longitudes de croisement de la ligne, 79° E. pour les navires venant de Bombay ou de la côte de Malabar, et 83° E. pour ceux venant de Ceylan. Mais ce ne sont là que des indications générales, par lesquelles il ne faudra point du tout se considérer comme lié; nous avons d'ailleurs donné, page 556, des instructions plus complètes à ce sujet, et signalé que dans certains cas on pourra couper l'Equateur par 76° E. Les temps seront très-mauvais en général jusque par 5° N.; ils molliront de plus en plus, entre 5° N. et l'Equateur; enfin le navire atteindra les alizés de S.E. par une latitude variable, mais ordinairement comprise entre 4° et 7° S. Plus la saison sera avancée, plus il faudra aller loin dans le S. pour les trouver. Ce ne sera qu'au moment où le navire aura pénétré dans les alizés très-nettement établis qu'il faudra laisser porter à l'O.; et la route sera donnée, de manière à reconnaître, de jour, l'île Diego-Garcia. (Voir page 557).

Ayant doublé Diego-Garcia, on aura *le choix entre deux routes*.

L'une, qui est un peu plus longue, mais que nous croyons

la meilleure, consistera à se diriger sur l'île Denis, au N. des Seychelles, absolument comme si l'on allait à Aden (voir page 557). De Diego-Garcia à Denis, le navire sera poussé par les alizés de S.E. et par un courant vers l'O. de 12 à 36 milles, dont il faudra tenir compte en atterrissant sur Denis. Après avoir rectifié sa position sur cette île, on se dirigera vers le N., avec les alizés de S.E. et avec un courant portant au N., ou au N.E., d'une vitesse de 18 à 30 milles par 24 heures jusqu'à l'Equateur qui sera coupé par 53°E. Les alizés de S.E. molliront ensuite, et les vents tourneront au S. et au S.O., en restant modérés jusqu'à ce que l'on ait atteint 4°N. Au-delà de ce parallèle, la mousson de S.O. forcera, et elle atteindra son maximum de violence entre 10° et 12°N., qui seront coupés entre 54° et 55°E. Dans ces parages, les vents souffleront frais, ou grand frais, accompagnés de rafales, de temps brumeux et bouchés, et d'une très-grosse mer. Les courants, entre l'Equateur et 3°N. environ, porteront à l'E., avec une vitesse de 24 à 60 milles par 24 heures; entre 3°N. et 13°N., la direction sera encore vers l'E., et la vitesse de 12 à 48 milles; enfin, de 13°N. à Ras-al-Hed, ils porteront vers le N.E., avec une vitesse de 18 à 30 milles. Il ne faudrait point couper le parallèle de Socotora dans l'E. de 56°E., parce que, à l'époque de la grande force de la mousson, l'on pourrait se trouver ensuite souventé, par l'effet du courant et de la grosse mer, ou même par les variations du vent qui recule quelquefois jusqu'à l'O. Il ne faudrait point non plus couper le parallèle de Socotora, entre 52° et 54°E., car le navire pourrait y trouver un contre-courant défavorable portant au S.O. d'environ 30 milles par 24 heures. En arrivant dans les parages du parallèle de Ras-al-Hed, le temps deviendra plus maniable et plus brumeux; et, en se rapprochant de la côte, il ne faudra pas atterrir dans le S. du cap. On contournera donc Ras-al-Hed; et, quand ce cap restera dans le S., la mousson relativement fraîche comme température sera remplacée par un temps humide, accompagné d'une chaleur étouffante. En même temps, l'on éprouvera, soit de petits vents variables, soit un vent modéré de la partie de S.E., avec un courant portant au N.O. La houle de la mousson de S.O. continuera seule à se faire sentir au-delà du méridien de Ras-al-Hed.

La seconde route que l'on pourra suivre également, après avoir doublé Diego-Garcia, consistera à gouverner à peu près directement avec les alizés de S.E., de manière à couper 2°S. par 56°E. et l'Equateur par 55°E.; puis 12°N. par 56°E. Cette route sera un peu plus courte; néanmoins nous ne la croyons guère avantageuse, parce qu'elle fera traverser, dans les parages de l'Equateur, une zone où les vents seront probablement moins bien établis que ceux rencontrés dans la route plus occidentale. Nous ajouterons que, si l'on suit la seconde route, il faudra s'attendre à traverser, entre 3°S. et l'Equateur, un courant portant à l'E., de 18 à 54 milles par 24 heures. Dans le N. de la Ligne, les courants porteront encore à l'E.; mais le navire se trouvera alors avec les mêmes chances de vents et de courants que s'il avait suivi la première route.

Nous donnons ci-après trois Tableaux, contenant la suite des croisements des routes que nous venons d'indiquer.

TABLEAUX

Des Croisements des routes que les voiliers pourront suivre, *en partant de Bombay, de la côte de Malabar, ou de Ceylan,* pour se rendre, *pendant la mousson de S.O.,* à Mascate et au golfe Persique.

TABLEAU 1.

POINTS DE DÉPART.	Longitudes de Croisements des Parallèles de							
	15° N.	12° 30′ N.	8° N.	5° N.	Équateur	2° S.	3° S.	5° S.
	E.	E.	E.	E.	E.	E.	E.	E.
	° ′	° ′	° ′	° ′	° ′	° ′	° ′	° ′
De Bombay, Goa, Carwar, etc.	71 00	72 00	74 00	75 45	79 00	80 00	80 00	79 00
De Cannanore, Cochin, Alipee, etc	... ...	... ...	74 00	75 45	79 00	80 00	80 00	79 00
De Ceylan........................	... ...	... ...	... ...	78 40	83 00	84 00	84 00	83 00

TABLEAU 2. — *En mousson de S.O.* (suite).

POINTS DE DÉPART.	Latitudes de Croisements des Méridiens de					
	83° E.	80° E.	79° E.	78° E.	73° E.	68° E.
	S.	S.	S.	S.	S.	S.
	° ′	° ′	° ′	° ′	° ′	° ′
Ports de la côte O. d'Hindoustan.........	... ...	3 00	5 00	6 20	7 20	7 50
De Ceylan..................................	5 00	7 00	7 05	7 10	7 30	7 50

TABLEAU 3. — *En mousson de S.O.* (suite et fin).

FIN DES CROISEMENTS : Des Chagos à Mascate et au G. Persique.	Longitudes de Croisements des Parallèles de						
	5°S.	3°40'S.	Équateur	5°N.	12°N.	20°N.	23°N.
	E.	E.	E.	E.	E.	E.	E.
	° '	° '	° '	° '	° '	° '	° '
1re *Route*, en reconnaissant Denis..	57 45	53 24	53 00	53 00	54 30	57 30	57 10
2e *Route*, sans reconnaître Denis..	62 00	61 20	55 00	55 00	56 00	57 30	57 10

§ 280. — Routes en partant de Bombay, de la côte de Malabar, ou de Ceylan, pour aller à Diu et à Karachi, pendant la mousson de N.E., de Septembre en Avril.

1° *En partant de Bombay, ou des ports voisins.*

En partant de Bombay, ou des ports voisins, pour l'un des ports de la côte de Katiawar, compris entre Diu et Karachi, l'on n'aura pas, pendant la mousson de N.E., d'autre point de reconnaissance que le cap Diu et les montagnes voisines.

En septembre et octobre, période qui sépare les deux moussons, les vents de N.O. seront fréquents; et il faudra s'attendre à de petites brises variables. L'on aura encore à cette époque, et surtout en septembre, des restes de la houle de la mousson de S.O. Durant les deux mois de septembre et d'octobre, il conviendra de ne point rester auprès de la côte de l'Inde plus loin dans le N. que Bassein, d'où l'on cherchera à gouverner directement sur Jafrabad (un peu à l'E. de Diu).

En novembre, les calmes sont fréquents, le long de la côte de Katiawar; aussi conviendra-t-il de mouiller pendant le flot, quand on aura de petites brises, afin de ne pas se laisser entraîner dans le golfe de Cambaye.

En novembre, décembre, janvier et février, c'est-à-dire pendant la mousson de N.E., il faudra profiter des brises de terre et de mer, pour s'élever dans le N. de Bombay, en se tenant à peu de distance de la côte, jusqu'à ce que l'on reconnaisse la haute terre de St-Jean (ou Sunjan). Cette montagne, située par 20°04'N., haute de 536m dans sa partie la plus élevée, est visible par temps clair à une distance de 40 milles (voir page 575). Après l'avoir reconnue, l'on traversera l'entrée du golfe, en se dirigeant sur le cap Diu. Les vents domineront de la partie du N. et du N.N.E., et rendront facile la fin de la traversée. Dès le milieu de février, on peut s'attendre à de fortes brises d'O. et d'O.S.O., sur les côtes de Sind et de Kutch, de sorte qu'il faut, à partir de cette date, ne point atterrir trop à l'E. de Karachi.

En mars et en avril, sur la côte de l'Inde, les vents de N.O. dominent, et les brises de terre sont incertaines. A cette époque, il suffira donc, au début de la traversée, de remonter dans le N. jusque vers le parallèle des terres élevées de la grande île Salsette, c'est-à-dire à peu de distance dans le N. de Bombay. Puis on fera route directe sur Diu, en profitant des marées (courants de flot) ainsi que de toutes les variations du vent pour s'élever dans le N., et en veillant en même temps la sonde pour ne point se laisser entraîner dans le golfe. Après le milieu d'avril, et au commencement de mai, dans le golfe de Cambaye, les vents de S. soufflent fréquemment; ils sont frais, surtout pendant la nuit, et particulièrement aux époques de syzygies, où ils soulèvent une grosse mer au moment du flot.

2° *En partant de la côte de Malabar et de Ceylan.*

Depuis le commencement d'octobre jusqu'en février, les navires partis *de Ceylan, ou d'un port quelconque de la côte O. de l'Hindoustan*, remonteront la côte vers le N., jusqu'à la hauteur de Bombay, en mettant à profit les brises de terre et de mer, comme l'indiquent les instructions, page 518. Ayant atteint les parages de Bombay, avant le 15 février, la traversée s'achèvera ainsi que nous l'avons dit dans la première partie du présent paragraphe. Du milieu d'octobre au milieu de février, le long de la côte de Katiawar, la brise de terre sera bien établie du N.E. jusque vers la pointe Dwarka (ou Jigat). On pourra donc y prendre un point de départ, et se diriger ensuite sur l'atterrage de Karachi (v. page 277).

En mars, avril et mai, les navires partis de l'un des ports existant *depuis Bombay jusques et y compris Calicut* doivent faire route aussi directe que les vents le permettent, entre leur point de départ et Karachi, en passant toujours bien entendu à bonne distance dans le N. des Laquedives, et en atterrissant dans l'O. lorsque les vents soufflent de cette partie. Pendant ces mêmes mois, sur la côte de Malabar, les vents de terre sont faibles, et les brises de N.O. commencent dès le milieu de mars; il serait donc désavantageux de remonter la côte jusqu'à Bombay. Il importe d'ailleurs d'ajouter qu'à la même époque, de fortes brises d'O. et d'O.S.O. soufflent sur les côtes de Sind et de Kutch, et que ces vents commencent à se faire sentir fréquemment dans la dernière quinzaine de février. Dans la partie de la route que nous indiquons, depuis le N. des Laquedives jusqu'à Karachi, les vents domineront du N.E. au N. et au N.O., et commenceront à tourner au S.O. Quant aux courants, ils porteront généralement vers la partie du S.O., ou du S.E., avec une vitesse de 12 à 40 milles par 24 heures.

En partant de Cochin, Alipee et Quilon, en mars et avril, et même au commencement de mai, il conviendra, *comme pendant les mois précédents*, de remonter la côte de Malabar, mais seulement jusqu'à ce que le navire se trouve en position de doubler très-largement les Laquedives dans le N.; et la traversée s'achèvera directement. Les navires destinés à Karachi atterriront dans l'O., en avril, et surtout en mai.

En partant de Cochin, Alipee et Quilon, à la fin de mai, à destination de Karachi, nous pensons qu'il sera préférable de faire la route du S., indiquée au paragraphe suivant, plutôt que de remonter la côte de Malabar. La route du S. sera probablement parcourue au moins aussi promptement, et elle n'offrira point les risques et les fatigues de la route directe. *A la même époque, étant destiné à Diu,* l'on pourra tenter de remonter la côte de Malabar, ce qui sera pénible (voir page 519). Puis, après avoir dépassé Elicalpeni et les Laquedives, on profitera de toutes les variations du vent, et des temps maniables qui pourront survenir, pour se tenir au large le plus possible, tout en remontant vers le Nord.

En partant de Ceylan, du commencement de février au milieu de mars, il conviendra encore, *comme pendant les mois précédents*, de remonter la côte de Malabar, mais seulement jusqu'à ce que le navire se trouve en position de doubler facilement les Laquedives dans le N.; et la traversée s'achèvera directement. *En partant de Ceylan, après le milieu ou la fin de mars*, la meilleure route à suivre pour aller à Diu, et surtout à Karachi, sera la route du S., indiquée au paragraphe suivant.

Voici le Tableau des croisements de ces différentes routes.

TABLEAU

Des Croisements de routes que les voiliers pourront suivre, *pendant la mousson de N.E., en partant de Bombay, de la côte de Malabar, ou de Ceylan,* à destination de Karachi.

LATITUDES SUIVANT LESQUELLES IL CONVIENDRA DE COUPER LES MÉRIDIENS DE								
74° E.	73° E.	72° E.	71° E.	70° E.	69° E.	68° E.	66° E.	65° E.
N.	N.	N.	N.	N.	N.	N.	N.	N.
° ′	° ′	° ′	° ′	° ′	° ′	° ′	° ′	° ′
Partant de Bombay, en Septembre ou Octobre.								
....	....	....	....	19 20	20 30	20 30	22 20	23 20
Partant de Bombay, en Novembre, Décembre, Janvier ou Février.								
....	....	....	....	20 04	20 30	20 30	22 30	23 30
Partant de Bombay, en Mars ou Avril.								
....	....	....	....	19 10	19 45	20 20	21 20	23 00
Partant de Ceylan, ou d'un port quelconque de la côte Ouest d'Hindoustan, du commencement d'Octobre en Février (arrivant près de Bombay entre le 1er Novembre et le 15 Février).								
9 00	11 20	13 00	15 45	20 04	20 30	20 30	22 30	23 30
Partant de la côte Ouest d'Hindoustan, en Mars, Avril et au commencement de Mai.								
....	11 00	12 30	14 00	15 00	16 30	17 35	20 00	22 00
Partant de Ceylan, du commencement de Février à la fin de Mars.								
8 30	11 00	12 30	14 00	15 00	16 30	17 35	20 00	22 00

§ 281. — Routes en partant de Bombay, de la côte de Malabar, ou de Ceylan, pour aller à Diu et à Karachi, pendant la mousson de S.O. de Mai en Septembre.

1° *En partant de Bombay, ou des ports situés plus au Sud jusques et y compris Calicut.*

En partant de Bombay, en mai et au commencement de juin, il conviendra de chercher à s'élever d'abord dans l'O., afin de se trouver en bonne position, lorsque la mousson de S.O. s'établira. On doublera le cap Diu, à une distance d'environ 100 milles, si le navire est destiné au golfe de Kutch ; ou à 200 milles, s'il doit se rendre à Karachi. Vers la même époque, c'est-à-dire au commencement et pendant la première partie de la mousson de S.O., le courant porte, d'une manière permanente, dans le golfe de Kutch ; il diminue donc la force du jusant, et rend très-grande la vitesse du courant de flot.

En partant de Bombay, du commencement de juin jusqu'en septembre, pendant le fort de la mousson de S.O., il faudra, dès le début, chercher à s'élever au large de la côte de l'Inde, en profitant de tous les temps maniables et des changements de direction du vent. On sera naturellement exposé à de très-mauvais temps, à une grosse mer, à de fortes rafales et à de lourds grains de la partie du S.O. et du N.O. Le courant portera généralement vers la partie du S.E. Il est bien recommandé d'atterrir au vent, c'est-à-dire dans l'O. du port de destination, sur les côtes du Sindh ou de Kutch, parce que le courant, comme nous venons de le rappeler, porte au S.E. et que le vent tombe fréquemment. En pareil cas, et avec la grosse houle qui règne sur ces côtes, on pourrait se trouver entraîné jusque vers Bombay, et l'on perdrait ainsi toute la route gagnée antérieurement.

En partant de l'un des ports de la côte O. de l'Hindoustan compris entre Bombay et Calicut, on ne peut que conseiller une route analogue ; c'est-à-dire qu'il faudra, dès le début, s'efforcer de se placer le plus au large possible. En partant de Mangalore, de Cannanore, ou de Calicut, le premier soin sera de s'élever suffisamment, afin de pouvoir passer sûrement dans le N. des dangers des Laquedives. La traversée à destination de Karachi sera d'ailleurs d'autant plus facile que le navire partira d'un port situé plus loin dans le S., tel que Mangalore par exemple, puisque dans ce cas l'on se trouvera bien au vent avec la mousson de S.O.

Nous donnons ci-après le Tableau des croisements que l'on pourra suivre, pour effectuer cette traversée à peu près directe. Ces croisements ne donnent d'ailleurs qu'un aperçu approximatif de la route, qui dépendra essentiellement des circonstances. Après ce Tableau, nous indiquerons les routes à suivre pour les navires qui partiront de Ceylan, ou des ports tels que Quilon et Alipee.

TABLEAU

Des Croisements des routes que les voiliers pourront suivre, pendant la la mousson de S.O., *pour aller à Karachi*, *en partant de Bombay ou des ports plus au Sud jusques à Calicut.*

POINTS de DÉPART.	LATITUDES SUIVANT LESQUELLES ON POURRA COUPER LES MÉRIDIENS DE							
	73° E.	72° E.	71° E.	70° E.	69° E.	68° E.	66° E.	65° E.
	N.	N.	N.	N.	N.	N.	N.	N.
Bombay	....	....	....	19° 00′	19° 15′	19° 30′	20° 30′	22° 00′
Mangalore, ou Cannanore, ou Calicut	11° 00′	12° 30′	14° 00′	15 00	16 30	17 35	20 00	22 00

En partant de Cochin, d'Alipee ou de Quilon, après la fin de mai, il sera préférable, pour se rendre à Karachi, de faire la route du S., comme nous l'indiquerons plus loin. Quand le navire sera destiné à Diu, on pourra encore préférer la même route du S., en partant des mêmes ports dans le courant de juin, ou de juillet.

En partant de Ceylan, après la fin de mars, la route du S., dont nous allons donner la description, sera encore la meilleure, aussi bien pour aller à Diu qu'à Karachi.

Les voiliers qui ne pourront point partir avant le 15 ou le 20 août des ports tels que *Cochin, Alipee ou Quilon*, seront encore obligés de faire la route du S. Mais étant arrivé aussi tard dans la saison, il faudra regretter l'absence d'un bon port sur cette côte; car, s'il y en avait, la résolution la meilleure pourrait être d'y rester jusqu'en septembre, afin de faire alors la route directe par le N. des Laquedives, comme nous l'avons indiquée au paragraphe précédent.

En partant de Ceylan, d'avril en août, il convient de faire la route du S. Effectivement, l'obligation de remonter la côte de Malabar, avant de faire la route directe par le N., empêche de commencer utilement cette dernière route avant la fin de septembre.

Les navires à vapeur partant de Bombay et des ports environnants pourront toujours faire la route directe, en se soutenant un peu dans le S. et dans l'O., autant que les vents le permettront. Les vapeurs partant des ports tels que Cannanore, Cochin, Alipee, etc., pourront également remonter la côte jusqu'à ce qu'ils se trouvent en position de doubler dans le N. les Laquedives; et ils continueront ensuite leur route à peu près directement, en se tenant un peu au vent quand le port de destination sera Karachi. Les vapeurs partant de Ceylan, et même ceux qui partiront des ports méridionaux de la côte d'Hindoustan, tels que Quilon et Alipee par exemple, devront préférer, pendant le fort de la mousson de S.O., la route du S. que nous avons décrite, page 569, pour les vapeurs destinés à Aden. Cette route, pour les vapeurs bien entendu, consistera à aller chercher le chenal de « Un-Degré et demi, » ou plutôt le chenal équatorial; tout le chemin en longitude sera fait facilement, à la machine, dans les parages de l'Equateur; et l'on commencera à remonter vers le N.O. d'abord, puis vers le N., quand le navire se trouvera en position telle qu'en prenant la mousson de S.O. sous une allure largue, il puisse sûrement atteindre le parallèle de Socotora bien à l'O. du port de destination.

La route du S., pour les voiliers, est celle dont nous donnons les croisements dans les Tableaux placés à la fin du présent paragraphe. La première partie de cette route est entièrement décrite dans la quatrième partie du § 273, page 541, pour les voiliers destinés à Aden et à la mer Rouge. Nous prions donc le lecteur de se reporter à ces instructions, que nous allons seulement résumer en peu de mots.

Le premier des Tableaux que nous donnons ci-après indique, comme longitudes de croisement de la Ligne, 81°E. pour les navires partis de Quilon ou d'Alipee; et 83°E., pour ceux venant de Ceylan. Mais, ce ne sont là que des indications générales, par lesquelles on ne sera nullement lié ; nous avons d'ailleurs donné, page 554, des instructions plus complètes à ce sujet, et signalé que dans certains cas les vents permettront de couper l'Equateur par 76°E. Les temps seront très-mauvais, en général, jusque par 5°N.; ils molliront de plus en plus, entre 5°N. et l'Equateur ; enfin le navire atteindra les alizés de S.E. par une latitude variable, mais ordinairement comprise entre 4° et 7°S. Plus la saison sera avancée, plus il faudra aller loin dans le S. pour les trouver. Ce ne sera qu'au moment où le navire aura pénétré dans les alizés très-nettement établis qu'il faudra laisser porter à l'O.; et la route sera donnée de manière à reconnaître, de jour, l'île Diego Garcia (voir page 557).

Après avoir doublé Diego Garcia et le banc Centurion, on gouvernera, en arrondissant, de façon à atteindre l'Equateur par 60°30′E. environ. Les alizés de S.E. seront bien établis tant que l'on sera dans le S. du parallèle de 3°S.; puis, entre ce parallèle et la Ligne, ils varieront du S.E. au S.O. et seront interrompus par quelques calmes. Tant que le navire se trouvera dans les alizés de S.E., le courant portera vers l'O., avec une vitesse de 12 à 30 milles par 24 heures. Quand on aura dépassé l'Equateur, les vents commenceront à dominer de la partie du S.O.; et la mousson soufflant de cette partie sera de plus en plus fraîche, au fur et à mesure que le navire avancera dans le N. Les courants commenceront à porter à l'E., avec une vitesse de 24 à 42 milles, à partir du moment où le navire aura quitté les alizés de S.E.; soit à partir de 3°S. environ. Entre l'Equateur et 18°N., ils porteront encore à l'E., avec une vitesse variable de 18 à 42 milles. Dans le N. de 18° ou de 20°N., ils porteront vers la partie du S.E., avec une vitesse variable de 18 à 32 milles.

Voici les deux Tableaux de croisements de cette route du S., pour les navires à voiles destinés, par exemple, à Karachi.

TABLEAUX

Des Croisements de la *route du Sud* que les voiliers pourront suivre, en partant *de Ceylan, de Quilon ou d'Alipee, etc., pendant la mousson de S.O., pour aller à Karachi.*

Tableau N° 1.

POINTS DE DÉPART.	LONGITUDES SUIVANT LESQUELLES ON POURRA COUPER LES PARALLÈLES DE					
	8°N.	5°N.	Équat^r.	2° S.	3° S.	5° S.
	E.	E.	E.	E.	E.	E.
Cochin, Alipee ou Quilon......	74° 40′	77° 00′	81° 00′	82° 00′	82° 00′	81° 00′
Ceylan..............................	....	78 40	83 00	84 00	84 00	83 00

Tableau N° 2. — Suite et fin.

QUEL QUE SOIT LE POINT DE DÉPART.	LONGITUDES SUIVANT LESQUELLES ON COUPERA LES PARALLÈLES DE					
	7° 35′ S.	7° 50′ S.	4° S.	Équat^r.	10° N.	23° N.
	E.	E.	E.	E.	E.	E.
Fin commune p^r aller à Karachi.	70° 10′	68° 00′	61° 30′	60° 30′	60° 30′	63° 30′

§ 282. — Routes en partant de Karachi, ou de Diu, pour aller à Surate, à Bombay, à la côte de Malabar et à Ceylan.

1° *Pendant la mousson de N.E. (d'Octobre en Avril).*

En partant de Karachi, à destination de Surate, de Bombay et des ports environnants, la route sera facile. Après avoir traversé l'entrée du golfe de Kutch, l'on se dirigera de manière à passer à distance convenable de la côte de Guzarat, et à doubler le cap Diu à une quarantaine de milles au large. De là, il ne restera plus qu'à gouverner sur Bombay, si l'on doit s'y rendre ; ou sur la haute terre de St-Jean, si le navire est chargé pour Surate. Pendant cette traversée, les vents domineront du N.E. au N.O. Quant aux courants, ils porteront vers le N.O., sur la côte de Guzarat, avec une vitesse de 24 à 36 milles par 24 heures ; et ils porteront vers le S.O., avec une vitesse de 20 à 36 milles, quand on sera devant le golfe de Cambaye.

En partant de Diu, la route sera facile, avec les vents de N.E. à N.O., et avec les courants portant au S.O., pour aller directement à Bombay, si l'on doit s'y rendre ; ou pour aller reconnaître la haute terre de St-Jean, si le navire est chargé pour Surate. Dans le cas où l'on aurait à se rendre à la côte de Malabar, ou à Ceylan, il n'y aurait qu'à suivre les instructions données page 513 pour descendre la côte d'Hindoustan.

Les navires destinés à Surate reconnaissent la haute terre de St-Jean (ou Sunjan) ; et ils terminent leur traversée, comme nous l'avons indiqué aux pages 575 et 580.

En partant de Karachi, ou des ports environnants, *les navires destinés à des points plus S. que Bombay*, tels que Goa, Mangalore, Cochin, Alipee, *ainsi que ceux destinés à Ceylan*, suivront une route analogue à celle des navires destinés à Bombay. Nous voulons dire qu'il conviendra toujours de se tenir dans le N. de la route directe ; mais il ne sera évidemment point nécessaire de passer aussi près de la côte de Guzarat. *Etant destiné à Viziadroog, à Goa, ou à Carwar*, l'on ira chercher les sondes de la côte d'Hindoustan un peu dans le N. de Viziadroog, ou par le travers de ce point. *Etant destiné à Mangalore, et aux ports situés plus loin dans le S.*, la route sera donnée de manière à chercher les sondes dans le N. du pic de Barsalore, sur lequel on pourra atterrir. Ce pic, qui est élevé de plus de 1,000 mètres, gît par 13°50′N. et 72°31′E. On descendra ensuite la côte, en se conformant aux instructions données page 513. Pendant cette traversée, de Karachi à la côte O. d'Hindoustan, les vents domineront du N.E. au N.O. Quant aux courants, ils porteront au S.O., avec une vitesse moyenne de 12 à 24 milles par 24 heures.

On trouvera les croisements de ces routes, en se reportant au Tableau que nous donnons à la fin du présent paragraphe.

2° *Pendant la mousson de S.O., du commencement de Mai à la fin de Septembre.*

Etant destiné à Bombay, il conviendrait, si cela était possible, de se tenir un peu dans le S. de la route directe. L'on devra du moins, dans tous les cas, tâcher de ne jamais atterrir dans le N. de Bombay, où le navire pourrait se trouver acculé dans une mauvaise position. Il faudra aussi se rappeler qu'en atteignant les sondes, dans les environs de Bombay, les navires venant du large trouveront la mer de plus en plus mauvaise; et que l'on aura souvent des grains de pluie et des temps bouchés empêchant de faire des observations (Pour l'atterrage, voir page 279).

En partant de Karachi, pour aller soit à Bombay, soit aux ports plus dans le S., il faudra se défier du courant qui portera dans le golfe de Kutch, et l'on devra donner beaucoup de tour aux récifs de l'entrée de ce golfe. Après avoir passé la barre de Karachi, à cette époque, il conviendra tout d'abord de chercher à s'élever dans le S.O., jusqu'à ce que le navire ait gagné les fonds de 27 à 36 mètres; et ce sera seulement alors que la route pourra être donnée vers le S. En doublant le banc Munneja, qui s'étend à 6 ou 7 milles au large des principales embouchures de l'Indus, et dont le front de mer a une vingtaine de milles d'étendue, l'on se tiendra constamment par des fonds de plus de 36 mètres. La même recommandation devra être suivie, tant que le navire sera sur la côte de Katiawar. Etant destiné à Bombay, l'on pourra remarquer que la ligne des fonds de 36 mètres mènerait à peu près directement du cap Diu aux atterrages de Bombay.

Etant destiné à Surate, il ne faut pas oublier que le mouillage, sur cette rade, est très-dangereux pendant les grandes brises de S.O., et qu'il n'est pas prudent de s'y trouver après le 15 avril, ni avant le commencement d'octobre. En partant de Diu, il convient de rallier le parallèle de 20°N.; en partant de Karachi, il faut également se placer sur ce parallèle quand on approche du méridien du cap Diu. Puis, l'on gouverne à l'E., pour aller reconnaître la haute terre de St-Jean; chemin faisant, l'on veille à ne point se laisser drosser dans le N. des bancs. La traversée s'achève, comme il est dit page 577.

En partant de Diu pour Bombay, il n'y a point d'autre recommandation à faire que de se tenir le plus au vent possible, et par des fonds supérieurs à 36 mètres, jusqu'à ce que le navire soit en position de ne pas manquer l'entrée de Bombay, en laissant porter dessus.

Les navires allant à Bombay devront compter, pendant leur traversée, sur *des vents* dominants de S.O., variables au N.O.; et sur *des courants* portant au S.E., avec une vitesse de 30 milles en moyenne par 24 heures.

Etant destiné à des ports plus S. que Bombay, il arrive rarement que l'on ait à s'y rendre pendant la mousson de S.O., époque à laquelle les mouillages sur cette côte sont intenables; et les communications avec la terre, difficiles. Néanmoins, ayant à faire cette traversée, la route sera à peu près directe comme celle indiquée pour aller à Bombay; et il faudra grandement veiller, à partir du moment où le navire arrivera sur les sondes de la côte d'Hindoustan. Ayant atteint les environs du parallèle de Bombay, il faudra se maintenir sur des fonds compris entre 70 et 90 mètres, pour descendre vers le S., ce qui demandera de l'attention et ce qui sera assez pénible; des instructions à ce sujet se trouvent au § 268, page 513. Dans l'E. des Laquedives, les temps seront sombres et pluvieux; et l'on recevra souvent des grains violents.

Voici le Tableau des routes indiquées dans le présent paragraphe :

TABLEAU

Des Croisements de routes, *en partant de Karachi*, à destination de Bombay, de la côte de Malabar et de Ceylan.

POINTS de DESTINATION.	LATITUDES SUIVANT LESQUELLES ON POURRA COUPER LES MÉRIDIENS DE									
	65° E.	66° E.	68° E.	70° E.	71° E.	72° E.	73° E.	74° E.	75° E.	77° E.
	N. ° '	N. ° '	N. ° '	N. ° '	N. ° '	N. ° '	N. ° '	N. ° '	N. ° '	N. ° '
	En mousson de N.E. (d'Octobre en Avril).									
Bombay..........	23 15	22 00	20 30	19 10	......	......	......	......	......	......
Mangalore, Cochin, Alipee, etc., ou Ceylan	23 15	21 50	19 20	17 00	15 00	13 00	11 20	9 00	7 45	6 30
	En mousson de S.O. (de Mai en Septembre).									
Bombay...........	23 30	22 30	20 30	18 50	......	......	......	......	......	......
Mangalore, Cochin, Alipee, etc., ou Ceylan	23 30	22 30	20 30	19 00	15 00	12 30	10 30	8 00	6 50	6 00

§ 283. — Routes en partant de la mer Rouge, ou d'Aden, pour aller au golfe Persique, à Mascate et à Karachi, pendant la mousson de S.O., de Mai en Septembre.

La saison la plus favorable pour effectuer, à la voile, la traversée d'Aden au golfe Persique, à Mascate, ou à Karachi, est celle comprise de mai en août, ou jusqu'en septembre, c'est-à-dire celle qui comprend la mousson de S.O.

En partant d'Aden, ou en venant de la mer Rouge, on gouvernera à peu près vers l'E., sans grande difficulté, avec les chances de vents et de courants indiquées aux §§ 9 et 64. Il conviendra de faire route, dans les environs de la partie milieu du golfe d'Aden, parce que l'on y trouvera généralement les vents mieux établis; mais, dans le cas où les brises seraient faibles ou variables, il faudrait se tenir un peu plus près de la côte d'Arabie que de la côte d'Afrique, attendu que, dans le voisinage de celle-ci, l'on serait exposé à rencontrer les courants portant à l'O. En dehors du golfe, c'est-à-dire quand on aura dépassé dans l'E. la ligne joignant le cap Guardafui à Ras Kosaïr, on commencera à entrer dans la mousson de S.O., par laquelle le navire sera poussé vers sa destination, avec le vent sous vergues. Il ne faudra point longer la côte de trop près, parce que le temps sera embrumé ; et qu'à petite distance de terre le vent mollit et tombe fréquemment. Le courant, qui suit la direction de la côte, portera en moyenne vers le N.E., avec une vitesse de 18 à 48 milles par 24 heures.

Etant destiné à Mascate, ou au golfe Persique, il ne faudra point atterrir dans le S. de Ras-al-Hed ; mais au contraire, il conviendra de le contourner à bonne distance. Quand le navire aura doublé ce cap, on cessera d'éprouver l'influence relativement rafraîchissante de la mousson de S.O.; et l'on devra s'attendre à trouver des temps humides accompagnés par une chaleur étouffante. Les vents seront généralement modérés ou faibles, soufflant surtout de la partie du S.O., et variant au S.E., au N.E. et au N.O. ; les calmes seront assez fréquents. En somme, le temps et le régime des vents seront complétement changés, à partir du moment où le navire aura pénétré dans le golfe d'Oman ; la houle de la mousson de S.O. continuera seule à se faire sentir, au-delà du méridien de Ras-al-Hed ; quant aux courants, ils porteront à l'O. et au N.O., dans le golfe d'Oman ; et leur vitesse, le long de la côte d'Arabie, dans l'O. du cap, variera de 36 à 42 milles par 24 heures. Dans ces conditions, il ne sera point difficile, en général, d'atteindre le golfe Persique, ou Mascate. On trouvera des indications pour l'atterrage de ce port, à la page 276.

Etant destiné à Karachi, le navire pourra commencer à s'éloigner de la côte E. d'Arabie, à partir du moment où il aura atteint les environs de Ras Isolette, c'est-à-dire du parallèle de 19°N. Il pourra gouverner alors à peu près directement, en se maintenant cependant toujours dans l'O. de la ligne droite qui joindrait, sur la carte, Ras Isolette à Karachi. L'atterrage sur ce port se fera par l'O., dans cette saison, comme cela est indiqué, page 278. Entre Ras Isolette et Karachi, les vents domineront de la partie du S.O., variables à l'O., et quelquefois au N.O. Les courants porteront : d'abord au N.E., avec une vitesse de 18 à 48 milles par 24 heures ; puis, quand le navire se trouvera dans les environs du parallèle de Ras-al-Hed, ils porteront vers l'E., avec une vitesse de 18 à 30 milles ; enfin, ils porteront vers une direction tournant de plus en plus à l'E.S.E. et au S.E., au fur et à mesure que le navire se rapprochera davantage de la côte de Belouchistan.

Voici le Tableau des croisements de routes que nous venons d'indiquer.

TABLEAU

Des Croisements de routes, en partant d'Aden, pour aller au golfe Persique, à Mascate ou à Karachi, *pendant la mousson de S.O., de Mai en Septembre.*

POINTS de DESTINATION.	LONGITUDES SUIVANT LESQUELLES ON POURRA COUPER LES PARALLÈLES DE								
	13° N.	14° N.	15° N.	17° N.	19° N.	21° N.	23° N.	24° N.	25° N.
	E.	E.	E.	E.	E.	E.	E.	E.	E.
	° ′	° ′	° ′	° ′	° ′	° ′	° ′	° ′	° ′
Golfe Persique..........	46 00	49 00	50 30	54 00	56 30	57 30	57 30	56 30	55 30
Mascate..................	46 00	49 00	50 30	54 00	56 30	57 30	57 30	......	......
Karachi..................	46 00	49 00	50 30	54 00	56 30	58 40	61 30	63 00	......

§ 284. — Routes, en partant de la mer Rouge, ou d'Aden, pour aller au golfe Persique, à Mascate et à Karachi, pendant la mousson de N.E., d'Octobre en Avril.

Les navires à voiles qui partiront d'Aden, ou de la mer Rouge, à une époque telle qu'ils ne puissent pas compter sur la mousson de S.O., ou sur les brises variables qui la précèdent et qui la suivent, devront s'attendre à faire une traversée longue et fastidieuse, s'ils doivent se rendre au golfe Persique, à Mascate, ou à Karachi, quelle que soit d'ailleurs la route qu'ils se décident à suivre.

Voici d'ailleurs quelles sont les deux routes fort différentes que nous conseillons, selon l'époque à laquelle le navire partira d'Aden. Nous décrirons ensuite successivement chacune de ces deux routes.

L'une, que l'on peut appeler *route directe*, consiste à remonter plus ou moins péniblement la côte E. d'Arabie, jusqu'à Ras-al-Hed. C'est la seule route possible, pour les navires *partant d'Aden, d'abord entre le milieu de septembre et le commencement de novembre;* et ensuite pendant la période comprise *entre le commencement de janvier et le mois de mars ou d'avril.* En partant avant le milieu de septembre, ou en avril, la route à suivre est à peu près celle que nous avons donnée au paragraphe précédent pour les traversées faites en mousson de S.O.

La seconde route, ou *route du Sud*, consiste à faire le grand tour, en allant chercher la mousson de N.O. dans le S. de la Ligne, et en remontant ensuite le long de la côte O. d'Hindoustan. Cette route ne doit être conseillée absolument qu'aux navires à voiles *partant d'Aden* à une époque comprise *entre le commencement de novembre et les premiers jours de janvier.*

Nous allons donner ci-après des instructions pour chacune de ces deux routes.

1° *Route directe, pour les voiliers, partant d'Aden, soit entre le milieu de Septembre et le commencement de Novembre, soit entre le commencement Janvier et le mois de Mars ou d'Avril.*

Cette route peut être appelée *directe*, par comparaison avec la route du S. que nous décrirons plus loin; mais, en réalité, l'on ne pourra la suivre qu'en louvoyant, et en subissant des retards, qui tripleront au moins le chemin que le navire aurait à parcourir, si les vents étaient favorables. Il faudra compter généralement qu'un bon navire mettra six semaines, et souvent davantage, pour atteindre Ras-al-Hed; les traversées d'Aden à Mascate atteindront fréquemment 2 mois 1/2; et l'on en cite qui ont duré cinq mois, depuis octobre jusqu'en février.

En partant d'Aden, soit entre le milieu de septembre et le commencement de novembre, soit entre le commencement de janvier et le mois de mars, on cherchera d'abord à se tenir dans le milieu du golfe, pour s'élever dans l'E. Si les vents de la partie de l'E. et du N.E. sont trop frais, l'on pourra se rapprocher de la côte d'Arabie. Mais, si les vents sont modérés, et si les courants portant vers l'O.

sont forts, il sera généralement avantageux de se rapprocher de la côte d'Afrique, où le courant contraire a moins de vitesse. La sortie du golfe d'Aden sera pénible; les vents domineront du N.E et de l'E. (voir page 29), et les courants porteront surtout vers l'O. (voir page 150). La vitesse de ces courants contraires variera de 12 à 30 milles par 24 heures, et elle atteindra parfois 48 milles; elle sera ordinairement plus forte au milieu du golfe, et près de la côte d'Arabie, que le long de la côte d'Afrique. Il ne faudra point cependant se rapprocher trop de cette côte, en prévision du cas où les vents viendraient à forcer.

Ayant atteint les environs du méridien de Ras Rehmat, on louvoiera le long de la côte d'Arabie, en mettant tous ses soins à profiter de chaque variation de la brise, pour prendre et pour prolonger les bordées les plus favorables. Le courant sera généralement contraire et portera vers l'O., ou l'O.S.O. (voir p. 157); cependant, vers les époques des nouvelles et pleines lunes, il arrivera parfois qu'ils porteront au vent pendant 3 ou 4 jours de suite. Lorsque le courant contraire aura beaucoup de force auprès de terre, il conviendra de se tenir à 60 ou 80 milles au large. Mais, quand les brises seront faibles, il vaudra encore mieux rester près de la côte, afin de profiter des courants de marées et des brises de terre accidentelles. En se tenant ainsi à très-petite distance de la terre, on aura la faculté de mouiller, chaque fois que l'on se verra dans l'impossibilité de gagner. Voici quels seront les vents et les courants dominants sur la côte E. d'Arabie.

En octobre, novembre et décembre, les vents domineront du N.E., coupés par quelques calmes et par des brises variables de la partie du S.O., jusque vers le parallèle du golfe de Masirah (20°N.). Au-delà de ce parallèle, ils domineront surtout du N.E., mais ils varieront assez fréquemment au N.O., au S.E. et au S.O., mêlés de quelques calmes. *En janvier, février et mars*, les vents souffleront presque constamment de la partie du N.E. fixes, et rarement interrompus par des calmes, jusqu'au parallèle de Masirah (20°N.). Au-delà de ce parallèle, ils domineront de la partie du N.O. et du N.E., mêlés de quelques calmes.

Les courants suivent la côte d'Arabie. Entre Aden et Ras-Fartak, ils portent à l'O.S.O., avec une vitesse de 18 à 30 milles, et même à 48 milles; entre Ras-Fartak et Ras-al-Ḥed, ils portent au S.O., avec une vitesse de 12 à 24 milles. Si l'on voulait contourner, de près, Ras-al-Hed, dans cette saison, le navire aurait sur le nez un courant contraire portant au S. avec une vitesse de 12 à 36 milles. Au contraire, au milieu du golfe d'Oman et en se rapprochant de la côte de Belouchistan, les courants portent généralement au N. et au N.O., avec une vitesse de 12 à 18 milles.

Etant destiné à Mascate, et ayant réussi à remonter la côte d'Arabie jusque vers 22°N., c'est-à-dire jusque dans les environs de Ras-al-Hed, il conviendra de gagner le milieu du golfe d'Oman, en se rapprochant de la côte de Belouchistan, afin d'y trouver le courant favorable, et surtout afin d'échapper au courant contraire qui règne auprès de Ras-al-Hed. On s'élèvera alors dans l'O., avec les vents qui domineront de la partie du N.O. ; et l'on commencera à faire franchement du S., pour venir sur Mascate, lorsque ce port aura été amené dans le S. du S.O. (Voir page 276 pour l'atterrage).

Etant destiné au golfe Persique, il conviendra également, en partant des environs de Ras-al-Hed, de rallier le milieu du golfe, ou la côte de Belouchistan, autant que les vents le permettront, pour s'élever ensuite dans l'Ouest.

Etant destiné à Karachi, et ayant atteint les environs de Ras-al-Hed, il conviendra de gouverner de manière à aller chercher les sondes sur la côte de Belouchistan, entre Ras Gwadel et Karachi. Les vents domineront de la partie du N.O., et pourront souffler aussi du S.E. et du S.O., mêlés de quelques calmes. En approchant de la côte, les courants porteront assez souvent vers la partie de l'E. ou du S.E., de sorte que la traversée s'achèvera sans grande difficulté.

Après avoir pris connaissance de ces instructions, l'on comprendra l'impossibilité d'assigner une route précise, dans cette saison, aux voiliers qui ont à s'élever contre le vent et le courant contraires. Néanmoins, nous ne croyons pas inutile de donner ci-après les Tableaux de croisements représentant une route moyenne, dans les environs de laquelle il est probable que l'on pourra se tenir.

TABLEAUX

Des Croisements de la route moyenne que pourront suivre les voiliers ayant à se rendre, *pendant la mousson de N.E.*, de la mer Rouge ou d'Aden, à destination de Karachi, de Mascate et du golfe Persique.

TABLEAU N° 1. — *Commencement commun aux trois destinations.*

DESTINATIONS.	LATITUDES SUIVANT LESQUELLES ON POURRA COUPER LES MÉRIDIENS DE						
	46°E.	48°E.	50°E.	52°E.	54°E.	56°E.	57°E.
	N.	N.	N.	N.	N.	N.	N.
Karachi, Mascate et le golfe Persique........	13° 10′	14° 20′	15° 00′	16° 20′	17° 00′	19° 00′	21° 00′

TABLEAU N° 2. — *Fin de la traversée, pour Karachi.*

DESTINATION.	LATITUDES SUIVANT LESQUELLES ON POURRA COUPER LES MÉRIDIENS DE						
	58° E.	59° E.	60° E.	61° E.	62° E.	63° E.	64° E.
	N.	N.	N.	N.	N.	N.	N.
Karachi..................	22° 00′	23° 00′	23° 40′	24° 15′	24° 30′	24° 35′	24° 40′

TABLEAU N° 2 *bis.* — *Fin de la route pour Mascate et le G. Persique.*

POINTS de DESTINATION.	LATITUDES SUIVANT LESQUELLES ON POURRA COUPER LES MÉRIDIENS DE						
	58° E.	59° E.	58° E.	57° E.	56°30′ E	56° E.	55° E.
	N.	N.	N.	N.	N.	N.	N.
Mascate..................	22° 10′	24° 00′	24° 30′	24° 30′	24° 00′	....	....
Golfe Persique.........	22 10	24 30	24 45	25 00	25 00	24° 45′	24° 30′

2° *Route du Sud qui ne pourra être prise par les voiliers qu'à la condition de partir d'Aden, entre le commencement de Novembre et le commencement de Janvier.*

Nous avons donné, dans la troisième partie du § 270 (v. page 532), des instructions complètes sur la *route du S.*, conseillée aux voiliers qui partent d'Aden, de la fin d'octobre au milieu de janvier, pour se rendre à Ceylan, à la côte de Malabar et à Bombay. Nous pensons que cette même route pourra être avantageusement suivie par les voiliers partant d'Aden, à destination de Karachi, de Mascate et du golfe Persique ; *mais à la condition de partir entre le commencement de novembre et le commencement de janvier*. Nous expliquerons plus loin pour quels motifs nous restreignons ainsi la période pendant laquelle la route du S. pourra convenir aux voiliers allant à Karachi et à Mascate. Quoi qu'il en soit, ayant atteint la côte de Malabar, les navires qui auront pris la route en question termineront leur traversée, comme l'indiquent les instructions des §§ 278, 279 et 280, pages 581, 586 et 591.

En partant d'Aden pour Karachi, Mascate ou le golfe Persique, l'on ne prendra pas la route du S., si l'on part avant le commencement de novembre. Il importe effectivement de remarquer que la route du S. fait parcourir un chemin quatre fois plus considérable que la route directe le long de la côte E. d'Arabie. Il faudra donc, pour se décider à faire la route du S., avoir : d'une part, la crainte de la mousson contraire de N.E. de la côte d'Arabie, dont la grande force ne commence qu'en novembre ; et, d'autre part, l'espérance de trouver la mousson favorable de N.O. réellement établie avec son courant portant à l'E., laquelle mousson ne règne généralement pas avant la fin de novembre.

Ce premier point étant convenu, nous ajoutons qu'en partant d'Aden, pour Karachi, Mascate et le golfe Persique, il ne faudra pas prendre la route du S. quand on partira plus tard que le commencement de janvier. Il faut en effet avoir présent à l'esprit que cette route du S. ne peut être bonne qu'à la condition de ne faire éprouver nulle part de contrariétés sérieuses. Or, il ne faut pas remonter la côte de Malabar plus tard qu'en mars ; et surtout, nous rappelons qu'à partir du milieu de février, on est exposé aux vents de la partie de l'O. le long de la côte de Katiawar. Cette dernière remarque force les navires qui atteignent les parages de Bombay, après le 10 ou le 15 février, à se tenir dans le S. pour aller à Karachi et à Mascate (voir page 583) ; et par conséquent, dès cette époque, les navires venant d'Aden peuvent craindre d'être contrariés, ou du moins de ne pas être assez favorisés.

En résumé, en partant d'Aden *en novembre*, ou *en décembre*, nous pensons qu'il y aura, en fin de compte, avantage, pour les navires à voiles ordinaires du commerce, à prendre la route du S. indiquée page 532. Ils passeront entre Guardafui et Socotora ; et se dirigeront vers le S.E., en se conformant aux croisements que nous donnons dans les Tableaux placés à la fin du présent paragraphe. Deux routes sont indiquées, pour faire le chemin E. dans la mousson de N.O., suivant que le navire atteint cette mousson en décembre ou en janvier ; la route de janvier est plus méridionale que celle de décembre ; et, en tous temps, c'est cette route de janvier qui est la plus sûre, parce qu'elle fait couper la ligne très-loin dans l'E., et qu'elle fait entrer le navire bien au vent dans la mousson de N.E. de l'hémisphère Nord.

Les conditions pour achever la traversée seront excellentes quand le navire aura atteint Ceylan en janvier, et par suite, quand il arrivera à la hauteur de Bombay vers le 1er février au plus tard. Dans ce cas, l'on suivra, à partir du parallèle de Bombay, la première des routes indiquées dans le Tableau N° 2 placé à la fin du présent paragraphe. Cette route, pour laquelle nous avons donné des instructions, page 591 pour les navires destinés à Karachi, et page 581 pour ceux allant à Mascate et au golfe Persique, consistera à suivre, avec les vents favorables, la côte de Katiawar et ensuite celle de Belouchistan, de manière à se maintenir bien au vent.

Mais, quand le navire n'aura atteint Ceylan que dans les premiers jours de février, il ne sera plus possible de suivre la même route, parce que l'on serait exposé à des vents de la partie de l'O., sur la côte de Katiawar, si l'on s'y aventurait après le milieu de février. Dans ces conditions, la route du S. aura été prise trop tard, et elle ne présentera probablement plus d'avantage sur la route directe. Quoi qu'il en soit, ayant entrepris cette traversée, et s'étant trouvé retardé, il faudra suivre, à partir de la côte de Malabar, la seconde des routes indiquées dans le Tableau N° 2 placé à la fin du présent paragraphe. Cette route, pour laquelle on trouvera des instructions, en se reportant à la page 593 pour les navires destinés à Karachi, et à la page 583 pour ceux allant au golfe Persique et à Mascate, consistera à suivre une route à peu près directe, en quittant le voisinage de la côte O. d'Hindoustan, lorsque le navire sera en position de doubler très-largement les Laquedives dans le Nord.

TABLEAUX

De Croisements de la route du S. que pourront suivre les voiliers, quand ils partiront d'Aden, *en Novembre ou en Décembre,* pour aller à Karachi, à Mascate ou au golfe Persique.

TABLEAU N° 1. — *Route commune aux trois destinations.*

LATITUDES SUIVANT LESQUELLES IL CONVIENDRA DE COUPER LES MÉRIDIENS DE													
48° E.	53° E.	58° E.	63° E.	70° E.	78° E.	80° 30' E.	83° E.	85° E.	86° E.	85° E.	83° E.	80° E.	78° E.
° '	° '	° '	° '	° '	° '	° '	° '	° '	° '	° '	° '	° '	° '
1° *Le navire étant, en Novembre, dans le S. de l'Équateur.*													
N. 12 30	N. 7 00	N. 3 00	S. 1 00	S. 2 00	S. 1 30	Équat^r	... ...	... ...	... ...	... ...	... ...	N. 5 00	N. 5 20
2° *Le navire étant, en Décembre ou Janvier, dans le S. de l'Équateur.*													
N. 12 30	N. 7 30	N. 1 30	S. 3 00	S. 3 30	S. 3 00	S. 2 45	S. 2 30	S. 1 30	Équat^r	N. 2 30	N. 5 00	N. 5 10	N. 5 20

TABLEAU N° 2. — *Fin de la route.*

POINTS de DESTINATION.	LATITUDES SUIVANT LESQUELLES ON POURRA COUPER LES MÉRIDIENS DE											
	74° E.	73° E.	72° E.	71° E.	70° E.	69° E.	68° E.	66° E.	65° E.	64° E.	60° E.	58° E.
	N. ° '	N. ° '	N. ° '	N. ° '	N. ° '	N. ° '	N. ° '	N. ° '	N. ° '	N. ° '	N. ° '	N. ° '
	1° *Route des navires qui atteindront Ceylan avant le 1er Février.*											
Karachi......	9 00	11 20	13 00	15 45	20 04	20 30	20 30	22 30	23 30	... ...	... ...	... ...
Mascate......	9 00	11 20	13 00	15 45	20 04	20 30	20 30	22 00	23 00	23 20	23 30	23 25
G. Persique..	9 00	11 20	13 00	15 45	20 04	20 30	20 30	22 00	23 00	23 30	24 30	24 45
	2° *Route des navires qui auront été retardés et qui atteindront Ceylan après le commencement de Février.*											
Karachi......	8 30	11 00	12 30	14 00	15 00	16 30	17 35	20 00	22 00	... ...	... ...	... ...
Mascate......	8 30	11 00	12 30	14 00	14 50	15 30	16 00	17 30	18 10	18 50	21 00	22 30
G. Persique..	8 30	11 00	12 30	14 00	14 50	15 30	16 00	17 30	18 10	18 50	21 00	22 30

§ 285. — Route des voiliers partant du golfe Persique, ou de Mascate, ou de Karachi, et ayant à se rendre à Aden, ou dans la mer Rouge, pendant la mousson de N.E., d'octobre en mars.

La route que nous allons indiquer dans le présent paragraphe est à peu près directe, ainsi qu'on peut s'en assurer, en la traçant sur la carte, à l'aide du Tableau des croisements inséré plus loin. Cette route ne convient qu'aux bâtiments qui sont certains de faire toute leur traversée avec la mousson de N.E.; elle ne peut donc être conseillée que dans le cas où l'on partira *entre les derniers jours de septembre et la fin de février.*

1° *En partant du golfe Persique ou de Mascate.*

Pendant la saison qui nous occupe, d'octobre en mars, les voiliers partant du golfe Persique ou de Mascate, trouveront les circonstances favorables pour sortir du golfe d'Oman et pour doubler Ras-al-Hed. *En octobre, novembre et décembre, les vents* domineront du N.E. et du N.O., ils varieront parfois au S.E., et seront mêlés assez souvent de calmes. *En janvier, février et mars*, ils commenceront à dominer du S.O. et du S.E., variables au N.E. et au N.O., et mêlés de quelques calmes. Les courants du milieu du golfe portent généralement au N.O. avec une vitesse de 12 à 18 milles; mais la route qu'il faut suivre longe la côte d'Arabie, où le navire trouve le courant favorable, suivant la direction de la terre et portant au S.E. et au S., en contournant Ras-al-Hed, avec une vitesse variable de 12 à 36 milles par 24 heures.

Après avoir doublé Ras-al-Hed, il convient de se maintenir à quelque distance de la côte E. d'Arabie, afin de conserver les vents mieux établis. *En octobre, novembre et décembre*, de Ras-al-Hed au parallèle de Masirah (20°N.), les vents domineront du N.E. et du N.O., variables et mêlés encore de calmes; mais, dans le S. de ce parallèle de 20°N., ils domineront du N.E., rarement interrompus par des calmes ou par quelques brises de S.O. *En janvier, février et mars*, de Ras-al-Hed à 20°N., ils domineront du N.O., variables au N.E. et mêlés de quelques calmes. Dans le S. du parallèle de

20°N., les vents seront désormais fixes du N.E., et les calmes seront rares.

Les courants, de Ras-al-Hed au parallèle de 20°N., porteront surtout au S.O., avec une vitesse de 12 à 18 milles. De 20°N. à Ras-Fartak, ils porteront encore au S.O., avec une vitesse de 24 milles.

En descendant vers le S.O., au large de la côte d'Arabie, l'on pourra vérifier sa position, en reconnaissant Ras-Fartak, qui est visible à 40 milles. Il suffira, pendant le jour, d'en passer à 20 ou 30 milles. Mais, comme la terre est très-accore dans ces parages, la sonde ne sera pas un avertissement suffisant de l'approche de la côte, et il faudra par conséquent bien veiller, surtout durant la nuit, et tenir compte des courants qui ne sont pas toujours réguliers. Au-delà de Ras-Fartak, on fera route à quelque distance de la côte d'Arabie ; et l'on atterrira sur Aden, en sondant au besoin.

Dans le golfe d'Aden, les vents domineront de la partie de l'E. et du N.E. Les calmes seront assez à craindre, au commencement de la mousson, en octobre, novembre et décembre. Quant aux courants, depuis Ras-Fartak jusqu'à Aden, ils porteront à l'O.S.O., avec une vitesse de 18 à 48 milles par 24 heures.

Le Tableau des croisements est à la fin du présent paragraphe.

2° *En partant de Karachi.*

Les voiliers partant de Karachi, durant cette saison, du commencement d'octobre à la fin de février, feront bien de ne pas gouverner plus à l'O. que le S.S.O., tant qu'ils n'auront pas atteint le parallèle de 21°, ou plutôt celui de 20°N., qu'ils couperont par 63°E. environ. En suivant cette recommandation, ils éviteront les calmes fréquents qui règnent entre 25° et 20°N., dans l'O. du méridien de 63°E. Après avoir coupé 20°N, par 63°E., l'on peut gouverner pour aller reconnaître Ras-Fartak, qui est visible à une quarantaine de milles de distance.

En suivant cette route, *en octobre, novembre et décembre, les vents* domineront de la partie du N.O., variables au N.E., et les calmes seront assez rares, de Karachi à 20°N.; puis ils domineront du N.E., variant parfois au N.O. et interrompus rarement par des calmes, depuis 20°N. jusqu'à 18°N. coupé par 58°E.; enfin, ils souffleront bien établis du N.E., de 18°N. à Ras-Fartak. *En janvier, février et mars*, *les vents* domineront du N.E. et du N.O. bien établis, de Karachi à 18°N.; puis, ils souffleront du N.E., et l'on aura peu ou point de calmes, de 18°N. à Ras-Fartak.

De Karachi à 20°N., *les courants* porteront surtout au S.O.; de 20°N. à 18°N., ils porteront à l'O.S.O., avec une vitesse de 12 à 36 milles; de 18°N. à Ras-Fartak, ils porteront à l'O.S.O., avec une vitesse variable de 18 à 48 milles, qui augmentera généralement au fur et à mesure que le navire approchera davantage de la côte d'Arabie.

Il suffira de passer, pendant le jour, à 20 ou 30 milles de Ras-Fartak. Mais, comme la terre est très-accore dans ces parages, la sonde ne sera pas un avertissement suffisant de l'approche de la côte; et il faudra par conséquent bien veiller, surtout durant la nuit, et tenir compte des courants qui ne sont pas toujours réguliers. Au-delà de Ras-Fartak, on fera route à quelque distance de la côte d'Arabie; et l'on atterrira sur Aden, en sondant au besoin.

Dans le golfe d'Aden, les vents domineront de la partie de l'E. et du N.E. Les calmes seront assez à craindre, au commencement de la mousson, en octobre, novembre et décembre. Quant aux courants, depuis Ras-Fartak jusqu'à Aden, ils porteront à l'O.S.O., avec une vitesse de 18 à 48 milles par 24 heures.

Voici le Tableau des croisements de ces routes.

TABLEAU

Des Croisements des routes que pourront suivre les voiliers partant, *du commencement d'Octobre à la fin de Février*, du golfe Persique, de Mascate ou de Karachi, à destination d'Aden et de la mer Rouge.

POINTS de DÉPART.	LATITUDES SUIVANT LESQUELLES ON POURRA COUPER LES MÉRIDIENS DE								
	25° N.	24° N.	23° N.	21° N.	19° N.	17° N.	15° N.	14° N.	13° N.
	E. ° ′	E. ° ′	E. ° ′	E. ° ′	E. ° ′	E. ° ′	E. ° ′	E. ° ′	E. ° ′
Golfe Persique..........	55 20	56 20	57 10	57 40	56 20	55 20	49 40	47 30	45 30
Mascate..................	......	......	57 10	57 40	56 20	55 20	49 40	47 30	45 30
Karachi..................	......	64 30	64 00	63 20	61 00	55 20	49 40	47 30	45 30

§ 286. — Route des voiliers partant du golfe Persique, ou de Mascate, ou de Karachi, et ayant à se rendre à Aden, ou dans la mer Rouge, pendant la mousson de S.O., de Mars en Septembre.

Pendant la mousson de S.O., ou pour mieux dire pendant la période où la mousson de N.E. ne règnera plus, il sera impossible, ou du moins désavantageux, de tenter, avec un voilier, la route directe que nous avons donnée au paragraphe précédent. Les routes que l'on pourra se proposer de suivre seront d'ailleurs très-différentes, suivant l'époque à laquelle on les suivra. Nous distinguerons quatre époques, pour chacune desquelles nous donnerons une route spéciale : 1° pour les navires partant du 1er au 20 ou 25 mars ; 2° pour ceux partant à la fin de mars, ou au commencement d'avril ; 3° pour ceux partant du milieu d'avril au milieu d'août ; et 4° pour ceux partant du milieu d'août à la fin de septembre. On trouvera ci-après des instructions pour chacune de ces routes.

1° *En partant du 1er au 20 ou au 25 Mars.*

En venant du golfe Persique, ou en partant de Mascate ou de Karachi, à la fin de février, et surtout du 1er au 20 ou au 25 mars environ, il est trop tard pour chercher à entreprendre la route directe, le long de la côte E. d'Arabie.

Généralement, les voiliers partant du golfe Persique ou de Mascate trouveront encore, pendant le mois de mars, les circonstances favorables pour sortir du golfe d'Oman et pour doubler Ras-al-Hed. Les vents domineront du S.O. et du S.E., variables parfois au N.E. et au N.O., accompagnés de quelques calmes. Quant aux courants, ils seront généralement favorables et porteront au S.E., jusqu'à Ras-al-Hed, si l'on suit la côte d'Arabie, comme l'indiquent les croisements du Tableau placé plus loin.

Les voiliers partant de Karachi feront bien de ne pas gouverner plus à l'O. que le S.S.O., tant qu'ils n'auront pas atteint le parallèle de 21°, ou plutôt celui de 20°N., qu'ils couperont par 63°E. environ. En suivant cette recommandation, ils éviteront les calmes, encore assez fréquents à cette époque, qui règnent entre 25° et 20°N., dans l'O. du méridien de 63° Est.

Quel que soit le point de départ, golfe Persique, Mascate ou Karachi, si l'on trace sur la carte la route que nous donnons dans les Tableaux placés plus loin, on voit qu'elle consiste à faire gouverner, depuis Ras-al-Hed, ou depuis 20°N. coupé par 63°E., en utilisant les vents de la partie du N.E., et en tenant compte des courants portant encore au S.O., de manière à passer à grande distance dans l'E. et dans le S. de Socotora. Plus la saison sera avancée, plus on devra passer loin dans le S. de Socotora.

Dans le courant de mars et en avril, dans la mer d'Oman, la mousson de N.E. n'est plus aussi bien établie que pendant les mois précédents; les vents jouent davantage ; ils hâlent fréquemment le N.N.E., le N., le N.N.O. et le N.O. ; parfois ils soufflent de l'E.N.E. ; on est exposé à trouver de faibles brises et des calmes ; le temps est généralement beau. Dès le commencement d'avril, la mousson de N.E. peut être considérée comme finie, auprès de Socotora et de la côte d'Arabie, où l'on aurait à craindre de trouver de légères brises de S.O. et d'O., avec des calmes fréquents. En outre, à la même époque, le courant commence à porter au N., dans les parages de Socotora, ainsi que dans la région comprise entre cette île et la côte d'Arabie. Pour ces motifs réunis, *il serait* donc *mauvais de passer dans le N. de Socotora*, où l'on pourrait être très-contrarié, quand on s'y trouverait *après le milieu de mars*. Cette époque étant passée, il faudra gouverner de manière à doubler dans le S. l'île Socotora, à une distance suffisante pour pouvoir atterrir, *de la bordée*, dans le S. de Guardafui, avec les vents que l'on trouvera assez mal établis et variables, soufflant surtout du S., du S.O., ou de l'O., et en tenant compte du courant qui portera vers le Nord.

Nous avons déjà dit que, plus la saison sera avancée, plus on devra passer loin dans le S. de Socotora ; nous ajouterons que plus on passera loin dans le S. de Socotora, plus on sera certain de gagner l'atterrage, de sorte qu'il sera souvent plus court de faire le détour vers le S. plus marqué. Effectivement, si l'on ne se place pas assez loin dans le S. de Socotora, il pourra arriver, surtout en avril, que la bordée bâbord amures, avec les vents de la partie du S.O., ne permette pas de doubler cette île ; et, dans ce cas, on pourra se trouver forcé de virer et de courir tribord amures jusque dans les environs de l'Équateur, avant de pouvoir revenir sur la côte d'Afrique avec les amures à bâbord.

Après avoir atterri dans le S. de Guardafui (voir page 539), il conviendra de doubler ce cap de très-près, afin de profiter du courant qui portera d'abord au N., puis à l'O., quand on contournera la terre à petite distance. Si l'on négligeait cette précaution, c'est-à-dire si l'on faisait route trop au large de la côte d'Afrique, il y aurait à craindre de voir le navire drossé dans le N. et le N.E., par la masse principale des eaux qui, en débouchant de Guardafui, se dirigent en travers de l'entrée du golfe d'Aden. Ayant doublé Guardafui, on continuera à suivre de près la côte d'Afrique jusqu'à la hauteur de l'île Meyet (ou Burnt). En partant alors des environs de cette île, le navire pourra traverser le golfe et atteindre Aden. Quant aux navires destinés à la mer Rouge, ils continueront à suivre la côte d'Afrique jusqu'à 60 ou 70 milles plus loin dans l'O. que l'île Meyet, avant de se diriger vers les détroits de Bab-el-Mandeb.

En effectuant cette traversée depuis Ras-al-Hed, ou depuis Karachi, *les courants* porteront généralement au S.O., ou à l'O.S.O., avec une vitesse moyenne de 12 à 30 milles. Dans le S. de Socotora, on pourra encore les trouver portant à l'O.S.O., avec une vitesse de 30 à 54 milles ; mais, quand on rencontrera les vents de S.O., et lorsque le navire se rapprochera de la côte d'Afrique, il faudra s'attendre à des courants portant vers le N.O. Dans l'O. de Guardafui, le long de la terre, le courant portera ordinairement vers l'O. de 12 à 30 milles.

Voici les Tableaux indiquant les croisements des routes que nous venons d'indiquer.

TABLEAUX

Des Croisements des routes que pourront suivre les voiliers, en partant du golfe Persique, de Mascate ou de Karachi, *du 1er Mars au 20 ou 25 du même mois,* pour aller à Aden ou dans la mer Rouge.

TABLEAU N° 1. — *Commencement de la route.*

POINTS DE DÉPART.	Longitudes de Croisements des Parallèles de							
	25° N.	24° N.	23° N.	22° N.	20° N.	18° N.	16° N.	14° N.
	E. ° '	E. ° '	E. ° '	E. ° '	E. ° '	E. ° '	E. ° '	E. ° '
Golfe Persique	55 30	56 30	57 30	58 10	58 30	58 30	58 30	58 00
Mascate	... ...	... ...	57 30	58 10	58 30	58 30	58 30	58 00
Karachi	... ...	64 30	64 00	63 45	63 00	61 20	59 45	58 00

TABLEAU N° 2. — *Fin commune aux trois routes.*

LATITUDES DE CROISEMENTS DES MÉRIDIENS DE							
58° E.	53° E.	52° E.	51° E.	50° E.	49° E.	48° E.	45° E.
N.	N.	N.	N.	N.	N.	N.	N.
14° 00′	11° 00′	10° 35′	10° 40′	10° 55′	11° 50′	12° 00′	11° 25′

2° En partant de la fin de Mars au commencement d'Avril.

Les navires partant dans les derniers jours de mars, ou au commencement d'avril, se trouvent dans des conditions analogues à celles de la période précédente, avec cette modification, assez importante cependant, qu'ils ne pourront plus guère compter que sur les derniers souffles de la mousson de N.E., et qu'ils trouveront beaucoup plus tôt la mousson de S.O. La conséquence est qu'il faudra se placer sur un parallèle plus S. pour faire sa route vers l'O., et pour aller atterrir entre Ras-Hafoon et Guardafui.

Quel que soit le port de départ, la route sera, à peu de chose près, la même que celle indiquée à la page précédente. Il sera d'ailleurs facile de s'en assurer en comparant les tableaux que nous venons de donner dans la première partie du présent paragraphe avec ceux que l'on trouve ci-après. Les circonstances pourront ne plus être favorables, pour sortir du golfe d'Oman; et il est évident que l'on se trouvera, à une époque de transition, surtout au commencement de la traversée, et que par suite l'on pourra rencontrer : soit les chances de vents et de courants indiquées page 616, soit celles que nous donnons pour la saison suivante, page 621.

Il faudra, comme nous venons de le dire, faire son chemin vers l'O., sur un parallèle un peu plus méridional que pendant la période précédente, parce qu'on devra s'attendre à trouver les vents de la partie du S.O. à 200 milles au moins avant d'atteindre la côte d'Afrique. On atterrira entre Ras-Hafoon et Guardafui; et la traversée s'achèvera à peu près comme nous l'avons indiqué, page 618. Dans la mer d'Oman, les vents seront moins réguliers que pendant le mois de mars, tout en dominant du N. au N.O.; et les courants seront également plus variables, tant qu'on n'aura pas atteint la mousson de

S.O. Au contraire, les vents et les courants de cette mousson seront mieux établis, lorsqu'on l'aura rencontrée. Pour l'atterrage de Guardafui, on trouvera des instructions, page 539. Nous rappellerons seulement qu'il faudra bien veiller à ne point se laisser affaler dans la baie au S. de Ras-Hafoon ; et qu'il importera de plus en plus, à mesure que la saison sera plus avancée, de ne point se laisser souventer, c'est-à-dire de ne point attaquer les vents de la mousson de S.O., sur un parallèle trop Nord.

Voici les Tableaux des croisements des routes que nous venons d'indiquer.

TABLEAUX

Des Croisements des routes que pourront suivre les voiliers, en partant du golfe Persique, ou de Mascate, ou de Karachi, *à la fin de Mars ou au commencement d'Avril,* pour aller à Aden ou dans la mer Rouge.

Tableau N° 1. — *Commencement de la route.*

POINTS de DÉPART.	Longitudes suivant lesquelles il conviendra de couper les parallèles de								
	25° N.	24° N.	23° N.	22° N.	20° N.	18° N.	16° N.	14° N.	12° N.
	E.	E.	E.	E.	E.	E.	E.	E.	E.
	° ′	° ′	° ′	° ′	° ′	° ′	° ′	° ′	° ′
Golfe Persique...........	55 30	56 30	57 30	58 10	58 35	58 40	59 00	59 00	58 30
Mascate.................	... ...	... ...	57 00	58 10	58 35	58 40	59 00	59 00	58 30
Karachi.................	......	64 30	64 00	63 45	63 00	62 10	61 10	60 00	59 00

Tableau N° 2. — *Fin commune pour les trois routes.*

LATITUDES SUIVANT LESQUELLES ON COUPERA LES MÉRIDIENS DE							
57° E.	55° E.	52° E.	51° E.	50° E.	49° E.	48° E.	45° E.
N.	N.	N.	N.	N.	N.	N.	N.
9° 30′	9° 00′	9° 00′	9° 40′	10° 20′	11° 00′	12° 00′	11° 25′

3° *En partant du milieu d'Avril au milieu d'Août.*

En partant de Karachi, à cette époque, il faudra se défier du courant qui portera dans le golfe de Kutch, et l'on devra donner beaucoup de tour aux récifs de l'entrée de ce golfe. Après avoir passé la barre de Karachi, il conviendra tout d'abord de chercher à s'élever dans le S.O., jusqu'à ce que le navire ait gagné les fonds de 27 à 36 mètres ; et ce sera seulement alors que la route pourra être donnée vers le S., au plus près bon plein, tribord amures. En doublant le banc Munneja, qui s'étend à 6 ou 7 milles au large des principales embouchures de l'Indus, et dont le front de mer a une vingtaine de milles d'étendue, l'on se tiendra constamment par des fonds de plus de 36 mètres. En prolongeant la bordée tribord amures, on doublera toujours les Laquedives par le N., et l'on ira chercher les sondes par une latitude variable suivant que les vents auront été plus ou moins favorables. Ils souffleront de la partie du S.O., tournant parfois au N.O.; et les courants porteront au S.E., avec une vitesse de 30 milles en moyenne par 24 heures. Il est bon de rappeler qu'en allant chercher les sondes de la côte d'Hindoustan, les navires venant du large trouveront généralement la mer de plus en plus mauvaise ; et que l'on aura souvent des grains de pluie et des temps bouchés, empêchant de faire des observations. Ayant atteint les sondes, il faudra se maintenir sur des fonds compris entre 70 et 90 mètres, pour descendre vers le S., ce qui demandera de l'attention et ce qui sera assez pénible. Des instructions à ce sujet se trouvent au § 268, page 511. Nous indiquerons d'ailleurs plus loin comment se fera la fin de la traversée.

En partant du golfe Persique, ou de Mascate, on éprouvera souvent de la difficulté pour sortir du golfe d'Oman. Il faudra s'attendre, en effet, à de petits vents de S.E. ou à des calmes, ainsi qu'à une grosse houle venant du S., ou du S.S.E., autour de Ras-al-Hed. En même temps, règne, le long de la côte d'Arabie, un courant portant au N.O. C'est à partir du moment où le navire atteint le méridien de 58°E., que la mousson commence à se faire sentir, soufflant d'abord du S., ou même du S.S.E., et tournant ensuite au S.O., ou même à l'O.S.O., à mesure que l'on avance vers l'E. Le premier des Tableaux insérés ci-après indique la route que l'on pourra se proposer de suivre, selon que le navire partira de Mascate ou du golfe Persique, pour effectuer la première partie de la traversée. Il suffira généralement, après avoir dépassé le méridien de Ras-al-Hed, de porter bon plein, afin de doubler les Laquedives à bonne distance dans le N., et d'aller se placer, au large de la côte O. d'Hindoustan, sur des fonds compris entre 90 et 70 mètres. Entre Ras-al-Hed et la côte d'Hindoustan, *les vents* du commencement de la mousson, d'avril en juin, domineront du S.O. variables au N.O., avec quelques chances de calmes ; mais, dans le fort de la mousson, de juin en septembre, ils domineront de la partie du S.O. bien établis et réguliers adonnant fréquemment à l'O.S.O. et même à l'O., à mesure que l'on avancera vers l'E. ; ils seront plus constants et moins pluvieux dans la mer d'Oman que dans la partie comprise entre les Laquedives et la côte de l'Hindoustan. Dans l'E. des Laquedives, on trouvera ordinairement des temps sombres et pluvieux, ainsi que des grains violents. Pendant qu'on traversera la mer d'Oman, les courants porteront généralement vers l'E., ou le S.E., avec une vitesse variable de 12 à 30 milles par 24 heures.

En partant du golfe Persique, ou de Mascate, on pourra encore, suivant les indications du § 276, page 578, tâcher de passer par le chenal des Neuf-Degrés. Mais, la route par le N. des Laquedives est plus sûre.

Etant parvenu dans l'E. des Laquedives, on terminera la traversée, en se conformant exactement aux instructions du § 273, page 555, données pour les navires qui ont à se rendre, à la même époque, de Bombay, ou de la côte de Malabar, à Aden. On prendra donc la route du S., consistant à passer dans l'E. et dans le S. des Chagos, puis dans le N. des Seychelles ; et l'on atterrira sur la côte d'Afrique, entre Ras-Hafoon et Guardafui.

Voici les deux Tableaux qui contiennent les croisements de la route que nous venons d'indiquer.

TABLEAUX

Des Croisements que pourront suivre les voiliers, quand ils partiront, *du milieu d'Avril au milieu d'Août*, du golfe Persique, de Mascate ou de Karachi, à destination d'Aden ou de la mer Rouge.

Tableau N° 1. — *Commencement de la traversée.*

POINTS de DÉPART.	LATITUDES SUIVANT LESQUELLES IL CONVIENDRA DE COUPER LES MÉRIDIENS DE												
	56° E.	58° E.	60° E.	62° E.	64° E.	65° E.	66° E.	68° E.	70° E.	71° E.	72° E.	73° E.	74° E.
	N.	N.	N.	N.	N.	N.	N.	N.	N.	N.	N.	N.	N.
G. Persique...	24° 45′	23° 30′	22° 30′	21° 20′	20° 10′	19° 30′	18° 50′	17° 30′	16° 20′	15° 00′	12° 30′	10° 30′	8° 00′
Mascate........	....	22 30	21 10	20 00	18 45	18 10	17 30	16 10	15 00	14 00	12 30	10 30	8 00
Karachi........	....	....	....	....	....	23 30	22 30	20 30	19 00	15 00	12 30	10 30	8 00

Tableau N° 2. — *Fin commune de la route.*

LATITUDES SUIVANT LESQUELLES IL CONVIENDRA DE COUPER LES MÉRIDIENS DE														
78° E.	79° E.	80° E.	80° E.	79° E.	78° E.	73° E.	68° E.	58° E.	53° E.	52° E.	50° E.	49° E.	48° E.	45° E.
N.	N.	S.	S.	S.	S.	S.	S.	S.	S.	S.	N.	N.	N.	N.
1° 30′	Équateur	2° 00′	3° 00′	5° 00′	6° 20′	7° 20′	7° 50′	5° 00′	3° 30′	0° 30′	7° 10′	11° 00′	12° 00′	11° 25′

4° Route des navires partant, du 15 Août à la fin de Septembre, *du golfe Persique, de Mascate ou de Karachi, pour aller à Aden ou dans la mer Rouge.*

Les navires qui se trouveront dans le golfe Persique, à Mascate, ou à Karachi, vers le mois de juillet, ou d'août, et qui seront destinés à Aden, agiront sagement en activant leurs opérations, afin de partir au plus tard au commencement d'août. Ils pourront alors prendre encore la route du S., indiquée dans la 3e partie du présent paragraphe.

Mais, quand il n'aura pas été possible de partir avant le 15 août, le parti le plus simple et probablement le plus sage *avec un voilier*, sera de rester au port, en attendant la fin de la mousson de S.O., c'est-à-dire la fin du mois de septembre.

Si l'on est forcé de partir à la fin d'août, il sera encore possible de prendre la route du S. Mais, l'on aura à craindre, à la fin de la traversée, entre les Seychelles et Socotora, de ne plus trouver la mousson de S.O. Il sera prudent alors, après avoir passé dans le S. des Chagos, de diriger sa route de manière à couper l'Equateur beaucoup plus dans l'E. que nous ne l'avons indiqué à la page précédente, pour les navires qui font leur traversée au moment du fort de la mousson de S.O. De cette manière, l'on pourra atteindre Guardafui, avec les derniers souffles de la mousson de S.O.

En septembre, l'on pourra essayer la route directe, indiquée dans la première partie du présent paragraphe, page 616. Mais, si la mousson de S.O. souffle encore dans la mer d'Oman, comme cela est probable, il n'y aura pas autre chose à faire que d'aller chercher la côte d'Hindoustan, que l'on descendra comme nous l'avons indiqué, p. 513. Dans ce cas, il est à présumer qu'au moment où le navire aura atteint la côte de Malabar, la mousson de S.O. ne sera plus à craindre, et que l'on pourra prendre par exemple le chenal des Neuf-Degrés et faire route directe en passant dans le N. de Socotora, comme il a été dit page 542.

Les routes à suivre, durant cette période de transition, seront donc très-variables, suivant l'époque précise du départ, selon les qualités du navire, et même selon que la mousson sera en retard ou en avance. Les indications que nous venons de donner pourront guider les capitaines, autant que nous le croyons possible, dans le cas où ils se verront forcés de faire la traversée qui nous occupe, à cette époque défavorable.

CHAPITRE QUATRIÈME.

Navigation dans le golfe du Bengale et dans le détroit de Malacca, entre Trinquemaley, Madras, Calcutta, Rangoon, Achem et Singapour, etc.

---

§ 287. — Monter le golfe du Bengale, du Sud vers le Nord, pour aller à Calcutta.

En donnant au § 197, page 327, des instructions sur les approches de l'Hoogly, nous avons déjà fourni des indications assez développées auxquelles on pourra se reporter. Dans le présent paragraphe, l'on trouvera un résumé de ces instructions, que nous rendrons en même temps plus précises, en les terminant par le Tableau des croisements des routes que l'on pourra se proposer de suivre, selon l'époque de l'année à laquelle on se trouvera.

Pendant la mousson de S.O., du milieu de mars au 1er septembre, les navires venant de l'O., ou du S., pourront reconnaître les feux des Basses pour rectifier leur position. Ils feront route vers le N., non loin de la côte E. de Ceylan ; puis, ils gouverneront de manière à aller reconnaître la côte E. d'Hindoustan, entre Poondy et Ganjam, c'est-à-dire entre 18°30′ et 19°20′N. environ. Pendant cette partie de la traversée, les vents et les courants seront favorables ; et l'on pourra se tenir un peu dans l'O. de la route directe. Il faudra tenir compte de l'effet des courants pour donner un bon tour aux roches Santipilly, c'est-à-dire couper le parallèle de 18°N. suffisamment dans l'E. ; et ce ne devra être qu'après avoir sûrement dépassé cette latitude, qu'il conviendra d'aller, en sondant constamment, chercher la vue des terres élevées de Poondy et de Barwah. Quand on aura reconnu la terre, il faudra longer la côte par des fonds de 33 à 37 mètres jusqu'au parallèle de Manikpatam, soit jusque vers 19°45′N. environ. Au-delà de cette latitude, on se tiendra par des fonds d'une trentaine de mètres, et plus ou moins près de terre selon les circonstances (v. page 329), jusqu'à ce que le navire ait dépassé la Pagode noire d'une dizaine de milles, c'est-à-dire jusqu'à ce qu'il ait atteint 20°03'N. A ce moment, l'on gouvernera pour reconnaître le phare de la Fausse Pointe, et l'on terminera la traversée comme il est dit à la page 330.

Dès le commencement de septembre, les vents ne sont plus établis aussi forts ni aussi constants du S.O. et de l'O.; l'on peut même trouver quelquefois à cette époque les premiers souffles des vents de la partie de l'E. Les courants commencent également à porter au S.O., entre la Fausse Pointe et la Pointe Palmiras. Les navires ayant donc à remonter le golfe, au commencement de septembre, gouverneront, après avoir dépassé Ceylan, aussi directement que les vents le permettront, pour aller reconnaître le phare de la Fausse Pointe. En allant chercher ce feu, il faudra profiter de toutes les occasions pour déterminer sa position par des observations, et l'on sondera fréquemment (voir page 329).

Si le navire ne doit arriver aux bouches de l'Hoogly, *qu'après le 15 septembre*, la route sera différente. En effet, comme on le sait, les pilotes transportent, après la mi-septembre, leur station du côté des Bancs de sable. Il devient donc nécessaire de remonter le golfe beaucoup plus dans l'E., afin d'atteindre les sondes au vent du feu flottant. Il faut en outre ajouter que, du milieu de septembre au milieu d'octobre, le courant porte vers l'O. avec une grande rapidité, de sorte que si l'on cherchait les sondes dans l'O. du chenal de Saugor, il pourrait être extrêmement difficile de s'élever ensuite dans l'Est.

Du commencement d'octobre à la fin de février, c'est-à-dire pendant la mousson de N.E., les navires venant de l'hémisphère S., dirigeront leur route de manière à passer dans l'O. de la côte N.O. de Sumatra, à une distance comprise entre 100 et 150 milles. Puis, on ralliera la partie O. de l'archipel des Nicobar, qu'il conviendra de longer de plus ou moins près selon les vents qu'on trouvera. Etant parvenu par 16°, ou 17°N., si les vents paraissent refuser, ou s'ils sont trop pointus d'après la longitude où le navire sera parvenu, il faudra courir un bord vers l'E., pour se mettre suffisamment au vent. Autrement, l'on pourra faire route directe. Quand on sera sûr de sa longitude, il conviendra de faire du N., jusques au-delà de 21°N.; puis l'on se dirigera vers l'O., pour chercher les sondes dans l'E. du banc de Saugor. Quand on ne sera pas sûr de sa longitude, il conviendra de chercher les sondes dans les environs de 87°30′E. ; puis l'on se dirigera vers l'O., en sondant fréquemment, pour pouvoir rectifier sa position sur le « *Trou-sans-fond* » (Voir page 333).

Si le navire venant du S., atteint l'Equateur à la fin de février, il sera préférable de remonter vers le N., en se tenant dans la partie O. du golfe. On pourra ainsi trouver, pendant la première quinzaine de mars, des vents variables ou dépendant de la partie du S.O. ou du S.E., et des courants portant au N., à la condition de ne pas trop approcher de la côte de Coromandel.

Voici le Tableau des croisements de ces routes.

TABLEAU

Des Croisements de la route pour monter le golfe du Bengale du Sud vers le Nord, et pour aller à Calcutta.

ÉPOQUES DE LA TRAVERSÉE.	LONGITUDES SUIVANT LESQUELLES IL CONVIENDRA DE COUPER LES MÉRIDIENS DE										
	6°N.	7°N.	9°N.	11°N.	13°N.	15°N.	17°N.	18°N.	19°N.	20°N.	21°N.
	E.	E.	E.	E.	E.	E.	E.	E.	E.	E.	E.
Du 15 Mars au 1er Septembre, à condition d'arriver avant le 1er Septembre..................	79° 30′	80° 00′	80° 15′	80° 30′	80° 45′	81° 00′	81° 50′	82° 20′	82° 40′	84° 10′	85° 55′
Route de Septembre, à condition d'arriver à la Fausse-Pointe avant le 15 Septembre.........	79 30	80 20	82 00	82 40	83 20	84 00	84 12	84 18	84 25	84 30	85 55
Route de Septembre, si l'on ne doit arriver au chenal de Saugor qu'après le 15 Septembre.....	79 30	80 20	82 00	83 00	84 05	85 10	86 00	86 05	86 15	86 15	85 55
Du 1er Octobre à la fin de Février.	90 40	90 30	89 55	89 10	89 10	89 05 89 15	88 15 90 30	87 40 89 40	87 10 88 55	86 35 88 05	85 55 85 55
A la fin de Février et pendant la première quinzaine de Mars........................	79 30	80 00	80 05	80 20	80 50	81 30	81 00	82 10	82 40	84 10	85 55

§ 288. — Descendre le golfe du Bengale, du Nord vers le Sud, en partant de Calcutta.

Pendant la mousson de N.E., d'octobre en mars, les vents et le courant sont favorables pour descendre vers le S.; et il n'y a point d'autre recommandation à faire que celle d'éviter le trop grand voisinage des côtes d'Aracan et de Coromandel. La route sera donnée directement, selon le point de destination, en ayant soin seulement d'atterrir dans le N. du port si l'on se rend à la côte de Coromandel ou à Ceylan. Les navires destinés à l'Europe, à Maurice ou à la mer d'Oman, etc., auront avantage à descendre le golfe, en se tenant bien dans l'O., pour profiter de la plus grande force du courant favorable.

Pendant la mousson de S.O., la route que suivra un voilier pour descendre le golfe dépendra complètement des temps qu'il rencontrera. L'on aura effectivement à choisir entre trois partis à prendre : descendre vers le S., en se tenant dans l'O. du golfe ; ou bien passer au vent des Andamans et des Nicobars ; ou enfin passer par le chenal de Preparis et descendre dans le S., en se tenant dans l'E. des Nicobars. En sortant de l'Hoogly, il faudra tâcher de suivre la première route, qui sera la meilleure, quand les circonstances ne seront pas trop mauvaises. Mais si l'on voit qu'il est impossible de gagner, en restant dans l'O. du golfe, on prolongera la bordée tribord amures vers le S.E., et l'on prendra soit la seconde, soit la troisième route.

Ainsi, en partant de Calcutta, pendant la mousson de S.O., si les vents dominent de la partie de l'O., on en profitera pour courir vers le S. Mais, dès qu'ils souffleront du S.O. ou du S.S.O., il faudra prendre les amures à bâbord pour se rapprocher de la partie O. du golfe. Si l'on doit louvoyer, il conviendra toujours, au début, d'éviter la côte d'Aracan et la partie E. du golfe. S'il est possible d'atteindre la côte, dans le S. de la pointe Palmiras, il est probable que, pendant la nuit, les vents tourneront, en soufflant de terre, et qu'ils seront favorables pour descendre vers le S.; au contraire, pendant le jour, ils souffleront plutôt du large. Pour utiliser ces variations, les bordées devront être combinées de manière à se trouver auprès de terre, entre 2 et 3 heures du matin. En juin et juillet, ces brises sont souvent assez régulières et permettent d'atteindre Madras, 10 ou 12 jours après avoir quitté le pilote; mais, il ne faut pas compter absolument dessus, car elles n'existent pas toujours. Néanmoins, alors même que le navire ne trouvera auprès de la côte que les vents de la mousson, il aura en tous cas l'avantage d'avoir la mer beaucoup moins dure qu'au milieu de la baie ; le courant sera malheureusement contraire ; et cependant il sera préférable de ne point s'éloigner tant qu'on réussira à faire du S. Si l'on ne peut pas gagner, auprès de la côte d'Orixa, il faudra courir la bordée du S.E. jusqu'à 60 ou 70 milles de terre, où les courants seront probablement moins forts. On recommencera alors ses tentatives pour gagner dans le S., en restant entre la côte et 70 milles au large, sans aller plus loin, afin de ne pas perdre la chance des variations favorables du vent. Plus on avancera dans le S., plus il y aura de probabilités pour trouver la brise de terre établie, ce qui sera un grand encouragement pour continuer. Entre 17° et 13°N. environ, c'est-à-dire entre la pointe Gordeware et Pulicat, il sera bon de se tenir à une distance convenable de la côte. Au-delà de Pulicat, on aura plus de facilités pour s'élever dans le S., avec les vents de terre qu'on trouvera probablement pendant la nuit ; et avec les brises de mer de la partie du S.E., durant le jour. On profitera de ces vents, en restant auprès de la côte, jusque dans les environs de Negapatam. De ce dernier point, on gouvernera pour rallier Ceylan ; et il est probable que le courant portera au S., entre Trinquemaley et la pointe Pedro. On prolongera ensuite la bordée tribord amures ; et la traversée pourra être achevée comme nous l'indiquerons ailleurs, selon le point de destination.

Lorsque, malgré des efforts persévérants, on reconnaîtra l'impossibilité de s'élever dans le S., en se tenant à quelque distance de la côte d'Hindoustan, il conviendra de prolonger la bordée du S.E., sans négliger toutefois de profiter des variations du vent, s'il s'en présente, en changeant d'amures à l'occasion, pour faire le plus de S. possible. Si l'on voit que la bordée fait doubler sûrement la Petite Andaman à 100, ou 120 milles dans l'O., il n'y aura qu'à continuer, car l'on doublera probablement ensuite, de la même bordée, les îles Nicobar et la Tête d'Achem. Cette route sera celle que nous avons indiquée en seconde ligne.

Admettons maintenant que, dès le début de la traversée, il soit très-difficile, ou impossible, de s'élever dans l'O.; ou encore supposons qu'après avoir commencé à rallier la côte d'Hindoustan, et renoncé ensuite à s'y maintenir, la bordée du S.E. poussée au large ne fasse pas doubler les Andamans. Dans l'un ou l'autre cas, on se trouvera conduit à prendre le chenal de Preparis (voir § 293), et à passer dans l'E. des Andamans. On suivra ainsi la troisième route, qui sera probablement un peu longue. Toutefois, le principal inconvénient de cette route sera surtout de conduire, au commencement de la traversée, le navire dans la partie N.E. et E. de la baie, qui a été en diverses circonstances funeste à différents navires. Il ne sera probablement pas difficile de descendre vers le S., quand on sera dans l'E. des Andamans ; et l'on devra continuer à faire ainsi du S. jusqu'à ce que le navire soit abrité de la mousson de S.O. par la côte de Sumatra. Il conviendra alors de rallier la côte de Pedir, à l'O. de la pointe Diamant, où l'on trouvera le courant favorable portant à l'O. On passera entre la côte de Malacca et Pulo Buroo (voir § 296) ; puis par le passage du Bengale (voir § 297). Le courant sera généralement favorable dans ce passage et permettra au navire de s'élever suffisamment dans l'O., après avoir doublé le feu de Pulo Brasse, pour pouvoir ensuite prendre la bordée tribord amures et doubler dans l'O. les terres qui forment l'extrémité N.O. de Sumatra.

La première des routes, qui consiste à se tenir dans l'O. du golfe, conviendra aux navires-mixtes. Elle conviendra aussi aux vapeurs destinés à Madras, Ceylan, à la mer d'Oman et à Maurice, etc. Ces derniers navires pourront aussi passer dans l'E. des Andamans, selon leur point de destination.

Voici le Tableau des croisements de ces différentes routes.

TABLEAU

Des Croisements des routes à suivre, selon les circonstances, en partant de Calcutta, pour descendre le golfe vers le S., *pendant la mousson de S.O.*

DÉSIGNATION des ROUTES.	LONGITUDES SUIVANT LESQUELLES ON POURRA COUPER LES PARALLÈLES DE									
	21° N.	20° N.	19° N.	18° N.	15° N.	13° N.	11° N.	8° N.	6° N.	5°40′ N.
	E.	E.	E.	E.	E.	E.	E.	E.	E.	E.
	° ′	° ′	° ′	° ′	° ′	° ′	° ′	° ′	° ′	° ′
1re Route, par l'Ouest...	85 50	84 20	83 15	82 30	79 55	78 30	78 00	79 35	80 25	80 40
2e Route, au vent des Nicobars	85 50	84 20	83 35	83 35	85 35	86 55	88 15	89 55	91 05	91 20
3e Route, par l'Est.......	85 50	86 40	87 40	88 25	90 50	92 15	93 05	94 25	95 05	93 00

§ 289. — De Pointe de Galles à Trinquemaley. — Grandes et Petites Basses. Route, en mousson de S.O., de la côte de Malabar à celle de Coromandel.

Durant la mousson de S.O., les navires venant de la côte de Malabar, ou de tout autre point de la mer d'Oman, et destinés à Trinquemaley, ou à la côte de Coromandel, vont reconnaître Pointe de Galles, ou Dondra Head. Puis, après avoir doublé les Basses, ils font route le long de la côte E. de Ceylan, en se tenant jusqu'à la pointe Palmyra à une certaine distance de terre. Ils gouvernent ensuite vers le N.O., à peu près sur la pointe Calymere, ou sur la terre aux environs de Negapatam.

Les Grandes Basses, appelées *Ramanpaaj* par les indigènes, consistent en une dangereuse chaîne de roches, située par 6°10′N. et 79°08′E., à 6 milles de la partie la plus rapprochée de la côte S. de Ceylan. Ce récif a environ 1/2 mille de large et 1 mille de long, dans la direction N.E. et S.O.; il découvre d'environ 2 mètres au-dessus de la mer. Il est formé d'une masse continue de roches, dont les têtes paraissent en divers endroits au milieu de l'écume des brisants. La partie N.E. est la plus élevée et la plus large. Autour des Grandes Basses, à une distance inférieure à 1/2 mille, on trouve de grands fonds; par exemple : de 30 à 35 mètres, dans le S.; de 20 à 22 mètres, dans l'O.; de 16 à 18 mètres, dans le N.; et de 13 à 15 mètres dans l'E. Au-delà de ces fonds, l'on trouve : à 1 mille dans l'O., une tête qui ne porte que 5 mètres; et à un peu plus de 1 mille dans l'E., une autre tête portant 9 mètres d'eau.

Le feu des Grandes Basses, situé par 6°10'N. et 79°08'E., est *rouge*, tournant de 45 secondes en 45 secondes, éclairant tout l'horizon et visible à 16 milles. Le phare consiste en une tour en pierre, haute de 33 mètres, se terminant en cône et n'offrant qu'une galerie en dessous de la lanterne. La durée de chaque éclat est de 7 secondes; celle de chaque éclipse est de 38 secondes. Une cloche de brouillard sonne à intervalle de 7 secondes.

Les Petites Basses ont leur centre par 6°22'30''N. et 79°23'E., à 4 milles 3/4 de la partie la plus rapprochée de Ceylan, et à 20 milles dans le N.E.$^1/_2$E. de la partie N.E. des Grandes Basses. Les Petites Basses sont encore plus dangereuses que les Grandes, car elles ne découvrent que de 0^m,60; et elles sont formées de roches à peine visibles quand le navire se trouve presque dessus. Ordinairement, l'étendue des brisants n'a pas plus de 1/4 de mille; mais, dans le S.O., il y a plusieurs têtes de roches couvertes. Par mauvais temps, les brisants ont quelquefois 1 mille 1/2 d'étendue.

Un phare est en construction sur les Petites Basses; mais, en attendant qu'il soit en service, un *bateau-feu* est mouillé dans le N.E. et à 3 encâblures des récifs, par 9 mètres d'eau, et par 6°23'N. et 79°23'E. Il montre un feu blanc à éclats de 90 secondes en 90 secondes, visible à 11 milles par temps clair. La lumière de ce feu reste visible, entre les éclats, quand le navire en est à moins de 7 milles.

Le Phare des Petites Basses, qui sera probablement allumé quand ces lignes seront publiées, aura 33 mètres de haut. La tour sera en maçonnerie, à deux galeries; et la lanterne sera recouverte d'un dôme. Il est annoncé comme devant montrer un feu du système Hopkinson, à éclats groupés. La lumière produira un premier éclat de 4 secondes 1/2, séparé par un intervalle de 10 secondes 1/2 d'un deuxième éclat de 4 secondes 1/2; et ce double éclat sera séparé du suivant par un intervalle de 40 secondes 1/2.

Dondra Head, signalé précédemment comme point de reconnaissance, est l'extrémité la plus S. de Ceylan. C'est une pointe basse, située par 5°55′N. et 78°15′30″E., à l'extrémité de laquelle est un bouquet de grands cocotiers qui peuvent aider à la reconnaître. A un mille de distance dans l'O. de cette pointe, s'étend un récif de roches ne portant que 3 mètres d'eau, et sur lequel la mer brise quelquefois beaucoup.

De Dondra Head aux Grandes Basses, la direction est l'E.N.E.$^1/_2$E., et la distance 55 ou 56 milles. Mais il sera prudent de ne point se fier aux vitesses obtenues au loch, surtout pendant la nuit, car les courants ont souvent beaucoup de force, et leur direction est incertaine. En mousson de S.O., quand le vent est fort sur la côte S. de Ceylan, le courant porte ordinairement comme le vent, c'est-à-dire vers l'E., de sorte qu'on se trouve généralement plus vite sur les Grandes Basses qu'on ne le présume. La vitesse de ces courants peut dépasser 60 milles par 24 heures; mais, ils ne sont réguliers, ni dans les parages des Basses, ni sur la côte E. de Ceylan, où ils portent souvent au S. pendant la mousson de S.O. De ce côté, les courants portent d'ailleurs presque toujours vers le S., pendant la mousson de N.E.

Dans le jour, et avec beau temps, si l'on avait des motifs pour adopter le chenal intérieur, il conviendrait de gouverner, suivant que la direction du vent pourrait le rendre nécessaire, sans s'approcher des Basses par moins de 26 à 22 mètres, ni de la côte par moins de 16 ou de 15 mètres.

Certains navires, après avoir doublé Dondra Head, gouvernent, pendant la nuit, à l'E., ou à l'E.$^1/_4$S.E., durant la mousson de S.O., afin de donner un bon tour aux Basses. Malheureusement, en gouvernant ainsi, ils s'éloignent tellement de la côte qu'ils sont obligés, le lendemain, à la pointe du jour, de courir au N.O. en serrant le vent pour revenir; et quelquefois toute la journée est écoulée avant qu'ils aient pu accoster la partie E. de l'île. D'autres navires gouvernent près de la côte, ce qui les expose à de grands risques, durant la nuit. Le brouillard sec qui est très-fréquent, dans cette partie de Ceylan, empêche d'apprécier la distance à laquelle le navire se trouve de la terre; et il faut beaucoup se défier de cette cause d'erreurs.

La meilleure route, pendant la mousson de S.O., quand on est arrivé par le travers de Dondra Head, entre 6 et 12 milles de distance, consiste à gouverner à l'E.$^1/_4$N.E., ou à l'E.N.E.$^1/_2$E., selon l'éloignement où le navire se trouvera de la côte. En même temps, il convient, durant la nuit, de sonder fréquemment.

Auprès de Dondra Head, la côte est accore, et l'on trouvera beaucoup d'eau auprès de la terre. Mais, à 30 milles plus loin dans l'E., les sondes s'étendent davantage au large; et ensuite, jusqu'aux Grandes Basses, elles sont assez régulières, et donnent des fonds de sable, mêlé souvent de vase.

Quand le navire est à plus de 30 milles dans l'O. des Grandes Basses, les sondes de 55 mètres se trouvent à 3, 4, ou 5 milles de terre; et, quand le navire est à moins de 30 ou de 24 milles de ces dangers, les mêmes sondes de 55 mètres se trouvent à 6, ou 9 milles de la côte. Lorsque les fonds sont de 73 mètres, le navire se trouve à l'accore du plateau des sondes.

Pendant la nuit, ayant couru 24 ou 30 milles à l'E. de Dondra Head, il conviendra, si la brise est fraîche, de se mettre sous une voilure commode pour sonder, car la sonde sera le guide le plus certain. Quand on aura trouvé le fond, il sera prudent de ne pas aller par moins de 66 mètres d'eau, en courant parallèlement à la côte; et il ne faudra point cesser de sonder, surtout en approchant du méridien des Grandes Basses. Si le temps est mauvais, la nuit noire, et si l'on ne voit pas le feu, il conviendra de gagner un brassiage plus grand et de se maintenir auprès de l'accore des sondes. Mais, lorsque la nuit sera claire, et que le temps sera beau, on pourra se tenir entre 66 et 73 mètres, en veillant à ne point venir par des fonds inférieurs à 66 mètres. De cette manière, le navire passera à 2 milles au large du feu des grandes Basses, ce qui est la distance minimum durant la nuit.

Actuellement, on peut passer en dedans des Grandes Basses; mais, dans ce cas, après les avoir doublées, il convient de gouverner au N.E.$^1/_4$E. environ, pour passer ensuite dans le S. et dans l'E. des Petites Basses, à une distance d'au moins 1 mille 1/2, et en veillant particulièrement la sonde de manière à ne pas venir par moins de 110 mètres d'eau tant que le feu n'est pas visible.

Comme il a été dit plus haut, les courants sont variables, dans les environs de la partie S.E. de Ceylan; le navire pourra être tantôt en avance, tantôt en retard sur son estime, et quelquefois il sera drossé directement à terre. Il sera donc prudent, durant la nuit, de ne point venir, dans ces parages, par des fonds inférieurs à 120 mètres.

A partir de Bentotte (6°26′N. et 77°39′E. environ) *jusqu'à Dondra Head*, la côte présente une succession de plages de sable, couvertes de cocotiers, et séparées de distance en distance par des pointes de roche ou des falaises. Auprès du rivage, la terre est généralement basse ; mais, dans l'intérieur, elle s'élève en formant des chaînes de collines irrégulières. La plus remarquable, le *Haycock*, ou « Meule de foin, » est une montagne conique, située par 6°20′30″N. et 77°58′E.

Depuis Dondra Head (5°55′N.) *jusqu'à la pointe Tangalle*, qui gît par 6°01′N. et 78°28′E., la côte a une apparence plus rocheuse et plus découpée ; les plantations de cocotiers sont plus rares et moins étendues.

Dans l'E. de Tangalle, la côte est sablonneuse et stérile. Quelques bouquets de cocotiers se voient encore entre Tangalle et la rivière Waluwe, qui se trouve à 13 ou 14 milles plus à l'E. que la pointe Tangalle ; mais, dans l'E. de cette rivière, il n'y a plus de cocotiers. A une plus grande distance encore dans l'E., les montagnes s'avancent davantage dans l'intérieur ; et elles laissent entre elles et les monticules de sable du bord de la mer une étendue de terrains plats où se trouvent des salines et des marécages.

Le banc de sondes de la partie S. de Ceylan s'étend de plus en plus au large, au fur et à mesure qu'on s'avance dans l'E. Voici, à cet égard, des indications qui pourront être utiles.

	A une distance de terre de :	la sonde donne :
Devant Bentotle (6°26′N.)	3 milles	36 mètres.
	4 milles 1/2	55 —
Au large d'Akorale, ou Webille (6°12′N.)	1 mille 1/4	36^m (corail)
	2 milles 1/2	55 mètres.
Au large de Galles (soit par 6°N. environ)	Les fonds sont plus réguliers.	
Dans les environs des roches Gindura et Whale (un peu au N. de Galles)	2 milles 1/4	48 mètres.
	A 3 milles, ou 3/4 de mille *des roches*.	60 —
Devant la baie Belligam, ou Red bay (à 20 milles dans l'E. de Galles)	1 mille 1/8	36 mètres.
	1 mille 3/4	55 —

	A une distance de terre de :	la sonde donne :
Devant Dondra Head (5°55′N. et 78°15′30″E.)	3/4 de mille	36 mètres.
	1 mille 1/4	55 —
	2 milles	91 —
Au large de Tangalle (6°01′N. et 78°28′E.)	3 milles	36 mètres.
	3 milles 1/2 ou 4 milles	55 —
Devant la pointe Hambantotte (6°07′N. et 78°47′E.)	3 milles 1/2	36 mètres.
	5 milles	55 —

Au-delà des fonds de 55m, les fonds augmentent moins vite. Ainsi, l'on ne trouve que 72 mètres d'eau seulement à 6 ou 9 milles de la terre, excepté auprès de Dondra Head.

A l'O. de Dondra Head, on pourrait, à l'extrême rigueur, parer tous les dangers, en se tenant par des fonds de 46 mètres. Mais, il serait imprudent, surtout durant la nuit, de s'approcher autant de la terre.

A l'E. de Dondra Head jusqu'aux Grandes Basses, tous les dangers se trouvent en dedans des fonds de 36 mètres.

Pour doubler les Basses, pendant la nuit, il faut, quand on arrive dans leur voisinage, se tenir sur les fonds de 73 mètres d'eau au moins.

Par beau temps, durant la nuit, quand la terre et les feux sont très-visibles, il n'est pas impossible de passer en dedans des Grandes Basses, en se tenant à 3 milles environ de la côte. Mais, il est toujours plus prudent, surtout pendant la nuit, de ne point passer en dedans des Petites Basses.

Pendant le jour, à bord d'un petit vapeur, on pourra, à la rigueur, si l'on est muni d'une bonne carte, passer en dedans des Petites Basses. Il faudra gouverner de manière à éviter l'écueil Dœdalus, qui gît à 3 milles dans le N.N.O. des Petites Basses; entre cet écueil et les Basses, le chenal n'a que 1 mille 1/2 de large.

Lorsqu'on aura passé en dedans des Grandes Basses, et qu'on gouvernera vers l'E., il conviendra de ne point venir par des fonds inférieurs à 27 ou 28 mètres, au large du récif *Cyclope*, qui gît à une distance comprise entre 9 et 11 milles dans l'O.S.O. des Petites Basses, et à 4 milles au large de la pointe Potana. (Cette pointe est elle-même par 6°21′N. et 79°13′E.)

§ 290. — Route de Trinquemaley à la côte S. de Coromandel, en mousson de S.O.

En partant de Trinquemaley, pendant la mousson de S.O., pour aller à l'un des ports méridionaux de la côte de Coromandel, tels que Karikal et Pondichéry, il conviendra de ne point s'éloigner de Ceylan, attendu que les vents de la partie de l'O. seront généralement forts et assez réguliers. En outre, les courants porteront ordinairement vers la partie du Nord.

Au début de la traversée, afin de parer sûrement les roches qui sont entre Trinquemaley et l'île Pigeon, il faudra, durant la nuit, se maintenir par des fonds de 40 à 44 mètres au moins; et pendant le jour, par 36 ou 33 mètres au moins, tant que le navire n'aura point doublé l'île Pigeon.

Le banc Molewal, ou *Mollateeva*, est un banc de corail dangereux qui s'étend à 4 milles environ dans l'E. de la Maison de Mollateeva, laquelle est elle-même située par 9°16′15″N. et 78°29′E. Pour doubler sûrement ce banc, il sera prudent de lui donner un bon tour. Ainsi, en venant du S., lorsque le navire sera à 4 ou 5 milles dans le S.E. du banc, et en même temps à 6 milles de la côte, la sonde donnera de 38 à 36 mètres d'eau. Puis, en allant vers le N. ou le N.E., il faudra continuer à sonder, et se maintenir constamment par des fonds supérieurs à 24 mètres, soit par 30 mètres au moins. Lorsque le navire aura atteint le travers de l'extrémité E. du banc, il n'y aura plus d'inconvénient, si l'on a la brise de terre, à faire route par des fonds de 24 à 26 mètres.

Après avoir complètement doublé le banc Mollateeva, pendant la mousson de S.O., il conviendra de suivre le banc de sondes jusque par 10°N., en se tenant par des fonds supérieurs à 18 mètres, surtout durant la nuit. Dans le N. du banc Mollateeva, la côte est basse jusqu'à la pointe N.E. de Ceylan; et les sondes de 13 mètres se trouvent cependant à très-petite distance de la plage de sable. En maintenant, comme nous l'avons dit, le navire par des fonds supérieurs à 18 mètres, depuis la partie N.E. du banc Mollateeva jusque par 10°N., on doublera le banc de la Pointe Pedro, dont il faudra beaucoup se défier, attendu que les sondes diminuent très-vite auprès de ce banc.

Lorsqu'on sera certain d'avoir atteint 10°N., le navire sera dans le N. du banc de la Pointe Pedro ; et il n'y aura plus dès lors de danger à venir *au besoin* jusque par des fonds de 15 ou 16 mètres, en se dirigeant sur la pointe Calymere.

La bonne route, en se rendant du banc Mollateeva à la pointe Calymere, consistera, pendant la mousson de S.O., à se maintenir sur des fonds compris entre 18 et 46 mètres. Toutefois, il peut arriver que les courants portent vers l'O., c'est-à-dire vers la baie de Palk, durant cette mousson ; aussi, devra-t-on bien veiller les sondes, dès qu'on obtiendra moins de 27 mètres d'eau, lorsque le navire se trouvera par le travers de cette baie, en allant de la pointe N.E. de Ceylan vers le continent. Cet avertissement ne doit point d'ailleurs faire perdre de vue que dans cette région même, entre la pointe N.E. de Ceylan et le continent, les courants portent ordinairement vers l'E., ou le N.E., et non point vers l'O. ; de sorte qu'il ne faut point s'éloigner de la côte, sous peine de s'exposer avec un voilier ordinaire à éprouver beaucoup de peine pour atterrir ensuite au S. de Madras.

Les navires destinés à Madras, ou à des ports encore plus au N., ne sont point dans l'obligation de passer aussi près des pointes Palmyra et Calymere que nous venons de l'indiquer. Néanmoins, il sera nécessaire, durant la mousson de S.O., de se maintenir sur les sondes et d'atterrir sur la côte E. d'Hindoustan à 40 milles au moins dans le S. du port de destination, afin de ne pas s'exposer à se faire dépaler dans le N. par les courants.

§ 291. — Navigation du S. vers le N., le long de la côte E. d'Hindoustan. Routes en partant de la côte E. de Ceylan, ou de la côte de Coromandel, pour aller à un port plus au N., ou à Calcutta.

Nous donnerons d'abord, dans le présent paragraphe, une reproduction des Instructions générales de Horsburgh et du commander Taylor ; et nous les ferons suivre de plusieurs tableaux de croisements des routes que nous avons établis en prenant pour points de départ : d'abord Trinquemaley ; puis, Pondichéry et Madras ; et enfin Coconada et Vizagapatam. Pour ces divers points de départ, chaque tableau donne la route à suivre, selon l'époque de l'année, pour se rendre à destination des principaux ports situés dans le N. jusqu'à Calcutta.

Pendant la mousson de N.E., c'est-à-dire durant la saison où le vent et le courant sont contraires, il est évident que les croisements indiqués donnent seulement un aperçu très-approximatif de la route. Nous avons d'ailleurs indiqué, dans les routes de cette mousson, deux méridiens-limites de croisement, entre lesquels on coupera généralement les principaux parallèles, en courant ses bordées pour s'élever au vent.

Nous avons l'espoir que ces tableaux, comme tous ceux répandus dans le cours de cet ouvrage, simplifieront la tâche des capitaines, en leur permettant avant le départ de tracer, sur leur carte, la route approchée qu'ils pourront suivre, s'ils rencontrent des circonstances moyennes de temps.

Du commencement d'avril jusque vers la mi-septembre, la mousson de S.O. est généralement bien établie, sur la côte O. du golfe. Si le navire part de la côte E. de Ceylan, de Trinquemaley par exemple, à destination d'un port méridional, tel que Karikal ou Pondichéry, l'on trouvera des instructions pour la route à suivre dans cette mousson, en se reportant au paragraphe précédent, page 638. D'ailleurs, soit que le navire parte de Ceylan, soit qu'il parte d'un port de la côte de Coromandel, il faudra se tenir à une distance modérée de la terre. Si l'on allait trop au large, on pourrait se trouver fort retardé, dans le cas où les vents hâleraient la partie de l'O., ce qui arrive quelquefois. D'un autre côté, il ne serait pas bon non plus de se tenir trop près de terre, parce que l'on pourrait y rencontrer de fortes brises du large, soufflant parfois du S.E., surtout à l'ouvert des grandes baies entre Madras et Vizagapatam. Si le navire est destiné à Barwah, Ganjam ou Calcutta, il sera nécessaire d'accoster la terre, dès qu'on aura dépassé le parallèle de Vizagapatam, comme nous l'avons indiqué au § 197. Les courants porteront d'ailleurs vers le N. ou le N.E., le long de la côte de Coromandel, avec une vitesse qui variera de 12 à 42 milles par 24 heures. Il faudra donc, quel que soit le port de destination, atterrir toujours à 40 milles au moins dans le S., afin de ne pas s'exposer à être dépalé dans le N. par l'effet des courants.

Du milieu de septembre à la fin d'octobre, la mousson de S.O. est près de finir, et les vents commencent à s'établir de la partie du N.E. Il conviendra alors de se tenir à grande distance de la côte, et de faire route au milieu du golfe. Si l'on y trouve les vents de S.O. encore bien établis, il suffira de gouverner directement : sur la pointe Palmiras, si le navire est destiné à Calcutta ; ou sur tout autre point de la côte que l'on choisira comme point d'atterrage, dans le S. du port de destination. Si les vents jouent, ou s'ils se fixent de la partie du N. ou du N.E., il faudra profiter de toutes les variations favorables pour s'élever dans l'E. Si l'on se trouve ainsi amené à 100, ou 60 milles, des îles Andaman ou du cap Negrais, le moment sera venu de prendre la bordée du N.O., en faisant autant de N. que possible pour atteindre l'entrée du chenal de Saugor (en supposant que l'on aille à Calcutta). Pendant cette fin de la route, il ne faudra point se tenir trop près de la côte d'Aracan. D'ailleurs, lorsque le navire sera destiné à un port plus S. que Calcutta, il ne sera point nécessaire de s'élever aussi loin dans l'Est.

Au commencement de la mousson de N.E., vers le mois d'octobre, les navires partant de ports méridionaux, tels que Madras, Pondichéry, Karikal, etc., sont exposés à rencontrer des brises faibles ou variables à l'E. Il faudra donc se défier, à cette époque, de l'effet des courants qui porteront généralement vers le S., avec une vitesse de 18 à 40 milles par 24 heures, et qui pourront entraîner le navire auprès de la côte E. de Ceylan. La préoccupation constante, au commencement de la traversée, à cette époque, sera donc de s'éloigner le plus rapidement qu'on pourra de la côte, afin de se placer en dehors de la plus grande force du courant. Quand le navire aura gagné le large, on trouvera fréquemment des vents de la partie du N.O. qui seront favorables pour gagner le milieu, ou le côté E. du golfe.

A la même époque, c'est-à-dire au commencement de la mousson de N.E., les navires destinés à Calcutta qui négligeraient de s'élever assez au vent, dans la partie E. du golfe, pourraient manquer l'entrée du chenal de Saugor. En pareil cas, s'ils continuaient la bordée du N.O., et s'ils s'aventuraient à atterrir sur la côte d'Hindoustan dans le S. de la Pointe Palmiras, leur traversée serait perdue, ou du moins allongée d'une manière déplorable, par suite de la très-grande difficulté de s'élever dans le N., contre les courants qui portent au S. Ces courants, le long de la côte, dans le S. de la Pointe Palmiras, atteignent le maximum de leur force en octobre, novembre et décembre, mois pendant lesquels il n'est pas rare qu'ils filent à raison de trois nœuds à l'heure. A la fin de décembre, les courants commencent à mollir; et cependant il est encore préférable à cette époque de louvoyer dans le milieu de la baie du Bengale, ou du moins de se tenir généralement plus rapproché de la côte E. que de la côte O., tant que le navire ne sera pas suffisamment au vent pour qu'on puisse, avec une position déterminée par de bonnes observations, avoir la certitude d'atteindre la queue du banc de Saugor, en prolongeant la bordée du N.O. Lorsque cette bordée fera atterrir au N. de la Pointe des Palmiras, ce qui sera d'ailleurs un mauvais résultat, il faudra profiter des marées pour s'élever dans le N.; et, lorsque les bordées seront mauvaises, on mouillera pour attendre une occasion favorable.

Pendant toute la mousson de N.E., depuis octobre jusque vers la fin de février, les navires partant de la côte E. de Ceylan, ou de la côte de Coromandel, n'auront pas d'autre objectif que de s'élever d'abord dans l'E. Comme règle générale, la bordée qui mettra le plus d'E. dans la route sera la meilleure, jusqu'à ce que le navire ait dépassé le méridien de 88° E. Ordinairement, on fera de très-longues bordées bâbord amures, et au besoin, de courtes bordées tribord amures, soit que la brise joue vers l'E., soit que l'on se trouve entraîné trop loin dans le S. Il conviendra effectivement d'éviter d'aller trop dans le S., attendu que les vents seront probablement mieux établis et les courants contraires moins forts, entre 7° et 10° N. par exemple, plutôt que dans le S. de 7° ou de 6° N. Les navires destinés à Calcutta, une fois qu'ils auront rallié les parages des Andamans, termineront leur traversée, comme nous l'avons indiqué aux §§ 287 et 197. Ceux qui devront se rendre à un point de la côte E. d'Hindoustan suivront une route analogue : ils n'auront pas toujours besoin de s'élever aussi loin dans l'E. Néanmoins, ils devront bien se garder de prolonger définitivement leur bordée du N.O., et de revenir sur la côte d'Hindoustan, avant d'être très au vent. Comme le courant vers le S.O. augmentera de vitesse, au fur et à mesure que le navire s'approchera de cette côte, il sera prudent, croyons-nous, de déterminer à l'avance son point d'atterrage à 40 milles environ dans le N. du point de destination; puis, on continuera de louvoyer, dans le milieu ou dans l'E. du golfe, jusqu'à ce que le navire se soit élevé suffisamment au vent pour relever au N.O. le point d'*atterrage*. A ce moment seulement, on pourra avec sécurité prolonger la dernière bordée tribord amures, en portant bon plein. Les Tableaux de croisement, à la fin de ce paragraphe, donneront un aperçu général des routes de cette mousson.

Vers la fin de février, ou le commencement de mars, les navires qui se trouveront dans les parages de Ceylan, soit qu'ils aient fait route d'un port de cette île, soit qu'ils viennent de la mer d'Oman, devront, pour se rendre à Calcutta ou à tout autre point de la côte E. d'Hindoustan, gouverner selon les circonstances. *Par exemple, s'ils rencontrent des vents modérés et des courants peu défavorables*, ils pourront s'élever au vent, en restant auprès de la côte E. de Ceylan, jusqu'à la hauteur de Friar's Hood, ou de Baticolo (7°44′30″N. environ). Puis, s'ils ont à se rendre à Calcutta, ils gouverneront aussi directement que les vents le permettront, de manière à attaquer la côte d'Orixa dans les environs de la haute terre de Pondy, ou de Barwah (19°N. environ). De là, ils suivront la côte jusque vers la pointe Palmiras ; et ils termineront comme nous l'avons indiqué au § 197. *Au contraire, si les navires* parvenus à la partie S.E. de Ceylan, dans les parages des Basses, *rencontrent de fortes brises de N.E. et des courants contraires nettement accusés*, il conviendra de courir vers l'E., au plus près bâbord amures ; et il pourra arriver qu'à une certaine distance, soit entre 60 et 120 milles de la côte, les vents jouent du N.O., à l'O. et au S.O., et soufflent parfois du S.E. En tous cas, en se portant ainsi à distance suffisante au large de Ceylan, on trouvera sans aucun doute les courants contraires beaucoup plus faibles. En mars, toutefois, il ne faudrait pas aller trop loin dans l'E. de Ceylan, attendu que l'on pourrait rencontrer alors des brises de N. et les courants établis vers le Sud.

Vers la même époque, en février et mars, les navires partant de la côte de Coromandel à destination de Calcutta, de Ganjam, ou de Barwah, etc., devront d'abord se placer à grande distance au large. En se rapprochant ainsi du milieu du golfe, ils trouveront probablement des brises variables, soufflant parfois de la partie du S., tandis qu'auprès de terre règnent généralement des brises du large, soufflant de la partie de l'E. variables au N.E., qui ne permettraient pas de s'élever facilement dans le N. Lorsque le navire aura suffisamment gagné le large, il conviendra, si l'on se rend à Calcutta, de gouverner, autant que faire se pourra, de manière à attaquer la côte d'Orixa, auprès de Pondy, où les terres sont hautes et accores. Si les vents empêchent d'atterrir ainsi dans les environs de 19°N., il faudra du moins chercher à reconnaître les pagodes de Jaggernaut, ou la Pagode noire.

Nous donnons ci-après *trois* Tableaux de croisements qui représentent le tracé des principales routes : le 1er, en partant *de Trinquemaley* ; le 2e, en partant *de Madras* ; et le 3e, en partant *de Cocanada, ou de Vizagapatam*. Il sera facile d'en déduire les routes, pour d'autres ports de départ.

TABLEAU

Des Croisements de routes, *en partant de Trinquemaley*, ou des ports environnants, *pour aller à Calcutta*, *à Ganjam* ou *Barwah*, *à Cocanada* ou *Vizagapatam*, *à Madras*, *à Karikal*, ou *à Pondichéry*.

ÉPOQUES DES TRAVERSÉES.	LONGITUDES SUIVANT LESQUELLES ON POURRA COUPER LES PARALLÈLES DE												
	9°N.	10°N.	11°N.	12°N.	13°N.	14°N.	15°N.	16°N.	17°N.	18°N.	19°N.	20°N.	21°N.
	E. ° ′	E. ° ′	E. ° ′	E. ° ′	E. ° ′	E. ° ′	E. ° ′	E. ° ′	E. ° ′	E. ° ′	E. ° ′	E. ° ′	E. ° ′
ROUTES POUR CALCUTTA.													
Du 15 Mars au 1er Septembre.	79 10	79 20	79 30	79 50	80 10	80 35	81 00	81 25	81 50	82 20	82 40	84 10	85 55
Commencemt de Sept. (en arrivant avant le 15)	79 30	80 25	81 05	81 40	82 15	82 50	83 15	83 40	84 05	84 20	84 25	84 30	85 55
Fin de Septembre (en arrivant après le 15). .	79 35	80 40	81 35	82 40	83 30	84 20	85 00	85 30	86 00	86 05	86 15	86 15	85 55
Du 1er Octobre à la fin Février { Limites des croisements	entre 82 00 et 84 00	entre 85 00 et 87 00	entre 87 00 et 89 00	entre 88 00 et 90 00	entre 88 00 et 90 00	entre 88 00 et 90 00	entre 88 00 et 90 00	entre 88 00 et 90 00	entre 88 00 et 90 00	entre 88 00 et 90 00	entre 88 00 et 89 00	entre 87 00 et 88 00	85 55
Fin Février et commencement de Mars.	79 30	79 50	80 15	80 30	80 50	81 10	81 30	81 45	82 00	82 10	82 40	84 10	85 55
ROUTES POUR GANJAM ET BARWAH.													
Du 15 Mars au 15 Septembre.	79 00	79 15	79 30	79 50	80 10	80 35	81 00	81 25	81 50	82 20	82 40	......	......
Du 15 Septembre au 15 Octobre	79 40	81 10	82 30	83 45	84 40	85 20	85 40	86 10	86 20	86 00	85 00	......	......
Du 15 Octobre à la fin Février { Limites des croisements	entre 82 00 et 84 00	entre 85 00 et 87 00	entre 87 00 et 89 00	entre 88 00 et 90 00	entre 88 00 et 90 00	entre 88 00 et 90 00	entre 88 00 et 90 00	entre 88 00 et 90 00	entre 88 00 et 89 00	entre 87 00 et 88 00	86 00	......	......
Fin Février et commencement de Mars.	79 30	79 50	80 15	80 30	80 50	81 10	81 30	81 45	82 00	82 10	82 40	......	......
ROUTES POUR COCANADA.													
Du 15 Mars au 15 Septembre.	79 10	79 20	79 30	79 40	79 50	80 00	80 00	80 00	......	......	......	......	......
Du 15 Septembre au 15 Octobre	79 40	81 00	82 00	82 40	83 10	83 20	83 10	82 30	81 00	......	......	......	......
Du 15 Octobre à la fin Février { Limites des croisements	entre 82 00 et 84 00	entre 83 00 et 84 00	entre 84 00 et 86 00	entre 85 00 et 86 00	entre 85 00 et 86 00	entre 85 00 et 86 00	entre 85 00 et 86 00	83 30	82 00	......	......	......	......
Fin Février et commencement de Mars.	79 30	79 50	80 15	80 30	80 35	80 30	80 30	80 30	......	......	......	......	......
ROUTES POUR MADRAS.													
Du 15 Mars au 15 Septembre.	78 55	78 20	78 10	78 10	78 00	......	......	......	......	......	......	......	......
Du 15 Septembre au 15 Octobre	79 40	80 30	81 00	81 00	80 00	......	......	......	......	......	......	......	......
Du 15 Octobre à la fin Février { Limites des croisements	entre 82 00 et 84 00	entre 83 00 et 84 00	entre 83 00 et 84 00	entre 82 00 et 84 00	82 00	79 30	......	......	......	......	......	......	......
Fin Février et commencement de Mars.	79 30	79 45	79 40	79 10	78 00	......	......	......	......	......	......	......	......
ROUTES POUR KARIKAL ET PONDICHÉRY.													
De la fin de Mars à la fin de Septembre.	78 55	78 10	77 50	......	......	......	......	......	......	......	......	......	......
Fin de Février et Mars.	79 30	79 45	79 00	......	......	......	......	......	......	......	......	......	......
Du 1er Octobre en Février. { Limites des croisements	entre 82 00 et 84 00	entre 82 00 et 83 00	entre 82 00 et 83 00	81 00	......	......	......	......	......	......	......	......	......

TABLEAU

Des Croisements de routes, *en partant de Madras*, ou des ports voisins, *pour aller vers le Nord*, et par exemple *à Calcutta, à Ganjam ou à Barwah*, à *Cocanada, etc.*

ÉPOQUES DES TRAVERSÉES.	Longitudes de Croisements des Parallèles de							
	14° N.	15° N.	16° N.	17° N.	18° N.	19° N.	20° N.	21° N.
	E. ° ′	E. ° ′	E. ° ′	E. ° ′	E. ° ′	E. ° ′	E. ° ′	E. ° ′
ROUTES POUR CALCUTTA.								
Du 15 Mars au 1er Septembre. . . .	79 30	80 30	81 25	81 50	82 20	82 40	84 10	85 55
Commment de Sept. (en arrivant avant le 15).	81 20	82 50	83 40	84 10	84 20	84 25	84 30	85 55
Fin de Septembre (en arrivant après le 15).	82 00	84 00	85 20	86 00	86 05	86 15	86 15	85 55
Du 1er Octobre à la fin de Février. Limites des croisements	entre 88 00 et 90 00	entre 88 00 et 90 00	entre 88 00 et 90 00	entre 88 00 et 90 00	entre 88 00 et 90 00	entre 88 00 et 89 00	entre 87 00 et 88 00	85 55
Fin Février et commencemnt de Mars.	80 30	81 30	81 45	82 00	82 10	82 40	84 10	85 55
ROUTES POUR GANJAM OU BARWAH.								
Du 15 Mars au 1er Septembre. . . .	79 30	80 30	81 25	81 50	82 20	82 40	... ...	... ...
En Septembre.	81 20	82 50	83 40	84 10	84 00	83 30	... ...	... ...
Du 1er Octobre à la fin de Février. Limites des croisements	entre 88 00 et 90 00	entre 88 00 et 90 00	entre 88 00 et 90 00	88 00	89 00	90 20	... ...	... ...
Fin Février et commencemnt de Mars.	80 30	81 30	81 45	82 00	82 10	82 40	... ...	... ...
ROUTES POUR COCANADA.								
De la fin de Mars au 1er Septembre.	78 50	79 30	80 00	... ...	... ...	... ...	... ...	... ...
En Septembre et en Mars.	80 30	81 20	80 50	... ...	... ...	... ...	... ...	... ...
Du 1er Octobre à la fin de Février. Limites des croisements	entre 85 00 et 87 00	85 00	84 00	82 30	... ...	... ...	... ...	... ...

TABLEAU

Des Croisements de routes, *en partant de Cocanada, ou de Vizagapatam,* ou des ports voisins, *pour aller vers le N.*, et par exemple *à Calcutta, à Ganjam, ou à Barwah, etc.*

ÉPOQUES DES TRAVERSÉES.	Longitudes de Croisements des Parallèles DE 17° N.	18° N.	19° N.	20° N.	21° N.
	E. ° ′	E. ° ′	E. ° ′	E. ° ′	E. ° ′
ROUTES POUR CALCUTTA.					
Du milieu de Février au commenc^nt de Septembre.	80 30	82 20	82 40	84 10	85 55
Commenc^nt de Septembre (en arriv. avant le 15).	82 30	84 10	84 25	84 30	85 55
Fin de Septembre (en arrivant après le 15). . .	82 30	85 30	86 15	86 15	85 55
Du 1er Octobre au milieu de Février. Limites des croisements	entre 88 00 et 90 00	entre 88 00 et 90 00	entre 88 00 et 89 00	entre 87 00 et 88 00	85 55
ROUTES POUR GANJAM ET BARWAH.					
De Février en Octobre	80 30	82 20	82 40	......	......
Du commencement d'Octobre au milieu de Février. Limites des croisements	entre 85 00 et 87 00	86 00	85 00	......	......

§ 292. — Descendre la côte E. d'Hindoustan du N. vers le S. — Routes en partant de Calcutta, de Ganjam, de Cocanada, etc., pour aller à un port de la même côte situé plus au S., ou pour aller à la côte E. de Ceylan.

L'époque la plus favorable pour effectuer ces traversées est naturellement celle qui correspond à la mousson de N.E., du milieu d'octobre au milieu de février. Pendant cette saison, le courant porte vers le S., ou vers le S.O., le long de la côte, avec une vitesse qui varie de 12 à 48 milles par 24 heures. Le mouvement des eaux, en contournant la côte E. de Ceylan, se dirige successivement vers le S.E., le S. et le S.O., et sa vitesse varie alors de 40 à 60 et même à

110 milles par 24 heures. Ces seules indications montrent combien il importe d'atterrir dans le N. du port de destination, durant cette mousson. Au contraire, pendant la mousson de S.O., d'avril en septembre, les traversées sont généralement pénibles. Il faut se tenir à distance suffisante de la côte, pour éviter la plus grande force des courants qui portent vers le N. ou le N.E. avec une vitesse variable de 12 à 42 milles, ce qui oblige à atterrir à 40 ou 60 milles dans le S. de sa destination. Le long de la côte N.E. de Ceylan, les courants portent ordinairement vers l'E. ou le S.E. avec une vitesse de 18 à 60 milles. Mais, auprès de la partie S. et S.E. de la même île, leur direction générale est vers l'E. ou le N.E., et leur vitesse varie de 48 à 78 milles.

Après avoir donné ces premières instructions, nous allons reproduire les conseils donnés par HORSBURGH et TAYLOR. Puis, nous terminerons par des Tableaux de croisements qui permettront, mieux que de longues explications, de tracer sur la carte les routes à suivre.

En partant, en septembre, de Calcutta, ou de tout autre port septentrional, pour aller à un port tel que Madras, ou tout autre dans le S., il faudra s'attendre à trouver les vents dominants du S.S.O. à l'O., souvent légers et variables, en même temps que l'on pourra rencontrer des fils de courant portant vers le N. Par conséquent, après avoir quitté le pilote de Calcutta, si le vent est établi de la partie du S., il conviendra de se diriger vers l'O. pour chercher à s'élever dans le S.O., le long de la côte d'Orixa. Si le navire s'élève au vent sans trop de difficulté, on se maintiendra autant que possible sur les sondes. Mais, si l'on ne réussit pas à gagner auprès de terre, ou bien si les vents n'ont pas permis de gagner la côte en partant de Calcutta, on aura avantage à se tenir bien au large, afin de profiter de toutes les variations du vent. Pendant ce mois, il arrive quelquefois qu'auprès de terre le courant porte au N.E. alors qu'il n'y a point de courant au large ; dans d'autres circonstances, on a trouvé au large un courant portant vers le N.E., tandis qu'il n'y en avait pas du tout sur la côte. Il en résulte qu'en septembre, la traversée la plus courte pourra être faite, tantôt en restant près de terre, et tantôt au large, de sorte qu'on devra agir selon les circonstances. Mais, dans aucun cas, les navires destinés à la côte de Coromandel ne devront se tenir dans le milieu de la baie, parce qu'ils pourraient y trouver parfois des vents dominants de la partie de l'O., ce qui allongerait beaucoup les traversées.

En octobre et novembre, on se tiendra à une distance modérée de la côte, et il sera bon d'être en garde contre le mauvais temps. Après le milieu d'octobre, les navires partant de Calcutta éprouveront parfois des vents de N.E. pendant plusieurs jours après avoir quitté le pilote. Mais, quand ils se seront bien élevés dans le S., ils trouveront ordinairement des vents variables : soufflant parfois de la partie du S.O., au large, et de la partie de l'E., auprès de la côte. Quel que soit le port de destination sur la côte de Coromandel, il faudra, après le milieu d'octobre, atterrir dans le N. de ce port, afin de ne point s'exposer à être dépalé par les forts courants qui règnent depuis le milieu d'octobre jusqu'à la fin de décembre. Etant destiné à Madras, il sera prudent de reconnaître le feu de Pulicat, et de veiller à ne point dépasser la latitude de ce phare avant d'avoir trouvé les sondes. Durant les mêmes mois d'octobre et de novembre, les navires destinés à Trinquemaley, ou à tout autre port de la côte E. de Ceylan, devront également tâcher de reconnaître la terre au N. de leur destination, pour ne pas se laisser drosser jusque sur la côte S. par les forts courants portant au S. Toutefois, il faudra éviter de s'approcher trop de l'entrée de la baie de Palk, dans la partie comprise entre la pointe Calymere et la partie N.E. de Ceylan ; il peut effectivement arriver que le courant porte à l'O., vers cette baie, et si les vents soufflaient en même temps avec force de la partie du N.E., la position du navire deviendrait mauvaise en ayant à trop petite distance sous le vent des parages dont les dangers ne sont qu'imparfaitement connus.

En décembre, il conviendra de faire la même route que pendant le mois précédent. On se tiendra donc à une distance modérée de terre, où le vent sera ordinairement plus fixe qu'auprès de la côte. Pendant ce même mois de décembre, le courant portera généralement avec force vers le S., obligeant ainsi à atterrir dans le N. du port de destination. Etant destiné à Madras, par un temps clair, on pourra, durant le jour, reconnaître la montagne Armogham, située par 14°3'N. environ, que l'on apercevra quand le navire sera à 6 ou 9 milles au large du banc ; mais, si le temps est embrumé, on ne verra point cette montagne. Pendant la nuit, il faudra donner beaucoup de tour au banc, attendu qu'avec des sondes de 55 à 50 mètres, le navire se trouverait à moins de 3 milles de son accore.

En atterrissant au N. de Madras, on pourra, pendant la nuit, tâcher de reconnaître le feu fixe rouge de Pulicat. Mais, quand on ira chercher ce feu, entre la fin d'octobre et le commencement de janvier, c'est-à-dire à l'époque où règnent les forts courants portant au S., il faudra se tenir par des fonds supérieurs à 30 mètres; et l'on ne devra point venir par moins de 30 mètres, durant la nuit, tant que le navire n'aura point sûrement dépassé le récif de Pulicat. Quand ce récif aura été doublé, on pourra longer la terre sur des fonds de 20 à 25 mètres. Bientôt, si le temps est clair, le feu tournant à éclats de Madras viendra en vue, et pourra servir de guide pour terminer la traversée. Si l'on ne croit pas pouvoir gagner le mouillage de Madras, il faudra, soit laisser tomber un pied d'ancre dans le N. du port, soit tenir le vent durant la nuit pour éviter d'être dépalé par le courant. Si le feu de Madras était en vue, quand le navire venant du N. se trouverait par le travers des bancs de Pulicat, il faudrait, pour doubler ces bancs, tenir le feu dans l'O. du S.S.O. $^1/_2$O.

Pendant la mousson de N.E., les navires ayant un chargement à débarquer, dans l'un quelconque des ports de cette côte, ont avantage à mouiller un peu dans le N. du débarcadère, pour permettre aux bateaux chargés de gagner plus facilement la terre.

En janvier, pour aller du Bengale à la côte E. d'Hindoustan, il conviendra, de se tenir à une distance modérée de la terre, afin de conserver le navire en dehors de l'influence des vents légers ou variables; puis, quand on sera parvenu à peu près sur le parallèle du port de destination, on pourra gouverner dessus. Dans le cas où les vents seront fortement établis de la partie du N.E., il sera bon d'atterrir un peu dans le N. du port de destination. Mais, si le mois de janvier est très-avancé, et surtout si les vents sont légers ou variables, il conviendra d'aller jusqu'au parallèle du port avant de gouverner dessus.

En février, après avoir quitté le pilote de l'Hoogly, il faudra se tenir bien au large de la côte d'Orixa, en gouvernant vers le S. Effectivement durant ce mois, on trouvera ordinairement de jolies brises établies du N.E., dans la partie centrale ou orientale de la baie; au contraire, si le navire se tenait dans le voisinage de la côte d'Hindoustan, il serait exposé à rencontrer des vents légers et des brises de terre et de mer. Après le commencement de février, en approchant de la côte de Coromandel, il faudra s'attendre à trouver des brises de S.O., et un courant filant vers le N., le long de la terre. Ainsi, en général, le mieux sera de se tenir très au large, jusqu'à ce qu'on soit en position d'atterrir un peu au S. du port de destination. Si l'on trouve au contraire, en approchant de terre, le vent bien établi du N. ou du N.E., il faudra se placer sur le parallèle du port de destination ; puis gouverner dessus en mettant le cap à l'O. Dans tous les cas, à partir du commencement de février, il n'y aura plus à atterrir, sur la côte de Coromandel, dans le N. du port de destination.

Pendant toute la mousson de N.E., de septembre en mars, les navires destinés à la côte E. de Ceylan devront atterrir au N. de leur port de destination.

En mars et en avril, les navires partant du Bengale pour la côte de Coromandel ou pour Ceylan trouveront probablement, au commencement de leur traversée, des vents variables entre le S.S.O. et l'O., avec lesquels ils gouverneront vers le S. *La meilleure route* sera le S., ou le S.S.E., suivant que les vents le permettront. En mars, au milieu de la baie, les vents seront généralement légers et variables, et ils souffleront surtout des rumbs compris entre l'O. et le N.E.; mais, dans la partie O. de la baie, ils domineront de la partie du S.O. Par suite, pendant les mois de mars et d'avril, pour profiter des chances de vents favorables de la partie du N., il faudra se tenir dans l'E. du méridien de la pointe Palmiras, c'est-à-dire dans l'E. de 84°30'E., jusqu'à ce qu'on soit suffisamment descendu dans le S. Il sera prudent de ne point trop s'approcher de la Grande Andaman, surtout à partir du milieu d'avril, parce qu'un coup de vent d'O. pourrait survenir à cette époque, et qu'en pareil cas il serait gênant d'avoir sous le vent les dangers des Andamans. On descendra donc vers le S., en se tenant un peu plus à l'E. que le milieu de la baie, et en profitant des variations de vent qu'on pourra trouver pour virer quand il y aura avantage à le faire. Lorsque le navire sera parvenu ainsi à 60 ou 100 milles, suivant le cas, dans le S. du port de destination, l'on pourra commencer à mettre beaucoup d'O. dans sa route. Il faudra se rappeler que l'on devra atterrir dans le S. de sa destination; et que plus on se rapprochera de la côte, plus les vents hâleront la partie du S.O., en même temps que les courants vers le N. seront plus forts. Pour ces motifs, les navires qui auront eu la précaution de faire un plus grand détour, en descendant plus loin dans le S. au milieu de la baie, pourront en fin de compte accomplir une traversée plus rapide que ceux qui seront contraints, à l'atterrage, de chicaner le vent et le courant.

Pendant les mêmes mois de mars et d'avril, les navires destinés à la côte E. de Ceylan devront se tenir bien dans l'E., en descendant la baie, comme nous venons de l'indiquer. Il faudra encore atterrir dans le S. du port de destination, attendu que durant ces mois le courant portera souvent avec force vers le N., le long de la côte E. de Ceylan. En même temps, si l'on allait dans le S. des Basses, on pourrait trouver le courant portant vers l'O. jusqu'en mai, le long de la côte S. de Ceylan.

Pendant la mousson de S.O., de la fin d'avril au commencement de septembre, la meilleure route pour descendre vers le S., à destination d'un port de la côte de Coromandel ou de la côte E. de Ceylan, consistera à se maintenir à moins de 80 milles environ de la côte.

Ainsi, en partant de Calcutta à cette époque, si les vents dominent de l'O., on en profitera pour courir vers le S. Mais, dès qu'ils souffleront du S.O., ou du S.S.O., il faudra prendre les amures à bâbord, pour se rapprocher de la partie O. du golfe. Si l'on est contraint de louvoyer dès le début, il ne faudra, dans aucun cas, pousser les bordées vers la partie E. de la baie, de manière à ne jamais s'approcher de la côte d'Aracan. S'il est possible d'atteindre la côte d'Hindoustan dans le S. de la pointe Palmiras, il est probable que, durant la nuit, les vents tourneront en soufflant de terre, et qu'ils seront favorables pour descendre vers le S.; au contraire, pendant le jour, ils souffleront plutôt du large. Pour utiliser ces variations, les bordées devront être combinées de façon à se trouver auprès de terre, entre 2 et 3 heures du matin. En juin et juillet, ces brises sont souvent assez régulières et permettent d'atteindre Madras, 10 ou 12 jours après avoir quitté le pilote; mais il ne faudra point compter absolument dessus, car elles n'existent pas toujours. Néanmoins, alors même que le navire ne trouvera auprès de la côte que les vents de la mousson, il aura en tous cas l'avantage d'avoir la mer beaucoup moins dure qu'au milieu de la baie ; le courant sera malheureusement contraire ; et cependant il sera préférable de ne point s'éloigner tant qu'on réussira à faire du S. Si l'on ne peut pas gagner auprès de la côte d'Orixa, il faudra courir la bordée du S.E. jusqu'à 60 ou 70 milles de terre, où les courants seront probablement moins forts. On recommencera alors ses tentatives pour gagner dans le S., en restant entre la côte et 70 ou 80 milles au large, sans aller plus loin afin de ne pas perdre la chance des variations favorables du vent. Plus on avancera dans le S., plus il y aura de probabilités pour trouver la brise de terre établie. Entre 17° et 13°N. environ, c'est-à-dire entre la pointe Gordeware et Pulicat, il sera bon de se tenir à une distance convenable de la côte. Au-delà de Pulicat, on aura plus de facilités pour s'élever dans le S., avec les vents de terre qu'on trouvera probablement pendant la nuit ; et avec les brises de mer de la partie du S.E., durant le jour. On profitera de ces vents en restant auprès de la côte jusque dans les environs de Negapatam. De ce dernier point, si le navire est destiné à Trinquemaley, on gouvernera pour rallier Ceylan ; et il est probable que le courant portera au S. entre la pointe Pedro et Trinquemaley.

En résumé, pendant la mousson de S.O., il faudra toujours se maintenir dans la partie O. du golfe, pour descendre vers le S., à destination d'un port de la côte. Quand on aura à se rendre d'un port tel que Ganjam, Barwah, Cocanada, etc., à un autre port plus S. tel que Madras, Pondichéry, etc., le mieux sera de rester entre 50 et 80 milles de terre, et de ne pas s'approcher de la côte avant d'avoir atteint au moins le parallèle du point de destination.

Voici les Tableaux de croisements des principales routes, d'où l'on pourra déduire toutes celles que l'on aura l'occasion de faire.

TABLEAU

Des Croisements de routes, *en partant de Calcutta, pour se rendre à des ports* de la côte E. de Ceylan et de l'Hindoustan, *tels que Trinquemaley, Pondichéry, Karikal, Madras, Cocanada, Vizagapatam, Barwah et Ganjam.*

ÉPOQUES DES TRAVERSÉES.	LONGITUDES SUIVANT LESQUELLES ON COUPERA LES PARALLÈLES DE													
	21°N.	20°N.	19°N.	18°N.	17°N.	16°N.	15°N.	14°N	13°N.	12°N.	11°N.	10°N.	9°N.	8°N.
	E. ° ′	E. ° ′	E. ° ′	E. ° ′	E. ° ′	E. ° ′	E. ° ′	E. ° ′	E. ° ′	E. ° ′	E. ° ′	E. ° ′	E. ° ′	E. ° ′
ROUTES POUR TRINQUEMALEY.														
Du 1er Octobre au 1er Février.	85 55	84 40	83 30	82 25	81 35	80 45	80 20	79 50	79 25	79 00	78 45	78 30	78 50	......
En Février.	85 55	86 10	86 15	86 25	86 25	86 25	86 15	86 00	85 45	85 20	84 40	83 00	79 30	......
En Mars et 1re quinzaine d'Avril.	85 55	86 15	86 30	86 45	87 00	87 10	87 20	87 25	87 25	87 10	86 50	86 20	85 10	82 00
Du 15 Avril au 1er Septembre.	85 55	84 20	83 15	82 30	81 30	80 40	79 55	79 15	78 30	78 15	78 00	78 20	78 50	......
En Septembre (*2 routes*) 1re.	85 55	84 20	82 40	82 00	80 45	80 10	79 30	79 00	78 30	78 00	78 00	78 20	78 50	......
En Septembre (*2 routes*) 2e.	85 55	85 15	84 25	83 30	83 00	82 20	81 15	80 00	78 30	78 00	78 00	78 20	78 50	......
ROUTES POUR PONDICHÉRY ET KARIKAL.														
Du 1er Octobre au 1er Février.	85 55	84 40	83 30	82 25	81 35	80 45	80 00	79 15	78 30	77 45	77 40	......	......	......
En Février.	85 55	86 15	86 15	86 10	86 00	85 30	85 00	84 00	82 30	80 00	......	......	......	......
En Mars et 1re quinzaine d'Avril.	85 55	86 15	86 30	86 45	87 00	87 10	87 20	87 25	87 25	86 50	86 00	84 10	81 00	......
Du 15 Avril au 1er Septembre.	85 55	84 20	83 15	82 30	81 30	80 40	79 55	79 15	78 30	78 15	78 00	......	......	......
En Septembre (*2 routes*) 1re.	85 55	84 20	82 40	82 00	80 45	80 10	79 30	79 00	78 30	77 45	77 40	......	......	......
En Septembre (*2 routes*) 2e.	85 55	85 15	84 25	83 30	83 00	82 20	81 15	80 00	78 30	77 45	77 40	......	......	......

ROUTES POUR MADRAS.

Du 1er Octobre au 1er Février. .	85 55	84 40	83 30	82 25	81 20	80 20	79 20	78 25	…	…	…	…	…	…
En Février.	85 55	86 15	86 15	86 10	86 00	85 30	84 30	83 10	79 30	…	…	…	…	…
En Mars et 1re quinzaine d'Avril.	85 55	86 15	86 30	86 45	87 00	87 10	87 20	87 25	87 25	86 50	81 30	…	…	…
Du 15 Avril au 1er Septembre. .	85 55	84 20	83 15	82 30	81 30	80 40	79 55	79 15	78 30	…	…	…	…	…
En Septembre (2 routes) {	85 55	84 20	82 40	82 00	80 45	80 00	79 10	78 25	…	…	…	…	…	…
. . . .	85 55	85 15	84 25	83 30	82 40	81 30	80 10	78 40	…	…	…	…	…	…

ROUTES POUR COCANADA ET VIZAGAPATAM.

Du 15 Septembre au 1er Février.	85 55	84 40	83 30	82 00	80 25	…	…	…	…	…	…	…	…	…
En Février.	85 55	86 15	86 15	85 35	83 30	…	…	…	…	…	…	…	…	…
En Mars et Avril.	85 55	86 15	86 30	86 40	86 30	86 10	83 30	…	…	…	…	…	…	…
De la fin d'Avril au 15 Septembre.	85 55	84 20	83 15	82 30	81 30	…	…	…	…	…	…	…	…	…

ROUTES POUR BARWAH ET GANJAM.

Du 15 Septembre au 1er Février.	85 55	84 30	…	…	…	…	…	…	…	…	…	…	…	…
En Février.	85 55	86 00	83 30	…	…	…	…	…	…	…	…	…	…	…
En Mars et Avril.	85 55	86 00	85 50	84 20	…	…	…	…	…	…	…	…	…	…
De la fin d'Avril au 15 Septembre.	85 55	84 20	83 00	…	…	…	…	…	…	…	…	…	…	…

TABLEAU

Des Croisements de routes, *en partant de Cocanada, ou de Vizagapatam, pour se rendre* à des ports de la côte E. de Ceylan et de l'Hindoustan, tels que *Trinquemaley, Pondichéry, Karikal, Madras, etc.*

ÉPOQUES DES TRAVERSÉES.	LONGITUDES DE CROISEMENTS DES PARALLÈLES DE								
	16° N.	15° N.	14° N.	13° N.	12° N.	11° N.	10° N.	9° N.	8° N.
	E. ° ′	E. ° ′	E. ° ′	E. ° ′	E. ° ′	E. ° ′	E. ° ′	E. ° ′	E. ° ′
ROUTES POUR MADRAS.									
Du 1er Octobre au 1er Février.	80 20	79 20	78 25	... ...	... ...	... ...	... ...	... ...	... ...
En Février.	81 45	82 10	82 10	... ...	... ...	... ...	... ...	... ...	... ...
En Mars et 1re quinzaine d'Avril.	81 30	82 15	82 30	82 15	80 00	... ...	... ...	... ...	... ...
Du milieu d'Avril au 1er Sept.	80 40	79 55	79 15	78 30	... ...	... ...	... ...	... ...	... ...
En Septembre *(2 routes)*. { . .	80 00	79 10	78 25	... ...	... ...	... ...	... ...	... ...	... ...
{ . .	81 00	80 10	78 40	... ...	... ...	... ...	... ...	... ...	... ...
ROUTES POUR KARIKAL ET PONDICHÉRY.									
Du 1er Octobre au 1er Février.	80 30	80 00	79 15	78 30	77 45	77 40	... ...	... ...	... ...
En Février.	81 45	82 15	82 30	82 10	80 00	... ...	... ...	... ...	... ...
En Mars et 1re quinzaine d'Avril.	81 30	82 15	82 40	82 55	83 00	82 15	80 00	... ...	... ...
Du milieu d'Avril au 1er Sept.	80 40	79 55	79 15	78 30	78 15	78 00	... ...	... ...	... ...
En Septembre *(2 routes)*. { . .	80 10	79 30	79 00	78 30	77 45	77 40	... ...	... ...	... ...
{ . .	81 00	81 00	80 00	78 30	77 45	77 40	... ...	... ...	... ...
ROUTES POUR TRINQUEMALEY.									
Du 1er Octobre au 1er Février.	80 30	80 20	79 50	79 25	79 00	78 45	78 20	78 50	... ...
En Février.	81 45	82 15	82 40	82 55	83 05	83 00	82 20	81 00	... ...
En Mars et 1re quinzaine d'Avril.	82 00	82 40	83 25	83 55	84 15	84 30	84 30	84 00	81 30
Du milieu d'Avril au 1er Sept.	80 40	79 55	79 15	78 30	78 15	78 00	78 20	78 50	... ...
En Septembre *(2 routes)*. { . .	80 10	79 30	79 00	78 30	78 00	78 00	78 20	78 50	... ...
{ . .	81 00	81 00	80 00	78 30	78 00	78 00	78 20	78 50	... ...

TABLEAU

Des Croisements de routes, *en partant de Madras pour se rendre à la côte E. de Ceylan*, et par exemple *à Trinquemaley*.

ÉPOQUES DES TRAVERSÉES.	Longitudes de Croisements des parallèles de						
	12° N.	11° 30′ N.	11° N.	10° 30′ N.	10° N.	9°30′ N.	9° N.
	E. ° ′	E. ° ′	E. ° ′	E. ° ′	E. ° ′	E. ° ′	E. ° ′
Du 1er Octobre au 1er Février. . . .	78 30	78 30	78 30	78 30	78 30	78 40	78 50
En Février.	79 10	79 30	79 45	79 50	79 50	79 40	79 30
En Mars et 1re quinzaine d'Avril. .	80 50	81 20	81 50	82 05	82 20	82 10	82 00
Du milieu d'Avril au 1er Octobre. .	78 15	78 00	78 00	78 10	78 20	78 35	78 50

§ 293. — Passages entre le cap Negrais et la Grande Andaman : chenal Nord et chenal Sud de Preparis ; chenal Coco.

Le récif Alguada est le plus S. des dangers qui prolongent le cap Negrais. Il se compose de roches à fleur d'eau, et il a 1 mille 1/4 d'étendue dans la direction N. et S. ; son extrémité N. est par 15°43′N. A grande distance du récif, existent des roches détachées, sur lesquelles la mer brise quelquefois par mauvais temps ; l'une d'elles est située à 2 milles dans le S.¹/₄S.O. du feu et ne porte que 6 mètres d'eau.

L'île Diamond, ou Lychune, est située par 15°51′30″N. et 91°59′E. Entre cette île et le récif Alguada, existe un passage très-dangereux, qui ne doit jamais être pratiqué à moins d'un cas d'absolue nécessité.

Le feu du récif Alguada, par 15°42′30″N. et 91°54′E., est *tournant* de minute en minute, élevé de 44 mètres, et visible à 18 milles. En approchant du feu pour le contourner, il faut veiller les courants de marées et se défier de la roche située à 2 milles dans le S. du phare ; il est donc prudent de ne pas venir par moins de 28 mètres d'eau.

Le récif Thalia est un banc qui porte tout au plus 22 mètres d'eau, à basse mer. Il gît à 37 milles dans le S.O.¼S. du feu d'Alguada, et à 21 milles dans le N.¼N.E. de Preparis.

L'île Preparis gît à 55 milles dans le S.O.¼S. du feu d'Alguada. Elle est comprise entre 14°49′ et 14°56′N.; sa longueur dans une direction N.¼N.E. et S.¼S.O. est de 7 milles; sa largeur est de 2 milles. Elle est boisée; sa hauteur est modérée; et elle présente un profil qui s'abaisse de tous côtés en pente douce vers la mer. Cette île est accore dans sa partie E., où l'on trouve 13 mètres d'eau à la toucher.

La Vache et le Veau (Cow and Calf) sont deux îlots, situés au N. de Preparis, par 14°56′N. et 91°19′E. Ils paraissent accores.

A l'O. de Preparis existe un grand récif, sur lequel gisent deux autres petits îlots. A partir de l'extrémité S. de Preparis, un long récif s'étend jusqu'à une distance d'environ 4 milles, et il laisse voir une partie de ses têtes de roches au-dessus de l'eau. Enfin, deux récifs détachés gisent au large, à 5 et 6 milles dans le S.O. de l'île.

Le chenal N. de Preparis est compris entre Alguada et Preparis. Dans la partie milieu du chenal les fonds sont d'environ 80 à 82 m.; et c'est parmi ces fonds que gît le récif Thalia précédemment décrit. En approchant de Preparis, les sondes diminuent jusqu'à 44 et 40 m.; de l'autre côté du chenal, en approchant d'Alguada, ils s'abaissent jusque vers 33 et 31 mètres.

L'île Grand Coco est située entre les parallèles 14°04′N. et 14°11′N., et sur le méridien de 91°01′E.; elle est ainsi à 45 milles dans le S.14°O. de Preparis. Sa longueur, dans la direction N. et S., est de 7 milles; et sa largeur, de 2 milles. Elle est couverte d'arbres et peut être aperçue à 18 ou 20 milles.

La Table et la Pantoufle (Table and Slipper) sont deux îlots qui gisent à l'extrémité N. de Grand Coco. La Table a une hauteur de 30 mètres et porte un feu décrit plus loin. A l'extrémité S. de Grand Coco, existe un troisième îlot qui est réuni à l'île principale par une chaussée de roches; cette chaussée est couverte à la haute mer, et son étendue paraît s'étendre à une distance de 4 milles.

Le phare de l'île Table, situé par 14°12′30″N. et 90°58′E., est une tour en fer, peinte en bandes alternativement rouges et blanches. Il montre un feu fixe, haut de 60 mètres au-dessus de la mer, et visible à 22 milles. On cesse de l'apercevoir, lorsque le navire se trouve dans le S. de Grand Coco, et que l'île Table est relevée entre le N.$^1/_4$N.E. et le N.N.O.

Le chenal S. de Preparis est limité dans le S. par l'îlot Table, et dans le N. par les récifs qui bordent l'île Preparis. Ce passage est sain.

L'île Petit Coco gît à peu près à 9 milles dans le S.O. de Grand Coco. Elle a environ 2 milles 1/2 de long dans la direction N. et S., et 1/2 mille de large ; ses bords sont bas, mais dans la partie centrale est un plateau élevé couvert d'arbres. Cette île peut être aperçue à 18 ou 20 milles. Elle est prolongée à grande distance dans le S. par un récif dont il faut beaucoup se défier, surtout pendant la nuit.

La roche Daphné est située à 5 milles 1/2 environ dans le S. de Petit Coco. *Un autre récif* existe à environ 2 milles dans le N.E. de la roche Daphné.

Le chenal Coco est compris entre l'île Petit Coco et l'île Landfall. Mais la partie navigable du chenal n'a guère que 12 milles de large, entre la roche Daphné et les récifs de l'île Landfall. Dans ce passage, les fonds varient de 22 mètres à 92 mètres ; la largeur du banc de sondes, dans le sens E. et O., est d'environ 15 ou 18 milles ; et les fonds donnent surtout du corail, parfois du sable et de la vase. Dans le chenal, en mousson de N.E., le courant porte souvent au N.O. ; et, en mousson de S.O., il porte souvent vers l'E. Toutefois, par beau temps, les courants de marée dominent : le flot, portant au N.N.E. ; et le jusant, au S.S.O. L'heure du plein, aux syzygies, a lieu vers 2 heures.

L'île Landfall a son extrémité N. située par 13°40′N. et 90°39′E., à une distance de 22 milles dans le S.O.$^1/_4$S. de Petit Coco. De l'autre côté, elle se trouve à 5 milles dans le N. du cap Price, c'est-à-dire de l'extrémité de la Grande Andaman ; le passage qui les sépare a 3 milles de large, mais il est rendu dangereux par des récifs. L'île Landfall est d'un aspect uni ; elle peut être aperçue à une distance de 18 milles. Au large de sa pointe E., gît un îlot, appelé *île de l'Est*, qui est en dedans de la ceinture de récifs de Landfall. Il ne faut pas approcher de cette ceinture par des fonds inférieurs à 37 m. A une distance de 3 milles à l'E. de l'*île de l'Est*, se trouve le *banc Ranger*. Auprès de celui-ci et plus en dehors, existe un autre banc dangereux, nommé *banc de Jackson*. Enfin, à 7 milles dans le S.E. de ce dernier, et à 9 milles dans l'E.¼S.E. du cap Price, c'est-à-dire par 13°31'N. environ, gît encore un banc dangereux appelé *banc de l'Union*. L'accore des sondes n'est guère qu'à 3 milles de ce danger, à côté duquel on trouve de 55 à 73 mètres d'eau. De même, à petite distance dans l'E. du banc Jackson, la sonde donne de 33 à 37 mètres. Il convient donc de donner beaucoup de tour à tous ces dangers.

La Grande Andaman est le nom généralement employé pour désigner les trois grandes îles qui s'étendent de 13°34'N. à 11°30'N. On les considère comme ne faisant qu'une seule île, parce que les deux chenaux qui en réalité les divisent en trois sont étroits et praticables seulement pour des embarcations. Dans l'E. de la Grande Andaman, gisent les deux îlots remarquables Narcondam et Barren.

L'île Narcondam, située par 13°27'N. et 91°56'E., est petite. Elle a 600 mètres de haut; et elle offre l'apparence d'un cône ou d'une pyramide dont le sommet serait brisé; on peut l'apercevoir, du pont d'un navire, à une distance de 45 milles. Deux îlots existent près d'elle, à la toucher : l'un à l'E. et l'autre au S. D'ailleurs son approche est saine dans toutes les directions.

L'île Barren, située par 12°16'N. et 91°30'E., est petite. C'est un volcan, haut de 244 mètres, visible à 36 milles, et qui paraît uni à grande distance. Cette île est couverte d'arbres, excepté auprès du cratère.

§ 294. — Passages de Duncan et Chenal des Dix-Degrés.

L'île Rutland a son extrémité S. par 11°22'N.; et elle est d'une hauteur considérable. Au large de son extrémité S.E., se trouve un groupe d'îles de hauteur modérée, appelé les *Cinq-Iles*. Leur extrémité S. est par 11°17'N., et un banc les prolonge à un mille de distance dans le S.O.

Entre l'île Rutland et les Cinq-Iles, existe un chenal sain, avec des profondeurs d'eau de 80 à 110 mètres. Le long de la côte S. de Rutland, jusqu'à 2 milles au large, les sondes sont régulières et varient de 24 à 33 mètres. A l'O. de Rutland gisent deux îlots nommés les *Twins*, ou les *Jumeaux*. A 6 milles dans le S.O. de ces deux îlots, et à la même distance dans l'O. de la pointe S. de Rutland, existe un banc de corail sur lequel il n'y a que 13 mètres, et probablement encore moins d'eau.

L'île du Passage se trouve à 3 milles au S. des Cinq-Iles ; elle est de moyenne hauteur. A 1/2 mille au N. de cette île, gît un petit îlot.

Les Sœurs sont deux îlots, situés par 11°11'N. et 90°25'E., qui gisent à environ 4 milles dans le S.E. de l'île du Passage. Ces îlots forment la limite N. du passage Duncan.

La Sentinelle du Nord a son centre par 11°34'N. et 89°55'E. C'est une île unie, couverte d'arbres et visible à une distance de 18 milles. Elle est environnée de hauts-fonds et de récifs jusqu'à la distance de 1 mille ; deux îlots se trouvent à son extrémité S., et un îlot gît à son extrémité N.O. Le banc de sondes qui existe dans l'O. de la Grande Andaman dépasse dans l'O. la Sentinelle du Nord d'environ 4 milles ; et l'on y trouve dans cette partie des fonds variant de 36 à 91 mètres, composés de sable et corail auprès de terre, et de vase molle en général par les fonds de 70 à 90 mètres.

La Sentinelle du Sud gît par 11°02'N. et 89°53'E., à 33 milles environ dans le S. de la Sentinelle du Nord. C'est une petite île boisée et visible à une distance de 18 milles. Ses extrémités N.O. et S.E. sont prolongées jusqu'à une distance de 2 encâblures par des récifs de corail sur lesquels la mer brise généralement beaucoup en mousson de S.O. Par le travers de l'extrémité E. de l'île, à 1/4 de mille seulement de distance, l'on ne trouve pas le fond avec 73 m. de ligne. Mais, entre cette île et la Petite Andaman, à mi-canal, les sondes donnent de 82 à 91 mètres d'eau ; et les fonds diminuent jusqu'à 24 et 18 mètres, quand on approche à 1 mille ou 2 de la Petite Andaman.

Les passes de Duncan sont formées par les îles qui existent entre Rutland et la Petite Andaman. Dans la navigation générale, elles ne sont que rarement suivies et on leur préfère naturellement le Grand Passage Duncan que nous décrivons plus loin. La passe la plus N., comprise entre Rutland et les Cinq-Iles, est appelée Détroit Manners. La passe suivante, entre les Cinq-Iles et l'île du Passage, a 2 milles de large, et l'on y trouve de 46 à 26 mètres d'eau.

Les Frères sont deux petites îles boisées, moins élevées que les autres environnantes, et situées à 2 ou 3 milles l'une de l'autre. La plus N. des deux, appelée *île Plate*, est à 8 milles dans le S.O.1/4S.

des Sœurs; et elles sont l'une et l'autre entre 4 et 8 milles de la petite Andaman. Elles forment la limite S. du Grand Passage Duncan.

Le Grand Passage Duncan, compris entre les Frères dans le S. et les Sœurs dans le N., a 7 ou 8 milles de large. On peut le suivre avec sécurité pendant le jour, et même durant la nuit s'il fait assez clair pour que la terre puisse être vue de près. Il n'y a pas dans ce passage d'autre danger que le récif qui s'étend à environ 1 mille de l'extrémité N. de l'île Plate, et qui est visible, car la mer brise généralement dessus. Si le temps est trop sombre, on peut mouiller dans le chenal, par des fonds de 22 à 31 mètres, sable. Le plateau des sondes ne s'étend qu'à quelques milles dans l'E. des Frères et des Sœurs, et seulement à 12 ou 15 milles dans l'O.; de ce côté, l'on perd brusquement les sondes, entre les Sentinelles. Il n'y a point de passage entre les deux Frères; il en existe un large de 1 mille entre le Frère du S. et la petite Andaman; mais il ne faut passer que dans le N. des Frères, à moins de nécessité absolue. Par légère brise et avec beau temps, on peut s'attendre à trouver une sorte de courant de marée portant à travers les chenaux, parmi les îles, vers l'E. et vers l'O. En général, les courants dépendent de la direction des vents, de sorte que les navires allant chercher le Passage Duncan doivent se tenir un peu dans le N., pendant la mousson de N.E.; et dans le S., durant la mousson de S.O.

La petite Andaman, située entre 10°58'N. et 10°32'N., est couverte d'arbres et offre un profil uni, s'abaissant en pente douce du centre vers la mer; elle peut être vue à 18 ou 20 milles, du pont d'un navire. Au large des côtes E. et O., à une distance de 1 mille ou 2, on trouve de 18 à 33 mètres; à 3 ou 4 milles, les sondes varient de 90 à 100 mètres; et au-delà, on ne trouve plus de fond. La côte S. est encore plus accore, en effet, à une distance de moins de 1 mille ou 2, les sondes varient de 70 à 73 mètres; et à 3 ou 4 milles seulement au large on ne trouve pas de fond. A 5 ou 6 milles dans l'O.1/4S.O. de la pointe S.O. de l'île, se trouve un banc de roches de corail, portant 11 m., 9 m. et même encore moins d'eau. Il faudra passer au large de ce banc, quoiqu'il semble exister un passage sain, en dedans, du banc, entre lui et la petite Andaman; dans ce passage, les sondes donnent de 24 à 26 mètres d'eau, auprès de la pointe de sable; et de 36 à 46 mètres d'eau, en se rapprochant du banc.

Le Banc invisible a été ainsi nommé par le captain Blair, parce qu'au-dessus de ce banc l'eau ne lui a point semblé changer de couleur. Il est situé dans l'E. du Passage Duncan, entre les parallèles de 10°59′ et de 11°28′N., sa largeur varie de 9 à 12 milles. Sur ce banc, l'on trouve de 31 à 91 mètres d'eau ; près de son accore, dans les parties où les sondes sont considérables, les fonds paraissent composés de vase et de sable ; mais, en avançant davantage sur le banc, les fonds deviennent mauvais et rocheux, particulièrement auprès de la *Roche Plate* qui gît par 11°08′N. et 91°11′E., à 45 milles environ dans l'E. du Passage Duncan. Cette roche dangereuse est quelquefois à fleur d'eau, et d'autres fois découverte de plusieurs pieds ; elle est environnée de hauts-fonds de roche s'étendant sous l'eau à une distance double de sa grandeur. En ayant soin de sonder très-souvent, l'on pourra se trouver averti de son approche, car les sondes s'étendent autour d'elle, à petite distance il est vrai, mais un peu plus loin dans le N. et dans le S. que sur les autres côtés. A une faible distance de la roche, les sondes donnent de 24 à 37 mètres, corail et sable ; mais elles ne sont pas régulières, de sorte qu'en définitive, il serait imprudent de passer auprès de ce danger, pendant la nuit ou par un temps sombre. Dans de telles circonstances, il faudra donc sonder fréquemment ; et, aussitôt qu'on trouvera le fond, il conviendra de virer ou de laisser porter pour chercher des eaux profondes.

Le chenal des Dix-Degrés est compris entre la petite Andaman et Car Nicobar. Il est large d'une soixantaine de milles, et est complètement dépourvu de dangers.

§ 295. — Iles Nicobar : Chenal Sombrero ; chenal Saint-Georges et chenal des Six-Degrés et demi.

Car Nicobar qui est la plus N. du groupe a sa pointe N. située par 9°16′N. et 90°26′E. La partie O. de l'île est d'une hauteur d'environ 60 mètres ; c'est d'ailleurs la région la plus élevée. A sa pointe S.E., il y a de petits monticules. Car Nicobar est boisée et couverte de pâturages. On ne trouve les fonds qu'à très-petite distance autour d'elle, et le plateau des sondes est accore.

Batty Malve, située par 8°49′N. et 90°30′E., est formée de roche, recouverte d'un peu de terre, portant quelques buissons et des arbres rabougris. Dans sa partie O., elle est haute de 45 mètres, et elles s'abaisse vers l'E. en forme de coin. A 1 mille de sa pointe S.O., les sondes varient de 46 à 64 mètres; et à 1/2 mille de sa pointe O., elles sont de 73 mètres.

Chowri, ou *Tschaura*, a sa pointe S. située par 8°24'N. et 90°40'E. A l'angle S.E. se trouve une grosse roche qui s'élève plus haut que les arbres environnants; le reste de l'îlot est bas et uni. Au large de la pointe N.O., des hauts-fonds s'étendent à une distance de 1/2 mille; et un banc de corail, qui porte moins de 3 mètres d'eau, gît à 3 milles dans le N.O. de l'îlot. Les sondes entourent Chowri jusqu'à une distance de 1 mille ou 2 environ, surtout dans sa partie Ouest.

Teressa est comprise entre les parallèles de 8°12' et de 8°21'N. Ses deux extrémités, et particulièrement celle du N., sont plus élevées que la partie centrale, de telle sorte qu'en la voyant de loin elle semble former deux îles. Le long de la côte O. de Teressa, à 1/4 de mille seulement de terre, les sondes donnent de 55 à 73 mètres d'eau. La pointe S. est prolongée par un récif et n'est pas si accore. On peut mouiller par 55 mètres d'eau, auprès de la pointe S.E. de l'île, qui gît par 90°50'Est.

Bompoka est une petite île, en partie boisée, et dont la pointe S.E. gît par 8°14'N. et 90°52'E. Son sommet a une hauteur de 228 m. et est formé par une chaîne de montagnes, qui existe dans la direction N. et S. sur la moitié de l'île, et qui s'abaisse ensuite en pente vers la mer. Cette île est située à l'E. de Teressa, dont elle est séparée par un chenal large de 1 mille 1/2.

L'île Katchall, ou *Tillongchool*, dont la pointe O. est située par 8°00'N. et 90°55'E., est séparée de Bompoka par un chenal sain, d'une largeur de 12 milles. Les côtés N. et O. de l'île sont de hauteur modérée et paraissent unis; mais, au milieu et dans la partie S.E., elle est plus élevée; on peut l'apercevoir à une distance de 24 milles. Elle est boisée. Le long de son côté N.O., entre 1 mille et 2 milles de terre, il y a mouillage par des fonds de 27 à 46 mètres, gros sable. Le côté N. de l'île est accore; et, dans cette partie, l'on ne trouve pas de fond, avec 200 mètres de ligne, à 1 mille seulement de terre. Dans le S. de Katchall, existe un banc de corail que nous signalons plus loin, en parlant du chenal Sombrero.

Entre Car Nicobar et Katchall, tous les chenaux sont bons.

Nancowri est séparée de Camorta par un chenal étroit. Elle est accidentée et presque entièrement couverte d'arbres.

Camorta, ou *Car-Morta*, est comprise entre les parallèles de 8° et 8°15′N. La partie N. et milieu est plate et peu élevée; mais, dans la partie S., elle est haute, surtout du côté de l'O., où se trouve le principal village, au pied d'une montagne escarpée. Au large de la pointe N.O. de cette île, un récif de roches qui ne porte que peu d'eau s'étend à une distance de 3 milles.

Trinkut est basse, unie et boisée; elle est séparée de Camorta par un chenal étroit.

Tillangchong ainsi que les îlots qui la prolongent dans le S. se trouvent compris entre les parallèles de 8°25′ et de 8°35′N. Cette île est formée d'une montagne haute de 137 mètres, raboteuse, en partie boisée, visible à 36 milles, et dont la côte orientale est accore.

Entre Tillangchong et Camorta, le chenal a une largeur de 12 milles, et il est très-sûr. Au milieu du chenal, les sondes varient de 73 à 117 mètres; auprès de Tillangchong, elles donnent de 77 à 82 mètres; et auprès de Camorta, de 33 à 36 mètres.

Le chenal Sombrero, compris entre Nancowry et Meroe, a 21 milles de large, et offre toute sécurité. Cependant, à 4 milles 1/2 dans le S. de la pointe S.E. de Katchall, est un banc de corail portant des fonds variables, et sur lequel les plus petites sondes trouvées *jusqu'à présent* ont été de 16 mètres. Il faut d'autant plus s'en défier que, dans le N. et dans le S. de ce banc, on ne trouve point de fond. En gouvernant pour prendre ce chenal, il conviendra, quand on ne sera pas sûr de sa latitude, de tâcher de rectifier sa position, en reconnaissant la terre du côté du vent, c'est-à-dire dans le N. ou dans le S. de l'entrée, suivant la mousson régnante; avec cette précaution, l'on pourra ensuite donner dans le chenal, même de nuit, si le temps n'est pas trop sombre.

Meroe est une petite île basse, située par 7°30′N. et 91°10′Est.

A 4 milles dans l'E.S.E. de Meroe, est une petite île appelée *Trak;* et une autre île, située à petite distance dans l'E., s'appelle *Treis*. Elles sont entourées de roches.

Le passage limité d'un côté par Trak et Treis, et de l'autre par Meroe, est réputé comme sûr. Mais celui qui existe entre ces deux mêmes îlots et la petite Nicobar est dangereux et ne doit pas être suivi.

La petite Nicobar, située entre 7°13′30″N. et 7°26′N., est boisée et accore. Une suite de collines, hautes d'environ 300 mètres, courent de l'E. à l'O. et occupent la moitié méridionale de cette île.

Pulo Milu est un petit îlot, qui gît sur la côte N.O. de la petite Nicobar. Un autre îlot nommé *Montschal* se trouve sur la côte E. de la même Nicobar.

Le chenal Saint-Georges est enfilé par de forts courants de marées, et il n'est point fréquenté. La petite île *Cabra*, située à l'entrée E. de ce chenal, est de moyenne hauteur. Les navires venant de l'E., qui voudraient prendre le chenal Saint-Georges, devraient passer dans le N. de Cabra, entre cet îlot et Montschal (dont nous venons de parler).

La Grande Nicobar, ou *Sambelong*, a 30 milles de long et peut être aperçue à une distance de 33 à 36 milles. Sa pointe S. est basse, unie, couverte d'arbres, prolongée par une plage de sable, et située par 6°45′N. et 91°28′E. Le point le plus élevé de la Grande Nicobar a une hauteur de 610 mètres, et se trouve dans la partie N.E. de l'île, par 7°08′N. et 91°27′E.; à partir de ce point, une chaîne de collines traverse l'île vers l'O.$^1/_4$S.O. Dans la région centrale de la Grande Nicobar, le point le plus élevé est haut de 400 mètres, et se trouve par 7°00′N. et 91°23′E. Presque toute l'île est boisée. Il y a 2 ou 3 îlots sur la côte E.; le rocher *Boat* gît par 6°58′N. Des sondes variables de 30 à 44 mètres s'étendent à 2 ou 3 milles au large de la côte O. Le plateau des sondes s'étend à 6 milles, ou même plus loin encore, au large de la partie S.O. de l'île; et l'on trouve, de ce côté, des sondes de 45 à 55 mètres, à 5 ou 6 milles de terre. Un récif s'avance à 1 mille environ au large de la pointe S. de l'île.

Le Grand Passage limité d'un côté par la Grande Nicobar, et de l'autre par les îles Pulo-Brasse et Pulo-Rondo, a une largeur d'environ 90 milles. Il est sain et offre une entière sécurité, grâce au feu de Pulo-Brasse, dont nous parlerons page 670. On pourrait l'appeler *Chenal des Six-Degrés et demi*, car le parallèle de 6°30′N. le partage à peu près par le milieu; toutefois les navires qui prendront ce chenal en venant de l'O., pendant la mousson de S.O., suivront de préférence le parallèle de 6°20′N., afin de se tenir toujours un peu au vent.

§ 296. — Pulo-Rondo et Passage de Pulo-Rondo ; — Pulo Way et Passage de Malacca.

Pulo-Rondo, située par 6°04'N. et 92°51'E., est prolongée dans le S. par un banc de roches qui s'étend probablement à 2 milles environ dans le S. Cette île est elle-même une roche, de forme ronde, haute de 106 mètres et visible à 24 milles du pont d'un grand navire. Dans le N., dans l'E. et dans l'O., Pulo-Rondo est accore, et ne permet de trouver aucune sonde. Mais, dans le S., à 2 milles ou même plus loin, gisent 2 ou 3 petits îlots de roche, élevées d'une vingtaine de mètres au-dessus de l'eau.

Le passage limité d'un côté par ces roches qui sont au S. de Pulo-Rondo, et de l'autre côté par Pulo Way, a une largeur de 12 milles, et il est sûr. Nous l'appellerons *Passage de Pulo-Rondo.*

Pulo Way, qui est haute et accidentée, peut être vue à une distance d'environ 36 milles. Il paraît que des sondes ont été trouvées, auprès de terre, en quelques points de la partie S. de cette île. Néanmoins, elle peut être considérée comme accore, attendu qu'à une distance de 2 encâblures seulement de la côte le captain Miller n'a pas trouvé de fond, ni remarqué de changement de couleur de l'eau. Au large de la pointe S. de Pulo Way, à plus de 1/2 mille de terre, il y a une roche découverte, ayant la dimension d'une embarcation.

Le passage Malacca, compris entre la côte N. de Sumatra et Pulo Way, est le meilleur pour aller à Achem, en venant du N.E., ou de l'E. Ce passage a une largeur de 7 ou 8 milles, mais il est divisé en deux par l'îlot *Malora,* ou *Pulo Buroo,* qui gît à peu près au tiers du chenal, à compter de la côte de Sumatra. Les deux passages qui existent de chaque côté de Malora sont sains ; mais celui qui est compris entre l'îlot et Pulo Way a des eaux profondes, de sorte qu'il est préférable de prendre l'autre chenal entre le même îlot Malora et la côte de Sumatra. Ce dernier passage n'a que 2 milles de large, mais il a l'avantage d'offrir des fonds modérés permettant de mouiller au besoin, par 26 ou 29 mètres auprès de Malora, ou par 16 ou 18 mètres auprès de Sumatra. En prenant ce chenal, il faudra sonder constamment, surtout pendant la nuit, et se tenir par des fonds de

18 à 25 mètres; quand on est dans les environs de la pointe Pedro, il est bien recommandé de ne jamais venir par moins de 18 mètres d'eau; en s'écartant de cette pointe et en se rapprochant du milieu du chenal, les sondes atteignent très-vite 22 et 31 mètres; puis, si l'on se rapproche encore de Malora, les fonds diminuent à 22 et à 15 mètres, et l'on peut trouver ces sondes à moins de 1/2 mille de l'îlot. Il serait très-imprudent de s'approcher de Malora par des fonds inférieurs à 22 et à 15 mètres, car un récif s'étend à plus de 1/4 de mille de la côte E. de cet îlot.

§ 297. — Pulo Brasse et Passage du Bengale.

Pulo Brasse est haute et unie; son extrémité N. est par 5°45′N. et 92°47′30″E. Au large de cette extrémité, gisent 4 îlots de roches, dont le plus N. est à environ 3 milles 1/2 de distance; ce dernier îlot a une hauteur de 8 mètres au-dessus de l'eau, et les fonds sont réguliers auprès de lui, variant de 45 à 51 mètres, vase, à une distance comprise entre 1 et 2 milles dans l'E. et dans le N. Un récif s'étend au large de l'extrémité N. de Pulo Brasse vers les autres îlots. Parmi ceux-ci, le plus en dehors est accore, sur ses côtés E., N. et O.; et il y a un passage entre lui et l'îlot le plus voisin. Sur ces différents îlots, la mer brise généralement beaucoup, même par brise modérée; et il *convient de passer toujours bien en dehors* de tout. Il pourrait arriver, surtout pendant la nuit, que l'on prenne les deux roches détachées qui gisent au N. de Pulo Brasse, pour les deux îlots de roche situés à 2 milles 1/2 environ au large de la même pointe; il faut donc bien s'en défier. Il convient aussi de noter que le courant porte souvent vers l'O., avec une très-grande force, autour des îles. Le long de la côte E. de Pulo-Brasse, on peut mouiller en cas de nécessité, à quelque distance de terre, par des fonds de 37 à 46 mètres, sable.

Le feu de Pulo Brasse est construit sur la pointe N. de Pulo Brasse; *il est tournant* de 1^m en 1^m, donne des *éclats de 9^s*, et peut être aperçu à une distance de 30 milles. Sa hauteur est de 160 mètres au-dessus de la mer. Le phare se compose d'une tour haute de 36 mètres, en pierres blanches jusqu'à la hauteur de 30 mètres, et la partie supérieure est rouge. Sa lumière est visible entre le S.82°O. et le S.51°E., en passant par le N. Quand on se trouve à moins de 12 milles, une faible clarté continue à être visible dans l'intervalle des éclats.

Dans la tour de ce même phare, à 29 mètres au-dessous du feu tournant, est un *feu fixe rouge*, visible à une distance variable entre 12 et 8 milles. Il sert à faire éviter l'îlot du N.O. ainsi que les récifs qui l'entourent. Il éclaire un secteur de 90° entre le N.15°O. et le S.75°O. On aura l'assurance de ne point passer trop près de l'îlot du N.O., quand on évitera de venir en dedans de ce secteur éclairé en rouge.

Le Passage du Bengale est compris entre Pulo Brasse et Pulo Way; sa largeur est d'environ 9 milles. Il convient aux voiliers allant d'Achem vers le N. ou vers l'O., parce que le courant porte généralement en dehors vers cette direction; la vitesse de ce courant vers l'O. atteint souvent 25 à 40 milles par 24 h. autour de Pulo Brasse. Mais inversement les voiliers destinés à Achem prennent rarement ce passage, à moins d'avoir des vents largues bien établis; et ils préfèrent prendre le passage de Malacca. Il n'y a, dans le Passage du Bengale, aucun mouillage, si ce n'est auprès de Pulo Brasse. Les navires venant du S.O. prennent quelquefois le Passage de Surate, pour aller à Achem, comme nous l'indiquerons au § 299.

§ 298. — Pulo Nancy et Passage Cedar (ou de Sedre).

Pulo Nancy est presque réunie à la pointe S.E. de Pulo Brasse. Entre elles, du côté de l'O., gît l'île du Milieu, ayant quelques îlots ou roches, auprès d'elle sur sa côte S. A côté de la pointe O. de Pulo Nancy, jusqu'à 2 milles au large, se trouve un récif de roches qui limite l'entrée O. du passage Cedar, du côté N. de cette entrée. Il y a de 18 mètres à 22 mètres d'eau, auprès et en dehors de ce récif; et 26 mètres d'eau entre lui et la pointe O. de Pulo Nancy, quoiqu'il commence tout près de cette pointe.

Le passage de Cedar, ou de Sedre, est limité dans le N. par Pulo Nancy, et dans le S. par les îles Stony et Pulo Gomez. Il est peu fréquenté, quoique sa largeur soit plus grande que celle du Passage Surate. Horsburgh le signale comme étant plus sûr qu'on ne pourrait le croire (*sic*), et comme offrant des fonds de 31 à 36 m., au milieu du chenal. Les seuls dangers sont à l'entrée O.: du côté N. de l'entrée, ce sont les roches déjà mentionnées, auprès de la pointe O. de Pulo Nancy; et du côté S., ce sont les roches s'écartant de Pulo Gomez vers l'O., sur lesquelles la mer brise beaucoup par mauvais temps. Enfin, il y a aussi un récif qui s'écarte de l'extrémité O. de l'île Stony, se dirigeant vers le N.O. Quand on croira devoir prendre ce passage, il sera prudent de se faire précéder par une embarcation qui sondera au besoin. La partie la plus étroite du passage se trouve entre le récif qui s'écarte de l'extrémité O. de l'île Stony et la côte de Pulo Nancy; dans cet endroit, la largeur est d'environ 1 mille.

L'île Stony et Pulo Chinchin sont accores, sur leur côté N., où l'on trouve de 20 à 26 mètres d'eau, à les toucher. Des roches se projettent à quelque distance de la pointe E. de Pulo Nancy, et la sonde donne 27 mètres d'eau, à les toucher.

§ 299. — Passage Surate et Tête d'Achem.

Le Passage Surate est limité dans l'E. et dans le S. par la Tête d'Achem, c'est-à-dire par la pointe de Sumatra; et il est borné dans l'O. et dans le N. par les îles Pulo Gomez, Stony et Pulo Chinchin. Ces deux dernières sont jointes l'une à l'autre par des roches; et Chinchin n'est seulement qu'à 1/4 de mille de la Tête d'Achem. *Pulo Gomez* semble former deux mamelles; sa pointe O. est basse, prolongée par un îlot, et des brisants se projettent en plus vers l'O. Pour les éviter, il convient, lorsqu'on prend ce passage, de se rapprocher de préférence de la Tête d'Achem qui est accore, et de se tenir à distance modérée de terre par des fonds de 22 à 26 mètres, sable. On pourra au besoin, pour étaler une marée, jeter un pied d'ancre auprès de la côte, par 13 à 18 mètres d'eau. Dans ce passage, l'heure du plein aux syzygies est environ 8 heures; la montée de l'eau est de $2^m,40$; le flot porte vers le N.E.; et le jusant, en sens inverse. Le côté S. de Pulo Gomez pourrait également être approché avec sécurité. Quand on relève la pointe S. de cette île à l'E., à 3/4 de mille environ, les sondes donnent de 44 à 27 mètres; quand elle reste dans l'E.$^1/_4$N.E., à 3/4 de mille, les sondes donnent 26 mètres; en la relevant à l'E.N.E., à 1 mille, on trouve 24 mètres; en la relevant à l'E.¼N.E., à 2 milles, on trouve 33 m.; enfin des sondes de 37 à 64 mètres s'étendent à 6 milles dans l'O. de la même île et de la Tête d'Achem.

La Tête d'Achem, située par 5°34'N. et 92°59'E., est un cap élevé, escarpé, qui forme l'extrémité N.O. de Sumatra. L'angle S.O. de ce cap forme, à une distance de 3 milles dans le S.O. de la Tête d'Achem, une pointe que l'on appelle *Pointe King.* En venant du S.O. pour chercher le Passage Surate, on ne voit point l'entrée du chenal, car les îles voisines Gomez, Nancy et Brasse semblent réunies à la grande terre. A 5 milles dans le S. de la pointe King, sur le côté S. d'une pointe basse de couleur verte, existe une baie; et, comme la terre est basse, couverte d'arbres, et se termine en plage de sable au bord de la mer, on doit veiller à ne pas prendre cette baie pour l'entrée du passage Surate. Dans la même baie, se trouve un îlot de roche; et, à sa pointe S., gisent deux roches découvertes, sur lesquelles la mer brise souvent; on trouve auprès d'elles de 22 à 26 mètres d'eau. La baie est d'ailleurs bordée par un récif.

En entrant dans le Passage Surate, si la marée devient contraire, il faut mouiller sous la Tête d'Achem, et attendre que le flot se fasse, lequel porte directement vers le N.E. dans le chenal. Appareillant avec le flot, il convient de se maintenir plus rapproché de la Tête d'Achem que de Pulo Gomez, parce qu'auprès de la Tête d'Achem les sondes seront régulières, de 18 mètres à 31 mètres, et permettront de mouiller au besoin. La partie étroite du goulet se trouve dans la région E. du passage, entre la Tête d'Achem et Pulo Chinchin, où sa largeur est seulement d'une encâblure, avec des sondes de 55 à 64 mètres, fond de roche; et les courants de marées enfilent ce chenal avec une vitesse qui atteint 5 et 6 nœuds, aux syzygies. Nous ne croyons guère nécessaire d'ajouter qu'un tel passage, pour un voilier, offrira toujours des risques sérieux.

Si le vent est contraire et le courant favorable, Horsburgh dit que l'on peut se laisser dériver dans ce passage étroit, en conservant le cap sur le rivage du vent, et en se maintenant toujours un peu plus près de la Tête d'Achem, qui est à pic et accore, tandis que du côté opposé l'île n'est pas aussi escarpée. Il paraît que ce passage a été pris quelquefois par de grands navires, mais il n'est pas sans danger pour des voiliers. Le captain Bradshaw pense que la meilleure manière de faire ce passage, en allant vers le S., avec vent contraire, mais avec un fort courant favorable, est de réduire la voilure aux trois huniers, quand on approche de l'entrée N., et de se maintenir debout au vent, laissant au courant le soin de vous sortir d'affaire. De cette manière, selon lui, le navire sent sa barre, tandis qu'en se laissant dériver en travers, le navire pourra être jeté sur les roches par un remous de courant, sans qu'il soit possible de rien faire pour l'éviter.

§ 300. — Indications générales sur les routes du détroit de Malacca.

Nous avons déjà donné aux §§ 29 et 79 des renseignements sur les vents et les courants du détroit de Malacca, on pourra donc s'y reporter. Nous résumons maintenant les indications générales données par Horsburgh, sur les routes de ce détroit, dans l'une et l'autre moussons.

La mousson de S.O. règne, au large de la Tête d'Achem, d'avril en octobre. Il est rare qu'elle se fasse sentir un peu avant dans le détroit, ni à l'abri de Sumatra. Ainsi, sur la côte de Pedir, entre Achem et la pointe Diamant, on trouve généralement de petites brises variables, des calmes, quelquefois des brises de terre ; il faut de plus se défier, sur cette côte, des grains violents qui tombent brusquement des terres de Sumatra, surtout pendant la nuit. En venant de l'E., et après avoir doublé Pulo Rondo avec une bonne brise de S.O., le navire se trouve fréquemment pris par le calme, lorsqu'il parvient dans l'E. de Pulo Way, et qu'il relève la Tête d'Achem dans la partie du S.O. D'après ce qui a été dit plus haut, les voiliers ne doivent pas suivre la côte de Pedir pour aller chercher le détroit de Malacca, pendant la mousson de S.O. Cette route ne peut guère être suivie que par les navires partant d'Achem, au commencement ou à la fin de la mousson. Dans ce cas, il convient de longer la terre de très-près, pour profiter des brises de terre et de mer qui ne règnent qu'à une très-faible distance de la côte, et en même temps pour éviter la plus grande force des courants portant à l'O. que l'on trouverait plus violents à quelque distance au large ; enfin il faut toujours, avec un voilier, se tenir prêt à mouiller à 1 ou 2 milles de la côte.

La meilleure route consiste toujours, pour les voiliers, à se porter bien dans l'E. du détroit et à se maintenir auprès de la côte de la presqu'île de Malacca. Le long de cette côte, on aura moins de chances d'orages, de grains et de calmes; les vents seront généralement variables; on pourra trouver des brises de terre et de mer, et parfois des courants favorables, surtout pendant la mousson de S.O.; enfin les marées seront assez régulières, auprès de cette même côte Malaye, lorsque le navire sera suffisamment dans l'E. Mais, il est prudent, surtout avec un voilier, d'éviter le milieu du détroit et notamment les parages de Pulo Pera, où les calmes sont fréquents pendant la mousson de S.O., et les courants irréguliers durant toute l'année.

Les Sumatras, ou grains de S.O., sont fréquents pendant la mousson de S.O.; et les grains arqués, ou *coups de vent de N.O.*, sont aussi plus fréquents durant cette mousson que pendant celle du N.E.

La mousson de N.E. est la belle saison, comprenant les mois d'octobre en avril. A cette époque, les navires venant de l'O. et destinés à Malacca, ou à Singapour, doivent encore faire route par l'E. du détroit, en évitant la côte de Pedir, où l'on trouverait, entre Achem et la pointe Diamond, de forts courants portant à l'O. Durant la mousson de N.E., les grains sont plus rares et moins violents; les vents dominent de la partie du N. et du N.E., surtout le long de la côte Malaye; ils sont souvent très-forts entre Pulo-Jarra et le N. du détroit. Aussi, est-il bien recommandé aux voiliers venant du S. et destinés à Pulo Penang, durant cette mousson, de se tenir auprès du banc de vase qui borde la côte, après avoir doublé Dinding, afin de ne pas être arrêtés par les fortes brises de N.E. et par la houle courte qui règnent au large quand on approche de Penang.

Pendant les deux moussons, les voiliers peuvent prendre le détroit de Malacca, pour aller vers le N., comme pour se diriger vers le S. Généralement, il est plus facile de le monter, en allant vers le N., que de le descendre vers le Sud.

La navigation du détroit de Malacca demande certainement de l'attention; mais il n'est guère permis de la trouver difficile et surtout dangereuse, avec les feux qui éclairent tous les passages délicats. Il est souvent possible de s'y tenir sous voiles, nuit et jour, et de le traverser sans mouiller plus d'une fois ou deux. Dans presque toutes les parties du détroit, en morte eau, un bon navire avec une brise un peu fraîche peut gagner au vent, malgré la marée, à la condition de profiter de chaque changement de direction du vent pour prendre la bordée la plus favorable. Toutefois, dans la région comprise entre les Arroas et le Mont Mora, il est souvent impossible, même en morte eau, quand on a le vent debout, de refouler la marée qui atteint ses plus grandes vitesses, dans cette partie du détroit.

§ 301. — Descendre le détroit de Malacca vers le Sud, jusqu'à Singapour.

A la fin du présent paragraphe, nous donnons le *Tableau des croisements* des routes que les voiliers et les vapeurs pourront se proposer de suivre pour descendre le détroit de Malacca vers le S., jusqu'à Singapour.

Comme l'indique ce Tableau, *les voiliers* auront toujours avantage à une époque quelconque de l'année, et quel que soit le chenal d'où ils viennent (chenal des Dix-Degrés ; ou chenal Sombrero ; ou chenal des Six-Degrés et demi), à faire d'abord de l'E., en gouvernant autant que possible sur Pulo Bouton ; et à rallier la côte de Malaisie pour se diriger ensuite vers le S., en passant à bonne distance dans l'E. de Pulo Pera. Les voiliers qui auront reconnu le feu de Pulo Brasse, et qui auront pris par conséquent le chenal des Six-Degrés et demi, trouveront aussi avantage en toutes saisons à suivre la même route, de manière à donner beaucoup de tour aux îles et aux récifs de Pulo Brasse et de Pulo Rondo. En se conformant à ce conseil, on évitera, pendant la mousson de S.O., les calmes qui sont fréquents en dedans de la Tête d'Achem. Il pourra sans doute arriver aussi que le navire trouve des calmes ou de folles brises, quand il traversera l'entrée du détroit en allant chercher les parages de Pulo Bouton ; mais l'on sera beaucoup moins exposé à cette chance défavorable que le long de la côte N. de Sumatra. De même, pendant la mousson de N.E., les voiliers auraient généralement beaucoup de peine à s'élever dans l'E., le long de la côte de Pedir, entre Achem et la pointe Diamond, à cause des courants contraires qui portent vers l'O. avec force. Il est donc préférable, encore dans cette saison, quand on vient de l'O. avec un voilier de prendre le chenal le plus N. possible, ou du moins de s'efforcer de prendre le chenal des Six-Degrés et demi, en passant aussi près de la Grande Nicobar que les vents le permettent, et d'aller chercher au plus tôt la côte de Malaisie, dans les environs de Pulo Bouton s'il y a moyen.

Quant aux navires à vapeur, ou navires mixtes, leur route est différente, car ils n'ont point naturellement les mêmes motifs que les voiliers pour éviter la côte de Pedir. Les renseignements que l'on trouvera ci-après nous ont été obligeamment communiqués par M. le lieutenant de vaisseau en retraite Fleuriais, qui a commandé pendant longtemps à bord des paquebots des Messageries maritimes de la Ligne de Chine, et qui a fait 14 ou 15 voyages, tant à l'aller qu'au retour. Nous sommes reconnaissant à cet officier d'avoir bien voulu mettre à notre disposition ces intéressantes indications que nous livrons avec une entière confiance aux navigateurs :

« En venant de Ceylan pour aller à Singapour, et depuis que le feu de Pulo Brasse est allumé, je me dirige toujours de façon à atterrir sur ce feu. Pendant cette traversée, trois fois sur quatre au moins, les courants m'ont porté au N., dans la dernière journée. Si je n'avais pas gouverné directement sur le feu, je me serais exposé à ne rien voir des îles voisines de la Tête d'Achem, comme cela m'est arrivé une fois alors que le feu n'était pas encore allumé. Cette fois-là, j'ai même passé assez loin dans le N. de Pulo Rondo pour ne pas la voir ; il est vrai que je n'avais pas eu d'observations depuis Ceylan ; mais, ainsi que j'en ai eu la preuve dans d'autres voyages, je suis certain que l'écart en dehors de la route, vers le N., était dû tout entier aux courants de la dernière journée ; j'estime que ces courants portent dans le N.N.E. Néanmoins, je ne conseillerais pas aux navigateurs de gouverner au S., parce que le courant n'est pas toujours d'égale force. Le mieux, à mon avis, est, comme cela m'a toujours réussi, de gouverner directement sur le feu de Pulo Brasse. *Si les courants ont été peu sensibles*, on rectifie sa route, en approchant, de manière à passer dans le N., au large des petits écueils qui gisent dans le N.O. de Pulo Brasse ; puis on entre franchement dans le canal pour passer dans le S. de Pulo Way à petite distance ; et l'on continue sa route de façon à passer auprès de la pointe Diamant, si l'on y arrive de jour, ou à une dizaine de milles si le passage doit avoir lieu de nuit, car cette pointe est fort basse et généralement peu visible, à cause des grains fréquents dans ces parages. *Au contraire, si l'on s'aperçoit en atterrissant que les courants ont porté vers le N.*, et si le feu de Pulo Brasse apparaît par tribord, il est préférable de continuer sa route, de façon à passer, soit entre Pulo Rondo et Pulo Way, soit même au N. de Pulo Rondo, si les courants ont été très-forts et ont beaucoup drossé dans le N. Si l'on prend le passage au S. de Pulo Rondo, il faut se défier de la chaîne de roches qui s'étend dans le S. de Pulo Rondo (voir page 669). En tous cas, la route est donnée ensuite comme dans le cas précédent, sur la pointe Diamant, dont il est bon de passer à une dizaine de milles, quand le passage doit avoir lieu de nuit; mais à 2 ou 3 milles seulement, s'il a lieu de jour.

» En quittant la pointe Diamant, j'ai l'habitude, et je m'en suis toujours bien trouvé, de gouverner immédiatement droit sur le feu du banc d'une brasse; et de passer par conséquent au N. de Pulo Varela, et au S. de Pulo Jarra. Les cartes et les instructions indiquent, il est vrai, une route tracée en ligne ponctuée sur les cartes, qui laisse Pulo Jarra sur tribord; mais je n'en ai jamais tenu compte, ayant pour principe (sauf dans les parages où règnent de forts courants bien et dûment constatés) que la meilleure route pour un navire à vapeur est la plus courte et la plus directe. J'ai suivi cette route une douzaine de fois au moins à l'aller, et autant au retour; et je n'ai constaté de variation dans ma route que dans une seule circonstance, où j'ai été porté directement sur Pulo Varela, c'est-à-dire sur tribord : encore cette fois-là mon paquebot avait, en chargement sur le pont, une canonnière en fer, en plusieurs tronçons à laquelle j'ai été redevable à plusieurs reprises dans mon voyage, de dérangements dans les compas.

» Continuant à gouverner *droit* sur le feu du banc d'une brasse, dès que je l'aperçois je fais route de manière à le laisser par bâbord à 1 mille ou 1 mille 1/4 au moins, parce que, depuis qu'il est établi sur une tour, cette tour *n'est pas* tout à fait à l'accore S. du banc, mais un peu plus au N. Pour s'échouer dans le S. du banc, il faudrait passer excessivement près du phare; il m'est arrivé d'en passer à moins de 1 mille sans aucun doute, et non-seulement je n'ai pas touché, mais encore je voyais très-distinctement à une assez grande distance, entre la tour et moi, le changement de couleur de l'eau qui indiquait l'accore du banc. Dans tous les cas, aucun paquebot ne passe dans le N. du feu; et le navire qui ferait cela aurait les plus grandes chances de se mettre au plein.

» Ayant dépassé le banc d'une brasse, la route est presque droite jusqu'à la fin du détroit. Mais, pour être bien sûr d'éviter le banc Pyramide, j'ai l'habitude de briser légèrement cette route, en gouvernant d'abord un peu plus sur bâbord ; de manière à passer un peu plus près de Rachada. Ayant doublé Rachada, je reviens sur tribord pour reprendre la route droite. Quant au feu de Rachada, il est vrai que les cartes et les livres le signalent comme ayant un secteur d'éclat plus vif entre les directions du Bambek et de la Pyramide ; mais je n'ai jamais remarqué cet éclat, quoique je me sois appliqué à le rechercher. Ce feu est, en apparence, tout simplement un feu fixe. »

Après avoir donné ces indications sur la route des vapeurs, nous allons reprendre ce que nous disions pour les voiliers. Nous dirons d'abord quelques mots de Pulo Pera et de Pulo Bouton ; puis nous décrirons sommairement la route des voiliers, le long de la côte Malaye. *Les capitaines de vapeurs* trouveront les renseignements dont ils auront besoin, en se reportant ci-après, au moment où leur route se confond avec celle des voiliers, c'est-à-dire au moment où le navire approche des Sambilangs.

Pulo Pera, située par 5°42'N. et 96°40'E., est une roche ronde, élevée et stérile, visible de 18 ou 20 milles, du pont d'un navire. Elle est très-accore ; la sonde donne 73 et 91 mètres d'eau, tout près d'elle ; et à 18 ou 20 milles dans l'E. de cette île, on ne trouve pas de fond avec 110 ou 128 mètres de ligne. Les voiliers doivent s'en tenir éloignés, surtout pendant la mousson de S.O., attendu que pendant cette saison les folles brises et les calmes sont fréquents auprès de cette île, de sorte que le navire pourrait se trouver drossé dessus par les courants.

Pulo Bouton se compose de deux grandes îles très-hautes, entourées de plusieurs îlots et de quelques roches. La plus orientale des deux îles est formée par une montagne pyramidale, qui s'abaisse régulièrement en pente douce, et qu'on appelle généralement *Dôme de Bouton ;* ce dôme est par 6°33'N. et 97°00'E.; il est visible à 50 ou 55 milles. Si l'on atterrit sur le parallèle de 6°34'N., les deux îles semblent n'en former qu'une seule. Etant à 9 ou 12 milles de Pulo Bouton, la sonde donne de 55 à 64 mètres d'eau ; et tout près de l'île, de 31 à 45 mètres. A mi-chenal, entre Pulo Bouton et Pulo Pera, on trouve de 73 à 91 mètres.

En approchant de Pulo Bouton, avec brise faible et variable de la partie du S., il pourra arriver que le navire soit drossé dans le N. de l'île par les courants. Mais, il n'y aura pas à s'en préoccuper, attendu qu'à petite distance des îles qui bordent la côte Malaye, on trouvera généralement, soit des brises de N.O., soit des vents variables, avec lesquels il sera facile de s'élever dans le S.E.

Ayant reconnu Pulo Bouton, ou du moins le navire ayant atteint les parages de cette île, on gouvernera sur les Sambilangs, en se maintenant à une distance suffisante de la côte, par des fonds variables de 64 à 36 mètres. S'il faut louvoyer, l'on devra constamment sonder; et la bordée de terre ne devra pas être poussée, auprès de la côte O. de Penang, par des fonds de moins de 22 mètres, ou à la rigueur de 18 mètres. D'ailleurs, les sondes que nous indiquons (22 à 18 mètres) doivent être adoptées comme limite de la bordée de terre, tout le long du grand banc de vase qui s'étend de Penang à Dinding. A l'accore de ce banc, le fond diminue très-vite à partir des sondes de 27 mètres; il est formé partout de vase molle, et il s'avance quelquefois à 9 et 12 milles au large de la côte. Avec brise fraîche, à bord d'un grand navire, courant la bordée de terre, si l'on attend que la sonde donne de 16 à 18 mètres pour mettre la barre dessous, il est probable que l'on aura moins de 13 mètres d'eau avant d'être orienté sur l'autre bord.

La bonne route passe à peu près à mi-distance entre les Sambilangs et Pulo Jarra, par 55 à 58 mètres d'eau.

Les Sambilangs, ou les Neuf-Iles, sont petites, hautes, escarpées, couvertes d'arbres et très-accores; on les voit à une vingtaine de milles. La plus S., qui est la plus au large, gît par 4°00′N. et 98°12′E. environ. A 1 mille, ou 1 mille 1/2 dans le N.O. de cette île, se trouve une roche tachetée de noir et de blanc, qui paraît *blanche* quand le soleil donne dessus. A 1 mille dans le N. de cette roche blanche, gît une *roche noire*, peu élevée au-dessus de l'eau. Il faut bien se défier, pendant la nuit, de ces deux roches qui sont très-accores.

Pulo Jarra, située par 3°58′N. et 97°46′E., est petite, couverte d'arbres, accore, et visible à une vingtaine de milles.

Après avoir passé entre les Sambilangs et Pulo Jarra, si les vents sont largues, ou portants, on gouvernera à peu près au S.S.E., et l'on rectifiera au besoin la route suivant les courants, de manière à aller chercher les sondes de 30 mètres environ, dans le N. des bancs du N. (North Sands). Si les vents dominent de la partie de l'O., ou du N.O., il conviendra d'aller, de jour, prendre connaissance des Arroas, en les relevant dans le S.O. Si les vents soufflent de la partie de l'E. ou du S.E., il faudra se tenir, par des fonds suffisants, auprès de la côte Malaye, jusqu'à 30 ou 40 milles dans le S. des Sambilangs ; après quoi, l'on contournera les bancs du N. pour aller, de jour, reconnaître les Arroas, puis le phare du banc d'une brasse et le mont Parcelar ; et, de nuit, l'on ira chercher plus directement le feu du banc d'une brasse, en évitant les Arroas.

Nous reviendrons plus loin, avec détails, sur cette partie délicate de la route ; et nous donnerons d'abord une description sommaire des Arroas, du feu du Banc d'une brasse, et du mont Parcelar.

La Ronde Arroa, ou *Tukong Simbang*, située par 2°48'N. et 98°18'E. environ, est une roche ronde et élevée, portant quelques arbres et visible à 18 milles. Auprès d'elle, gisent plusieurs îlots rocheux, dont deux se voient à une distance de 12 milles : l'un est situé dans le N. de la Ronde Arroa ; et l'autre, dans le S. ; ils sont entourés de roches. A 1 mille 1/2 dans le S.S.O. de la Ronde Arroa est une roche découverte.

La Longue Arroa, ou *Grande Arroa*, ou *Pulo Jummur*, située par 2°53'N. et 98°13'E., se compose de deux îles contiguës qui ont presque 1 mille de long. Elles sont plates, couvertes d'arbres, et moins élevées que la Ronde Arroa ; elles sont bordées de roches et entourées d'un récif.

L'Arroa de l'Ouest est le nom donné au groupe d'îlots et de roches, qui se trouvent à 1 mille ou 2 dans l'O. de la Longue Arroa.

Il ne faut pas approcher des Arroas, pendant la nuit, à cause des roches énumérées ci-après et qui gisent dans leur voisinage.

La Roche de l'Est, ou *Batou Mandie*, située par 2°52'30''N. et 98°20'E. environ, est noire, plate, et presque couverte à marée haute.

Une Roche noyée est à 1 mille 1/2 dans l'O. de la *Roche de l'Est* ; elle est couverte à mi-flot et brise quelquefois.

La Roche Haute, ou *Batou Balia*, située par 2°52'30''N. et 98°16'30''E. environ, est une roche découverte, qui gît à peu près à 2 milles de la *Roche noyée*.

Le Rocher Nord, situé par 2°55′30″N. et 98°14′30″E., est une roche très-élevée, située dans le N.E. de la Longue Arroa. Elle est environnée de roches, qui sont elles-mêmes entourées de fonds de 15 à 16 mètres, vase.

Le Feu du Banc d'une brasse, situé par 2°52′N. et 98°39′E. environ, est visible à 13 milles. Il est *tournant* de 1^m en 1^m, montrant des éclats d'une durée de 7^s, alternant avec des éclipses de 53^s. Ce phare est construit sur pilotis peints en rouge, sa galerie est grise; la lanterne est rouge et blanche ; et la hauteur est de 18 mètres. Une bouée rouge a été mouillée par 4 mètres d'eau, à l'extrémité N. du banc. A moins de 6 milles de distance, les éclipses du feu ne sont plus complètes. Il faut en passer à un bon mille dans l'O. et dans le Sud.

Le Mont Parcelar, situé par 2°50′30″N. et 99°05′E., est haut de 270 mètres et se voit à une quarantaine de milles. Sa forme est oblongue. *En venant de l'O.*, on voit le profil de cette montagne s'abaisser en pente douce vers chacune de ses extrémités, et son sommet paraît un peu à l'O. de la partie centrale. *En venant du S., ou du S.S.E.*, le Mont Parcelar semble peu élevé ; et il présente la forme d'une pyramide régulière, quand on n'en est pas très-éloigné ; de ce côté, comme de l'autre, le profil de cette montagne s'abaisse en pente douce vers ses extrémités. Il est d'ailleurs facile de la reconnaître, parce qu'elle est plus près de la mer, et d'une teinte beaucoup plus foncée que les autres montagnes de l'intérieur. Etant à bord d'un grand navire, dans les environs de l'extrémité N.O. des Bancs du N., le sommet du Mont Parcelar se voit à peine de la dunette, ou des haubans d'artimon ; cette montagne se relève alors dans l'E.S.E.½E., ou dans l'E.S.E.

Etant parvenus, comme nous l'avons dit plus haut, *à l'accore N.O. des Bancs du N., les voiliers* se conformeront aux instructions suivantes.

Avec des brises légères, ou bien *avec des vents soufflant de la partie du N. à l'E., au S.E. et au S.S.E.*, il conviendra de se maintenir auprès de l'accore O. des bancs. Si la direction du vent oblige à louvoyer, il ne faudra faire que de courtes bordées vers l'O.; et, en courant la bordée de l'E., on sondera constamment afin de virer au moment où les fonds seront de 20 ou de 18^m, à bord d'un grand navire, ou quand ils seront de 16 à 15 mètres avec un petit navire. En se tenant ainsi auprès de l'accore O. des bancs, on aura la faculté de mouiller au besoin, et l'on trouvera les marées plus régulières et plus favorables que si le navire suivait une route plus occidentale. D'ailleurs, en se rapprochant des Arroas, on serait exposé, surtout pendant la mousson de N.E., à des chances de courants portant à l'O. et au N.O.

Avec des vents frais de la partie du S.O., il sera prudent de donner du tour à l'accore O. des bancs du N., et l'on gouvernera de manière à reconnaître les Arroas, en cherchant à voir d'abord la Ronde Arroa dans le S.S.O. et la Longue Arroa dans le S.O. Puis, il faudra se tenir au milieu du chenal, sur des fonds de 29 à 36 mètres, jusqu'à ce que la Ronde Arroa reste dans l'O.S.O. A partir de ce moment, l'on mettra plus d'E. dans sa route, de manière à perdre la Ronde Arroa de vue dans l'O.$^1/_4$S.O. environ; et en même temps on relèvera le phare du Banc d'une brasse à peu près dans l'E.$^1/_4$N.E.

Afin de passer dans le S. du Banc d'une brasse, il faudra, si le mont Parcelar est visible, l'amener à l'E.; puis gouverner dessus en tenant compte des courants de manière à continuer de le relever dans l'E. Il conviendra même de l'amener un peu au N. de l'E., quand on approchera du phare que l'on doublera dans le S., à une distance de 1 mille 1/2 ou 2 milles, avec bon vent. Si la direction du vent oblige à louvoyer, il conviendra de faire de petits bords; la bordée dans le S.O. du feu ne devra pas être prolongée à plus de 5 ou 6 milles; on se tiendra prêt à mouiller, si le jusant se fait et si l'on ne gagne plus. L'heure du plein, aux syzygies, est 6 heures.

Ayant doublé le banc d'une brasse, on continuera de gouverner vers l'E., sur le Mont Parcelar, en sondant. Quand la sonde donnera de 44 à 40 mètres d'eau, fond mou, il est probable que l'on commencera à apercevoir les arbres dans le S. du Mont Parcelar; et l'on continuera de courir vers l'E., jusqu'aux fonds de 35 à 33 mètres, qui se trouvent à 6 milles de la côte. Il faudra alors mettre tout le S. nécessaire dans sa route, pour se maintenir à cette distance de terre jusqu'au cap Rachada. Si la direction du vent oblige à louvoyer, la bordée du large ne devra pas être poussée à plus de 10 milles de la côte; et il conviendra de ne pas s'approcher des Bancs du Sud (ou South Sands) par des fonds inférieurs à 49 mètres.

La Pointe Parcelar, située par 2°42′N., à 12 milles dans le

N.O. du Bambek, est ronde et tout-à-fait semblable aux terres basses qui l'avoisinent. Elle est difficile à reconnaître ; il est vrai que lorsqu'on la voit de près, à 3 ou 4 milles, en la relevant dans le N., une brèche ou tache blanche peut la faire distinguer, mais malheureusement cette marque existe dans d'autres parties peu éloignées de la côte.

Quand on sera dans le S. de la Pointe Parcelar, il sera bon de se rappeler que les grands fonds, augmentant de 35 à 60 et à 80 mètres, indiquent que le navire n'est pas loin de tomber sur les dangers qui sont à l'E. des South Sands. Il faudra aussi se défier beaucoup du banc du Bambek, dont les sondes n'annoncent pas le voisinage.

Le banc du Bambek a son centre situé par 2°33'N. et 99°18'E. environ, à 11 milles du cap Rachada et à 3 milles 1/2 de la côte. Ce banc a une étendue de 2 milles dans la direction O.N.O. et E.S.E. ; il est formé de roches et dangereux, car il ne porte que 1 mètre d'eau au milieu ; puis 3 et 4 mètres, en se rapprochant des bords ; et enfin 13 et 15 mètres à ses extrémités sur fond dur, à un demi-mille de la partie la plus dangereuse. Entre ce banc et la côte, les fonds sont très-irréguliers de 6 à 46 mètres, et au large du banc, à le toucher, les fonds varient de 18 à 35 mètres, de sorte que la sonde n'annonce nullement son approche.

Pour éviter le banc du Bambek, et pour se tenir à mi-chenal, une bonne marque consiste à gouverner en relevant le cap Rachada à l'E.S.E.

Le cap Rachada, ou *Tanjong Tuan*, situé par 2°25'N. et 99°30'E. environ, est une pointe élevée, accore, et couverte d'arbres, qui peut se voir à une distance de 21 milles. En venant du N., on commence à l'apercevoir, dès que le navire est un peu au S. de la Pointe Parcelar. En le voyant de l'O., il peut être pris pour une île, parce que la côte voisine et la langue de terre qui le réunit à la terre sont plus basses que ce cap. D'ailleurs, entre lui et la pointe Parcelar, toutes les terres sont basses et boisées.

Le feu du cap Rachada, situé par 2°25'N. et 99°31'E., est *fixe*, et visible à 20 ou 25 milles. La tour est en pierre ; elle est ronde et blanche ; le feu est à 23^{m} au-dessus du sol, et à 134^{m} au-dessus de la mer. Il éclaire un arc de 180°, depuis le N.O.$^{1}/_{4}$O. jusqu'au S.E.$^{1}/_{4}$E. en passant par l'O. ; la limite de cet arc, du côté N., passe sur le milieu du Bambek ; et sa limite, du côté du S., passe à 1 mille dans le

S.O. du rocher Diana (qui gît par 99°44′E). Si l'on en croyait les cartes et le livre des phares, ce feu projetterait une lumière *plus vive* entre le Bambek et le banc Pyramide ; mais il n'en est rien. (V. page 679.)

Pour éviter le Bambek, nous avons déjà dit qu'il est bon de gouverner, en relevant s'il y a moyen le cap Rachada à l'E.S.E. Si la direction du vent oblige à louvoyer, la limite de la bordée de terre sera le moment on l'on relèvera Rachada au S.60°E.; et quand le navire courra la bordée du large, du côté des hauts-fonds qui sont à la partie E. des bancs du S., il faudra virer lorsque Rachada restera dans le S.72°E. Le chenal entre le Bambek et les hauts fonds des Bancs du S. n'a que 9 milles de large ; il ne faudra donc point dépasser les deux relèvements ci-dessus, tant que le cap Rachada paraîtra comme une île. Plus tard, quand le navire ne sera plus qu'à 10 milles de Rachada, on verra de dessus le pont la langue de terre qui tient à ce Cap ; et alors, le chenal étant plus large, les limites des bordées pourront être poussées, d'un côté jusqu'à ce que Rachada reste au S.84°E., et de l'autre au S.57°E.

La bonne route consiste à doubler le cap Rachada entre 2 et 7 milles; puis, à passer entre 3 et 7 milles dans le S. des îles Water. Pendant la nuit, on fera en sorte de ne pas amener le feu de Rachada à l'O. du N.50°O. ; si l'on allait au-delà de ce relèvement, et à plus forte raison si l'on dépassait la limite du secteur éclairé, le navire serait exposé à tomber sur les bancs de la côte Malaye. Au contraire, en suivant la route indiquée, le navire prolongera la côte à une distance moyenne de 10 à 12 milles.

Les Iles Water, ou *Four Brothers*, ou *les Quatre-Frères*, sont petites, rondes, élevées et couvertes d'arbres.

Le Feu de Malacca, ou *du Mont St-Paul*, situé par 2°11′N. et 99°55′E., est fixe, visible à 12 milles. Il est à 44 mètres au-dessus de la mer, mais la tour est petite. En relevant ce feu au N. du N.17°O., on double les îles Water dans l'Ouest.

Après avoir contourné les îles Water, si la direction du vent oblige à louvoyer, les bordées de terre pourront être poussées vers la côte Malaye, jusque par les fonds de 22 ou de 24 mètres, tant que l'on n'aura point dépassé le mont Mora. Quant aux bordées du large, il ne faudra point les prolonger à une distance de plus de 8 ou 10 milles de la côte Malaye, lorsque le navire se trouvera dans les environs de la pointe Tor et du banc Formosa, afin de ne point tomber sur les bancs qui gisent à une quinzaine de milles de la côte Malaye et qu'il faut laisser sur tribord.

Le mont Mora, ou *Moar*, situé par 1°59′N., est une montagne isolée, s'élevant au bord de la mer et couverte d'arbres.

La pointe Tor est basse et unie, comme l'est d'ailleurs toute la côte voisine jusqu'à la rivière Formosa.

Le mont Formosa, situé par 1°49′N. et 100°35′E., est le sommet le plus élevé d'un groupe de montagnes qui commencent à se voir des îles Water.

Le banc Formosa est dangereux. Pour l'éviter, il faudra conserver la pointe Tor dans le N. du N.40°O., tant que le mont Formosa n'aura pas été amené au N. du N.50°E.

Du mont Formosa à Pulo Pisang, le banc de vase de la côte Malaye s'étend à une distance de terre variable entre 2 milles 1/2 et 6 milles; et il faudra s'en défier, car le brassiage diminue brusquement à son accore. Il en est malheureusement de même, à l'approche des bancs du S. qui sont à environ 13 milles de la côte Malaye et qui forment le côté de tribord du chenal. Lorsque le feu de Pisang sera allumé, ce qui va avoir lieu prochainement, cette partie de la route sera très-simplifiée.

Ayant amené le mont Formosa au N.E., et le navire se trouvant à 10 ou 12 milles de la côte, la meilleure route à suivre, si Pulo Pisang est visible, consistera à tenir cette île entre l'E.S.E.$^1/_2$E. et l'E.S.E.$^1/_2$S., jusqu'à ce qu'on relève le mont Formosa au N., ou au N.$^1/_4$N.O. A partir de ce moment, on pourra s'éloigner davantage au large, de manière à amener Pulo Pisang à l'E.$^1/_2$S. lorsque le navire en sera distant de 5 ou 6 milles. Durant cette partie de la route, les bordées de terre pourront être poussées jusque par 18 et 22 mètres d'eau ; et celles du large, jusque par 33 et 36 mètres.

Pulo Pisang, situé par 1°28′N., est de moyenne hauteur et couverte de bois. Elle est composée de trois montagnes ; celle du milieu, qui est la plus élevée, est ronde et peut être aperçue à 24 ou 27 milles. Il y a deux îlots ronds, auprès de sa côte O. ; et deux autres îlots ronds, près de sa côte Est.

Le feu de Pulo Pisang n'est pas encore allumé, au moment où nous écrivons ces lignes. Il se reliera au feu de Raffles, et il éclairera toute la partie S. comprise entre le N.60°O. et le S.40°E. environ. Sa portée permettra d'éviter les bancs situés le long de la côte Malaye jusqu'à celui de Formosa inclusivement.

Après avoir doublé Pisang, il faudra tenir l'îlot le plus au large au N. du N.36°O., tant que l'on en sera à moins de 6 milles. Ensuite, on pourra mettre beaucoup plus d'E. dans sa route, de manière à amener la partie O. de Pisang au N.O., ou au N.O.$^1/_2$N., mais en ayant toujours soin de ne pas aller par des fonds inférieurs à 20 ou 22 mètres. La route sera donnée pour passer à 2 milles au moins de Pulo Cocob, et à 3 milles au moins de la pointe Bolus.

Pulo Cocob est une île basse et plate. Sur sa côte N.O., les arbres sont peu élevés, tandis que sur son extrémité S. il y a de grands arbres droits, pareils à ceux qui se trouvent sur la côte voisine.

La petite Carimon, qu'on laisse par tribord dans le S., fournit de bons relèvements. Elle est accore et très-haute; et elle forme un pic, vers sa partie centrale. Son extrémité N. est située par 1°08'30''N. *Les Frères*, sont des îlots ronds, situés dans le N.O. de la Petite Carimon. Les approches des Frères et de la Petite Carimon sont saines, du côté du N. et de l'Est.

La grande Carimon montre deux pics élevés, auprès de son extrémité N.; mais le reste de l'île est bas et uni.

La pointe Bolus, ou *Tanjong Boulus*, ou *Booroo*, située par 1°15'N., est une langue de terre, large et basse, de forme semi-circulaire. Sa partie O. est couverte de grands arbres; et l'on peut remarquer, dans l'E., de petits mangliers très-verts.

Le mont Pulai, ou *Poolai*, est une montagne située dans l'intérieur, à 20 milles au N. de la pointe Bolus. Elle est haute de 655 mètres environ, isolée et très-remarquable, car le reste du pays est plat.

Le banc de vase qui contourne Pulo Cocob et la Pointe Bolus est accore, du côté du large; et il s'étend à 2 milles environ de la côte.

A bord d'un vapeur, étant parvenu dans le S. de la Pointe Bolus et ayant à se rendre à New-Harbour, il faudra gouverner pour aller chercher la balise du haut-fond du Sultan. Il sera facile de se guider en sondant, et d'après les relèvements des mornes des deux Carimons, de la pointe Bolus et du mont Pulai. Pendant la nuit, on pourra mouiller au besoin, en combinant les indications de la sonde avec des relèvements du phare de Raffles.

Le banc du Sultan, ou *Terumbo Careemon*, a une étendue de 2 encâblures dans la direction E. et O.; les roches les plus élevées de ce banc ne découvrent que de $0^m,60$ au-dessus de l'eau, au moment de la basse mer de syzygies. Il est accore, et l'on trouve 13 mètres d'eau à une longueur de navire de sa limite. Une balise à trois pieds, striée de rouge et de blanc, est placée sur la partie N. du banc.

Après avoir reconnu la balise du Sultan, les vapeurs destinés à Singapour vont chercher le chenal Salat Sinki, dont la direction est indiquée au moyen de tourelles blanches, surmontées de marques *rouges*, pour celles qu'il faut laisser à tribord en entrant; et de marques blanches, pour celles de bâbord.

Voici d'ailleurs, sur la fin de la route des vapeurs, de bonnes indications fournies par M. le commandant Desnouy (An. h. : 1876):

« De jour, un excellent alignement, dès qu'on est sur la ligne qui joint le petit Carimon à la pointe Bolus, consiste à venir prendre, par une route plus ou moins E. selon le courant, la ligne fictive formée par le morne N. du grand Carimon tenu au S. du morne S. du petit Carimon, et à un tiers seulement de la distance qui sépare les deux mornes du petit Carimon.

» De jour, avant d'arriver à la limite de la portée du feu Raffles, on aperçoit une petite terre en dôme; c'est la bosse de l'île Alligator, première terre que l'on voit vers l'E. Puis, paraît à droite, et à toucher, l'îlot Barn, sous la forme de quelques arbres; enfin, à un quart sur la droite, on distingue à 10 ou 11 milles la colonne blanche du phare Raffles. Quand on s'est un peu rapproché, on voit 4 ou 5 arbres autour du phare.

» En s'avançant à l'E. l'îlot Barn et le phare disparaissent successivement derrière l'île Alligator. Le petit îlot vert et bas Salook est facile à reconnaître à gauche d'Alligator; il forme l'extrémité O. du côté S. du chenal.

» Dès qu'on coupe l'alignement donné par les Carimons, on le suit, et l'on aperçoit d'abord à trois quarts de l'avant, à bâbord, la balise blanche de l'écueil Sultan; puis la deuxième balise à gauche, et successivement les quatre balises rouges situées à l'E. de l'îlot Salook, et les autres balises de gauche.

» Il est prudent de se tenir au milieu du chenal entre les balises; car le jusant portant au S.E. charge avec violence sur le récif Pulo-Bosing, et le flot portant en sens inverse jette sur l'écueil Cyrène.

» La bosse en dôme de l'île Alligator est très-reconnaissable. Ses bords sont entourés d'arbres d'un vert foncé, tandis que le centre de la bosse est couvert d'herbe d'un vert clair, presque blanc de loin, ce qui fait un effet singulier.

» A 8 ou 9 milles, on distingue parfaitement le mont Faber et son mât de signaux. Une grande tache rougeâtre, située sur la pente de la colline jusqu'à la mer, sert d'excellente marque pour indiquer l'entrée de New-Harbour, située un peu à sa droite. »

La fin de la traversée, pour aller à New-Harbour, se trouve à la page 357.

A bord d'un voilier, ou de tout autre navire *destiné soit à la rade de Singapour, soit à la Mer de Chine*, et se trouvant à 3 milles environ dans le S. de la pointe Bolus, il conviendra de faire route à peu près à l'E.$^1/_4$S.E., en veillant les courants et en se guidant sur le phare de l'île Raffles, de manière à doubler l'île Tree dans le N. Puis, la route sera donnée pour contourner les îles Rabbit et Coney; et, si le temps est couvert, il faudra bien se défier à cause de l'incertitude des courants.

Entre la pointe Bolus et la Petite Carimon, dans le bon chenal, les sondes varient de 29 à 35 mètres. Si la direction du vent oblige à louvoyer, il faudra sonder constamment; et virer des deux côtés du chenal, dès qu'on trouvera 26 mètres. *Par un temps clair*, on pourra se proposer d'amener graduellement le pic N. de la Grande Carimon par la pointe S. de la Petite Carimon, à l'O.S.O.$^1/_2$O. environ, ce qui fera passer à très-petite distance au N. de l'île Tree. Si le vent souffle de la partie du S., il sera bon de passer auprès de l'île Tree par des fonds de 26 ou de 25 mètres, ce qui sera sans inconvénient pendant le jour; et l'on se trouvera ensuite en meilleure position pour aller doubler, de la bordée, les îles Rabbit et Coney. *Durant la nuit*, le mieux sera de se guider sur le feu de l'île Raffles, qu'il faudra conserver entre l'E.$^1/_4$S.E. et l'E.S.E.

Nous décrirons maintenant les quelques points ou dangers qu'il sera intéressant de connaître, et nous reprendrons ensuite la description de la route au moment où le navire a doublé l'île Tree.

Les îles Tree, des arbres, du Récif, ou *Pulo Angup*, sont deux petits îlots, ou bancs de roche et de sable, situés à 1/2 mille l'un de l'autre; qui sont très-peu élevés au-dessus de l'eau quand la mer est haute, et sur lesquels on voit deux petits groupes d'arbres ou de buissons. Ces deux îlots sont entourés par un récif qui déborde, à 1/2 mille dans le N.O., et à 3 encâblures dans le N.E. Les marées et les courants sont très-irréguliers dans ces parages.

L'île Red, ou *Pulo Patampong*, située à 3 milles dans l'E.S.E. de l'île Tree, est petite, élevée de 6 mètres environ, couverte d'arbres et entourée d'une plage de sable rouge. Elle est bordée par un récif, qui s'étend à 1/2 mille environ.

Les Roches du Kent sont des roches couvertes et par conséquent dangereuses, qui se trouvent entre l'île Tree et l'île Red. Celle qui est située le plus au N. a une étendue d'une dizaine de mètres, et elle ne porte que $0^m,90$ d'eau, lors des basses mers de syzygies. La seconde roche, située à 1/2 mille de l'autre, est plus grande que celle-ci, et elle porte $2^m,50$ d'eau. Quand les courants de marées sont rapides, on peut voir des clapotis auprès de ces roches; en pareil cas, le danger est généralement sous la partie calme, auprès du clapotis.

L'île Alligator ou *Pulo Runcum*, est presque jointe à l'île Barn, que nous décrivons ci-après. Sa hauteur est d'une cinquantaine de mètres, et elle montre un profil s'abaissant en pente douce; son extrémité N. est plus basse que l'autre. On peut approcher de cette île, du côté du S., à une distance de 1/4 de mille, jusque par des fonds de 25 à 29 mètres d'eau; mais du côté de l'O., à 6 ou 7 encâblures de distance, il n'y a plus que 11 à 16 m. d'eau, et quelques récifs bordent l'île dans cette partie, surtout dans le N.N.O. Un petit îlot gît dans l'E. de l'extrémité N.E. de l'île.

L'île Barn, de la Grange, ou *Pulo Sennang*, est située à 4 milles 1/2 dans l'E.N.E. de l'île Tree. Elle est haute d'une quarantaine de mètres, de forme carrée, et couverte d'arbres; elle paraît unie et est visible à environ 15 milles. Cette île est entourée, du côté de l'O. et du S., par un petit récif accore; elle est d'ailleurs bordée de roches qui rendraient l'accostage difficile. *On peut mouiller* dans l'O. de l'île Barn, à une distance de la côte comprise entre 3/4 de mille et 1 mille 1/2, par 15 à 20 mètres d'eau; et l'on se trouve, dans cette position, à l'abri des forts courants et en bonne situation pour passer la nuit.

Rabbit (nommée aussi *Pulo Situmbo*) et Coney sont deux îlots ronds qui sont presque joints à l'extrémité S. de l'île Barn par des récifs, dont une partie découvre à mer basse. L'heure du plein est 11 heures du matin, aux syzygies; mais le courant, qui n'a d'ailleurs aucune régularité, ne s'établit généralement portant à l'E. que 2 heures environ plus tard, alors que la mer est à mi-baissée à terre.

Le feu de Raffles, situé sur l'île Coney, par 1°10′N. et 101°25′E., est fixe et visible à 12 milles. La tour est blanche; le feu est à 27 mètres au-dessus du sol et à 32 mètres au-dessus de la mer. Il éclaire 236° de l'horizon, du N.55°O. au N.69°E. par le S. Si l'on perdait la lumière de vue dans l'E., le navire approcherait trop des dangers de l'île du Milieu ; et si l'on perdait le feu de vue dans l'O., le navire approcherait de ceux du Sultan.

Le feu de Raffles est le guide le plus sûr, pour la navigation de toute cette partie du détroit. Il se voit à partir du moment où le navire venant de l'O. est encore à 5 milles dans l'O. du banc du Sultan; et il reste en vue jusqu'à ce qu'on ait dépassé l'île St-Jean et les dangers des environs.

Dans le S. de l'île Coney, un banc de roches couvert à marée haute s'étend à environ une encâblure de distance. Il ne faut donc point passer à moins de 2 ou 3 encâblures de cette île; et le mieux est de la doubler à 1/2 mille environ.

Après avoir doublé l'île Tree, si le vent et le courant sont contraires, on pourra mouiller dans l'O. de l'île Barn, en dehors de la force du courant, comme il a été dit plus haut. Il serait encore possible de mouiller sur le haut-fond qui porte 13 à 18 mètres d'eau, et qui traverse la bonne route, dans l'E.1/2N. de l'île Tree, et dans le S.1/4S.O. de l'île Alligator. *Si le vent est favorable* au moment où le navire a doublé l'île Tree, et si le feu de Raffles est relevé en même temps à l'E.1/4S.E., ou à l'E., il sera bon de gouverner pour passer à 1/2 mille, ou 1 mille, dans le S. de Coney, de manière à pouvoir mouiller si l'on est surpris par le calme.

Après avoir doublé Coney, la route sera donnée de façon à doubler les îles St-Jean à 1/2 mille, ou 1 mille, dans le S., et l'on fera en sorte de relever toujours la pointe S. de ces îles dans le N. de l'E.N.E.1/2N., ainsi que le feu de Raffles plus près de l'O. que l'O.S.O.1/2S. On trouvera, p. 695, des indications plus complètes sur cette partie de la route. Si la direction du vent oblige à louvoyer, il faudra se tenir dans la partie N. du chenal, en faisant de petits bords, afin de pouvoir mouiller, dans le cas où le navire se trouverait pris par les calmes, ou par de folles brises. Dans la partie S. du chenal, les courants sont forts, et les fonds, très-grands, inégaux et mauvais.

Avant de donner les instructions sur la fin de cette route, *nous décrirons* sommairement *les îles et les dangers qui existent entre l'île Coney et les îles St-Jean. Voici d'abord ceux* qui se trouvent *du côté N. du chenal.*

L'île Middle, île du Milieu, ou *Pulo Sabaroot*, est située du côté N. du chenal, un peu plus près de St-Jean que de Coney; elle est verte d'aspect, et n'a guère qu'une vingtaine de mètres de hauteur. Quelques îlots prolongent cette île dans l'O. et dans le N.O.; et un banc s'étend à 3 encâblures dans le S.E. de son extrémité S.E. De plus, à une distance de cette pointe comprise entre 6 et 7 encâblures, et dans la direction du S.E.$^1/_2$E. environ, gît un petit récif, formé d'une muraille de corail à pic, qui est toujours couvert, excepté aux basses mers de grandes marées où il montre quelques têtes de roches. Pour parer ce récif pendant la nuit, il ne faut point perdre de vue le feu de Raffles, et on doit le tenir tout au plus à l'O.S.O.$^1/_2$S.; en même temps, il ne faut pas amener la pointe S. de St-Jean à l'E.N.E. Pendant le jour, on pare ce même récif au S., en tenant le pic S. de la Grande Carimon par la pointe N. de l'île Barn au S.76°O. environ; et on le pare à l'E., en tenant Pulo Jong ouverte à l'E. de l'île Middle.

Pulo Jong, qui est élevée d'une vingtaine de mètres, gît dans le N.O. de l'île Middle.

Entre l'île Middle et l'île Barn, se trouvent plusieurs roches et récifs, dont quelques-uns découvrent en partie à mer basse. La marque précédente, le pic S. de la Grande Carimon au S.76°O., ferait passer trop près du plus S. de ces dangers. Quand on louvoie, il ne faut donc point prolonger les bordées de ce côté.

Les îles St-Jean sont deux îles accores. Quand on les aperçoit, elles semblent généralement ne former qu'une île, présentant un profil convexe régulier du côté du large; l'île de l'E. a 50 ou 60 mètres de haut; puis, lorsque le navire approche de leur extrémité S., la coupée qui sépare les deux îles devient apparente. L'extrémité S.E. de l'île de l'O. forme une sorte de presqu'île, réunie au corps principal par une langue de terre étroite moins élevée, de sorte qu'en la voyant de loin, elle pourrait être prise pour un îlot séparé.

L'île Peak, ou *du Pic*, ou *Pulo Tambakool*, est située à un peu plus d'une encâblure de l'île St-Jean de l'E. C'est un îlot, large de 300 mètres dans le sens E. et O., élevé d'une trentaine de mètres, et entouré de récifs. Une langue de terre basse, étroite et sablonneuse, prolonge l'île du Pic dans l'O., et se termine par un petit monticule qui a l'apparence d'un îlot séparé.

Les Deux-Sœurs sont deux petites îles rondes, entourées de récifs. La Sœur du N., appelée encore *Pulo Soobur*, est haute d'environ 25 ou 30 mètres. A 1 mille 1/4 dans l'O$^1/_4$S.O. de la Sœur du S., gît un récif portant moins de 9 mètres d'eau; et, à 2 ou 3 encâblures dans l'O. de la même île, se trouve un autre récif portant moins de 5^m,50 d'eau.

A côté de l'île St-Jean de l'E., dans sa partie N. et N.O., gisent deux petites îles, reliées ensemble par un banc de corail qui découvre; la plus N. de ces îles s'appelle *Pulo Ringat*. Des récifs de corail et des îlots existent dans la région comprise entre ces îles, Pulo Sikookur et Blakan-Mati.

Pulo Sikookur, située à mi-distance entre l'île St-Jean de l'O. et Blakan-Mati, est très-étroite et bordée par un récif accore.

Blakan-Mati est une île longue de 2 milles 1/4, dans la direction O.N.O. et E.S.E. Le point culminant se trouve dans la partie N.E. de l'île et porte le nom de Mont Serapong; il est situé par 1°13′39″N. et 101°30′E.; sa hauteur est de 92 mètres, et il offre un point de reconnaissance facile quand on vient de l'E. Un autre sommet, élevé de 43 mètres, existe dans la partie S.E. de l'île; et, dans le S. de ce sommet, se trouvent des marais et des palétuviers. Blakan-Mati est bordée par un récif de corail, qui se projette à une distance de 2 encâblures 1/2 dans l'E. de la pointe Berala (nom donné à l'extrémité N.E. de Blakan-Mati); et dans cette partie, le récif prend lui-même le nom de *récif Berala*. Un autre banc de corail, appelé *Buran Daral*, s'écarte à 6 encâblures 1/2 dans l'E. de Blakan-Mati; il découvre à 2/3 de jusant, et son extrémité N.E. est marquée par une balise blanche. A une encâblure dans le N. de l'accore N. de ce récif, gît un pâté qui ne porte guère que 2 mètres d'eau.

Pour éviter tous les dangers qui se trouvent entre les îles St-Jean et la pointe Malaye, il faut, tant que le Mont Serapong est relevé dans le N. de l'O.N.O., ne pas amener l'île du Pic à l'E. du S.$^1/_2$E. Plus tard, quand Serapong est relevé dans l'O. de l'O.N.O., on peut mettre plus d'O. dans sa route, mais en veillant à ne pas amener l'extrémité O. de l'île St-Jean de l'O. plus dans le S. que le S.S.O.$^1/_2$S.

Voici maintenant des indications sur la partie S. du détroit.

Le récif Helen Mars, situé à 3 milles dans le S.E. du phare de Raffles, est composé de roches dont une partie seulement découvre aux basses mers de syzygies. Ce récif est le plus extérieur des dangers qui se trouvent de ce côté. L'alignement du pic N. de la Grande Carimon par l'île Red, à l'O.1°S., fait passer à petite distance dans le N. de ces récifs.

La Roche Buffalo, ou *Tokon,* est située à 4 milles 1/2 dans l'E. du phare de Raffles, et presque à mi-chenal entre l'île Middle et la côte formant la partie S. du détroit. Buffalo est une roche noire, toujours hors de l'eau, ayant les dimensions d'une embarcation ; et elle est prolongée dans l'O., à 1 encâblure ou 2, par un récif accore. On pourrait sans doute passer dans le S. de cette roche ; mais, il est de beaucoup préférable de ne point s'engager de ce côté, où les marées sont très-irrégulières et les fonds très-mauvais pour mouiller.

La meilleure route, comme nous l'avons déjà dit plus haut, *entre Coney et St-Jean,* est du côté N. du chenal, où les sondes varient, d'une manière irrégulière, de 33 à 55 et à 81 mètres, sable, gravier, ou corail pourri. Il faut, en même temps, éviter les dangers qui gisent dans l'O.S.O. et dans le S.E. de l'île Middle.

Les marées portent alternativement vers l'E.N.E. et vers l'O.S.O., dans le chenal. Entre Coney et Saint-Jean, elles sont quelquefois très-rapides ; aux époques de syzygies, elles causent de forts clapotis et de violents remous. Ces remous se produisent surtout dans la partie S. du chenal, à cause des inégalités brusques des fonds de roche. Dans ces circonstances, les courants peuvent atteindre des vitesses de 4^n et $4^n,5$, ce qui rend le mouillage fort incertain pendant la nuit.

On peut mouiller presque partout, sur le côté N. du chenal, entre Coney et Saint-Jean, pour étaler une marée, à la condition qu'il fasse beau temps et que le courant ne soit pas trop fort. Le meilleur mouillage est en face de l'île Middle, sur un banc de corail pourri et de gros sable, par 27 à 33 mètres. Il faut toutefois bien rectifier sa position, en relevant le feu de Raffles, et s'assurer que les ancres tiennent bon.

Si le navire chasse, durant la nuit, et soit dans un grain, soit par l'effet des courants, il ne faut pas essayer de mouiller une seconde fois, à moins que la nuit ne soit très-noire. En pareil cas, il est au contraire préférable, si les vents le permettent : soit de contourner l'île Coney, pour chercher le mouillage précédemment indiqué dans l'O. de l'île Barn ; soit de contourner la pointe S. des îles Saint-Jean, pour laisser tomber l'ancre dans le N.E. de ces îles, par des fonds de 18 à 29 mètres, dans la rade extérieure de Singapour.

Un bon mouillage existe aussi, à 1 mille 1/2 ou 2 milles, dans l'E.N.E. ou l'E.$^1/_4$N.E. du milieu de Saint-Jean ; la tenue est bonne sur ce point, sur le banc de vase que l'on y trouve ; et les courants sont faibles. Mais, lorsqu'on se dirige vers ce mouillage, en venant de l'E., il faut diminuer de voiles de bonne heure, parce que la profondeur tombe rapidement de 55 à 47 et à 29 mètres sur ce banc ; il serait d'ailleurs imprudent de mouiller par moins de 26 à 22 mètres de ce côté, à cause du voisinage des bancs de corail.

En faisant route vers l'E., entre l'île Coney et les îles Saint-Jean, il faudra d'abord relever l'extrémité S. des îles Saint-Jean dans le N. de l'E.N.E., tant que l'on aura Pulo Jong ouvert à l'O. de l'île du Milieu. Quand le navire approchera de cette île, on devra même tenir l'extrémité S. des îles Saint-Jean dans le N. de l'E.N.E.$^1/_2$N., et le feu de Raffles un peu plus à l'O. que l'O.S.O.$^1/_2$S., tant que Pulo Jong sera vue dans l'alignement de l'île du Milieu. Lorsque le navire aura dépassé cette marque dans l'E., et lorsqu'il se trouvera entre l'île du Milieu et les Sœurs, il n'y aura plus à craindre de venir davantage dans le N., en louvoyant, pourvu qu'on ne dépasse point le relèvement de l'extrémité S. des îles Saint-Jean dans l'E.$^1/_4$N.E.

En approchant du méridien de la roche Buffalo, et afin d'être certain de passer avec sécurité dans le N. de cette roche, il faudra relever le feu de Raffles dans le S. de l'O.9°S.

En somme, pour parer les dangers des deux bords, il faudra tenir le phare de Raffles entre l'O.10°S. et l'O.25°S.

En cas de nécessité, on pourrait mouiller, pour étaler une marée, sur les bancs en face des Sœurs et de l'île Middle, mais il ne faudrait pas tenter de laisser tomber l'ancre, auprès de la pointe S. des îles Saint-Jean, où les fonds sont grands et les remous de courants très-forts.

Après avoir doublé les îles Saint-Jean à 1/2 mille ou 1 mille de distance dans le S., on se dirigera pour gagner le mouillage en rade de Singapour, comme nous l'avons indiqué à la page 351.

Nous terminerons ces instructions en donnant le Tableau des croisements de la route que l'on pourra se proposer de suivre :

TABLEAUX

Des Croisements de la route que pourront suivre les voiliers et les vapeurs venant du N. ou de l'O., pour descendre le détroit de Malacca vers le S. et pour aller à Singapour.

TABLEAU N° 1. — *Commencement de la route.*

INDICATION DU CHENAL SERVANT DE POINT DE DÉPART.		LATITUDES DE CROISEMENTS DES MÉRIDIENS DE			
		91° E.	92° E.	93° E.	95° E.
		N.	N.	N.	N.
Route des voiliers partant de	Chenal des Dix-Degrés.	9° 40′	9° 20′	8° 50′	7° 45′
	Entre Car-Nicobar et Batti-Malve.	8 55	8 40	8 25	7 35
	Chenal Sombrero.	7 35	7 35	7 35	7 10
	Chenal des Six-Degrés-et-demi. . .	....	6 20	6 25	6 35
Route des vapeurs venant de l'O. et prenant le chenal de Pulo-Rondo.		....	....	5 56	5 25

TABLEAU N° 2. — *Fin de la route.*

FIN DE LA ROUTE.	LONGITUDES DE CROISEMENTS DES PARALLÈLES DE									
	6°34'N.	6° N.	5° N.	4° N.	3°20'N.	3° N.	2°52'N.	2°42'N.	2° N.	1°18'N.
	E.	E.	E.	E.	E.	E.	E.	E.	E.	E.
	° '	° '	° '	° '	° '	° '	° '	° '	° '	° '
Pour les voiliers.	96 35	97 15	97 50	98 00	98 30	98 30	98 37	99 00	100 00	101 00
Pour les vapeurs.	... ...	... ...	95 50	97 15	98 05	98 28	98 37	99 00	100 00	101 00

§ 302. — Instructions pour monter le détroit de Malacca, en allant vers le Nord.

La route des *vapeurs* allant de Singapour à Ceylan ou à Aden, est, dans le détroit de Malacca, absolument la même pour monter ce détroit que pour le descendre. Quant à la route des *voiliers,* elle est aussi la même, en tout temps, pour monter comme pour descendre, si le navire est destiné à Penang, au golfe de Martaban, ou à Calcutta. Mais, si le navire est destiné à Madras, Ceylan, la côte de Malabar, ou à Madagascar, ou à Maurice, etc., et si l'on se trouve *en mousson de S.O.*, la route change, à partir des Sambilangs ; et va passer près de la pointe Diamant et de Pulo-Brasse, comme nous l'indiquerons plus loin.

Les instructions reproduites dans ce paragraphe devant être les inverses de celles du précédent, nous les résumerons le plus possible ; et il sera toujours facile au lecteur de les compléter en se reportant aux pages données précédemment.

En partant de la rade de Singapour, *ou en venant de l'E.*, il conviendra de doubler dans le S. l'extrémité S. des îles Saint-Jean, à une distance d'environ 1/2 mille, ou 1 mille. Puis, l'on gouvernera sur le feu de Raffles, en le tenant à peu près à l'O.S.O., et en se défiant de l'effet des courants. Il faudra toujours se tenir du côté N. du chenal, et passer dans le N. de la roche Buffalo. Si la direction du vent oblige à louvoyer, l'on ne fera que de petits bords, afin de ne point s'écarter des points où les fonds permettraient de mouiller si le calme se faisait, ou si le navire se trouvait dépalé par le courant.

Pour pouvoir doubler le récif qui prolonge dans le S. l'île du Milieu, il faudra, tant que cette île ne masquera pas Pulo Jong, conserver la pointe S. des îles Saint-Jean dans le N. de l'E.N.E.$^1/_2$N., et le phare de Raffles plus près de l'O. que l'O.S.O.$^1/_2$S. D'un autre côté, afin de doubler dans le N. la roche Buffalo, il faudra qu'au moment où l'île du Milieu sera relevée dans le N.N.O., le feu de Raffles soit vu dans le S. de l'O.10°S. En résumé, pour parer les dangers des deux bords, il faudra maintenir le phare de Raffles entre l'O.10°S. et l'O.25°Sud.

Il conviendra de passer dans le S. de Coney, à une distance comprise entre 1/2 mille et 1 mille 1/2 ; puis l'on gouvernera de manière à doubler l'île Tree, à 2 milles environ dans le N. Si la direction du vent oblige à louvoyer, pour aller de Coney à l'île Tree, il faudra virer de bord, du côté de l'île Tree, quand le phare de Raffles restera au S.79°E., et avant d'arriver aux fonds de 26 mètres. De l'autre côté, c'est-à-dire quand on se dirigera bâbord amures vers les parages du banc du Sultan, il faudra virer avant d'avoir amené le phare au S.56°Est.

Ayant doublé dans le N. l'île Tree et le banc qui la prolonge, il conviendra de gouverner à peu près à l'O.N.O., en rectifiant sa route d'après les courants, de manière à passer à trois bons milles de la pointe Bolus et à donner ainsi un tour suffisant au banc de vase qui borde cette pointe. Il sera bon de ne pas venir par moins de 30 mètres d'eau, de ce côté.

En partant de New-Harbour, on se conformera d'abord aux instructions données à la page 356, pour sortir du chenal et pour se diriger jusque vers la balise du banc du Sultan. Puis, les relèvements de cette balise, ainsi que du mont Pulai, de l'île Alligator, du phare de Raffles et des pics des Karimons, permettront de diriger la route dans une direction inverse de celle indiquée à la page 688, de façon à passer à 3 milles environ de la pointe Bolus. Les navires à vapeur venant ainsi de New-Harbour gouverneront ensuite, comme nous allons l'indiquer pour les voiliers, depuis la pointe Bolus jusqu'au banc d'une brasse.

Etant arrivé par le travers de la pointe Bolus, il conviendra de gouverner de façon à passer à 3 ou 4 milles de Pulo Pisang. En faisant cette route avec des vents favorables, le navire se tiendra sur des fonds de 30 à 35 mètres. Si la direction du vent oblige à louvoyer il faudra virer de bord : *sur la bordée du N.*, quand on atteindra les fonds de 30 à 26 mètres, et en ayant soin de ne pas amener l'îlot le plus au large de Pisang à l'O. du N.36°O.; et *sur la bordée du S.*, lorsqu'on atteindra les fonds de 26 à 24 mètres, en veillant à ne point dépasser l'alignement du Frère du N.E. par la pointe N. de la petite Carimon.

Ayant doublé Pisang à 3 ou 4 milles, on pourra, si les vents sont favorables, donner la route au N.O.$^1/_4$O., ce qui fera parer le banc Formosa. Tant que le navire sera à une distance de Pulo Pisang inférieure à 5 ou 6 milles, on ne devra pas amener cette île au S. de l'E.$^1/_4$S.E. Mais, au-delà de cette distance et jusqu'à ce que l'on ait amené le mont Formosa au N.$^1/_4$N.O., il n'y aura point d'inconvénient à relever Pisang plus dans le S., sans dépasser toutefois le S.E.$^1/_4$E. Si la direction du vent oblige à louvoyer, il ne faudra point venir par moins de 22 à 18 mètres d'eau, vers la côte Malaye ; ni par moins de 36 à 33 mètres du côté du large.

Il sera bon de sonder souvent, quand on approchera du banc Formosa. Pour doubler ce banc, il faudra tenir la pointe Tor dans le N. du N.O., jusqu'à ce qu'on ait dépassé le relèvement du mont Formosa vu au N.40°E.; puis, ayant dépassé cette marque, il faudra tenir la pointe Tor dans le N. du N.36°O., jusqu'à ce que le navire ait dépassé le relèvement du mont Formosa vu au N.70°Est.

Ayant doublé le banc Formosa à 3 ou 4 milles, la route au N.O.$^1/_4$O. rectifiée suivant les courants conduira aux îles Water. Si l'on est contraint de louvoyer, il faudra virer quand la bordée de terre conduira par 15 mètres d'eau.

Ayant doublé les îles Water à quelques milles, la route dirigée suivant les circonstances entre le N.O. et le N.O.$^1/_4$O. conduira au feu du cap Rachada. Si la direction du vent oblige à louvoyer, il faudra : en courant la bordée de terre, tenir toujours le phare de Rachada dans le N. du N.O.$^1/_2$N.; et, en courant la bordée du large, ne pas s'éloigner à plus de 10 milles de terre.

Ayant doublé le cap Rachada, à une distance comprise entre 1 mille et 3 milles, il conviendra, lorsque les vents seront favorables, de tenir le phare au S.68°E. afin de passer à peu près à mi-chenal entre le banc du Bambek laissé sur tribord et le banc Pyramide laissé sur bâbord. Puis, la route sera à peu près le N.O.$^1/_4$O. Si les vents ne sont point favorables, il sera nécessaire, pour parer les bancs Pyramide et Bambek, de ne pas amener le phare de Rachada au S. du S.62°E. quand le navire se rapprochera du Bambek ; et de ne pas amener le même phare à l'E. du S.73°E. quand le navire se rapprochera du banc Pyramide. On passera à 3 ou 4 milles de la pointe Parcelar ; et la route sera dirigée ensuite, en tenant compte de l'effet des courants, et en la rectifiant d'après les relèvements du mont Parcelar qu'on amènera graduellement à l'E.N.E. et à l'E.1/4N.E. A mesure que le navire avancera dans le N., on mettra de plus en plus d'O. dans la route ; et lorsque le mont Parcelar restera plus à l'E. que l'E.1/4N.E., on ira chercher le phare du banc d'une brasse dans le S. duquel le navire devra passer, à une distance de 2 ou 3 milles environ. Au moment de doubler le banc d'une brasse dans le S. et dans l'O., si la direction du vent oblige à louvoyer, il ne faudra point prolonger les bordées à plus de 5 ou 6 milles dans le S.O. du feu ; et il sera prudent de tout disposer pour pouvoir mouiller au besoin. Cette dernière précaution s'applique d'ailleurs à toute la navigation dans le détroit.

Ayant doublé le banc d'une brasse, il conviendra de faire d'abord 12 ou 15 milles au N.58°O. environ, pour dépasser dans l'O. et dans le N. le fond de 9 mètres qui se trouve, d'après les cartes, par 3°01'Nord.

A bord d'un navire à vapeur, lorsque le banc d'une brasse a été doublé dans l'O. et dans le N., il n'y a plus qu'à gouverner à peu près directement sur la pointe Diamant, en suivant dès lors une route inverse de celle qui a été indiquée page 678. On passera à une dizaine de milles dans le N. de la pointe Diamant, pendant la nuit ; ou seulement à 3 ou 4 milles, pendant le jour et si le temps est clair. Ayant doublé cette pointe, la route sera donnée, pour passer dans le S. de Pulo Way entre cette île et Pulo Buroo ; et pour prendre ensuite le passage du Bengale (voir pages 669 et 670). Pendant le jour, les montagnes de Sumatra offrent de bons points de reconnaissance et permettent de diriger convenablement la route. Le Mont-d'Or, ou Slawa-Lawa, est un cône de 2,100 mètres qui se voit de très-loin. Le mont Orphan est moins élevé. La pointe Batoo Pedir est accore. Pendant la nuit, on gouvernera de manière à apercevoir le feu de Pulo Brasse dans le S. de Pulo Way ; et de façon à le relever à l'O. et quelques degrés N. au moment où il apparaîtra. La portée de ce feu s'étendant à 10 ou 15 milles dans l'E. de Pulo Way, et jusqu'au méridien du Mont-d'Or, on pourra après l'avoir aperçu, diriger sa route de manière à passer à petite distance dans le S. de Pulo Way, entre cette île et l'îlot Pulo Buroo. Il est inutile, en effet, pour un vapeur, de passer dans le S. de Pulo Buroo, comme nous l'avons recommandé à la page 669 pour les voiliers. Quand on aura doublé Pulo Way dans le S., les relèvements du phare de Pulo Brasse permettront de franchir aisément le passage du Bengale, et de doubler Pulo Brasse dans le Nord.

Si l'on croyait préférable, à bord d'un vapeur, de passer dans le N. de Pulo Way, il faudrait s'attendre à ne point voir le feu de Pulo Brasse, tant qu'il n'aurait pas été amené au S.O. environ, attendu que ce feu serait masqué par l'île de Pulo Way pendant tout le temps que le navire la contournerait dans l'E. et dans le N.E.

A bord d'un voilier, après avoir doublé le banc d'une brasse, et après avoir fait comme nous l'avons dit 12 ou 15 milles au N.58°O., on gouvernera vers le N., en sondant, afin de longer l'accore extérieur des bancs du N. Ayant atteint l'accore de ces bancs, la route sera donnée au N.N.O. environ, pour aller reconnaître les Sambilangs. Si le temps est sombre, il ne faudra point s'approcher de ces îles par des fonds inférieurs à 50 ou 55 mètres.

Etant arrivés à la hauteur des Sambilangs, pendant la mousson de S.O., les voiliers qui ont à se rendre dans l'O., par exemple à la côte de Coromandel, à Calcutta, à la mer d'Oman, au canal de Mozambique, à Maurice, aux ports à poivre de la côte N.O. de Sumatra, etc., devront aller chercher la pointe Diamant. Ils suivront la côte de Pedir à quelque distance avec les courants favorables; prendront le passage de Malacca, entre Pulo Buroo et la côte de Sumatra (voir page 669); puis ils se dirigeront vers le N. et vers l'O., par le passage du Bengale (voir page 670); et ils contourneront Pulo Brasse par le N. *Durant la même mousson*, les navires destinés à Penang, continueront à s'élever vers le N., en restant auprès de la côte Malaye, comme il va être dit pour la mousson de N.E. Quant à ceux destinés au golfe de Martaban, ils rallieront la pointe Diamant comme nous l'indiquons au paragraphe suivant (page 703).

Etant arrivés aux Sambilangs, durant la mousson de N.E.,

les voiliers auront avantage, quelle que soit leur destination, à continuer de se diriger vers le N.N.O., en donnant un tour suffisant à Pulo Dinding, mais en se tenant à petite distance de la côte Malaye, jusqu'à Penang. Il ne faudra point cependant, entre Dinding et Penang, s'approcher du banc de vase qui borde la côte, par des fonds inférieurs à 22 mètres. Dans cette région, si la direction du vent oblige à louvoyer, il faudra virer à terre, par 25 mètres d'eau; et virer au large, par 40 ou 45 mètres, parce que si l'on allait plus loin vers le milieu du détroit, on y trouverait le vent de N.E. et la mer très-courte. Ayant atteint Penang, on s'élèvera dans le N. en se tenant à distance convenable de Pulo Bouton et de Junkseylon ; et, si le navire est destiné à Ceylan, à la mer d'Oman, ou au canal de Mozambique, etc., on pourra alors quitter la côte Malaye, et se diriger sur le grand chenal des Six-Degrés et demi, entre Pulo-Rondo et la Nicobar du Sud (voir page 668).

Voici les tableaux de croisements de ces routes.

TABLEAUX

Des Croisements des routes que pourront suivre les voiliers et les vapeurs venant de Singapour ou de l'E., pour monter le détroit de Malacca en allant vers le Nord.

Tableau N° 1. — *Commencement de la route.*

ROUTE A SUIVRE, quelle que soit la saison.	LONGITUDES DE CROISEMENTS DES PARALLÈLES DE						
	1° 18′ N.	2° N.	2° 42′ N.	2° 52′ N.	3° N.	3° 20′ N.	4° N.
	E.	E.	E.	E.	E.	E.	E.
Pour les voiliers. . . .	101° 00	100° 00	99° 00′	98° 37′	98° 30′	98° 30′	98° 00′
Pour les vapeurs (allant vers l'Ouest).	101 00	100 00	99 00	98 37	98 28	98 05	97 15

TABLEAU N° 2. — *Fin de la route.*

ÉPOQUES des TRAVERSÉES.	LATITUDES DE CROISEMENTS DES MÉRIDIENS DE					DESTINATIONS.
	97° 50' E.	97° E.	96° E.	95° E.	93° E.	
	N. ° '	N. ° '	N. ° '	N. ° '	N. ° '	
	POUR LES VOILIERS.					
Mousson de S.O. (d'Avril en Septemb.)	4 20	4 35	5 05	5 25	5 40	Calcutta, Madras, Ceylan, Maurice.
	4 20	4 35	5 05	5 25	7 30	Moulmein, Rangoon.
Mousson de N.E. (d'Octobre en Mars).	5 15	6 00	7 00	9 00	... ...	Penang, Rangoon, Akyab, Calcutta.
	5 15	6 00	6 20	6 25	6 30	Madras, Ceylan, Maurice.
	POUR LES VAPEURS.					
En toutes saisons. . .	3 45	4 07	4 53	5 25	5 40	Vers l'Ouest.

§ 303. — Routes en partant de Singapour, de Malacca, de Penang, ou d'Achem, pour se rendre, pendant la mousson de N.E., à des ports situés dans le N., et par exemple : à Amherst, Rangoon, Dalhousie, Akyab, Chittagong et Calcutta.

Pendant la mousson de N.E., les navires partant de Singapour, de Malacca ou de Penang, et destinés à Amherst, à Rangoon, ou à Dalhousie, commenceront leur traversée comme nous l'avons indiqué au paragraphe précédent, en se tenant bien dans l'E. jusque par le travers de Penang. Ils continueront ensuite à remonter vers le N., avec un courant assez généralement favorable, et en restant toujours plus près de la côte que des Andamans, dont il ne faudra point trop s'approcher. On profitera de toutes les variations favorables du vent pour prendre les meilleures amures ; et l'on pourra combiner ses bordées de manière à rectifier chemin faisant sa position, en reconnaissant quelques-unes des îles indiquées ci-après, quand les circonstances le permettront.

L'île Pulo Rajah, située par 7°36'N. et 96°00'E., est haute et boisée.

Les Frères, ou *Brothers*, sont deux autres petites îles de hauteur moyenne, avec un îlot auprès d'elles.

L'île Junkseylon, située entre 7°46'N. et 8°09'N., offre, comme point de reconnaissance, dans sa partie S., et sur le méridien de 96°00'E., une montagne élevée, qui s'abaisse régulièrement en pente douce, et qui est visible à 36 milles.

Les îles Sayer, ou *Seyer*, sont saines, accores, et peuvent être vues à une distance de 24 ou de 27 milles. *La Grande Sayer* a une hauteur de 250 mètres; deux îlots de roche gisent au large de son extrémité S.; et un autre îlot existe au large de son extrémité N. Ce dernier, que l'on appelle *la Sayer du Nord*, est par 8°41'N. et 95°16'30''E.

Il faudra ensuite se défier des bancs de corail que nous allons mentionner, et qui ne sont probablement pas les seuls existants au large de l'archipel Mergui.

Le banc Heckford, situé par 10°20'N., porte de 13 à 33 mètres d'eau.

Un banc de corail portant 20 mètres d'eau, existe à 14 milles dans le S. vrai du banc Heckford.

Le Banc Roe est un autre banc de corail, qui porte 15 mètres d'eau, et qui est situé par 10°01'N. et 94°17'Est.

Voici enfin les îles les plus occidentales de l'archipel Mergui, sur lesquelles on pourra prendre un point de départ, pour continuer ensuite sa route sur Amherst, ou sur Rangoon.

Les Petites Torrès sont un groupe de 3 ou 4 petites îles, situées à 9 milles dans le S.¹/₄S.E. des Grandes Torrès.

Les Grandes Torrès sont deux îles élevées, situées sur une ligne E. et O. l'une par rapport à l'autre, et à côté desquelles gisent plusieurs petits îlots. Le centre de la plus à l'O. de ces deux îles est par 11°47'N. et 95°07'Est.

Pendant la mousson de N.E., les navires partant d'Achem, et destinés à Amherst, à Rangoon et à Dalhousie, passeront par le chenal du Bengale, dans lequel ils se tiendront le plus à l'E. possible. Puis, ils serreront le vent, pour faire d'abord du N., et pour se mettre en dehors de la plus grande force du courant portant à l'O. Quand ils auront fait ainsi un bord de 50 ou 60 milles au moins, ils pourront au besoin virer pour chercher à faire de l'E. Il faudra profiter d'ailleurs des variations du vent pour passer à bonne distance au vent des Nicobar; et l'on tâchera ensuite de se diriger vers les Grandes Torrès (arch. Mergui); après quoi, la route sera terminée facilement, à destination d'Amherst et de Rangoon. Si l'on doit se rendre à Dalhousie, il ne sera point absolument nécessaire d'aller autant dans l'E., ni de reconnaître les Torrès, si les circonstances ne s'y prêtent pas. Mais, il sera toujours prudent de le faire quand on le pourra; et, en tous cas, on devra chercher les sondes sur la côte de Martaban à grande distance dans l'E., comme l'indique le Tableau de croisements. Le courant portera généralement vers le N., ou le N.O., à partir du moment où le navire sera dans l'E. des Nicobar jusqu'à l'atterrage.

Pendant la mousson de N.E., les navires partant de Singapour, de Malacca ou de Penang, à destination d'Akyab, de Chittagong, ou de Calcutta, commenceront leur traversée, comme nous l'avons indiqué au § 302, en se tenant bien dans l'E. jusque par le travers de Penang. Ils continueront ensuite à remonter vers le N., en se tenant dans l'E., de manière à prendre un point de départ sur la montagne S. de Junkseylon, si les circonstances s'y prêtent. De là, on se dirigera de manière à passer, soit entre les bancs Roe et Heckford, soit en dehors de tout; et l'on ira, avec le courant portant généralement vers le N., prendre connaissance de Narcondam. La route sera ensuite donnée pour prendre l'un des passages au N. des Andamans; le meilleur sera le chenal S. de Preparis, dans lequel on ne donnera toutefois, qu'à la condition de se trouver préalablement bien au vent. Si l'on passait dans le S. et dans l'O. des Cocos, il faudrait se rappeler que le feu de l'île Table cesse d'être visible pendant que le navire passe dans le S. du Grand Coco (voir page 660). Ayant pénétré dans le golfe du Bengale, la traversée pour Calcutta sera terminée comme il est dit aux §§ 287 et 197, pages 332 et 626, en faisant une grande bordée tribord amures, et au besoin un bord ou deux vers l'E., pour atteindre les sondes du banc de Saugor. Etant destiné à Akyab, ou à Chittagong, on remontera de même vers le N., en faisant de grandes bordées tribord amures et de courtes bordées bâbord amures, pour ne pas trop s'approcher de la côte d'Aracan, tant que l'on ne sera pas en bonne position pour pouvoir atterrir.

Pendant la mousson de N.E., les navires partant d'Achem et destinés à Akyab, à Chittagong, et à Calcutta, prendront d'abord le chenal du Bengale, dans lequel ils se tiendront le plus possible dans l'E. Puis, ils serreront le vent, pour faire du N., et pour se mettre en dehors de la plus grande force du courant portant à l'O. Quand ils auront fait ainsi un bord de 50 ou 60 milles au moins, ils pourront au besoin virer pour chercher à faire de l'E. Le mieux sera naturellement de profiter des variations du vent pour passer dans l'E. des Nicobar; et l'on tâchera ensuite de faire du N., en se maintenant à mi-chenal pour aller passer dans l'E. de Narcondam, puis dans le chenal S. de Preparis. La traversée s'achèvera, comme nous l'avons indiqué pour les navires venant de Singapour.

Cette route, pour les navires partant d'Achem, nous semble devoir être toujours la meilleure, excepté quand les circonstances seront très-défavorables au début de la traversée. Par exemple, si l'on trouve, en sortant du passage du Bengale, des vents trop pointus, ou mal établis, et si l'on craint d'être dépalé dans l'O. par le courant, il n'y aura qu'à laisser porter de suite pour passer dans l'O. des Nicobar. De même, s'il arrive qu'après avoir d'abord doublé sans trop de peine les Nicobar dans l'E., les vents ne permettent plus de continuer facilement à s'élever vers le N., on pourra encore se décider à laisser porter et à prendre le chenal des Dix-Degrés, pour passer ensuite dans l'O. des Andaman. Il pourra alors arriver, surtout de janvier en avril, qu'on soit moins contrarié dans l'O. de cet archipel; et la traversée s'achèvera comme nous l'avons indiqué pour aller à Calcutta, aux § 287 et 197. Mais, d'octobre en janvier, on sera très-exposé aux calmes dans l'O. des Andaman. Les navires destinés à Akyab et à Chittagong termineront, comme nous l'avons dit plus haut, pour ceux qui viennent de Singapour.

Voici d'ailleurs les Tableaux de croisements de ces routes. Les deux premiers, qui se font suite l'un à l'autre, conviennent aux navires partant de Singapour, de Malacca ou de Penang. Les trois autres Tableaux contiennent les routes des navires partant d'Achem.

TABLEAUX

Donnant les routes à suivre, *pendant la mousson de N.E.*, quand on part *de Singapour, de Malacca, ou de Penang, pour se rendre à Amherst, à Rangoon, à Dalhousie, à Akyab, à Chittagong et à Calcutta.*

TABLEAU N° 1. — *Commencement de la route.*

LONGITUDES DE CROISEMENTS DES PARALLÈLES DE						ROUTE COMMUNE POUR LES DESTINATIONS CI-DESSOUS.
5° N.	5° 30′ N.	6° N.	6° 30′ N.	7° N.	10° N.	
E.	E.	E.	E.	E.	E.	
97° 40′	97° 20′	97° 00′	96° 30′	96° 00′	94° 30′	Amherst, Rangoon, Dalhousie, Akyab, Chittagong et Calcutta.

TABLEAU N° 2. — *Fin de la route.*

LONGITUDES DE CROISEMENTS DES PARALLÈLES DE									DESTINATIONS.
12° N.	14° N.	15° N.	15° 30′ N.	16° N.	18° N.	20° N.	21° N.	22° N.	
E.	E.	E.	E.	E.	E.	E.	E.	E.	
° ′	° ′	° ′	° ′	° ′	° ′	° ′	° ′	° ′	
94 50	94 50	94 50	94 50	95 10	… …	… …	… …	… …	Amherst.
94 50	94 40	94 30	94 30	94 15	… …	… …	… …	… …	Rangoon.
94 50	94 30	94 00	92 15	… …	… …	… …	… …	… …	Dalhousie.
93 10	91 50	90 50	90 30	90 10	90 30	90 30	… …	… …	Akyab.
93 10	91 50	90 50	90 30	90 10	90 00	89 20	89 10	89 20	Chittagong.
93 10	91 50	90 50	90 30	90 10	89 40	88 00	86 00	… …	Calcutta.

TABLEAU

Donnant les routes à suivre, *pendant la mousson de N.E., quand on part d'Achem,* pour se rendre à *Amherst, à Rangoon et à Dalhousie.*

LONGITUDES DE CROISEMENTS DES PARALLÈLES DE									DESTINATIONS.
6° N.	6° 30′ N	7° N.	10° N.	12° N.	14° N.	15° N.	15° 30′ N.	16° N.	
E.	E.	E.	E.	E.	E.	E.	E.	E.	
° ′	° ′	° ′	° ′	° ′	° ′	° ′	° ′	° ′	
92 50	92 50	92 55	93 40	94 50	94 50	94 50	94 50	95 10	Amherst.
92 50	92 50	92 55	93 40	94 50	94 40	94 30	94 30	94 15	Rangoon.
92 50	92 50	92 55	93 40	94 50	94 30	94 00	92 15	… …	Dalhousie.

TABLEAUX

Donnant les routes à suivre, *pendant la mousson de N.E., quand on part d'Achem, pour se rendre à Akyab, à Chittagong et à Calcutta.*

Tableau N° 1. — *Commencement de la route.*

INDICATION des routes à suivre, selon les circonstances.	LONGITUDES DE CROISEMENTS DES PARALLÈLES DE								
	6° N.	6° 30' N	7° N.	10° N.	12° N.	14° N.	15° N.	15° 30' N.	16° N.
	E.	E.	E.	E.	E.	E.	E.	E.	E.
	° '	° '	° '	° '	° '	° '	° '	° '	° '
1re Route (la meilleure).	92 50	92 50	92 55	93 40	93 40	92 00	90 50	90 30	90 10
2e Route.	92 50	92 50	92 55	90 00	89 10	89 10	89 20	89 35	89 50
3e Route.	92 45	91 30	90 45	89 30	89 10	89 10	89 20	89 35	89 50

Tableau N° 2. — *Fin de la route.*

Quel que soit celui des trois commencements de routes que l'on ait adopté, la fin de la traversée, pour chaque port, reste la même, comme l'indique ce second tableau.

Croisements des Parallèles de				DESTINATIONS.
18° N.	20° N.	21° N.	22° N.	
E.	E.	E.	E.	
90° 30'	90° 30'	....	....	Akyab.
90 00	89 20	88° 10'	89° 20	Chittagong.
89 40	88 00	86 00	....	Calcutta.

§ 304. — Routes à suivre, en partant de Singapour, de Malacca, de Penang, ou d'Achem, pour se rendre, pendant la mousson de S.O., à des ports situés dans le N., et par exemple à Amherst, Rangoon, Dalhousie, Akyab, Chittagong et Calcutta.

Pendant la mousson de S.O., les navires *venant de Singapour, de Malacca, ou de Penang*, se rapprocheront de la pointe Diamant et de la côte de Pedir, comme nous l'avons indiqué à la fin du § 302. Puis, s'ils vont à Amherst, à Rangoon, ou à Dalhousie, ils feront route avec le courant portant à l'E. ou au N.E., et avec les vents généralement largues, pour aller prendre connaissance de Narcondam. Ils gouverneront de ce dernier point sur l'atterrage, qui devra se faire avec précaution et en se plaçant bien à l'O. du port de destination. *Les navires partant d'Achem* et destinés à l'un des mêmes ports d'Amherst, de Rangoon, ou de Dalhousie, prendront le passage du Bengale, passeront dans l'E. des Nicobar et des Andaman, et iront également reconnaître l'île Narcondam. Le courant portera vers l'E., avec une vitesse d'une trentaine de milles par 24 heures, depuis le moment où le navire aura débouqué du passage du Bengale jusqu'à ce qu'il ait atteint le travers des Nicobar; le courant portera ensuite vers le N.E., avec une vitesse ordinairement modérée, jusqu'à la côte du Pegu, où sa vitesse vers l'E. deviendra plus considérable.

En approchant de la côte de Pegu, dans cette saison, HORSBURGH recommande d'avoir les ancres en mouillage. Le temps est fréquemment si mauvais et si sombre, qu'on a de la difficulté à apercevoir la terre; et il ne faut pas aller par des fonds inférieurs à 11 mètres, avant d'être sûr de sa position et d'avoir reconnu la côte. Il arrive donc souvent qu'on est obligé de mouiller au large, pendant un coup de vent, aux époques de grandes marées, alors que les courants sont très-rapides. En pareil cas, il faudrait mouiller par des fonds supérieurs à 14 ou 15 mètres, et le plus loin possible des bancs qui bordent la côte.

Pendant la mousson de S.O., les navires *destinés à Akyab, à Chittagong, ou à Calcutta*, devront, *en partant de Singapour, de Malacca, ou de Penang*, rallier la pointe Diamant, suivre la côte de Pedir, et passer entre Pulo-Malora et la côte de Sumatra, comme nous l'avons indiqué (pages 669 et 701). Puis, ils traverseront la rade d'Achem, où ils pourront chercher un abri, si la brise est très-fraîche. *En tous cas, en partant d'Achem*, il faudra prendre le passage du Bengale, en se tenant autant dans l'O. que possible; et, dès que l'on aura dépassé Pulo Brasse, on serrera le vent en portant près et plein, de manière à s'élever suffisamment dans l'O. pour pouvoir ensuite doubler sûrement les Nicobar à grande distance au vent. Cette précaution est nécessaire, si l'on ne veut pas s'exposer, dans le cas où un coup de vent surviendrait, à être gêné par le voisinage sous le vent des Nicobar et ensuite des Andaman. Il faudra d'ailleurs tenir compte du courant qui portera généralement vers l'E. ou le N.E. *Si l'on doit se rendre à Calcutta*, il faudra continuer à tenir le vent, en traversant le golfe, pour aller reconnaître les hautes terres de Pondy. En approchant de la côte d'Hindoustan, la vitesse des courants vers le N.E. augmentera de plus en plus, et il faudra en tenir compte. La traversée sera achevée, suivant les indications données à la page 327. *Si le navire est destiné à Akyab, ou à Chittagong*, on remontera vers le N., en se tenant à grande distance dans l'O.; et l'on n'accostera la côte d'Aracan, que lorsqu'on sera en bonne position pour atterrir et gagner promptement le port.

Voici d'ailleurs les Tableaux de croisements de ces différentes routes.

TABLEAUX

Donnant les Croisements des routes à suivre, *en partant de Singapour, de Malacca, de Penang, ou d'Achem*, pour se rendre dans le N., *pendant la mousson de S.O.*, et pour aller par exemple *à Amherst, à Rangoon, à Dalhousie, à Akyab, à Chittagong et à Calcutta.*

TABLEAU N° 1. — *Commencement de la route.*

LONGITUDES DE CROISEMENTS DES PARALLÈLES DE								DESTINATIONS.
5° N.	5°50'N.	6° N.	6°50'N.	7° N.	10° N.	12° N.	13° N.	
E.	E.	E.	E.	E.	E.	E.	E.	
° ′	° ′	° ′	° ′	° ′	° ′	° ′	° ′	
Partant de Singapour ou de Malacca.								
96 05	94 40	94 00	93 35	93 10	92 30	92 05	92 00	Amherst, Rangoon, Dalhousie.
96 05	93 40	92 00	91 00	90 00	88 15	88 00	88 05	Akyab.
96 05	93 40	92 00	91 00	90 00	88 15	87 50	87 40	Chittagong.
96 05	93 40	92 00	91 00	90 00	87 20	85 35	84 45	Calcutta.
En partant de Penang.								
... ...	... ...	97 00	96 00	95 00	92 45	92 05	92 00	Amherst, Rangoon, Dalhousie.
... ...	93 40	92 00	91 00	90 00	88 15	88 00	88 05	Akyab.
... ...	93 40	92 00	91 00	90 00	88 15	87 50	87 40	Chittagong.
... ...	93 40	92 00	91 00	90 00	87 20	85 35	84 45	Calcutta.
En partant d'Achem.								
... ...	... ...	92 50	92 45	92 30	92 15	92 05	92 00	Amherst, Rangoon, Dalhousie.
... ...	... ...	92 00	91 00	90 00	88 15	88 00	88 05	Akyab.
... ...	... ...	92 00	91 00	90 00	88 15	87 50	87 40	Chittagong.
... ...	... ...	92 00	91 00	90 00	87 20	85 35	84 45	Calcutta.

TABLEAU N° 2. — *Fin de la route.* (Quel que soit le point de départ : *Singapour, Malacca, Penang ou Achem.*)

LONGITUDES DE CROISEMENTS DES PARALLÈLES DE								DESTINATIONS.
15° N.	15° 30' N.	16° N.	18° N.	19° N.	20° N.	21° N.	22° N.	
E.	E.	E.	E.	E.	E.	E.	E.	
° '	° '	° '	° '	° '	° '	° '	° '	
94 20	95 00	... ...	... ...	... ...	... ...	... ...	... ...	Amherst.
93 15	93 35	94 00	... ...	... ...	... ...	... ...	... ...	Rangoon.
92 10	92 30	... ...	... ...	... ...	... ...	... ...	... ...	Dalhousie.
88 20	88 30	88 40	89 20	90 00	... ...	... ...	... ...	Akyab.
87 35	87 35	87 35	87 40	88 05	88 10	88 35	89 20	Chittagong.
83 30	83 10	82 50	82 20	82 40	84 10	85 55	... ...	Calcutta.

§ 305. — Routes en partant de Mergui, d'Amherst, de Rangoon et de Dalhousie, pour aller à Akyab, à Chittagong et à Calcutta.

1° *En mousson de N.E.*

En partant de Mergui, on s'élèvera d'abord dans le N., en ayant généralement le courant favorable ; et l'on ne laissera porter vers l'O. qu'au moment où l'on aura la complète certitude de pouvoir atteindre le chenal N. de Preparis. Quelle que soit la destination : *Calcutta*, *Akyab* ou *Chittagong*, on gouvernera de manière à se rapprocher de la côte de Pegu, et à passer auprès et en vue du feu d'Alguada, afin de se placer ainsi bien au vent. Puis, après que l'on aura pénétré dans le golfe du Bengale, il conviendra de serrer le vent ; et de faire, de temps à autre, si cela est nécessaire, un bord vers l'E. Si le navire est destiné à Calcutta, il faudra se maintenir à bonne distance des côtes de Pegu et d'Aracan. Si l'on se rend à Akyab, ou à Chittagong, il conviendra de ne se rapprocher de la terre que lorsque l'on se considérera comme suffisamment élevé au vent pour pouvoir atteindre rapidement sa destination.

En partant de Moulmein et d'Amherst, on gouvernera, en sondant, de manière à passer dans le S. (et, s'il est possible), en vue du bateau-feu qui remplace le phare de Krishna, et qui est mouillé par 15°36'N. et 93°14'E. De là, on fera route par des fonds supérieurs à 13 mètres (à marée basse), pour contourner les bancs de Baragou, après quoi l'on pourra mettre le cap à l'O.$^{1}/_{4}$N.O. environ, afin de passer dans le S. et en vue du feu d'Alguada. La traversée sera ensuite terminée, comme nous l'avons indiqué plus haut pour les navires partis de Mergui.

En partant de Rangoon, quand le navire sera sorti de la barre, on gouvernera, de même, en sondant, pour passer dans le S. (et s'il est possible) en vue du bateau-feu qui remplace le phare de Krishna; et l'on continuera sans difficulté, comme nous venons de le dire pour les navires partis d'Amherst.

En partant de Dalhousie, on passera dans le S. du récif d'Alguada. Puis, lorsque le navire aura pénétré dans le golfe du Bengale, on serrera le vent, et l'on terminera la traversée, comme nous l'avons dit plus haut pour les navires partis de Mergui.

Nous donnerons, à la fin du présent paragraphe, les *Tableaux de croisements* de ces routes, et l'on trouvera au § 306 des renseignements utiles à consulter sur les courants de marées de la côte de Pegu.

2° *En mousson de S.O.*

En partant de Mergui, à destination de Calcutta, l'objectif que l'on devra se proposer sera de s'élever d'abord dans l'O., et de faire tous ses efforts pour passer dans le chenal S. de Preparis, auprès et en vue du feu de l'île Table. Si l'on y parvient, le navire se trouvera dès lors en meilleure position pour aller chercher les pilotes de l'Hoogly. Quand on devra se rendre à Akyab et à Chittagong, la même route sera encore la meilleure, si les circonstances permettent de la suivre sans trop de difficulté. Dans le cas contraire, plutôt que de perdre du temps à lutter, il vaudra encore mieux se résoudre à prendre le chenal N. de Preparis ; après quoi il sera essentiel de s'élever le plus possible dans l'O. de la côte de Pegu, pour remonter ensuite vers le N. en ne se rapprochant de cette côte qu'au moment où l'on se trouvera en position d'atteindre promptement le port de destination.

Mais, en partant de Mergui, à cette époque, il faudra malheureusement s'attendre généralement à de grandes difficultés pour s'élever au large. On fera donc bien de ne partir qu'en profitant d'une embellie; puis, lorsque le navire sera dehors, il sera prudent de forcer de voiles pour faire le plus d'O. possible. En s'élevant ainsi au vent, l'on devra se maintenir en position telle que, dans le cas où le temps deviendrait trop mauvais, il soit toujours possible d'aller sûrement chercher un abri, en gagnant le mouillage de la Pointe Tavoy, ou celui de l'île du même nom.

On ne gouvernera donc sur le chenal S. de Preparis qu'au moment où l'on jugera le navire en position d'atteindre la côte de Pegu dans l'O. de Rangoon, si les vents venaient à forcer.

En partant d'Amherst, ou de Moulmein, comme en partant de Mergui, le commencement de la traversée sera ordinairement très-pénible, à cause des temps mauvais, ou du moins incertains, auxquels on sera exposé. Des grains violents et des pluies abondantes fatiguent tellement les équipages que les capitaines hésitent souvent à leur imposer une fatigue encore plus grande en mouillant quand la marée est contraire. Cependant, on s'expose à perdre beaucoup de temps, si l'on ne profite pas des marées de jusant et des temps maniables, de nuit comme de jour, pour s'élever au vent (1). Il conviendra de doubler à distance suffisante dans le S., et par des fonds supérieurs à 13 et 15 mètres (à mer basse), le bateau-feu qui remplace le phare de Krishna, ainsi que la pointe Baragou. Au-delà de cette pointe, il ne sera plus nécessaire de mouiller. On pourra faire, à ce moment, une bonne bordée tribord amures, vers le S., d'environ 30 milles, de manière à se placer en position d'aller ensuite, sur l'autre bord, chercher le chenal de Preparis. *Si le navire est destiné à Calcutta,* il faudra faire tous ses efforts pour prendre le chenal S. de Preparis, en passant auprès et en vue de l'île Table. Si l'on ne peut prendre que le chenal N. entre le feu d'Alguada et le récif Thalia, on sera encore à peu près certain d'atteindre, de la bordée, l'embouchure de l'Hoogly, à moins que la mousson ne soit très-contraire. *Si le navire est destiné à Akyab, ou à Chittagong,* il suffira toujours de prendre le chenal N. de Preparis; mais il faudra s'élever le plus vite possible dans l'O., dès que l'on aura pénétré dans le golfe du Bengale, afin de ne pas avoir la côte de Pegu trop près sous le vent quand on laissera porter vers le Nord.

(1) Pour les courants de marées, sur la côte de Pegu, voir le § 306.

En partant de Rangoon, il conviendra d'abord de chercher à s'élever dans l'O., en sondant et en se maintenant auprès de la côte jusqu'à ce qu'on ait atteint le bateau-feu qui remplace le phare de Krishna; et ce ne sera seulement qu'à partir de ce moment que l'on pourra prendre le large. Ainsi, les navires sortis de Rangoon, et ayant amené le feu de China Buckeer à l'O.N.O., ne devront point, dans leur louvoyage, prolonger les bordées du large à une distance trop grande de terre, afin de se réserver toujours la faculté de mouiller au besoin et de profiter des courants de marée (*du jusant*), qui sont très-forts. S'il fait nuit avant que le navire ait doublé China Buckeer, et si les vents ne sont pas forts, on pourra se laisser dériver au vent, poussé par le courant de jusant, en conservant seulement les voiles de cape et en sondant constamment. Les fonds sont suffisamment réguliers pour que l'approche de la côte soit annoncée par la sonde; mais il sera essentiel de tenir toujours compte de l'heure de la marée, attendu que la même sonde obtenue à basse mer ou à mer haute, donnera une différence de plusieurs milles dans la position du navire (Voir § 306). Tant que le bateau-feu de Krishna ne sera pas en vue, il ne faudra pas aller par des fonds inférieurs à 13 mètres (à basse mer). Il conviendra de passer à 5 ou 6 milles au moins dans le S. du bateau-feu, et de se maintenir par des fonds de 13 à 15 mètres au moins (à mer basse) en doublant les bancs de Baragou. En partant de là, si les circonstances de temps ne sont pas trop mauvaises, *les navires destinés à Calcutta* auront avantage à s'élever au S. et dans l'O., en courant des bordées tribord amures, de manière à passer par le chenal S. de Preparis, en vue du feu de l'île Table. Si l'on ne réussit pas à atteindre le chenal S., on prendra le chenal N., mais on sera de là en moins bonne position pour chercher les pilotes de l'Hoogly. *Quant aux navires destinés à Akyab et à Chittagong*, ils gouverneront, en partant des bancs de Baragou, de manière à prendre le chenal N. de Preparis, en passant en vue et à distance suffisante du feu d'Alguada.

En partant du chenal N. de Preparis, la traversée sera achevée comme nous l'avons dit plus haut pour les navires venant d'Amherst, lorsqu'ils prennent ce même chenal.

Les navires partant de Dalhousie, passent dans le S. et à distance suffisante du feu d'Alguada, et ils terminent comme nous l'avons indiqué plus haut, en prenant bien entendu le chenal N. de Preparis.

Voici les Tableaux de croisements de ces différentes routes. Les deux premiers contiennent les routes conseillées, *pendant la mousson de N.E.*; et les deux autres sont établis *pour la mousson de S.O.*

TABLEAUX

Des Croisements de routes à suivre, *pendant la mousson de N.E.*, en partant de Mergui, d'Amherst ou Moulmein, de Rangoon et de Dalhousie, pour aller à Calcutta, à Chittagong et à Akyab.

Tableau N° 1. — *Commencement de la route.* (Quelle que soit la destination.)

POINTS DE DÉPART.	LATITUDES DE CROISEMENTS DES MÉRIDIENS DE							
	95° 30' E.	95° E.	94° 30' E.	94° E.	93° 30' E.	93° E.	92° 30' E.	92° E.
	N.	N.	N.	N.	N.	N.	N.	N.
	° '	° '	° '	° '	° '	° '	° '	° '
Mergui.	13 20	14 00	14 15	14 35	14 50	15 05	15 20	15 30
Amherst (Moulmein). . . .	... ...	16 00	15 55	15 45	15 30	15 25	15 25	15 35
Rangoon	... ...	... ...	... ...	16 00	15 30	15 25	15 25	15 35
Dalhousie (Bassein). . . .	... ...	... ...	... ...	... ...	... ...	... ...	... ...	15 47

Tableau N° 2. — *Fin de la route.* (Quel que soit le point de départ.)

LONGITUDES DE CROISEMENTS DES PARALLÈLES DE							POINTS DE DESTINATION.
16° N.	17° N.	18° N.	19° N.	20° N.	21° N.	22° N.	
E.	E.	E.	E.	E.	E.	E.	
° '	° '	° '	° '	° '	° '	° '	
91 20	90 35	90 30	90 25	90 30	... ...	... ...	Akyab.
91 20	90 30	90 00	89 30	89 20	89 15	89 15	Chittagong.
91 20	90 30	89 40	88 50	88 00	85 55	... ...	Calcutta.

TABLEAUX

Des Croisements de routes à suivre, *pendant la mousson de S.O.*, en partant de Mergui, d'Amherst (ou Moulmein), de Rangoon et de Dalhousie, pour aller à Calcutta, à Chittagong et à Akyab.

TABLEAU N° 1. — *Commencement de la route.*

LATITUDES DE CROISEMENTS DES MÉRIDIENS DE									PORTS de DESTINATION.
95° 30' E.	95° E.	94° 30' E.	94° E.	93° 30' E.	93° E.	92° 30' E.	92° E.	91° 30' E.	
N. ° '	N. ° '	N. ° '	N. ° '	N. ° '	N. ° '	N. ° '	N. ° '	N. ° '	
En partant de Mergui.									
13 00	13 10	13 20	13 30	13 35	13 40	13 45	13 55	14 05	Calcutta.
13 00	13 20	13 35	14 00	14 15	14 30	14 55	15 15	15 35	Akyab et Chittagong.
Partant d'Amherst (Moulmein).									
... ...	16 00	15 50	15 45	15 30	14 00	13 45	13 55	14 05	Calcutta.
... ...	16 00	15 50	15 45	15 30	15 15	15 15	15 25	15 35	Akyab et Chittagong.
En partant de Rangoon.									
... ...	... ...	... ...	16 00	15 30	14 00	13 45	13 55	14 05	Calcutta.
... ...	... ...	... ...	16 00	15 30	15 15	15 15	15 25	15 35	Akyab et Chittagong.
Partant de Dalhousie (Bassein).									
... ...	... ...	... ...	... ...	... ...	... ...	... ...	15 30	15 35	Calcutta, Akyab et Chittagong.

TABLEAU N° 2. — *Fin de la route.*

LONGITUDES DE CROISEMENTS DES PARALLÈLES DE								PORTS DE DESTINATION.
15° N.	16° N.	17° N.	18° N.	19° N.	20° N.	21° N.	22° N.	
E.	E.	E.	E.	E.	E.	E.	E.	
° ′	° ′	° ′	° ′	° ′	° ′	° ′	° ′	
En partant de Dalhousie (Bassein).								
......	90 20	88 50	87 50	86 45	85 45	85 55	......	Calcutta.
Partant de Mergui, Amherst et Rangoon.								
90 30	89 30	88 30	87 30	86 35	85 40	85 55	......	Calcutta.
Partant de Mergui, Amherst, Rangoon, Dalhousie								
......	90 20	89 30	89 30	90 00	......	......	......	Akyab.
......	90 20	89 20	88 45	88 20	88 10	88 30	89 15	Chittagong.

§ 306. — Marées et courants de marées, sur la côte de Pegu (1).

Les courants de marées sont très-forts sur la côte de Pegu, et doivent être utilisés par les navires qui ont à s'élever au vent dans ces parages.

Dans l'O. de la pointe Baragou (ou Baragua), le flot porte vers l'E. ou vers l'E.$^1/_4$N.E.; et le jusant, dans le sens contraire.

Pendant la mousson de N.E., les marées sont très-irrégulières. Ainsi, en morte eau, au large des bancs de Baragou, le courant de flot est à peine sensible; et, en vives eaux, il ne dure guère que 3 heures, avec une vitesse de 1 nœud à 1 nœud 1/2.

Au récif d'Alguada, l'heure du plein aux syzygies est 10 heures 45 minutes; et la montée de l'eau, de 3^m,60.

(1) Ce paragraphe et le suivant sont résumés d'après les instructions de HORSBURGH, revues par le commander TAYLOR.

Au large des bancs de Baragou, l'heure du plein aux syzygies est 11 heures; et la montée de l'eau, de 2^m,10.

Au N. du banc Krishna, l'heure du plein aux syzygies est 11 heures 30 minutes; et la montée de l'eau, de 3^m,60.

Dans l'E. de la pointe Baragou, jusqu'à Rangoon, le flot porte au N.E., ou au N.E.$^1/_4$N.; et le jusant au S.O.

Entre Rangoon et la côte de Martaban, c'est-à-dire dans l'E. de Rangoon, le flot porte avec force vers le N.N.E., ou le N.$^1/_4$N.E., vers le fond du golfe; et le jusant, dont la vitesse atteint parfois 6 nœuds, porte vers une direction opposée. Aux époques où les rivières sont débordées, après les pluies de la fin de la mousson de S.O., le jusant est beaucoup plus fort et dure plus longtemps que le flot; les eaux sont alors encore plus troubles et plus vaseuses que d'ordinaire dans ces parages.

Au large de la rivière de Rangoon, après les pluies, la direction des courants de marée varie en suivant un mouvement circulaire. Au commencement du flot, le courant porte à l'E.; au milieu du flot, il porte au N.E.; et à la fin, au N. Inversement, le jusant porte d'abord à l'O.; puis il tourne graduellement au S.O. et au S. Il n'y a point alors de mer étale; et le courant conserve une vitesse de 1 nœud à 1 nœud 1/2, aux moments où le jusant succède au flot et où le flot suit le jusant.

Devant Rangoon, la mer marne souvent de 6 mètres; et la montée de l'eau atteint même 8 mètres, quand on va plus à l'E., vers le fond du golfe, auprès des bancs qui sont à l'entrée de la rivière Sittang.

§ 307. — Route de Calcutta à Chittagong.

En partant du chenal de l'E. de Calcutta, pour aller à Chittagong, *avec un temps couvert qui ne permettrait point d'avoir d'observations*, on passe généralement sur le banc de Sable (Patch Sand); et l'on prend connaissance des White Cliffs (auprès de Cox-Bazar), en se maintenant dans l'O. de l'île Red Crab, et en louvoyant entre les deux bancs du large.

Quand le temps sera beau, pendant l'une ou l'autre des moussons, *la route la meilleure* consistera à passer dans l'O. du banc de Sable. En quittant le bateau-feu extérieur de l'Hoogly, on gouvernera à peu près à l'E.9°N., jusqu'à ce que le navire atteigne les fonds de 13 mètres, sur les bancs qui se trouvent entre les méridiens de la pointe Landfall et des îles Don-Manick. On pourra contourner ces bancs, en se dirigeant soit au S.E., soit au N., et en se maintenant par les mêmes fonds de 13 mètres. Etant parvenu par 21°12′N., au S. des îles Don-Manick, il faudra faire à peu près l'E. du monde jusqu'au méridien de l'île Sundeep. A ce moment, le cap sera mis à peu près au N., le long de l'accore E. du Great-Magna-Flat ; et l'on inclinera graduellement la route au N.E., en se maintenant par les fonds de 13 mètres (à basse mer) jusqu'à ce que le feu de Kootubdeah soit en vue. Si l'on gouvernait trop longtemps à l'E., on arriverait sur des fonds de 18 à 22 mètres à l'accore O. du banc de Sable ; et il faudrait alors gouverner au N. et au N.O. La partie la plus dangereuse de ce banc de Sable (Patch Sand) est sa pointe N., qu'il est facile de reconnaître, par mauvais temps, à cause de l'agitation de la mer dans cette région. Etant à 1/2 mille dans le N. du même banc, on pourra gouverner à l'E., sur des fonds de 15 à 17 mètres, puis se diriger au N. sur Chittagong. A l'entrée de la rivière, on trouvera des pilotes.

Pendant la mousson de S.O., la barre a un aspect effrayant. Sur le côté de l'E., se trouvent des bancs de sable qui découvrent à mi-jusant. Le moment le plus favorable pour entrer est celui de l'étale de la pleine mer ; et il serait dangereux de chercher à entrer lorsque le flot a encore de la force, attendu qu'il porte vivement en travers.

Avec des vents de S., se trouvant dépalé dans le N. de la rivière, il faudrait, pendant le flot, mouiller immédiatement ; et l'on appareillerait aussitôt que le jusant se ferait.

Dans le chenal, entre Sundeep et la côte de Chittagong, le brassiage, qui était autrefois de 7 à 9 mètres, n'est plus maintenant que de $3^{m},6$ à $5^{m},50$.

L'heure du plein, aux syzygies, est 1 heure ; et la mer marne de 4 mètres, en vives eaux.

En dehors de la barre, le flot porte au N.N.O, et le jusant au S.S.E. : vitesse de 3 à 4 nœuds aux syzygies.

§ 308. — Routes en partant de Calcutta, de Chittagong ou d'Akyab, pour aller à Dalhousie (Bassein), à Rangoon, à Amherst (Moulmein) et à Mergui.

1° *En mousson de N.E.*

Quel que soit le port de départ, Calcutta, Chittagong ou Akyab, on fera route sans aucune difficulté en se tenant bien au vent pour passer dans le S. et en vue du feu d'Alguada.

Etant destiné à Dalhousie, on se dirigera sur l'entrée de la rivière Bassein, comme il est dit page 339.

Etant destiné à Rangoon et à Amherst, et le navire se trouvant à 5 ou 6 milles dans le S. du feu d'Alguada, il suffira de faire 55 milles au S.79°E., en sondant, pour atteindre les fonds de 18 mètres (à mer basse) à quelques milles dans le S. des bancs de Baragou et de Krishna. Il faudra tenir grand compte de l'effet des courants (voir § 306). D'ailleurs, si le flot porte seulement de 1/2 quart à terre de la route que nous indiquons, on trouvera les fonds de 18 mètres à une distance de 35 milles seulement du feu d'Alguada. Au contraire, si le jusant porte de 1/2 quart au large de la route, on ne pourra plus trouver facilement le fond sans stopper, ou mettre en panne. Pendant les mois d'octobre en février, après avoir doublé le feu d'Alguada, il sera prudent de ne point s'éloigner de la côte, attendu qu'à cette époque le courant de flot est souvent très-faible, et il peut arriver que l'on trouve les courants portant constamment au S.O. et tournant au N.O. Comme nous l'avons déjà dit, si la route suivie fait atterrir dans l'O. de la pointe Baragou, les fonds diminuent rapidement de 36 mètres à 29 et à 18 mètres, auprès de l'accore du récif. Avec un grand navire, on ne devra pas aller par moins de 18 ou 16 mètres d'eau, car l'accore du récif se dirige à peu près au S.E., dans plusieurs de ses parties, et l'on serait exposé à voir monter brusquement les onds, de 11 mètres à 6 mètres, alors que les terres basses de cette côte seraient à peine visibles. Les sondes s'étendent à une grande distance au large dans ces parages. Ainsi, par 14°30′N., à 72 milles dans le S. de la pointe Baragou, on trouve de 72 à 80 mètres d'eau; et en allant de ce point vers l'E., on serait toujours sur des sondes jusqu'à la côte de Martaban.

Le phare de Krishna a été enlevé par la mer, en août 1877. En attendant qu'il soit reconstruit, on a mouillé un bateau-feu, par 15°36'N. et 93°14'E., qui montre un *feu fixe blanc*, élevé de 18 mètres au-dessus de la mer et visible à 10 milles. Le bateau est jaune, et il se trouve par des fonds de 15 mètres. Pendant le jour, il montre un pavillon rouge. A partir de 7 heures du soir, on brûle un feu de Bengale, toutes les heures.

Tant que le bateau-feu (et plus tard le feu qu'on doit reconstruire) sera en vue, les relèvements qu'on en prendra, joints aux sondes, fixeront exactement la position. Il est bien entendu qu'on ne cherchera point à passer en dedans du feu, entre lui et la côte.

Etant destiné à Rangoon, et ayant dépassé les bancs de Baragou et de Krishna, il faudra se tenir par des fonds supérieurs à 11 mètres (à mer basse) tant que le feu de China Buckeer ne sera pas en vue. En louvoyant contre des vents d'E., et ayant dépassé la pointe Baragou et la rivière Dalla, on pourra pousser la bordée de terre jusque par 13^m^ (à mer basse), car les bancs sont moins accores et les fonds sont plus réguliers de ce côté, qu'ils ne le sont entre Alguada et Baragou.

Etant destiné à Amherst, et ayant atteint Krishna comme nous venons de l'indiquer pour les navires allant à Rangoon, il suffira de tenir le vent; et la fin de la traversée sera facile. Toutefois, il conviendra de se défier des courants de marées (voir § 306); et l'on se tiendra bien sur ses gardes en approchant de la bouée du récif pendant une forte marée de flot, car le courant porte alors en travers de la rivière, vers le N., sur le banc de Goodwin Sands. Il ne faudra pas s'approcher en la relevant plus au N. que le N.E.¹/₄N. ou le N.E.; et, si la marée drosse dans le N. de ce relèvement, il conviendra de mouiller immédiatement et de faire le signal pour demander un pilote (voir page 342).

Etant destiné à Mergui, après avoir doublé le feu d'Alguada, on gouvernera pour reconnaître l'île Tavoy, ou même les îles Moscos si les vents sont fortement établis de la partie du N. On pourra ensuite passer : soit en dedans de l'île Tavoy; soit en dehors, entre les îlots qui la bordent dans l'O. et les Canisters, puis entre Tavoy et l'île Iron. Les navires qui arriveront par le travers des Moscos, ou de la pointe Tavoy, avec des vents de N., pourront gouverner sur l'extrémité N. de l'île Tavoy; et, en faisant cette route, ils trouveront des fonds de 37, 27 et 24 mètres, vase. Ils pourront prendre ensuite le chenal intérieur dans l'E. de Tavoy, en se tenant plus près des îlots qui bordent cette île que du banc étendu de roches attenant à la côte de Tenasserim. Par le travers de la partie E. de Tavoy, le chenal est large de 4 milles, avec des sondes de 18 à 29 mètres qui sont irrégulières auprès des îlots. Du côté du banc qui tient à la côte, les fonds diminuent à 9 et à 5 mètres.

On trouvera, à la fin du présent paragraphe, les *Tableaux de croisements* de ces différentes routes.

2° *En mousson de S.O.*

En partant de Chittagong, ou d'Akyab, on profitera d'abord de toutes les embellies et de toutes les variations du vent pour s'élever dans l'O., au large de la côte. Puis, l'on gouvernera pour passer par le chenal N. de Preparis, à distance suffisante dans le S. du feu d'Alguada. Il est clair que (à moins d'aller à Dalhousie), il serait encore préférable, si les circonstances le permettaient, de prendre le chenal S. de Preparis, en passant dans le N. et en vue du feu de l'île Table. Mais cela ne sera presque jamais possible.

En partant de Calcutta, si l'on doit se rendre à *Dalhousie,* on n'éprouvera généralement pas de difficulté à atteindre le chenal N. de Preparis. Il suffira de se tenir au début, autant qu'on le pourra, au vent de la route directe.

En partant de Calcutta, pour aller à Rangoon, à Amherst, ou à Mergui, on se proposera comme objectif d'atteindre le chenal S. de Preparis, et de passer auprès et en vue de l'île Table. En général, il ne sera point possible d'arriver à ce chenal, de la bordée. Aussi, devra-t-on ne rien négliger pour profiter des variations du vent vers le S.S.O., en faisant des bords vers l'O., chaque fois qu'on le pourra. Si, en partant de Calcutta, les vents hâlaient la partie du S.S.O., il pourrait être avantageux de se rapprocher de la côte d'Hindoustan et de descendre un peu vers le S., comme il a été dit p. 629, autant que les circonstances le permettraient, après quoi l'on traverserait le golfe plus sûrement. Quel que soit le parti auquel on s'arrête, il faudra tâcher d'atteindre le parallèle de 15°, ou encore mieux celui de 14°N., dans l'O. des Cocos; puis on laissera porter, pour reconnaître Landfall de jour, et passer entre cette île et les Cocos ; ou bien on ira de nuit reconnaître le feu de l'île Table, ce qui sera moins difficile et plus sûr. Enfin, si les circonstances ne permettent pas de prendre le chenal S. de Preparis, on se résignera à prendre le chenal N., en passant dans le S., et en vue du feu d'Alguada.

Si l'on a réussi à prendre le chenal S. de Preparis, on sera naturellement en bien meilleure position, puisque le navire sera plus au vent. Si l'on doit se rendre à Rangoon, ou à Amherst, on fera route à peu près directement : dans le premier cas, pour chercher à reconnaître le feu de Krishna, en sondant et en tenant compte de la marée (v. § 306) ; et dans le second cas, en allant chercher toujours en sondant soit le feu de l'île Double, soit l'île Kalegouk selon que le temps sera maniable ou forcé (v. p. 345). Dans le cas où l'on aurait à se rendre à Mergui, il faudrait tâcher de s'élever encore dans le S., pour prendre connaissance de l'île Narcondam ; et de là, on se dirigerait en sondant sur l'île Tenasserim qui est à 45 milles environ dans l'O.N.O. de Mergui.

Si l'on a pris le chenal N. de Preparis auprès du feu d'Algoa, et si l'on est *destiné à Mergui*, il faudra encore s'élever au vent jusque dans les parages de Narcondam, avant de laisser courir sur l'île Tenasserim.

Si l'on a pris le chenal N. de Preparis, auprès d'Alguada, et si le navire est *destiné à Rangoon*, ou *à Amherst*, il faudra bien veiller, en se dirigeant vers l'E., de manière à se maintenir sur des fonds de 25 mètres au moins, et à contourner le bateau-feu de Krishna à distance suffisante dans le S. Nous rappellerons, à cette occasion, les instructions données plus haut, pour la mousson de N.E., et qui trouveront encore leur application en mousson de S.O. En résumé, après avoir dépassé le chenal N. de Preparis, et en se dirigeant vers l'E., sur des fonds de 25 à 27 mètres, on pourra remarquer que les sondes diminueront très-rapidement, tant que l'on sera dans l'O. du méridien de la pointe Baragou. Au contraire, quand on se trouvera par le travers ou dans l'E. de cette pointe, la même route vers l'E. fera trouver le même brassiage, ou peut-être même un peu plus de fond. La nature du fond est de vase dure et de couleur foncée, dans l'O. de la pointe, tandis que dans l'E. la vase est plus liquide et de couleur plus claire ; mais ces changements dans la nature du fond seront assez difficiles à constater. Les bancs de sable, sur cette côte, s'étendent au large, hors de vue de terre et sont très-accores. Aussi, lorsqu'on obtiendra un coup de plomb sur un fond dur, il faudra serrer immédiatement le vent au S., autant qu'on le pourra, car si l'on a trouvé de 7 à 8 brasses (13 mètres) de fond dur, on aura à peine le temps de lancer le navire dans le vent avant qu'il soit échoué : cette remarque est applicable à tous les bancs situés entre la Pointe Baragou et la rivière de Rangoon. Il sera également très-important de tenir compte exactement de la marée, en naviguant dans ces parages ; car la même profondeur, aux différentes heures de la marée, donnerait d'après les sondes une différence de plusieurs milles dans l'appréciation de la distance à laquelle on se trouve de la côte (v. § 306).

Ayant dépassé la pointe Baragou, *les navires destinés à Rangoon*, iront reconnaître le feu de China Buckeer, et ils termineront leur traversée, comme nous l'avons indiqué, page 342. Quant à ceux *destinés à Amherst,* ils se maintiendront par des fonds de 22 mètres à 18 mètres en allant chercher le feu de l'île Double. La sonde n'est pas un guide suffisant pour atterrir, sur cette côte, car le fond reste le même en plusieurs endroits jusqu'à l'approche du rivage. Il n'existe d'ailleurs, à l'exception du feu, aucun point remarquable, qui puisse se distinguer à grande distance, pour indiquer qu'on approche d'Amherst. Mais, on peut observer que, dans le S. de la pointe d'Amherst, la côte est montagneuse, et les collines avoisinent la mer, tandis qu'au N. de cette même pointe la terre est basse près de la mer et l'on aperçoit dans l'intérieur quelques monticules en groupes détachés : ainsi, quand on aura de hautes terres par le travers, on sera certain d'être dans le S. d'Amherst. Il faut d'ailleurs être prévenu que si, par erreur, le navire est porté dans le N. d'Amherst, et se trouve sous l'influence des marées de la rivière Sittang, il sera dans le plus grand danger. Les marées, même à la bouée d'Amherst, sont si fortes que le mouillage y est peu sûr, et à moins d'avoir la certitude d'entrer dans la rivière avant la chûte du jour, il est plus prudent de mouiller à 10 milles au large pour la nuit : il n'y aura du reste aucune perte de temps.

Pour les navires qui auront pu s'élever suffisamment dans le S., il sera certainement préférable, surtout par temps forcé, de prendre connaissance de la terre, auprès de Kallagouk (ou *Kalegouk*) ; puis, l'on fera route au N. le long de la côte, en se tenant par 22 mètres à 25 mètres d'eau, et en veillant le feu de l'île Double. On remarquera ensuite que la pointe d'Amherst est la dernière des hautes terres; et la pagode et le mât de pavillon la feront d'ailleurs reconnaître à une distance de 10 milles.

Voici les *Tableaux de croisements* de ces différentes routes.

TABLEAUX

Des Croisements des routes que l'on pourra suivre, *en partant de Calcutta, de Chittagong ou d'Akyab,* pour se rendre *à Dalhousie, à Rangoon, à Amherst (Moulmein) ou à Mergui.*

Tableau N° 1. — *Commencement de la route.*
(Quel que soit le port de destination.)

PORTS DE DÉPART.	LONGITUDES DE CROISEMENTS DES PARALLÈLES DE							
	22° N.	21° N.	20° N.	19° N.	18° N.	17° N.	16° N.	15° N.
	E. ° ′	E. ° ′	E. ° ′	E. ° ′	E. ° ′	E. ° ′	E. ° ′	E. ° ′
	En mousson de N.E.							
Calcutta.	......	85 55	87 15	88 30	89 30	90 25	91 20	......
Chittagong	89 15	89 10	89 30	90 00	90 30	91 05	91 30	......
Akyab.	......	......	90 30	90 35	90 50	91 05	91 30	......
	En mousson de S.O.							
Calcutta { 1re route.	......	85 55	86 35	87 10	87 40	88 25	89 05	89 55
Calcutta { 2e route.	......	85 55	86 55	87 55	88 55	89 55	91 00	......
Chittagong	89 15	88 50	89 00	89 20	89 45	90 10	91 00	......
Akyab.	......	......	90 30	90 15	90 15	90 25	91 00	......

TABLEAU N° 2. — *Fin de la route.*

POINTS DE DÉPART.	LATITUDES DE CROISEMENTS DES MÉRIDIENS DE										DESTINATIONS.
	91° E.	91°30′ E	92° E.	92°30′ E	93° E.	93°30′ E	94° E.	94°30′ E	95° E.	95°30′ E	
	N. ° ′	N. ° ′	N. ° ′	N. ° ′	N. ° ′	N. ° ′	N. ° ′	N. ° ′	N. ° ′	N. ° ′	
					En mousson de N.E.						
Calcutta, Chittagong *ou* Akyab (*la fin de la route est toujours la même*)	....	....	15 40	....	....	....	....	....	....	....	Dalhousie.
	....	....	15 35	15 25	15 25	15 40	16 00	....	....	....	Rangoon.
	....	....	15 35	15 25	15 25	15 40	15 45	15 55	16 00	....	Amherst.
	....	....	15 35	15 20	15 10	14 55	14 35	14 25	14 10	13 45	Mergui.
					En mousson de S.O.						
De Calcutta *ou* de Chittagong, *ou* d'Akyab	16 00	15 40	15 40	....	....	....	....	....	....	....	Dalhousie.
	16 00	15 40	15 30	15 20	15 20	15 30	16 00	....	....	....	Rangoon.
	16 00	15 40	15 30	15 20	15 20	15 15	15 20	15 25	15 35	....	Amherst (a).
	16 00	15 40	15 30	15 20	15 20	15 15	15 10	15 10	15 15	....	Amherst.
Calcutta { 1re route	14 15	14 05	13 35	13 30	13 25	13 20	13 15	13 10	13 05	13 00	Mergui.
Calcutta { 2e route	16 00	15 40	15 30	14 30	13 35	13 20	13 15	13 10	13 05	13 00	Mergui.
De Chittagong *ou* d'Akyab	16 00	15 40	15 30	14 30	13 35	13 20	13 15	13 10	13 05	13 00	Mergui.

(a) La première des routes pour Amherst est celle ordinairement suivie, en atterrissant sur l'île Double. La seconde route est celle qui conduit au mouillage de mauvais temps sous Kalegouk.

§ 309. — Routes en partant de Dalhousie, de Rangoon, d'Amherst, ou de Mergui, pour aller à Achem, à Penang, à Malacca et à Singapour.

1° *En mousson de N.E.*

Pendant la mousson de N.E., toutes ces routes sont de la plus grande facilité, et nous pourrions nous borner à renvoyer aux tableaux de croisements qui se trouvent à la fin de ce paragraphe. Les courants seront *variables ;* en général, au commencement de la mousson, ils porteront vers le N.O. ou le N.E. ; et, pendant la seconde partie de la saison, vers le S.O. ou le Sud.

En partant de Dalhousie pour Achem, on pourra reconnaître Narcondam, et gouverner ensuite directement sur le mont Orphan et le Mont-d'Or (1) ; après quoi l'on prendra le passage Malacca (v. § 296) en passant entre Pulo Malora et la côte de Sumatra. Si le navire est *destiné à Penang, Malacca ou Singapour*, on gouvernera à peu près directement, en passant au large de Junkseylon, des Frères et de Pulo Bouton. La fin de la traversée, pour Malacca et Singapour, se trouvera au § 301.

En partant de Rangoon, d'Amherst ou de Mergui, les routes sont encore à peu près directes. Il suffit de donner un tour suffisant aux îles Mergui ; puis l'on se dirige : soit sur le mont Orphan, si l'on va à Achem ; soit sur Pulo Bouton, si l'on va à Penang ou au détroit de Malacca.

Les Tableaux de croisements sont à la fin du paragraphe.

2° *En mousson de S.O.*

En partant de Dalhousie, quelle que soit la destination, il faudra se proposer de passer dans les environs de Narcondam, ou même de Barren, si les circonstances le permettent. Pour cela, il ne peut y avoir d'autre instruction que de courir les bords les plus favorables.

En partant de Rangoon, ou d'Amherst, on commencera la traversée ainsi qu'il est dit au § 305, c'est-à-dire que l'on ira passer dans le S. du bateau-feu de Krishna, comme pour aller à Calcutta,

(1) Le Mont-d'Or est à 21 milles dans l'E. d'Achem.

Ensuite, ayant doublé les bancs de Baragou, on commencera à prolonger les bordées du S., et l'on s'élèvera au vent, en sondant et en profitant des marées, jusqu'à ce qu'on puisse atteindre les environs de Narcondam.

En partant de Mergui, à moins d'avoir des vents favorables (ce qui sera fort rare), il faudra compter sur de grandes difficultés pour s'élever au large. On attendra donc une embellie pour appareiller, et l'on prendra au commencement de la traversée les précautions indiquées au § 305, page 712. Quand on jugera le navire suffisamment dans l'O., pour ne pas avoir à craindre le voisinage de la côte, on fera une très-longue bordée bâbord amures (si les vents sont S.O. ou S.S.O.), de manière à se placer bien au vent. Il sera généralement bon de couper ainsi 13°N. par 93°E., ou même plus à l'O. si cela est possible.

Quel que soit le port de départ, quand on se sera bien élevé au vent, comme nous venons de le dire, soit dans les parages de Narcondam, soit dans les environs de 13°N. coupé par 94° ou 93°E., la fin de la traversée ne présentera plus de très-grandes difficultés.

Etant destiné à Penang, Malacca et Singapour, on prolongera la bordée tribord amures en faisant au besoin quelques bords vers l'O., de manière à donner un grand tour aux îles Sayer, Junkseylon et Pulo Bouton; et la traversée sera achevée comme nous l'avons dit au § 301.

Etant destiné à Achem, nous croyons que la meilleure route consistera à prolonger encore la grande bordée tribord amures, c'est-à-dire, à agir comme si l'on allait à Penang, en se tenant seulement un peu plus dans l'O., chaque fois que les variations du vent permettront de faire un bord favorable vers l'O. On ralliera ainsi la côte de Pedir, où le navire sera abrité de la mousson et trouvera le courant vers l'O.; puis la traversée s'achèvera en allant prendre le passage Malacca (voir § 296), comme nous l'avons indiqué à la fin du § 302, pour les navires venant de Singapour.

Voici les Tableaux de croisements de ces routes.

TABLEAU

Des Croisements de routes à suivre, *pendant la mousson de N.E.*, en partant de Dalhousie (Bassein), de Rangoon, d'Amherst (Moulmein), ou de Mergui, pour aller à Achem, à Penang, à Malacca et à Singapour.

LONGITUDES DE CROISEMENTS DES PARALLÈLES DE									POINTS de DESTINATION.
16° N.	15° 30' N.	15° N.	14° N.	13° N.	12° N.	10° N.	7° N.	6° N.	
E.	E.	E.	E.	E.	E.	E.	E.	E.	
° '	° '	° '	° '	° '	° '	° '	° '	° '	
En partant de Dalhousie.									
... ...	91 58	92 00	92 05	92 10	92 25	92 40	93 15	93 25	Achem.
... ...	92 04	92 15	92 40	93 10	93 35	94 25	96 00	97 00	Penang, Singapour.
En partant de Rangoon.									
94 05	94 05	94 05	94 00	93 55	93 50	93 40	93 30	93 25	Achem.
94 05	94 10	94 10	94 15	94 15	94 20	94 25	96 00	97 00	Penang, Singapour.
En partant d'Amherst.									
95 10	94 45	94 30	94 20	94 05	93 55	93 40	93 30	93 25	Achem.
95 10	94 50	94 40	94 30	94 20	94 20	94 25	96 00	97 00	Penang, Singapour.
En partant de Mergui.									
... ...	... ...	... ...	... ...	95 30	94 30	93 40	93 30	93 25	Achem.
... ...	... ...	... ...	... ...	95 30	94 40	94 25	96 00	97 00	Penang, Singapour.

TABLEAU

Des Croisements de routes à suivre, *pendant la mousson de S.O.*, en partant de Dalhousie (Bassein), de Rangoon, d'Amherst (Moulmein), ou de Mergui, pour aller à Achem, à Penang, à Malacca et à Singapour.

LONGITUDES DE CROISEMENTS DES PARALLÈLES DE									POINTS de DESTINATION.
16° N.	15° 30' N.	15° N.	14° N.	13° N.	12° N.	10° N.	7° N.	6° N.	
E. ° '	E. ° '	E. ° '	E. ° '	E. ° '	E. ° '	E. ° '	E. ° '	E. ° '	
En partant de Dalhousie.									
......	92 00	92 00	92 10	92 20	92 40	93 25	94 30	95 00	Achem.
......	92 00	92 00	92 10	92 20	92 40	93 30	95 30	97 00	Penang, Singapour.
En partant de Rangoon.									
94 05	93 30	92 40	92 20	92 20	92 40	93 25	94 30	95 00	Achem.
94 05	93 30	92 40	92 20	92 20	92 40	93 30	95 30	97 00	Penang, Singapour.
En partant d'Amherst.									
95 00	95 30	92 40	92 20	92 20	92 40	93 25	94 30	95 00	Achem.
95 00	95 30	92 40	92 20	92 20	92 40	93 30	95 30	97 00	Penang, Singapour.
En partant de Mergui.									
......	......	......	......	94 00	93 50	93 45	95 25	95 00	Achem.
......	......	......	......	94 00	93 50	93 45	95 30	97 00	Penang, Singapour.

§ 310. — Routes, en partant de Calcutta, de Chittagong ou d'Akyab, pour aller à Achem, à Penang, à Malacca et à Singapour.

En partant de Calcutta, de Chittagong ou d'Akyab, *pendant les deux moussons*, la route pour aller à Achem, ou à Penang et au détroit de Malacca, consiste toujours à prendre le chenal N. de

Preparis, comme nous l'avons dit au § 308, pour les navires destinés à Dalhousie et à Rangoon. Toutefois, *durant la mousson de S.O.*, en partant de *Calcutta*, les navires qui trouveront des circonstances favorables auront un grand avantage a tâcher de prendre le chenal S. de Preparis, en passant dans le N. et en vue du feu de l'île Table : ce passage est celui que nous désignons sous le nom de *Première route*, dans les Tableaux de croisements donnés plus loin.

Quel que soit le chenal qu'on aura pris, la route sera terminée comme nous l'avons indiqué au § 309, pour les navires partant de Dalhousie.

Voici d'ailleurs les *Tableaux de croisements* de ces routes : le premier est établi *pour la mousson de N.E.*; et le second, *pour la mousson de S.O.*

TABLEAU

Des Croisements de routes à suivre, *pendant la mousson de N.E.*, en partant de Calcutta, de Chittagong, ou d'Akyab, pour aller à Achem, à Penang, à Malacca et à Singapour.

LONGITUDES DE CROISEMENTS DES PARALLÈLES DE										POINTS de DESTINATION.
22° N.	20° N.	18° N.	16° N.	15° N.	14° N.	12° N.	10° N.	7° N.	6° N.	
E. ° '	E. ° '	E. ° '	E. ° '	E. ° '	E. ° '	E. ° '	E. ° '	E. ° '	E. ° '	
				En partant de Calcutta.						
... ...	87 15	89 30	91 20	92 00	92 05	92 20	92 40	93 15	93 25	Achem.
... ...	87 15	89 30	91 20	92 15	92 40	93 35	94 25	96 00	97 00	Penang, Singapour.
				En partant de Chittagong.						
89 15	89 30	90 30	91 30	92 00	92 05	92 20	92 40	93 15	93 25	Achem.
89 15	89 30	90 30	91 30	92 15	92 40	93 35	94 25	96 00	97 00	Penang, Singapour.
				En partant d'Akyab.						
... ...	90 30	90 50	91 30	92 00	92 05	92 20	92 40	93 15	93 25	Achem.
... ...	90 30	90 50	91 30	92 15	92 40	93 35	94 25	96 00	97 00	Penang, Singapour.

TABLEAU

Des Croisements de routes à suivre, *pendant la mousson de S.O.*, en partant de Calcutta, de Chittagong, ou d'Akyab, pour aller à Achem, à Penang, à Malacca et à Singapour.

LONGITUDES DE CROISEMENTS DES PARALLÈLES DE										POINTS de DESTINATION.
22° N.	20° N.	18° N.	16° N.	15° N.	14° N	12° N.	10° N.	7° N.	6° N.	
E. ° '	E. ° '	E. ° '	E. ° '	E. ° '	E. ° '	E. ° '	E. ° '	E. ° '	E. ° '	
Partant de Calcutta (1re route).										
......	86 35	87 40	89 05	89 55	91 30	92 15	93 20	94 30	95 00	Achem.
......	86 35	87 40	89 05	89 55	91 30	92 15	93 15	95 30	97 00	Penang, Singapour.
Partant de Calcutta (2e route).										
......	86 55	88 55	91 00	92 00	92 10	92 40	93 25	94 30	95 00	Achem.
......	86 55	88 55	91 00	92 00	92 10	92 40	93 30	95 30	97 00	Penang, Singapour.
En partant de Chittagong.										
89 15	89 00	89 45	91 00	92 00	92 10	92 40	93 25	94 30	95 00	Achem.
89 15	89 00	89 45	91 00	92 00	92 10	92 40	93 30	95 30	97 00	Penang, Singapour.
En partant d'Akyab.										
......	90 30	90 15	91 00	92 00	92 10	92 40	93 25	94 30	95 00	Achem.
......	90 30	90 15	91 00	92 00	92 10	92 40	93 30	95 30	97 00	Penang, Singapour.

§ 311. — Routes à suivre, pendant la mousson de N.E., en partant de Singapour, de Malacca, de Penang, ou d'Achem, pour aller aux ports de la côte E. d'Hindoustan, ainsi qu'à Ceylan.

1° *Du commencement d'Octobre au 1er Février.*

Pendant la première partie de la mousson de N.E., du commencement d'octobre au 1er février, on peut dire d'une manière générale que le courant porte au S. le long de la côte E. d'Hindoustan et de Ceylan. Il faudra donc, pendant cette période, *atterrir dans le N.* du port de destination. Pendant le mois de janvier seulement, on atterrira un peu moins dans le N., ou même seulement sur le parallèle du port de destination.

En partant de Singapour, de Malacca, ou de Penang, on commencera la traversée comme il est dit au § 302. Les navires *destinés à Barwah et à Ganjam* feront route ensuite comme pour aller à Calcutta (voir § 303), avec cette différence qu'ils iront chercher le chenal S. de Preparis, en passant en vue et à bonne distance dans le N. du feu de l'île Table. Puis, ils traverseront le golfe, en tenant bien le vent. *Etant destiné à Cocanada,* et aux ports voisins, on s'élèvera dans le N. auprès de la côte Malaye, jusque vers la pointe S. de Junkseylon. De là, il conviendra de gouverner sur le chenal des Dix-Degrés, que l'on traversera en se tenant non loin de la Petite Andaman et en donnant du tour au récif qui gît dans le S.O. de cette île. Etant à distance suffisante dans l'O. de la Petite Andaman, on profitera de toutes les variations favorables de la brise, pour s'élever au vent; et l'on ne se risquera point avec un voilier ordinaire à traverser le golfe avant d'avoir atteint le parallèle de 12°N. Il faudra bien tenir le vent et atterrir dans le N.; *une route analogue* conduirait à *Masulipatam. Etant destiné à Madras, ou à Pondichéry,* on s'élèvera dans le N.; auprès de la côte Malaye, jusque vers Pulo Bouton; ou du moins jusqu'à ce que le navire soit en position de doubler à bonne distance Pulo Pera dans le N. Puis, la route sera donnée pour prendre le chenal Sombrero, et l'on tiendra ensuite le vent en traversant le golfe. *Etant destiné à Karikal, à Trinquemaley, ou à Pointe de Galles,* on doublera Pulo Pera dans le S., pour aller chercher le chenal des Six-Degrés-et-demi, qu'on traversera, en passant auprès de la pointe S. de la Grande Nicobar. Il faudra ensuite se tenir bien au vent, pendant la traversée du golfe. Si l'on va à Pointe de Galles, il faudra se trouver à grande distance dans le N., pour aller reconnaître sûrement les feux des Basses.

En partant d'Achem à la même époque, du commencement d'octobre au 1er février, si le navire est *destiné à l'un des ports compris entre Ganjam et Madras*, le meilleur parti à prendre, après que l'on sera sorti par le passage du Bengale, consistera à suivre la troisième des routes indiquées au § 304 pour aller à Calcutta. C'est-à-dire qu'on gouvernera pour passer dans l'O. des Nicobar et des Andaman ; et que l'on s'élèvera au vent, dans cette région, jusqu'à ce que l'on ait rejoint les routes données précédemment pour les navires venant de Singapour, ou de Penang. *Si le navire se rend* à des ports situés *dans le S. de Madras*, il n'est plus nécessaire de s'élever vers le N., dans l'O. des Nicobar ; et l'on peut traverser immédiatement le golfe, en tenant suffisamment le vent pour atterrir dans le Nord.

Voici d'ailleurs deux Tableaux qui indiquent les routes à suivre, pendant cette première partie de la mousson de N.E.

TABLEAUX

Des Croisements de routes à suivre, *du commencement d'Octobre au 1er Février*, en partant de Singapour, de Malacca, de Penang, ou d'Achem, pour se rendre à la côte Est d'Hindoustan et à Ceylan.

Tableau N° 1. — *Commencement de la route.*

LATITUDES DE CROISEMENTS DES MÉRIDIENS DE									POINTS de DESTINATION.
96° E.	95° E.	94° E.	93° E.	92° E.	91° E.	90° E.	88° E.	86° E.	
N. ° ′	N. ° ′	N. ° ′	N. ° ′	N. ° ′	N. ° ′	N. ° ′	N. ° ′	N. ° ′	
En partant de Singapour, de Malacca ou de Penang.									
7 00	8 40	10 30	12 15	13 40	14 40	15 50	17 25	18 40	Barwah et Ganjam.
7 00	8 00	8 30	9 00	9 30	10 00	10 10	13 15	15 10	Cocanada.
6 35	7 00	7 20	7 30	7 40	7 40	8 35	10 10	11 45	Madras.
6 35	7 00	7 20	7 30	7 40	7 40	8 35	10 10	11 35	Pondichéry.
5 45	6 05	6 25	6 30	6 30	6 40	7 15	8 00	8 30	Trinquemaley.
5 45	6 05	6 25	6 30	6 30	6 40	6 45	6 50	6 50	Pointe de Galles.
En partant d'Achem.									
......	......	......	5 40	6 20	6 40	8 20	17 25	18 40	Barwah et Ganjam.
......	......	......	5 40	6 20	6 40	8 20	13 15	15 10	Cocanada.
......	......	......	5 40	6 20	6 40	8 20	10 10	11 45	Madras.
......	......	......	5 40	6 20	6 40	8 20	10 10	11 35	Pondichéry.
......	......	......	5 40	6 20	6 40	7 15	8 00	8 30	Trinquemaley.
......	......	......	5 40	6 20	6 40	6 45	6 50	6 50	Pointe de Galles.

TABLEAU N° 2. — *Fin de la route (route commune soit que le navire vienne d'Achem, soit qu'il vienne de Singapour, etc.)*

LATITUDES DE CROISEMENTS DES MÉRIDIENS DE								POINTS DE DESTINATION.
85° E.	84° E.	83° E.	82° E.	81° E.	80° E.	79° E.	78° E.	
N.	N.	N.	N.	N.	N.	N.	N.	
° ′	° ′	° ′	° ′	° ′	° ′	° ′	° ′	
19 20	19 30	19 20	... ...	... ...	... ...	... ...	... ...	Barwah et Ganjam.
16 00	16 50	17 25	17 35	17 20	... ...	... ...	... ...	Cocanada.
12 20	12 45	13 15	13 30	13 45	14 00	14 00	... ...	Madras.
12 05	12 25	12 35	12 50	13 00	13 00	12 45	12 20	Pondichéry.
8 50	9 10	9 30	9 40	9 50	9 50	9 30	... ...	Trinquemaley.
6 50	6 50	6 50	6 50	6 50	6 40	5 50	5 50	Pointe de Galles.

2° Du 1er Février au 15 Avril.

A partir du 1er février, il ne faut plus atterrir dans le N. sur les côtes E. de l'Hindoustan et de Ceylan. En mars et en avril, les courants portent fortement vers le N., et il faut atterrir à bonne distance dans le S. du port de destination.

Ainsi, pendant la seconde partie de la mousson de N.E. et un peu avant que la mousson de S.O. soit franchement établie, les routes devront être modifiées. Elles seront plus directes, parce qu'il faudra toujours compter sur des vents variables, pouvant souffler du N.E., du N.O., ou du S.O.; et elles devront généralement faire atterrir dans le S., à cause de l'effet des courants que l'on trouvera le long de la côte.

En partant de Singapour, de Malacca, ou de Penang, les navires destinés à *Ganjam*, à *Barwah*, à *Vizagapatam* et à *Cocanada*, s'élèveront dans le N. jusque vers la pointe S. de Junkseylon, d'où ils gouverneront pour prendre le chenal des Dix-Degrés. Ceux *destinés à Madras* pourront prendre le chenal Sombrero. Quant à ceux destinés aux ports plus S. que Madras, et par exemple, à *Pondichéry, Karikal, Trinquemaley et Pointe de Galles,* ils passeront par le chenal des Six-Degrés-et-demi, et ils prendront un point de départ, selon les vents régnants, soit sur la pointe S. de la Grande Nicobar, soit sur le feu de Pulo Brasse.

En partant d'Achem, on prendra le passage du Bengale ; et, lorsque le navire sera destiné à Madras, ou à des ports plus dans le N., on s'élèvera dans le N., autant qu'on le jugera nécessaire, en se maintenant dans l'O. des Nicobar, jusqu'à ce qu'on ait rejoint les routes des navires venant de Singapour.

Voici d'ailleurs deux Tableaux qui indiquent les croisements des routes que l'on pourra suivre pendant cette seconde partie de la mousson de N.E.

TABLEAUX

Des Croisements de routes à suivre, *du 1er Février au 15 Avril*, en partant de Singapour, de Malacca ou de Penang, pour aller aux ports de la côte Est d'Hindoustan et à Ceylan.

TABLEAU No 1. — *Commencement de la route.*

LATITUDES DE CROISEMENTS DES MÉRIDIENS DE									POINTS de DESTINATION.
96° E.	95° E.	94° E.	93° E.	92° E.	91° E.	90° E.	88° E.	86° E.	
N. ° ′	N. ° ′	N. ° ′	N. ° ′	N. ° ′	N. ° ′	N. ° ′	N. ° ′	N. ° ′	
En partant de Singapour, de Malacca ou de Penang.									
7 00	8 00	8 30	9 00	9 30	10 00	10 10	13 15	15 15	Barwah ou Ganjam.
7 00	8 00	8 30	9 00	9 30	10 00	10 10	11 30	12 45	Cocanada.
6 35	7 00	7 20	7 30	7 40	7 40	8 00	8 45	9 35	Madras.
5 45	6 05	6 25	6 30	6 30	6 40	7 05	7 45	8 30	Pondichéry.
5 45	6 05	6 25	6 30	6 30	6 30	6 35	7 00	7 15	Trinquemaley.
5 45	6 05	6 25	6 30	6 30	6 30	6 35	6 35	6 35	Pointe de Galles.
En partant d'Achem.									
... ...	... ...	... ...	5 40	6 20	6 40	8 20	13 15	15 15	Barwah ou Ganjam.
... ...	... ...	... ...	5 40	6 20	6 40	8 20	11 30	12 45	Cocanada.
... ...	... ...	... ...	5 40	6 20	6 40	8 00	8 45	9 35	Madras.
... ...	... ...	... ...	5 40	6 20	6 40	7 05	7 45	8 30	Pondichéry.
... ...	... ...	... ...	5 40	6 20	6 30	6 35	7 00	7 15	Trinquemaley.
... ...	... ...	... ...	5 40	6 20	6 30	6 35	6 35	6 35	Pointe de Galles.

TABLEAU N° 2. — *Fin de la route. (Route commune, soit que le navire vienne d'Achem, soit qu'il vienne de Singapour, etc.).*

LATITUDES DE CROISEMENTS DES MÉRIDIENS DE								POINTS DE DESTINATION.
85° E.	84° E.	83° E.	82° E.	81° E.	80° E.	79° E.	78° E.	
N.	N.	N.	N.	N.	N.	N.	N.	
° ′	° ′	° ′	° ′	° ′	° ′	° ′	° ′	
16 15	17 15	18 15	......	......	......	......	......	Barwah et Ganjam.
13 25	14 05	14 45	15 25	16 05	......	......	......	Cocanada.
10 00	10 25	10 45	11 15	11 35	12 00	12 25	13 00	Madras.
8 55	9 15	9 35	10 05	10 25	10 45	11 10	11 20	Pondichéry.
7 25	7 35	7 45	7 55	8 00	8 10	......	......	Trinquemaley.
6 35	6 35	6 35	6 35	6 35	6 30	5 50	5 50	Pointe de Galles.

§ 312. — Routes à suivre pendant la mousson de S.O., du milieu d'Avril à la fin de Septembre, en partant de Singapour, de Malacca, ou de Penang, pour aller à la côte E. d'Hindoustan et à Ceylan.

En partant de Singapour, de Malacca, ou de Penang, pendant la mousson de S.O., on ralliera la côte de Pedir, comme nous l'avons indiqué au § 302, et l'on prendra successivement le passage entre Pulo Malora et la côte de Sumatra, puis le passage du Bengale. Dès ce moment, la route se confondra naturellement avec celle que nous allons donner pour les navires partant d'Achem.

En partant d'Achem, du milieu d'avril à la fin de septembre, il faudra toujours prendre le passage du Bengale, et doubler Pulo Brasse dans le N. à aussi petite distance que la prudence le permettra (voir § 297), afin de profiter du courant portant à l'O., et de s'élever tout d'abord le plus possible dans l'Ouest.

Si le navire est *destiné à Ganjam, Barwah, Vizagapatam ou Cocanada*, la route sera ensuite directe, en choisissant bien entendu son point d'atterrage à grande distance dans le S. de sa destination, afin de n'avoir rien à craindre de l'effet du courant et de la mer portant au Nord.

Etant destiné à Madras, à Pondichéry ou à Karikal, la traversée sera généralement dure. On commencera d'abord, comme nous l'avons dit plus haut, par s'élever le plus possible dans l'O. de Pulo Brasse. Puis, le principal objectif que l'on aura en vue sera de tâcher d'atterrir dans le S. du port de destination. Si l'on trouve, par exemple, pendant la traversée du golfe, des embellies permettant de faire quelques bordées tribord amures favorables, on ne manquera point d'en profiter, sans jamais aller toutefois trop dans le S. du parallèle de l'extrémité S. de Ceylan. Malheureusement, il arrivera d'ordinaire que les vents de S.O. seront peu maniables et que la mer sera forte ; en pareil cas, il n'y aura pas à essayer de lutter, car l'on s'exposerait inutilement à faire de graves avaries ; et le meilleur parti sera alors de prolonger la bordée bâbord amures jusqu'à la côte d'Hindoustan. Dans de telles circonstances, l'on sera bien heureux, si l'on peut atteindre Madras directement. Quel que soit d'ailleurs le port de destination Madras, Pondichéry, ou Karikal, si la bordée conduit à atterrir dans le N., on se résignera à s'élever ensuite dans le S., le long de la côte d'Hindoustan, comme il est dit au § 292 ; cela pourra être un peu long, mais cette détermination sera la seule à prendre.

Etant destiné à Trinquemaley, ou à Pointe de Galles, il faudra passer par le S. de l'Equateur. On commencera d'abord, comme nous l'avons dit plus haut, par s'élever le plus possible dans l'O. de Pulo Brasse. Puis, il s'agira de faire du S. pour aller aussi promptement que les circonstances le permettront dans le S. de l'Equateur. Il faudra donner le plus grand tour qu'on pourra aux îles qui sont au large de Sumatra, parce que, entre 5° ou 4°N. et les alizés de S.E., on sera exposé, surtout au commencement de la mousson, à des calmes et à de petites brises de S. et de S.O. Etant parvenu dans les alizés de S.E., on fera aisément route vers l'O. jusqu'au méridien du port de destination. On pourra mettre alors du N. dans sa route ; et l'on gouvernera, en se tenant bien dans l'O., de manière à reconnaître la terre : dans l'O. de Pointe de Galles, si l'on y va ; ou dans les environs des feux des Basses, si le navire se rend à Baticolo, ou à Trinquemaley. Voici d'ailleurs des indications plus précises, sur les routes à suivre : soit pendant la première, soit pendant la dernière partie de la mousson.

Etant destiné à Ceylan, du milieu d'avril au 1er juillet, il sera bon, après avoir doublé Pulo Brasse, de prolonger à très-grande distance la bordée bâbord amures, ou du moins de chercher à s'élever beaucoup dans l'O., avant de chercher à revenir vers le S. Il sera effectivement plus important encore, au commencement de la mousson qu'à la fin, de passer le plus loin possible dans l'O. de Sumatra. Du parallèle d'Achem à l'Equateur, on aura des vents de S.O., avec des calmes fréquents. De l'Equateur à 6°, ou 7°S., les calmes seront encore assez fréquents, et les brises domineront de la partie du S.O. et du N.O. Ce ne sera généralement que par 9° ou 10°S. que l'on trouvera les alizés de S.E. On remontera vers le N.O., puis vers le N., dès qu'on aura atteint le méridien du port de destination. En revenant alors vers le N., on pourra s'attendre à trouver : entre 5°S. et l'Equateur, quelques calmes, et des vents variables de S.E. à S.O. et à N.O.; puis, dans le N. de la Ligne, des vents de S.O. bien établis.

Les courants, entre le parallèle d'Achem et l'Equateur, porteront vers l'E. et le S.E., avec une vitesse variable de 12 à 24 milles par 24 heures; de l'Equateur aux alizés de S.E., ils porteront vers l'E., avec une vitesse de 18 à 42 milles; dans les alizés de S.E., ils se dirigeront vers l'O., vitesse variable de 12 à 42 milles; ces derniers courants subsisteront généralement jusqu'à ce que (en remontant vers le N.) le navire atteigne une seconde fois 5°S. Entre 5°S. et l'Equateur, ils porteront vers le N.E. et l'E., vitesse variable de 26 à 48 milles; entre l'Equateur et la partie S. de Ceylan, ils porteront vers l'E. avec une vitesse de 18 à 48 milles, qui pourra même atteindre 80 milles par 24 heures.

Etant destiné à Ceylan, du 1er juillet à la fin de septembre, et le navire ayant doublé Pulo Brasse, il sera toujours utile de faire son possible pour s'élever dans l'O.; mais il ne sera pas nécessaire d'aller aussi loin que pendant les premiers mois de la mousson. Entre le parallèle d'Achem et l'Equateur, les vents souffleront de la partie du S.O., bien établis et souvent avec force. Entre l'Equateur et 5°S., les vents souffleront de la partie du S.O., du S.E. et N.O., et les calmes seront assez fréquents. Dans le S. des parallèles de 5° et 6°S., par exemple par 7°S., on trouvera les alizés de S.E. bien établis, avec lesquels on fera l'O. du monde, jusqu'à ce qu'on ait dépassé d'une centaine de milles le méridien de sa destination. Nous croyons qu'il sera prudent de s'élever ainsi à grande distance dans l'O., parce que, dans cette période de la mousson, entre 5°S. et l'Equateur, le navire remontant vers le N. devra s'attendre à trouver des calmes très-fréquents, avec des brises généralement légères de S.E. à S.O., et que l'on sera par suite exposé à être entraîné dans l'E. par les courants. Dans le N. de l'Equateur, les calmes ne seront plus à craindre ; mais les vents souffleront généralement avec force de la partie du S.O. à l'O., accompagnés par de la mer, de sorte qu'il y aura tout avantage à traverser cette zone avec du largue.

Voici d'ailleurs les Tableaux de croisements de ces routes. Le premier Tableau donne les routes à destination des ports de l'Hindoustan compris entre Ganjam et Karikal. Les deux autres Tableaux, faisant suite l'un à l'autre, contiennent les routes à destination de Ceylan.

TABLEAU

Des Croisements de routes à suivre, *pendant la mousson de S.O.*, du 15 Avril à la fin de Septembre, en partant d'Achem, pour aller aux principaux ports de la côte E. d'Hindoustan.

LATITUDES DE CROISEMENTS DES MÉRIDIENS DE									
92° E.	91° E.	90° E.	88° E.	84° E.	82° E.	81° E.	80° E.	79° E.	78° E.
N.	N.	N.	N.	N.	N.	N.	N.	N.	N.
° ′	° ′	° ′	° ′	° ′	° ′	° ′	° ′	° ′	° ′
A destination de Barwah et Ganjam.									
6 00	6 30	7 00	9 20	14 00	18 00	....	....	....	....
Pour Cocanada et Vizagapatam.									
6 00	6 30	7 00	8 40	12 10	14 00	15 00	16 10	....	....
A destination de Madras.									
6 00	6 30	7 00	7 55	9 50	10 50	11 20	11 50	12 15	....
Pour Karikal et Pondichéry.									
6 00	6 30	7 00	7 45	9 15	10 00	10 20	10 50	11 10	11 25

TABLEAUX

Des Croisements de routes à suivre, *pendant la mousson de S.O.*, en partant d'Achem pour aller à Ceylan.

Tableau N° 1. — *Commencement de la route. (Quel que soit le port de destination, le commencement de la route est le même.)*

ÉPOQUES des TRAVERSÉES.	LONGITUDES DE CROISEMENTS DES PARALLÈLES DE						
	6°N.	8°N.	6°N.	Équat^r^.	5°S.	7°S.	9°S.
	E.	E.	E.	E.	E.	E.	E.
Du milieu d'Avril à la fin de Juin.	92° 00′	86° 00′	87° 00′	91° 00′	91° 00′	89° 30′	86° 00′
Du 1er Juillet à la fin de Septembre. . . .	....	....	92° 00′	93° 30′	93° 00′	86° 00′	....

Tableau N° 2. — *Fin de la route.*

LONGITUDES DE CROISEMENTS DES PARALLÈLES DE					POINTS DE DESTINATION.
9° S.	7° S.	5° S.	2° N.	5° N.	
E. ° ′	E. ° ′	E. ° ′	E. ° ′	E. ° ′	
Du 15 Avril à la fin de Juin.					
82 00	79 00	78 00	78 00	78 40	Trinquemaley.
82 00	79 00	76 00	76 00	76 40	Pointe de Galles.
Du 1er Juillet à la fin de Septembre.					
....	78 00	76 00	77 30	78 40	Trinquemaley.
....	76 00	74 00	75 30	76 40	Pointe de Galles.

§ 313. — Routes à suivre, pendant la mousson de N.E., en partant des ports situés dans l'E. du golfe du Bengale, tels que Chittagong, Akyab, Dalhousie, Rangoon, Amherst et Mergui, pour se rendre aux ports de la côte de Coromandel et à Ceylan.

Quel que soit le port de départ, on peut dire que, du commencement d'octobre au 1er février, la route sera dirigée de manière à atterrir dans le N. du port de destination, tandis que du 1er février au 15 avril, il faudra atterrir sur le parallèle du port ou plutôt dans le S. En effet, pendant la première période, les courants porteront vers le S., le long de la côte d'Hindoustan ; et durant la seconde période, ils porteront vers le N., en même temps que les vents commenceront à jouer de la partie du S.O.

En partant de Chittagong, ou d'Akyab, les traversées seront toujours faciles. *Avant le 1er février,* les navires destinés à Barwah et à Ganjam iront reconnaître la pagode noire, ou celles de Jaggernaut. Ceux destinés à Cocanada gouverneront sur les hautes terres de Pondy, et descendront ensuite vers le S. en donnant du tour aux roches Santipilly. Ceux pour Madras pourront reconnaître le mont Armegon, et descendront ensuite en se défiant des bancs Armegon et Pulicat. Ceux pour Pondichéry et Karikal se dirigeront sur les montagnes de Sadras. Ceux pour Trinquemaley atterriront également par le N. ; et ceux qui seront destinés à Pointe-de-Galles atterriront par le N. sur les feux des Basses et longeront ensuite la côte S. de Ceylan à petite distance en veillant à ne point se laisser dépaler dans le S.O. par le courant. *Après le commencement de février,* la route sera dirigée de manière à atteindre le parallèle du port de destination à grande distance au large, et à atterrir par le S. Les navires pour Galles agiront de même en atterrissant sur les feux des Basses, après quoi ils donneront un tour suffisant à la côte S. de Ceylan. *(Voir à la fin le Tableau des croisements.)*

En partant de Dalhousie, les recommandations sont les mêmes ; et il est bien entendu qu'on prendra toujours le chenal N. de Preparis, en se dirigeant immédiatement vers l'O., pour entrer dans le golfe du Bengale.

En partant de Rangoon, ou d'Amherst, pour aller à *Barwah,*

Ganjam, *Vizagapatam* et *Cocanada*, le commencement de la traversée, pendant toute la période du commencement d'octobre au milieu d'avril, se fera comme pour aller à Calcutta (voir § 305). On passera donc toujours par le chenal N. de Preparis, dans le S. et en vue du feu d'Alguada. La fin de la route sera faite, d'après les recommandations générales données au début du présent paragraphe. Etant destiné à *Madras* ou à *Pondichéry* avant le 1er février, on suivra la même route, par le chenal N. de Preparis ; mais si l'on doit atteindre ces ports après le 1er février, il conviendra de passer par le chenal S., en doublant dans le N. l'île Table. Etant destiné à des ports plus S. que Pondichéry, tels que *Karikal*, *Trinquemaley* et *Pointe de Galles*, on prendra toujours le chenal S. de Preparis, en passant en vue et dans le N. du feu de l'île Table. Dans ce cas, on commencera la traversée comme pour aller à Calcutta (voir § 305) jusqu'au méridien de la pointe Baragou. De là, on gouvernera sur l'île Table ; et, après avoir pris le chenal S. de Preparis, on traversera le golfe, en se conformant aux recommandations générales données dans le présent paragraphe, suivant qu'on devra atteindre la côte d'Hindoustan, ou les parages de Ceylan, avant ou après le 1er février.

En partant de Mergui, et *quand on devra arriver avant le 1er février*, il faudra, *si le navire est destiné à Ganjam*, *Barwah*, *Vizagapatam et Cocanada*, commencer la traversée comme pour aller à Calcutta (voir § 305) et prendre le chenal N. de Prèparis, en passant dans le S. et en vue du feu d'Alguada. A la même époque, *si le navire est destiné à Madras*, *Pondichéry et Karikal*, on prendra le chenal S. de Preparis, en passant dans le N. et en vue du feu de Table. *Si le navire est destiné à Trinquemaley*, on pourra diriger sa route de manière à passer, pendant le jour, par le chenal Coco, dans le N. de Landfall (voir § 293). Enfin, *étant destiné à Pointe de Galles*, on passera dans le S. du banc de l'Invisible et l'on prendra le chenal des Dix-Degrés.

En partant de Mergui, et *devant arriver après le 1er février*, il faudra, *si le navire est destiné à Ganjam*, *Barwah*, *Vizagapatam et Cocanada*, prendre le chenal S. de Preparis, en passant dans le N. et en vue du feu de Table. A la même époque, *étant destiné à Madras*, *à Pondichéry*, *ou à Karikal*, on dirigera généralement sa route de manière à passer pendant le jour par le chenal Coco, dans le N. de Landfall (voir § 293). On pourra toutefois, suivant les circonstances, prendre aussi le passage Duncan (voir § 294). A la même époque, *étant destiné à Trinquemaley et à Pointe de Galles*, on passera toujours dans le S. du banc de l'Invisible, et l'on prendra le chenal des Dix-Degrés.

Voici d'ailleurs les Tableaux de croisements de ces diverses routes.

TABLEAU

Des Croisements de routes à suivre, *pendant la mousson de N.E., en partant de Chittagong*, pour se rendre aux ports de la côte Est d'Hindoustan et à Ceylan.

LATITUDES DE CROISEMENTS DES MÉRIDIENS DE										PORTS de DESTINATION.
88° E.	86° E.	85° E.	84° E.	83° E.	82° E.	81° N.	80° N.	79° E.	78° E.	
N. ° ′	N. ° ′	N. ° ′	N. ° ′	N. ° ′	N. ° ′	N. ° ′	N. ° ′	N. ° ′	N. ° ′	
Devant arriver avant le 1er Février.										
20 55	20 25	20 10	19 50	19 15	... ...	... ...	... ...	... ...	... ...	Ganjam, Barwah.
20 50	20 10	19 45	19 25	19 00	18 00	17 20	... ...	... ...	... ...	Cocanada, Vizagapatam
20 35	19 20	18 40	18 00	17 20	16 40	16 00	15 20	14 35	... ...	Madras.
20 30	18 55	18 10	17 20	16 35	15 45	15 00	14 10	13 20	12 00	Pondichéry, Karikal.
20 05	17 55	16 45	15 35	14 25	13 05	11 55	10 35	9 20	... ...	Trinquemaley.
19 45	16 45	15 15	13 35	12 00	10 20	8 40	7 00	5 50	5 50	Pointe de Galles.
Devant arriver entre le 1er Février et le 15 Avril.										
20 30	18 55	18 30	18 20	18 25	... ...	... ...	... ...	... ...	... ...	Ganjam.
20 10	17 50	17 00	16 15	15 35	15 25	15 45	... ...	... ...	... ...	Cocanada.
20 05	17 55	16 45	15 35	14 25	13 05	12 20	12 00	12 00	... ...	Madras.
20 05	17 55	16 45	15 35	14 25	13 05	11 35	11 20	11 15	11 20	Pondichéry.
19 25	15 45	13 55	12 00	10 15	8 35	8 10	8 10	... ...	... ...	Trinquemaley.
19 25	15 45	13 55	12 00	10 15	8 20	6 45	6 25	5 30	5 25	Pointe de Galles.

TABLEAU

Des Croisements de routes à suivre, *pendant la mousson de N.E., en partant d'Akyab* (rivière d'Aracan), pour se rendre aux ports de la côte E. d'Hindoustan et à Ceylan.

LATITUDES DE CROISEMENTS DES MÉRIDIENS DE											POINTS DE DESTINATION.
90° E.	88° E.	86° E.	85° E.	84° E.	83° E.	82° E.	81° E.	80° E.	79° E.	78° E.	
N. ° ′	N. ° ′	N. ° ′	N. ° ′	N. ° ′	N. ° ′	N. ° ′	N. ° ′	N. ° ′	N. ° ′	N. ° ′	
Devant arriver avant le 1er Février.											
20 04	20 00	19 55	19 50	19 50	19 15	....	....	....	....	....	Ganjam et Barwah.
20 00	19 40	19 25	19 20	19 10	19 00	18 00	17 20	....	....	....	Cocanada et Vizagapatam.
19 50	19 00	18 00	17 35	17 10	16 40	16 10	15 35	15 05	14 30	....	Madras.
19 45	18 35	17 25	16 50	16 10	15 35	15 00	14 25	13 50	13 10	12 00	Pondichéry et Karikal.
19 35	17 55	16 05	15 15	14 15	13 15	12 15	11 20	10 20	9 20	....	Trinquemaley.
19 30	17 05	14 40	13 25	12 15	11 00	9 40	8 20	7 00	5 50	5 50	Pointe de Galles.
Devant arriver entre le 1er Février et le 15 avril.											
19 50	18 55	18 10	18 05	18 05	18 25	....	....	....	....	....	Ganjam.
19 45	18 35	17 25	16 45	16 15	15 35	15 25	15 45	....	....	....	Cocanada.
19 35	17 55	16 05	15 15	14 15	13 15	12 30	12 10	12 00	12 00	....	Madras.
19 35	17 55	16 05	15 15	14 15	13 15	12 20	12 00	11 25	11 15	11 20	Pondichéry.
19 20	16 30	13 30	12 15	10 55	9 30	8 25	8 10	8 10	....	....	Trinquemaley.
19 20	16 30	13 30	12 15	10 55	9 30	8 00	6 45	6 25	5 30	5 25	Pointe de Galles.

TABLEAU

Des Croisements de routes à suivre, *pendant la mousson de N.E., en partant de Dalhousie* (rivière Bassein), pour se rendre aux ports de la côte E. d'Hindoustan et à Ceylan.

LATITUDES DE CROISEMENTS DES MÉRIDIENS DE												POINTS DE DESTINATION.
92° E.	91° E.	88° E.	86° E.	85° E.	84° E.	83° E.	82° E.	81° E.	80° E.	79° E.	78° E.	
N.	N.	N.	N.	N.	N.	N.	N.	N.	N.	N.	N.	
° ′	° ′	° ′	° ′	° ′	° ′	° ′	° ′	° ′	° ′	° ″	° ′	
Devant arriver avant le 1er Février.												
15 47	16 00	17 35	18 40	19 20	19 25	....	....	....	....	....	....	Ganjam et Barwah.
15 47	15 45	16 20	16 45	16 55	17 15	17 25	17 30	....	....	....	....	Cocanada et Vizagapatam.
15 47	15 30	15 10	14 55	14 45	14 35	14 30	14 25	14 20	14 10	14 00	....	Madras.
15 47	15 30	14 50	14 20	14 10	13 50	13 35	13 25	13 10	13 00	12 40	12 15	Pondichéry.
15 47	15 30	14 10	13 05	12 35	12 10	11 35	11 10	10 35	10 05	9 00	....	Trinquemaley.
15 47	15 30	13 25	12 00	11 15	10 30	9 35	8 55	8 05	7 00	5 50	5 50	Pointe de Galles.
Devant arriver entre le 1er Février et le 15 Avril.												
15 47	15 45	16 45	17 25	17 40	18 00	18 25	....	....	....	....	....	Barwah et Ganjam.
15 47	15 30	15 35	15 45	15 50	15 55	16 00	16 10	16 25	....	....	....	Cocanada et Vizagapatam.
15 47	15 30	14 50	14 20	14 10	13 50	13 35	13 25	13 10	13 00	12 45	....	Madras.
15 47	15 30	14 25	13 35	13 15	12 50	12 30	12 10	11 50	11 35	11 25	11 25	Pondichéry.
15 47	15 30	13 25	12 00	11 15	10 25	9 45	8 50	8 15	8 15	....	....	Trinquemaley.
15 47	15 30	13 05	11 25	10 35	9 55	9 05	8 20	7 30	6 35	5 30	5 25	Pointe de Galles.

TABLEAUX

Des Croisements de routes à suivre, *pendant la mousson de N.E.*, en partant *d'Amherst ou de Rangoon*, pour se rendre aux ports de la côte E. d'Hindoustan et à Ceylan.

Tableau N° 1. — *Commencement de la route.*

POINTS de DÉPART.	LATITUDES DE CROISEMENTS DES PARALLÈLES DE				POINTS DE DESTINATION.
	95° E.	94° E.	93° E.	92° E.	
	N. ° ′	N. ° ′	N. ° ′	N. ° ′	
	Avant le 1er Février.				
Amherst.....	16 00	15 45	15 25	15 30	Depuis Ganjam jusques et y compris Pondichéry.
Rangoon	....	16 00	15 25	15 30	
Amherst.....	16 00	15 45	15 20	14 45	Depuis Pondichéry jusques et y compris Pointe de Galles.
Rangoon	....	16 00	15 20	14 45	
	Après le 1er Février.				
Amherst.....	16 00	15 45	15 25	15 30	Depuis Ganjam jusques et y compris Cocanada.
Rangoon	....	16 00	15 25	15 30	
Amherst.....	16 00	15 45	15 20	14 45	Depuis Cocanada jusques et y compris Pointe de Galles.
Rangoon	....	16 00	15 20	14 45	

TABLEAU N° 2. — *Fin de la route.* (Route commune pour les navires partant soit de Rangoon, soit d'Amherst.)

LATITUDES DE CROISEMENTS DES MÉRIDIENS DE											POINTS DE DESTINATION.
91° E.	88° E.	86° E.	85° E.	84° E.	83° E.	82° E.	81° E.	80° E.	79° E.	78° E.	
N. ° ′	N. ° ′	N. ° ′	N. ° ′	N. ° ′	N. ° ′	N. ° ′	N. ° ′	N. ° ′	N. ° ′	N. ° ′	
Devant arriver avant le 1er Février.											
16 00	17 35	18 40	19 20	19 25	....	....	....	....	....	....	Ganjam et Barwah.
15 45	16 20	16 45	16 55	17 15	17 25	17 30	....	....	....	....	Cocanada.
15 30	15 10	14 55	14 45	14 35	14 30	14 25	14 20	14 10	14 00	....	Madras.
15 30	14 50	14 20	14 10	13 50	13 35	13 25	13 10	13 00	12 40	12 15	Pondichéry.
14 20	13 10	12 25	12 05	11 40	11 20	10 55	10 25	10 05	9 00	....	Trinquemaley.
14 20	12 35	11 25	10 45	10 10	9 30	8 50	8 05	7 00	5 50	5 50	Pointe de Galles.
Devant arriver après le 1er Février.											
15 45	16 45	17 25	17 40	18 00	18 25	....	....	....	....	....	Barwah et Ganjam.
15 30	15 35	15 45	15 50	15 55	16 00	16 10	16 25	....	....	....	Cocanada.
15 30	14 50	14 20	14 10	13 50	13 35	13 25	13 10	13 00	12 45	....	Madras.
14 20	13 35	13 05	12 45	12 35	12 20	12 05	11 50	11 35	11 25	11 25	Pondichéry.
14 20	12 35	11 25	10 45	10 10	9 30	8 50	8 15	8 15	....	....	Trinquemaley.
14 20	12 20	10 55	10 15	9 30	8 45	8 00	7 20	6 35	5 30	5 25	Pointe de Galles.

TABLEAU

Des Croisements de routes à suivre, *pendant la mousson de N.E.*, en partant de *Mergui*, pour se rendre aux ports de la côte E. d'Hindoustan et à Ceylan.

LATITUDES SUIVANT LESQUELLES ON POURRA COUPER LES MÉRIDIENS DE															POINTS DE DESTINATION.
95° E.	94° E.	93° E.	92° E.	91° E.	88° E.	86° E.	85° E.	84° E.	83° E.	82° E.	81° E.	80° E.	79° E.	78° E.	
N. ° ′	N. ° ′	N. ° ′	N. ° ′	N. ° ′	N. ° ′	N. ° ′	N. ° ′	N. ° ′	N. ° ′	N. ° ′	N. ° ′	N. ° ′	N. ° ′	N. ° ′	
Devant arriver avant le 1er Février.															
14 00	14 35	15 05	15 30	16 00	17 35	18 40	19 20	19 25	... ...	... ...	... ...	... ...	... ...	... ...	Ganjam et Barwah.
14 00	14 35	15 05	15 30	15 45	16 20	16 45	16 55	17 15	17 25	17 30	... ...	... ...	... ...	... ...	Cocanada.
13 35	13 45	14 00	14 15	14 20	14 15	14 10	14 10	14 10	14 10	14 10	14 10	14 10	14 00	... ...	Madras.
13 35	13 45	14 00	14 15	14 20	14 00	13 45	13 35	13 30	13 25	13 20	13 15	13 00	12 40	12 15	Pondichéry.
13 35	13 40	13 45	13 45	13 45	12 55	12 20	11 55	11 35	11 20	10 55	10 30	10 05	9 00	... ...	Trinquemaley.
12 45	12 15	11 40	11 00	10 35	9 25	8 40	8 25	8 05	7 40	7 25	7 00	6 35	5 30	5 25	Pointe de Galles.
Devant arriver après le 1er Février.															
13 35	13 45	14 00	14 15	14 20	15 45	16 45	17 20	17 45	18 20	... ...	... ...	... ...	... ...	... ...	Barwah.
13 35	13 45	14 00	14 15	14 20	15 00	15 25	15 35	15 45	16 00	16 10	16 25	... ...	... ...	... ...	Cocanada.
13 35	13 45	14 00	14 15	14 20	13 25	13 10	13 00	12 55	12 50	12 45	12 45	12 45	12 45	... ...	Madras.
13 05	13 20	13 25	13 30	13 45	13 15	12 50	12 35	12 25	12 15	12 00	11 55	11 35	11 20	11 20	Pondichéry.
12 45	12 15	11 40	11 00	10 35	9 35	9 20	9 10	8 55	8 45	8 35	8 25	8 15	... ...	... ...	Trinquemaley.
12 45	12 15	11 40	11 00	10 35	9 00	8 00	7 35	7 20	7 00	6 40	6 30	6 15	5 30	5 25	Pointe de Galles.

§ 314. — Routes à suivre, pendant la mousson de S.O., du 15 avril à la fin de septembre, en partant de Chittagong, d'Akyab, de Dalhousie, de Rangoon, ou d'Amherst, pour aller aux ports de la côte E. d'Hindoustan et à Ceylan.

En partant de Chittagong, ou d'Akyab, à cette époque, si le navire est *destiné à Madras, ou à des ports situés davantage dans le S.*, il n'y aura point d'autre route possible, pour un voilier, que celle par le chenal N. de Preparis, telle que nous l'avons indiquée au § 310 pour aller à Achem. On descendra vers le S., en se tenant dans l'E. des Andaman et des Nicobar. La bordée tribord amures prolongée fera atteindre la côte N. de Pedir ; on s'élèvera vers l'O., le long de cette côte, avec le courant favorable, et à l'abri de la mousson de S.O. ; on prendra d'abord le passage Malacca (v. § 296), puis celui du Bengale (§ 297) ; et la traversée s'achèvera, comme nous l'avons indiqué au § 312, pour les navires qui partent d'Achem. Quand le navire sera destiné à des ports dans le N. de Madras, tels que *Cocanada* et *Masulipatam*, nous pensons qu'il y aura généralement avantage, pour les voiliers ordinaires, à suivre la même route, en allant chercher la côte de Pedir. Néanmoins, lorsque le navire aura gagné la partie E. des Andaman, on pourra, si les circonstances semblent favorables, tenter de prendre le chenal des Dix-Degrés, en passant auprès de Car-Nicobar.

En partant de Dalhousie, de Rangoon, d'Amherst ou de Mergui, les routes seront faites d'après les mêmes conseils. Si le navire est destiné à Madras, ou à des ports davantage dans le S., on gouvernera d'abord, ainsi que nous l'avons dit au § 309, pour gagner la côte de Pedir et se rendre à Achem. De là, c'est-à-dire du passage du Bengale, on terminera suivant les indications du § 312. Si le navire est destiné à Cocanada ou à Masulipatam, et si l'on part après le milieu d'août, on pourra prendre, l'un des chenaux de Preparis, puis traverser le golfe au plus près bon plein afin d'atteindre la côte d'Hindoustan le plus au vent possible. En arrivant ainsi en septembre sur cette côte, on pourra espérer y rencontrer des courants favorables et des vents variables de terre qui permettront de s'élever assez facilement dans le Sud.

Nous ne donnons point les Tableaux de croisements de ces routes, qui se trouvent déjà à la fin des paragraphes auxquels nous avons renvoyé le lecteur.

§ 315. — Routes à suivre, pendant la mousson de N.E., en partant des ports de la côte E. d'Hindoustan et de Ceylan, pour aller à Chittagong, Akyab, Dalhousie, Rangoon, Amherst, Mergui, Penang, Malacca, Singapour et Achem.

1° *Pendant la première moitié de la mousson, d'Octobre en Février.*

Pendant les premiers mois de la mousson de N.E., jusque vers les premiers jours de février, le courant porte vers le S., avec force, le long de la côte d'Hindoustan et de Ceylan. Sa vitesse diminue seulement en janvier; et elle devient à peu près nulle vers la fin de ce mois. Les navires qui partent de la côte E. d'Hindoustan ou de Trinquemaley, entre octobre et février, ne doivent donc jamais essayer de s'élever dans le N., le long de la côte d'Hindoustan.

En se plaçant à un autre point de vue, il est utile de remarquer que, pendant la même période, la mousson de N.E. est souvent faible; les petites brises et les calmes ne sont pas rares dans le golfe. Il faut surtout signaler la zone comprise entre les parallèles de 10° et de 5°N., où les calmes sont très-fréquents. Cette zone devra donc toujours être évitée. Toutefois, en octobre et novembre, on trouve souvent des séries de brises d'O. entre Ceylan et les îles Nicobar.

En partant de Madras, ou de Pondichéry, avant le 1er février, quelle que soit la destination, il faudra prolonger la bordée bâbord amures jusque vers le méridien de 83°E., qu'on atteindra entre 12° et 10°N. Ayant atteint au plus vite ce méridien, afin de placer le navire en dehors de la plus grande force du courant, on pourra virer de bord, pour ne pas aller dans le S. du parallèle de 8°N., où les calmes seraient à craindre. Il conviendra donc de profiter de toutes les variations du vent, pour s'élever dans l'E., en prenant les amures les plus favorables, et en se maintenant autant que possible entre les parallèles de 8° et de 12°N. environ, jusqu'à ce que l'on parvienne au méridien de 88° ou de 89°Est.

Etant ainsi parvenu au large et dans l'O. des Andaman, si le navire est *destiné à Penang, à Malacca, ou à Singapour,* on prendra le chenal des Dix-Degrés, et l'on finira la traversée en allant chercher Junkseylon et Pulo Bouton, comme il est dit au § 301.

Etant destiné à Achem, on prendra encore le chenal des Dix-Degrés; puis on gouvernera vers le S.E., afin de passer à bonne distance dans l'E. de Pulo Rondo et de Pulo Way. La traversée sera terminée, en prenant le passage Malacca, entre Pulo Malora et la côte de Sumatra, comme il a été dit au § 309 pour les navires venant de Rangoon.

Etant destiné aux autres ports tels que Mergui, Rangoon, Akyab, etc., il faudra s'élever dans le N., en profitant de toutes les variations du vent, et en se maintenant à une distance comprise entre 50 et 200 milles dans l'O. des Andaman. *Si le navire est destiné à Mergui*, il conviendra de prendre le chenal S. de Preparis, en passant dans le N. du feu de Table; puis on se dirigera sur les Moscos, ou sur la Pointe Tavoy.

Etant destiné à Amherst, à Rangoon, ou à Dalhousie, on prendra le chenal N. de Preparis, en passant dans le S. et auprès du feu d'Alguada; puis on terminera la traversée comme il a été dit au § 308 pour les navires venant de Calcutta.

Etant destiné à Akyab ou à Chittagong, on continuera à s'élever vers le N., en se tenant dans la partie E. du golfe du Bengale, comme si l'on allait à Calcutta (v. § 287). Entre le parallèle du feu d'Alguada et les ports de destination, on se conformera aux indications données au § 305 pour les navires partant de Dalhousie.

En partant de ports situés plus loin dans le N., et, par exemple *de Cocanada ou de Vizagapatam*, il faudra tout d'abord prolonger la bordée bâbord amures, au plus près bon plein, pour gagner la partie orientale du golfe. Lorsqu'on sera parvenu à une distance des Andaman comprise entre 200 et 100 milles, et si le navire est destiné à des ports tels que Mergui, Amherst, Dalhousie et Chittagong, on s'élèvera dans le N., en se maintenant dans l'O. des Andaman. Puis, *si le navire est destiné à Mergui*, on prendra le chenal S. de Preparis, comme il a été dit plus haut; si le navire est destiné à *Amherst, Rangoon et Dalhousie*, on prendra le chenal N. de Preparis. Enfin, si le *navire se rend à Akyab, ou à Chittagong*, on terminera comme il a été dit au § 305. Mais, quand le navire sera destiné à des ports situés dans le S., tels que *Penang, Malacca, Singapour et*

Achem, il suffira, en partant de Cocanada, de Vizagapatam, etc., de tenir le vent jusque vers le milieu du golfe ; puis, on laissera porter sur le chenal des Dix-Degrés, et on terminera la traversée comme il a été dit plus haut pour les navires venant de Madras.

En partant de ports situés dans le S., tels que *Tranquebar, Karikal, Negapatam, et Trinquemaley*, nous pensons qu'en général la meilleure détermination consistera à prolonger la bordée bâbord amures, d'abord pour mettre le navire en dehors du courant portant au S., puis pour le conduire dans le S. du parallèle de 6° ou de 5°N., où l'on aura pendant cette partie de la saison moins de chances de calmes. Il conviendra alors de louvoyer, en profitant de toutes les variations du vent pour s'élever dans l'E., de manière à gagner le chenal des Six-Degrés-et-demi. Etant parvenu à ce point, *si le navire est destiné à Achem*, on passera à distance suffisante dans le N. de Pulo Brasse, et l'on prendra le passage du Bengale, pour gagner Achem directement. *Si le navire est destiné à Penang, Malacca, ou Singapour*, on terminera la traversée, comme il a été dit au § 301. *Etant destiné à Mergui*, ou à tout autre port dans le N., tel qu'*Amherst, Rangoon, Dalhousie, Akyab ou Chittagong*, la traversée sera achevée comme il a été dit au § 303 pour les navires partant d'Achem.

2° *Pendant la seconde moitié de la mousson, de Février en Avril.*

Durant les derniers mois de la mousson de N.E., à partir de janvier, ou du moins du 1er février, le courant commence à porter assez souvent vers le N., le long de la côte E. d'Hindoustan. Il y a donc avantage, dans bien des cas, pour les navires qui partent depuis le 1er février jusque vers le milieu d'avril, à s'élever vers le N. (quand cela est nécessaire), en se maintenant dans la partie O. du golfe, non loin de la côte d'Hindoustan.

Pendant ces mêmes mois, de janvier en avril, les alizés de N.E. sont généralement bien établis, et l'on a peu de chances de calmes dans toute l'étendue du golfe du Bengale, tant que le navire est dans le N. du parallèle de 5°N.

En partant de Madras, ou de Pondichéry, après le 1er février, il sera bon de chercher tout d'abord à profiter des courants qui porteront probablement vers le N., au large de la côte d'Hindoustan, pour s'élever dans le N. avant de traverser le golfe.

Si le navire est *destiné à Achem, à Penang, à Malacca, ou à Singapour*, on pourra ainsi s'élever jusque par 13°30'N. environ coupé à peu près par 80°E. De là, en prolongeant la bordée bâbord amures bon plein, on pourra atteindre le chenal des Six-Degrés-et-demi. Puis, on se rendra : soit à Achem, en gouvernant directement par le passage du Bengale; soit à Penang et à Singapour, en gouvernant sur Pulo Bouton et en finissant la traversée comme il a été dit au § 301.

Si le navire est destiné à Mergui, Amherst, Rangoon, ou Dalhousie, on s'élèvera dans le N., comme si l'on allait à Cocanada (v. § 291). Etant parvenu à peu près par la latitude de ce point, on pourra prolonger la bordée bâbord amures pour traverser le golfe. Quand on devra se rendre à *Mergui*, il conviendra de prendre le chenal S. de Preparis, en passant dans le N. du feu de Table; puis, on gouvernera sur les Moscos, ou sur la Pointe Tavoy. Etant destiné à *Amherst, Rangoon* et *Dalhousie*, il faudra prendre le chenal N. de Preparis, en passant dans le S. du feu d'Alguada ; puis, on terminera la traversée comme nous l'avons dit pour les navires venant de Calcutta (v. § 308).

Si le navire est *destiné à Akyab, ou à Chittagong*, on commencera par chercher à s'élever dans le N., en se maintenant à quelque distance de la côte d'Hindoustan ; puis on traversera le golfe. Le moment où il conviendra de prolonger la bordée bâbord amures, pour se placer dans l'E., variera suivant que l'on trouvera plus ou moins de facilités à s'élever dans le N. auprès de la côte d'Hindoustan. Lorsque le navire aura traversé le golfe, on fera son N., en restant à quelque distance dans l'O. des Andaman, comme il a été dit au § 291 pour les navires allant à Calcutta. La traversée sera terminée en utilisant les indications données au § 305, pour les navires allant de Dalhousie à Akyab, ou à Chittagong.

En partant des ports situés au N. de Madras, et *par exemple de Cocanada*, ou *de Vizagapatam*, les navires *destinés à Chittagong, Akyab, Dalhousie, Rangoon et Amherst*, commenceront par tâcher de s'élever dans le N., en se maintenant à quelque distance de la côte d'Hindoustan, de manière à profiter du courant généralement favorable. On pourra se proposer de remonter ainsi jusque vers 18°N., coupé à peu près par 84°E. ; et en partant des environs de ce croisement, on prolongera la grande bordée bâbord amures. Si le navire est destiné à *Chittagong, ou à Akyab*, lorsque la bordée aura fait atteindre à peu près 90°E., on commencera à louvoyer pour s'élever dans le N. ; et la traversée sera achevée comme au § 305. *Etant destiné à Dalhousie, Rangoon*, ou *Amherst*, on prolongera la grande bordée, qui conduira au chenal N. de Preparis que l'on passera, auprès et en vue du feu d'Alguada. Puis, l'on terminera la traversée, comme il a été dit au § 308 pour les navires partant de Calcutta.

Si le navire est destiné à Mergui, il ne sera guère nécessaire de chercher à s'élever dans le N. en partant de Cocanada. On pourra donc en général prolonger la bordée bâbord amures, à peu près sans interruption, en profitant seulement des variations de vent favorables, s'il s'en présente, pour faire au besoin un peu de N. On ira ainsi chercher le chenal S. de Preparis, en passant dans le N. et à distance suffisante du feu de Table. De là, on gouvernera sur les Moscos, ou sur la Pointe Tavoy.

Etant destiné à Achem, à Penang, à Malacca, ou à *Singapour*, on prolongera la bordée bâbord amures bon plein, en tenant le vent, à peu près jusque vers le milieu du golfe. A ce moment, on laissera porter pour aller chercher le chenal des Dix-Degrés. Etant parvenu à ce chenal, *si le navire se rend à Achem*, on fera route au S.E., pour doubler dans l'E. Pulo Rondo et Pulo Way ; puis on prendra le passage Malacca, entre Pulo Malora et Sumatra, comme il est dit au § 309 pour les navires venant de Rangoon. *Etant destiné à Penang et Singapour*, on se dirigera sur Pulo Bouton, et la traversée sera terminée ainsi qu'il est dit au § 301.

En partant de Tranquebar, de Karikal, ou de Trinquemaley, après le 1er février, il conviendra de chercher d'abord à s'élever dans le N., s'il est possible. Puis, quand le moment paraîtra venu de prolonger la bordée bâbord amures, on se posera seulement comme règle de faire le plus d'E. possible, en profitant des variations de vent favorables, et en se maintenant toujours dans le N. de 5°, ou plutôt de 6°N. En allant dans le S. de ces parallèles, il est probable que le navire trouverait des calmes, ou du moins des vents mal établis.

On ira ainsi chercher le chenal des Six-Degrés-et-demi, au-delà duquel la traversée sera terminée, comme nous l'avons dit page , dans la première partie du présent paragraphe. Ainsi, dans le cas où le navire sera destiné à *Chittagong*, ou *Akyab*, on s'élèvera dans le N., en restant dans l'O. des Andaman. *Etant destiné à Achem*, on prendra le passage du Bengale. Etant destiné à *Penang et Singapour*, la traversée sera achevée comme au § 301. *Etant destiné à Mergui, Amherst, Rangoon ou Dalhousie*, la fin de la route, au-delà du chenal des Six-Degrés-et-demi, sera la même que pour les navires partant d'Achem à la même époque (v. § 303).

Voici les Tableaux de croisements de ces différentes routes, pour les navires partant des trois points principaux suivants : 1° de *Cocanada*, ou de Vizagapatam ; 2° de *Madras* ; et 3° de *Trinquemaley*.

TABLEAU

Des croisements que l'on pourra se proposer de suivre, *pendant la mousson de N.E., en partant de Cocanada, ou de Vizagapatam*, pour aller à la côte d'Aracan, au golfe de Martaban, à Mergui, à Achem, à Penang, à Malacca et à Singapour.

LATITUDES DE CROISEMENTS DES MÉRIDIENS DE												POINTS DE DESTINATION.
81° E.	82° E.	84° E.	86° E.	88° E.	90° E.	91° E.	92° E.	93° E.	94° E.	95° E.	96° E.	
N. ° ′	N. ° ′	N. ° ′	N. ° ′	N. ° ′	N. ° ′	N. ° ′	N. ° ′	N. ° ′	N. ° ′	N. ° ′	N. ° ′	
Du 1er Octobre au 1er Février.												
16 25	15 55	14 50	13 35	12 35	16 30	....	....	....	....	....	....	Akyab (Aracan).
16 25	15 55	14 50	13 35	12 35	15 15	15 35	15 35	15 25	16 00	....	....	Dalhousie et Rangoon.
16 25	15 55	14 50	13 35	12 35	15 15	15 35	15 35	15 25	15 45	16 00	....	Amherst.
16 25	15 55	14 50	13 35	12 35	14 30	14 25	14 20	14 15	14 10	13 55	....	Mergui.
16 25	15 55	14 50	13 15	11 40	10 15	9 40	9 00	7 30	....	....	....	Achem.
16 25	15 55	14 50	13 15	11 40	10 15	9 40	9 20	8 50	8 20	7 45	7 00	Penang et Singapour.
Du 1er Février au 15 Avril.												
17 00	17 15	18 00	17 25	16 45	16 10	....	....	....	....	....	....	Akyab (Aracan).
17 00	17 15	18 00	17 25	16 45	16 10	15 50	15 35	15 25	16 00	....	....	Dalhousie et Rangoon.
17 00	17 15	18 00	17 25	16 45	16 10	15 50	15 35	15 25	15 45	16 00	....	Amherst.
17 00	17 00	16 30	15 55	15 20	14 40	14 25	14 20	14 15	14 10	13 55	....	Mergui.
16 25	15 55	14 50	13 15	11 40	10 15	9 40	9 00	7 30	....	....	....	Achem.
16 25	15 55	14 50	13 15	11 40	10 15	9 40	9 20	8 50	8 20	7 45	7 00	Penang et Singapour.

TABLEAU

Des Croisements que l'on pourra se proposer de suivre, *pendant la mousson de N.E.*, *en partant de Madras*, pour aller à la côte d'Aracan, au golfe de Martaban, à Mergui, à Achem, à Penang, à Malacca et à Singapour.

LATITUDES DE CROISEMENTS DES MÉRIDIENS DE														POINTS DE DESTINATION.
79° E.	80° E.	81° E.	82° E.	84° E.	86° E.	88° E.	90° E.	91° E.	92° E.	93° E.	94° E.	95° E.	96° E.	
N. ° ′	N. ° ′	N. ° ′	N. ° ′	N. ° ′	N. ° ′	N. ° ′	N. ° ′	N. ° ′	N. ° ′	N. ° ′	N. ° ′	N. ° ′	N. ° ′	
Du 1er Octobre au 1er Février.														
12 30	12 00	11 20	10 50			entre	19 30	…	…	…	…	…	…	Akyab (Aracan).
12 30	12 00	11 20	10 50	entre	entre	13°	15 15	15 35	15 35	15 25	16 00	…	…	Dalhousie et Rangoon.
12 30	12 00	11 20	10 50	12°	12°	et	15 15	15 35	15 35	15 25	15 45	16 00	…	Amherst.
12 30	12 00	11 20	10 50	et	et	11°	14 30	14 25	14 20	14 15	14 10	13 55	…	Mergui.
12 30	12 00	11 20	10 50	10°	10°	11 00	10 15	9 40	9 00	7 30	…	…	…	Achem.
12 30	12 00	11 20	10 50			11 00	10 15	9 40	9 20	8 50	8 20	7 45	7 00	Penang et Singapour.
Du 1er Février au 15 Avril.														
13 20	13 50	14 25	16 00	18 00	17 20	16 45	16 20	…	…	…	…	…	…	Akyab (Aracan).
13 20	13 50	14 25	16 00	18 00	17 20	16 45	16 10	15 50	15 35	15 25	16 00	…	…	Dalhousie et Rangoon.
13 20	13 50	14 25	16 00	18 00	17 20	16 45	16 10	15 50	15 35	15 25	15 45	16 00	…	Amherst.
13 20	13 50	14 25	16 00	15 00	13 55	12 55	14 25	14 25	14 20	14 15	14 10	13 55	…	Mergui.
13 30	13 30	12 50	12 20	11 10	10 00	8 40	7 30	6 40	6 20	5 40	…	…	…	Achem.
13 30	13 30	12 50	12 20	11 10	10 00	8 40	7 30	6 40	6 30	6 30	6 30	6 30	6 25	Penang et Singapour.

TABLEAU

Des Croisements que l'on pourra se proposer de suivre, *pendant la mousson de N.E., en partant de Trinquemaley,* pour aller à la côte d'Aracan, au golfe de Martaban, à Mergui, à Achem, à Penang, à Malacca et à Singapour.

LATITUDES DE CROISEMENTS DES MÉRIDIENS DE													POINTS de DESTINATION.
80° E.	81° E.	82° E.	84° E.	86° E.	88° E.	90° E.	91° E.	92° E.	93° E.	94° E.	95° E.	96° E.	
N. ° ′	N. ° ′	N. ° ′	N. ° ′	N. ° ′	N. ° ′	N. ° ′	N. ° ′	N. ° ′	N. ° ′	N. ° ′	N. ° ′	N. ° ′	
						Du 1er Octobre au 1er Février.							
7 55	7 25	6 50	5 40				6 00	14 00	(Voir : § 303)........				Akyab et Dalhousie.
7 55	7 25	6 50	5 40				6 00	6 30	7 00	10 30	(Voir : § 303).		Rangoon.
7 55	7 25	6 50	5 40	entre 4° et 6°	entre 4° et 6°	entre 4° et 6°	6 00	6 30	7 00	10 30	15 50	....	Amherst.
7 55	7 25	6 50	5 40				6 00	6 30	7 00	10 30	13 30	....	Mergui.
7 55	7 25	6 50	5 40				5 30	6 00	5 40	....	....	....	Achem.
7 55	7 25	6 50	5 40				6 00	6 20	6 25	6 30	6 30	6 25	Penang et Singapour.
						Du 1er Février au 15 Avril.							
10 00	10 00	10 00	9 20	8 30	8 20	16 30	....	....	....	....	....	....	Akyab.
10 00	10 00	10 00	9 20	8 30	7 50	7 00	6 40	6 30	7 00	10 30	(Voir : § 303).		Rangoon.
10 00	10 00	10 00	9 20	8 30	7 50	7 00	6 40	6 30	7 00	10 30	15 50	....	Amherst.
10 00	10 00	10 00	9 20	8 30	7 50	7 00	6 40	6 30	7 00	10 30	13 00	....	Mergui.
10 00	10 00	10 00	9 20	8 30	7 50	7 00	6 40	6 30	5 40	....	....	....	Achem.
10 00	10 00	10 00	9 20	8 30	7 50	7 00	6 40	6 30	6 25	6 30	6 30	6 25	Penang et Singapour.

§ 316. — Routes à suivre, pendant la mousson de S.O., en partant des ports de la côte E. d'Hindoustan et de Ceylan, pour se rendre à la côte d'Aracan, au golfe de Martaban, à Mergui, à Achem, à Penang, à Malacca et à Singapour.

Pendant la mousson de S.O., de la fin d'avril à la fin de septembre, les navires *partant* des ports situés dans le N., tels que *Ganjam, Barwah, Vizagapatam et Cocanada,* peuvent faire route directe à destination de Chittagong et d'Akyab. S'ils se rendent à Dalhousie, à Rangoon ou à Amherst et Maulmain, ils se dirigent sur le chenal N. de Preparis et terminent leur traversée comme nous l'avons indiqué pour les navires venant de Calcutta (v. § 308). Etant destinés à Mergui, ils vont prendre le chenal S. de Preparis, en passant en vue du feu de Table; puis ils terminent facilement leur traversée en allant chercher l'île Tavoy. Quand le navire sera destiné à Achem, à Penang, à Malacca, ou à Singapour, on aura le choix entre deux routes. — *Première route :* Il faudra toujours, en partant, tâcher de gagner dans le S., en restant non loin de la côte d'Hindoustan, comme nous l'avons indiqué au § 292. Quand le navire sera parvenu en bonne position, on traversera le golfe au plus près bon plein; et, si l'on voit que la bordée est favorable, on gouvernera pour prendre le chenal des Dix-Degrés. En pareil cas, le navire se trouvera bien au vent, et il pourra gagner aisément Penang avec du largue, puis se rendre à Malacca et à Singapour (v. § 301). Ayant pris le chenal des Dix-Degrés et étant destiné à Achem, on prolongera la bordée tribord amures, en passant le plus près possible dans l'E. des Nicobar, et l'on continuera jusqu'à ce que le navire ait atteint la côte de Pedir, où il se trouvera abrité de la mousson de S.O. Etant parvenu sur cette côte, on pourra généralement s'élever dans l'O. sans trop de difficulté, avec l'aide du courant favorable, et l'on prendra le passage Malacca, entre Pulo Malora et la côte N. de Sumatra. — *Deuxième route :* Après avoir commencé la traversée, comme nous venons de l'indiquer, lorsqu'on s'apercevra, vers le milieu du golfe du Bengale, que la bordée tribord amures ne fera pas sûrement atteindre le chenal des Dix-Degrés, il faudra laisser porter immédiatement pour prendre le chenal S. de Preparis, en passant dans le N. et en vue du feu de Table. Quand le navire se trouvera dans l'E. des îles Coco, la traversée sera terminée, à destination d'Achem, de Penang, ou de Singapour, comme nous l'avons dit au § 309, pour les navires qui partent à cette époque de Dalhousie.

En partant de Madras, ou des ports voisins, pendant la mousson de S.O., les navires destinés à Chittagong, à Akyab, ou à Dalhousie, feront route directe sans difficulté. Les navires destinés à Rangoon, ou à Amherst, feront route sur le Grand Coco, pour passer dans le N. et en vue du feu de Table. De là, pour se rendre à Rangoon, on ira chercher les sondes en veillant le bateau-feu de Krishna; et, pour aller à Amherst, on gouvernera sur le feu de l'île Double. En partant de Madras pour Mergui, on fera route sans difficulté sur le chenal des Dix-Degrés; et, après l'avoir passé, on se dirigera sur l'île Tenasserim. Quand le navire sera destiné à Achem, à Penang, ou à Singapour, on prendra également le chenal des Dix-Degrés, et l'on terminera la traversée comme nous venons de le dire au commencement de ce paragraphe, pour les navires venant de Cocanada, dans la même saison.

En partant des ports situés dans le S., tels que Karikal, Negapatam, etc., ou de *Trinquemaley* (Ceylan), pendant la mousson de S.O., les traversées seront faciles, malgré les mauvais temps auxquels il faudra toujours s'attendre. Si le navire est destiné à Chittagong, à Akyab, ou à Dalhousie, la route sera directe, avec les vents et les courants favorables. De même, quand le navire devra se rendre à Rangoon, ou à Amherst, on se dirigera facilement sur le Grand Coco, pour passer dans le N. et en vue du feu de Table. De là, pour aller à Rangoon, on ira chercher les sondes en veillant le bateau-feu de Krishna; et pour aller à Amherst, on gouvernera sur le feu de l'île Double. En partant de Trinquemaley pour Mergui, on fera route sur le chenal des Dix-Degrés; et, après l'avoir passé, on se dirigera sur l'île Tenasserim. Quand le navire sera destiné à Achem, à Penang, ou à Singapour, on fera route sur le chenal des Six-Degrés et demi. Si l'on doit se rendre à Achem, on contournera Pulo Brasse en vue du feu, et l'on prendra le chenal du Bengale. Si l'on se rend à Penang, ou à Singapour, on passera à bonne distance dans le N. de Pulo Brasse, tout en cherchant à reconnaître le feu pour déterminer sa position; et l'on terminera la traversée comme nous l'avons indiqué au § 301.

Voici d'ailleurs le Tableau des croisements de ces diverses routes, établis pour trois points de départ principaux : Cocanada, Madras et Trinquemaley. Il sera très-facile d'en déduire les routes pour d'autres points de départ, sur la même côte, et dans le voisinage de ceux que nous venons de nommer.

TABLEAU

Des Croisements de routes à suivre, *pendant la mousson de S.O.*, en partant de *Cocanada*, ou de *Vizagapatam*, de *Madras* et de *Trinquemaley*, à destination des ports de la partie E. du golfe : côtes d'Aracan et de Pegu, Mergui, Achem, Penang et Singapour, etc.

	LATITUDES DE CROISEMENTS DES MÉRIDIENS DE											POINTS de DESTINATION.
	81° E.	82° E.	84° E.	88° E.	89° E.	90° E.	91° E.	92° E.	93° E.	94° E.	95° E.	
	N.	N.	N.	N.	N.	N.	N.	N.	N.	N.	N.	
	° ′	° ′	° ′	° ′	° ′	° ′	° ′	° ′	° ′	° ′	° ′	
	En partant de Cocanada.											
	17 00	17 15	18 00	20 30	21 12	... ...	... ...	... ...	... ...	... ...	... ...	Chittagong.
	17 00	17 00	17 15	18 15	18 40	19 15	... ...	... ...	... ...	... ...	... ...	Akyab.
	16 25	15 55	15 50	15 40	15 35	15 30	15 30	15 40	... ...	... ...	... ...	Dalhousie.
	16 25	15 55	15 50	15 40	15 35	15 30	15 30	15 30	15 20	16 00	... ...	Rangoon.
	16 25	15 55	15 50	15 40	15 35	15 30	15 30	15 30	15 20	15 20	15 35	Amherst.
	16 25	16 00	15 20	14 35	14 30	14 25	14 20	13 40	13 15	13 00	13 00	Mergui.
1°	16 00	15 20	13 40	10 45	10 15	9 45	9 10	8 40	8 05	7 30	7 00	Penang.
2°	16 25	16 00	15 20	14 35	14 30	14 25	14 20	12 45	10 30	8 25	7 30	Penang.
1°	16 00	15 20	13 40	10 45	10 15	9 45	9 10	8 10	7 00	... ...	... ...	Achem.
2°	16 25	16 00	15 20	14 35	14 30	14 25	14 20	12 45	10 25	8 20	6 00	Achem.
	En partant de Madras.											
	14 30	15 20	16 45	20 00	21 12	... ...	... ...	... ...	... ...	... ...	... ...	Chittagong.
	14 20	14 50	15 55	18 00	18 30	19 15	... ...	... ...	... ...	... ...	... ...	Akyab.
	13 30	13 40	14 00	14 45	15 00	15 10	15 25	15 40	... ...	... ...	... ...	Dalhousie.
	13 15	13 20	13 30	13 55	14 00	14 10	14 20	14 45	15 20	16 00	... ...	Rangoon.
	13 15	13 20	13 30	13 55	14 00	14 10	14 20	14 35	14 55	15 15	15 35	Amherst.
	12 10	11 55	11 20	10 20	10 05	10 05	10 15	10 40	11 10	11 40	... ...	Mergui.
	12 05	11 45	11 00	9 50	9 35	9 25	9 10	8 40	8 05	7 30	7 00	Penang.
	12 05	11 45	11 00	9 50	9 35	9 25	9 10	8 10	7 00	... ...	... ...	Achem.
	En partant de Trinquemaley.											
	11 00	12 10	14 35	19 45	21 12	... ...	... ...	... ...	... ...	... ...	... ...	Chittagong.
	10 30	11 30	13 25	17 20	18 15	19 15	... ...	... ...	... ...	... ...	... ...	Akyab.
	9 35	10 15	11 20	13 35	14 10	14 45	15 20	15 40	... ...	... ...	... ...	Dalhousie.
	9 25	9 55	10 45	12 35	13 05	13 35	14 20	14 45	15 20	16 00	... ...	Rangoon.
	9 25	9 55	10 45	12 35	13 05	13 35	14 20	14 35	14 55	15 15	15 35	Amherst.
	8 45	8 50	9 04	9 35	9 45	10 00	10 15	10 40	11 10	11 40	... ...	Mergui.
	8 05	7 55	7 30	6 40	6 30	6 20	6 15	6 15	6 20	6 25	6 30	Penang.
	8 05	7 55	7 30	6 40	6 30	6 20	6 06	5 55	5 40	... ...	... ...	Achem.

CHAPITRE CINQUIÈME.

Routes d'aller et de retour entre les ports de la Mer d'Oman et ceux du Golfe du Bengale.

§ 317. — Routes en partant de Colombo, ou de Pointe de Galles, pour aller à Trinquemaley, à la côte de Coromandel et au Bengale.

Dans un but de simplification, nous diviserons en deux parties les instructions contenues dans ce paragraphe. La première partie, concernant le commencement de la route, pour contourner Ceylan dans le S.; et la seconde partie, donnant la fin de la route jusqu'au port de destination.

1° Commencement de la route.

Pendant la mousson de S.O., d'avril en septembre, les navires partant de Colombo feront bien de chercher d'abord à s'élever au vent de la côte O. de Ceylan. Ils contourneront d'ailleurs la partie S. de cette île, de même que ceux venant de Pointe de Galles, en se conformant aux indications détaillées données au § 289.

Pendant la première partie de la mousson de N.E., du commencement d'octobre jusqu'en janvier, nous pensons que l'on pourra tenter d'abord de louvoyer à quelque distance de la côte S.O. et S. de Ceylan. Mais, si l'on ne peut s'élever au vent qu'avec une grande difficulté (éventualité à laquelle il faudra s'attendre), on aura tout avantage à prolonger la bordée bâbord amures dans le S. de 6° ou même de 5°N., parce que dans le S. de ces parallèles on aura plus de chances de trouver des brises mieux établies; les calmes seront plus rares, les brises pourront dépendre quelquefois du S.O. ou du N.O., et enfin les courants contraires portant vers l'O. ne seront probablement que de 18 à 42 milles par 24 heures, au lieu d'atteindre 60 milles et parfois davantage, comme le fait peut se présenter auprès de la côte S. de

Ceylan. En octobre et novembre, on aura beaucoup de chances pour trouver des séries de vents d'O. qui permettront de s'élever dans l'E. de Ceylan.

A partir de janvier, et surtout en février et mars, il sera au contraire préférable de ne pas s'éloigner de la côte S. de Ceylan, et l'on pourra prendre connaissance des feux des Basses. En agissant ainsi, on trouvera probablement les vents de N.E. bien établis, tandis qu'à cette époque, dans le S. des parallèles de 6° et de 5°N., les calmes seraient fort à craindre. Pendant les mêmes mois de février et de mars, la plus grande force de la mousson de N.E. est passée, et le courant portant au S. est ordinairement faible sur la côte E. de Ceylan. En mars, on peut même trouver parfois le courant portant au N., et rencontrer en même temps une sorte de brise de terre et de mer. En résumé, quand le navire aura atteint les Basses, en février ou en mars, on pourra continuer à louvoyer pour s'élever dans le N., le long de la côte E. de Ceylan, si la brise reste modérée et si le courant est favorable ou faible. Dans le cas contraire, on pourra aller un peu au large, mais sans jamais s'éloigner beaucoup, surtout en mars. Lorsque le navire se trouvera dans les environs d'Aganis, c'est-à-dire à la hauteur de la partie la plus E. de l'île, il est probable qu'on trouvera, pendant ces mêmes mois, le courant et les vents de plus en plus favorables à mesure qu'on s'avancera dans le N.

2° *Fin de la traversée.*

Etant destiné à Trinquemaley, il conviendra, *pendant la mousson de S.O.*, de contourner Ceylan, aussi près que la prudence le permettra, et d'atterrir par le S. (v. § 289). En octobre et en novembre, on aura fréquemment des vents d'O., qui permettront de suivre une route à peu près semblable. Mais, pendant le mois *de décembre* et *une partie de janvier*, après avoir contourné Ceylan à grande distance dans le S. et dans l'E., on s'élèvera suffisamment pour pouvoir atterrir par le N. A la *fin de janvier, en février et en mars*, on s'élèvera dans le N., en ne s'éloignant point de la côte, comme nous l'avons indiqué plus haut.

Etant destiné à Pondichéry, ou à Madras, de novembre en janvier, on fera le grand tour dans l'E. et dans le N. de Ceylan, et l'on atterrira à distance suffisante dans le N. *En février et en mars*, il conviendra de s'élever dans le N., en se maintenant non loin de la côte E. de Ceylan, et l'on atterrira dans le S. *Du 1er avril au commencement de septembre*, on suivra la côte d'Hindoustan et l'on atterrira dans le S., en se conformant pour la traversée pendant cette période aux indications des §§ 289 et 290. *Vers la fin de septembre et au commencement d'octobre*, il ne faudra plus se tenir aussi près de la côte de Ceylan ; et, après le 1er octobre, il conviendra d'atterrir dans le N. du port de destination.

Etant destiné à Cocanada, Vizagapatam, Ganjam et Calcutta, entre le 15 octobre et le 15 février, il faudra s'élever dans l'E., en profitant de toutes les variations favorables qui pourront se présenter dans la direction du vent, et en se maintenant dans les environs des parallèles de 5° ou 6°N., de manière à rallier les parages des Andaman. Pour aller à Calcutta, on ira naturellement un peu plus dans l'E. que pour aller à Cocanada. Il faudra atterrir dans le N., sur la côte d'Hindoustan jusque vers la fin de janvier. On trouvera d'ailleurs des indications sur ces routes au § 291 ; et, si le navire est destiné à Calcutta, on pourra aussi se reporter au § 287. *Du 15 février au 15 mars*, on s'élèvera dans le N., en se maintenant non loin de la côte E. d'Hindoustan (à moins de 120 milles) ; et l'on terminera la traversée comme il est dit au § 291, en atterrissant par le S. *Du 15 mars au 15 septembre*, époque de la mousson de S.O., il conviendra de contourner la côte de Ceylan, d'aussi près que la prudence le permettra (v. § 289), et l'on terminera comme nous l'avons indiqué au § 291, en atterrissant par le S. *Du 15 septembre au 15 octobre*, il ne faudra plus se tenir aussi près de la côte de Ceylan. Après le 15 septembre, les navires destinés à Calcutta n'atterrissent plus sur la côte d'Hindoustan. Après le 1er octobre, les navires destinés aux ports de la côte d'Hindoustan doivent atterrir dans le Nord.

Voici d'ailleurs les Tableaux de croisements de ces différentes routes. *Le premier Tableau* indique les croisements du commencement de toutes les traversées ; et les autres Tableaux indiquent la fin de la route, pour chaque port de destination.

TABLEAUX

Des Croisements de routes à suivre, *en partant de Colombo, ou de Pointe de Galles*, pour aller à Trinquemaley, aux ports de la côte Est d'Hindoustan et à Calcutta.

Premier Tableau, donnant le commencement de la route, quelle que soit la destination.

ÉPOQUES.		CROISEMENTS DES MÉRIDIENS DE 78° E.	79° E.	80° E.	POINTS DE DESTINATION.
		N. ° '	N. ° '	N. ° '	
Mousson de N.E.	Octobre, Novemb. & Déc.	5 40	5 00	4 45	Destinations quelconques : de Trinquemaley à Calcutta.
	Février et Mars...	5 45	5 50	6 30	
Mousson de S.O.	Du 15 Avril au 15 Sept.	5 45	5 50	......	Trinquemaley, Pondichéry et Madras.
		5 45	5 50	6 30	Ports dans le N. de Madras.

Fin de la route pour Trinquemaley.

ÉPOQUES DE LA TRAVERSÉE.	LONGITUDES DE CROISEMENTS DES PARALLÈLES DE 4°40'N.	4°30'N.	5° N.	6° N.	7° N.	8° N.	9° N.
	E. ° '	E. ° '	E. ° '	E. ° '	E. ° '	E. ° '	E. ° '
De Novembre en Janvier......	81 00	82 00	83 00	83 00	82 30	82 00	81 00
De Janvier en Avril........	......	......	......	79 20	80 00	79 40	......
D'Avril en Novembre........	......	......	......	79 20	79 45	79 30	......

Fin de la route pour Karikal et Pondichéry.

ÉPOQUES DE LA TRAVERSÉE.	LONGITUDES DE CROISEMENTS DES PARALLÈLES DE							
	4°40'N.	5° N.	6° N.	8° N.	9° N.	10° N.	11° N.	12° N.
	E.	E.	E.	E.	E.	E.	E.	E.
	° '	° '	° '	° '	° '	° '	° '	° '
Du 1er Octobre en Janvier. .	81 00	83 00	83 00	83 00	83 00	83 00	82 30	81 00
En Février et Mars.	... ...	... ...	79 20	80 00	80 00	79 45	79 00	... ...
Du 1er Avril au commnt de Sept.	... ...	... ...	79 20	79 30	78 55	78 10	77 50	... ...
Fin Sept. et commnt d'Octobre.	... ...	... ...	80 45	81 00	81 00	80 30	80 00	78 30

Fin de la route pour Madras.

ÉPOQUES DE LA TRAVERSÉE.	LONGITUDES DE CROISEMENTS DES PARALLÈLES DE							
	4°40'N.	5° N.	6° N.	8° N.	10° N.	12° N.	13° N.	14° N.
	E.	E.	E.	E.	E.	E.	E.	E.
	° '	° '	° '	° '	° '	° '	° '	° '
Du 15 Octobre à la fin Février.	81 00	84 00	84 00	84 00	83 30	82 30	81 30	79 30
Fin Février et commnt de Mars.	... ...	... ...	79 20	80 00	79 45	79 10	78 00	... ...
Du 15 Mars au 15 Septembre.	... ...	... ...	79 20	79 30	78 20	78 10	78 00	... ...
Du 15 Septemb. au 15 Octobre.	... ...	... ...	80 45	81 30	81 20	80 00	78 45	... ...

Fin de la route pour Cocanada.

ÉPOQUES de la TRAVERSÉE.	LONGITUDES DE CROISEMENTS DES PARALLÈLES DE									
	4°40'N.	5° N.	6° N.	8° N.	12° N.	13° N.	14° N.	15° N.	16° N.	17° N.
	E.	E.	E.	E.	E.	E.	E.	E.	E.	E.
	° '	° '	° '	° '	° '	° '	° '	° '	° '	° '
Du 15 Octobre à la fin de Février. . .	79 00	88 00	87 50	87 15	86 10	85 50	85 35	84 50	83 50	82 00
Fin Février et commencem. de Mars.	... ...	... ...	79 20	80 35	81 00	81 00	80 50	80 40	80 30	... ...
Du 15 Mars au 15 Septembre.	... ...	... ...	79 20	79 30	79 35	79 40	79 45	79 50	80 00	... ...
Du 15 Septembre au 15 Octobre. . .	... ...	... ...	80 45	81 35	72 50	83 10	83 20	83 10	82 30	81 00

Fin de la route pour Ganjam.

ÉPOQUES DE LA TRAVERSÉE.	LONGITUDES DE CROISEMENTS DES PARALLÈLES DE								
	4°40'N.	5° N.	6° N.	8° N.	12° N.	16° N.	17° N.	18° N.	19° N.
	E.	E.	E.	E.	E.	E.	E.	E.	E.
	° '	° '	° '	° '	° '	° '	° '	° '	° '
Du 15 Oct. au 15 Févr.	79 00	88 00	88 15	88 10	88 40	89 00	88 30	87 30	86 00
Du 15 Févr. au 15 Mars.	... ...	... ...	79 20	80 30	81 20	81 55	82 00	82 20	82 40
Du 15 Mars au 15 Sept.	... ...	... ...	79 20	79 30	79 50	81 20	81 45	82 20	82 40
Du 15 Sept. au 15 Oct.	... ...	... ...	80 45	82 00	84 10	86 20	86 20	86 00	85 00

Fin de la route pour Calcutta.

ÉPOQUES DE LA TRAVERSÉE.	LONGITUDES DE CROISEMENTS DES PARALLÈLES DE								
	4°40'N.	5° N.	6° N.	8° N.	12° N.	18° N.	19° N.	20° N.	21° N.
	E.	E.	E.	E.	E.	E.	E.	E.	E.
	° '	° '	° '	° '	° '	° '	° '	° '	° '
Du 15 Oct. au 15 Févr.	79 00	88 00	88 15	88 10	88 40	89 00	88 30	87 30	85 55
Du 15 Févr. au 15 Mars.	... ...	... ...	79 20	80 30	81 20	82 20	82 40	84 10	85 55
Du 15 Mars au 1er Sept.	... ...	... ...	79 20	79 30	79 50	82 20	82 40	84 10	85 55
En Sept. { arriv. *avant* le 15.	... ...	... ...	79 30	81 10	83 00	84 18	84 25	84 30	85 55
En Sept. { arriv. *après* le 15.	... ...	... ...	79 30	81 10	83 40	86 05	86 15	86 15	85 55

§ 318. — Routes à suivre, en partant de Colombo, ou de Pointe de Galles, pour aller à des ports situés dans l'Est, tels que : Akyab, Dalhousie, Rangoon, Amherst, Mergui, Penang, Singapour, Malacca et Achem.

Pendant la première moitié de la mousson de N.E., *depuis les premiers jours d'octobre jusqu'en janvier*, les navires partant de Colombo ou de Pointe de Galles commenceront leur traversée en suivant les indications que nous avons données au paragraphe précédent, page 764. Après avoir contourné Ceylan, ils s'élèveront dans l'E., en se maintenant dans le S. du parallèle de 5°S., ou tout au moins de celui de 6°S. La route s'achèvera, comme nous l'avons indiqué au § 315, pour les navires partant de Trinquemaley à destination des mêmes ports. On trouvera aussi d'utiles indications au § 303 pour la fin de la route.

Du milieu de janvier au milieu d'avril, on suivra les indications données au paragraphe précédent, page 765, pour le commencement de la traversée. On se maintiendra non loin de la côte S.E. et E. de Ceylan, qu'il conviendra de remonter jusqu'à ce que le navire ait largement dépassé le parallèle de 6°N. Ce ne sera qu'à ce moment que l'on pourra se diriger alors vers l'E., en profitant de toutes les variations favorables dans la direction du vent. La route sera terminée, conformément aux indications données au § 315, pour les navires partant de Trinquemaley pour les mêmes destinations. On trouvera aussi d'utiles indications au § 303 pour la fin de la route.

Du 15 avril au 15 septembre, c'est-à-dire à l'époque de la mousson de S.O., on suivra les côtes S. et S.E. de Ceylan, d'aussi près que la prudence le permettra, en se conformant aux indications données au § 289. Puis, après avoir pris connaissance des feux des Basses, on gouvernera avec les vents et le courant favorables, en suivant les instructions données au § 315 pour les navires partant de Trinquemaley et se rendant aux mêmes destinations.

Voici d'ailleurs le Tableau des croisements de ces différentes routes.

TABLEAU

Des Croisements des routes à suivre, *en partant de Colombo ou de Pointe de Galles*, pour aller aux ports situés dans l'Est, et par exemple à Akyab, Dalhousie, Rangoon, Amherst, Mergui, Achem, Penang, Malacca et Singapour.

LATITUDES DE CROISEMENTS DES MÉRIDIENS DE											POINTS de DESTINATION.
78° E.	79° E.	80° E.	84° E.	88° E.	90° E.	91° E.	92° E.	93° E.	94° E.	95° E.	
N.	N.	N.	N.	N.	N.	N.	N.	N.	N.	N.	
° '	° '	° '	° '	° '	° '	° '	° '	° '	° '	° '	
En Octobre, Novembre et Décembre.											
5 40	5 00	4 45	entre 4° et 5°.	entre 4° et 5°.	entre 5° et 6°.	6 00	14 00	(Voir : § 303).....			Akyab et Dalhousie.
5 40	5 00	4 45				6 00	6 30	7 00	10 30	§ 303.	Rangoon.
5 40	5 00	4 45				6 00	6 30	7 00	10 30	15 50	Amherst.
5 40	5 00	4 45				6 00	6 30	7 00	10 30	13 00	Mergui.
5 40	5 00	4 45				5 30	6 00	5 40	... ...	... ...	Achem.
5 40	5 00	4 45				6 00	6 20	6 25	6 30	6 30	Penang et Singapour.
De Janvier en Avril.											
5 45	5 50	6 20	7 20	8 20	16 30	... ...	... ...	... ...	... ...	... ...	Akyab.
5 45	5 50	6 20	7 00	7 00	7 00	6 40	6 30	7 20	12 00	... ...	Dalhousie.
5 45	5 50	6 20	7 00	7 00	7 00	6 40	6 30	7 00	10 30	§ 303.	Rangoon.
5 45	5 50	6 20	7 00	7 00	7 00	6 40	6 30	7 00	10 30	15 50	Amherst.
5 45	5 50	6 20	7 00	7 00	7 00	6 40	6 30	7 00	10 30	13 00	Mergui.
5 45	5 50	6 20	7 00	7 00	7 00	6 40	6 30	5 40	... ...	... ...	Achem.
5 45	5 50	6 20	7 00	7 00	7 00	6 40	6 30	6 25	6 30	6 30	Penang et Singapour.
Du milieu d'Avril à la fin de Septembre.											
5 45	5 50	6 30	11 40	16 30	19 15	... ...	... ...	... ...	... ...	... ...	Akyab.
5 45	5 50	6 30	9 45	12 45	14 30	15 20	15 40	... ...	... ...	... ...	Dalhousie.
5 45	5 50	6 30	9 20	12 00	13 35	14 20	14 45	15 20	16 00	... ...	Rangoon.
5 45	5 50	6 30	9 20	12 00	13 35	14 20	14 35	14 55	15 15	15 35	Amherst.
5 45	5 50	6 20	7 50	9 20	10 00	10 15	10 40	11 10	11 40	... ...	Mergui.
5 45	5 50	5 50	5 50	5 50	5 50	5 50	6 00	6 20	6 25	6 30	Penang et Singapour.
5 45	5 50	5 50	5 50	5 50	5 50	5 50	5 50	5 40	... ...	... ...	Achem.

§ 319. — **Routes à suivre, pendant la mousson de N.E., en partant du Bengale, de la côte de Coromandel, ou de Trinquemaley, pour aller à Pointe de Galles et à Colombo.**

En partant du Bengale, ou des différents ports de la côte d'Hindoustan, pour se rendre aux ports de la côte O. de Ceylan, les routes se confondront, en grande partie, avec celles qui ont été conseillées, dans le cours du § 292, pour les navires destinés à Trinquemaley. Nous prions donc le lecteur de se reporter aux instructions données, page 649.

Ainsi, *en septembre*, on pourra choisir, selon les circonstances, entre deux routes : l'une consistant à maintenir le navire auprès de la côte; et l'autre faisant rester au large.

Du 1er octobre au 1er février, on descendra la côte d'Hindoustan à distance modérée; on contournera la côte N.E. et E. de Ceylan, et l'on reconnaîtra les feux des Basses. Ensuite, il faudra serrer de très-près la côte S. et S.O. de Ceylan, et se défier grandement de l'effet du courant, afin de ne point se laisser dépaler dans le S. ni dans l'O. de l'île; ce qui aurait pour conséquence de faire manquer complètement la fin de la traversée. A cette époque, les courants régnant au large de la côte E. d'Hindoustan, porteront vers le S.O., depuis le parallèle de la Pointe Palmiras jusqu'à celui de 10°N., avec une vitesse variable de 12 à 30 milles par 24 heures. Dans le S. du parallèle de 10°N., le mouvement des eaux contourne la côte E. de Ceylan, en portant au S.E., puis au S. et enfin au S.O., avec une vitesse qui peut varier de 40 à 60 et à 110 milles par 24 heures. Dans le S. de Ceylan, ils porteront vers l'O., avec une vitesse variable de 24 à 60 milles.

En février, mars et avril, il conviendra de se maintenir à très-grande distance au large, pour descendre vers le S.; c'est-à-dire que l'on devra éviter le voisinage de la côte d'Hindoustan, où l'on trouverait, à partir du 1er février, des courants portant au N. et au N.E. On rectifiera généralement sa position en prenant connaissance des feux des Basses, et l'on contournera la côte S. de Ceylan à une distance variable selon les circonstances.

Voici d'ailleurs le Tableau des croisements de ces différentes routes.

TABLEAU

Des Croisements de routes à suivre, *pendant la mousson de N.E.*, en partant du Bengale, de la côte de Coromandel et de Trinquemaley, pour aller à Pointe de Galles et à Colombo.

ÉPOQUES DE LA TRAVERSÉE.	LONGITUDES DE CROISEMENTS DES PARALLÈLES DE									
	20° N.	18° N.	16° N.	14° N.	12° N.	10° N.	8° N.	6° N.	5°50′N.	5°40′N.
	E. ° ′	E. ° ′	E. ° ′	E. ° ′	E. ° ′	E. ° ′	E. ° ′	E. ° ′	E. ° ′	E. ° ′
	En partant de Calcutta.									
Du 1er Oct. au 1er Février.	84 40	82 25	80 45	79 50	79 00	78 30	79 30	79 30	78 30	… …
En Févr., Mars et Avril.	86 15	86 30	87 10	87 25	87 10	86 20	83 45	79 30	79 20	79 10
En Septembre, 1re route..	84 20	82 00	80 10	79 00	78 00	78 20	79 45	79 30	79 20	79 10
En Septembre, 2e route..	85 15	83 30	82 20	80 00	78 00	78 20	79 45	79 30	79 20	79 10
	En partant de Cocanada.									
Du 1er Oct. au 1er Février.	… …	… …	80 30	79 50	79 00	78 30	79 30	79 30	78 30	… …
En Févr., Mars et Avril.	… …	… …	82 00	83 25	84 15	84 30	83 30	79 30	79 20	79 10
En Septembre, 1re route..	… …	… …	80 10	79 00	78 00	78 20	79 45	79 30	79 20	79 10
En Septembre, 2e route..	… …	… …	81 00	80 00	78 00	78 20	79 45	79 30	79 20	79 10
	En partant de Madras.									
Du 1er Oct. au 1er Février.	… …	… …	… …	… …	78 30	78 30	79 30	79 30	78 30	… …
En Févr., Mars et Avril.	… …	… …	… …	… …	80 50	82 20	82 15	79 30	79 20	79 10
	En partant de Trinquemaley.									
Du 1er Oct. au 1er Février.	… …	… …	… …	… …	… …	… …	79 40	79 30	78 30	… …
En Févr., Mars et Avril.	… …	… …	… …	… …	… …	… …	80 10	79 30	79 20	79 10

§ 320. — Routes à suivre, pendant la mousson de S.O., en partant du Bengale, de la côte de Coromandel ou de Trinquemaley, pour se rendre à Colombo et à Pointe de Galles.

Lorsque, d'après l'époque du départ du Bengale ou de la côte de Coromandel, on jugera que le navire ne pourra pas atteindre la côte S.E. de Ceylan avant l'établissement de la mousson de S.O., il faudra se résoudre à faire la route du S., en allant chercher les alizés de S.E., à une distance plus ou moins grande dans le S. de l'Equateur.

En règle générale, le voisinage de la côte N.O. de Sumatra devra être évité, à cause des retards que pourraient y faire éprouver les calmes et les petites brises. Cette recommandation est surtout importante, *en avril, mai et juin,* c'est-à-dire au commencement de la mousson, époque où les calmes sont particulièrement à redouter auprès de la côte de Sumatra. Pendant cette même période, il faudra descendre plus loin dans le S., pour trouver les alizés de S.E. bien établis ; et l'on ne pourra guère faire bonne route vers l'O., avant d'avoir atteint le parallèle de 9°, ou même celui de 10°S. Quand on fera la traversée plus tard dans la saison, *en juillet*, *en août* et au commencement de septembre, les circonstances seront meilleures, en ce sens que si le navire est conduit forcément dans le voisinage de Sumatra, on y trouvera beaucoup moins de chances de calmes ; et enfin que, dans tous les cas, les alizés de S.E. remonteront alors beaucoup plus près de l'Equateur, de sorte que l'on pourra faire route vers l'O., sur le parallèle de 7°S., ou même quelquefois par 6° ou 5°Sud.

Quand on partira de ports situés dans le N., tels que *Calcutta*, *Ganjam*, ou *Cocanada*, on se conformera aux instructions données aux § 288 et 292, pour descendre vers le Sud.

En partant de Calcutta, le § 288 indique trois routes que nous reproduisons également dans le Tableau des croisements placé à la fin du présent paragraphe. *La première*, qui est la meilleure, consiste à descendre vers le S. le long de la côte d'Hindoustan, comme pour aller à Trinquemaley. Nous rappellerons qu'elle offre l'avantage de faire rencontrer moins de gros temps et une mer moins dure ; nous ajouterons aussi que, si l'on attend pour prolonger la bordée tribord amures que le navire soit parvenu à la hauteur de Madras ou de Pondichéry, on arrivera naturellement beaucoup plus à l'O. dans les régions équatoriales. Or, plus on coupera l'Equateur dans l'O., plus on évitera naturellement les calmes et les brises folles ou contraires qui dominent auprès de la côte N.O. de Sumatra surtout en avril, mai et juin; et plus on trouvera les alizés de S.E. de bonne heure dans le S. de l'Equateur. La deuxième et la troisième routes ne devront donc être prises que comme pis-aller. *La seconde route*, sera suivie par les navires qui éprouveront de trop grandes difficultés à s'élever dans le S., auprès de la côte d'Hindoustan, et qui prolongeront leur bordée tribord amures de manière à passer au vent, c'est-à-dire dans l'O. des Andaman. Cette route sera encore assez bonne en juillet, août et septembre. Mais, en avril, mai et juin, on pourra se trouver retardé par suite de l'obligation de chercher à s'élever dans l'O., entre les parallèles de 10°N. et de 6°N., afin de ne point s'engager dans la zone de calmes et de brises contraires qui existe auprès de la côte N.O. de Sumatra. *Quant à la troisième route*, que nous croyons encore moins bonne, elle consistera à prendre un des chenaux Preparis, et à passer dans l'E. des Andaman, puis par le chenal des Six-Degrés-et-demi. On trouvera cette route décrite au § 288, ainsi qu'au § 309 pour la partie comprise entre Dalhousie et Achem; et enfin au § 312, pour la dernière partie, d'Achem à Ceylan.

En partant de Cocanada, de Vizagapatam, de Ganjam, ou des ports situés dans le S., tels que *Madras*, etc., la meilleure route consistera toujours à descendre d'abord vers le S., en se tenant non loin de la côte d'Hindoustan, c'est-à-dire dans la partie O. du golfe, comme nous l'avons indiqué au § 292. Cette route sera naturellement plus facile à suivre qu'en partant de Calcutta. On pourra encore se laisser aller à prendre la seconde route, par l'O. des Andaman, en prolongeant la bordée tribord amures, plus tôt que ne le montrent nos Tableaux de croisements; mais, dans aucun cas, il ne faudra prendre la route par l'E. des Andaman.

En partant de Madras, ou des ports voisins, il sera bon de commencer, autant que possible, par suivre la côte, en s'élevant dans le S. jusqu'à la hauteur de Pondichéry. Ce conseil pourra être suivi pendant le fort de la mousson, alors que les brises de terre et de mer sont souvent établies; mais, au commencement de la mousson, alors que les vents soufflent suivant la direction de la côte, et que les courants portent au N. avec le plus de force, on ne pourra guère s'élever dans le S., auprès de terre ; et il faudra, en quittant Madras, prolonger la bordée un peu au large, où l'on trouvera quelquefois les vents dépendant davantage de l'O. à mesure qu'on descendra dans le Sud.

En partant de Pondichéry ou de *Trinquemaley*, on prolongera immédiatement la bordée tribord amures.

A partir du moment où l'on prolongera la bordée tribord amures, *quel que soit le port de départ*, voici quelles seront (en suivant nos points de croisements) les chances de vents et de courants que l'on trouvera généralement.

En avril, mai et juin, de 10°N. à 5°N., vents de S.O., quelquefois de S.E. et quelques calmes ; de 5°N. à l'Equateur, vents de S.O., avec quelques calmes ; de l'Equateur à 5°S., encore des vents de S.O., avec quelques calmes ; de 5°S. à 9°S., vents de S.E., quelquefois de N.O. et quelques calmes. *Etant parvenu par 9° ou 10°S.*, dans la région des alizés de S.E. bien établis, on fera route à l'O. du monde. Comme l'indiquent nos croisements, il conviendra de remonter à l'O.N.O., et au N.O., puis vers le N., à partir du moment où le navire aura atteint le méridien du port de destination. En remontant ainsi, on aura : de 5°S. à l'Equateur, vents de S.E. à S.O. et N.O., et quelques calmes ; puis, dans le N. de l'Equateur, vents de S.O. bien établis, et quelquefois violents.

En juillet, août et septembre, de 10°N. à 5°N., vents de S.O. à O.S.O., point de calmes ; de 5°N. à l'Equateur, mêmes temps ; de l'Equateur à 5°S., vents variables de S.O., S., S.E. et E., et très-peu de calmes, tant que le navire sera entre les méridiens de 83° et de 88°E. Dans le S. du parallèle de 5° ou de 6°S., soit par 7°S. environ, le navire trouvera, à cette époque, les vents alizés de S.E. bien établis. Avec ces vents, l'on gouvernera vers l'O. du monde, *en se maintenant dans les environs de 6° ou de 7°S.*, jusqu'à ce que l'on ait dépassé d'une centaine de milles le méridien du port de destination. Ce ne sera seulement qu'à ce moment que l'on pourra avec sécurité remonter vers le N.O. et le N. En remontant ainsi, on trouvera, entre 5°S. et l'Equateur, des calmes très-fréquents, et des brises de S.O. à S.E. Dans le N. de l'Equateur, les vents domineront du S.O. à l'O., généralement forts.

Il importera, en même temps, de *tenir compte des courants*, surtout à la fin de la traversée.

Entre 15°N. et 10°N., les courants porteront au N.E., avec une vitesse de 12 à 42 milles par 24 heures. Entre 10°N. et 5°N., courants vers l'E. et le N.E., vitesse de 18 à 72 milles; entre 5°N. et l'Equateur, courants vers l'E., vitesse de 36 à 60 milles; *de l'Equateur à 5°S., courants vers l'E.*, vitesse de 18 à 48 milles; *dans le S. du parallèle de 6°S. environ, courants vers l'O.*, vitesse de 12 à 42 milles; puis, quand le navire remontera vers le N.O., le N. et le N.E., on trouvera successivement : *entre 5°S. et l'Equateur, courants vers l'E.*, vitesse de 36 à 48 milles; et enfin, *dans le N. de l'Equateur, courants vers l'E.*, vitesse de 18 à 60 milles.

Voici d'ailleurs les Tableaux de croisements de ces différentes routes.

TABLEAUX

Des Croisements de routes à suivre, *pendant la mousson de S.O.*, quand on partira d'*Avril en Août*, du Bengale de la côte de Coromandel ou de Trinquemaley, pour aller à Pointe de Galles ou à Colombo.

Tableau N° 1. — *Commencement de la route.*

ÉPOQUES DE LA TRAVERSÉE.		LONGITUDES DE CROISEMENTS DES PARALLÈLES DE									
		20° N.	18° N.	16° N.	14° N.	12° N.	10° N.	8° N.	Équatr	5° S.	7° S.
		E.	E.	E.	E.	E.	E.	E.	E.	E.	E.
		° ′	° ′	° ′	° ′	° ′	° ′	° ′	° ′	° ′	° ′
		En partant de Calcutta.									
Avril, Mai et Juin	1re route	84 20	82 30	80 40	79 15	78 15	78 20	80 00	85 00	87 30	87 20
	2e route	84 20	83 35	84 45	86 10	87 35	88 45	87 00	90 30	90 30	90 00
	3e route	86 40	88 25	90 15	91 30	92 45	93 45	94 25	91 00	91 00	89 30
Juillet et Août	1re route	84 20	82 30	80 40	79 15	78 15	78 20	80 00	86 00	88 00	85 00
	2e route	84 20	83 35	84 45	86 10	87 30	88 45	89 55	93 30	93 00	86 00
	3e route	86 40	88 25	90 15	91 30	92 45	93 45	94 25	93 30	93 00	86 00
		En partant de Cocanada.									
Avril, Mai et Juin		... ...	... ...	80 40	79 15	78 15	78 20	80 00	85 00	87 30	87 20
Juillet et Août		... ...	... ...	80 40	79 15	78 15	78 20	80 00	86 00	88 00	85 00
		En partant de Madras.									
Avril, Mai et Juin	1re route	... ...	... ...	... ...	... ...	78 15	78 50	80 10	85 00	87 30	87 20
	2e route	... ...	... ...	... ...	... ...	79 00	80 40	82 00	88 00	90 00	89 00
Juillet et Août	1re route	... ...	... ...	... ...	... ...	78 15	78 50	80 10	86 00	88 00	85 00
	2e route	... ...	... ...	... ...	... ...	79 00	80 40	82 00	88 00	90 00	87 00
		En partant de Trinquemaley.									
Avril, Mai et Juin		... ...	... ...	... ...	... ...	... ...	... ...	79 45	85 00	87 30	87 20
Juillet et Août		... ...	... ...	... ...	... ...	... ...	... ...	79 45	86 00	88 00	85 00

Tableau N° 2. — *Fin de la route.*

ÉPOQUE à laquelle le navire sera dans l'hémisphère Sud.	LONGITUDES DE CROISEMENTS DES PARALLÈLES DE								DESTINATIONS.
	9° S.	9° S.	7° S.	7° S.	5° S.	2° N.	5° N.	6° N.	
	E. ° ′	E. ° ′	E. ° ′	E. ° ′	E. ° ′	E. ° ′	E. ° ′	E. ° ′	
Mai, Juin et commencnt de Juillet.	84 00	80 00	77 00	77 00	76 00	76 00	76 40	....	Pointe de Galles.
De Juillet en Septembre.	....	....	85 00	76 00	74 00	75 30	76 40	....	Pointe de Galles.
Mai, Juin et commencnt de Juillet.	84 00	80 00	77 00	77 00	76 00	76 00	76 20	76 30	Colombo.
De Juillet en Septembre.	....	....	85 00	76 00	74 00	75 00	76 00	76 30	Colombo.

§ 321. — Routes à suivre en partant d'Aden, pour se rendre aux ports du golfe du Bengale, tels que Trinquemaley, Pondichéry, Madras, Cocanada, Ganjam, Calcutta, Aykab, Dalhousie, Rangoon, Amherst, Mergui, Achem, Penang et Singapour.

1° *Commencement de la route, depuis Aden jusqu'au méridien de Ceylan.*

Quel que soit le port du golfe du Bengale auquel le navire devra se rendre, le commencement de la route, depuis Aden jusqu'au méridien de Ceylan, sera toujours le même.

D'une manière générale nous rappellerons que, *du commencement de mai à la fin de septembre*, on devra prendre le chenal des Huit-Degrés ; qu'en *octobre et novembre*, on prendra le chenal des Neuf-Degrés ; que, *du milieu de décembre jusqu'en février*, il conviendra de faire route vers l'E., dans l'hémisphère S., entre 3° et 4° de latitude, afin de profiter des brises et du courant favorables de la mousson de N.O.; et enfin qu'*en mars et avril*, la route passera dans le N. des Laquedives.

On trouvera, dans le Tableau ci-après, l'indication des croisements de cette première moitié de la route, pour chacune des époques que nous venons d'énumérer. Après avoir porté sur la carte les croisements correspondant à l'époque à laquelle on devra faire sa traversée, on cherchera plus loin, dans la seconde partie de ce même paragraphe, les indications et le Tableau de croisements que nous donnons, pour chaque fin de traversée.

Quant aux instructions détaillées sur la première moitié de la route, on les trouvera au § 270, où nous prions le lecteur de se reporter.

Voici le Tableau du commencement de la route.

TABLEAU

Du commencement de la traversée, en partant d'Aden, pour aller à un port quelconque du golfe du Bengale.

ÉPOQUE DE LA TRAVERSÉE.	LATITUDES DE CROISEMENTS DES MÉRIDIENS DE												
	46° E.	48° E.	50° E.	52° E.	54° E.	60° E.	64° E.	66° E.	68° E.	70° E.	72° E.	74° E.	76° E.
	N. ° '	N. ° '	N. ° '	N. ° '	N. ° '	N. ° '	N. ° '	N. ° '	N. ° '	N. ° '	N. ° '	N. ° '	N. ° '
Mars et Avril	13 10	14 20	15 00	16 20	17 00	18 00	17 00	16 00	15 00	14 10	12 30	8 00	6 30
Du 1er Mai à la fin de Septembre	13 10	13 30	13 30	13 30	12 55	11 05	9 55	9 20	8 40	8 00	7 30	7 00	6 15
Octobre et Novembre	13 10	14 20	15 00	16 20	17 00	14 45	13 00	11 40	10 30	9 20	9 00	8 40	7 00
	N.	N.	N.	N.	N.	S.	S.	S.	S.	S.	S.	S.	S.
Du 15 Décembre à Février	12 20	12 20	11 00	8 30	6 20	0 30	3 30	3 30	3 30	3 30	3 30	3 30	3 30

2° Fin de la route, depuis le méridien de Ceylan jusqu'au port de destination.

Ainsi que nous venons de l'indiquer dans la première partie du présent paragraphe, le commencement de la traversée conduit le navire en vue de la côte S.O. et S. de Ceylan, depuis mars jusqu'en décembre. Au contraire, la route par l'hémisphère S., qui a été indiquée pour la période comprise du milieu de décembre en février, fait couper le méridien de Ceylan entre les parallèles de 3° et de 4°S.

Dans le premier cas, *de mars en décembre*, c'est-à-dire pendant la plus grande partie de l'année, le navire se trouvant en vue de la côte S.O. de Ceylan, la traversée sera achevée conformément aux instructions contenues dans le § 317, si l'on doit se rendre à Trinquemaley, à la côte de Coromandel, ou au Bengale ; et la route sera terminée suivant les indications du § 318, si l'on est destiné à la côte d'Aracan, au golfe de Martaban, au détroit de Malacca, ou à Achem. D'ailleurs, afin de rendre toute erreur impossible, nous donnerons plus loin les Tableaux de croisements pour ces fins de traversée.

Mais, pendant les mois de décembre et janvier, et même au commencement de février, à l'époque de la mousson de N.E., et alors que l'on aura pris la route du S., il conviendra de continuer à faire route vers l'E., jusqu'à une distance plus ou moins grande dans l'E. du méridien de Ceylan, en se maintenant entre 3° et 4°S., c'est-à-dire dans la zone où l'on pourra trouver des brises variables de la partie du N.O. et du S.O. Naturellement, il faudra ainsi s'élever dans l'E., à une distance d'autant plus grande que le port de destination sera situé plus à l'E. Mais, en règle générale, on aura tout avantage à aller le plus loin possible dans l'E., avant de remonter vers le N. Effectivement, pendant les mois dans lesquels on se trouvera (décembre, janvier et commencement de février), tant que le navire sera dans le S. de l'Equateur, on pourra compter sur un courant favorable portant à l'E., avec une vitesse atteignant parfois de 48 à 54 milles par 24 heures. En même temps, toujours dans le S. de l'Equateur, les brises seront dominantes de la partie du N.O., et l'on aura très-peu de chances de calmes entre les méridiens de 83° et de 93°E. Quand on aura coupé l'Equateur entre ces mêmes méridiens, on continuera à ne trouver que peu de calmes ; mais, depuis la Ligne jusque vers 6°N., les vents domineront souvent du N.N.E., c'est-à-dire qu'ils seront très-pointus, et en outre le courant portera vers l'O. avec une vitesse de 24 milles par 24 heures. Il pourra donc arriver qu'un navire venant de l'hémisphère S. et désirant faire route vers le N. ne puisse, en fin de compte, traverser la bande comprise entre l'Equateur et 6°N. qu'en faisant le N.O.$^1/_4$O. tout au plus. Ces considérations suffisent pour faire ressortir la nécessité de ne couper l'Equateur que très-loin dans l'E. La traversée s'achèvera ensuite sans grande difficulté, en consultant les instructions données aux §§ 287, 317, ou 318 selon le point de destination. Nous rappellerons que, sur la côte E. d'Hindoustan et de Ceylan, il faut atterrir dans le N. jusqu'en janvier; que, dans le courant de janvier, on atterrit sur le parallèle même du port de destination, ou un peu dans le N.; et qu'à partir du 1er février, on commence à atterrir dans le Sud.

Voici d'ailleurs les Tableaux de croisements pour ces différentes fins de traversées.

Fin de la route pour aller à Trinquemaley.

ÉPOQUES DU CROISEMENT DU MÉRIDIEN DE CEYLAN.	LONGITUDES DE CROISEMENTS DES PARALLÈLES DE							
	3° S.	Équatr.	4° 30′ N.	5° N.	6° N.	7° N.	8° N.	9° N.
	E. ° ′	E. ° ′	E. ° ′	E. ° ′	E. ° ′	E. ° ′	E. ° ′	E. ° ′
Octobre, Novembre et commencement de Décembre	....	....	82 00	83 00	83 00	82 30	82 00	81 00
De la fin de Décembre à la fin de Février	86 00	88 00	85 00	84 30	83 30	82 30	81 00	....
Fin de Mars et Avril	....	....	....	....	79 20	80 00	79 40	....
Du 1er Avril en Octobre	....	....	....	....	79 20	79 45	79 30	....

Fin de la route pour aller à Pondichéry.

ÉPOQUES DU CROISEMENT DU MÉRIDIEN DE CEYLAN.	LONGITUDES DE CROISEMENTS DES PARALLÈLES DE									
	3° S.	Équatr	4° 40′ N.	5° N.	6° N.	8° N.	9° N.	10° N.	11° N.	12° N.
	E. ° ′	E. ° ′	E. ° ′	E. ° ′	E. ° ′	E. ° ′	E. ° ′	E. ° ′	E. ° ′	E. ° ′
Octobre, Novembre et commenct Décemb.	....	....	81 00	83 00	83 00	83 00	83 00	83 00	82 30	81 00
De la fin de Décembre à la fin de Février.	86 30	89 30	85 30	85 10	84 30	82 35	81 45	81 00	80 00	79 00
En Mars	....	....	....	....	79 20	80 00	80 00	79 45	79 00	....
Du 1er Avril au commenct de Septembre.	....	....	....	....	79 20	79 30	78 55	78 10	77 50	....
Fin Septembre et commencem. d'Octobre.	....	....	....	....	80 45	81 00	81 00	80 30	80 00	78 30

Fin de la route pour aller à Madras.

ÉPOQUES DU CROISEMENT DU MÉRIDIEN DE CEYLAN.	LONGITUDES DE CROISEMENTS DES PARALLÈLES DE									
	3° S.	Équatr	4°40′ N.	5° N.	6° N.	8° N.	10° N.	12° N.	13° N.	14° N.
	E.	E.	E.	E.	E.	E.	E.	E.	E.	E.
	° ′	° ′	° ′	° ′	° ′	° ′	° ′	° ′	° ′	° ′
Du 1er Octobre au commencnt Décembre.	....	....	81 00	84 00	84 00	84 00	83 30	82 30	81 30	79 30
A la fin de Décembre et en Janvier. . . .	88 00	90 30	87 15	87 00	86 00	84 15	82 30	80 45	80 00	....
Du 1er Février au 1er Mars.	....	....	....	....	79 20	80 00	79 45	79 10	78 00	....
Du 1er Mars au 1er Septembre	....	....	....	....	79 20	79 30	78 20	78 10	78 00	....
En Septembre.	....	....	....	....	80 45	81 30	81 20	80 00	78 45	....

Fin de la route pour Cocanada.

ÉPOQUES DU CROISEMENT DU MÉRIDIEN DE CEYLAN.	LONGITUDES DE CROISEMENTS DES PARALLÈLES DE											
	3° S.	Équatr	4°40′ N.	5° N.	6° N.	8° N.	12° N.	13° N.	14° N.	15° N.	16° N.	17° N.
	E.	E.	E.	E.	E.	E.	E.	E.	E.	E.	E.	E.
	° ′	° ′	° ′	° ′	° ′	° ′	° ′	° ′	° ′	° ′	° ′	° ′
Du 1er Octobre au commencement de Décembre.	......	......	79 00	88 00	87 50	87 15	86 10	85 50	85 35	84 50	83 50	82 00
Du 15 Décembre au 1er Février	90 00	93 00	90 45	90 40	90 20	89 30	87 30	86 40	85 45	84 50	83 50	82 00
En Février.	......	......	......	......	79 20	80 35	81 00	81 00	80 50	80 40	80 30	......
Du 1er Mars au 1er Septembre.	......	......	......	......	79 20	79 30	79 35	79 40	79 45	79 50	80 00	......
En Septembre	......	......	......	......	80 45	81 35	82 50	83 10	83 20	83 10	82 30	81 00

Fin de la route pour Ganjam.

ÉPOQUES DU CROISEMENT DU MÉRIDIEN DE CEYLAN.	LONGITUDES DE CROISEMENTS DES PARALLÈLES DE										
	3° S.	Équat[r]	4° 40′ N.	5° N.	6° N.	8° N.	12° N.	16° N.	17° N.	18° N.	19° N.
	E.	E.	E.	E.	E.	E.	E.	E.	E.	E.	E.
	° ′	° ′	° ′	° ′	° ′	° ′	° ′	° ′	° ′	° ′	° ′
Du 1er Octobre au commencement de Décembre	... ...	... ...	79 00	88 00	88 15	88 10	88 40	89 00	88 30	87 30	86 00
Du 15 Décembre au 1er Février	90 00	93 00	90 45	90 40	90 20	89 30	89 00	89 00	88 30	87 30	86 00
En Février	... ...	... ...	... ...	... ...	79 20	80 30	81 20	81 55	82 00	82 20	82 40
Du 1er Mars au 1er Septembre	... ...	... ...	... ...	... ...	79 20	79 30	79 50	81 20	81 45	82 20	82 40
En Septembre	... ...	... ...	... ...	... ...	80 45	82 00	84 10	86 20	86 20	86 00	85 00

Fin de la route pour Calcutta.

ÉPOQUES DU CROISEMENT DU MÉRIDIEN DE CEYLAN.	LONGITUDES DE CROISEMENTS DES PARALLÈLES DE										
	3° S.	Équat[r]	4° 40′ N.	5° N.	6° N.	8° N.	12° N.	18° N.	19° N.	20° N.	21° N.
	E.	E.	E.	E.	E.	E.	E.	E.	E.	E.	E.
	° ′	° ′	° ′	° ′	° ′	° ′	° ′	° ′	° ′	° ′	° ′
Du 1er Octobre au commencement de Décembre	... ...	... ...	79 00	88 00	88 15	88 10	88 40	89 00	88 30	87 30	85 55
Du 15 Décembre au 1er Février	90 00	93 00	90 45	90 40	90 20	89 30	89 00	89 00	88 30	87 30	85 55
Du 1er Février au 1er Mars	... ...	... ...	... ...	... ...	79 20	80 30	81 20	82 20	82 40	84 10	85 55
Du 1er Mars au 15 Août	... ...	... ...	... ...	... ...	79 20	79 30	79 50	82 20	82 40	84 10	85 55
Du 15 Août au 1er Septembre	... ...	... ...	... ...	... ...	79 30	81 10	83 00	84 18	84 25	84 30	85 55
Du 1er Septembre au 15 Septembre	... ...	... ...	... ...	... ...	79 30	81 10	83 40	86 05	86 15	86 15	85 55

Fin de la route, pour les navires qui auront coupé le méridien de Ceylan, *à la fin de Septembre, en Octobre, en Novembre et au commencement de Décembre*, et qui seront destinés à *Akyab, Dalhousie, Rangoon, Amherst, Mergui, Achem, Penang, Malacca et Singapour.*

LATITUDES DE CROISEMENTS DES MÉRIDIENS DE											PORTS DE DESTINATION.
78° E.	79° E.	80° E.	84° E.	88° E.	90° E.	91° E.	92° E.	93° E.	94° E.	95° E.	
N.	N.	N.	N.	N.	N.	N.	N.	N.	N.	N.	
° ′	° ′	° ′	° ′	° ′	° ′	° ′	° ′	° ′	° ′	° ′	
5 40	5 00	4 45				6 00	14 00	(§ 303).	....	....	Akyab et Dalhousie.
5 40	5 00	4 45	entre	entre	entre	6 00	6 30	7 00	10 30	(§ 303).	Rangoon.
5 40	5 00	4 45				6 00	6 30	7 00	10 30	15 50	Amherst.
5 40	5 00	4 45	4° et 5°	4° et 5°	5° et 6°	6 00	6 30	7 00	10 30	13 00	Mergui.
5 40	5 00	4 45				5 30	6 00	5 40	....	....	Achem.
5 40	5 00	4 45				6 00	6 20	6 25	6 30	6 30	Penang et Singapour.

Fin de la route, pour les navires qui auront coupé le méridien de Ceylan, *entre la fin de Décembre et Mars*, et qui seront destinés à *Akyab, Dalhousie, Rangoon, Amherst, Mergui, Achem, Penang, Malacca et Singapour.*

LATITUDES DE CROISEMENTS DES MÉRIDIENS DE									PORTS DE DESTINATION.
78° E.	88° E.	90° E.	93° E.	91° E.	92° E.	93° E.	94° E.	95° E.	
S.	S.	S.		N.	N.	N.	N.	N.	
3° 30′	3° 30′	2° 45′	Équat[r]	5 00	6 00	(§ 303).	....	....	Akyab.
3 30	3 30	2 45	Équat.	5 00	6 00	7 00	10 30	(§ 303).	Rangoon.
3 30	3 30	2 45	Équat.	5 00	6 00	7 00	10 30	15 50	Amherst.
3 30	3 30	2 45	Équat.	5 00	6 00	7 00	10 30	13 00	Mergui.
3 30	3 30	2 45	Équat.	5 00	6 00	5 40	....	....	Achem.
3 30	3 30	2 45	Équat.	5 00	6 00	6 25	6 30	6 30	Penang et Singapour.

Fin de la route, pour les navires qui auront coupé le méridien de Ceylan, *du 1er Avril à la fin de Septembre*, et qui seront destinés à *Akyab, Dalhousie, Rangoon, Amherst, Mergui, Penang et Achem.*

LATITUDES DE CROISEMENTS DES MÉRIDIENS DE											PORTS DE DESTINATION.
78° E.	79° E.	80° E.	84° E.	88° E.	90° E.	91° E.	92° E.	93° E.	94° E.	95° E.	
N.	N.	N.	N.	N.	N.	N.	N.	N.	N.	N.	
° ′	° ′	° ′	° ′	° ′	° ′	° ′	° ′	° ′	° ′	° ′	
5 45	5 50	6 30	11 40	16 30	19 15	....	....	....	....	....	Akyab.
5 45	5 50	6 30	9 45	12 45	14 30	15 20	15 40	....	....	....	Dalhousie.
5 45	5 50	6 30	9 20	12 00	13 35	14 20	14 45	15 20	16 00	....	Rangoon.
5 45	5 50	6 30	9 20	12 00	13 35	14 20	14 35	14 55	15 15	15 35	Amherst.
5 45	5 50	6 20	7 50	9 20	10 00	10 15	10 40	11 10	11 40	....	Mergui.
5 45	5 50	5 50	5 50	5 50	5 50	5 50	6 00	6 20	6 25	6 30	Penang et Singapour.
5 45	5 50	5 50	5 50	5 50	5 50	5 50	5 50	5 40	....	....	Achem.

§ 322. — Routes en partant d'un port quelconque de la côte de Malabar, ou de Bombay, de Karachi, ou de Mascate, pour aller à un port quelconque du golfe du Bengale, ou au détroit de Malacca.

En partant du golfe Persique, ou de Mascate, on effectuera d'abord la traversée jusque par le travers de Pointe de Galles, comme il a été dit au § 276, pour les navires destinés à Ceylan.

En partant de Karachi, ou de Diu, on fera route également jusque par le travers de Pointe de Galles, en suivant les instructions données au § 282, pour les navires destinés à Ceylan.

En partant de Bombay, ou d'un port de la côte de Malabar, on descendra la côte d'Hindoustan, conformément aux instructions données au § 268, pour les navires destinés à Ceylan.

Quel que soit le port de départ, lorsque le navire sera parvenu au large de la côte S.O. de Ceylan, comme nous venons de l'indiquer, la traversée sera achevée en suivant les instructions données : soit au § 317, si l'on doit se rendre à Trinquemaley, à la côte de Coromandel, ou au Bengale ; soit au § 318, si l'on est destiné à Akyab, Dalhousie, Rangoon, Amherst, Mergui, Penang, Singapour ou Achem.

Les points de croisements de toutes ces routes, se trouvent à la fin de chacun des paragraphes auxquels nous venons de renvoyer. Il est donc inutile de les reproduire dans de nouveaux Tableaux.

§ 323. — Routes en partant d'un port quelconque du golfe du Bengale, ou du détroit de Malacca, pour aller à la côte de Malabar, à Bombay, à Karachi, à Mascate, ou à Aden.

1° *Pendant la mousson de N.E.*

En partant de Calcutta, de la côte de Coromandel, ou de Trinquemaley, on fera route, pendant la mousson de N.E., de manière à contourner de plus ou moins près la côte S. de Ceylan, en se conformant aux instructions données au § 319 pour les navires qui se rendent, durant cette saison, à Pointe de Galles, ou à Colombo.

En partant d'Akyab, de Dalhousie, de Rangoon, d'Amherst, de Mergui, de Penang, de Singapour, ou d'Achem, on gouvernera également, pendant la mousson de N.E., de manière à contourner la partie S. de Ceylan, suivant les indications données au § 313 pour les navires qui se rendent, durant cette saison, à Pointe de Galles, ou à Colombo.

Quel que soit le port de départ, la route que nous venons d'indiquer, et qui fera contourner de plus ou moins près la côte S. de Ceylan, *ne devra être suivie qu'à la condition d'être certain d'arriver par le travers de Pointe de Galles après la fin de septembre et avant la fin de mars.*

Les voiliers qui ne pourront pas atteindre Ceylan entre le commencement d'octobre et la fin de mars devront prendre la route du S., que nous donnerons dans la seconde partie du présent paragraphe.

Quel que soit le port de départ, lorsqu'on aura atteint la partie S.O. de Ceylan entre le commencement d'octobre et la fin de mars, la traversée sera terminée en remontant vers le N., ou vers le N.O., le long de la côte O. d'Hindoustan. Pour cette fin de la route, on se conformera aux instructions données : soit au § 269, si l'on est destiné à la côte de Malabar, ou à Bombay ; soit au § 278, si le navire est destiné à Mascate, ou au golfe Persique ; soit au § 273, en passant par le chenal des Neuf-Degrés, si l'on doit se rendre à Aden.

Les points de croisements de toutes ces routes se trouvent à la fin de chacun des paragraphes auxquels nous venons de renvoyer. Il est donc inutile de les reproduire dans de nouveaux Tableaux.

2° *Pendant la mousson de S.O.*

Pendant la mousson de S.O., ou pour mieux dire lorsque d'après l'époque du départ on jugera impossible d'atteindre la côte S.O. de Ceylan entre le commencement d'octobre et la fin de mars, il faudra avec un voilier prendre *la route du S.*, qui consiste à aller chercher les alizés de S.E., entre 5° et 10°S.

En partant de Calcutta, de la côte de Coromandel, ou de Trinquemaley, on effectuera la première partie de la traversée jusqu'aux alizés de S.E., en se conformant aux instructions données au § 320 pour les navires destinés à Pointe de Galles et à Colombo.

En partant de Chittagong, d'Akyab, de Dalhousie, de Rangoon, d'Amherst, de Mergui, de Penang, de Singapour, ou d'Achem, on commencera la traversée jusqu'aux alizés de S.E., en suivant les indications données au § 314 pour les navires destinés à Pointe de Galles et à Colombo.

En avril, mai et juin, il pourra être nécessaire de descendre jusque par 9° ou 10°S., pour trouver les alizés bien établis. *En juillet, août et septembre,* il suffira généralement d'aller jusque par 6° ou 7°Sud.

Ayant atteint l'une ou l'autre de ces latitudes, suivant la saison, on fera son chemin vers l'O., avec les alizés, et avec un courant favorable qui portera vers l'O. de 12 à 40 milles par 24 heures. Si l'on peut atteindre Diego Garcia pendant le jour, il sera bon de la reconnaître, au moins pendant les mois de juillet, août et septembre (voir § 273, page 557). Dans tous les cas, on donnera un bon tour dans le S. aux bancs Centurion et Owen.

Ayant suivi cette route, et le navire ayant dépassé dans l'O. le méridien de 70°E., la traversée sera terminée en se conformant à la fin des instructions données : soit au § 273, page 559, *si l'on se rend à Aden*; soit au § 279, page 589, *si l'on se rend à Mascate, ou au golfe Persique*; soit au § 281, page 598, *si l'on se rend à Karachi, ou à Diu.*

Quand le navire sera destiné à Cochin, Calicut, ou Mangalore, on passera dans le S. et dans l'O. des Chagos ; on coupera l'Equateur entre 64° et 65°E. ; et l'on gouvernera en se défiant du courant de manière à prendre le chenal des Neuf-Degrés, en passant dans le N. de Minicoy.

Etant destiné à Bombay, on suivra une route un peu plus occidentale, en coupant l'Equateur à peu près par 63°E., mais pas plus à l'E. On se dirigera ensuite vers le N., en se tenant toujours bien dans l'O. Il faudra en effet s'attendre, à partir des parallèles de 8° à 10°N., à de forts vents de S.O., halant fréquemment l'O.S.O. et l'O., accompagnés d'une forte mer qui portera dans l'E., en ajoutant son effet à celui du courant. Il sera toujours prudent, pour toutes ces raisons réunies, de doubler les Laquedives à grande distance dans l'O.; et l'on ira ensuite chercher le parallèle de Kundari de manière à l'atteindre à 80 milles environ au large.

Voici comment il conviendra de procéder, pour tracer ces différentes routes sur la carte.

D'abord les croisements de la première moitié de la traversée, jusqu'aux alizés de S.E., se trouveront dans les Tableaux placés à la fin du § 314, si l'on part d'un port tel que Chittagong, Akyab, Dalhousie, Rangoon, Amherst, Mergui, Penang, Singapour, ou Achem; ou bien, on les trouvera dans les Tableaux du § 320, si l'on part de Calcutta, de la côte de Malabar, ou de Trinquemaley.

Quant aux croisements de la seconde moitié de la traversée, depuis les alizés de S.E. jusqu'au port de destination, nous les donnons dans le Tableau ci-après.

TABLEAU

Des Croisements de la *fin de la route* que les voiliers pourront suivre, *pendant la mousson de S.O.*, en partant d'un port quelconque du golfe du Bengale (*Trinquemaley, côte de Coromandel, Calcutta, Akyab, Dalhousie, Rangoon, Amherst, Mergui, Penang, Singapour* ou *Achem*) pour aller à la côte de Malabar, à Bombay, à Karachi, à Mascate, ou au golfe Persique et à Aden.

LONGITUDES DE CROISEMENTS DES PARALLÈLES DE									POINTS de DESTINATION.
7° S.	5° S.	Équatr	5° N.	9° N.	12° N.	18° N.	20° N.	23° N.	
E.	E.	E.	E.	E.	E.	E.	E.	E.	
° ′	° ′	° ′	° ′	° ′	° ′	° ′	° ′	° ′	
66 00	65 00	64 30	66 30	71 00	72 00	... ...	... ...	... ...	Cochin, Calicut et Mangalore.
66 00	65 00	63 00	63 00	64 00	65 00	68 50	... ...	... ...	Bombay.
65 00	62 00	55 00	55 00	55 30	56 00	57 00	57 30	57 10	Mascate.
65 00	63 00	60 30	60 30	60 30	60 30	62 00	62 30	63 30	Karachi.
65 00	57 30	52 00	50 30	49 30	48 00	... ...	... ...	... ...	Aden.

§ 324. — Routes que pourront suivre les paquebots, et en général les grands navires à vapeur, ayant à se rendre directement à Aden, à Mascate, à Karachi, ou à Bombay, en partant d'un port du golfe du Bengale tel que Trinquemaley, Madras, Calcutta, Akyab, Dalhousie, Rangoon, Amherst, Penang, Singapour, ou Achem.

Pendant la mousson de N.E., ces routes seront naturellement très-simples, et nous n'en parlerons guère que pour mémoire. Quel que soit le point de départ, la première partie de la route jusqu'à la côte S.E. de Ceylan sera directe. Toutefois, il faudra tenir compte de l'effet du courant qui drossera dans le S.O., quand on approchera de Ceylan; et par suite il conviendra de se tenir bien dans le N., en venant de l'E., pour être certain de reconnaître les feux des Basses et de ne pas être dépalé dans le S. On contournera la côte S. de Ceylan, à distance aussi petite que la prudence le permettra, et en rectifiant sa route d'après l'effet du courant. Enfin, la traversée sera terminée *directement*, en se conformant aux indications du § 275, si le navire est destiné à Aden; ou en s'inspirant des instructions données au § 269, si l'on se rend à Bombay; au § 278, si l'on se rend à Mascate ou au golfe Persique; et au § 280, si l'on se rend à Diu, ou à Karachi. Ces paragraphes 269, 278 et 280 ne seront d'ailleurs consultés qu'à titre d'indications générales; la traversée ne demandant aucune autre précaution, à cette époque, pour des vapeurs, que de tenir compte de l'effet du courant, qui portera généralement vers l'O. ou le S.O.

Pendant la mousson de S.O., quel que soit le point du golfe du Bengale d'où l'on partira, il faudra prendre la route du S., un peu dans le S. de l'Equateur entre 2° et 3°S. par exemple, quand le vapeur sera destiné *directement* à Aden, à Mascate, à Karachi, ou à Bombay.

Avant de décrire cette route, commençons par établir qu'elle nous semble devoir être suivie par les grands navires à vapeur, pourvus d'un approvisionnement assez considérable de charbon, chargés principalement de marchandises, et se préoccupant de faire une traversée rapide, sans risquer de faire des avaries.

Mais, lorsque le navire à vapeur n'aura pas suffisamment de charbon, ou quand la question d'économie du combustible primera la question de vitesse, il sera plus prudent de ne point suivre cette route, entre 2° et 3°S. Il sera alors préférable de descendre un peu plus loin dans le S., et de prendre une route se rapprochant de celles données aux § 313, 320 et 323, pour les voiliers; en agissant ainsi, on fera son chemin vers l'O., poussé par les alizés de S.E. et par le courant favorable, en ayant en outre des temps meilleurs au point de vue hygiénique.

Ces considérations préliminaires étant admises, voici quelle sera la route que pourront suivre, *en mousson de S.O.*, les grands navires à vapeur dont nous avons parlé en premier lieu.

En partant de Calcutta, il conviendra de descendre le golfe du Bengale, en se tenant bien dans l'O., où la mer sera moins mauvaise. On tâchera donc, autant que le vent et la mer le permettront, de s'élever d'abord dans le S.O., jusque vers le parallèle de 15°N. Puis, suivant les circonstances, on mettra le cap entre le S.$^1/_4$S.O. et le S.$^1/_4$S.E., et l'on ira, appuyé tout au moins par les goëlettes, passer à bonne distance au large de Ceylan. Entre 10° et 5°N., la route sera le S., avec un courant portant à l'E. et à l'E.N.E., de 36 à 72 milles par 24 heures. Au-delà de 5°N., on arrondira la route au S.S.O. et enfin au S.O., en approchant de l'Equateur; le courant continuant à porter à l'E., de 18 à 60 milles par 24 heures.

En partant de Madras, il sera bon de faire d'abord du S., non loin de la côte, jusques à peu près par le travers de Pondichéry; et, l'on prendra ensuite tribord amures, voiles et vapeur, pour doubler Ceylan dans l'E., et rejoindre la route des navires partis de Calcutta.

En partant de Trinquemaley, on prolongera d'abord la bordée, voiles et vapeur, pour aller un peu au large de Ceylan; et l'on arrondira ensuite successivement la route au S. et au S.S.O., à mesure qu'on s'avancera dans le S., comme en partant de Calcutta.

En partant d'Akyab, ou de Dalhousie, la meilleure route, ou du moins la plus sûre, consistera sans doute à prendre l'un des chenaux de Preparis, et à passer dans l'E. des Andaman et des Nicobar, pour chercher ensuite le chenal des Six-Degrés-et-demi.

En partant de Rangoon, d'Amherst, ou de Mergui, on gouvernera également pour passer par le chenal des Six-Degrés-et-demi.

En partant de Singapour, de Malacca, ou de Penang, on suivra les indications données au § 302, pour aller chercher le feu de Pulo-Brasse, au-delà duquel la route se confondra avec celle des navires partis d'Achem. Cette route consistera à faire d'abord un peu d'O., pour profiter du fil de courant qui porte généralement vers l'O. jusqu'à quelque distance dans l'O. de Pulo Brasse. Puis, on fera, autant que possible, route vers le S.O. pour aller se placer dans le S. de l'Equateur. Lorsque le vent et la mer ne permettront pas de faire le S.O., on prendra temporairement une route plus S., en s'appuyant avec les goëlettes; et, dès que les circonstances seront moins défavorables, on repiquera au S.O. Les courants, entre Pulo Brasse et l'Equateur, porteront vers l'E., avec une vitesse variable de 12 à 30 milles par 24 heures.

Etant parvenu dans le S. de l'Equateur, on fera route vers l'O., en se maintenant entre 2° et 3°S., où les vents seront moins défavorables et moins forts, où la mer sera plus belle, et où les courants portant vers l'E. dépasseront rarement 40 ou 48 milles par 24 heures, tandis que dans le N. de la Ligne on trouverait les circonstances beaucoup plus contraires. En continuant cette route vers l'O., on passera entre les Maldives et les Chagos; puis, si le navire est *destiné à Aden*, la traversée sera terminée suivant les indications du § 275.

Si le navire est destiné à Mascate, ou au golfe Persique, on pourra, après avoir dépassé le méridien des Maldives, mettre le cap à l'O.N.O., et plus tard au N.O., sans faire plus de N. avant d'avoir dépassé le parallèle de 5° ou celui de 6°N. Il faut effectivement remarquer que, dans le S. de ces parallèles, on aura des brises dominant de l'O.S.O. généralement modérées, et des calmes assez fréquents; toutes circonstances qui seront favorables pour permettre de faire de l'O., en même temps que du N. Au contraire, quand on arrivera plus loin dans le N., et particulièrement au-delà de 9° ou 10°N., il deviendra de plus en plus difficile de faire de l'O., à cause de la grosse mer de l'O., des grands vents de S.O. et d'O., et enfin à cause du courant portant à l'E. Il conviendra donc de chercher à couper le parallèle de 10°N., à peu de chose près sur le méridien de destination. Les navires destinés à Mascate, ou à Karachi, couperont ce parallèle par une longitude voisine de celle de Ras-al-Hed; et ils trouveront au § 279 des indications pour la fin de leur traversée.

Si le navire est destiné à Karachi, les conseils que nous venons de donner seront applicables à cette traversée. On coupera donc 10°N. par 65°, ou plutôt par 64°E.; et l'on trouvera des indications pour la fin de la route au § 281.

Si le navire est destiné à Bombay, il faudra couper 10°N. de manière à pouvoir ensuite contourner la chaîne des Laquedives à une distance assez grande dans l'O., pour que le navire n'ait rien à craindre de leur voisinage dans le cas où il se trouverait chargé par un fort coup de vent d'O. On ira ensuite chercher le parallèle du banc Direction, comme nous l'indiquons au § 153.

Quand le navire sera destiné à Galles, à Colombo, ou

à *Cochin,* il sera inutile pour un grand vapeur de faire le détour de cette route par le S. On gouvernera directement, par le S. de Ceylan, comme le font, en pleine mousson de S.O., nos paquebots allant de Singapour à Ceylan.

Voici les Tableaux des croisements des routes du S. que nous venons de décrire.

TABLEAUX

Des Croisements de routes que les *grands navires à vapeur* pourront se proposer de suivre, *pendant la mousson de S.O.*, en partant d'un port quelconque du golfe du Bengale, pour se rendre, *sans relâche,* à un port de la mer d'Oman, tel que Aden, Mascate, Karachi ou Bombay.

Tableau N° 1. — *Commencement de la route.*

POINTS DE DÉPART.	LONGITUDES DE CROISEMENTS DES PARALLÈLES DE					
	15° N.	10° N.	5° N.	Équat^r.	1° S.	2°30'S.
	E.	E.	E.	E.	E.	E.
Calcutta	80° 30'	81° 00'	81° 00'	81° 00'	80° 00'	76° 00'
Madras et Trinquemaley . .	....	78 40	81 00	81 00	80 00	76 00
Akyab et Dalhousie	91 40	92 00	91 30	90 00	89 00	82 00
Rangoon et Amherst	93 30	92 00	91 30	90 00	89 00	82 00
Penang, Singapour, Achem . .	....	....	92 00	90 30	89 00	82 00

Tableau N° 2. — *Fin de la route.*

LONGITUDES DE CROISEMENTS DES PARALLÈLES DE							POINTS de DESTINATION.
2°30'S.	Équat^r.	5° N.	10° N.	12° N.	18° N.	23° N.	
E.	E.	E.	E.	E.	E.	E.	
59° 00'	55° 00'	50° 00'	49° 00'	48° 00'	....	....	Aden.
74 00	68 00	62 30	59 00	58 40	57 40	57 00	Mascate.
74 00	68 00	65 00	64 20	64 10	64 00	64 00	Karachi.
74 00	68 00	66 30	66 30	67 00	69 15	....	Bombay.

§ 325. — Route des paquebots d'Aden à Singapour, avec escale à Ceylan.

A bord des paquebots des Messageries Maritimes affectés au service entre Marseille, l'Inde et la Chine, les règles générales de la navigation peuvent se résumer en peu de mots, pour la partie de la traversée comprise entre Aden et Singapour, avec escale obligatoire à Ceylan. Ces règles sont d'ailleurs applicables à toutes les traversées que les paquebots, ou navires à vapeur de grandes dimensions, ont à faire dans l'Océan Indien.

Avec la mousson de N.E., qui donne de beaux temps et des vents modérés, la route la plus courte est toujours la meilleure. Quand on a la mousson pour soi, tant mieux ; quand la mousson est contraire, on la refoule en dépensant un peu plus de charbon, et l'on n'en prend pas d'autre souci.

Avec la mousson de S.O. qui donne souvent de grosses mers et du mauvais temps, il n'y a encore, lorsqu'elle est favorable (c'est-à-dire lorsque le navire va vers l'E.), qu'à appliquer le principe de la route la plus courte.

Mais, il faut se départir de cette règle, lorsque la grande force de la mousson de S.O. est debout ; et ce n'est que dans ce cas-là seulement que les paquebots modifient leur route.

En ce qui concerne spécialement la traversée d'Aden à Ceylan, nous avons donné les indications nécessaires au § 271.

En partant de Ceylan, en toutes saisons, la route est directe sur le feu de Pulo Brasse. Entre Ceylan et ce feu, pendant la mousson de N.E., on aura un courant moyen de 24 à 30 milles portant à l'O., quelquefois plus fort ; et, pendant la mousson de S.O., le courant portera en moyenne vers l'E.N.E. ou le N.E., avec une vitesse ordinaire d'environ 36 milles, qui dépassera quelquefois 72 milles par 24 heures. On trouvera d'ailleurs des instructions au § 301, page 677, pour la navigation depuis le moment où le feu de Pulo-Brasse sera en vue jusqu'à Singapour.

M. le lieutenant de vaisseau H. Fleuriais, qui a commandé pendant de longues années des paquebots de la Compagnie des Messageries Maritimes, sur la ligne de Chine, a mis très-obligeamment ses notes et ses journaux à notre disposition. Nous reproduisons ci-après le journal de six traversées principales, que nous avons choisies pour différentes époques de l'année ; et nous pensons que, dans certains cas, elles pourront être utilement consultées.

Dates.	Latitudes.	Longitudes.	Vents.	Chemin.	Vitesse.	Thermom	OBSERVATIONS.
Première Traversée, d'Aden à Singapour *(en Janvier-Février).*							
17 Janvier...	» »	» »	E. F.B.	»	»	27°	Départ à 5 heures soir.
18 —	12° 51′ N.	46° 13′ E.	E. F.B.	210^m	11^{n}0	28	
19 —	12 55	50 32	E. P.B.	254	10.6	26	
20 —	11 52	55 04	N.E. P.B.	274	11.4	26	
21 —	10 56	59 40	N.N.E. J.B.	277	11.5	26	
22 —	9 56	64 14	N. P.B.	279	11.6	27	
23 —	8 57	68 56	N. P.B.	285	11.9	27	
24 —	7 09	73 03	E. L.B.	269	11.2	30	
25 —	» »	» »	E. L.B.	295	11.8	30	A Pointe de Galles, à 1 heure après-midi.
27 —	5 53	78 30	E. L.B.	39	10.5	29	Quitte Galles, à 8 heures 1/2 matin.
28 —	6 10	82 57	E.N.E. P.B.	267	11.1	29	
29 —	6 05	86 59	E.N.E. P.B.	244	10.1	31	
30 —	6 05	90 55	E. P.B.	235	9.8	30	Courant Nord très-fort.
31 —	5 09	95 22	E. F.B.	278	11.6	29	
1er Février...	2 30	99 15	Variables.	281	11.7	28	
2 —	» »	» »	Variables.	156	11.1	28	A New-Harbour, à 7 heures 1/2 matin.
Seconde Traversée, d'Aden à Singapour *(en Avril-Mai).*							
26 Avril	12° 37′ N.	44° 07′ E.	E. L.B.	88	11.0	31	Départ à 4 heures matin.
27 —	12 03	48 46	Calme.	278	11.6	30	
28 —	11 02	53 24	S.E. P.B.	280	11.7	30	
29 —	9 58	58 00	S.O. L.B.	277	11.5	30	
30 —	9 12	62 28	N.O. L.B.	270	11.2	30	Courant 45 milles au S.S.O. en 2 jours.
1er Mai.......	8 09	66 54	N.O. P.B.	265	11.0	30	
2 —	7 13	70 54	N.O. J.B.	260	10.8	29	
3 —	6 33	75 05	O.N.O. J.B.	252	10.5	29	
4 —	» »	» »	O. J.B.	172	9.0	30	A Galles, à 7 heures matin.
4 —	» »	» »	O. J.B.	»	»	30	Quitte Galles, à 5 heures 1/2 soir.
5 —	6 10	81 40	O. B.B.	227	12.3	28	
6 —	6 23	86 32	O.S.O. J.B.	292	12.2	30	
7 —	6 15	91 31	S.O. P.B.	297	12.4	30	
8 —	4 57	95 46	Calme.	271	11.3	29	
9 —	2 23	99 29	Calme.	271	11.3	30	
10 —	» »	» »	Calme.	142	11.4	29	A New-Harbour, à minuit 1/2.

Dates.	Latitudes.	Longitudes.	Vents.	Chemin.	Vitesse.	Thermom	OBSERVATIONS.
Troisième Traversée, d'Aden à Singapour *(en Août).*							
2 Août......	12° 46′ N.	43° 51′ E.	S.O. J.B.	71m	12n0	31°	Départ d'Aden, à 6 heures matin.
3 —	12 29	48 58	S.O. J.B.	301	12.5	30	
4 —	12 28	53 59	S.O. G.B.	297	12.4	26	
5 —	10 57	58 33	S.O. B.B.	286	11.9	26	
6 —	9 34	63 40	O.S.O. B.B.	316	13.2	28	
7 —	8 13	68 11	O.S.O. J.B.	280	11.7	30	Courants de 25 à 30 milles par jour, portant dans le Sud.
8 —	6 57	72 45	N.O. J.B.	285	11.9	29	
9 —	6 00	77 27	O.N.O. J.B.	287	12.0	29	A Galles, à 3 heures du soir.
9 —	» »	» »	O.N.O. J.B.	26	8.2	30	
12 —	» »	» »	S.S.O. J.B.	»	»	28	Quitte Galles, à 7 heures du matin.
13 —	6 12	83 25	S.S.O. J.B.	335	11.5	28	
14 —	5 57	88 17	S.O. J.B.	290	12.1	27	
15 —	5 56	92 37	S.O. J.B.	256	10.7	28	Passé devant Achem, à 3 h. 1/2 soir, et pris les canaux de Bengale et au Sud de Bouroo.
16 —	4 35	96 30	Calme.	264	11.0	28	
17 —	2 14	99 42	S.E. P.B.	238	9.9	30	
18 —	» »	» »	S.O. P.B.	127	10.6	30	A Singapour, à 10 heures matin.
Quatrième traversée, d'Aden à Singapour *(en Septembre).*							
29 Août......	» »	» »	S.O. J.B.	»	»	32	Départ d'Aden, à 11 heures matin.
30 —	12° 57′ N.	47° 52′ E.	S.O. J.B.	305	12.2	33	
31 —	12 42	52 34	S.O. B.B.	277	11.5	26	
1er Septembre	11 47	58 01	S.O. B.B.	320	13.5	26	
2 —	10 38	62 52	O.S.O. P.B.	296	12.3	26	
3 —	9 16	67 19	O. P.B.	276	11.5	28	
4 —	7 39	71 46	O. J.B.	280	11.7	27	
5 —	6 24	75 33	O. J.B.	238	9.9	27	
6 —	» »	» »	O. B.B.	143	7.9	27	A Galles, à 6 heures du matin.
8 —	5 52	78 44	O.N.O. J.B.	54	11.0	28	Départ de Galles, à 7 heures matin.
9 —	5 55	83 33	O.S.O. J.B.	288	12.0	28	
10 —	5 55	88 01	O.S.O. J.B.	266	11.1	28	
11 —	6 28	92 45	S.O. P.B.	284	11.8	29	
12 —	4 33	96 36	Calme.	259	10.8	29	
13 —	1 46	100 22	Grains de S.O.	281	11.7	29	
13 —	» »	» »	Calme.	78	12.0	29	A Singapour, à 6 heures 1/2 soir.

Dates.	Latitudes.	Longitudes.	Vents.	Chemin.	Vitesse.	Thermom	OBSERVATIONS.
			Cinquième Traversée, d'Aden à Singapour (*en Septembre*).				
12 Septembre	12° 44′ N.	44° 12′ E.	S.O. J.B.	93m	12n0	»°	Départ d'Aden, à 4 heures matin.
13 —	12 49	49 02	S.O. J.B.	286	11.7	27	
14 —	12 33	54 10	S.O. J.B.	300	12.5	27	
15 —	11 07	59 12	S.O. J.B.	307	12.8	27	
16 —	9 31	63 49	O.S.O. P.B.	294	12.2	30	
17 —	8 08	68 25	O. P.B.	286	12.0	30	
18 —	7 08	73 02	O. J.B.	284	11.9	30	
19 —	» »	» »	O. J.B.	285	11.5	29	A Galles, à 1 heure après-midi.
20 —	» »	» »	O. J.B.	»	»	29	Quitte Galles, à 8 heures matin.
21 —	6 13	83 21	S.O. J.B.	328	12.0	29	
22 —	6 05	88 08	S.O. J.B.	285	11.9	27	
23 —	5 43	92 58	S.O. J.B.	288	12.1	26	
24 —	4 08	96 59	S.O. P.B.	272	11.4	29	
25 —	1 29	100 47	Variables.	327	11.3	29	A Singapour, à 5 heures soir.
			Sixième Traversée, d'Aden à Singapour (*en Décembre-Janvier*).				
21 Décembre	» »	» »	E. P.B.	»	»	29	Départ d'Aden, à 9 heures 1/2 soir.
22 —	12° 38′ N.	45° 15′ E.	E. P.B.	149	10.3	27	
23 —	12 52	49 37	E. P.B.	257	10.7	27	
24 —	12 10	53 59	N.E. P.B.	263	11.0	27	
25 —	11 10	58 44	N.N.E. J.B.	286	11.9	27	
26 —	9 58	63 02	N.N.E. J.B.	267	11.1	28	
27 —	8 56	67 33	N.N.E. P.B.	275	11.5	29	
28 —	7 57	71 28	N.N.E. P.B.	240	10.0	29	
29 —	6 39	75 26	N.E. J.B.	250	10.5	28	
30 —	» »	» »	N.N.E. F.B.	151	10.0	28	A Galles, à 7 heures matin.
31 —	» »	» »	Variables.	»	»	28	
1er Janvier...	5 50	78 30	N.E. J.B.	40	10.0	28	Quitte Galles, à 8 heures matin.
2 —	5 42	82 20	N.E. J.B.	220	9.2	28	
3 —	6 08	86 11	N.E. J.B.	240	10.0	29	
4 —	6 16	89 59	E.N.E. J.B.	226	9.4	30	
5 —	5 45	93 51	E.N.E. P.B.	235	9.8	29	
6 —	3 47	97 35	Variables.	255	10.6	29	
7 —	» »	» »	N.E. P.B.	286	11.2	29	A Singapour, à 1 heure 1/2 après-midi.

§ 326. — Routes de retour des paquebots de Singapour à Aden, avec escale à Ceylan.

Nous croyons inutile de répéter ici les réflexions que nous avons faites au paragraphe précédent (page 797) et qui seraient également applicables au présent paragraphe.

On trouvera, au § 302, page 697, des instructions pour la partie de la traversée comprise entre Singapour et le feu de Pulo Brasse.

Pendant la mousson de N.E., la route sera donnée directement, en quittant le feu de Pulo Brasse, pour aller se placer bien dans le N. des feux des Basses, qu'il faudra reconnaître. On pourra trouver, au large de la côte E. de Ceylan, des courants portant au S. et au S.O., avec une vitesse de 60 à 110 milles par 24 heures, ce qui oblige à atterrir dans le N. et à veiller beaucoup pour ne pas se laisser drosser dans le S., ce qui ferait perdre du temps.

Pendant la mousson de S.O., la route sera directe sur les feux des Basses. Le vent, la mer et le courant seront contraires. Toutefois, le vent ne sera généralement pas très-fort sur le parallèle où l'on se trouvera, et d'ailleurs sa direction sera quelquefois assez oblique par rapport à la route pour permettre de porter les goëlettes. Le courant portant à l'E. et à l'E.N.E. aura une vitesse variable de 36 à 72 milles par 24 heures. A l'époque de la plus grande force de la mousson de S.O., on pourra se tenir un peu dans le S. de la route directe; mais sans négliger de passer dans le cercle éclairé par les feux des Basses.

Quant à la traversée de Ceylan à Aden, elle sera effectuée, en suivant les indications données au § 275.

On trouvera d'ailleurs ci-après le journal de six traversées de paquebots que nous avons choisies pour différentes époques de l'année. Nous les devons, comme celles du paragraphe précédent, à l'obligeance de M. le capitaine Fleuriais.

Dates.	Latitudes.	Longitudes.	Vents.	Chemin.	Vitesse.	Thermom.	OBSERVATIONS.
			Première Traversée, de Singapour à Aden *(en Février-Mars).*				
19 Février....	» »	» »	Variables.	» »	» »	30°	Quitte Singapour, à 3 heures soir.
20 — .	3° 36′ N.	97° 54′ E.	Variables.	264	12.6	30	
21 — .	5 38	93 30	Calme.	300	12.5	31	
22 — .	6 04	87 55	N.E. J.B.	332	13.8	30	
23 — .	6 04	82 17	N.E. P.B.	335	14.0	28	
24 — .	» »	» »	N.E. P.B.	269	13.4	30	A Galles, à 8 heures matin.
25 — .	» »	» »	N.E. P.B.	»	»	30	Quitte Galles, à 5 heures soir.
26 — .	6 51	73 56	N.E. J.B.	242	12.7	28	
27 — .	7 52	68 49	N.N.E. P.B.	310	12.9	28	
28 — .	9 02	63 34	N.N.E. P.B.	320	13.3	28	
1er Mars......	10 04	58 24	N.N.E. P.B.	313	13.0	27	
2 — .	11 02	53 15	N.N.E. L.B.	308	12.8	28	
3 — .	12 04	48 08	E.N.E. P.B.	312	13.0	28	
4 — .	» »	» »	N.E. J.B.	330	13.5	32	A Aden, à midi 1/2.
			Seconde Traversée, de Singapour à Aden *(en Mars-Avril).*				
19 Mars......	1° 44′ N.	100° 24′ E.	Variables.	76	12.5	31	Quitte Singapour, à 6 heures matin.
20 — .	4 32	96 32	Variables.	284	11.8	31	
21 — .	5 59	92 06	N.E. P.B.	285	11.8	31	A Pulo-Rondo, à 8 h. 50 m. matin.
22 — .	6 11	87 01	E.N.E. P.B.	304	12.7	30	
23 — .	6 14	82 02	E.N.E. P.B.	298	12.4	31	
24 — .	» »	» »	Calme.	253	12.6	31	A Galles, à 8 heures matin.
25 — .	» »	» »	S.O. L.B.	»	»	32	Quitte Galles, à 2 heures après-midi.
26 — .	7 12	73 52	N.N.O. P.B.	251	11.0	30	
27 — .	8 04	69 18	N.N.O. L.B.	278	11.6	32	
28 — .	9 34	64 27	N.N.E. P.B.	303	12.6	30	
29 — .	11 05	60 00	N.N.E. P.B.	280	11.6	29	
30 — .	12 07	55 17	N.E. P.B.	284	11.8	29	Passe dans le N. de Socotora.
31 — .	12 48	50 35	N.E. P.B.	282	11.7	29	(Passe dans le N. de Socotora.)
1er Avril......	12 58	45 44	E. P.B.	285	12.4	29	Courants portant au Nord.
2 — .	» »	» »	E. P.B.	183	12.2	30	A Aden, à 3 heures matin.

Dates.	Latitudes.	Longitudes.	Vents.	Chemin.	Vitesse.	Thermom.	OBSERVATIONS.
Troisième Traversée, de Singapour à Aden *(en Juin).*							
4 Juin......	» »	» »	S.O. P.B.	»	»	30°	Quitte Singapour, à 5 heures du soir.
5 —	3° 04′ N.	98° 22′ E.	O. P.B.	224	11.8	30	
6 —	5 36	94 00	Variables.	306	12.7	30	
7 —	5 49	89 12	O. J.B.	289	12.0	30	
8 —	5 44	85 08	O. J.B.	242	10.0	29	Vents très-frais de l'Ouest jusqu'à Galles,
9 —	5 40	82 22	O. F.B.	165	6.9	27	avec des courants très-violents de 4 à
10 —	6 30	80 00	O.S.O. F.B.	139	5.8	28	5 nœuds portant à l'Est.
11 —	» »	» »	O.S.O. J.B.	135	9.6	28	A Galles, à 6 heures du matin.
12 —	» »	» »	O. J.B.	»	»	29	Quitte Galles, à 4 heures 1/2 soir.
13 —	4 09	75 24	O. J.B.	188	9.6	30	Courant de 40 milles à l'E. 1/4 S.E.
14 —	2 45	71 46	O.S.O. P.B.	235	9.8	29	Court de 27 mil. à l'E. (Pris le chenal Vaimandou.)
15 —	1 37	67 52	O.S.O. P.B.	250	10.4	29	Courant de 12 milles à l'Est.
16 —	1 50	64 11	S.O. P.B.	221	9.2	29	Courant de 40 milles à l'E. 1/4 N.E.
17 —	2 13	60 09	S.O. P.B.	246	10.2	29	Courant de 20 milles à l'E. 1/4 N.E.
18 —	2 33	56 25	S.O. J.B.	225	9.4	28	Courant de 30 milles à l'Est.
19 —	3 44	52 23	S.O. J.B.	253	10.5	27	
20 —	6 59	49 32	S.O. B.B.	262	10.9	28	
21 —	11 32	49 03	S.O. B.B.	276	11.5	29	Courant de 53 milles à l'E.N.E.
22 —	11 39	44 58	S.O. J.B.	260	10.8	33	(Doublé Guardafui, à 1 heure 1/2.)
23 —	» »	» »	S.O. J.B.	159	11.8	32	A Aden, à 1 heure 1/2 du matin.

Quatrième Traversée, de Singapour à Aden (*en Juin-Juillet*).

Dates.	Latitudes.	Longitudes.	Vents.		Chemin.	Vitesse.	Thermom.	OBSERVATIONS.
21 Juin......	1° 44′ N.	100° 25′ E.	O.	L.B.	75m	12m0	30°	Départ de Singapour, à 6 heures matin.
22 —	4 35	96 25	O.S.O.	L.B.	295	12.3	31	
23 —	6 05	91 37	S.O.	J.B.	308	12.8	29	
24 —	5 39	87 12	S.O.	J.B.	264	11.0	30	
25 —	5 24	82 58	O.S.O.	J.B.	251	10.5	29	
26 —	5 48	79 12	O.S.O.	J.B.	226	9.4	28	
27 —	» »	» »	»	»	81	9.0	28	
28 —	» »	» »	O.S.O.	J.B.	»	»	28	A Galles, le 27, à 7 heures matin.
29 —	2 50	75 00	O.S.O.	J.B.	258	10.7	28	Quitte Galles, à midi.
30 —	0 14	71 03	O.S.O.	P.B.	287	12.0	30	Courant de 66 milles au Sud, en 2 jours.
1er Juillet.....	0 18	66 16	S.S.O.	P.B.	287	12.0	29	A midi, au S. de l'Atoll Suadiva.
2 —	0 19	61 17	S.S.O.	P.B.	300	12.5	28	
3 —	0 42	56 06	S.S.O.	F.B.	310	12.9	29	
4 —	3 00	51 30	S.O.	F.B.	306	12.7	28	Grands vents de S.O., depuis le 4 à midi jusqu'à Ras-Hafoun et Guardafui.
5 —	7 56	48 57	S.O.	B.B.	334	13.9	27	
6 —	12 01	48 30	S.O.	B.B	274	11.4	32	A Ras-Hafoun, courtt de 36 milles au N.E.
7 —	12 04	44 01	S.O.	B.B.	253	10.5	32	Suit la côte jusqu'à l'île Burnt, et traverse de là avec grand frais de S.O. Arrive à Aden, à 8 heures soir.
7 —	» »	» »	S.O.	B.B.	91	11.4	33	

Dates.	Latitudes.	Longitudes.	Vents.	Chemin.	Vitesse.	Thermom.	OBSERVATIONS.
Cinquième Traversée, de Singapour à Aden *(en Septembre-Octobre).*							
30 Septembre.	4° 18' N.	96° 43' E.	N.O. P.B.	344m	11n3	28°	Quitté Singapour, le 29, à 5 h. 1/2 matin.
1er Octobre...	5 52	92 48	O.N.O. P.B.	260	10.8	27	
2 —	5 44	88 03	O. J.B.	282	11.7	28	Courant 40 milles à l'O. 1/4 S.O.
3 —	5 53	83 48	O. J.B.	252	10.5	29	
4 —	6 04	80 27	O. J.B.	198	8.2	30	
5 —	» »	» »	O. J.B.	164	8.2	30	A Galles, le 5 à 8 heures matin; en part. le 6, à 5 heures soir.
7 —	6 25	74 47	O. J.B.	187	9.8	28	
8 —	7 27	70 40	O.N.O. P.B.	254	10.6	30	
9 —	8 02	67 15	O.N.O. P.B.	206	10.8	30	
10 —	8 42	62 49	N.O. P.B.	269	11.2	30	
11 —	9 42	58 13	O.N.O. L.B.	280	11.7	28	
12 —	10 45	53 11	N.N.O. L.B.	301	12.5	27	Doublé Guardafui, à 9 heures matin.
13 —	12 05	48 18	N. L.B.	294	12.2	28	
14 —	12 36	43 28	Calme.	285	11.8	30	
14 —	» »	» »	Calme.	59	»	30	A Aden, à 4 heures soir.
Sixième Traversée, de Singapour à Aden *(en Octobre-Novembre).*							
30 Octobre...	1° 36' N.	100° 35' E.	O. P.B.	63	12.6	30	Départ de Singapour, à 7 heures matin.
31 —	4 15	96 48	N.O. P.B.	279	11.6	29	
1er Novembre	5 52	92 38	O.S.O. J.B.	276	11.5	28	
2 —	6 03	88 12	Calme.	265	11.0	30	
3 —	5 57	83 19	O. P.B.	292	12.1	31	
4 —	5 56	78 38	O. P.B.	285	11.8	30	
4 —	» »	» »	O. P.B.	45	12.8	30	A Galles, le 4 novembre, à 3 h. 1/2 soir.
6 —	7 01	74 05	Calme.	236	12.4	30	Quitté Galles, le 5, à 5 heures soir.
7 —	8 08	69 17	N.O. P.B.	293	12.2	29	
8 —	9 07	64 30	N.O. P.B.	292	12.2	28	
9 —	10 08	59 30	Calme.	305	12.7	28	
10 —	10 53	54 40	N. L.B.	290	12.1	28	
11 —	11 50	49 53	N.N.E. L.B.	288	12.0	28	
12 —	12 26	44 32	E.N.E. J.B.	315	13.1	28	
12 —	» »	» »	E. J.B.	116	13.6	28	A Aden, à 8 heures 1/2 soir.

§ 327. — Routes des transports à vapeur de l'État faisant le service entre Toulon et la Cochinchine.

Les *Annales hydrographiques de 1877* ont publié une intéressante étude que M. le commandant GUIBAUD a faite, d'après ses observations personnelles et à la suite de l'examen de 49 traversées exécutées entre Toulon et la Cochinchine, de 1865 à 1876, par nos transports à hélice tels que l'*Aveyron*, la *Corrèze*, la *Creuse*, la *Sarthe* et le *Tarn*.

Ces navires ont une longueur de 83 mètres ; une largeur de 13 mètres ; leur tirant d'eau varie de $6^m,70$ à 7 mètres ; ils déplacent $3\cdot900^{m^3}$; leur surface de voilure est d'environ $1\cdot550^{m^2}$ et leur machine de 430 chevaux.

Dans un avenir relativement peu éloigné, ces transports devront cesser le service ; et ils seront alors remplacés par ceux d'un nouveau type, tels que l'*Annamite*, le *Mytho*, le *Shamrock*, le *Tonquin*, etc. Ces derniers navires ont une longueur de 105 mètres ; une largeur de $15^m,30$; leur tirant d'eau varie de 7^m à $7^m,50$; ils déplacent $5\cdot624^{m^3}$; leur surface de voilure est d'environ $1\cdot870^{m^2}$, et leur machine de 650 chevaux. L'un d'eux, l'*Annamite*, qui est déjà en service, a fait sa première traversée pendant la mousson de N.E. ; il est revenu de Saïgon à Toulon en 31 jours, du 20 janvier au 21 février, en n'employant sa machine qu'à la vitesse réduite et en faisant cependant une traversée plus courte que celle imposée aux paquebots.

Le même transport l'*Annamite*, sous le commandement de M. le capitaine de vaisseau LE CARDINAL, a fait, pendant la mousson de S.O. de 1878, une traversée de retour de Cochinchine très-rapide. Parti de Saïgon, le 20 juillet, et de Singapour le 23, il doubla le feu de Pulo Brasse le 25 au soir. De là, sans difficulté, il gouverna au S.O. pour se placer par 1°S., latitude sur laquelle il fit son chemin vers l'O., passant dans le S. des Maldives. Il coupa l'Equateur par 53°E. ; atterrit sur Guardafui le 6 août ; arriva à Aden le 8, et à Toulon le 21. Le navire aurait d'ailleurs pu faire cette traversée encore plus rapidement. La route suivie est à bien peu près celle que nous avons conseillée au § 324.

Il est probable que cette route équatoriale sera préférée, à l'avenir, par les grands vapeurs revenant de Chine, comme nous le conseillons aux §§ 324 et 367. Ce sera probablement celle que suivront les grands transports type *Annamite*, pour leurs traversées de retour.

Néanmoins, les instructions données dans les *Annales hydrographiques*, pour les transports du type *Aveyron*, seront toujours utiles à consulter, notamment par les commandants d'avisos, etc. Nous pensons donc bien faire en reproduisant littéralement ces instructions qui ont, comme nous l'avons déjà dit, été rédigées par M. le commandant Guibaud (1).

« *Route à l'E. en hiver*. Au départ d'Aden, il faut, en décembre et janvier, suivre la côte d'Arabie à 40 ou 50 milles au large et ne quitter le 14° parallèle que sur le méridien de Ras Fartak, si le vent d'E.N.E. n'a pas obligé de laisser porter avant d'arriver au 50° degré E. En faisant cette route, on s'élève au vent par une mer calme, en évitant la brise fraîche et la mer du milieu du golfe. On gouverne ensuite sur Minicoy, dont on passera de nuit à 15 ou 20 milles au large, quel que soit le canal adopté. Il est bon de prendre des précautions contre les courants, qui sont parfois S. et parfois N. aux environs de l'île.

Après avoir atterri dans l'O. de Ceylan, on contourne la côte à 5 ou 6 milles pour éviter les récifs, et l'on gouverne au large du phare jusqu'à le relever dans le N.O. Si l'on y arrive de nuit, le mieux est de se mettre à quelques milles de la côte et de s'y tenir jusqu'au jour, de façon à relever le feu entre l'O.N.O. et le N.O.

Au fort de la mousson, quand les courants sont rapides le long de la côte, il faut, en partant de Ceylan, s'en éloigner promptement et attendre d'être bien au large pour regagner ce que le courant de S.O. peut avoir fait perdre. De Poulo-Rondo à la pointe Diamond, au N. de Sumatra, on navigue en vue d'une terre que limite au loin un fond de hautes montagnes. La pointe Diamond est très-basse, mais saine; on y voit des arbres et quelques huttes. Les montagnes élevées se continuent dans le lointain en s'infléchissant au S.E.

Le détroit de Malacca est large et sans danger jusqu'au banc d'Une-Brasse. Pour atterrir facilement sur ce banc dangereux, il est bon

(1) On pourra trouver aussi des indications, en consultant ce que nous avons dit aux paragraphes 271, 275, 324, 325 et 326, etc.

d'aller reconnaître les îles Aroa, que l'on aperçoit de 10 à 12 milles. Les courants de marée sont assez forts aux environs des bancs, et l'on doit se prémunir contre eux en prenant un point de départ sur ces îles. Cette précaution sera surtout utile aux époques où des grains de pluie successifs peuvent obscurcir l'horizon pendant quelque temps. La tour du phare est à l'accore S. du banc d'Une-Brasse ; elle est visible de 6 à 8 milles, par beau temps, et le feu, de 10 à 12 milles. Si le courant a porté le navire trop à l'E., le cône isolé du mont Parcelar, quand on le voit, est un excellent moyen pour redresser sa route, mais la sonde est le meilleur mode de rectification ; tant qu'on ne voit pas le phare ou les îles Aroa, il faut sonder de temps en temps.

Entre le banc d'Une-Brasse et le détroit de Singapour, il faut rectifier fréquemment la route, que les courants de marée modifient sans cesse.

De Singapour à Saïgon, pendant la mousson de N.E., la meilleure route passe à quelques milles de Poulo-Domar, longe les Anambas, dans l'O., remonte au N. des Natunas, coupe le 6° degré N. par 105°30'E. et se dirige sur le cap Ti-wan, laissant Poulo-Condore à 50 ou 60 milles dans l'O. Cette route, en tenant compte du courant O.S.O., permet de faire tout le chemin à l'E. avec le vent et la mer à peu près nuls. On se trouve, en outre, par de grands fonds le plus longtemps possible, et, quand le vent fraîchit, on fait route au N., en portant les goëlettes.

Lorsqu'on suit la route directe, on va reconnaître Poulo-Condore, puis on vient plus ou moins vers l'E., suivant la saison, pour contourner une côte basse et noyée sur laquelle porte un courant de 1 mille ½ à l'heure. On gouverne nécessairement plus à l'E. quand la mousson est dans toute sa force ; mais, avant d'être à Poulo-Condore, entre 6° et 7°, on tombe dans les fonds de 30 à 40 mètres, où la mer est courte et très-dure. Nous avons relevé plusieurs traversées où les transports allaient à peine 5 à 6 nœuds avec 49 et 50 tours d'hélice.

Les *pilotes* du cap Saint-Jacques, les mêmes qui remontent les navires jusqu'à Saïgon, tiennent la mer jour et nuit dans de petites embarcations. La nuit, on peut les appeler au moyen de fusées ; ils répondent de la même manière.

Route vers l'O. en hiver. — De Saïgon à Singapour, on fait route directe, en évitant largement les vases de la côte E. du Cambodge. Quand on arrive de nuit à Singapour, on mouille en rade, où le pilote vient prendre le navire dans la matinée, pour l'entrer dans le canal de New-Harbour dès que la marée le permet.

Il faut, autant que possible, quitter Singapour dans la matinée, de façon à passer dans la journée les bancs qui sont au S. du détroit de Malacca ; ce sont les seuls dangers de la route qui ne soient pas éclairés pendant la nuit. Le feu du banc d'Une-Brasse peut se voir de 12 milles, ce qui est largement suffisant pour un navire à vapeur. En atterrissant sur les Basses, à l'E. de Ceylan, il faut se garder contre les courants qui descendent la côte.

Quand on a quitté le mouillage de Pointe de Galles, il faut donner un bon tour à la côte, se défier du récif Whales, si l'on vient trop vite dans le N., et prendre son point de départ à 7 ou 8 milles dans l'O. du phare. On fera route ensuite par le canal des Neuf-Degrés, à 20 ou 25 milles au N. de Minicoy. Le long des Laquedives, le vent est faible du N., hâlant le N.E. et fraîchissant à mesure qu'on s'avance vers l'O. Le courant est au S.S.E., 1/2 mille à 1 mille à l'heure le long de ces îles. On met à la voile, dès que le vent permet le plus près, route à l'O. La route à faire est à peu près l'O. q. N. O., mais le vent adonne de plus en plus, et l'on est certain de pouvoir lofer et de passer au N. de Socotora avec 8 quarts au moins dans les voiles.

Route vers l'E. en été. — La route généralement adoptée pour sortir du golfe d'Aden longe le 13e parallèle N. et passe à 10 ou 15 milles de Socotora. C'est la route directe, et le navire qui la suit garde au moins 10 quarts dans les voiles. Nous voyons cependant, sur la carte du lieutenant Taylor, que le 13e parallèle passe, au N. de Socotora, au plus mauvais de la mer et du courant N.O., pour aboutir au tournant du cône de plus forte mousson, là où cette corne d'abondance, encore étroite, verse le vent et la mer avec une prodigalité excessive. Il vaudrait peut-être mieux, au sortir d'Aden, prendre le 14e parallèle et ne le quitter pour gouverner sur Minicoy qu'au 60e degré de longitude E. Après avoir dépassé Minicoy et pris un nouveau point de départ au S. de Ceylan, on n'aura plus qu'à gouverner sur la Tête d'Achem et de là sur Singapour.

De Singapour à Saïgon, nous n'avons rien de particulier à noter.

Route vers l'O. en été. — De Saïgon à Singapour, la traversée ne présente aucune particularité. De Singapour à Aden, la force du vent ne permettant pas, avec la mousson de S.O., de traverser directement à contre-mousson les golfes du Bengale et d'Oman, la route des transports qui partent de Saïgon, de mai en juillet, est entièrement différente de la route d'hiver; on la nomme la *route du Sud.*

Les navires qui la suivent prennent, en descendant de Singapour, les détroits de Rhio et de Banca, passent le détroit de la Sonde et vont, par 10° ou 12°S., chercher les alizés du S.E., au moyen desquels ils font de l'O. jusqu'aux Chagos. De là, ils remontent couper la ligne entre 50° et 55°E., pour atterrir entre Ras Hafun et Ras Asir sur la côte d'Afrique.

Avant de quitter New-Harbour, il faut prendre le plus de charbon possible, afin de parer à toute éventualité.

Entre la Sonde et Aden, on compte environ 1450 lieues, dont à peu près 740 doivent être faites à la vapeur. En outre, les alizés de S.E. peuvent être faibles à certains moments, et nécessiter pendant plusieurs jours l'aide de deux chaudières. Voici le chiffre des journées de chauffe nécessaires :

	Jours.	Moyennes.
De Singapour à la Sonde	3	8 nœuds.
De la Sonde aux alizés de S.E. . . .	2 ½	9 nœuds ½.
Des Chagos au 5e degré Nord. . . .	5	*Idem.*
De Ras Hafun à Aden.	2	*Idem.*
TOTAL	12 ½	

Nous venons d'indiquer trois jours de marche entre Singapour et la Sonde. Dans ces trois journées employées à descendre vers le S. à travers maints obstacles, la traversée des détroits de Rhio et de Banca exige une attention particulière.

Détroit de Rhio. — Partant de New-Harbour à 2 h. du soir, on arrive vers 4 h. et demie à l'entrée du détroit de Rhio. La route pour donner dans ce détroit passe entre les récifs Pan. A tribord, le petit récif est indiqué par une bouée; à bâbord, le grand récif porte une balise à son extrémité N., et est limité au S. par une bouée; son contour est dessiné par des pêcheries très-apparentes. Du récif Pan au banc Isabella, il y a 5 lieues, de sorte qu'avec 9 nœuds de vitesse moyenne on est vers 6 heures 15 minutes par le travers du banc Isabella et du feu de Kerkolei, visible de 6 milles, qui ne tardera pas à s'allumer. De là au feu de Garras, qui est visible de 8 milles et marque la limite S. du détroit, il y a 16 milles, pendant lesquels on aura toujours au moins un des feux en vue.

Détroit de Banca. — Quand le détroit de Rhio est franchi, il faut régler sa marche entre 7 nœuds et 7 nœuds 1/2, afin de n'arriver que le lendemain soir vers 9 heures en vue de la côte N.O. de Banca, après avoir, dans la journée, reconnu Poulo-Taya par tribord, et pris un point de départ en longeant les Sept-Iles. Dès que la côte de Banca est reconnue, on gouverne pour s'en tenir à 8 ou 10 milles jusqu'à ce qu'on distingue le feu de Kalian, qui est visible de 20 milles. Quand on relève ce feu au S.40°E., on gouverne dessus jusqu'à ce qu'on soit E. et O. avec le mont Monopin. La carte indique les autres routes dont les points de repère sont : le mont Monopin, le feu de Kalian et celui de Mintok, qui est visible de 8 milles. Le jour se fait avant que l'on arrive à la troisième pointe.

L'entrée de nuit dans le détroit de Banca est pratique : elle évite la perte d'une nuit passée au mouillage dans le détroit. Celui-ci a 120 milles de long ; si l'on y entre de jour, on ne pourra pas être dehors avant la nuit, et l'on mouillera sans doute, car les principaux dangers sont au S., et l'on ne voudra pas les franchir dans l'obscurité, surtout si l'on y passe pour la première fois.

On arrive vers midi à la fausse première pointe, dont on se tient à 2 milles au large, et quand on l'a dépassée on ne tarde pas à voir le mât du bateau-feu de Lucipara, surmonté d'une boule noire, parfaitement visible et reconnaissable. Quand on relève ce bateau au S.12°E., on doit sans hésiter gouverner sur lui et le ranger en le laissant par bâbord. A 1 mille au S. du feu flottant, on gouverne au S.36°E. jusqu'à ce qu'on relève l'île de Lucipara dans le Nord.

Cette route fait franchir sans danger le détroit de Lucipara ; elle a sur celle du chenal Stanton l'avantage d'être rectiligne et de s'appuyer sur le relèvement d'un point fixe, qui ne peut être confondu avec aucun autre point voisin. Il sera prudent de contourner la première pointe à grande vitesse jusqu'au feu flottant ; on sera ainsi moins longtemps exposé aux remous violents qui s'établissent à chaque changement de marée, entre la pointe et le banc Mérapie (1).

(1) Les bouées qui, d'après la carte, devraient marquer le rocher Frederik-Hendrik et les autres dangers du détroit, sont souvent en dérive. Il ne faut pas se fier à leurs indications.

Les courants du détroit suivent la route, sauf à l'entrée N. ; entre la première pointe et Lucipara, ils atteignent 3 et 4 nœuds.

En suivant la route que nous venons d'indiquer, on arrive au S. de l'île Lucipara entre 3 et 4 heures du soir, selon la marée ; vers 4 h. du matin, on est en vue du feu de l'île Watcher du N., qui a 20 milles de portée, et dans les environs de midi on atteint le détroit de la Sonde.

Après avoir dépassé l'île Crokatoa, on fait route au S.O., poussé le plus souvent par des brises de S.E. plus ou moins fraîches, qui sont la continuation de la mousson de S.E. des mers de Java. Elles conduisent jusqu'au 8e ou au 9e degré, et se joignent parfois aux alizés sans transition. Ceux-ci ne permettront l'usage exclusif de la voile que vers le 9e et souvent le 11e ou 12e degré.

Les instructions sur les voyages d'été entre Bombay et Aden, pour les navires à voiles, les font descendre entre le 6e et le 9e degré, où ils doivent trouver les alizés dans leur force.

Nous n'avons étudié qu'un nombre restreint de traversées, et voici les résultats qu'elles donnent : en juin, jusqu'au 10e degré, vent faible ; de 11° à 12°, vent 3 à 4. En avril, au 10e degré, vent de la force 3, 4 et 5.

Les voyages où les navires sont descendus jusqu'à 10° et plus sont ceux où l'on a le moins usé de l'hélice. D'ailleurs, les cartes des courants généraux et les journaux consultés montrent que le courant équatorial est favorable jusque par 10°S., où il conserve encore une vitesse de 1/2 nœud, puis de 1/4 de nœud à l'heure. En arrivant près des Chagos, la route s'infléchit au N. vers l'équateur, que l'on coupe entre 55° et 50°E. Le vent alors est faible et passe du S. au S.S.O. aux approches de la ligne. Le courant est faible de l'E. à l'E.S.E. Au N. de l'équateur, vers le 2e degré, la mousson de S.O. commence. On coupe le 5e parallèle par 50°E. avec un vent frais d'O.S.O., de la force de 6 à 8, et un courant N.N.E., qui varie de 1/2 nœud à 3 nœuds jusqu'à Ras Hafun (1).

Quoique les terres de ce cap soient élevées, il est rare qu'on puisse le voir même de 8 ou 10 milles, à cause de la brume intense qui l'enveloppe, ainsi que les îles de Socotora, pendant la mousson. Dès que le thermomètre baisse, que la houle vient de l'arrière en mollissant tout à coup, que la couleur de l'eau passe au vert sale, on peut gouverner à l'O. pour reconnaître la terre : Ras Hafun est franchi.

(1) On a quelquefois 120 milles de courant en 24 heures.

La route que nous venons d'indiquer, de l'Équateur vers l'Afrique, fait éviter les parages de grosse mer, marqués sur la carte du lieutenant TAYLOR.

Après Ras Asir, on suivra la côte d'Afrique jusqu'à l'île Burnt, pour traverser le golfe, de cette île aux montagnes d'Aden. Le courant porte à l'O. le long de la côte, et le vent est traversier pour aller de Burnt au mouillage. Pendant cette dernière route, il faut gouverner au moins de 5° au vent, parce que le courant porte fortement à l'E. dans le milieu du golfe.

PORTS DE RELACHE.

Port-Saïd. — L'entrée de Port-Saïd est aisée. Toutefois, après plusieurs jours de vent d'O. frais, on trouve le long de la côte un courant à l'E. dont il faut tenir compte. Il peut aller à plus de 2 nœuds en travers de la passe. Les transports s'amarrent généralement dans le port au moyen de fortes aussières devant et derrière sur des bouées, et à terre par le travers avec des faux bras.

Les chalands qui portent le charbon sont cubés et portent de 60 à 80 tonnes. On peut embarquer 400 tonneaux en six heures.

Nous conseillons, surtout l'été, de prendre autant de charbon qu'on peut à Port-Saïd. Le prix du tonneau y est de 10 francs inférieur à celui d'Aden, et l'embarquement en est bien plus rapide, surtout pendant la mousson S.O., quand les navires roulent fortement au mouillage extérieur de ce dernier port. La traversée du canal n'en sera pas moins facile et sûre.

Aden. — La rade d'Aden a deux mouillages. Le mouillage extérieur est dans l'O. du bateau-feu, à plus de 1 mille des parcs à charbon. Pendant la mousson de S.O. la houle y gêne l'embarquement du combustible. Le mouillage intérieur ne peut se prendre que de jour, à mer haute. Aux plus basses mers, les transports s'y échouent de plus d'un pied dans la vase.

Le charbon est apporté le long du bord par des chalands qui contiennent environ 100 tonneaux. On en peut embarquer de 200 à 300 tonneaux en douze heures, par beau temps en hiver, au mouillage extérieur.

Pointe de Galles. — Le feu du phare est fixe, sa portée de 10 à

12 milles. Il ne se distingue peut-être pas assez des feux des nombreux bateaux pêcheurs dont la côte est garnie pendant la nuit. L'entrée du port est facile, des bouées en jalonnent le passage ; mais il est inutile d'entrer sans pilote, celui-ci devant vous indiquer le mouillage et vous donner les amarres de l'arrière. On affourche dans le port l'avant au large et à la houle, 1 maillon 1/2 à 2. L'arrière est tenu par deux aussières étalinguées sur des ancres à jet ; le tout fourni et mouillé par les soins du pilote. En avril, il est prudent, si l'on doit passer la nuit au mouillage, de demander au pilote qu'il double les amarres de l'arrière, à cause des fortes rafales qui descendent alors des montagnes. On ne peut entrer ni sortir de nuit que par exception.

Le charbon vient à bord avec de grandes embarcations contenant 8 à 9 tonneaux ; l'embarquement cesse pendant la nuit. On peut faire 230 tonneaux de charbon, de 8 heures du matin à 6 h. du soir.

Bœufs. — Les bœufs de Ceylan sont d'une qualité inférieure, très-petits et maigres. Voici le poids moyen net d'un bœuf aux diverses relâches :

Toulon, poids net du bœuf abattu.	200 kil.	Prix approximatif du kil.	1 f. 08 c.
Port-Saïd, *idem*.	80	*Idem*.	2 25
Aden, *idem*.	75	*Idem*.	1 08
Ceylan, *idem*.	45	*Idem*.	1 50
Singapour, *idem*	115	*Idem*.	1 16
Saïgon, *idem*	140	*Idem*.	0 65

Les bœufs de Toulon dépérissent très-vite dès qu'on arrive en pleine chaleur. Il serait bon pourtant de s'en approvisionner jusqu'à Aden, ceux que l'on prend à Port-Saïd ayant donné lieu à plusieurs plaintes et coûtant fort cher. Cela ferait, à trois repas par semaine, 8 ou 10 bœufs pris au départ, en plus desquels on embarquerait un ou deux repas de viande fraîche à Port-Saïd. D'Aden à Singapour on peut compter sept repas de bœuf sur pied et un pris à Pointe de Galles en viande fraîche. Cela donne 21 bœufs d'Aden, à 3 par repas.

En résumé, comme qualité et comme économie, il convient de s'approvisionner de bœufs sur pied de la façon suivante :

Aller. A Toulon jusqu'à Aden ; d'Aden à Singapour ; de Singapour à Saïgon.

Retour. 1 bœuf abattu tous les jours pour les malades ; large approvisionnement à Saïgon ; complément à Singapour jusqu'à Aden ; d'Aden à Port-Saïd ; de Port-Saïd à Toulon.

Singapour. — L'arrivée à New-Harbour est facile de jour par les passes de l'O.; de nuit il faut aller mouiller à Singapour. On n'entre de nuit dans le canal de New-Harbour que dans un cas extraordinaire; les balises sont alors éclairées par les soins du pilote. Il en est de même à la sortie.

Dès qu'un navire se présente à l'entrée, un pilote vient à bord et le conduit le long du wharf à côté duquel se trouve le parc à charbon. On mouille une ancre et l'on s'amarre par l'avant et l'arrière à toucher l'appontement. La manière de prendre son poste au wharf dépend de la marée. Si l'on a pour soi un courant rapide, le pilote traverse le canal jusqu'à la rade de Singapour, évite le navire dans la rade, remonte le canal courant debout et vous amarre. Dans ce cas il faut, en quittant New-Harbour pour aller dans l'E., repasser par l'entrée O. et contourner les îles avant de faire route.

Le charbon se fait assez rapidement : 25 tonneaux à l'heure, moyenne prise de jour et de nuit. Ordinairement, on s'approvisionne en combustible de manière à n'avoir pas besoin d'en prendre à Saïgon.

Pendant la mousson de N.E., le courant porte, dans le canal, dans tout le détroit de Singapour et dans le S. du détroit de Malacca, 18 heures à l'E. et 6 à l'O. ; il atteint 3 et 4 nœuds à l'heure. »

CHAPITRE SIXIÈME.

Routes en partant d'Europe, des États-Unis, ou de l'Océan Atlantique S., pour aller aux différents ports de l'Océan Indien, par la voie du cap de Bonne-Espérance (1).

§ 328. — De l'Océan Atlantique S. à Natal, à la baie Delagoa, à Inhambane, et à la baie Saint-Augustin.

En venant de l'Océan Atlantique S., soit du cap Horn, de la Plata, du Brésil, de l'Equateur, de l'Europe ou des Etats-Unis, il convient de couper toujours le méridien de 2°O. dans le S. du parallèle de 40°S. Nous ne répéterons pas ici les considérations développées déjà, à ce sujet, dans nos Instructions sur l'*Atlantique S.*, et sur le *Pacifique* : nous nous bornerons à rappeler que, dans le S. de 40°S., on aura une route moins longue à parcourir, le courant sera favorable, et les chances de tempêtes seront beaucoup moindres.

Nous donnons, à la fin du présent paragraphe, le Tableau des croisements de la route des navires venant de l'Equateur, et par exemple d'Europe ou des Etats-Unis, à destination de Natal, de la baie Delagoa, d'Inhambane et de la baie Saint-Augustin. Ce Tableau indique d'abord, dans la partie de gauche, les latitudes suivant lesquelles il convient de couper les méridiens compris de 12°O. à 18°E., quand on vient de l'Equateur ; et il est clair que les navires venant du Brésil, de la Plata ou du cap Horn, doivent suivre d'autres croisements, que l'on trouve dans nos Instructions sur l'Atlantique S. La partie de droite du Tableau indique les longitudes suivant lesquelles il convient de couper les parallèles de 40°S., de 35°S., etc., en remontant vers le N. pour atteindre les différents ports de destination.

(1) Indépendamment des officiers de la marine marchande que nous avons déjà cités, plusieurs capitaines au long-cours nous ont encore fourni d'utiles renseignements. Nous nommerons, parmi eux, MM. Marcantoni, Parès, Ribert, Rival, et plus spécialement M. Lachaud, armateur à Marseille. Nous saisirons cette occasion, pour remercier aussi de son obligeance M. Rabier, libraire de la marine dans le même port.

Cette seconde partie du Tableau convient à tous les navires sans exception, qui viennent de n'importe quelle partie de l'Océan Atlantique S., lorsqu'ils ont à se rendre aux différents ports en question.

Comme on le voit, d'après le Tableau des croisements, la route vers l'E. se fait dans le S. du parallèle de 40°S., que l'on ne coupe pour commencer à remonter vers le N., qu'au moment seulement où l'on a atteint une longitude variable de 25°30′E. à 34°E., suivant la saison et le port de destination. Pendant cette partie de la route comprise dans le S. du parallèle de 40°S., lès navires sont généralement poussés par des vents de la partie de l'O., de N.O. à S.O.; les vents de la partie du N.E. ne sont heureusement pas très-fréquents; et quant à ceux de l'E. ils sont très-rares. Le courant est ordinairement favorable, portant vers la partie de l'E., soit vers l'E.S.E., vers l'E., ou vers l'E.N.E., avec une vitesse variable en général de 12 à 36 milles par 24 heures.

Dans le N. du parallèle de 40°S., voici quelles sont les indications que nous croyons pouvoir donner sur la route à suivre pour chacun des quatre ports indiqués.

1° *Navires destinés à Natal.*

De janvier en mars, et de 40° à 35°S., les vents dominent de la partie de l'O., du S.O. et du S.E. De 35° à 30°S., ils soufflent surtout du N.E. et du S.E. *D'avril en juin*, et de 40° à 35°S., les vents dominent de la partie du N.O. et du S.O., et soufflent accidentellement du N.E. De 35° à 30°S., ils soufflent surtout du S.O., et accidentellement de la partie du N.E. *De juillet en septembre*, et de 40° à 35°S., les vents dominent de la partie du N.E., du N.O. et du S.O., à peu près également, et ils soufflent accidentellement de la partie du S.E. De 35° à 30°S., ils soufflent surtout de la partie du N., et souvent aussi de l'O. et du S.; les vents d'E. ne sont qu'accidentels. *D'octobre en décembre*, et de 40° à 35°S., les vents dominent de la partie de l'O. variables au S.O.; et ils soufflent accidentellement de la partie du N. et du S. De 35° à 30°S., ils soufflent surtout de la partie de l'E., du N.E. et du S.E., quelquefois du S.O.; et l'on a des chances de calmes, en se rapprochant de la côte d'Afrique.

Les courants, entre 40° et 35°S., portent vers l'E., avec une vitesse qui peut varier de 18 à 66 milles par 24 heures. Entre 34°S. et la côte d'Afrique, ils portent vers le S.O., avec une vitesse qui augmente à mesure qu'on se rapproche de terre, et qui varie de 18 à 66 milles par 24 heures.

Pour l'atterrage, on trouve des instructions à la page 179.

2° *Navires destinés à la baie Delagoa et à Inhambane.*

De janvier en mars, et de 40° à 35°S., les vents dominent de la partie du N.O. et du S.O., et ils soufflent accidentellement de la parte du N.E. De 35° à 30°S., ils dominent de la partie du N.E., variables au S.E. et au S.O., avec quelques calmes. Dans le N. du parallèle de 30°S., ils dominent du N.E. et du S.E. *D'avril en juin*, et de 40° à 35°S., les vents dominent de la partie du N.O. et du S.O., et soufflent accidentellement du N.E. De 35° à 30°S., ils dominent du N.E. et du S.E., soufflant quelquefois aussi du S.O. Dans le N. de 30°S., ils dominent de la partie du S.E. variables au S.O., et soufflent parfois du N.E. *De juillet en septembre*, et de 40° à 35°S., les vents dominent de la partie du N.E., du N.O. et du S.O., soufflant quelquefois seulement du S.E. De 35° à 30°S., ils dominent du N., et soufflent aussi de l'O., du S. et de l'E. Au-delà de 30°S., ils dominent surtout de la partie du N.N.E. à l'E.N.E., hâlant parfois le S.E. et le S.S.E. *D'octobre en décembre*, et de 40° à 35°S., les vents dominent de la partie de l'O. variables au S.O. et au S.E.; et ils soufflent accidentellement de la partie du N.O. De 35° à 30°S., ils dominent surtout du N.E. et du S.E. Dans le N. du parallèle de 30°S., ils dominent de la partie de l'E., variables au S.E. et quelquefois au S.O., avec quelques chances de calmes.

Les courants, entre 40° et 35°S., portent vers l'E., avec une vitesse qui peut varier de 18 à 66 milles par 24 heures. Entre 34° et 30°S., ils portent généralement vers le S.O. et l'O.S.O., avec une vitesse de 18 à 48 milles. Au-delà de 30°S., ils portent vers le S.O., à raison de 36 à 42 milles environ par 24 heures.

Pour l'atterrage de la baie Delagoa, on trouve des instructions à la page 180; et pour Inhambane, à la page 181.

3° *Navires destinés à la baie Saint-Augustin.*

De janvier en mars, et de 40° à 35°S., les vents dominent de la partie du N.O. et du S.O., et ils soufflent accidentellement de la partie du N.E. De 35° à 30°S., ils dominent de la partie du N.E. et du S.E. Au-delà de 30°S., ils soufflent également du N.E. et du S.E., mêlés de quelques calmes. *D'avril en juin*, et de 40° à 35°S., les vents dominent de la partie du N.O. et du S.O. De 35° à 30°S., les vents dominent encore du N.O. et du S.O., et soufflent seulement par exception, du N.E. et du S.E., mêlés de quelques chances de calmes. Au-delà de 30°S., les vents dominants sont ceux de la partie du S.E. variables au S.O.; ils soufflent aussi parfois du N.E. *De juillet en septembre*, et de 40° à 35°S., les vents dominent du N.O., variables du N.E. au N.O. et au S.O. De 35° à 30°S., les vents sont variables des différents points du compas, tout en dominant surtout de la partie du N. Au-delà de 30°S., ils soufflent principalement de l'E.N.E. et de l'E., variables au S. *D'octobre en décembre*, et de 40° à 35°S., les vents dominent de l'O. au S.O., variant parfois au N.O., ou au S.E. De 35° à 30°S., ils dominent du S.E. et du N.E., hâlant parfois le N.O., et mêlés de quelques calmes. Au-delà de 30°S., les vents dominent du N.E. et du S.E., soufflant parfois du S.O. et mêlés de quelques calmes.

Les courants, entre 40° et 35°S., portent vers l'E., avec une vitesse variable de 18 à 66 milles par 24 heures. Entre 35° et 30°S., ils portent généralement vers l'O. ou le S.O., avec une vitesse de 18 à 36 milles; mais il ne faudra point du tout compter sur leur régularité, attendu qu'ils porteront quelquefois au S., à l'E. ou au N. Entre 30° et 33°S., ils portent très-généralement vers l'O.S.O. avec une vitesse de 24 à 48 milles par 24 heures. Enfin, en approchant de la côte S.O. de Madagascar, on peut s'attendre à les trouver portant au N.O. et au N. avec une vitesse modérée.

Pour l'atterrage, on trouve des instructions à la page 242. Il faut grandement veiller, quand on se trouve dans le voisinage des dangers qui se trouvent auprès de la côte S.O. de Madagascar.

Voici le Tableau des croisements que l'on se proposera de suivre, autant que les circonstances le permettront.

TABLEAU

Des Croisements de la route *de l'Atlantique Sud à Natal, à la baie Delagoa, à Inhambane et à la baie Saint-Augustin.*

SAISONS.	LATITUDES suivant lesquelles on coupera les méridiens de				LONGITUDES suivant lesquelles il conviendra de couper les parallèles de							POINTS de DESTINATION.
	12° O.	2° O.	8° E.	18° E.	40° S.	35° S.	30° S.	29° 30' S.	25° 50' S.	23° 50' S.	23° 20' S.	
	Lat. S.	Lat. S.	Lat. S.	Lat. S.	Long. E.	Long. E.	Long. E.	Long. E.	Long. E.	Long. E.	Long. E.	
	° '	° '	° '	° '	° '	° '	° '	° '	° '	° '	° '	
En Janvier, Février et Mars	40 00	42 00	42 30	43 00	28 00	32 00	29 45	29 30	... ...	... ...	... ...	Natal.
					30 30	37 00	36 00	35 30	31 30	... ...	... ...	Baie Delagoa.
					33 00	38 00	37 30	37 25	35 20	34 20	34 00	Inhambane.
					35 30	43 00	42 00	41 55	41 10	41 10	... ...	Baie St-Augustin.
En Avril, Mai et Juin	37 00	40 00	41 00	42 00	30 30	32 00	29 45	29 30	... ...	... ...	... ...	Natal.
					30 30	35 00	33 00	32 50	31 30	... ...	... ...	Baie Delagoa.
					30 30	38 30	38 00	37 45	35 30	34 25	34 00	Inhambane.
					34 00	41 30	42 30	42 20	41 10	41 10	... ...	Baie St-Augustin.
En Juillet, Août et Septembre	38 00	40 30	41 00	41 30	28 00	34 00	30 00	29 30	... ...	... ...	... ...	Natal.
					26 00	33 00	36 00	35 30	31 30	... ...	... ...	Baie Delagoa.
					28 00	34 30	38 30	38 25	35 45	34 25	34 00	Inhambane.
					28 00	38 00	43 00	42 48	41 10	41 10	... ...	Baie St-Augustin.
En Octobre, Novembre et Décemb.	39 00	41 00	42 00	42 00	25 30	34 00	30 00	29 30	... ...	... ...	... ...	Natal.
					28 00	36 30	34 30	34 10	31 30	... ...	... ...	Baie Delagoa.
					30 00	37 30	37 00	36 55	35 00	34 12	34 00	Inhambane.
					31 00	40 30	43 00	42 48	41 10	41 10	... ...	Baie St-Augustin.

§ 329. — De l'Océan Atlantique S. à Quillimane, à Mozambique, à Zanzibar, à Mayotte et à Nossi-Bé.

En venant de l'Océan Atlantique S., soit du cap Horn, de la Plata, du Brésil, de l'Equateur, de l'Europe ou des Etats-Unis, il convient de couper toujours le méridien de 2°O. dans le S. du parallèle de 40°S., parce que l'on a ainsi une route moins longue à parcourir, on trouve le courant favorable, et en même temps les chances de tempêtes sont beaucoup moindres.

A la fin du présent paragraphe, nous donnons deux Tableaux qui, s'ajoutant l'un à l'autre, contiennent l'ensemble de la route des navires venant de l'Equateur, et par exemple d'Europe ou des Etats-Unis, à destination de Quillimane, de Mozambique, de Zanzibar, de Mayotte et de Nossi-Bé. *Le premier Tableau* indique d'abord, dans la partie de gauche, les latitudes suivant lesquelles il est bon de couper les méridiens compris de 12°O. à 38°E., quand on vient de l'Equateur ; et, en ce qui concerne les navires venant du cap Horn, de la Plata ou du Brésil, il est évident qu'ils doivent suivre d'autres croisements, que l'on peut trouver dans nos Instructions sur l'Atlantique S. La partie de droite du même Tableau indique les longitudes suivant lesquelles il convient de couper les parallèles de 35°, de 30° et de 25°S. Cette seconde partie du Tableau convient à tous les navires venant de l'Océan Atlantique, et se rendant aux différents ports de la partie centrale et septentrionale du canal de Mozambique. *Le second Tableau* indique approximativement les longitudes dans les environs desquelles on peut se proposer de couper les parallèles situés au N. de 23°S. jusqu'aux ports de destination indiqués.

Comme l'indique le premier Tableau, la route vers l'E. se fait dans le S. du parallèle de 40°S., que l'on ne coupe pour commencer à remonter vers le N. qu'au moment seulement où l'on a atteint une longitude variable de 28° à 30°E. environ, suivant la saison et le port de destination. Pendant cette partie de la route comprise dans le S. du parallèle de 40°S., les vents dominent de la partie de l'O., variant du N.O. au S.O.; les vents de la partie du N.E. ne sont heureusement pas très-fréquents ; et quant à ceux de la partie de l'E., ils sont très-rares. Le courant est ordinairement favorable, portant vers la partie de l'E., soit vers l'E.S.E., vers l'E., ou vers l'E.N.E., avec une vitesse variable en général de 12 à 36 milles par 24 heures.

Quel que soit le port de destination, la route que nous conseillons de préférence est celle qui passe dans l'O. d'Europa, des Bassas da India et du banc du Pilote. Nous avons donné, à ce sujet, des instructions détaillées au § 234, page 401, où nous prions le lecteur de se reporter. On trouvera, dans ce même paragraphe 234, les indications nécessaires pour limiter les bordées que l'on sera obligé de courir, pendant la mousson de N. du canal de Mozambique, c'est-à-dire d'octobre en avril, surtout à partir du moment où l'on aura dépassé le parallèle de 20° ou de 18°S. Il est évident que la route dont nous donnons les croisements est une route moyenne, que l'on ne pourra guère suivre que pendant la mousson de S. ; tandis que, pendant l'autre mousson, les vents contraires forceront à louvoyer alternativement sur la droite et sur la gauche de la route indiquée.

Nous allons indiquer maintenant les chances de vents et de courants auxquelles on pourra s'attendre, entre les parallèles de 40° et de 20°S., c'est-à-dire dans la partie de la route qui est commune à tous les navires destinés aux ports du milieu et du N. du canal de Mozambique. *Nous donnerons ensuite des instructions, pour la fin de la traversée*, dans le N. du parallèle de 20°S.

Partie de la route comprise entre 40° et 20°Sud.

En janvier, février et mars, de 40° à 35°S., les vents dominent de la partie du N.O. et du S.O., et ils soufflent accidentellement de la partie du N.E. De 35° à 30°S., ils dominent de la partie du N.E., variables au S.E. et au S.O., avec quelques calmes. Entre 30° et 25°S., ils dominent du N.E. et du S.E. Entre 25° et 20°S., ils soufflent surtout de la partie du S.O.

En avril, mai et juin, de 40° à 35°S., les vents dominent de la partie du N.O. et du S.O., et ils soufflent accidentellement de la partie du N.E. De 35° à 30°S., ils dominent du N.E. et du S.E., soufflant quelquefois aussi du S.O. Entre 30° et 25°S., ils dominent de la partie du S.E. variables au S.O. et soufflent parfois du N.E. Entre 25° et 20°S., ils soufflent surtout de la partie du Sud.

En juillet, août et septembre, de 40° à 35°S., les vents dominent de la partie du N.E., du N.O. et du S.O., soufflant quelquefois seulement du S.E. De 35° à 30°S., ils dominent du N., et soufflent aussi de l'O., du S. et de l'E. De 30° à 25°S., ils dominent surtout de la partie de l'E.N.E. et de l'E., hâlant parfois le S.E. et le S., et accidentellement le N. et le N.O. Entre 25° et 20°S., ils dominent principalement de la partie du S.E.

En octobre, novembre et décembre, de 40° à 35°S., les vents dominent de la partie de l'O. variables au S.O. et au S.E.; et ils soufflent accidentellement de la partie du N.O. De 35° à 30°S., ils dominent surtout du N.E. et du S.E. Entre 30° et 25°S., ils dominent de la partie de l'E.N.E. à l'E., variables au S.E. et parfois au S.O., avec quelques chances de calmes. De 25° à 20°S., ils dominent de la partie du S.E., variant du S. au S.E., à l'E. et quelquefois au N.E.

Les courants, entre 40° et 35°S., portent vers l'E., avec une vitesse qui peut varier de 18 à 66 milles par 24 heures. L'espace compris dans les parages de 35° à 34°S. est une zone de transition, où les courants sont irréguliers. Entre 34° et 30°S., ils portent généralement vers le S.O. et l'O.S.O., avec une vitesse de 18 à 48 milles. Entre 30° et 23°S., ils portent principalement vers le S.O., avec une vitesse moyenne de 36 à 42 milles par 24 heures. Entre 23° et 20°S., les courants seront variables en force et en direction, portant soit au S.O., au S., à l'E., ou même au N.E. et au N., avec une vitesse variable de 12 à 36 milles par 24 heures.

Fin de la traversée pour les navires destinés à Quillimane.

Dans le N. du parallèle de 20°S., les vents souffleront généralement du S.E. au S.O., d'avril en octobre ; mais ils seront assez fréquemment remplacés par des vents de la partie du N.E. au N.O., pendant le reste de l'année. Quant aux courants, entre 20°S. et Quillimane, ils porteront ordinairement vers le S.O., avec une vitesse variable de 12 à 72 milles par 24 heures, qui est en moyenne de moins en moins forte à mesure qu'on se rapproche du port de destination.

Pour la fin de la traversée, il est bon généralement de se tenir un peu dans l'E., et d'atterrir par le N., ou du moins par la latitude, excepté dans le cas où les vents seraient sûrement et fortement établis de la partie du S. On trouvera d'ailleurs des instructions pour l'atterrage, en se reportant au § 86, page 184.

Fin de la traversée pour les navires destinés à Mozambique.

A partir du moment où le navire aura atteint 21°S., l'on gouvernera de manière à passer ensuite dans l'O. de Juan de Nova, comme l'indique le Tableau de croisements que nous donnons à la fin du présent paragraphe.

A l'époque de la mousson de S., d'avril en octobre, cette route sera relativement facile, en ce sens que l'on aura ordinairement les vents portants qui permettront d'aller directement passer à peu près à mi-canal entre Juan de Nova et la côte d'Afrique. Ainsi, dans le S. du parallèle de 20°S., les vents domineront de la partie du S. et du S.E.; et, dans le N. de 20°S. jusqu'à Mozambique, ils domineront du S.E., du S. et du S.O. avec quelques calmes. On atterrira généralement dans les environs de la pointe Bajone (voir page 188).

A l'époque de la mousson de N., d'octobre en avril, après avoir doublé dans l'O. les Bassas da India et le banc du Pilote, il conviendra de se tenir toujours dans l'O. d'une ligne que l'on tracera sur la carte, joignant les Bassas da India, ou plutôt le banc du Pilote, à un point situé à 60 milles dans l'O. de Juan de Nova. Etant obligé de louvoyer contre les vents de la partie du N., la ligne que nous venons de supposer tracée sur la carte sera la limite de la bordée bâbord amures; si l'on allait dans l'E. de cette ligne, en se rapprochant de Madagascar, les calmes et les folles brises seraient plus à craindre. Quant à la bordée tribord amures, il conviendra de ne point la prolonger à moins de 60 milles de la côte d'Afrique, parce que si l'on allait plus loin dans l'O., on tomberait dans le fort du courant qui porte dans le S. et dans le S.O. Durant cette saison, et dans le N. du parallèle de 20°S., ou plutôt de celui de 19° ou de 18°S., les difficultés réelles de la traversée commenceront, en même temps que la mousson de N. fortement établie se fera sentir. D'octobre en décembre, de 20° à 15°S., les vents dominants seront ceux de N.N.O., avec quelques vents de S.E. et de S.S.E. et quelques calmes. De janvier en mars, entre les mêmes parallèles de 20° et 15°S., les vents domineront de la partie du N.E. avec quelques calmes. En somme, pendant cette mousson de N., et à partir de 19° ou de 18°S., il sera utile de se tenir bien dans l'O., c'est-à-dire entre 50 et 80 milles par exemple des chaînes d'îles Primeira et Angoza, qui bordent la côte d'Afrique, particulièrement quand on approchera de 17°30'S., afin que, tout en restant en dehors de la plus grande force du courant qui descend la côte, l'on soit certain de ne pas tomber sur les récifs de Juan de Nova, comme cela pourrait arriver avec de petites brises, ou avec des calmes, ou encore si l'on trouvait plus au large de la côte d'Afrique les courants portant à l'E. et au N.E. qui ont souvent été observés. On atterrira ordinairement dans les parages de l'île Quintangonya (voir page 190).

Les courants porteront presque constamment vers la partie du S.O., avec une vitesse variable de 1/2 nœud à 3 nœuds à l'heure.

Fin de la traversée pour les navires destinés à Zanzibar.

A partir du moment où le navire aura atteint 21°S., la route à suivre, jusque vers le parallèle de 16° ou de 15°S., sera (comme l'indique le Tableau placé à la fin du présent paragraphe) absolument la même pour les navires destinés à Zanzibar, que pour ceux destinés à Mozambique. Par conséquent, nous prions le lecteur de se reporter aux instructions que nous venons de donner à la page précédente, et qui s'appliqueront à la partie de la route comprise entre 21° et 15°S.

Au-delà de 15°S., c'est-à-dire au-delà du parallèle de Mozambique et jusqu'à Zanzibar, la route se confond avec celle des navires allant de Mozambique à Zanzibar. Nous ne pourrions donc que répéter ici les instructions que nous avons données au § 250 (page 468), où le lecteur voudra bien se reporter.

Fin de la traversée pour les navires destinés à Mayotte, à Nossi-Bé et à la côte N.O. de Madagascar.

Le Tableau placé à la fin du présent paragraphe montre qu'à partir du moment où le navire aura atteint 21°S., la route à suivre, jusque vers le parallèle de 16° ou de 15°S., sera à très-peu près la même pour les navires destinés à Mayotte et à Nossi-Bé que pour ceux destinés à Mozambique. Nous prions donc le lecteur de se reporter aux instructions que nous venons de donner (voir page 824) et qui s'appliqueront à la partie de la route comprise entre 21° et 16°S. environ.

Au-delà de 16°S., et pendant la mousson de N., d'octobre en avril, on combinera ses bordées pour s'élever dans le N., en se maintenant, à une trentaine de milles près, dans les environs de la route dont nous donnons les points de croisement. La courbure de cette route montre qu'il est bon de s'élever dans le N., en profitant des brises fraîches du milieu du canal, sans cependant passer trop près dans le S. des récifs de Mayotte, pour se défier des courants de réaction que l'on pourrait trouver portant quelquefois vers le N.O. ou le N.E. Dans le N. du parallèle de 15°S., et tant que l'on sera dans l'O. du méridien de 43°E., les vents domineront du N.E., du N.N.E., et l'on sera exposé aux calmes. Dans l'E. du même méridien de 43°E., les brises deviendront plus variables ; au commencement de la mousson, d'octobre en janvier, elles domineront surtout de la partie du N.E. et du S.E., et souffleront parfois du N.O. ou du S.O., avec quelques calmes ; à la fin de la mousson, de janvier en avril, elles domineront de la partie de l'E. et du N.O., variables et mêlées de calmes.

Au-delà de 16°S., et pendant la mousson de S., d'avril en octobre, il est bon de faire une route à peu près directe, sans chercher à mettre d'abord trop de N. dans sa route. En suivant ce conseil, on aura ensuite plus de facilité pour terminer sa traversée, si les brises se fixent de la partie du S.E., molles ou mêlées de calmes, ainsi qu'on peut s'y attendre au-delà des méridiens d'Anjouan et de Mayotte. Ces brises variables et souvent mal établies permettront de faire assez bonne route si elles ne sont pas trop pointues, c'est-à-dire si l'on n'a pas commencé tout de suite à faire du N. Au contraire, dans ce dernier cas, l'on pourrait se trouver attardé en étant obligé de louvoyer quelquefois avec de légères brises.

Quant aux courants, tant que l'on est dans l'O. de 41°E., ils portent généralement à l'O. et au S.O., avec une vitesse variable de 12 à 48 milles ; mais, dans l'E. de ce même méridien de 41°E., et en se rapprochant soit des Comores, soit de la côte N.O. de Madagascar, les courants deviennent très-variables, portant au N.O., au N., au N.E., au S.O., ou au S.E., de sorte qu'il faut grandement s'en défier, et observer le plus souvent possible pour rectifier sa position.

On trouvera des instructions, pour l'atterrage, en se reportant : pour Mayotte, au § 94, page 216 ; pour Nossi-Bé, au § 149, page 267 ; et pour la côte N.O. de Madagascar aux pages 260 et suivantes.

Voici les deux Tableaux, qui contiennent ensemble l'indication des croisements des routes que nous venons de décrire.

Première Partie du Tableau

Des Croisements de la route *d'Europe à Quillimane, à Mozambique, à Zanzibar, à Mayotte et à Nossi-Bé*, depuis le méridien de 12°O. dans l'atlantique S., jusqu'au parallèle de 30°S. dans la mer des Indes.

ÉPOQUE à laquelle cette partie de la traversée est faite.	LATITUDES suivant lesquelles il convient de couper les méridiens de								CROISEMENTS des parallèles de		
	12° O.	2° O.	8° E.	18° E.	23° E.	28° E.	33° E.	38° E.	35° S.	30° S.	25° S.
	Lat. S.	Lat. S.	Lat. S.	Lat. S.	Lat. S.	Lat. S.	Lat. S.	Lat. S.	Long. E.	Long. E.	Long. E.
	° '	° '	° '	° '	° '	° '	° '	° '	° '	° '	° '
En Janvier, Février et Mars. . . .	40 00	42 00	42 30	43 00	42 30	42 00	40 00	35 00	38 00	37 30	36 00
En Avril, Mai et Juin	37 00	40 00	41 00	42 00	41 30	41 00	38 00	... ...	37 00	36 00	35 30
En Juillet, Août et Septembre. . .	38 00	40 30	41 00	41 30	41 00	40 00	36 00	31 00	34 30	38 30	36 30
En Octobre, Novembre et Décembre	39 00	41 00	42 00	42 00	41 30	41 00	38 30	35 00	38 00	37 30	36 00

Seconde partie du Tableau (SUITE)

Des Croisements de la route *d'Europe* à *Quillimane*, à *Mozambique*, à *Zanzibar*, à *Mayotte et* à *Nossi-Bé*, depuis le parallèle de 25°S. jusqu'au port de destination.

SAISONS dans le canal de Mozambiq^e.	LONGITUDES SUIVANT LESQUELLES IL CONVIENT DE COUPER LES PARALLÈLES DE																	POINTS de destination.
	23° S.	22° S.	21° S.	20° S.	19° S.	18° S.	17° S.	16° S.	15° S.	14° S.	13° S.	12° S.	11° S.	9° S.	8° S.	7° S.	6° S.	
	Long. E.	Long. E.	Long. E.	Long. E.	Long. E.	Long. E.	Long. E.	Long. E.	Long. E.	Long. E.	Long. E.	Long. E.	Long. E.	Long. E.	Long. E.	Long. E.	Long. E.	
	° ′	° ′	° ′	° ′	° ′	° ′	° ′	° ′	° ′	° ′	° ′	° ′	° ′	° ′	° ′	° ′	° ′	
Mousson de N., *d'Octobre en Avril.*	35 30	35 05	34 50	35 00	35 10	35 00	... ...	... ...	... ...	... ...	... ...	... ...	... ...	... ...	... ...	... ...	... ...	Quillimane.
	35 30	35 15	35 20	35 45	36 20	37 10	38 20	39 00	39 00	... ...	... ...	... ...	... ...	... ...	... ...	... ...	... ...	Mozambique
	35 30	35 15	35 20	35 45	36 20	37 10	38 20	38 55	39 30	39 45	40 10	40 30	40 30	39 55	39 30	38 50	38 10	Zanzibar.
	35 30	35 25	35 25	36 00	36 45	37 35	38 20	39 00	39 45	40 50	43 10	... ...	... ...	... ...	... ...	... ...	... ...	Mayotte.
	35 30	35 25	35 25	36 00	36 45	37 35	38 20	39 00	40 00	42 00	... ...	... ...	... ...	... ...	... ...	... ...	... ...	Nossi-Bé.
Mousson de S., *d'Avril en Octobre.*	35 30	35 20	35 15	35 15	35 10	35 00	... ...	... ...	... ...	... ...	... ...	... ...	... ...	... ...	... ...	... ...	... ...	Quillimane.
	35 30	35 25	35 25	36 00	36 35	37 20	38 00	38 40	... ...	... ...	... ...	... ...	... ...	... ...	... ...	... ...	... ...	Mozambique
	35 30	35 25	35 25	36 00	36 45	37 35	38 20	38 55	39 30	39 45	40 10	40 30	40 10	38 35	38 00	37 45	... ...	Zanzibar.
	35 30	35 25	35 25	36 10	37 10	38 10	39 10	39 25	40 45	42 00	43 10	... ...	... ...	... ...	... ...	... ...	... ...	Mayotte.
	35 30	35 25	35 25	36 10	37 10	38 10	39 10	40 05	41 50	44 00	... ...	... ...	... ...	... ...	... ...	... ...	... ...	Nossi-Bé.

§ 330. — De l'Océan atlantique S., à Maurice et à la Réunion.

En venant de l'Océan atlantique S., soit du cap Horn, de la Plata, du Brésil, de l'Equateur, de l'Europe ou des Etats-Unis, il convient de couper toujours le méridien de 2°O. dans le S. du parallèle de 40°S., parce que l'on a ainsi une route moins longue à parcourir, on trouve le courant favorable, et en même temps les chances de tempêtes sont beaucoup moindres.

A la fin de ce paragraphe, nous donnons deux Tableaux de croisements qui permettront de tracer la route des navires venant de l'Equateur, c'est-à-dire par exemple de l'Europe ou des Etats-Unis, à destination de Maurice et de la Réunion. Les navires venant du cap Horn, de la Plata, ou du Brésil, couperont naturellement les méridiens de 12°O. à 38°E. plus loin dans le S., que ne l'indique le premier des Tableaux du présent paragraphe. Mais, la fin de la route, qui est la partie la plus intéressante, restera toujours la même.

Nous allons indiquer, *pour chaque saison, les vents* auxquels on pourra s'attendre. Nous signalerons ensuite les *courants généraux* que l'on traversera ; et nous terminerons par les Tableaux de croisements.

En janvier, février et mars, dans le S. de 40°S., les vents domineront de la partie de l'O., du N.O. au S.O. ; et les *glaces flottantes* seront peu à craindre ; entre 40° et 35°S., vents de N.E. à N.O. et à S.O. ; entre 35° et 31°S., vents variables dominant du N.O. et du N.E., et soufflant aussi du S.O. et du S.E. ; dans le N. de 31°S., ou de 30°S., on entrera dans les alizés de S.E., qui hâleront parfois l'E.N.E. Comme on le voit dans le Tableau, nous conseillons d'entrer dans les alizés à 3° ou 4° dans l'E. du méridien de l'île de destination. Pendant cette saison, il y aura beaucoup à craindre les *ouragans* (v. page 92) ; il faudra donc veiller attentivement le baromètre.

En avril, mai et juin, dans le S. de 35°S., les vents seront variables, dominant surtout de la partie du N.O., au S.O., et quelquefois du N.E. Les chances de rencontre de *glaces flottantes* seront faibles. Entre 35° et 30°S., en suivant notre route, on aura des vents dominant du N.O. et du S.E., soufflant quelquefois aussi du N.E. ; tandis que si le navire coupait 35°S. plus à l'O. que nous ne l'indiquons, on aurait beaucoup de chances de trouver des vents de N.E. De 30° à 25°S., on sera exposé à trouver quelques calmes ; et la direction des vents pourra être très-diverse : ils souffleront surtout du S.E. et assez fréquemment du N.E., puis du N.O. et de toute autre direction. Dans le N. du parallèle de 27°S., le navire trouvera les alizés qui varieront généralement du S.E. à l'E.N.E. Comme l'indiquent les tableaux de croisements, il sera prudent de n'entrer dans les alizés de S.E. que sur un méridien un peu plus E. que celui de l'île de destination. En avril et en mai, il faudra s'attendre à des ouragans ; en juin, ils sont rares (v. page 92).

En juillet, août et septembre, la route sera beaucoup plus directe. Dans le S. de 30°S., les vents seront variables, mais ils dépendront surtout du N.O. et du S.O. On aura peu de chances de rencontrer des *glaces flottantes.* De 30° à 25°S., les vents de S.O. tourneront au S.E. qui sera la direction dominante, et ils hâleront aussi parfois l'E.N.E. Les alizés francs du S.E. à l'E.S.E. commenceront par 26° ou 25°S. Nous ferons observer que si le navire coupait 30°S. dans l'O. du méridien de 53°E., on aurait à craindre des vents assez persistants du N.E. Les mois de juillet, août et septembre, sont ceux où les *ouragans* seront le moins à redouter.

En octobre, novembre et décembre, il sera prudent de faire un assez grand détour dans l'E., pour aller chercher les alizés par 27° ou 26°S. Dans le S. de 40°S., les vents souffleront du N.O. au S.O. ; et il sera nécessaire de veiller beaucoup les *glaces flottantes*, surtout dans l'E. du cap de Bonne-Espérance. De 40° à 35°S., les vents domineront du N.O., variables au S.O. et au S.E. De 35° à 30°S., vents dominants de N.O., soufflant fréquemment aussi du N.E. et variables au S.E. Si le navire coupait 35°S. plus à l'O. que nous ne l'indiquons, l'on aurait encore plus de chances de vents de N.E. contre soi. De 30° à 26°S., vents dominants de la partie de l'E., variables quelquefois au N. Dans le N. de 26°S., on trouvera les alizés soufflant surtout de l'E.S.E., et hâlant parfois l'E. Il faudra beaucoup se défier des *ouragans*, principalement à partir de novembre.

Les courants que l'on trouvera en suivant ces routes seront, en général, les suivants :

Dans le S. de 35°S., courants portant à l'E., de 12 à 42 milles par 24 heures ; entre 35° et 30°S., courants variables portant principalement au S.E., de 18 à 24 milles ; de 30° à 25°S., courants variables, portant surtout au S.O. de 12 à 42 milles ; enfin dans le N. de 25°S., courants portant à l'O. de 12 à 48 milles.

Voici les Tableaux de croisements de ces routes :

TABLEAUX

Indiquant les Croisements des routes que l'on pourra suivre, en venant de l'Océan atlantique S. (d'Europe ou des États-Unis) pour aller à Maurice ou à la Réunion.

PREMIER TABLEAU. — *Commencement de la route.*

SAISONS.	LATITUDES DE CROISEMENTS DES MÉRIDIENS DE					
	12° O.	2° O.	8° E.	18° E.	38° E.	48° E.
	S. ° ′	S. ° ′	S. ° ′	S. ° ′	S. ° ′	S. ° ′
En Janvier, Février et Mars. .	40 00	42 00	42 30	43 00	42 00	41 00
En Avril, Mai et Juin.	37 00	40 00	41 00	42 00	39 00	37 30
En Juillet, Août et Septembre.	38 00	40 30	41 00	41 30	38 00	35 00
En Octobre, Novemb., Décemb.	39 00	41 00	42 00	42 00	40 00	36 30

SECOND TABLEAU. — *Fin de la route.*

SAISONS.	LONGITUDES DE CROISEMENTS DES PARALLÈLES DE				POINTS de DESTINATION.
	40° S.	35° S.	30° S.	25° S.	
	E. ° ′	E. ° ′	E. ° ′	E. ° ′	
Janvier, Février et Mars. . . .	53 00	58 00	59 00	58 00	Ile Maurice.
Avril, Mai et Juin.	34 00	53 00	56 30	57 00	Ile Maurice.
Juillet, Août et Septembre. . .	28 00	48 00	54 00	56 00	Ile Maurice.
Octobre, Novembre, Décembre	38 00	52 00	57 00	58 00	Ile Maurice.
Janvier, Février et Mars. . . .	53 00	57 30	58 00	56 00	La Réunion (île Bourbon).
Avril, Mai et Juin.	34 00	53 00	55 30	56 00	La Réunion (île Bourbon).
Juillet, Août et Septembre. . .	28 00	48 00	53 00	55 00	La Réunion (île Bourbon).
Octobre, Novembre, Décembre	38 00	52 00	55 30	56 00	La Réunion (île Bourbon).

§ 331. — Passage à l'E. de Madagascar.

On donne le nom de « *Passage à l'E. de Madagascar* » à la route qui consiste, en venant par exemple de l'Océan Atlantique S., à pénétrer dans les alizés de S.E., en coupant 27° ou 28°S., par 51°E. environ ; puis à s'élever vers le N., en se maintenant entre les méridiens de 49° et de 50°E. de manière à couper 15°S. par 49°E. On recommande de ne pas entrer dans les alizés de S.E. à l'O. du méridien de 51° afin d'éviter de passer dans le voisinage de la partie S.E. de Madagascar, où l'on serait contrarié par les vents dits « *du Fort Dauphin* », qui soufflent souvent de l'E.N.E. au N.E., en même temps qu'on aurait sur le nez un fort courant portant à l'O. et au S.O. Il est également recommandé de ne pas chercher à couper 15°S. dans l'O. de 49°E., parce que si l'on accostait Madagascar dans le S., auprès de la baie d'Antongil, on pourrait ensuite éprouver beaucoup de difficultés pour s'élever dans le N.E. et pour doubler le cap E. Ayant donc coupé 15°S. par 49°E., on se rapprochera de la côte de Madagascar, entre le cap E. et le cap d'Ambre ; et l'on suivra, à bonne distance, cette côte le long de laquelle le courant portera généralement vers le N., et les vents hâleront assez souvent la partie du S.E. au S., à l'époque où le soleil sera dans l'hémisphère N. On prendra un point de départ sur le cap d'Ambre, au large duquel le courant portera ordinairement vers l'O. avec une très-grande rapidité. En quittant le cap d'Ambre, on gouvernera, en tenant compte du courant, de manière à laisser les îles Farquhar dans l'E., et le groupe Cosmoledo dans l'O. ; puis, l'on continuera de se diriger vers le N., en laissant le groupe des Amirantes dans l'Est.

En venant de l'Océan atlantique S., ou du cap de Bonne-Espérance, on ne devra songer à prendre ce « *Passage à l'E.*, » pour se rendre à un port de la mer d'Oman, que dans le seul cas où l'on aura la certitude d'atteindre l'Equateur assez tôt pour pouvoir ensuite gagner son port de destination avec la mousson de S.O. de la mer d'Oman. Il paraît que, surtout en août et en septembre, l'on trouve dans le Passage à l'E., des vents plus constants que dans le canal de Mozambique. Mais le mois de septembre serait une époque trop tardive, et ce ne serait donc guère qu'au commencement d'août que les navires pourraient espérer trouver quelque avantage à prendre le passage à l'E. Il faut ajouter que, même à cette époque, en juillet et en août, on peut encore être atteint par un ouragan, lorsqu'on passera dans l'O. de la Réunion. Nous sommes donc d'avis que les navires venant de l'Océan atlantique S., ou du Cap, ou de tout autre port voisin, ne doivent pas prendre le passage à l'E. de Madagascar, et qu'ils ont au contraire avantage à passer par le canal de Mozambique, à la condition d'atteindre l'Equateur au plus tard au commencement de septembre.

§ 332. — Passage de Boscawen.

Le « *Passage de Boscawen* » porte le nom de l'amiral anglais qui l'a suivi, en 1748, pour se rendre avec un convoi de 26 voiles de Maurice dans l'Inde.

En venant de l'Océan atlantique S., ou du cap de Bonne-Espérance, cette route consiste à gouverner comme il a été dit au § 330, pour chercher les alizés de S.E. ; après quoi l'on passe entre Maurice et la Réunion. Ensuite, on se dirige vers le N., en laissant d'abord dans l'E. les Cargados Garajos (1) ; et dans l'O. l'île de Sable ou Tromelin. Ensuite, on passe entre le banc Saya de Malha (laissé dans l'E.,) et l'île Agalegas (laissée dans l'O.). Enfin, on gouverne de manière à laisser dans l'E. l'île Bridgewater et le banc Swift, tandis qu'on laisse dans l'O. les Seychelles. La route est donnée de là, pour couper l'Equateur (à quelques degrés près) dans les environs de 60°E., de manière à se placer en bonne position pour gagner sa destination.

Lorsqu'on suivra cette route à une époque de transition, telle que celle des mois de septembre et d'octobre, il ne sera point possible de fixer avec précision la limite exacte à laquelle on devra s'attendre à voir les alizés de S.E. cesser. Naturellement, les courants seront aussi incertains que les vents, dans la partie comprise entre la limite N. des alizés de S.E. et l'Equateur. Mais, lorsque le navire venant du S., et traversant cette zone vers le milieu de septembre ou dans le courant d'octobre, y trouvera des vents variables dominants du N.O. et de l'O., avec les calmes et le courant vers l'E. qui caractérisent la mousson

(1) Nous donnons, à la fin du présent paragraphe, une description de ces dangers et de tous ceux entre lesquels cette route oblige à passer.

de N.O., on pourra généralement en conclure que le navire trouvera la mousson de N.E. bien établie dans l'hémisphère Nord.

A notre avis, le passage de Boscawen ne doit être conseillé en général qu'aux navires venant par exemple de Maurice ou de la Réunion, et ayant à se rendre à un port de la mer d'Oman, vers le mois de septembre, ou encore plus tard, alors qu'il faut s'attendre à trouver la mousson de N.E. déjà commencée dans l'hémisphère N. Les inconvénients de cette route sont de faire passer le navire dans le voisinage de bancs et de dangers imparfaitement connus ; et en outre de faire traverser la région où les ouragans semblent avoir établi leur lieu de rendez-vous.

En venant de l'Océan Atlantique Sud, à destination de la mer d'Oman, quand on aura coupé le méridien du cap de Bonne-Espérance à une époque telle que l'on ne puisse plus compter sur la mousson de S.O. dans l'hémisphère N., la route à adopter, à notre avis, sera le Passage du milieu, ainsi que nous le conseillons aux § 336 et 337. Mais il est clair que l'on pourra prendre aussi le Passage de Boscawen, si l'on a des motifs particuliers pour agir ainsi ; et par exemple si l'on croit, en temps de guerre, avoir ainsi plus de chances d'éviter la rencontre de croiseurs.

Nous n'avons point à examiner le parti à prendre dans de pareilles circonstances, car il n'y aurait plus de limites dans un travail consistant à donner les routes les plus surprenantes, en vue de permettre à ceux qui les suivraient de n'y rencontrer personne.

Nous allons donner maintenant une *description succincte* des îles et des bancs au milieu desquels la route de Boscawen fait passer.

Voici d'abord ceux qu'on doit laisser dans l'O., c'est-à-dire sur bâbord en faisant route vers le Nord.

L'île Tromelin, ou *île de Sable*, ou *Sandy*, située par 15°53'S. et 52°15'E., est formée d'un plateau de sable, haut de 4 à 5 mètres au-dessus de la mer. Sa longueur est de 1/2 mille, dans une direction N.N.O. et S.S.E. ; sa largeur est de 1/4 de mille ; et elle est prolongée par un banc de sable jusqu'à une distance de 3/4 de mille dans le S.S.E.

L'île Agalegas, ou *Galega*, a son extrémité N. située par 10°20'S. et 54°12'E. ; son extrémité S. est par 10°31'S. et 54°20'E. ; et la limite E. des récifs se trouve par 54°22'E. Cette île a un peu plus de 1 mille de large ; et environ 11 milles de long dans une direction N.O.

et S.E. Elle est entourée d'un récif ; elle est basse et présente dans sa partie centrale une coupée où la mer brise dans les hautes mers, ce qui lui donne l'apparence de deux îles lorsqu'on la voit de loin. L'île Agalegas porte des cocotiers qui permettent de reconnaître sa position à une distance d'une quinzaine de milles.

Les dangers dépendant des Seychelles, tels que *Coetivy*, etc., ont été déjà décrits au § 237, page 430.

Voici maintenant les bancs qu'on doit laisser dans l'E., c'est-à-dire sur tribord, en faisant route vers le Nord.

Les Cargados Garajos, ou *roches St-Brandon*, consistent en un banc de corail ayant la forme d'un croissant, ainsi qu'en plusieurs îlots, formant un groupe compris entre les parallèles de 16°14'S. et 16°50'S., et entre les méridiens 57°10'E. et 57°25'E. Le banc est prolongé par un plateau de sondes, dans sa partie N. et N.N.E. Du côté de l'E., le banc est très-accore ; tandis que du côté de l'O., il est bordé de récifs, de bancs détachés et de plusieurs îlots. Le banc des Cargados Garajos porte les îlots suivants : *îlot de l'Etablissement*, auprès de son extrémité N. ; l'*île Avocare*, qui gît vers le milieu du côté O. ou concave ; enfin *Mapare* et *Coco*, auprès de son extrémité S. L'*île Coco* est située par 16°49'S. et 57°10'E. ; elle ne portait plus, il y a déjà quelques années, que 2 cocotiers à moitié morts ; l'heure du plein est 2 heures aux syzygies, et la mer marne de 2^{m},20. Il y a encore six autres îlots détachés du banc, deux au N., et quatre à l'O. ; voici leurs noms, en commençant par le N. : *Ile Albatros*, îlot *Nord*, *Sirène*, *Perle*, *Frégate* et *Verronge*. L'îlot N. est à 2 milles 1/2 dans le N.E. de l'extrémité N. du grand banc. L'île Albatros, qui gît par 16°14'S., est à 10 milles dans le N. de cette même extrémité du banc. Entre ces deux îles, un passage existe avec des fonds de 12 à 25 mètres ; mais il y a des brisants jusqu'à 2 milles dans le N.E. de l'îlot N., et on a trouvé une tête ne portant que 2 mètres d'eau à 1 mille dans le S. En somme, il faut grandement se défier de tous les bancs qui dépendent des Cargados Garajos, sur lesquels plusieurs navires se sont perdus.

Le banc Nazareth situé dans le N.E. des Cargados Garajos paraît limité dans le N. au parallèle de 13°40'S. ; son extrémité E. se trouve à peu près par 14°30'S. et 59°15'E. Auprès de cette dernière position, des sondes de 26 à 29 mètres ont été trouvées. Entre les Cargados et le banc Nazareth, semble exister une fosse étroite et profonde; tandis que entre le même banc Nazareth et le banc Saya de Malha existe une autre fosse large d'une centaine de milles.

Le banc Saya de Malha, ou *Cotte de maille*, est limité par les parallèles de 11°30′S. et de 8°18′S., et par les méridiens de 57°38′E. et de 60°10′E. Ce banc doit être considéré comme dangereux, quoique les sondes qu'on y a trouvées varient généralement de 46 à 13 mètres. En effet, on a signalé dans la partie S. du banc, une sonde de 7 mètres seulement; et il est probable que, de ce côté tout au moins, doivent exister des pâtés de corail sur lesquels un navire pourrait se perdre. Indépendamment du haut-fond de 7 mètres, qui paraît exister par 10°50′S., dans la partie S. du banc, les cartes indiquent un banc isolé dont le centre est par 11°30′S. et 59°40′E. Enfin, dans la partie N. du grand banc, on pense qu'il y a également des pâtés de 7 mètres. Le commander Stiffe a trouvé 18 mètres d'eau, par 8°24′S. et 57°56′Est.

Quant à l'*île Bridgewater* et au *banc Swift*, ils ont déjà été décrits (v. page 558).

§ 333. — Passage du Milieu.

On donne le nom de « *Passage du Milieu* » à la route qui consiste, en venant de l'océan Atlantique S., ou du cap de Bonne-Espérance, à couper le parallèle de 30°S. dans les environs de 64° ou 65°E; puis à faire son chemin vers le N., dans les alizés de S.E. sur le méridien de 63° ou de 64°E. En suivant cette route, on laisse le banc Saya de Malha à grande distance dans l'O.; et l'archipel des Chagos dans l'Est.

Le Passage du Milieu nous semble le meilleur, pour les navires qui viennent de l'Atlantique S. ou du Cap, lorsqu'ils sont destinés à un port de la mer d'Oman, et lorsqu'ils coupent le méridien du Cap trop tard pour pouvoir compter sur la mousson de S.O. dans le N. de l'Equateur. Nous donnerons d'ailleurs des détails sur cette route, dans les paragraphes 336 et 337, en indiquant les chances de vents et de courants que l'on pourra trouver, selon l'époque à laquelle on fera ce passage.

§ 334. — Premier Passage du Large.

On désigne sous le nom de « *Premier Passage du Large* » la route qui consiste, en venant de l'Océan Atlantique S., ou du cap de Bonne-Espérance, etc., à couper le parallèle de 30°S. sur un méridien plus ou moins voisin de celui de Ceylan, de manière à remonter ensuite vers le N. dans les alizés de S.E. et à passer à une distance suffisante dans l'E. de l'archipel des Chagos. Cette route est libre de dangers, et elle peut par suite être modifiée, comme on le juge convenable, suivant le lieu de destination et l'époque à laquelle on se trouve.

Le Premier Passage du large est suivi particulièrement par les navires qui se rendent à Ceylan, à n'importe quelle époque de l'année; ainsi que par les navires destinés au golfe du Bengale, lorsqu'ils doivent couper l'Equateur durant la mousson de S.O.

On trouvera des détails sur cette route, en se reportant au § 338.

§ 335. — Deuxième Passage du Large.

On nomme « *Second Passage du Large* » la route qui consiste, en venant de l'Atlantique S., ou du cap de Bonne-Espérance, à n'entrer dans les alizés de S.E. qu'à très-grande distance dans l'E., de manière à pouvoir ensuite se diriger vers le N., et passer à 100 ou 150 milles environ dans l'O. de la Tête-d'Achem.

Ce second Passage du Large est suivi par les navires destinés au golfe du Bengale, notamment à l'époque où la mousson de N.E. règne dans le N. de l'Equateur.

§ 336. — Route, en partant de l'Océan Atlantique S., ou du cap de Bonne-Espérance, pour aller à Aden.

Nous résumerons les instructions pour aller à Aden, en disant qu'elles consistent à prendre : soit le *canal de Mozambique*, lorsqu'on aura la certitude d'arriver à l'Equateur à une époque qui permette d'atteindre le golfe d'Aden avec la mousson de S.O.; soit le *Passage du milieu*, quand on devra couper l'Equateur au moment de la mousson de N.E. ou bien aux époques de transition qui séparent cette mousson de celle du S.O.

Nous allons examiner successivement chacune de ces deux routes, en donnant à la fin de chaque instruction le Tableau des croisements que l'on pourra suivre :

1° *Ayant coupé le méridien du cap, de Mars en Août.*

Les navires destinés à Aden prendront la route par le canal de Mozambique, lorsqu'ils auront coupé le méridien du cap de Bonne-Espérance de mars en août, parce qu'ils pourront alors arriver à l'Equateur entre avril et septembre, et atteindre le golfe d'Aden avec la mousson de S.O.

A partir du méridien du Cap jusque dans l'O. de la Grande Comore, la route à suivre sera identiquement la même que celle des navires destinés à Zanzibar. Nous prions donc le lecteur à se reporter, pour cette fraction de la traversée, à ce que nous avons dit au § 329, page 821. On trouvera également d'utiles indications au § 234.

En avril, mai et juin, le navire étant parvenu dans l'O. de la Grande Comore, on fera route aisément avec des vents dominant de la partie du S.E., de manière à couper l'Equateur par 48°E. environ. La route sera ensuite donnée au N.N.E., ou au N.¼N.E., selon les circonstances, avec des vents de la partie du S.E. qui tourneront promptement au S.O., sans donner en général de transition de véritables calmes. Dans le N. de 7° ou de 8°N., le vent de S.O. fraîchira, et l'on atterrira entre Ras-Hafoon et Guardafui comme il est dit au § 272.

En juillet et août, ainsi que dans les premiers jours de septembre, le navire étant parvenu dans l'O. de la Grande Comore, on gouvernera, avec des vents frais de la partie du S.E., de manière à couper l'Equateur à peu près entre 46° et 45°E. Dès qu'on aura dépassé la Ligne, les vents du S.O. commenceront à souffler, et ils fraîchiront rapidement. On atterrira entre Ras-Hafoon et Guardafui, ainsi que nous l'avons dit au § 272.

Les courants, à partir du moment où le navire se trouvera dans l'O. de la Grande Comore, seront les suivants. De 12° à 8°S., ils porteront à l'O. et au N.O., de 30 à 48 milles par 24 heures. De 8°S. à 2°S., ils porteront au N.O. et au N.N.O., vitesse de 18 à 54 milles; de 2°S. à l'Equateur, ils porteront à l'O.N.O., au N.O. et au N., de

18 à 36 milles; de l'Equateur à 6°N., ils porteront au N. et au N.E., de 24 à 72 milles; et de 6°N. à Guardafui, ils porteront au N., au N.N.E. et au N.E., de 48 à 96 milles.

Au-delà de Ras-Hafoon, il conviendra de suivre la terre de près, en veillant beaucoup. On contournera de près le cap Guardafui; et l'on fera route vers l'O., le long de la côte d'Afrique, au moins jusque vers l'île Burnt, avant de traverser le golfe pour aller à Aden. On trouvera des indications pour cette fin de traversée, en se reportant au § 273, page 559.

Voici les Tableaux indiquant les points de croisements de cette route.

TABLEAUX

Des Croisements de la route, *par le canal de Mozambique*, que l'on pourra suivre en venant de l'Océan atlantique Sud, de l'Europe ou des États-Unis, *pour aller à Aden*, lorsque le navire aura coupé le méridien du cap de Bonne-Espérance de Mars en Août.

Tableau N° 1. — *Commencement de la route.*

ÉPOQUE DU CROISEMENT du méridien du cap.	LATITUDES DE CROISEMENTS DES MÉRIDIENS DE							
	12° O.	2° O.	8° E.	18° E.	23° E.	28° E.	33° E.	38° E.
	S. ° ′	S. ° ′	S. ° ′	S. ° ′	S. ° ′	S. ° ′	S. ° ′	S. ° ′
De Mars à la fin de Juin. . .	37 00	40 00	41 00	42 00	41 30	41 00	38 00	... ...
En Juillet et Août.	38 00	40 30	41 00	41 30	41 00	40 00	36 00	31 00

Tableau N° 2. — (Suite : *Canal de Mozambique.*)

ÉPOQUE à laquelle on se trouvera dans le canal.	LONGITUDES DE CROISEMENTS DES PARALLÈLES DE								
	23° S.	21° S.	20° S.	18° S.	17° S.	15° S.	13° S.	12° S.	11° S.
	E. ° ′	E. ° ′	E. ° ′	E. ° ′	E. ° ′	E. ° ′	E. ° ′	E. ° ′	E. ° ′
D'Avril en Août. . . .	35 30	35 25	36 00	37 35	38 20	39 30	40 10	40 30	40 20

TABLEAU N° 3. — *Fin de la route (de l'Équateur à Aden).*

ÉPOQUE DE CROISEMENT DE L'ÉQUATEUR.	LONGITUDES DE CROISEMENTS DES PARALLÈLES DE						
	5°S.	Équat^r	5° N.	8° N.	11° N.	12° N.	11° 25' N.
	E. ° '	E. ° '	E. ° '	E. ° '	E. ° '	E. ° '	E. ° '
Avril, Mai et Juin.	44 00	48 00	49 00	49 00	49 00	48 00	45 00
Juillet et Août.	43 20	45 30	48 00	49 00	49 00	48 00	45 00

2° *Ayant coupé le méridien du cap, de Septembre en Février.*

Les navires destinés à Aden prendront la route par le Passage du Milieu, lorsqu'ils auront coupé le méridien du cap de Bonne-Espérance entre le milieu d'août et le commencement de mars. Ils arriveront alors à l'Equateur entre le milieu de septembre et le commencement d'avril, de sorte qu'ils devront atteindre Aden, soit avec la mousson de N.E., soit avec les vents incertains qui règnent pendant les périodes de transition entre les deux moussons. On conçoit donc dès à présent que, tout en adoptant une route commune jusqu'à l'Equateur, par le Passage du Milieu, la fin de la traversée ne pourra manquer de se faire, entre l'Equateur et Aden, suivant des routes fort différentes selon l'époque à laquelle le navire atteindra la Ligne.

En venant de l'Océan Atlantique S., on fera son chemin vers l'E. dans le S. du parallèle de 40°S., avec des vents dominants de la partie de l'O., et avec un courant favorable portant à l'E. de 12 à 42 milles par 24 heures. En remontant vers le N.E. et le N., entre 40°S. et 26°S., les courants porteront au S.E., à l'E. et au N.E., de 12 à 36 milles par 24 heures. Ayant pénétré dans les alizés de S.E., les courants porteront vers l'O.; leur vitesse, entre 26°S. et 15°S., variera de 12 à 30 milles par 24 heures; et de 15°S. à 10°S., elle variera de 24 à 60 milles. Au-delà de 10°S., les courants varieront selon l'époque de l'année.

Ayant coupé le méridien du cap de Bonne-Espérance *en septembre*, et devant par suite arriver au commencement ou vers le milieu d'octobre à l'Equateur, on pourra s'attendre, en suivant notre route, à des vents dominants d'O. jusque par 35°S.; et l'on aura peu de chances de trouver des glaces. De 35° à 25°S., les vents seront variables et bien établis, et ils permettront de gouverner facilement au N.E., puis au N. Entre 26° ou 25°S. et 3° au 2°S., le navire traversera les alizés de S.E.; après lesquels il sera exposé à rencontrer des brises variables et quelques calmes. Au-delà de l'Equateur, pendant le mois d'octobre, on fera route autant que possible vers le N., avec des vents dépendant surtout de la partie du N.O., et quelques chances de calmes. Les vents de N.O. persisteront fréquemment jusque dans le N. du parallèle de 10°N., au-delà duquel on pourra commencer à trouver des brises dépendant de la partie du N.E. On gouvernera avec ces vents, de manière à passer dans le N. de Socotora; et l'on trouvera généralement, dans le golfe d'Aden, des brises de la partie de l'E. alternant avec des calmes.

Ayant coupé le méridien du cap de Bonne-Espérance, *en octobre, novembre et décembre*, on trouvera ordinairement les vents favorables, tant que l'on sera dans le S. du parallèle de 40°S.; et en même temps, l'on aura d'assez grandes chances de rencontrer des glaces, surtout entre les méridiens de 28° et de 48°E. De 40° à 30°S., les vents seront variables et dépendront principalement de l'O. Par 28° ou 27°S., commenceront les alizés de S.E., qui cesseront à peu près par 7°S. en novembre, et par 10°S. en décembre. Après avoir quitté les alizés, le navire trouvera entre les parallèles de 8°S. et de 2°N., des vents dominants de l'O.N.O. à l'O.S.O., et un courant portant à l'E. avec une vitesse variable de 24 à 54 milles par 24 heures.

Ayant coupé le méridien du cap de Bonne-Espérance, *en janvier ou février*, la route vers l'E. sera faite dans le S. du parallèle de 42° ou de 43°S., sans avoir de grandes chances de rencontre de glaces. Les vents domineront de la partie de l'O., jusque par 35°S. Entre 35° et 30°S., les vents domineront du N.E. et du S.E.; et l'on fera autant que possible le N. Par 30° ou 28°S., commenceront les alizés de S.E., qui cesseront par 12° ou 10°S. Entre 8°S. et l'Equateur, les vents domineront de la partie du N.O., et les courants porteront vers l'E. avec une vitesse de 24 à 54 milles.

Ayant coupé l'Equateur, en octobre, novembre ou décembre, on fera route autant que possible vers le N., avec des vents dépendant surtout de la partie du N.O., et quelques chances de calmes, jusque par 10°N. environ. Entre 2° et 10°N., le courant portera dans l'O., avec une vitesse de 18 à 42 milles par 24 heures. Plus on fera du N. et plus le vent hâlera la partie du N.E.; et quand le navire aura dépassé le parallèle de 10°N., on pourra généralement compter sur les alizés de N.E. assez bien établis, ainsi que sur le courant portant encore à l'O., de 18 à 42 milles par 24 heures. Il conviendra de faire route alors pour passer dans le N. de Socotora; et l'on trouvera généralement, dans le golfe d'Aden, des brises de la partie de l'E. alternant avec des calmes.

Quand le navire devra atteindre *l'Equateur entre la fin de décembre et le milieu de février*, on remarquera que la route indiquée plus loin dans nos Tableaux de croisements, pour la partie comprise entre 10°S. et la Ligne, est à peu près le N.N.E. ou le N.E. Ce coude est généralement obligatoire, à cause de la direction des vents de la mousson de N.O. ainsi que des courants portant à l'E. qui règnent dans cette zone; il est d'ailleurs nécessaire de couper l'Equateur aussi loin dans l'E. que le permettent les Maldives afin d'entrer plus tard dans la mousson de N.E. en bonne position, bien au vent. Au-delà de l'Equateur, la fin de la route dépendra de l'époque à laquelle on pourra compter que le navire atteindra les parages de Socotora. Tant que l'on croira pouvoir atteindre le méridien de Socotora avant le 1er mars, il faudra passer dans le N. de cette île; mais quand on ne pourra l'atteindre qu'après le 1er mars, il faudra passer dans le Sud.

Par conséquent, *le navire ayant coupé l'Equateur avant le 10 ou le 15 février,* il conviendra de s'élever vers le N., en se maintenant dans les environs de 68° à 70°E., c'est-à-dire en se tenant autant que possible dans l'E. sans toutefois s'approcher des Maldives plus que la prudence ne le permet. Entre la Ligne et 2° ou 3°N., les vents domineront de la partie du N.O. et du N.E., et le courant portera à l'E. Au-delà de 3°N., le courant commencera au contraire à porter vers l'O. A partir de 4° ou de 5°N., commenceront les alizés de N.E., qui seront de mieux en mieux établis à mesure qu'on s'élèvera davantage dans le N. Ayant passé dans le N. de Socotora, on trouvera des vents dominants de la partie du N.E., et peu de calmes, dans le golfe d'Aden, où les courants porteront en même temps vers l'O., ou l'O.S.O., avec une vitesse de 12 à 36 milles par 24 h.

Ayant coupé l'Equateur après le 10 ou le 15 février, il conviendra de passer dans le S. de Socotora. Plus la saison sera avancée, plus il faudra doubler Socotora à grande distance dans le S., attendu que les vents de la partie du S. et du S.O. ainsi que les courants portant au N. seront de plus en plus forts et dominants dans ces parages. On atterrira dans le N. de Ras-Hafoon (voir § 272); puis l'on contournera de près le cap Guardafui et l'on suivra la côte d'Afrique au moins jusqu'à l'île Burnt avant de traverser le golfe pour gagner Aden. On trouvera des indications au § 273, pages 559 et suivantes, pour la fin de cette route de Socotora à Aden.

Voici les Tableaux contenant les croisements de ces routes.

TABLEAUX

Indiquant les Croisements des routes que pourront suivre *les navires destinés* à Aden, lorsqu'ils viendront de l'Océan Atlantique S., et par exemple de l'Europe ou des Etats-Unis, et *quand ils auront coupé le méridien du cap de Bonne-Espérance, de Septembre en Mars.*

TABLEAU N° 1. — *Commencement de la route.*

ÉPOQUES DU CROISEMENT du méridien du cap.	CROISEMENTS DES MÉRIDIENS DE					CROISEMENTS DES PARALLÈLES DE			
	12° O.	2° O.	8° E.	28° E.	48° E.	40° S.	35° S.	30° S.	10° S.
	S. ° '	S. ° '	S. ° '	S. ° '	S. ° '	E. ° '	E. ° '	E. ° '	E. ° '
En Septembre.	33 00	40 30	41 00	42 00	40 30	48 30	60 00	64 00	64 00
Octobre, Novembre et Décemb.	39 00	41 00	42 00	42 00	40 00	48 00	60 00	64 00	64 00
Janvier et Février.	40 00	42 00	42 30	43 00	43 00	58 00	65 00	65 00	63 00

TABLEAU N° 2. — *Fin de la route.*

ÉPOQUES de croisement de l'Équateur.	Équatr	LATITUDES DE CROISEMENTS DES MÉRIDIENS DE								
		68° E.	63° E.	62° E.	58° E.	53° E.	50° E.	49° E.	48° E.	46° E.
	E. ° '	N. ° '	N. ° '	N. ° '	N ° '	N. ° '	N. ° '	N. ° '	N. ° '	N. ° '
Octobre, Novembre et Déc.	63 00	... ...	Équatr	10 00	12 30	13 30	13 20	13 15	13 10	13 00
De fin Déc. au 15 Février.	69 00	4 00	7 30	8 30	12 30	13 30	13 20	13 15	13 10	13 00
Du 15 Février au 1er Avril.	69 00	4 00	6 30	6 50	8 15	10 00	10 55	11 50	12 00	11 25

§ 337. — Route des navires venant de l'Océan Atlantique S. et destinés au golfe Persique, à Mascate, à Karachi, à Bombay, à Goa, Mangalore, Mahé, Cochin, Calicut et Tuticorin.

Les navires venant de l'Océan Atlantique S. et destinés à des ports de la mer d'Oman, tels que Mascate, Karachi, Diu, Bombay, Goa, Mangalore, Mahé, Cochin, Calicut et Tuticorin, suivront des routes complétement différentes, selon l'époque à laquelle ils couperont le méridien du cap de Bonne-Espérance.

Ceux qui doubleront le cap pendant la période comprise de mars à la fin d'août passeront par le canal de Mozambique.

Les navires qui auront coupé le méridien du cap, soit dans la période comprise du 15 août au 1er octobre, soit dans celle comprise du 10 au 28 février, prendront le Passage du Milieu.

Enfin ceux qui auront doublé le cap entre le 20 octobre et le 10 février prendront le premier Passage du Large.

Nous allons décrire successivement chacune de ces routes.

1° *Route des navires ayant doublé le cap de Bonne-Espérance, de Mars en Août.*

Quand on aura doublé le cap, entre le commencement de mars et le 1er août, il conviendra de prendre la route par le canal de Mozambique. Le navire arrivera à l'Equateur entre le 1er avril et la fin d'août; et la traversée s'achèvera avec la mousson de S.O. dans la mer d'Oman.

La première partie de la route, depuis le méridien du cap de Bonne-Espérance jusqu'au parallèle de la Grande Comore, sera identiquement la même que celle qui a été indiquée pour les navires destinés à Zanzibar. Nous prions donc le lecteur de se reporter aux instructions que nous avons données à ce sujet au § 329, page . Nous donnons d'ailleurs ci-après le Tableau des croisements de cette route.

Etant parvenu dans l'O. de la Grande Comore, entre le milieu de mars et la fin de juin, on continuera sa route avec des vents de S.E., qui hâleront quelquefois la partie du N.E., surtout en approchant de l'Equateur. Entre la Ligne et 5°N., les vents varieront de S.E. à S.O., interrompus de temps à autre par des calmes. Au-delà de 5°N., les vents seront de la partie du S.O., variables fréquemment au N.O., ce qui rendra nécessaire de se tenir bien dans l'O., lorsque le navire sera destiné à Karachi, à Bombay, etc. Quant aux navires destinés à Mascate, ils ne trouveront guère que des vents de S.O., et quelquefois de S.E. dans le N. du parallèle de 10°N. Ceux destinés à Goa, Carwar, Mangalore et Cannanore, passeront dans le N. des Laquedives. Les navires allant à Calicut, Cochin et Tuticorin, prendront le chenal des Neuf, ou celui des Huit-Degrés. Nous indiquons plus loin les courants que l'on traversera.

Le navire se trouvant dans l'O. de la Grande Comore, pendant la deuxième quinzaine de juin, en juillet ou *en août*, les routes à suivre seront à peu près directes. Les vents varieront du S.E. au S.S.E. jusqu'à l'Equateur. Ensuite, ils souffleront presque toujours de la partie du S.O., hâlant tantôt le S.S.O., tantôt l'O.S.O., et quelquefois l'O.N.O. et le N.O. Pour aller à Mascate et à Karachi, les routes seront à peu près directes. Si l'on est destiné à Bombay, il faudra se tenir un peu dans l'O. de la route directe, en prévision du cas où l'on trouverait des vents de N.O. Etant destiné à Mangalore, ou Cannanore, on passera dans le N. des Laquedives. Les navires destinés à Calicut, Cochin et Tuticorin, prendront le chenal des Neuf, ou celui des Huit-Degrés. Il conviendra de ne pas perdre de vue que, durant la mousson de S.O., il est plus facile de descendre la côte d'Hindoustan vers le S., que de la remonter vers le Nord.

Les courants, au-delà du parallèle de la Grande Comore, de 12° à 8°S., porteront à l'O. et au N.O. de 30 à 48 milles par 24 heures. De 8°S. à 2°S., ils porteront au N.O. et au N.N.O., de 18 à 54 milles. De 2°S. à l'Equateur, ils porteront à l'O.N.O., au N.O. et au N., de 18 à 36 milles; de l'Equateur à 6°N., ils porteront au N. et au N.E., de 24 à 72 milles.

Le navire étant destiné à Mascate, on aura, dans le N. du parallèle de 6°N., un courant portant au N.E. et à l'E., de 18 à 30 milles par 24 heures, et quelquefois même de 66 milles en 24 heures lorsqu'on se trouvera dans l'E. de Socotora. La traversée sera achevée comme nous l'avons indiqué au § 279, page 589, en contournant Ras-al-Hed sur lequel il faudra préalablement atterrir à peu près directement.

Etant destiné à Karachi, on aura, entre 6° et 20°N., un courant portant au N.E. et à l'E. de 18 à 30 milles par 24 heures, et quelquefois même de 66 milles en 24 heures quand on sera dans l'E. de

Socotora. Puis, dans le N. du parallèle de 20°N., ils porteront à l'E., et surtout au S.E., de 18 à 30 milles.

Etant destiné à Bombay, les courants porteront vers l'E., de 18 à 30 milles par 24 heures, pendant que le navire sera entre 6° et 16°N. Au-delà de 16°N., ils porteront au S.E., de 18 à 42 milles par 24 heures.

Etant destiné à Mangalore, Cochin, ou *Tuticorin*, on trouvera, dans l'E. du méridien de 68°E., un courant portant au S.E., de 12 à 36 milles par 24 heures. Les navires destinés à Tuticorin iront chercher les sondes de la côte d'Hindoustan et reconnaîtront le cap Comorin.

Voici d'ailleurs les Tableaux contenant la suite des croisements de ces différentes routes.

TABLEAUX

Indiquant les croisements de la route à suivre, en venant de l'Océan atlantique S., et par exemple *de l'Europe ou des États-Unis, quand on aura coupé le méridien du cap de Mars en Août*, et quand on se rendra à l'un des ports de la mer d'Oman compris entre Mascate et Tuticorin.

TABLEAU N° 1. — *Commencement de la route (commune pour toutes les destinations).*

ÉPOQUE DE CROISEMENT du méridien du cap.	LATITUDES DE CROISEMENTS DES MÉRIDIENS DE							
	12° O.	2° O.	8° E.	18° E.	23° E.	28° E.	33° E.	38° E.
	S. ° '	S. ° '	S. ° '	S. ° '	S. ° '	S. ° '	S. ° '	S. ° '
Du 1er Mars à la fin de juin.	37 00	40 00	41 00	42 00	41 30	41 00	38 00	... ...
En Juillet et commt d'Août.	38 00	40 30	41 00	41 30	41 00	40 00	36 00	31 00

TABLEAU N° 2. — *Suite de la route (commune pour toutes les destinat.).*

ÉPOQUE à laquelle on sera dans le canal de Mozambique	LONGITUDES DE CROISEMENTS DES PARALLÈLES DE								
	23° S.	21° S.	20° S.	18° S.	17° S.	15° S.	13° S.	12° S.	11° S.
	E. ° '	E. ° '	E. ° '	E. ° '	E. ° '	E. ° '	E. ° '	E. ° '	E. ° '
De Mars en Août. . . .	35 30	35 25	36 00	37 35	38 20	39 30	40 10	40 30	40 20

TABLEAU N° 3. — *Fin de la route (pour Mascate, Karachi et Bombay).*

ÉPOQUE du croisement de l'Équateur.	LONGITUDES DE CROISEMENTS DES PARALLÈLES DE								DESTINATIONS.
	Équatr	5° N.	10° N.	15° N.	18° N.	20° N.	22° N.	23° N.	
	E. ° ′	E. ° ′	E. ° ′	E. ° ′	E. ° ′	E. ° ′	E. ° ′	E. ° ′	
Avril, Mai ou Juin.	48 00	51 00	55 00	56 00	56 45	57 30	57 30	57 10	Mascate.
	48 00	51 00	54 00	57 15	59 30	60 45	62 00	63 30	Karachi.
	48 00	51 00	55 00	61 00	68 00	... ...	... ...	... ...	Bombay.
Juillet, Août ou commencement de Septembre.	48 00	50 30	53 00	55 15	56 30	57 30	57 30	57 10	Mascate.
	48 00	51 00	54 00	57 15	59 30	60 45	62 00	63 30	Karachi.
	50 00	55 00	60 00	65 00	68 30	... ...	... ...	... ...	Bombay.

TABLEAU N° 4. — *Fin de la route (pour Mangalore, Calicut, Cochin et Tuticorin).*

ÉPOQUE du croisement de l'Équateur.	Équatr	LATITUDES DE CROISEMENTS DES MÉRIDIENS DE							DESTINATIONS.
		50° E.	60° E.	66° E.	70° E.	72° E.	74° E.	75° E.	
	E.	N. ° ′	N. ° ′	N. ° ′	N. ° ′	N. ° ′	N. ° ′	N. ° ′	
Avril, Mai ou Juin	48	2 30	11 00	12 30	13 15	13 05	... ...	... ...	Mangalore.
	48	2 30	8 30	8 40	8 45	9 00	... ...	... ...	Cochin, Calicut
	48	2 30	8 30	8 40	8 45	8 40	8 15	7 50	Tuticorin.
Juillet, Août ou commencement de Septembre..	50	Équatr	7 00	11 30	13 15	13 05	... ...	... ...	Mangalore.
	50	Équatr	5 00	7 15	8 30	9 00	... ...	... ...	Calicut, Cochin
	50	Équatr	5 00	7 00	7 30	7 45	8 00	7 50	Tuticorin.

2° *Route, par le Passage du Milieu, pour les navires qui auront doublé le méridien du cap, soit entre le 15 Août et le 20 Octobre, soit entre le 10 et le 28 Février.*

En venant de l'Océan Atlantique S., quand le navire aura doublé le méridien du cap de Bonne-Espérance, entre le 15 août et le 20 octobre, ou du 10 au 28 février, on pourra arriver à l'Equateur entre le 10 septembre et le 15 novembre, ou dans le courant de mars. A ces époques, il ne sera pas possible de compter sur la mousson de S.O., et la mousson de N.E. ne sera pas établie non plus. Nous pensons qu'en semblable circonstance, la meilleure route à suivre sera celle par le Passage du Milieu, comme l'indiquent les Tableaux de croisements donnés plus loin.

Ayant doublé le Cap pendant la seconde quinzaine d'août ou en septembre, on aura des vents dominants d'O. jusqu'à 35°S., et peu de chances de glaces. De 35° à 25°S., vents variables bien établis permettant de faire le N.E., puis le N. De 26° ou 25°S. à 3° ou 2°S., on aura les alizés de S.E. Puis, des brises variables et quelques calmes.

Ayant doublé le Cap du 1er au 20 octobre, les vents seront favorables dans le S. du parallèle de 40°S., et l'on aura des chances de rencontre de glaces, surtout de 28° à 48°E. De 40° à 30°S., vents variables dépendant de l'O. Par 28° ou 27°S., commencent les alizés qui cessent par 7°S. environ, en novembre; et par 10°S. environ, en décembre. Ensuite, les vents domineront de l'O.N.O. à l'O.S.O., donnant un courant qui portera vers l'E., entre 8°S. et 2°N., avec une vitesse de 24 à 54 milles par 24 heures.

Ayant doublé le cap en février, on aura peu à craindre les glaces. Les vents domineront de l'O. jusque par 35°S. De 35° à 30°S., vents de S.E. et N.E. Par 30° ou 28°S., commenceront les alizés de S.E., qui cesseront par 12° ou 10°S. environ. De 8°S. à l'Equateur, vents de la partie du N.O., et courant vers l'E. de 24 à 54 milles par 24 heures.

Les courants, dans le S. du parallèle de 40°S., porteront généralement vers l'E., de 12 à 42 milles par 24 heures. De 40°S. à 26°S., ils porteront au S.E., à l'E. et au N.E., de 12 à 36 milles par 24 heures. Dans les alizés de S.E., ils porteront à l'O. de 12 à 30 milles, et quelquefois à 60 milles par 24 heures, surtout entre 15° et 10°Sud.

Ayant coupé l'Equateur, soit *en septembre*, soit à la *fin de mars*, les navires destinés à *Mascate, Karachi, Bombay et Mangalore*, font route directe, autant que les vents le permettent, en passant dans l'O. des Laquedives. Pendant le mois d'*octobre*, on s'élève encore vers le N., en passant dans l'O. des Laquedives. Ayant coupé l'Equateur, soit *entre le 15 octobre et le 15 novembre*, soit *au commencement de mars*, les navires destinés aux mêmes ports prendront le chenal des Neuf-Degrés, et s'élèveront ensuite vers le N., le long de la côte d'Hindoustan, comme nous l'avons dit au § 269;

puis ils termineront leur traversée, soit en se conformant au § 278, s'ils vont à Mascate ; soit au § 280, s'ils vont à Karachi, ou à Diu.

Ayant coupé l'Equateur, soit du 10 septembre au 15 novembre, soit en mars, les navires *destinés à Cochin*, ou à *Tuticorin*, prendront le chenal des Neuf, ou celui des Huit-Degrés.

Lorsque le navire approchera de l'Equateur, du 10 septembre au 15 octobre, on aura des vents de S.E. jusque par 3°S. environ, et quelques calmes avec des brises variables jusqu'à la Ligne. Ensuite, l'on aura les vents variables de la fin de la mousson de S.O., dominant du N.O., variables au S.O. et au N.E. Les courants seront variables, portant probablement vers l'O. en septembre, et vers l'E. en octobre.

Lorsque le navire approchera de l'Equateur, du 15 octobre au 15 novembre, on aura les brises de la mousson de N.O. et quelques calmes, de 7°S. à la Ligne. De l'Equateur à 10°N., brises de N.O. à N.E. et calmes assez fréquents. Ensuite, la mousson de N.E. se fait sentir ; mais elle est souvent caractérisée par des vents persistants du N.O. A partir de la fin de novembre, il sera facile de monter vers le N., le long de la côte d'Hindoustan.

Pendant ces périodes comprises de fin septembre en novembre, le courant portera à l'E., de 7°S. à 2°N., de 18 à 54 milles par 24 h. ; puis à l'O., entre 2° et 10°N., avec une vitesse de 18 à 42 milles par 24 heures ; et ensuite au S.E., et surtout au S.O., avec une vitesse de 18 à 24 milles.

Au commencement de mars, au N. de l'Equateur, les chances de vents seront encore à peu près les mêmes.

A la fin de mars, au N. de l'Equateur, on pourra trouver d'abord quelques calmes. Puis, les vents joueront du N.O. au N.E. Dans le N. de 5°N., ils pourront souffler d'abord de la partie du N.E. ; mais ils se fixeront de plus en plus de la partie du N.O. et du S.O., à mesure que le navire s'élèvera davantage dans le N., et que la saison sera plus avancée. En même temps, les courants portant à l'O., seront remplacés par des courants portant à l'Est.

Voici les Tableaux indiquant les croisements de ces routes. On conçoit que dans la partie située au N. de l'Equateur, ils ne peuvent pas avoir un caractère très-absolu ; cependant, ils donneront une idée de la route que les circonstances permettront généralement de suivre.

TABLEAUX

Indiquant les Croisements de la route à suivre, *en venant de l'Océan atlantique Sud*, et, par exemple, *de l'Europe ou des États-Unis, quand on aura coupé le méridien du cap : soit entre le 15 Août et le 20 Octobre; soit entre le 10 et le 28 Février*, et quand on se rendra à l'un des ports de la mer d'Oman compris entre Mascate et Tuticorin.

Tableau N° 1. — *Commencement de la route (commune pour toutes les destinations).*

ÉPOQUE du croisement du méridien du cap.	LATITUDES DE CROISEMENTS DES MÉRIDIENS DE					LONGITUDES DE CROISEMENTS DES PARALLÈLES DE				
	12° O.	2° O.	8° E.	28° E.	48° E.	40° S.	35° S.	30° S.	10° S.	Équatr
	S.	S.	S.	S.	S.	E.	E.	E.	E.	E.
	° ′	° ′	° ′	° ′	° ′	° ′	° ′	° ′	° ′	° ′
Du 15 Août au 1er Octobre.	38 00	40 30	41 00	42 00	40 30	48 30	60 00	64 00	64 00	66 00
Du 1er au 20 Oct.	39 00	41 00	42 00	42 00	40 00	48 00	60 00	64 00	64 00	66 00
Du 10 au 28 Févr.	40 00	42 00	42 30	43 00	43 00	58 00	65 00	65 00	63 00	69 00

Tableau N° 2. — *Fin de la route, pour les navires destinés à Calicut, Cochin et Tuticorin, quand ils auront coupé l'Équateur : du 10 Septembre au 15 Novembre, ou dans le courant de Mars.*

LATITUDES DE CROISEMENTS DES MÉRIDIENS DE							DESTINATIONS.
70° E.	71° E.	72° E.	73° E.	74° E.	75° E.	76° E.	
N.	N.	N.	N.	N.	N.	N.	
° ′	° ′	° ′	° ′	° ′	° ′	° ′	
8 15	9 00	9 40	10 30	....	....	....	Calicut.
7 25	7 55	8 15	8 50	....	....	....	Cochin.
7 25	7 55	8 05	8 15	8 15	7 55	8 05	Tuticorin.

Tableau N° 3. — *Fin de la route, pour les navires destinés à Mascate, Karachi, Bombay et Mangalore.*

ÉPOQUES du croisement de l'Équat^r.	LONGITUDES DE CROISEMENTS DES PARALLÈLES DE									
	Équat^r	5° N.	10° N.	12° N.	13° N.	18° N.	20° N.	21° N.	22° N.	23° N.
	E. ° ′	E. ° ′	E. ° ′	E. ° ′	E. ° ′	E. ° ′	E. ° ′	E. ° ′	E. ° ′	E. ° ′
	Routes pour aller à Mascate.									
Du 10 Sept. au 15 Oct.	66 00	67 00	67 00	67 00	67 00	67 00	67 00	67 00	66 00	64 50
Du 15 Oct. au 15 Nov.	66 00	67 00	72 40	72 10	72 00	70 20	68 30	67 10	66 00	64 50
Commencement de Mars	69 00	69 00	72 40	72 10	72 00	65 30	62 00	60 00	58 40	57 00
Fin de Mars.	69 00	69 00	64 00	62 50	62 00	59 00	58 00	57 45	57 30	57 10
	Routes pour aller à Karachi.									
Du 10 Sept. au 15 Oct.	66 00	67 00	67 00	67 00	67 00	67 00	67 00	67 00	66 00	65 20
Du 15 Oct. au 15 Nov.	66 00	67 00	72 40	72 10	72 00	70 20	70 00	67 10	66 00	65 20
Commencement de Mars	69 00	69 00	72 40	72 10	72 00	67 35	66 00	65 30	65 00	... ...
Fin de Mars.	69 00	69 00	68 00	67 20	67 00	65 50	65 30	65 00	64 45	64 30
	Routes pour aller à Bombay.									
Du 10 Sept. au 15 Oct.	66 00	67 00	67 00	67 00	67 00	70 00	... ...	... ...	... ...	... ...
Du 15 Oct. au 15 Nov.	66 00	67 00	72 40	72 10	72 00	70 20	... ...	... ...	... ...	... ...
Commencement de Mars	69 00	69 00	72 40	72 10	72 00	70 20	... ...	... ...	... ...	... ...
Fin de Mars.	69 00	69 00	67 00	67 00	67 00	70 00	... ...	... ...	... ...	... ...
	Routes pour aller à Mangalore.									
Du 10 Sept. au 15 Oct.	66 00	67 00	67 00	68 00	69 00	... ...	... ...	... ...	... ...	... ...
Du 15 Oct. au 15 Nov.	66 00	67 00	72 40	72 10	... ...	... ...	... ...	... ...	... ...	... ...
Commencement de Mars	69 00	69 00	72 40	72 10	... ...	... ...	... ...	... ...	... ...	... ...
Fin de Mars.	69 00	69 00	67 00	68 00	69 00	... ...	... ...	... ...	... ...	... ...

3° *Route, par le Passage du Large, pour les navires qui auront doublé le méridien du cap entre le 20 Octobre et le 10 Février.*

En venant de l'Océan Atlantique S., quand le navire aura doublé le méridien du cap de Bonne-Espérance entre le 20 octobre et le 10 février, on pourra arriver à l'Equateur entre le 15 novembre et le 10 mars. Pendant cette dernière période, il faudra s'attendre à trouver, dans le N. de la Ligne, la mousson de N.E. et de forts courants portant à l'O.; nous pensons par suite qu'il conviendra de prendre le

Premier Passage du Large et de couper l'Equateur à grande distance dans l'E., comme l'indiquent nos Tableaux de croisements à la fin de ce paragraphe.

Ayant doublé le cap entre le 20 octobre et le 15 novembre, on fera route vers l'E. par 44° ou 45°S. ; les vents seront dominants de la partie de l'O. jusqu'à ce que le navire ait remonté au-delà de 35°S. ; on pourra s'attendre à des rencontres de glaces, surtout de 23°E. à 58°E. Entre les parallèles de 35° et de 30°S., les vents domineront du N.O., variables au S.O. et au S.E. Au-delà de 28° ou 27°S., commenceront les alizés de S.E., qui souffleront jusque vers 10° ou 8°S. Depuis 8°S. jusque vers l'Equateur, ou 1°N., on aura des brises de N.O. et de S.O., avec des calmes. Au-delà de 1°N., on aura des calmes, et des brises variables qui hâleront le N.E., et qui seront de mieux en mieux établies de cette direction à mesure que l'on fera du N., et que la saison sera plus avancée.

Ayant coupé le méridien du cap entre le 15 novembre et le 10 février, on fera route vers l'E., par 47° ou 48°S. ; les vents domineront de la partie de l'O., tant que l'on sera dans le S. de 40°S.; il faudra s'attendre à rencontrer des glaces surtout depuis 12°O. jusqu'à 60°E. En remontant ensuite vers le N.E. et le N., on aura, entre 40° et 35°S., des vents dominants de N.O. et de S.O.; entre 35° et 30°S., des vents dominants de S.E., variables au N.E. et au S.O. ; de 30° à 27°S., des vents de S.E. à N.E. ; de 27° à 11°S., les alizés de S.E.; de 10°S. à 1°N., des vents de N.O. à S.O. généralement bien établis; enfin, au-delà de 2°N., les alizés de N.E. à N.N.E. et quelques calmes. On ralliera la côte S. et la pointe S.O. de Ceylan, en se défiant du courant portant à l'O. Puis, si le navire est destiné à *Tuticorin*, on remontera la côte O. de Ceylan jusque dans le N. de Calpentyn, avant de traverser le golfe de Manar. Si le navire est destiné à la côte de Malabar, ou à Bombay, etc., il conviendra, au moins en décembre et janvier, de remonter jusque vers Caliture, le long de la côte O. de Ceylan, avant de se diriger sur le cap Comorin. On remontera la côte d'Hindoustan, comme nous l'avons dit au § 269. Si le navire est destiné à *Bombay*, *Diu*, *Karachi*, ou Mascate, on terminera la traversée en se conformant aux instructions des §§ 278 et 280.

Les courants, dans le S. du parallèle de 40°S., porteront ordinairement vers l'E., de 12 à 36 milles ; quelquefois cependant ils porteront vers le N.O., ou vers d'autres directions. De 40° à 30°S., les courants seront N.E., E. et S.E., de 24 à 36 milles par 24 heures ; de 30°S. à 8°S., ils porteront à l'O., de 18 à 42 milles ; de 8°S. à 2°S., ils porteront à l'E., de 18 à 30 milles et quelquefois à 54 milles par 24 heures. Au-delà de 2°S., ils porteront à l'O., de 18 à 48 milles, et quelquefois de 60 à 80 milles par 24 heures jusqu'à ce qu'on ait atteint la pointe S.O. de Ceylan.

Voici les Tableaux de croisements de ces routes.

TABLEAUX

Des Croisements de routes que pourront suivre les navires venant de l'Océan Atlantique S., quand ils auront doublé le cap de Bonne-Espérance du 20 Octobre au 15 Février, et quand ils seront destinés aux ports de la mer d'Oman compris entre Mascate et Tuticorin.

Tableau N° 1. — *Commencement de la route (commun pour toutes les destinations).*

ÉPOQUES du croisement du méridien du cap.	LATITUDES DE CROISEMENTS DES MÉRIDIENS DE						LONGITUDES DE CROISEMENTS DES PARALLÈLES DE					
	12° O.	2° O.	8° E.	28° E.	58° E.	78° E.	40° S.	35° S.	30° S.	10° S.	Équatr	5° N.
	S. ° ′	S. ° ′	S. ° ′	S. ° ′	S. ° ′	S. ° ′	E. ° ′	E. ° ′	E. ° ′	E. ° ′	E. ° ′	E. ° ′
Du 20 Oct. au 15 Nov.	39 30	41 30	43 00	44 00	42 00	41 00	79 00	80 30	80 30	80 00	82 30	82 30
Du 15 Nov. au 10 Fév.	40 00	44 00	47 00	48 00	46 00	39 00	76 30	81 00	83 00	83 00	85 30	83 00

TABLEAU N° 2. — *Fin de la route (pour les navires ayant coupé l'Équateur du milieu de Novembre au commencement de Mars).*

LATITUDES DE CROISEMENTS DES MÉRIDIENS DE													DESTINATIONS.
78° E.	77° E.	75° E.	73° E.	72° E.	71° E.	70° E.	68° E.	66° E.	65° E.	64° E.	60° E.	58° E.	
N.	N.	N.	N.	N.	N.	N.	N.	N.	N.	N.	N.	N.	
° ′	° ′	° ′	° ′	° ′	° ′	° ′	° ′	° ′	° ′	° ′	° ′	° ′	
5 40	8 25	....	....	....	....	....	....	....	....	....	....	....	Tuticorin.
5 40	6 55	7 50	11 20	....	....	....	....	....	....	....	....	....	Cochin et Calicut.
5 40	6 55	7 50	11 20	....	....	....	....	....	....	....	....	....	Mangalore.
5 40	6 55	7 50	11 20	13 00	15 45	....	....	....	....	....	....	....	Bombay.
5 40	6 55	7 50	11 20	13 00	15 45	20 04	....	....	....	....	....	....	Diu.
5 40	6 55	7 50	11 20	13 00	15 45	20 04	20 30	22 30	23 30	....	....	....	Karachi.
5 40	6 55	7 50	11 20	13 00	15 00	19 10	20 35	22 00	22 55	23 20	23 30	23 25	Mascate.

§ 338. — Routes à suivre, en venant de l'Océan Atlantique S., pour aller à Pointe de Galles, à Colombo, ou à Trinquemaley.

En venant de l'Océan Atlantique S., à destination de Pointe de Galles, de Colombo, ou de Trinquemaley, on devra toujours prendre le Premier Passage du Large. Mais, suivant l'époque à laquelle on se trouvera, il faudra distinguer trois routes un peu différentes les unes des autres.

Quand on aura coupé le méridien du cap, entre le 15 février et le 15 septembre, on pourra atteindre l'Equateur entre le milieu de mars et le milieu d'octobre. A cette époque, il conviendra de couper la Ligne un peu à l'O. du méridien du port de destination, parce qu'il est probable qu'on trouvera dans le N. de l'Equateur des vents dominants d'O. et des courants portant à l'Est.

Lorsque le navire aura coupé le méridien du cap, entre le 15 septembre et le 1er novembre, on atteindra l'Equateur entre le milieu d'octobre et le 1er décembre. Pendant cette période, on trouvera sans aucun doute, au N. de la Ligne, de forts courants portant à l'O. Il est vrai que les vents domineront de la partie de l'O.; néanmoins, si l'on coupait l'Equateur dans l'O. et si les vents d'O. venaient à faire défaut, on pourrait se trouver dépalé par le courant. En résumé, il faudra donc, du 15 octobre au 1er décembre, couper la Ligne à peu près sur le méridien du port de destination.

Enfin, quand le navire aura doublé le cap du commencement de novembre au 1er février, on atteindra probablement l'Equateur du commencement de décembre à la fin de février. Pendant ces trois mois, il faudra couper la Ligne à grande distance dans l'E., parce qu'on trouvera alors, dans l'hémisphère N., la mousson de N.E. et des courants portant à l'Ouest.

Voici les chances de vents et de courants auxquelles on pourra s'attendre, en faisant ces routes.

Ayant doublé le cap, de novembre au commencement de février, on fera route à l'E. par 47° ou 48°S. Tant que le navire sera dans le S. de 40°S. les vents domineront de l'O.; et l'on pourra rencontrer des glaces, surtout entre 12°O. et 60°E. Les vents, entre 40° et 35°S., domineront du N.O. et du S.O. De 35° à 30°S., ils seront variables et domineront du S.E., hâlant parfois le N.E. ou le S.O. De 30° à 27°S., vents de S.E. à N.E.; de 27° à 11°S., alizés de S.E.; de 8°S. à 1°N., vents de N.O. à S.O., peu de calmes ; au-delà de 2°N., alizés de N.E. à N.N.E. et quelques calmes.

Ayant atteint ainsi l'Equateur en décembre, janvier ou février, on aura, dans le N. de l'Equateur, des vents de N.E. et de N.N.E., avec quelques chances de calmes. Entre 1°S. et Ceylan, les courants porteront à l'O. avec une vitesse de 18 à 42 et même à 60 milles par 24 heures. Si le navire est destiné à Trinquemaley, il faudra atterrir par 9°N. environ, et se défier du courant qui portera au S., le long de la côte E. de Ceylan, avec une vitesse variable de 60 à 110 milles par 24 heures. Etant destiné à Pointe de Galles, ou à Colombo, il faudra suivre de près la côte S. de Ceylan, et ne pas s'éloigner de l'extrémité S.O. de cette île en la contournant, pour ne pas se laisser drosser dans l'O. par le courant.

Ayant doublé le cap en avril, mai ou juin, on fera route à l'E. par 43° ou 44°S., avec peu de chances de glaces, et des vents d'O. probables jusqu'à 35° et même 30°S. De 30° à 26° ou 25°S., vents variables, dominants surtout du S.E. et du N.O. De 26° à 5°S., alizés de S.E. Au-delà de 5°S., les vents de S.E. hâlent le S.O. et le N.O., qui sont les directions dominantes jusqu'à Ceylan. Les navires destinés à Trinquemaley iront reconnaître les feux des Basses et longeront ensuite la côte E. de Ceylan à petite distance, comme nous l'avons indiqué au § 289.

Ayant doublé le cap en juillet, août ou septembre, on fera route à l'E. par 43° ou 43°30'S. environ, avec peu de chances de glaces, et des vents d'O. jusque par 30°S. De 30° à 25°S., vents variables dominants du S.O. et du S.E. Au-delà de 25° ou 24°S., alizés de S.E. jusqu'à 5°S. Entre 5°S. et l'Equateur, vents de S.E. à S.O., et calmes assez fréquents. Au-delà de la Ligne, commence la mousson de S.O., variable à l'O., et de plus en plus forte à mesure que le navire s'élève dans le N. Les navires destinés à Trinquemaley iront encore reconnaître les feux des Basses, et longeront la côte E. de Ceylan à petite distance (voir § 289).

Ayant doublé le cap du 15 septembre au 1er novembre, on fera route à l'E. par 44°30' ou 45°S. environ, avec des chances de rencontre de glaces surtout entre 23° et 58°E., et avec des vents dominants d'O., tant que le navire sera dans le S. de 35°S. De 35°S. à 27°30′S., vents variables dominants de N.O. à S.O. Au-delà de 27°30′S., alizés de S.E. jusque par 7°S.; au-delà de 7°S., les brises domineront du N.O. et du S.O., et l'on aura beaucoup de chances de calmes jusqu'à Ceylan.

Les courants, dans le S. de 40°S., porteront généralement à l'E., avec une vitesse de 12 à 36 milles par 24 heures ; mais ils ne seront pas toujours réguliers et ils pourront accidentellement porter vers d'autres directions. De 40° à 30°S., courants N.E., E. et S.E., de 24 à 36 milles par 24 heures. Dans les alizés de S.E., courants vers l'O. de 18 à 42 milles.

De mai en septembre, entre 10°S. et 2°S., les courants porteront à l'O., au N.O. et au N., avec une vitesse de 18 à 36 milles par 24 heures. De 2°S. à Ceylan, ils porteront à l'E., avec une vitesse de 18 à 48 milles, qui atteindra parfois 60 et 78 milles.

D'octobre en avril, entre 8°S. et 2°S., les courants porteront à l'E., de 18 à 32 milles par 24 heures. De 2°S. à Ceylan, ils porteront à l'O. de 18 à 60 milles.

Voici les Tableaux de croisements de ces routes.

TABLEAUX

Des Croisements de routes à suivre, en venant de l'Océan Atlantique Sud, et par exemple de l'Europe, ou des États-Unis, pour aller à Colombo, à Pointe de Galles et à Trinquemaley.

TABLEAU N° 1. — *Commencement de la route (commun pour toutes les destinations).*

ÉPOQUES auxquelles on coupera le méridien du cap.	LATITUDES DE CROISEMENTS DES MÉRIDIENS DE						LONGITUDES DE CROISEMENTS DES PARALLÈLES DE			
	12° O.	2° O.	8° E.	28° E.	58° E.	78° E.	40° S.	35° S.	30° S.	25° S.
	S. ° ′	S. ° ′	S. ° ′	S. ° ′	S. ° ′	S. ° ′	E. ° ′	E. ° ′	E. ° ′	E. ° ′
Du 1er Févr. au 1er Avril.	40 00	43 00	45 00	46 00	44 00	... ...	68 00	73 00	73 00	73 00
Du 1er Avril au 1er Juillet.	37 00	41 00	43 00	44 00	40 00	... ...	58 00	68 00	73 00	74 00
Du 1er Juillet au 15 Sept.	38 00	40 30	42 30	43 30	40 00	... ...	58 00	66 00	71 30	74 00
Du 15 Sept. au 1er Nov.	39 30	42 00	44 30	45 00	41 30	28 00	62 00	71 00	77 00	78 00
Du 1er Nov. au 1er Févr.	40 00	44 00	47 00	48 00	46 00	39 00	76 30	80 30	83 00	83 00

TABLEAU N° 2. — *Fin de la route pour aller à Colombo et à Galles.*

ÉPOQUES auxquelles on coupera l'Equateur.	LONGITUDES DE CROISEMENTS DES PARALLÈLES DE							DESTINATIONS.
	10° S.	Équateur	2°30'N.	5° N.	5°30'N.	6° N.	6°30'N.	
	E. ° '	E. ° '	E. ° '	E. ° '	E. ° '	E. ° '	E. ° '	
Du 15 Mars au 15 Octob.	73 30	73 00	73 40	75 25	76 00	76 25	77 00	Colombo.
	73 30	74 00	75 00	76 30	77 10	77 50	......	Galles.
Du 15 Octobre à la fin de	77 00	77 30	77 30	77 30	77 25	77 25	77 25	Colombo.
de Novembre.	77 00	77 30	77 30	77 30	77 30	77 50	......	Galles.
En Décembre, Janvier et	83 00	86 00	85 00	82 00	81 00	80 00	77 25	Colombo.
Février.	83 00	86 00	85 00	82 00	81 00	80 00	......	Galles.

TABLEAU N° 3. — *Fin de la route pour aller à Trinquemaley.*

ÉPOQUES des croisements de l'Equateur.	LONGITUDES DE CROISEMENTS DES PARALLÈLES DE								
	10°S.	Équateur	2°30'N.	5° N.	5°30'N.	6° N.	6°30'N.	8° N.	9° N.
	E. ° '	E. ° '	E. ° '	E. ° '	E. ° '	E. ° '	E. ° '	E. ° '	E. ° '
Du 15 Mars au 15 Oct.	75 30	77 00	77 30	78 20	78 40	79 10	79 40	79 25	......
Du 15 Octobre à fin Nov.	78 30	79 30	79 30	79 30	79 30	79 30	79 40	79 25	......
En Déc., Janv. ou Févr.	84 00	87 00	86 00	85 00	84 25	84 00	83 35	82 30	80 30

§ 339. — Routes à suivre, en venant de l'Océan Atlantique S., pour aller à Pondichéry ou à Madras.

En venant de l'Océan Atlantique S., les navires destinés à Pondichéry, ou à Madras, de même que ceux destinés à un port quelconque du golfe du Bengale, prennent toujours l'une des deux routes désignées sous les noms de Premier et de Second Passages du Large (§§ 334 et 335).

La route que le navire devra suivre, à partir du méridien du cap de Bonne-Espérance, dépendra de l'époque à laquelle il sera supposé devoir atteindre l'Equateur dans l'Océan Indien : le point de croisement de la Ligne étant fort variable, selon les saisons. On pourrait trouver des instructions au § 291, sur la fin de ces traversées, et en conclure par induction des indications sur le choix du croisement de l'Equateur ; mais, nous allons donner ici des instructions complètes à cet égard.

Quand le navire devra atteindre l'Equateur, en octobre, en novembre, ou dans les premiers jours de décembre, il suffira, pour aller à Madras, de le couper par 85°E., sans aller plus à l'E., parce qu'il faudra s'attendre à trouver le plus ordinairement, dans le N. de la Ligne, des séries de vents de la partie de l'O. qui pourront persister jusque vers 6° ou 8°N., et quelquefois même encore plus loin dans le Nord.

Quand le navire devra atteindre l'Equateur, du commencement de décembre au 1er février, il sera prudent de le couper à grande distance dans l'E., par 90°E. environ, afin de pouvoir atteindre sûrement sa destination, avec la mousson de N.E., qui hâle quelquefois le N.N.E., et qui est souvent interrompue par des calmes. En négligeant cette précaution de couper l'Equateur à grande distance dans l'E., on aurait ensuite à craindre d'être souventé par l'action du courant qui porte dans l'O., et à l'influence duquel les calmes ne permettraient pas de soustraire le navire.

Quand le navire devra atteindre l'Equateur entre le 1er février et le 15 mars, il ne sera point nécessaire de le couper aussi loin dans l'E. Effectivement, le courant commence à porter vers le N., dès les premiers jours de mars, le long de la côte de Coromandel, de sorte qu'à la fin de février et en mars, les navires destinés à Madras et aux ports plus loin dans le N., tels que Cocanada et Ganjam, etc., peuvent généralement s'élever vers le N., en se maintenant dans la partie occidentale du golfe du Bengale, à une distance de la côte d'Hindoustan comprise entre 60 et 120 milles environ.

Quand le navire devra atteindre l'Equateur entre le 15 mars et le 15 août, on pourra compter sur des vents de la partie de l'O., et sur des courants E., dans le N. de la Ligne, au moins jusqu'à la côte E. de Ceylan. Durant cette période, on coupera donc l'Equateur bien dans l'O.; puis la route sera donnée pour chercher la côte S. de Ceylan ; on reconnaîtra les feux des Basses et l'on remontera la côte E. de Ceylan, comme nous l'avons dit aux §§ 289 et 290 ; puis on longera la côte d'Hindoustan à petite distance.

Quand le navire devra atteindre l'Equateur entre le 15 août et la fin de septembre, il ne sera plus nécessaire de le couper aussi loin dans l'O. Cependant, on suivra encore, durant cette période, une route occidentale.

Il faudra atterrir dans le N. du port de destination, quand le navire devra atteindre la côte de Coromandel entre le 15 octobre et la fin de janvier.

Il faudra au contraire atterrir dans le S., quand le navire devra atteindre la côte entre le commencement de mars et la fin de septembre.

Les Tableaux de croisements se trouvant à la fin du présent paragraphe, nous nous bornerons à indiquer ici les chances de vents et de courants auxquelles on pourra s'attendre.

Ayant coupé le méridien du cap de Bonne-Espérance en juillet, en août ou septembre, on fera route vers l'E., dans les environs de 43° à 44°S.; on aura peu de chances de rencontres de glaces; les vents seront dominants de la partie de l'O., tant que le navire sera dans le S. du parallèle de 30°. De 30°S. à 25°S., vents variables, dominants de S.O. à S.E. A partir de 25°, ou plutôt de 24°S., commenceront les alizés de S.E., qui souffleront jusque par 5°S. On aura ensuite des brises de S.E. à S.O., et quelques calmes jusqu'à l'Equateur que l'on atteindra en octobre.

Ayant doublé le cap en octobre, ou au commencement de novembre, on fera route vers l'E. entre 44° et 45°S.; on aura peu de chances de rencontres de glaces; les vents seront dominants de l'O., tant que l'on sera dans le S. de 35°S. De 35° à 28° ou 27°S., vents variables dominants de N.O. à S.O. De 28° ou de 27°S. jusqu'à 7°S., vents alizés de S.E. De 7°S. à l'Equateur, brises de S.O. et N.O., avec beaucoup de calmes.

Ayant doublé le cap du commencement de novembre au 15 février, on fera route à l'E., par 47° ou 48°S.; les vents domineront de l'O. tant qu'on sera dans le S. de 40°S.; il faudra veiller les glaces flottantes, surtout de 12°O. à 60°E. Quand le navire commencera à remonter vers le N.E., on trouvera, de 40° à 35°S., des vents dominants de N.O. et S.O. De 35° à 30°S., ils seront variables, dominants du S.E., et fréquents aussi du N.E. et du S.O. De 30° à 27°S., vents de S.E. à N.E. De 27° à 11°S., vents alizés de S.E.

De 8°S. à 1°N. environ, vents de N.O. à S.O. généralement bien établis.

Ayant doublé le cap du 15 février à la fin de mars, on fera route à l'E. entre 45° et 46°S.; les vents domineront de l'O., tant qu'on sera dans le S. de 35°S.; et il faudra veiller les glaces flottantes. De 35° à 27°S., vents de S.E. à N.E. De 27°S. à 13°, ou 10°S., vents alizés de S.E., hâlant fréquemment l'E.S.E., et quelquefois le N.E. De 10°S. à l'Equateur, brises de N.O. et quelques chances de calmes.

Ayant doublé le cap, en avril, mai ou juin, on fera route à l'E., par 43° ou 44°S. environ; les vents domineront de l'O., tant que le navire sera dans le S. de 35°S., et même jusqu'à 30°S. De 30° à 26°, ou 25°S., vents variables, dépendant surtout du S.E. et du N.O. De 26° à 5°S., vents alizés de S.E. Au-delà de 5°S., les vents de S.E. feront place à des brises de S.O. et de N.O.

Au-delà de l'Equateur, quand on l'aura coupé en octobre, en novembre, ou au commencement de décembre, on aura quelques chances de calmes et des vents dominants de S.O. et de N.O. jusque vers 8° ou 10°N. Au-delà de ces parallèles, les brises de N.O. et de S.O. pourront tourner au S.E. et au N.E.

Ayant coupé l'Equateur, du 1er décembre au 15 mars, on pourra s'attendre d'abord à quelques calmes et à des brises variables dominant du N.N.E. Au-delà du parallèle de 3°N., on aura les alizés dominant du N.N.E. au N.E.

Ayant coupé l'Equateur, du 15 mars à la fin de juin, on aura des vents de S.O. et de N.O. jusqu'à la côte S. de Ceylan; puis les vents seront variables et dominants du S.O. au S.E., avec quelques calmes jusqu'à Madras. *En juillet et août,* on aura les vents de S.O. et d'O.S.O., souvent violents, qui caractérisent la pleine force de la mousson de S.O. au N. de l'Equateur.

Ayant coupé l'Equateur, de la fin d'août au 1er octobre, on trouvera les brises moins fortes et plus variables de la fin de mousson.

Les courants porteront généralement vers l'E., avec une vitesse variable de 12 à 36 milles, tant que l'on sera dans le S. du parallèle de 40°S. Quand la route remontera vers le N.E., et quand le navire sera entre 40° et 30°S., les courants porteront au N.E., à l'E. et au S.E., de 24 à 36 milles par 24 heures. De 30° à 8°S., ils porteront à l'O. de 18 à 42 milles par 24 heures. *Ensuite, pendant la mousson de N.E., c'est-à-dire d'octobre à fin mars*, ils porteront vers l'E. de 18 à 32 milles par 24 heures, entre 8°S. et 2°S. Puis, de 2°S. à 8°N., ils porteront à l'O. de 12 à 42 milles et même à 60 milles. Au-delà de 8°N., ils porteront au S.O., de 18 à 30, ou à 42 milles. Sur la côte d'Hindoustan, le courant porte vers le S., du 15 octobre à la fin de janvier. *Au contraire, pendant la mousson de S.O., de fin mars à fin septembre*, on aura entre 10°S. et 2°S., des courants à l'O., au N.O. et au N., de 18 à 36 milles par 24 heures. De 2°S. à Ceylan, ils porteront à l'E., de 18 à 48 milles, à 60 et à 78 milles par 24 heures. Sur la côte E. de Ceylan, ils seront variables, et porteront souvent au S. et au S.E. Au-delà de 10°N., ils porteront au N. et au N.E., de 12 à 36 milles. Sur la côte d'Hindoustan, le courant portera au N., du 1er mars à la fin de septembre.

Voici les Tableaux de croisements de ces routes.

TABLEAUX

De Croisements des routes à suivre, en venant de l'Océan Atlantique Sud, et par exemple de l'Europe ou des États-Unis, pour aller à Madras, à Pondichéry ou aux ports voisins.

TABLEAU N° 1. — *Commencement de la route.* (*Routes communes pour Madras, Pondichéry, Karikal, etc.*)

ÉPOQUES auxquelles on aura doublé le méridien du cap.	LATITUDES DE CROISEMENTS DES MÉRIDIENS DE						LONGITUDES DE CROISEMENTS DES PARALLÈLES DE					
	12° O.	2° O.	8° E.	28° E.	58° E.	78° E.	40° S.	35° S.	30° S.	25° S.	10° S.	Équat^r^.
	S.	S.	S.	S.	S.	S.	E.	E.	E.	E.	E.	E.
	° ′	° ′	° ′	° ′	° ′	° ′	° ′	° ′	° ′	° ′	° ′	° ′
Septembre.	38 00	40 30	43 00	43 30	42 00	32 30	63 00	74 00	81 00	85 00	85 00	85 00
Octobre et commencement de Novembre.	39 00	42 00	44 00	44 30	43 30	36 00	70 30	79 30	85 00	85 00	85 00	85 00
Du commencement de Novembre au 1er Janvier.	40 00	44 00	47 00	48 00	46 00	39 00	77 00	82 00	85 00	85 30	85 30	90 00
Du 1er Janvier au 15 Févr.	40 00	44 00	47 00	48 00	46 00	39 00	77 00	81 00	83 00	83 30	84 00	89 30
Du 15 Février à la fin de Mars.	40 00	43 00	44 30	45 30	44 30	....	68 00	73 00	73 00	73 00	72 00	77 00
En Avril, Mai et Juin. . .	37 00	41 00	43 00	44 00	40 00	....	58 00	68 00	72 30	73 30	75 30	77 00
En Juillet.	38 00	40 30	43 00	43 30	40 30	....	59 00	67 00	72 00	76 30	77 00	77 00
De fin Juillet au 1er Sept.	38 00	40 30	43 00	43 30	41 00	30 00	60 30	72 00	78 00	80 30	80 30	80 30

Tableau N° 2. — *Fin de la route pour aller à Madras.*

ÉPOQUES auxquelles on aura coupé l'Équateur.	LONGITUDES DE CROISEMENTS DES PARALLÈLES DE							
	Équat[r]	5° N.	6° N.	8° N.	10° N.	12° N.	13° N.	14° N.
	E. ° ′	E. ° ′	E. ° ′	E. ° ′	E. ° ′	E. ° ′	E. ° ′	E. ° ′
Du 1er Oct au commnt de Déc.	85 00	85 00	85 00	84 30	83 30	82 30	81 30	79 30
Du commnt de Déc. au 1er Fév.	90 30	87 00	86 00	84 20	82 30	80 10	79 00	......
Du 1er Février au 15 Mars. .	89 30	85 30	84 30	83 00	81 00	79 10	78 00	......
De fin Mars à fin d'Août. . .	77 00	78 20	79 10	79 30	78 20	78 10	78 00	.....
De fin d'Août à 1er Octobre.	80 30	81 30	81 30	81 30	81 20	80 00	78 45	......

Tableau N° 3. — *Fin de la route pour aller à Pondichéry.*

ÉPOQUES auxquelles on aura coupé l'Équateur.	LONGITUDES DE CROISEMENTS DES PARALLÈLES DE							
	Équat[r]	5° N.	6° N.	8° N.	9° N.	10° N.	11° N.	12° N.
	E. ° ′	E. ° ′	E. ° ′	E. ° ′	E. ° ′	E. ° ′	E. ° ′	E. ° ′
Du 1er Oct. au commnt de Déc.	85 00	85 00	85 00	84 30	84 00	83 10	82 30	81 00
Du commnt de Déc. au 1er Fév.	89 30	85 30	84 30	82 30	81 35	80 30	79 20	......
Du 1er Février au 15 Mars. .	88 00	84 30	83 30	81 30	80 30	79 45	79 00	......
De fin Mars à fin d'Août. . .	77 00	78 20	79 10	79 30	78 55	78 10	77 50	......
De fin d'Août à 1er Octobre.	80 30	81 00	81 00	81 00	81 00	80 30	80 00	78 30

§ 340. — Routes à suivre, en venant de l'Océan Atlantique S., pour aller aux ports situés dans le N. du golfe du Bengale, tels que Cocanada, Ganjam, Calcutta, Chittagong et Akyab.

En venant de l'Océan Atlantique S., et ayant à se rendre à des ports situés dans la partie N. du golfe du Bengale, tels que Cocanada, Ganjam, Calcutta, Chittagong ou Akyab, les routes à suivre seront analogues à celles qui ont été indiquées au paragraphe précédent pour les navires destinés à Madras. On fera donc bien de se reporter page 858, pour prendre connaissance des instructions générales que nous avons données ; et on les modifiera seulement sur les points que nous signalons ci-après. On trouvera d'ailleurs, à la fin du présent paragraphe, les Tableaux de croisements des différentes routes qui nous occupent.

Etant destiné à Calcutta, les considérations qui servent à déterminer le choix du point de croisement de l'Equateur sont les mêmes que celles développées au § 339, pour les navires allant à Madras. Il nous semble encore utile de couper l'Equateur plus à l'O. en octobre et en novembre qu'en décembre et en janvier, en raison des vents d'O. que l'on trouvera généralement, avant le 1er décembre, entre l'Equateur et 10°N. Au-delà de ce parallèle, les routes se confondront pendant toute la mousson de N.E. Nous remarquerons également que, pour les navires destinés à Calcutta, si l'on a coupé l'Equateur vers la fin d'août, ou vers le commencement de septembre, assez à temps pour atteindre l'atterrage de Calcutta avant le 15 septembre, la route sera plus occidentale que pour ceux qui auront coupé la Ligne quelques jours après. Ces derniers devant arriver à l'attérage du chenal de Saugor après le 15 septembre feront naturellement une route plus orientale.

Etant destiné à Cocanada, ou à Ganjam, il n'y aura point à faire cette distinction entre les routes des navires ayant coupé l'Equateur avant et après le 15 septembre.

Les indications données au paragraphe précédent, sur les vents et les courants, serviront également pour toutes ces routes. D'ailleurs, si le navire est destiné à *Cocanada*, à *Ganjam*, ou à *Calcutta*, on trouvera aussi des instructions au § 291, sur la dernière partie de la route. En ce qui concerne plus particulièrement la route pour *Calcutta*, on pourra aussi se reporter aux §§ 287 et 197.

Etant destiné à Chittagong, ou à Akyab, les routes à suivre seront, d'une manière générale, sensiblement les mêmes que celles des navires allant à Calcutta. Pendant la mousson de N.E., on s'élèvera dans le N., en se tenant dans la partie orientale du golfe, et en prolongeant les îles Nicobar et Andaman dans l'O. Durant la mousson de S.O., on fera, dans le N. de l'Equateur, une route à peu près directe, en ayant soin de ne pas longer sans nécessité la côte d'Aracan, et en faisant en sorte de n'accoster cette côte qu'au moment où le navire sera parvenu en position d'atteindre à peu près sûrement le port s'il survenait du mauvais temps.

Voici d'ailleurs les Tableaux de croisements de ces routes. Le premier donne la partie de la route comprise entre le cap de Bonne-Espérance et l'Equateur. Les cinq autres Tableaux indiquent la fin de la route, au-delà de l'Equateur, pour les cinq ports principaux : *Calcutta, Ganjam, Cocanada, Chittagong et Akyab.*

TABLEAUX

Des Croisements des routes à suivre, en venant de l'Océan Atlantique Sud, et par exemple de l'Europe, ou des États-Unis, pour aller aux ports situés dans le Nord du golfe du Bengale, tels que Calcutta, Ganjam, Cocanada, Chittagong et Akyab.

Tableau N° 1. — *Commencement de la route (route commune quelle que soit la destination).*

ÉPOQUES auxquelles on aura coupé le méridien du cap.	LATITUDES DE CROISEMENTS DES MÉRIDIENS DE						LONGITUDES DE CROISEMENTS DES PARALLÈLES DE					
	12° O.	2° O.	8° E.	28° E.	58° E.	78° E.	40° S.	35° S.	30° S.	25° S.	10° S.	Équat^r
	S. ° ′	S. ° ′	S. ° ′	S. ° ′	S. ° ′	S. ° ′	E. ° ′	E. ° ′	E. ° ′	E. ° ′	E. ° ′	E. ° ′
En Septembre.	38 00	40 30	43 00	43 30	42 00	33 30	63 00	75 30	82 00	86 00	86 00	86 00
En Octobre et au commencement de Novembre. .	39 00	42 00	44 00	44 00	42 00	33 00	64 30	75 30	83 00	83 00	83 00	86 00
Du commencement de Novembre au 1er Janvier.	40 00	44 00	47 00	48 00	46 00	39 00	77 00	83 00	87 00	88 00	88 00	90 00
En Janvier et au commencement de Février. . .	40 00	44 00	47 00	48 00	46 00	39 00	77 00	81 00	83 00	83 30	84 00	89 30
Du 15 Février à fin Mars.	40 00	43 00	44 30	45 30	44 30	....	68 00	73 00	73 00	73 00	72 00	77 00
En Avril, Mai et Juin. . .	37 00	41 00	43 00	44 00	40 00	....	58 00	68 00	72 30	73 30	75 30	77 00
En Juillet.	38 00	40 30	43 00	43 30	40 30	....	59 00	67 00	72 00	76 30	77 00	77 00
De fin Juillet au 1er Sept.	38 00	40 30	43 00	43 30	41 00	30 00	60 30	72 00	78 00	80 30	80 30	80 30

Tableau N° 2. — *Fin de la route, pour les navires destinés à Calcutta.*

ÉPOQUE du croisement de l'Équateur.	LONGITUDES DE CROISEMENTS DES PARALLÈLES DE							
	Équat^{r}	5° N.	8° N.	12° N.	18° N.	19° N.	20° N.	21° N.
	E.	E.	E.	E.	E.	E.	E.	E.
	° ′	° ′	° ′	° ′	° ′	° ′	° ′	° ′
Du 1er Oct. au 1er Décembre.	86 00	87 30	88 10	88 40	89 00	88 30	87 30	85 55
Du 1er Déc. au 1er Février. .	90 00	90 00	88 10	88 40	89 00	88 30	87 30	85 55
Du 1er Février au 15 Mars. .	89 30	85 30	83 00	81 20	82 20	82 40	84 10	85 55
Du 15 Mars à fin d'Août. . .	77 00	78 20	79 30	79 50	82 20	82 40	84 10	85 55
De fin d'Août au 5 Septembre.	80 30	81 30	82 00	83 00	84 18	84 25	84 30	85 55
Du 5 Septembre au 1er Octob.	80 30	81 30	82 10	83 40	86 05	86 13	86 15	85 55

Tableau N° 3. — *Fin de la route, pour aller à Ganjam.*

ÉPOQUE du croisement de l'Équateur.	LONGITUDES DE CROISEMENTS DES PARALLÈLES DE							
	Équat^{r}	5° N.	8° N.	12° N.	16° N.	17° N.	18° N.	19° N.
	E.	E.	E.	E.	E.	E.	E.	E.
	° ′	° ′	° ′	° ′	° ′	° ′	° ′	° ′
Du 1er Oct. au 1er Décembre.	86 00	87 30	88 10	88 40	89 00	88 30	87 30	86 00
Du 1er Décemb. au 1er Février.	90 00	90 00	88 10	88 40	89 00	88 30	87 30	86 00
Du 1er Février au 15 Mars. .	89 30	85 30	83 00	81 20	81 55	82 00	82 20	82 40
Du 15 Mars à fin d'Août. . .	77 00	78 20	79 30	79 50	81 20	81 45	82 20	82 40
En Septembre	80 30	81 30	82 00	84 10	86 20	86 20	86 00	85 00

Tableau N° 4. — *Fin de la route, pour aller à Cocanada.*

ÉPOQUE du croisement de l'Équateur.	LONGITUDES DE CROISEMENTS DES PARALLÈLES DE								
	Équat^{r}	5° N.	8° N.	12° N.	13° N.	14° N.	15° N.	16° N.	17° N.
	E.	E.	E.	E.	E.	E.	E.	E.	E.
	° ′	° ′	° ′	° ′	° ′	° ′	° ′	° ′	° ′
Du 1er Oct. au commencement de Décembre.	86 00	86 00	86 00	85 30	85 15	85 00	84 15	83 30	82 00
Comm^{t} de Déc. au 1er Fév.	90 00	89 30	87 40	86 10	85 50	85 35	84 50	83 50	82 00
Du 1er Fév. au 15 Mars.	89 30	85 30	83 00	81 00	81 00	80 50	80 40	80 30	… …
Du 15 Mars à fin d'Août.	77 00	78 20	79 30	79 35	79 40	79 45	79 50	80 00	… …
En Septembre..	80 30	81 00	81 35	82 50	83 10	83 20	83 10	82 30	81 00

TABLEAU N° 5. — *Fin de la route, pour aller à Chittagong.*

ÉPOQUE du croisement de l'Équateur.	LONGITUDES DE CROISEMENTS DES PARALLÈLES DE								
	Équat^r	5° N.	8° N.	12° N.	18° N.	19° N.	20° N.	21° N.	22° N.
	E.	E.	E.	E.	E.	E.	E.	E.	E.
	° '	° '	° '	° '	° '	° '	° '	° '	° '
Du 1er Octob. au 1er Déc.	86 00	87 30	88 10	88 40	89 30	89 30	89 20	89 15	89 15
Du 1er Déc. au 1er Févr.	90 00	90 00	88 10	88 40	89 30	89 30	89 20	89 15	89 15
Du 1er Févr. au 15 Mars.	89 30	85 30	83 00	81 20	82 20	82 40	84 10	88 00	89 15
Du 15 Mars à fin d'Août.	77 00	78 20	81 00	84 00	87 15	87 45	88 20	88 50	89 15
De fin d'Août à fin Sept.	80 30	81 30	82 00	84 00	87 15	87 45	88 20	88 50	89 15

TABLEAU N° 6. — *Fin de la route, pour aller à Akyab (Aracan).*

ÉPOQUE DU CROISEMENT de l'Équateur.	LONGITUDES DE CROISEMENTS DES PARALLÈLES DE						
	Équat^r	5° N.	8° N.	12° N.	18° N.	19° N.	20° N.
	E.	E.	E.	E.	E.	E.	E.
	° '	° '	° '	° '	° '	° '	° '
Du 1er Octobre au 1er Décembre. .	86 00	87 30	88 10	88 40	89 30	90 00	90 30
Du 1er Décembre au 1er Février. .	90 00	90 00	88 10	88 40	89 30	90 00	90 30
Du 1er Février au 15 Mars.	89 30	85 30	83 00	81 20	82 20	83 00	90 30
Du 15 Mars à la fin d'Août.	77 00	78 20	81 00	84 30	89 10	90 00	90 30
De fin d'Août à fin de Septembre. .	80 30	81 30	82 00	84 50	89 10	90 00	90 30

§ 341. — Routes, en venant de l'Océan Atlantique S., pour aller aux ports situés dans la partie E. du golfe du Bengale, tels que Dalhousie, Rangoon, Amherst, Mergui, Penang et Achem.

En venant de l'Océan Atlantique S., et par exemple de l'Europe, ou des Etats-Unis, etc., on fera route vers l'E., en se maintenant comme toujours dans le S. du parallèle de 40°S. ; puis, suivant l'époque à laquelle on verra que l'Equateur pourra être coupé, on entrera dans les alizés de S.E. par une longitude variable.

Lorsque le navire devra atteindre l'Equateur entre le 1er avril et la fin d'août, on le coupera par 85°E., si l'on se rend à Dalhousie, Rangoon, Amherst ; puis on se dirigera sur le chenal de Preparis qu'il faudra prendre. Allant à Mergui, on coupera encore la

Ligne par 85°E., et l'on se dirigera ensuite sur le chenal des Dix-Degrés. Etant destiné à Achem, ou à Penang, ou à Malacca, on coupera l'Equateur par 88°E., et l'on gouvernera, en se maintenant d'abord bien à l'O., de manière à aller reconnaître le feu de Pulo-Brasse. On trouvera des indications au § 318, pour la fin de ces traversées.

Quand le navire sera destiné à Singapour, et lorsqu'il pourra atteindre l'Equateur entre le 1er avril et la fin d'août, il suivra la même route que pour aller à Penang, en doublant le feu de Pulo-Brasse dans le N. ; puis il terminera sa traversée par le détroit de Malacca, ainsi que nous l'avons indiqué au § 301.

Pendant la mousson de N.E., les navires destinés à Singapour prendront généralement le détroit de la Sonde (voir le § 342).

Lorsque le navire devra atteindre l'Equateur entre le commencement de septembre et la fin de mars, c'est-à-dire quand il faudra s'attendre à trouver au N. de l'Equateur, soit la mousson de N.E., soit les vents variables dépendant surtout de l'O. qui caractérisent les périodes intermédiaires, on coupera l'Equateur dans les environs de 91°E. Puis, si l'on doit se rendre à Achem, ou à Penang, on gouvernera pour doubler dans le N. le feu de Pulo-Brasse ; et l'on terminera la traversée, comme il est dit aux §§ 318 ou 301, suivant que l'on devra se rendre à Achem, ou à Penang. Si le navire est destiné à Dalhousie, à Rangoon, à Amherst, ou à Mergui, on devra après avoir coupé l'Equateur par 91°E. environ, faire route vers le N., et se placer en bonne position pour prendre le chenal des Six-Degrés 1/2, en doublant Pulo-Brasse à distance suffisante dans le N. La route passera ensuite dans l'E. des Nicobar, et sera terminée comme nous l'avons indiqué au § 303.

Voici maintenant des renseignements sur les chances de vents et de courants que l'on aura, en suivant ces routes, qui se trouvent d'ailleurs indiquées dans les tableaux de croisements à la fin du présent paragraphe.

Ayant coupé le méridien du cap en janvier ou février, on fera route à l'E., par 47° ou 48°S. Les vents domineront de la partie de l'O., dans le S. de 35°S. Il faudra veiller les glaces flottantes, surtout de 7°O. à 60°E. En remontant vers le N.E., on aura, entre 35° et 30°S., des vents variables dominants du S.S.E. au N.E. Au-delà de

30°S., vents d'E. et de S.E. De 27°S. à 10°S., alizés de S.E. De 10°S. à l'Equateur, vents de S.E., tournant au S.O. et dominant principalement du N.O. Au N. de l'Equateur, en février ou mars, mêmes vents variables et dominant de S.O. à N.O. jusqu'à la mousson de N.E., qui commence à quelques degrés au N. de l'Equateur.

Ayant doublé le cap en mars, on fera route à l'E. entre 45° et 46°S. environ. Les vents seront dominants de l'O., tant que le navire sera dans le S. de 35°S. Il faudra veiller les glaces, qui seront surtout à craindre depuis 7°O. jusqu'à 60°E. De 35° à 30°S., vents de S.O., de S.E. et de N.E. De 27°S. à 10°S., alizés de S.E. De 10°S. à l'Equateur, les vents de S.E. sont remplacés par des vents de S.O. et surtout de N.O. Au N. de l'Equateur, en avril, on commencera à trouver les brises de S.O., de mieux en mieux établies à mesure qu'on fera du N., et principalement quand le navire aura dépassé 5° ou 6°Nord.

Ayant doublé le cap en avril, mai ou juin, on fera route à l'E. par 44°S. environ. Il faudra toujours veiller les glaces, quoique leur rencontre soit moins probable à cette époque et sur ce parallèle. Les vents domineront de la partie de l'O., tant que le navire sera dans le S. de 38°S., ou même de 35°S. De 35° à 30°S., vents variables, dominant de l'O.S.O., du S.O., du S.E. et du N.E. De 30° à 25°S., vents dominants de N.E., variables au N.O., au S.O. et au S.E. De 25° à 7°S., vents alizés de S.E. De 7°S. à l'Equateur, il ne faut plus compter sur le S.E., qui est remplacé par du N.O. et principalement par du S.O. Plus le navire coupera l'Equateur près de Sumatra, plus le N.O. sera fréquent; par conséquent, les navires allant à Achem et à Penang ont plus de chances de trouver des vents de N.O. que ceux allant à Rangoon, etc. Dans le N. de l'Equateur, en mai, juin ou juillet, on trouvera la mousson de S.O., de mieux en mieux établie, à mesure que la saison sera plus avancée. Les calmes seraient très-fréquents, si le navire se rapprochait de la côte N.O. de Sumatra, au lieu de lui donner du tour comme l'indiquent nos croisements.

Ayant doublé le cap en juillet, août ou septembre, on fera route vers l'E. entre 43° et 44°S. environ. Les chances de rencontre de glaces seront assez faibles; néanmoins, il sera prudent de veiller. Les vents domineront de l'O., tant que le navire sera dans le S. de

35°, ou même de 30°S. De 30° à 25°S., les vents domineront du S.E. et du S.O. De 25° à 5°S., alizés de S.E. De 5°S. à l'Equateur, vents dominants du S.E. et du S.O., variables tantôt au N.O., tantôt au N.E., avec quelques calmes. Au-delà de l'Equateur, en août et septembre, on aura la mousson de S.O.; et en octobre, on aura encore généralement des vents d'O. au moins jusque par 5° ou 8°Nord.

Ayant doublé le cap, en octobre, on fera route à l'E., par 44° ou 45°S. environ; et, quand on l'aura doublé *en novembre ou en décembre*, on pourra descendre jusque par 47°, ou même par 48°S. Il faudra veiller les glaces qui seront à craindre surtout de 8° à 68°E. Les vents domineront de la partie de l'O., tant que le navire sera dans le S. de 35°S., et quelquefois même jusqu'à 30°S. De 30° à 27°S., ils souffleront principalement du S. à l'E. De 27° à 10°S., alizés de S.E. De 10° à 5°S., vents de S.E. et de N.E., variables parfois au S.O. et mêlés de quelques calmes. De 5°S. à l'Equateur, vents dominants de S.O. et de N.O., avec quelques calmes. Entre l'Equateur et 5°N., en novembre et même souvent en décembre, les vents dominent du S.O. et du N.O., variables parfois au S.E. et au N.E., avec quelques calmes. Puis, de 5°N. à 10°N., les calmes sont fréquents et les brises variables dominent du N.E. Au-delà de 10°N., on entre dans la mousson de N.E. En janvier, dans le N. de l'Equateur les vents sont variables jusqu'à la mousson de N.E. qu'on trouve à quelques degrés au N. de la Ligne.

Les courants porteront généralement vers l'E., avec une vitesse de 12 à 36 milles par 24 h., tant que le navire sera dans le S. de 40°S. De 40°S. à 30°S., les courants porteront au N.E. et à l'E., de 24 à 36 milles. De 30°S. à 8°S., ils porteront à l'O., de 18 à 42 milles.

Pendant la mousson de S.O., d'avril en septembre, entre 8°S. et 2°S., ils porteront à l'O. et au N.O., avec une vitesse de 18 à 24 milles par 24 heures. De 2°S. à 2°N., ils porteront à l'E., de 12 à 72 milles par 24 heures. Au-delà de 2°N., ils porteront à l'E., ou au N.E., de 30 milles environ par 24 heures.

Pendant la mousson de N.E., entre 7°S. et 1°S., courants vers l'E., de 30 à 54 milles. Entre l'Equateur et 4°N., courants vers l'O. et le S.O., de 12 à 24 milles. De 4°N. à 7°N., courants vers l'O., de de 18 à 54 milles. Au-delà de 7°N., courant général vers le N.O., lorsque le navire se trouve dans l'E. des îles Andaman.

Voici les Tableaux de croisements de ces différentes routes.

TABLEAUX

Des Croisements des routes à suivre, en venant de l'Océan Atlantique Sud, et, par exemple, d'Europe ou des États-Unis, pour aller à Dalhousie, à Rangoon, Amherst, Mergui, Penang, Singapour et Achem.

Tableau N° 1. — *Commencement de la route.*

ÉPOQUE du croisement du méridien du cap.	LATITUDES DE CROISEMENTS DES MÉRIDIENS DE						LONGITUDES DE CROISEMENTS DES PARALLÈLES DE					
	12° O.	2° O.	8° E.	28° E.	58° E.	78° E.	40° S.	35° S.	30° S.	25° S.	10° S.	Équat^r.
	S.	S.	S.	S.	S.	S.	E.	E.	E.	E.	E.	E.
	° ′	° ′	° ′	° ′	° ′	° ′	° ′	° ′	° ′	° ′	° ′	° ′
Allant à Dalhousie, Rangoon, Amherst, Mergui, Penang ou Achem.												
Du 15 Août au 1er Octob.	38 00	40 30	43 00	43 30	43 30	37 00	68 00	83 00	88 30	91 00	91 00	91 00
En Octobre.	39 00	41 30	44 00	45 00	45 00	39 30	77 00	84 00	89 00	90 30	90 30	91 00
En Novembre et Décemb.	40 00	44 00	47 00	48 00	46 00	39 30	77 00	84 00	89 00	90 30	90 30	91 00
Janvier et Février.	40 00	44 00	47 00	48 00	46 00	41 30	80 30	85 30	85 30	85 30	85 30	91 00
Allant à Dalhousie, Rangoon, Amherst ou Mergui.												
En Mars	40 00	43 00	44 30	45 30	45 30	39 30	76 00	80 30	80 30	80 30	80 30	85 00
Avril, Mai ou Juin	37 00	41 00	43 00	44 00	44 00	39 30	77 00	83 00	85 00	85 00	85 00	85 00
Juillet et comm^nt d'Août. .	38 00	40 30	43 00	43 30	43 30	32 30	63 00	74 30	81 00	85 00	85 00	85 00
Allant à Achem, ou à Penang et Singapour.												
En Mars.	40 00	43 00	44 30	45 30	44 30	39 30	76 00	83 00	83 00	83 00	83 00	88 00
Avril, Mai ou Juin	37 00	41 00	43 00	44 00	44 00	39 30	77 00	85 30	87 00	87 00	87 00	88 00
Juillet ou comm^nt d'Août.	38 00	40 30	43 00	43 30	43 30	35 00	68 00	78 00	85 30	88 00	88 00	88 00

Tableau N° 2. — *Fin de la route, pour les navires qui couperont l'Équateur du 1er Avril à la fin d'Août (mousson de S.O.).*

LONGITUDES de croisements de		LATITUDES DE CROISEMENTS DES MÉRIDIENS DE								PORTS de DESTINATION.
Équatr	5° N.	86° E.	88° E.	90° E.	91° E.	92° E.	93° E.	94° E.	95° E.	
E.	E.	N.	N.	N.	N.	N.	N.	N.	N.	
° ′	° ′	° ′	° ′	° ′	° ′	° ′	° ′	° ′	° ′	
85 00	85 00	8 30	12 45	14 30	15 20	15 40	… …	… …	… …	Dalhousie.
85 00	85 00	8 30	12 00	13 35	14 20	14 45	15 20	16 00	… …	Rangoon.
85 00	85 00	8 30	12 00	13 35	14 20	14 35	14 55	15 15	15 35	Amherst.
85 00	85 45	5 25	8 15	10 00	10 15	10 40	11 10	11 40	… …	Mergui.
88 00	90 00	… …	Équatr	4 50	5 25	6 00	6 20	6 25	6 30	Penang et Singapour.
88 00	90 00	… …	Équatr	4 50	5 20	5 50	5 40	… …	… …	Achem.

Tableau N° 3. — *Fin de la route, pour les navires qui couperont l'Équateur du 1er Septembre à la fin de Mars.*

LONGITUDES DE CROISEMENTS DES PARALLÈLES DE									PORTS de DESTINATION.
Équatr	5° N.	6°30′ N.	10° N.	12° N.	14° N.	15° N.	15°30′ N.	16° N.	
E.	E.	E.	E.	E.	E.	E.	E.	E.	
° ′	° ′	° ′	° ′	° ′	° ′	° ′	° ′	° ′	
91 00	92 00	… …	… …	… …	… …	… …	… …	… …	Achem et Penang.
91 00	92 00	92 50	93 40	94 50	… …	… …	… …	… …	Mergui.
91 00	92 00	92 50	93 40	94 50	94 50	94 50	94 50	95 10	Amherst.
91 00	92 00	92 50	93 40	94 50	94 40	94 30	94 30	94 15	Rangoon.
91 00	92 00	92 50	93 40	94 50	94 30	94 00	92 15	… …	Dalhousie.

§ 342. — Routes, en venant de l'Océan Atlantique Sud, pour aller aux ports à poivre de la côte N.O. de Sumatra, tels qu'Analaboo, Qualah Battoo, Soosoo, etc., et routes pour aller à Bencoolen, aux détroits de la Sonde, de Bali, de Lombok, d'Ombay et de Torrès, c'est-à-dire pour aller à Batavia, à Coupang, à Singapour, à Saïgon, en Chine, et à la côte N.O. d'Australie.

1° *Routes pour aller aux ports à poivre de la côte N.O. de Sumatra.*

Les deux Tableaux numérotés 1 et 4, placés à la fin de ce paragraphe, permettront aux capitaines de navires venant de l'Océan Atlantique S., de tracer sur la carte leur route jusqu'à l'Equateur, auprès de Sumatra. Ayant atteint cette extrémité des croisements, on se dirigera sans difficulté sur l'île Hog, que l'on ira généralement reconnaître (voir page 359) avant de gouverner sur le point de destination.

La route vers l'E. se fera, dans l'Océan Indien, sur un parallèle plus ou moins méridional suivant la saison, mais toujours dans le S. de 40°S. Les chances de vents, de courants et de glaces flottantes seront les mêmes que celles indiquées au paragraphe précédent, tant que le navire sera dans la région des vents d'O. Nous donnons ci-après des renseignements sur les vents et les courants que l'on rencontrera, à partir du moment où le navire remontera vers le N.E. et vers le Nord.

En janvier, février et mars, de 35° à 28°S., vents de S.E. et de N.E. De 28° à 10°S., alizés de S.E. De 10° à 5°S., vents variables du S.E. au S.O., au N.O., et au N., accompagnés de quelques calmes. De 5°S. à l'Equateur, vents d'O., de N.O., et quelques calmes. Au-delà de l'Equateur, calmes assez fréquents, brises variables dominant de la partie de l'O. et surtout du S.O.

En avril, mai et juin, de 35° à 30°S., vents de N.O., de S.O., et quelquefois du N.E. De 30° à 25°S., vents de S.E. et de S.O. De 25° à 7°S., alizés de S.E. De 8° à 5°S., vents variables dominant de la partie du S.E., et mêlés de quelques calmes. De 5°S. à l'Equateur, vents dominants de N.O. et de S.O., avec quelques calmes. Au-delà de l'Equateur, vents de S.O., de N.O., quelquefois de N.E., et calmes assez fréquents.

En juillet, août et septembre, de 35° à 30°S., vents dominants de N.O., variables au S.O. et au N.E. De 30° à 25°S., vents dominants de S.E., variables au S.O. De 25° à 10°S., alizés de S.E. De 10° à 4°S., les alizés de S.E., varient souvent à l'E., et quelquefois hâlent le N.E. De 4°S. à l'Equateur, calmes assez fréquents, et brises dominant du S.E. et du S.O., variables au N.O. et au N.E. Au N. de l'Equateur, vents dominant de la partie du S.O., et soufflant aussi quelquefois du N.O.

En octobre, novembre et décembre, de 35° à 30°S., vents de S.O., de N.O., et quelquefois du S.E. De 30° à 27°S., vents dominant de l'E., variables au S., et quelquefois à l'O., avec quelques calmes. De 27° à 10°S., alizés de S.E. De 10° à 5°S., calmes fréquents, brises variables du S.E., du S.O. et du N.E. De 5°S.

à l'Equateur, vents dominants de S.O., variables au N.O., avec quelques calmes. Au-delà de l'Equateur, vents dominants de S.O. et de N.O., variables parfois au S.E. et au N.E., avec quelques calmes.

Les courants, de mai en septembre, porteront vers l'O. dans les alizés de S.E. jusque par 8° ou 6°S. De 6° à 3°S., ils seront variables. Dans le N. de 3°S., ils porteront à l'E. et au S.E. de 12 à 24 milles par 24 heures. Dans l'autre saison, *d'octobre en avril*, les courants porteront encore vers l'O. dans les alizés de S.E. jusque vers 7°S. De 7°S. à 1°S., ils porteront vers l'E. de 30 à 54 milles. Au-delà de 1°S., ils porteront au S.E., de 24 à 30 milles par 24 heures.

2° *Route pour aller au détroit de la Sonde (Batavia, Singapour, Saïgon et la Chine.)*

Les deux Tableaux numérotés 1 et 2, placés à la fin du présent paragraphe, permettront de tracer la route à suivre, pour se rendre, dans chaque mois de l'année, de l'Océan Atlantique S., au détroit de la Sonde. Ces Tableaux reproduisent les croisements de la route conseillée par l'Institut d'Utrecht pour les navires Hollandais. Nous n'y avons apporté que de très-faibles modifications; et nous considérons comme un devoir de rendre hommage une fois de plus, dans cette circonstance, à la valeur et à l'utilité des importants travaux météorologiques publiés en Hollande depuis quelques années.

La route par le détroit de la Sonde peut être prise :

1° *Lorsque le navire doit atteindre ce détroit d'avril en septembre*, et lorsqu'il est destiné à Batavia, à Saïgon, à Hong-Kong, etc.

On pourra également prendre le Détroit de la Sonde à cette époque, pour aller à Singapour; mais il sera probablement préférable de passer par le N. de Sumatra, comme nous l'avons indiqué au paragraphe précédent.

2° *Lorsque le navire doit atteindre ce même détroit de septembre en mars*, et lorsqu'il est destiné à Batavia, ou à Singapour. On doit encore prendre le détroit de la Sonde, dans cette saison, pour aller à Saïgon ; mais les navires qui devront se rendre à cette destination et qui arriveront à la Sonde, de décembre en février, ne pourront point compter sur une traversée courte ni facile. Les navires allant en Chine, à Hong-Kong par exemple, ne devront point prendre le détroit de la Sonde, d'octobre en mars, mais bien celui de Bali, de

Lombok ou d'Ombay, comme nous l'indiquerons dans la dernière partie du présent paragraphe.

La fin de ces traversées pour Saïgon, la Chine, etc., se trouve dans notre ouvrage sur le « *Pacifique* », pages 316, 319 et suivantes.

En venant de l'Océan Atlantique S., à destination du détroit de la Sonde, la route vers l'E. sera toujours faite, dans l'Océan Indien, sur un parallèle plus méridional que le 40° degré. Les chances de vents, de courants et de glaces flottantes, seront les mêmes que celles indiquées au § 341, tant que le navire sera dans la région des vents d'O. Nous donnons ci-après des renseignements sur les vents et courants, pour la dernière partie de la traversée.

En janvier, février et mars, de 35° à 30°S., vents de S.E., de N.E. et de N.O. De 28°S. à 15°S., alizés de S.E., variables à l'E. De 15° à 10°S., calmes assez fréquents, brises de S.E., de S.O. et d'O. Dans le N. de 10°S., vents de S.O. et de N.O.

En avril, mai et juin, de 35° à 30°S., vents dominants de S.O., variables au S.E., au N.O. et au N.E., avec quelques calmes. Au-delà de 27°S., vents alizés de S.E. et surtout d'E.S.E., variables parfois au N.E., ou au S.O., avec quelques calmes quand on approche de Java.

En juillet, août et septembre, de 35° à 30°S., vents de S.O. et de N.O. De 30° à 25°S., vents variables à l'E. et à l'O. Au-delà de 25° ou 24°S., l'alizé de S.E. hâle souvent l'Est.

En octobre, novembre et décembre, de 35° à 30°S., vents de N.O., d'O. et de S.O., hâlant quelquefois le Sud. De 30° à 25°S., vents de S.S.E. et de S., avec quelques calmes et des brises variables. De 27° à 12°S., alizés de S.E. Au-delà de 12°S., vents de S.E. tournant au S.O. et à l'O., avec beaucoup de calmes dans le N. de 10°Sud.

Les courants, depuis 30° jusqu'à 20°S., portent au N.O., à l'O., ou au S.O., de 18 à 30 milles par 24 heures. De 20° à 10°S., ils sont très-variables, portant surtout à l'O. de 12 à 30 milles par 24 heures. Au-delà de 10°S., pendant la période comprise d'avril en octobre, ils portent à l'O., de 12 à 42 milles par 24 heures; mais au contraire, de novembre en mars, ils portent vers l'E., souvent avec force.

La fin de la traversée des navires destinés au détroit de la Sonde dépend essentiellement du régime des vents et des courants que l'on doit s'attendre à trouver, en s'approchant de Java, selon l'époque de l'année.

De mai en septembre, saison pendant laquelle les vents dominent de l'E., et les courants portent à l'O., auprès des îles Malaises, il faut entrer bien à l'E. dans les alizés, et se tenir dans l'E. du méridien du cap Java, en remontant vers le N. Ce sera en juin, juillet et août que les courants vers l'O. seront le plus forts; et, en même temps, la mousson pourra souffler de l'E. ou même de l'E.N.E., auprès de Java. On atterrira sur le cap Java, ou plutôt par la longitude de l'île Klapper. Cette île, appelée encore Pulo Deli, est très-basse, couverte de grands arbres; elle est entourée par un récif, et gît à 8 milles environ de la côte de Java. On pourra prendre, à cette époque, *le Détroit de l'Ile du Prince*, compris entre cette île et la côte O. de Java, attendu que les vents de S.E., passent ordinairement par-dessus la partie étroite de Java; et l'on trouvera bientôt un fond qui permet de mouiller au besoin au-delà de l'île des Mouettes (Meeuwen-Eiland). Au contraire, si l'on cherchait à passer à l'O. de l'île du Prince, on pourrait se trouver très-retardé par les vents variables ou par les calmes qui règnent de ce côté, pendant la plus grande force de la mousson. Le *Détroit du Prince*, ou *Behuden*, est cependant moins fréquenté maintenant que le Grand-Chenal; quand on se décidera à le prendre, comme nous l'avons dit, il sera bon de suivre la côte de Java, à petite distance, afin de pouvoir mouiller si la brise venait à manquer.

De novembre en mars, période qui correspond à la mousson d'O., les vents soufflent fréquemment du N.O., ou du N.N.O., avec force, au large de la côte S. de Java, en même temps qu'un courant porte souvent avec rapidité vers l'E. Pendant cette saison, il ne faudrait point atterrir sous le vent, c'est-à-dire dans l'E. de la pointe Java, attendu que l'on aurait habituellement beaucoup de peine à gagner contre le vent et le courant. En pareil cas, il serait même souvent nécessaire de revenir dans le S., pour chercher les alizés de S.E., avec lesquels on laisserait courir vers l'O. jusqu'à ce qu'on se trouve en position de revenir par l'O. sur le Détroit. Afin d'éviter de semblables contrariétés, la route sera donnée de manière à couper le tropique du Capricorne à plusieurs degrés plus à l'O. que dans l'autre saison. Puis, on gouvernera sur l'île Engano, ou sur la Pointe plate de Sumatra (Vlakken Hoek), de manière à se tenir bien dans l'O., en prévision des vents de la partie de l'O., ou du N.O., qu'on pourra trouver en approchant d'Engano, ou du détroit de la Sonde. Quand le navire aura coupé le parallèle de la pointe Java à distance suffisante dans l'O., comme l'indiquent les Tableaux de croisements, on pourra gouverner directement sur le Détroit. Si l'on veut vérifier sa position, il sera facile de reconnaître d'abord l'île Engano, que l'on peut apercevoir à 20 ou 25 milles, du pont du navire. Cette île a sa pointe N. par 5°18′S. ; sa pointe S., par 5°30′S. et 99°59′E. ; elle paraît unie quand on la voit de loin ; elle est entourée de brisants. Dans tous les cas, à cette époque, on prendra le *Grand Chenal*, qui est compris entre Crokatoa et l'île du Prince. Ce chenal, dont la partie navigable a une largeur d'environ 18 milles, a l'inconvénient d'être dépourvu de sondes ; il faut se défier d'une roche noyée appelée *Hoedek*, dont la position est douteuse, et qui se trouve probablement à 5 milles environ dans le S.O. de Crokatoa.

Les navires qui devront atteindre les parages du détroit de la Sonde, vers les époques des changements de moussons, ne pourront naturellement point établir de prévisions sur la direction des vents qu'ils y trouveront. Ainsi, *en septembre et octobre*, les vents pourront être encore établis de la partie de l'E., au large de Java, de même qu'on pourra trouver déjà les vents de la partie de l'O. Inversement, *en mars et avril*, les vents pourront encore souffler de la partie de l'O., ou bien d'autres fois l'on trouvera la mousson d'E. déjà établie. Durant ces périodes de transition, il sera donc prudent de gouverner vers le N. dans les alizés de S.E., en se maintenant dans les environs du méridien du cap Java. Puis, en approchant de la côte S. de Java, on veillera la tendance que les vents montreront à se fixer de la partie de l'E. ou de l'O., afin de mettre selon les circonstances de l'E. ou de l'O. dans sa route et d'arriver ainsi sur le Détroit avec le vent pour soi autant que possible.

3° *Route pour aller à Bencoolen (Sumatra).*

Les Tableaux numérotés 1 et 3, qui se trouvent à la fin du présent paragraphe, permettront de tracer la route sur la carte. Cette route étant, à peu de chose près, la même que celle des navires destinés au détroit de la Sonde, nous prions le lecteur de se reporter aux explications que nous venons de donner dans les pages qui précèdent.

Pour aller à Bencoolen *d'octobre en mars*, la route jusqu'au parallèle de 10°S., sera sensiblement la même que s'il s'agissait d'aller à la Sonde. Après avoir coupé 10°S. dans les environs de 97°E., il conviendra de faire le N. du monde, jusqu'à ce que le navire se trouve en bonne position pour pouvoir, avec les vents dominants de S.O. et de N.O., passer auprès de l'île Trieste. On doublera cette île dans le N. ou dans le S., selon les circonstances.

D'avril en septembre, la route pour aller à Bencoolen sera un peu plus O. que celle des navires destinés à la Sonde. On pourra atterrir sur l'île Engano.

4° Route pour aller aux détroits de Bali, de Lombok, d'Ombay et de Torrès.

Les Tableaux numérotés 1 et 5, placés à la fin du présent paragraphe, permettront de tracer sur la carte la route des navires destinés au *détroit de Lombok*. Les navires à voiles qui ont à se rendre *en Chine* prennent ordinairement ce détroit, lorsqu'ils doivent l'atteindre en février ou en mars. (Voir le *Pacifique*, p. 320.)

La route pour aller de l'Océan Atlantique S. au *détroit de Bali* est la même que celle indiquée pour se rendre au *détroit de Lombok*, à la condition de la terminer à environ un degré de longitude plus à l'O. Les voiliers qui ont à se rendre *en Chine* prennent ordinairement le détroit de Bali, lorsqu'ils doivent l'atteindre en septembre ou en octobre. (Voir le *Pacifique*, p. 320.)

Les Tableaux numérotés 1 et 6, qui se trouvent à la fin du présent paragraphe, permettront de tracer sur la carte la route des navires destinés au *détroit d'Ombay*. Cette route conviendra également aux navires destinés *à Coupang* (Timor). Les voiliers qui ont à se rendre *en Chine* prennent ordinairement le détroit d'Ombay, lorsqu'ils doivent l'atteindre en décembre, janvier ou février (voir le « *Pacifique* » pages 324 et suivantes). Il convient de passer entre la grande île de Sandalwood, qu'on laisse dans le N., et l'île Savu qu'on laisse dans le S. ; puis l'on passe entre Timor et Ombay.

En venant de l'Océan Atlantique S., les capitaines de voiliers qui voudront passer par le *détroit de Torrès* devront faire en sorte d'arriver dans le N. de l'Australie entre novembre et mars, afin d'y trouver la mousson de N.O., ou du moins afin de ne pas s'exposer à rencontrer les vents contraires de la mousson d'E. La route sera la même que celle donnée dans les Tableaux n°s 1 et 6, pour les navires destinés à Ombay. Toutefois, il faudra passer dans le S. des îles Savu et de l'île Damo (cette dernière est dans le S. de Rotti). On coupera 121°E. dans les environs de 11°25'S. ; puis, on gouvernera à peu près à l'E., de manière à passer à quelques milles au N. du banc Echo, sur lequel il n'y a guère que 22 mètres d'eau. Après avoir fait 560 et quelques milles depuis l'île Damo, on se trouvera rendu à une vingtaine de milles au N. du cap Croker. En continuant à faire de l'E., on passera à une vingtaine de milles du cap Wessel ; et, de ce point, on gouvernera : soit sur les îles Wallis, si l'on prend le détroit de l'Endeavour ; soit sur l'île Booby, si l'on prend le chenal du Prince de Galles. (Pour le détroit de Torrès, voir le *Pacifique*, p. 427 et suivantes.)

Nous ne parlons point des routes pour aller aux détroits d'*Allas*, de *Sapie*, de *Florès*, d'*Alloo*, et de *Pantar*. Ces routes se déduiraient très-aisément de celles que nous avons données pour les navires destinés à Lombook, ou à Ombay.

En venant de l'Océan Atlantique S., pour aller à l'un quelconque des détroits de Bali, de Lombook, d'Ombay et de Torrès, on fera toujours route vers l'E., dans l'Océan Indien, sur un parallèle plus méridional que le 40e degré S. Les chances de vents, de courants et de glaces flottantes seront celles que nous avons données au § 341, pour les navires destinés aux ports de la partie E. du golfe du Bengale.

Nous allons indiquer ci-après les chances de vents et de courants que l'on aura, pendant la dernière partie de la traversée, à compter du moment où le navire coupera le parallèle de 35°S., en remontant vers le N.E., ou vers le Nord.

En janvier, février et mars, de 35° à 30°S., vents variables, dominant du S.E., et soufflant parfois du N.E., du N.O., etc. De 32°, ou de 31°S., jusqu'à 20° ou 19°S., les vents dominent du S.E. et du S.S.E. De 19°S. à 13°S., vents de S.S.O., de S.O. et d'O. Au-delà de 13°S., vents dominants de N.O. et de S.O., variables parfois au S.E., et mêlés de quelques calmes.

En avril, mai et juin, de 35° à 30°S., les vents sont variables et dominent du S.O. et du S.E. De 30° à 27° ou 25°S., les vents dominent du S.E., variables surtout au S.O. et au N.E. Dans le N.

de 26° ou de 25°S., les vents varient du S.S.E. à l'E.S.E. ; ils sont généralement bien établis jusque vers 15°S. ; et, au-delà de ce parallèle, ils peuvent être mêlés de quelques calmes.

En juillet, août et septembre, les vents dominent de la partie du N.O., de l'O., et surtout du S.O., jusqu'à ce qu'on ait dépassé dans le N. le parallèle de 25°S. Les alizés de S.E. commencent à peu près par 23°S., et ils varient du S.S.E. à l'E.N.E.

En octobre, novembre et décembre, entre 35° et 30°S., vents dominants de la partie de l'O., du S.O. et du S.E. De 30° à 20°S., vents dominants de S.E., variables au S.S.E. et au S.O. De 20° à 15°S., vents dominants de S.S.E. et de S., variables parfois à l'O. Au-delà de 15°S., les brises sont variables et mêlées de quelques calmes ; elles dominent du S.E., du S.O. et du N.O., et quelquefois elles soufflent du N.E. Plus la saison est avancée, plus on a de chances de trouver les vents de S.O. et de N.O.

Les courants, de mars en octobre, entre les parallèles de 30° et de 22°S., porteront généralement au N.O. et au N., de 24 à 36 milles par 24 heures. Dans le N. de 22°S., ils seront variables jusque vers 19° ou 18°S. Au-delà de ce parallèle de 18°S., ils porteront généralement vers la partie de l'O., avec une vitesse de 24 à 30 milles.

D'octobre, ou de novembre en mars, les courants seront variables entre 30° et 20°S. ; toutefois, ils porteront ordinairement vers le N.O., l'O. ou le S.O. Quand on quittera les alizés, il faudra s'attendre à trouver le courant portant vers l'E., pendant qu'on s'approchera de la chaîne des îles Malaises. Il conviendra, pour ne point se laisser souventer, de tenir compte de ce courant probable, que l'on aura d'autant plus de chances de trouver que la mousson d'O. sera mieux établie.

Voici les Tableaux de croisements des différentes routes, sur lesquelles nous venons de donner des instructions, dans le courant du présent paragraphe.

TABLEAUX

Des Croisements de routes, en venant de l'Océan Atlantique Sud, et par exemple d'Europe ou des États-Unis, pour aller aux ports à poivre de la côte N.O. de Sumatra, au détroit de la Sonde, aux détroits de Bali et de Lombok, etc., au détroit d'Ombay et au détroit de Torrès.

Tableau N° 1. — *Commencement de la route. (Route commune pour toutes les destinations.)*

MOIS pendant lequel on doublera le cap de Bonne-Espérance.	LATITUDES DE CROISEMENTS DES MÉRIDIENS DE					
	12° O.	2° O.	8° E.	28° E.	58° E.	78° E.
	S. ° ′	S. ° ′	S. ° ′	S. ° ′	S. ° ′	S. ° ′
Janvier.	40 00	45 00	47 00	48 00	45 00	41 00
Février.	40 00	44 00	47 00	48 00	45 00	42 00
Mars.	40 00	44 00	47 00	48 00	46 00	42 00
Avril.	37 00	43 00	45 00	46 00	46 00	42 00
Mai.	37 00	42 00	45 00	45 00	45 00	42 00
Juin.	37 00	40 30	43 00	44 00	44 00	42 (A)
Juillet	38 00	40 30	42 30	43 00	43 00	42 (A)
Août.	38 00	40 30	42 30	43 00	43 00	42 (A)
Septembre. . .	38 00	40 30	43 00	44 30	44 30	42 00
Octobre.	39 00	41 30	43 00	44 30	43 30	41 00
Novembre . . .	39 00	42 30	44 00	46 00	45 00	39 00
Décembre. . . .	40 00	45 00	48 00	48 00	45 00	41 00

(A) Les navires destinés aux ports à poivre de la côte N.O. de Sumatra, tels que Analaboo, Qualah Battoo, etc., devront, *du 15 juin au 15 août,* couper 78°E. par 37°S., et non point par 42°Sud.

TABLEAU N° 2. — *Fin de la route, pour aller au détroit de la Sonde, à Batavia et à Singapour. (Cette route est bonne aussi pour aller en Chine, avec la mousson de S.O.)*

MOIS pendant lequel on arrivera au détroit de la Sonde.	LONGITUDES DE CROISEMENTS DES PARALLÈLES DE					
	35° S.	30° S.	25° S.	20° S.	15° S.	10° S.
	E. ° ′	E. ° ′	E. ° ′	E. ° ′	E. ° ′	E. ° ′
Février.	85 00	90 30	93 00	95 30	96 00	99 00
Mars.	88 00	93 00	96 30	100 00	101 00	101 00
Avril.	92 00	100 00	102 00	102 40	103 00	101 00
Mai.	94 00	100 00	102 00	102 40	103 20	104 00
Juin	94 00	100 00	102 00	102 40	103 20	104 00
Juillet	94 00	101 00	104 00	104 00	104 00	104 00
Août.	93 00	101 00	104 00	104 00	104 00	103 00
Septembre . . .	98 00	104 00	104 00	104 00	104 00	104 00
Octobre.	91 00	96 00	99 00	99 30	101 00	103 00
Novembre . . .	88 00	96 00	98 30	99 30	101 00	103 00
Décembre. . . .	87 00	91 00	95 00	96 20	97 40	99 00
Janvier.	83 00	88 00	90 30	93 30	95 30	98 00

TABLEAU N° 3. — *Fin de la route, pour aller à Bencoolen (Sumatra).*

ÉPOQUE à laquelle on terminera sa traversée.	LONGITUDES DE CROISEMENTS DES PARALLÈLES DE						
	35° S.	30° S.	25° S.	20° S.	15° S.	10° S.	5° S.
	E. ° ′	E. ° ′	E. ° ′	E. ° ′	E. ° ′	E. ° ′	E. ° ′
Janvier, Février, Mars.	83 30	89 00	93 00	95 00	96 00	97 00	98 30
Avril, Mai, Juin	93 00	97 00	99 00	100 00	100 30	100 30	100 00
Juillet, Août, Septemb.	91 00	96 00	93 30	100 00	100 30	100 30	100 00
Octob., Novemb. et Déc.	88 00	93 00	94 15	95 30	96 15	97 00	98 00

TABLEAU N° 4. — *Fin de la route, pour aller aux ports à poivre de la côte N.O. de Sumatra, tels que Analaboo, Qualah Battoo, etc.*

ÉPOQUE à laquelle on terminera sa traversée.	LONGITUDES DE CROISEMENTS DES PARALLÈLES DE						
	35° S.	30° S.	25° S.	20° S.	10° S.	5° S.	Équatr.
	E. ° '	E. ° '	E. ° '	E. ° '	E. ° '	E. ° '	E. ° '
Janvier, Février, Mars.	83 00	85 30	85 30	85 30	85 30	89 00	92 00
Avril, Mai et Juin. . .	86 00	89 00	89 00	89 00	89 00	89 30	92 00
Juillet, Août, Septemb.	83 00	88 00	90 30	90 30	90 30	90 30	91 00
Octob., Novemb., Déc.	83 00	87 00	88 00	88 00	88 00	89 00	91 30

TABLEAU N° 5. — *Fin de la route, pour aller au détroit de Lombok.* (Cette route est bonne pour aller en Chine, quand on arrive à Lombok en Février ou en Mars.) (A)

ÉPOQUE à laquelle on arrivera à Lombok.	LONGITUDES DE CROISEMENTS DES PARALLÈLES DE					
	35° S.	30° S.	25° S.	20° S.	15° S.	10° S.
	E. ° '	E. ° '	E. ° '	E. ° '	E. ° '	E. ° '
Janvier, Février, Mars.	90 30	100 30	103 30	105 30	108 00	112 30
Avril, Mai, Juin.	97 00	106 00	110 00	112 00	114 00	114 00
Juillet, Août, Septembre. . . .	95 30	104 00	109 00	111 00	113 00	114 00
Octobre, Novembre, Décembre.	93 00	102 30	105 30	108 00	110 30	112 30

TABLEAU N° 6. — *Fin de la route, pour aller au détroit d'Ombay.* (Cette route est bonne pour aller en Chine, quand on arrive à Ombay en Décemdre, Janvier ou Février.)

ÉPOQUE à laquelle on arrivera à Ombay.	LONGITUDES DE CROISEMENTS DES PARALLÈLES DE					
	35° S.	30° S.	25° S.	20° S.	15° S.	10° S.
	E. ° '	E. ° '	E. ° '	E. ° '	E. ° '	E. ° '
Janvier, Février, Mars.	93 00	104 00	106 00	108 00	113 00	119 00
Avril, Mai, Juin.	97 00	106 00	110 00	112 00	115 30	119 00
Juillet, Août, Septembre. . . .	95 30	104 00	109 00	112 00	118 00	120 00
Octobre, Novembre, Décembre.	93 00	105 00	107 00	109 30	114 30	119 00

(A) Le même Tableau N° 5 servira à tracer la route pour aller au détroit de Bali, qui se terminera seulement à un degré environ plus à l'O. La route par le détroit de Bali sera bonne pour aller en Chine, quand on arrivera à ce détroit en septembbre ou octobre.

§ 343. — Indications sommaires sur les îles qui peuvent servir de points de reconnaissance, quand on se rend de l'Océan Atlantique S. au Bengale, ou en Malaisie, au détroit de la Sonde, etc.

Les îles du Prince Edward ont reçu ce nom du navigateur anglais Cook. Elles sont au nombre de deux ; leur hauteur au-dessus de la mer est considérable ; elles sont séparées l'une de l'autre par un chenal qui paraît sain, et dont la largeur est d'une quinzaine de milles. La moins grande des deux est appelée plus particulièrement : *île du Prince Edward;* sa pointe N. est située par 46°36'S. et 35°37'E. environ. La plus grande des deux îles, qui est en même temps la plus occidentale, s'appelle *île Marion*, du nom du navigateur français Marion du Fresne, qui l'a découverte en 1772. A côté de la pointe N. de l'île Marion, se trouve une roche, formant un îlot appelé *Prince*, et dont la position est 46°45'S. et 35°16'E. environ.

Les îles Crozet ont été découvertes en 1772 par les navigateurs français Crozet et Marion du Fresne. Elles sont au nombre de 5 ; elles sont très-élevées ; leur position n'est pas exactement connue. Voici quelques indications sur ces cinq îles : *L'île Est*, a 5 ou 6 milles d'étendue, dans le sens E. et O. ; sa hauteur est d'environ 1200 mètres; son centre est à peu près par 46°26'S. et 49°55'E. *L'île Possession*, qui est la plus grande, a 25 milles environ de tour ; quelques roches détachées gisent auprès de ses côtes N. et O. ; la pointe S.E. de cette grande île est à peu près par 46°28'S. et 49°34'E. *L'île Hog* (ou *île aux Cochons*) a environ 6 ou 8 milles de diamètre ; elle est située à peu près par 46°10'S. et 48°08'E. *Les Apôtres* sont deux îlots rocheux, dans l'O. desquels gisent plusieurs petites roches ; leur position est à peu près par 46°02'S. et 48°18'E. *Les îles Pingouins* sont deux autres îlots rocheux, situés à peu près par 46°33'S. et 48°23'E. *Le seul danger connu*, dans le groupe des Crozet, est un récif situé à peu près à mi-distance entre l'île Hog et l'île Pingouin, sur lequel la mer brise ordinairement ; il s'appelle *récif de l'Héroïne*, nom de la corvette du capitaine de vaisseau Cécille.

L'île Kerguelen a été découverte en 1772 par le navigateur français de Kerguelen ; elle a plus de 70 milles de long ; et elle est prolongée dans sa partie N.E. par un petit groupe d'îlots. Le plus N. de ces îlots, appelé *Bligh's Cap*, est une roche aride et élevée, située par 48°28'S. et 66°24'E. environ. L'extrémité S. de l'île Kerguelen est par 50°S. et 67°40'E. environ. Cette île est bordée de roches et de bancs, au large de ses côtes E. et O. Le Port de Noël (Christmas Harbour), situé dans la partie E., offre un bon mouillage. La mer marne beaucoup.

Les îles St-Paul et Amsterdam ont été découvertes, en 1697, par le navigateur hollandais VLAMING.

L'île St-Paul peut être aperçue, par temps clair, à une distance de 60 milles ; son pic le plus élevé a 250 mètres de hauteur. Cette île offre, dans sa partie E., un bassin circulaire à l'entrée duquel gît la roche Ninepin. Le mouillage est à environ 1 mille dans l'E. du bassin, par 40 mètres d'eau, sable noir. D'après le commander TAYLOR, la roche Ninepin est située par 38°43'S. et 75°14'E. Mais, M. le capitaine de vaisseau MOUCHEZ, pendant le séjour qu'il a fait à l'île Saint-Paul, en 1874, pour observer le passage de Vénus, a trouvé 75°11'E. pour le lieu de l'Observatoire, situé auprès du bassin circulaire.

L'île Amsterdam est située par 37°52'S. et 75°15'E. ; sa hauteur est de 850 mètres ; et elle peut être aperçue par un temps clair à une distance de 55 ou 60 milles.

Auprès de St-Paul et Amsterdam, des brouillards épais et de forts vents d'O. règnent souvent pendant l'hiver austral ; il faut donc bien veiller lorsqu'on s'en approche durant cette saison. Ces îles sont généralement entourées de goëmons, mais il ne faut pas compter sur cet avertissement, car l'on n'en rencontre pas toujours, principalement quand le navire vient de l'O. avec des vents frais soufflant de cette partie.

Les îles Keeling, ou des Cocos, forment *deux groupes* distincts, situés sur une ligne N. et S., et séparés par un chenal d'une largeur d'environ 15 milles.

Le Groupe du N. est composé d'une seule île, longue de 1 mille 1/4 ; elle consiste en une ceinture de corail, couverte de cocotiers et entourant un lagon intérieur ; elle gît par 11°50'S. et 94°30'E. ; on peut l'apercevoir à une distance de 16 milles ; et, quand on s'en approche, on voit généralement la mer briser sur la plage qui paraît blanche.

Le Groupe du S. est composé d'îlots nombreux, qui gisent sur une étendue d'environ 9 milles de long N. et S., et de 7 milles de large E. et O., entre les parallèles de 12°04′ et de 12°13′S. *L'île Direction,* la plus N. de ce groupe, est située par 12°05′S. et 94°34′E. On ne trouve pas le fond, à 1 mille seulement dans le S. des Cocos du S., mais on le trouve à 2 milles seulement dans le N. de la plus grande île.

Les navires qui auront à se rendre à *Port Refuge* (ou *Port Albion),* c'est-à-dire dans le port formé par le chenal compris entre l'île Direction et l'île Horsburgh, devront se placer dans l'E. du groupe S. des îles Cocos, par 12°10′S. environ. Ils gouverneront à l'O., sur ce parallèle jusqu'à ce que les îles soient en vue; et ils se dirigeront ensuite sur l'île Direction, qui est dans le N.E. du Groupe. Il conviendra de contourner cette île, par le N. et par l'O., à une distance de 1/4 de mille environ, afin de donner un bon tour au récif qui borde sa côte N.O. L'entrée du port est à un tiers de la largeur du passage compté de l'île Direction vers l'île Horsburgh. On mouillera par 18 à 9 mètres d'eau, quand l'île Direction restera entre l'E. et l'E.¹/₄N.E., en veillant bien pour laisser tomber l'ancre à propos, car le banc de sondes est très-accore. Il n'y aurait plus que 5 mètres d'eau, si l'on allait jusqu'à ce que l'île reste au N.E.¹/₄E.; en outre, il est prudent de profiter des fonds de sable quand la sonde en donne, car il y a des pâtés de roches semés sur le fond. On peut ensuite conduire au besoin le navire dans le bassin, en dedans de l'île Direction. L'heure du plein aux syzygies est 5^h30^m; et la mer marne de $1^m,50$. Le courant file 1 nœud 1/2 dans le Port Refuge.

L'île de Noël, ou *Christmas*, est comprise entre les parallèles 10°27′ et 10°35′S., et entre les méridiens 103°09′ et 103°19′E. Elle est de forme carrée, ayant 9 milles de côté; elle est très-boisée, et visible à 36 milles par un temps clair; elle n'offre aucun mouillage, les fonds étant de 150 à 200 mètres à 1 encâblure environ du rivage. Le centre de l'île est par 10°31′S., et 103°13′Est.

CHAPITRE SEPTIÈME.

Routes de retour de la mer des Indes, à destination de l'Océan Atlantique Sud, et par suite à destination de l'Europe, des États-Unis, etc.

---

§ 344. — Doubler le Cap de Bonne-Espérance, de l'Est vers l'Ouest.

Dans notre ouvrage sur « l'*Océan Atlantique Sud,* » nous avons donné un résumé des instructions diverses des auteurs qui ont traité la question du passage du cap de Bonne-Espérance de l'E. à l'O. Nous ne reproduirons qu'une partie des considérations qui se trouvent déjà développées, à ce sujet, dans la publication à laquelle nous faisons allusion ; et nous commencerons par donner ci-après, en quelques mots, les conseils qui nous paraissent les meilleurs.

Disons tout d'abord que, vouloir donner des instructions absolument précises, pour une traversée telle que celle du cap de Bonne-Espérance ou celle du cap Horn, nous semble impossible ; et que nous considérons comme préférable de rester dans des termes généraux, ainsi que nous allons essayer de le faire.

Après avoir doublé l'île de Madagascar dans le S., on gouvernera pour se rapprocher de la côte d'Afrique, le long de laquelle le courant descend, portant vers le S. et le S.O., c'est-à-dire vers une direction favorable à la route. On cherchera à reconnaître la terre, entre le cap Natal et la baie d'Algoa, par une latitude variable suivant les circonstances, en tenant compte de l'effet du courant dont la direction est généralement vers le S.O., et la vitesse variable de 48 à 96 milles par 24 heures ; il conviendra également pour cet atterrage de ne pas trop compter sur les sondes qui sont incertaines et inégales. Quand on aura reconnu la terre, on la prolongera, si les circonstances le permettent, en se tenant à une distance qui pourra varier de 20 à 40 milles pendant l'été austral, ou avec du beau temps ; et qui devra être de 40 à 60 milles pendant l'hiver austral, ou avec de mauvaises apparences de temps. Entre Natal et Algoa, plus on sera près de terre, sans dépasser les limites de la prudence, et plus le courant favorable sera fort.

A partir du méridien de la baie d'Algoa, soit avec un vapeur, soit avec un voilier, la route sera commandée par les vents que l'on rencontrera : aucune route invariable ne pourra être suivie. Cependant, il conviendra de chercher à longer la côte jusqu'au cap des Aiguilles, si les vents le permettent et en se tenant autant que possible à une distance de terre comprise entre 20 et 60 ou 70 milles environ.

Avec un voilier, et tant que les vents seront maniables, le principe que l'on suivra toujours au-delà du méridien d'Algoa, sera de prendre la bordée qui fera faire le plus d'O., sans venir cependant à moins de 18 ou 15 milles de terre. En agissant ainsi, et si l'on a la chance d'avoir des vents de S.E. à S.O., ou bien du N.O., ou N.N.O., on peut doubler promptement le Cap, aidé par le courant qui porte très-généralement vers l'O., avec une vitesse qui est toutefois sensiblement plus faible auprès de la côte que dans les régions voisines de l'accore oriental et méridional des sondes. Malgré cette vitesse inférieure du courant favorable, il n'en est pas moins vrai que, si les vents le permettent, la traversée près de terre (qui est la plus courte) peut être plus vite parcourue que celle du large. Les vents sont probablement un peu moins violents auprès de terre que plus loin dans le S., et ils ne portent pour ainsi dire jamais droit en côte, de sorte que le voisinage de la terre, avec les précautions voulues et une veille attentive, n'est pas trop à redouter ; enfin la mer paraît être aussi un peu moins mauvaise que celle à laquelle on est exposé plus au large. Cette route qui est celle que D'APRÈS DE MANNEVILLETTE conseillait en 1810, est la plus suivie maintenant par les navires du commerce.

D'après ces conseils, supposons un voilier placé entre le méridien de la baie d'Algoa et celui du cap des Aiguilles, si les vents s'établissent de la partie du S.O. ou de l'O.S.O., avec un temps maniable, il conviendra naturellement de courir bâbord amures, le cap vers l'O.N.O. ou le N.O., et l'on prolongera cette bordée tant que l'on sera à plus de 20 milles, ou de 15 milles de terre, si les apparences du temps sont belles ; autrement il faudra virer, et courir bords sur bords avec ces mêmes vents, entre 20 et 50 milles de la côte, profitant de tous les changements de la brise. Cette dure obligation de virer, à une quinzaine de milles de terre, quand on a le cap à l'O.N.O., ou au N.O., prouve qu'il est bon de ne pas se tenir trop près de la côte, quand les vents sont portants, en prévision du cas où ils viendraient à se fixer au S.O.

A un moment quelconque de la traversée, entre Algoa et le cap des Aiguilles, si la direction des vents oblige à s'éloigner de la terre, il ne faut pas hésiter à prendre la bordée qui fait faire de l'O., et l'on doit s'éloigner de la côte sans regret et sans s'astreindre par la suite à s'en rapprocher. Ainsi, à quelque moment que ce soit, si les vents se fixent de la partie du N.O. ou de l'O.N.O., il faut prendre tribord amures, le cap vers l'O.S.O. ou le S.O., et prolonger cette bordée aussi longtemps que les vents durent. Dans le cas où ces mêmes vents de N.O., ou de l'O.N.O., commenceraient dans les environs de la baie d'Algoa, et souffleraient avec persistance, il n'y aurait qu'à s'en féliciter grandement, tant qu'ils seraient maniables, car ils permettraient de faire une route assez rapprochée de l'accore des sondes et l'on aurait ainsi le très-grand avantage de se trouver dans la plus grande force du courant vers l'O.S.O. et vers l'O., dont la vitesse varie comme on le sait de 24 à 96 milles par 24 heures (voir § 59, page 136). On pourra ainsi être conduit à couper le méridien de 15°E., dans les environs de 37°S.; comme l'indique M. le vice-amiral Bourgois, dans ses instructions que nous donnons plus loin.

Les tempêtes, les mauvais temps et la mer démontée, sont moins fréquemment observés dans le S. de 40°S. que dans le N. de ce parallèle. Cette observation bien constatée a pour conséquence de faire conseiller une route très-méridionale aux navires qui vont de l'Atlantique dans la mer des Indes. Mais, nous pensons qu'il ne convient pas, quand on revient au contraire de l'Océan Indien dans l'Atlantique, de s'écarter du banc des Aiguilles, à moins que les vents n'y obligent. Quant à la question de savoir s'il y a plus de mauvais temps à craindre, et si la mer est plus mauvaise, suivant que l'on est plus ou moins près de terre, en dedans du banc des Aiguilles, nous ne pensons pas que l'on puisse rien affirmer de bien absolu à ce sujet.

Toutefois, il semble reconnu que la mer est surtout démontée, pendant et après les coups de vent d'O., dans les parties voisines de l'accore des sondes, c'est-à-dire dans les régions où le courant atteint sa vitesse maximum.

Nous terminerons ces indications générales, en signalant l'utilité de sonder, afin de ne laisser porter au N.O. pour doubler le cap de Bonne-Espérance que lorsqu'on est certain d'être assez avancé dans l'O. Si l'on est dans le N. de 36°S., le moment où l'on perdra les sondes indiquera l'instant où l'on pourra courir au N.O. Mais, quand on est dans le S. de 36°S., il faut, après avoir perdu les sondes, continuer encore à sonder au bout de quelques heures, parce qu'il arrivera quelquefois que l'on retrouvera encore le fond, ce qui indiquera que l'on n'est pas encore assez dans l'Ouest.

Nous signalerons également les très-utiles conseils de M. le vice-amiral Bourgois, que nous citons plus loin, relativement à la manœuvre à faire à l'approche des coups de vent qui sont si fréquents dans ces parages.

Nous allons reproduire maintenant les principales instructions qui ont été données sur cette traversée du cap. Nous commencerons par celles de d'Après de Mannevillette que nous copions textuellement (1).

« Quoiqu'il soit facile, en tout temps, de doubler le cap de Bonne-Espérance, en venant de l'O., pour aller dans les mers orientales, il n'en est pas de même du retour. Les vents de l'O.N.O. au S.O., qui sont dans leur plus grande force aux environs de ce cap pendant les mois de *juin, juillet et août*, et plus fréquents alors que dans toute autre saison, exposent les vaisseaux qui tentent alors de le doubler, à perdre beaucoup de temps à louvoyer, et aux fâcheux événements qui sont presque toujours les suites d'un long séjour sur mer et des tempêtes. Telles ont été les raisons qui jusqu'à présent ont engagé tous les navires en général à ne faire voile des différents endroits des mers orientales, pour retourner en Europe, qu'en combinant la durée de leur traversée jusqu'au cap, et évitant de s'y présenter pour le passer pendant les trois mois que l'usage paraît seul avoir interdits. Malgré cela, quand on considère les vents qui règnent au cap, ainsi qu'aux environs, pendant ces mois, leur force, leur durée, l'agitation de la mer, et qu'on les compare avec ceux qui soufflent dans nos mers en hiver, pendant lequel tous les vaisseaux vont d'un endroit à l'autre et tiennent la mer, on ne peut s'empêcher d'être surpris qu'ils soient

(1) Instructions de d'Après, publiées en 1811 : Imprimerie Impériale, Paris.

plus craintifs sur les mers méridionales. Je sais, et ma propre expérience m'en a plusieurs fois convaincu, que les coups de vent y sont très-violents, souvent par tourbillons, surtout dans leur principe, et qu'on doit s'en méfier; mais, après ce premier effort, ils sont plus modérés, et quand les vents passent au S.O., ils calment même assez subitement. Comme la mer s'est élevée à proportion, alors c'est son agitation qui est le plus à craindre; toutefois, ces différentes circonstances n'empêchent pas de naviguer.

» La maxime la plus générale qu'on doit suivre, pour doubler le cap, quand la saison est avancée, c'est de *fréquenter la côte*, de façon à *ne pas s'en éloigner de plus de 12 ou 15 lieues, ni s'en approcher de plus près que de 6 lieues, et cela dès le moment qu'on y atterrit*. On trouvera, par ce moyen, des vents moins impétueux que si l'on était plus au large, la mer moins agitée, et des courants toujours favorables à la route. Le succès de plusieurs vaisseaux qui ont passé le Cap, en allant vers l'O., pendant les mois de juin, juillet et août, en gouvernant ainsi, sans qu'il leur soit arrivé aucun accident, prévient en faveur de mon sentiment, qui est d'ailleurs conforme à celui des navigateurs les plus expérimentés que j'ai consultés à cet égard. On doit d'autant moins craindre d'être jeté à la côte par la violence du vent, qu'il n'y porte jamais directement, et qu'il permet toujours ou de s'en écarter ou de la prolonger.

» Quand on part de l'Ile de France, ou bien de l'île de Bourbon, l'on doit d'abord gouverner pour passer à 30 lieues d'éloignement de la partie du S.E. de l'île de Madagascar; et, de la hauteur de 26°30′S. à 27°S., on fera ensuite valoir la route à l'O.S.O., jusqu'aux environs de la côte d'Afrique. On pourra même en prendre connaissance au-dessous de la pointe de Natal, vers la rivière des Infantes, tant pour rectifier le point que pour profiter des courants qui vont vers l'O. avec rapidité.

» Indépendamment de l'avantage que procure toujours aux vaisseaux une route directe, celle dont il est question a encore celui de les maintenir, autant qu'il est possible, dans la région ordinaire des vents généraux, sans toutefois les compromettre, si dans cet espace de mer ils trouvaient des vents différents.

» Quand on approche de la côte d'Afrique aux environs de la pointe de Natal, on ne doit point être surpris de trouver d'un jour à l'autre des différences considérables vers le S.; j'en ai trouvé moi-même, ainsi que plusieurs autres, de 1°20′ en 24 heures de temps. Comme les profondeurs qu'on trouve à cet atterrage, sont très-inégales et qu'en plusieurs endroits la côte est fort accore, la sonde est un moyen très-incertain pour en connaître l'éloignement ou la proximité ; cette raison doit engager à naviguer avec prudence. Quand on vient du large, on y voit souvent des brouillards qui forment un rideau vers la terre, et qui empêchent d'en voir le bord, tandis qu'on découvre aisément le sommet des montagnes.

» Après avoir reconnu la côte, *on la prolongera*, suivant son gisement, *à la distance de 12 lieues*, pour profiter des courants qui vont vers l'O. Plusieurs vaisseaux en ont été tellement favorisés qu'ils se sont trouvés dans l'O. du cap, lorsqu'ils s'en estimaient encore à plus de 50 lieues dans l'E. Ces mêmes courants sont moins rapides au large, et l'expérience nous apprend que les vents y sont plus violents et la mer bien plus agitée. Il paraît donc moins expédient de s'écarter de la côte que de la fréquenter, pourvu toutefois que ce soit à une distance moyenne où l'on ne soit pas exposé aux effets et aux suites d'un coup de vent momentané : la route que je conseille ici semble remplir ces deux objets.

» Si les circonstances ne permettent pas de reconnaître le cap de Bonne-Espérance, ou le cap False, *il faut du moins faire en sorte d'avoir la sonde de l'accore de l'O., du banc des Aiguilles*, pour s'assurer si l'on est assez dans l'O.; cette précaution est en quelque sorte essentielle à la route qu'on doit faire ensuite. L'accore de l'O. de ce banc ne s'étend qu'au S.$^1/_4$S.E. du cap de Bonne-Espérance. Quant à l'accore du S., comme il est plutôt formé par plusieurs petits bancs séparés les uns des autres que par la continuation du même banc, *il arrive souvent que, par 36°S., on ne rencontre pas le fond, quoiqu'on soit encore à l'E. du cap. Ainsi, la sonde est alors un moyen très-équivoque ; et il faut être plus N. pour s'y référer.* »

Nous citerons maintenant les principaux passages des instructions de Horsburgh.

« Les courants du banc des Aiguilles atteignent ordinairement leur plus grande rapidité pendant l'hiver austral et sur l'accore extérieur des sondes ; ils contournent le banc et suivent la ligne courbe qu'il décrit. Près de la côte, le courant est très-faible ; il faut donc qu'un navire contrarié par les vents se tienne à l'accore extérieur du banc, lorsqu'il veut aller vers l'O. Mais il ne faut pas descendre trop loin au S., au-delà de l'extrémité du banc ; car, en dehors de la limite des sondes, on pourrait rencontrer, pendant l'hiver austral, des coups de vent d'O. qui, après avoir désemparé les navires, les forceraient à aller relâcher dans la baie Saint-Augustin ou au Port-Louis, pour se réparer, ainsi que cela a eu lieu fréquemment.

» Il arrive quelquefois que les coups de vent d'O. et de S.O. arrêtent complétement le courant, qui reprend encore plus de force quand le vent mollit. Dans d'autres circonstances, le courant continue à porter vers l'O., malgré les plus violents coups de vent de cette partie, et ils occasionnent alors une mer horrible. En s'avançant sur le banc, vers la terre, le courant est généralement faible ; mais la mer y est toujours plus belle et les vents sont plus modérés (1).

» Aux environs du cap, les vents de S.E. dominent, pendant la belle saison, de septembre en avril, et ceux de N.O. et d'O., avec mauvais temps, pendant l'hiver, d'avril à septembre. Toutefois, du 15 janvier au 1er avril, les vents de S.E. sont le plus constants ; dans le courant d'avril, les vents de S.E. sont coupés par de courtes rafales de l'O. ; puis en mai les vents du N.O. au S.O., quelquefois très-violents le long du banc, sont plus fréquents que ceux de S.E. ou d'E. Pendant le mois de juin, les vents d'O. et N.O. sont dans toute leur force ; ils sont si violents en juin, juillet et août, et ils causent une si grosse mer que, sans le courant, il serait *impossible* de doubler le cap de Bonne-Espérance. Toutefois, en août, les vents d'O. ne sont pas aussi persistants qu'en juin et juillet. En septembre, octobre et novembre, les vents d'O. sont encore très-fréquents ; et, même en décembre, des navires ont eu à lutter pendant tout le mois contre ces vents, qui sont alors coupés par des rafales très-violentes ; cependant, en général, les coups de vent d'O. durent très-peu, dans cette saison, quoique très-violents. En général, et d'avril à septembre, on doit s'attendre à de grands coups de vent d'O.N.O., et d'O.S.O., durant 2 ou 3 jours et suivis de brises variables ou de la partie de l'Est.

(1) Cette observation est importante. En cas de mauvais temps, on aura donc avantage à venir sur le banc et à se rapprocher de terre, plutôt qu'à se tenir sur l'accore des sondes ou à courir au large.

» Quelquefois les vents soufflent avec violence du N.O. ou de l'O., avec un ciel clair ; mais en général les coups de vent le plus à craindre sont précédés par de gros nuages noirs s'élevant dans le N.O. et l'O. ; des éclairs partent de ces nuages, et l'on entend le tonnerre dans le lointain ; immédiatement après, on éprouve de fortes rafales et des tourbillons de vent, quelquefois accompagnés de grêle. Les capitaines hollandais avaient des ordres de la compagnie pour serrer la grand'voile, lorsque les vents de S.E. ou d'E.S.E. passaient au N.E. ; s'il paraissait des éclairs dans le N.O., ils devaient virer et diminuer de voiles (1). Dans le premier cas, ils s'attendaient à des vents grands frais de N.O., et, s'il y avait des éclairs, ils craignaient de masquer pendant les rafales en tourbillons. Le baromètre est très-utile : il baisse beaucoup avant les mauvais temps ; mais il ne varie généralement pas pour les bourrasques de peu de durée. Il monte avec les vents de la partie du S. et baisse avec ceux de Nord (2).

» Il est rarement arrivé, si même cela a jamais eu lieu, que les navires de la compagnie aient rencontré des glaces flottantes, en doublant le cap, entre 36° et 41°S. ; mais les faits ci-après permettent de penser que plusieurs des navires qui ont disparu, sans qu'on en ait connu la cause, ont péri la nuit sur des bancs de glace, pendant quelque tempête. Voici ces faits : le navire français *Harmonie* rencontra plusieurs îles de glace, le 7 avril 1828, par 35°50'S. et 15°45'E. ; le brick *Eliza* rencontra, le 28 avril de la même année, cinq îles de glace, par 37°31'S. et 15°57'E. ; la barque *le Constant* se trouva, le 13 septembre 1844, au milieu d'une quantité considérable de grandes îles de glace, par 38°10'S. et 21°41'E. ; le navire *Rajasthan* rencontra dans le même mois, quatre grandes îles de glaces, par 37°30'S. et 21°40'E. ; le navire *Urgent* se vit entouré de glaces, le 12 septembre 1844, par 39°4'S. et 23°30'E. Les mois pendant lesquels on a le plus de chances de rencontrer des glaces dans l'hémisphère austral sont ceux de septembre et octobre ; toutefois, comme on en a rencontré en avril, la conclusion est qu'il faut toujours veiller très-activement (3). »

Nous avons cité, dans nos « *Instructions sur l'Atlantique Sud,* »

(1) Ils viraient de bord, c'est-à-dire qu'ils prenaient bâbord amures, pour recevoir le mauvais temps (voy. § 4). — (2) Voir à ce sujet, ce qui a été dit au § 37. — (3) Consulter, sur cette question, les *Limites des glaces flottantes*, au § 82.

un résumé de la discussion publiée en 1863 par M. le commandant Bourgois (aujourd'hui vice-amiral) et de laquelle il résulte que les coups de vent du cap de Bonne-Espérance ne paraissent pas devoir être considérés comme des cyclones. Nous nous bornerons à reproduire ci-après les instructions que cet officier général a fait paraître à la même époque.

« En maintes circonstances, une zone de vents maniables s'étend à peu de distance de la côte d'Afrique, tandis que le mauvais temps règne au large ; mais il semble que le temps régnant à une grande distance dans le S. ne diffère de celui qu'on rencontre sur le banc des Aiguilles que par une brise plus régulière et parfois un peu plus fraîche, un ciel plus couvert et une température plus froide. On n'a donc pas intérêt à s'éloigner du cap au-delà de 45°S., comme le conseille M. Bridet ; mais inversement, et en opposition avec l'opinion d'Horsburgh, il n'y a pas à redouter, en s'écartant dans le S. du banc des Aiguilles, de plus violentes tempêtes que sur le banc même.

» Les bâtiments à *vapeur* et les *petits* navires à *voiles* ont un avantage *évident* à suivre, de près, la côte jusqu'au cap des Aiguilles. Ils y trouvent le temps plus beau, le courant favorable, et la mer moins grosse. *Quant aux grands navires à voiles*, ils doivent (dans le cas où le vent est favorable) faire route pour reconnaître la côte d'Afrique, dans les environs d'Algoa, et se diriger de là, en s'écartant de la côte, le long de l'accore méridional du banc des Aiguilles, vers le point situé par 37°S. et 15°E. Ils profiteront ainsi du plus grand courant, et viendront se placer assez au large du cap de Bonne-Espérance pour pouvoir le doubler, s'ils sont surpris par un coup de vent d'O. En cas de vent contraire, ils prendront la bordée qui rapprochera le plus de la route, en restant de préférence dans le courant, si le temps a belle apparence, et en se tenant au contraire au large du banc s'il y a des indices de mauvais temps. Ces indices sont rarement trompeurs, et lorsque le baromètre baisse avec les vents de l'E. au N., que le temps se couvre et que des éclairs se montrent dans la partie de l'O., on peut être certain qu'un coup de vent n'est pas éloigné et l'on doit prendre des précautions contre des sautes de vents subites du N.E., au N.O., puis à l'O., et au S.O. (1).

(1) Nous avons reproduit précédemment les signes donnés également par Horsburgh, comme pronostics du mauvais temps.

» La règle indiquée, en pareille circonstance, pour éviter de masquer et pour couper les lames sous un angle plus favorable, lorsque le vent tourne, est de se mettre *bâbord amures* (1) ; mais le bâtiment qui se hâterait trop d'appliquer cette règle courrait le risque d'attendre assez longtemps le changement de vent, et de perdre alors beaucoup de chemin en gouvernant vers l'E., ou de se rapprocher tellement de terre, que la bordée de bâbord amures ne lui fût plus possible au fort du coup de vent, c'est-à-dire au moment où les inconvénients de la bordée de tribord seraient le plus sensibles. Nous conseillons donc aux bâtiments qui, par un *temps douteux,* sur le banc des Aiguilles, ont des vents de N.E. au N., de prendre des ris et de diminuer de voiles de très-bonne heure, *surtout si des éclairs* se montrent dans l'O., et si le baromètre baisse ; mais nous les engageons aussi, au lieu de se presser de virer de bord, à *laisser porter au S.O.*, pour faire de la route dans cette direction, tant que le vent n'aura pas tourné jusqu'au N.O., et que l'état du ciel, dans l'O. et le S.O., joint à la baisse du baromètre, ne menacera pas d'une saute de vent prochaine. En effet, en gouvernant ainsi et en *laissant le phare de l'avant très-ouvert*, ils n'auront rien à craindre de la saute du vent au N.O., et ils continueront à faire du chemin dans une direction avantageuse. Dans tous les cas, ils seront en meilleure position, après qu'ils auront été forcés de virer, pour garder la bordée de bâbord amures, pendant le fort du coup de vent.

» Le point essentiel est donc le choix du moment où le virement de bord est indispensable. L'expérience de l'homme de mer, acquise par l'observation attentive du temps, est ici le meilleur guide. Elle peut épargner à celui qui la possède quelques-unes de ces pénibles journées employées à lutter contre la grosse mer et les grains violents du banc des Aiguilles. Les indications du baromètre ne sauraient être considérées comme infaillibles. On reçoit souvent, dans ces parages, comme l'écrit HORSBURGH, de forts coups de vent avec un baromètre haut ; mais on doit s'attendre à une tempête s'il baisse dans le voisinage de 750m/m.

(1) HORSBURGH donne la même règle et indique la conduite que les capitaines de la compagnie avaient l'ordre de suivre, en cas de mauvais temps. Nous avons reproduit, quelques pages plus haut, ce passage intéressant. Mais il est d'une importance capitale de prendre connaissance des détails dans lesquels entre M. le vice-amiral BOURGOIS, particulièrement, et ainsi qu'on va le voir, en ce qui concerne le choix du moment où l'on doit virer de bord pour prendre la bordée bâbord amures, en cas de mauvais temps passant au N.O.

» En manœuvrant ainsi, on a l'avantage de s'éloigner du banc des Aiguilles et de la région des courants, au commencement du coup de vent, lorsque la mer occasionnée par ces courants est nécessairement très-dure, et de revenir ensuite à l'accore du banc, à la fin du coup de vent, pour profiter de nouveau du courant. Quand le vent d'O. a soufflé pendant plusieurs jours, le courant du banc des Aiguilles cesse entièrement, et si alors les lames sont extrêmement grosses sur le banc, cela ne peut tenir du moins qu'à la diminution de profondeur de la mer. Il y a donc, à ce point de vue, moins d'inconvénients à revenir sur le banc des Aiguilles à la fin d'un coup de vent, qu'à s'y trouver à son début. On sait d'ailleurs que le courant est dans toute sa force pendant la saison de l'hiver austral, où le soleil échauffe le moins les mers équatoriales de l'Océan Indien, et où les vents alizés, au contraire, sont dans leur plus grande force. »

Nous terminerons ces instructions, en reproduisant ci-après un Tableau indiquant les croisements moyens suivis par les navires qui doublent le cap de Bonne-Espérance, en revenant de l'Océan Indien. L'Observatoire d'Utrecht, à qui l'on doit ce Tableau ainsi que tant d'autres travaux utiles, a donné d'abord, dans une première table, les croisements moyens, pour chaque mois, calculés en ne se servant que des 97 meilleures traversées choisies dans un total de 583 routes. Puis, il a donné une seconde table indiquant les croisements, pour chaque mois, calculés en faisant la moyenne de toutes les traversées bonnes et mauvaises.

Dans le Tableau ci-après, nous donnons les croisements moyens, pour chaque mois, *d'après les meilleures traversées.* Chaque mois occupe une ligne; et à l'extrémité de chaque ligne se trouve la durée de la traversée, pour le mois considéré, c'est-à-dire le nombre de jours écoulés entre le moment où l'on a coupé 30°S. dans l'Océan Indien et celui où l'on a coupé le même parallèle dans l'Atlantique S. On voit que les traversées sont plus longues en hiver qu'en été, ce qui est fort naturel. *La treizième ligne indique la moyenne annuelle* des croisements, calculés toujours *avec les mêmes 97 traversées choisies comme les meilleures. Enfin la quatorzième et dernière ligne contient les croisements moyens*, calculés pour l'année entière *avec la totalité des 583 traversées obervées.*

On remarquera que ces derniers croisements moyens, calculés avec toutes les traversées bonnes et mauvaises, ne diffèrent pas sensiblement des croisements établis avec les meilleures traversées seulement. D'ailleurs, ce tableau n'est donné qu'à titre de renseignement ; car il est impossible, dans de tels parages, de ne pas subordonner sa route aux circonstances de temps que l'on rencontre : nous prions le lecteur de se reporter, à ce sujet, à ce que nous avons dit au commencement du présent paragraphe.

TABLEAU indiquant, d'après les travaux de l'Observatoire d'Utrecht, *les Croisements moyens suivis par les navires qui doublent le cap de Bonne-Espérance, en revenant de l'Océan Indien.*

ÉPOQUES.	NOMBRE DE NAVIRES.	LATITUDES SUIVANT LESQUELLES ONT ÉTÉ COUPÉS LES MÉRIDIENS DE												DURÉE de la traversée (A).
		42°40' E	37°40' E	32°40' E	27°40' E	25°40' E	23°40' E	21°40' E	19°40' E	17°40' E	15°40' E	13°40' E	11°40' E	
		Lat. S. ° '	Lat. S. ° '	Lat. S. ° '	Lat. S. ° '	Lat. S. ° '	Lat. S. ° '	Lat. S. ° '	Lat. S. ° '	Lat. S. ° '	Lat. S. ° '	Lat. S. ° '	Lat. S. ° '	Jours.
		Croisements obtenus en ne tenant compte que des meilleures traversées.												
Janvier. . . .	9	30 15	31 00	32 15	33 30	34 00	34 45	35 00	35 15	35 15	35 00	34 00	32 45	12, 5
Février. . . .	10	30 00	31 00	32 15	33 15	34 00	34 30	35 00	35 15	35 15	34 45	33 30	32 00	12, 6
Mars	8	29 45	30 30	31 30	33 30	34 30	34 45	35 00	35 15	35 00	35 00	34 00	32 30	13, 5
Avril	8	30 00	30 45	31 30	33 00	34 00	34 30	35 00	35 00	35 15	35 00	34 15	32 30	14, 6
Mai.	8	29 15	30 00	30 45	32 45	33 45	34 30	35 00	35 15	35 30	35 00	33 30	32 00	17, 3
Juin.	4	29 15	30 30	32 00	33 30	33 45	34 45	35 15	35 30	35 45	35 15	34 00	32 45	17, 4
Juillet.	7	28 00	29 30	30 45	33 00	33 45	34 45	35 00	35 30	35 30	35 00	34 00	32 15	16, 6
Août.	6	28 15	29 15	30 45	33 15	34 00	34 30	35 00	35 30	35 30	35 00	34 00	32 30	15, 6
Septembre. .	8	28 45	30 00	31 30	33 00	34 00	34 30	35 00	35 15	35 15	35 00	33 45	32 30	15, 3
Octobre. . . .	10	29 00	30 00	31 15	33 00	34 00	34 30	35 00	35 30	35 30	35 00	33 00	31 45	13, 2
Novembre. .	9	30 00	30 45	32 00	33 30	34 00	34 45	35 00	35 15	35 15	34 45	33 45	32 30	12, 9
Décembre . .	10	29 15	30 15	31 30	33 00	33 45	34 30	35 00	35 15	35 15	34 30	33 15	31 30	14, 4
Meilleure moyenne annuelle. . . .	97	29 18	30 18	31 30	33 12	34 00	34 36	35 00	35 18	35 24	34 54	33 48	32 18	14, 7
		Moyenne générale de l'année, en comptant toutes les traversées, bonnes et mauvaises.												
Moyenne générale annuelle. . . .	583	29 18	30 24	31 30	33 06	34 00	34 42	35 00	35 18	35 18	35 00	33 54	32 24	21, 0

(A) Le nombre de jours inscrit dans cette colonne représente le temps écoulé entre le moment où l'on a coupé 30°S. dans l'Océan Indien et le moment où l'on a coupé le même parallèle dans l'Océan Atlantique.

§ 345. — De la baie Saint-Augustin, d'Inhambane, ou de la baie Delagoa à l'Atlantique Sud.

En partant d'Inhambane, ou de la baie Delagoa, on descend la côte sans éprouver ordinairement de grandes difficultés. Les vents sont généralement traversiers, ou du moins rarement contraires jusqu'au-delà de Natal, ainsi que nous l'indiquerons plus loin. On prolonge la côte à petite distance, c'est-à-dire entre 20 et 40 milles, pendant l'été austral et quand les apparences de temps sont favorables; et entre 40 et 60 milles environ, pendant l'hiver austral, et quand les apparences du temps sont mauvaises. En agissant ainsi, l'on se maintient dans le fort du courant favorable, qui porte vers le S.O., avec une vitesse variable de 18 à 30 milles par 24 heures, quand on est dans le N. de 25°S.; avec une vitesse moyenne de 36 milles, sur le parallèle de 26°S.; de 42 milles, sur le parallèle de 28°S., et de 30 milles à 66 milles, entre 28° et 31°S.; au-delà du parallèle de 31°S. et jusqu'à ce que l'on ait atteint le méridien de la baie d'Algoa, la vitesse varie de 48 à 96 milles, et est d'autant plus grande que l'on se trouve plus près de terre. Quant aux chances de vents, les voici : *En janvier, février et mars*, tant que l'on est dans le N. de 30°S., on a autant de chances de vents de N.E. que de S.E., et parfois les vents hâlent le S. et le S.O., mais sans persister de ces dernières directions. Dans le S. de 30°S., tant que l'on est dans l'E. de 28°E., les vents dominent de la partie du S.E., variables au N.E. Dans l'O. de 28°E., les vents dominent d'abord de la partie du N.E. et du N.O.; puis à mesure qu'on avance, ils se fixent d'une manière de plus en plus persistante de la partie de l'O., du N.O. et du S.O. *En avril, mai et juin*, tant que l'on est dans le N. de 30°S., les vents dominent de la partie du S., soufflant surtout du S.E. et assez souvent du S.O.; les chances de vents de N. et de N.E. sont peu fréquentes. Dans le S. de 30°S., les vents commencent immédiatement à devenir variables, en dominant de la partie de l'O. et surtout du S.O. *En juillet, août et septembre*, tant que l'on est dans le N. de 30°S., les vents, qui dominent d'abord généralement de la partie du S.E. et du S.O., deviennent variables et soufflent fréquemment de la partie du N.E. et du N., à mesure qu'on fait du S. Dans le S. de 30°S, tant que l'on est dans l'E. de 28°E., les vents sont variables et soufflent plus fréquemment de la partie du N. que de toute autre direction. Dans l'O. du méridien de 28°E., les vents quoique variables soufflent surtout de la partie du N.O. et du S.O. *En octobre, novembre et décembre,* tant que l'on est dans le N. de 30°S., les vents dominent de la partie du S.E. à l'E., hâlant parfois le N.E. et parfois le S.O. Dans le S. de 30°S., ils sont variables, mais dominent surtout du N.E., du S.E. et du S.O. *Quant à la fin de la traversée,* pour doubler le cap de Bonne-Espérance, nous prions le lecteur de se reporter aux indications contenues dans le paragraphe précédent, page 888. Nous donnons d'ailleurs les croisements de la route à la fin du présent paragraphe.

En partant de la baie Saint-Augustin, ou de tout autre point de la côte S.O. de Madagascar, on se dirige facilement vers l'O.S.O., ou le S.O., avec des vents qui sont presque toujours traversiers ou largues, comme nous l'indiquerons plus loin. La route est à peu près directe, pour aller reconnaître la terre d'Afrique entre Natal et la baie d'Algoa; après quoi l'on descend vers le S.O., le long de la côte, poussé par le courant favorable. Au début de la traversée, depuis la côte S.O. de Madagascar, jusque vers le méridien de 36°E., le courant porte vers les directions comprises entre le N., le N.O. et l'O., avec une vitesse variable de 18 à 36 milles par 24 heures. Entre 36° et 32°E., le courant porte généralement vers la partie du S.O., avec une vitesse variable de 36 à 42 milles par 24 heures. Au-delà de 32°E., et à mesure qu'on se rapproche de la côte d'Afrique, la force du courant vers l'O. et le S.O. augmente. Entre 28° et 31°S., elle varie de 30 à 66 milles; au delà de 31°S., et jusqu'à ce qu'on ait atteint le méridien de la baie d'Algoa, la vitesse varie de 48 à 96 milles, et elle est d'autant plus grande que l'on est plus près de terre. Nous donnons, à la fin du présent paragraphe, le Tableau des croisements de la route que l'on se proposera de suivre, autant que les circonstances le permettront. Quant aux chances de vents, les voici : *En janvier, février et mars,* tant que l'on est dans le N. du parallèle de 25°S., les vents dominent de la partie du S.S.E. au S.E. et à l'E. Au-delà du parallèle de 25°S., les vents dominent de la partie du S.E. et du N.E. jusque vers le méridien de 28°E. Dans l'O. de ce méridien, les vents dominent d'abord de la partie du N.E. et du N.O.; puis, à mesure qu'on avance, ils se fixent d'une manière de plus en plus persistante de la partie de l'O., du N.O. et du S.O. *En avril, mai et juin*, tant que l'on est dans le N. du parallèle de 25°S., les vents dominent de la partie du S.E., variables parfois au S.O. et au N.E. Entre 25° et 30°S., ils dominent encore de la partie du S.E., mais ils soufflent fréquemment du S.O.; quant aux vents de la partie du N.E., ils sont rares. Dans le S. de 30°S., les vents commencent immédiatement à devenir variables, en dominant de la partie de l'O. et surtout du S.O. *En juillet, août et septembre*, tant que l'on est dans le N. du parallèle de 25°S., les vents dominent de la partie du S.E., soufflant assez fréquemment du S.O. et rarement du N.E. Entre 25° et 30°S., les vents soufflent surtout de la partie de l'E. et de l'E.N.E.; les vents de la partie du S.E. au S.O. se font sentir quelquefois, et ceux de N.E. à N.O. assez rarement. Dans le S. de 30°S., tant que l'on est dans l'E. de 28°E., les vents sont variables et soufflent plus fréquemment de la partie du N. que de toute autre direction. Dans l'O. du même méridien de 28°E., les vents quoique variables soufflent surtout de la partie du N.O. et du S.O. *En octobre, novembre et décembre*, depuis la côte S.O. de Madagascar jusque vers le parallèle de 30°S., les vents dominants sont ceux du S.E. à l'E.; ils soufflent généralement de la partie du S.S.E., au début de la traversée; ils adonnent ensuite au S.E., entre 38° et 33°E.; puis à l'E., entre 33°E. et la côte d'Afrique. En même temps que l'on s'avance vers l'O., entre Madagascar et la côte d'Afrique, les chances de vents de N.E. diminuent de plus en plus, et celles de vents de S.O. augmentent au contraire suivant une proportion inverse. Au-delà de 30°S., les vents sont variables, mais ils dominent surtout du N.E., du S.E. et du S.O. *Quant à la fin de la traversée*, pour doubler le cap de Bonne-Espérance, nous prions le lecteur de se reporter aux indications contenues dans le paragraphe précédent, page 888.

Nous donnons ci-après le Tableau des croisements de la route, en partant d'Inhambane, de la baie Delagoa, ou de la baie Saint-Augustin. On pourra, comme d'habitude, les porter sur la carte, pour fixer les idées sur la route à suivre, selon la saison dans laquelle on se trouvera. Mais il est bien évident qu'au-delà du méridien de 28°E., la route que nous indiquons n'est pas autre chose qu'une moyenne, et qu'il sera presque toujours impossible de la suivre exactement : nous avons déjà donné notre opinion à ce sujet au paragraphe précédent.

TABLEAU

Des Croisements de la route, *en partant de la baie Saint-Augustin, d'Inhambane, ou de la baie Delagoa*, pour revenir dans l'Océan Atlantique Sud, et par exemple pour rentrer en Europe, aux États-Unis, etc.

SAISONS.	POINTS DE DÉPART.	LATITUDES SUIVANT LESQUELLES ON PEUT COUPER LES MÉRIDIENS DE									
		38° E.	33° E.	28° E.	24° E.	22° E.	20° E.	18° E.	16° E.	14° E.	12° E.
		S. ° ′	S. ° ′	S. ° ′	S. ° ′	S. ° ′	S. ° ′	S. ° ′	S. ° ′	S. ° ′	S. ° ′
En Janvier, Février et Mars.	Baie St-Augustin.	26 00	28 45	31 50							
	Inhambane	....	....	31 50	34 40	35 00	35 15	35 10	35 00	33 50	32 30
	Baie Delagoa	....	....	31 50							
En Avril, Mai et Juin.	Baie St-Augustin.	25 00	27 30	32 10							
	Inhambane	....	....	32 10	34 35	35 05	35 15	35 30	35 05	33 50	32 25
	Baie Delagoa	....	....	32 10							
En Juillet, Août et Septembre.	Baie St-Augustin.	....	....	32 10							
	Inhambane	....	....	32 10	34 35	35 00	35 25	35 25	35 00	33 55	32 25
	Baie Delagoa	....	....	32 10							
En Octobre, Novemb. et Décembre.	Baie St-Augustin.	25 00	27 30	31 50							
	Inhambane	....	....	31 50	34 35	35 00	35 20	35 20	34 45	33 20	31 55
	Baie Delagoa	....	....	31 50							

§ 346. — De Zanzibar, de Mayotte, de Nossi-bé, de Mozambique, ou de Quillimane à l'Atlantique Sud.

A la fin du présent paragraphe, se trouvent *deux* Tableaux qui, réunis l'un à l'autre, contiennent l'ensemble des croisements des routes que l'on peut se proposer de suivre, en partant de Zanzibar, de Mayotte, de Nossi-bé, de Mozambique, ou de Quillimane, pour se rendre dans l'Océan Atlantique S. Le premier Tableau indique les longitudes suivant lesquelles on cherchera à couper les parallèles compris entre le port de départ et 25°S. Le second Tableau, qui fait suite au premier, indique les latitudes suivant lesquelles on pourra couper les méridiens compris entre 32°E. et 2°E. Il est évident que les croisements indiqués dans ce deuxième Tableau ne sont donnés que d'une manière tout-à-fait approximative : il ne peut pas nous être venu à la pensée de tracer, point par point, la route de navires qui ont à lutter, dans les environs du cap de Bonne-Espérance, contre les mauvais temps de la partie de l'O., et dont la manœuvre est commandée par les vents extrêmement variables en force et en direction qu'ils doivent rencontrer. Nous ne donnons donc ce dernier Tableau qu'à titre d'information générale, et pour terminer les traversées dont la première partie n'est point soumise à d'aussi grandes chances d'écarts et de variations imprévues.

Nous allons donner d'abord ci-après les instructions auxquelles pourront se conformer les navires partant *de Mozambique* à destination de l'Atlantique S. Nous fournirons ensuite les indications nécessaires, pour chacune des autres traversées, soit que l'on parte *de Quillimane, de Zanzibar, de Mayotte, ou de Nossi-bé*, pour la même destination.

1° *Navires partant de Mozambique.*

En partant de Mozambique, on commence par courir vers le S.E., de manière à s'élever à une cinquantaine de milles au moins de la côte ; puis, l'on descend vers le S., en suivant autant que les circonstances le permettent les points de croisements que nous donnons dans les Tableaux placés à la fin du présent paragraphe.

En général, il est avantageux de ne point s'éloigner beaucoup de la côte d'Afrique, pour profiter du courant favorable portant vers le S.O. et vers le S. Il convient surtout de se rapprocher de la terre, quand les brises sont variables, ou quand elles sont établies de la partie du S., ce qui est assez fréquent d'avril en octobre. Mais, lorsque l'on a de fortes brises de N. bien établies, on peut faire une route plus directe, en se tenant un peu plus loin de la côte d'Afrique. Il est bon de passer en vue du cap Corrientes, si le temps le permet, afin de profiter de la grande force du courant favorable qui règne dans ses parages; en tous cas, l'on en passera aussi près que possible, et l'on gouvernera ensuite de manière à longer la côte de Natal, entre 12 et 30 milles environ. Il est d'ailleurs bien entendu que, si l'on avait de forts vents de S.E. avec grosse mer, il conviendrait de se tenir plus loin au large.

La route que nous indiquons dans le Tableau des croisements, et qui longe la côte d'Afrique, pendant la mousson de S., n'est qu'une route moyenne, dans les environs de laquelle on pourra se tenir, en louvoyant contre les vents de la partie du S. Il est clair également que l'on se tiendra plus ou moins loin de la terre, suivant l'état du temps et la direction de la brise. Avec de forts vents de S.E., on veillera à ne point se laisser porter en côte.

Si les vents s'établissent très-forts de la partie du S.O., au moment où l'on aura dépassé 17° ou 18°S., on pourra prolonger la bordée tribord amures, de manière à se rapprocher de Madagascar. Si les vents mollissent, ou s'ils tournent au S.E., on aura peut-être ensuite plus de facilités à s'élever dans le S., entre 19° et 23°S., le long de la côte O. de Madagascar. Dans ce cas, au lieu de revenir immédiatement vers la terre d'Afrique, avec la bordée bâbord amures, on se maintiendra au large de la côte de Madagascar, que l'on ne quittera définitivement qu'au moment où l'on jugera pouvoir atteindre la côte d'Afrique entre le cap Lady Grey et le cap Corrientes. Dans ces derniers parages, on se trouvera dans la plus grande force du courant portant vers le S.; et l'on n'aura généralement à lutter que contre des vents variables, ayant rarement de la persistance à se maintenir contraires.

Les courants, entre les parallèles de 15° et de 20°S., portent vers le S. ou le S.O., avec une vitesse variable de 18 à 100 milles par

24 heures. Entre 20° et 25°S., ils portent soit au S.O., soit au S.S.O., avec une vitesse variable de 18 à 42 milles. La vitesse moyenne des courants favorables est ensuite de 36 milles par 24 h., sur le parallèle de 26°S.; de 42 milles, sur celui de 28°S.; et variable de 30 à 66 milles, entre 28°S. et 31°S. Au-delà de 31°S., et jusqu'à ce que l'on ait atteint le méridien de la baie d'Algoa, la vitesse varie de 48 à 96 milles, et elle est d'autant plus grande que l'on se trouve plus près de terre.

Pendant la mousson de N., d'octobre en avril, entre 15°S. et 20°S., les vents dominent du N.E., variables au N.N.O. et quelquefois au S.O.; ils soufflent parfois aussi du S.E. et du S.S.E., et sont interrompus par quelques calmes. *Entre 20° et 25°S.*, au commencement de la mousson, les vents dominent de la partie du S.E., variables au S.O. et surtout au N.E., avec quelques calmes; et, pendant la seconde partie de la saison, de janvier en avril, les vents soufflent surtout de la partie du S.O. *Entre 25° et 30°S.*, en octobre, novembre et décembre, les vents dominent de la partie du S.E. à l'E., hâlant parfois le N.E. et parfois le S.O.; dans la même zone, en janvier, février et mars, on a autant de chances de vents de N.E. que de S.E., et parfois les vents hâlent le S. et le S.O., mais sans persister de ces dernières directions. *Dans le S. de 30°S.*, en octobre, novembre et décembre, les vents sont variables, mais dominent surtout du N.E., du S.E. et du S.O.; dans la même zone, en janvier, février et mars, tant que l'on est dans l'E. de 28°E., les vents dominent de la partie du S.E., variables au N.E., au contraire dans l'O. du même méridien ils dominent d'abord de la partie du N.E. et du N.O., puis à mesure qu'on avance ils se fixent d'une manière de plus en plus persistante de la partie de l'O., du N.O. et du S.O.

Pendant la mousson de S., d'avril en octobre, entre 15° et 20°S., les vents dominent du S.E., variables au S. et au S.O., mêlés de quelques calmes. *Entre 20° et 25°S.*, les vents dominent surtout de la partie du S.E. et du S., avec quelques calmes. *Entre 25° et 30°S., en avril, mai et juin*, ils dominent de la partie du S., soufflant surtout du S.E. et assez souvent du S.O.; les chances de vents de N. et de N.E. sont peu fréquentes. *Dans le S. de 30°S.*, et pendant les mêmes mois, les vents commencent immédiatement à devenir variables, en dominant de la partie de l'O. et surtout du

S.O. *En juillet, août et septembre, entre 25° et 30°S.*, les vents qui dominent d'abord généralement de la partie du S.E. et du S.O. deviennent variables et soufflent fréquemment de la partie du N.E. et du N., à mesure qu'on fait du S. *Pendant les mêmes mois, et dans le S. de 30°S.*, tant que l'on est dans l'E. de 28°E., les vents sont variables et soufflent plus fréquemment de la partie du N. que de toute autre direction. Dans l'O. du méridien de 28°E., les vents quoique variables soufflent surtout de la partie du N.O. et du S.O.

Pour la fin de la traversée, c'est-à-dire pour doubler le cap de Bonne-Espérance, on trouve des instructions au § 344, page 888.

2° *Navires partant de Quillimane.*

Après avoir tracé, sur la carte, la route dont nous indiquons les points de croisements à la fin du présent paragraphe, on reconnaîtra qu'elle va rejoindre, un peu dans le N. du cap Corrientes, celle des navires partis de Mozambique. Pour ces deux traversées, soit que l'on parte de Quillimane, ou de Mozambique, les circonstances de temps auxquelles on peut s'attendre sont les mêmes ; et par conséquent nous conseillons de se reporter aux indications que nous venons de donner à la page précédente sur les chances de vents et de courants que l'on doit rencontrer.

Pour la fin de la traversée, c'est-à-dire pour doubler le cap de Bonne-Espérance, on trouve des instructions au § 344, page 888.

3° *Navires partant de Zanzibar.*

On tracera d'abord, sur la carte, la route dont nous indiquons les points de croisements dans les deux Tableaux placés à la fin du présent paragraphe. On se reportera ensuite au § 249, page 464, où l'on trouvera des instructions pour la première partie de la traversée, depuis Zanzibar jusqu'au parallèle de Mozambique.

Ayant atteint ce dernier parallèle, il conviendra de se reporter, pour la fin de la traversée, à ce que nous avons déjà dit, dans le présent paragraphe, pour les navires qui partent de Mozambique (v. page 905).

4° *Navires partant de Mayotte, de Nossi-bé, ou de la côte N.O. de Madagascar.*

Il sera bon de tracer d'abord, sur la carte, la route dont nous indiquons les points de croisements dans les deux Tableaux placés à la fin du présent paragraphe. On se reportera ensuite au § 247, page 459, ou nous avons donné des instructions qui s'appliquent à la première partie de la traversée, depuis Mayotte ou Nossi-bé jusque vers le parallèle de Mozambique.

Ayant atteint ce dernier parallèle, les instructions nécessaires pour permettre de continuer la traversée seront celles que nous avons déjà données, dans le présent paragraphe (page 905), pour les navires qui partent de Mozambique.

On trouve ci-après les deux Tableaux des croisements de la route que l'on se proposera de suivre, selon la saison pendant laquelle on devra accomplir sa traversée.

Première Partie du Tableau

Des Croisements de la route, *en partant de Zanzibar, de Mayotte, de Nossi-bé, de Mozambique ou de Quillimane,* pour revenir dans l'Océan Atlantique S., et par exemple pour rentrer en Europe, aux États-Unis, aux Antilles, etc.

SAISONS.	POINTS de DÉPART.	LONGITUDES SUIVANT LESQUELLES IL CONVIENT DE COUPER LES PARALLÈLES DE																		
		7°S.	8°S.	9°S.	10° S.	11° S.	12° S.	13° S.	14° S.	15° S.	16° S.	17° S.	18° S.	19° S.	20° S.	21° S.	22° S.	23° S.	24° S.	25° S.
		E. ° ′	E. ° ′	E. ° ′	E. ° ′	E. ° ′	E. ° ′	E. ° ′	E. ° ′	E. ° ′	E. ° ′	E. ° ′	E. ° ′	E. ° ′	E. ° ′	E. ° ′	E. ° ′	E. ° ′	E. ° ′	E. ° ′
Mousson de N. (d'Oct. en Avril).	Zanzibar…	38 00	38 30	39 10	39 45	40 20	40 30	39 45	39 20	39 10	38 30	37 50	36 55	36 10	35 30	35 00	34 35	34 05	33 30	33 00
	Mayotte…	…	…	…	…	…	…	…	42 00	40 45	39 30	38 20	37 00	36 10	35 30	35 00	34 35	34 05	33 30	33 00
	Nossi-bé…	…	…	…	…	…	…	…	43 40	41 00	39 30	38 20	37 00	36 10	35 30	35 00	34 35	34 05	33 30	33 00
	Mozambiq^e.	…	…	…	…	…	…	…	…	…	38 30	37 50	36 55	36 10	35 30	35 00	34 35	34 05	33 30	33 00
	Quillimane.	…	…	…	…	…	…	…	…	…	…	…	…	34 45	34 45	34 30	34 15	33 50	33 30	33 00
Mousson de S. (d'Avril en Oct.).	Zanzibar…	38 30	39 30	40 20	40 30	40 30	40 30	39 45	39 20	39 10	38 30	37 40	36 00	35 05	34 35	34 15	34 00	33 45	33 30	33 00
	Mayotte…	…	…	…	…	…	…	…	41 30	39 40	38 30	37 35	36 05	35 05	34 35	34 15	34 00	33 45	33 30	33 00
	Nossi-bé…	…	…	…	…	…	…	…	43 20	40 10	38 30	37 35	36 05	35 05	34 35	34 15	34 00	33 45	33 30	33 00
	Mozambiq^e.	…	…	…	…	…	…	…	…	…	38 30	37 35	36 05	35 05	34 35	34 15	34 00	33 45	33 30	33 00
	Quillimane.	…	…	…	…	…	…	…	…	…	…	…	…	34 45	34 45	34 30	34 15	33 50	33 30	33 00

Seconde Partie du Tableau

Des Croisements, *en partant de Zanzibar, de Mayotte, de Nossi-bé, de Mozambique ou de Quillimane,* pour revenir dans l'Océan Atlantique Sud.

MOIS.	LATITUDES SUIVANT LESQUELLES ON PEUT COUPER LES MÉRIDIENS DE										
	32° E.	30° E.	28° E.	26° E.	24° E.	22° E.	20° E.	18° E.	16° E.	14° E.	12° E.
	S.	S.	S.	S.	S.	S.	S.	S.	S.	S.	S.
	° '	° '	° '	° '	° '	° '	° '	° '	° '	° '	° '
Janvier	27 00	30 00	32 00	34 00	34 45	35 00	35 15	35 15	35 00	34 00	32 45
Février....	27 00	30 00	32 00	34 00	34 30	35 00	35 15	35 15	34 45	33 30	32 00
Mars.......	28 30	31 00	32 20	34 30	34 45	35 00	35 15	35 00	35 00	34 00	32 30
Avril.......	28 30	31 00	32 20	34 00	34 30	35 00	35 00	35 15	35 00	34 15	32 30
Mai.........	28 30	31 00	32 20	33 45	34 30	35 00	35 15	35 30	35 00	33 30	32 00
Juin........	28 30	31 00	32 20	33 45	34 45	35 15	35 30	35 45	35 15	34 00	32 45
Juillet......	28 30	31 00	32 20	33 45	34 45	35 00	35 30	35 30	35 00	34 00	32 15
Août.......	28 30	31 00	32 20	34 00	34 30	35 00	35 30	35 30	35 00	34 00	32 30
Septembre.	28 30	31 00	32 20	34 00	34 30	35 00	35 15	35 15	35 00	33 45	32 30
Octobre....	27 00	30 00	32 00	34 00	34 30	35 00	35 30	35 30	35 00	33 00	31 45
Novembre.	27 00	30 00	32 00	34 00	34 45	35 00	35 15	35 15	34 45	33 45	32 30
Décembre.	27 00	30 00	32 00	33 45	34 30	35 00	35 15	35 15	34 30	33 15	31 30
Moyennes annuelles.....	27 50	30 35	32 10	34 00	34 36	35 00	35 18	35 24	34 54	33 48	32 18

§ 347. — Route à suivre, pendant la mousson de N.E., en partant d'Aden, pour se rendre dans l'Océan Atlantique Sud.

Les navires à voiles destinés à l'Atlantique S. auront avantage à prendre la route par le canal de Mozambique, lorsqu'ils partiront d'Aden après le milieu d'octobre et avant le 1er mars, parce qu'ils pourront à cette époque se rendre de Guardafui à l'Equateur avec la mousson de N.E.

Ainsi, en partant d'Aden, entre le milieu d'octobre et la fin de février, on se tiendra d'abord dans le milieu du golfe pour s'élever dans l'E. Si les vents de la partie de l'E. et du N.E. sont trop frais, on pourra se rapprocher de la côte d'Arabie. Mais, tant que les vents seront modérés, il sera préférable de rester auprès de la côte d'Afrique, où le courant contraire aura généralement moins de vitesse. La sortie du golfe sera presque toujours pénible; les vents domineront de la partie du N.E. et de l'E. (voir page 29); et les courants porteront surtout à l'O. (voir page 150), avec une vitesse de 12 à 30 milles, qui atteint même parfois 48 milles par 24 heures; ces courants seront ordinairement plus forts au milieu du golfe et auprès de la côte d'Arabie qu'auprès de la terre d'Afrique. Il ne faudra point cependant se tenir trop près de cette côte, dans le cas où les vents auraient une tendance à forcer.

On passera entre Guardafui et Socotora, avec des vents généralement favorables, mais avec un courant généralement contraire portant au N., ou au N.O. En descendant ensuite vers le S., on a les vents et les courants favorables jusqu'à l'Equateur, ou plutôt jusque dans le canal de Mozambique.

En octobre, novembre et décembre, après avoir dépassé Guardafui, les vents dominent de la partie du N.E. jusque vers 5°N. De 5°N. à l'Equateur, vents dominants du N.E., variables au N.O. et soufflant quelquefois du S.O. De l'Equateur à 5°S., vents de N.E. et de S.E. De 5° à 10°S., vents d'E.S.E., de N.E. et de N.N.E., avec quelques chances de S.O. et de calmes. Au-delà de 10°S., les chances de vents et de courants sont celles indiquées au § 346, page 907.

En janvier et février, vents dominants de N.E., depuis Guardafui jusqu'à 5°S. De 5°S. à 10°S., les vents de N.E. sont interrompus par des calmes. Au-delà de 10°S., voir § 346, page 907.

Dans le courant de mars, cette route directe sera encore possible. Toutefois, elle sera quelquefois difficile, ou du moins plus longue, parce que dès cette époque on aura à craindre de trouver des vents de S.O. et un courant portant vers le N., au large de la côte d'Afrique, dans le S. de Guardafui et de Socotora.

D'octobre en mars, après avoir dépassé Guardafui, *le courant*, depuis 11°N. jusque vers 6°N. portera vers l'O., de 18 à 30 milles par 24 heures; la vitesse de ce courant pourra même atteindre une cinquantaine de milles, dans le S. et à quelque distance de Socotora.

De 6°N. à l'Equateur, le courant portera au S.O., de 18 à 30 milles, et quelquefois de 48 et 60 milles par 24 heures. De l'Equateur à 4°S., le courant portera au S.O., de 18 à 72 milles. De 4°S. à 8°S., le courant portera au S., au S.E. et au S.O., de 18 à 36 milles. De 8°S. à 10°S., il portera surtout à l'O., tantôt vers l'O.N.O., tantôt vers l'O.S.O., vitesse de 12 à 48 milles. Au-delà de 10°S., les courants seront ceux indiqués au § 346, page 906.

Voici le Tableau des croisements de la première partie de cette route. La fin de la route est identique à celle des navires partant de Zanzibar, page 908.

TABLEAU

Des Croisements de la route à suivre, *pendant la mousson de N.E.*, en partant d'Aden pour aller dans l'Océan Atlantique Sud.

(La fin de cette route, au-delà de 12°S., se trouve au § 346, page 940.)

ÉPOQUES DU DÉPART D'ADEN.	LONGITUDES DE CROISEMENTS DES PARALLÈLES DE							
	12° 30' N.	10° N.	5° N.	Équateur	3° S.	5° S.	10° S.	12° S.
	E.	E.	E.	E.	E.	E.	E.	E.
	° '	° '	° '	° '	° '	° '	° '	° '
Du 1er Octobre à fin Décembre.	48 00	50 00	49 00	45 30	43 30	42 30	40 30	40 30
De fin Décembre à fin Février.	48 00	50 00	50 30	50 30	45 30	43 30	40 30	40 30

§ 348. — Route à suivre pour aller dans l'Océan Atlantique Sud, quand le navire part d'Aden pendant la mousson de S.O., ou pendant les périodes intermédiaires qui la précèdent et qui la suivent.

Quand le navire devra quitter Aden entre le 1er mars et la fin de septembre, il ne sera naturellement plus possible de compter sur la mousson de N.E.; et il faudra s'attendre à trouver dans la mer d'Oman : soit la mousson de S.O.; soit les brises et les courants variables et mal établis qui caractérisent les périodes intermédiaires. En pareille circonstance, il ne sera plus convenable, pour un voilier, de chercher à prendre la route par le canal de Mozambique; et le mieux sera de passer par le chenal des Huit-Degrés pour couper l'Equateur dans le S. de Ceylan. Cette route représente un grand détour, mais elle sera sûrement et vite parcourue; tandis que, si l'on cherchait à couper l'Equateur dans l'O. des Chagos, on pourrait quelquefois être fort retardé, dans le cas où le navire trouverait ensuite les alizés de S.E. variables au S.S.E.

En venant de la mer Rouge, ou en partant d'Aden, on gouvernera vers l'E. sans difficulté, avec les chances de vents et de courants indiquées aux pages 29 et 150. Il conviendra de se tenir à peu près dans la partie milieu du golfe, parce que les vents y seront généralement mieux établis. Mais, si les brises sont faibles ou variables, il sera préférable de se tenir un peu plus près de la côte d'Arabie que de celle d'Afrique, parce qu'auprès de celle-ci, l'on sera exposé à trouver les courants vers l'O. plus forts.

En dehors du golfe d'Aden, lorsque le navire se trouvera dans l'E. de la ligne joignant Guardafui à Ras Kosaïr, on commencera à entrer dans la mousson de S.O., avec laquelle la route sera donnée sur le chenal des Huit-Degrés, comme pour aller à Ceylan (voir § 270). Après avoir passé ce chenal, on gouvernera : soit avec la mousson de S.O., soit avec les vents variables des périodes intermédiaires, de manière à couper l'Equateur et 5°S. par 79° ou 80°E., ainsi que l'indiquent nos Tableaux de croisements. La route sera facile ensuite avec les alizés de S.E. jusque dans le S. de Madagascar ; et l'on terminera la traversée, suivant les instructions et le Tableau de croisements du § 344.

Voici quelles sont les chances de vents et de courants auxquelles on pourra s'attendre.

En avril, mai et juin, en allant du méridien de Socotora au chenal des Huit-Degrés, on aura des brises de S.O., variables au N.O. et quelques calmes. Du chenal des Huit-Degrés à l'Equateur, vents de S.O., variables au N.O. et bien établis. De l'Equateur à 5°S., brises dominantes du S.O., variables au N.O. et au S.E., avec quelques calmes. De 5°S. à 20°S., alizés de S.E. De 20° à 27°S., les alizés de S.E. varient parfois à l'E.N.E. et au N.E. Au-delà de 27°S. et jusque dans le S. de Madagascar, les vents sont variables ; ils dominent du S.E. et de l'E.S.E., et varient principalement au N.E. et au S.O. Au-delà de Madagascar, on se reportera au § 344.

En juillet, août et septembre, du méridien de Socotora à 63°E., vents de S.O. De 63° à 68°E., vents dominants de S.O. variables au N.O. De 68° à 73°E., vents dominants de N.O. variables au S.O. Au-delà de 73°E. jusqu'à l'Equateur, vents de S.O. généralement bien établis. Dans cette traversée, les calmes ne seront à craindre qu'entre l'Equateur et 5°S., zone dans laquelle les brises seront variables, tournant de la partie de l'O. à celle du S.E., et les calmes seront assez fréquents. L'alizé de S.E. soufflera entre 5°S. et 25°S. Ensuite, les vents seront dominants de l'E., du N.E. et du S.E., et ils souffleront accidentellement de la partie du S. Au-delà de Madagascar, on se reportera au § 344.

Les courants, depuis Socotora jusqu'à 58°E., porteront à l'E., de 30 à 66 milles par 24 heures. De 58°E. aux Maldives, ils porteront à l'E. de 12 à 48 milles. Du chenal des Huit-Degrés à l'Equateur, direction vers l'E. ou le S.E., vitesse de 18 à 60 milles. De l'Equateur à 2°S., direction vers l'E., vitesse de 36 à 42 milles. Dans les alizés de S.E., courant vers l'O. de 18 à 36 milles par 24 heures jusque par 20°S. Depuis le moment où le navire aura coupé 20°S., jusqu'à la côte d'Afrique, le courant dirigé vers l'O. et le S.O. sera favorable, et portera précisément dans le sens de la route, avec une vitesse de 12 à 48 milles. Quand on approchera de la côte d'Afrique, le courant vers le S.O. sera de plus en plus fort (voir § 344).

Voici les Tableaux donnant les croisements de cette route.

TABLEAUX

Des Croisements de la route à suivre, pour aller dans l'Océan Atlantique S., quand on part d'Aden du commencement de Mars en Septembre.

TABLEAU N° 1. — *Commencement de la route.*

LATITUDES DE CROISEMENTS DES MÉRIDIENS DE								Équat[r].
46° E.	48° E.	50° E.	52° E.	54° E.	63° E.	71° E.	75° E.	
N.	N.	N.	N.	N.	N.	N.	N.	E.
13° 10′	13° 30′	13° 30′	13° 30′	12° 55′	10° 00′	7° 30′	4° 30′	79° 00′

TABLEAU N° 2. — *Suite de la route* (la fin est au § 344, page 911).

SAISONS.	LONGITUDES DE CROISEMENTS DES PARALLÈLES DE						
	Équat[r]	5° S.	10° S.	20° S.	25° S.	27°30′ S	29°30′ S
	E.	E.	E.	E.	E.	E.	E.
Avril, Mai, Juin. . . .	79° 00′	79° 00′	74° 00′	63° 00′	53° 00′	45° 30′	38° 00′
Juillet, Août, Septembr.	79 00	80 00	75 00	63 00	51 00	45 30	38 00

§ 349. — Route des navires partant, pendant la mousson de N.E., du golfe Persique, de Mascate, de Karachi, de Diu, de Bombay, de la côte de Malabar, de Pointe de Galles, ou de Colombo, pour aller dans l'Atlantique Sud.

1° *En partant du golfe Persique, de Mascate, de Karachi, de Diu, ou de Bombay.*

En partant de l'un quelconque de ces points, ou des ports voisins, pendant la mousson de N.E., c'est-à-dire entre le commencement d'octobre et la fin de février, la meilleure route à suivre sera celle par le canal de Mozambique, ainsi que l'indique le Tableau de croisements placé plus loin.

Pendant cette période, qui correspond à la belle saison, les navires partant du golfe Persique, ou de Mascate, trouvent généralement les circonstances favorables pour sortir du golfe d'Oman et pour doubler Ras-al-Hed. Les vents dominent de la partie du N.E., ou du N.O.; et le courant est nul, ou porte au S.E. Après avoir dépassé Ras-al-Hed, la traversée se continue sans difficulté.

En octobre, novembre et décembre, quel que soit le port de départ, on aura des vents de N.E., variables au N.O., et quelques calmes, dans la mer d'Oman jusqu'à l'Equateur. Entre 10°N. et la Ligne, ces vents seront moins réguliers, ils seront parfois mêlés de brises de S.O. Entre l'Equateur et 5°S., vents de S.E. et de N.E. De 5° à 10°S., vents dominants de N.E., variables à l'E.S.E. et au S.S.O., avec quelques calmes. Au-delà de 10°S., on termine comme au § 346, page 905.

En janvier et février, quel que soit le port de départ, les vents domineront de la partie du N.E., dans toute la mer d'Oman, jusque vers 10°S. Les calmes ne seront réellement à craindre qu'entre 5° et 10°S. Au-delà de 10°S., on achève la route, comme au § 346, page 905.

Les courants, dans la mer d'Oman, porteront au S. et au S.O., jusque par 12°N., avec une vitesse de 12 à 36 milles par 24 heures. Entre 12°N. et 6°N., courant à l'O., de 16 à 42 milles. Entre 6°N. et l'Equateur, courant portant au S.O., de 30 à 60 milles par 24 heures. Entre l'Equateur et 4°S., courant vers le S.O., de 18 à 72 milles. Entre 4°S. et 8°S., courant vers le S., de 18 à 36 milles. Entre 8°S.

et 10°S., courant vers l'O., de 12 à 48 milles. Au-delà de 10°S., voir § 346, page 906.

Voici le Tableau indiquant les croisements de ces routes jusqu'à 10°S. Au-delà de ce parallèle, on se reportera aux croisements donnés à la page 910, pour les navires partant de Zanzibar.

TABLEAU

Des Croisements de routes à suivre, en partant, *pendant la mousson de N.E.*, du golfe Persique, de Mascate, de Karachi, de Diu, de Bombay et des ports voisins, pour aller dans l'Océan Atlantique Sud.

Tableau donnant le commencement de la route.

(La fin de la route est la même qu'en partant de Zanzibar, page 910.)

POINTS de DÉPART.	LONGITUDES DE CROISEMENTS DES PARALLÈLES DE									
	23° N.	22° N.	21° N.	20° N.	15° N.	10° N.	5° N.	Équateur	5° S.	10° S.
	E. ° '	E. ° '	E. ° '	E. ° '	E. ° '	E. ° '	E. ° '	E. ° '	E. ° '	E. ° '
	En Octobre, Novembre et Décembre.									
Mascate..	57 15	57 40	57 50	58 00	56 00	54 00	51 30	50 00	44 00	40 30
Karachi.. . . .	63 35	63 00	62 30	62 00	59 00	55 00	51 30	50 00	44 00	40 30
Bombay	... ...	... ...	... ...	... ...	63 00	57 00	51 30	50 00	44 00	40 30
	En Janvier et en Février.									
Mascate..	57 15	57 40	57 50	58 00	56 00	54 00	50 30	47 00	43 00	40 30
Karachi.. . . .	63 15	62 30	61 45	61 00	57 30	54 00	50 30	47 00	43 00	40 30
Bombay	... ...	... ...	... ...	... ...	66 00	60 00	53 00	48 00	43 00	40 30

2° *En partant des ports de la côte de Malabar et de Ceylan, tels que Goa, Mangalore, Mahé, Cochin, Colombo et Pointe de Galles.*

En partant, pendant la mousson de N.E., d'un port de la côte O. d'Hindoustan plus S. que Bombay, ou de la côte O. de Ceylan, la meilleure route pour un voilier consiste à se diriger immédiatement vers le S., de manière à passer dans l'E. des Chagos. On descendra la côte d'Hindoustan, comme il est dit au § 268, page 511 ; et l'on se tiendra à distance suffisante dans l'E., de manière à couper l'Equateur entre 77° et 79°E., ainsi que l'indique le Tableau des croisements placé à la fin du présent paragraphe.

Voici quelles seront les chances de vents et de courants, auxquelles on pourra s'attendre, à partir du moment où le navire sera à la hauteur du cap Comorin, ou de Ceylan.

En octobre, novembre et décembre, on aura, jusqu'à l'Equateur, des brises de N.O. à S.O. avec quelques chances de N.E. et de calmes. De l'Equateur à 7°S., brises d'O., de N.O., de S.O., avec quelques chances de S.E. et de calmes. De 7°S. à 25°S., alizés de S.E. Depuis 25°S. jusque dans le S. de Madagascar, vents de S.E., de N.E. et de N., avec quelques chances assez rares de S.O. Au-delà de Madagascar, voir § 344, page 888.

En janvier, février et mars, entre le parallèle de Comorin et l'Equateur, les brises domineront de la partie du N.E. De l'Equateur à 9°S., brises dominant du N.O. et quelques calmes. De 9°S. à 25°S., alizés de S.E. Depuis 25°S. jusque dans le S. de Madagascar, vents de S.E. à N.E. Au-delà de Madagascar, voir § 344, page 888.

D'octobre en mars, les courants, depuis le parallèle de 6°N. environ jusque vers 1°N., ou vers l'Equateur, porteront à l'O., de 18 à 48 milles par 24 heures. De l'Equateur à 5°S., courant à l'E., de 18 à 42 milles. Dans le S. du parallèle de 6°S., courant O. de 12 à 30 milles, jusqu'à ce que le navire ait atteint 20°S. Au-delà de 20°S., jusqu'à la côte d'Afrique, le courant porte à l'O. et au S.O., c'est-à-dire dans le sens même de la route, avec une vitesse de 12 à 48 milles par 24 heures. En approchant de la côte d'Afrique, la vitesse du courant augmente généralement (voir § 344, page 888).

Nous donnons ci-après le Tableau des croisements de la route à suivre, en partant soit d'un port de la côte de Malabar, soit de Colombo ou de Galles, pour aller jusqu'au parallèle de 29°30′S. Au-delà de cette latitude, on trouvera les croisements de la fin de la route, à la page 911.

TABLEAU

Des Croisements de routes à suivre, pour les voiliers partant, *pendant la mousson de N.E.*, d'un port quelconque de la côte de Malabar ou de Colombo, ou de Pointe de Galles, pour aller dans l'Atlantique Sud.

Tableau donnant le commencement de la route. (La fin de la route se trouve page 911.)

PORTS DE DÉPART.	CROISEMENTS DES MÉRIDIENS DE			CROISEMENTS DES PARALLÈLES DE								
	72° E.	73° E.	74° E.	5° N.	Équatr.	5° S.	10° S.	15° S.	20° S.	25° S.	27°30′ S	29°30′ S
	N. ° ′	N. ° ′	N. ° ′	E. ° ′	E. ° ′	E. ° ′	E. ° ′	E. ° ′	E. ° ′	E. ° ′	E. ° ′	E. ° ′
	En Octobre, Novembre et Décembre.											
Côte de Malabar : de Goa à Cochin.	13 30	11 20	8 40	77 00	78 00	78 00	75 30	72 30	64 00	57 30	49 00	38 00
Colombo et Galles. . . .	....	....	....	77 50	79 00	79 00	76 00	71 00	64 00	57 30	49 00	38 00
	En Janvier, Février et Mars.											
Côte de Malabar : de Goa à Cochin.	13 30	11 20	8 40	76 00	77 00	77 00	77 00	72 30	67 00	58 00	51 00	43 00
Colombo et Galles. . . .	....	....	....	77 30	77 00	77 00	77 00	72 30	67 00	58 00	51 00	43 00

Les navires-mixtes pourront suivre, pendant toute la mousson de N.E., la route par le canal de Mozambique, ce qui offrira le grand avantage de leur faire éviter la partie centrale de l'Océan Indien méridional, que la route ordinaire des voiliers traverse, à une époque où les cyclones sont à craindre.

Les voiliers partant de la côte de Malabar pourraient d'ailleurs suivre aussi cette route par le canal de Mozambique, à la condition de partir entre la fin de novembre et le commencement de février seulement.

Pour faire cette route, on commencera la traversée, ainsi qu'il a été dit au § 273, page 541, comme s'il s'agissait d'aller à Aden. On rejoindra ainsi la route donnée dans la première partie du présent paragraphe, pour les navires partis de Bombay; et l'on suivra cette dernière route pour chercher le canal de Mozambique.

§ 350. — **Routes à suivre, pour aller dans l'Océan Atlantique Sud, quand on part, pendant la mousson de S.O., du golfe Persique, de Mascate, de Karachi, de Bombay, de la côte de Malabar, de Pointe de Galles, ou de Colombo.**

Pendant la mousson de S.O., les navires *venant du golfe Persique, ou de Mascate,* éprouvent souvent de la difficulté pour sortir du golfe d'Oman. Il faut s'attendre en effet à de petits vents de S.E., ou à des calmes, ainsi qu'à une grosse houle venant du S., ou du S.S.E., autour de Ras-al-Hed. En même temps, règne le long de la côte d'Arabie, un courant portant au N.O. C'est à partir du moment où le navire atteint le méridien de 58°E. que la mousson commence à se faire sentir, soufflant d'abord du S., ou même du S.S.E., et tournant ensuite au S.O. et même à l'O.S.O., à mesure que l'on avance vers l'E. La meilleure route, ou du moins la plus sûre (v. § 276) consistera, en partant du méridien de Ras-al-Hed, à gouverner de manière à doubler les Laquedives à bonne distance dans le N., et de façon à se placer sur des fonds compris entre 90 et 70 mètres. Puis, l'on descendra vers le S., comme nous l'indiquons plus loin pour les navires partant de Bombay, et en se conformant aux indications données au paragraphe 268. Entre Ras-al-Hed et la chaîne des Laquedives, les vents du commencement de la mousson, d'avril en juin, domineront du S.O. variables au N.O. avec quelques chances de calmes; mais, dans le fort de la mousson, de juin à la fin de septembre, ils domineront de la partie du S.O. bien établis et réguliers, et adonnant souvent à l'O.S.O., et même à l'O., à mesure que l'on avancera vers l'E.; ils seront plus constants et moins pluvieux dans la mer d'Oman que dans la partie comprise entre les Laquedives et la côte d'Hindoustan. En traversant la mer d'Oman, de Ras-al-Hed aux Laquedives, les courants porteront généralement vers l'E. ou le S.E., avec une vitesse variable de 12 à 30 milles par 24 heures. Quand le navire sera rendu dans l'E. des Laquedives, on pourra s'attendre à des temps sombres et pluvieux, ainsi qu'à des grains souvent violents.

En partant de Karachi, il faudra se défier du courant qui portera dans le golfe de Kutch, et l'on devra donner beaucoup de tour aux récifs de l'entrée de ce golfe. Après avoir passé la barre de Karachi, dans cette mousson, il conviendra tout d'abord de chercher à s'élever dans le S.O., jusqu'à ce que le navire ait gagné les fonds de 27 à 36 mètres; et ce sera seulement alors que la route pourra être donnée vers le S. En doublant le banc Munneja, qui s'étend à 6 ou 7 milles au large des principales embouchures de l'Indus, et dont le front de mer a une vingtaine de milles d'étendue, l'on se tiendra constamment par des fonds de plus de 36 mètres. La même recommandation devra être suivie, tant que le navire sera sur la côte de Katiawar. Au-delà du cap Diu, on pourra remarquer que la ligne des fonds de 36 mètres mènerait à peu près directement vers les atterrages de Bombay.

En partant de Diu, il n'y a point d'autre observation à faire que de se tenir le plus au vent possible, et par des fonds supérieurs à 36 mètres, au moins jusqu'au large de Bombay.

En venant de Karachi, ou de Diu, il faudra grandement veiller, à partir du moment où le navire arrivera sur les sondes de la côte d'Hindoustan. Ayant atteint les environs du parallèle de Bombay, il faudra se maintenir sur des fonds compris entre 70 et 90 mètres, pour descendre vers le S. On se conformera d'ailleurs, pour la suite de la traversée jusqu'à l'Equateur, aux indications que nous donnons ci-après pour les navires partant de Bombay.

En partant de Bombay, après la fin de mars, les navires à voiles gagneront d'abord les fonds de 27 à 37 mètres, puis ils descendront la côte en se maintenant par des fonds compris entre 73 et 91 mètres, afin d'éviter de tomber sur les dangers le plus à l'E. de la chaîne des Laquedives. Cette recommandation est importante, à cause de la difficulté qu'on éprouve généralement à rectifier sa position par des observations, avec les temps couverts et pluvieux qui accompagnent d'ordinaire la mousson de S.O. Nous prions d'ailleurs de se reporter, page 513, où l'on trouvera des instructions pour les navires qui ont à descendre la côte d'Hindoustan à cette époque. Après avoir doublé les îles Laquedives, il est spécifié dans toutes les instructions de tenir le vent le mieux possible, pour ne point se laisser dériver dans l'E., attendu que l'on rencontre d'autant plus tôt les alizés de S.E. qu'on se trouve moins loin dans l'E. Tout en reproduisant cette recommandation, pour les navires venant de Bombay et de la côte de Malabar, nous ajouterons qu'il sera bon de ne pas l'exagérer; c'est-à-dire qu'il vaudra encore mieux ne point trop serrer le vent, et faire plus vite sa route au S. en portant plus plein. Depuis les Laquedives jusque vers l'Equateur que l'on coupera dans les environs de 79°E., les vents de S.O. seront variables jusqu'au N.O. en mai et juin; et ils seront plus fixes du S.O. à l'O.S.O., en juillet, août et septembre. Il faudra toujours s'attendre à de violents grains de la partie de l'O. à l'O.N.O. accompagnés de fortes pluies. Entre les Laquedives et le parallèle de 6° ou de 5°N., les courants porteront généralement au S.S.E., ou au S.E., avec une vitesse moyenne de 20 à 30 milles par 24 heures. Entre 5°N. et 1°S., ils porteront vers l'E., avec une vitesse qui pourra varier de 18 à 60 milles par 24 heures. En approchant de l'Equateur, le temps s'embellit, c'est-à-dire que les vents se modèrent. Dans le S. de l'Equateur, l'on a surtout de légères brises variables, soufflant principalement du S.O. au S. et au S.E.; les calmes sont fréquents; les pluies ne sont pas rares; et les courants sont variables. Ce temps persiste jusqu'à ce que le navire ait atteint les alizés de S.E. par 5° ou 6°S. environ, que l'on coupera entre 78° et 79°E. environ. Quelquefois on rencontre les vents de S.E. par 1° ou 2°S.; et d'autres fois par 8° ou 9°S. seulement. Il faudra s'imposer, comme règle absolue, de faire du S. jusqu'à ce que l'on ait trouvé les alizés véritablement bien établis; et ce ne sera qu'à partir de ce moment que l'on devra commencer à mettre franchement le cap en route.

En partant d'un port quelconque de la côte O. d'Hindoustan, Goa, Mangalore, Calicut ou Cochin, on se conformera exactement aux instructions que nous venons de donner, pour commencer sa traversée jusqu'aux alizés de S.E.

En partant de Ceylan, de Colombo ou de Pointe de Galles, si l'on trouve encore, à la fin d'avril, les derniers souffles de la mousson de N.E., c'est-à-dire des vents dépendant du N.E. au N.O., l'on donnera la route pour aller couper l'Equateur par 79°E., comme il vient d'être dit pour les navires partis de Bombay et de la côte de Malabar. Mais, dans le cas général, lorsque la mousson de S.O. sera bien établie, il faudra, après avoir doublé la pointe S.O. de Ceylan, porter au plus près très-bon plein, taillant de la route vers le S. le plus possible, sans se préoccuper si l'on fait beaucoup d'E. Il arrivera assez rarement que l'on coupe ainsi l'Equateur plus loin dans l'E. que le méridien de 83°E. Entre Ceylan et l'Equateur, les vents de la mousson de S.O. seront variables du S.O. au N.O., en avril, mai et juin ; et ils seront plus fixes de la partie du S.O. à l'O.S.O., en juillet, août et septembre. Il faudra toujours s'attendre à de violents grains de la partie de l'O. à l'O.N.O., accompagnés de fortes pluies. Entre Ceylan et 1° ou 2°S., les courants porteront vers l'E., avec une vitesse qui pourra varier de 18 à 60 milles par 24 heures. En approchant de l'Equateur, le temps s'embellit, c'est-à-dire que les vents se modèrent. Dans le S. de l'Equateur l'on a surtout de légères brises variables, soufflant principalement du S.O. au S. et au S.E.; les calmes sont fréquents ; le ciel est couvert ; les pluies ne sont pas rares ; et les courants sont variables. Ce temps persiste jusqu'à ce que le navire ait atteint les alizés de S.E. par 5° ou 6°S. environ ; quelquefois on les rencontre par 1° ou 2°S.; et d'autres fois par 8° ou 9°S. seulement. Après avoir coupé l'Equateur, on pourra redresser la route vers le S.S.E. et le S., successivement et à mesure que les vents le permettront, en s'imposant toutefois comme règle absolue de faire du S. jusqu'à ce que l'on trouve les alizés véritablement bien établis. Dans la zone comprise entre l'Equateur et 5°S., le navire trouvera moins de calmes en la traversant entre 82° et 84°E., que s'il cherchait à la couper entre 75° et 78°E. ; c'est pourquoi il serait inutile et même mauvais, pour un voilier, de serrer le vent quand on part de Ceylan, avec la mousson de S.O. Ce ne sera, comme nous l'avons dit, qu'à partir du moment où le navire aura atteint les alizés de S.E. bien établis qu'il conviendra de commencer à mettre franchement le cap en route.

Quel que soit le port de départ, après avoir effectué, comme nous venons de l'exposer, la première partie de la traversée jusqu'aux alizés de S.E., on pourra s'attendre aux chances de vents et de courants indiqués ci-après :

En avril, mai et juin, les alizés souffleront de la partie du S.E., de 6°S. à 20°S.; puis, ils varieront du S.E. au N.E., entre 20° et 26°S. Les vents domineront ensuite, entre 26° et 30°S. environ, du N.E., du S.E. et du S.O., variables quelquefois au N.O. Au-delà du méridien de Madagascar, voir § 344, page 888.

En juillet, août et septembre, de 5°S. à 25°S., alizés de S.E. Au-delà de 25°S., les vents de S.E. hâlent fréquemment l'E.N.E. et le N.E., et quelquefois le S. Au-delà de Madagascar, voir § 344, page 888.

Les courants, entre 5°S. et 20°S., portent à l'O., avec une vitesse de 12 à 36 milles par 24 heures. Au-delà de 20°S., la direction du courant est vers l'O. inclinant au S.O., c'est-à-dire dans le sens même de la route ; la vitesse varie de 12 à 48 milles par 24 heures; et en général plus le navire approche de la côte d'Afrique, plus le courant est fort (voir § 344, page 888).

Voici les Tableaux de croisements de cette route.

Les quatre premiers Tableaux donnent, pour les principaux ports de départ, le commencement de la route jusqu'à l'Equateur. Le cinquième Tableau indique la suite commune de ces différentes routes, entre l'Equateur et le parallèle de 29°30'S. Enfin la dernière partie de la route pour doubler le cap de Bonne-Espérance se trouve au § 344, page 900.

TABLEAUX

Des Croisements de routes que les voiliers et navires-mixtes suivront, en partant, *pendant la mousson de S.O.*, du golfe Persique, de Mascate, de Karachi, de Bombay, de la côte de Malabar, ainsi que de Colombo, ou de Pointe de Galles, pour aller dans l'Atlantique Sud.

TABLEAU N° 1. — *Commencement de la route, en partant du golfe Persique ou de Mascate.*

LATITUDES DE CROISEMENTS DES MÉRIDIENS DE									
58° E.	60° E.	64° E.	68° E.	70° E.	72° E.	73° E.	74° E.	78° E.	79° E.
N.	N.	N.	N.	N.	N.	N.	N.	N.	N.
22° 20′	21° 10′	18° 45′	16° 10′	15° 00′	12° 30′	10° 30′	8° 00′	1° 30′	Équat[r].

TABLEAU N° 2. — *Commencement de la route, en partant de Bombay ou de la côte de Malabar.*

POINTS DE DÉPART.	CROISEMENTS DES MÉRIDIENS DE						
	71° E.	72° E.	73° E.	74° E.	78° E.	79° E.	80° E.
	N.	N.	N.	N.	N.	N.	S.
Bombay.	15° 00′	12° 30′	10° 30′	8° 00′	1° 30′	Équat[r].	2° 00′
Côte de Malabar. . . .	....	....	10 30	8 00	1 30	Équat[r].	2 00

TABLEAU N° 3. — *Commencement de la route, en partant de Pointe de Galles ou de Colombo.*

CROISEMENTS DES PARALLÈLES DE				
78° E.	79° E.	80° E.	83° E.	84° E.
N.	N.	N.		S.
5° 20′	4° 20′	3° 15′	Équat[r].	2° 00′

TABLEAU N° 4. — *Commencement de la route, en partant de Karachi.*

LATITUDES DE CROISEMENTS DES MÉRIDIENS DE									
65° E.	66° E.	68° E.	70° E.	71° E.	72° E.	73° E.	74° E.	78° E.	79° E.
N.	N.	N.	N.	N.	N.	N.	N.	N.	
23° 30′	22° 30′	20° 30′	19° 00′	15° 00′	12° 30′	10° 30′	8° 00′	1° 30′	Équatr.

TABLEAU N° 5. — *Suite des routes précédentes, quel que soit le port de départ.* (La fin de la route est au § 344, page 900.)

SAISONS.	CROISEMENTS DES PARALLÈLES DE						
	Équatr.	5° S.	10° S.	20° S.	25° S.	27°30′ S	29°30′ S
	E. ° ′	E. ° ′	E. ° ′	E. ° ′	E. ° ′	E. ° ′	E. ° ′
	En venant de Karachi, Mascate, Bombay ou de la côte de Malabar.						
Avril, Mai et Juin. . .	79 00	79 00	74 00	63 00	53 00	45 30	38 00
Juillet, Août et Septbre.	79 00	80 00	75 00	63 00	51 00	45 30	38 00
	En venant de Ceylan (Galles ou Colombo).						
Avril, Mai et Juin. . .	83 00	84 00	80 30	65 00	53 00	45 30	38 00
Juillet, Août et Septbre.	83 00	83 00	77 00	63 00	51 00	45 30	38 00

§ 351. — Routes pour revenir dans l'Atlantique Sud, quand on part durant la mousson de N.E. de n'importe quel port du golfe du Bengale, et par exemple : de Trinquemaley, Pondichéry, Madras, Cocanada, Calcutta, Chittagong, Akyab, Dalhousie, Rangoon, Amherst, Mergui, Penang, Singapour ou Achem.

1° *En partant de Calcutta, de la côte de Coromandel, ou de la côte E. de Ceylan.*

En partant de Calcutta, d'un port de la côte de Coromandel, tel que Cocanada ou Madras, ou de la côte E. de Ceylan, par exemple de Trinquemaley, on pourra tracer sur sa carte la route à suivre, en se reportant aux Tableaux nos 1, 2, 3 et 4 placés à la fin du présent paragraphe. On pourra également se reporter aux §§ 292 et 319, si l'on désire trouver des instructions complètes, sur la partie de la route comprise dans le golfe du Bengale.

Du 1er octobre au 1er Février, dans le golfe du Bengale, les routes seront occidentales. On sera peut-être tenté de leur préférer des routes plus directes. Cependant, nous pensons qu'un voilier trouvera finalement de l'avantage à profiter de la plus grande force des courants favorables de la côte de Coromandel, et à pénétrer bien à l'O. dans la zone comprise entre 10°N, et l'Equateur, où les vents de la partie de l'O. sont fréquents, surtout en octobre et en novembre.

En février, mars et avril, dans le golfe du Bengale, les routes seront directes, dans la partie centrale du golfe, ou même un peu à l'E., en ayant soin d'éviter la côte de Coromandel, où les courants portent au N., dès le mois de février.

En septembre, dans le golfe du Bengale, on aura à choisir, d'après les circonstances de temps, et ainsi que nous l'avons indiqué aux §§ 292 et 319, entre deux routes qui seront d'ailleurs toujours fort rapprochées de la côte de Coromandel. Pendant ce mois, entre Ceylan et l'Equateur, vents de S.O. Entre l'Equateur et 5°S., vents dominants de S., variables au S.E., à l'E., au S.O. et à l'O., avec quelques calmes. De 5° à 25°S., alizés de S.E. Au-delà de 25°S., vents de N.E. et de S.E. Pour la fin de la route, voir § 344.

En octobre, novembre et décembre, entre 10°N. et l'Equateur, brises dominantes de N.O. et S.O.,variables au N.E. et au S.E., avec des calmes assez fréquents. Entre l'Equateur et 6° ou 7°S., brises de N.O. et de S.O., avec calmes assez fréquents. A partir de 6° ou 7°S., les vents se fixent au S.E., et l'on a les alizés soufflant de cette partie jusque vers 25°S. De 25°S. jusque dans le S. de Madagascar, vents de S.E., de N.E. et de N., avec quelques rares chances de S.O. Au-delà de Madagascar, la route s'achèvera, comme au § 344.

En janvier, février et mars, vents de N.E. dans tout le golfe du Bengale jusqu'à l'Equateur. Entre l'Equateur et 8°S., vents de N.O. et de S.O., avec peu de calmes. Au-delà de 8°, ou de 10°S., alizés de S.E. jusqu'à 25°S. De 25°S. jusque dans le S. de Madagascar, vents de S.E. à N.E. Au-delà de Madagascar, on terminera comme au § 344.

En avril, au-delà de Ceylan, il est probable que l'on commencera à ressentir les vents de S.O.; et les brises dépendront souvent de cette partie, jusque vers 5° ou 6°S., en même temps que les courants porteront à l'E., de 18 à 72 milles par 24 heures. Au-delà de 6°S., alizés de S.E., et courant vers l'Ouest.

Pendant la mousson de N.E., d'octobre en mars, *les courants* porteront au S.O. et à l'O., de 12 à 60 milles par 24 heures, dans le golfe du Bengale, jusque par 1° ou 2°S. Puis, entre 2°S. et 7°S., ils porteront à l'E., de 30 à 54 milles. Enfin, de 7°S. à 20°S., courants O. de 12 à 30 milles. Au-delà de 20°S., le courant O. et S.O. a une vitesse de 12 à 48 milles, qui augmente à mesure qu'on approche de la côte d'Afrique (voir § 344).

2° En partant des ports situés à l'E. du golfe du Bengale, tels que Chittagong, Akyab, Dalhousie, Rangoon, Amherst, Mergui, Achem, Penang et Singapour.

Les Tableaux nos 5, 6, 7, 8 et 9, placés à la fin du présent paragraphe permettront de tracer la route sur la carte.

En partant, durant cette mousson, *de Chittagong, d'Akyab, ou de Dalhousie*, la première partie de la traversée sera effectuée facilement, dans le golfe du Bengale, avec des brises favorables et des courants portant à l'O. et au S.O. On passera toujours dans l'O. des îles Andaman.

En partant de Rangoon, ou d'Amherst, on gouvernera d'abord de manière à passer dans le S. de Baragou, ainsi que nous l'avons indiqué au § 305. La route sera donnée ensuite sur le feu de l'île Table; on prendra le chenal S. de Preparis; après quoi l'on suivra facilement les croisements indiqués dans les Tableaux.

En partant de Mergui, on commencera la traversée, comme il est dit au § 313, en passant dans le S. du banc de l'Invisible, et en prenant le chenal des Dix-Degrés. On continuera, en suivant sans difficulté les croisements indiqués au Tableau.

En partant d'Achem, la meilleure route, au moins pour les voiliers, consistera à prendre le Passage du Bengale; et à contourner par le N. le feu de Pulo-Brasse. On gouvernera ensuite, d'abord à l'O.S.O., puis au S.O., pour rallier la route indiquée.

En partant de Singapour, la route la plus courte consistera généralement à passer par le détroit de la Sonde (voir Océan Pacifique: § 331, et Océan Indien: § 353). Néanmoins, la route par le N. de Pulo Brasse sera facile, durant la mousson de N.E. On remontera le détroit de Malacca (voir § 302); la route sera donnée pour passer à bonne distance dans le N. de Pulo-Rondo ; puis on se dirigera vers le S.O., en veillant le feu de Pulo Brasse par bâbord.

En partant de Penang, on fera la même route.

Quel que soit le port de départ, les chances de vents et de courants seront les mêmes, à partir du moment où l'on sera parvenu dans l'O. des îles Andaman et Nicobar, ou lorsqu'on aura doublé le méridien de Pulo Brasse.

En octobre, novembre et décembre, jusqu'à ce que le navire ait atteint l'Equateur, les vents domineront du N.O. et du S.O.; ils varieront au N.E. et au S.E., et l'on aura quelques chances de calmes. Entre l'Equateur et 5°S., vents dominants de S.O., variables au N.O., avec quelques calmes. De 5° à 8°S., vents dominants de S.E., variables au N.E., avec quelques chances de S.O. et de calmes. De 8° ou de 10°S., jusque vers 25° ou 26°S., vents alizés de S.E. Au-delà de 26°S., jusque dans le S. de Madagascar, vents de S.E., de N.E. et de N., avec quelques rares chances de S.O. Au-delà du méridien de Madagascar, voir § 344.

En janvier, février et mars, on aura des vents de N.E., avec quelques chances de calmes quand on approchera de l'Equateur. De l'Equateur à 5°S., vents de N.O., avec quelques calmes. De 5° à 10°S., vents de N.O. et de S.O., avec quelques chances de S.E. et de calmes. De 9°, ou de 10°S., à 25°S., alizés de S.E. De 25°S. jusque dans le S. de Madagascar, vents de S.E. et de N.E. Au-delà du méridien de Madagascar, voir § 344.

Les courants jusqu'à l'Equateur porteront vers le S.O., de 12 à 24 milles par 24 heures. De l'Equateur à 7°S., ils porteront vers l'E. de 30 à 50 milles par 24 heures. Dans les alizés, direction vers l'O., vitesse de 12 à 36 milles par 24 heures. Au-delà de 20°S., le courant porte vers l'O., vers l'O.S.O., puis vers le S.O., dans le sens même de la route à suivre, avec une vitesse variable de 12 à 48 milles par 24 heures, qui augmente beaucoup lorsque l'on approche de la côte d'Afrique (voir § 344).

Voici les *Tableaux de croisements* des différentes routes que l'on pourra se proposer de suivre.

TABLEAU N° 1. — *Route en partant de Calcutta, en mousson de N.E., pour l'Atlantique Sud.*

(La fin de la route est à la page 900.)

ÉPOQUES auxquelles on sera dans le golfe du Bengale.	LONGITUDES DE CROISEMENTS DES PARALLÈLES DE												
	20° N.	18° N.	16° N.	14° N.	12° N.	10° N.	8° N.	Équat^r	5° S.	10° S.	20° S.	25° S.	27° 30' S.
	E.	E.	E.	E.	E.	E.	E.	E.	E.	E.	E.	E.	E.
	° '	° '	° '	° '	° '	° '	° '	° '	° '	° '	° '	° '	° '
1er Octobre à 1er Février	84 40	82 25	80 45	79 50	79 00	78 30	79 30	85 30	85 30	84 30	68 00	58 00	49 00
Février, Mars et Avril	86 15	86 30	87 10	87 25	87 30	87 30	87 30	87 30	87 30	86 30	73 00	60 00	53 00
En Septembre *(deux routes)*	84 20	82 00	80 10	79 00	78 00	78 20	79 45	85 30	85 30	84 00	65 00	51 30	45 30
	85 15	83 30	82 20	80 00	78 00	78 20	79 45	85 30	85 30	84 00	65 00	51 30	45 30

TABLEAU N° 2. — *Route en partant de Cocanada, en mousson de N.E., pour l'Atlantique Sud.*

(La fin de la route est à la page 900.)

ÉPOQUES auxquelles on sera dans le golfe du Bengale.	LONGITUDES DE CROISEMENTS DES PARALLÈLES DE										
	16° N.	14° N.	12° N.	10° N.	8° N.	Équat^r	5° S.	10° S.	20° S.	25° S.	27° 30' S.
	E.	E.	E.	E.	E.	E.	E.	E.	E.	E.	E.
	° '	° '	° '	° '	° '	° '	° '	° '	° '	° '	° '
1er Octobre à 1er Février	80 30	79 50	79 00	78 30	79 30	85 30	85 30	84 30	68 00	58 00	49 00
Février, Mars et Avril	82 00	83 25	84 15	84 30	84 40	85 00	85 00	84 30	73 00	60 00	53 00
En Septembre *(deux routes)*	80 10	79 00	78 00	78 20	79 45	85 30	85 30	84 00	65 00	51 30	45 30
	81 00	80 00	78 00	78 20	79 45	85 30	85 30	84 00	65 00	51 30	45 30

TABLEAU N° 3. — *Route en partant de Madras, en mousson de N.E., pour l'Atlantique Sud.*

(La fin de la route est à la page 900).

ÉPOQUES auxquelles on sera dans le golfe du Bengale.	CROISEMENTS DES PARALLÈLES DE									
	12° N.	10° N.	8° N.	5° N.	Équat^r^.	5° S.	10° S.	20° S.	25° S.	27°30' S
	E.	E.	E.	E.	E.	E.	E.	E.	E.	E.
	° '	° '	° '	° '	° '	° '	° '	° '	° '	° '
1er Octobre à 1er Février.	78 30	78 30	79 30	82 00	85 30	85 30	84 30	68 00	58 00	49 00
Février, Mars et Avril.	80 50	82 20	82 30	82 40	83 00	83 00	82 30	72 00	60 00	53 00

TABLEAU N° 4. — *Route en partant de Trinquemaley, en mousson de N.E., pour l'Atlantique Sud.*

(La fin de la route est à la page 900.)

ÉPOQUES DU DÉPART.	CROISEMENTS DES PARALLÈLES DE								
	8° N.	5° N.	Équat^r^.	5° S.	10° S.	20° S.	25° S.	27°30' S	29°30' S
	E.	E.	E.	E.	E.	E.	E.	E.	E.
	° '	° '	° '	° '	° '	° '	° '	° '	° '
Du 1er Octobre à la fin de Janvier.	79 30	82 00	85 30	85 30	84 30	68 00	58 00	49 00	38 00
Février, Mars et Avril.	79 30	81 20	83 00	83 00	82 30	72 00	60 00	53 00	44 00

TABLEAU N° 5. — *Routes en partant de Chittagong, d'Akyab ou de Dalhousie, en mousson de N.E., pour l'Atlantique Sud.* (La fin de la route est à la page 900.)

ÉPOQUES DE LA TRAVERSÉE.	LONGITUDES DE CROISEMENTS DES PARALLÈLES DE											
	20° N.	18° N.	16° N.	14° N.	12° N.	10° N.	Équatr	5° S.	10° S.	20° S.	25° S.	27° 30′ S.
	E. ° ′	E. ° ′	E. ° ′	E. ° ′	E. ° ′	E. ° ′	E. ° ′	E. ° ′	E. ° ′	E. ° ′	E. ° ′	E. ° ′
En partant de Chittagong.												
Octobre, Novembre et Décembre.	88 20	87 15	86 10	85 05	84 00	83 00	83 00	83 00	80 30	65 00	57 00	50 00
Janvier, Février et Mars.	88 20	87 35	87 00	86 15	85 35	85 00	84 00	83 00	83 00	72 00	60 00	53 00
En partant d'Akyab (Aracan).												
Octobre, Novembre et Décembre.	90 30	89 15	88 05	87 05	86 00	85 00	85 00	85 00	83 00	65 30	57 00	50 00
Janvier, Février et Mars.	90 30	89 30	88 45	87 55	87 10	86 30	84 00	83 00	83 00	72 00	60 00	53 00
En partant de Dalhousie (Bassein).												
Octobre, Novembre et Décembre.	......	......	......	89 45	88 15	87 00	87 00	87 00	85 30	68 00	57 00	50 00
Janvier, Février et Mars.	......	......	......	90 00	89 20	89 10	89 30	89 30	88 00	72 00	60 00	53 00

TABLEAU N° 6. — *Route en partant, pendant la mousson de N.E., de Rangoon pour l'Atlantique Sud.*
(La fin est à la page 900.)

ÉPOQUES DE LA TRAVERSÉE.	CROISEMENTS DES MÉRIDIENS DE					CROISEMENTS DES PARALLÈLES DE								
	94° E.	93° E.	92° E.	91° E.	90° E.	10° N.	5° N.	Équatr	5° S.	10° S.	20° S.	25° S.	27° 30' S.	29° 30' S.
	N. ° '	N. ° '	N. ° '	N. ° '	N. ° '	E. ° '	E. ° '	E. ° '	E. ° '	E. ° '	E. ° '	E. ° '	E. ° '	E. ° '
Octobre, Novembre et Décembre.	16 00	15 20	14 45	14 20	13 50	87 00	87 00	87 00	87 00	85 30	68 00	57 00	49 30	38 00
Janvier, Février et Mars.	16 00	15 20	14 45	14 20	13 40	89 10	89 20	89 30	89 30	88 00	72 00	60 00	53 00	43 00

TABLEAU N° 7. — *Route en partant, pendant la mousson de N.E., d'Amherst pour l'Atlantique Sud.*
(La fin est à la page 900.)

Coupez 95°E. par 16°00'N.; 94°E. par 15°45'N.; 93°E. par 15°20'N.; et reportez-vous ensuite au Tableau N° 6, comme si vous étiez parti de Rangoon.

TABLEAU N° 8. — *Route en partant, pendant la mousson de N.E., de Mergui pour l'Atlantique Sud.*
(La fin est à la page 900.)

ÉPOQUES DE LA TRAVERSÉE.	CROISEMENTS DES MÉRIDIENS DE						CROISEMENTS DES PARALLÈLES DE								
	95° E.	94° E.	93° E.	92° E.	91° E.	90° E.	8° N.	5° N.	Équatr	5° S.	10° S.	20° S.	25° S.	27° 30' S.	29° 30' S.
	N. ° '	N. ° '	N. ° '	N. ° '	N. ° '	N. ° '	E. ° '	E. ° '	E. ° '	E. ° '	E. ° '	E. ° '	E. ° '	E. ° '	E. ° '
Octobre, Novembre et Déc.	12 45	12 15	11 40	11 00	10 35	10 00	88 10	87 00	87 00	87 00	85 30	68 00	57 00	49 30	38 00
Janvier, Février et Mars.	12 45	12 15	11 40	11 00	10 35	9 35	89 30	89 20	89 30	89 30	88 00	72 00	60 00	53 00	43 00

TABLEAU N° 9. — *Route en partant, pendant la mousson de N.E., d'Achem, de Penang, de Malacca, etc., pour l'Atlantique Sud.* (La fin est à la page 900.)

ÉPOQUES DE LA TRAVERSÉE.	CROISEMENTS DES MÉRIDIENS DE				CROISEMENTS DES PARALLÈLES DE							
	96° E.	94° E.	93° E.	92° E.	5° N.	Équat^r	5° S.	10° S.	20° S.	25° S.	27° 30' S.	29° 30' S.
	N.	N.	N.	N.	E.	E.	E.	E.	E.	E.	E.	E.
	° '	° '	° '	° '	° '	° '	° '	° '	° '	° '	° '	° '
Octobre, Novembre et Décembre.	5 45	6 20	6 15	5 35	91 30	90 30	90 30	90 00	70 00	57 00	49 30	38 00
Janvier, Février et Mars.	5 45	6 20	6 15	5 35	91 30	90 30	90 30	90 00	72 00	60 00	53 00	43 00

§ 352. — Routes pour revenir dans l'Océan Atlantique Sud, quand on part durant la mousson de S.O. d'un port quelconque du golfe du Bengale, et par exemple : de Trinquemaley, de Pondichéry, de Madras, de Cocanada, de Calcutta, de Chittagong, d'Akyab, de Dalhousie, de Rangoon, d'Amherst, de Mergui, de Penang, ou d'Achem.

En partant de Calcutta pendant la mousson de S.O., on se conformera aux instructions du § 288, pour descendre le golfe du Bengale.

En partant de Trinquemaley, de Madras, ou de tout autre port de la côte E. d'Hindoustan jusqu'à Calcutta, on trouvera au § 320 des instructions et des Tableaux de croisements, qui ont été donnés pour les voiliers ayant à se rendre pendant la mousson de S.O. à Galles et à Colombo, par la route du S. Ces instructions et ces croisements, depuis le port de départ jusqu'aux alizés de S.E., s'appliquent également aux navires qui doivent, à la même époque, se rendre dans l'Atlantique Sud.

En partant de Chittagong, d'Akyab, de Dalhousie, de Rangoon, d'Amherst, de Mergui, de Penang ou d'Achem, on trouvera au § 314 des instructions et des Tableaux de croisements qui ont été donnés pour les voiliers ayant à se rendre, pendant la mousson de S.O., à Galles et à Colombo, par la route du S. Ces instructions et ces Tableaux, depuis le point de départ jusqu'aux alizés de S.E., conviennent également aux navires qui ont, dans la même saison, à se rendre dans l'Atlantique Sud.

En avril, mai et juin, les alizés de S.E. commenceront généralement à se faire sentir, à partir du parallèle de 7°S., que l'on coupera entre 85° et 90°E., et par une longitude variable suivant le port d'où l'on viendra. Entre 20° et 25°S., vents de S.E. et de N.E. De 25° à 30°S., vents dominants de S.E., variables au N.E. et au S.O., et quelquefois au N.O. Au-delà du méridien de Madagascar, voir § 344.

En juillet, août ou septembre, on aura les alizés de S.E., depuis 5°S. que l'on coupera entre 85° et 90°E., jusque vers 25°S. Au-delà de 25°S., vents dominants de N.E., variables au S.E., jusque dans le S. de Madagascar. Au-delà de Madagascar, voir le § 344.

Les courants, depuis le moment où le navire aura pénétré dans les alizés jusque vers 20°S., porteront à l'O., avec une vitesse de 18 à 36 milles. Au-delà de 20°S., courants vers l'O. et l'O.S.O., dans le sens de la route, ayant une vitesse variable de 12 à 48 milles, qui augmente à mesure que le navire approche de la côte d'Afrique (voir § 344).

Comme nous l'avons dit plus haut, les croisements du commencement de la route jusqu'aux alizés se trouvent aux §§ 288, 320 et 314. Ayant atteint les alizés de S.E., on continuera la route, comme l'indique le Tableau suivant.

Suite de la route de retour à destination de l'Atlantique Sud, quand on est parti pendant la mousson de S.O. du golfe du Bengale.

SAISONS.	CROISEMENTS DES PARALLÈLES DE				
	15° S.	20° S.	25° S.	27°30' S	29°30' S
	E.	E.	E.	E.	E.
	° '	° '	° '	° '	° '
Avril, Mai et Juin. . . .	75 30	65 30	53 00	45 30	38 00
Juillet, Août et Septembre.	75 30	65 30	51 00	45 30	38 00

Enfin, au-delà de 29°30'S., on trouvera les croisements à suivre, en se reportant au § 344.

§ 353. — Routes pour revenir dans l'Atlantique Sud, en partant des ports à poivre de la côte N.O. de Sumatra, ou du détroit de la Sonde, ou de l'un des détroits de Bali, de Lombok, etc., d'Ombay ou de Torrès.

1° *En partant des ports à poivre de la côte N.O. de Sumatra (Analaboo, Qualah Battoo, etc.).*

En janvier, février et mars, on se dirigera autant que possible vers le S.O., avec des vents dominants de N.O., variables au N. et au N.E., de manière à couper 10°S. dans les environs de 88°E. Entre la côte N.O. de Sumatra et l'Equateur, le courant portera généralement au S.E., vitesse de 24 à 30 milles par 24 heures. Entre l'Equateur et 7°S., courant vers l'E. Puis, au-delà de 8° ou 9°S., dans les alizés, courants vers l'O. Après avoir coupé 10°S. à peu près par 88°E., la traversée sera continuée, comme il a été dit au § 351, pour les navires venant d'Achem.

En avril mai et juin, on tâchera de faire d'abord route vers le S., ou le S.S.O., avec des brises de S.O. et de N.O. variables, et avec quelques chances de calmes, en se proposant s'il est possible d'atteindre l'Equateur dans l'E. de 95°E. On continuera ensuite à tâcher de faire du S., avec les mêmes brises dominantes, qui seront variables parfois au N.E. et au S.E., avec des calmes assez fréquents; et l'on essaiera de couper 5°S. dans les environs de 93°E. Au-delà de 6°S., ou au plus tard au-delà de 8°S., le navire atteindra les vents dominants de la partie du S.E., avec lesquels on coupera 10°S. à peu près par 90°E.; puis 78°E. par 17°S.; et la traversée sera achevée comme en partant du détroit de la Sonde (voir la deuxième partie du présent paragraphe).

En juillet, août ou septembre, on descendra vers le S., avec des brises de S.O. et de N.O., et quelques chances de calmes, en tâchant de couper l'Equateur par 94°E. environ ; puis 5°S. par 93°E., ou par 92°E., mais pas plus loin dans l'O. que ce dernier méridien. Ensuite, on gouvernera, avec les alizés de S.E., pour couper 20°S. par 65°30′E.; et la traversée sera terminée, comme si le navire venait du détroit de la Sonde (voir la deuxième partie du présent paragraphe).

En octobre, novembre ou décembre, il faudra s'attendre à trouver d'abord des brises dominantes de S.O. et de N.O., variables au S.E. et au N.E., avec quelques chances de calmes. On fera une route aussi rapprochée du S.O. que les vents le permettront, en se proposant de couper l'Equateur par 92°E. Au-delà de l'Equateur jusque vers 7° ou 8°S., les vents domineront de la partie du S.O., variables au N.O. et tendant à hâler le S.E. à mesure qu'on fera du Sud. Si l'on ne trouve que des brises de S.O., la bordée tribord amures fera naturellement faire de l'E., ce qui sera défavorable, parce que plus le navire sera porté dans l'E., et plus les chances de calmes augmenteront. Il sera bon, lorsque les circonstances le permettront, de tâcher de couper 8°S. par 93°E., ou même plus à l'O., s'il est possible de le faire, sans jamais louvoyer bien entendu. Les alizés de

S.E. commenceront généralement par 8° ou 10°S.; ces vents permettront de gouverner, pour couper 20°S. par 70°E.; et la traversée sera terminée comme si le navire venait du détroit de la Sonde (voir la 2e partie du présent paragraphe).

2° En partant du détroit de la Sonde.

Le détroit de la Sonde est celui que suivent toujours les navires venant de Batavia. Il est également recommandé aux navires partant de Singapour à destination de l'Atlantique S., particulièrement pendant la mousson de S.O. Ce détroit est encore suivi par les navires venant de la Cochinchine, de Hong-Kong, et en général d'un point quelconque des mers de Chine, surtout pendant la mousson de N.E. Durant l'autre mousson, les navires revenant de la Chine prennent assez souvent le détroit de Lombok, ou celui d'Ombay.

Les navires qui débouchent dans l'océan Indien, par le détroit de la Sonde, éprouvent d'abord des contrariétés pendant la période comprenant les mois de novembre à mars, parce que à cette époque règne le long des îles Malaises, la mousson d'O., produisant souvent un courant vers l'E. Mais, pendant le reste de l'année, d'avril en octobre, la traversée est facile, avec les brises d'E. qui se fondent sans interruption avec les alizés de S.E.

En janvier, février et mars, en partant de la Sonde, on aura d'abord les vents de N.O. et de S.O. de la mousson d'O. Ces vents ne seront généralement pas remplacés par les alizés de S.E., tant que le navire ne sera point parvenu dans le S. de 10°S., ou de 12°Sud.

En avril, mai et juin, dès le début de la traversée, les vents domineront de la partie du S.E., variables au N.E. et au S.O. A mesure que le navire s'éloignera dans le S.O., les alizés seront de plus en plus fixes de la partie du S.E.

En juillet, août et septembre, route très-facile; vents de la partie du S.E. pendant tout le temps.

En octobre, novembre et décembre, en partant de la Sonde, on aura d'abord des brises d'O., de S.O. et de S.E. avec des calmes assez fréquents. Plus le navire fera du S.O., plus il se rapprochera de la zone où règnent les vents de S.E.; ces vents ne règnent généralement que dans le S. de 10°Sud.

Les courants, à partir du moment où le navire se trouvera dans les vents de la partie du S.E., porteront vers l'O., avec une vitesse qui variera de 12 à 36 milles par 24 heures jusqu'à 88°E. Entre 88° et 78°E., la vitesse variera de 18 à 60 milles. Entre 78° et 48°E., direction vers le S.O., vitesse de 12 à 36 milles. Entre 48° et 33°E., direction vers le S.O., vitesse de 24 à 42 milles.

Nous donnons plus loin le Tableau de croisements, indiquant la meilleure route à suivre, pour chaque mois ; ce Tableau est la reproduction de celui qui a été publié par l'Institut météorologique des Pays-Bas. Comme on le verra, les mois de mai en septembre sont ceux pendant lesquels la route passe le plus près de la Réunion, c'est-à-dire le plus dans le N. Il en est ainsi parce qu'alors la limite méridionale des vents de S.E. remonte plus haut dans le N.; et en outre parce que ces mois sont ceux pendant lesquels on a le moins à craindre les ouragans dans les parages de Maurice et de la Réunion. Quant à la fin de la traversée, elle sera faite suivant les indications du § 344.

La météorologie de M. l'ingénieur Ploix contient un résumé des instructions hollandaises, que nous reproduirons en partie ci-après. Ces instructions ne portent guère que sur la partie difficile de la route, c'est-à-dire sur le commencement de la traversée, pour les navires à voiles partant du détroit de la Sonde pendant les mois de la mousson d'Ouest.

En janvier, en partant de la Sonde, il faut tâcher de gagner le parallèle de 12°S., le plus vite possible. Au-delà de cette latitude, il n'y aura plus guère à craindre de vents contraires jusqu'au méridien de 78°Est.

En février, si l'on rencontre des vents de S.O., il faudra prolonger la bordée au S.S.E., et ne changer d'amures que dans le cas où le vent hâlerait davantage la partie du Sud.

En mars, en partant de la Sonde, on se tiendra auprès de Sumatra, où l'on pourra trouver des brises de N.O., qui permettront de faire l'O.S.O. Si l'on allait plus dans le S., on aurait plus de chances de rencontrer des brises de S.O. avec lesquelles la route ne pourrait valoir que l'O.N.O. Entre 88° et 43°E., les vents sont favorables de l'E.S.E. et de l'E.N.E. Entre 48° et 38°E., on pourra avoir des orages, des bourrasques et de fortes averses.

En avril, la mousson de la partie de l'E. et du S.E. commence à souffler, de sorte qu'il n'y a pas autre chose à craindre que les calmes assez fréquents au début de la traversée. Il faudra tâcher de ne point faire de S. avant d'avoir atteint le méridien de 100°Est.

En novembre, on pourra se trouver conduit à couper 98°E. entre 7°S. et 16°S. Les navires qui coupent ce méridien loin dans le S. mettent 2 ou 3 jours de plus à l'atteindre; mais ils se trouvent ensuite en meilleure situation pour continuer leur traversée. On agira donc suivant les circonstances.

Voici le Tableau des croisements de routes que l'on pourra se proposer de suivre. Ce Tableau est la reproduction de celui des instructions hollandaises (voir : Météorologie de M. Ploix).

TABLEAU

Des Croisements de la route des voiliers, allant du détroit de la Sonde à l'Océan Atlantique Sud.

(*La fin de cette route se trouve au* § 344.)

ÉPOQUE DE LA TRAVERSÉE.	LATITUDES DE CROISEMENTS DES MÉRIDIENS DE						
	98° E.	88° E.	78° E.	68° E.	58° E.	48° E.	38° E.
	S. ° ′	S. ° ′	S. ° ′	S. ° ′	S. ° ′	S. ° ′	S. ° ′
Janvier	12 00	18 00	19 30	22 30	25 30	28 30	....
Février	12 30	18 45	21 30	23 30	26 00	29 00	31 30
Mars	12 00 / 9 30	16 30	19 30	23 00	25 00	28 30	30 30
Avril	9 15	13 45	17 15	20 15	24 00	27 00	29 30
Mai	8 45	13 00	16 30	20 00	23 30	26 30	29 30
Juin	8 30	12 30	15 45	19 00	23 30	26 15	29 30
Juillet	8 15	12 15	15 45	19 00	23 00	26 15	29 00
Août	8 15	12 15	15 45	19 15	23 00	26 15	28 45
Septembre	8 15	12 00	15 45	19 30	23 00	26 45	29 30
Octobre	8 15	12 15	16 45	20 15	24 15	27 30	29 30
Novembre	8 45	12 15	17 00	21 00	24 30	28 00	30 00
Décembre	9 30	17 30	19 15	22 30	25 00	28 30	30 00

3° *En partant des détroits de Bali, ou de Lombok.*

Les détroits de Bali, de Lombok et d'Ombay, sont pris assez fréquemment par les navires qui reviennent des mers de Chine, pendant la mousson de S.O., c'est-à-dire d'avril en septembre (voir : Océan Pacifique, page 331).

Les navires qui déboucheront de l'un de ces détroits, pour entrer dans l'Océan Indien, entre avril et octobre, auront ensuite une traversée facile. Pendant les mois d'avril, mai et juin, ils trouveront des brises dominantes de S.E. et surtout d'E.S.E., jusque par 108°E. Au-delà de ce méridien, les alizés seront bien établis du S.E. Pendant les mois de juillet, août et septembre, les vents domineront de l'E.S.E. jusque par 103°E.; et ensuite de la partie du S.E.

Mais *de novembre en mars*, quand on sortira de l'un des détroits de Bali, de Lombok, ou d'Ombay, il faudra s'attendre à trouver d'abord les brises contraires de la mousson d'O. Plus la route que le navire pourra faire, se rapprochera du S.O., meilleure elle sera, parce qu'elle fera atteindre plus vite les alizés de S.E. Il ne faudra généralement point compter sur les vents de S.E., avant d'avoir pu gagner le parallèle de 12°Sud.

Les instructions hollandaises pour cette route ont été reproduites dans la Météorologie de M. Ploix ; et nous en donnons ci-après un résumé.

En janvier, en partant du détroit de Bali, si les vents sont contraires, il faudra louvoyer sans s'éloigner beaucoup de la côte de Java. Ce commencement de route sera difficile, et l'on pourra mettre 11 jours à parcourir l'espace compris entre Bali et la Sonde. On tâchera de couper 107° et 108°E. par 11°S., en évitant de couper ces méridiens dans le S. de 12°S. On coupera 102°E. entre 14° et 15°S.; et l'on tâchera de ne pas aller plus S. que ces croisements.

En février, en partant de Bali, il conviendra de se maintenir entre 9° et 11°S., en louvoyant à petits bords pour s'élever dans l'O., jusqu'à 108°E. que l'on coupera au N. de 15°S. Auprès de terre, les vents souffleront généralement du N.O., ce qui permettra de faire le S.O.; au contraire, à quelque distance au large, ils passeront à l'O. et au S.O.; il y aura donc tout avantage à rester auprès de Java. Le courant qui porte ordinairement à l'E., à cette époque, entre 9° et 11°S., est assez faible pour que l'on puisse s'élever dans l'O., même avec de petites brises. Quand il aura été possible de longer la côte de Java et de couper 109°E. entre 10° et 11°S., il faudra s'éloigner de terre, parce qu'en allant dans le S., on trouvera des brises plus favorables qui tourneront graduellement au S., et qui permettront de se diriger au S.O. pour échapper à l'influence de la mousson.

Pendant la première quinzaine de mars, la route sera la même qu'en février. En partant de Bali, on louvoiera donc s'il le faut pour faire de l'O., et l'on évitera de faire trop tôt du Sud.

Pendant la deuxième quinzaine, au contraire, il sera préférable de se diriger d'abord vers le S., pour chercher l'alizé de S.E., avec lequel on commencera par faire route à l'O.S.O.

En novembre, en partant de Bali, on côtoiera l'île de Java, de manière à couper 108°E. autant que possible dans le N. de 11°30'Sud.

En décembre, on tâchera encore de s'élever dans l'O., en longeant le littoral de Java. Après avoir coupé s'il est possible 108°E. par 11°S., on pourra s'éloigner de la côte et se diriger vers le croisement de 103°E. par 16°Sud.

En partant de Lombok, les routes seraient les mêmes.

Voici le Tableau des croisements que l'on pourra se proposer de suivre. Les routes de novembre en mars sont celles de l'Institut météorologique de Hollande. Nous avons simplement complété le Tableau pour la période d'avril en octobre.

TABLEAU

Des Croisements de routes à suivre en partant du détroit de Bali, ou de Lombok, pour se rendre dans l'Atlantique Sud. — *(La fin de la route se trouve au § 344.)*

ÉPOQUES DE LA TRAVERSÉE.	LATITUDES DE CROISEMENTS DES MÉRIDIENS DE								
	108° E.	103° E.	98° E.	88° E.	78° E.	68° E.	58° E.	48° E.	38° E.
	S. ° '	S. ° '	S. ° '	S. ° '	S. ° '	S. ° '	S. ° '	S. ° '	S. ° '
Janvier.	11 00	14 30	17 30	18 30	19 30	22 30	25 30	28 30	30 00
Février.	10 30	16 00	17 45	20 00	22 00	23 30	26 00	29 00	31 00
1re quinzaine de Mars.	12 00	14 30	17 30	20 00	21 30	23 00	25 00	28 30	30 30
2e quinzaine de Mars.	14 30	14 30	16 30	19 30	20 30	22 00	24 00	27 00	29 30
Avril, Mai et Juin. . .	10 30	12 00	13 00	15 00	17 30	20 00	23 00	27 00	29 30
Juillet, Août et Septbre.	10 00	11 30	12 30	15 00	17 00	19 00	22 30	27 00	29 30
Octobre et Novembre. .	11 00	13 00	15 30	16 30	17 00	21 00	24 30	28 00	30 00
Décembre	11 00	13 00	16 15	17 15	19 15	22 30	25 00	28 00	30 00

4° En partant du détroit de Torrès.

Avant de donner des indications sur cette traversée, nous commencerons par établir que les voiliers ne pourront songer à l'entreprendre que pendant la mousson de S.E., c'est-à-dire d'avril en septembre seulement.

A cette époque, quand le navire aura dépassé l'île Booby, ou quand il sera sorti du détroit de l'Endeavour, on gouvernera vers l'O., avec les vents sous vergues. Si l'on est parti de Booby, on veillera les différents bancs dont la position n'est pas certaine, et notamment le Proudfoot, le Lucius et les hauts-fonds de l'Aurore. Dans tous les cas, on passera à une vingtaine de milles dans le N. des îles Wessel; puis entre l'île Crokers et le récif Money. De là, on fera route pour passer à environ une vingtaine de milles dans le S. de Dana, ou Damo (au S. de Rotti), en passant un peu au N. du banc Echo, et à grande distance dans le N. des écueils Hibernia et Ashmore. Puis, on gouvernera pour passer à grande distance de l'île Hockie (au S. de Savu); après quoi l'on se dirigera vers l'O., avec les vents dominants de l'E.S.E., de manière à couper 98°E. dans les environs de 13°S.; et la traversée sera continuée, en suivant les croisements indiqués précédemment pour les navires partis de Bali.

Pendant la mousson de N.O., de novembre en mars, il ne faut pas essayer de faire cette traversée avec un voilier. Quant aux navires mixtes, après avoir généralement relâché à Coupang, ils pourront gouverner à la vapeur, en s'aidant des voiles quand cela sera possible, se dirigeant vers le S.O., pour couper 113°E. par 14°S.; croisement au-delà duquel ils pourront trouver le commencement des brises de S.S.O. à S.E. Ils se dirigeront ensuite pour couper 108°E. par 15° ou 16°S. De là, en octobre, novembre et décembre, ils iront couper 78°E. par 18°S.; ou bien, en janvier, février et mars, ils iront couper 88°E. par 18°S. Dans les deux cas, ils termineront comme s'ils venaient de la Sonde.

§ 354. — Route en partant de la Réunion ou de Maurice, pour revenir dans l'Atlantique Sud.

Le commencement de cette route, depuis la Réunion ou Maurice, jusqu'à la côte d'Afrique, ne présente généralement aucune difficulté : les vents et les courants sont favorables. On gouverne pour passer entre 80 et 100 milles environ de la côte S.E. de Madagascar ; puis, la route est donnée pour atterrir, soit auprès de la baie d'Algoa, soit à la hauteur de Port-Natal, de manière à profiter des courants qui descendent la côte d'Afrique.

Des indications complètes ont été données au § 344, pour atterrir sur la côte d'Afrique et pour doubler le cap de Bonne-Espérance. Nous prions donc le lecteur de s'y reporter, et nous ne donnerons ici que des renseignements sur les vents que l'on pourra trouver entre les Mascareignes et la côte d'Afrique.

En janvier, février et mars, les vents domineront de la partie du S.E. et du N.E. *En avril, mai et juin*, les vents souffleront surtout du S.E., variables du S.S.E. à l'E.S.E.; mais, indépendamment de ces vents dominants, on pourra avoir : entre les Mascareignes et 48°E., des vents de N.E. et de S.O.; entre 48° et 43°E., des vents de N.E., de S.O. et de N.O.; entre 43° et 38°E., des vents de S.O. et de N.E.; entre 38° et 33°E., des vents de S.S.O. et de N.N.E. *En juillet, août et septembre*, on aura d'abord jusqu'à 43°E. des vents de S.E., d'E.S.E. et de N.E.; puis de 43° à 38°E., des vents dominants de la partie de l'E., et quelquefois du S.; de 38° à 33°E., vents dominants de N.E., variables au S.E. et au N.O. *En octobre, novembre et décembre*, brises de S.E. et de N.E., avec quelques calmes, jusqu'à 43°E.; de 43° à 38°E., mêmes brises, avec quelques chances de S.O. en plus ; enfin, de 38° à 33°E., vents dominants de S.E. à S.O., variables parfois au N.E.

CHAPITRE HUITIÈME.

Instructions sur différentes routes, pour les navires partant d'Aden (1).

§ 355. — Routes, en partant d'Aden, pour aller à Zanzibar, aux Comores, aux Seychelles, et aux ports du canal de Mozambique.

Pendant la mousson de N.E., du commencement d'octobre en mars, les routes qui nous occupent sont faciles, aussi bien pour les voiliers que pour les navires-mixtes. On passe entre Socotora et Guardafui, et l'on suit une route directe comme nous l'avons indiquée au § 347 pour les navires qui reviennent à cette époque dans l'Atlantique Sud.

Pendant la mousson de S.O., ou plutôt quand on partira d'Aden entre le commencement de mars et la fin de septembre, il ne faudra plus passer entre Guardafui et Socotora, attendu que l'on trouverait, dans le S. de cette île, des vents d'O. et de S.O. ainsi que de très-mauvais temps et une mauvaise mer, au moins pendant le fort de la mousson.

En avril, mai et juin, après avoir commencé la traversée comme il est dit au § 348, et après avoir doublé Socotora dans le N., les voiliers feront route avec des vents de S.O. à N.O. de manière à couper 10°N. par 60°E., et l'Equateur par 66° ou 67°E. Les vents de S.O. varieront au S.E., et ils se fixeront de cette partie quand le navire aura atteint 4° ou 6°S. Avec les alizés de S.E., *si le navire est destiné à Zanzibar*, on gouvernera pour passer dans le S. du groupe des Amirantes. *Etant destiné aux Comores, à la côte N.O. de Madagascar, ou à Mozambique, etc.*, et après avoir coupé l'Equateur par 67°E., les voiliers feront d'abord le plus de S. possible, de manière à se trouver, au moment où les alizés de S.E.

(1) Voir aussi les paragraphes 270, 271, 283, 284, 321, 325, 327, 347 et 348.

seront rencontrés, en position de passer largement dans le S. du banc Saya de Malha. Ils rallieront ensuite le cap d'Ambre, en se défiant du fort courant portant à l'O. Au-delà du cap d'Ambre, si le navire doit se rendre à la côte N.O. de Madagascar ou aux Comores, on se reportera aux instructions données aux pages 268, 437 et 457 ; si l'on doit aller à Mozambique, on trouvera des indications à la page 459. *Etant destiné à des ports de la partie S. du canal*, tels que la baie Saint-Augustin, Quillimane, Inhambane, ou la baie Delagoa, il vaudra mieux, en partant d'Aden, suivre la route indiquée au § 348, c'est-à-dire : se diriger sur le chenal des Huit-Degrés ; couper l'Equateur par 79°E. ; passer dans l'E. des Chagos et dans le S. de Madagascar.

En juillet, août et septembre, la route considérée dans son ensemble, sera la même que pendant le trimestre précédent. Au N. de la Ligne, la mousson de S.O. sera plus forte, et l'on coupera l'Equateur par 68°E. environ. Il conviendra de faire ensuite le plus de S. possible, jusqu'à ce que le navire atteigne les alizés de S.E., ce qui aura lieu ordinairement par 3° ou par 4°Sud.

Les courants, d'avril en septembre, porteront à l'E., avec une vitesse comprise entre 18 et 60 milles, depuis le N. de Socotora jusque par 3°S. environ. Ayant atteint les alizés de S.E., le navire trouvera les courants portant à l'O., avec une vitesse de 30 à 60 milles, qui sera souvent encore plus considérable en approchant du cap d'Ambre. Au-delà de ce cap, et en allant vers Zanzibar, les courants porteront à l'O. et au N.O. En allant à d'autres destinations, on trouvera des indications aux pages indiquées précédemment.

Les navires à vapeur, pendant la mousson de S.O., suivront le milieu du golfe d'Aden, et passeront à une cinquantaine de milles dans le N. de Socotora. Ils gouverneront ensuite à la vapeur, soutenus au moins par les goëlettes, pour couper l'Equateur par 65°E. environ. De là, ils arrondiront leur route au S.O., puis à l'O., en passant dans le S. des Seychelles et des Amirantes, et dans le N. du banc Saya de Malha.

§ 356. — Routes en partant d'Aden pour aller à la Réunion, ou à Maurice.

1° *Route des voiliers.*

Pendant la mousson de N.E., ou pour mieux dire lorsque le navire devra atteindre l'Equateur de novembre en mars, les voiliers commenceront leur traversée en prenant la route par le S. (voir pages 532 et 536) qui a été indiquée pour aller à cette époque d'Aden à Ceylan. Ils couperont ainsi le méridien de 63°E. entre 1° et 3°S.; puis avec le courant portant généralement à l'E. et avec les brises dominant du N.O., ils iront couper 9°S., dans les environs de 67° ou de 68°E. Il conviendra ensuite de se tenir autant que possible entre 66° et 68°E. jusque vers 10° ou 12°S., latitude dans le S. de laquelle les alizés souffleront de la partie du S.E. et les courants porteront à l'O. On tiendra le vent, sans laisser porter trop tôt, afin de ne pas s'exposer à manquer Maurice, ou la Réunion.

Pendant la mousson de S.O., ou plutôt lorsque le navire devra atteindre l'Equateur entre le commencement d'avril et le commencement d'octobre, les voiliers suivront la route indiquée au § 348, comme pour revenir dans l'Atlantique S. Ils prendront le chenal des Huit-Degrés, couperont l'Equateur par 79°E., et passeront dans l'E. des Chagos.

2° *Route des navires-mixtes.*

En mousson de N.E., la route des navires-mixtes sera un peu plus courte que celle des voiliers, parce qu'il suffira, après avoir coupé 63°E. entre 1° et 3°S., de faire le S. du monde avec la mousson de N.O., pour couper 10°S. par 63°E. En quittant ce point de croisement, on pourra gagner les Mascareignes en marchant avec voiles et vapeur.

En mousson de S.O., depuis avril jusqu'à la fin de septembre, on passera toujours dans le N. de Socotora, et l'on dirigera ensuite sa route sur les Chagos. Un bon navire pourra, avec la mousson de S.O., couper l'Equateur par 65°E., et atteindre les alizés de S.E. par 2° ou 3°S., et entre les méridiens de 65° et de 66°E. De là, il pourra atteindre les Mascareignes, avec les alizés de S.E. à S.S.E., en serrant le vent avec voiles et vapeur. Mais il sera prudent, avec un navire-mixte ordinaire, de passer beaucoup plus près des Chagos; on coupera par exemple l'Equateur par 68°E.; puis on mettra le cap au S., à la vapeur, pour atteindre les alizés de S.E. par 3°S. et 68°E. environ, d'où l'on pourra généralement gagner la Réunion à la voile. Certains navires-mixtes ont une machine relativement faible, et présentent un grand fardage de sorte que (selon l'expression caractéristique des marins) ils dérivent comme des bouchons. Avec un semblable navire, il sera prudent de couper l'Equateur par 68°E. et de passer dans l'E. des Chagos à distance suffisante, pour ne pas s'exposer à tomber sous le vent des Mascareignes dans le cas où les alizés de S.E. refuseraient au S.S.E.

§ 357. — Route des paquebots d'Aden à la Réunion.

Pendant la mousson de N.E., la route des paquebots des messageries maritimes, entre Aden et la Réunion, ne présente aucune difficulté. On passe toujours entre Guardafui et Socotora; puis, avec les vents et les courants qui sont favorables dans le N. de l'Equateur, la route est donnée directement sur Mahé (Seychelles), et l'on gagne ensuite aisément les Mascareignes.

Pendant la mousson de S.O., du milieu de mai au milieu de septembre, les paquebots de cette ligne ont été jusqu'en 1878 exemptés de l'obligation de toucher aux Seychelles. Mais, actuellement c'est-à-dire à partir de la mousson de S.O. de l'année 1879, la Compagnie a accepté de faire toucher ses paquebots à Mahé.

Cette modification vient de ce que, jusqu'à présent, les navires chargés de cette ligne étaient de dimensions moyennes, et n'avaient qu'une force de machine relativement réduite; en outre, leur approvisionnement de charbon n'était pas assez considérable pour permettre d'entreprendre avec une certitude suffisante la traversée d'Aden aux Mascareignes, avec relâche à Mahé où il n'y avait point de dépôt de charbon. Maintenant, les conditions sont changées, parce que les navires employés, tels que le *Dupleix* et le *Godavery*, sont d'anciens paquebots de la ligne de Chine, qui sont de grandes dimensions et qui ont une forte machine. Quoi qu'il en soit, voici ce que l'on peut dire au sujet de la route actuellement suivie, pendant la mousson de S.O., pour aller d'Aden à la Réunion, avec relâche aux Seychelles.

La seule partie délicate est celle comprise entre Aden et les

Seychelles, ou pour mieux dire celle comprise entre Guardafui et le parallèle de 5°N. environ.

On double Guardafui à très-petite distance, par exemple à une encâblure ou deux tout au plus; et l'on continue de longer la côte pendant 40 ou 50 milles environ. Après s'être élevés ainsi dans le vent, les paquebots établissent leurs goëlettes, flèches; en un mot, tout l'ensemble de voiles latines dont ils sont spécialement munis. Etant ainsi appuyés, ils coupent franchement la mousson de S.O., à toute vapeur, et en portant à 4 ou 5 quarts du vent tout au plus. Il faut s'attendre alors à être rudement secoué par la grosse mer; mais c'est un mauvais moment que l'on doit se résigner à passer. Après 36 heures, ou 48 heures, de mer souvent très-grosse, les grands vapeurs trouvent généralement un vent et une mer maniables pour eux; et ils peuvent ainsi arrondir plus ou moins tôt pour prendre la route directe. En somme, la perte de temps n'est pas grande; car, à partir du moment où le navire quitte la côte d'Afrique (à 50 milles dans le S. de Guardafui), la vitesse augmentée par l'effet des voiles est assez grande, et l'on peut en même temps bénéficier du retour du courant qui porte vers l'E. et le S.E., dans cette région où existe le grand remous dont nous avons parlé plusieurs fois. La relâche de Mahé, pendant la mousson de S.O., ne causera donc guère que un jour, ou deux au plus, de retard pour les paquebots actuels qui filent facilement 12 nœuds.

Avec les anciens paquebots, qui dépassaient rarement 10 nœuds, les circonstances étaient différentes, ainsi que nous l'avons déjà dit plus haut.

Ainsi, en principe général, les voiliers, les petits et moyens vapeurs et la plupart des navires-mixtes doivent toujours, en venant d'Aden pendant la mousson de S.O., passer dans le N. de Socotora, comme nous l'avons maintes fois répété. Mais, les grands paquebots, les grands vapeurs et les croiseurs de grandes dimensions et de fortes machines, peuvent sans difficulté sérieuse passer entre Guardafui et Socotora, en rangeant Guardafui de très-près. Cette faculté de passer entre Guardafui et Socotora, que nous indiquons pour certains vapeurs, est bonne à mentionner, maintenant que l'on construit ces bâtiments et les navires-mixtes de plus en plus grands de sorte qu'il devient facile de faire ce qui était imprudent autrefois.

Nous donnons ci-après la reproduction de plusieurs traversées, faites à diverses époques de l'année, et que nous extrayons des journaux de bord de M. le lieutenant de vaisseau FLEURIAIS, qui a commandé pendant 2 ou 3 ans sur la ligne de la Réunion. Ces journaux sont, bien entendu, ceux de traversées faites avec les anciens paquebots, de dimensions et de forces inférieures. Ils indiquent cependant que la route passait, même pendant la mousson de S.O., entre Guardafui et Socotora; mais, à notre avis, les vapeurs moyens et avisos ordinaires feront toujours mieux, durant cette mousson, de doubler Socotora *par le N.*, lorsqu'ils iront à Ceylan, en Chine, aussi bien que lorsqu'ils seront destinés à la Réunion, aux Seychelles, à Madagascar, ou à Zanzibar.

Voici la reproduction de ces traversées.

Dates.	Latitudes.	Longitudes.	Vents.	Chemin.	Vitesse.	Thermom	OBSERVATIONS.
Première Traversée, d'Aden à la Réunion *(en Janvier).*							
6 Janvier ...	12° 46′ N.	42° 37′ E.	E. J.B.	»	»	25°	Départ d'Aden, à 1 heure.
7 — .	12 29	45 50	E. J.B.	187m	8m1	26	Courant à l'Ouest.
8 — .	11 51	48 55	E. J.B.	188	7.7	26	Courant à l'O. Doublé Guardafui à 0h 45m.
9 — .	7 52	49 54	E.N.E. J.B.	245	10.6	27	
10 — .	3 40	50 48	E.N.E. J.B.	258	10.7	27	
11 — .	0 03 N.	51 24	E. P.B.	220	9.1	27	Courant de 33 milles au N.N.O.
12 — .	3 30 S.	52 36	E.N.E. P.B.	225	9.4	29	Courant de 17 milles au N.N.O.
12 — .	» »	» »	E.N.E. P.B.	75	10.0	29	Arrivée à Mahé, à 7 heures 1/2 soir.
13 — .	6 20	53 23	O. P.B.	107	10.0	29	Départ de Mahé, à 1 heure 1/2 matin.
14 — .	10 10	53 22	Calme.	228	9.5	31	Un peu de courant vers l'Est.
15 — .	14 04	53 00	E.S.E. P.B.	235	9.8	30	Courant de 24 milles à l'Ouest.
16 — .	18 04	53 23	S.E. L.B.	241	10.0	30	
17 — .	» »	» »	Calme.	169	10.0	31	Arrivée à la Réunion à 5 h. 1/2 du matin.
Seconde Traversée, d'Aden à la Réunion *(en Février).*							
5 Février...	» »	» »	» »	»	»	27	Départ d'Aden, à 3 h. 15 m. soir.
6 — .	12° 39′ N.	45° 28′ E.	E. J.B.	166	7.9	28	
7 — .	11 34	49 02	E. P.B.	230	9.6	26	
8 — .	7 34	50 14	E.N.E. P.B.	249	10.4	27	16 milles courant au S.O.
9 — .	3 48 N.	51 56	E.N.E. P.B.	248	10.4	28	18 milles courant à l'E.N.E.
10 — .	0 14 S.	51 56	E.N.E. P.B.	243	10.1	29	25 milles courant à l'O.N.O.
11 — .	4 14	53 08	N.N.E. P.B.	252	10.5	30	15 milles courant à l'O.S.O.
11 — .	» »	» »	» »	»	»	»	Arrivée à Mahé à 2 h. 15 ; en part, à 6 h. 30.
12 — .	7 33	53 34	O.N.O. J.B.	178	10.2	30	
13 — .	11 24	52 45	O.S.O. P.B.	237	9.9	30	
14 — .	15 01	53 00	S.O. P.B.	218	9.1	31	Le 14 au soir, commnt du mauvais temps.
15 — .	15 05	53 46	S.O. à N.O. G.F.	125	»	28	Les 1res rafales sont du S.S.O., et le vent
16 — .	15 21	55 51	N. B.B.	190	»	29	tourne ensuite au S.O., O. au N.O. et au
17 — .	18 52	54 51	N.E. J.B.	220	9.2	28	N. Mer démontée. Barom. à 749. Les passa-
18 — .	» »	» »	N.E. P.B.	160	»	29	gers et le courrier ne sont débarqués que le 19.

Dates.	Latitudes.	Longitudes.	Vents.	Chemin.	Vitesse.	Thermom	OBSERVATIONS.
			Troisième Traversée, d'Aden à la Réunion *(en Mars).*				
3 Mars......	» »	» »	E. L.B.	»	»n	26°	Départ d'Aden à 6 heures 1/2 du soir.
4 — .	12° 46′ N.	44° 16′ E.	E. L.B.	95m	8.6	26	
5 — .	12 02	47 10	E.N.E. J.B.	175	9.0	27	
6 — .	10 21	49 28	E.N.E. P.B.	201	8.4	26	Doublé Guardafui à 1 heure 1/4 du matin.
7 — .	6 41	50 30	E.N.E. J.B.	228	9.5	28	12 milles de courant au N.N.O.
8 — .	3 21 N.	51 35	E.N.E. J.B.	212	8.8	29	12 milles de courant au N.N.O.
9 — .	0 06 S.	52 06	E.N.E. J.B.	210	8.7	30	15 milles de courant au N.O.
10 — .	3 40	52 52	E.N.E. J.B.	218	9.1	31	Arrivée à Mahé à 6 heures du soir.
10 — .	» »	» »	E.N.E. P.B.	»	»	31	Départ de Mahé à 11 h. 45 m. du soir.
11 — .	6 23	53 20	N.E. P.B.	109	9.0	31	Courants à l'Est.
12 — .	10 01	53 28	N.N.E. P.B.	218	9.1	32	Courants à l'Est.
13 — .	13 35	53 25	N.N.O. J.B.	215	9.0	30	Temps incertain; baromètre bas; cyclone voisin; 13 heures de cape.
14 — .	15 17	53 44	N.O. et S.S.E.	103	9.2	28	
15 — .	18 40	53 38	S.S.O. P.B.	204	8.5	29	
16 — .	» »	» »	S.S.O. P.B.	135	»	»	Arrivée à la Réunion à 4 heures matin.
			Quatrième traversée, d'Aden à la Réunion *(en Avril).*				
1er Avril......	» »	» »	» J.B.	»	»	30	Départ d'Aden à 2 heures 1/2 du soir.
2 — .	12° 37′ N.	45° 39′ E.	E. J.B.	176	8.2	29	
3 — .	11 50	48 56	E. P.B.	204	8.5	31	Doublé Guardafui à midi.
4 — .	8 43	50 08	S.E. L.B.	200	8.4	31	Courant 20 milles au N.N.E.
5 — .	5 18	51 11	E.S.E. L.B.	212	8.8	30	
6 — .	1 27 N.	52 01	E.N.E. F.B.	238	10.0	31	Un peu de courant au S.O.
7 — .	2 20 S.	53 13	NNE à NNO. FB.	240	10.0	29	Court 15m à l'E. Atterri le 7 soir sur S-Denis.
8 — .	» »	» »	Calme.	140	10.0	30	Courant à l'E. Arrivée à Mahé à 6 h. 1/2 m.
8 — .	4 42	53 17	N.O. »	»	»	30	Départ de Mahé à 11 heures du matin.
9 — .	8 31	53 17	N.O. P.B.	236	9.4	29	
10 — .	12 19	53 46	E.S.E. J.B.	228	9.5	29	
11 — .	15 50	53 56	E.S.E. J.B.	212	8.8	29	Courant 15 milles à l'Ouest.
12 — .	19 19	53 34	E.S.E. J.B.	210	8.7	29	Courant 20 milles à l'Ouest.
13 — .	» »	» »	E.S.E. J.B.	95	8.0	29	Arrivée à la Réunion, à 7 heures matin.

Dates.	Latitudes.	Longitudes.	Vents.	Chemin.	Vitesse.	Thermom	OBSERVATIONS.
Cinquième Traversée, d'Aden à la Réunion (*en Juin*). — **Sans passer par Mahé, à cause de la mousson de S.O.**							
3 Juin.......	12° 42′ N.	44° 10′ E.	E.S.E. L.B.	90m	8n0	34°	Départ d'Aden à minuit 1/2.
4 — .	12 08	47 40	Calme.	207	8.6	32	Doublé Guardafui le 5 à 1 heure matin.
5 — .	10 32	49 16	S.O. J.B.	160	8.0	28	Doublé Ras Hafoon le 5 à midi.
6 — .	8 02	51 52	S.O. F.B.	214	9.0	28	Courant 30 milles au N.E.
7 — .	4 33	54 20	O.S.O. B.B.	256	10.7	28	Courant 20 milles à l'E.S.E.
8 — .	1 11 N.	56 27	S.O. J.B.	238	10.0	28	Pas d'observation à midi.
9 — .	1 35 S.	58 12	S.S.O. J.B.	197	8.2	30	Courant 20 milles à l'E.S.E.
10 — .	4 17	59 04	S.S.E. J.B.	172	7.2	29	Courant 20 milles à l'Est.
11 — .	7 22	59 50	S.E. J.B.	190	8.0	29	Courant 5 milles à l'O.S.O.
12 — .	10 15	60 15	S.S.E. J.B.	177	7.4	28	Courant 25 milles à l'Ouest.
13 — .	13 30	58 30	S.E. J.B.	223	9.4	28	Courant 22 milles à l'Ouest.
14 — .	16 44	56 09	S.E. P.B.	239	10.0	27	Courant 25 milles à l'Ouest.
15 — .	19 46	54 13	S.O. J.B.	213	9.0	26	Courant 12 milles à l'Ouest.
15 — .	» »	» »	S.S.O. J.B.	88	7.0	25	Arrivée à la Réunion le 15 à minuit, ayant fait 297 milles de plus que la route directe.
Sixième Traversée, d'Aden à la Réunion (*en Juillet*). — **Sans passer par Mahé, à cause de la mousson de S.O.**							
22 Juillet.....	» »	» »	S.S.O. J.B.	»	»	32	Départ d'Aden à 7 heures du soir.
23 — .	12° 32′ N.	45° 09′ N.	S.O. J.B.	147	8.6	31	
24 — .	11 51	48 56	S. P.B.	228	9.5	33	Courant de 24 milles à l'Est.
25 — .	10 20	50 45	S.O. F.B.	165	6.9	25	(Parti au plus près du cap Ali-Besh).
26 — .	8 14	53 23	S.O. F.B.	207	8.6	26	
27 — .	5 45	56 38	S.O. J.B.	238	10.0	28	Courant de 25 milles à l'E.1/4N.E.
28 — .	3 06	58 22	S.O. P.B.	190	7.9	27	Courant de 17 milles au Nord.
29 — .	0 31 N.	60 03	S.S.O. L.B.	185	7.8	31	Courant de 20 milles au Nord.
30 — .	2 31 S.	60 37	S. P.B.	186	7.8	30	Courants à l'Ouest.
31 — .	5 09	61 54	S.E. P.B.	175	7.3	29	Courants au S.O.
1er Août......	8 22	60 54	S.E. P.B.	202	8.4	27	Courant de 14 milles à l'Ouest.
2 — .	11 39	60 03	S.E. J.B.	204	8.5	26	Courant de 20 milles à l'Ouest.
3 — .	14 48	58 17	S.E. J.B.	215	9.0	26	Courant de 33 milles à l'Ouest.
4 — .	17 35	55 48	S.E. J.B.	218	9.0	25	Courant de 50 milles à l'Ouest.
5 — .	20 22	53 57	S.S.E. J.B.	195	8.1	24	Courant de 10 milles à l'O. Arrivée le 5 à 7 h. soir, ayant fait 441 milles de plus que la route directe.

Dates.	Latitudes.	Longitudes.	Vents.	Chemin.	Vitesse.	Thermom	OBSERVATIONS.
			Septième Traversée, d'Aden à la Réunion (*en Août*). (Sans passer par Mahé, à cause de la mousson de S.O.)				
19 Août.......	12° 37′ N.	43° 23′ E.	O. P.B.	38m	9m0	33°	Départ d'Aden à 7 heures 1/2 du matin.
20 — .	12 18	47 25	Calme.	236	10.0	33	
21 — .	10 22	49 26	S.O. J.B.	187	8.0	28	A Ras-Hafoun à 9 h. matin. Pris la route
22 — .	7 49	53 26	S.O. J.B.	280	11.6	28	Courants forts au S.E. [au plus près.
23 — .	4 19	54 44	O.S.O. P.B.	226	9.4	28	Courants à l'E.N.E.
24 — .	1 16 N.	56 12	S.S.O. P.B.	202	8.4	30	Courants 16 milles au N.E.
25 — .	2 06 S.	56 06	S S.E. P.B.	202	8.4	32	Courants 6 milles à l'Ouest.
26 — .	5 24	56 57	S.S.E. L.B.	207	8.6	31	Courant 13 milles au S.O.
27 — .	9 31	57 16	E.S.E. J.B.	248	10.3	26	Courant 15 milles au S.O.
28 — .	13 14	56 06	S.E. J.B.	233	9.7	25	Courant de 20 milles à 22 milles à l'Ouest.
29 — .	16 35	54 56	S.S.E. J.B.	212	8.8	24	Courant de 22 milles à l'Ouest.
30 — .	20 01	53 41	S.S.E. J.B.	217	9.0	23	Faible courant Ouest.
30 — .	» »	» »	» »	58	9.0	23	Arrivée à la Réunion le 30 à 7 h. soir.
			Huitième Traversée, d'Aden à la Réunion (*en Septembre*).				
15 Septembre	» »	» »	S.S.E. L.B.	»	»	34	Départ d'Aden à 9 heures 40 minutes m.
16 — .	12° 20′ N.	47° 04′ E.	Calme et P.B.	261	10.0	34	Doublé Guardafui à 11 heures 1/2 soir.
17 — .	10 06	49 10	S.S.O. J.B.	220	9.2	23	
18 — .	7 02	52 30	S.O. F.B.	268	11.1	26	Courant 80 milles à l'E.S.E.
19 — .	2 59 N.	52 35	S.S.O. P.B.	244	10.2	29	Courant 20 milles au Sud.
20 — .	0 43 S.	52 54	S.S.E. P.B.	224	9.3	30	Courant 19 milles à l'Est.
21 — .	» »	» »	S.S.E. P.B.	236	8.9	30	Un peu de courant à l'Ouest.
21 — .	» »	» »	S.S.E. P.B.	»	»	»	A Mahé à 2h 40m s., en part à 8h 1/2 s.
22 — .	6 39	53 58	S.E. P.B.	131	8.7	29	Court 10 m. à l'E. (Passé à 5 m. à l'E. de Coetivy).
23 — .	10 18	54 24	S.S.E. P.B.	220	9.2	27	Passé à 3 milles dans l'E. de Galega.
24 — .	13 47	54 33	S.E. J.B.	210	8.7	25	
25 — .	17 52	54 03	S.E. J.B.	246	10.2	25	Courant 10 milles à l'Ouest.
26 — .	» »	» »	E.S.E. P.B.	188	10.0	24	Arrivée à la Réunion à 6 h. 1/2 du matin.

Dates.	Latitudes.	Longitudes.	Vents.	Chemin.	Vitesse.	Thermom	OBSERVATIONS.
Neuvième Traversée, d'Aden à la Réunion *(en Octobre)*.							
15 Octobre...	» »	» »	E.N.E. P.B.	»	9n4	31°	Départ d'Aden à 6 heures 45 m. matin.
16 — .	12° 05′ N.	47° 13′ E.	E.N.E. J.B.	273m	9.4	30	Doublé Guardafui à 11 heures 1/2 soir.
17 — .	10 04	49 41	N. P.B.	222	9.2	27	Depuis Guardafui le courᵗ est 23 m. N.30°E.
18 — .	5 44	50 27	S. P.B.	266	11.1	28	Courant 20 milles au S.20°O.
19 — .	1 31 N.	51 48	S.S.O. P.B.	264	11.0	29	Courant 25 milles à l'E.S.E.
20 — .	2 19 S.	52 22	S.S.O. L.B.	234	9.7	29	Courant 11 milles au N.E. [aux-Vaches.
21 — .	» »	» »	Calme.	147	10.0	29	Courant de 1n,5 à l'heure. à l'E., près l'Ile-
21 — .	» »	» »	S.S.O. P.B.	»	»	29	A Mahé à 2 heures 30 minutes du matin, en part à 8 h. 30 m. du matin.
22 — .	9 20	53 06	S.S.O. F.B.	281	10.2	29	
23 — .	13 31	53 09	Calme.	251	10.5	29	
24 — .	17 56	53 14	Calme.	265	11.0	28	
25 — .	» »	» »	Calme.	176	10.0	29	A la Réunion à 5 heures 1/2 du matin.
Dixième Traversée, d'Aden à la Réunion *(en Novembre)*.							
11 Novembre	» »	» »	N.E. J.B.	»	»	»	Départ d'Aden à 5 heures du soir.
12 — .	12° 28′ N.	45° 23′ E.	N.E. P.B.	161	8.5	29	
13 — .	12 00	48 38	N.E. P.B.	194	8.0	27	Doublé Guardafui à 2 heures 20 m. soir.
14 — .	8 53	49 41	N.E. P.B.	205	8.5	27	Courant 20 milles au N.N.E.
15 — .	5 05	50 43	E.N.E. P.B	236	9.8	28	
16 — .	1 17 N.	51 50	Calme et S.O.	240	10.0	28	Courant 20 milles au S.S.E.
17 — .	2 04 S.	53 04	O.S.O. P.B.	214	9.0	30	Courant 30 milles à l'Est.
18 — .	» »	» »	S. L.B.	155	9.7	29	A Mahé à 4 heures du matin.
18 — .	4 53	53 11	S. L.B.	19	9.5	29	Part de Mahé à 10 heures du matin.
19 — .	8 40	53 20	S.S.E. P.B.	227	9.5	29	Un peu de courant à l'Est.
20 — .	12 23	53 23	E.S.E. P.B.	223	9.3	28	Un peu de courant à l'Ouest.
21 — .	15 59	53 09	S.E. P.B.	217	9.0	27	Courant 14 milles à l'Ouest.
22 — .	19 47	53 25	S.E. P.B.	227	9.5	26	
22 — .	» »	» »	» »	65	9.3	»	A la Réunion à 7 heures du soir.

Dates.	Latitudes.	Longitudes.	Vents.	Chemin.	Vitesse.	Thermom	OBSERVATIONS.
Onzième Traversée, d'Aden à la Réunion *(en Décembre)*.							
11 Décembre.	» »	» »	E. P.B.	»	»	27°	Départ d'Aden à 5 heures 1/2 du matin.
12 —	12° 45′ N.	46° 53′ E.	E. P.B.	246m	8n0	28	Courant 25 milles à l'Ouest.
13 —	10 58	49 14	E.N.E. J.B.	189	7.8	26	Courant 25 milles à l'Ouest.
14 —	6 59	50 26	E.N.E. J.B.	250	10.5	28	Courant au S.O.
15 —	2 55 N.	50 51	E.N.E. P.B.	246	10.2	30	Courant 30 milles au S.O.1/4O.
16 —	1 03 S.	52 14	Calme.	252	10.5	30	Courant 21 milles au S.E.1/4E.
17 —	» »	» »	N.N.O. J.B.	223	10.1	30	Courant de 1n1/2 à l'heure.
17 —	» »	» »	O.S.O. L.B.	»	»	30	A Mahé à 10 h. matin, en part à 3 h. 40 m. du soir.
18 —	7 46	53 30	S.O. L.B.	192	9.4	29	Courant 14 milles à l'Est.
19 —	11 27	53 04	E.S.E. P.B.	222	9.2	29	Courant 20 milles à l'O.S.O.
20 —	15 31	53 00	E.S.E. J.B.	243	10.1	29	Courant 15 milles au S.O.
21 —	19 33	53 13	E.S.E. J.B.	244	10.2	28	Courant 23 milles au S.O.
21 —	» »	» »	E.S.E. J.B.	79	10.0	28	A Aden à 8 heures du soir.

§ 358. — Routes, en partant d'Aden, pour aller aux ports à poivre, ou aux détroits de la Sonde, de Bali, de Lombok, etc., d'Ombay et de Torrès.

1° *D'octobre en mars.*

Ayant à se rendre aux ports à poivre de la côte N.O. de Sumatra, la route à suivre sera la même que celle indiquée au § 321 pour les navires destinés à Achem. On atterrira généralement sur l'île Hog.

Ayant à se rendre aux détroits de la Sonde, de Bali, Lombok, Ombay, ou Torrès, la route sera celle indiquée aux §§ 321 et 270, pour les navires destinés à Ceylan et à Achem.

En octobre, novembre et au commencement de décembre, ayant coupé 76°E. par 7°N., on gouvernera, avec les vents qui souffleront fréquemment de la partie de l'O., de manière à atteindre l'Equateur entre 86° et 88°E. On trouvera ensuite les brises variables de la mousson de N.O., avec lesquelles on se proposera de couper 98°E. par 7°S. De là, il sera facile d'atteindre la Sonde. Etant destiné au détroit de Bali, Lombok, ou Ombay, on coupera 108°E. par 9° ou 10°S. Etant destiné au détroit de Torrès, et ayant coupé 108°E. par 9°S., il conviendra de gouverner comme pour aller au détroit d'Ombay; on passera dans le S. de Damo, et la traversée sera terminée comme au § 342, page 879.

Du milieu de décembre au milieu de février, après avoir coupé 76°E. par 3°30′S. environ, il conviendra de continuer sa route, avec les brises de la mousson de N.O. et le courant vers l'E., de manière à couper successivement : 88°E. par 3°30′S., et 98°E. par 5°S. De là, il sera facile de se rendre à la Sonde. Si le navire est destiné aux autres détroits, on coupera 108°E. par 9°S., comme pendant les mois précédents.

2° *Du commencement de mars à la fin de septembre.*

Pendant cette période, la première moitié de la traversée sera faite, suivant les instructions du § 321, jusqu'à ce que le navire atteigne la partie S. de Ceylan, en coupant 76°E. par 6°15′ ou 6°30′N. environ.

Ayant atteint ce croisement, les navires destinés aux *ports à poivre de la côte N.O.* de Sumatra feront route facilement sur l'île Hog, avec les vents et les courants favorables. Ceux *destinés à la Sonde* gouverneront de manière à couper l'Equateur par 91°E., en avril, mai et juin; et par 93° ou 94°E., en juillet, août et septembre. Dans le S. de la Ligne, depuis avril jusqu'en septembre, les vents domineront du S.O. et du N.O.; ils souffleront aussi quelquefois de la partie du N.E., mais seulement d'avril en juin. On coupera toujours 4°S. autant que possible par 98°E. environ. Au-delà de 4°, ou de 5°S., il faudra profiter de toutes les variations favorables de la brise qui permettront de se placer un peu dans le S. du détroit de la Sonde, ou du moins sur son parallèle.

Pendant cette saison, si un voilier était dans l'obligation absolue de se rendre aux *détroits de Bali, de Lombok, ou d'Ombay*, il faudrait s'attendre à une traversée excessivement pénible pour s'élever le long de Java, contre les vents de S.E. et les courants O. Aussi, nous pensons qu'en pareille occurrence, après avoir passé le chenal des Huit-Degrés, la meilleure détermination consisterait à faire route vent de travers avec la mousson de S.O., comme si le navire allait dans l'Atlantique S. On couperait l'Equateur et 5°S. à peu près par 79°E.; on traverserait ensuite les alizés de S.E. au plus près bon plein bâbord amures; et l'on irait chercher les vents d'O. dans le S. de 30°S. Il n'y aurait plus alors qu'à faire de l'E., afin de rejoindre la route donnée au § 342, pour les navires allant aux détroits de Bali et d'Ombay.

Quant à se rendre au *détroit de Torrès*, il ne peut pas en être question à cette époque pour un voilier.

Les navires-mixtes destinés au détroit de Bali, de Lombok et d'Ombay, feront la même route que pour aller à la Sonde. Ils pourront ensuite s'élever, à la vapeur, contre les vents de S.E., en remontant la côte S. de Java, depuis la Sonde jusqu'à Bali et Ombay. S'il fallait prendre le détroit de Torrès, pour aller en Australie ou en Calédonie, la question se réduirait simplement à examiner si l'approvisionnement de charbon du navire serait suffisant pour lui faire parcourir le trajet compris entre Coupang et le port de destination.

§ 359. — Route pour les navires à vapeur ayant à se rendre d'Aden au détroit de la Sonde.

Les instructions contenues dans le présent paragraphe sont, à très-peu de chose près, la reproduction de celles qui ont été publiées en 1871 par feu M. Cornelissen, et dont la traduction se trouve dans la météorologie nautique de M. Ploix.

D'avril en août : Pendant la première quinzaine d'avril, on peut trouver encore des vents variables, dans la mer d'Oman. Mais, après le milieu de ce mois, la mousson de S.O. commence à se faire sentir en dehors du golfe d'Aden, et favorise les traversées directes. La route consistera à passer au N. de Socotora, puis à se diriger de manière à doubler Minicoy dans le S. et à prendre le chenal des Huit-Degrés, d'où l'on gouvernera sur l'île Engano. La mousson de S.O. persistera tant que le navire sera dans le N. de la Ligne, et le courant portera vers la partie de l'E. généralement jusqu'à la côte de Sumatra. L'Equateur sera coupé par 90°E. environ, et l'on pourra passer entre l'île Engano et Sumatra. On trouvera, page 537, des indications sur les vents et les courants.

En juillet et en août, on pourra prendre le chenal des Neuf-Degrés ; la route sera d'ailleurs celle que nous venons de décrire.

En septembre et octobre, la route sera un peu plus septentrionale. Ainsi, le méridien de 58°E. sera coupé par 12°30'N.; et l'on prendra le chenal des Neuf-Degrés. Puis, après avoir doublé Ceylan dans le S., on se dirigera de manière à couper l'Equateur dans l'E. de 93°E. La route pourra ensuite être donnée pour passer indifféremment, soit dans l'E., soit dans l'O. des îles Mentawie (ou Se-Beroo). Si l'on passe dans l'E. de ces îles, il ne restera plus qu'à longer la côte de Sumatra jusqu'à la Sonde.

De novembre en février, si le navire faisait route dans le N. de l'Equateur, la mousson de N.E. serait contraire, pendant toute la traversée. Il est donc préférable d'aller se placer à quelques degrés dans le S. de la Ligne, afin de profiter des calmes, des petites brises favorables et des courants E. qui caractérisent la mousson de N.O. Ainsi, la route consiste à passer entre Socotora et Guardafui ; à couper 58°E. par 2°N.; 68°E. par 1°50'S.; 93°E. par 3°S.; puis à se diriger sur Engano que l'on doublera dans le S. Pendant cette traversée, les courants porteront d'abord à l'O., avec une vitesse de 18 à 30 et même à 50 milles par 24 heures, qui diminuera à mesure que le navire approchera de 2°N. Après avoir dépassé ce parallèle dans le S., les courants porteront à l'E., avec une vitesse qui pourra atteindre de 30 à 48 milles par 24 heures jusqu'à Sumatra.

En mars, dans le N. de l'Equateur, la mousson de N.E. mollit, et le vent hâle fréquemment le N.N.O. La route sera donnée pour passer entre Socotora et Guardafui, et pour couper ensuite l'Equateur entre 67° et 69°E. Puis, on gouvernera vers l'E., dans la zone de la mousson de N.O., comme pendant les mois précédents; le méridien de 98°E. sera coupé un peu au N. de 5°S., et l'on doublera ensuite Engano dans le Sud.

§ 360. — Routes en partant d'Aden pour aller en Australie : à la rivière des Cygnes, ou à Melbourne.

Pendant la mousson de N.E., la route sera d'abord la même que celle indiquée au § 356 pour les navires destinés à la Réunion. Quand le navire aura sûrement atteint les alizés de S.E., on prolongera la bordée au plus près bon plein, pour aller chercher les vents d'O. Au-delà de 30°S., on commencera à arrondir la route. Le chemin vers l'E. sera fait entre 35° et 40°S., si le navire doit se rendre à la rivière des Cygnes; et l'on mettra du N. dans la route, quand le port de destination sera relevé dans le N.E. Le chemin vers l'E. sera fait entre 40° et 45°S., si le navire doit se rendre à Melbourne.

Cette route a l'inconvénient de faire passer près des Mascareignes, à une époque où les cyclones sont à craindre. On pourrait échapper à ce danger en passant par le canal de Mozambique, comme au § 347; mais la route serait sensiblement plus longue.

Pendant la même mousson de N.E., les grands vapeurs passent entre Guardafui et Socotora; coupent l'Equateur par 67°E.; passent en vue de Diego-Garcia; et gouvernent ensuite directement sur le cap Leeuwin.

Durant la mousson de S.O., on suivra d'abord la route indiquée au § 348, comme pour revenir dans l'Atlantique S. Toutefois, au lieu d'atteindre l'Equateur par 79°E., il sera préférable de profiter des vents favorables de la mousson de S.O., en ne coupant la Ligne que par 83° ou 85°E. Ensuite, entre l'Equateur et 5°S., les vents de S.O. seront variables, et l'on aura souvent du N.O. et du S.E. On coupera 5°S. entre 83° et 86°E.; puis, avec les alizés de S.E., on prolongera la bordée au plus près bon plein, pour aller chercher les vents d'O. Si le navire se rend à Melbourne, le chemin vers l'E. sera fait entre 40° et 45°S.; et, si l'on se rend à la rivière des Cygnes, il suffira généralement de se maintenir entre 35° et 40°S., jusqu'à ce que le port de destination soit amené au N.E.

Durant la mousson de S.O., les vapeurs passent dans le N. de Socotora; coupent l'Equateur par 70°E. environ; passent dans le N. des Chagos; et gouvernent ensuite à peu près directement sur le cap Leeuwin.

§ 361. — Considérations sur les routes par Suez, pour les navires venant d'Europe.

Dans nos Instructions sur l'Océan Pacifique, se trouvent, aux pages 201 et 313, des considérations sur les routes par Suez : nous n'avons pas à les modifier.

Plusieurs voiliers ont fait, dans le courant des dernières années, des voyages de Marseille à Saïgon, à l'époque de la mousson de S.O. Il est certain qu'après le mois d'avril, ou de mai, la descente de la mer Rouge peut se faire, à la voile, sans difficulté sérieuse; et qu'ensuite on peut se rendre à n'importe quel port de la mer d'Oman, du golfe du Bengale, ou de la mer de Chine, avec la mousson de S.O.

Les vapeurs et navires-mixtes destinés à la mer d'Oman, au golfe du Bengale, aux ports à poivre et à la mer de Chine ont évidemment avantage, en venant d'Europe, à passer par Suez.

Quand on doit se rendre d'Europe aux Comores, aux ports du canal de Mozambique, à Maurice ou à la Réunion, la route par Suez sera la meilleure, pour les vapeurs et les navires-mixtes; mais elle ne devra pas être suivie par les voiliers.

Quant à la route d'Europe à destination de l'Australie et de la Nouvelle-Calédonie, on sait que le passage par Suez et par le détroit de Torrès permet aux navires à vapeur de faire de rapides traversées. A la rigueur, cette route ne serait pas impossible pour un voilier qui descendrait la mer Rouge au commencement d'octobre, et qui arriverait dans la mer d'Arafura et au détroit de Torrès vers le mois de décembre. Mais, en laissant de côté les voiliers, la route que nous indiquons, et qui fait passer au détroit de Torrès vers le mois de décembre, sera la meilleure pour les navires-mixtes de toutes dimensions et principalement pour ceux qui ne seront pas doués de bonnes conditions de navigabilité. Les grands navires-mixtes qui ne craignent point la grosse mer pourront, surtout de mai en novembre, passer dans le S. de l'Australie et suivre la route des navires à voiles qui a été donnée au § 360.

CHAPITRE NEUVIÈME.

Instructions sur différentes routes, pour les navires revenant à destination d'Aden ou de la mer Rouge (1).

§ 362. — Routes pour aller à Aden, en partant des ports du canal de Mozambique, des Comores, de Zanzibar, ou des Seychelles.

1° *En supposant que le navire puisse atteindre sûrement l'Equateur entre le commencement d'avril et la fin de septembre.*

A cette époque, les navires partant *d'un port du canal de Mozambique* se dirigeront d'abord vers le N., en se conformant aux instructions données à la page 401. Puis, leur route se confondra avec celle des navires partant *des Comores, de Zanzibar ou des Seychelles.*

Ces derniers suivront la route indiquée au § 336, comme pour aller du cap à Aden ; c'est-à-dire qu'ils couperont l'Equateur entre 48° et 45°30' E., et qu'ils gouverneront de ce croisement pour chercher l'atterrage au N. de Ras-Hafoon.

(1) Voir aussi les paragraphes 273, 274, 275, 285, 286, 323, 324, 326, 327 et 336.

— 963 —

2° En supposant que le navire ne puisse atteindre l'Equateur que d'octobre en mars.

En partant des Comores, de Nossi-bé, de Mozambique, et de tous les ports du canal situés plus au S., la meilleure détermination consiste à descendre le canal vers le S., conformément aux instructions données aux pages 406, 437 et 461. On va chercher les vents d'O., généralement dans le S. de 35°S.; puis l'on se dirige vers l'E., jusqu'à ce que le navire rencontre le méridien indiqué au § 336. On coupe donc une seconde fois le parallèle de 35°S. dans les environs de 60°E. (et même par 65°E. en janvier et février). La traversée s'achève comme il est dit dans ce même § 336.

En partant de Zanzibar, si l'on voulait éviter tout souci, le plus sûr serait encore de descendre le canal de Mozambique. Cependant, particulièrement lorsque le navire partira de la fin de novembre en février, il sera peut-être moins long d'aller chercher à profiter des brises de N.E. à N.O. que l'on pourra rencontrer le plus tôt possible à petite distance dans le N. du parallèle de 7°S., et pour se placer le plus tôt possible hors de l'action du courant portant à l'O., qui règne dans le N. du cap d'Ambre, et l'on pourra trouver les brises variables de la mousson d'O. et les courants portant à l'E. Le navire aura rallié le parallèle de 5°S. environ, entre les Seychelles et les Chagos. Ce sera donc à peu près par 55°E. qu'il conviendra de commencer à se diriger franchement vers l'E. jusqu'à ce qu'il atteigne le méridien de 63°E. A ce moment la route pourra être dirigée vers le N.E., afin de chercher à couper l'Equateur entre 63° et 68°E. Après avoir atteint ce croisement, la traversée sera terminée comme il a été dit au § 336.

En partant des Seychelles, ce serait évidemment cette dernière route qu'il faudrait suivre, en gouvernant à l'E. dans les environs du parallèle de 5°S., et coupant la Ligne entre 63° et 68°E.

En partant des Comores, de Nossi-bé, etc., on pourrait commencer la traversée avec un voilier, et surtout avec un navire mixte, comme s'il s'agissait d'aller aux Seychelles (voir page 431), puis, lorsque le navire serait parvenu dans les parages où il aurait trouvé les brises de la mousson de N.O., on laisserait porter vers l'E., en se tenant dans les environs de 5°S., comme il vient d'être dit pour les navires partis des Seychelles. Mais, dans bien des circonstances, et surtout quand on partira des Comores ou de Nossi-bé entre le milieu de septembre et le milieu de novembre, un voilier aura avantage, comme nous l'avons déjà dit dans le présent paragraphe, à descendre le canal de Mozambique vers le S., et à terminer la traversée comme au § 336.

§ 363. — Routes pour aller à Aden, en partant de Maurice ou de la Réunion.

Quelle que soit l'époque de l'année, on fera route d'abord vers le N., ou le N.N.E.; et l'on se dirigera de manière à doubler très-généralement les Cargados Garajos dans l'O.; c'est-à-dire de manière à en passer sous le vent. On continuera ensuite à gouverner vers le N., en prenant le passage de Boscawen (voir § 332); et la traversée s'achèvera comme nous allons l'indiquer.

1° Quand on aura la certitude d'atteindre l'Equateur entre le 1er avril et le 15 ou le 20 septembre, on passera dans l'E. et dans le N. des Seychelles, avec les alizés de S.E. On pourra rectifier sa position sur l'île Denis (voir page 559); et l'on terminera sa traversée, comme au § 273, page 556. On coupera donc l'Equateur par 52°E.; 9°N. par 49°30'E.; et l'on atterrira dans le N. de Ras-Hafoon.

2° Quand le navire devra atteindre l'Equateur, en octobre, novembre ou décembre, il faudra, après avoir atteint le parallèle des Seychelles, se diriger vers le N.E., en profitant des brises de S.E., de S.O. et de N.O., ainsi que des courants portant à l'E. qui caractérisent la mousson de N.O. On coupera l'Equateur par 63°E.; et la traversée sera achevée, comme nous l'avons dit au § 336, pour les navires qui viennent de l'Atlantique S. et qui prennent le passage du milieu.

3° Quand le navire devra atteindre l'Equateur à la fin de décembre, en janvier, février ou mars, on suivra la même route que pendant les trois mois précédents, avec la modification suivante. Après avoir atteint le parallèle des Seychelles, on se dirigera vers le N.E., ou l'E.N.E., avec les brises de la mousson de N.O., de façon à couper l'Equateur loin dans l'E.: par exemple par 68° ou 69°E. Au-delà de ce croisement, la traversée sera terminée comme il a été dit au § 336.

§ 364. — Route des paquebots de la Réunion à Aden.

La route des paquebots faisant le service de la Réunion à Aden est directe et ne présente aucune difficulté. Pendant la mousson de S.O., du commencement d'avril à la fin de septembre, l'atterrage au N. de Ras-Hafoon est toujours un moment délicat et qui exige beaucoup d'attention. D'ailleurs, quelle que soit l'époque de l'année, la route suivie passe toujours entre Socotora et Guardafui, à petite distance de ce cap.

Nous reproduisons ci-après, pour les différents mois de l'année, les feuilles de journaux de traversées de l'un de nos paquebots des Messageries maritimes, que commandait M. le lieutenant de vaisseau G. Fleuriais. En les consultant, on pourra en tirer des indications qui ne seront pas sans utilité.

— 966 —

Première Traversée, de la Réunion à Aden (*en Janvier*).

Dates.	Latitudes.	Longitudes.	Vents.	Chemin.	Vitesse.	Thermom.	OBSERVATIONS.
13 Janvier …	» » S.	» » E.	E.N.E. J.B.	»	»	30°	Départ de la Réunion, à 5 h. 10 m. soir.
14 — — .	17° 29'	53° 10'	E.N.E. P.B.	201 m	10.6	30	Courant portant à l'Est.
15 — — .	13 20	53 26	Variable P.B.	248	10.4	30	Courant portant à l'Est.
16 — — .	9 10	53 24	Calme.	252	10.5	30	Courant portant à l'Est.
17 — — .	5 01	53 24	Calme.	252	10.5	31	Courant portant à l'Est. [45 m. du soir.
17 — — .	» »	» »	Calme.	28	»	30	A Mahé, à 3 h. 10 m. soir; en part à 6 h.
18 — — .	1 43 S.	53 11	N. F.B.	174	10.0	30	Courant 15 milles à l'Est.
19 — — .	2 12 N.	52 52	N. P.B.	238	9.9	30	Courant 10 milles à l'Ouest.
20 — — .	5 47	52 26	N.N.E. J.B.	216	9.0	28	Courant 15 milles à l'Ouest.
21 — — .	9 10	50 45	N.E. B.B.	228	9.5	26	Courant 27 milles à l'O.S.O.
22 — — .	12 19	48 10	N.E. J.B.	244	10.2	25	Courant O.S.O. de 1 nœud jusqu'à Ras-
23 — — .	12 44	43 40	N.E. J.B.	164	11.0	26	Hafoun.
23 — — .	» »	» »	N.E. J.B.	59	11.0	26	A Aden, à 5 heures 1/2 du soir.

Seconde Traversée, de la Réunion à Aden (*en Février*).

Dates.	Latitudes.	Longitudes.	Vents.	Chemin.	Vitesse.	Thermom.	OBSERVATIONS.
9 Février….	» »	» »	E. P.B.	»	»	31	Départ de la Réunion, à 3 heures 1/2 soir.
10 — — .	17° 37' S.	53° 17' E.	E. P.B.	194	9.5	33	
11 — — .	13 57	53 25	Variable. J.B.	220	9.2	30	Beaucoup de grains de pluie.
12 — — .	10 15	53 30	Variable.	223	9.3	27	Beaucoup de grains de pluie.
13 — — .	6 38	53 45	N.O. P.B.	217	9.0	27	Courant 13 milles à l'E.S.E.
14 — — .	» »	» »	Calme.	127	8.7	30	A Mahé, à 2 heures 1/2 du matin.
14 — — .	» »	» »	N. F.B.	»	»	31	Quitte Mahé, à 9 heures 1/2 du matin.
15 — — .	0 58 S.	53 16	N.N.E. F.B.	218	8.2	31	
16 — — .	2 50 N.	52 46	N.N.E. F.B.	230	9.6	30	Courant 20 milles à l'Ouest.
17 — — .	6 11 N.	52 25	N.N.E. P.B.	202	8.5	29	Courant 8 milles à l'Ouest.
18 — — .	9 45	51 07	N.E. P.B.	229	9.5	26	
19 — — .	12 07	48 06	N.E. P.B.	233	9.7	25	Courant 14 milles à l'E.S.E.
20 — — .	12 28	44 01	E.N.E. J.B.	322	10.0	25	A Aden, à 8 heures du soir.

Dates.	Latitudes.	Longitudes.	Vents.	Chemin.	Vitesse.	Thermom	OBSERVATIONS.
Troisième Traversée, d'Aden à la Réunion *(en Mars).*							
9 Mars......	» »	» »	»	»	»	30°	Départ de la Réunion, à 5 heures 1/2 soir.
10 —	17°36'S.	52°43'E.	E.S.E. J.B.	197m	10.6	29	Courant 25 m. à l'O. Du 10 au 12 le paquebot passe en avant d'un cyclone; les vents ont tourné du S.E. au S.O. à l'O. et au N.O.
11 —	14°06'S.	52°13'E.	Cyclone.	218	9.0	30	
12 —	9 59	52 46	N. L.B.	241	10.0	31	
13 —	6 23	53 11	N.N.E. L.B.	249	9.1	31	Courant Est.
13 —	» »	» »	N.E. L.B.	117	10.0	31	A Mahé à 11 heures 1/2 du soir.
14 —	» »	» »	Calme.	»	»	31	Quitte Mahé à 11 heures du matin.
15 —	1 04 S.	52 07	Calme.	223	8.9	31	
16 —	2 24 N.	50 44	N.E. P.B.	225	9.4	29	Courant 30 milles à l'Ouest.
17 —	6 25 N	49 25	N.E. J.B.	255	10.6	29	Courant 35 milles à l'O.N.O.
18 —	10 08	49 12	N.E. J.B.	220	9.2	29	Courant 10 milles à l'Ouest.
19 —	12 22	46 30	N.E. P.B.	233	10.5	28	
20 —	» »	» »	N.E. J.B.	227	10.6	29	A Aden à 9 heures 1/2 du matin.
Quatrième traversée, de la Réunion à Aden *(en Avril).*							
5 Avril......	» »	» »	S.E. J.B.	»	»	»	Départ de la Réunion, à 6 heures 1/2 soir.
6 —	17°45'S.	53°12'E.	S.E. J.B.	186	10.6	29	
7 —	13 39 S.	53 25	E. P.B.	247	10.3	29	
8 —	9 45	53 18	E.N.E. P.B.	234	9.7	30	
9 —	5 51 S.	53 41	Calme.	318	9.7	33	Courant 32 m. à l'E. A Mahé à 9 h. soir.
10 —	» »	» »	N.N.O. P.B.	»	»	»	Quitte Mahé à 3 heures du matin.
11 —	0 21 N.	51 22	N.N.O. P.B.	319	9.7	32	Courant 30 milles au N.E.
12 —	3 34	49 19	N. P.B.	230	9.5	31	Courant portant au S.S.O.
13 —	7 15	48 46	N.N.E. P.B.	224	9.3	31	Courant portant au S.S.O.
14 —	11 09	49 06	N.N.E. P.B.	236	9.8	31	Courant portant au Nord.
15 —	12 27	45 18	E.N.E. P.B.	264	11.0	29	
16 —	» »	» »	E.N.E. P.B.	156	11.0	30	A Aden à 2 heures du matin.

Dates.	Latitudes.	Longitudes.	Vents.	Chemin.	Vitesse.	Thermom	OBSERVATIONS.
Cinquième Traversée, de la Réunion à Aden *(en Mai).*							
4 Mai......	» ° » ′ S.	» ° » ′ E.	Variable J.B.	» m	» n	» °	Départ de la Réunion, à 5 h. 45 m. soir.
5 — .	17 40	53 24	S.S.O. P.B.	192	10.5	28	
6 — .	13 31	53 22	S.S.E. P.B.	250	10.5	29	
7 — .	9 24	53 20	S.S.E. P.B.	248	10.3	29	
8 — .	5 10	53 18	E.S.E. P.B.	254	10.5	30	
8 — .	» »	» »	E.S.E. P.B.	35	10.0	30	A Mahé, à 3 heures 45 minutes du soir.
9 — .	4 22	53 15	E. P.B.	14	10.5	30	Quitte Mahé, à 10 heures 45 minutes mat.
10 — .	0 36 S.	52 13	S.E. J.B.	244	10.2	31	Courant 16 milles à l'E.S.E.
11 — .	3 22 N.	51 10	S. J.B.	247	10.3	32	Courant 8 milles à l'E.S.E.
12 — .	7 31	50 06	S.O. J.B.	258	10.7	31	
13 — .	11 54	48 52	S.O. B.B.	272	11.3	31	Courant portant au N.E.
14 — .	12 28	44 35	N.N.E. F.B.	255	10.6	32	
14 — .	» »	» »	N.N.E. P.B.	115	11.0	33	A Aden, à 10 heures 1/2 du soir.
Sixième Traversée, de la Réunion à Aden *(en Juillet).*							
30 Juin......	» »	» »	S.E. J.B.	»	»	25	Départ de la Réunion à 6 heures 1/2 matin.
1er Juillet.....	16° 09′ S.	53° 20′ E.	S.E. J.B.	283	9.5	26	Courant 17 milles à l'Ouest.
2 — .	12 12	53 23	S.E. J.B.	238	10.0	26	Courant 21 milles à l'Ouest.
3 — .	8 15	53 24	S.E. J.B.	238	10.0	27	Courant 20 milles à l'Ouest.
4 — .	4 37	53 20	S.E. J.B.	220	9.0	29	A Mahé, à midi 1/2.
4 — .	» »	» »	S.E. P.B.	»	»	29	Quitte Mahé, à 9 heures 15 minutes soir.
5 — .	2 55 S.	51 38	S. P.B.	137	9.4	28	
6 — .	0 19 N.	49 56	S. P.B.	218	9.0	27	Courant 14 milles au Nord.
7 — .	4 12	49 17	S.O. J.B.	238	10.0	26	Courant 14 milles au Nord.
8 — .	8 33	49 51	S.O. B.B.	263	11.0	25	Courant 50 milles au N.E.1/4E.
9 — .	12 08	48 17	S.O. B.B.	257	10.7	32	Courant 35 milles au N.N.E.
10 — .	12 16	44 54	O.S.O. J.B.	199	8.3	33	Courant à l'E. dans le golfe d'Aden.
11 — .	» »	» »	O.S.O. J.B.	135	8.5	33	A Aden, à 7 heures du matin.

Dates.	Latitudes.	Longitudes.	Vents.	Chemin.	Vitesse.	Thermom	OBSERVATIONS.
			Septième Traversée, de la Réunion à Aden *(en Août).*				
24 Août......	»° »′ S.	»° »′ E.	S.E. J.B.	»	»	25°	Départ de la Réunion, à 5 h. 1/2 du soir.
25 — .	17 35	53 20	E.S.E. J.B.	198	11.0	24	
26 — .	13 18	53 55	E.S.E. J.B.	261	10.9	24	
27 — .	8 44	53 39	S.E. J.B.	275	11.5	26	Courant 12 milles à l'Ouest.
28 — .	» »	» »	S.S.E. J.B.	248	10.8	26	Courant 25 m. à l'O. A Mahé à 11 h. matin.
28 — .	» »	» »	S.S.E. J.B.	»	»	27	Quitte Mahé à 4 heures du soir.
29 — .	1 30 S.	51 35	S. J.B.	211	10.5	27	
30 — .	2 23 N.	50 09	S.S.O. J.B.	249	10.4	28	Courant 13 m. à l'Ouest.
31 — .	7 00	49 26	S.O. B.B.	282	11.7	26	Courant 25 milles au N.E. [Hafoun.
1er Septembre	11 05	49 05	S.O. B.B.	245	10.2	26	Courᵗ de 1 n. à l'h. au N.E. jusqu'à Ras-
2 — .	12 18	45 18	Calme.	265	11.0	33	Courant de 12 milles à l'O.N.O.
3 — .	» »	» »	Calme.	158	11.3	33	Courᵗ 15 m. à l'O. Arrivée à Aden à 2 h. m.
			Huitième Traversée, de la Réunion à Aden *(en Septembre).*				
23 Septembre	» »	» »	E. P.B.	»	»	23	Départ de la Réunion à 6 heures du soir.
24 — .	17° 35′ S.	53° 16′ E.	E.S.E. P.B.	196	10.8	24	Faible courant Ouest.
25 — .	13 05	53 44	E.S.E. J.B.	270	11.2	26	Presque pas de courant.
26 — .	8 44	53 21	E.S.E. J.B.	262	10.9	27	Courant 15 milles à l'Ouest.
27 — .	4 37	53 10	E.S.E. P.B.	244	10.2	28	A Mahé à midi.
28 — .	4 37	53 10	S.E. P.B.	»	»	29	Quitte Mahé à midi.
29 — .	0 36 S.	52 11	S.E. P.B.	246	10.2	29	
30 — .	3 48 N.	51 05	Calme.	272	11.3	30	Courant de 15 milles au N.1/4N.O.
1er Octobre...	7 41	49 49	S.O. P.B.	246	10.2	28	Courant de 10 milles à l'O.S.O.
2 — .	12 00	48 43	S.O. J.B.	270	11.2	27	Courant de 48 milles au N.E.1/4E.
3 — .	12 25	44 01	E. P.B.	277	11.5	33	Courant de 20 milles à l'O.1/2S.
3 — .	» »	» »	E. J.B.	84	12.0	34	A Aden à 7 heures du soir.

Dates.	Latitudes.	Longitudes.	Vents.		Chemin.	Vitesse.	Thermom	OBSERVATIONS.
Neuvième Traversée, de la Réunion à Aden *(en Octobre).*								
19 Octobre...	» »	» »	E.	P.B.	»	»	26°	Départ de la Réunion, à 6 heures du soir.
20 Octobre...	18° 10′ S.	53° 10′ E.	E.	P.B.	162m	9.0	27	Courant 7 milles à l'Ouest.
21 — .	14° 20′ S.	53° 10′ E.	E.	P.B.	231	9.6	27	Courant 10 milles à l'Ouest.
22 — .	10 12	53 12	E.S.E.	P.B.	247	10.3	27	Courant 8 milles à l'Ouest.
23 — .	6 19	53 10	E.N.E.	P.B.	235	9.8	28	Courant 10 milles à l'Ouest.
24 — .	4 06	53 00	E.N.E.	L.B.	104	»	29	A Mahé à 5 heures 1/2 du matin.
24 — .	» »	» »	E.N.E.	L.B.	»	»	29	Quitte Mahé à 8 heures 1/2 du matin.
25 — .	0 25 S.	52 07	N.	P.B.	258	9.4	31	
26 — .	3 12 N.	51 37	Calme.		221	9.2	29	
27 — .	8 11 N.	50 30	N.	F.B.	248	9.1	29	Courant 25 milles au S.O.
28 — .	10 08	49 20	N.E.	P.B.	216	9.0	29	Courant à l'E. Double Guardafui à 10 h. 1/2 du soir.
29 — .	12 06	48 40	N.E.	P.B.	244	10.1	30	Courant de 15m à l'O. en 12h. dans le golfe.
30 — .	» »	» »	N.E.	P.B.	238	10.0	30	A Aden à 1 heure après midi.
Dixième Traversée, de la Réunion à Aden *(en Novembre).*								
18 Novembre	» »	» »	S.E.	J.B.	»	»	27	Départ de la Réunion à 6 heures 1/2 soir.
19 — .	17° 53′ S.	53° 08′ E.	E.S.E.	P.B.	180	10.3	27	Courant 10 milles à l'O.N.O.
20 — .	13° 35′ S.	53° 08′ E.	E.S.E.	J.B.	168	11.2	28	Courant 18 milles à l'O.N.O.
21 — .	9 05	53 08	E.S.E.	J.B.	262	10.9	29	Courant 9 milles à l'Ouest.
22 — .	» »	» »	E.	P.B.	247	10.3	30	Courant 25 milles à l'Ouest.
22 — .	» »	» »	E.	P.B.	15	10.0	30	A Mahé à 1 heure 1/2 de l'après-midi.
23 — .	0 17 S.	52 39	E.	F.B.	10	10.0	30	Quitte Mahé à 11 heures du matin.
24 — .	3 14 N.	52 08	Calme.		253	10.5	31	Courant 20 milles au N.E.
25 — .	7 03 N.	51 18	N.E.	P.B.	230	9.6	31	Courant 25 milles à l'Est.
26 — .	11 05	49 28	N.E.	J.B.	218	9.0	29	Courant 14 milles à l'O.N.O.
27 — .	12 35	45 28	N.E.	J.B.	265	11.0	28	Courant 37 milles au N.O. 1/4 O.
28 — .	12 33	45 25	N.E.	J.B.	267	11.1	26	Courant 10 milles à l'Ouest.
29 — .	» »	» »	E.	J.B.	163	9.6	26	Courant 12 milles au S.O.

Onzième Traversée, de la Réunion à Aden (*en Décembre*).

Dates.	Latitudes.	Longitudes.	Vents.	Chemin.	Vitesse.	Thermom	OBSERVATIONS.
14 Décembre.	» »	» »	N.E. P.B.	»	»	29°	Départ de la Réunion à 5 heures 1/2 soir.
15 —	17° 42′ S.	53° 11′ E.	E.N.E. P.B.	189	10.2	29	
16 —	13 20	53 10	E.N.E. P.B.	256	10.7	29	
17 —	9 08	53 40	E. J.B.	260	10.7	28	Courant 30 milles à l'Ouest.
18 —	5 06	53 15	E. J.B.	275	»	28	A Mahé à 3 heures 15 minutes du soir.
18 —	» »	» »	N.O. J.B.	»	»	»	Quitte Mahé à 6 heures 45 minutes soir.
19 —	1 40 S.	53 24	N.O. J.B.	177	10.3	28	Courant 30 milles à l'E. en 17 heures.
20 —	2 06 N.	53 42	E.N.E. J.B.	220	9.2	28	Courant 40 milles à l'E.1/4 S.E.
21 —	5 53	53 09	N.E. J.B.	235	9.8	27	Courant 13 milles à l'Ouest.
22 —	9 18	51 23	N.E. J.B.	232	9.6	26	Courant 25 milles à l'Ouest.
23 —	12 04	48 35	N.E. J.B.	240	10.0	25	Courant 40 milles au S.O.
24 —	12 40	43 50	N.E. J.B.	282	11.7	25	
24 —	» »	» »	N.E. J.B.	69	11.5	25	A Aden à 6 heures du soir.

§ 365. — **Route des voiliers, pour aller à Aden, en partant soit des ports à poivre de la côte N.O. de Sumatra, soit des détroits de la Sonde, de Bali, de Lombok, d'Ombay, ou de Torrès.**

1° *En partant des ports à poivre de la côte N.O. de Sumatra.*

La traversée sera commencée, ainsi qu'il est dit aux §§ 311 et 312, pour les navires allant d'Achem à Ceylan.

En mousson de N.E., il conviendra de se placer entre 6° et 7°N., pour faire sa route vers l'O. On reconnaîtra les feux des Basses, et l'on contournera Ceylan à petite distance, pour se diriger ensuite sur le chenal des Neuf-Degrés et finir la traversée comme nous l'avons indiqué au § 273, page 542.

En mousson de S.O., on ira chercher les alizés de S.E., dans le S. de l'Equateur, en suivant les instructions du § 312; et la traversée sera achevée comme au § 323.

2° *En partant de Bencoolen, ou des détroits de la Sonde, de Bali, Lombok, Ombay et Torrès.*

Quelle que soit l'époque de l'année, il faudra faire route vers l'O., dans les alizés de S.E., au moins jusqu'au méridien de Ceylan.

De novembre en mars, le commencement de la traversée ne se fera généralement point sans quelques contrariétés, à cause de la mousson de N.O. et des courants E., que l'on sera exposé à rencontrer. Nous prions le lecteur de se reporter au § 353, où nous avons donné des indications pour aller chercher les alizés de S.E. Nous pensons qu'un voilier n'aura jamais à revenir du détroit de Torrès, à cette époque. Quant aux navires-mixtes qui auront cru pouvoir passer par Torrès dans cette saison, ils relâcheront généralement à Coupang, pour y renouveler leur charbon; et, en partant de Timor, ils gouverneront au S.O., à la vapeur, comme nous l'avons indiqué au § 353, afin de chercher au plus vite les alizés de S.E.

Ayant ainsi gagné les alizés de S.E., quel que soit d'ailleurs le point d'où le navire viendra, on continuera sa route comme nous l'indiquons ci-après.

En octobre, novembre et décembre, on gouvernera à l'O., en se maintenant entre 10° et 15°S. jusqu'au méridien de 70°E. La route passera dans l'O. des Chagos, coupera 10°S. par 67° ou 66°E.; et 8°S. par 65° ou 64°E. On se dirigera ensuite vers le N., avec les brises de la mousson de N.O., depuis 7°S. environ jusqu'à l'Equateur qui sera coupé dans les environs de 63°E. La traversée sera terminée, comme au § 336.

En janvier, février et mars, on gouvernera à l'O., en se maintenant à peu près par 15°S. jusqu'à ce que le navire atteigne 85°E. Puis, la route sera donnée pour couper 10°S. par 81°E.; après quoi l'on traversera la zone où règne la mousson de N.O. L'Equateur sera coupé entre 81° et 85°E., selon les vents régnants. Au-delà de l'Equateur, ou plutôt de 2°N., la mousson de N.E. commencera à se faire sentir ; on ralliera la côte S. de Ceylan, et l'on terminera la traversée en passant par le chenal des Neuf-Degrés, ainsi qu'il a été dit au § 273, page 542.

D'avril en septembre, on sera dans la période où règne la mousson de S.E. auprès des îles Malaises, de sorte que la route sera donnée directement et ne présentera aucune difficulté. La première partie du chemin vers l'O. se fera dans les environs de 10°S.; on pourra reconnaître Diego-Garcia, en passant dans le S. des Chagos, et l'on terminera la traversée comme il a été indiqué au § 273, page 556.

§ 366. — Route conseillée par l'Observatoire de Hollande, pour les navires à vapeur allant du détroit de la Sonde à Aden.

Ainsi que nous l'avons dit au § 359, feu M. Cornelissen, qui était attaché à l'observatoire de Hollande, a publié en 1871 des instructions sur les routes des vapeurs, entre la Sonde et Aden. Nous en donnons un résumé dans le présent paragraphe, en nous inspirant de la traduction qui se trouve dans la Météorologie nautique. Nous prions, en outre, le lecteur de se reporter au § 367, où se trouvent quelques réflexions sur les routes de retour des vapeurs à destination d'Aden, pendant la mousson de S.O.

Voici les instructions de feu M. Cornelissen :

En avril, mai et juin, la mousson de S.E. est établie entre 5° et 10°S. Il conviendra donc de faire route vers l'O. entre 8° et

9°S., en passant dans le S. des Chagos; de couper 5°45'S. par 68°E., et l'Equateur par 58°E. Au N. de l'Equateur, les brises seront d'abord faibles; mais, à mesure que le navire s'élèvera dans le N.O., les vents forceront de plus en plus de la partie du S.O. On atterrira entre Ras-Hafoon et Guardafui (1).

En juillet et août, l'alizé de S.E. souffle jusqu'à l'Equateur. On pourra donc gouverner de manière à couper les méridiens de 73° et de 68°E. par 3°S., en passant au N. des Chagos. On atteindra l'Equateur par 58°E., et l'on fera route ensuite au N.O. pour aller chercher les grands vents de S.O., qui conduiront rapidement à l'atterrage au N. de Ras-Hafoon (1).

En septembre et en octobre, la route sera la même qu'en avril, mai et juin.

Du commencement de novembre à la fin de mars, la mousson d'O. ou de N.O. règne auprès des îles Malaises. Il conviendra de prolonger la côte O. de Sumatra, où le vent sera moins fort et la mer moins grosse. La route passera, suivant les circonstances, soit à l'E., soit à l'O. des îles Mentawie, ou Se-Beroo, d'où elle ira couper 5°N. par 89°E. La mousson de N.E. donnera alors toute facilité pour passer dans le S. de Ceylan, et pour chercher le chenal des Neuf-Degrés, d'où l'on gagnera aisément Aden en doublant Socotora dans le Nord.

§ 367. — Route directe de retour de la Cochinchine, ou de la Chine à Aden, pendant la mousson de S.O., pour les navires à vapeur, et navires mixtes.

Nous avons déjà donné au § 324 des instructions sur la route que pourront suivre les grands navires à vapeur, pour aller directement, c'est-à-dire sans relâche, durant la mousson de S.O., soit de Singapour, soit de la tête d'Achem, à Aden. Cette route consiste, après avoir doublé Pulo Brasse, à gouverner au S.O., pour gagner le parallèle de 2° ou 3°S., sur lequel on se dirige vers l'O. jusqu'au méridien de 58° ou de 56°E. Cette route pourrait être appelée *route équatoriale*.

Au § 365, nous avons indiqué la route des voiliers, de la Sonde

(1) A notre avis, quand on part de la Sonde, la meilleure route, en mousson de S.O., est celle qui passe dans le S. des Chagos, et qui coupe l'Equateur par 56° ou 55°Est.

à Aden ; et cette route nous semble la meilleure aussi, dans tous les cas, pour les vapeurs partant de Batavia. C'est *la route du S., allant directement du détroit de la Sonde à Diego-Garcia; passant toujours dans le S. des Chagos et coupant l'Equateur par 56°E. ou 55°E.* Cette même route est celle que conseille M. le commandant GUIBAUD (voir § 327); et c'est d'ailleurs celle du commander TAYLOR. La route de feu M. CORNELISSEN donnée au § 366 n'en diffère pas beaucoup.

Chacune des routes : *route équatoriale*, ou *route du S.*, est donc bien connue ; mais on pourrait se demander laquelle des deux est la meilleure, pour un navire à vapeur partant de Singapour, ou de Saïgon, ou de Hong-Kong, pendant la mousson de S.O.

Le commander TAYLOR tranche la question, comme il suit :

« Pendant la mousson de S.O., les vapeurs allant de Chine à Aden auront avantage à prendre le détroit de la Sonde. Je suis convaincu que les clippers à vapeur partant de Chine, avec des chargements de thé, du milieu de mai à la fin d'août, gagneront 2 ou peut-être 3 jours en passant par la Sonde, sur ceux qui prendront le détroit de Malacca et qui auront ensuite à lutter avec beaucoup de peine contre la mousson de S.O.

» Un vapeur rapide, portant 20 jours de charbon et suffisamment voilé, pourrait faire facilement la route de Batavia à Aden sans prendre de combustible. Mais, le jour où un dépôt de charbon aura pu être créé à Diego-Garcia, les vapeurs médiocres eux-mêmes pourront faire des traversées rapides et sûres par cette voie. »

Nous avons tenu à citer ce passage, en raison de la grande autorité qui s'attache au nom du commander TAYLOR, pour tout ce qui touche la navigation dans l'Océan Indien.

A notre avis, dans les circonstances ordinaires, les navires mixtes, surtout ceux de faibles ou de moyennes dimensions, devront prendre la route par la Sonde, c'est-à-dire la route du S., dans les alizés de SE., où ils pourront faire la moitié de leur traversée à la voile seule.

Quant aux navires à vapeur de grandes dimensions, ayant une *machine puissante* permettant de réaliser une *grande vitesse*, ayant un fort approvisionnement de charbon et une voilure relativement faible, ils pourront faire de très-belles traversées en passant par le détroit de Malacca et en prenant la route équatoriale. S'ils se décident pour cette route, ils auront un moment douteux à passer, entre Pulo Brasse et l'Equateur; cependant, d'après l'expérience de plusieurs capitaines de paquebots, la mousson de S.O. est rarement forte pour un grand vapeur, dans ces parages. Ensuite, ayant gagné le S. de l'Equateur, la route vers l'O. deviendra facile; les courants seront sans doute contraires, et les brises rarement favorables, mais leur force ne sera pas grande. Nous pensons que l'on peut évaluer à 40 ou 48 milles par jour au plus la perte moyenne que l'on éprouvera de ce chef, tandis que les vapeurs marchant dans les alizés auront de 18 à 25 milles de courant pour eux. Ainsi, on pourrait évaluer à 50 ou 60 milles environ le chemin perdu chaque jour, par les navires à vapeur qui prendront la route équatoriale, comparativement à ceux qui passeront par la Sonde. Mais, comme cette dernière route est de 500 milles au moins plus longue que l'autre, nous pensons que la route équatoriale, pourra finalement être parcourue plus rapidement par certains navires à vapeur, tels que les grands transports et les grands croiseurs de guerre, qui remplissent les conditions indiquées plus haut. D'ailleurs, il est entendu que ce ne sera pas *en général* une route économique; et qu'au point de vue atmosphérique, les conditions seront un peu moins favorables dans la route équatoriale que dans celle du S. qui fait traverser les alizés de S.E. dans la partie où ils sont bien établis.

§ 368. — Routes pour aller à Aden en partant de la côte S., ou de la côte O. d'Australie, et par exemple de Melbourne, ou de la rivière des Cygnes.

En se reportant à notre *Océan Pacifique*, on trouvera (page 405) des instructions sur la route de Melbourne à la mer des Indes, par le S. de l'Australie. On trouvera aussi (pages 409 et 410) les Tableaux de croisements des routes de Melbourne à Java, indiquant les moyennes obtenues par l'observatoire de Hollande.

Ces routes, jusqu'au parallèle de 30° ou de 25°S., seront celles que pourront suivre les voiliers venant du S. de l'Australie, et destinés à un point quelconque de l'Océan Indien.

Les navires partant de la rivière des Cygnes s'élèveront d'abord au large de la côte; puis ils se dirigeront vers le N.O., pour aller chercher les alizés.

D'après les Tableaux des pages 409 et 410 de notre Pacifique, on voit que les navires venant du S. de l'Australie couperont 30°S. entre 104° et 107°E., de novembre en avril; et qu'ils couperont le même parallèle entre 106° et 110°E., d'avril, ou de mai en novembre. Au-delà de 30°S., quelle que soit l'époque de l'année, il conviendra de faire la route qui se rapprochera le plus du N. du monde, pour gagner le plus promptement possible les alizés de S.E.

En octobre, novembre et décembre, les alizés de S.E. commenceront généralement à se faire sentir, dès que le navire sera un peu dans le N. de 30°S. Quand on aura ces vents, la route sera donnée pour couper 20°S. par 93°E. environ; 10°S. par 67° ou 66°E.; et 8°S. par 65° ou 64°E. On fera route ensuite vers le N., avec les brises de la mousson d'O. et le courant portant à l'E. qui règnent entre 7°S. environ et l'Equateur. La Ligne sera coupée par 63°E. environ, et la traversée sera terminée, comme il est dit au § 336, pour les navires qui viennent à cette époque de l'Atlantique Sud.

En janvier, février et mars, les alizés de S.E. commenceront ordinairement à se faire sentir, dès que le navire sera un peu dans le N. de 30°S. Quand on aura trouvé ces vents, la route sera donnée pour couper 20°S. par 98°E.; et 10°S. par 81°E. On fera route ensuite avec la mousson d'O., ou de N.O., et avec le courant portant à l'E., de manière à atteindre l'Equateur entre 81° et 85°E., selon les brises que l'on rencontrera. Au-delà de l'Equateur, ou de 2°N., la mousson de N.E. commencera à se faire sentir, et permettra de gouverner de manière à atteindre la côte S. de Ceylan, d'où l'on gagnera le chenal des Neuf-Degrés, pour terminer la traversée comme nous l'avons indiqué au § 273, page 542.

Depuis avril jusqu'à la fin de septembre, après avoir dépassé 30°S., il faudra généralement remonter vers le N. jusqu'à 25°S. et même 23°S. quelquefois, pour commencer à trouver les alizés de S.E. Quand on les aura trouvés bien établis, et que le navire aura atteint 20°S., on gouvernera sur Diego-Garcia; et la traversée sera terminée par le S. des Chagos, ainsi que nous l'avons indiqué au § 273, page 556.

Pendant la mousson de N.E., les vapeurs couperont 20°S. par 93°E.; passeront dans le S. des Maldives; couperont l'Equateur par 70°E.; 4°N. ou 5°N. par 66° ou 65°E.; et iront de là sur Guardafui.

Pendant la mousson de S.O., les vapeurs, couperont 20°S. par 86°E. environ ; 10°S. par 70°E. ; l'Equateur par 56°E. ; et de là ils iront atterrir dans le N. de Ras-Hafoon.

§ 369. — Considérations sur les routes par Suez, pour les navires revenant à destination de l'Europe, des États-Unis, etc.

Nous avons déjà exposé, dans notre *Pacifique* (pages 227 et 314), des considérations sur le même sujet. Nous les compléterons par les indications suivantes.

La route de retour, par la mer Rouge et par Suez, ne sera jamais suivie avec avantage par les voiliers. Il n'y a certainement point d'impossibilité absolue pour eux ; mais nous voulons dire que la mer Rouge n'est pas une route commerciale pratique, lorsqu'il s'agit de la remonter à la voile : c'est d'ailleurs un fait acquis sur lequel il est inutile d'insister.

Tous les vapeurs et navires-mixtes revenant des mers de Chine, de la Malaisie, du Bengale, de la mer d'Oman, de Maurice ou de la Réunion, des Seychelles et des ports du canal de Mozambique, ont avantage à prendre la voie de Suez, de préférence à celle du cap de Bonne-Espérance, particulièrement lorsqu'ils doivent rentrer dans un port de France, tel que Marseille ou Toulon.

En partant de Maurice, de la Réunion, ou des ports situés dans le S. du canal de Mozambique, et ayant à se rendre aux ports français de l'Océan (Bordeaux, Nantes, Brest ou le Havre), ou devant rentrer en Angleterre ou aux Etats-Unis, il est plus que probable que la traversée de retour pourrait être effectuée par le cap de Bonne-Espérance au moins aussi vite et plus économiquement. Mais, la crainte de recevoir des coups de vent et de faire des avaries, en doublant le cap de Bonne-Espérance, surtout pendant la mauvaise saison, fera préférer encore le plus souvent la voie de Suez. L'avantage de la route par le cap de Bonne-Espérance serait surtout marqué, s'il s'agissait de revenir à des ports tels que la Nouvelle-Orléans, New-York et Québec, attendu que la traversée de Gibraltar aux États-Unis et au Canada est souvent pénible, tandis qu'un navire venant de l'Equateur (dans l'Atlantique) se rend beaucoup plus facilement à ces diverses destinations.

En partant de Sydney (Australie), de la Nouvelle-Calédonie, ou de

Tahiti, les navires-mixtes reviennent facilement en Europe, par la voie de Torrès et de Suez, à la condition de passer le détroit de Torrès entre le mois de mai et le mois d'août avec les alizés de S.E. En partant de Tahiti après le 1er août, on pourra encore rentrer par Suez; mais on ne devra plus prendre le détroit de Torrès; et il faudra alors se rendre à Singapour et revenir avec la mousson de N.E.

CHAPITRE DIXIÈME.

Instructions sur diverses routes pour aller à la Réunion et à Maurice, ou pour se rendre de ces îles à différents points de l'Océan Indien (1).

§ 370. — Routes en partant de la Réunion, ou de Maurice, pour aller à la côte de Madagascar, aux Comores, à Zanzibar, et aux ports du canal de Mozambique.

Etant destiné à des ports de la côte O. de Madagascar, ou encore à Inhambane, à Quillimane, ou à Mozambique, il faudra passer dans le S. de Madagascar, ce qui sera facile avec les vents et les courants généralement favorables. On montera ensuite le canal de Mozambique, comme il a été dit au § 234.

Etant destiné à des ports de la côte E. de Madagascar, la traversée ne présentera jamais de difficulté sérieuse. La route sera surtout facile, de mars en octobre, époque à laquelle les vents seront presque toujours favorables. La traversée pourra être plus longue d'octobre en mars, à cause de la mollesse des brises et des vents variables qui caractérisent, avec les chances d'ouragans en plus, la saison d'hivernage de ces parages. On trouvera des indications sur les vents, aux pages 15 et suivantes.

(1) Voir aussi les paragraphes 330, 354, 356, 357 et 363.

Etant destiné à des ports de la côte N.O. de Madagascar, à Nossi-Bé, à Mayotte, et à Zanzibar, il faudra passer dans le N. de Madagascar, en prenant la route appelée *Passage à l'E. de Madagascar*, et décrite au § 331. On gouvernera sur le cap E. de Madagascar, puis on donnera la route pour doubler le cap d'Ambre, en se défiant grandement du courant qui portera presque toujours à l'O., avec une très-grande force, dans les parages de ce cap. Au-delà du cap d'Ambre, si le navire est destiné à la côte N.O. de Madagascar, ou aux Comores, on pourra trouver des instructions pour terminer la traversée, en se reportant aux pages 268 et 437. Si le navire est destiné à Zanzibar, la fin de la route après avoir contourné le cap d'Ambre sera facile d'avril en octobre, époque de la mousson de S. pendant laquelle les vents et les courants seront favorables; et l'on atterrira sur Monfea. Pendant l'autre partie de l'année, d'octobre en avril, c'est-à-dire durant la mousson de N. du canal de Mozambique, il conviendra, après avoir doublé le cap d'Ambre, de donner la route, en tenant compte du courant général vers l'O., de manière à passer pendant le jour, et autant que les vents le permettront : soit dans le N., c'est-à-dire au vent de Cosmoledo; soit tout au moins entre Cosmoledo (laissé dans l'E.) et l'Assomption ainsi qu'Aldabra (laissés dans l'O.). On pourra ensuite, avec les vents dominant ordinairement de la partie du N.E., prendre la bordée tribord amures bon plein, de manière à atteindre l'île Pemba, en déterminant souvent sa position, et en se défiant de l'action assez variable des courants, pour pouvoir atterrir sûrement.

§ 371. — Routes pour aller à la Réunion, ou à Maurice, en partant de la côte de Madagascar, de Nossi-Bé, des Comores, de Zanzibar, ainsi que des ports du canal de Mozambique.

En partant de la côte O. de Madagascar, en toutes saisons, il conviendra de descendre le canal de Mozambique (voir § 235), afin d'aller chercher les vents de la partie de l'O., sur un parallèle plus ou moins éloigné dans le S. Si l'on passe trop près de l'extrémité S. de Madagascar, il y aura à craindre, non-seulement l'effet du courant contraire portant à l'O. et au S.O., mais encore l'action des brises fréquentes du N.E., qui sont bien connues sous le nom de vents du

Fort Dauphin. Il est vrai que quelquefois, durant l'hivernage, de novembre en mars, et surtout en décembre et janvier, on peut avoir la chance de tomber sur une série de vents d'O., ou de S.O., soufflant pendant plusieurs jours de suite, et parfois grand frais, entre l'extrémité S. de Madagascar et les Mascareignes. Mais, ce ne sont point là des circonstances normales ; et, si les marins très-pratiques de ces parages peuvent faire à la voile, dans cette saison, de belles traversées directes de l'extrémité S. de Madagascar à la Réunion, cette route ne sera généralement point tentée par les capitaines de voiliers ayant à faire pour la première fois la traversée qui nous occupe. Les navires-mixtes seuls pourront suivre cette route avec avantage.

Les navires à voiles venant du canal de Mozambique devront donc, à notre avis, descendre vers le S. pour chercher les vents d'Ouest.

En janvier, février et mars, il faudra descendre généralement par 35°S. au moins ; faire route à l'E., quand on aura les vents favorables ; et ne pas remonter dans le N. de 35°S. avant d'avoir atteint le méridien de 58°E., ou du moins de 57°30′E. Pour la fin, voir § 330.

En avril, mai et juin, on pourra faire route vers l'E., en se tenant entre 32° et 35°S. En remontant ensuite vers le N.E. et le N., il faudra veiller à ne pas couper 30°S. avant d'avoir atteint le méridien de 56°E. Pour la fin, voir § 330.

En juillet, août et septembre, la route vers l'E. sera faite entre 32° et 35°S.; et il ne faudra pas couper 30°S., en remontant vers le N., avant d'avoir atteint le méridien de 53° ou de 54°E. (voir : paragraphe 330).

En octobre, novembre et décembre, on fera route à l'E. entre 32° et 35°S.; et lorsqu'on remontera vers le N.E. et vers le N., il conviendra de gouverner de manière à couper 30°S. par 55°30′E., si le navire est destiné à la Réunion, ou par 57°E. s'il est destiné à Maurice (voir : § 330).

En partant de la côte N.O. de Madagascar, de Nossi-Bé, de Mayotte, de Quillimane, ou de Mozambique, il conviendra de suivre également la route que nous venons d'indiquer, en descendant le canal de Mozambique, quelle que soit d'ailleurs l'époque de l'année.

En partant de la côte E. et S.E. de Madagascar, la même

route, en allant chercher les vents d'O. dans le S., est encore généralement la meilleure, malgré sa longueur.

En partant de Zanzibar, pendant la mousson de N. du canal de Mozambique, c'est-à-dire *d'octobre en avril*, on descendra le canal vers le S., comme nous l'avons indiqué au § 235. Puis la traversée s'achèvera comme nous l'avons indiqué ci-dessus, pour les navires partant de la côte O. de Madagascar. Pendant l'autre saison, *de mai en septembre*, alors que la mousson de S. règne dans le canal de Mozambique, les voiliers partant de Zanzibar feront route d'abord autant que possible vers le N.E. pour se placer sur les parallèles de 1° ou de 2°N. Puis, ils gouverneront vers l'E., en se maintenant ainsi dans le N. de l'Equateur au moins jusque par 68°E. De là, il sera possible de descendre vers le S., de passer dans l'O. des Chagos, et de gagner ensuite les Mascareignes à bout de bord avec les alizés de S.E. Mais, avec un voilier ordinaire, et surtout dans le fort de la mousson, de juin en septembre, alors que les alizés de S.E. refusent souvent au S.S.E., il sera plus prudent de rester plus longtemps entre les parallèles de 1° et 2°N. On prendra le chenal de Un-Degré-et-demi, et la route vers l'E. sera continuée jusque par 75°E. L'Equateur sera coupé par 76° ou 77°E.; le parallèle de 5°S, entre 75° et 78°E., selon les circonstances ; et l'on passera ainsi dans l'E. des Chagos, ce qui donnera la certitude d'atteindre Maurice et la Réunion.

§ 372. — Routes en partant de la Réunion, ou de Maurice, pour aller à Mascate, à Karachi, à Bombay, à la côte de Malabar, à Ceylan et au golfe du Bengale.

1° *En partant à une époque comprise entre le milieu de mars et le milieu d'août.*

En partant des Mascareignes, il conviendra de gouverner vers le N., ou le N.N.E., selon les vents régnants, de manière à passer généralement dans l'O. des Cargados Garajos, et à prendre le passage de Boscawen (voir : § 332). Les alizés de S.E. persisteront jusque dans les environs de l'Equateur qui sera coupé entre 55° et 60°E., par une longitude qui variera comme nous l'indiquons plus loin suivant le port de destination.

Etant destiné à Mascate, Karachi, Bombay, ou à la côte

de Malabar, on pourra se conformer aux instructions données au § 323 ; et l'on suivra, à partir de l'Equateur, les croisements indiqués dans le dit paragraphe, terminant ainsi la traversée comme il a été dit pour les navires venant par exemple du Bengale par la route du Sud.

Etant destiné à Ceylan, ou au Bengale, et après avoir pris généralement le passage de Boscawen, il faudra chercher à atteindre le plus tôt possible l'Equateur, que l'on coupera par 60° ou 62°E.; et l'on ira se placer par 1° ou 2°N., afin de trouver les brises de la partie de l'O. avec lesquelles la route sera donnée pour prendre le chenal de Un-Degré-et-demi. On ralliera ensuite, sans difficulté, Ceylan et les ports du golfe du Bengale, en suivant les instructions données aux §§ 317 et 318.

En partant des Mascareignes, nous avons dit plus haut que la route passe généralement dans l'O. des Cargados Garajos. Mais, il est clair que si le navire est destiné aux ports du golfe du Bengale, ou à Ceylan, ou même à la côte de Malabar, et si la bordée partant de Maurice ou de la Réunion, permet de doubler sûrement les Cargados dans l'E., cette route sera plus courte et par conséquent plus avantageuse. Mais, dans la crainte de tomber sur ces dangers, si l'on en passait trop près au vent, il vaudra encore mieux, quand on aura le moindre doute, se décider à passer sous le vent, c'est-à-dire dans l'Ouest.

2° *En partant à une époque comprise entre le milieu ou la fin d'août et le milieu de novembre.*

En partant des Mascareignes, la route est d'abord la même que pendant les mois précédents, c'est-à-dire que l'on prend généralement le passage de Boscawen (voir : § 332).

Etant destiné à Ceylan, ou au Bengale, et ayant atteint l'Equateur en septembre, octobre ou novembre, la route vers l'E. sera encore faite par 1° ou 2°N. environ, avec des vents dominant généralement du N.O. et du S.O.; et l'on prendra le chenal de Un-Degré-et-demi, comme pendant les mois précédents.

Etant destiné à Mascate, Karachi, Bombay, et à la côte de Malabar, l'Equateur sera coupé par 60° ou 62°E., comme pendant les mois précédents. Puis on gouvernera vers l'E. avec les vents dominant de la partie de l'O., et en se maintenant dans les environs de 1° ou 2°N., jusqu'à ce qu'on ait rejoint la route des navires venant du cap de Bonne-Espérance. Ces derniers navires coupent l'Equateur par 66°E., en octobre et novembre, après avoir pris le passage du milieu. On trouvera, au § 337, les indications nécessaires pour terminer la traversée.

3° *En partant à une époque comprise entre la fin de novembre et le commencement de mars.*

On commencera encore la traversée, en prenant généralement le passage de Boscawen, comme nous l'avons conseillé au commencement du présent paragraphe. On coupera ainsi le parallèle de 5°S. à peu près par 57°E.; et, à partir de ce point, l'on se dirigera vers l'E.N.E. d'abord, puis vers l'E., de manière à faire son chemin vers l'E., en se maintenant entre les parallèles de 3° et de 4°S., où les brises de la mousson d'O. régneront généralement, en même temps que le courant portera vers l'Est.

Si le navire est destiné *à Ceylan, à la côte de Malabar, ou à Bombay*, on trouvera des instructions pour terminer la traversée, en se reportant au § 270, p. 536 ; et suivant les circonstances, l'Equateur sera coupé entre 80° et 86°Est.

Etant destiné *à Karachi, ou à Mascate,* on terminera la traversée comme il a été dit au § 284, en coupant l'Equateur par 86°E. environ.

Etant destiné *au golfe du Bengale*, on se reportera au § 321, pour la fin de la traversée ; et l'on coupera l'Equateur entre 88° et 93°E., selon le port de destination.

Etant destiné aux *ports à poivre* de la côte N.O. de Sumatra, on coupera l'Equateur par 91° ou 92°E. environ, et l'on atterrira sur l'île Hog.

§ 373. — Routes, en partant de la Réunion ou de Maurice, pour aller aux ports à poivre de la côte N.O. de Sumatra ; aux détroits de la Sonde, de Bali, de Lombok, d'Ombay et de Torrès.

En partant de la Réunion, ou de Maurice, la route consistera d'abord à prolonger la bordée bâbord amures bon plein dans les alizés de S.E., pour faire le plus de S. possible et pour aller chercher les vents de la partie de l'O. que l'on trouvera sur un parallèle plus ou moins méridional selon la saison. En général, il suffira de dépasser 38° ou 39°S.; et l'on pourra faire tout son chemin vers l'E., en se maintenant entre 38° et 40°S. On commencera à faire du N., lorsque l'on aura atteint la route indiquée au § 342, pour les navires qui viennent de l'Atlantique S. et qui se rendent à la même destination.

Ainsi, il conviendra de couper le parallèle de 35°S., une seconde fois, en remontant vers le N., suivant les croisements indiqués ci-après :

Étant destiné au détroit de Torrès ou d'Ombay.

En Janvier, Février et Mars.	couper	35°S. par 93°Est.
En Avril, Mai et Juin	—	35°S. par 97°Est.
En Juillet, Août et Septembre. . . .	—	35°S. par 95°30'Est.
En Octobre, Novembre et Décembre.	—	35°S. par 93°Est.

Étant destiné au détroit de Lombok.

En Janvier, Février et Mars.	couper	35°S. par 90°30'Est.
En Avril, Mai et Juin	—	35°S. par 97°Est.
En Juillet, Août et Septembre. . . .	—	35°S. par 95°30'Est.
En Octobre, Novembre et Décembre.	—	35°S. par 93°Est.

Étant destiné au détroit de la Sonde.

En Janvier, Février et Mars.	couper	35°S. entre 83° et 88°E.	(selon le mois).
En Avril, Mai et Juin	—	35°S. entre 94° et 92°Est	—
En Juillet, Août et Septembre. . . .	—	35°S. entre 98° et 93°Est	—
En Octobre, Novembre et Décembre.	—	35°S. entre 87° et 91°Est	—

Étant destiné aux ports à poivre : Analaboo, Qualah-Battoo, etc.

En Janvier, Février et Mars.	couper	35°S. par 83°Est.
En Avril, Mai et Juin	—	35°S. par 86°Est.
En Juillet, Août et Septembre. . . .	—	35°S. par 83°Est.
En Octobre, Novembre et Décembre.	—	35°S. par 83°Est.

§ 374. — Routes de retour à la Réunion, ou à Maurice, en partant de Mascate, Karachi, Bombay, de la côte de Malabar, de Ceylan, du Bengale, des ports à poivre, ou des détroits de la Sonde, de Bali, Lombok, Ombay et Torrès.

1° *Pendant la mousson de S.O.*

Pendant cette mousson, les navires partant de l'un des ports de la mer d'Oman, de Ceylan, ou du golfe du Bengale, de l'un des ports à poivre de Sumatra, ou de l'un des détroits de la Malaisie, suivront identiquement la même route que s'ils avaient à revenir dans l'Océan Atlantique S. (voir §§ 349 à 353).

2° *Pendant la mousson de N.E.*

En partant de Mascate, ou de Karachi, on gouverne directement et sans difficulté, pour couper l'Equateur par 65° ou 66°E.; puis 10°S. par 67° ou 68°E., en prenant ainsi le Passage du Milieu. En suivant cette route, *en octobre, novembre et décembre,* on aura des brises de N.E., de N.O. et d'O.S.O. avec un courant au S.O., dans la mer d'Oman ; les vents domineront ensuite, surtout du N.O. et de l'O.S.O., entre 10°N. et l'Equateur. Puis, les brises joueront du N.O. et du S.O., avec un courant portant à l'E., entre l'Equateur et 7°S. Au-delà de 7°S. on aura les alizés de S.E. et le courant O. *En janvier, février et mars,* les vents seront dominants de la partie du N.E., dans toute la mer d'Oman jusque vers l'Equateur. Puis, à partir de la Ligne, ou de 1°S., jusque vers 9° ou 10°S., on aura les brises de la mousson de N.O. avec le courant portant à l'E. Ensuite, on aura les alizés de S.E. et le courant Ouest.

En partant de Bombay, ou des ports voisins, en octobre, novembre ou décembre, il convient de descendre la côte O. d'Hindoustan (voir page 513) et d'aller couper l'Equateur entre 74° et 76°E. La route est ensuite dirigée vers le S., avec les brises de la mousson d'O. et le courant portant à l'E. jusque vers 9° ou 10°S., où l'on trouve les alizés de S.E. En partant des mêmes ports, *en janvier, février et mars,* on donne la route pour passer dans l'O. des Laquedives et pour couper l'Equateur par 65° ou 66°E.; c'est-à-dire que l'on suit la route qui a été indiquée plus haut pour les navires partis de Mascate ou de Karachi.

En partant de Goa, de Mangalore, de Cochin, ou de Ceylan, durant la mousson de N.E., *d'octobre en mars*, le mieux est de descendre la côte de Malabar vers le S. (voir page 513), et d'aller couper l'Equateur entre 74° et 76°E. On fait ensuite route vers le S., avec les brises de la mousson d'O. et le courant portant à l'E., jusque vers 9° ou 10°S., où l'on trouve les alizés de S.E.

En partant des ports du golfe du Bengale, des ports à poivre de la côte N.O. de Sumatra, ou des détroits de la Sonde, Bali, Ombay et Torrès, la route est absolument la même que celle des navires revenant à destination de l'Atlantique S. (voir §§ 351, 352 et 353).

§ 375. — Routes de retour à la Réunion ou à Maurice, en partant des côtes S. et O. d'Australie; soit, par exemple : de Melbourne ou de la rivière des Cygnes.

Nos instructions sur *l'Océan Pacifique* donnent, à la page 405, la route pour aller de Melbourne dans l'Océan Indien, en passant par le S. de l'Australie. Comme l'on peut s'en assurer, cette route coupe le parallèle de 30°S. entre 104° et 107°E., de novembre en avril; et ce même parallèle, entre 106° et 110°E., de mai en novembre. Ensuite, quels que soient le port de destination et la saison, il faut chercher à faire le plus de N. possible, afin de gagner au plus vite les alizés de S.E. En partant de la côte O. d'Australie, et par exemple de la rivière des Cygnes, il faut encore faire la route qui se rapproche le plus possible du N.O., et du N.N.O., afin de s'élever au large de la terre et de se rapprocher des alizés.

D'octobre en avril, on trouvera généralement les alizés de S.E. bien établis, dans le N. de 30°S.; et d'avril en octobre, au-delà de 25°Sud.

Lorsque l'on commencera à trouver les alizés, il faudra encore continuer à laisser beaucoup de N. dans sa route; et ne pas laisser porter trop tôt vers l'O. En général, on aura avantage à suivre les croisements indiqués ci-après :

En janvier, février et mars, coupez 25°S. par 103°E.; 21°S. par 88°E.; puis laissez porter sur la destination.

En avril, mai et juin, coupez 25°S. par 106° ou 105°E.; et 21° ou plutôt 20°S. par 93°E.; puis laissez porter.

En juillet, août et septembre, coupez 25°S. entre 106° et 109°E.; et 20°S. entre 100° et 98°E.; puis laissez porter.

En octobre, novembre et décembre, coupez 25°S. par 103°E.; et 22° ou plutôt 21°S. par 93°E.; puis laissez porter.

CHAPITRE ONZIÈME.

Routes diverses.

§ 376. — Routes en partant des ports de la côte S. ou de la côte O. d'Australie, soit par exemple de Melbourne ou de la rivière des Cygnes, pour aller à la mer d'Oman, à Ceylan, au golfe du Bengale, à Singapour et en Chine.

Nous avons indiqué dans *l'Océan Pacifique*, page 405, la route pour aller de Melbourne à l'Océan Indien par le S. de l'Australie. Cette route, de novembre en avril, coupe 30°S. entre 104° et 107°E.; et, de mai en novembre, elle coupe 30°S. entre 106° et 110°E. Ensuite, quels que soient le port de destination et la saison, on tâche de faire le plus de N. possible, afin de gagner au plus vite les alizés de S.E. En partant de la côte O. d'Australie et, par exemple, de la rivière des Cygnes, il faut encore faire la route qui se rapproche le plus possible du N.O. et du N.N.O., afin de s'élever au large de la terre et de se rapprocher des alizés.

D'octobre en avril, on trouvera généralement les alizés de S.E. bien établis dans le N. de 30°S.; et d'avril en octobre, au-delà de 25°Sud.

Lorsque l'on sera complétement certain d'avoir trouvé les alizés de S.E. bien et définitivement établis, il conviendra de gouverner, comme nous l'indiquons ci-après, selon le port de destination.

1° Etant destiné à Singapour, ou à la Chine.

Les navires destinés à Singapour auront avantage, en toutes saisons, à passer par les détroits de la Sonde et de Banca. Nos instructions sur le *Pacifique* donnent à la page 410, les croisements à suivre pour aller du cap Leeuwin au détroit de la Sonde. Il convient d'atterrir sur ce détroit par l'E., pendant la mousson d'E., d'avril en octobre; et directement, ou par l'O., pendant la mousson de N.O., de novembre en mars; on pourra d'ailleurs se conformer à ce sujet à ce qui a été dit dans les présentes instructions pour les navires venant d'Europe et allant à la Sonde.

Si le navire est destiné à la Chine, il conviendra de gouverner, ainsi qu'il vient d'être dit, d'avril en septembre, en prenant le détroit de la Sonde, et en terminant la traversée comme l'indiquent nos Instructions sur l'Océan Pacifique. Mais, d'octobre en mars, il faudra donner la route pour passer non loin du cap N.O. de l'Australie, et pour prendre la route de l'E. On pourra, en octobre et novembre, prendre le détroit de Lombok ou celui d'Allas, puis celui de Macassar. Plus tard, du 15 novembre au 15 mars, on prendra les détroits d'Ombay et de Gillolo, comme nous l'avons dit au § 342.

En terminant, nous rappellerons aux capitaines de navires partant *de Melbourne* que ce sera dans notre *Pacifique* qu'ils trouveront des conseils sur la détermination à prendre dans le choix de leur route, selon qu'ils devront passer par le S., ou par le N. de l'Australie.

2° Etant destiné à Achem, Malacca, Penang, Mergui, Amherst, Rangoon ou Dalhousie.

Du 1er septembre à la fin de mars, on gouvernera, dans les alizés de S.E., de façon à couper 10°S. par 87°E. Au-delà de 10°S., les vents domineront de la partie du N.O. au S.O.; on en profitera pour couper l'Equateur par 91°E.; et la traversée sera terminée comme nous l'avons indiqué au § 341.

D'avril en août, les navires destinés à Dalhousie, Rangoon, Amherst et Mergui, couperont 5°S. et l'Equateur par 85°E.; et ceux destinés à Achem, Penang et Malacca, couperont 5°S. et l'Equateur par 88°E.; dans les deux cas, la traversée sera terminée comme au § 341.

3° *Etant destiné aux ports à poivre de la côte N.O. de Sumatra.*

Du 1er septembre à la fin de mars, coupez 10°S. par 88° ou 89°E.; et l'Equateur par 91° ou 92°E. Terminez comme au § 342.

D'avril en août, coupez 5°S. par 90°E.; et l'Equateur par 91° ou 92°E. Terminez comme au § 342.

4° *Etant destiné à Akyab, Chittagong, Calcutta, ou Ganjam.*

Lorsque l'on verra que le navire pourra atteindre *l'Equateur, du 1er octobre au 1er décembre*, on gouvernera pour couper 10°S. par 83°E.; et l'Equateur par 86°Est.

Devant atteindre *l'Equateur, du 1er décembre au 1er février*, coupez 10°S. par 87°E.; et l'Equateur, par 90°Est.

Devant atteindre *l'Equateur du 1er février au 15 mars*, coupez 10°S. par 86°E.; et l'Equateur par 89°30′Est.

Devant atteindre l'*Equateur, du 15 mars au milieu d'août*, coupez 7° ou 6°S. par 77°E.; et l'Equateur par 77°Est.

Devant atteindre l'*Equateur, du milieu d'août à la fin de septembre*, coupez 7° ou 6°S. par 80°30′E.; et l'Equateur, par la même longitude de 80°30′Est.

La traversée sera terminée, en se reportant aux instructions du § 340.

5° *Etant destiné à Pondichéry, ou Madras.*

Lorsque l'on jugera possible d'atteindre l'*Equateur, du 1er octobre au 1er décembre*, on gouvernera pour couper 10°S. par 82°E.; et l'Equateur par 85°Est.

Devant atteindre l'*Equateur, du 1er décembre au 1er février*, coupez 10°S. par 87°E.; et l'Equateur par 90°Est.

Devant atteindre l'*Equateur, du 1er février au 15 mars*, coupez 10°S. par 86°E.; et l'Equateur par 89°30′Est.

Devant atteindre l'*Equateur, du 15 mars au milieu d'août*, coupez 7° ou 6°S. par 77°E.; et l'Equateur aussi par 77°Est.

Devant atteindre l'*Equateur, de la fin d'août à la fin de septembre*, coupez 7° ou 6°S. par 80°30′E.; et l'Equateur aussi par 80°30′Est.

La fin de la traversée sera accomplie, comme au § 339.

6° *Etant destiné à Trinquemaley (Ceylan).*

Lorsque l'on jugera possible d'atteindre l'*Equateur, du 15 mars au 15 octobre*, on gouvernera pour couper 7° ou 6°S. par 77°E.; et l'Equateur aussi par 77°Est.

Devant atteindre l'*Equateur, du 15 octobre à la fin de novembre*, coupez 10°S. par 76° ou 77°E.; et l'Equateur par 79°30'Est.

Devant atteindre l'*Equateur, en décembre, janvier ou février*, coupez 10°S. par 84°E.; et l'Equateur par 87°Est.

La traversée sera terminée, suivant les indications du § 338.

7° *Etant destiné à Pointe de Galles, ou à Colombo (Ceylan).*

Lorsque l'on aura la possibilité d'atteindre l'*Equateur, du 15 mars au 15 octobre*, on gouvernera pour couper 7° ou 6°S. par 73°E.; et l'Equateur aussi par 73°Est.

Devant atteindre l'*Equateur, du 15 octobre à la fin de novembre*, coupez 10°S. par 74° ou 75°E.; et l'Equateur par 77°30'Est.

Devant atteindre l'*Equateur, en décembre, janvier ou février*, coupez 10°S. par 83°E.; et l'Equateur par 86°Est.

La fin de la traversée sera accomplie, comme au § 338.

8° *Etant destiné à Tuticorin, Calicut, Cochin, Mahé, Mangalore, Bombay, Karachi, Mascate et le golfe Persique.*

Lorsque l'on jugera possible d'atteindre la côte S.O. de Ceylan, entre le 1er octobre et la fin de mars, il conviendra de suivre la route que nous venons d'indiquer, pour les navires qui se rendent à la même époque à Pointe de Galles. Ayant ainsi atteint les environs de la partie S.O. de Ceylan, on terminera la traversée, en remontant vers le N. et le N.O., le long de la côte O. d'Hindoustan. On se conformera, pour cette dernière partie de la route, aux instructions du § 269, si le navire est destiné à la côte de Malabar, ou à Bombay; ou aux instructions du § 278, si le navire est destiné à Mascate, ou au golfe Persique; ou à celles du § 280, s'il s'agit d'aller à Diu, ou à Karachi.

Dans le cas contraire, c'est-à-dire quand on reconnaîtra l'impossibilité d'atteindre la partie S.O. de Ceylan entre le 1er octobre et la fin de mars, il faudra faire route directement, dans les alizés de

S.E., pour passer dans le S. de Diego-Garcia, et pour couper ensuite 7°S. par 66° ou 65°E. De ce dernier point, on terminera la traversée, comme il a été dit au § 323. Les capitaines de navires destinés à Mascate, ou au golfe Persique, trouveront des instructions, pour la fin de la route, en se reportant au § 279 ; ceux destinés à Diu, ou à Karachi, se reporteront au § 281 ; et ceux destinés à Cochin, à Calicut, ou à Mangalore, etc., prendront le chenal des Neuf-Degrés, comme l'indique le § 323.

§ 377. — Routes en partant des ports à poivre de la côte N.O. de Sumatra, ou des détroits de la Sonde, de Bali, de Lombok, etc., d'Ombay ou de Torrès, pour aller aux ports de la mer d'Oman, et par exemple à Mascate, au golfe Persique, à Karachi, à Bombay, à la côte de Malabar ou à Ceylan.

La première partie des routes qui nous occupent présente naturellement une grande analogie avec le commencement des routes données au § 365, pour les navires qui vont à Aden et qui viennent des mêmes points de départ.

1° Route en partant des ports à poivre de la côte N.O. de Sumatra.

En mousson de N.E., on suivra d'abord une route semblable à celle du § 311, comme si l'on allait d'Achem à Ceylan. On fera donc sa route vers l'O., en se maintenant entre les parallèles de 7° et de 6°N.; il conviendra de reconnaître les feux des Basses, et de contourner la côte S. et S.O. de Ceylan à petite distance. Puis, l'on remontera vers le N., et le N.O., le long de la côte O. d'Hindoustan ; et la traversée sera terminée en se conformant aux indications : soit du § 269, si le navire est destiné à la côte de Malabar, ou à Bombay ; soit du § 278, s'il s'agit d'aller à Mascate, ou au golfe Persique ; soit du § 280, si l'on doit se rendre à Diu, ou à Karachi.

En mousson de S.O., c'est-à-dire d'avril en septembre, on fera route vers le S., comme il a été dit au § 312, pour aller dans le S. de l'Equateur chercher les alizés de S.E. A partir de ce moment, il ne restera plus qu'à suivre la route du S., telle qu'elle a été décrite au § 323.

2° Routes en partant de Bencoolen, ou de l'un des détroits de la Sonde, Bali, etc., Ombay, ou Torrès.

Quelle que soit la saison, il faudra toujours commencer par faire route vers l'O. dans les alizés de S.E.

Le commencement de la traversée présentera donc quelque difficulté, pour les voiliers, pendant la mousson d'O. des îles Malaises, c'est-à-dire *de novembre en mars*. En se reportant au § 353, on trouvera les croisements et les instructions que l'on pourra se proposer de suivre, à cette époque, pour chercher les alizés de S.E. Les voiliers ne viendront jamais de Torrès dans cette saison. Quant aux navires-mixtes venant de Torrès, ils relâcheront généralement à Coupang (Timor), d'où ils iront chercher les alizés de S.E., à la vapeur, en gouvernant au S.O., comme nous l'avons conseillé au § 353.

Pendant l'autre saison, d'*avril en octobre*, la mousson d'E. et de S.E. règne le long des îles Malaises. Il est donc facile en faisant route vent sous vergues, de gagner les alizés avec lesquels la mousson d'E. se fond, sans transition.

A partir du moment où le navire aura trouvé les alizés de S.E. bien établis, on gouvernera, comme nous l'indiquons ci-après :

En octobre, novembre et décembre, la route vers l'O. sera faite entre 10° et 15°S.; le parallèle de 10°S. devra être coupé par 75° ou 74°E.; on trouvera ensuite les brises de la mousson d'O., avec un courant E., et l'Equateur sera coupé par 77°30′E. On ralliera la côte S. de Ceylan, comme il a été dit au § 338 ; puis la traversée sera terminée en remontant vers le N., ou le N.O., le long de la côte O. d'Hindoustan. La fin de la route sera conforme aux instructions du § 269, si l'on se rend à la côte de Malabar, ou à Bombay ; à celle du § 278, si l'on va au golfe Persique, ou à Mascate, et à celles du § 280, s'il s'agit d'aller à Diu, ou à Karachi.

En janvier, février et mars, on fera route à l'O., par 15° ou 16°S., avec les alizés jusqu'à ce que le navire ait atteint le méridien de 85°E. Le parallèle de 10°S. sera coupé par 82° ou 83°E.; et l'Equateur, entre 83° et 86°E. Entre 10°S. et la Ligne, règneront les brises de la mousson d'O., accompagnées par un courant E. Au-delà de l'Equateur, ou de 2°N., commencera la mousson de N.E., avec laquelle on atteindra la côte S. de Ceylan. La traversée sera ensuite terminée, ainsi que nous venons de l'indiquer pour le trimestre précédent.

D'avril en septembre, ou plutôt lorsque l'on jugera que l'Equateur pourra être atteint pendant cette période où la mousson de S.O. règne dans le N. de l'Equateur, il conviendra de faire route vers l'O. dans les environs de 10°S. On passera dans le S. de Diego-Garcia; le parallèle de 7°S. sera coupé par 66° ou 65°E.; et la traversée sera terminée comme il a été dit au § 323. On pourra encore se reporter au § 279, si le navire est destiné au golfe Persique ou à Mascate; et au § 281, s'il s'agit d'aller à Diu, ou à Karachi. Les navires destinés à Cochin, Calicut et Mangalore, prendront le chenal des Neuf-Degrés, comme il a été dit au § 323.

§ 378. — **Routes en partant des ports à poivre de la côte N.O. de Sumatra, ou des détroits de la Sonde, de Bali, de Lombok, etc., d'Ombay ou de Torrès, pour aller aux ports du golfe du Bengale, et par exemple à Pondichéry, Madras, Cocanada, Calcutta, Chittagong, Akyab, Dalhousie, Rangoon, Amherst, Penang et Achem, etc.**

1° *En partant des ports à poivre de la côte N.O. de Sumatra.*

En partant des ports à poivre, les routes seront sensiblement les mêmes que si le navire partait d'Achem. Ainsi, lorsque l'on devra se rendre à Ceylan, ou à l'un des ports de la côte de Coromandel, il suffira de se reporter aux §§ 311 et 312; et lorsque l'on devra aller à Calcutta, Akyab, Rangoon, etc., il faudra se reporter aux §§ 303 et 304.

2° *En partant de Bencoolen, ou de l'un des détroits de la Sonde, Bali, Lombok, etc., Ombay ou Torrès.*

Pendant la mousson de S.O., ou plutôt lorsque l'on jugera que le navire pourra atteindre l'Equateur entre avril et le courant de septembre, il n'y aura, au début de la traversée, aucune difficulté à faire route vers l'O., puisqu'à cette époque, la mousson d'E. et de S.E. des îles Malaises se fond sans transition avec les alizés de S.E. de l'Océan Indien méridional. La route vers l'O. sera faite dans les environs de 10°S., soit entre 8° et 11°S., jusqu'à ce que le navire ait atteint le méridien convenable : c'est-à-dire l'un des méridiens compris, entre 87° et 77°E., selon le port de destination. Ce méridien sera celui indiqué au § 376; et le reste de la route sera effectué comme nous l'avons dit dans ce même § 376, pour les navires venant de la côte O. d'Australie et se rendant aux différents ports du Bengale.

Durant la mousson de N.E., ou plutôt lorsque l'on appréciera que le navire devra atteindre l'Equateur de la fin de septembre à la fin de mars, le commencement de la traversée sera généralement moins facile que pendant l'autre saison. Effectivement, la mousson d'O. règne, d'octobre en mars, le long des îles Malaises; et il faudra, dans ce cas, se reporter au § 353, où l'on trouvera des instructions et des croisements que l'on se proposera de suivre, pour gagner la région des alizés de S.E. Les voiliers ne viendront jamais de Torrès, dans cette saison. Quant aux navires-mixtes venant de Torrès, ils relâcheront ordinairement à Coupang (Timor), d'où ils iront chercher les alizés de S.E., à la vapeur, en gouvernant au S.O., comme nous l'avons indiqué au § 353.

A partir du moment où le navire sera parvenu dans les alizés de S.E. bien établis, il conviendra de faire route vers l'O., en se maintenant : soit entre 10° et 12°S., pendant les mois d'octobre, novembre et décembre; soit entre 12° et 14°S., pendant les mois de janvier, février et mars. On s'avancera ainsi vers l'O., jusqu'à ce que le navire soit en position d'arrondir la route vers le N.O. et vers le N., pour rejoindre les croisements des parallèles de 10° et de 5°S. qui ont été indiqués au § 376. Ensuite, on terminera la traversée, en se conformant aux instructions de l'un des paragraphes 338, 339, 340, 341 ou 342, selon le port de destination.

§ 379. — Routes en partant d'un port quelconque du golfe du Bengale, et par exemple : de Trinquemaley, Madras, Cocanada, Calcutta, Akyab, Dalhousie, Rangoon, Amherst, Penang ou Achem, pour aller aux ports à poivre de la côte N.O. de Sumatra; aux détroits de la Sonde, Bali, etc., Ombay et Torrès, ou à la rivière des Cygnes et à Melbourne.

1° *Etant destiné aux ports à poivre de la côte N.O. de Sumatra.*

En partant de Trinquemaley, de Madras, de Cocanada, ou de Calcutta, les routes seront à peu près les mêmes que celles indiquées aux §§ 315 et 316 pour les navires destinés à Achem. Ainsi, d'octobre en avril, on coupera 93°E. entre 6° et 4°N.; et l'on aura ensuite des brises de N.E., tournant au N.O. et au S.O., qui permettront de gagner facilement l'atterrage sur l'île Hog. Pendant la mousson de S.O., d'avril en septembre, la route sera directe; et les vents de S.O. domineront surtout de la partie de l'O., quand le navire approchera de Sumatra.

En partant de Chittagong, d'Akyab, de Dalhousie, de Rangoon, d'Amherst, de Mergui ou de Penang, on trouvera des indications suffisantes en se reportant aux §§ 308, 309 et 310, et en prenant connaissance de la route donnée pour aller à Achem. Ainsi, *pendant la mousson de N.E.*, en venant de Chittagong, ou d'Akyab, il conviendra de passer dans l'O. des îles Andaman et Nicobar; puis de doubler à petite distance la Tête d'Achem dans l'O., pour descendre ensuite la côte de Sumatra vers le S. Dans la même saison, en partant de Dalhousie, de Rangoon, d'Amherst, ou de Mergui, la route sera donnée ainsi qu'il est dit au § 309, comme pour aller à Achem; on contournera Pulo-Brasse dans le N. et dans l'O., puis l'on ralliera la côte N.O. de Sumatra. *Pendant la mousson de S.O.*, il faudra donner suffisamment de tour à Pulo-Brasse, en doublant cette île dans l'O.; et l'on se tiendra le plus au large possible de la côte N.O. de Sumatra, en descendant vers le S.; enfin, il sera prudent de ne pas atterrir avant que le navire soit parvenu à peu près au parallèle du port de destination.

2° *Etant destiné au détroit de la Sonde.*

Quel que soit le port du golfe du Bengale d'où l'on sera parti, la route sera, jusque vers le parallèle de 5°N., la même que celle des navires destinés aux ports à poivre (voir ci-dessus).

Pendant la mousson de N.E., on gouvernera avec les brises de N.E. à N.O., de manière à couper l'Equateur dans les environs de 92°E. Puis, les brises domineront du N.O. au S.O., variant au N.E. et au S.E.; et le parallèle de 5°S. sera coupé dans les environs de 98°E. Au-delà de ce croisement, on pourra facilement gouverner sur la Sonde.

Pendant la mousson de S.O., l'Equateur sera coupé entre 90° et 93°E. environ; c'est-à-dire que les navires venant de la côte de Coromandel couperont la Ligne à peu près par 90°E.; et que ceux venant d'Achem, ou du golfe de Martaban, la couperont par 93° ou 92°E. Dans le S. de l'Equateur, les vents domineront du S.O. et du N.O., variables au S.E. et au N.E., et l'on pourra généralement, avec ces vents, faire valoir le S.E. à la route, de manière à doubler à distance convenable la chaîne d'îles qui borde la côte de Sumatra. Si les vents refusent au S.S.E., ou au S.E., il faudra forcément courir un bord au S.O. Mais, il n'y aura pas lieu de prendre cette détermination, tant que l'on ne sera pas très-près des îles, car les vents adonnent assez fréquemment au S. et au S.O. quand on s'en approche, alors que les vents sont établis du S.E. à une certaine distance au large. Il sera d'ailleurs nécessaire de profiter de toutes les variations favorables du vent, car le courant sera généralement contraire, et portera vers la partie du N. Les navires destinés à Bencoolen chercheront à atteindre le parallèle de ce port avant de gouverner dessus ; et ils passeront selon les circonstances, soit dans le N., soit dans le S. de l'île Trieste. Quant aux navires destinés à la Sonde, ils ne se hâteront pas de rallier la terre, attendu qu'en général, il est plus facile de s'élever au vent lorsqu'on est au large plutôt qu'auprès de la côte. On se dirigera sur le cap Java ; et l'on atterrira ordinairement par l'E., à cette époque de l'année où règnent les vents d'E. et de S.E. dans les parages de l'entrée du détroit.

3° *Etant destiné aux détroits de Bali, Lombok, etc., Ombay et Torrès.*

Quel que soit le port du golfe du Bengale d'où le navire sera parti, le commencement de la traversée, jusque dans les environs du parallèle de 5°N., se fera comme si l'on avait à se rendre aux ports à poivre (voir la première partie du présent paragraphe).

Pendant la mousson de N.E., et surtout de novembre en mars, la route sera continuée au-delà de l'Equateur, comme pour aller à la Sonde. La ligne sera donc coupée par 92°E.; puis les brises domineront du N.O. au S.O., variables au N.E. et au S.E.; et le parallèle de 5°S. sera coupé dans les environs de 98°E. On aura ensuite les brises de la mousson de N.O., avec lesquelles il conviendra de couper 108°E. par 9° ou 10°S. Les navires destinés aux détroits de Bali et de Lombok pourront, s'ils ne sont pas sûrs de leur position, se rapprocher de la côte de Java dans les environs de 111°E. et reconnaître l'île Nusa Baron. Cette observation ne s'applique d'ailleurs bien entendu qu'à la période de novembre en mars, où la mousson d'O. est dans toute sa force, donnant des brises de N.O. et des courants vers l'E. Les navires destinés aux détroits d'Ombay et de Torrès, après avoir coupé 108°E. par 9° ou 10°S., gouverneront sans peine, dans cette saison, sur Ombay. Ceux qui devront se rendre au détroit de Torrès passeront dans le S. de Damo, et continueront leur route comme il a été dit au § 342, page 880.

Pendant la mousson de S.O., si l'on avait de sérieux motifs pour aller aux détroits de Bali, de Lombok, ou d'Ombay, on pourrait toujours commencer la traversée jusque dans les environs de la Sonde, en se conformant aux indications données dans la deuxième partie du présent paragraphe. Mais, on éprouverait ensuite de très-grandes difficultés à s'élever à la voile, le long de la côte S. de Java, surtout de mai en septembre, alors que la mousson d'E. est dans toute sa force, dans ces parages, donnant des vents d'E. ou de S.E., et des courants vers l'O. Aussi, notre avis est que la meilleure détermination, pour les voiliers, consistera à prolonger la grande bordée bâbord amures dans les alizés de S.E., pour aller chercher les vents d'O. dans le S. de 35°S.; de faire alors sa route vers l'O.; et de ne remonter vers le N., en coupant une seconde fois le parallèle de 35°S., qu'au moment où l'on aura atteint les croisements de la route des navires venant de l'Océan Atlantique S. (voir § 342.) En venant de la côte de Coromandel, on coupera l'Equateur entre 88° et 93°E.; et en venant des côtes d'Aracan et de Pegu, ou, du port d'Achem, on coupera la Ligne, selon les circonstances, plus ou moins près de 92° ou 93°E. Il faudra ensuite faire le S., autant que possible, jusqu'à ce que l'on trouve les alizés de S.E., ce qui aura lieu généralement au plus tard par 4° ou 6°S.; et l'on prendra alors la grande bordée bâbord amures. Cette route sera bien longue; mais elle sera parcourue plus facilement, et sans doute plus promptement que celle qui consisterait à lutter contre le vent et le courant, au large de la côte S. de Java, jusqu'à Ombay.

Quant à la route à destination du détroit de Torrès, nous pensons qu'un voilier n'aura jamais l'occasion de la tenter à cette époque.

Les navires-mixtes destinés aux détroits de Bali, de Lombok, ou d'Ombay, feront route, comme les voiliers, jusqu'à la hauteur du détroit de la Sonde. Puis, ils remonteront vers l'E., à la vapeur, le long de la côte S. de Java : la question sera réduite pour eux à une affaire d'approvisionnement de combustible. Il en sera de même pour aller jusqu'à Torrès, après avoir relâché : soit sur la côte S. de Java, soit à Coupang (Timor).

4° *Etant destiné aux ports de la côte O., ou de la côte S. d'Australie, et par exemple à la rivière des Cygnes, ou à Melbourne.*

Pendant la mousson de N.E., c'est-à-dire quand le navire partira d'octobre en mars, on commencera la traversée comme s'il s'agissait d'aller aux ports à poivre (voir la première partie du présent paragraphe). L'Equateur sera coupé par 92°E., et l'on aura des brises de N.E. à N.O. pour y arriver; ensuite les vents domineront de N.O. à S.O., variables au N.E. et au S.E.; et l'on gouvernera pour couper 98°E. entre 6° et 8°S. On continuera de faire du S. jusque par 10°, ou 11°S., où commenceront les alizés de S.E. Dès qu'on aura ces vents, il faudra prendre la grande bordée bâbord amures, et la prolonger tant que les alizés dureront. On perdra généralement ces vents dans les environs de 28°S., et l'on fera ensuite autant de S. que possible pour chercher les vents de la partie de l'O. Les navires destinés à la rivière des Cygnes n'auront pas besoin de descendre ordinairement au-delà de 35° à 37°S.; quant à ceux destinés à Melbourne, ils rallieront le parallèle de 43° ou de 45°Sud.

Pendant la mousson de S.O., c'est-à-dire quand le navire partira d'avril en septembre, on commencera la traversée ainsi qu'il a été dit dans la première partie du présent paragraphe, comme s'il s'agissait d'aller aux ports à poivre. L'Equateur sera coupé entre 90° et 93°E. : non loin de 90°E., si l'on vient de la côte de Coromandel; et dans les environs de 92° ou 93°E., si l'on vient d'Achem, ou de Rangoon, etc. Au-delà de l'Equateur, les brises dominent du S.O. au N.O. jusqu'aux alizés de S.E. que l'on trouve généralement par 4° ou 6°S. au plus tard. Le parallèle de 5°S. sera coupé encore entre 90° et 93°E. environ. Quand le navire aura trouvé les alizés, il faudra prendre et prolonger la grande bordée bâbord amures. Les alizés de S.E. cesseront par 24° ou 25°S.; et l'on fera alors du S. jusqu'à ce que les vents d'O. s'établissent. Pour aller à la rivière des Cygnes, la route à l'E. pourra être faite par 33°S. environ; et pour aller à Melbourne, par 40° ou 42°Sud.

§ 380. — Routes en partant de la mer d'Oman, et par exemple de Mascate' Karachi, Diu, Bombay, ou de la côte de Malabar, ou de Ceylan, pour aller aux ports à poivre de la côte N.O. de Sumatra, ou aux détroits de la Sonde, de Bali, de Lombok, etc., Ombay et Torrès, ou à l'Australie, à la rivière des Cygnes, et à Melbourne.

1° *Pendant la mousson de N.E.*

Le commencement de la traversée sera fait, comme si le navire était destiné à Ceylan. Ainsi, en partant de Mascate, suivez le § 276 ; de Karachi, ou de Diu, le § 282 ; de Bombay, ou de la côte de Malabar, le § 268. Ayant atteint la côte S.O. de Ceylan, on termine, comme nous l'indiquons ci-après :

Etant destiné aux ports à poivre de la côte N.O. de Sumatra, la route sera sensiblement la même que celles des §§ 317 et 318, comme si l'on allait à Achem. Il conviendra d'atterrir sur l'île Hog. En octobre, novembre et décembre, cette route ne sera généralement pas difficile, grâce aux séries de brises de N.O. et de S.O. qui s'établissent assez fréquemment entre Ceylan et Sumatra.

Etant destiné à Bencoolen, ou aux détroits de la Sonde, Bali, etc., Ombay ou Torrès, il conviendra, en quittant la côte S. de Ceylan, de gouverner pour atteindre l'Equateur, par une longitude variable entre 75° et 82°E., selon les vents qui régneront. En octobre, novembre et décembre, on aura le plus souvent des vents de N.O. et de S.O.; et en janvier, février et mars, il faudra s'attendre à des vents de N.E. On ralliera le parallèle de 4°S., pendant les premiers mois, d'octobre en décembre ; ou celui de 5°S., de janvier en mars ; et l'on fera route vers l'E., avec la mousson d'O., jusque par 98°E. environ. Au-delà de ce méridien, la traversée sera terminée, en suivant les conseils donnés au § 379.

Etant destiné à l'Australie, on suivra encore la même route, en coupant l'Equateur entre 78° et 80°E. Puis, l'on fera autant que possible du S., en traversant la région de la mousson d'O.; et l'on coupera le parallèle de 8°S. à peu près par la même longitude que l'Equateur, soit entre 78° et 80°E. Les alizés de S.E. commenceront généralement par 8°S.; et l'on prendra dès ce moment la grande bordée bâbord amures. Les alizés de S.E. cesseront généralement par 27°S.; et l'on fera alors du S. jusqu'à ce que l'on trouve les vents d'O. On fera route vers l'E., par 35°S., si le navire est destiné à la rivière des Cygnes; et par 43° ou 45°S., s'il est destiné à Melbourne.

2° Pendant la mousson de S.O.

Quel que soit le port de départ : Mascate, Karachi, Diu, la côte de Malabar, ou Ceylan, on suivra, jusqu'aux alizés de S.E., la même route que si le navire était destiné à l'Océan Atlantique S. (voir § 350). Après avoir atteint 5°S. entre 79° et 83°E., le navire trouvera généralement les alizés de S.E. bien établis, avec lesquels on prolongera la grande bordée bâbord amures. Les alizés cesseront dans les environs de 25°S.; et l'on fera du S. jusqu'à ce que le navire trouve les vents d'Ouest.

Etant destiné à Melbourne, on fera route à l'E., entre 42° et 45°S. Mais, s'il s'agit d'aller à la rivière des Cygnes, ou à l'un des détroits, on fera route à l'E., par 35°S. Pour atteindre les détroits, la fin de la route se trouvera au § 342.

S'il s'agissait d'aller aux ports à poivre de la côte N.O. de Sumatra, ou même au détroit de la Sonde, il n'y aurait pas besoin de faire ce grand détour. On descendrait la côte de Malabar comme pour aller à la côte S. de Ceylan; et de là, on terminerait la traversée ainsi qu'il a été dit au § 379 pour les navires venant de la côte de Coromandel.

§ 381. — Routes en partant du canal de Mozambique, des Comores, ou de Zanzibar, pour aller à Mascate, à Karachi, à Bombay, à la côte de Malabar, à Ceylan, au golfe du Bengale, aux détroits de la Sonde, de Bali, etc., d'Ombay et de Torrès, et à l'Australie.

1° Pendant la mousson de S.O.

Etant destiné à Mascate, Karachi, Bombay, ou à la côte de Malabar, et en admettant que l'on reconnaisse la possibilité d'atteindre l'Equateur entre avril et le commencement de septembre, la route à suivre sera la même que celle indiquée au § 337, pour les navires venant de l'Atlantique S. et se rendant à la mer d'Oman par le canal de Mozambique.

Etant destiné à Colombo, ou à Pointe de Galles, il conviendra de suivre la même route et de passer par le chenal des Huit-Degrés (voir §§ 266 et 270).

Etant destiné au golfe du Bengale, on pourra encore suivre la même route. Toutefois, après avoir gagné le parallèle de 1° ou de 2°N., il conviendra de faire son chemin vers l'E., et de prendre le chenal de Un-Degré-et-demi. Dans tous les cas, étant destiné à Trinquemaley, à la côte de Coromandel, à Calcutta, Chittagong, Akyab ou Dalhousie, on ralliera la côte S.E. de Ceylan; on prendra connaissance des feux des Basses; et la traversée sera terminée, comme il a été dit aux §§ 290, 291 et 316. Si le navire est destiné à Rangoon, Amherst, Mergui, Penang, Malacca, Achem, ou aux ports à poivre de la côte N.O. de Sumatra, il ne sera point nécessaire de rallier la côte S.E. de Ceylan; et la traversée sera terminée directement, comme il a été dit au § 316. Etant destiné aux ports à poivre, on pourra se placer sur le parallèle de l'île Hog, pour faire route à l'Est.

Ayant à se rendre au détroit de la Sonde, en partant des Comores, de Mozambique, de Zanzibar, ou des Seychelles, il conviendra, surtout après le mois de juin, de suivre la même route; de prendre le chenal de Un-Degré-et-demi; de faire route vers l'E. avec la mousson de S.O.; de couper une seconde fois l'Equateur dans les environs de 90°E.; et de terminer la traversée comme nous l'avons indiqué au § 379. Mais, lorsqu'on partira en avril, ou en mai, des points ci-dessus mentionnés, et à plus forte raison quand on partira d'un port du canal, tel que Mozambique, ou tout autre plus méridional, il sera préférable de descendre le canal vers le S., comme nous l'avons indiqué à la page 406. Dans ce cas, on ira chercher les vents d'O. jusque par 40°S. environ; et l'on fera son chemin vers l'E., sur ce parallèle, ou à peu-près, jusqu'au moment où le navire aura rejoint les croisements du § 342 donnés pour les navires venant de l'Atlantique S. et allant également à la Sonde.

Etant destiné aux détroits de Bali, Lombok, etc., Ombay, Torrès, à la rivière des Cygnes, ou à Melbourne, cette route par les vents d'O. de l'hémisphère S. est la seule à conseiller.

2° Pendant la mousson de N.E.

En partant des Comores, de Nossi-Bé, de Mozambique, ou des ports plus méridionaux, à une époque telle que l'on ne puisse avoir l'espoir de trouver la mousson de S.O. au N. de l'Equateur, la meilleure détermination à prendre est de descendre le canal vers le S., comme il a été indiqué aux pages 406, 457 et 461. On gagne la région des vents d'O. généralement dans le S. de 35°S.; et l'on fait alors son chemin vers l'E., en attendant pour remonter vers le N. que le navire ait atteint les croisements de l'un des paragraphes : 337, pour aller à Mascate, Karachi, Bombay, ou à la côte de Malabar; 338, pour aller à Galles, Colombo, ou Trinquemaley; 339, pour Pondichéry et Madras; 340, pour Coçanada, Calcutta, ou Akyab; 341, pour Dalhousie, Rangoon, Amherst, Mergui, Malacca, Penang, ou Achem; et 342, pour les ports à poivre de la côte N.O. de Sumatra, pour les détroits, ou l'Australie.

En partant de Zanzibar, le parti le plus sûr serait de suivre la même route. Cependant, lorsque l'on partira de la fin de novembre à la fin de janvier, on pourra, avec les brises de N.E. à N.O., chercher à passer dans le S. des Amirantes; on ira ensuite se placer au plus tôt dans le N. de 7°S. afin de rencontrer la mousson d'O. et les courants vers l'E., qui se feront sentir surtout quand le navire aura atteint les environs de 5°S., entre les Seychelles et les Chagos. On fera, sur ce parallèle, ou par 4°S., route vers l'E., jusqu'à ce que l'on ait rejoint l'une des routes des paragraphes 337, 338, 339, 340, 341 et même 342 pour les ports à poivre. Si le navire est destiné à la Sonde, la mousson de N.O. y conduira; on coupera 98°E. par 4°S. environ; et la traversée sera terminée comme au § 379. La même route conduirait aux détroits de Bali, Lombok, etc., Ombay et Torrès, à la condition d'arriver en mars au plus tard dans les parages de la Malaisie.

En partant des Comores, ou de Nossi-Bé, nous pensons que la route par le S., c'est-à-dire en descendant le canal de Mozambique vers le S., serait la meilleure pour un voilier, malgré sa longueur apparente. Toutefois, avec un voilier, et à *fortiori* avec un navire-mixte, on pourra gouverner d'abord comme pour aller aux Seychelles (voir page 431); puis, lorsque l'on aura atteint ou dépassé la latitude des Amirantes, où règne généralement la mousson d'O., on laissera porter vers l'E., comme nous l'avons dit pour les navires partant de Zanzibar.

Cette route, par la mousson de N.O., sera naturellement suivie lorsqu'on partira des Seychelles.

Etant destiné à l'Australie, et par exemple à la rivière des Cygnes, ou à Melbourne, etc., les voiliers partant de Zanzibar, des Seychelles, des Comores, etc., auront toujours avantage à descendre le canal de Mozambique vers le S.; et à chercher les vents d'O. par 40°S. ou 45°S. (ou encore plus au S., si l'on doit se rendre à Melbourne, à Sydney, ou en Calédonie, etc.).

§ 382. — Routes pour aller aux Seychelles, aux Comores, à Zanzibar et aux différents ports du canal de Mozambique, en partant de l'Australie, ou des détroits de Torrès, Ombay, Lombok, Bali, la Sonde, ou des ports à poivre, ou des ports du golfe du Bengale, de Ceylan, ou de la mer d'Oman.

1° *Pendant la mousson de S.O.*

La première partie de la traversée consiste à gagner la région des alizés de S.E., comme si l'on devait revenir dans l'Atlantique S. Ainsi, en partant de Mascate, Karachi, Bombay, de la côte de Malabar, de Colombo, ou de Galles, on commencera la traversée comme il est dit au § 350. En partant du golfe du Bengale, on se reportera au § 352 ; en partant des ports à poivre, ou des détroits, au § 353 ; et en partant de Melbourne, ou de la rivière des Cygnes, aux §§ 375 et 376.

Ayant atteint les alizés de S.E., si le navire est destiné aux Seychelles, on gouverne pour passer dans le S. de Diego-Garcia. S'il s'agit d'aller à Zanzibar, aux Comores, ou à des ports du canal de Mozambique situés au N. de 12°S., on passe dans le N. des Cargados Garajos et l'on va chercher le cap d'Ambre, en se défiant du courant vers l'O.; au-delà du cap d'Ambre, on trouvera des indications aux pages 268 et 437, ainsi qu'à celles du § 370. Etant destiné à des ports du canal, dans le S. de 12°S., on fera route comme pour aller à la Réunion ; on contournera l'extrémité S. de Madagascar à distance suffisante et en se défiant des courants O. et des vents du fort Dauphin; puis, on montera le canal de Mozambique, en consultant ce qui a été dit aux pages 401 et suivantes.

2° Pendant la mousson de N.E.

En partant de Mascate, de Karachi, de Bombay, ou des ports voisins, on suivra la route directe indiquée au § 349.

En partant de la côte de Malabar, ou de Ceylan, ou d'un port du golfe du Bengale, si l'on croit pouvoir atteindre l'Equateur dans la mer d'Oman avant le 1er avril, le meilleur parti sera de commencer la traversée comme si l'on devait se rendre à Aden. Ainsi, en partant de la côte de Malabar, on prendra le chenal des Neuf ou celui des Huit-Degrés; et en venant du golfe du Bengale, on contournera Ceylan dans le S., pour prendre ensuite le chenal des Huit-Degrés. On se dirigera, en quittant ce chenal, pour chercher le croisement de l'Equateur entre 47° et 50°E., comme si le navire venait de Bombay (voir § 349). Si l'on part trop tard pour qu'il soit possible d'atteindre sûrement l'Equateur dans la mer d'Oman avant le 1er avril, il ne faudra plus suivre cette route; et l'on devra prendre celle que nous avons indiquée pour la mousson de S.O., dans la première partie du présent paragraphe.

En partant des ports à poivre de la côte N.O. de Sumatra, ou de l'un des détroits de la Sonde, ou de Bali, etc., on gagnera d'abord les alizés de S.E., comme nous l'avons dit au § 365. En partant de l'Australie, de Melbourne, ou de la rivière des Cygnes, on commencera également comme il a été indiqué aux §§ 375 et 376, pour chercher les alizés de S.E. Ayant atteint ces alizés, si le navire est destiné aux Comores, à Zanzibar, à la côte N.O. de Madagascar, ou à Mozambique, on gouvernera pour passer entre l'île Maurice et les Cargados Garajos. De là, on se dirigera sur le cap d'Ambre, en se reportant à ce qui a été dit sur le *Passage à l'Est;* au-delà du cap d'Ambre, la traversée s'achèvera comme au § 370. Mais, si le navire est destiné à des ports tels qu'Inhambane, Quillimane, ou à la côte S.O. de Madagascar, on fera route comme pour revenir en Europe, en passant dans le S. des Mascareignes et en terminant la traversée ainsi qu'il a été dit dans la première partie du § 370.

FIN.

USAGE DE LA TABLE ALPHABÉTIQUE

En règle générale, *ayant à faire une traversée, on cherchera dans la Table alphabétique le point de destination*, à la suite duquel on trouvera le dénombrement des routes aboutissant à ce port, avec l'indication pour chacune d'elles de la page à laquelle on devra se reporter.

A cette page, on pourra prendre connaissance des instructions, à la fin desquelles se trouveront des tableaux de croisements qui permettront de tracer à l'avance sur la carte la route à faire.

Enfin, il sera encore possible d'utiliser la Table alphabétique, pour chercher à quelle page du livre a été donnée une description sommaire : soit de l'atterrage du port de destination ; soit des îlots, points de reconnaissance ou dangers, dans le voisinage desquels la route pourra faire passer. De même, en cherchant l'un des mots : *Cyclones, vents, courants, calmes, etc.*, on trouvera tous les renseignements nécessaires.

Prenons comme exemple de route un navire partant d'Europe, ou des Etats-Unis, à destination de l'Océan Indien. S'il s'agit de passer par le cap de Bonne-Espérance, c'est-à-dire par l'Atlantique S., *cherchez* dans la Table *le port de destination*, et vous trouverez la route indiquée pour les navires venant de l' « *Atlantique S.* » Si le navire doit passer par Suez, cherchez d'abord dans la Table le mot « *Aden*, » pour obtenir la page où se trouve la route à suivre jusqu'à Aden ; puis, en supposant que l'on ait atteint ce point, cherchez dans la Table le port de destination définitive, et vous trouverez la page à laquelle la route est donnée pour les navires partant d'Aden.

Quand le port de destination ne sera pas dans la Table, il faudra chercher le port le plus important situé dans le voisinage de celui où l'on désire se rendre.

Si le navire est destiné à l'un des points de la côte de Coromandel, de Malabar, de Madagascar, ou de Sumatra, et si le port de destination n'est pas dans la Table, cherchez l'un des mots : *Coromandel*, *Malabar*, *Madagascar, ou Sumatra.*

Pour trouver toutes les routes de retour de l'Océan Indien, qui font doubler le cap de Bonne-Espérance et passer par l'Océan Atlantique S., cherchez dans la Table le mot « *Atlantique Sud.* »

S'il s'agit de revenir en Europe par la voie de Suez, cherchez d'abord le mot « *Aden*, » pour obtenir la route jusqu'à ce port ; puis, cherchez le mot « *Suez*, » pour avoir la route d'Aden à Suez.

Ces explications suffisent, pour indiquer aux lecteurs le parti qu'ils peuvent tirer de la Table alphabétique. Nous pensons que l'emploi de cette Table rendra les recherches d'une grande simplicité.

TABLE ALPHABÉTIQUE

C

D

E

F

I

J

K

L

M

N

Q

R

S

T

U

V

W

X *(Néant.)*

FIN DE LA TABLE ALPHABÉTIQUE.

Vannes. — Imp. G. de Lamarzelle.

SUPPLÉMENT *à insérer à la fin du volume des* **ROUTES MARITIMES de L'OCÉAN INDIEN** *de F. Labrosse.* (1)

INSTRUCTIONS

POUR LES NAVIRES A VAPEUR

Ayant à faire les traversées entre Aden et Maurice,

PAR

RENÉ MINIER

Lieutenant de Vaisseau.

Sommaire : *D'Aden à Guardafui* ; — *De Guardafui aux Seychelles* ; — *Attérissage et mouillage aux Seychelles* ; — *Des Seychelles à la Réunion* ; — *Réunion* ; — *De la Réunion à Maurice* ; — *Maurice* ; — *De Maurice à la Réunion* ; — *De la Réunion aux Seychelles* ; — *Attérissage des Seychelles* ; — *Des Seychelles à Aden, attérissage sur Ras-Hafoon et Guardafui* ; — *Retour à Aden.*

D'Aden au Cap Guardafui.

En sortant d'Aden, et peu après avoir doublé le bateau-feu dans le Nord, on trouve sur bâbord une bouée rouge de forme conique. Cette bouée est placée à 2 encâblures 1/2 du bateau-feu, dans le S. 1/4 S. O. du monde; elle est mouillée par 5 mètres d'eau, et donne, avec le mât du bateau-feu, un alignement à terre duquel il ne faut jamais se trouver avant d'avoir dépassé dans

(1). Les instructions contenues dans ce supplément ont été rédigées par M. le lieutenant de vaisseau *René Minier*, qui vient de commander, pendant plusieurs années, des paquebots de la Cie des messageries maritimes, sur la ligne d'Aden à la Réunion, et qui commande actuellement le grand paquebot le *Melbourne*, de la même Cie, sur la ligne de Marseille en Australie. Ces instructions résument les notes qui ont été remises à cet officier, par les Capitaines ses prédécesseurs, et auxquelles il a ajouté le résultat des observations personnelles qu'il a recueillies dans les 52 voyages consécutifs qu'il vient d'exécuter. Nous remercions vivement notre ancien camarade et ami de son importante communication; elle sera grandement appréciée, par tous les marins qui auront à naviguer dans l'Océan Indien. Ce supplément doit être livré, avec notre Routier, sans augmentation de prix (Septembre 1884 : — F. *Labrosse*).

le Sud le parallèle de la pointe Tarshaine : à ce moment, la maison du télégraphe doit être légèrement ouverte de la pointe. On peut alors venir sur bâbord et contourner le massif d'Aden qui est est complétement accore et n'offre aucun danger caché. Toutefois, il sera bon de se méfier du courant de flot qui porte à terre, surtout avec des vents de la partie de l'Ouest.

Pendant la nuit, il n'est pas toujours possible de voir la bouée et il est encore plus difficile de savoir exactement quand on est dans l'Ouest du monde de la pointe Tarshaine qui se projette sur la terre et se perd dans l'ombre. Aussi, lorqu'on sortira d'Aden dans ce dernier cas, il faudra faire route au S. 30° O. du monde, immédiatement après avoir doublé le bateau-feu, et continuer à marcher dans la même direction en veillant bâbord jusqu'à ce que l'on voie une petite île ronde se détacher de terre dans le Sud d'Aden. On viendra alors sur bâbord, et l'on contournera la presqu'île comme pendant le jour et avec presqu'autant de sécurité, car la teinte sombre des rochers est tellement accentuée que tous les contours se dessinent très-nettement au-dessus de l'horizon.

On prend généralement son point de départ à un ou deux milles dans le sud du monde du phare d'Aden ; mais la route à faire pour aller à Guardafui varie suivant l'époque de l'année et le moment auquel on doit doubler le Cap, c'est-à-dire suivant que l'on est en mousson de N. E. ou en mousson de S. O. et que l'on doit se trouver à la hauteur de Ras Alluleh de jour ou de nuit.

1° *En mousson de N. E. du 15 Octobre au 30 Mai.* — Dans cette saison, les vents sont généralement modérés, fraîchissant un peu dans la journée, mollissant le soir et tombant pendant la nuit.

La mousson de N. E. commence du 15 octobre au 1er novembre; elle n'est dans toute sa force qu'à partir du mois de décembre et continue sans interruption pendant les mois de janvier, février et mars. La direction générale du vent dans le golfe est à peu près l'E. N. E. hâlant le Nord quand on approche de Guardafui.

La mer et les courants suivent le vent, et en général on peut compter sur un courant portant à l'Ouest avec une vitesse d'un demi mille à l'heure. Cependant, lorsque les vents soufflent frais pendant le jour et veillent pendant la nuit, la mer devient houleuse et les courants portent à l'ouest avec une vitesse proportionnée à la force ainsi qu'à la durée du vent, et pouvant atteindre jusqu'à un mille à l'heure.

En tout temps, l'horizon est dégagé et il arrive quelquefois que l'on aperçoit à plus de 60 milles au large, les hautes terres de la côte Nord d'Afrique désignées sur la carte sous les noms de Jebel Ahl, et Jebel Ahhoor Sungali :

1° *Quand on doit arriver à la hauteur de la pointe Alluleh pendant le jour*, il faut donner sa route, en partant d'Aden, à dix milles dans le Nord de cette pointe, rectifiant sa direction toutes les fois que cela est nécessaire pour maintenir autant que possible cette distance de dix milles entre la pointe et l'endroit où l'on doit passer.

Les premières terres d'atterrissage que l'on aperçoit sont les montagnes de Marayeh dont les sommets un peu irréguliers du côté de l'Ouest, se prolongent vers l'est par des crêtes longues et plates qui vont se confondre plus tard avec les hauteurs de Shenareeff.

Le Cap Ras Filloux apparaît ensuite. C'est le premier point qui soit assez exactement placé sur la carte pour que l'on puisse s'en servir pour porter des relèvements. Suivant la clarté de l'horizon, Ras Filloux semble une île isolée dans le Nord de toutes les terres, ou bien il se détache en sombre, comme un gros rocher noir, sur les teintes estompées et grisâtres des montagnes qui se prolongent dans l'Est. Dans tous les cas, ce cap est facile à reconnaître à sa crête bossuée et arrondie comme la croupe d'un éléphant.

A mesure que l'on continue sa route, la côte se développe, et l'on voit apparaître successivement les différentes pointes jusqu'au Cap Guardafui : ce sont des terres élevées et accores dont on pourrait être tenté de se rapprocher le plus possible ; mais il serait imprudent de le faire avant d'avoir dépassé ou parfaitement reconnu Ras Alluleh.

Cette pointe constitue le seul danger qu'aient à éviter les bâtiments venant d'Aden, pour doubler Guardafui. Elle est formée par une langue de terre excessivement basse et sablonneuse. Dans l'intérieur se trouve une lagune couverte de végétation ; mais la pointe qui se prolonge dans la mer est complètement aride. Il est impossible de la voir pendant la nuit. Le jour, elle est plus facile à reconnaître à cause du village dont on aperçoit les maisons les plus importantes. Quand on vient de l'ouest, on voit tous les Caps de la côte par dessus Ras Alluleh et en se hâtant trop de changer de route pour aller doubler plus rapidement Guardafui, on pourrait passer plus près que l'on ne voudrait de la pointe sablonneuse, ou même s'échouer dessus. Mais, si l'on a eu soin, ainsi que je le recommande, de donner sa route à dix milles dans le Nord de Ras Alluleh, et d'attendre que l'on soit au Nord du monde de cette pointe pour changer sa route, non seulement on évite l'inconvénient dont je viens de parler, mais en outre on se tient en garde contre les courants qui dans toutes les saisons portent plus ou moins en côte entre Ras Filloux et le Cap Guardafui.

Arrivé par le méridien de Ras Alluleh, on donne la nouvelle route pour doubler le cap Guardafui à un ou deux milles. On pourrait passer beaucoup plus près du cap, qui est accore ; mais, en mousson de N. E., les vents et le courant poussent à terre.

Il n'y a pas de confusion possible, quand on doit doubler Guardafui pendant le jour : C'est un gros rocher long, haut de 275 mètres, tombant à pic du côté de la mer et se reliant avec les terres de l'intérieur par un isthme sablonneux moins élevé que lui. Cette disposition de la côte peut quelquefois faire prendre Guardafui pour une île quand on en est encore à grande distance. La teinte du cap est beaucoup plus claire que celle des hautes terres avoisinantes, elle est légèrement blanchâtre et par suite très-peu visible pendant la nuit. On a voulu donner à ce cap la forme d'un lion gigantesque, la tête allongée sur ses pattes, regardant du côté du large ; mais, malgré toute la bonne volonté possible, il me paraît difficile de voir là dedans autre chose qu'un effet d'imagination.

On peut contourner le cap Guardafui en venant peu à peu sur tribord, de façon à s'en tenir toujours à une distance de un ou deux milles, jusqu'à ce que l'on gouverne au S. 15° E. du monde, et l'on peut continuer ensuite cette route qui est celle à faire pour aller aux Seychelles. Ou bien, on peut attendre pour venir sur tribord que la pointe dentelée et sombre de Shenareeff se détache dans l'Est du blond cap Guardafui ; il n'y a plus alors qu'à gouverner directement au S. 15° E. du monde comme précédemment. Cette dernière manœuvre est évidemment la moins soucieuse, mais elle est, en revanche, beaucoup moins intéressante.

2° *Quand on doit arriver à la hauteur du Ras Alluleh pendant la nuit*, il faut donner sa route, en partant d'Aden, de façon à passer à vingt milles au Nord de Ras Alluleh et rectifier sa route à chaque point observé pour maintenir toujours ces vingt milles entre la pointe Alluleh et l'endroit où l'on doit passer. Cela est très-important à cause des courants qui portent au Sud et font généralement passer à une dizaine de milles plus à terre que la route donnée. Quand l'estime place le navire dans le Nord du monde de Ras Alluleh, on continue encore sa route pendant dix milles, puis on donne sa direction de façon à passer entre 8 et 10 milles dans l'Est de Guardafui.

Quand la nuit est sombre, on double ainsi le cap sans rien apercevoir et l'on n'a plus ensuite qu'à donner sa route sur les Seychelles au S. 15° E. du monde. Mais, quand la nuit est claire, on distingue généralement assez la terre pour pouvoir s'en approcher et arrondir comme pendant le jour.

Toutefois, il faut se méfier en faisant cette manœuvre et ne venir sur tribord que lorsque l'on est bien certain de ne pas avoir de terre devant soi, car le cap Guardafui peut très-bien, dans certains cas, ne former qu'une seule masse grisâtre se confondant avec les hautes terres de Shenareeff.

Guardafui étant de 120 mètres plus bas que la pointe qui le précède immédiatement dans l'ouest, c'est cette dernière pointe que l'on aperçoit la première. Comme elle affecte, elle aussi, la forme d'un cap tombant à pic du côté du large et se reliant sans interruption avec les hautes terres de l'intérieur, on serait tenté quelquefois de la prendre pour Guardafui. Mais l'illusion ne peut être de longue durée ; car, en continuant sa route, on ne tarde pas à apercevoir un peu plus au large une terre qui émerge de l'horizon sous la forme d'une lentille, et qui ne tarde pas à prendre celle plus précise d'un cap tombant à pic du côté du large et se reliant à la terre par un isthme élevé et sablonneux. Cette erreur est surtout fréquente quand il fait beau clair de lune.

2° En mousson de S. O. du 30 Mai au 15 Octobre. — La mousson de S. O. commence à la fin de Mai et dure jusqu'au 15 Octobre; mais elle n'est réellement dans toute sa force que du 15 Juin au 15 Septembre.

La direction générale des vents, dans le golfe d'Aden, est entre l'Ouest et le S. O. ; la force de la brise varie du grand frais au calme plat; la mer passe de grosse houle à mer plate; les courants suivent comme intensité la force de la brise variant de un mille et demi à l'heure à courant nul, ils portent légèrement au Nord dans les environs d'Aden, et franchement à l'Est dans le milieu du golfe.

Rien n'est plus inégal que le temps que rencontre, dans le golfe, un navire qui le traverse pendant la mousson de S. O., et il me paraît complétement impossible d'en déduire celui qu'il fait de l'autre côté du cap Guardafui. En effet, les vents étant excessivement bas, ils ne franchissent pas toujours les montagnes au Sud du golfe, de sorte que, d'un calme plat et étouffant, on peut passer subitement à une brise de coup de vent aussitôt que l'on est à découvert de Guardafui. Dans d'autres cas, au contraire, on a une mer très-houleuse accompagnée de fraîches risées dans le golfe, et l'on trouve une mousson modérée de l'autre côté du cap. Le plus sûr est de se fier aux indications du baromètre, qui est toujours bas dans cette saison, mais qui annonce une mousson d'autant plus fraîche qu'il est plus au-dessous de 754 millimètres et qu'il baisse plus rapidement en approchant du cap.

En tout temps, l'air est humide, la température est étouffante, l'horizon est gras, très-embrumé et les terres sont rarement visibles à plus de dix milles pendant le jour et à plus d'un mille pendant la nuit. Cette brume de mousson est particulière, on la dirait formée de sable et de poussière de mer.

Quand on doit passer Ras Alluleh pendant le jour, la route à faire, en partant d'Aden, est la même que pendant la mousson de N. E. jusqu'à ce que l'on soit dans le Nord du monde de Ras Alluleh. On rallie alors un peu plus la terre pour se maintenir à l'abri le plus longtemps possible. Toutefois, les courants portant au S. O., il est bon de ne pas s'approcher de terre à moins de trois milles. La mer est belle, elle ne devient un peu houleuse *de l'Est* que lorsque l'on approche du cap ; il fait calme ou bien les vents soufflent en petite brise de N. E. tournant peu à peu à l'Est, au S. E. et au Sud, avec de petites rafales courtes et hautes venant du Sud. On sent évidemment que l'on est abrité par le cap. En effet, à peine est-on à découvert que la brise fraîche du Sud se fait brusquement sentir et que la mer grossit tout à coup. En quelques minutes, on est au fort de la mousson.

Il ne faut pas doubler le cap Guardafui de trop près à cause des grosses lames que l'on y trouve. On peut passer entre trois et cinq milles, en ayant soin, quand on vient sur tribord, de modérer l'allure de la machine pour éviter les coups de mer.

Quand on doit passer dans le nord de Ras Alluleh pen-

dant la nuit, si l'on est certain de voir Ras Filloux avant la nuit, il faudra aller le reconnaître et s'en servir pour doubler Ras Alluleh à 5 milles dans le Nord, puis rallier ensuite la côte jusqu'au cap Guardafui.

Mais, si l'on n'est pas absolument sûr de voir Ras Filloux, il vaut mieux y renoncer sans hésiter. Alors, il faut donner sa route en partant d'Aden de façon à passer à vingt milles au Nord de Ras Alluleh et rectifier sa direction comme pendant la mousson de N. E. Quand le point place le navire dans le Nord du monde de Ras Alluleh, on continue encore pendant dix milles à la même route, puis on donne la route comme pour aller droit sur le cap Guardafui. Lorsqu'on a gouverné à cette route pendant quelque temps et que l'on s'estime ne plus être qu'à une dizaine de milles du cap Guardafui, si la brise a fraîchi tout d'un coup du Sud et si la mer a grossi rapidement et de la même direction que le vent, on peut en conclure que l'on est sur le point de franchir le méridien du cap. On doit alors modifier sa route, sur sa carte, de manière à passer à 5 milles au large du cap que l'on franchira ainsi sans rien voir.

En réalité, on passera beaucoup plus au large du cap que l'on ne suppose, car les courants portent rapidement dans le Nord, dès que l'on n'est plus à l'abri de la côte. Si, au contraire, en faisant route sur le cap, la mer continue à être belle, avec temps calme ou légère brise d'Est variable au S. E., c'est un indice certain que l'on a été porté en dedans par les courants et que l'on se trouve plus près de terre que l'on ne pense. Il faut alors sonder et faire route parallèlement à la côte, ou 5 degrés au large, suivant que l'on a trouvé grand ou petit fond. On continue cette nouvelle route jusqu'à ce que l'on rencontre les vents du Sud frais et la mer grosse de la direction du vent. On a alors doublé le cap dans le Nord. Quelquefois, on apercevra la terre par tribord ; mais, presque toujours, elle ne s'offrira aux regards que comme une masse sombre, uniformément embrumée, et avec des contours tellement indécis qu'il est presque impossible de les reconnaître si l'on ne possède pas une grande habitude de ces parages.

Avant que l'on ait doublé Guardafui, les courants portent Ouest, ou O. S. O., avec une vitesse qui atteint rarement un mille à l'heure ; mais une fois le cap passé, ils portent dans le Nord, puis dans le N. 1/4 N. E., avec une vitesse de 1, 5 à 2 milles à l'heure.

La brume particulière à la mousson de S. O. empêche toute espèce d'observation de nuit, et l'on ne peut déterminer sa position que par la sonde et l'estime. Il faut donc, autant que possible, ne se risquer dans ces parages pendant la nuit, qu'après avoir fait leur connaissance pendant le jour.

Du Cap Guardafui aux Seychelles.

1° *En Mousson de N. E.* — La route qu'il faut suivre du cap Guardafui aux Seychelles pendant la mousson de N. E est la route directe au S. 15° E. du monde. Cette route aboutit entre l'île-aux-Vaches (Bird Island) et l'île Denis, qui forment la limite nord du plateau des Seychelles.

Généralement, les vents soufflent en petite brise du N. E. variable à l'Est, fraîchissant un peu dans l'après-midi et passant alors à jolie brise. Cependant, ils ne sont pas toujours assez forts pour permettre au paquebot l'usage de ses voiles carrées. La mer est toujours belle, le temps toujours clair et superbe.

Les courants portent ordinairement dans l'Ouest et dans le Sud jusqu'au parallèle de 5° N. ; puis ils portent Est et Nord jusqu'aux Seychelles, si bien que la route au S. 15° E., du monde, donne presque toujours un bon atterrissage.

Pourtant, cette règle des courants admet de nombreuses exceptions, dont il est bon de tenir compte quand on porte le point sur sa carte.

Dans cette saison, on trouve les calmes par 2° de latitude N. ; le temps est à grains, avec intervalles de petites brises folles de N. E. ou de N. O., mais la mer reste toujours belle. Cependant, vers le mois de janvier, c'est-à-dire au milieu de la mousson, les vents de N. E. arrivent jusqu'à la Ligne et même la dépassent.

2° *En Mousson de S. O.* — La route est toute différente pendant la mousson de S. O. Une fois que l'on est dans l'Est du monde du cap Guardafui, il faut donner la route au S. S. E. du monde et régler la vitesse de sa machine sur l'état de la mer, tout en cherchant à marcher le plus vite possible sans fatiguer son navire. On établit les goëlettes tribord amures, dès que la direction du vent le permet, ce qui ne tarde pas à arriver car les vents qui sont Sud, quand on double le cap, hâlent le S. O. dès que l'on s'écarte de terre. On continue cette route, *sans venir au vent du S. S. E. du monde*, jusqu'à ce que l'on ait atteint le 6me parallèle Nord.

La carte à consulter dans ce cas est celle du Lieutenant Taylor, N° 2262, qui indique très-exactement la direction des courants, la force du vent et l'état de la mer.

Quand on arrive dans le Sud de Socotora, à l'endroit où le courant commence à tourner, il peut se faire que la houle vienne plus du travers que le vent et occasionne des coups de roulis énormes, accompagnés d'embruns et de paquets de mer ; dans ce cas, on pourra loffer un peu pour prendre la lame un peu plus de l'avant, et revenir ensuite dès qu'on pourra au S. S. E. du monde, car c'est cette dernière direction qui fait franchir le plus rapidement les mauvais parages de la mousson.

En traversant la mousson dans ces conditions, on a presque toujours un ciel clair ; la brise qui souffle fraîche du Sud près du cap Guardafui tourne peu à peu au S. S. O., puis au S. O., en augmentant à mesure ; la mer suit le vent et grossit jusque vers le 8e parallèle Nord, pour mollir ensuite progressivement. Les courants portent successivement au Nord, au N. E., à l'Est, à l'E. S. E., au S. E., au Sud et même au S. O., ils sont très violents et influent beaucoup sur l'état de la mer quand ils vont à contre du vent. En suivant la route indiquée plus haut, on ne trouve la mer grosse, très-tourmentée et un peu dangereuse que entre les 9me et 8me degrés de latitude Nord et les 51me et 52me degrés de longitude Est, et on profite autant que possible du courant favorable.

Etant parvenu dans les environs du 6e de latitude Nord, on peut donner sa route droit sur l'Ile-aux-vaches, et on se trouve encore bénéficier d'un reste de courant favorable, tout en s'aidant des goëlettes, qui portent bon plein.

Le changement de mousson se fait entre 2° et 1° de latitude Nord, au milieu de grains violents venant de l'Ouest et du Sud, accompagnés de pluie abondante et quelquefois d'orage. Cela dure environ pendant 40 ou 60 milles, et l'on passe aux vents de Sud et S. S. E., presque sans avoir de calme.

En approchant de l'Ile-aux-Vaches on est presque toujours forcé de rectifier sa route, à cause des courants.

Atterrissage aux Seychelles — Mouillage — Départ pour la Réunion.

En approchant du plateau des Seychelles par le Nord, on trouve les courants excessivement irréguliers. Ordinairement, ils contournent le plateau en grand, portant à l'Est dans la partie Nord, et à l'Ouest dans la partie Sud ; leur vitesse paraît être d'autant plus grande que les vents du S. E. sont plus frais dans l'hémisphère Sud. Cette vitesse atteint fréquemment 2 milles à l'heure dans le nord des îles aux Vaches et Denis ; elle diminue beaucoup avec le calme.

Quand les vents ont soufflé du S. O., les courants sont irréguliers dans le Nord, portant faiblement à l'Est, ou fortement à l'Ouest, sans qu'il soit possible de préciser leur direction ; mais, dans le Sud du plateau, ils portent plus régulièrement à l'Est, avec une force proportionnée à celle du vent et pouvant atteindre jusqu'à un mille à l'heure.

En tout temps, il est assez rare qu'ils portent au Nord ou au Sud, mais pourtant cela arrive quelquefois.

La mer est souvent très-dure aux atterrissages du plateau ; mais dès que l'on a franchi l'accore du banc elle se régularise et se calme presque toujours.

Tant que le feu qui est actuellement en construction sur l'île Denis (1) ne sera pas achevé, l'atterrissage des Seychelles par le Nord ne pourra se faire avec sécurité que pendant le jour. Etant donnés les courants irréguliers qui existent dans ces parages, la simple prudence doit faire une obligation à tout commandant de ne jamais dépasser pendant la nuit le parallèle de dix milles au Nord de l'Ile-aux-Vaches : une fois, deux fois..... dix fois même, on le fera sans encombre, mais on finira un jour par se mettre à la côte.

Ceci posé : pour attérir en venant du Nord, il faut naviguer de manière à reconnaître l'une des deux petites îles basses, *l'Ile-aux-Vaches* ou *l'île Denis*, qui limitent au nord le grand banc sur lequel est assis le groupe des Seychelles, et gouverner pour passer entre les deux.

L'Ile-aux-Vaches peut être considérée comme le musoir d'une immense jetée de corail qui limite le groupe au N. O., et sur laquelle on peut passer en divers endroits. Mais on voit le fond partout à une profondeur inquiétante et comme les sondes n'ont pas été assez multipliées, ni faites avec assez de soin, pour que l'on puisse se fier aux indications de la carte, il vaut mieux ne pas essayer ce passage. Dans l'état actuel de l'hydrographie de ces parages, on

(1) Le feu est allumé, il est placé sur la partie nord de l'île, visible tout autour de l'horizon à 15 milles, mais il est quelquefois abrité par les arbres de l'O. au S.S.O.

pourrait être exposé à découvrir quelques pointes de corail avec la quille en passant dans l'Ouest de l'Ile-aux-Vaches.

D'un autre côté, si l'on doit toucher à Mahé, l'atterrissage à l'Est de l'île Denis n'avance à rien, puisque dans cette hypothèse on serait obligé de revenir dans l'Ouest à quelques milles au Sud du parallèle de cette île pour naviguer au Sud sur le méridien de Mahé, afin d'éviter les roches dont le banc est parsemé.

Il convient donc de passer entre l'Ile-aux-Vaches et l'île Denis : ce sont des îles de sable très-basses, visibles seulement de jour. L'Ile-aux-Vaches (Bird Island) est la plus petite, elle est couverte d'une végétation très-courte ; elle se reconnaît à un bouquet d'arbres qui en occupe à peu près le centre et ressemble de loin à un navire sous voiles vu de l'avant, ou à une tour noire très-massive. Cette île qui est complétement invisible pendant la nuit, même avec de la lune, peut s'apercevoir à 7 ou 8 milles pendant le jour. Elle est entourée par un récif continu à un peu plus d'un mille de distance, mais on peut trouver des têtes de corail éparses sous l'eau, à deux milles de la côte.

L'île *Denis* est au contraire une jolie petite île dont l'aspect verdoyant repose agréablement la vue. La végétation y est abondante, haute et touffue, séparée de la mer par une plage sablonneuse. Quelques arbres ressemblant à d'énormes filaos poussent isolément sur la pointe Nord et lui donnent une physionomie particulière qui la rend facile à reconnaître. Mais l'île est plate ; elle ne s'élève au-dessus de l'horizon que de la hauteur de sa végétation et n'est guère visible de jour à plus de 10 milles. Près de la pointe Nord, se trouve un petit village composé d'une vingtaine de cases en paille. L'île *Denis* est entourée par un haut-fond d'environ un mille de large et sur lequel on trouve quelques têtes de rocher à fleur d'eau.

En tout temps, il faut toujours donner à ces deux îles, 4 ou 5 milles de tour.

Il n'est pas nécessaire de reconnaître *l'Ile-aux-Vaches*, ou l'île *Denis*, quand on va à Mahé, car si la route donnée mène au milieu du chenal on passera sans voir ni l'une ni l'autre, quelque clair que soit le temps. Mais, quand on vient dans ces parages pour la première fois, il vaut mieux reconnaître l'une des deux îles, qui sert de bon point de départ pour traverser le plateau.

Il faut traverser le plateau en donnant sa route à un demi-mille à l'Ouest du récif nommé « le *Brisant* » et rectifier souvent sa direction par des relèvements.

Si l'horizon est dégagé, on ne tarde pas à apercevoir les différentes îles du groupe, ce sont généralement des terres élevées faciles à reconnaître : A tribord, on trouve l'île *Nord* et l'île *Silhouette* qui se confondent d'abord et ne se séparent qu'à mesure que l'on s'avance dans le Sud ; à bâbord, c'est l'île *Aride* placée en avant-garde du groupe de *Praslin*, puis les *Cousins*, les *Mamelles* ; enfin droit devant, la grande île de Mahé dont les sommets élevés s'aperçoivent à très-grande distance.

Pendant le jour, on peut naviguer sans appréhension sur le plateau des Seychelles. Les dangers qui bordent la route se voient tous ; ils sont accores et peuvent s'éviter sans difficulté. Ils sont très-bien placés sur la carte Anglaise N° 721 et sont de très-bons points de repère pour prendre des relèvements.

« *Le Brisant* » se compose de deux rochers placés O. N. O. et E. S. E., à quelques encâblures l'un de l'autre. Le plus Ouest des deux découvre toujours, tandis que l'autre est quelquefois couvert à marée haute, sans pour cela cesser de briser dès qu'il y a la moindre houle. Ce récif est situé à 4 milles dans le N. 1/4 N. O. du monde de Ste-Anne et se trouve placé juste sur la route que l'on suit pour venir au mouillage. Quoiqu'on puisse en passer à toucher, il n'en constitue pas moins un danger sérieux pendant la nuit, car il est si petit qu'il est presque impossible de le voir même par un beau clair de lune.

Aller au Corps mort. (1) — Quand on est à un demi-mille dans l'Ouest du Brisant, on gouverne sur la pointe de sable qui forme l'extrémité Ouest de l'île du Cerf. Cette dernière route mène sur la bouée Nord de l'entrée du Chenal qu'elle laisse un peu par tribord.

L'île du Cerf est reconnaissable en ce qu'elle est dans l'Ouest de Ste-Anne et se détache en sombre sur le fond de la grande terre. Mais sa partie Est n'est pas complétement dégagée de Ste-Anne et semble faire corps avec elle. Ste-Anne a aussi une pointe de sable dans l'Ouest. Il faut tâcher de ne pas confondre ; la pointe de sable de l'île du Cerf est la plus Ouest de celles que l'on voit.

(1) Le Corps-mort a été déplacé et mouillé au milieu de la passe avant d'arriver à la seconde bouée.

Dans le cas où il y aurait hésitation, ou bien si l'on ne voyait pas l'extrémité Ouest de l'île du Cerf, il faudrait alors gouverner sur le piton le plus élevé de l'île Ste-Anne et continuer dans cette direction, jusqu'à ce que l'on aperçoive le phare par la bouée qui marque l'entrée Nord du Chenal.

Cette bouée est plate, rouge et surmontée d'une pyramide triangulaire, à claire-voie, lattée rouge et blanc, surmontée d'une boule en osier peinte aussi en rouge et en blanc. Cette bouée est très-difficile à voir de loin, mais on la distingue pourtant toujours assez à temps pour pouvoir manœuvrer comme il faut pour entrer en rade. La passe est balisée par quatre bouées, deux au Nord et deux au Sud. Sur ces quatre bouées, la seule qui soit un peu volumineuse est celle de l'entrée Nord du chenal dont je viens de parler. Les trois autres ont des formes analogues, seulement elles sont beaucoup plus petites et il faut être dessus pour les voir. Les deux du Nord sont rouges et blanches, les deux du Sud sont noires.

Quand on a atteint l'alignement du phare par la grosse bouée Nord de la passe, on vient sur tribord, et on gouverne entre les bouées en ayant soin de ne pas les ranger de trop près et de laisser les rouges et blanches à tribord et les noires à bâbord. Il faut veiller, en même temps, le moment ou l'île *Sèche* (ou Beacon) apparaîtra dans le Sud de Ste-Anne de façon à ne pas dépasser cet alignement dans le Sud en faisant son tour pour venir prendre le corps-mort. Ce corps-mort est très-reconnaissable, c'est une tonne rouge assez volumineuse, surmontée d'un bâton destiné à porter un fanal, on s'amarre directement sur la bouée.

Outre ce mouillage, qui est celui que l'on prend le plus ordinairement, il y en a deux autres :

1° *Sous l'île Ste-Anne.* — On le prend sans aucune difficulté de jour comme de nuit. On met le nord de *la pointe* S. E. par l'extrémité Sud de Ste-Anne et on marche dans cet alignement, en sondant, jusqu'à relever le piton milieu de Ste-Anne au N. 60° Est du monde et on mouille par 18 mètres environ. Dans cette position, on ne voit nulle part l'horizon de la mer, et la rade est complétement fermée dans le Sud, l'île S. E. se voit dans le lointain entre Ste-Anne et l'île du Cerf qui est bien ouverte ; *l'île longue* est cachée derrière Ste-Anne, mais son sommet paraît au-dessus de la pointe Sud de Ste-Anne qui est très-basse. Le navire forme ainsi, à peu près un triangle équilatéral, avec les deux bouées de l'entrée du Chenal. Quand on vient prendre ce mouillage, on passe près d'un haut-fond porté (sur le plan Anglais N° 722) comme ayant 6 fathoms (11 Mètres), mais sur lequel il ne reste en réalité que 7 mètres 1/2 à marée basse.

2° *Mouillage intérieur.* — L'autre mouillage est à l'intérieur du port de Mahé. Le chenal que l'on suit, pour y arriver, est parfaitement balisé avec de petites pyramides quadrangulaires tronquées construites en maçonnerie. Celles que l'on doit laisser sur tribord, en entrant, sont rayées rouge et blanc, et celles que l'on doit laisser sur bâbord, en entrant, sont toutes noires. Elles sont placées sur l'accore du récif et laissent entre elles un large chenal d'une très-grande profondeur.

Pour venir prendre ce mouillage, on manœuvre comme pour venir prendre le corps-mort; on passe à toucher sa bouée dans le Sud et l'on continue son chemin en gouvernant sur la balise rouge et blanche la plus Nord du chenal. Quand on est au Nord du monde du phare, on vient en grand sur bâbord et l'on gouverne *au milieu du Chenal* jusqu'au mouillage.

On laisse tomber l'ancre dans le prolongement de la jetée par 18 à 20 mètres de fond, en filant un maillon et demi de chaîne à l'eau.

Ce dernier mouillage est excellent, la tenue y est très-bonne, la mer toujours calme comme dans un bassin et les relations avec la terre sont excessivement commodes. Malheureusement, ce bon mouillage est un peu petit et il ne serait pratique pour un bâtiment dépassant 110 mètres qu'à la condition d'y avoir un corps-mort et une bouée d'amarrage restreignant l'évitage.

Dans l'état actuel, on peut le prendre facilement avec le *Godavery* (98 mètres) pendant 6 mois de l'année, du 15 Mai à la fin d'Octobre. C'est le moment où les vents de S. E. pénètrent en rade; ils assurent l'évitage du bâtiment toujours dans la même direction, et sont un auxiliaire précieux pour l'appareillage. Depuis deux ans, je n'ai jamais manqué de prendre ce mouillage, soit avec le *Godavery* long de 98 mètres soit avec l'*Alphée*, long de 110 mètres, et je m'en suis toujours très-bien trouvé. Cependant, quand j'ai dû y passer la nuit, j'ai fait porter à terre une amarre de précaution sur le bout du môle, pour empêcher l'évitage.

Dans l'autre saison, c'est-à-dire de la fin d'octobre au commencement de mai, il y a dans le port intérieur des brises folles et d'énormes rafales venant de terre, qui rendent ce mouillage beaucoup moins pratique.

Navigation de nuit sur le plateau. — Si l'on passe l'Ile-aux-Vaches dans la soirée, et si l'on se trouve surpris par la nuit sur le plateau, on peut quand même tenter de venir au mouillage. Pour le faire avec sécurité, il faut donner sa route sur l'île Nord, marcher doucement et sonder souvent. Les sondes restent uniformes pendant que l'on traverse le plateau, mais elles diminuent sensiblement quand on approche de l'île Nord. Si le temps est clair, on peut continuer sa route jusqu'à ce que l'on voie la terre, et l'on prend alors son nouveau point de départ pour aller chercher le mouillage. Mais, si le temps est à grains et l'horizon bouché, le mieux à faire est de mouiller en place, par des fonds de 30 à 40 mètres et d'attendre le jour.

Toutes les fois qu'un paquebot est attendu pendant la nuit, l'Agence des Messageries Maritimes fait éclairer les deux bouées Nord du Chenal avec un fanal rouge et la bouée du corps-mort avec un fanal blanc. On peut alors venir prendre son corps-mort, ou mouiller sous Ste-Anne, à son choix.

Courants en Rade. — Le courant, en rade, est faible par calme, il suit la marée, mais il augmente beaucoup quand il vient à coïncider avec la direction du vent.

Il entre avec le flot par le N. N. E., et fait le tour de la grande rade pour ressortir par la passe du S. E. Le jusant suit la direction opposée : il entre par la passe S. E. et s'épanouit en grande rade au N. N. E. et au Nord. Il est ordinairement moins fort que le flot.

Dans le port intérieur, le courant est à peu près nul.

Appareillage. — Pour l'appareillage, on chenale comme on l'a fait en venant, en passant au milieu des balises et des bouées, laissant les rouges et blanches sur bâbord et les noires sur tribord. On peut, sans inconvénient, s'approcher à toucher les balises en maçonnerie qui sont construites sur l'accore des bancs, mais il n'en est pas de même des bouées qui sont mouillées un peu en dedans du danger et qu'il ne faut pas ranger à moins d'une demi-encâblure. Cette remarque est importante à faire, car il arrive souvent que dans les manœuvres d'appareillage on se trouve porté tout près de ces bouées.

Quand on va à Bourbon, on double Ste-Anne par le Nord, en se tenant toujours autant que possible un peu dans le Nord de l'alignement donné par le phare et la bouée Nord de l'entrée du Chenal, jusqu'à ce que l'on aperçoive l'île Sèche (Beacon Island) par la pointe Est de Ste-Anne. On commence alors à venir progressivement sur tribord, pour doubler toutes les îles et rochers, en ayant soin toutefois de ne jamais mettre l'île Sèche dans l'Est de Ste-Anne avant d'être dans l'Est du monde de la pointe de Mahé nommée la pointe S. E. On évitera ainsi tous les dangers.

Les récifs *Azof, Tortue* et *Rue* marqués douteux sur le plan anglais N° 722, existent parfaitement. Ils dorment sous l'eau à peu de profondeur, et brisent seulement quand la mer est grosse.

Des Seychelles à la Réunion.

Lorsque l'on part des Seychelles pour aller à la Réunion et que l'on doit passer de jour par le travers de l'île Plate, on donne directement sa route au Sud du monde et généralement les courants et la variation, se compensent de façon à faire attérir droit sur le piton des Neiges (Réunion). Dans tous les cas, on peut, chaque jour, rectifier sa route en vue de l'atterrissage.

Mais, si l'on doit passer par le travers de l'île Plate pendant la nuit, il faut toujours lui donner entre 20 et 25 milles de tour et attendre qu'on l'ait doublée pour reprendre la route au Sud du monde.

Lorsque l'on approche de la Réunion et que l'on n'en n'est plus qu'à une quarantaine de milles, on trouve un courant qui porte dans le *N. E.* avec d'autant plus de force que les vents *de S. E.* sont plus frais.

Quand on part des Seychelles pendant la mousson de S. O., *c'est-à-dire de Mai en Octobre*, il faut donner sa route de façon à passer dans l'Est des îles Coetivy et Agalegas, et ne donner sa route sur St-Denis que lorsque l'on est dans les environs du parallèle de 10° Sud. On trouve, il est vrai, la mer grosse et les vents frais du S. E. : mais la lame est prise un peu obliquement et permet de faire route quand même à la vapeur seulement. Dès qu'on a laissé porter, on établit les goëlettes et quelquefois les voiles carrées.

Ile de la Réunion.

Quand l'horizon est parfaitement clair, on peut voir le piton des Neiges alors qu'on est encore à 90 milles de St-Denis; mais cela arrive très-rarement. Généralement, toute l'île est couverte de nuages brumeux qui descendent jusqu'à l'horizon, et l'on s'approche souvent jusqu'à trente milles sans rien voir. Dans ce cas, les premières terres que l'on aperçoit sont les extrémités occidentales et orientales de l'île qui apparaissent dans une petite éclaircie au ras de l'horizon, sous la forme de deux pointes allongées vers le large.

L'atterrissage et le mouillage de St-Denis n'offrent aucune difficulté pour un bâtiment à vapeur. Ils sont très-bien décrits dans les instructions nautiques. Le pilote vient se mettre sur le lieu même du mouillage avec une embarcation du port portant son pavillon de pilote à l'avant. On se dirige dessus et on mouille à son signal, environ par 12 mètres de fond dans l'alignement de la Rue de Paris, et à terre du mouillage d'été des bâtiments de l'Etat. On file deux maillons et demi.

Ce mouillage est bon pour un paquebot : Les vents sont traversiers pour aller à terre et le service des lanches de déchargement s'y fait facilement. En temps ordinaire, on y a un peu moins de houle qu'au large ; mais, par mauvais temps, il vaut mieux mouiller plus loin de terre, par 14 mètres, pour ne pas se trouver dans les grosses houles de ras de marée. On peut s'en rapporter pour cela au pilote. Si le mauvais temps se déclarait pendant que l'on est sur rade et si la mer se transformait en une grosse houle très-longue venant du large, il faudrait changer de mouillage ; cela nous est arrivé deux fois en trois ans avec le *Godavery*. Il faut alors mettre toute la barre pour venir du côté du large pendant que l'on vire l'ancre et mettre en marche aussitôt que l'on a dérapé, en recommandant à la machine de marcher le plus rapidement possible. Dès que l'on est devenu maître de la houle et que l'on a le cap au large on modère l'allure de sa machine et on vient choisir son nouveau mouillage par 24 mètres de fond, filant 4 maillons.

Attérir et mouiller pendant la nuit. — Pendant la nuit, il faut attérir sur le phare de Ste-Suzanne, puis gouverner de façon à venir relever le feu rouge et blanc du mât de pavillon du port entre le S.S.E. et S.E. 1/4 S. du monde, avant de relever le feu de Ste-Suzanne dans l'Est du S.70°E. du monde.

On gouverne alors sur le feu du port dont on s'approche doucement, en veillant bien les navires dont les coques disparaissent dans la terre et dont les feux se confondent avec ceux de la ville, et on vient mouiller, suivant la saison et la grandeur du paquebot, par 24 ou 14 mètres. On file 3 maillons 1/2 par 24 mètres et 2 maillons 1/2 par 14 mètres.

Quand le pilote sort, il est muni d'un fanal ; de plus, il lance une fusée en quittant le bout du môle Royal et brûle un moine quand il est rendu sur le lieu du mouillage.

Si l'on était amené par les circonstances à évoluer sur rade même et en dedans des navires, il faudrait bien veiller à ne jamais venir à terre de l'alignement donné par le mât de pavillon du port et le petit feu vert du bout du pont Royal.

De la Réunion à Maurice.

En partant de la Réunion, il faut, suivant le temps, changer la route à faire pour attérir directement sur Port-Louis ; si les vents de S.E. sont frais, ce qui est la règle générale, on peut donner le cap droit sur le bateau-feu au N.69°E. du monde, parce que le courant compense l'augmentation de variation vers le N.E. qui se produit en approchant de Maurice. Mais, si la nuit est calme et le temps beau, il faut donner sa route de 3° à 5° plus nord. Si l'on négligeait cette précaution, on courrait le risque d'attérir beaucoup trop Sud et d'être porté pendant la nuit sur la partie de la côte qui n'est pas éclairée.

Maurice.

L'atterrissage à Maurice ne présente aucune difficulté. Les terres sont hautes, presque toujours claires et visibles à grande distance, même pendant la nuit. Elles sont découpées d'une façon particulière et bien caractéristique, de manière qu'il n'y ait pas de confusion possible entre les différents sommets.

Les points servant de relèvement sont très-bien portés sur la carte de Maurice n° 3522. Les meilleurs sont, à partir du Sud, en remontant vers le Nord :

1° *Le morne Brabant*, arrondi et tombant à pic dans la mer ;

2° *Le piton de la rivière noire*, pointu et sombre, partant du bord de la mer et visible quelquefois à travers la brume ;

3° *La montagne du Rempart*, avec ses trois pitons en forme d'aiguilles rocheuses placées côte à côte ;

4° *Le corps de garde*, montagne à l'arête droite affectant comme ensemble l'aspect d'un coffre trapézoïdal;

5° *Le Pouce*, qui domine la ville de Port-Louis et que son nom suffit à faire reconnaître :

6° *Le Piter-Bot*, en forme de bonnet de coton avec sa houppette.

La côte, dans le Sud de Port-Louis jusqu'au piton de la rivière noire, est saine ; on peut l'approcher à un mille, excepté à l'entrée de la grande rivière où se trouve un banc de sable terminé par une ceinture de récifs qui ne brisent pas toujours.

Pour le moment, les règlements du port interdisent d'entrer pendant la nuit à Port-Louis. Les navires mouillent en grande rade, dite rade du Pavillon, en relevant le bateau-feu entre le Sud du monde et le N.78°E. du monde, par des fonds de 35 à 30 mètres.

De Maurice à la Réunion.

On est obligé de prendre le pilote, au départ comme à l'arrivée. On chenale au milieu des bouées, en laissant les bouées noires par tribord et les bouées rouges par bâbord. La dernière bouée noire, dans le Nord, est un coffre surmonté d'un espar portant une boule noire. On nomme cette bouée le « Bell-buoy ». La dernière bouée rouge dans le Sud est de la même forme et de la même dimension que les autres, seulement elle est peinte en rouge et en blanc. Un peu plus au large que cette dernière bouée, on trouve les deux tonnes noires qui limitent le mouillage de la quarantaine ; il n'y a pas lieu d'en tenir compte et on les évite en passant d'un bord ou de l'autre, mais il est préférable de les doubler dans le Nord plutôt que dans le Sud.

Etant parvenu à la hauteur du « Bell-buoy », on fait trois ou quatre milles à l'ouest du monde. A ce moment, le *Morne Brabant* est d'une voile en dedans de l'extrémité la plus Ouest de la terre de Maurice et le coin de mire doit se trouver par l'extrémité de la *pointe du Canonnier*. On donne alors la route au S.60°0 du monde pour aller à St-Denis.

L'alignement du coin de mire par la pointe du Canonnier n'est pas très-facile à prendre exactement, car la pointe du Canonnier est très-basse et n'est guère indiquée que par le sommet des arbres et la tour du phare construit à son extrémité.

La route au S.69°0 du monde doit faire apercevoir le feu de

Ste-Suzanne (Bel Air) par bâbord, entre un quart et un quart et demi. Si cela n'a pas lieu, il faut modifier sa route dès que l'on aperçoit le feu, et venir le mettre au relèvement voulu, c'est-à-dire un quart par bâbord et continuer à naviguer ainsi en veillant la terre. Quand on reconnaît le Cap Bernard, on le prend par le bossoir de bâbord et on conserve cette direction jusqu'au mouillage, tout en veillant la terre par bâbord, à cause de la pointe Desjardins qui est masquée par le Cap Bernard.

Mais il n'est pas rare, surtout quand on attérit le matin, de trouver sous la terre des grains de pluie et des bancs de brume qui dérobent complétement la côte à la vue. Dans ce cas, il faut aller, avec prudence, et lancer au large si l'on a le moindre doute sur sa position, car ces grains ne sont pas ordinairement d'assez longue durée pour qu'il n'y ait pas bénéfice à attendre les éclaircies.

De la Réunion aux Seychelles.

De la Réunion aux Seychelles, la route est le N. du monde, en ayant soin de donner toujours 25 milles de tour aux îles *Agalegas*, *Coetivy* et *Plate*, quand on doit passer par leur travers pendant la nuit.

Agalegas et Coetivy, sont des îles de sable longues, étroites et couvertes d'une végétation haute et touffue. Leur aspect verdoyant récrée la vue et on peut les approcher sans danger pendant le jour. La nuit, on passerait auprès sans les voir et on pourrait être porté dessus par les courants si on ne leur donnait pas un tour suffisant.

L'île plate est un îlot de sable couvert de quelques broussailles, il n'est visible qu'à 6 ou 7 milles pendant le jour, et est complètement invisible pendant la nuit. Il constitue un véritable danger, non-seulement parce qu'il est entouré par une ceinture de récifs, mais encore parce que l'on ne peut pas l'approcher à moins de dix milles dans le Sud sans courir le risque de toucher sur *la Perle*.

Atterrissage aux Seychelles.

Atterrissage de jour. — Si l'atterrissage des Seychelles présente quelques difficultés, quand on vient du Nord, en revanche celui par le Sud n'en offre aucune. Les terres sont hautes et visibles de loin.

La côte est assez saine pour être approchée sans crainte, et si l'on a soin de se conformer aux recommandations que nous avons faites pour le voyage d'aller on arrive facilement à l'un des trois mouillages de Mahé.

Atterrissage de nuit. — Si l'on atterrit pendant la nuit, il ne faut tenter de venir au mouillage qu'autant que l'on a parfaitement reconnu la pointe du Capucin. On s'avance ensuite avec la plus grande prudence, et la sonde à la main, jusqu'à ce que l'on voie Ste-Anne, en ayant bien soin de ne pas gouverner plus Nord que le N.1/4N.E. du monde. Après avoir reconnu Ste-Anne, on s'en sert pour venir chercher le mouillage.

Si l'on est surpris par un de ces grains de pluie qui sont si fréquents aux Seychelles, il faut mettre le cap au large et attendre que le temps s'éclaircisse pour faire route de nouveau. Si le temps semble pris pour toute la nuit, il faut mouiller en place et attendre le jour, car il y aurait grande imprudence à s'engager au milieu de tous les dangers qui sont entre l'île S.E. et Ste-Anne.

Des Seychelles à Aden.

Après avoir doublé la bouée Nord de l'entrée du chenal, il faut donner la route à 1/2 mille à l'ouest du *Brisant* et attendre que l'on soit rendu par le travers de ce récif pour donner la route au N.3°O. du monde. Cette route fait passer à égale distance entre l'île Denis et l'Ile-aux-Vaches. Elle est la meilleure à suivre pour traverser le plateau, de jour comme de nuit. Si l'on voit clair, on peut contrôler sa route par des relèvements; et, quand même on ne verrait aucune des îles qui sont sur le parcours, on pourrait aller de confiance, car un paquebot ne mettra jamais assez de temps à franchir les 49 milles qui séparent le *Brisant* de l'Ile-aux-*Vaches* pour que le courant ait le temps d'influencer sensiblement sa route.

Aller à Aden pendant la mousson de N.E. — Pendant cette mousson, et après avoir dépassé de dix milles le parallèle Nord de l'Ile-aux-Vaches, la route à faire pour aller à Aden est la route directe sur le cap Guardafui, et de là sur le feu d'Aden. Le temps est toujours beau et la navigation est facile.

Doubler Guardafui et aller à Aden pendant la mousson de S. O. — Mais, il en est autrement pendant la mousson de S.O., et l'atterrissage sur le cap Guardafui devient alors une manœuvre délicate et souvent très-préoccupante.

Quand on part de l'Ile-aux-Vaches, il faut donner sa route de façon à couper l'équateur dans les environs du méridien de 51°E. : on continue dans cette direction, jusqu'à ce que l'on soit à 90 ou 100 milles de terre, et on met ensuite le cap droit sur la pointe Est de Ras-Hafoon. Mais, on ne peut maintenir cette direction qu'en modifiant sa route d'après ses observations. Si l'on arrive à Ras-Hafoon en plein jour, on le double à vue et l'on prend son point de départ pour aller doubler Guardafui. Il est facile de reconnaître Ras-Hafoon ; il apparaît comme une longue île plate, ayant une forme régulière qui le fait ressembler à un gigantesque bastion carré. Bien que l'eau change de couleur sur les atterrissages, on peut cependant approcher la terre de Ras-Hafoon sans crainte car la côte est absolument accore.

Mais, si l'on veut avoir toute la journée pour remonter la côte entre Ras-Hafoon et le cap Guardafui, afin de doubler ce dernier en plein jour, il faut, autant que possible, arriver à Ras-Hafoon le matin de bonne heure ; et, dans ce cas, il convient de tenir grand compte des courants de mousson dans la navigation que l'on fait pendant la nuit qui précède l'atterrissage.

Quand on part des Seychelles, les vents soufflent du S.E. et tournent rapidement par le Sud et le S.O. fraîchissant jusqu'au vent grand frais, à mesure que l'on s'élève dans le Nord ; la mer suit le vent. Le courant commence à s'établir, dès que l'on a doublé la ligne : il porte d'abord à l'Est, puis au N.E., enfin il suit la côte jusque dans le Sud de Ras-Hafoon, en devenant de plus en plus fort à mesure que l'on s'approche davantage de terre. On peut compter de un à deux milles à l'heure entre Ras-Ulkil et Ras-Mabben ; de deux à trois milles à l'heure par le travers de Ras-Mabben ; et de trois à quatre milles à l'heure entre Ras-Mabben et Ras-Hafoon. Dans le Sud de cette dernière pointe, le courant se divise en deux branches : l'une porte au N.O. et pousse dans la baie Sud avec une vitesse de 1 à 2 milles à l'heure, l'autre porte franchement à l'Est avec une vitesse de quatre milles à l'heure pour remonter ensuite au N.E. Entre Ras-Hafoon et Guardafui, les courants portent N.1/4N.E. et Nord. Mais, si l'on remonte la côte sur le méridien de Ras-Hafoon, ou un peu dans l'Ouest de ce méridien, on trouve les courants *très-faibles et quelquefois nuls.* Cette particularité des courants entre Ras-Hafoon et Guardafui est très-importante à connaître, surtout pour la navigation de nuit, *car on est toujours tenté de compter sur un courant Nord beaucoup plus fort que celui qui existe réellement* (1).

Quand on doit arriver à Ras-Hafoon le matin, de très-bonne heure, il faut, la veille au soir, observer le soleil le plus tard possible, de façon à avoir un bon point de départ, et donner sa route comme pour passer à 10 milles dans l'Est de Ras Hafoon, et continuer ainsi à la même route jusqu'au point du jour. Alors, on rallie franchement la terre, comme pour aller reconnaître Ras Ali Besquail. Il y a bien des chances pour que l'on ne voie pas Ras-Hafoon, quand bien même on serait par son travers en plein jour, car la route suivie pendant la nuit aura été pendant près de 12 heures sous l'influence des courants, et au lieu de passer à 10 milles dans l'Est de la pointe, *on s'en trouvera en réalité le matin à 40 ou 50 milles. On aurait tort pourtant d'en conclure qu'il aurait fallu donner sa route plus à terre, parce qu'on aurait alors couru le risque d'être porté en dedans par le courant qui entre dans la baie Sud de Ras Hafoon.*

Dès que l'on a reconnu la terre, ou bien dès que l'on a pu rectifier sa position par une observation de soleil, on donne la route pour remonter la côte et doubler le cap Guardafui. Lorsque le temps est beau et que la brume n'est pas trop épaisse à l'horizon, on aperçoit les hautes terres qui avoisinent Shenareef quand on en est encore éloigné d'une quarantaine de milles. On voit d'abord une ligne noire horizontale assez élevée au-dessus de l'horizon et limitant un banc de brume sombre ; mais, à mesure que l'on s'approche, les contours s'accentuent plus nettement et l'on reconnaît distinctement les dentelures de Shenareef. Au-delà, une terre un peu plus basse se prolonge du côté du Nord jusqu'à un cap qui tombe à pic du côté du large et qu'il faut bien se garder de prendre pour Guardafui. *Le cap Guardafui se trouve plus à l'Est et il n'est visible qu'un peu plus tard.*

Ayant doublé Guardafui, on donne la route pour parer Ras-Alluleh, et de là on met le cap directement sur le feu d'Aden.

Si l'on est obligé de doubler Guardafui pendant la nuit, il ne faut pas oublier que toutes les terres sont *absolument invisibles, même*

(1) C'est une des principales causes des naufrages dans ces parages.

avec un beau clair de lune, et il faut naviguer avec la plus grande prudence. On ne vient sur bâbord, pour rallier la terre, que lorsqu'on est bien certain d'avoir doublé Ras Hafoon ; *la sonde est alors un précieux auxiliaire*, car aussitôt que l'on trouve le fond on sait à peu près à quelle distance de terre on se trouve, et en donnant sa route à quelques degrés plus dans l'Est que le gisement de la côte, on est certain de ne pas la rencontrer. Dans ce cas, *il ne faut jamais se presser de venir sur bâbord* pour donner dans le golfe d'Aden, et il vaut mieux dépasser le Cap Guardafui de 20 à 30 milles dans le Nord que de s'exposer à le couper en deux.

Arrivée à Aden.

L'arrivée à Aden ne présente aucune difficulté. Le pilote vient prendre le navire au large du bateau-feu pour l'entrer dans le port, ou le mouiller en rade, suivant l'heure de la marée et les besoins du service. Le pilote est pécuniairement responsable des avaries qu'il fait jusqu'à concurrence de 2,000 roupies.

La nuit, le pilote vient de même ; mais il n'entre le bâtiment dans le port que sous la responsabilité du commandant. On vient prendre le pilote, en relevant le bateau-feu entre le N.30°E. du monde et le N.45°E. du monde. Il y a partout mouillage, par des fonds de 7 à 10 mètres, et comme le temps est toujours superbe, cela simplifie toutes les manœuvres.

23 août 1884, à bord du *Melbourne*.

Le Lieutenant de Vaisseau, Commandant,

René MINIER.

Vannes. — Imp. et Lib. E. Lafolye.

www.ingramcontent.com/pod-product-compliance
Lightning Source LLC
LaVergne TN
LVHW020951300926
849160LV00007B/112